CAMBRIDGE CLASSICAL TEXTS AND COMMENTARIES

EDITORS
J. DIGGLE   N. HOPKINSON   J. G. F. POWELL
M. D. REEVE   D. N. SEDLEY   R. J. TARRANT

38

ARISTOTLE: HISTORIA ANIMALIUM
VOLUME I
BOOKS I–X: TEXT

ARISTOTLE

HISTORIA ANIMALIUM
VOLUME I: BOOKS I–X: TEXT

EDITED BY
D. M. BALME

PREPARED FOR PUBLICATION BY
ALLAN GOTTHELF

CAMBRIDGE UNIVERSITY PRESS
Cambridge, New York, Melbourne, Madrid, Cape Town,
Singapore, São Paulo, Delhi, Tokyo, Mexico City

Cambridge University Press
The Edinburgh Building, Cambridge CB2 8RU, UK

Published in the United States of America by Cambridge University Press, New York

www.cambridge.org
Information on this title: www.cambridge.org/9781107403413

© Cambridge University Press 2002

This publication is in copyright. Subject to statutory exception
and to the provisions of relevant collective licensing agreements,
no reproduction of any part may take place without the written
permission of Cambridge University Press.

First published 2002
First paperback edition 2011

A catalogue record for this publication is available from the British Library

ISBN 978-0-521-48002-4 Hardback
ISBN 978-1-107-40341-3 Paperback

Cambridge University Press has no responsibility for the persistence or
accuracy of URLs for external or third-party internet websites referred to in
this publication, and does not guarantee that any content on such websites is,
or will remain, accurate or appropriate.

CONTENTS

Preface by Allan Gotthelf — *page* vii

INTRODUCTION — 1
   The Greek manuscripts — 6
   The Aldine *editio princeps* — 36
   Later *variae lectiones* — 38
   The Latin versions — 40

TEXT — 49

Index by Liliane Bodson and Allan Gotthelf — 514

PREFACE
ALLAN GOTTHELF

Upon the death of A. L. Peck, David M. Balme was invited to prepare the third and final volume of the Loeb Classical Library edition of *Historia Animalium*. For reasons presented in the Introduction below, he found it necessary to establish the manuscript tradition, and toward that end collated all the extant manuscripts of *HA* vii–x. A draft of the volume was completed in 1984, including text, full critical apparatus, translation, extensive philological and philosophical notes, preface, introduction discussing the authenticity, date, plan, and manuscripts of these books, and an essay on the structure of the whole of *HA* with an index of comparable passages in the Aristotelian corpus. Balme then decided to continue this work back to books i–vi, intending in the end to produce an *editio maior* of the entire *HA*. His plan was to prepare text, apparatus and commentary for i–vi, then review his draft of vii–x, revising it where necessary in light of the work on i–vi, and adapting the notes on vii–x to commentary form. The original introduction was to be expanded to encompass the entire treatise, and the essay and index were to be moved to this edition. An abbreviated introduction, critical apparatus, and set of notes, all constructed in accordance with standard Loeb practice, and combined with the revised text and translation, would comprise the Loeb *editio minor* of vii–x.

Balme completed work on i–vi in early 1988, and began review of his prior work on vii–x, drafting side by side both commentary tailored to the *editio maior* and notes tailored to the Loeb. He finished book vii(viii)[1] and had reached viii(ix) 625a when illness made it impossible for him to continue. He died in early 1989. At the invitation of the Loeb Classical Library,

---

[1] On this mode of designating book numbers, see below, p. 1.

PREFACE

I prepared from these materials a posthumous Loeb edition.[2] Since then I have, at the request of Cambridge University Press, sought to prepare for the Cambridge Classical Texts and Commentaries series a posthumous edition of Balme's *editio maior*, in two volumes: I. Text and apparatus criticus, with introduction to the manuscripts; II. Introduction to the treatise, commentary on books I–VII(VIII), appendix of selected notes on VIII(IX)–X, essay, and index of comparable passages. My aim throughout has been to bring Balme's work to press, staying as close as possible to his intentions for this edition, as I have understood these intentions and as they appear to be reflected in the surviving materials.

In the present volume, then, the text and critical apparatus through VIII(IX) 624b31 is the 1988 revision; the remainder is the original 1984 version. The state of the materials has produced some complications of which readers of this posthumous edition should be aware, in regard to (i) text, (ii) apparatus criticus, (iii) introduction, and (iv) index.

TEXT

Balme had prepared a sample text (with apparatus and commentary) of *HA* I for Cambridge University Press, but had not yet produced a typescript of II–VI, nor a revised typescript of any of the Loeb text of VII–X. I have thus had to construct the present text of II–VI (and the partially corrected text of VII–X) myself, from three sources: Balme's notebooks, his draft apparatus criticus, and his draft commentary. The notebooks for I–VI begin by following the practice used for VII–X: Bekker's text is copied out line by line on the left facing page, and any departure from Bekker in reading or punctuation is written above the line at the relevant position. By the middle of book II

---

[2] Aristotle, *Historia Animalium Books VII–X*, ed. D. M. Balme, prepared for publication by Allan Gotthelf (Cambridge, Mass. 1991). For details of the construction of the Loeb edition, see its preface and A. Gotthelf, "A Note on the Loeb *Historia Animalium* vol. III," *Ancient Philosophy* XX (1991).

PREFACE

Bekker's text is no longer copied out, but is imagined to be present, and departures are written at or above the position in which they would appear. For much of book III and most of IV-VI (and VII-X) the facing right page contains translation. The manuscript variants and relevant Latin versions are written below, mostly left, and various notes and draft commentary sentences are written below left and right. The notebook indications of departures from Bekker, together with the translation (including later corrections thereto), provide the first (and primary) source of information regarding Balme's intended text.

A second source of information is the handwritten fair copy Balme produced of the apparatus to I-VI, together with the 1988 corrected pages (to 624b31) of the original Loeb apparatus to VII-X. In both cases the order of the entries (and any changes thereto) provide evidence of the text Balme intended to read. The matter is complicated, however, by the fact that in numerous cases where Balme chose to cite in the apparatus the reading of the text as well as the rejected variants, he did not cite the preferred reading first, but instead listed all the variants according to a standard sequence of manuscripts. (What his purpose was in doing so is not clear to me.) Often as well, he wrote the "cett." variant after the variant(s) identified by MS siglum even when he intended to read the former in the text. In both sorts of apparatus entries, then, the first reading was not necessarily the preferred one; the latter had to be inferred rather from the total of the evidence.

The third source of information is the lemmas that begin the commentary entries, but it must be understood that these indicate the preferred reading at the time the entry was written, and do not rule out subsequent changes to the text or apparatus for which a revised commentary entry was not yet written. In the overwhelming number of cases these three sources – notebook, draft apparatus, commentary entry – are harmonious in pointing to the variant Balme intended for the text. But in some cases they are inconsistent. The commentary entry often appears to have been the last thing written, but not always, so that in

PREFACE

each case of inconsistency I have had to determine as best I could which of the competing variants is most likely to have been Balme's latest choice.[3]

Readers should also be aware of the manner in which the text was physically (and electronically) produced. With the permission of Thesaurus Linguae Graecae, *TLG*'s text of *HA* (transcribed from Louis' Budé edition) was downloaded. This text was carefully corrected against Bekker's edition to get an electronic version of the Bekker text from which Balme's notebook started. All of Balme's departures from Bekker were then entered in. Every effort has been made during this three-stage process to ensure accuracy, but if nevertheless any errors have crept in Balme should not be held responsible for them.

As noted in the Introduction (p. 34 n. 35), Balme's 1988 revision of vii–x through viii(ix) 624b31 introduced into the text

---

[3] The one notorious case of this is at viii(ix) 623b5 where the manuscripts almost uniformly read ἑνὶ ... ὀνόματι ὁμώνυμον, as does Michael Scot's translation from the Arabic, while William of Moerbeke, followed by a later hand in one Greek manuscript (and a later manuscript which copied that one), reads ἑνὶ ... ὀνόματι ἀνώνυμον (the more familiar expression, e.g. 490b11). The issue is of some importance for our understanding of an aspect of Aristotle's scientific methodology. In the 1984 Loeb draft Balme read as the third word ἀνώνυμον, and referred in his note to this reading's "obvious correctness." In the 1988 materials, these words are marked for deletion in the 1984 copy, and the rewritten commentary version is otherwise substantively unchanged, except for the fact that, oddly, ὁμώνυμον is now given as the lemma. That might be thought just a slip, but in his notebook Balme has written ὁμώνυμον above the original ἀνώνυμον, crossing the latter out, and he has corrected the apparatus to read the positive term, although here a marginal marking suggests the change is provisional. The sources, then, are inconsistent, and it has fallen to me to make the decision in regard to the present edition, as it did when the Loeb was being prepared. In both cases I decided that Balme's increased leaning toward ὁμώνυμον, his at least provisional change in both notebook and apparatus, *and* the fact that the principles he enunciated in the Introduction for determining readings (pp. 3–4, 42, 44) would seem to call for ὁμώνυμον, are together decisive: both editions read ὁμώνυμον, and the Loeb translation and note were modified to accommodate it. Fortunately, such cases are rare, and in all of them the choice has been between only two options, each of which Balme viewed as a plausible reading. But readers should know that these cases exist.

many readings from the MS family he labeled "β", probably as a result of his work on I–VI. Readers should keep in mind that, had Balme completed his revision, there is every evidence that this practice would have continued, at about the same rate, from 625a1 to the end of IX(VII).[4]

Books I and VII–X, for which there is typescript, were re-paragraphed by Balme; and for most of books II–VI, departures from Bekker's paragraphing are indicated in the notebooks. I have followed Balme's re-paragraphing in every case. In the latter half of book III, and at one or two other places where Balme had not completed his review of Bekker's paragraphing, I have added paragraphing in accordance with what appear to be Balme's principles, aided by his divisions in the commentary and in his essay on the structure of *HA* to appear in volume II. Because his practice in I–VI was to paragraph less frequently than he did in the Loeb, the paragraphing across books in this edition is uneven; I have thought it best to leave it in this state rather than attempt to re-paragraph VII–X. The matter of paragraphing was particularly important to Balme because, he thought, it revealed (or disguised) the structure of Aristotle's argument, which in his view had often been misunderstood by earlier editors, who thought of *HA* as a natural history rather than the theoretical or analytical treatise Balme insisted it is.[5] In preparing the full typescript of the text, Balme would very likely have made some adjustments, and adopted a uniform policy throughout; but the present paragraphing, which in places may only be penultimate, remains illuminating for his view of the course of Aristotle's argument.

On the ordering of books VII–IX and of the text within books

---

[4] This does not apply to X because all of its extant MSS already derive from a β MS.
[5] As will be discussed in the Introduction to vol. II. See also Balme's introduction to the Loeb, 30–31, and two of his contributions to *Philosophical Issues in Aristotle's Biology*, ed. A. Gotthelf and J. G. Lennox (Cambridge 1987): "The place of biology in Aristotle's philosophy" (ch. 1), and "Aristotle's use of division and differentiae" (ch. 4).

PREFACE

ix(vii) and x, and on the chapter divisions, see the opening two paragraphs of the Introduction below. The decision regarding the placement of chapter numbers was my own, based on Balme's view that the traditional chapter divisions (which he wished to retain for convenience) also sometimes distorted Aristotle's argument, so that attention to them should be minimized.[6]

Bekker line numbers are carefully indicated throughout; they appear between slashes in mid-line at any point where a new Bekker line begins. On occasion it has been necessary to hyphenate a word differently from Bekker, and at times of course a line may begin or end at a place where Balme's reading is different from Bekker's; otherwise the match with Bekker line numbering is exact.

The remaining issue is the regularization of spelling. Balme clearly wanted this edition to serve as a resource for lexicographers, so for the most part he did *not* regularize the spelling of words that appear variously in the manuscripts (e.g. πλεύμων/πνεύμων, γίγνομαι/γίνομαι). Instead he chose at each place the form best attested at that place, even if that meant alternative spellings within the same sentence or two. In the case of the insect(s) traditionally transliterated *anthrena*, of the four or five different spellings found in the MSS, two – ἀνθρήνη and ἀνθρίνη – made it into Balme's Loeb text. Occasionally, though, he did regularize. He uniformly spelled ζωότοκος and its verbal variants without the iota subscript (perhaps following LSJ), and in a few cases he indicated in an apparatus or commentary entry that he intended to regularize the spelling or breathing, e.g. ἀλκυών (even though the better attested reading is sometimes ἀλκυών, on which again see LSJ). Although the revised Loeb text is marked for both ἀνθρήνη and ἀνθρίνη, the relevant apparatus entries and an earlier commentary entry suggest that Balme probably intended to regularize the text to ἀνθρήνη. In light of that, I have in this edition regularized to ἀνθρήνη. Al-

---

[6] The model for the scheme is *Aristotle: De Animalibus: Michael Scot's Arabic-Latin Translation*, ed. A. M. I. Van Oppenraaij (Leiden 1992–).

PREFACE

though there may have been other cases where Balme intended in the final version to regularize the spelling, I have elsewhere printed the text as he left it.

Regularization to ἀνθρήνη (in several cases of a better attested ἀνθρίνη) creates one of the few discrepancies between the present edition's books vii–x and the Loeb edition. A word about other discrepancies is in order. I have had the opportunity to correct a number of typographical errors in the Loeb and a few earlier misreadings of Balme's intentions (e.g. 620b20 στόματι in place of the Loeb σώματι). A few of Balme's later 1988 changes, incorporated into the Loeb, have on reflection been deleted, and a few changes excluded from the Loeb have been incorporated here (e.g. compare the editions at 623a30–33). Typographical errors aside, the differences amount probably to fewer than ten words. Otherwise the texts are identical.

APPARATUS CRITICUS

Balme's handwritten fair copy of the apparatus criticus for books i–vi, and the 1984 apparatus for vii–x, with the 1988 corrections to 624b31, are the basis for the apparatus criticus in the present edition. A uniform ordering of variants is followed: the accepted variant where cited in the entry always appears first, and the MS sigla are cited in order by family, and in a standard order within families. Where the "cett." reading is read in the text, and is cited in the apparatus entry, it too appears first.

The fair copy entries have often been checked against Balme's notebooks and always against the text and draft commentary, and on those occasions where the former were in error (most often in accent), they have been corrected from the latter (or, in a very few cases, from LSJ). In no case that I can recall, with one category of exception, was any Greek word admitted into the apparatus MS reports that was not in either Balme's draft apparatus, his notebooks, or his draft commentary.

The one category of exception is the readings of the fragmentary W^c (vi 567a10–569a1, portions of 569a1–570b28), in our oldest manuscript containing any of *HA*, the ninth century Par. suppl. 1156 (cf. pp. 9–10 below). As Balme mentions in the Introduction, he has in all cases "read, not the MSS themselves, but microfilm of them ... The microfilms have [for the most part] clearly shown the configuration of the script, but have not distinguished the colours, so that separating the different hands has been uncertain." (p. 7) One exception in regard to the clarity of script is W^c, which Balme's notebook mentions as particularly difficult to read. Since Dieter Harlfinger of the Aristoteles-Archiv has recently autopsied W^c, and Balme had the highest respect for his codicological work,[7] I have admitted into the apparatus Harlfinger's reports of W^c (kindly transmitted to me by Friederike Berger) in place of Balme's, as I am certain he would have wanted.

In this connection it is appropriate to mention the other caveat that appears in Balme's Introduction: "in observing the mis-reports made by far better scholars than myself, I realize that I cannot hope to have avoided making many mistakes too. The most likely are omissions; for when reading a MS, so long as its grammar and sense are acceptable, one easily overlooks variants, especially in particles and in word order." (p. 5) Balme's apparatus criticus is far superior to any existing one for *HA*, but it will not be flawless. In particular, Friederike Berger, whose valuable study, *Die Textgeschichte der* Historia Animalium *des Aristoteles*, Serta Graeca, Wiesbaden, forthcoming 2003 (originally a Hamburg dissertation done under Harlfinger's supervision), is drawn on in the Introduction below, has informed me of some omissions in Balme's reports of Vat. Pal. 260 (Y^c), and of occasional discrepancies between her readings of the various hands in several other MS and Balme's, much in line with his warning. I have not thought it appropriate to admit into the apparatus any MS reports (other than of W^c) for which there was no basis

---

[7] Indeed much of the information about the provenance and date of the MSS given in Balme's original introduction to vii–x derived, as is there indicated, from Harlfinger's work.

PREFACE

in Balme's materials (see above, two paragraphs). I can say that no omission or discrepancy of which I am aware affects either what should be read in the text or any of the conclusions drawn in the Introduction about the relations of the MSS. A full autopsy of Y^c would enrich the present apparatus, and may well enhance our understanding of that manuscript's place in the text history of *HA*; the best study to date is Berger's, and her conclusions about Y^c are reported in the Introduction below, as will be explained shortly.

Nor can I myself hope to have avoided making mistakes in transcribing hundreds of pages of fair copy apparatus to electronic files, and working with them on computer screen. Every effort has been made to make the apparatus as accurate as possible. In particular, this edition has benefited enormously from the kind efforts of Pieter Beullens and Fernand Bossier, editors of the forthcoming Aristoteles Latinus edition of William of Moerbeke's translation of *HA*,[8] who in connection with their own work have read carefully through an earlier draft of the present edition's text, apparatus, and commentary. They found numerous errors of transcription on my part and some previously unnoticed inconsistencies, and they raised many pointed and valuable questions; this edition is immeasurably better for their efforts. Likewise, absolutely meticulous reviews of the text by Liliane Bodson as part of her work on a full index of *HA* (described below), and work on the entire typescript by my copy-editor, Muriel Hall, have enabled many additional corrections. But for any remaining errors I alone am responsible.

In the case of the Latin versions, Balme cited Michael Scot's thirteenth century translation from three manuscripts. Most of the reports are on Balme's sole authority, but Aafke van Oppenraay, editor of the forthcoming Aristoteles Semitico-Latinus edition of Scotus's translation of *HA*,[9] has kindly checked a

---

[8] Guilelmus de Moerbeka: *De historia animalium*, 2 vols. (Leiden).
[9] *Aristotle: De Animalibus. Michael Scot's Arabic-Latin Translation. Part 1: Books 1–x: History of Animals* (Leiden).

PREFACE

number of difficult cases for me. In the case of William of Moerbeke, the two manuscripts Balme used turned out to be among the more inferior ones, one of which was contaminated by readings from a Scotus MS. Beullens and Bossier have established that Toletanus 47.10 (siglum "Tz," here "Guil. (Tz)") is the earliest and best MS, and that the other important MSS form a family of their own (which they designate "*a*," and which is here designated "Guil. (cett.)"). With great generosity, they have together checked every apparatus report of William's translation, and provided separate citations for Guil. (Tz) and Guil. (cett.) where appropriate.[10]

Balme reports the translation of George of Trebizond (Trapezuntius, siglum "Trap.") from Laur. 84,9. John Monfasani, editor of various Trebizond writings, has kindly checked some uncertain cases. Balme's reports of the Aldine edition and of Gaza's Latin translation were where necessary checked against my own copies of these works.[11]

Some small matters regarding the apparatus may be noted:

(i) Because the MSS mostly omit or mishandle iota subscripts (below, p. 13), Balme's practice is to cite their Greek consistently without subscripts. Citations of the printed text, however, include them. The same entry, then, may contain occurrences of a word with and without subscripts.

(ii) The citation "edd." should be understood, as indicated in the table of Sigla, to refer to "several or all" editors, and not necessarily all.

(iii) The citation "vac. n" (where "n" is a number) should be understood to mean that the manuscript(s) cited have a gap of *circa* n letters.

(iv) Although "no editorial conjectures from Aldus onwards have been admitted to the text" (p. 4), and Balme has often returned to manuscript spellings, accentuation, and breathings from which editors had departed, on rare oc-

---

[10] See also below, p. 43 n. 45.   [11] Cf. pp. 36 n. 37, 46 n. 50 below.

xvi

PREFACE

casion he himself departs from the MSS, with or without other editors, on such small matters only (most often in regard to the breathing in oblique cases of αὐτός/αὑτός).

(v) Citations from the Latin translations usually match the Greek lemma exactly, but sometimes additional words were included by Balme to make clearer which Greek variant is read by the translator.

(vi) Latin citations for the most part follow the orthography of the editor(s) of the edition used. (Where the readings of two translators are the same, for instance, they are jointly cited for that reading, regardless of orthographic difference, with the orthography of the earlier of the two used.)

(vii) There are many more citations from Trap., and more reports of editorial conjectures, in the apparatus of vii–x than of i–vi, reflecting perhaps Balme's decreasing sense of their usefulness in establishing the text.

(viii) "Hp." in the apparatus to iii. 511b26–30 and 512b13–513a3 signifies the Hippocratic corpus. As Balme indicates in the commentary volume ad 511b23 and 512b12, the quotations Aristotle attributes to Syenessis and Polybus appear, unattributed, in the Hippocratic treatise *nat. oss.* 8 (ix 174 L.) and 9 (ix 174 L.), respectively, and the Polybus passage appears as well, also unattributed, in *nat. hom.* 11 (vi 58 L.).

(ix) The apparatus cites some fifteen authors of one or two conjectures each who are not listed in the table of Sigla. It has not proven possible to track down in every case the particular work in which the conjecture was published; in the majority of cases, however, readers may begin to do so by consulting Peck's bio-bibliographical notes in his Loeb introduction to *HA* (i. xlii–liii). The only name not in the Sigla that appears more than twice in the entire apparatus is "Karsch," signifying A. Karsch, tr. *Naturgeschichte der Thiere*, 3 vols., Stuttgart 1866, n.d., n.d.

(x) The eight citations of "Peck" in book vii(viii) (to 594a9) are drawn from the typescript to which Balme was given

PREFACE

access containing the small portion of work A. L. Peck had managed to complete towards his own Loeb vol. III before he died.

Finally, the differences between the present critical apparatus and the highly abbreviated version that appears in the Loeb edition (citing mainly departures from Bekker) are again minor, reflecting primarily the correction of typographical errors and occasional changes in the citations of William of Moerbeke's translation (as above, pp. xv–xvi).

INTRODUCTION

The present Introduction includes nearly all of Balme's original study of VII–X, modified and supplemented to serve as an introduction to the text of the entire treatise, as follows.[12]

The opening two paragraphs generalize to the full treatise, and slightly expand, the paragraph which opens the original introduction to the text of VII–X. Descriptions have been supplied of the seven MSS which contain only text from I–VI, and were thus not described in the Loeb, and descriptions of several of the other 19 MSS have been updated where necessary. These descriptions and updatings have kindly been provided by F. Berger (above, p. xiv), in occasional consultation with D. Harlfinger. The supplementation has been kept to a minimum, and I have tried to provide it in such a way that readers could always or almost always infer what was Balme's and what has been added. Thus, the descriptions supplied by Berger are identified in advance in footnotes as being supplied by her,[13] and most updating is accompanied by bracketed footnotes. Indeed all notes not by Balme are put in square brackets; if attached to a MS description the note is Berger's, otherwise mine. Small edi-

---

[12] Balme had begun to collect material towards an introduction to the *editio maior*, but his notes are in too preliminary a state to be made use of here.
[13] Cf. Introduction, nn. 7, 9, 16, 27, 32.

PREFACE

torial changes in the text, facilitating these additions, and updatings of some other information, have not been marked.

All the MS citations from vii–x in support of claims regarding the MSS are by Balme, and in the discussion of those individual MSS no citations have been added from i–vi. The claims about these MSS are thus always to be understood, as is sometimes there noted, "on the evidence of vii–x."[14] Berger and I supplied citations from i–vi only for individual MSS that contained text from those books alone (and thus were not yet described by Balme), and for comparative claims regarding those and other MSS. At Berger's suggestion, some slight rearrangements were made in the order in which material was presented, most notably the moving of Balme's discussion of the relative value of the manuscript families to the end of the discussion of the MSS. Since I did not, for better or worse, always follow her suggestions, I alone take responsibility for the final form of the Introduction, although with gratitude for her enormously helpful advice.

Finally, the citations from William of Moerbeke were in a few cases adjusted in accordance with the earlier-described general practice herein regarding William's MSS.

INDEX

Balme had intended to prepare an analytical index, but left only very preliminary indications which could not be followed up. The index supplied in this edition has been produced in collaboration with Liliane Bodson and the Laboratoire d'Analyse Statistique des Langues Anciennes of the Centre Informatique de Philosophie et Lettres of the University of Liège (LASLA-CIPL). Following the procedure used for the production of L. Bodson, *Aristote De partibus animalium: Index verborum, Listes de fréquence* (Liège 1990), the present edition's Greek text has been

---

[14] Or vii–ix, as appropriate.

PREFACE

lemmatized, under Bodson's supervision, providing the basis for a full index to *HA* to be published by Georg Olms in 2003. (For details, see p. 514 below.) Working with Bodson I have selected from the full lemmatization those categories of entries which I judged would be most valuable for the typical user of this volume; readers with more specialized interests should consult the full index. The work has been facilitated by the support of LASLA-CIPL's President, Joseph Denooz, and by the support, and the ingenious programming, of its Executive Director, Gérald Purnelle; and Marie-Christine Lochen has provided scrupulous data-processing management.

* * *

This Preface brings to a close some ten years of part-time work aimed at preparing Balme's text and critical apparatus for publication. I have received much valuable assistance throughout. We are enjoying a renaissance in the codicological and philological, as well as in the philosophical, study both of Aristotle's biological corpus and of its later scholarly and scientific tradition, and I have been fortunate to be able to draw on the expertise of many of those active in this work. Many others have made important contributions to this volume as well.

I begin with the Balme family without whose support this project would of course not have been possible. Balme's literary executors, his children Mary Picton-Turbervill and Richard Balme, have taken the greatest care that their father's work be properly represented, have made all the needed material freely available, and have been immensely supportive and extraordinarily patient. I dedicate my own small contribution to this volume to David Balme's wife of 52 years, Margaret Balme, whose friendship and support, and stories of David and their life together, have been a treasure to me.

George and Philippa Goold, then editor and associate editor of the Loeb Classical Library, and Zeph Stewart, executive trustee of the Loeb, are to be thanked for their early and active

PREFACE

support of a division of labor between the Loeb edition and a Cambridge *editio maior*. Jeremy Mynott's early interest on behalf of Cambridge University Press in such an edition was gratifying, as was support from Geoffrey Lloyd and the other Syndics of the Press, and from the editors of the Cambridge Classical Texts and Commentaries series (CCTC). I thank also Pauline Hire, Mynott's successor as editor, for her wise advice, great support and extraordinary patience. I owe very special thanks to CCTC's consulting editor, David Sedley, who has been immensely generous, on a variety of fronts, with his great erudition, his wisdom and his time. I am very grateful as well to Muriel Hall, for her outstanding copy-editing, and to Caroline Murray, for her wise and supportive production supervision.

I thank the Thesaurus Linguae Graecae and especially its then Director, Theodore F. Brunner, for permission to download the *TLG* text of *HA*. This was done, in many small sections, with Silver Mountain Software's TLG Workplace, which converted the text into a Nota Bene word processing file. The entire volume, with the exception of two books of apparatus, was prepared in Nota Bene's Lingua Workstation, which facilitated especially my work with the Greek text and the apparatus criticus. The two other apparatus books were typed for me on a Macintosh platform, and I am grateful to Alan C. Bowen, Director of the Institute for Research in Classical Philosophy and Science, for providing me both with a Mac machine and with guidance in its use during the extensive editorial work that proved necessary. I am grateful as well to Bowen for advice on some difficult substantive matters of Greek and Latin. I thank Asco Typesetters (Hong Kong) for their outstanding settings of a very complex typescript.

I must mention again the invaluable contributions of Pieter Beullens, Fernand Bossier, Friederike Berger, and Liliane Bodson; their expertise and exceptional generosity have very greatly improved the result.

Konrad Vollmann kindly provided me at an early stage with his working transcript of a Scotus manuscript. I thank Aafke

PREFACE

van Oppenraay for her subsequent assistance, described above, in regard to Scotus' translation, and John Monfasani for his, in regard to Trapezuntius'. Louis Filius and Dimitri Gutas each kindly checked a MS of the Arabic translation for me at several places; their work will bear most fruit in volume II, where Balme cites the Arabic on occasion, but it provided the background for certain decisions in regard to this volume. I have already mentioned my debt to Liliane Bodson and LASLA-CIPL for their contribution to the present volume's index; I look forward as well to their full index of *HA*.

John Palmer is to be thanked for some expert, and philologically informed, typing, and Christos Panayides for excellent proofreading.

The National Science Foundation provided me in 1986–1989 with a US-UK Cooperative Research Grant (Award No. INT-8519800) to work with Balme on aspects of his edition, both transatlantically and in the UK, during three summers and one semester, an interaction which proved immensely valuable in the preparation of this edition. I would like to thank my project officer, Christine Glenday, once again for her support during the difficult period after Balme's death. A completed draft of Balme's text of *HA* was necessary background for the project under my National Endowment for the Humanities Interpretive Research Grant RH-21075-92, and I am grateful to my project officer, Daniel Jones, for permitting extensive work on this edition under that grant. The College of New Jersey (formerly Trenton State College), through its Faculty Institutional Research and Sabbatical Leave Committee, provided over the years some released time from a very demanding teaching and chairing schedule to work on this project. Ann Costanzo and Joanne Cantor provided unfailing office assistance in many ways.

I have received encouragement over the years from more people than I can name, but I would like to single out Jim Lennox, my associate in so many Aristotelian endeavors, and three other friends I have worked closest with, in one way or another,

PREFACE

on matters of Aristotelian biology, David Charles, Pierre Pellegrin, and Wolfgang Kullmann.

I cannot say whom David Balme would have thanked had he lived to write his own preface. Several individuals are named in his Preface to the Loeb edition. I do know from him that it was conversation with Harold Cherniss about the inadequacy of existing editions of *HA*, while Balme was a visiting member of the Institute for Advanced Study in 1976–77 working on the Loeb translation of vii–x, that confirmed his inclination to turn from translation to a full review of the manuscripts of *HA*. His gratitude to the libraries which supplied microfilm of these MSS is expressed in the Introduction below.

My own primary debt of gratitude is to Balme himself. My great sadness at his premature loss has been tempered, so far as that is possible, by over twelve years of frequent company with his mind and spirit and his great knowledge both of Aristotle and of the Greek language. It has not always been easy having him, as it were, looking over my shoulder, but it has always been inspiring, as it always was to know and spend time with him when he was fully present.

David Balme's work on *HA* was nearing completion when he died. The present edition, as posthumous, can only be penultimate, and I have tried above to indicate in what ways. Nevertheless, readers will or should know that the edition is the product of an outstanding scholar's sustained and loving work, across some fourteen years, on the manuscripts, the content, and the wider implications of *HA* – and that this work itself built upon more than twenty-five years of prior reflection on *HA*, a treatise which always held great fascination for him,[15]

---

[15] See the biographical introduction to *Aristotle on Nature and Living Things: Philosophical and Historical Studies presented to David M. Balme on his seventieth birthday*, ed. A. Gotthelf (Pittsburgh and Bristol, 1985).

and about which he has already taught us so much.[16] Balme's knowledge of the language and content of Aristotle's biological corpus, and their relation to Aristotle's language and thought overall, and to the language and thought of the ongoing scientific, philosophical and cultural tradition in which this corpus was embodied, was unsurpassed. I hope my own contribution to this volume, aimed at revealing as much as possible of the Hermes in the stone, found in this case almost fully carved already but still in need of a careful chisel, has been worthy of his achievement.

---

[16] Beginning with his groundbreaking 1960 Second Symposium Aristotelicum paper, "Aristotle's use of differentiae in zoology" (Louvain 1961); cf. the revised and expanded 1987 version, "Aristotle's use of division and differentiae" (above n. 5). For a complete bibliography of Balme's writings on ancient philosophy to 1985, see "Bibliography of David M. Balme's Writings on Ancient Philosophy" in *Aristotle on Nature and Living Things* (previous note); for his post-1985 publications, see "Additional Bibliography," in *Aristotle: De Partibus Animalium I and De Generatione Animalium I (with passages from II.1–3)*, tr. w. introduction and notes by D. M. Balme, rev. ed. (Oxford 1992).

INTRODUCTION

Historia Animalium books I–IX have been transmitted as a unit in the Greek MSS. Doubts about the authenticity of VII–IX arose only in the nineteenth century, and will be dealt with in the Introduction to volume II, where it will be argued that these doubts are unfounded. The book standardly labelled 'VII' was always placed as IX until Gaza reordered it as VII. As will be discussed in the Introduction to volume II, Gaza was probably mistaken, and in this edition, as in the Loeb, the manuscript ordering of the books is restored. In references the restored number is given first followed by the more familiar number in parentheses. The order of these books in this volume is thus: I–VI, VII(VIII), VIII(IX), IX(VII) (and X, on which see below), and in the corresponding Greek letters at the head of each book: A–Z, H(Θ), Θ(I), I(H) (and K). Bekker page and line numbers are of course retained.[1]

Gaza also reordered parts of IX.631–633, and early editions followed him; but after Bekker restored the MSS order editors have followed him, as this edition does. Here, too, Bekker's chapter divisions are retained for convenience of reference, although they do not occur in the MSS or in the earliest printed editions but first appeared in this form in the 1492 edition of Gaza's translation (based in part on divisions in the 1476 Gaza *editio princeps*). They were taken up in the second Basel edition (1539) and repeated in the third Basel edition (1550) upon which Bekker based his text. Camus and Schneider, in their editions, made different chapter divisions. To reflect their lack of manuscript

---

[On the constitution of this Introduction, see Preface, pp. xviii–xix.]
[1] [Sequential citations in this Introduction are given in MS order and not simple numerical order, so that citations from 581a9–588a12 come after 633b8 and before 633b12.]

I

INTRODUCTION

authority, chapter numbers are printed in square brackets within the text rather than in the margin as is more customary.[2]

Book x, however, whose claim to a place in *HA* has been doubted since at least the fifteenth century, is lacking in many Greek MSS. Those that do have it have all derived it, some directly and some indirectly, from the extant Vaticanus 262. Pages 636–637 were reordered by the Aldine editor, and again by Scaliger and Schneider, but the MS order was restored by Bekker and is followed here. The book was excluded by Gaza and by some editors including Camus. Although book x will be shown in the Introduction to volume II to have formed no part of the original *HA*, it is included here on the grounds that it has its own interest, and that this is where a reader would naturally look for it.[3]

The Aldine *editio princeps* of 1497 is the only text of *HA* that has ever been based primarily upon the Greek MSS; it is a good text, but suffered in its later books through not consulting the α family (C^a, A^a, etc.).[4] The numerous sixteenth- and seventeenth-century editions are all derived from the Aldine, but make many conjectural alterations which are mostly either guesswork or devised from Gaza's fifteenth-century Latin version; few if any of their variants agree with the Greek MSS or with the far more accurate but less readable Latin of William of Moerbeke (William's version was never printed, whereas Gaza's went through many printed editions). Camus (1783) was the first to make serious use of some MSS, including C^a; he altered the text considerably, partly from these MSS and partly from his own conjectures. Schneider (1811) introduced many more changes,

---

[2] [For information on which Balme relied in regard to the origin of the chapter divisions, cf. A. Gotthelf in *Theophrastean Studies*, ed. W. W. Fortenbaugh and R. W. Sharples (New Brunswick, N.J., 1988), 130 n. 27. The divisions in the Gaza MS Vat. 2094 are completely different.]

[3] For a fuller discussion, see my 'Aristotle *Historia Animalium* Book x', in *Aristoteles – Werk und Wirkung* (essays presented to P. Moraux, Berlin 1985), I. 191–206.

[4] [See below, pp. 21, 36–38.]

INTRODUCTION

some quite extensive, based partly on MSS readings which he took from Camus (some wrong) but largely on William's Latin whose value he rightly recognized but possibly overestimated. Bekker (1831) took the text primarily from the Basel third edition (1550), itself eventually derived from the Aldine, but thoroughly checked it against the most important Greek MSS. His aim was to return to the MS tradition; most of his changes agree with A^a C^a; he admitted few conjectures. Although his reports of the MSS are often inaccurate, Bekker's instinct for Greek was so sound that his text of *HA* is outstandingly the best and the nearest to the MSS. Some subsequent editors have followed Bekker closely (Bussemaker 1854, Louis 1964), but conjectures were introduced on a wide scale by Piccolos 1863, Aubert and Wimmer 1868, and Dittmeyer 1907. The last two believed most of VII-X to be both spurious and especially corrupt. Dittmeyer collated the three most important MSS (C^a, A^a, D^a) in order to correct Bekker's reports, but his consultation of other MSS was no more than occasional and his reports of them are mostly taken from Bekker. No editor but Camus, Bekker and Dittmeyer appears to have consulted Greek MSS at all. For a list of sixteenth- and seventeenth-century editions see Camus' introduction, for later editions see volume I of the Loeb edition (A. L. Peck, 1965), to which must be added the Budé edition by P. Louis (1964-79), and the Italian translation (excluding VIII(IX) and X) with notes and essays by D. Lanza and M. Vegetti (Turin 1971); both these editions and Peck's Loeb edition of books I-VI rely on Dittmeyer's, as does J. Barnes's translation of book X in the revised Oxford Translation (Princeton 1984).

Since Bekker's text, which is often difficult, has come under suspicion because of the inaccuracy of his apparatus criticus, while other texts differ widely and are grossly conjectural, I thought it best to establish the MS tradition, as the only secure base from which one can set out to make conjectures. To this end I have collated all the Greek MSS that I can trace, and have tried to present the most authoritative text that they offer, together with a full report of significant variants. Even so the

INTRODUCTION

text cannot be free of conjectures, for most of the extant MSS themselves are not simple copies whose variants are merely mistakes, but intelligent editions containing the scribe's deliberate conjectures in place of words which he thought mistaken. I have tried to identify such conjectures and to trace their origin or basis, in order to assess their authority; but often one cannot tell whether they derive from another source or from guesswork. Nevertheless the variants of scribes are so much more modest than those of later editors that it seems reasonable to draw a line at the point when printing began. In this edition therefore no editorial conjectures from Aldus onwards have been admitted to the text, but those that seem worth considering are given in the apparatus or in the commentary. Where the best traditional reading is impossible, it is marked with an obelus, and here the apparatus and/or commentary should be consulted for suggested emendations. In choosing between variants I have been eclectic, judging each case on its merits in the context, for as will be seen there is little basis for regularly preferring any one MS or family. The result, which is not very far from Bekker's text, is admittedly more difficult sometimes and more roughly expressed than in the drastically 'emended' editions, but it is often more subtle and interesting than the easier and anodyne conjectures.

The Greek MSS and Latin versions are discussed in detail below, but it may be convenient to extract here certain general inferences from them. The Greek MSS have proved to fall into three family groups, not two as hitherto supposed. D^a with its group of copies ($=\beta$) does not agree with P and its associated group ($=\gamma$), but is a third independent witness alongside the A^a group ($=\alpha$). The belief that D^a and P formed one family, inferior to A^a C^a, is explainable as a historical accident. It originated with Camus (I.xxxv) who had asked for a collation of the best of the five Vatican MSS listed by Foggini, and was unluckily advised to use Vat. 1339 ($=P$). He did not obtain reports from D^a, but after checking Vat. Pal. 260 concluded that all the Vatican MSS were of one family, from which he rightly dis-

INTRODUCTION

tinguished C^a (and later A^a). Camus therefore never saw any of the D^a group but consulted only MSS of the C^a and P groups (namely Laur. 87,4; Vat. 1339; Paris. 1921; Ambr. 462) and reasonably suggested 'two families'. This has been repeated by subsequent scholars (but not by Bekker, who expressed no judgment), and Dittmeyer himself pointed out that D^a is different from and superior to P.[5] Moreover D^a has proved to be arguably the most plausible and complete MS, while P is among the worst and contributes nothing.

A second inference is a warning to stylometrists that in dealing with *HA* VII–X they are on infirm ground. As the apparatus will show, it is the little words – δέ, τε, γε, γάρ, καί and others that may be represented by small signs – that are most vulnerable: for instance, in the first five Bekker pages of VIII(IX), fifty such words in strategic positions are subject to variation.[6] Further, differences involving word order are affected by stylistic 'diorthosis', in which the scribes have shown dissimilar tastes (cf. the transpositions at 581b9, 582b7, 584b1, 34, *passim*). In many cases there seems to be no way of establishing which version is correct. More generally, the extant MSS are all so far from their source that it is, I am afraid, fanciful to suppose that we can recover the original formulation with any exactness. The most that is possible is to show which version is older, which makes better sense, which is more like fourth-century Greek.

Thirdly, in observing the misreports made by far better scholars than myself, I realize that I cannot hope to have avoided making many mistakes too. The most likely are omissions; for when reading a MS, so long as its grammar and sense are acceptable, one easily overlooks variants, especially in particles and in word order. While therefore I have done my best

---

[5] [Friederike Berger now argues that the γ family had early contamination. D^a and γ have a common ancestor until the end of book VII(VIII), while in book VIII(IX) and IX(VII) γ shares an ancestor with α (p. 26 below). Cf. F. Berger, *Textgeschichte d. Hist. An.* (above, p. xiv).]
[6] [Similar results appear to be obtainable for *HA* I–VI.]

INTRODUCTION

to avoid positive misreporting, I must advise my colleagues to let the apparatus speak for itself but not to put words into its mouth, i.e. not to argue *ex silentio*. In particular, in reporting the less useful MSS such as P n T^c which are bad simple copies, I have deliberately omitted many of their mistakes where they can have no significance for the purpose of establishing the text. In the others too I have omitted variants of spelling and accentuation if they seem to have no possible interest.

THE GREEK MANUSCRIPTS[7]

The twenty-six MSS listed below are all that I know to contain all or part of books I–IX; nine of them (marked *) also contain book x. Since more than half of them have never been collated for *HA*, and the reports of the remainder made by Camus, Bekker and Dittmeyer are known to be defective, I felt it necessary to collate all twenty-six in full, so as to ascertain not only what each says but also which seem to be independent witnesses, and

---

[7] For an authoritative account of these MSS see *Aristoteles Graecus*, edited by P. Moraux and collaborators at the Aristoteles-Archiv, Berlin (vol. I, 1976). A. Wartelle's *Inventaire des MSS grecs d'Aristote* (Paris 1963) relied on library catalogues and therefore contains many errors. L. Dittmeyer, *Untersuchungen über einege HSS und lateinischen Übersetzungen der aristotelischen Tiergeschichte* (Prog. Würzburg 1902), together with the preface to his edition of *HA* (1907), gives a reliable account of Laur. 87,4 and Marc. 208, but only an impressionistic survey of the others. Book x is thoroughly examined in G. Rudberg, *Zum sogenannten zehnten Buche der aristotelischen Tiergeschichte* (Uppsala 1911), which unfortunately has many errors but usefully reviews the question. The list and description of MSS in P. Louis' edition of *HA* (Budé) vol. I (1964) xlvii relies on Dittmeyer and Wartelle and is erroneous in many places. Several of these MSS are judiciously discussed in D. Harlfinger's wide-ranging study, *Die Textgeschichte der ps.-aristotelischen Schriften* περὶ ἀτόμων γραμμῶν (Amsterdam 1971). [See now also F. Berger, *Textgeschichte d. Hist. An.* (p. xiv above) written under Harlfinger's supervision. Berger (in occasional consultation with Harlfinger) has kindly supplied the descriptions which appear below of the seven MSS for which Balme did not leave descriptions: W^c, Y^c, H^c, I^c, U^c, N^c, Z^c, and we have where needed provided updating information for the others, including occasional MS citations for books I–VI. Notes provided by Berger to her MS descriptions are placed in square brackets.]

INTRODUCTION

with what reliability. I have read, not the MSS themselves, but microfilm of them supplied through the courtesy of the libraries named in the list, to all of which acknowledgments and gratitude are due. The microfilms have clearly shown the configuration of the script, except in the damaged Taurinensis C I 9 (56) (discussed below), but have not distinguished the colours, so that separating the different hands has been uncertain. Codicologists (who I hope may find these reports useful) will note this reservation, and will also note that, while I must suggest inferences about the filiation of the MSS, my actual evidence shows their agreements and disagreements only. The MSS are as follows, with Bekker's sigla where available, otherwise mine:

      W^c Parisinus suppl. gr. 1156 (Bibliothèque Nationale, Paris)

(α) C^a Laurentianus 87,4 (Biblioteca Medicea Laurenziana, Florence)
    Y^c Vaticanus Palatinus gr. 260 (Biblioteca Apostolica Vaticana, Vatican)
    A^a Marcianus gr. 208 (Biblioteca Nazionale Marciana, Venice)
  *G^a Marcianus gr. 212 (Biblioteca Nazionale Marciana, Venice)
  *Q Marcianus gr. 200 (Biblioteca Nazionale Marciana, Venice)
  *F^a Marcianus gr. 207 (Biblioteca Nazionale Marciana, Venice)
  *X^c Laurentianus 87,27 (Biblioteca Medicea Laurenziana, Florence)
    H^c Parisinus suppl. gr. 212 (Bibliothèque Nationale, Paris)

(β) *D^a Vaticanus gr. 262 (Biblioteca Apostolica Vaticana, Vatican)
  *S^c Taurinensis C I 9 (56) (Biblioteca Nazionale, Turin)

INTRODUCTION

O^c Riccardianus 13 (Biblioteca Riccardiana, Florence)
T^c Laurentianus 87,1 (Biblioteca Medicea Laurenziana, Florence)
*R^c Utinensis VI,1 (Biblioteca Arcivescovile e Bartoliniana, Udine)
U^c Neapolitanus III D 4 (288) (Biblioteca Nazionale, Naples)
*V^c Neapolitanus III D 5 (289) (Biblioteca Nazionale, Naples)
I^c Oxoniensis Auct. T.4.23 (Misc. 261) (Bodleian Library, Oxford)

(γ) E^a Vaticanus gr. 506 (Biblioteca Apostolica Vaticana, Vatican)
P Vaticanus gr. 1339 (Biblioteca Apostolica Vaticana, Vatican)
K^c Berolinensis Phillips 1507 (Deutsche Staatsbibliothek, Berlin)
Mc Mosquensis 240 (453) (Gosudarstvennyj Istoričeskij Musej, Moscow)
N^c Vaticanus gr. 905 (Biblioteca Apostolica Vaticana, Vatican)
Z^c Matritensis 4563 (N 26) (Biblioteca Nacional, Madrid)
*L^c Ambrosianus I.56 sup. (Biblioteca Ambrosiana, Milan)
m Parisinus gr. 1921 (Bibliothèque Nationale, Paris)
n Vaticanus Urbinas gr. 39 (Biblioteca Apostolica Vaticana, Vatican)

The apparatus criticus will show that these MSS fall into the three families marked α, β, and γ, and the fragment from the *vetustissimus* W^c, which seems to be independent. But in book x the position is quite different: those members of the α and γ families which include x have obtained it directly or indirectly from the β family, as will be discussed below.

While α, β, and γ are close enough to indicate a common ancestor, their extant representatives show the mutual indepen-

INTRODUCTION

dence of the families:[8]

Om. α habent β γ: 493a6 μέρος, 509a21 λόκαλος, 523b1 ζώων, 575a28 (8 words), 586a26 περιέχονται, 600b24 (14 words), 626a21 (6 words), 627b33 (12 words), 628b1 (19 words), 583a16 λεῖα;

Om. β habent α γ: 490a17–18 (10 words), 495b13 (2 words), 497b9 ἕτερα, 595b7 ἐρηριγμένοις, 629b22 (7 words quoted from Homer), 586b9 φυράδας;

Om. γ habent α β: 498b11 ζῷα, 509b18 ἄνωθεν, 513b12 (13 words), 561b6 (26 words), 576a30 (10 words), 589a31 (5 words), 590a8 (3 words), 590a17 (4 words), 592b3 (4 words), 592b6 (16 words), 598b23 (12 words), 600a28 (10 words), 604a27 (34 words), 614a2 (4 words).

Wc[9]

The oldest Greek manuscript of *HA* has been preserved in Par. suppl. 1156. Fol. 13 and 14 originally formed the interior of a quaternio and contain a fragment from book vi. On fol. 13 the text 567a10–569a1 can be read with the help of an ultraviolet lamp. Of fol. 14 where the text 569a1 σαντικ – 570b28 θέρους stood, only a narrow strip still exists which contains on the recto page the first 5–9 letters, on the verso page the last 4–9 letters. The text is written in a ninth-century hand, in a small minuscule inclined to the left and with angular breathing marks; the accents are incomplete, uncial letters and abbreviations (except for καί) are missing.[10] The writing and layout of both preserved

---

[8] [Here and throughout, unless otherwise clear from the context, the citations are representative examples rather than an exhaustive list.]
[9] [See bracketed addition to n. 7 above.]
[10] [D. Harlfinger.]

INTRODUCTION

folios are identical with those of the Vindob. phil. 100 which contain Aristotle's physical treatises (*Phys.*, *Cael.*, *GC*, *Mete.*) and *Metaphysics*.[11] The fragment in Par. suppl. 1156 originally must have belonged to this MS, because on one folio the first sentences of *HA* are represented in a graphical scheme after which the text must have begun on the following folio.[12] The Vindob. phil. 100 certainly originated from Constantinople. The hand of the corrector that likewise must be dated to the ninth century can also be found in a collection of philosophical manuscripts that probably was in the possession of the patriarch Photios.[13] In the thirteenth century William of Moerbeke must have bought this collection or a part of it on one of his voyages, and used it for his translations of Aristotle.[14] The Vindob. apparently was in southern Italy in the early fourteenth century and later came back to Constantinople where it was bought by Augerius de Busbeck in the sixteenth century. When it returned to the east and how long it contained *HA* is unclear.[15]

The fragment in Par. suppl. 1156 (W^c) contains a number of secure separating errors, and thus cannot have been an antigraphon of the younger MSS. Cf. e.g. 567b8, 568b2.

The α family: C^a, Y^c, A^a, G^a, Q, F^a, X^c, H^c.[16]

The omissions and disagreements in C^a, A^a and Y^c are enough to show that neither was the model for the others. The agreements of C^a and A^a (against Y^c β γ) however show that they

---

[11] [J. Irigoin, 'L'Aristote de Vienne', *Jahrbuch der Österreichischen Byzantinischen Gesellschaft* 6 (1957), 5–10.]
[12] [G. Vuillemin-Diem, 'Untersuchungen zu Wilhelm von Moerbekes Metaphysikübersetzung', in *Studien zur mittelalterlichen Geistesgeschichte und ihren Quellen* (= Misc. Mediaev. 15), Berlin 1982, 102–212.]
[13] [T. W. Allen, 'A Group of Ninth Century Greek Manuscripts', *Journal of Philology* 21 (1893), 48–55.]
[14] [Vuillemin-Diem, *op. cit.*]
[15] [Vuillemin-Diem, *op. cit.* 168–172.]
[16] [See bracketed addition to n. 7 above in regard to Y^c and H^c.]

INTRODUCTION

shared an ancestor closer than the common ancestor of all three manuscripts, e.g.: 491b14, 495b19, 499b22, 500a9, 502a34, 512a32, 520a25, 520b8, 521a21 (σπόρος), 521b1; as do their omissions, e.g.:

Om. C^a A^a, habet Y^c: 487a8 (1 word), 504a21 (1 word), 505a11-12 (9 words), 506a6 (3 words), 522b11 (2 words).

Y^c Vat. Pal. 260 contains Aelian, *Nat. Anim.*, several excerpts from *GA* and *PA*, and *HA* I-III with a few lines of IV.[17] The MS can be dated safely by its watermarks to the first quarter of the fourteenth century. Its anonymous writer is also known from other MSS of Aristotle's works.[18] Y^c was believed to be a sibling or even a copy of C^a.[19] Actually both MSS contain readings that do not appear in A^a, but on the other hand this is also the case for A^a and Y^c relative to C^a. Since a common antigraphon of A^a and C^a surely existed (see above), the common readings of C^a and Y^c, or Y^c and A^a must be explained either by contamination or by coincidence. It is Berger's belief that there actually were minor mistakes of the hyparchetype that were corrected independently by one or more MSS.

The antigraphon of Y^c must have been damaged mechanically and could not be read easily; so Y^c shows many lacunae and other mistakes, e.g.:

Om. Y^c, habent C^a A^a: 490a8-9, 496b25-27, 497a2-3, 521a12.

C^a Laur. 87,4 was written by Ioannikios in the last third or quarter of the twelfth century perhaps for Burgundio of Pisa.[20] The MS contains *GA* and other works with *HA* I-IX. It divides

---

[17] [Desinit: ἔτι δὲ τὰ ὀστρακόδερμα τοιαῦτα δ' ἐστίν· (523b9).]
[18] [Harlfinger, *Textgeschichte*, 132-133.]
[19] [Dittmeyer, *Hist. Anim*, x: 'Ex eodem fonte ...'; Louis, *Hist. An.* vol. I, 1: 'Il [C^a] a servi de modèle au Pal. 260.']
[20] [N. G. Wilson, 'A Mysterious Byzantine Scriptorium: Ioannikios and his Colleagues', *Scrittura e Civiltà* 7 (1983), 161-176 with 13 plates.]

INTRODUCTION

HA II at 504b12, thus showing ten books in all, numbered from α' to ι' (including στ' = VI). The writing is an irregular scribble, often difficult to read with certainty, with many ambiguous abbreviations and ligatures (e.g. παρά and περί are identical). It was collated for Camus whose reports (often mistaken) were used by Schneider; it was collated again personally by Bekker with many mistaken reports which were corrected in a subsequent collation by Dittmeyer. Each of these editors made increasing use of C[a], so that it has come to be regarded as the most important MS of *HA*. This however is an over-estimate, for it has too many gross errors and some nonsense, e.g.:

> 589a32 ἔχει cett.: ὀχεῖ C[a];
> 590a30 αὐτὸς β γ: οὗτος αἶνος C[a]: οὕτως A[a];
> 590b14 πολύποδες cett.: πολυρίορχ· πόδες C[a];
> 585a18 τελεόγονα β γ: γέ γον ὦ C[a]: γόνω A[a].

It has sizeable omissions not found in A[a] (e.g. 594a6-9, 596a3-5, 617b4-8, 620a4-5). It has over seventy unique readings, most of which look like the scribe's conjectures. Some of these are good:

> 598b4 εἰς τὸ τίκτειν β γ: ἐν τῷ τίκτειν A[a]: ἐντίκτειν C[a];
> 610b29 κρύγγου β γ: ὀρύγγου A[a]: ἠρύγγου C[a];
> 619a3 πονεῖ β γ: πίνει A[a]: πείνῃ C[a].

Many more are bad:

> 597a20 τὰ καύματα β γ: τὰ κύματα A[a]: τὸ κύημα C[a];
> 598a24 πόντον cett.: τόπον C[a];
> 599b5 αὐτοὺς cett.: ἄλλους C[a];
> 603a14 ἐξερεύγεται cett.: ἐξέρχηται C[a];
> 605b7 εὐθενεῖ β γ: εὐσθενῇ A[a]: ἦ C[a];
> 607a22 οὐ sive τοῦ cett.: ᾠοῦ C[a];
> 609a32 ξύεσθαι cett.: κνήθεσθαι C[a];
> 612b1 χειροῦσθαι cett.: θηροῦσθαι C[a];
> 628b13 ἀνθῶν cett.: ἀγαθῶν C[a].

INTRODUCTION

Sometimes a whole phrase is rewritten, e.g.:

602a16 παράγεια ἢ πελάγια Aᵃ β: παραγείαν πελαγίαν γ: παράγει πρὸς τὴν εὐθηνίαν πελάγια Cᵃ.

William, who predominantly agrees with the α family, agrees more with Cᵃ (whose first hand predates him) than with Aᵃ. There is no sign that any later hand in Cᵃ consulted the Latin, though this cannot be excluded.

Unlike the other MSS (except occasionally Eᵃ), Cᵃ often adds the iota subscript or adscript, but scatters it generously without understanding (e.g. 611a10 ἀπολῃται, 627a4 ἄνῳ ... κάτῳ). Its attempts to emend syntax also betray weakness, e.g. 591b28 δοκοῦσιν ἄν cett.: δοκῶσιν ἄν Cᵃ. There are some corrections in the text (e.g. 589a5, 609b14, 613b29, 584b4) and a few marginal or interlinear additions which seem to be in the same hand and to be explanatory glosses or even proposed emendations (e.g. 620b25, 588a9).

While these tamperings must diminish its reliability, Cᵃ still remains an important independent witness, an alternative to Aᵃ.

(At the end of *HA* the scribe has put the following Byzantine trimeters:

> πόνημα πλεῖστον τῆς γραφῆς τοῦ βιβλίου·
> δόσις δὲ μικρά, τὴν ἀτυχίαν βλέπε·
> καὶ μᾶλλον εἰπεῖν τὴν τοσαύτην μωρίαν·
> σὺ δ' ὁ βλέπων νόησον εἰ θέλεις φίλε,
> καὶ τῷ κόπῳ δίδοιο ναὶ καὶ τὴν δόσιν.
> δόξεις γὰρ ἡμῖν προσφιλέστατος πλέον,
> οἱ γὰρ λόγοι πόνημα τῷ λόγων δότῃ.

'The labour of writing out the book is great, the reward is small, – look at my ill fortune, or rather call it so much folly; but, you who look, take thought if you will, my friend, and grant to my weariness the true reward. For you will seem to me most friendly by far, for words are a labour which is a due reward for the labour of words.' This is not a scribe's plea for

INTRODUCTION

more money but a scholar's whimsical request for philosophical discussion. Ioannikios appended verses to several of his MSS, as Harlfinger reports in *Aristoteles Graecus* under this MS.)

The remaining members of the family are either direct or indirect apographa of A^a. Bessarion owned A^a, G^a, Q, F^a, so that their corrections, with their complex agreements and disagreements, presumably reflect the scholarly activity within Bessarion's circle.[21]

A^a and its apographa

While C^a shows scholarly ambitions, **A^a** in its first hand is an incompetent simple copy. There are no apographa of C^a, nor any sign of its influencing other MSS. A^a on the other hand is the model, direct or indirect, of the other members of the α family, beside Y^c.

A^a Marc. 208 has been dated to the thirteenth century. It contains *HA* I–IX only (plus an extract from Galen in another hand at the end). Like C^a, it divides II at 504b12. The writing is clear and regular, but uses many ambiguous abbreviations which have misled its apographa, e.g.:

630b34 ὀχεύσαντος cett.: ὀχεύσᾶν A^a G^a Q: ὀχεύσαντα F^a X^c;

630b35 καμηλίτην cett.: καμ͞η A^a: καμη lac. G^a Q: κάμηλον F^a X^c.

The mutual independence of A^a and C^a is shown by many variants and omissions, e.g.:

---

[21] The account of these MSS and their filiation by E. Mioni, *Arist. codices qui in bibl. Venetis adservantur* (Padua 1958), is unreliable; e.g. his contention (p. 54) that Marc. 207 copied and corrected *HA* x from Vat. 262 is based on only four citations, two of which are false reports by Bekker and a third is a misprint; he also failed to see that Q is a copy of G^a (cf. Harlfinger, *Textgesch.* 183).

INTRODUCTION

Om. A^a, habet C^a: 592b8–9, 623b7–8, 582b15–17;
Hab. A^a, om. C^a: 594a6–9, 596a3–5, 583b26.

Although A^a is full of crude mistakes, it occasionally exhibits valuable readings which must claim authority, e.g.:

> 602a16 παράγεια ἢ πελάγια (quoted above);
> 605b4 μὴ πίνουσι A^a: πίνουσι C^a: om. β γ;
> 630a2 ἀντιφρίξαντα A^a: αντιφράξαντα C^a β γ.

A^a has been corrected in over 330 places in VII–IX. If these corrections are grouped according to their agreement with other MSS, they yield a possible chronological sequence. The dates of the apographa are known (see below): A^a was first copied by G^a (which was itself copied by Q) and later by F^a (which was itself copied by X^c). The first hand of G^a includes 23 of the corrections in A^a. A second hand in G^a agrees with a further 77 corrections in A^a. Most of the 100 corrections in these two groups agree with the other families generally, so that their actual source cannot be identified; there is however a hint that a β MS may have been the source of some:

> 604a7 τε C^a A^a*pr.* G^a*pr.* γ: om. β: del. A^a*rc.* G^a*rc.*;
> 604a8 καὶ ... ἀνθρώπου (8 words) C^a A^a*pr.* G^a*pr.* γ: om. β: del. A^a*rc.* G^a*rc.*

A few are peculiar to A^a and its apographa, and are presumably conjectures, e.g. 612b8, 14, 614b13, 631a2, 10.

A third group of 215 corrections in A^a disagree with both G^a*pr.* and G^a*rc.*, but agree with F^a*pr.* A significant proportion of these agree with the γ family against β, and in particular with the first hand of m Par. 1921, e.g.:

> 606b9 ἄπαλτον A^a*pr.* C^a: ἄπλατον cett.: ἄπλετον m A^a*rc.* F^a;
> 609b9 κρεξελέω A^a*pr.* cett.: κρὲξ κελεῶ m A^a*rc.* F^a;
> 611b32 τύχωσι A^a*pr.* C^a E^a P K^c M^c n: φεύγωσι β L^c Guil. Gaza: τέκωσι m A^a*rc.* F^a;

INTRODUCTION

612a35 λαμβάνεται A^a*pr.* cett.: ἐπιλαμβάνεται m A^a*rc.* F^a;
614b17 τὸ μαλακόν A^a*pr.* cett.: αὐτοῦ τὸ ἁπαλόν m A^a*rc.* F^a;
585a18 γόνω A^a*pr.*: τελεογόνα τῶ χρόνω β: τελεογόνα γόνω E^a P K^c M^c: τελεογόνα m L^c n A^a*rc.* F^a;
(cf. 590a31, 592a4, 594a29, 605b4, 10, 607a3, 614b15, 630a35, 632b19, 585a12, 18, 585b35, 586a9).

A comparison of the omissions which have been supplied in the margin also shows that A^a*rc.* F^a were supplied from m, while G^a was supplied from Guil.:

Om. A^a*pr.* G^a*pr.*: supplied in A^a*rc.* F^a from γ, but in G^a*rc.* from Guil.: 600b24, 582a20–23;
Om. A^a*pr.* G^a*pr.* Guil.: supplied in A^a*rc.* F^a but not in G^a: 586a26;
Om. A^a*pr.* G^a*pr.* m: not supplied in A^a but supplied in G^a*rc.* from Guil.: 623b7, 626a21, 628b1, 584b14.

Also in this group there is a considerable residue of conjectures, in which A^a*rc.* F^a agree with other Greek MS; some occur in passages omitted by m, and some but not all agree with Gaza, e.g.:

A^a*rc.* F^a = Gaza, om. m: 621a2;
A^a*rc.* F^a = Gaza, contra m: 611b27, 617b24;
A^a*rc.* F^a contra Gaza m: 606b18, 607a3;
A^a*rc.* F^a, om. m: 616b22, 618a13, 619b21 (these are not inconsistent with Gaza, but not obviously prompted by his Latin).

There is little to show whether A^a*rc.* copied or was copied by F^a. As will be seen, F^a is a heavily edited version containing many minor conjectures peculiar to itself. There is one passage suggesting that F^a borrowed directly from m (583b23 ἕως A^a cett.: τέως m F^a); but this could be a coincidence of conjectures. On the other hand there are more passages suggesting that A^a was corrected from m and that F^a followed A^a*rc.* in many although not in all (cf. 606b24, 612b29, 630b35, 632a30, 585a12).

INTRODUCTION

A fourth group of 20 corrections in A^a disagree with both G^a and F^a, suggesting that these corrections were added after G^a and F^a had been copied from A^a, and independently of corrections made to G^a and F^a, e.g.:

593a29 δυομένων α β: φαινομένων γ $A^a rc$.;
585a12 τὸ add. $A^a rc$. m $S^c rc$. L^c.

In most of this group the common factor is again agreement with m (cf. 594a29, 598a11, 600a26, 606b24, 615b11). At 621a4, where m omits the passage, $A^a rc$. agrees with Gaza uniquely:

621a4 φοβηθῇ cett.: ληφθῇ $A^a rc$. Gaza.

The sequence suggested by these agreements is: (i) A^a is corrected (23), G^a copies this corrected version; (ii) both A^a and G^a are corrected (77); (iii) A^a is further corrected from m and Gaza (215), F^a now copies $A^a rc$.; (iv) A^a receives more corrections (20) from m and Gaza. It will be seen that after stage (ii) $G^a rc$. adds many corrections from Guil. which are not found in $A^a rc$. Similarly after stage (iii) F^a makes many changes, some in its first hand, not reflected in $A^a rc$. The corrections in A^a itself therefore do not point to a source otherwise unknown: they suggest the possible use of a β MS, then later the use of m and of Gaza's Latin; the remainder are reasonable minor changes which are probably conjectures.

G^a and Q

G^a Marc. 212 is a collection of many of Aristotle's works, some of which, including *HA* I–IX, have corrections and notes in Bessarion's hand; these copies were made for him c. 1430 soon after his arrival in Italy; the copy of *HA* X was added c. 1440. For evidence that *HA* I–IX was copied from A^a cf. 585a32 τοῖς κύνδεσι, 606b24 ποταμοῦ, 622a32 σηπίον, and their common omissions at VI 565b20–567b26, VIII(IX) 614b24, 623b7, 627b1, IX(VII) 582b15–17. As noted above, $G^a pr$. includes 23 of the corrections made in $A^a rc$., and $G^a rc$. includes a further 77 correc-

INTRODUCTION

tions but does not include 215 corrections which A[a]*rc.* and F[a] both have. In addition G[a]*rc.* has 120 corrections which disagree with A[a] and are evidently derived from William's Latin, e.g.:

614b24 καθεύδουσιν ἐπὶ ἑνὸς ποδὸς ἐνάλλαξ om. A[a]*pr.* G[a]*pr.*, add. A[a]*rc.*: κοιμῶνται καὶ εν ἑνι ποδὶ ἀμοιβηδόν G[a]*rc.*: *dormiunt et in uno pede vicissim* Guil.;
620b4 καὶ τῆς θήρας μεταδιδόασιν αὐτοῖς· ῥίπτουσι γὰρ τῶν ὀρνίθων, οἱ δὲ ὑπολαμβάνουσιν om. A[a] G[a]*pr.*: διδόασι δὲ καὶ τοῖς ἱεράκοις ἐκ τῶν ὀρνίθων G[a]*rc.*: *proiciunt autem accipitribus de ipsis avibus* Guil.;

cf. 591b17, 600b24, 605a18, 617a28, 623b7, 626a20, 582a20, *passim*. There are signs that the version of William used for G[a]*rc.* was that of Vat. 2095 (cf. 604a11, 615b23). At 632a15 G[a]*rc.* has μόσχοι (= *vituli* Guil.) but in the margin has αἱ δὲ δαμάλεις (= A[a]*rc.* F[a]) which must be a later correction. G[a]*rc.* also has some small corrections which may be conjectures, e.g. 589b29 del. ἀεί, 591b13 φύκκος, 610b28 τοὺς, 618a4 ἄλλο, 624b31 ἐπὶ πολλῆς, *passim*.

At the end of ix G[a] has two marginal notes: (i) 'Note that we have found in the Latin a tenth book of the *Hist. Anim.* which begins "With the advance ..."; I do not know if this book is found also in the Greek, for up to now I have not come across it'; (ii) 'but now we have come across it also in the Greek and have transcribed it here'. Book x begins on the following (verso) page, in a new hand. The first of the two notes just quoted gives the beginning of x in Greek as προιούσης δὲ τῆς ἡλικίας ἡ τοῦ μὴ γεννᾶν τῶ ἀνδρὶ καὶ τῆ γυναικὶ συνερχομένοις μετ' ἀλλήλων αἰτία ποτὲ μὲν ἐν ἀμφοῖν ποτὲ δ' ἐν θατέρω μόνον ἐστιν. This differs from the Greek version later transcribed overleaf (= β) and also from the Latin of Scotus, but agrees closely with William: *procedente autem etate viro et mulieri non generandi invicem convenientes causa aliquando quidem* (om. *quidem* cett.) *in ambobus est aliquando autem in altero solum.*

In book x G[a] agrees generally with the β family, but differs

18

INTRODUCTION

from D^a in 62 places. Of these, 24 are evident slips or omissions, one might be a conjecture (634a12 γίνεται), and three are evidently corrections owed to William (633b12 μή, 633b13 συνιόντας, 636b20 om. δέ); but no less than 25 agree with S^c against D^a, while the remaining 9 were not verifiable in my photograph of the damaged S^c. G^a in fact agrees with S^c wherever S^c is seen to disagree with D^a, namely at 634a30, 635a11, 21, 635b36, 636a14, 636b10, 11, 13 (bis), 14, 17, 23, 30, 32, 34, 637a21, 25, 38, 637b17, 18, 29, 31, 638a7, 638b5, 8. At these places, as will be seen, L^c also agrees with S^c against D^a; but there are enough disagreements elsewhere between G^a and L^c to show that neither was the model for the other, namely: inconsistent omissions at 634b18, 635a13, 31, 635b14, 34, 636a6, 11, 19, 636b8, 20, 638b12, and variants at 635b23, 636b36, 637a18, 23, 638a3, 17, 36, 638b35. It seems therefore that S^c was the Greek version of book x found by Bessarion.

Q Marc. 200 is the splendid copy of Aristotle's works, excepting the Organon, that was made for Bessarion in 1457 by John Rhosos. For *HA* vii–ix it copies G^a including some but not all corrections (cf. 591b17, 592a13, 584b29, *passim*). Occasionally Q misreads G^a, resulting in nonsense (cf. 592b7, 595b23, 617a28, 620b4, 587a13). It corrects a few of G^a's remaining mistakes (e.g. 626b6), but more often repeats them (e.g. 637b38). Q adds mistakes of its own (e.g. 619b5). There are some corrections in Q (e.g. 589b4, 587a34, 587b6). In x there are several places where Q or Q*rc*. seems to make conjectures, e.g. 634b20 οὐ μήν, 636b21 πεπερασμένη, 637a11 γιγνόμενον, 637a14 μετά, 638a13 πρῶτα; there are some that could be taken from William, e.g. 636b17, 637b12, 32. But Q makes fewer changes in x than was suggested by Bekker's apparatus, which omitted G^a's readings at 633b12 τοῦ, 633b13 συνιόντας, 634a12 γίνεται, 634a30 ἐχούσας, 635a35 ῥαδίως, and others. The most significant misreport, repeated by Dittmeyer and others from Bekker, is 633b28 οὐδέν, which is not in fact read by Q, nor by any Greek MS (see commentary, volume II, *ad loc.*).

INTRODUCTION

F^a and X^c

F^a Marc. 207, written in the 1460s, contains *HA* I–X followed by *PA* and *GA*. Though made so soon after Q in Bessarion's collection, it exhibits many differences. In VII–IX it agrees with A^a including the 215 corrections made in A^a after G^a had been copied from A^a; these corrections, which often disagree with G^a Q, are incorporated in the text of F^a*pr*. After IX F^a proceeds immediately in the same hand to X (omitted in A^a, m, Gaza) in which it agrees predominately with Q (including e.g. 636b21 πεπαρασμένη, 638a13 πρῶτα, cf. 633b29, 634a8, 634b20, 635b18, 636b17, 637a14, 637b3, 12, 32). But both in VII–IX and in X F^a has frequent minor variants, totalling over 100. Most of these are peculiar to F^a and are of a cosmetic scholarly nature (orthographical or lexical improvements, e.g. 584b1 δὲ instead of μὲν οὖν, cf. 608b29, 611a27, 28, 613a13, 638a20, 29, 582a10), but some agree with and could be owed to m, e.g. 592b3, 583b23 τέως (mentioned above, p. 16), 587a21. Some of these conjectures deserve consideration, e.g. 634b27, 635a28 στόμα (σῶμα cett.) and 585a36 γόνιμοι.

X^c Laur. 87,27 is the latest of the α family, written in the late fifteenth century, containing *HA* I–X only. It is a simple copy of F^a, which it follows carefully (cf. 608b1, 609a1, 611a7, 613a25, 616b28). Sometimes it misreads F^a and admits nonsense, e.g. 617b32, 633a12, 586b29. Only rarely it corrects F^a, e.g. 624b7 εἰς (wrong), 586b27 κορδύλος X^c marg. eadem manu. It contributes a few mistakes and omissions of its own, shown in the apparatus below.

The choice of F^a to be the model of X^c suggests that it was regarded as the best corrected of Bessarion's four MSS of *HA*. Much thought had evidently been given to the corrections in A^a, G^a and F^a, which are not simple copies but learned editions. A^a*pr*. however was initially so bad that even with all these corrections it still does not reach the standard of plausibility found in D^a. C^a is initially better than A^a, but its corrections are insignificant and it was apparently neglected. In their extant state,

INTRODUCTION

based on the evidence of VII–X, the usefulness of the α family has been overestimated; nevertheless they have chronological seniority and their mistakes might sometimes be nearer than later conjectures to the truth.

H^c Par. suppl. 212[22] has been dated between 1450 and 1469. On fol. 22–147 the text of *HA* can be found, but only as a fragment,[23] and confused by a wrong binding. The original order can be restored with the help of the old custodes and folio numbers. The old numbering was introduced by Aldus Manutius himself; the corrector may have been Lorenzo Maioli. He or another of Aldus' collaborators compared the Par. to the Ambros. I 56 sup. (L^c), at least until III. 522b17, but probably until IV. 529b8.[24] The Aldine was based on the corrected text as, for example, the following readings show: 513a9 τὴν φύσιν H^c*rc*. L^c Ald; 522a26. After 529b8 the edition shows no α readings.[25]

The writer of H^c did not copy the text very exactly: the MS contains a large number of mistakes even after correction. There is no evidence that H^c was based on any other α MS than A^a.

The β family: D^a, S^c, O^c, T^c, R^c, U^c, V^c, I^c.

D^a Vat. 262 is believed to date from the fourteenth century. It contains only *HA* I–X. It appears to be not a scholar's working text but a fair copy (as Q is to G^a, and X^c to F^a); below the last line the scribe has written περιγραφῆς ἀληθοῦς. D^a has few mistakes, and no marginalia except rare subject-indicators like 'on the elephant'. The few corrections are in the same hand. Book X begins on a new folio but appears to be in the same

---

[22] [Cf. M. Sicherl, *Griechische Erstausgaben des Aldus Manutius, Druckvorlagen, Stellenwert, kultureller Hintergrund*, Paderborn, Munich, Vienna, Zürich 1997 (= Studien zur Geschichte und Kultur des Altertums; Neue Folge, 1. Reihe, Monographien: Bd. 10), 30–48.]
[23] [496a13–512b10, 513a7–515a32, 515b26–522b17, 529b8–558b4.]
[24] [522b17–529b8 is lost.]
[25] [See further on the Aldine below, pp. 36–38.]

hand, while IX ends exactly at the end of the preceding verso. The other MSS are apographa, direct or indirect, of D^a. For evidence of its superiority over the extant α and γ MSS see below pp. 32–35, with the warning about diorthosis. D^a has far fewer omissions than α γ, the longest being the quotation from Homer at 629b22 where only the first word is given (incorrectly) followed by a lacuna; the same error and lacuna occur in the other β MSS. At 638a7 early damage has obliterated four letters (presumably ὥστε): while S^c and R^c read ὥστε, V^c leaves a lacuna which a later hand has wrongly supplied in the margin with αὕτη. (O^c and T^c omit x.)

S^c Taur. C I 9 (56), according to Harlfinger, was written in the first half of the fifteenth century by Georgios Chrysokokkes who also wrote the MS Laur. 60,18 (*Rhet., Rhet Al.*).[26] It contains *PA, GA* and *HA* I–X. The writing is clear but was unfortunately damaged in the 1904 fire at Turin, so that in the microfilm the top 5–10 lines of every page, and the bottom 5 lines of many pages, are illegible. (The writing appears to be still there, however, and might prove readable in the MS itself.) Consequently I have been unable to report about one quarter of it, but enough has been legible to establish (i) that S^c is an edited copy of D^a, (ii) that S^c is the source of the variants in L^c*rc.* in VII–IX, (iii) that S^c is the model of x in both G^a and L^c independently. S^c differs from D^a at 50 places in the legible parts of VII–X. Some are probably mistakes, e.g. 616b25 ὑλοτομοῦσα, 620a9 ἀναδυόμενος, and the omissions at 581a16, 636b17, 637b18. But most look like deliberate emendations, e.g. 590a27 γίνεται, 590b24 λάβοι, 620a10 ἑτέρωσε, 621a29 ἄττα, 586a33 λείαν (cf. 624b25, 626a29, 33, 626b6, 627a18, 628b27, 585b28). Some variants are quite extensive, e.g. 598b1, 612a7, 623b11. There is no regular correlation with Gaza: some agree (e.g. 591b10, 598b1, 612a7, 629b4) but some disagree (e.g. 606a23, 621a29, 623b10, 11).

---

[26] [*Aristoteles Graecus* I, 219–220.]

INTRODUCTION

O^c and T^c

O^c Ricc. 13, dated 1470 by Harlfinger (*Arist. Graec.*), contains *HA* I–IX followed by *GA* and *Parv. Nat.* It has reordered the old IX as VII and omitted X, suggesting Gaza's influence. It has not transposed the later parts of the new IX in Gaza's manner, but the points where Gaza made the transpositions are marked in the text and margins (631b18, 632b14, 633a11, 29) and noted by a later gloss at 631b18; this same later hand has written ἔτι λείπει at the end, presumably referring to the omission of X. These markings and notes could be later than the Aldine, which also makes Gaza's transpositions; but the re-ordering of IX and VII and the omission of X are due to the first hand of O^c and must therefore precede the Aldine.

O^c*pr.* agrees closely with D^a. It supplies none of D^a's omissions, but omits words which D^a has (598b15, 17–18, 604b16, 612a24, 616b16). O^c does not agree with either S^c or R^c where these disagree with D^a. It cannot be copied from V^c which is certainly later, nor from T^c which is certainly a copy of O^c. It seems therefore that O^c*pr.* is a simple copy of D^a. The occasional slight differences look like mistakes (e.g. 598b3, 16, 604a3, 627a10, 14); one possible conjecture is 623b26 ἐξεργασίαν.

O^c*rc.* however makes over 50 changes in VII–IX, all agreeing with Gaza. Half of them appear to be retranslations of his Latin, agreeing with no other source, e.g.:

> 604b16 σημεῖον δὲ λαπάρας ἀλγεῖ καὶ ἐὰν ἡ κύστις μεταστῇ cett. (λαπαρὸς ὢν **α γ**, μεταστῇ om. **γ**): om. O^c*pr.* T^c: σημεῖον δὲ ὅταν τὰ πλεῦρα ὑφιζάνῃ καὶ αἱ λαγόνες συσπῶνται καὶ ἐὰν ἡ κύστις μεθίστηται O^c*rc.*: *signum autem gracilis existens et si vesica transciderit* Guil. (= **α**): *indicium ut latera subsidant et ilia praestringantur et si uesica dimoueatur de suo situ* Gaza.

There are equally clear cases at 591a24, 598b17, 614a32, 615b5, 8, 619a3, 621a31, 33, 624b32, 625a9, 627a10, 629b17, 24, 631b5. Many others, however, while not disagreeing with Gaza, could hardly be determined by the Latin; moreover, they agree with

23

INTRODUCTION

other Greek MSS, especially L^c and m*rc.*, e.g. 589a11, 591b19, 593a29, 598b30, 601b2, 605b24, 606a16, 27, 606b14, 609a34, 610a1, 610b32, 615b10, 621a4, 623a32, 587a15. As will be seen, m*rc.* drew its corrections largely from Gaza. Nevertheless m cannot have been the source for all, since O^c continues its corrections in the passages omitted by m (614a32, 618b32, 619a3). Where these corrections are not taken from Gaza, the only Greek source common to them is L^c*pr.*, and occasionally O^c*rc.* agrees with no other Greek source than L^c*pr.* (602a25, 606a16, 606b14, 619a14, 623b9). There is a small residue which appears to be O^c's own conjectures (e.g. 602b31, 603b5, 631b32). The conclusion is that while O^c*pr.* is an unedited copy of D^a, O^c*rc.* has added variants most of which are either unique retranslations from Gaza or the version of L^c*pr.* (not disagreeing with Gaza), but a very few are conjectures. No evidence supports Dittmeyer's statement (*Hist. Anim.* xvi) that O^c was corrected from P. O^c*rc.* does not agree with L^c*rc.* nor always with the Aldine (but see below for evidence that the Aldine editor checked his copy against O^c*pr.*).

T^c Laur. 87,1, dated *c.* 1500 by Harlfinger (*Arist. Graec.*), contains *HA* i–ix in Gaza's order, followed by *GA*. Dittmeyer's belief that it is a copy of D^a corrected from P is not supported by *HA* vii–ix, which shows it to be a simple copy of O^c*pr.* without contamination or correction from any other source (cf. 591a25, 591b27, 598b17, 604b15, 612a24, 615b5, 616b16, 623a13, 623b26, 624b34, 625b25, 627a10, 629a22; om. T^c hab. O^c 609a20–21). It is written in a hasty scribble with mistakes in every few lines; most of them have been omitted from my apparatus criticus. Some mistakes are corrected by the same hand; there is no later hand and no marginalia. It contains none of the O^c*rc.* variants. It has no independent authority or value.

R^c Utin. VI, 1, written in the fifteenth century, contains *HA* i–x followed by other biological works of Aristotle. Its version of *HA* is a simple copy of D^a, with many mistakes and omissions which are corrected in the margin by the same hand. It differs

INTRODUCTION

from D^a in that IX and VII are reordered, but it includes X, starting on a new folio in the same hand, also a copy of D^a. The transpositions made within 631b18–633a29 by Gaza, L^c and the Aldine are marked by signs in the margin of R^c. A few variants look like deliberate emendations of D^a, e.g. 592b30, 612a34, 627a22, 585a25. These do not agree uniformly with any source, but they are too slight as evidence.

U^c and V^c

U^c Neap. III D 4 (288) and V^c Neapol. III D 5 (289) are a pair of codices containing respectively *HA* I–V and *HA* VI–X. The books are in the pre-Gaza order. The subscriptions by John Rhosos 'the elder' date U^c July 20, 1493 and V^c October 5, 1493. In books VII–X, V^c*pr.* agrees with D^a against the other β MSS (e.g. 589b3, 638a7). At 629b17 it follows D^a*pr*. It makes a rare correction of D^a at 611b15, agreeing with many sources. V^c has few mistakes and corrections except in IX(VII) where a later hand has corrected 581a18, 581b14, 15, 582a16, 583a22, 583b10, 20, 584b19, 20, 25; these corrections agree with m Gaza. A few marginalia, also in a later hand, give subject-indicators and explicate some abbreviations and ligatures, and at 597a24 this hand glosses βοηδρομιῶνος, μαιμακτηριῶνος as ιουλιους and αὐγουστους (sic).

I^c[27] Oxon. Bodl. Misc. 261 (Saibant. Auct. T. 4.23), written in the fifteenth century,[28] contains *HA* I and a short excerpt from III (511b24–515b25). I^c seems to be copied from a lost copy of D^a, which was corrected from a manuscript of the γ family:

487a8 μέρος I^c, C^a, A^a, E^a, P, K*rc*., M^c*rc*.: γένος D^a
490a18 δίπτερα ... ἐστιν non om. I^c

---

[27] [See bracketed addition to n. 7 above.]
[28] [The copyist is Harlfinger's Anonymous 19 (*Textgeschichte* 419). E. Gamillscheg (*Jahrbuch der Österreichischen Byzantinistik* 36 (1986), 287–300) identifies him as Georgios Amirutzes, but Harlfinger disagrees.]

493a24 εἰρημένα εἰρήκαμεν I^c: εἰρήμενα D^a: εἰρήκαμεν γ
495b13 καὶ ἰνώδεσι non om. I^c

I^c itself has many omissions, e.g. 488b8–9, 491a13–15, 496a7.

The γ family: (i) E^a (ii) P K^c M^c (iii) m n L^c N^c Z^c.

Like the extant α family, these do not contain book x except adventitiously in L^c where it is copied from S^c. (N^c Z^c contain only the first five books.) The pattern of agreements does not suggest that any extant γ MS is the model of any other, but they do fall into the above groups while also sharing a common ancestor distinct from α and β. P was once thought the oldest, but recent opinion has placed it in late fourteenth or even fifteenth century; this would leave E^a and m as probably the oldest.

E^a Vat. 506 was written around 1300. It contains *EN* followed by *HA* I–IX in traditional order. It has some damage repairs but is basically a neat and careful copy. There are however many later corrections, some in the margin but many forced into the original text. Bekker used it only occasionally for 558b8–562b2 and 588a16–633b8, which shows that he did not value it highly. Dittmeyer (*Hist. Anim.* xiv) condemns it roundly, criticizing several of its readings; but his criticisms are somewhat trivial. Compared with the other γ MSS, E^a deserves more attention. There are signs that it used two models, one akin to the α family, the other akin to m n L^c. It shows agreements with α, not shared by other γ MSS, at 599a14, 608a21, 581a17, 582a7, 585a21, 586a29, 587b23. Like C^a, but unlike all others, E^a occasionally adds the iota subscript. Like the α family, but unlike β γ, at the end of VI E^a has the opening words of its next book VII(VIII), though it then differs from α by omitting these words at the beginning of the next book. On the other hand between 619 and 633 E^a shows 26 agreements with n L^c against cett. (mostly in passages omitted by m), e.g. 619a34, 621b3, 623a7, 623b25, 625b3, 626a3, 627a30, 633a15, *passim*; to these should be added a few in IX(VII) (which follows 633 in E^a) e.g. 581a31. But

INTRODUCTION

in this section there are also many places where n L^c diverge both from E^a and from others (e.g. 624a17, 627a32, 628b13, 630b5, 32, 631b12, 632a32).

E^a has many unique readings which look like conjectures, sometimes good but more often unsuccessful; cf. 593a7, 605b14, 611b10, 627a32, 631b28, 587b13, 24. At 587a13 E^{a}rc. agrees rightly with mrc. Gaza. All in all, E^a presents an edited version of a lost model or models which agreed partly with α and partly with γ, and therefore has some claim to independent witness.

P K^c M^c

These three MSS are related to one model, as Harlfinger has shown (*Textgesch.* 247). P is discussed below. K^c Berol. Phill. 1507 was written in 1455, Mc Mosqu. 240 (453) later in the fifteenth century. Both were possessed by the Byzantine circle of Mattaios Kamariotes who himself wrote out M^c.

While the variants confirm their relationship to one model, their mutual independence is shown by omissions:

Om. P, hab. K^c M^c: 591a16, 594a16, 595b27, 604b16, 606a5, 612a16, 615a1, 626b22, 628b20, 582b6;

Om. K^c, hab. P M^c: 591a27, 597a1, 597b2, 599b25, 623a5;

Om. M^c, hab. P K^c: 598a3, 617a13, 584a35.

They have similar but not identical lacunae at 591a25, 623a1, 9, 13, 584a17, 19, 585a2, from which it would seem that P's model was in a better state than when it – or a close relation – was copied by K^c M^c. At the end of both K^c and M^c is a note that the model was very damaged. M^c shows generally more skilful corrections than K^c, and offers better readings in many places, e.g. 594b5, 13, 23, 595a4, 604b8, 10, 605a14, 617a16, 621b31, 625a30, 626b18, 628a25, 633a15, 583b32, 584a5, 585a11. Most of these readings agree with the α β MSS without showing which was consulted; some are simply necessary corrections which would be obvious to a proficient scholar. Sometimes M^c makes unsuccessful conjectures (593b11, 600b12). In general M^c

INTRODUCTION

offers a more sensible text, but has evidently been more subjected to diorthosis than P K^c. On the other hand K^c offers some impossible readings, e.g. 595b29, 615a7, 582b5; and at 586b21 K^c incorporates in the text – defying syntax – words approximating to those which appear in the margin of m and were presumably a gloss in their common ancestor (see commentary *ad loc.*).

P Vat. 1339 contains Aristotle's biological works and some opuscula, ending with *HA* I–IX (old order). It has been variously dated and valued. Harlfinger[29] has shown that it was written by Ioasaph, who lived in the second half of the fourteenth century. His handwriting, which is an artificial imitation of more ancient hands, is very clear. The apparatus will show that it contains unusually many crude errors, lacunae and omissions, and that not one of its 150 unique readings in VII–IX is preferable. Dittmeyer's suggestion that P was the source of corrections in m, O^c and T^c is not borne out by VII–IX, nor does any other MS show the influence of P.

m n L^c N^c and its apographon Z^c

While this group agrees in general with the other γ MSS, there are many places where they share a reading different from all others, indicating an intermediate source common to them but not to others. There is however a section (VIII(IX) 619–633) where E^a is closer to m n L^c. (As mentioned above, N^c and its apographon Z^c have only the first five books.)

Om. E^a P K^c M^c, hab. m n N^c (Z^c) L^c: nil;
Om. m n N^c (Z^c) L^c, hab. E^a P K^c M^c: 487b24, 489a11, 521a24, 597a29, 601b12, 603b27, 605a14, 607a21, 609a14, 610a1, 630b5, 632a32, 586b30.

On the whole m n N^c (and Z^c) agree together more than with L^c (cf. 597a25, 609b30), but this is only because L^c is more

---

[29] *Textgesch.*, 251–255.

INTRODUCTION

edited. Their omissions show that they are not copied from each other:

> Om. m, hab. n L^c: 591a16, 596b15, 597a16, 23, 600a13, 606a5, *passim* in 613–633, 586b31;
> Om. n, hab. m L^c: 598a6, 627b3, (om. m), 15 (om. m), 633a29, 587a20;
> Om. L^c, hab. m n: 591a30, 609b29, 614b16, 583a4, 35, 583b8;
> Om. N^c (Z^c), hab. m n L^c: 488a13–14, 494b21–22, 495a9–11, 538b19–20.

m Par. 1921 is apparently one of the group of copies of Aristotelian works that belonged to a scholar in the third quarter of the fourteenth century. He also wrote the MSS Par. Coisl. 161, Par. Coisl. 166 and Hier. S. Sepulcri 150, and he added to m extensive marginal commentary some of which was drawn from the works of Michael of Ephesus.[30] The MS contains several biological treatises and commentaries followed by *HA* I–IX. A large section 613–633 is represented only by brief extracts (in the traditional order). There are many corrections in later hands, in both text and margins. At 597a25 a passage of 23 words is repeated in a corrected form (ἔαρος for ἀέρος), and the second occurrence has been later deleted; in n the same repetition occurs with no deletion; in L^c there is no repetition but ἀέρος has been correctly over-written as ἔαρος.

It is the first hand of m, not the later corrections, that agrees with the 215 corrections which seem to constitute a third stage in A^a (above, p. 15). Sometimes m*pr.* has good readings which disagree with the other γ MSS, e.g. 598b1, 599b8, 583b23, but there are not enough of them to point regularly to a source; some indeed are unique and look like conjectures, e.g. 588a28, 609b30, 614b17, 21, 587b34. At 586b32 the marginal gloss (which is incorporated into the text of K^c, as noted above) appears to be in the

---

[30] [Harlfinger, *Textgeschichte*, 55–57.]

first hand. In m*rc.* some of the corrections are unique (e.g. 594a29), but the majority – over sixty – seem to be prompted by Gaza, e.g. 590a17, 22, 597a16, 23, 598b3, 600b32, 603b6, *passim.* There is no evidence in VII–IX that m was corrected from P.

n Vat. Urb. 39, written in the fifteenth century by Georgios Tzangaropoulos (Harlfinger *Textgesch.* 240), contains *HA* I–IX followed by some *Parv. Nat.* and *De Plantis* I. It has many mistakes and omissions, not all of which are reported in the apparatus. Many of them are corrected by the same hand in the margin, together with a few subject-headings. No later hand is apparent. At 606a16 and 613b3 it agrees only with L^c (and $O^c rc.$ Gaza). It does not agree with the many corrections which m*rc.* took from Gaza, nor with many of the idiosyncratic variants in $L^c pr$. At 611a21 it adds ὡς εἶπον, 'as I said', possibly incorporating a gloss in its model which referred back to VI 578b21 where the same report occurs. It gives no evidence of contamination or conjecture, but seems to be a simple copy of a model close to m L^c.

L^c Ambr. I 56 sup., written in the mid-fifteenth century by Andronikos Kallistos (d. 1478), contains *PA* and *HA* I–X. The books are in the traditional order, but within 631–633 there are the same transpositions as in Gaza (see commentary ad 631b19); there are no transpositions in X. L^c is the only γ MS that contains X, which is evidently a later addition written on different paper in a smaller and plainer script which Sicherl and Harlfinger judge to be nevertheless by the same hand as $L^c pr$.[31]

$L^c pr.$ agrees generally with m n, but has numerous readings peculiar to itself, which appear to be neither mistakes nor contaminations but conjectures made *ad sensum*; there are some 30 in VII–IX, e.g. 593a4, 598b1, 27, 604b11, 608a7, 608b19, 614a11, 616a9, 617a27, 620a10, 624b6, 8, 632a23, 583b30, 586a12. It has others shared only with Gaza, e.g. 586a18 (where Gaza's ver-

---

[31] M. Sicherl, *Handschriftliche Vorlagen der Editio Princeps des Aristoteles* (Mainz-Wiesbaden 1976), 26. [Cf. Sicherl, *Griechische Erstausgaben*, 44–46.]

INTRODUCTION

sion implies *pneuma*), 598b21, 599a1, 609b4, 612a26, 632b14, 633a4, or shared only with Gaza and n as at 606a16, 613b3, 623b9. But a few agree with the β MSS against both Gaza and the other γ MSS, e.g. 589b27, 603a6. In one place L^c*pr.* agrees with α Guil. against β γ Gaza (603b6), but there is no other sign that L^c*pr.* used an α MS. The appearances therefore suggest that L^c*pr.* agrees basically with the same source that supplied m n and part of E^a, but made bold conjectures of its own and also took some readings from a β MS and from Gaza. If so, L^c*pr.* is the product of considerable editing.

L^c*rc.* presents in text and margins many variants (over 200 in VII–IX), written in the same smaller and less decorated hand as x; almost all agree with the β MSS, in particular with S^c wherever S^c disagrees with D^a, e.g. 590a27, 593b9, 596b5, 598b1, 600a15, 19, 601a30, 601b2, 603b22, 610b31, 616b25, 620a9, 10, 20, 621a29, 623b10, 11, 624b25, 627a18, 628b27. There are in addition a very few corrections in a later hand, noted in the apparatus as recentissima, e.g. 600a19, 621b16, 582b6. In book x there are a few corrections in the same hand, no later hand and no marginalia; here L^c agrees with S^c as noted above under G^a (p. 19), except for a few mistakes and two apparent conjectures (636b36 οἷόν τε, 638b35 οἷον).

It seems then that L^c does not present independent evidence of the tradition. Its main interest – apart from illustrating the editorial activity of the time – is that it was the model for the Aldine in *HA* VI–X (see below). Its use by the Aldine is such as to suggest that book x was not bound up with the rest of *HA* in L^c at the time that the Aldine's copy of VI–IX was taken from L^c.

N^c and its apographon Z^c[32]

N^c Vat. 905[33] was written around 1430 by a certain Demetrios. It contains *Lin.*, *Mech.* and *HA* I–V. This is a very exact copy

---

[32] [See bracketed addition to n. 7 above.]
[33] [Harlfinger, *Textgeschichte*, 266–268.]

31

with few mistakes. Demetrios closed his work with the following verses:

ὡς ταῖς ἐλάφοις καύματος ὥρα πέλει
πηγὴ ποθεινή, ἄκος οὖσα τοῦ θέρους,
οὕτω πέφυκε καὶ γραφεῦσιν ἡδύ τι
τὸ τέρμα βίβλου, τοῖς δὲ τῶν πονουμένων.

Z^c Matr. 4563 (N 26) was written by Konstantinos Laskaris in Messina, including the few marginals and the Greek index on fol. 2v. On fol. 339v he wrote the remark: ζήτει τὰ λοιπά; below we find the subscription: + κτῆμα κωνσταντίν(ου) λασκάρεως ὑπ' αὐτοῦ ἐκγραφὲν ἐν μεσσάν(ῃ) τῆς σικελίας ,αυο', and again in Latin letters: Possessio Constantini Lascaris: ipse per se scribebat Messanae in Sicelia anno 1470. Z^c contains *Lin.*, *Mech.*, *HA* I-V, and several other Aristotelian works.

This MS too has some peculiarities. The beginning of book II is marked only by a slightly enlarged initial, as is found in other sections as well. Book III is counted as book II, and the other books are numbered accordingly. There are also several mistakes.

N^c and Z^c are closely related to each other, as they share readings, among them a very large number of omissions. It is indeed possible that Z^c was copied directly from N^c, since the learned Konstantinos Laskaris may have corrected the few errors in N^c easily *in scribendo*.[34]

The γ family does not have significant readings that are omitted by α β, but it exhibits many considerable variants (e.g. 589b27 κροκόδειλος α β, κορδύλος γ; 601a7 ἐπί τε τὰς ἐλαίας καὶ καλάμους α β, ἐπί τινα πέτραν γ; 604b29 ἐν ὕδατι α β, καὶ ἐν νυκτί γ; 605a17 φλέγμα α β, ῥεῦμα γ; 605a31 θερμῷ α β, πολλῷ γ; 607a4 τίγριος α β, ἀγρίου γ; 607a16 σκυθία α β, καρία γ; 609b4 καὶ ἕλκη ποιεῖ α β, ἐκλείποι εἰ γ; 610b31a ὄϊες α

---

[34] [Harlfinger, *Textgeschichte*, 285-290.]

INTRODUCTION

β, ὗες γ; 614a29 ὀχείαν α β, θηλείαν γ; 624a34 ἀρχόμεναι α, ἀρυόμεναι β, ἀριχώμεναι γ).

The γ family shows enough agreement and disagreement with each of the others, based on the evidence of VII–IX, to suggest that it did not derive from either but from a more remote common ancestor. Only rarely however does it exhibit the sort of reading that might claim seniority:

589b27 κορδύλος γ: κροκόδειλος α β;
595b7 ἐρηριγμένοις γ: ἠρεισμένοις α: om. β
607a16 καρια γ: σκυθία α β
624a34 ἀριχώμεναι γ: ἀρχόμεναι α: ἀρυόμεναι β

By contrast, most of the other examples of unique readings just cited look like inferior corrections.

The α and γ families in VII–X omit much that β has, while the reverse is not true; this suggests a greater authority in β. Although I have not deliberately given more weight to any one MS or family, but have tried to select the likeliest variant in the context of each case, the result has been that the β readings are in the majority. The following are among the more important in VII–IX:

596b4 ὄϊες β: om. α: ὗες γ;
600b12 διευρύνειν β: διερεύνειν α (διηρεμεῖν C[a]): διεραύνειν sive διελαύνειν γ;
604b15 πνεῖ β: τείνει α: πίνει γ;
604b16 λαπάρας β: λαπαρὸς ὤν α γ;
612a26 ἐγκάψῃ β: ἔσπασε α: ἔκαψεν γ;
613a1 τε ἀπομαλακίζηται β: τόπῳ μαλακίζηται α: τὸ πόμα λακτίζηται γ;
616b31 κακόβιοι β: καὶ κωβιοί α γ;
617a3 ὀχεύει ἀσινῶς β: ὀχεύουσιν ὡς α γ;
620b32 ὡς πρὸς φύκια β: ὥσπερ πεφυκυῖαι α: ὡς προσπεφυκυῖαι γ (προσπεφυκέναι P);
621b12 ἐν πύρρᾳ β: ἐκπυρία α: ἐκπυρί γ;
628a12 ἐπιόντος β: πονοῦντες α: εἰπόντες γ;
581b14 μὴ διευλαβηθῶσι β: ἤδη εὐλαβηθῶσι α γ;

INTRODUCTION

583a6 λειότατον β: τελειότατος α γ;
583b16 διακνισθέντος β: διακνηθέντος sive διασχισθέντος α: διαχυθέντος γ.

Altogether, counting only those selections which possess some significance and are not merely orthographic, out of 450 in which one family was preferred to the other two, β was preferred in 55%, α in 40%, γ in 5%. Out of a further 1300 in which two families in agreement were preferred to the third, β was a partner in 75%, α a partner in 40%, γ a partner in 55%. This shows a tendency of γ to agree more with β than with α (which helps to explain the continuance of Dittmeyer's belief that β and γ formed one family), though there remain very many places where α and γ agree against β. But it also shows the dominance of β.[35] However, although the text of β is more plausible and more complete than the others, confidence in it must be tempered by the suspicion that it has been more subjected to 'diorthosis', and that sometimes its readings seem preferable simply because they are more like classical Greek. For instance, it has fewer compound verbs:

618a16 φαγεῖν β: καταφαγεῖν α γ;
618b12 διώκουσιν β: ἐκδιώκουσιν α γ;
619a18 λέγεται β: ἐπιλέγεται α γ.

---

[35] [Balme's 1988 revision of vii(viii)–viii(ix) 624b31 admitted into the text over 200 additional β readings, changing the percentages roughly as follows: out of slightly fewer than 450 selections in which one family was preferred to the other two, β is now preferred in at least 70%, α in no more than 25%, γ in about 5% (previously, as above, 55%, 40%, 5%). Out of slightly more than 1300 additional selections in which two families in agreement were preferred to the third, β is now a partner in at least 80%, α a partner in no more than 35%, γ still a partner in about 55% (previously 75%, 40%, 55%). There is every reason to think that this increased preference for β would have continued at a comparable rate through the revision of viii(ix) 625–633. But it is equally certain that the cautionary remarks which follow would have remained. Although the percentages will be found to be different in books i–vi, β is there at least equally predominant, with the same cautions warranted.]

INTRODUCTION

There are minor transpositions of the sort that any tutor might make in a pupil's composition, for style and emphasis:

581b9 ἔστιν ἡ φωνή ὀξυτέρα α γ: ἔστιν ὀξυτέρα ἡ φωνή β melius;
582b7 ἀθρόα ἡ κάθαρσις γίνεται α γ: ἀθρόα γίνεται ἡ κάθαρσις β melius;

cf. 584b1, 584b34. Rewriting is evident in at least 40 places, e.g. 589a23, 594b5, 597a6, 613a3, 621b22, 622b19. In these there is no certainty as to which family is guilty, but suspicion attaches to all. Some variants in β look like conjectures *ad sensum*:

620b33 ὁραθῇ α γ: ᾖ β;
621a2 πάντες α γ: ἄμφω β.
582a16 τρὶς α γ: δὶς β;
582b31 ἐπισημαίνει α γ: ἐπισυμβαίνει β;
583a7 λίαν α γ: λεῖοι β;

Moreover, although C[a] and A[a] each exhibit more nonsense and worse Greek than D[a], both Scotus and William seem to have derived independently from (nearer or more distant) ancestors of C[a] and A[a] which were markedly better than these unworthy descendants. William occasionally gives alternative renderings which suggest that his models were already separated into the α and β families;[36] but the ninth century (or earlier) model from which Scotus eventually derives could, from all appearances, be a common ancestor of both families; his version however is so vague that one cannot often be sure of his Greek original.

The conclusion, on the evidence of VII–IX, is that there is no 'best' MS or family, whose readings should automatically carry more weight. D[a] has the best claim, but there are reasons against trusting it. It was however a mischance that Camus received no reports from D[a], and concluded that the Vatican MSS were of one family; this has led editors to undervalue D[a].

---

[36] [See, however, the bracketed addition to n. 46.]

INTRODUCTION

THE ALDINE EDITIO PRINCEPS

HA I–IX is printed at the beginning of volume III, followed by other works of Aristotle and Theophrastus, and finally by *HA* X on unnumbered pages at the end. The edition is dated 1497. I have used the British Library copy, IB. 24423.[37] The books are reordered as in Gaza, IX becoming VII, and from 631b19 to 633b8 the text is reordered as in Gaza and L^c. Like all the Greek MSS, the Aldine text is continuous within each book, having no chapter divisions or headings. Book X was omitted in the first preparation of the volume, but was then added at the end with an apologetic note: 'En tibi lector carissime fragmenta ea, quae Gaza in prooemio de animalibus in nonnullis codicibus tum graecis tum latinis inueniri ait. quae suo fortasse loco impressa legeres, si suo tempore in manus nostras uenisset. nunc uero hoc loco adiecta maluimus quam te iisdem qualibuscunque fraudari'. The text of X is reordered by transposing 636b33–637b15 to follow 636a6. The editing of *HA* was done by Aldus Manutius himself with the advice of Bondini, Leonicenus and other scholars. Sicherl and Harlfinger have established that from 529b8 on the editor used a copy taken from L^c which was checked against one of the D^a group.[38] This can now be more precisely confirmed.

(i) The use of L^c is shown by some 80 variants in VII–X peculiar to L^c and the Aldine alone (e.g. 585a11, 586a18, 593a4, 598b1, 604a8, 585a11, 586a18, 635b23, 636b36, 638b35).

(ii) In VII–IX the Aldine agrees sometimes with $L^c pr.$ and sometimes with $L^c rc.$ In the twenty examples quoted above where $L^c rc.$ agrees with S^c against D^a, the Aldine agrees with $L^c rc.$ S^c in eleven cases but with $L^c pr.$ against S^c in the

---

[37] [Where necessary I have compared my own copy.]
[38] [As indicated in the discussion of H^c above (p. 21), the edition to III. 522b17 and probably to IV. 529b8 was based on a comparison of H^c with this corrected copy of L^c.]

INTRODUCTION

other nine. Similarly the Aldine agrees with L^{c}rc. against others at 591a21, 592b22, 593b8, 598b17, 599b19, 618b32, but agrees with L^{c}pr. at 589b2, 598b1, 600b28, 606a5, 632a33, 583a22, 586b9, 587b32, 588a5. Sometimes the Aldine takes some of L^{c}pr. and some of L^{c}rc. within a single line, e.g. 598b1, 600b28.

(iii) The Aldine disagrees altogether with L^c at 40 places in VII–IX and at 14 places in X. Most of the 40 in VII–IX agree with the β family, leaving a few as unique, whereas in X all the 14 Aldine variants are unique.

(iv) With regard to the variants in VII–IX which agree with β, there is some evidence that the actual source was O^{c}pr.: cf. 591b1, 597b23, 615b5, 627a10, 631a29. That the source was O^{c}pr. rather than its copy T^c is shown by 622a12 where T^c differs. This might explain the Aldine's strange lacuna marked ※ at 604b16, where the editor has been unable to supply μεταστ from his checking MS, possibly because it happens to be also omitted in O^{c}pr. That omission was later filled by O^{c}rc. with a retranslation from Gaza, μεθίστηται. It is interesting that the Aldine did not have recourse here to Gaza. Reliance on O^{c}pr. might also explain the Aldine reading 602b21 οὐδενὶ (οὐδὲν cett.) where O^c is badly written and could easily be misread as οὐδενὶ. The Aldine does not agree with O^{c}rc. (cf. 591b19), nor does it show any use in VII–IX of the α family nor of other β γ MSS.

(v) The Aldine's unique readings (other than slips) are infrequent and appear to be scholarly conjectures, e.g. 583b14, 592a19, 598b27, 600a12, 634a10, 16, 636b34. At 583a2, 10, it agrees unusually with F^{a}rc. X^c ἔκρυσιν ... ἐκρύσεως against ἔκκρισ- cett.; but this is hardly enough to prove a contamination and can be discounted as a coincidence. At 582b7 it makes a considerable alteration, which looks like an attempt to rewrite an original miscopying of L^c. More notably, at 605b17 the Aldine supplies τερηδόνας (om. α β, lac. γ) which agrees with the Latin of both Gaza and Albertus (but not with Scotus or William) and probably derives ultimately

INTRODUCTION

from Pliny. Since Gaza also reads *teredines* at 623b10, but the Aldine there correctly agrees with cett. τενθρηδών, I suspect that 605b17 does not represent a rare use of Gaza by the Aldine but rather a use of Albertus or Pliny.

(vi) In x the only significant difference between the Aldine and L^c is the transposition of 636b33–637b17 to 636a6, which resulted in the false reading ἀνήρ at 637b15 (see commentary *ad loc.*). At 635b16 the Aldine corrects an elementary mistake in L^c. At 15 other places where L^c disagrees with S^c, the Aldine agrees with L^c (e.g. 635a13, 635b14, 23, 636b36, 638a36, 638b35), showing that the Aldine obtained x from L^c and not direct from S^c. There is no evidence that the Aldine consulted any other source in x (which is of course omitted in O^c). The late addition of x to the volume suggests that at the time when the printer's copy of I–IX was made, book x (which is written on new paper with a different pen in L^c) was not yet bound up with the rest of *HA* in L^c.

The conclusion is that for *HA* VII–IX the Aldine's model was L^c; the editor selected some but not all of the readings of L^c*rc.*; he checked L^c against O^c*pr.*, often preferring O^c; he made numerous minor conjectures, including 605b17 τερηδόνας, which he probably owed to a Latin source. Perhaps strangely, there is no clear sign that he used Gaza directly; certainly he did not use him for the lacuna at 604b16. Gaza's change of IX to VII was already carried out in O^c, and his transposition of passages in 631–635 was carried out in L^c (and marked in O^c), so that the Aldine could have obtained both changes from them. Book x was excluded by Gaza; the Aldine's inclusion of it may even suggest a reaction against Gaza.

LATER VARIAE LECTIONES

Vat. Ottobon. 147 is one of several sixteenth and seventeenth century MSS containing 'notes' on *HA*. It does not contain *HA*

INTRODUCTION

itself, as mistakenly stated by Wartelle and Louis, but a collection of variants with reference to the Aldine 1497 edition; variants in *HA* I–IX occupy ff. 22–45, those in *HA* x are on f. 63r. Most of the variants agree with Q, including some that are unique in Q, (cf. 592b7, 610b12, 613a20, 617a28, 618b28, 619b5, 622a32, 626b20). Other sources are mentioned as 'alter' or 'alii'. One of these agrees with A^a, whose reading is quoted as alternative to Q at 591b25, 592b7; the reading of A^a*rc.* is used at 589a31, 614b17, 615b11 – in this last case no other α MS agrees. At 613a25 Ott.'s *v.l.* φλουάβες exactly reproduces the badly written correction in A^a from φλάβες to φάβες. A third source is a β MS, cf. 604a2, 614b19, 621b12, 622a28, 623a32, 625b26, 629b28; I have not identified this source, but the reading at 623b11 excludes S^c. Occasionally Ott. quotes the Basel edition of 1531 ('Germ.' at 604b16; and at the end of book v 'non excussit Germ.'); Ott.'s *v.l.* at 605b4 is found solely in the Basel edition. There are a few others whose source I have not identified: 594b23, 612a15, 25, 615b7, 10 (= O^c*rc.* m*rc.* L^c*pr.*) 617a18, 618b5, 626a21, 631b5 (= O^c corr). Among these, 594b23 ἄφισι may represent ἀφίησι, which would be interesting. At 615b7 Ott. writes 'lege' which may indicate his own conjecture. These unidentified variants are Ott.'s only claim to report independent evidence, but they could well be conjectures. The Greek is inaccurate (e.g. 609a26 εἰνερι for ἀνειρεῖ, 625b26 ἀποπέπτονται for ἀποπέτονται). For book x Ott. has few variants and refers to only one source, which agrees with Q F^a X^c and was therefore presumably Q again.

Camus quotes a large number of variants written by Canisianus in the margin of a copy of the Juntine edition of 1527, now in the Bibliothèque Nationale, Paris (Rés. R 782). The quotations agree significantly with F^a X^c at 609b9, 615b11, 616b22, 619b21, 630a35, 630b35, 581b12, 587b16; but at 627a22 Canis. has ἐριθάκην agreeing only with Gaza and R^c (ῥιθάκην cett.).

Two other collections of variants, mentioned by Dittmeyer *Hist. Anim.* xvi, are contained in Vat. Ottobon. 316 and Vat. Barberinianus 132 (Wartelle 1916 and 1867; they do not contain

INTRODUCTION

the text of *HA* as mistakenly stated by Louis). I have not examined these. Nor have I traced many of the numerous new variants offered by the sixteenth century editors, translators and commentators. But it may be doubted whether they result from consultation of MSS otherwise unknown; those that I have encountered appear to be editorial conjectures made *ad sensum*, sometimes based on Gaza. For example, the Aldine's lacuna at 604b16 μεταστῇ is supplied by all the α β MSS except O^c T^c, and is supplied by Ott. 147 and Canis. Yet it is left as a lacuna in the Juntine editions of 1527 and 1553, while Basel 1531 supplies παρακινηθείη τόπου which is evidently a retranslation of Gaza, and Sylburg 1587 conjectures παρακινηθῇ. When Scaliger speaks of variae lectiones in 'exemplar Florentinum' at 634a27 ἀνόμοια and 634a35 τέκνωσιν, he is in fact referring to new conjectures introduced by the Juntine editor 1527.

THE LATIN VERSIONS

Michael Scotus translated *HA* early in the thirteenth century from the nineth century Arabic version attributed to Ibn-al-Batriq (which some think may have been itself translated from a Syriac version);[39] the Greek original therefore far antedated the extant Greek MSS.[40] For the Latin I have used the early thirteenth century MS Caius 109 (photographed by courtesy of the Library of Gonville and Caius College, Cambridge), together with photographs of Vat. Chisianus E.VIII.251 and Gotoburg. Lat. 8; the last is heavily corrected by later hands, mostly agreeing with Albertus. In addition for book x I have used

---

[39] [*HA* comprises the first ten books of a nineteen book unified text of *HA*, *PA*, *GA*. Critical editions have been published in the Aristoteles Semitico-Latinus series of the *GA* and *PA* portions (Leiden 1992, 1998) by A. M. I. van Oppenraay; a critical edition of the *HA* portion is forthcoming. For the latest opinion on the Arabic translation's author and lineage see the Introduction to R. Kruk, *The Arabic Version of Aristotle's Parts of Animals: Book XI–XIV of the Kitab al-Hayawan* (Amsterdam, Oxford 1979), and n. 42 below.]

[40] [Except for the fragment W^c; see above, pp. 9–10.]

INTRODUCTION

Rudberg's collated transcript.[41] In Scotus book x follows immediately upon ix (modern vii), and the duplicated words are rendered (differently) both at the end of ix and at the beginning of x. He also includes the redundant doublet at the end of x. The Arabic version exists (with omissions) in MS Add. 7511 of the British Library, which kindly provided photographs. There is a complete copy in Teheran. The late Dr R. Walzer read *HA* I with me, enabling us to compare it with both the Greek and the Latin, and this comparison showed that Scotus kept closely to the Arabic but the Arabic itself is no more than a paraphrase of the Greek and sometimes misrepresents entire passages. Moreover the Arabic translator evidently found many of the Greek words either unfamiliar or corrupt, and attempted merely to transliterate them; Scotus transliterates them again, e.g. 586a30 πρόφορος has become *stakaroz*. There are many such nonsense-words, so that Scotus's reading is often useless for determining difficulties: e.g. 601a3, ἐμπίς α: ἀσπίς β γ: *ankiz* Scot.[42]

Where the Greek underlying Scot.'s version can be determined, it mostly agrees with the α family, e.g. 589a2, 600b30, 604a17. But in several places where α is clearly wrong, Scot. has a better reading: e.g. he supplies omissions in C[a] A[a] at 620b4, 623b7; cf. also 592b6–8, 607b26, 611a29, 620a1, 620b32, 623a32, 629b35, 584b14, 587b13, 637a35, 638b10. (Other significant readings: 589a23, 24, 589b21, 595a15, 595b20, 600a22, 611a27, 617a26, 633b12, 28, 634a8, 635b34, 636b10.) Several are surprising but worth consideration, e.g. 588a24 *apibus* suggesting μελιττῶν for cett. μερῶν, 600a16 *plantae*, 600b21 *cavernis*; but many are quite wild, e.g. 581b11, 584b12. Some are explanatory additions, e.g. 589a24, 597b1.

Some of Scot.'s readings which disagree with α agree with β;

---

[41] [Balme apparently also consulted Brug. 99/112 for I–VI. Dr Van Oppenraay (above, n. 39) has kindly checked a number of citations in all ten books, but the overwhelming majority are on Balme's authority alone.]
[42] [An edition of the Arabic translation of *HA*, ed. L. Filius, J. den Heyer and J. Mattock, is forthcoming in the Aristoteles Semitico-Latinus series.]

INTRODUCTION

but there is no evidence that he derives from two separate Greek sources (as there is for Guil.); it would seem more likely that the Greek original was better than the extant MSS and consequently less divergent from the β family. Agreements with γ against α β, however, are doubtful (cf. 589b27).

Scot.'s readings therefore are so erratic that one could not rely on his testimony alone; but where he and Guil. agree upon a reading which is both unambiguous and plausible, I would give as much weight to it as to a Greek MS family.[43] Especially in book x, where the Greek tradition hangs upon one MS only, we are compelled to rely more on Scot. and Guil. In this regard it is interesting that Scot.'s original in vii–ix agreed with the α family: if the same model was used for x, then that ancestor of C^a A^a did include x, unlike them.

Albertus Magnus produced his treatise *De Animalibus* in the mid-thirteenth century. Books i–x are a close paraphrase of Scotus *HA* i–x interspersed with explanations and expansions; this explanatory material draws upon Avicenna's *De Animalibus* (excerpted from Aristotle by Avicenna, translated from the Arabic by Scotus)[44] together with Albert's own reports of North European animals and – apparently – his knowledge of Pliny. For the debt to Pliny cf. 605b17 *teredo*, 619b23 *ossifragus*, 627a17 *aeramentorum*. He seems to have contributed conjectures of his own, e.g. 601b1 *Homerus ... Ilion*. Albertus himself read neither Greek nor Arabic, so that his testimony speaks only for Scot.'s Latin and for the background of Latin learning from which scholars of his time might make their own conjectures. Whether he used Guil. is debatable. It is possible that he was himself used by Trapezuntius, Gaza, and the Aldine editor. Beyond noting occasional agreements, I have not attempted to trace

---

[43] [This excludes of course any later Guil. MS that was corrected from Scot. (see below, n. 45).]

[44] [An edition of the Latin translation is being prepared by A. M. I. van Oppenraay.]

INTRODUCTION

Albert's sources, nor his influence upon others. He is not an independent witness to the Greek original.

William of Moerbeke (Guil.) made his translation in the same period as Albert's treatise, to which it does not appear to owe anything. Many MSS of it survive, often varying considerably.[45] William's translation was intended to assist scholars who could not read the Greek, and was therefore a word-for-word rendering. It comprises books I–X in the traditional order, though some MSS have separated X. In VII–IX William agrees mostly with C^a, including places where C^a disagrees with A^a, e.g. 592a7, 592b30, 595a31, 595b15, 598a5, 18, 604b2, 19, 605b14, 612b1, 622a32, 583b26, 33, 584a25, 586b31, 588a8. But he agrees with Scotus in several places where C^a is clearly wrong, e.g. 592b6–8, 607b26, 611a29, 620a1, 620b4, 623a32, 623b7, 629b35, 584b14, 587b13. On the other hand, unlike Scotus, William sometimes agrees with D^a against C^a, e.g. 589a2, 596b4, 600b30, 604a17, 613a2, 3, 13, 616a3, 628a12. Occasionally he gives both the α and the β reading, which suggests that he

---

[45] [Balme originally consulted microfilms of Vaticanus 2095 and Fesulanus 168, and also Rudberg's transcript of *HA* x, but all citations have kindly been checked by P. Beullens and F. Bossier against their forthcoming Aristoteles Latinus edition of William's translation, Guilelmus de Moerbeka: *De historia animalium*, 2 vols., Leiden 2000– (siglum: 'B.-B.'). The reports given in the apparatus criticus of the present edition reflect their judgment that (i) Toletanus 47.10 (siglum 'Guil. (Tz)') is the earliest and best MS, and that (ii) the other important MSS form a family of their own, which they designate 'a', but which here are designated 'Guil. (cett.)'. The inferior later MSS are ignored in the present edition, so for the fullest detail, readers should consult B.-B. Balme was apparently unaware that both Vat. 2095 and Fes. 168 are among the less reliable MSS. The former was corrected against Scot. and is thus sometimes not a reliable witness; and the latter is derivative and sometimes contains errors not in the earlier MSS. Balme may have chosen to use these two MSS because they are important witnesses for *GA*. (The evidence that $G^a rc$. may have based conjectures on Vat. 2095 (above, p. 18), and the fact that some editors based conjectures on this MS may also have been considerations.) In general, B.-B. report that no editor of *HA* who has cited Guil. used Tz, and some citations by editors prior to Balme were false.]

INTRODUCTION

worked from two sources,[46] e.g. 592b8, 601b13, 617a15. He does not agree with readings peculiar to γ. In x, however, he gives no multiple readings. Moreover, the higher number of lacunae in Tz (many of which turn up as omissions in the other MSS) suggest either that his model was more illegible or mutilated in x or that he found x more difficult to translate, or both.[47] He differs from D^a at over 80 places in x, apart from lacunae and omissions. Many of these lacunae and omissions are supplied by Scotus. Some of William's readings in x agree with Scotus against D^a and may be right, e.g. 633b12, 635a37.

William's unique readings are often plausible and worth considering as independent evidence, e.g. 588b15, 599b5, 601b25, 602a25, 607a11, 608a18, 609a34, 617a28, 619b29, 620a20, 621b29, 623b5, 31, 624b12, 628b14, 629b17, 586a2, 588a1, 633b13, 635b19, 637a18, 638a10, 638b10, 35. I have thought it justifiable to accept some of these into the text (most have been accepted by other editors at one time or another), but only when the Greek original is unmistakeable: I have not followed Schneider in devising conjectures based upon William. Some unique readings are clearly wrong, e.g. 601a25, 601b3, 4, 605a18. Sometimes he seems to have made incorrect use of an explanatory word-list, e.g. 610b29, 611a34. Schneider (IV. 27, 33) suggested that this was a Greek-Latin list; but that must be doubted since there are many Greek words which William transliterates, evidently not having a Latin equivalent, e.g. 592b5 *fene* Guil., *ossifraga* Gaza; 620a13 *kepfi* Guil., *fulicae* Gaza.

---

[46] On William's two versions cf. H. J. Drossaart Lulofs, *Arist. De Gen. Anim.* (OCT) xxv, and *Arist. Latinus* XVII.2.v, p. xix. [Both B.-B. and Berger, *Textgesch.* now suggest that in translating *HA* William may have worked primarily from a single model that was closer to W^c (above, pp. 9–10) than to the α family, and which may already have embodied the alternative readings. In the remainder of this paragraph the wording has been modified to take account of Tz.]

[47] [Cf. P. Beullens, 'Quelques observations sur la traduction de l'*Histoire des animaux* d'Aristote par Guillaume de Moerbeke', *Bulletin de Philosophie Médiévale* 34 (1992), esp. 181–190. The matter is complicated by the fact that, as the apparatus indicates, Tz leaves off at 637a18.]

INTRODUCTION

More probably William was using one of the successors of Hesychius in a badly glossed version which misled him.

Trapezuntius (George of Trebizond) translated several of Aristotle's treatises, including *HA* in the early 1450s. I have used microfilm of Laurentianus 84,9 (courtesy of Bibl. Medicea Laurenziana, Florence). Trap.'s translation of *HA* was immediately superseded by the better version of Gaza, and seems to have had no influence. It is not a verbatim rendering, but explanatory like Gaza's. His main Greek source is evidently G^a including $G^a rc$. (cf. 591b17, 617a32, b12, 623b11, 626b20, 627a18, 628b2, 629a32, 633b13, 634b20, 636b21, 637a8). He also relied heavily on William and followed some of his variants (cf. 627b1, 582b15, 634b18, 635a28). However, in a note at 503a1 in his archetype Urbinas 182, as reported by Dittmeyer *Hist. Anim.* xxi note 3, Trap. claims to have consulted three Greek MSS, so that we must ask whether he saw one that is no longer extant. I have found no evidence of this. Dittmeyer did not compare Trap. with G^a, but concluded that he used either A^a or a near relation which he then corrected from D^a. But Trap.'s readings, including all those quoted by Dittmeyer (*Unters.* 27), are explained by G^a and Guil. (At 627a26 *parumper* does not represent D^a's δ' ἧττον as Dittmeyer argues but κατὰ μικρόν.) I have found no evidence that Trap. used D^a or indeed any other Greek MS but G^a. If there was consultation of others, it must have been very limited.[48] As Dittmeyer concluded, there is no reason to regard Trap. as an independent witness to the Greek. He seems however to have used other Latin sources, probably Pliny. In his preface addressed to Pope Nicolaus V Trap. says that he consulted Latin authors for the Roman equivalents of

---

[48] [Pieter Beullens suggests that Trap. may be referring to (i) G^a I-IX, (ii) the distinct MS he knew that G^a book x had been copied from (above, pp. 17, 18); and (iii) the Greek model of William's translation (on which his own translation relied). He writes (personal communication): 'In the Middle Ages, Thomas used the wording "in exemplaribus Graecis" when he meant that the Latin text he used was a faithful rendering of the Greek.']

INTRODUCTION

Greek names, citing *silurus* for γλάνις and *acus* for βελόνη, both of which probably come from Pliny IX. 75–76, 165–6. He also cites *rubeolus* for '*erythunos*', but this looks like a confusion between Pliny's *eruthrinus* (IX. 77, 166) and *rubellio* (XXXII. 49, 138), a different fish. He makes less use of Pliny than Gaza appears to. Trap. may also have used Scotus or Albertus: at 633b28 he adds the negative, and at 637b21 he renders ᾠόν not ζῷον, both in agreement with Scot. Alb. alone. At the end of x Trap. omits the redundant doublet which is included by all Greek MSS and by Scotus and Guil.; it is however omitted in the Vat. 2095 MS of Guil., and the place is marked in the margin of G^a (which also shows signs of using this version of Guil. at 604a11, 615b23). In addition it is possible that Trap. (and Gaza too) used a Greek-Latin word list that had not been used by Scot. Alb. and Guil. (see commentary ad 619b23).

Theodoros Gaza started a translation of *HA* for Pope Nicolaus V (d. 1455); a draft was completed by 1458, and a version was presented to Sixtus IV.[49] This version was printed in 1476 and reprinted many times thereafter. I have used a copy printed in Leiden in 1560.[50]

Gaza's influence was inordinate, and is already apparent in the *manus priores* of n L^c and in the later hands in E^a m S^c O^c (cf. 589a11, 591a24, 598b17, 600a13, 605a20, 606a16, 609b4, 610b4, 615b10, 623b9, 632b14, 633a4, 585a12, 587a13). Many of his Latin equivalents seem to originate in Pliny, e.g. 603b7, 605b17, 610b29, 611a34, 621a4. His conjectures are often plausible, e.g. 620b30, 621a11, 621b16. But some are not, e.g. 623b10, 629a31, and mis-translations like 599a1, 600b32. An interesting mistake is 618b5 *mollior*, the only place known to me where a connection

---

[49] [Cf. L. Labowsky in *Med. and Ren. Studies* 6 (1968) 176. Vaticanus 2094 is probably the presentation copy.]
[50] [I have frequently checked Balme's citations against earlier editions in my possession, the Venice 1525 and Paris 1533. It is clear from Balme's notes that at least on occasion in I–VII(VIII) 624b31, and maybe frequently, he checked as well the 1476 *editio princeps*.]

INTRODUCTION

might be suggested between P and anybody else (however, μ and β are easily mistaken for each other in some scripts, e.g. A^a). Gaza mostly agrees with the α family, but quite often with β (e.g. 604a17, 607b26, 620b4), only rarely with γ (e.g. 589b27, 603b13). Sometimes he offers alternatives, as at 612b33 *adolescere* (= α γ) *aut coire* (= β). Sometimes he agrees with Guil. alone and may be making conjectures based on Guil., e.g. 609a34, 621b29, 623b5, 624b12, 584b14, all of which are good readings (cf. too 588b15, 601b25, 602a25, 587b13). There is no positive evidence that he used MSS now unknown. Gaza's most striking contribution was the changing of book IX to VII, the rearranging of 631–633, and the ejection of book X. These changes are followed in varying degrees in O^c T^c R^c L^c and the Aldine, as noted above.

Julius Caesar Scaliger composed his translation of book X, with commentary, about 1530, but it was first published posthumously in 1584 by his son Silvanus. The rest of his version of *HA* was published in 1619 in a complete edition of *HA* I–X with commentary, in which the Greek text was that of Casaubon of 1590 modified to agree with Scaliger's version, which was made from the Aldine. Although the 1584 preface speaks of *exemplar Graecum lacerum mutilum inuersum*, it becomes evident that these words are rhetorical and do not refer to a MS but to the Aldine version of the Greek. As noted above, the *variae lectiones* that Scaliger reports are editorial conjectures in the Juntine edition 1527. There is no evidence that he consulted MSS. There is much evidence, on the contrary, both in Scaliger's translation and commentary and in those of other sixteenth-century editors, that they found the Greek obscure and were less well equipped to translate it than modern scholars; they were all the more disposed, therefore, to regard the Greek tradition as corrupt and to indulge in conjectures. The principal source to which they looked for these was Gaza, to whom Scaliger constantly refers.

Johannes Bernardus Felicianus made a translation of *HA* X which was printed in 1560 (before Scaliger's translation was

INTRODUCTION

published) to supplement Gaza's version in a collection of Aristotle's works in Latin (Lugduni, apud haeredes Iacobi Iuntae, vol. IV, n.d.). It appears to be made from the Juntine edition (Florence 1527) which was itself an emended version of the Aldine, the Juntine emendations being apparently conjectures by Leonicus rather then variants adopted from Greek MSS.

TEXT

SIGLA

W^c	Parisinus suppl. gr. 1156
C^a	Laurentianus 87,4
Y^c	Vat. Palatinus gr. 260
A^a	Marcianus gr. 208
G^a	Marcianus gr. 212
Q	Marcianus gr. 200
F^a	Marcianus gr. 207
X^c	Laurentianus 87,27
H^c	Parisinus suppl. gr. 212
α	$= C^a \ Y^a \ A^a \ G^a \ Q \ F^a \ X^c \ H^c$
D^a	Vaticanus gr. 262
S^c	Taurinensis C I 9 (56)
O^c	Riccardianus 13
T^c	Laurentianus 87,1
R^c	Utinensis VI, 1
U^c	Neapolitanus III D 4 (288)
V^c	Neapolitanus III D 5 (289)
I^c	Oxoniensis Auct. T.4.23 (Misc 261)
β	$= D^a \ S^c \ O^c \ T^c \ R^c \ U^c \ V^c \ I^c$
E^a	Vaticanus gr. 506
P	Vaticanus gr. 1339
K^c	Berolinensis Phillips 1507
M^c	Mosquensis 240 (453)
N^c	Vaticanus gr. 905
Z^c	Matritensis 4563 (N 26)
L^c	Ambrosianus 1.56 sup.
m	Parisinus gr. 1921
n	Vat. Urbinas gr. 39
γ	$= E^a \ P \ K^c \ M^c \ N^c \ Z^c \ L^c \ m \ n$
Ott.	Vat. Ottobonianus gr. 147

SIGLA

Scot.	Michael Scotus:
	Brug. Brugensis 99/112
	Caius Gonville & Caius 109
	Got. Gotoburgensis 8
	Chis. Vat. Chisianus E viii 251
Alb.	Albertus Magnus: *De Animalibus* ed. H. Stadler, Münster i.W. 1916
Guil.	Guilelmus de Moerbeka: *De hist. an.* ed. P. Beullens & F. Bossier, Leiden 1999– (abbrev. B.-B.)
	Tz Toletanus 47.10
	cett. vide Praef. supra p. xvi
Trap.	Georgius Trapezuntius:
	Laurent. 84,9
Gaza	Theodorus Gaza: *Hist. an.* [vide Introd. p. 46]
Fel.	Joh. Bernardus Felicianus: *HA* x Lugduni 1560
Scal.	Jul. Caes. Scaliger: *HA* x Lugduni 1584; *HA* I–IX Tolosae 1619
Ald.	Aldus Manutius ed. Venice 1497: Brit. Mus. IB. 24423
A.-W.	H. R. Aubert & C. F. H. Wimmer ed. Leipzig 1868
Barnes	Rev. Oxford Transl., *HA* x trs. Jonathan Barnes Princeton 1984
Bas.	Basel (Isingrinius) 3rd ed. 1550
Bk.	I. Bekker, Prussian Acad. ed. Berlin 1831
Buss.	U. C. Bussemaker ed. (Didot) Paris 1854, rev. 1887
Camot.	J. B. Camotius ed. Venice 1553
Canis.	Canisianus: marginalia ap. Camus ed. 1783
Cas.	I. Casaubon ed. Lyons 1590
Cs.	A.-G. Camus ed. Paris 1783
Dt.	L. Dittmeyer ed. (Teubner) Leipzig 1907
Junt.	Juntine ed. Florence 1527
Louis	P. Louis ed. (Budé) Paris 1964
L.-V.	D. Lanza & M. Vegetti trs. Turin 1971
Peck	A. L. Peck ed. *HA* I–VI (Loeb) Cambridge Mass. 1965/70

SIGLA

Pk. N. S. Piccolos ed. Paris 1863
Rud. G. Rudberg comm. *HA* I Uppsala 1908, *HA* x Uppsala 1911
Sn. J. G. Schneider ed. Leipzig 1811
Sylb. F. Sylburg ed. Venice 1587
Th. D'Arcy W. Thompson trs. Oxford 1910

edd. editores nonnulli sive omnes

[alia nomina – vide Praef. p. xvii]

ΤΩΝ ΠΕΡΙ ΤΑ ΖΩΙΑ ΙΣΤΟΡΙΩΝ

Α

[1] τῶν ἐν τοῖς ζῴοις μορίων τὰ μέν ἐστιν ἀσύνθετα, ὅσα διαιρεῖται εἰς ὁμοιομερῆ οἷον σάρκες εἰς σάρκας, τὰ δὲ σύνθετα, ὅσα εἰς ἀνομοιομερῆ, οἷον ἡ χεὶρ οὐκ εἰς χεῖρας διαιρεῖται οὐδὲ τὸ πρόσωπον εἰς πρόσωπα. τῶν δὲ τοιούτων ἔνια οὐ μόνον μέρη ἀλλὰ καὶ μέλη καλεῖται· τοιαῦτα δ' ἐστὶν ὅσα τῶν μερῶν ὅλα ὄντα ἕτερα μέρη ἔχει ἐν αὑτοῖς, οἷον κεφαλὴ καὶ σκέλος καὶ χεὶρ καὶ ὅλος ὁ βραχίων καὶ ὁ θώραξ· ταῦτα γὰρ αὐτά τέ ἐστι μέρη ὅλα, καὶ ἔστιν αὐτῶν ἕτερα μόρια. πάντα δὲ τὰ ἀνομοιομερῆ σύγκειται ἐκ τῶν ὁμοιομερῶν, οἷον χεὶρ ἐκ σαρκὸς καὶ νεύρων καὶ ὀστῶν. ἔχει δὲ τῶν ζῴων ἔνια μὲν πάντα τὰ μόρια ταὐτὰ ἀλλήλοις, ἔνια δ' ἕτερα. ταὐτὰ δὲ τὰ μὲν εἴδει τῶν μορίων ἐστίν, οἷον ἀνθρώπου ῥὶς καὶ ὀφθαλμὸς ἀνθρώπου ῥινὶ καὶ ὀφθαλμῷ καὶ σαρκὶ σὰρξ καὶ ὀστῷ ὀστοῦν· τὸν αὐτὸν δὲ τρόπον καὶ ἵππου καὶ τῶν ἄλλων ζῴων ὅσα τῷ εἴδει ταὐτὰ λέγομεν ἑαυτοῖς· ὁμοίως γὰρ ὥσπερ τὸ ὅλον ἔχει πρὸς τὸ ὅλον, καὶ τῶν μορίων ἔχει ἕκαστον πρὸς ἕκαστον. τὰ δὲ ταὐτὰ μέν ἐστι, διαφέρει δὲ καθ' ὑπεροχὴν καὶ ἔλλειψιν, ὅσων τὸ γένος ἐστὶ ταὐτόν. λέγω δὲ γένος οἷον ὄρνιθα καὶ ἰχθύν· τούτων γὰρ

486a5

10

14

14
15

20

486a6 post διαιρ. add. μὲν I^c 7 ante ὅσα add. οἷον C^a A^{a}pr.   ἡ om. Y^c
β γ   8 τὸ om. Y^c β γ   πρόσωπον$^{(2)}$ A^a G^a Q F^a X^c, n   9 δ' om.
A^{a}pr.   10 αὑτοῖς Y^c A^a F^a X^c, D^a O^c R^c U^c I^c, P K^c N^c Z^c, Ald.: ipsis
Guil.   post αὑτοῖς add. ἴδια β γ Guil. Gaza Ald.   11 σκέλη E^a K^c N^c Z^c
L^c m n   ὅλως Z^c ὁ$^{(1)}$ om. N^c ὁ$^{(2)}$ om. β (add. T^{c}rc.) E^a P K^c M^c
12 τοιαῦτα Z^c γὰρ] δὲ I^c post μέρη add. καὶ Y^c 13 ἀνομοιομερῶν
I^c 14 σαρκῶν M^c καὶ$^{(1)}$ om. Ald.   15 τὰ αὐτὰ α Ald.: ταῦτα T^c:
αὐτὰ I^c 16 ταῦτα A^{a}pr. F^a X^c, Ald.   δὲ τὰ om. C^a Y^c A^{a}pr., Guil.
εἴδη A^{a}rc. F^a X^c β Guil. (cett.: specie Tz) Ald.   17 ἀνθρώπων$^{(2)}$ I^c γ   18
post ὀστῷ add. καὶ A^{a}pr., L^{c}pr.   καὶ$^{(3)}$ om. A^a in ras., G^a Q F^a X^c 19
ἵππων Ald.   ζῴων om. β   20 αὑτοῖς Ald.   ἔχει om. Z^c ἔχει ...
ὅλον$^{(2)}$ om. N^c 22 ὅσον Q Ald.   23 λέγεται γ (exc. L^c)   ὀρνίθων E^a:
ὄρνιθος T^{c}rc. γ (exc. E^a L^c)   ἰχθύος T^{c}rc. γ (exc. L^c)

ἑκάτερον ἔχει διαφορὰν τὸ γένος, καὶ ἔστιν εἴδη πλείω
ἰχθύων καὶ ὀρνίθων. διαφέρει δὲ σχεδὸν τὰ πλεῖστα τῶν μο-
ρίων ἐν αὐτοῖς παρὰ τὰς τῶν παθημάτων ἐναντιώσεις, οἷον
χρώματος καὶ σχήματος, τῷ τὰ μὲν μᾶλλον τὰ αὐτὰ πε-
πονθέναι τὰ δὲ ἧττον, ἔτι δὲ πλήθει καὶ ὀλιγότητι καὶ με-
γέθει καὶ σμικρότητι καὶ ὅλως ὑπεροχῇ καὶ ἐλλείψει. τὰ
μὲν γάρ ἐστι μαλακόσαρκα αὐτῶν τὰ δὲ σκληρόσαρκα,
καὶ τὰ μὲν μακρὸν ἔχει τὸ ῥύγχος τὰ δὲ βραχύ, καὶ
τὰ μὲν πολύπτερα τὰ δ' ὀλιγόπτερά ἐστιν. οὐ μὴν ἀλλ'
ἔνιά γε καὶ ἐν τούτοις ἕτερα ἑτέροις μόρια ὑπάρχει, οἷον τὰ
μὲν ἔχει πλῆκτρα τὰ δ' οὔ, καὶ τὰ μὲν λόφον ἔχει τὰ
δ' οὐκ ἔχει. ἀλλ' ὡς εἰπεῖν τὰ πλεῖστα καὶ ἐξ ὧν μερῶν ὁ
πᾶς ὄγκος συνέστηκεν, ἢ ταὐτά ἐστιν ἢ διαφέρει τοῖς ἐναν-
τίοις καθ' ὑπεροχὴν καὶ ἔλλειψιν· τὸ γὰρ μᾶλλον καὶ
ἧττον ὑπεροχὴν ἄν τις καὶ ἔλλειψιν θείη. ἔνια δὲ τῶν ζῴων
οὔτε εἴδει τὰ μόρια ταὐτὰ ἔχει οὔτε καθ' ὑπεροχὴν καὶ ἔλ-
λειψιν ἀλλὰ κατ' ἀναλογίαν, οἷον πέπονθεν ὀστοῦν πρὸς ἄ-
κανθαν καὶ ὄνυξ πρὸς ὁπλὴν καὶ χεὶρ πρὸς χηλὴν καὶ πρὸς
πτερὸν λεπίς· ὃ γὰρ ἐν ὄρνιθι πτερόν, τοῦτο ἐν τῷ ἰχθύϊ ἐστὶ
λεπίς. /22/ τὰ μὲν οὖν μόρια ὅσα ἔχουσιν ἕκαστα τῶν ζῴων τοῦ-
τόν τε τὸν τρόπον ἕτερά ἐστι καὶ ταὐτά, καὶ ἔτι τῇ θέσει τῶν

24 post διαφ. add. κατὰ Cᵃ, Tᶜrc., γ (exc. Lᶜrc.), edd.: καὶ πρὸς α (exc. Cᵃ): κατὰ τὸ γένος καὶ πρὸς Ald. Sn. τοῦ γένους Tᶜrc. γ (exc. Lᶜrc.) **25** πλείω Ald. **486b5** αὐτοῖς Cs. Sn. Bk.: *in eis* Scot.: *inter se* Guil. Gaza παρά] περὶ Eᵃ Kᶜ m παθημάτων] ποιοτήτων supra Cᵃrc. **6** τὰ αὐτὰ Tᶜrc. γ: αὐτὰ α Sn. Bk.: ταῦτα β Guil.: ταὐτὰ A.-W. Dt. Peck **8** μικρότητι β γ (exc. Lᶜ m) καὶ⁽³⁾ om. Nᶜ **9** εἰσὶ β γ μαλακόστρακα P Lᶜrc. m Ald. αὐτῶν om. β γ σκληρόσαρκα α Guil. Bk.: ὀστρακόδερμα β γ Ald. **10** ἴσχει β post ῥύγχος add. ὥσπερ αἱ γέρανοι Aᵃ Gᵃ Q Fᵃ Xᶜ Gaza Ald. **11** εἰσιν Iᶜ **12** οἷον] ὦν β γ **14** ἔχει om. Aᵃrcsm. β γ **15** συνίσταται Aᵃ Gᵃ Q Fᵃ Xᶜ Ald. ταῦτα Q post τοῖς add. τε Cᵃ Yᶜ Dt. **16** ante καθ' add. καὶ Cᵃ Aᵃpr. ὑπεροχήν] ὑπερβολὴν Aᵃ Gᵃ Q Fᵃ Xᶜ Ald. **17** ὑπερβολὴν Aᵃ Gᵃ Q Fᵃ Xᶜ Ald. θείη (sic) Cᵃ **18** ταὐτὰ τὰ μόρια Tᶜrc., Nᶜ Zᶜ Lᶜ m τὰ αὐτὰ α Ald.: ταῦτα Tᶜ ἔχει post ἔλλ. transp. Nᶜ Zᶜ Lᶜ m **19** ἀναλογίαν] ἀνάληψιν Zᶜ **21** τοῖς ὄρνισιν Iᶜ ante πτερόν add. ἐστι Cᵃ Yᶜ β γ Guil.: add. ἐστιν ἔτι Iᶜ τῷ om. Ald. edd. τοῖς ἰχθύσι Iᶜ λεπίδες Iᶜ **22** τὰ] κατὰ Cᵃ Aᵃpr. Guil. Sn. edd. ante μόρια add. τὰ Cᵃ Yᶜ Aᵃpr. Sn. ὅσα] ἃ α (exc. Yᶜ) Gaza Ald. edd. **23** τε om. Yᶜ τὰ αὐτά α Ald. ἔτι] ἔστι Ald. τῇ om. Cᵃ Yᶜ Aᵃpr.

HISTORIA ANIMALIUM I

μερῶν· πολλὰ γὰρ τῶν ζῴων ἔχει μὲν ταὐτὰ μέρη ἀλλὰ κείμενα οὐχ ὡσαύτως, οἷον μαστοὺς τὰ μὲν ἐν τῷ στήθει τὰ δὲ πρὸς τοῖς μηροῖς. ἔστι δὲ τῶν ὁμοιομερῶν τὰ μὲν μαλακὰ καὶ ὑγρὰ τὰ δὲ ξηρὰ καὶ στερεά, ὑγρὰ μὲν ἢ ὅλως ἢ ἕως ἂν ᾖ ἐν τῇ φύσει, οἷον αἷμα, ἰχώρ, πιμελή, στέαρ, μυελός, γονή, χολή, γάλα ἐν τοῖς ἔχουσι, σάρξ τε καὶ τὰ τούτοις ἀνάλογα. ἔτι ἄλλον τρόπον τὰ περιττώματα οἷον φλέγμα καὶ τὰ ὑποστήματα τῆς κοιλίας καὶ κύστεως· ξηρὰ δὲ καὶ στερεὰ οἷον νεῦρον, δέρμα, φλέψ, θρίξ, ὀστοῦν, χόνδρος, ὄνυξ, κέρας (ὁμώνυμον γὰρ πρὸς τὸ γένος ὅταν τῷ σχήματι καὶ τὸ ὅλον λέγηται κέρας), ἔτι ὅσα ἀνάλογον τούτοις.

αἱ δὲ διαφοραὶ τῶν ζῴων εἰσὶ κατά τε τοὺς βίους καὶ τὰς πράξεις καὶ τὰ ἤθη καὶ τὰ μόρια, περὶ ὧν τύπῳ μὲν εἴπωμεν πρῶτον, ὕστερον δὲ περὶ ἕκαστον γένος ἐπιστήσαντες ἐροῦμεν. εἰσὶ δὲ διαφοραὶ κατὰ μὲν τοὺς βίους καὶ τὰ ἤθη καὶ τὰς πράξεις αἱ τοιαίδε, ᾗ τὰ μὲν ἔνυδρα αὐτῶν ἐστι τὰ δὲ χερσαῖα, ἔνυδρα δὲ διχῶς, τὰ μὲν ὅτι τὸν βίον καὶ τὴν τροφὴν ποιεῖται ἐν τῷ ὑγρῷ, καὶ δέχεται τὸ ὑγρὸν καὶ ἀφίησι, τούτου δὲ στερισκόμενα οὐ δύναται ζῆν, οἷον πολλοῖς συμβαίνει τῶν ἰχθύων· τὰ δὲ τὴν μὲν τροφὴν ποιεῖται καὶ τὴν διατριβὴν ἐν τῷ ὑγρῷ, οὐ μέντοι δέχεται τὸ ὕδωρ ἀλλὰ τὸν ἀέρα, καὶ γεννᾷ ἔξω. πολλὰ δ' ἐστὶ τοιαῦτα καὶ πεζά, ὥσπερ ἐνυδρὶς καὶ λάταξ καὶ κροκόδειλος, καὶ πτηνά, οἷον

24 ἔχῃ K[c] τὰ αὐτὰ α Ald.: ταῦτα τὰ I[c]: om. n 25 ἐν] πρὸς Y[c]: apud Guil. 487a1 πρὸς α: ἐν β γ Ald.: apud Guil. 2 post στερεά add. οἷον β γ Ald. ἢ ὅλως ἢ α Ald.: ἃ ὅλως μένει β γ Guil. 5 ἀνάλογα codd. cett. Guil. Ald. Cs. Sn.: ἀνάλογον P N[c] L[c]pr. n Bk. Dt. Louis Peck: proportionalia Guil.: proportione Gaza 7 οἷον om. Y[c] β γ Guil. 8 ante ὁμ. add. τούτοις Z[c] πρὸς τὸ γένος] πρὸς τὸ μέρος Y[c], I[c], P pr. M[c]rc.: τὸ μέρος (om. πρὸς) C[a] A[a]pr. G[a] Q: πρὸς τὸ μέρος τὸ γένος E[a]: pars Guil.: ad genus Gaza 9 τῷ ὅλῳ Prc. Gaza Ald. λέγηται (sic) C[a]: λέγεται Ald. ἀνάλογον C[a] Y[c] γ (exc. E[a]): ἀνάλογα cett. Ald. Cs. Sn.: proportionaliter Guil.: proportione Gaza 13 εἴπωμεν] εἴπομεν Y[c]: ἔπιμεν β γ (exc. Prc.) ἑκάστου γένους cj. Sn. 14 μὲν C[a] Y[c] A[a]pr. Guil.: om. cett. Gaza Ald. καὶ τὰ ἤθη post 15 πράξεις transp. α (exc. C[a] Y[c]) 15 αἱ om. Y[c] αἱ τοιαίδε] αἰτίαι δὲ Ald. 16 διχῇ β (exc. T[c]rc.) K[c] L[c]rc. 18 πολλοὺς α 20 τριβὴν Z[c] 22 ἔνυδρες E[a] K[c]pr. N[c] Z[c] n: ἔνιδρις m pr. (-ες rc.): ἔνυδρος P: ἔνυδρις L[c]

αἴθυια καὶ κολυμβίς, καὶ ἄποδα, οἷον ὕδρος. ἔνια δὲ τὴν μὲν τροφὴν ἐν τῷ ὑγρῷ ποιεῖται καὶ οὐ δύναται ζῆν ἐκτός, οὐ μέντοι δέχεται οὔτε τὸν ἀέρα οὔτε τὸ ὑγρόν, οἷον ἀκαλήφη καὶ τὰ ὄστρεα. τῶν δ' ἐνύδρων τὰ μέν ἐστι θαλάττια, τὰ δὲ ποτάμια, τὰ δὲ λιμναῖα, τὰ δὲ τελματιαῖα οἷον βάτραχος καὶ κορδύλος. τῶν δὲ χερσαίων τὰ μὲν δέχεται τὸν ἀέρα καὶ ἀφίησιν, ὃ καλεῖται ἀναπνεῖν καὶ ἐκπνεῖν, οἷον ἄνθρωπος καὶ πάντα ὅσα πνεύμονα ἔχει τῶν χερσαίων· τὰ δὲ τὸν ἀέρα μὲν οὐ δέχεται, ζῇ δὲ καὶ τὴν τροφὴν ἔχει ἐν τῇ γῇ, οἷον σφὴξ καὶ μέλιττα καὶ τὰ ἄλλα ἔντομα. καλῶ δ' ἔντομα ὅσα ἔχει κατὰ τὸ σῶμα ἐντομάς, ἢ ἐν τοῖς ὑπτίοις ἢ ἐν τούτοις τε καὶ τοῖς πρανέσι. καὶ τῶν μὲν χερσαίων πολλά, ὥσπερ εἴρηται, ἐκ τοῦ ὑγροῦ τὴν τροφὴν πορίζεται, τῶν δ' ἐνύδρων καὶ δεχομένων τὴν θάλατταν οὐδὲν ἐκ τῆς γῆς. ἔνια δὲ τῶν ζῴων τὸ μὲν πρῶτον ζῇ ἐν τῷ ὑγρῷ, ἔπειτα μεταβάλλει εἰς ἄλλην μορφὴν καὶ ζῇ ἔξω, οἷον ἐπὶ τῶν ἐν τοῖς ποταμοῖς ἀσπίδων· γίνονται γὰρ ἐξ αὐτῶν οἱ οἶστροι. ἔτι τὰ μέν ἐστι μόνιμα τῶν ζῴων, τὰ δὲ μεταβλητικά. ἔστι δὲ τὰ μόνιμα ἐν τῷ ὑγρῷ· τῶν δὲ χερσαίων οὐδὲν μόνιμον. ἐν δὲ τῷ ὑγρῷ πολλὰ τῷ προσπεφυκέναι ζῇ, οἷον γένη ὀστρέων πολλά. δοκεῖ δὲ καὶ ὁ σπόγγος ἔχειν τινὰ αἴσθησιν· σημεῖον δὲ ὅτι χαλεπώτερον ἀποσπᾶται, ἂν μὴ

---

23 αἴθυα I[c], E[a] K[c] N[c] m n κόλυμβος T[c]rc. γ **25** ἀκαλύφη I[c], Z[c] L[c]pr.: *acalefe* Guil. **26** καὶ om. Y[c] θαλάσσια β τὰ δὲ ποτάμια post 27 τελματιαῖα transp. α (exc. C[a] Y[c]) **28** κορδύλης A[a] G[a] Q F[a] X[c]pr.: κροκόδειλος X[c]rc.: κόραυλος Y[c]: κροδύλις Z[c]: κορδίλης Ald.: *cordylus* Guil. post κορδ. transp. 488b6 καὶ τῶν θαλαττίων ... πετραῖα Camot. edd. **30** πάντα om. β (exc. T[c]rc.) **31** ἐν τῇ ... **33** ἔχει om. N[c] Z[c] **32** οἷον om. β (exc. T[c]rc.) E[a] P K[c] M[c] σφὶγξ α (exc. C[a] Y[c]), I[c], E[a] P pr. K[c], Ald. ἄλλα τὰ E[a] P K[c] M[c] **33** σῶμα] ὄνομα Y[c] **34** τε om. γ **487b1** ὥσπερ εἴρ. πολλὰ β γ post εἴρ. add. πρότερον K[c] **3** ζῇ om. F[a] X[c], T[c]pr. **4** post εἰς add. τὴν Ald. post ζῇ add. καὶ I[c] ζῆν Q οἷον om. Y[c] **5** ἐπὶ om β (exc. T[c]rc.) ἐν om. α (exc. C[a] Y[c]): ἐπὶ I[c] ἀσπίδων C[a] Y[c] A[a]pr.: ἐμπίδων cett. edd.: *ambides* Scot.: *aspidibus* Guil.: ἀσκαρίδων cj. Karsch Dt. Louis Peck γίνεται ... ὁ οἶστρος α edd.: secl. A.-W. Dt.: lac. indic. Sn. Pk. Buss. **6** οἶστροι] *astoroz* Scot.: *istri* Guil. post ἔτι add. δὲ T[c]rc. γ τῶν ζώων om. β γ **7** τῶν ... **8** ὑγρῶ om. O[c] T[c]pr., N[c] Z[c] **8** post μόν. add. ἐστιν β (exc. T[c]rc.) L[c]rc. Ald. ζῇ τῷ προσπ. β **10** ἐὰν β γ

γένηται λαθραίως ἡ κίνησις, ὥς φασι. τὰ δὲ καὶ προσφύεται καὶ ἀπολύεται, οἷον γένος τι τῆς καλουμένης ἀκαλήφης· τούτων γάρ τινες νύκτωρ ἀπολυόμεναι νέμονται. πολλὰ δ' ἀπολελυμένα μέν ἐστιν ἀκίνητα δέ, οἷον ὄστρεα καὶ τὰ καλούμενα ὁλοθούρια. τὰ δὲ νευστικά, οἷον ἰχθύες καὶ τὰ μαλάκια καὶ τὰ μαλακόστρακα οἷον κάραβοι. τὰ δὲ πορευτικά, οἷον τὸ τῶν καρκίνων γένος· τοῦτο γὰρ ἔνυδρον ὂν τὴν φύσιν πορευτικόν ἐστι. τῶν δὲ χερσαίων ἐστὶ τὰ μὲν πτηνὰ ὥσπερ ὄρνιθες καὶ μέλιτται, καὶ ταῦτ' ἄλλον τρόπον ἀλλήλων, τὰ δὲ πεζά. καὶ τῶν πεζῶν τὰ μὲν πορευτικά, τὰ δ' ἑρπυστικά, τὰ δὲ ἰλυσπαστικά. πτηνὸν δὲ μόνον οὐδέν ἐστιν ὥσπερ νευστικὸν μόνον ἰχθύς· καὶ γὰρ τὰ δερμόπτερα πεζεύει καὶ νυκτερίδι πόδες εἰσίν, ὡς καὶ τῇ φώκῃ κεκολοβωμένοι πόδες. καὶ τῶν ὀρνίθων εἰσί τινες κακόποδες, οἳ διὰ τοῦτο καλοῦνται ἄποδες· ἔστι δὲ εὔπτερον τοῦτο τὸ ὀρνίθιον. σχεδὸν δὲ καὶ τὰ ὅμοια αὐτῷ εὔπτερα μὲν κακόποδα δ' ἐστίν, οἷον χελιδὼν καὶ δρεπανίς· ὁμοιότροπά τε γὰρ καὶ ὁμοιόπτερα πάντα ταῦτα, καὶ τὰς ὄψεις ἐγγὺς ἀλλήλων. φαίνεται δ' ὁ μὲν ἄπους πᾶσαν ὥραν, ἡ δὲ δρεπανὶς ὅταν ὕσῃ τοῦ θέρους· τότε γὰρ ὁρᾶται καὶ ἁλίσκεται, ὅλως δὲ καὶ σπάνιόν ἐστι τοῦτο τὸ ὄρνεον. πορευτικὰ δὲ καὶ νευστικὰ πολλὰ τῶν ζῴων ἐστίν.

11 καὶ om. Y^c **12** post οἷον add. ἐστι α edd.   ἀκαλήφη U^c: ἀκαλύφης I^c, L^cpr., Ald. **13** ἀποδυόμεναι T^crc. γ (exc. L^c) **14** μὲν ... 15 καλούμενα om. O^cpr., add. marg. O^crc. (diff. manus? habet T^c) post ὄστ. add. τε C^a Y^c **15** νευστικά] πλωτά C^arc. A^arc. G^arc. Q^rc. F^a X^c   ἰχθύδια β γ **18** τῇ φύσει β γ **19** ὄρνις κ. μέλιττα α Guil.   post τρόπον add. διαφέρει A^arc. G^a Q F^a X^c β γ Gaza Ald. **20** πεζά om. I^c **21** ἑρπηστικὰ C^apr. Y^c A^apr., P^rc. K^c: ἑρπιστικὰ G^a Q   ἰλυσπαστικά α, O^crc., m^rc., edd.: εἰλητικά D^a O^cpr. R^c T^cpr. U^c, L^crc.: incert. S^c: ἀλιευτικά I^c: ἡδυτικά T^crc.: δυτικά γ (exc. L^crc. m^rc.) **22** καὶ γὰρ om. I^c   post γὰρ add. καὶ β γ **23** νυκτερίδες δίποδες T^crc. γ (exc. L^crc. m^rc.): νυκτερόποδες I^c   ὡς om. α edd. **24** καὶ ... κακόποδες om. N^c Z^c L^cpr. m n **26** αὐτῶν C^apr. Y^c **27** ὁμότροπα Y^c γ (exc. L^crc.)   τε om. I^c **28** καὶ^(1) om. R^c   ὁμόπτερα E^a P K^c M^c m^rc.: ὁμότροπα m^pr.: ὁμοιπτέορα N^c   ταῦτα πάντα α (exc. C^a Y^c) Ald.   ἀλλ. ἔγγυς β γ: ἀλλ. εἰσὶν ἐγ. I^c **30** post γὰρ add. καὶ Y^c β (exc. I^c) γ Ald.   ὅλως] ἄλλως K^c Mc Ald.: ὁ ἄλλως P: ὅτι ἄλλως T^crc., N^c Z^c L^cpr. m n **31** post ἐστι add. καὶ K^c **32** εἰσίν I^c

εἰσὶ δὲ καὶ αἱ τοιαίδε διαφοραὶ κατὰ τοὺς βίους καὶ τὰς πράξεις. τὰ μὲν γὰρ αὐτῶν ἐστιν ἀγελαῖα τὰ δὲ μοναδικά, καὶ πεζὰ καὶ πτηνὰ καὶ πλωτά, τὰ δ᾽ ἐπαμφοτερίζει. καὶ τῶν ἀγελαίων καὶ τῶν μοναδικῶν τὰ μὲν πολιτικὰ τὰ δὲ σποραδικά ἐστιν. ἀγελαῖα μὲν οὖν οἷον ἐν τοῖς πτηνοῖς τὸ τῶν περιστερῶν γένος καὶ γέρανος καὶ κύκνος, γαμψώνυχον δ᾽ οὐδὲν ἀγελαῖον· καὶ τῶν πλωτῶν πολλὰ γένη τῶν ἰχθύων οἷον οὓς καλοῦσι δρομάδας, θύννοι, πηλαμύδες, ἄμιαι· ὁ δ᾽ ἄνθρωπος ἐπαμφοτερίζει. πολιτικὰ δ᾽ ἐστὶν ὧν ἕν τι καὶ κοινὸν γίνεται πάντων τὸ ἔργον· ὅπερ οὐ πάντα ποιεῖ τὰ ἀγελαῖα. ἔστι δὲ τοιοῦτον ἄνθρωπος, μέλιττα, σφήξ, μύρμηξ, γέρανος. καὶ τούτων τὰ μὲν ὑφ᾽ ἡγεμόνα ἐστὶ τὰ δ᾽ ἄναρχα, οἷον γέρανος μὲν καὶ τὸ τῶν μελιττῶν γένος ὑφ᾽ ἡγεμόνα, μύρμηκες δὲ καὶ μυρία ἄλλα ἄναρχα. καὶ τὰ μὲν ἐπιδημητικὰ καὶ τῶν ἀγελαίων καὶ τῶν μοναδικῶν, τὰ δὲ ἐκτοπιστικά. καὶ τὰ μὲν σαρκοφάγα, τὰ δὲ καρποφάγα, τὰ δὲ παμφάγα, τὰ δὲ ἰδιότροφα, οἷον τὸ τῶν μελιττῶν γένος καὶ τὸ τῶν ἀραχνῶν· τὰ μὲν γὰρ μέλιτι καί τισιν ἄλλοις ὀλίγοις τῶν γλυκέων χρῆται τροφῇ, οἱ δ᾽ ἀράχναι ἀπὸ τῆς τῶν μυιῶν θήρας ζῶσι, τὰ δ᾽ ἰχθύσι χρῶνται τροφῇ. καὶ τὰ μὲν θηρευτικά, τὰ δὲ θησαυριστικὰ τῆς τροφῆς ἐστι, τὰ δ᾽ οὔ. καὶ τὰ μὲν

---

33 ἔστι I^c καὶ$^{(1)}$ om. Y^c τοιαῦται I^c **34** αὐτῶν om. β γ ἀγελαῖα] ἐνεμαῖα Y^c **488a1** μονωτικά α T^{c}rc. γ (exc. L^c) Canis. Sn.: *solitaria* Guil. καὶ πεζὰ post πτηνὰ transp. C^a: post πλωτά β γ **2** καὶ τῶν μοναδικῶν secl. Sn. Peck: νομαδικῶν cj. Drossaart Lulofs **3** σποραδικά] πορευτικά γ (exc. L^c m*rc.*) σποραδικά. ἔστι δὲ ἀγελαῖα μὲν οἷον β γ Guil. ἀγελαῖα] ἐνεμαῖα Y^c ἐν om. N^c Z^c **4** γένος om. I^c **6** post γένη add. καὶ C^a Y^c A^a τῶν om. β γ θύννοι] θύννοι, θῦνοι codd. var. post θύν. add. καὶ I^c **7** ἀμίαι α S^c Ald. Dt.: ἄμια N^c Z^c L^c m n **9** post δὲ add. καὶ I^c **10** σφίγξ A^a*pr.* G^a Q **11** ἡγεμόνας β P K^c M^c L^c m n ἐστὶ... 12 ἡγεμόνα om. E^a N^c Z^c γέρανοι β P K^c L^c Guil. **12** ἡγεμόνας β P m: ἡγεμόνων K^c **13** ἐπιδ.... 14 μὲν om. N^c Z^c καὶ$^{(2)}$ om. β P K^c L^c n Guil. **15** τὰ δὲ καρπ. post παμφ. transp. α (exc. C^a Y^c) Ald. **16** τὸ$^{(2)}$ om. I^c **17** τὰ] τὸ α, T^{c}rc., m, Dt. post μέλ. add. ἢ T^{c}rc. γ (exc. L^{c}rc.) ἄλλοις ὀλίγοις α edd.: ὀλίγοις ἄλλοις γ: ἄλλοις (om. ὀλίγοις) β Guil. **18** τῆς om. Q μυῶν Y^c, E^a K^c M^c, Ald. θήρας post 19 ζῶσι transp. S^c **20** εἰσὶ S^c

οἰκητικὰ τὰ δὲ ἄοικα, οἰκητικὰ μὲν οἷον ἀσπάλαξ μῦς μύρμηξ μέλιττα, ἄοικα δὲ πολλὰ τῶν ἐντόμων καὶ τῶν τετραπόδων. ἔτι τοῖς τόποις τὰ μὲν τρωγλοδυτικὰ οἷον σαύρα ὄφις, τὰ δ᾽ ὑπέργεια, οἷον ἵππος κύων. καὶ τὰ μὲν τρηματώδη τὰ δ᾽ ἄτρητα. καὶ τὰ μὲν νυκτερόβια οἷον γλαὺξ νυκτερίς, τὰ δ᾽ ἐν τῷ φωτὶ ζῇ. ἔτι δὲ ἥμερα καὶ ἄγρια, καὶ τὰ μὲν ἀεὶ οἷον ἄνθρωπος καὶ ὀρεὺς ἀεὶ ἥμερα, τὰ δ᾽ ἄγρια ὥσπερ πάρδαλις καὶ λύκος, τὰ δὲ καὶ ἡμεροῦσθαι δύναται ταχὺ οἷον ἐλέφας. ἔτι ἄλλον τρόπον· πάντα γὰρ ὅσα ἥμερά ἐστι γένη καὶ ἄγριά ἐστιν, οἷον ἵπποι βόες ὕες ἄνθρωποι πρόβατα αἶγες κύνες. καὶ τὰ μὲν ψοφητικά, τὰ δὲ ἄφωνα, τὰ δὲ φωνήεντα, καὶ τούτων τὰ μὲν διάλεκτον ἔχει τὰ δὲ ἀγράμματα, καὶ τὰ μὲν κωτίλα τὰ δὲ σιγηλά, τὰ δ᾽ ᾠδικὰ τὰ δ᾽ ἄνῳδα· πάντων δὲ κοινὸν τὸ περὶ τὰς ὀχείας μάλιστα ᾄδειν καὶ λαλεῖν. καὶ τὰ μὲν ἄγροικα ὥσπερ φάττα, τὰ δ᾽ ὄρεια ὥσπερ ἔποψ, τὰ δὲ συνανθρωπίζει οἷον περιστερά. καὶ τὰ μὲν ἀφροδισιαστικὰ οἷον τὸ τῶν περδίκων καὶ ἀλεκτρυόνων γένος, τὰ δὲ ἀγνευτικὰ οἷον τὸ τῶν κορακοειδῶν ὀρνίθων γένος· ταῦτα γὰρ σπανίως ποιεῖται τὴν ὀχείαν. καὶ τῶν θαλαττίων τὰ μὲν πελάγια, τὰ δὲ αἰγιαλώδη, τὰ δὲ πε-

21 οἷον om. Y^c ἀσπάλαγξ A^a G^a Q: σπάλαξ Y^c   22 post μύρμ. add. μυῖα β γ   24 σαῦραι ὄφεις β γ   ὑπέργαια β γ   καὶ ... 25 ἄτρητα secl. Dt. Th. Peck   25 τραυματώδη Y^c: τρυμάτωδη I^c: τρημώδη T^crc. γ (exc. L^crc.)   ἄτρωτα Y^c: ἄτρημα T^crc. γ (exc. L^crc.)   26 ἔτι δὲ] ἔστιν Ald.   27 καὶ^(1)] ἔστι δὲ ἥμερα καὶ ἄγρια β (exc. om. I^c) γ (exc. om. E^a) ἀεί v.l. αἰεί codd. passim   οἷον ... 28 δ᾽^(1) secl. Peck   ἄνθρωπος] γίννος cj. Dt.: ὄνος cj. Th. Louis   ὀρεὺς] ἵππος cj. Th.   28 τὰ^(1)] πολλὰ I^c post τὰ δ᾽^(1) add. ἀεὶ (αἰεὶ) β γ   29 δύνανται F^a X^c   ταχὺ δύναται transp. β γ   ἔτι ἄλλον τρόπον secl. Peck   30 ἅπαντα β γ   γὰρ om. N^c Z^c L^c n   γένους K^c   ἵπποι post 31 ὕες transp. β γ   31 βόες om. Y^c Scot. Guil.: post κύνες β γ   ἄνθρωποι ante 30 ἵπποι transp. Drossaart Lulofs: ὄνοι cj. Pk. Th. Louis: om. Guil. Sn. Bk.   34 post σιγ. add. τὰ δὲ λάλα α (exc. C^a Y^c) Ald.   ἁπάντων β γ   488b1 περὶ] παρὰ Y^c   2 ἄγροικα om. Y^c   ὄρθια K^c: ὄρθρια M^c   4 ἀφροδισιατικὰ O^c T^c   post καὶ add. τῶν I^c   5 ἀγνευτικὰ nonnulli: ἀγονευτικὰ β: ἀτρευτικὰ A^apr. G^a Q: non multum spermatica Guil.   post κορ. add. καὶ I^c   6 σπανίως] πάντα C^a   ποιεῖται post ὀχ. transp. α (exc. C^a Y^c) Ald.   καὶ ... 7 πετραῖα post 487a28 transp. Camot. edd.

τραῖα. ἔτι τὰ μὲν ἀμυντικὰ τὰ δὲ φυλακτικά· ἔστι δ' ἀμυντικὰ μὲν ὅσα ἢ ἐπιτίθεται ἢ ἀδικούμενα ἀμύνεται, φυλακτικὰ δὲ ὅσα πρὸς τὸ μὴ παθεῖν τι ἔχει ἐν ἑαυτοῖς ἀλεωρήν. διαφέρουσι δὲ καὶ ταῖς τοιαῖσδε διαφοραῖς κατὰ τὸ ἦθος. τὰ μὲν γάρ ἐστι πρᾶα καὶ δύσθυμα καὶ οὐκ ἐνστατικὰ οἷον βοῦς, τὰ δὲ θυμώδη καὶ ἐνστατικὰ καὶ ἀμαθῆ οἷον ὗς ἄγριος, τὰ δὲ φρόνιμα καὶ δειλὰ οἷον ἔλαφος δασύπους, τὰ δὲ ἀνελεύθερα καὶ ἐπίβουλα οἷον ὄφις, τὰ δὲ ἐλεύθερα καὶ ἀνδρεῖα καὶ εὐγενῆ οἷον λέων, τὰ δὲ γενναῖα καὶ ἄγρια καὶ ἐπίβουλα οἷον λύκος· εὐγενὲς μὲν γάρ ἐστι τὸ ἐξ ἀγαθοῦ γένους, γενναῖον δὲ τὸ μὴ ἐξιστάμενον ἐκ τῆς ἑαυτοῦ φύσεως. καὶ τὰ μὲν πανοῦργα καὶ κακοῦργα οἷον ἀλώπηξ, τὰ δὲ θυμικὰ καὶ φιλητικὰ καὶ θωπευτικὰ οἷον κύων, τὰ δὲ πρᾶα καὶ τιθασσευτικὰ οἷον ἐλέφας, τὰ δ' αἰσχυντηλὰ καὶ φυλακτικὰ οἷον χήν, τὰ δὲ φθονερὰ καὶ φιλόκαλα οἷον ταώς. βουλευτικὸν δὲ μόνον ἄνθρωπός ἐστι τῶν ζῴων. καὶ μνήμης μὲν καὶ διδαχῆς πολλὰ κοινωνεῖ, ἀναμιμνήσκεσθαι δὲ οὐδὲν ἄλλο δύναται πλὴν ἄνθρωπος. περὶ ἕκαστον δὲ τῶν γενῶν τά τε περὶ τὰ ἤθη καὶ τοὺς βίους ὕστερον λεχθήσεται δι' ἀκριβείας μᾶλλον.

[2] πάντων δ' ἐστὶ τῶν ζῴων κοινὰ μόρια, ᾧ δέχεται τὴν τροφὴν καὶ εἰς ὃ δέχεται· ταῦτα δ' ἐστὶ ταὐτὰ καὶ ἕτερα

8 post ἔτι add. δὲ T^{c}rc., n   τὰ δὲ φ. ... 9 μὲν om. I^c ἔστι om. N^c Z^c L^{c}pr. m n   δ'$^{(2)}$ om. γ   9 ἀδικούμενα om. Y^c 10 τι ἔχει α Guil. edd.: ἔχει τινὰ β: τινὰ ἔχει γ   ἑαυτοῖς β γ: αὑτοῖς C^a Y^c: αὐτοῖς α (exc. C^a Y^c) Ald.   ἀλεωράν, ἀλεωρήν nonnulli   12 διαφέρει Y^c καὶ om. α γ (exc. P K^c M^c) Ald.   13 πραὰ (sic) C^a: πραέα β γ   ἐνστακτικὰ O^{c}pr. T^c 14 ante ἐνστ. add. οὐκ I^c ὗς] ὄνος Ald.   15 post ἔλ. add. λαγωὸς α (exc. C^a Y^c) Ald.   δασύπους secl. Dt.   16 ὄφις β γ Guil.: οἱ ὄφεις α Ald. edd.   ἐλεύθερα codd. Dt.: ἐλευθέρια cj. Sn. edd.: illiberalia ... liberalia Guil.   19 ἑαυτοῦ β γ: αὐτοῦ α (exc. F^a): αὐτοῦ F^a Ald. edd.   20 κακ. καὶ παν. transp. β γ   21 θυμωτικὰ β γ   φιλωτικὰ N^c Z^c L^c m n   22 πραέα β γ   23 φιλακτικὰ N^c L^c n   24 ταών L^c Ald.   βουλευτικόν ... 25 ζῴων om. G^a Q   post δὲ add. καὶ Ald.   post μόνον add. οἷον A^{a}pr. Ald.: ὁ I^c 25 διαδοχῆς Y^c 26 ἀναμνήσκεσθαι I^c γ   ὁ ἄνθ. β γ   27 ἑκάστου cj. Sylb. Sn.   περὶ$^{(2)}$] παρὰ Y^c καὶ] κατὰ R^c 28 δι'] μετὰ β γ Guil.   29 ᾧ] ὃ Ald.: ᾖ cj. Dt.   30 ταῦτα δὴ τὰ αὐτὰ Y^c

HISTORIA ANIMALIUM I 488b

κατὰ τοὺς εἰρημένους τρόπους, ἢ κατ' εἶδος ἢ καθ' ὑπεροχὴν ἢ 31
κατ' ἀναλογίαν ἢ τῇ θέσει διαφέροντα. μετὰ δὲ ταῦτα
ἄλλα κοινὰ μόρια ἔχει τὰ πλεῖστα τῶν ζῴων πρὸς τούτοις,
ᾗ ἀφίησι τὸ περίττωμα τῆς τροφῆς καὶ ᾗ λαμβάνει· οὐ
γὰρ πᾶσιν ὑπάρχει τοῦτο. καλεῖται δ' ᾗ μὲν λαμβάνει 489a1
στόμα, εἰς ὃ δὲ δέχεται κοιλία· τὸ δὲ λοιπὸν πολυώνυμόν
ἐστι. τοῦ δὲ περιττώματος ὄντος διττοῦ, ὅσα μὲν ἔχει δεκτικὰ
μόρια τοῦ ὑγροῦ περιττώματος, ἔχει καὶ τῆς ξηρᾶς τροφῆς,
ὅσα δὲ ταύτης, ἐκείνης οὐ πάντα. διὸ ὅσα μὲν κύστιν ἔχει, 5
καὶ κοιλίαν ἔχει, ὅσα δὲ κοιλίαν ἔχει, οὐ πάντα κύστιν ἔχει.
ὀνομάζεται γὰρ τὸ μὲν τῆς ὑγρᾶς περιττώσεως δεκτικὸν μό-
ριον κύστις, κοιλία δὲ τὸ τῆς ξηρᾶς. [3] τῶν δὲ λοιπῶν πολ-
λοῖς ὑπάρχει ταῦτά τε τὰ μόρια καὶ ἔτι ᾗ τὸ σπέρμα ἀφιᾶσι·
καὶ τούτων ἐν οἷς μὲν ὑπάρχει γένεσις ζῴων τὸ μὲν εἰς ἑαυτὸ 10
ἀφιέν, τὸ δὲ εἰς ἕτερον. καλεῖται δὲ τὸ μὲν εἰς αὑτὸ ἀφιὲν
θῆλυ, τὸ δ' εἰς τοῦτο ἄρρεν· ἐν ἐνίοις δ' οὐκ ἔστι τὸ ἄρρεν καὶ
θῆλυ. καὶ τῶν μορίων τῶν πρὸς τὴν δημιουργίαν ταύτην
διαφέρει τὸ εἶδος· τὰ μὲν γὰρ ἔχει ὑστέραν τὰ δὲ τὸ ἀνά-
λογον. ὅσα μὲν οὖν ἀναγκαιότατα μόρια τοῖς ζῴοις τὰ μὲν 15
πᾶσιν ἔχειν συμβέβηκε, τὰ δὲ τοῖς πλείστοις, ταῦτ' ἐστίν.
πᾶσι δὲ τοῖς ζῴοις αἴσθησις μία ὑπάρχει κοινὴ μόνη

31 ἢ[(1)]] καὶ β (exc. T[c]rc.): om. P in lac.   ἢ[(2)]] καὶ β (exc. T[c]rc.)   33 πρὸς
τούτοις om. Guil.: προσεχῆ τούτοις cj. Pk.   34 post ᾗ[(1)] add. τ' Y[c]: et qua
Gaza   καὶ ᾗ λαμβάνει codd. Ald. Bk.: om. Gaza Junt. Sn. edd.: aut [viz. ᾗ]
suscipiunt Guil.   489a1 ᾗ] ὃ Ald. Cs.: ᾧ Cas. Sn.   2 δὲ[(1)] om. A[a]pr., I[c],
K[c]   ἐνδέχεται β   3 διττοῦ om. n   δεικτικὰ A[a]pr.   5 ἐκείνου Ald.
Cs.   διὸ ... 6 πάντα om. E[a]   διὸ] δὲ α   μὲν om. α Ald.   7 γὰρ]
δὲ Y[c], I[c]   δεικτικὸν A[a]pr.   8 τοῦ ξηροῦ G[a] Q   9 ἔτι] ἔστιν Ald.
ἀφίησι β γ   10 ἐν οἷς α (exc. Y[c]) N[c] Z[c] L[c] m rc. n Gaza Ald. edd.: ἐνίοις Y[c]
β E[a] P K[c] M[c] m pr. Guil.   μὲν[(1)] om. β Guil.: post ὑπ. transp. γ (exc. L[c])
ἑαυτὸ β γ: αὐτὸ α Ald.: αὑτὸ edd.   11 τὸ[(1)] ... ἀφιὲν[(2)] om. N[c] Z[c] L[c] m n
καλεῖται ... 12 τοῦτο om. E[a]pr.: καλεῖται ... 12 θῆλυ add. E[a]rc.   αὐτὸ D[a]
O[c] T[c] R[c]: ἑαυτὸ S[c] P: αὑτὸ α U[c] I[c] Ald.   12 τοῦτο] ἕτερον β γ (exc. om.
E[a])   ἐν om. β γ   ἐνίοις] ἐν οἷς T[c]rc., N[c] Z[c] n   13 τὸ θῆλυ β γ post
θῆ. add. ἢ C[a] A[a]pr. G[a] Q, E[a] (in ras.): ᾗ Ald. edd.   τῶν[(2)]] τὸ Y[c]   14 δὲ
om. R[c]   15 ἀναγκαῖα ὄντα Ald.   post ἀν. add. τὰ T[c]rc. I[c] γ   16 ἔχει
Q I[c]   ταῦτ' α: ταὐτά β γ (exc. m)   17 post ὑπ. add. καὶ C[a]   μόνη
κοινὴ transp. Y[c] β E[a] P K[c] M[c]   μόνη om. N[c] Z[c] L[c] m n

61

ἡ ἁφή, ὥστε καὶ ἐν ᾧ αὕτη μορίῳ γίνεσθαι πέφυκεν ἀνώνυμόν ἐστι· τοῖς μὲν γὰρ ταὐτὸ τοῖς δὲ τὸ ἀνάλογόν ἐστιν. [4] ἔχει δὲ καὶ ὑγρότητα πᾶν ζῷον, ἧς στερισκόμενον ἢ φύσει ἢ βίᾳ φθείρεται. ἔτι ἐν ᾧ γίγνεται, τοῦτο ἄλλο. ἔστι δὲ τοῦτο τοῖς μὲν αἷμα τοῖς δὲ φλὲψ τοῖς δὲ τὸ ἀνάλογον τούτων· ἔστι δ' ἀτελῆ ταῦτα οἷον τὸ μὲν ἰὸς τὸ δ' ἰχώρ. ἡ μὲν οὖν ἁφὴ ἐν ὁμοιομερεῖ ἐγγίνεται μέρει οἷον ἐν σαρκὶ ἢ τοιούτῳ τινὶ καὶ ὅλως ἐν τοῖς αἱματικοῖς, ὅσα ἔχει αἷμα, τοῖς δ' ἐν τῷ ἀνάλογον, πᾶσι δ' ἐν τοῖς ὁμοιομερέσιν. αἱ δὲ ποιητικαὶ δυνάμεις ἐν τοῖς ἀνομοιομερέσιν, οἷον ἡ τῆς τροφῆς ἐργασία ἐν στόματι καὶ ἡ τῆς κινήσεως τῆς κατὰ τόπον ἐν ποσὶν ἢ πτέρυξιν /29/ ἢ τοῖς ἀνάλογον. /30/ πρὸς δὲ τούτοις τὰ μὲν ἔναιμα τυγχάνει ὄντα, οἷον ἄνθρωπος /31/ καὶ ἵππος καὶ πάνθ' ὅσα ἢ ἄποδά ἐστι τέλεα ὄντα ἢ /32/ δίποδα ἢ τετράποδα, τὰ δ' ἄναιμα, οἷον μέλιττα καὶ σφὴξ /33/ καὶ τῶν θαλαττίων σηπία καὶ κάραβος καὶ πάνθ' ὅσα πλείους /34/ πόδας ἔχει τεττάρων. [5] καὶ τὰ μὲν ζῳοτόκα τὰ δὲ ᾠοτόκα /35/ τὰ δὲ σκωληκοτόκα, ζῳοτόκα μὲν οἷον ἄνθρωπος καὶ ἵππος καὶ φώκη καὶ τὰ ἄλλα ὅσα ἔχει τρίχας καὶ τῶν ἐνύδρων τὰ κητώδη οἷον δελφὶς καὶ τὰ καλούμενα σελάχη· τούτων δὲ τὰ μὲν αὐλὸν ἔχει βράγχια δ' οὐκ ἔχει, οἷον δελφὶς καὶ

18 ἡ ἁφή] ἁφῆς Y^c καὶ om. β   αὐτὴ ἐν ᾧ μ. γενέσθαι πέφ. Ald. αὕτη om. T^c pr. Guil.   μορίῳ αὕτη transp. β (exc. T^c)   πέφ. γίν. transp. β γ (μ. π. α. γ. S^c)   post ἀνών. add. δ' Y^c, E^a P K^c M^c, Guil.   19 τὸ αὐτὸ β (exc. om. τὸ I^c) γ   τοῖς δὲ om. N^c Z^c 20 βίᾳ ἢ φύσει transp. β γ (φύσις K^c)   21 ἔτι] ὅτι A^{a}rc. F^a X^c, N^c Z^c L^c m$pr.$ n   super ᾧ add. μορίῳ C^{a}rc.   22 τοῦτο] ταῦτα cj. A.-W. Dt. Peck   τοῖς δὲ φλέψ codd.: καὶ φ. L^{c}rc. m$rc.$ Gaza Cs. Sn. edd.: τοῖς δὲ καὶ φ. Ald.   φλέψ] φλέγμα Y^c τὸ] τὰ cj. Dt. Peck   τούτων om. Guil.: τούτῳ cj. Pk.: τούτοις cj. Dt.   23 ἰὸς codd. Ald.: ἲς m$rc.$ Scal. Cas. edd.: uirus Guil.: fibra Gaza   24 γίνεται β γ 25 ἐν τῷ ἀνάλ.] τὸ ἀνάλ. Ald.   26 δ'$^{(1)}$ om. β (add. O^{c}rc.)   ἐν om. Ald.   post ὁμ. add. αἴσθησιν ταύτην εἶναι δῆλον Ald.   δ' ἐν τ. ὁμ. om. Guil.   27 ἡ om. Ald.   28 post ἐν$^{(1)}$ add. τῷ β γ   τῆς$^{(2)}$] τοῖς I^c, m n post ἢ add. ἐν Z^c m n   30 ἄνθρωποι Ald.   31 ἵπποι Ald.   ἢ$^{(1)}$ om. Z^c 32 σφίγξ A^a G^a Q I^c 33 σηπίαι N^c Z^c πλείω β (exc. T^{c}rc.) γ (exc. M^c)   34 πόδας post τετ. transp. α (exc. C^a Y^c) Ald.   post ἔχει add. τῶν β γ   τὰ δὲ ὠ. om. Y^c Q   489b2 καὶ ... 4 δελφὶς om. E^{a}pr. καλούμενα om. β

φάλαινα (ἔχει δ' ὁ μὲν δελφὶς τὸν αὐλὸν διὰ τοῦ νώτου, ἡ δὲ φάλαινα ἐν τῷ μετώπῳ), τὰ δὲ ἀκάλυπτα βράγχια οἷον τὰ σελάχη, γαλεοί τε καὶ βάτοι. καλεῖται δ' ᾠὸν μὲν τῶν κυημάτων τῶν τελείων ἐξ οὗ γίγνεται τὸ γινόμενον ζῷον ἐκ μορίου τὴν ἀρχήν, τὸ δ' ἄλλο τροφὴ τῷ γινομένῳ ἐστίν· σκώληξ δ' ἐστὶν ἐξ οὗ ὅλου ὅλον γίνεται τὸ ζῷον, διαρθρουμένου καὶ /10/ αὐξανομένου τοῦ κυήματος. τὰ μὲν οὖν ἐν ἑαυτοῖς ᾠοτοκεῖ τῶν /11/ ζωοτόκων οἷον τὰ σελάχη, τὰ δὲ ζωοτοκεῖ ἐν αὐτοῖς οἷον /12/ ἄνθρωπος καὶ ἵππος· εἰς δὲ τὸ φανερὸν τῶν μὲν τελεωθέντος /13/ τοῦ κυήματος ζῷον ἐξέρχεται, τῶν δ' ᾠόν, τῶν δὲ σκώληξ. /14/ τῶν δ' ᾠῶν τὰ μὲν ὀστρακόδερμά ἐστι καὶ δίχροα οἷον τὰ /15/ τῶν ὀρνίθων, τὰ δὲ μαλακόδερμα καὶ μονόχροα οἷον τὰ /16/ τῶν σελαχῶν. καὶ τῶν σκωλήκων οἱ μὲν εὐθὺς κινητικοὶ οἱ /17/ δ' ἀκίνητοι. ἀλλὰ περὶ μὲν τούτων ἐν τοῖς περὶ γενέσεως δι' /18/ ἀκριβείας ὕστερον ἐροῦμεν. /19/ ἔτι δὲ τῶν ζῴων τὰ μὲν ἔχει πόδας τὰ δ' ἄποδα, καὶ τῶν ἐχόντων τὰ μὲν δύο πόδας ἔχει οἷον ἄνθρωπος καὶ ὄρνις μόνα, τὰ δὲ τέτταρας οἷον σαύρα καὶ κύων, τὰ δὲ πλείους οἷον σκολόπενδρα καὶ μέλιττα· πάντα δ' ἀρτίους ἔχει πόδας. τῶν δὲ νευστικῶν ὅσα ἄποδα, τὰ μὲν πτερύγια ἔχει ὥσπερ ἰχθύς, καὶ τούτων οἱ μὲν τέτταρα πτερύγια, δύο μὲν ἄνω ἐν τοῖς πρανέσι δύο δὲ κάτω ἐν τοῖς ὑπτίοις οἷον χρύσοφρυς καὶ λάβραξ, τὰ δὲ δύο μόνον, ὅσα προμήκη καὶ λεῖα οἷον ἔγχελυς καὶ γόγγρος· τὰ δ' ὅλως οὐκ ἔχει, οἷον σμύραινα καὶ ὅσα ἄλλα χρῆται

4 et 5 φάλλαινα α (exc. Y^c)   5 μετόπω G^a Q   7 οὗ] ὧν γ   γενόμενον Ald.   8 γενομένῳ Ald.   9 ἐστὶν om. γ   ὅλου om. A^apr. G^a Q Ald. ὅλον] ἄλλον Ald.   τὸ om. Ald.   10 ἑαυτοῖς β E^a: αὑτοῖς α (exc. C^a) P K^c N^c m n Ald.: αὐτοῖς C^a, I^c, M^c Z^c L^c   11 ζωοτόκων] ζῴων E^a αὑτοῖς C^a β (exc. I^c) E^a M^c Z^c L^c n Ald.: αὐτοῖς α (exc. C^a), I^c, P K^c N^c m 12 τελειωθέντος F^a X^c   14 ᾠόν Ald.   οἷα β (exc. S^c) γ (exc. L^c)   15 οἷα β (exc. S^c) N^c Z^c m n   16 post σκωλ. add. τῶν δὲ σκωλήκων T^crc. Gaza   οἱ⁽²⁾] ἢ N^c   18 ἐροῦμεν] λεκτέον α Dt.   21 σαῦραι γ (exc. K^c M^c)   22 πάντως m   23 post πόδας add. ὅσαπερ ἔχει πόδας Y^c β (exc. I^c) γ (ὅσα περιέχει πόδας N^c) Guil. (Tz)   24 ἔχει ... 25 πτερύγια om. I^c 25 μὲν] δὲ Z^c   κάτωθεν β γ (exc. E^a)   28 ὅλως] ὡς ἄλλος A^apr. G^apr.: ὅλλος Q   καὶ ὅσα ἄλλα] ἀλλὰ β γ Ald. Cs. A.-W.   ἄλλα om. F^a X^c

τῇ θαλάττῃ ὥσπερ οἱ ὄφεις τῇ γῇ καὶ ἐν τῷ ὑγρῷ ὁμοίως νέουσι. τῶν δὲ σελαχῶν ἔνια μὲν οὐκ ἔχει πτερύγια οἷον τὰ πλατέα καὶ κερκοφόρα, ὥσπερ βάτος καὶ τρυγών, ἀλλ' αὐτοῖς νεῖ τοῖς πλάτεσι· βάτραχος δ' ἔχει καὶ ὅσα τὸ πλάτος μὴ ἔχει ἀπολελεπτυσμένον. ὅσα δὲ δοκεῖ πόδας ἔχειν, καθάπερ καὶ τὰ μαλάκια, τούτοις νεῖ καὶ τοῖς πτερυγίοις· καὶ θᾶττον ἐπὶ κύτος οἷον σηπία καὶ τευθὶς καὶ πολύπους· βαδίζει δὲ τούτων οὐδέτερον ὥσπερ πολύπους. τὰ δὲ σκληρόδερμα οἷον κάραβος, τοῖς οὐραίοις νεῖ, τάχιστα δ' ἐπὶ τὴν κέρκον τοῖς ἐν ἐκείνῃ πτερυγίοις. καὶ ὁ κορδύλος τοῖς ποσὶ καὶ τῷ οὐραίῳ· ἔχει δ' ὅμοιον γλανεῖ τὸ οὐραῖον, ὡς μικρὸν εἰκάσαι μεγάλῳ. τῶν δὲ πτηνῶν τὰ μὲν πτερωτά ἐστιν οἷον ἀετὸς καὶ ἱέραξ, τὰ δὲ πτιλωτὰ οἷον μέλιττα καὶ μηλολόνθη, τὰ δὲ δερμόπτερα οἷον ἀλώπηξ καὶ νυκτερίς. πτερωτὰ μὲν οὖν ἐστιν ὅσα ἔναιμα, καὶ δερμόπτερα ὡσαύτως· πτιλωτὰ δὲ ὅσα ἄναιμα οἷον τὰ ἔντομα. ἔστι δὲ τὰ μὲν πτερωτὰ καὶ δερμόπτερα δίποδα πάντα ἢ ἄποδα· λέγονται γὰρ εἶναί τινες ὄφεις τοιοῦτοι περὶ Αἰθιοπίαν. τὸ μὲν οὖν πτερωτὸν γένος τῶν ζῴων ὄρνις καλεῖται, τὰ δὲ

---

29 post θαλ. add. καὶ A^apr. G^a Q Ald.   οἱ ὄφεις α Ald. edd.: ὄφις β (exc. S^c) γ (exc. L^crc.): ὁ ὄφις S^c, L^crc.   post γῇ add. οἳ cj. Pk. Dt. Peck   30 ναίουσι α (exc. C^a Y^c) Ald.   πτερύγιον Q (incert. G^a): πτέρυγας β γ   32 πλατέσι codd.: πλάτεσιν Guil. edd.   βάτραχος] βάτος X^crc., O^crc., Gaza: rana marina Guil.   33 μὴ om. β (exc. T^crc.)   ἔχει om. I^c   34 καὶ⁽¹⁾ om. C^a Y^c A^apr. G^a Q Guil.   τὰ om. A^apr. G^a Q   τούτοις] καὶ τούτοις μὲν γ Cs.: hiis Guil.   35 post ἐπὶ add. δὲ Q   κύτος C^a Y^c Guil.: κῆτος A^apr.: τοῖς τοιούτοις τὸ κῆτος A^arc. G^a Q F^a X^c, E^a, Ald.: τοῖς τοιούτοις β (exc. O^crc. T^crc.): τοῖς τοιούτοις τὸ κύτος O^crc. T^crc. γ (exc. E^a) post κῆτος (sic) add. τούτων οὐδέτερον Ald.   σηπίαι P   490a1 καὶ πολύπους secl. Scal. A.-W. Dt. Peck   τούτων] τὰ τῶν Ald.   οὐδέτερον] ἑκάτερον α: ἑκατέρων Ald.: neutrum Guil.   2 κάραβος] οἶμαι ὁ ἀστακός add. supra A^arc.   τάχιστα. τὰ δ' α Guil. Ald.   3 κορδύλος] κροκόδειλος Y^c Ald. Canis.: κροκόδυλος G^arc. Qrc. Xrc.: tenchea Scot.: tenchea quae est species cocodrilli Alb.: cordylus Guil.: κόρδιλος Junt. Camot.   4 γλανεῖ α γ: γλανὶ β: γλάνει edd.   7 ἀλώπηξ om. Y^c in lac.   8 πτερωτὰ ... δερμ. om. F^a X^cpr.: λείπει ὡς οἶμαι τοιοῦτό τι· πτερωτὰ δ' ἐστὶν ὅσα ἔναιμα X^crc. ἐστιν] εἰσὶν N^c Z^c L^c m n   καὶ δερμ. ... 9 ἄναιμα om. Y^c   10 δὲ] γὰρ Y^c δίποδα δ' ἅπαντα α (exc. Y^c) Ald.   post δίπ. add. ἢ τετράποδα cj. Dt. 11 τοιοῦτοι ante τινες transp. β Buss.

λοιπὰ δύο ἀνώνυμα ἑνὶ ὀνόματι. τῶν δὲ πτηνῶν μὲν ἀναίμων δὲ τὰ μὲν κολεόπτερά ἐστιν (ἔχει γὰρ ἐν ἐλύτρῳ τὰ πτερά, οἷον αἱ μηλολόνθαι καὶ οἱ κάνθαροι), τὰ δ' ἀνέλυτρα, καὶ τούτων τὰ μὲν δίπτερα τὰ δὲ τετράπτερα, τετράπτερα μὲν ὅσα μέγεθος ἔχει ἢ ὅσα ὀπισθόκεντρά ἐστι, δίπτερα δὲ ὅσα ἢ μέγεθος μὴ ἔχει ἢ ἐμπροσθόκεντρά ἐστι. τῶν δὲ κολεοπτέρων οὐδὲν ἔχει κέντρον. τὰ δὲ δίπτερα ἔμπροσθεν ἔχει τὰ κέντρα οἷον μυῖα καὶ μύωψ καὶ οἶστρος καὶ ἐμπίς. πάντα δὲ τὰ ἄναιμα ἐλάττω τὰ μεγέθη ἐστὶ τῶν ἐναίμων ζῴων· πλὴν ὀλίγα ἐν τῇ θαλάττῃ μείζονα ἄναιμά ἐστιν, οἷον τῶν μαλακίων ἔνια. μέγιστα δὲ γίνεται ταῦτα τὰ γένη αὐτῶν ἐν τοῖς ἀλεεινοτάτοις, καὶ ἐν τῇ θαλάττῃ μᾶλλον ἢ ἐν τῇ γῇ καὶ ἐν τοῖς γλυκέσιν ὕδασι. κινεῖται δὲ τὰ κινούμενα πάντα τέτρασι σημείοις ἢ πλείοσι, τὰ μὲν ἔναιμα τέτρασι μόνον, οἷον ἄνθρωπος μὲν χερσὶ δυσὶ καὶ ποσὶ δυσίν, ὄρνις δὲ πτέρυξι δυσὶ καὶ ποσὶ δυσί, τὰ δὲ τετράποδα καὶ ἰχθύες τὰ μὲν τέτρασι ποσίν, οἱ δὲ τέτρασι πτερυγίοις. ὅσα δὲ δύο ἔχει πτερύγια ἢ ὅλως μή, οἷον ὄφις, τέτρασι σημείοις οὐθὲν ἧττον· αἱ γὰρ καμπαὶ τέτταρες, ἢ δύο σὺν τοῖς πτερυγίοις. ὅσα δ' ἄναιμα ὄντα πλείους πόδας ἔχει, εἴτε πτηνὰ εἴτε πεζά, σημείοις κινεῖται πλείοσιν, οἷον τὸ καλούμενον ζῷον ἐφήμερον τέτρασι καὶ

13 ante ἑνὶ add. ἐν α Ald.   14 κουλεόπτερα locc. var.   λύτρῳ Ald.
17 μεγέθη β   δίπτερα ... 18 ἐστι om. β (exc. O^c rc. I^c) npr.   18 ἢ^(1) om.
O^c rc. I^c γ   μεγέθη I^c   μὴ om. Y^c   20 τὸ κέντρον β γ   μυῖα om. Y^c
in lac.   λύωψ Y^c   21 τῷ μεγέθει β γ   23 post οἷον add. τὰ β γ
μείζονα β γ   24 τὰ] τῇ E^a   αὐτῶν Bk. Dt. Peck   ἀλεεινοτέροις α
(exc. C^a Y^c) Ald. Dt.   25 καὶ ἐν] κἂν E^a   ἐν^(2) om. γ (exc. E^a)   26
πάντα τὰ κιν. transp. α (exc. C^a Y^c) Cs. Sn.   τέτταρσι C^a Y^c Bk. edd.
27 post μὲν^(1) add. γὰρ α   τέτταρσι Y^c Bk. edd.   28 ante ὄρνις add. καὶ
α (exc. Y^c)   ὄρνις ... δυσί^(4) post 29 ποσίν transp. Ald.   29 et 30 τέτρασι α, I^c, E^a, Ald.: τέτταρσι Y^c, K^c M^c L^c m n, Bk. edd.: τέσσαρσι β (exc. I^c): τέταρσι P N^c Z^c   οἱ δὲ] τὰ δὲ L^c mpr.   30 δὲ om. Y^c   δύο ... 32
πτερυγίοις om. E^a   post μὴ add. ἔχει Y^c   31 ὄφεις α (exc. C^a)
τέτρασι α (exc. Y^c) Ald.: τέταρσι P: τέτταρσι cett. edd.   σημείοις] μὲν Y^c
καμπταὶ A^a F^a X^c   32 τέτταρες] τέτταρσιν sive τέταρσιν β γ   σὺν]
om. Ald.: δύο δὲ cj. A.-W.   33 ἔχ. π. transp. P   34 τέτρασι α (exc. Y^c)
Ald.: τέτταρσι cett. (τέταρσι P K^c) edd.   καὶ om. β γ Guil.

ποσὶ καὶ πτεροῖς· τούτῳ γὰρ οὐ μόνον κατὰ τὸν βίον συμβαίνει τὸ ἴδιον, ὅθεν καὶ τὴν ἐπωνυμίαν ἔχει, ἀλλ' ὅτι καὶ πτηνόν ἐστι τετράπουν ὄν. πάντα δὲ κινεῖται ὁμοίως, τὰ τετράποδα καὶ πολύποδα· κατὰ διάμετρον γὰρ κινεῖται. τὰ μὲν οὖν ἄλλα ζῷα δύο τοὺς ἡγεμόνας ἔχει πόδας, ὁ δὲ καρκίνος μόνος τῶν ζῴων τέτταρας.

[6] γένη δὲ μέγιστα τῶν ζῴων, εἰς ἃ διῄρηται τἆλλα ζῷα, τάδ' ἐστίν, ἓν μὲν ὀρνίθων, ἓν δ' ἰχθύων, ἄλλο δὲ κήτους. ταῦτα μὲν οὖν πάντα ἔναιμά ἐστιν. ἄλλο δὲ γένος ἐστὶ τὸ τῶν ὀστρακοδέρμων, ὃ καλεῖται ὄστρεον· ἄλλο τὸ τῶν μαλακοστράκων, ἀνώνυμον ἑνὶ ὀνόματι, οἷον κάραβοι καὶ γένη τινὰ καρκίνων καὶ ἀστακῶν· ἄλλο τὸ τῶν μαλακίων, οἷον τευθίδες τε καὶ τεῦθοι καὶ σηπίαι· ἕτερον τὸ τῶν ἐντόμων. ταῦτα δὲ πάντα μέν ἐστιν ἄναιμα, ὅσα δὲ πόδας ἔχει πολύποδα· τῶν δ' ἐντόμων ἔνια καὶ πτηνά ἐστι. τῶν δὲ λοιπῶν ζῴων οὐκ ἔστι τὰ γένη μεγάλα· οὐ γὰρ περιέχει πολλὰ εἴδη ἓν εἶδος, ἀλλὰ τὸ μέν ἐστιν ἁπλοῦν αὐτὸ οὐκ ἔχον διαφορὰν τὸ εἶδος οἷον ἄνθρωπος, τὰ δ' ἔχει μὲν ἀλλ' ἀνώνυμα τὰ εἴδη. ἔστι γὰρ τὰ τετράποδα καὶ μὴ πτερωτὰ ἔναιμα μὲν πάντα, ἀλλὰ τὰ μὲν ζωοτόκα τὰ δ' ᾠοτόκα αὐτῶν. ὅσα μὲν οὖν ζωοτόκα πάντα τρίχας ἔχει, ὅσα δ' ᾠοτόκα φολίδας ἔχει· ἔστι δ' ἡ φολὶς ὅμοιον χώρᾳ λεπίδος. ἄπουν δὲ φύσει ἐστὶν ἔναιμον πεζὸν τὸ τῶν

490b1 πτεροῖς καὶ ποσί transp. I^c   τούτῳ Y^c β (exc. D^a*pr.* I^c) m*rc.* Cas. edd.: τοῦτο α (exc. Y^c) D^a*pr.* I^c γ (exc. m*rc.*): ταῦτα Ald.: *hoc ... accidit* Guil.: *quippe quod ... habeat* Gaza   συμβαίνει] σημαίνει α Ald.   **2** τὸ] τὸν E^a P K^c M^c N^c Z^c L^c*pr.* n   καὶ ὅτι transp. β γ Guil.   **3** τὰ om. N^c Z^c   **6** τέτταρας ... 7 ζῴων om. I^c   **7** post δὲ add. ἐστὶ β L^c*rc.* Guil. Ald.   τῶν om. γ (exc. L^c*rc.*)   διαιρεῖται P   **8** post ζῷα add. ἀφ' ὧν β γ Guil.   **9** κῆτος α Dt.: *cete* Guil.   οὖν om. E^a   **10** ἐστὶ τὸ om. S^c   τὸ^(1) om. γ   **12** τινὰ om. β γ Guil.   ἀστακῶν] ὀστρακῶν R^c   post ἀστ. add. καὶ N^c Z^c L^c m n   **13** τεῦθοι καὶ om. I^c   post σηπ. add. καὶ β γ: *autem* Guil.   **16** οὐκ ἔστι α (exc. C^a) Guil. Dt. Peck: οὐκέτι C^a Ald. Bk. Louis: οὐκέτι ἐστὶ β γ   **18** διαφορὰς β γ (exc. E^a)   τὸ εἶδος secl. Dt.   **19** ἀλλὰ' ... 20 μὲν^(1) om. n*pr.*   ἔστι γάρ] ἔτι α (exc. Y^c)   τὰ^(2) om. I^c, N^c Z^c   post τετρ. add. εἴδη T^c*rc.* γ Ald.   μὴ] οὐ β γ   **21** post ζ. add. οὐ α (exc. C^a Y^c A^a*pr.*) β γ Gaza Ald. Bk. Louis: om. Scot. Guil. A.-W. Dt. Th. Peck   **22** φολίδα α Guil.   ἔχει om. α   **23** ἐσ. φ. transp. N^c Z^c L^c m n ἔν. ἐσ. transp. M^c

HISTORIA ANIMALIUM I 490b

ὄφεων γένος· ἔστι δὲ τοῦτο φολιδωτόν. ἀλλ' οἱ μὲν ἄλλοι ᾠοτοκοῦσιν ὄφεις, ἡ δ' ἔχιδνα μόνον ζῳοτοκεῖ. τὰ μὲν γὰρ ζῳοτοκοῦντα οὐ πάντα τρίχας ἔχει· καὶ γὰρ τῶν ἰχθύων τινὲς ζῳοτοκοῦσιν· ὅσα μέντοι ἔχει τρίχας πάντα ζῳοτοκεῖ. τριχῶν γάρ τι εἶδος θετέον καὶ τὰς ἀκανθώδεις τρίχας οἵας οἱ χερσαῖοι ἔχουσιν ἐχῖνοι καὶ οἱ ὕστριχες· τριχὸς γὰρ χρείαν παρέχουσιν, ἀλλ' οὐ ποδῶν, ὥσπερ οἱ τῶν θαλαττίων. τοῦ δὲ γένους τοῦ τῶν τετραπόδων ζῴων καὶ ζῳοτόκων εἴδη /32/ μέν ἐστι πολλά, ἀνώνυμα δέ· ἀλλὰ καθ' ἕκαστον ὡς εἰπεῖν, ὥσπερ ἄνθρωπος εἴρηται λέων, ἔλαφος, ἵππος, κύων καὶ τἆλλα τοῦτον τὸν τρόπον, ἐπεί ἐστιν ἕν τι γένος καὶ ἐπὶ τοῖς λοφούροις καλουμένοις οἷον ἵππῳ καὶ ὄνῳ καὶ ὀρεῖ καὶ γίννῳ καὶ ἴννῳ καὶ ταῖς ἐν Συρίᾳ καλουμέναις ἡμιόνοις, αἳ καλοῦνται ἡμίονοι δι' ὁμοιότητα, οὐκ οὖσαι ἁπλῶς τὸ αὐτὸ εἶδος· καὶ γὰρ ὀχεύονται καὶ γεννῶνται ἐξ ἀλλήλων. διὸ καὶ χωρὶς λαμβάνοντας ἀνάγκη θεωρεῖν ἑκάστου τὴν φύσιν αὐτῶν.

ταῦτα μὲν οὖν τοῦτον τὸν τρόπον εἴρηται νῦν ὡς τύπῳ, γεύματος χάριν περὶ ὅσων καὶ ὅσα θεωρητέον. δι' ἀκριβείας δ' ὕστερον ἐροῦμεν, ἵνα πρῶτον τὰς ὑπαρχούσας διαφορὰς καὶ τὰ συμβεβηκότα πᾶσι λάβωμεν. μετὰ δὲ τοῦτο τὰς αἰτίας τούτων πειρατέον εὑρεῖν. οὕτω γὰρ κατὰ φύ-

24 post φολ. add. μὲν γ 25 ὄφιες β (exc. T^c rc.) K^c M^c τὰ ... 27 ζῳοτοκεῖ om. I^c 26 καὶ ... 27 τρίχας om. O^c pr. T^c pr. 27 ἔχει τρίχας α O^c rc.: τρ. ἔχ. transp. β T^c rc. γ ἅπαντα α O^c Ald. 29 post οἱ^(1) add. τε Y^c β Guil., γε γ (ante οἱ m) τριχῶν N^c Z^c m n 30 οἱ] αἱ β γ Dt. Peck Louis: ἐπὶ cj. Pk. 31 τῶν om. F^a X^c 32 πολλά om. C^a Y^c A^a pr. Guil. δέ om. C^a Y^c A^a pr. Guil. ἀλλά] ἄλλα δὲ C^a Y^c A^a pr. G^a Q Guil. Ald. post ἕκ. add. αὐτῶν C^a Y^c A^a pr. G^a Q Guil. Ald. edd. 33 καὶ λέων καὶ ἵππος καὶ ἔλ. καὶ κ. β: καὶ λ. καὶ ἵπ. ἔλ. κ. γ ἐλέφας Y^c 34 ἔπεστι δ' ἕν τι ὄνομα cj. A.-W. καὶ^(2)] om. A.-W.: κἂν cj. Pk.: μόνον cj. Dt. 491a1 ἐπὶ] ἐν N^c Z^c L^c m n: in Guil. super τοῖς λ. add. τοῖς ἔχουσι χαίτην A^a rc. G^a rc.: post τοῖς add. ἔχουσι χαίτην Ald. λοφ. post καλ. transp. β γ καλούμενον cj. Peck 2 καὶ ἴννῳ secl. A.-W. Dt. Peck Louis: vac. 8 Guil. (Tz) (cj. et γίννῳ et ἴννῳ B.-B.) ἴννῳ β γ τοῖς et καλουμένοις P συρίαις I^c 5 καὶ om. α λαμβάνοντα β (exc. I^c T^c rc.) Guil. 7 post ὡς add. ἐν α (exc. C^a Y^c) Ald. Bk.: quasi Guil. (Tz): in Guil. (cett.) 8 post περὶ add. δ' Ald. 9 δ' om. Ald. 10 λαμβάνωμεν α Ald. Dt.

67

σιν ἐστὶ ποιεῖσθαι τὴν μέθοδον, ὑπαρχούσης τῆς ἱστορίας τῆς περὶ ἕκαστον· περὶ ὧν τε γὰρ καὶ ἐξ ὧν εἶναι δεῖ τὴν ἀπόδειξιν ἐκ τούτων γίνεται φανερόν. ληπτέον δὴ πρῶτον τὰ μέρη τῶν ζῴων ἐξ ὧν συνέστηκε. κατὰ γὰρ ταῦτα μάλιστα καὶ πρῶτα διαφέρει καὶ τὰ ὅλα, ἢ τῷ τὰ μὲν ἔχειν τὰ δὲ μὴ ἔχειν, ἢ τῇ θέσει καὶ τῇ τάξει, ἢ καὶ κατὰ τὰς εἰρημένας πρότερον διαφοράς, εἴδει καὶ ὑπεροχῇ καὶ ἀναλογίᾳ καὶ τῶν παθημάτων ἐναντιότητι. πρῶτον δὲ τὰ τοῦ ἀνθρώπου μέρη ληπτέον· ὥσπερ γὰρ τὰ νομίσματα πρὸς τὸ αὑτοῖς ἕκαστοι γνωριμώτατον δοκιμάζουσιν, οὕτω δὴ καὶ ἐν τοῖς ἄλλοις· ὁ δ' ἄνθρωπος τῶν ζῴων γνωριμώτατον ἡμῖν ἐξ ἀνάγκης ἐστί. τῇ μὲν οὖν αἰσθήσει οὐκ ἄδηλα τὰ μόρια· ὅμως δ' ἕνεκα τοῦ μὴ παραλιπεῖν τε τὸ ἐφεξῆς καὶ τοῦ λόγον ἔχειν μετὰ τῆς αἰσθήσεως, λεκτέον τὰ μέρη, πρῶτον μὲν τὰ ὀργανικά, εἶτα τὰ ὁμοιομερῆ.

[7] μέγιστα μὲν οὖν ἐστι τάδε τῶν μερῶν εἰς ἃ διαιρεῖται τὸ σῶμα τὸ σύνολον, κεφαλή, αὐχήν, θώραξ, βραχίονες δύο, σκέλη δύο, τὸ ἀπ' αὐχένος μέχρι αἰδοίων κύτος ὃ καλεῖται θώραξ. κεφαλῆς μὲν οὖν μέρη, τὸ μὲν τριχωτὸν κρανίον καλεῖται. τούτου δὲ μέρη τὸ μὲν πρόσθιον βρέγμα ὑστερογενές (τελευταῖον γὰρ τῶν ἐν τῷ σώματι πήγνυται ὀστῶν), τὸ δ' ὀπίσθιον ἰνίον, μέσον δ' ἰνίου καὶ βρέγματος κορυφή. ὑπὸ μὲν οὖν τὸ βρέγμα ὁ ἐγκέφαλός ἐστι, τὸ δ' ἰνίον κενόν. ἔστι δὲ τὸ κρανίον ἅπαν ἀραιὸν ὀστοῦν, στρογγύ-

13 εἶναι ... **15** ἐξ ὧν om. I[c]   **14** γίνεσθαι α (exc. Y[c]) Ald.   δὴ] δὲ Y[c], S[c], N[c] Z[c] L[c] n, edd.   post πρῶτον add. μὲν β γ   **15** ἐξ ὧν συν- om. Y[c] in lac.   **16** θόλα K[c]   ἢ ... **17** δὲ om. Y[c] in lac.   **17** καὶ[(2)] om. β γ Guil.   **18** πρῶτον I[c]   εἴδη O[c] T[c]pr.   ἀναλόγῳ E[a] K[c] M[c] L[c]   **19** post καὶ add. τῇ I[c]   τὰ παθήματα A[a]pr.   **20** πρὸς om. Z[c]   **21** post τὸ add. αὐτὸ E[a]   αὑτοῖς α (exc. F[a] X[c]), S[c] O[c] T[c], E[a] K[c] n: ἑαυτοῖς F[a] X[c] ἕκαστον α (exc. C[a] Y[c]) β γ (exc. M[c])   δὴ] δεῖ Y[c]   **22** δ' om. β (exc. T[c]pr.)   **24** ἕνεκεν α (exc. C[a]) edd.   τε om. Z[c]   **26** μὲν om. α γ   **27** τῶν μερῶν τάδε transp. L[c]   μελῶν α   **28** τὸ σύνολον· σῶμα I[c] αὐχήν om. Q   θώραξ secl. Buss. A.-W.   βραχίονες ... **30** θώραξ om. C[a]pr.   **29** τὸ ... **30** θώραξ post **28** αὐχήν transp. A.-W. Th.: secl. Pk. Dt. Peck   **30** ὃ om. Gaza   **31** τούτου] τοῦ L[c]: τούτῳ Ald.   δὲ] δὴ Ald. μέρη om. N[c] Z[c] L[c] m n Cs. Sn.   ἐμπρόσθιον β γ Cs. Sn.   **32** πήγνυσθαι F[a] X[c]   **491b1** ἔστι. τὸ δὲ α

HISTORIA ANIMALIUM I 491b

λον, ἀσάρκῳ δέρματι περιεχόμενον. ἔχει δὲ ῥαφὰς τῶν μὲν γυναικῶν μίαν κύκλῳ, τῶν δ' ἀνδρῶν τρεῖς εἰς ἓν συναπτούσας ὡς ἐπὶ τὸ πολύ· ἤδη δ' ὠμμένη ἐστὶ κεφαλὴ ἀνδρὸς οὐδεμίαν ἔχουσα ῥαφήν. τοῦ δὲ κρανίου κορυφὴ καλεῖται τὸ 5 μέσον λίσσωμα τῶν τριχῶν· τοῦτο δ' ἐνίοις διπλοῦν ἐστι· γίνονται γάρ τινες δικόρυφοι, οὐ τῷ ὀστῷ ἀλλὰ τῇ τῶν 7 τριχῶν /8/ λισσώσει. /9/ [8] τὸ δ' ὑπὸ τὸ κρανίον ὀνομάζεται πρόσωπον ἐπὶ μόνου /10/ τῶν ἄλλων ζῴων ἀνθρώπου· 9, 10 ἰχθύος γὰρ καὶ βοὸς οὐ λέγεται /11/ πρόσωπον. προσώπου δὲ τὸ μὲν ὑπὸ τὸ βρέγμα μεταξὺ /12/ τῶν ὀμμάτων μέτωπον. τοῦτο δὲ οἷς μὲν μέγα βραδύτεροι, /13/ οἷς δὲ μικρὸν εὐκίνητοι· καὶ οἷς μὲν πλατὺ ἐκστατικοί, /14/ οἷς δὲ περιφερὲς θυμικοί. [9] ὑπὸ δὲ τῷ μετώπῳ ὀφρύες διφυεῖς· 14 ὧν αἱ μὲν εὐθεῖαι μαλακοῦ ἤθους σημεῖον, αἱ δὲ /16/ πρὸς 15, 16 τὴν ῥῖνα τὴν καμπυλότητ' ἔχουσαι στρυφνοῦ, αἱ δὲ πρὸς 16 τοὺς κροτάφους μωκοῦ καὶ εἴρωνος, ⟨αἱ δὲ κατεσπασμέναι φθόνου⟩. ὑφ' αἷς ὀφθαλμοί· οὗτοι κατὰ φύσιν δύο· τούτων μέρη ἑκατέρου βλέφαρον τὸ ἄνω καὶ κάτω· τούτου τρίχες αἱ ἔσχαται βλεφαρίδες. τὸ δ' ἐντὸς τοῦ ὀφθαλμοῦ 20 τὸ μὲν ὑγρὸν ᾧ βλέπει κόρη, τὸ δὲ περὶ τοῦτο μέλαν, τὸ δ' ἐκτὸς τούτου λευκόν. κοινὸν δὲ τῆς βλεφαρίδος μέρος τῆς ἄνω καὶ κάτω κανθοὶ δύο, ὁ μὲν πρὸς τῇ ῥινί, ὁ δὲ πρὸς τοῖς κροτάφοις· οἳ ἂν μὲν ὦσι μακροί, κακοηθείας σημεῖον,

4 ἤδη δ' ὠμένη Cᵃ: ἤδη δ' ὠμμένα Yᶜ: ἡ δ' ἡνωμένη Aᵃpr. Gᵃ Q   ἐστὶ ἔτι δὲ Iᶜ   5 μηδεμίαν Yᶜ   6 post μ. add. καὶ Ald. Karsch   ἀλίσσωμα γ (exc. Lᶜ): λύσωμα Ald.   τῶν om. Cᵃ Yᶜ Aᵃpr. Gᵃ Q   7 τῶν om. α (exc. Cᵃ Yᶜ) Ald.   8 ἀλισσώσει P: λυσσώσει Gᵃ Q: λυσώσει Ald.   9 ὑποκράνιον Yᶜ   τοῦ κρανίου Nᶜ Zᶜ   μόνῳ Ald.   12 μέτωπον] πρόσωπον Aᵃpr. Gᵃpr. Q   βραδύτερον Iᶜ   13 εὐκίνητον Iᶜ   ἐκστατικόν Eᵃ 14 θυμικοί] εὔικοι Cᵃ: εὔκοι Aᵃpr. Gᵃpr. Q; iracundi Scot. Guil. Gaza Trogus ap. Plin.: om. Antig.: εὔεικτοι cj. Buss.: εὐήκοοι cj. A.-W.: εὐηθικοί cj. Dt. 17 μώμου Ald. Galen   αἱ ... 18 φθόνου huc ex 491b34 transp. Tᶜrc. (φθονεροῦ) mrc. Trogus Galen Gaza Ald. edd.: secl. A.-W. Dt. Peck   18 post αἷς add. οἱ β γ   δύο κ. φ. οὗτοι transp. β γ   τούτου β P Kᶜ Mᶜ m 19 ἐκ. μέρη transp. β γ (ἑκατέρου μεν Tᶜ, ἑκατ. μέρος Lᶜ)   βλέφαρα α (exc. Cᵃ Yᶜ)   20 ἔσχατοι α (exc. Cᵃ), Tᶜrc., Nᶜ Zᶜ Lᶜ m n, Ald.   ἐντὸς δὲ P 21 τῶ μ. ὑγρῷ α (exc. Cᵃ Yᶜ)   ᾧ] ὃ β γ (exc. Lᶜ)   22 ἐκτός] ἐκ Iᶜ   23 ἄνω, κάτω (sic) Cᵃ   ὁ⁽¹⁾ om. β γ Ald. Galen   ὁ⁽²⁾] δύο β γ Guil. Ald. Galen 24 ἐὰν β   post μὲν add. οὖν γ (exc. Eᵃ Lᶜ)   κακοήθους α (exc. Cᵃ Yᶜ)

69

ἐὰν δ' οἷον οἱ κτένες κρεώδες ἔχωσι τὸ πρὸς τῷ μυκτῆρι, πονηρίας. τὰ μὲν οὖν ἄλλα γένη πάντα τῶν ζῴων πλὴν τῶν ὀστρακοδέρμων καὶ εἴ τι ἄλλο ἀτελές, ἔχει ὀφθαλμούς· τὰ δὲ ζῳοτόκα πάντα πλὴν ἀσπάλακος. τοῦτον δὲ τρόπον μέν τιν' ἔχειν ἂν θείη τις, ὅλως δ' οὐκ ἔχειν. ὅλως μὲν γὰρ οὔθ' ὁρᾷ οὔτ' ἔχει εἰς τὸ φανερὸν δήλους ὀφθαλμούς· ἀφαιρεθέντος δὲ τοῦ δέρματος ἔχει τήν τε χώραν τῶν ὀμμάτων καὶ τῶν ὀφθαλμῶν τὰ μέλανα κατὰ τὸν τόπον καὶ τὴν χώραν τὴν φύσει τοῖς ὀφθαλμοῖς ὑπάρχουσαν ἐν τῷ ἐκτός, ὡς ἐν τῇ γενέσει πηρουμένων καὶ ἐπιφυομένου τοῦ δέρματος. [αἱ δὲ ὀφρύες αἱ κατεσπασμέναι φθόνου.] [10] ὀφθαλμοῦ /1/ δὲ τὸ μὲν λευκὸν ὅμοιον ὡς ἐπὶ τὸ πολὺ πᾶσι, τὸ δὲ καλούμενον μέλαν διαφέρει· τοῖς μὲν γάρ ἐστι μέλαν, τοῖς δὲ σφόδρα γλαυκόν, τοῖς δὲ χαροπόν, ἐνίοις δὲ αἰγωπόν, ὃ ἤθους βελτίστου σημεῖον καὶ πρὸς ὀξύτητα ὄψεως κράτιστον. μόνον δ' ἢ μάλιστα τῶν ζῴων ἄνθρωπος πολύχρους τὰ ὄμματά ἐστι· τῶν δ' ἄλλων ἓν εἶδος· ἵπποι δὲ γίνονται γλαυκοί ἔνιοι. τῶν δ' ὀφθαλμῶν οἱ μὲν μεγάλοι, οἱ δὲ μικροί, οἱ δὲ μέσοι· οἱ μέσοι βέλτιστοι. καὶ ἢ ἐκτὸς σφόδρα ἢ ἐν-

25 ἂν α N^c Z^c L^c n Ald. Dt.   οἷον οἱ κτένες] οἱ κτένες οἷον Galen: οἱονεὶ κτένας cj. A.-W. Dt.   οἱ κτένες] ἰκτῖνος X^{c}rc.: καὶ ἰκτῖνες Canis.: *sicut accidit oculis milui* (viz. ἰκτῖνος) Scot. Alb.: *krepet* Guil. (cett.: om. Tz): *more pectunculorum* Gaza: ἰκτῖνες sive ἰκτῖνος cj. Pk. Buss. Louis Peck   τὸ] οἱ β γ   **26** πάντα γ. transp. Y^c β γ: γένη πάντων Ald.   **27** καὶ] κἂν β (exc. T^{c}rc.) γ   ὀφθαλμὸν K^c **28** post δὲ$^{(2)}$ add. τὸν β (exc. O^{c}rc.) γ (exc. L^c m n rc.)   **29** ἂν om. m   ἔχειν$^{(2)}$] ἔχει α (exc. C^a Y^c)   **30** δήλους om. E^a **31** δὲ] γὰρ α   **32** κατὰ] καὶ β γ   τρόπον P: τόπον καὶ τὸν τρόπον E^a **33** φύσιν K^c **34** πληρουμένων α Ald.: τηρουμένων β (exc. O^c T^c)   ἐπιφερομένου β γ (-μένων N^c Z^c m*pr.* n*pr.*) Guil. Ald.   αἱ ... φθόνου codd. (exc. T^{c}rc. m*rc.*): om. Ald. edd.: cf. 491b17   φθόνου om. Y^c **492a1** ὅμοιον post πολὺ transp. β γ   **2** post ἐστι add καὶ Y^c **3** γλαυκόν] λευκόν Y^c ὃ] τοῦτο α Ald. Dt.   **4** post ἤθ. add. τοῦ Y^c βέλτιστον A^a*pr.* Ald.   **5** δ' om. C^a*pr.*   δ' ἢ] δὴ β γ: δὲ Ald.   μάλιστα] μᾶλλον α: μάλιστα ἢ μᾶλλον Ald.: *maxime* Guil.   τὸ ζῷον n ἄνθ. πολ.] ἀναπολύχρους Y^c ἄνθ. post ὄμματα transp. N^c Z^c L^c m n **6** ἐστι om. N^c Z^c L^c m n   δὲ$^{(2)}$ om. T^c γλαυκοὶ om. Y^c in lac.: ἑτερόγλαυκοι cj. Sn.: *glauci* Guil. Plin.   **7** ἔνιοι om. Y^c in lac.   **8** οἱ δὲ μέσοι. οἱ μέσοι α (exc. Y^c) Ald.: οἱ μέσοι δὲ Y^c β γ Guil. Galen   ἢ$^{(1)}$] οἱ Galen Ald.

HISTORIA ANIMALIUM I

τὸς ἢ μέσως· τούτων οἱ ἐντὸς μάλιστα ὀξυωπέστατοι ἐπὶ παντὸς ζῴου, τὸ δὲ μέσον ἤθους βελτίστου σημεῖον. καὶ ἢ σκαρδαμυττικοὶ ἢ ἀτενεῖς ἢ μέσοι· βελτίστου δὲ ἤθους οἱ μέσοι, ἐκείνων δ' ὁ μὲν ἀναιδὴς ὁ δ' ἀβέβαιος. /13/ [11] ἔστι δὲ κεφαλῆς μόριον δι' οὗ ἀκούει ἄπνουν τὸ οὖς· /14/ Ἀλκμαίων γὰρ οὐκ ἀληθῆ λέγει, φάμενος ἀναπνεῖν τὰς αἶγας κατὰ τὰ ὦτα. ὠτὸς δὲ μέρος τὸ μὲν ἀνώνυμον τὸ δὲ λοβός· ὅλον δ' ἐκ χόνδρου καὶ σαρκὸς σύγκειται. εἴσω δὲ τὴν μὲν φύσιν ἔχει οἷον οἱ στρόμβοι, τὸ δ' ἔσχατον ὀστοῦν ὅμοιον τῷ ὠτί, εἰς ὃ ὥσπερ ἀγγεῖον ἔσχατον ἀφικνεῖται ὁ ψόφος. τοῦτο δ' εἰς μὲν τὸν ἐγκέφαλον οὐκ ἔχει πόρον, εἰς δὲ τὸν τοῦ στόματος οὐρανόν· καὶ ἐκ τοῦ ἐγκεφάλου φλὲψ τείνει εἰς αὐτό. περαίνουσι δὲ καὶ οἱ ὀφθαλμοὶ εἰς τὸν ἐγκέφαλον, καὶ κεῖται ἐπὶ φλεβίου ἑκάτερος. ἀκίνητον δὲ τὸ οὖς ἄνθρωπος ἔχει μόνος τῶν ἐχόντων τοῦτο τὸ μόριον. τῶν γὰρ ἐχόντων ἀκοὴν τὰ μὲν ἔχει ὦτα, τὰ δ' οὐκ ἔχει ἀλλὰ τὸν πόρον φανερόν, οἷον ὅσα πτερωτὰ ἢ φολιδωτά. ὅσα δὲ ζῳοτοκεῖ, ἔξω φώκης καὶ δελφῖνος καὶ τῶν ἄλλων ὅσα οὕτω κητώδη, πάντα ἔχει ὦτα ἀκοὴν ἔχοντα καὶ πόρους φανερούς (ζῳοτοκεῖ γὰρ καὶ τὰ σελάχη). /28/ ἀλλὰ μόνον ἄνθρωπος οὐ κινεῖ. ἡ μὲν οὖν φώκη πόρους ἔχει /29/ φανεροὺς ᾗ ἀκούει· ὁ δὲ δελφὶς ἀκούει μέν, οὐκ ἔχει δ' ὦτα. /30/ τὰ δ' ἄλλα κινεῖ πάντα. κεῖται δὲ τὰ ὦτα ἐπὶ τῆς αὐτῆς

9 οἱ δ' ἐντὸς α Ald.   post ὀξ. add. μὲν Y^c   10 ἢ] οἱ I^c   σκαρδαμυκτικοὶ α edd.   11 ἀτεγγεῖς O^crc.   βελτίστου... μέσοι om. C^a Y^c A^apr. G^a Q   post ἤθ. add. σημεῖον A^arc. F^a X^c Galen   12 οἱ μὲν ἀναιδεῖς οἱ δ' ἀβέβαιοι P Guil. Gaza Galen Sn.   13 ἔστι codd. Guil. Ald.: ἔτι Bk. Dt. post μό. add. ἄπνουν m   15 κατὰ om. P   ἀνώνυμον α γ edd.: ἄνω πτέρυξ β L^crc.: innominata Guil. (Tz): innominata aia (pro ala?) Guil. (cett.): pinna Gaza   18 ὅσπερ G^a Q   21 αὐτό] ἑκάτερον β γ: ταὐτό Ald.   καὶ om. L^cpr. m n   22 κεῖνται γ (exc. L^crc.)   ἐπὶ β γ Guil. edd.: ὑπὸ α Ald. 23 μόνον β γ   24 τὸν om. I^c   26 post φ. add. τε α Ald. Dt. Peck οὕτω] γε Ald. Cs. Sn.: τοιαῦτα cj. Peck   post οὕτω add. τε α   27 ἔχει ... 29 φανεροὺς] ἔχει τὰ ὦτα, ἀκοὴν ἔχει καὶ πόρους φανεροὺς ἔχει α (exc. C^a Y^c)   ὦτα] ἀκοὴν Y^c   ἀκοὴν... φανερούς om. Ald. edd.   ζῳοτ. ... 30 πάντα secl. Dt.: varia cj. Sn. Pk A.-W.   28 ἀλλὰ ... κινεῖ post 30 πάντα transp. Sn.: secl. Peck   post ἄνθ. add. οὖς R^crc. Ald. Cs.   29 δελφὶν β γ   ἦ] οἷς α Ott.   οὐκ ἔχει δ'] οὐδὲν δὲ ἔχει E^a   30 τὰ⁽¹⁾ ... πάντα secl. Peck   κεῖται C^a β γ: κινεῖται α (exc. C^a) Ald.

περιφερείας τοῖς ὀφθαλμοῖς, καὶ οὐχ ὥσπερ ἐνίοις τῶν τετραπόδων ἄνωθεν. ὤτων δὲ τὰ μὲν ψιλά, τὰ δὲ δασέα, τὰ δὲ μέσα· βέλτιστα δὲ τὰ μέσα πρὸς ἀκοήν, ἦθος δ' οὐδὲν σημαίνει. καὶ ἢ μεγάλα ἢ μικρὰ ἢ μέσα, ἢ ἐπανεστηκότα σφόδρα ἢ οὐθὲν ἢ μέσον· τὰ δὲ μέσα βελτίστου ἤθους σημεῖον, τὰ δὲ μεγάλα καὶ ἐπανεστηκότα μωρολογίας καὶ ἀδολεσχίας. τὸ δὲ μεταξὺ ὀφθαλμοῦ καὶ ὠτὸς καὶ κορυφῆς καλεῖται κρόταφος. /5/ ἔτι προσώπου μέρος τὸ μὲν ὂν τῷ πνεύματι πόρος ῥίς· /6/ καὶ γὰρ ἀναπνεῖ καὶ ἐκπνεῖ ταύτῃ, καὶ ὁ πταρμὸς διὰ /7/ ταύτης γίνεται, πνεύματος ἀθρόου ἔξοδος, σημεῖον οἰωνιστικὸν /8/ καὶ ἱερὸν μόνον τῶν πνευμάτων. ἅμα δ' ἡ ἀνάπνευσις καὶ /9/ ἔκπνευσις γίνεται εἰς τὸ στῆθος, καὶ ἀδύνατον χωρὶς τοῖς /10/ μυκτῆρσιν ἀναπνεῦσαι ἢ ἐκπνεῦσαι διὰ τὸ ἐκ τοῦ στήθους εἶναι τὴν ἀναπνοὴν καὶ ἐκπνοὴν κατὰ τὸν γαργαρεῶνα, καὶ μὴ ἐκ τῆς κεφαλῆς τινι μέρει· ἐνδέχεται δὲ καὶ μὴ χρώμενον ταύτῃ ζῆν. ἡ δ' ὄσφρησις γίνεται διὰ τούτου τοῦ μέρους· αὕτη δ' ἐστὶν ἡ αἴσθησις ὀσμῆς. εὐκίνητος δ' ὁ μυκτήρ, καὶ οὐχ ὥσπερ τὸ οὖς ἀκίνητον κατ' ἰδίαν. μέρος δ' αὐτοῦ τὸ μὲν διάφραγμα χόνδρος, τὸ δ' ὀχέτευμα κενόν· ἔστι γὰρ ὁ μυκτὴρ διχότομος. τοῖς δὲ ἐλέφασιν ὁ μυκτὴρ γίνεται μακρὸς καὶ ἰσχυρός, καὶ χρῆται αὐτῷ ὥσπερ χειρί· προσάγεταί τε γὰρ καὶ λαμβάνει τούτῳ καὶ εἰς τὸ στόμα προσφέρεται τὴν τροφήν, καὶ τὴν ὑγρὰν καὶ τὴν ξηράν, μόνον /21/ τῶν ζώων. /22/ ἔτι σιαγόνες δύο· τούτων τὸ πρόσθιον γένειον, τὸ δ'

---

31 ἔνιοι Eᵃ Kᶜ Mᶜ: ἔνια Tᶜrc., Nᶜ Zᶜ Lᶜpr. m n   **34** ἢ μέσα ἢ μικρὰ transp. β γ   post μέσα add. καὶ cj. Pk. A.-W. Dt. Peck: *et* Gaza   **492b1** σφόδρα ... 2 ἐπανεστηκότα om. Kᶜ (add. σφόδρα solum rc.)   δὲ om. γ   **2** καὶ⁽²⁾] ἢ β   **3** τὸ] τὰ β P   **5** ὂν om. Yᶜ β γ Guil.   τῷ] ᾧ Ald.   post πόρος add. ἐστὶ P   **6** ἐκπνεῖ α P: εἰσπνεῖ β γ (exc. P) Guil.   ὁ πταλμὸς Kᶜ: ὕπταρμος Nᶜ Zᶜ   **7** ταύτης α: τούτου β γ (exc. P): τοῦτο P   **8** ἅμα δ' ἡ] ἀλλὰ δὴ Cᵃ Yᶜ Aᵃpr. Gᵃ: ἀλλὰ δὲ Q   καὶ⁽²⁾] ἢ Iᶜ   post καὶ⁽²⁾ add. ἡ β γ   **9** ἔμπνευσις γ   **10** ἀναπ. ... 12 μὴ om. Iᶜ   τοῦ om. α (exc. Cᵃ Yᶜ) Ald.   **11** καὶ ἐκπνοὴν om. Kᶜ n   post κατὰ add. γὰρ Zᶜ   **12** δὲ α: γὰρ β γ Guil.   **13** ἢ δ'] καὶ ἡ β Lᶜrc: καὶ γ (exc. Lᶜrc.)   **14** ἐστὶν om. Yᶜ   ἡ om. β (exc. Tᶜrc.)   **16** οἰχέτευμα Nᶜ Zᶜ n   γὰρ] δὲ Cᵃ: *enim* Guil.   **17** ἐλέφανσι Cᵃ   **18** προσαγορεύεται Iᶜ   **19** τε om. Yᶜ β γ τούτου Kᶜ Nᶜ Zᶜ m n   προσφέρει Yᶜ   **20** τὴν ⁽³⁾ om. α   ξηράν] ψυχράν Gᵃ Q   **22** post ἔτι add. δὲ edd.   σιαγῶνες Fᵃ Xᶜ   γένυον Fᵃ Xᶜ ὀπίσθιον γένυς. κινεῖ δὲ πάντα τὰ ζῷα τὴν κάτω σιαγόνα πλὴν τοῦ ποταμίου κροκοδείλου· οὗτος δὲ τὴν ἄνω μόνος. μετὰ δὲ τὴν ῥῖνα χείλη δύο, σὰρξ εὐκίνητος. τὸ δ' ἐντὸς στόμα σιαγόνων καὶ χειλῶν. τούτου μέρη τὸ μὲν ὑπερῷα τὸ δὲ φάρυγξ. τὸ δ' αἰσθητικὸν χυμοῦ γλῶττα· ἡ δ' αἴσθησις ἐν τῷ ἄκρῳ· ἐὰν δὲ ἐπὶ τὸ πλατὺ ἐπιτεθῇ, ἧττον. αἰσθάνεται δὲ καὶ ὧν ἡ ἄλλη σὰρξ πάντων, οἷον σκληροῦ θερμοῦ καὶ ψυχροῦ καθ' ὁτιοῦν μέρος ὥσπερ καὶ χυμοῦ. αὕτη δὲ ἢ πλατεῖα ἢ στενὴ ἢ μέση· ἡ μέση δὲ βελτίστη καὶ σαφεστάτη. καὶ ἢ λελυμένη ἢ καταδεδεμένη ὥσπερ τοῖς ψελλοῖς καὶ τοῖς τραυλοῖς. ἔστι δ' ἡ γλῶττα σὰρξ μανὴ καὶ σομφή. ταύτης τι μέρος ἐπιγλωττίς. καὶ τὸ μὲν διφυὲς τοῦ στόματος παρίσθμιον, τὸ δὲ πολυφυὲς οὖλον· σάρκινα δὲ ταῦτα. ἐντὸς δ' ὀδόντες ὀστέϊνοι. ἔσω δ' ἄλλο μόριον σταφυλοφόρον, κίων ἐπίφλεβος· ὃς ἐὰν ἐξυγρανθεὶς φλεγμήνῃ, σταφυλὴ καλεῖται καὶ πνίγει. /5/ [12] αὐχὴν δὲ τὸ μεταξὺ προσώπου καὶ θώρακος. καὶ τούτου /6/ τὸ μὲν πρόσθιον μέρος λάρυγξ τὸ δ' ὀπίσθιον στόμαχος. /7/ τούτου δὲ τὸ μὲν χονδρῶδες καὶ πρόσθιον, δι' οὗ ἡ φωνὴ καὶ /8/ ἡ ἀναπνοή, ἀρτηρία· τὸ δὲ σαρκῶδες στόμαχος, ἐντὸς πρὸ /9/ τῆς ῥάχεως. τὸ δ' ὀπίσθιον αὐχένος μόριον ἐπωμίς. ταῦτα /10/ μὲν οὖν τὰ μόρια

---

23 κινεῖται α (exc. Y^c)   κάτωθεν α T^crc. γ   σιαγόνα β γ Sn. A.-W. Dt. Peck: γένυν α Ald. Bk. Louis   24 ποταμείου α (exc. Y^c) I^c   μόν. τὴν ἄνω transp. β γ   μόνον α (exc. Y^c) β Guil. edd.   25 στόμα om. β (exc. O^crc. T^crc.): post 26 χειλῶν transp. Guil. Sn. edd.   26 τούτῳ Ald.   27 ἐν om. C^a Y^c A^apr. γ (exc. L^crc.)   28 post δὲ add. τι cj. Pk. Dt.   τῷ πλατεῖ Ald. Pk.   29 ἄλλη om. β γ   30 ὥσπερ καὶ χυμοῦ secl. A.-W. Peck   31 μέση^(2) om. β γ Guil.   δὲ] δὴ N^c Z^c L^c m n   βέλτιστον Y^c   post καὶ add. ἡ C^a Y^c Ald.: ἢ α (exc. C^a Y^c)   καὶ om. E^a   σαφεστάτου Y^c   32 καὶ^(1) om. α (exc. C^a Y^c): post ἢ^(1) transp. Ald.   ἢ^(1)] ἡ C^a   ψηλοῖς Y^c 33 ἔστι om. β   E^a P K^c N^c Z^c   ἡ δὲ transp. O^crc., N^c Z^c L^c m n   ἡ om. Ald.   σομφός β (exc. T^crc.) P K^c   34 τι om. β γ Guil.   493a1 πολυφ.] διφυὲς N^c Z^c L^cpr. m pr. n   ὅλον Y^c   2 εἴσω α Dt.   3 ἐπὶ φλεβὸς β γ Dt.: uenulosa Guil.   φλεγμάνη α: φλεγμαίνη γ (exc. L^crc.)   5 τὸ δὲ μ. π. κ. θ. αὐχὴν transp. P M^c N^c Z^c L^c m n (add. καλεῖται M^c)   6 μέρος om. α Dt. Peck   7 καὶ πρόσθιον om. Guil. Sn.   ἡ ἀναπ. καὶ ἡ φ. transp. E^a   8 ἡ om. α Ald.   ἐντὸς] ἐν τοῖς A^apr.   πρὸς N^c Z^c   9 μόριον β γ Ald. Bk.: μέρος α Dt. Peck   10 μὲν οὖν om. I^c

493a ARISTOTELIS

μέχρι τοῦ θώρακος. /11/ θώρακος δὲ μέρη τὰ μὲν πρόσθια τὰ δ' ὀπίσθια. /12/ πρῶτον μὲν μετὰ τὸν αὐχένα ἐν τοῖς προσθίοις στῆθος διφυὲς /13/ μαστοῖς. τούτων ἡ θηλὴ διφυὴς δι' ἧς τοῖς θήλεσι τὸ γάλα /14/ διηθεῖται· ὁ δὲ μαστὸς μανός. ἐγγίνεται δὲ καὶ τοῖς ἄρρεσι /15/ γάλα· ἀλλὰ πυκνὴ ἡ σὰρξ τοῖς ἄρρεσι, ταῖς δὲ γυναιξὶ /16/ σομφὴ καὶ πόρων μεστή. [13] μετὰ δὲ τὸν θώρακα ἐν τοῖς προσθίοις γαστήρ, καὶ ταύτης ῥίζα ὀμφαλός. ὑπόρριζον δὲ τὸ μὲν διφυὲς λαγών, τὸ δὲ μονοφυὲς τὸ μὲν ὑπὸ τὸν ὀμφαλὸν ἦτρον (τούτου δὲ τὸ ἔσχατον ἐπίσιον), τὸ δ' ὑπὲρ τὸν ὀμφαλὸν ὑποχόνδριον, τὸ δὲ κοινὸν ὑποχονδρίου καὶ λαγόνος χολάς. τῶν δ' ὄπισθεν διάζωμα μὲν ἡ ὀσφύς, ὅθεν καὶ τοὔνομ' ἔχει (δοκεῖ γὰρ εἶναι ἰσοφυές), τοῦ δὲ διεξοδικοῦ τὸ μὲν οἷον ἐφέδρανον γλουτός, τὸ δ' ἐν ᾧ στρέφεται ὁ μηρός, κοτυληδών. τοῦ δὲ θήλεος ἴδιον μέρος ὑστέρα, καὶ τοῦ ἄρρενος αἰδοῖον, ἔξωθεν ἐπὶ τῷ τέλει τοῦ θώρακος διμερές, τὸ μὲν ἄκρον σαρκῶδες καὶ ἀεὶ λεῖον ὡς εἰπεῖν ἴσον, ὃ καλεῖται βάλανος, τὸ δὲ περὶ αὐτὴν ἀνώνυμον δέρμα, ὃ ἐὰν διακοπῇ οὐ συμφύεται (οὐδὲ γνάθος οὐδὲ βλεφαρίς)· κοινὸν δὲ τούτου καὶ τῆς βαλάνου ἀκροποσθία. τὸ δὲ λοιπὸν μέρος χονδρῶδες, εὐαυξές, καὶ ἐξέρχεται καὶ εἰσέρχεται ἐναντίως [ἢ τοῖς λοφούροις]. τοῦ δ' αἰ-

12 μὲν om. Y[c] S[c]   ἐμπροσθίοις E[a] P   διαφυὲς Y[c]   13 μαστοὶ F[a] X[c] β γ   ἡ θ. δ.] οἱ μαστοὶ διφυεῖς N[c] Z[c] L[c]pr. mpr. n   δι' ἧς] δι' ὧν L[c]   14 ἠθεῖται Y[c]   post καὶ add. ἐν α Ald. Dt.   15 τοῖς ἄρρεσι α Ald. edd.: τούτοις β γ   18 ὑπόριζον Y[c] X[c] β (exc. I[c]) E[a]pr. P K[c]   19 ἴτρον γ (exc. M[c] L[c]rc.)   τούτου... 20 ὑποχόνδριον] ὑποχόνδριον δὲ τὸ ὑπὲρ τὸν ὀμφ. τὸ ἔσχ. δὲ τοῦ ἤτρου ἐπίσ. καλεῖται I[c]   20 ἐπίσειον α (exc. ἐπείσιον Y[c])   21 κοινὸν α Guil. Ald. edd.: κοῖλον β (exc. S[c]rc.) γ (exc. L[c]rc.): κοῖλον κοινὸν cj. A.-W. Peck: cauum commune Gaza   23 εἶναι om. γ (exc. L[c]rc.) ἰσοφυές] τις ὀσφὺς α Guil. Ald.: τις ἰσοφύς cj. Sylb.   ἐφέδρανον Y[c] edd.: ἐφ' ἕδραν ὂν C[a] A[a] G[a] Q Ald.: ἐφέδρα β L[c]: ἐφ' ἕδρα F[a] X[c] γ (exc. L[c]): in sede est Guil.: subditum quasi stragulum Gaza   γλωττός Ppr. K[c] M[c]   24 μηρός] μικρὸς Y[c]: γλουτὸς F[a] X[c]pr.   25 ἴδιον om. β (exc. T[c]rc.)   ἐπιτελεῖ (om. τῷ) C[a] A[a]pr. G[a] Q: ἐπὶ τέλει Y[c] Ald. Dt.   27 ἀεὶ λεῖον α (exc. A[a]rc. F[a]rc. X[c]rc.) Guil.: ἄνισον A[a]rc. F[a]rc. X[c]rc. β γ ἀεὶ om. Ald. Bk.   λεῖον om. A.-W. Dt. Peck   post λ. add. καὶ cj. Louis post εἰπ. add. καὶ cj. Sn.   ἴσον om. β γ: λισσὸν cj. Coraes   28 κἂν Y[c]   οὐδὲ] οὐ C[a]   29 τούτῳ καὶ τῇ βαλάνῳ Ald.   ἀκροπισθία C[a] Y[c] A[a]pr.   30 εἰσ. καὶ ἐξ. transp. β γ   31 λοφ.] αἰλούροις cj. Th. Peck L.-V.

δοίου ὑποκάτω ὄρχεις δύο, τὸ δὲ πέριξ δέρμα ὃ καλεῖται ὀσχέα· οἱ δ' ὄρχεις οὔτε ταὐτὸ σαρκὶ οὔτε πόρρω σαρκός. ὃν τρόπον δ' ἔχουσιν ὕστερον δι' ἀκριβείας λεχθήσεται καθόλου περὶ πάντων τῶν τοιούτων μορίων. [14] τὸ δὲ τῆς γυναικὸς αἰδοῖον /3/ ἐξ ἐναντίας τῷ τῶν ἀρρένων· κοῖλον γὰρ τὸ ὑπὸ τὴν ἥβην /4/ καὶ οὐχ ὥσπερ τὸ τοῦ ἄρρενος ἐξεστηκός. καὶ οὐρήθρα ἔξω τῶν /5/ ὑστερῶν, δίοδος τῷ σπέρματι τῷ τοῦ ἄρρενος, τοῦ δ' ὑγροῦ περιττώματος /6/ ἀμφοῖν ἔξοδος. /7/ κοινὸν δὲ μέρος αὐχένος καὶ στήθους σφαγή, πλευρᾶς /8/ δὲ καὶ βραχίονος καὶ ὤμου μασχάλη, μηροῦ δὲ καὶ ἤτρου /9/ βουβών. μηροῦ δὲ καὶ γλουτοῦ τὸ ἐντὸς περίνεος, μηροῦ δὲ καὶ /10/ γλουτοῦ τὸ ἔξω ὑπογλουτίς. θώρακος δὲ περὶ μὲν τῶν ἔμπροσθεν εἴρηται, τοῦ δὲ στήθους τὸ ὄπισθεν νῶτος. [15] νώτου δὲ μέρη ὠμοπλάται δύο καὶ /13/ ῥάχις, ὑποκάτω δὲ κατὰ τὴν γαστέρα τοῦ θώρακος ὀσφύς. /14/ κοινὸν δὲ τοῦ ἄνω καὶ κάτω πλευραὶ ἑκατέρωθεν ὀκτώ (περὶ /15/ γὰρ Λιγνύων τῶν καλουμένων ἑπταπλεύρων οὐθενός πω ἀξιοπίστου /16/ ἀκηκόαμεν). ἔχει δ' ὁ ἄνθρωπος καὶ τὸ ἄνω καὶ τὸ κάτω καὶ πρόσθια καὶ ὀπίσθια καὶ δεξιὰ καὶ ἀριστερά. τὰ μὲν οὖν δεξιὰ καὶ ἀριστερὰ ὅμοια σχεδὸν ἐν τοῖς μέρεσι καὶ ταὐτὰ πάντα, πλὴν ἀσθενέστερα τὰ ἀριστερά. τὰ δ' ὀπίσθια τοῖς προσθίοις ἀνόμοια, καὶ τὰ κάτω τοῖς ἄνω πλὴν ὧδε ὅ-

---

32 δὲ om. Eᵃ   ὃ om. β (exc. Tᶜrc. Iᶜ) Lᶜrc. Guil.   **33** ὄσχεος α edd.: ὀσχέαον Tᶜrc.: ὄσχεον Iᶜ: ὀχέα Nᶜ Zᶜ Lᶜpr. m n: ὀχεὺς Ald.: oscheus Guil. οὔτε⁽¹⁾] οὐ Aᵃpr. Gᵃ Q   **493b1** λεχθήσεται] ἐροῦμεν Sᶜ   **2** τῶν om. Aᵃpr., Tpr. Iᶜ   τοιούτων om. Iᶜ   **3** τῷ] τὸ Yᶜ, Iᶜ   τὸ om. Iᶜ   **4** ἔξωθεν Tᶜrc. γ   **5** τῶ⁽²⁾ om. Yᶜ, Lᶜpr., Ald. Dt.   **7** σφαγή] αὐχήν Fᵃ Xᶜpr.   **8** ἤτρου γ (exc. Mᶜ Lᶜrc.)   **9** et **10** γλωτοῦ Iᶜ: γλωττοῦ P Kᶜ: γλουττοῦ Mᶜ   τὸ ... 10 γλουτοῦ om. Gᵃ Q   περίνεον α Iᶜ   **11** μὲν om. β (exc. Tᶜrc.)   **12** τὸ om. β γ   νῶτος⁽¹⁾ α Ald. Dt.: νῶτα β γ: νῶτον edd. μέρος α (exc. Cᵃ)   **13** ὑποκάτωθεν α Dt.   **14** ἑκατέρωσε Cᵃ β γ   **15** λιγνύων Aᵃrc. Fᵃ Xᶜ β γ: αἰγύων Cᵃ Yᶜ Aᵃpr. Gᵃ Q: egyis Guil.: λυγνίων Ald.: λιγγύων Canis.: λιγύων edd.   τῶν ἀξιοπίστων (om. πω) β γ   **17** ὁ om. Yᶜ   **18** τὰ ἔμπροσθεν καὶ τὰ ὀπίσθια α Ald. Dt.: πρόσθεν καὶ ὄπισθεν Zᶜ   **19** ἐν om. α β (exc. Tᶜrc.)   τὰ αὐτὰ α: ταῦτα β (exc. Oᶜrc.)   **21** ἔμπροσθεν Ald.   πλὴν ... 22 κάτω om. Iᶜ   ὅμοια ὧδε transp. α (exc. Cᵃ Yᶜ): ὅμοια ᾧ δὴ Ald.

μοια· τὰ κάτω τοῦ ἤτρου οἷον τὸ πρόσωπον εὐσαρκίᾳ καὶ ἀσαρκίᾳ καὶ τὰ σκέλη πρὸς τοὺς βραχίονας ἀντίκειται· καὶ οἷς βραχεῖς οἱ ἀγκῶνες, καὶ οἱ μηροὶ ὡς ἐπὶ τὸ πολύ, καὶ οἷς οἱ πόδες μικροί, καὶ αἱ χεῖρες. /26/ κώλου δὲ τὸ μὲν διφυὲς βραχίων· βραχίονος δὲ ὦμος /27/ ἀγκὼν ὠλέκρανον πῆχυς χείρ· χειρὸς δὲ θέναρ, δάκτυλοι /28/ πέντε· δακτύλου δὲ τὸ μὲν καμπτικὸν κόνδυλος, τὸ δ᾽ /29/ ἄκαμπτον φάλαγξ. δάκτυλος δ᾽ ὁ μὲν μέγας μονοκόνδυλος, οἱ δ᾽ ἄλλοι δικόνδυλοι. ἡ δὲ κάμψις καὶ τῷ βραχίονι καὶ τῷ δακτύλῳ εἴσω πᾶσι· κάμπτεται δ᾽ ὁ βραχίων κατὰ τὸ ὠλέκρανον. χειρὸς δὲ τὸ μὲν ἐντὸς θέναρ, σαρκῶδες καὶ διῃρημένον ἄρθροις, τοῖς μὲν μακροβίοις ἑνὶ ἢ δυσὶ δι᾽ ὅλου, τοῖς δὲ βραχυβίοις δυσὶ καὶ οὐ δι᾽ ὅλου. ἄρθρον /2/ δὲ χειρὸς καὶ βραχίονος καρπός. τὸ δ᾽ ἔξω τῆς χειρὸς νευρῶδες /3/ καὶ ἀνώνυμον. /4/ κώλου δὲ διμερὲς ἄλλο σκέλος. σκέλους δὲ τὸ μὲν /5/ ἀμφικέφαλον μηρός, τὸ δὲ πλανησίεδρον μύλη, τὸ δὲ διόστεον /6/ κνήμη, καὶ ταύτης τὸ μὲν πρόσθιον ἀντικνήμιον, τὸ δ᾽ /7/ ὀπίσθιον γαστροκνημία, σὰρξ νευρώδης ἢ φλεβώδης, τοῖς μὲν /8/ ἀνεσπασμένη ἄνω πρὸς τὴν ἰγνύν ὅσοι μεγάλα τὰ ἰσχία ἔχουσι, τοῖς δ᾽ ἐναντίως κατεσπασμένη· τὸ δ᾽ ἔσχατον ἀντικνημίου σφυρὸν διφυὲς ἐν ἑκατέρῳ τῷ σκέλει. τὸ δὲ πολυόστεον τοῦ σκέλους πούς· τούτου δὲ τὸ μὲν ὀπίσθιον μέρος πτέρ-

22 post κάτω add. τοῖς ἄνω β ἤτρου γ (exc. M^c L^c) οἷον] πρὸς Ald. οἷον τὸ ἤτρον τῷ προσώπῳ O^crc.: *qua venter imus respondere assolet faciei* Gaza 25 ὅσοις β γ οἱ πόδες om. I^c 26 κώλων cj. Dt. Louis Peck ὤμου N^c Z^c 27 ἀγκῶνος α (exc. A^arc. F^a X^c) Ald. ὀλέκρανον C^a A^apr. F^a X^c: ὃ εἰλέκρανον Y^c θαίναρ C^apr. A^apr., E^a 28 δακτύλων β E^a 29 φαλωρ̄ K^c: φαλαρ̄ N^c m n: φάλαργος Z^c L^cpr. 30 δακτ. κ. τ. βραχ. transp. F^a X^cpr. 31 δακτύλω α L^crc. Ald. edd.: κονδύλω β γ (exc. L^crc.) εἴσω α, O^crc., nrc., Bk.: ἴσως β (exc. O^crc.) γ (exc. nrc. L^crc.): ἐντὸς L^crc. Ald. κάμπτεται. κάμπτεται δὲ β γ ὁ om. α Ald. 32 ὀλέκρανον α n μὲν om. β θαίναρ A^a 33 διηρθρωμένον β γ: *dearticulatum* Guil. ἄρθρῳ β γ: *distinctione* Guil. 494a1 διόλου^(1,2) β γ οὐ om. A^apr. G^a Q, L^cpr.: μὴ Ald. ἄρθρα A^a G^a Q Ald. Bk. 4 κώλων cj. Dt. Louis Peck 5 μηρός] μικρὸς A^apr. G^a Q; μικρὸν Ald. πλάνης ἕδρον β γ μύλα P δίοστρεον A^apr. 7 φλ. ἢ ν. transp. I^c ἢ] καὶ cj. Scal. Dt. edd.: ἢ φλ. secl. Camot. 8 ἀπεσπαμένη Y^c ἰγνύην β γ 9 ἐναντίοις β γ Guil.: ἐναντίον Ald. 11 πτέρνα] περόνη P N^crc. Z^crc. mrc. n: πτέρνα περόνη E^a K^crc.

να, τὸ δ' ἐμπρόσθιον τοῦ ποδὸς τὸ μὲν ἐσχισμένον δάκτυλοι πέντε, τὸ δὲ σαρκῶδες κάτωθεν στῆθος, τὸ δ' ἄνωθεν ἐν τοῖς πρανέσι νευρῶδες καὶ ἀνώνυμον. δακτύλου δὲ τὸ μὲν ὄνυξ, τὸ δὲ καμπή· πάντων δὲ ὁ ὄνυξ ἐπ' ἄκρῳ· μονόκαμπτοι δὲ πάντες οἱ κάτω δάκτυλοι. τοῦ δὲ ποδὸς ὅσοις τὸ ἐντὸς παχὺ καὶ μὴ κοῖλον, ἀλλὰ βαίνουσιν ὅλῳ, πανοῦργοι. κοινὸν δὲ μηροῦ καὶ κνήμης γόνυ καμπή. ταῦτα μὲν οὖν τὰ μέρη κοινὰ καὶ ἄρρενος καὶ θήλεος. ἡ δὲ θέσις τῶν μερῶν πρὸς τὸ ἄνω καὶ κάτω καὶ πρόσθιον καὶ ὀπίσθιον καὶ δεξιὸν καὶ ἀριστερὸν ὡς ἔχει, φανερὰ μὲν ἂν εἶναι δόξειε τὰ ἔξωθεν κατὰ τὴν αἴσθησιν, οὐ μὴν ἀλλὰ διὰ τὴν αὐτὴν αἰτίαν λεκτέον δι' ἥνπερ καὶ τὰ πρότερον εἰρήκαμεν, ἵνα περαίνηται τὸ ἐφεξῆς καὶ καταριθμουμένων ὅπως ἧττον λανθάνῃ τὰ μὴ τὸν αὐτὸν ἔχοντα τρόπον ἐπί τε τῶν ἄλλων ζῴων καὶ ἐπὶ τῶν ἀνθρώπων. μάλιστα δ' ἔχει διωρισμένα πρὸς τοὺς κατὰ φύσιν τόπους τὰ ἄνω καὶ κάτω ἄνθρωπος τῶν ἄλλων ζῴων· τά τε γὰρ ἄνω καὶ κάτω πρὸς τὰ τοῦ παντὸς ἄνω καὶ κάτω τέτακται· τὸν αὐτὸν τρόπον καὶ τὰ πρόσθια καὶ τὰ ὀπίσθια καὶ τὰ δεξιὰ καὶ τὰ ἀριστερὰ κατὰ φύσιν ἔχει. τῶν δ' ἄλλων ζῴων τὰ μὲν οὐκ ἔχει, τὰ δ' ἔχει μὲν συγκεχυμένα δ' ἔχει μᾶλλον. ἡ μὲν οὖν κεφαλὴ πᾶσιν ἄνω πρὸς τὸ σῶμα τὸ ἑαυτῶν· ὁ δ' ἄνθρωπος μόνος, ὥσπερ εἴρηται, πρὸς τὸ τοῦ ὅλου τελειωθεὶς ἔχει τοῦτο τὸ μόριον. μετὰ δὲ τὴν κεφαλήν ἐστιν ὁ αὐχήν,

12 πρόσθιον Y^c δακτύλοις β γ Guil. 13 κάτω α (exc. C^a Y^c) στῆθος om. Ald. ἄνω F^a X^c 15 τὸ ... ὄνυξ^(2) om. n ὁ om. Y^c β γ ἄκρων Ald. μόνον· καμπτοὶ β γ (-ποὶ P): μονόκαμποι Y^c 16 ὅσοι Ald. post ὅσ. add. μὲν α (exc. F^a X^c) Guil. Ald. 17 post ὅλῳ add. οὗτοι Ald. 18 κοινοῦ A^a G^a Q; κοινὴ F^a X^c δὲ] δὴ Ald. post γόνυ add. καὶ cj. Scal. Sn. Pk.: *genu poplesque* Gaza καμπῇ om. β (exc. T^crc. I^c) A.-W. 19 θήλ. καὶ ἄρρ. transp. α (exc. Y^c) Ald. ἄρρενος Y^c 20 θέσις δὲ transp. β γ 22 ἂν om. Y^c, N^c L^cpr. m n post ἀλλὰ add. καὶ β γ 23 εἰρημένα T^crc. γ (exc. L^crc.): εἰρημένα εἰρήκαμεν I^c 24 καὶ om. A^arc. F^a X^c β γ 25 τὸν τρόπον S^c 26 τῶν^(2) om. β γ 27 post ἄνω add. τε β γ 28 ἄνθ. ... 29 κάτω om. I^c ἄνωθεν n 30 τὰ^(2) om. α (exc. F^a X^c) τὰ ὀπ. καὶ om. I^c γ (exc. L^c m) 32 δ'^(2) om. K^c ἔχει^(3) om. β γ 33 ἄνω πρὸς om. C^a Y^c A^apr. G^a Q post τὸ^(1) add. πρὸς G^arc. Q αὐτῶν α: *ipsorum* Guil. 494b1 post ἔχει add. καὶ A^arc. F^a X^c β γ ὁ om. Y^c β γ

ARISTOTELIS

εἶτα στῆθος καὶ νῶτον, τὸ μὲν ἐκ τοῦ πρόσθεν τὸ δ' ἐκ τοῦ ὄπισθεν. καὶ ἐχόμενα τούτων γαστὴρ καὶ ὀσφὺς καὶ αἰδοῖον καὶ ἰσχίον, εἶτα μηρὸς καὶ κνήμη, τελευταῖον δὲ πόδες. εἰς τὸ πρόσθεν δὲ καὶ τὰ σκέλη τὴν κάμψιν ἔχει, ἐφ' ὃ καὶ ἡ πορεία, καὶ τῶν ποδῶν τὸ κινητικώτερον μέρος καὶ ἡ κάμψις· ἡ δὲ πτέρνα ἐκ τοῦ ὄπισθεν· τῶν δὲ σφυρῶν ἑκάτερον κατὰ τὸ οὖς. ἐκ δὲ τῶν πλαγίων τῶν δεξιῶν καὶ τῶν ἀριστερῶν οἱ βραχίονες, τὴν κάμψιν ἔχοντες εἰς τὸ ἐντός, ὥστε τὰ κυρτὰ τῶν σκελῶν καὶ τῶν βραχιόνων πρὸς ἄλληλα εἶναι ἐπ' ἀνθρώπου μάλιστα. τὰς δ' αἰσθήσεις καὶ τὰ αἰσθητήρια, ὀφθαλμοὺς καὶ μυκτῆρας καὶ γλῶτταν, ἐπὶ ταὐτὸ καὶ εἰς τὸ πρόσθιον ἔχει· τὴν δ' ἀκοὴν καὶ τὸ αἰσθητήριον αὐτῆς καὶ τὰ ὦτα ἐκ τοῦ πλαγίου μὲν ἐπὶ τῆς αὐτῆς δὲ περιφερείας τοῖς ὄμμασι. τὰ δ' ὄμματα ἐλάχιστον κατὰ μέγεθος διέστηκεν ἀνθρώπῳ τῶν ζῴων. ἔχει δ' ἀκριβεστάτην ἄνθρωπος τῶν αἰσθήσεων τὴν ἀφήν, δευτέραν δὲ τὴν γεῦσιν· ἐν δὲ ταῖς /18/ ἄλλαις λείπεται πολλῶν. /19/ **[16]** τὰ μὲν οὖν μόρια τὰ πρὸς τὴν ἔξω ἐπιφάνειαν τοῦτον τέτακται τὸν τρόπον, καὶ καθάπερ ἐλέχθη, διωνόμασταί τε μάλιστα καὶ γνώριμα διὰ τὴν συνήθειάν ἐστι· τὰ δ' ἐντὸς τοὐναντίον. ἄγνωστα γάρ ἐστι μάλιστα τὰ τῶν ἀνθρώπων, ὥστε δεῖ πρὸς τὰ τῶν ἄλλων μόρια ζῴων ἀνάγοντας σκοπεῖν οἷς ἔχει παραπλησίαν τὴν φύσιν. πρῶτον μὲν οὖν τῆς κεφαλῆς

2 νῶτος α 4 ἰσχία β γ 5 τὸ] τὰ β κατάκαμψιν Y^c ἐφ'... 7 ὄπισθεν om. C^a ἐφ'... 6 κάμψις om. I^c 6 καὶ⁽¹⁾ om. N^c Z^c L^cpr. m n post ποδῶν add. καὶ m κινητικώτατον E^a 7 post πτέρνα add. καὶ Y^c: add. ἡ Ald. 8 κατὰ C^a Y^c A^apr. G^a Q Ald. Bk: ἦ A^arc. F^a X^c β γ: secundum Guil. post οὖς add. ἑκάτερον Y^c τῶν⁽³⁾ om. β γ 9 τὸ] τὰ β 11 ἀνθρώπων S^c 12 μυκτῆρα A^a G^a Q F^a X^c Dt. καὶ⁽³⁾ S^c 13 πρόσθεν L^crc. τὰ αἰσθητήρια L^cpr. αὐτῶν β γ (exc. E^arc.) Guil. 14 καὶ om. Y^c β γ Guil. τὰ ὦτα] ταῦτα α (exc. C^a Y^c) τοῦ om. α (exc. Y^c) δὲ om. A^apr. G^a Q β 15 ἐλάχιστα α (exc. C^a Y^c) post κατὰ add. τὸ α (exc. C^a Y^c) Ald. 16 ἀνθρώπῳ] ἄνθρωπος β (exc. -ου T^crc.) γ Ald. 17 τῆς αἰσθήσεως Z^c: incert. abbrev. N^c τὴν ἀφ. τῶν αἰ. transp. P δεύτερον α Guil. Ald. τὴν⁽²⁾ om. C^a Y^c A^apr. G^a Q 20 τε κτᾶται P καὶ om. Y^c β E^a ὠνόμασται β γ 21 καὶ ... 22 μάλιστα om. N^c Z^c 22 ἀγνώριστα L^c Ald. μάλιστα om. Ald. τὰ om. α (exc. Y^c), I^c, n 23 μόρια om. α Dt. ἀνάγοντα Y^c β γ 24 κεῖται τῆς κεφ. ἐν τῷ πρ. τὴν θέσιν ἔχων transp. N^c Z^c L^c m n (om. τὴν θέσιν N^cpr. Z^cpr.).

κεῖται τὴν θέσιν ἐν τῷ πρόσθεν ἔχων ὁ ἐγκέφαλος, ὁμοίως 25
δὲ καὶ τοῖς ἄλλοις ζώοις ὅσα ἔχει τοῦτο τὸ μόριον· ἔχει
δὲ ἅπαντα ὅσα ἔχει αἷμα, καὶ ἔτι τὰ μαλάκια. κατὰ
μέγεθος δ' ἔχει ἄνθρωπος πλεῖστον ἐγκέφαλον καὶ
ὑγρότατον. ὑμένες δὲ αὐτὸν δύο περιέχουσιν, ὁ μὲν περὶ τὸ
ὀστοῦν ἰσχυρότερος, ὁ δὲ περὶ αὐτὸν τὸν ἐγκέφαλον ἥττων 30
ἐκείνου. διφυὴς δ' ἐν πᾶσίν ἐστιν ὁ ἐγκέφαλος. καὶ ἐπὶ τούτου
ἡ καλουμένη παρεγκεφαλὶς ἔσχατον, ἑτέραν ἔχουσα τὴν
μορφὴν καὶ κατὰ τὴν ἁφὴν καὶ κατὰ τὴν ὄψιν. τὸ δ' ὄπι-
σθεν τῆς κεφαλῆς κενὸν καὶ κοῖλον πᾶσιν ὡς ἑκάστοις ὑπ-
άρχει μεγέθους. ἔνια μὲν γὰρ μεγάλην ἔχει τὴν κεφαλήν, 495a1
τὸ δ' ὑποκείμενον τοῦ προσώπου μόριον ἔλαττον, ὅσα στρογ-
γυλοπρόσωπα· τὰ δὲ τὴν μὲν κεφαλὴν μικρὰν τὰς δὲ
σιαγόνας μακράς, οἷον τὸ τῶν λοφούρων γένος πᾶν. ἄναιμος
δ' ὁ ἐγκέφαλος ἅπασι, καὶ οὐδεμίαν ἔχων ἐν αὐτῷ φλέβα, 5
καὶ θιγγανόμενος κατὰ φύσιν ψυχρός. ἔχει δ' ἐν τῷ μέσῳ
ὁ τῶν πλείστων πᾶς κοῖλόν τι μικρόν. ἡ δὲ περὶ αὐτὸν μῆ-
νιγξ φλεβώδης· ἔστι δ' ὑμὴν δερματικὸς ἡ μῆνιγξ ὁ περι-
έχων τὸν ἐγκέφαλον. ὑπὲρ δὲ τὸν ἐγκέφαλον λεπτότατον
ὀστοῦν καὶ ἀσθενέστατον τῆς κεφαλῆς ἐστιν, ὃ καλεῖται βρέ- 10
γμα. φέρουσι δ' ἐκ τοῦ ὀφθαλμοῦ τρεῖς πόροι εἰς τὸν ἐγκέ-
φαλον, ὁ μὲν μέγιστος καὶ ὁ μέσος εἰς τὴν παρεγκεφαλίδα,
ὁ δ' ἐλάχιστος εἰς αὐτὸν τὸν ἐγκέφαλον· ἐλάχιστος δ' ἐστὶν ὁ
πρὸς τῷ μυκτῆρι μάλιστα. οἱ μὲν οὖν μέγιστοι παρ' ἀλλή-

25 ἐμπροσθίῳ β (προσθίῳ I^c)   ὁ om. β γ   ἐγκέφαλον P K^c   27
πάντα β γ   ἔτι] ἔστι N^c Z^c   ἔτι τὰ μαλάκια] ἔστιν ἔναιμα β (exc.
T^crc.): ἐστὶν ἔναιμα καὶ ἔτι τὰ μαλάκια L^crc. Ald.   28 post δ' add. ὁμοίως
α γ (exc. N^c Z^c) Guil. Ald. Bk.: ἑαυτοῦ cj. Dt. ex C^a gloss.   ὁ ἄνθ. β L^crc.
29 αὐτὸ P   post μὲν add. οὖν Y^c   30 ἥττον I^c, N^c Z^c L^c m n   31 ἐσ-
τὶν ἐν πᾶσιν transp. β γ   32 post ἔσχ. add. δὲ α (exc. C^a Y^c) Ald.
495a1 μέγεθος C^apr. Ald. Sn.   post μέγ. add. μέτρα cj. Dt.   2 ἐλάττω β
γ (exc. E^a L^c)   3 τὴν μεν κεφ.] κεφαλὴν μὲν β γ   4 πᾶν om. Y^c   5
αὐτῷ α (exc. C^a) β (exc. I^c): ἑαυτῷ N^c Z^c L^c m n   6 ψυχρός om. A^apr.
7 μικρὸν] κορόν P   ἡ] ὁ F^a X^c   μῆνιξ α (exc. C^a Y^c), S^c I^c, E^a   8 φλ.
ἔστι δ' ἡ μ. ὑ. δ. transp. C^a Y^c Dt.: φλ. ἐστὶν· ἔστι δ' ὁ μ. ὑ. δ. α (exc. C^a Y^c)
Ald. edd.   ἡ] ὁ S^crc.   μῆνιξ I^c   περὶ αὐτὸν ἔχων Y^c   9 ὑπέρ ...
ἐγκ.⁽²⁾ om. I^c: ὑπέρ ... 11 ἐγκέφαλον om. N^c Z^c   τοῦ ἐγκεφάλου⁽²⁾ α Ald.
13 τὸν αὐτὸν transp. α (exc. C^a Y^c) Ald.   14 παράλληλοί α Dt.

λους εἰσὶ καὶ οὐ συμπίπτουσιν, οἱ δὲ μέσοι συμπίπτουσι (δῆλον δὲ τοῦτο μάλιστα ἐπὶ τῶν ἰχθύων)· καὶ γὰρ ἐγγύτερον οὗτοι τοῦ ἐγκεφάλου ἢ οἱ μεγάλοι· οἱ δ' ἐλάχιστοι πλεῖστόν τε ἀπήρτηνται ἀλλήλων καὶ οὐ συμπίπτουσιν. ἐντὸς δὲ τοῦ αὐχένος ὅ τε οἰσοφάγος καλούμενός ἐστιν, ἔχων τὴν ἐπωνυμίαν ἀπὸ τοῦ μήκους καὶ τῆς στενότητος, καὶ ἡ ἀρτηρία. πρότερον δὲ τῇ θέσει ἡ ἀρτηρία κεῖται τοῦ οἰσοφάγου ἐν πᾶσι τοῖς ἔχουσιν αὐτήν· ἔχει δὲ ταύτην πάντα ὅσαπερ καὶ πνεύμονα ἔχει. ἔστι δ' ἡ μὲν ἀρτηρία χονδρώδης τὴν φύσιν καὶ ὀλίγαιμος, πολλοῖς λεπτοῖς φλεβίοις περιεχομένη, κεῖται δ' ἐπὶ μὲν τὰ ἄνω πρὸς τὸ στόμα κατὰ τὴν ἐκ τῶν μυκτήρων σύντρησιν εἰς τὸ στόμα, ᾗ καὶ ὅταν πίνοντες ἀνασπάσωσί τι τοῦ ποτοῦ, χωρεῖ ἐκ τοῦ στόματος διὰ τῶν μυκτήρων ἔξω. μεταξὺ δ' ἔχει τῶν τρήσεων τὴν ἐπιγλωττίδα καλουμένην, ἐπιπτύσσεσθαι δυναμένην ἐπὶ τὸ τῆς ἀρτηρίας τρῆμα τὸ εἰς τὸ στόμα τεῖνον. ταύτῃ δὲ τὸ πέρας συνήρτηται τῆς γλώττης. ἐπὶ δὲ θάτερα καθήκει εἰς τὸ μεταξὺ τοῦ πλεύμονος, εἶτ' ἀπὸ τούτου σχίζεται εἰς ἑκάτερον τῶν μερῶν τοῦ πλεύμονος. θέλει γὰρ εἶναι διμερὴς ὁ πλεύμων ἐν ἅπασι τοῖς ἔχουσιν αὐτόν· ἀλλ' ἐν μὲν τοῖς ζῳοτόκοις οὐχ ὁμοίως ἡ διάστασις φανερά, ἥκιστα δ' ἐν ἀνθρώπῳ. ἔστι δ' οὐ πολυσχιδὴς ὁ τοῦ ἀνθρώπου ὥσπερ ἐνίων ζῳοτόκων οὐδὲ λεῖος ἀλλ' ἔχει ἀνωμαλίαν. ἐν δὲ τοῖς ᾠοτόκοις, οἷον ὄρνισι καὶ τῶν τετραπόδων ὅσα ᾠοτόκα, πολὺ τὸ μέρος ἑκάτερον ἀπ' ἀλλήλων ἔσχισται, ὥστε δοκεῖν

16 μάλ. τοῦτο transp. N^c Z^c L^c m n   γὰρ om. β γ   ἐγγύτεροι β E^a P K^c M^c L^c rc.   **17** πλεῖον N^c Z^c   **18** ἐντός. ἐντὸς γ   **19** οἵ τε οισ-οι καλ-οι Y^c   καλ. οἰσ. transp. β γ   post οἰσ. add. καὶ ἰσθμὸς cj. Sn. post ἔχων add. στόμαχον cj. Dt.   **20** καὶ^(1)] ἐκ I^c   καὶ^(2)] ἡ ἀρτηρία om. E^a   **22** ὅσαπερ καὶ] ὅσα περὶ F^a X^c   καὶ om. α Dt.   ἔχει^(2) om. P   **23** ὀλίγαιμος α   **24** πολλοῖς om. β γ   **25** τὰ] τὸ C^a Y^c A^a pr.: τῇ A^a rc. G^a Q F^a X^c Ald.   ἐκ om. β γ Guil.   **26** τι om. β γ   **27** τοῦ om. α (exc. C^a Y^c) Ald.   **28** ἐπιπτύττεσθαι E^a P K^c M^c: ἐπιπτύσσεως O^c pr. T^c pr.   **29** τρῆμα ante τῆς transp. C^a Y^c β γ   **30** δὲ^(2) om. N^c Z^c   **31** εἶτ' ... 32 πλεύμονος om. I^c, E^a   **33** διμερὲς G^a Q   **34** post δι. add. γὰρ I^c   **495b1** οὐ] οὐδὲ γ   πολυσχεδὴς codd. plur. Ald.   **2** ζῳοτοκούντων C^a   ἀνωμαλίας β E^a P M^c   **3** ᾠοτόκοις] ζῳοτόκοις A^a pr. G^a Q ᾠοτόκα] ζῳοτόκα C^a rc. A^a G^a Q F^a X^c   **4** ἑκατέρων N^c Z^c m n   ἀπαλλήλων A^a F^a X^c

δύο ἔχειν πλεύμονας. καὶ ἀπὸ μιᾶς δύο ἐστὶ μόρια τῆς
ἀρτηρίας, εἰς ἑκάτερον τὸ μέρος τείνοντα τοῦ πλεύμονος. συνήρτηται δὲ καὶ τῇ μεγάλῃ φλεβὶ καὶ τῇ ἀορτῇ καλουμένῃ.
φυσωμένης δὲ τῆς ἀρτηρίας διαδίδωσιν εἰς τὰ κοῖλα μέρη
τοῦ πλεύμονος τὸ πνεῦμα. ταῦτα δὲ διαφύσεις ἔχει χονδρώδεις εἰς ὀξὺ συνηκούσας· ἐκ δὲ τῶν διαφύσεων τρήματα
διὰ παντός ἐστι τοῦ πλεύμονος, ἀεὶ ἐκ μειζόνων εἰς ἐλάττω
διαδιδόμενα. συνήρτηται δὲ καὶ ἡ καρδία τῇ ἀρτηρίᾳ πιμελώδεσι καὶ χονδρώδεσι καὶ ἰνώδεσι δεσμοῖς· ᾗ δὲ συνήρτηται κοῖλόν ἐστι. φυσωμένης δὲ τῆς ἀρτηρίας ἐν ἐνίοις
μὲν οὐ κατάδηλον ποιεῖ, ἐν δὲ τοῖς μείζοσι τῶν ζῴων δῆλον ὅτι εἰσέρχεται τὸ πνεῦμα εἰς αὐτήν. ἡ μὲν οὖν ἀρτηρία
τοῦτον ἔχει τὸν τρόπον, καὶ δέχεται μόνον τὸ πνεῦμα καὶ
ἀφίησιν ἄλλο δ᾽ οὐθὲν οὔτε ξηρὸν οὔθ᾽ ὑγρόν, ἢ πόνον παρέχει
ἕως ἂν ἐκβήξῃ τὸ κατελθόν. ὁ δὲ στόμαχος ἤρτηται μὲν
ἄνωθεν ἀπὸ τοῦ στόματος ἐχόμενος τῆς ἀρτηρίας, συνεχὴς
ὢν πρός τε τὴν ῥάχιν καὶ τὴν ἀρτηρίαν ὑμενώδεσι δεσμοῖς,
τελευτᾷ δὲ διὰ τοῦ διαζώματος εἰς τὴν κοιλίαν, σαρκοειδὴς
ὢν τὴν φύσιν καὶ τάσιν ἔχων καὶ ἐπὶ μῆκος καὶ ἐπὶ πλάτος. ἡ δὲ κοιλία ἡ τοῦ ἀνθρώπου ὁμοία τῇ κυνείᾳ ἐστίν· οὐ
πολλῷ γὰρ τοῦ ἐντέρου μείζων ἀλλ᾽ ἐοικυῖα οἱονεὶ ἐντέρῳ τινὶ
εὖρος ἔχοντι· εἶτα ἔντερον ἁπλοῦν εἱλιγμένον /27/ ἐπιεικῶς πλατύ. ἡ δὲ κάτω κοιλία ὁμοία τῇ ὑείᾳ· πλατεῖά τε γάρ ἐστι, καὶ τὸ ἀπὸ ταύτης πρὸς τὴν ἕδραν παχὺ

5 τοῖς ἀργηρίοις Kᶜ   6 εἰς] ὡς m   τείνοντος m   8 μέρη om. α Dt.
10 διηκούσας α   11 ἐστι] εἰσὶ Sᶜ: ἔτι P m   ἀεὶ α edd.: om. β Eᵃ m*pr*.:
ἢ P Kᶜ: ἡ n: καὶ Mᶜ Nᶜ Zᶜ Lᶜ m*rc*.   μείζονος Lᶜ   13 καὶ ἰνώδεσι om.
β (exc. Iᶜ Tᶜ*rc*.) Ald.   17 καὶ δέχ.] ἐνδέχεται Iᶜ   18 οὐδὲ ... οὐδὲ Yᶜ
19 ὡς Cᵃ   ἐκρήξῃ Cᵃ Aᵃ*pr*. Gᵃ Q   21 ὑμ.] ἰνώδεσι β   22 ζώματος Cᵃ Ar.Byz. II.16: στόματος Aᵃ*pr*. Gᵃ Q   σαρκωειδὴς P: σαρκώδης
Ald.   23 καὶ⁽²⁾ om. β Lᶜ   ἐπὶ⁽²⁾ om. β   24 ἡ⁽²⁾ om. α (exc. Cᵃ Yᶜ) P
25 ante μ. add. καὶ Iᶜ   ἐντέρῳ τινὶ Aᵃ*pr*. Gᵃ Q Ald. Dt. Peck Louis: ἐντέρῳ
ἑνὶ Cᵃ Aᵃ*rc*.⁽¹⁾: ἔντερον Aᵃ*rc*.⁽²⁾ Fᵃ Xᶜ β γ Guil.: ἕτερον ἓν (om. οἱονεὶ) Yᶜ:
ἐντέρῳ Bk.   26 ἔχοντι Cᵃ Aᵃ*pr*. Gᵃ Q Ald. Bk.: ἔχον Aᵃ*rc*. Fᵃ Xᶜ β γ Guil.:
ἔχων Yᶜ   ἁπλοῦν] πλατὺ α (exc. Cᵃ Yᶜ)   post εἱλ. add. εἶτα ἔντερον εὖρος ἔχον β γ Ald. Bk. (om. εὖρ. ἔχ.)   27 ἐπ. πλ. om. Ald.   πλατύ]
ἐλάττω Yᶜ   ὑιεία codd. passim   28 τε om. β γ   βρ. κ. παχὺ transp.
β γ

καὶ βραχύ. τὸ δ' ἐπίπλοον ἀπὸ μέσης τῆς κοιλίας ἤρτηται· ἔστι δὲ τὴν φύσιν ὑμὴν πιμελώδης ὥσπερ καὶ τοῖς ἄλλοις τοῖς μονοκοιλίοις καὶ ἀμφώδουσιν. ὑπὲρ δὲ τῶν ἐντέρων τὸ μεσεντέριόν ἐστιν· ὑμενώδες δ' ἐστὶ τοῦτο καὶ πλατὺ καὶ πῖον γίνεται. ἐξήρτηνται δὲ ἐκ τῆς μεγάλης φλεβὸς καὶ τῆς ἀορτῆς φλέβες πολλαὶ δι' αὐτοῦ καὶ πυκναί, κατατείνουσαι πρὸς τὴν τῶν ἐντέρων θέσιν, ἄνωθεν ἀρξάμεναι μέχρι κάτω. τὰ μὲν οὖν περὶ τὸν στόμαχον καὶ τὴν ἀρτηρίαν οὕτως ἔχει καὶ τὰ περὶ τὴν κοιλίαν. /4/ **[17]** ἡ δὲ καρδία ἔχει μὲν τρεῖς κοιλίας, κεῖται δ' ἀνωτέρω /5/ τοῦ πλεύμονος κατὰ τὴν σχίσιν τῆς ἀρτηρίας, ἔχει δ' ὑμένα πιμελώδη καὶ παχύν, ᾗ προσπέφυκε τῇ φλεβὶ τῇ μεγάλῃ καὶ τῇ ἀορτῇ. κεῖται δὲ ἐπὶ τῇ ἀορτῇ κατὰ τὰ ὀξέα. κεῖται δὲ τὰ ὀξέα κατὰ τὸ στῆθος ὁμοίως ἁπάντων τῶν ζῴων ὅσα ἔχει στῆθος. πᾶσι δ' ὁμοίως καὶ τοῖς ἔχουσι καὶ τοῖς μὴ ἔχουσι τοῦτο τὸ μόριον εἰς τὸ πρόσθεν ἔχει ἡ καρδία τὸ ὀξύ· λάθοι δ' ἂν πολλάκις διὰ τὸ μεταπίπτειν διαιρουμένων. τὸ δὲ κυρτὸν αὐτῆς ἐστιν ἄνω. ἔχει δὲ τὸ ὀξὺ σαρκῶδες ἐπὶ πολὺ καὶ πυκνόν, καὶ ἐν τοῖς κοίλοις αὐτῆς νεῦρα ἔνεστι. κεῖται δὲ τὴν θέσιν ἐν μὲν τοῖς ἄλλοις κατὰ μέσον τὸ στῆθος ὅσα ἔχει στῆθος, τοῖς δ' ἀνθρώποις ἐν τοῖς ἀριστεροῖς μᾶλλον, μικρὸν τῆς διαιρέσεως τῶν μαστῶν ἐγκλίνουσα εἰς τὸν ἀριστερὸν μαστὸν ἐν τῷ ἄνω μέρει τοῦ στήθους. καὶ οὔτε μεγάλη, /18/ τό τε ὅλον αὐτῆς εἶδος οὐ πρόμηκές ἐστιν ἀλλὰ στρογγυλώτερον· /19/ πλὴν τὸ ἄκρον εἰς ὀξὺ

29 ἔπιπλον α L^c pr. n   **30** post καὶ add. ἐν Y^c   **31** ἀμφόδουσιν β (exc. S^c) γ (exc. E^a) Ald.   **32** ἐστιν^(1) om. Y^c in lac. β γ   δ' ἐστὶ^(2) om. β γ post ἐστὶ^(2) add. καὶ α Dt.   καὶ om. α (exc. C^a Y^c)   **33** γί. κ. π. transp. β: γί. π. γ   ἐξήρτηται α Guil. Ar.Byz. 11.20 edd.   **34** ἀορτῆς καὶ δι' αὐ. φ. π. καὶ α Guil. Ald. edd.   **496a1** ante κατ. add. καὶ α (exc. C^a Y^c) Ald.   κατατείνουσι β (exc. I^c) Guil. Ar.Byz. 11.20   θέσιν] φύσιν β γ Ar.Byz. 11.20   **2** καὶ τ. ἀ post 3 ἔχει transp. β γ   **3** κοιλίην A^a G^a Q **5** σκέσιν G^a Q, O^c pr. T^c pr., E^a   **7** κεῖται ... ἀορτῇ om. I^c   ἐπὶ om. β γ **8** κεῖται ... ὀξέα om. A^a rc. F^a X^c β γ   κατὰ C^a Y^c A^a pr. G^a Q Guil.: καὶ β (exc. I^c): καὶ κατὰ A^a rc. F^a X^c, I^c, γ   ἀπ. ὁμ. transp. β γ   **11** διαιρούμενον β γ Ald.   **12** αὐτοῖς N^c Z^c m n   **13** αὐτοῖς Y^c pr. F^a X^c H^c β γ (exc. L^c rc.) Ald.   **14** τοῦ στήθους H^c rc. β γ   **15** ὅσα ... 17 στήθους om. K^c   **17** οὔτε] οὔτως K^c   **18** εἰ. αὐ. transp. N^c Z^c L^c m n   στρογγυλότερον α (exc. C^a) M^c N^c Z^c L^c m n   **19** εἰς ἄκρον transp. α (exc. Y^c)

HISTORIA ANIMALIUM I

συνῆκται. ἔχει δὲ κοιλίας /20/ τρεῖς, ὥσπερ εἴρηται, μεγίστην μὲν τὴν ἐν τοῖς δεξιοῖς, /21/ ἐλαχίστην δὲ τὴν ἐν τοῖς ἀριστεροῖς, μέσην δὲ μεγέθει τὴν /22/ ἀνὰ μέσον· ἔχει δὲ τὰς δύο μικράς· καὶ εἰς τὸν πλεύμονα /24/ τετρημένας ἁπάσας, κατάδηλον δὲ κατὰ μίαν τῶν κοιλιῶν. κάτωθεν δ' ἐκ τῆς προσφύσεως κατὰ μὲν τὴν μεγίστην κοιλίαν ἐξήρτηται τῇ μεγάλῃ φλεβί, πρὸς ἣν καὶ τὸ μεσεντέριόν ἐστι, κατὰ δὲ τὴν μέσην τῇ ἀορτῇ. φέρουσι δὲ καὶ εἰς τὸν πλεύμονα πόροι ἀπὸ τῆς καρδίας, καὶ σχίζονται τὸν αὐτὸν τρόπον ὅνπερ ἡ ἀρτηρία, κατὰ πάντα τὸν πλεύμονα παρακολουθοῦντες τοῖς ἀπὸ τῆς ἀρτηρίας. ἐπάνω δ' εἰσὶν οἱ ἀπὸ τῆς καρδίας· πόρος δ' οὐδείς ἐστι κοινός, ἀλλὰ διὰ τὴν σύναψιν δέχονται τὸ πνεῦμα καὶ τῇ καρδίᾳ διαπέμπουσιν· φέρει γὰρ ὁ μὲν εἰς τὸ δεξιὸν κοῖλον τῶν πόρων, ὁ δ' εἰς τὸ ἀριστερόν. περὶ δὲ τῆς φλεβὸς τῆς μεγάλης καὶ τῆς ἀορτῆς καθ' αὑτὰς κοινῇ περὶ ἀμφοτέρων ἐροῦμεν ὕστερον. αἷμα δὲ πλεῖστον μὲν ὁ πλεύμων ἔχει τῶν ἐν τοῖς ζῴοις μορίων τοῖς ἔχουσί τε πνεύμονα καὶ ζωοτοκοῦσιν ἐν αὑτοῖς τε καὶ ἐκτός· ἅπας μὲν γάρ ἐστι σομφός, παρ' ἑκάστην δὲ τὴν σύριγγα πόροι φέρουσι τῆς μεγάλης φλεβός. ἀλλ' οἱ νομίζοντες εἶναι κενὸν διηπάτηνται θεωροῦντες τοὺς ἐξῃρημένους ἐκ τῶν διαιρουμένων τῶν ζῴων, ὧν εὐθέως ἐξελήλυθε τὸ αἷμα ἀθρόον. τῶν δ' ἄλλων σπλάγχνων ἡ καρδία μόνον ἔχει αἷμα. καὶ

---

20 τὴν om. A^a G^a Q F^a X^c H^c*pr.*   21 τὴν⁽¹⁾ om. α (exc. C^a Y^c H^c*rc.*) post μεγ. add. δὲ C^a   μέγεθος N^c Z^c   post τὴν⁽²⁾ add. ἐν τοῖς H^c*rc.* β γ Ald.   22 post μέσον add. καὶ εἰσιν εἰς τὸν πνεύμονα τετρημέναι πᾶσαι· ἀμφοτέρας H^c*rc.* β γ Ald. Bk.   23 ἔχει om. β γ   καὶ om. P   24 πάσας α Dt.   κοινῶν X^c   25 δ' om. α (exc. Y^c) Guil. (cett.: *autem* Tz) Ald. edd.   26 μεγίστη H^c*rc.* β γ Ald. Bk.   30 τοῖς] τῆς P n   31 καρδίας πόροι· οὐδεὶς δ' ἐστὶ κοινὸς πόρος H^c*rc.* β γ Ald. Bk.   33 εἰς⁽¹⁾] ἐπὶ H^c*rc.* β γ Ald.   τὸ] τὸν α (exc. C^a Y^c H^c*rc.*)   κοῖλον om. T^c   34 τὸ] τὸν α (exc. C^a Y^c)   τὸ ... 35 ἀμφοτ. om. C^a*pr.*   post ἀριστ. add. πόρον α (exc. C^a Y^c) Ald.   περὶ] ἐπὶ Ald.: incert H^c   35 κατ' αὐτὰς α (exc. C^a Y^c H^c*rc.*) Bk. Dt.   ὕστ. ἐρ. transp. β (exc. I^c)   496b1 μὲν om. G^a Q   2 post τοῖς add. τ' α (exc. Y^c)   αὐτοῖς α (exc. C^a) K^c n   3 τὴν om. β γ   5 ἐξαιρουμένους H^c*rc.* β γ Ald.   ἐκ ... 6 ὧν] ἐξ ὧν διαιρ. τῶν ζῴων α (exc. H^c*rc.*) Guil.   6 τῶν om. β γ Ald.   ὧν om. H^c*rc.*   εὐθὺς α (exc. H^c*rc.*) Dt.   7 αἷμα μὲν ἡ κ. μόνον ἔχ. Y^c   μόνη A^a G^a Q F^a X^c H^c*pr.*

496b

ARISTOTELIS

ὁ μὲν πλεύμων οὐκ ἐν ἑαυτῷ ἀλλ' ἐν ταῖς φλεψίν, ἡ δὲ καρδία ἐν αὑτῇ· ἐν ἑκάστῃ γὰρ ἔχει αἷμα τῶν κοιλιῶν, λεπτότατον δ' ἐστὶ τὸ ἐν τῇ μέσῃ. ὑπὸ δὲ τὸν πνεύμονά ἐστι τὸ διάζωμα τὸ τοῦ θώρακος, αἱ καλούμεναι φρένες, πρὸς μὲν τὰ πλευρὰ καὶ τὰ ὑποχόνδρια καὶ τὴν ῥάχιν συνηρτημέναι, ἐν μέσῳ δ' ἔχει τὰ λεπτὰ καὶ ὑμενώδη. ἔχει δὲ δι' αὑτοῦ καὶ φλέβας τεταμένας· εἰσὶ δ' αἱ τοῦ ἀνθρώπου φρένες παχεῖαι ὡς κατὰ λόγον τοῦ σώματος. ὑπὸ δὲ τὸ διάζωμα ἐν μὲν τοῖς δεξιοῖς κεῖται τὸ ἧπαρ, ἐν δὲ τοῖς ἀριστεροῖς ὁ σπλήν, ὁμοίως ἐν ἅπασι τοῖς ἔχουσι ταῦτα τὰ μόρια κατὰ φύσιν καὶ μὴ τερατωδῶς· ἤδη γὰρ ὦπται μετηλλαχότα τὴν τάξιν ἔν τισι τῶν τετραπόδων. συνήρτηται δὲ τῇ κοιλίᾳ κατὰ τὸ ἐπίπλοον. τὴν δ' ὄψιν ἐστὶν ὁ τοῦ ἀνθρώπου σπλὴν στενὸς καὶ μακρός, ὅμοιος τῷ ὑείῳ. τὸ δ' ἧπαρ ὡς μὲν ἐπὶ τὸ πολὺ καὶ ἐν τοῖς πλείστοις οὐκ ἔχει χολήν, ἐπ' ἐνίοις δὲ ἔπεστι. στρογγύλον δ' ἐστὶ τὸ τοῦ ἀνθρώπου ἧπαρ καὶ ὅμοιον τῷ βοείῳ. συμβαίνει δὲ τοῦτο καὶ ἐν τοῖς ἱερείοις, οἷον ἐν μὲν τόπῳ τινὶ τῆς ἐν Εὐβοίᾳ Χαλκιδικῆς οὐκ ἔχει τὰ πρόβατα χολήν, ἐν δὲ Νάξῳ πάντα σχεδὸν τὰ τετράποδα τοσαύτην ὥστ' ἐκπλήττεσθαι τοὺς θύ-

8 αὑτῷ C^a edd.: αὑτῶ α (exc. C^a) ἡ καρ. δὲ transp. β γ 9 αὑτῇ α (exc. C^a) β Ald.: ἑαυτῇ N^c Z^c L^c: ἑαυτῶ n γὰρ om. I^c αἷ. ἔχ. transp. β γ 10 ἐστί^(1) om. H^crc. β γ 11 τὸ^(2) om. β γ φρένες] φλέβες A^apr. G^apr. Q pr. H^c Ald. 12 καὶ^(2) om. P N^c Z^c L^c m n 14 καὶ ante δι' transp. β γ Dt. αὑτοῦ C^a edd.: αὑτοῦ α (exc. C^a): ἑαυτοῦ β (ἑαυτῶν T^c) γ Ald. ante αἱ add. καὶ L^c Ald. 15 φρένες C^a Y^c G^a Q Guil. Dt. Peck Louis: φλέβες cett. Ald. edd.: paries corporis Scot. (i.q. 496b11) παχ. κατὰ τὸ ἀνάλογον α (exc. Y^c): παχ. ὡς κ. τ. ἀνάλ. H^crc. Ald.: ut secundum rationem Guil. post τοῦ add. ἀνθρωπείου H^crc. β γ (ἀνθρωπίνου T^crc. n) Ald. ὑπὸ] ὑπὲρ H^crc. β γ Ald. 19 μεταλαχόντα I^c: μεταλαχότα P: μετηλαχότα N^cpr. Z^c: μετηλαχότι n 20 post τῇ add. κάτω H^crc. β γ (exc. N^c Z^c) Ald. edd. κατὰ om. K^c ἔπιπλον α (exc. H^crc.) 21 ἀνθρώπου om. Y^c in lac. ὁμοίως C^a A^apr. G^a Q H^c υἱείω A^a G^a Q X^c H^c Ald.: om. Y^c in lac. 22 οὐκ ante 23 ἔπεστι transp. Dt. 23 ἧπαρ τοῦ ἀνθ. transp. β γ 24 καὶ^(1) om. E^a P N^c Z^c: δὲ K^c 25 τῆς ... 27 τετράποδα om. Y^c, add. τοῖς ἐνίοις. χαλδαικῆς P 26 ἐν] οὐ Q

84

οντας τῶν ξένων, οἰομένους αὐτῶν ἴδιον εἶναι τὸ σημεῖον ἀλλ' οὐ φύσιν αὐτῶν εἶναι ταύτην. προσπέφυκε δὲ τῇ μεγάλῃ φλεβὶ τὸ ἧπαρ, τῇ δ' ἀρτηρίᾳ οὐ κοινωνεῖ· διὰ γὰρ τοῦ ἥπατος διέχει ἡ ἀπὸ τῆς μεγάλης φλεβὸς φλὲψ ᾗ αἱ καλούμεναι πύλαι εἰσὶ τοῦ ἥπατος. συνήρτηται δὲ καὶ ὁ σπλὴν τῇ μεγάλῃ φλεβὶ μόνον· τείνει γὰρ ἀπ' αὐτῆς φλὲψ εἰς τὸν σπλῆνα. μετὰ δὲ ταῦτα οἱ νεφροὶ πρὸς αὐτῇ τῇ ῥάχει κεῖνται, ὅμοιοι τὴν φύσιν ὄντες τοῖς βοείοις. ἀνώτερος δὲ ὁ δεξιός ἐστιν ἐν πᾶσι τοῖς ζῴοις τοῖς ἔχουσι νεφρούς· καὶ ἐλάττω δὲ πιμελὴν ἔχει τοῦ ἀριστεροῦ καὶ αὐχμηρότερος ὁ δεξιός. ἐν πᾶσι δ' ἔχει ὁμοίως τοῖς ἄλλοις καὶ τοῦτο. φέρουσι δὲ εἰς αὐτοὺς πόροι ἔκ τε τῆς μεγάλης φλεβὸς καὶ τῆς ἀορτῆς, πλὴν οὐκ εἰς τὸ κοῖλον. ἔχουσι γὰρ οἱ νεφροὶ ἐν μέσῳ κοῖλον, οἱ μὲν μεῖζον οἱ δ' ἔλαττον, πλὴν οἱ τῆς φώκης· οὗτοι δ' ὅμοιοι τοῖς βοείοις ὄντες στερεώτατοι πάντων εἰσίν. οἱ δὲ πόροι οἱ τείνοντες εἰς αὐτοὺς εἰς τὸ σῶμα καταναλίσκονται τῶν νεφρῶν· σημεῖον δ' ὅτι οὐ περαίνουσι τὸ μὴ ἔχειν αἷμα μηδὲ πήγνυσθαι ἐν αὐτοῖς. ἔχουσι δὲ κοιλίαν, ὥσπερ εἴρηται, μικράν. ἐκ δὲ τοῦ κοίλου τῶν νεφρῶν φέρουσιν εἰς τὴν κύστιν πόροι δύο νεανικοί, καὶ ἄλλοι ἐκ τῆς ἀορτῆς ἰσχυροὶ καὶ συνεχεῖς. ἐκ μέσου δὲ τῶν νεφρῶν ἑκατέρου φλὲψ κοίλη καὶ νευρώδης ἐξήρτηται, τείνουσα παρ' αὐτὴν τὴν ῥάχιν διὰ τῶν στενῶν· εἶτα εἰς ἑκά-

---

28 οἴομε vac. 4 Kᶜ αὐτῶν α β (exc. Tᶜrc. Iᶜ) Lᶜ Ald. Cs. Sn.: αὐτοὺς Tᶜrc. Iᶜ γ (exc. Lᶜ): *sibi proprium* Guil.: αὐτῶν Bk. edd. τὸ σημεῖον om. Yᶜ in lac.: τῶν σημείων Iᶜ **29** πέφυκε Tᶜ δὲ om. γ **30** ἀρτηρία codd. Guil. Ald.: ἀορτῇ Oᶜrc. Tᶜrc., mrc., Scot. Gaza edd. **31** οὐ διέχει Nᶜ Zᶜ Lᶜ*pr.* m*pr.* n ᾗ om. α αἷ α (exc. αἱ δὲ Yᶜ: αἱ Hᶜ) **32** εἰσὶ om. Fᵃ Xᶜ **35** ὅμοιοι post βο. transp. Hᶜrc. β γ Ald. **497a2** καὶ ... 3 δεξιός om. Yᶜ **3** post δεξ. add. iterum αι ἐστιν ... νεφρούς α (exc. Yᶜ Hᶜrc.) ἅπασι Hᶜrc. β γ **4** καὶ τοῦτο post 3 ἔχει transp. Hᶜrc. β γ Ald. δὲ] τε Hᶜrc. β γ **8** στερεώτεροι β γ **9** ὅτι οὐ περαίνουσι om. β (exc. Tᶜrc.) **10** τὸ] τῶ α (exc. Gᵃrc. Xᶜ*pr.*) Guil. Ald. αὐτοῖς Cᵃ, Iᶜ **11** ἔχουσι ... μικράν secl. A.-W. Dt. Peck L.-V. **12** νεαν. δύο transp. β: δύο καὶ ἄλλοι νεαν. καὶ ἄλλοι Hᶜrc., Lᶜ **13** συν. καὶ ἰσχ. transp. Nᶜ Zᶜ Lᶜ m n **15** στενῶν Hᶜrc. β (exc. Tᶜrc.) Ald. edd.: σκελῶν α (exc. Hᶜrc.) Guil.: στενῶν σκελῶν Tᶜrc. γ

ARISTOTELIS

τερον τὸ ἰσχίον ἀφανίζονται, καὶ πάλιν δῆλαι γίνονται τεταμέναι πρὸς τὸ ἰσχίον. αὗται δ' αἱ ἀποτομαὶ τῶν φλεβίων εἰς τὴν κύστιν καθήκουσι. τελευταία γὰρ ἡ κύστις κεῖται, τὴν μὲν ἐξάρτησιν ἔχουσα τοῖς ἀπὸ τῶν νεφρῶν τετα-
20 μένοις πόροις παρὰ τὸν καυλὸν τὸν ἐπὶ τὴν οὐρήθραν τείνοντα, καὶ σχεδὸν πάντη κύκλῳ λεπτοῖς καὶ ἰνώδεσιν ὑμενίοις ἐστὶ προσειλημμένη, παραπλησίοις οὖσι τρόπον τινὰ τῷ διαζώματι τοῦ θώρακος. ἔστι δ' ἡ τοῦ ἀνθρώπου κύστις ἐπιεικῶς ἔχουσα μέγεθος. πρὸς δὲ τὸν καυλὸν τὸν τῆς κύστεως
25 συνήρτηται τὸ αἰδοῖον, τὸ μὲν ἐξωτάτω τρῆμα συνερρωγὸς εἰς τὸ αὐτό, μικρὸν δ' ὑποκάτω τὸ μὲν εἰς τοὺς ὄρχεις φέρει τῶν τρημάτων τὸ δ' εἰς τὴν κύστιν, νευρῶδες καὶ χονδρῶδες ὄν. τούτου δ' ἐξήρτηνται οἱ ὄρχεις τοῖς ἄρρεσι, περὶ ὧν ἐν τοῖς κοινῇ λεγομένοις διορισθήσεται πῶς ἔχου-
30 σιν. τὸν αὐτὸν δὲ τρόπον καὶ ἐν τῷ θήλει πάντα πέφυκε· διαφέρει γὰρ οὐθενὶ τῶν ἔσω πλὴν ταῖς ὑστέραις, ὧν ἡ μὲν ὄψις θεωρείσθω ἐκ τῆς διαγραφῆς τῆς ἐν ταῖς ἀνατομαῖς, ἡ δὲ θέσις ἐστὶν ἐπὶ τοῖς ἐντέροις· ἐπὶ δὲ τῇ ὑστέρᾳ ἡ κύστις. λεκτέον δὲ καὶ περὶ ὑστερῶν κοινῇ πασῶν ἐν τοῖς ἑπο-
35 μένοις· οὔτε γὰρ ὅμοιαι πᾶσιν οὔθ' ὁμοίως ἔχουσιν.
497b1 τὰ μὲν οὖν μόρια καὶ τὰ ἐντὸς καὶ τὰ ἐκτὸς τοῦ ἀνθρώπου ταῦτα καὶ τοιαῦτα, καὶ τοῦτον ἔχει τὸν τρόπον.

16 δῆλα N[c] Z[c] L[c]pr. m   17 τεταγμέναι α N[c] Z[c] L[c]pr.   φλεβῶν Y[c] β γ Guil.   18 τελευταῖον K[c]   19 μὲν om. β γ   τεταγμένοις α I[c] γ (exc. n L[c]rc.)   20 παρὰ] περὶ E[a] K[c]   αὐλὸν H[c]rc. β γ Ald.   ἐπὶ] περὶ β (exc. T[c]rc.)   21 πάντων K[c]   22 προσειλημμένη om. β (exc. T[c]rc.): προσειλημένη T[c]rc. Z[c]: προσηλημμένη Ald.   τινὰ τρόπον transp. β   24 δὴ F[a] X[c]   αὐλὸν S[c], L[c]rc.   25 τῷ[(2)] T[c]   συνεργὸς N[c] Z[c]   26 εἰς[(1)]] ἐπὶ β γ   post μὲν add. οὖν H[c]rc. β γ Ald. Bk.   27 εἰς] πρὸς H[c]rc. β γ Ald.   post κ. add. φέρει I[c]   28 τούτω β (τοῦτο I[c])   29 κοινοῖς α (exc. H[c]rc.) Guil. (cett.: communiter Tz)   post λεγ. add. ἅμα καὶ περὶ τούτων ὕστερον H[c]rc. β γ Ald.: ἅμα καὶ περὶ ὑστερῶν Y[c]   31 οὐδὲν L[c]   33 ἐπὶ[(1)]] ἐν N[c] Z[c] m n   τῆς ὑστέρας H[c]rc. β γ Ald. edd.   34 πᾶσιν F[a] X[c]   35 οὔτε[(1)]] οὕτως K[c]   497b1 τὰ[(3)] om. K[c]   2 post καὶ[(1)] add. τὰ β

B

[1] τῶν δ' ἄλλων ζῴων τὰ μόρια τὰ μὲν κοινὰ πάντων ἐστίν, ὥσπερ εἴρηται πρότερον, τὰ δὲ γενῶν τινων. τὰ αὐτὰ δὲ καὶ ἕτερά ἐστιν ἀλλήλων τὸν ἤδη πολλάκις εἰρημένον τρόπον. σχεδὸν γὰρ ὅσα γέ ἐστι γένει ἕτερα τῶν ζῴων καὶ τὰ πλεῖστα τῶν μερῶν ἔχει ἕτερα τῷ εἴδει, καὶ τὰ μὲν κατ' ἀναλογίαν ἀδιάφορα μόνον τῷ γένει δ' ἕτερα, τὰ δὲ τῷ γένει μὲν ταὐτὰ τῷ εἴδει δ' ἕτερα· πολλὰ δὲ τοῖς μὲν ὑπάρχει, τοῖς δ' οὐχ ὑπάρχει.

τὰ μὲν οὖν τετράποδα καὶ ζωοτόκα κεφαλὴν μὲν ἔχει καὶ αὐχένα καὶ τὰ ἐν τῇ κεφαλῇ μόρια ἅπαντα, διαφέρει δὲ τὰς μορφὰς τῶν μορίων ἕκαστον. καὶ ὅ γε λέων τὸ τοῦ αὐχένος ἔχει ἓν ὀστοῦν, σφονδύλους δ' οὐκ ἔχει· τὰ δὲ ἐντὸς ἀνοιχθεὶς ὅμοια πάντ' ἔχει κυνί. ἔχει δὲ τὰ τετράποδα ζῷα καὶ ζωοτόκα ἀντὶ τῶν βραχιόνων σκέλη πρόσθια, πάντα μὲν τὰ τετράποδα, μάλιστα δὲ ἀνάλογον ταῖς χερσὶ τὰ πολυσχιδῆ αὐτῶν· χρῆται γὰρ πρὸς πολλὰ ὡς χερσί (καὶ τὰ ἀριστερὰ δ' ἧττον ἔχει ἀπολελυμένα τῶν ἀνθρώπων) πλὴν ἐλέφαντος· οὗτος δὲ τά τε περὶ τοὺς δακτύλους ἀδιαρθρωτότερα ἔχει τῶν ποδῶν, καὶ τὰ πρόσθια σκέλη πολλῷ μείζω. ἔστι δὲ πενταδάκτυλον, καὶ πρὸς τοῖς ὀπισθίοις σκέλεσι σφυρὰ ἔχει

497b6 πάντα H^{c}rc. β γ (exc. Z^c) Ald.   7 ταὐτὰ α Bk.   δὲ$^{(2)}$ om. α: δὴ β E^a K^c: autem Guil. Gaza   8 πολλῶν N^c Z^c L^{c}pr.   9 σχεδὸν γὰρ om. Y^c in lac.   γέ om. H^{c}pr. Sn.: δὲ Y^c γένει C^a Gaza Sn. edd.: γένη codd. cett. (exc. om. Y^c) Guil. Ald.   ἕτερα om. β (exc. T^{c}rc.)   11 τὰ ... 12 ἕτερα om. F^a X^c H^{c}pr.   12 γένη R^c μὲν$^{(1)}$ om. n   εἴδη O^c T^c δὲ$^{(2)}$ om. Y^c 13 οὐχ ὑπάρχει α Guil. Ald. Bk.: οὔ β γ Ald.   14 ζωοτοκοῦντα α Ald.   15 ἅπαντα om. α (exc. H^{c}rc.)   16 γε α (exc. H^{c}rc.) Bk. edd.: μὲν H^{c}rc. β γ Ald.   ἓν ἔχει transp. P   σπονδύλους Y^c β M^c L^{c}rc. Junt. Camot.   17 ἔχει$^{(2)}$ ἅπαντα H^{c}rc. β γ Ald.   19 μάλιστα] κάλλιστα Q   20 ἀνάλογα α (exc. C^a Y^c)   πολυσχεδῆ α (exc. C^a Y^c) β (exc. S^c T^{c}rc.) E^{a}pr. P Ald.   21 γὰρ om. n   τάριστερὰ C^a Y^c δ' om. Y^c 22 ἀνθρώπων α (exc. H^{c}rc.): θηρίων H^{c}rc. β γ Ald.: hominibus Scot. Guil.   πλὴν τοῦ ἐλ. H^{c}rc. β γ Ald. Sn.   23 ἀδιαρθρωτότερα C^a Y^c Bk. edd.: ἀδιαρθρότερα sive -ώτερα α (exc. C^a Y^c) γ Ald. Cs. Sn.: ἀδιάρθρωτα β

βραχέα. ἔχει δὲ μυκτῆρα τοιοῦτον καὶ τηλικοῦτον ὥστε ἀντὶ χειρῶν ἔχειν αὐτόν· πίνει γὰρ καὶ ἐσθίει ὀρέγων τούτῳ εἰς τὸ στόμα, καὶ τῷ ἐλεφαντιστῇ ἀνορέγει ἄνω τούτῳ καὶ δένδρα ἀνασπᾷ, καὶ διὰ τοῦ ὕδατος βαδίζων τούτῳ ἀνα-
30 φυσᾷ. τῷ δ' ἄκρῳ ἐγκλίνει, οὐ κάμπτεται δέ· χονδρῶδες γὰρ ἔχει. μόνον δὲ καὶ ἀμφιδέξιον γίνεται τῶν ἄλλων ζῴων ἄνθρωπος. τῷ δὲ στήθει τῷ τοῦ ἀνθρώπου πάντα τὰ ζῷα ἀνάλογον ἔχει τοῦτο τὸ μόριον, ἀλλ' οὐχ ὅμοιον· ὁ μὲν γὰρ πλατὺ τὸ στῆθος, τὰ δ' ἄλλα στενόν. μαστοὺς δ' οὐκ ἔχει
35 οὐθὲν ἐν τῷ πρόσθεν ἀλλ' ἢ ἄνθρωπος· ὁ δ' ἐλέφας ἔχει
498a1 μὲν μαστοὺς δύο, ἀλλ' οὐκ ἐν τῷ στήθει ἀλλὰ πρὸς τῷ στήθει.

τὰς δὲ κάμψεις τῶν κώλων καὶ τῶν ἔμπροσθεν καὶ τῶν ὄπισθεν ὑπεναντίας ἔχουσι καὶ ἑαυταῖς καὶ ταῖς τοῦ ἀν-
5 θρώπου καμπαῖς, πλὴν ἐλέφαντος. τοῖς μὲν γὰρ ζῳοτόκοις τῶν τετραπόδων κάμπτεται τὰ μὲν πρόσθια εἰς τὸ πρόσθεν τὰ δ' ὀπίσθια εἰς τοὔπισθεν, καὶ ἔχουσι τὰ κοῖλα τῆς περιφερείας πρὸς ἄλληλα ἀντεστραμμένα· ὁ δ' ἐλέφας οὐχ οὕτως ὥσπερ ἔλεγόν τινες, ἀλλὰ συγκαθίζει καὶ κάμπτει τὰ σκέλη,
10 πλὴν οὐ δύναται διὰ τὸ βάρος ἐπ' ἀμφότερα ἅμα, ἀλλ' ἀνακλίνεται ἢ ἐπὶ τὰ εὐώνυμα ἢ ἐπὶ τὰ δεξιά, καὶ καθεύδει ἐν τούτῳ τῷ σχήματι, κάμπτει δὲ τὰ ὀπίσθια σκέλη

26 τηλικοῦτον καὶ τοιοῦτον α (exc. H^c rc.) Guil.   **27** ἔχει H^c   τούτῳ C^a edd.: τοῦτον Y^c, M^c Z^c: αὐτὸν E^a: τοῦτο cett. Ald.: hac Guil.: illam Gaza   **28** ἀνορέγει ἄνω τούτῳ Y^c Bk.: ἂν ὀρέγει ἄνω τούτῳ C^a: ἄνω ἀνορέγει τούτῳ A^a G^a Q F^a X^c: ἄνω ὀρέγει τούτῳ H^c pr.: ἄνω ὀρέγει ἄνω τοῦτο H^c rc.: ἀνορέγει τοῦτο ἄνω β: ἀνορέγει ἄνω τοῦτο γ (exc. τοῦτον E^a M^c): ὀρέγει ἄνω τοῦτο Ald.: si appetat sursum. hac Guil.   **30** οὐ] καὶ H^c pr.   χονδρώδεσμον H^c pr.   **31** γὰρ om. H^c pr.: καὶ γὰρ Y^c   **32** ὁ ἄνθ. Y^c   τῷ τοῦ ἀνθρώπου δὲ στήθει β: τῷ στήθει δὲ τῷ τοῦ ἄνθ. γ   τὰ om. Z^c L^c m n: τὰ ζῷα om. β   **34** δ'^{(2)}] γὰρ H^c rc. β γ   **35** ἐν τῷ] εἰς τὸ F^c X^c   ἀλλ' ἢ ἄνθρωπος α (om. ἢ Y^c) Ald. edd.: πλὴν ἀνθρώπου H^c rc. β γ   **498a1** μὲν om. H^c pr., P   **4** καὶ ἑαυταῖς om. α (exc. H^c rc.)   **6** post τετραπ. add. πλὴν ἐλέφαντος α   τὸ πρόσθεν] τοὔπισθεν β γ   **7** τοὔπισθεν] τοὔμπροσθεν β γ   ἔχει F^a X^c   κῶλα β γ   τῆς] τοῖς H^c Ald.   **8** ἐστραμμένα H^c rc. β γ (ἐστρεμμένα E^a P) Ald.   οὕτως ὥσπερ β γ Cs. Sn. Dt. Peck: ὥσπερ α (exc. H^c rc.) Louis: οὕτως H^c rc. Ald.: ὡς Bk.   **9** λέγουσι β Guil. Ald.   **10** ἅμα ἐπ' ἀμφ. β γ   **12** τὰ σκέλη τὰ ὀπ. β

ὥσπερ ἄνθρωπος. τοῖς ᾠοτόκοις δέ, οἷον κροκοδείλῳ καὶ σαύρᾳ καὶ τοῖς ἄλλοις τοῖς τοιούτοις ἅπασιν, ἀμφότερα τὰ σκέλη καὶ τὰ πρόσθια καὶ τὰ ὀπίσθια εἰς τὸ πρόσθεν κάμπτεται, μικρὸν εἰς τὸ πλάγιον παρεγκλίνοντα. ὁμοίως δὲ καὶ τοῖς ἄλλοις τοῖς πολύποσι, πλὴν τὰ μεταξὺ τῶν ἐσχάτων ἀεὶ ἐπαμφοτερίζει, καὶ τὴν κάμψιν ἔχει εἰς τὸ πλάγιον μᾶλλον. ὁ δ' ἄνθρωπος ἄμφω τὰς καμπὰς τῶν κώλων ἐπὶ τὸ αὐτὸ ἔχει καὶ ἐξ ἐναντίας· τοὺς μὲν γὰρ βραχίονας εἰς τοὔπισθεν κάμπτει, πλὴν μικρὸν ἐβλαίσωται ἐπὶ τὰ πλάγια τὰ ἐντός, τὰ δὲ σκέλη εἰς τοὔμπροσθεν. εἰς δὲ τὸ ὄπισθεν τά τε πρόσθια καὶ τὰ ὀπίσθια οὐθὲν κάμπτει τῶν ζῴων. ἐναντίως δὲ τοῖς ἀγκῶσι καὶ τοῖς προσθίοις σκέλεσιν ἡ τῶν ὤμων ἔχει καμπὴ πᾶσι, καὶ τῶν ὄπισθεν γονάτων ἡ τῶν ἰσχίων, ὥστ' ἐπεὶ ὁ ἄνθρωπος τοῖς πολλοῖς ἐναντίως κάμπτει, καὶ οἱ τὰ τοιαῦτα ἔχοντες ἐναντίως. παραπλησίους δὲ τὰς καμπὰς ἔχει καὶ ὁ ὄρνις τοῖς τετράποσι ζῴοις· δίπους γὰρ ὢν τὰ μὲν σκέλη εἰς τὸ ὄπισθεν κάμπτει, ἀντὶ δὲ βραχιόνων καὶ σκελῶν τῶν ἔμπροσθεν πτέρυγας ἔχει, ὧν ἡ κάμψις ἐστὶν εἰς τὸ πρόσθεν. ἡ δὲ φώκη ὥσπερ πεπηρωμένον ἐστὶ τετράπουν· εὐθὺς γὰρ ἔχει μετὰ τὴν ὠμοπλάτην τοὺς πόδας ὁμοίους χερσίν, ὥσπερ καὶ οἱ τῆς ἄρκτου· πεντεδάκτυλοι γάρ εἰσι, καὶ ἕκαστος τῶν δακτύ-

13 δὲ ᾠοτ. β γ   οἷον] ὥσπερ α (exc. H[c]rc.) Ald.   κροκόδειλος A[a] G[a] Q F[a] X[c] H[c]pr.   14 σαῦρα G[a] Q H[c], n: σαύρῳ E[a] P K[c] M[c]   15 πρόσθια, ὀπίσθια] πρόσθεν, ὄπισθεν P   16 παρεκκλίνοντα H[c]rc. γ (exc. P m n): παρακλίνοντα F[a] X[c]   18 κάψιν C[a]   20 τὸ αὐτὸ H[c]rc. β γ: ταῦτ' α (exc. H[c]rc.): ταὐτὸ Bk.: ad eadem Guil.   γὰρ om. H[c], O[c], T γ, Ald. Cs. Sn. 21 τοὔμπισθεν C[a]   βεβλαίσωται α (exc. H[c]rc.) Sn. Dt.: curvat Guil.   22 ἐντός codd. Guil. edd.: ἐκτός propon. A.-W. Karsch   δὲ[(2)] post 23 ὄπισθεν transp. β Ald.   23 τὸ] τὰ α (exc. H[c]rc.)   τὸ ὄπισθεν] τοὔμπροσθεν L[c]rc. πρόσθια] ἔμπροσθεν K[c]   πρόσθια καὶ ὀπίσθια C[a] Y[c]   κάμπτεται β γ Ald.   24 τοῖς ἀγκῶσι om. Y[c] in lac.   τοῖς[(2)] om. β γ   25 καμπτὴ β γ ut saepe   26 πολλοῖς] ἄλλοις α (exc H[c]rc.) Dt. Peck   27 ἐναντίως ante 26 τοῖς π. transp. β   τὰ τοιαῦτα β Ald. Sn. Bk.: ταῦτ' α (exc. H[c]rc.): τοιαῦτα H[c]rc. γ: varia cj. edd.   28 καμπτάς C[a] ut saepe   ὁ om. β γ (exc. L[c]) 29 μὲν γὰρ α (exc. C[a] Y[c]) Ald.   τὰ ὄπ. α (exc. C[a] Y[c])   30 δὲ τῶν βραχ. α (exc. C[a] Y[c]) Ald.   πρόσθεν m   πτέρυγας om. Y[c] in lac.   32 τετράπουν ἐστίν transp. α (exc. H[c]rc.) Ald. Dt.   εὐθὺς om. Y[c] in lac.   33 τὴν] τὸν α N[c] Z[c]   ὁμοίους μὲν χ. H[c]rc. β γ: similes quidem manibus Guil.

498b1 λων καμπὰς ἔχει τρεῖς καὶ ὄνυχα οὐ μέγαν· οἱ δ' ὀπίσθιοι πόδες πενταδάκτυλοι μέν εἰσι, καὶ τὰς καμπὰς καὶ τοὺς ὄνυχας ὁμοίους ἔχουσι τοῖς προσθίοις, τῷ δὲ σχήματι παραπλήσιοι ταῖς τῶν ἰχθύων οὐραῖς εἰσιν.
5 αἱ δὲ κινήσεις τῶν ζῴων τῶν μὲν τετραπόδων καὶ πολυπόδων κατὰ διάμετρόν εἰσι, καὶ ἑστᾶσιν οὕτως· ἡ δ' ἀρχὴ ἀπὸ τῶν δεξιῶν πᾶσι. κατὰ σκέλος δὲ βαδίζουσιν ὅ τε λέων καὶ αἱ κάμηλοι ἀμφότεραι, αἵ τε Βακτριαναὶ καὶ αἱ Ἀράβιαι. τὸ δὲ κατὰ σκέλος ἐστὶν ὅτι οὐ προβαίνει τῷ
10 ἀριστερῷ τὸ δεξιόν, ἀλλ' ἐπακολουθεῖ.

ἔχουσι δὲ τὰ τετράποδα ζῷα, ὅσα μὲν ὁ ἄνθρωπος μόρια ἔχει ἐν τῷ πρόσθεν, κάτω ἐν τοῖς ὑπτίοις, τὰ δὲ ὀπίσθια ἐν τοῖς πρανέσιν. ἔτι δὲ τὰ πλεῖστα κέρκον ἔχει· καὶ γὰρ ἡ φώκη μικρὰν ἔχει, ὁμοίαν τῇ τοῦ ἐλάφου. περὶ
15 δὲ τῶν πιθηκοειδῶν ζῴων ὕστερον διορισθήσεται.

πάντα δ' ὅσα τετράποδα καὶ ζωοτόκα, δασέα ὡς εἰπεῖν ἐστι, καὶ οὐχ ὥσπερ ὁ ἄνθρωπος—ὀλιγότριχον καὶ μικρότριχον πλὴν τῆς κεφαλῆς, τὴν δὲ κεφαλὴν δασύτατον τῶν ζῴων. ἔτι δὲ τῶν μὲν ἄλλων ζῴων τῶν ἐχόντων τρίχας
20 τὰ πρανῆ δασύτερα, τὰ δ' ὕπτια ἢ λεῖα πάμπαν ἢ ἧττον δασέα· ὁ δ' ἄνθρωπος τοὐναντίον. καὶ βλεφαρίδας ὁ μὲν ἄνθρωπος ἐπ' ἄμφω ἔχει, καὶ ἐν μασχάλαις ἔχει τρίχας καὶ ἐπὶ τῆς ἥβης· τῶν δ' ἄλλων οὐθὲν οὔτε τούτων οὐδέτερον οὔτε τὴν κάτω βλεφαρίδα, ἀλλὰ κάτωθεν τοῦ βλεφάρου
25 ἐνίοις μαναὶ τρίχες πεφύκασιν. αὐτῶν δὲ τῶν τετραπόδων καὶ τρίχας ἐχόντων τῶν μὲν ἅπαν τὸ σῶμα δασύ, καθά-

498b1 οὐ om. A[a]*pr.* β Ald.   **3** ἔχ. ὁμ. transp. Y[c]   παραπλήσιαι α (exc. C[a] Y[c]) Ald.   **6** ἱστᾶσιν P N[c] Z[c]   **8** ἀμφότεροι β (exc. S[c]) γ (exc. L[c]) βακτρίαι H[c]*rc.* β (exc. O[c]*pr.* T[c]*pr.*) γ (exc. E[a]): βακτηρίαι O[c]*pr.* T[c]*pr.*, E[a]   **9** αἱ om. H[c], N[c] Z[c]   ἀρράβιαι N[c] L[c] m n Ald.   ὅτι codd. Guil.: ὅτε Sylb. edd.: ἐστιν ὅτι cj. Warmington Peck   **10** ἐπακολουθεῖν N[c] Z[c]   **11** ζῷα om. γ   **14** ἐλέφαντος α (exc. C[a] Y[c]) Trap.   **15** δὲ] γὰρ β γ   **16** καὶ οὐ ζ. P   ζῳο- C[a] A[a]   **17** ὁ om. β   **19** ἔτι α Camot. Bk.: ἔστι β γ Ald. Cs. Sn.: *adhuc* Guil.   **20** δασέα ἧττον transp. Y[c] H[c]*rc.* β γ Ald.   **21** βλεφαρίδες A[a]*pr.* G[a] Q F[a] X[c]: φλεβαρίδας H[c]*pr.* Ald.   **22** ἔχει[(1)] ἐπὶ ἄμφω transp. H[c]*rc.*, L[c]   ἔχει[(2)]] ἴσχει P K[c] M[c]   **23** οὐδετέρων β: οὔθ' ἑτέρων γ   **24** οὐδὲ γ   κάτω] κάτωθεν H[c]*rc.* β γ Ald.   ἀλλὰ τὴν κάτωθεν α   **26** καθάπερ] ὥσπερ β γ

περ ὑός καὶ ἄρκτου καὶ κυνός· τὰ δὲ δασύτερα τὸν αὐχένα ὁμοίως πάντῃ, οἷον ὅσα χαίτην ἔχει, ὥσπερ λέων· τὰ δ' ἐπὶ τῷ πρανεῖ τοῦ αὐχένος ἀπὸ τῆς κεφαλῆς μέχρι τῆς ἀκρωμίας, οἷον ὅσα λοφιὰν ἔχει, ὥσπερ ἵππος καὶ ὀρεὺς καὶ τῶν ἀγρίων καὶ κερατοφόρων βόνασος. ἔχει δὲ καὶ ὁ ἱππέλαφος καλούμενος ἐπὶ τῇ ἀκρωμίᾳ χαίτην καὶ τὸ θηρίον τὸ πάρδιον ὀνομαζόμενον, ἀπὸ δὲ τῆς κεφαλῆς ἐπὶ τὴν ἀκρωμίαν λεπτὴν ἑκάτερον· ἰδίᾳ δὲ ὁ ἱππέλαφος πώγωνα ἔχει κατὰ τὸν λάρυγγα. ἔστι δ' ἀμφότερα κερατοφόρα καὶ διχαλά· ἡ δὲ θήλεια ἱππέλαφος οὐκ ἔχει κέρατα. τὸ δὲ μέγεθός ἐστι τούτου τοῦ ζῴου ἐλάφῳ προσεμφερές. γίνονται δ' οἱ ἱππέλαφοι ἐν Ἀραχώταις, οὗπερ καὶ οἱ βόες οἱ ἄγριοι. διαφέρουσι δ' οἱ ἄγριοι τῶν ἡμέρων ὅσον περ οἱ ὕες οἱ ἄγριοι πρὸς τοὺς ἡμέρους· μέλανές τε γάρ εἰσι καὶ ἰσχυροὶ τῷ εἴδει καὶ ἐπίγρυποι, τὰ δὲ κέρατα ἐξυπτιάζοντα ἔχουσι μᾶλλον· τὰ δὲ τῶν ἱππελάφων κέρατα παραπλήσια τοῖς τῆς δορκάδος ἐστίν. ὁ δ' ἐλέφας ἥκιστα δασύς ἐστι τῶν τετραπόδων. ἀκολουθοῦσι δὲ κατὰ τὸ σῶμα καὶ αἱ κέρκοι δασύτητι καὶ ψιλότητι, ὅσων αἱ κέρκοι μέγεθος ἔχουσιν· ἔνια γὰρ μικρὰν ἔχει πάμπαν.

αἱ δὲ κάμηλοι ἴδιον ἔχουσι παρὰ τὰ ἄλλα τετράποδα τὸν καλούμενον ὕβον ἐπὶ τῷ νώτῳ. διαφέρουσι δ' αἱ Βάκτριαι τῶν Ἀραβίων· αἱ μὲν γὰρ δύο ἔχουσιν ὕβους, αἱ δ' ἕνα μόνον, ἄλλον δ' ἔχουσιν ὕβον τοιοῦτον οἷον ἄνω ἐν τοῖς κάτω, ἐφ' οὗ, ὅταν κατακλιθῇ εἰς γόνατα, ἐστήρικται τὸ ἄλλο σῶμα. θηλὰς δ' ἔχει τέτταρας ἡ κάμηλος ὥσπερ βοῦς, καὶ

27 δασύτερον α   30 ἀκρωμείας β   λοφύαν P K[c]   ὁ ἵππος E[a]   31 καί[(2)] om. P   βόνασσος nonnulli passim   32 καλούμενος om. β γ Ald. ἀκρωμαία E[a] P K[c] M[c]   χαίτη γ (exc. L[c] m)   33 ἱππαρίδιον T[c]rc. γ: pardium Guil.: hippardium Gaza   499a1 ἔτι α   κερατοφόρα ... 2 θήλεια] ὅ τε βόνασος (βόννασσος C[a]) καὶ ὁ α   3 ἔτι N[c] Z[c]   4 ἀραχώτοις β γ Ald.   6 πρὸς τοὺς ἡμέρους] τῶν ἡμέρων β (exc. T[c]rc.) Ott.   7 τὰ εἴδη α (exc. H[c]rc.: om Y[c]) Guil.   8 ἴσχουσι P   μᾶλλον ἔχουσι transp. F[a] X[c] 9 ἐστίν[(1)] H[c]rc. γ: εἰσίν α β   10 αἱ om. Y[c]   11 δασύτητα καὶ ψιλότητα F[a] X[c]   ὅσω α (exc. C[a] Y[c] A[a]rc.): ὅσον β γ (exc. L[c]rc. m)   13 ἔχουσι om. E[a] τἆλλα α   14 τὸ νῶτον S[c]: τὸν νῶτον L[c]rc.   βακτρίαι α (βακτρίαι G[a] Q)   15 ἀρραβίων nonnulli   16 ὕβον om. N[c] Z[c] L[c] m n   17 εἰς] ἐν H[c]pr.   ἄλλον H[c]pr., n, Ald.   18 δ'] μὲν οὖν α (exc. H[c]rc.) Sn.

κέρκον ὁμοίαν ὄνῳ, καὶ τὸ αἰδοῖον ὄπισθεν. καὶ γόνυ δ' ἔχει ἐν ἑκάστῳ τῷ σκέλει ἕν, καὶ τὰς καμπὰς οὐ πλείους, ὥσπερ λέγουσί τινες, ἀλλὰ φαίνεται διὰ τὴν ὑπόστασιν τῆς κοιλίας. καὶ ἀστράγαλον ὅμοιον μὲν βοΐ, ἰσχνὸν δὲ καὶ μικρὸν ὡς κατὰ τὸ μέγεθος. ἔστι δὲ διχαλὸν καὶ οὐκ ἄμφωδον, διχαλὸν δὲ ὧδε. ἐκ μὲν τοῦ ὄπισθεν μικρὸν ἔσχισται μέχρι τῆς δευτέρας καμπῆς τῶν δακτύλων· τὸ δ' ἔμπροσθεν ἔσχισται μικρά, ὅσον ἄχρι τῆς πρώτης καμπῆς τῶν δακτύλων ἐπ' ἄκρῳ τέτταρα· καὶ ἔστι τι καὶ διὰ μέσου τῶν σχισμάτων, ὥσπερ τοῖς χησίν. ὁ δὲ πούς ἐστι κάτωθεν σαρκώδης, ὥσπερ καὶ οἱ τῶν ἄρκτων· διὸ καὶ τὰς εἰς πόλεμον ἰούσας ὑποδοῦσι καρβατίναις, ὅταν ἀλγήσωσι.

πάντα δὲ τὰ τετράποδα ὀστώδη τὰ σκέλη ἔχει καὶ νευρώδη καὶ ἄσαρκα, ὅλως δὲ καὶ τὰ ἄλλα ζῷα ἅπαντα ὅσα ἔχει πόδας, ἐκτὸς ἀνθρώπου (ἔστι δὲ καὶ ἀνίσχια)· καὶ γὰρ οἱ ὄρνιθες ἔτι μᾶλλον τοῦτο πεπόνθασιν. ὁ δ' ἄνθρωπος τοὐναντίον· σαρκώδη γὰρ ἔχει σχεδὸν μάλιστα τοῦ σώματος τὰ ἰσχία καὶ τοὺς μηροὺς καὶ τὰς κνήμας· αἱ γὰρ καλούμεναι γαστροκνημίαι ἐν ταῖς κνήμαις εἰσὶ σαρκώδεις.

τῶν δὲ τετραπόδων καὶ ἐναίμων καὶ ζῳοτόκων τὰ μέν ἐστι πολυσχιδῆ, ὥσπερ αἱ τοῦ ἀνθρώπου χεῖρες καὶ οἱ πόδες, πολυδάκτυλα γὰρ ἔνιά ἐστιν οἷον κύων λέων πάρδαλις·

19 ὄνου Y^c καὶ τὸ] τὸ δ' α (exc. καὶ τὸ δ' H^{c}pr.) Dt. 20 τῷ om. β γ Ald. τὰς om. β Ald. 21 ἀπόστασιν O^{c}rc.: om. Scot.: subsistentiam Guil. Trap.: intervallum Gaza: ὑπόσταλσιν cj. Sn. Dt. Th. Peck Louis 22 ἀστρ. δὲ H^{c}rc. β L^{c}rc. Ald. ἰσχίον H^{c}rc. β γ Ald.: turpis Scot. Guil.: clunes Gaza: αἰσχρὸν s. αἰσχίω cj. Sn. καὶ$^{(2)}$ om. β L^c Ald. 24 μὲν γὰρ H^{c}rc. β γ Ald. 25 τὸ] τὰ α Louis 26 μικρά H^{c}rc. β γ Ald. Bk.: μικρὸν α Louis: μακράν cj. Dt. Th. Peck καμπῆς om. Ald. 27 ἄκρων β γ (exc. E^a) Ald. καὶ$^{(2)}$ om. F^a X^c β γ Ald. 28 τοῖς χησίν om. Y^c in lac. σαρκ. κάτ. transp. β 29 καὶ$^{(1)}$ om. β γ οἱ τῶν ἄ. codd. edd.: οἱ ἄ. Bk. ὑποδύουσι H^{c}rc. γ Ald. 30 κερβατίνας C^a Y^c A^{a}pr. G^a Q H^{c}pr.: καρβατῖνες E^a P K^c 31 ἅπαντα H^{c}rc. β γ Ald. ὀστώδη post. ἔχει transp. β 32 νεβρώδη H^c τἆλλα α Bk. πάντα β 499b1 ἔτι C^a Dt.: εἰσὶν Y^c: adhuc Guil. δὲ om. Y^c καὶ$^{(1)}$ om. α Dt. 2 οἱ om. Y^c τοῦτο μᾶλλον transp. L^c 5 σαρκ. εἰσὶ transp. C^a Y^c γ Guil. σαρκώδεις om. A^{a}pr. Pk. 7 πολυσχεδῆ G^a Q H^c, K^c οἱ τοῦ ἀνθ. πόδες καὶ χεῖρες C^a Y^c (om. καὶ), N^c Z^c L^c m n: οἱ ἄνθ. χεῖρες καὶ πόδες A^a G^a Q F^a X^c H^c: οἱ τοῦ ἀνθ. πόδες καὶ αἱ χεῖρες E^a P K^c M^c 8 λέων κύων transp. α Ald. Dt.

HISTORIA ANIMALIUM II

τὰ δὲ δισχιδῆ καὶ ἀντὶ τῶν ὀνύχων χηλὰς ἔχει, ὥσπερ πρόβατον καὶ αἲξ καὶ ἔλαφος καὶ ἵππος ὁ ποτάμιος· τὰ δ' ἀσχιδῆ οἷον τὰ μώνυχα ὥσπερ ἵππος καὶ ὀρεύς. τὸ δὲ τῶν ὑῶν γένος ἐπαμφοτερίζει· εἰσὶ γὰρ καὶ ἐν Ἰλλυριοῖς καὶ ἐν Παιονίᾳ καὶ ἄλλοθι μώνυχες ὗες. τὰ μὲν οὖν διχαλὰ δύο ἔχει σχίσεις ὄπισθεν· τοῖς δὲ μώνυξι τοῦτ' ἐστὶ συνεχές. ἔστι δὲ καὶ τὰ μὲν κερατοφόρα τὰ δ' /16/ ἄκερα τῶν ζῴων. τὰ μὲν οὖν πλεῖστα τῶν ἐχόντων κέρατα διχαλὰ κατὰ φύσιν ἐστίν, οἷον βοῦς καὶ ἔλαφος καὶ αἴξ· μώνυχον δὲ καὶ δίκερων οὐθὲν ἡμῖν ὦπται. μονοκέρατα δὲ καὶ μώνυχα ὀλίγα, οἷον ὁ Ἰνδικὸς ὄνος. μονόκερων δὲ καὶ διχαλὸν ὄρυξ. καὶ ἀστράγαλον δ' ὁ Ἰνδικὸς ὄνος ἔχει τῶν μωνύχων μόνον· ἡ γὰρ ὗς, ὥσπερ ἐλέχθη πρότερον, ἐπαμφοτερίζει, διὸ καὶ οὐ καλλιαστράγαλόν ἐστι. τῶν δὲ διχαλῶν πολλὰ ἔχει ἀστράγαλον. πολυσχιδὲς δὲ οὐθὲν ὦπται ἔχον ἀστράγαλον, ὥσπερ οὐδ' ἄνθρωπος, ἀλλ' ἡ μὲν λὺγξ ὅμοιον ἡμιαστραγαλίῳ, ὁ δὲ λέων οἷόν περ πλάττουσι λαβυρινθώδη. πάντα δὲ τὰ ἔχοντα ἀστράγαλον ἐν τοῖς ὄπισθεν ἔχει

9 δισχεδῆ G^a Q H^c K^c: πολυσχιδῆ P   περ om. α (exc. H^crc.)   **10** ὁ ποτ. ἵππος H^crc. β γ Ald.: ὁ ποτ. ... 11 ἵππος om. H^cpr.   **11** ἀσχεδῆ G^a Q περ om. α (exc. H^crc.)   **13** παιωνίαις s. παιον- H^crc. β E^a P K^c Mc Ald.: ταῖς παιωνίαις T^crc., N^c Z^c L^c m n   μώνυχοι β γ   **14** δίχηλα α (exc. H^crc.)   μονώνυξι β (exc. L^ccorr.)   **15** ἔστι ... 16 οὖν om. α (exc. C^a Y^c H^crc.)   **16** ἀκέρατα C^a Y^c   τῶν ζῴων post 15 κερ. transp. C^a Bk. Dt.   οὖν τὰ μὲν transp. Ald.   post πλεῖστα add. δὲ α (exc. C^a Y^c) διχηλὰ C^a Y^c   **17** καὶ⁽¹⁾ om. Y^c   μονώνυχον β   **18** ἡμῖν om. α (exc. H^crc.) Dt.   **19** ὁ om. Y^c   ὄνος μονόκερως. μονόκερων H^crc. β γ Ald.   διχηλὸν Y^c   **20** ante ὄρυξ add. οἷον α (exc. H^c): add. μόνον cj. A.-W.   ὄρυξ] ὄνυξ E^a N^c Z^c npr.: ὄρυξ τὸν ὄνυχα m   δ' om. γ   ὄνος om. L^c   μωνύχων α (exc. μύχων H^c) β: μονώνυχων γ (μωνονύχων L^c): ὀνύχων Ald.   **21** μόνος Y^c F^a X^c (incert. A^a G^a): μόνον ante 20 τῶν transp. β Ott.: om. γ   **22** καὶ οὐ] οὐδὲ N^c Z^c L^c m n   καλλιαστράγαλον Y^c, T^crc., γ (exc. L^c npr.), Bk. edd.: καλλιαστράγαλον L^c: κάλλιστα ἀστράγαλον npr.: (οὐκ) ἀστράγαλον α (exc. Y^c) S^c Ald.: (οὐκ) ἀλλαστράγαλον D^a O^cpr. T^cpr. R^c U^c: (οὐκ) ἀλλοστράγαλον O^crc.: *non habens astragalon* Guil.: *talo careat probiore* Gaza   πολλὰ μὲν Y^c   **23** δὲ om. L^c   ὦπται] ὦτα Ald.   post ὦπ. add. τοιοῦτον α (exc. H^crc.) Gaza Camot. Sn. Bk. Dt.   **24** μὲν om. α (exc. H^crc.)   **25** ἡμιαστραγάλῳ β γ   οἷον περιπλάττουσι T^crc. γ   λαβυρινθῶδες H^crc. β γ Ald.   **26** ἀστραγάλους α (exc. H^crc.) Dt.   ἔμπροσθεν F^a X^c

σκέλεσιν. ἔχει δ' ὀρθὸν τὸν ἀστράγαλον ἐν τῇ καμπῇ, τὸ μὲν πρανὲς ἔξω, τὸ δ' ὕπτιον εἴσω, καὶ τὰ μὲν κῶλα ἐντὸς ἐστραμμένα πρὸς ἄλληλα, τὰ δὲ ἰσχία καλούμενα ἔξω, καὶ τὰς κεραίας ἄνω. ἡ μὲν οὖν θέσις τῶν ἀστραγάλων τοῖς ἔχουσι πᾶσι τοῦτον ἔχει τὸν τρόπον. διχαλὰ δ' ἅμα καὶ χαίτην ἔχοντα καὶ κέρατα δύο κεκαμμένα εἰς αὑτά ἐστιν ἔνια τῶν ζῴων, οἷον ὁ βόνασος, ὃς γίνεται περὶ τὴν Παιονίαν καὶ τὴν Μηδικήν. πάντα δὲ ὅσα κερατοφόρα, τετράποδά ἐστιν, εἰ μή τι κατὰ μεταφορὰν λέγεται ἔχειν κέρας καὶ λόγου χάριν, ὥσπερ τοὺς περὶ Θήβας ὄφεις οἱ Αἰγύπτιοί φασιν, ἔχοντας ἐπανάστασιν ὅσον προφάσεως χάριν. τῶν δ' ἐχόντων κέρατα δι' ὅλου μὲν ἔχει στερεὸν μόνον ἔλαφος, τὰ δ' ἄλλα κοῖλα μέχρι τινός, τὸ δ' ἔσχατον στερεόν. τὸ μὲν οὖν κοῖλον ἐκ τοῦ δέρματος πέφυκε μᾶλλον· περὶ ὃ δὲ τοῦτο περιήρμοσται τὸ στερεὸν ἐκ τῶν ὀστῶν, οἷον τὰ /10/ κέρατα τῶν βοῶν. ἀποβάλλει δὲ τὰ κέρατα μόνον ἔλαφος κατ' ἔτος, ἀρξάμενος ἀπὸ διετοῦς, καὶ πάλιν φύει· τὰ δ' /12/ ἄλλα συνεχῶς ἔχει, ἐὰν μή τι βίᾳ πηρωθῇ.

ἔτι δὲ περί τε τοὺς μαστοὺς ὑπεναντίως ἐν τοῖς ἄλλοις ζῴοις ὑπάρχει πρὸς αὐτά τε καὶ πρὸς τὸν ἄνθρωπον, καὶ περὶ τὰ ὄργανα τὰ χρήσιμα πρὸς τὴν ὀχείαν. τὰ μὲν γὰρ ἔμπροσθεν ἔχει τοὺς μαστοὺς ἐν τῷ στήθει ἢ πρὸς τῷ στήθει, καὶ δύο μαστοὺς καὶ δύο θηλάς, ὥσπερ ἄνθρωπος καὶ ἐλέ-

27 τὸν ἀστρ. ὀρθὸν transp. β γ   28 ἔσω β   κῶα m*rc.* Junt. edd.: *cola* Guil.: *venerea* Trap.: *veneres* Gaza   29 χῖα m*rc.* Junt. edd.: *vertebra* Guil.: *canes* Trap. Gaza   31 διχαλὸν Cᵃ Yᶜ Aᵃ*pr.*   32 ἔχον Cᵃ Yᶜ Aᵃ*pr.*   αὑτά Cᵃ, Lᶜ m, edd.: αὐτὰ cett. Ald.   500a1 ὁ om. m   βόννασσος Cᵃ: βόνασσος Yᶜ   παρὰ Yᶜ P Kᶜ   τὴν om. α (exc. Hᶜ*rc.*)   παιωνίαν Eᵃ*pr.* P Kᶜ Mᶜ   2 Μαιδικὴν Sylb. edd.   3 ἔχειν λέγ. transp. β γ   4 παρὰ P   ὄφις Hᶜ Ald.   5 προ lac. Kᶜ   6 κέρας P Mᶜ m Cs. edd.: κέρατα cett. Guil. Ald.   ἔλαφος ante δι' ὅλου transp. Yᶜ   7 post τινός add. μᾶλλον α (exc. Cᵃ Yᶜ Hᶜ*rc.*) Ald.   8 πέφυκε om. Sᶜ   9 παρὰ P: πρὸς Nᶜ Zᶜ   ὃ om. β γ Ald. Bk.: ὃ δὲ περὶ cj. Louis   ὠτῶν Cᵃ Aᵃ*pr.*: ὤτων Aᵃ*rc.* Gᵃ Q Fᵃ Xᶜ: ὤστῶν Hᶜ*pr.*: *auribus* Guil.: *osse* Gaza   10 μόνος α (exc. Cᵃ Yᶜ Hᶜ*rc.*)   12 πηρωθείη Hᶜ*rc.*, Zᶜ Lᶜ n   13 δὲ] τε α (exc. Hᶜ*rc.*)   παρὰ Yᶜ, P Kᶜ   τε om. α (exc. Hᶜ*rc.*)   14 αὑτά Cᵃ, P Kᶜ Lᶜ n, Dt.: αὐτά cett. Bk.   15 παρὰ Yᶜ, Kᶜ   17 ὁ ἐλέφας Hᶜ*rc.* β γ Ald.: ἔλαφος Yᶜ

φας, καθάπερ εἴρηται πρότερον. καὶ γὰρ ὁ ἐλέφας ἔχει τοὺς μαστοὺς δύο περὶ τὰς μασχάλας· ἔχει δὲ καὶ ἡ θήλεια τοὺς μαστοὺς μικροὺς παντελῶς καὶ οὐ κατὰ λόγον τοῦ σώματος, ὥστ' ἐκ τοῦ πλαγίου μὴ πάνυ ὁρᾶν· ἔχουσι δὲ καὶ οἱ ἄρρενες μαστούς, ὥσπερ αἱ θήλειαι, μικροὺς παντελῶς. ἡ δ' ἄρκτος τέτταρας. τὰ δὲ δύο μὲν μαστοὺς ἔχει, ἐν τοῖς μηροῖς δ' ἔχει, καὶ τὰς θηλὰς δύο, ὥσπερ πρόβατον· τὰ δὲ τέτταρας θηλάς, ὥσπερ βοῦς. τὰ δ' οὔτ' ἐν τῷ στήθει ἔχει τοὺς μαστοὺς οὔτ' ἐν τοῖς μηροῖς, ἀλλ' ἐν τῇ γαστρί, οἷον κύων καὶ ὗς, καὶ πολλούς, οὐ πάντας δ' ἴσους. τὰ μὲν οὖν ἄλλα πλείους ἔχει, ἡ δὲ πάρδαλις τέτταρας ἐν τῇ γαστρί, ἡ δὲ λέαινα δύο ἐν τῇ γαστρί. ἔχει δὲ καὶ ἡ κάμηλος μαστοὺς δύο καὶ θηλὰς τέτταρας, ὥσπερ ὁ βοῦς. τῶν δὲ μωνύχων τὰ ἄρρενα οὐκ ἔχουσι μαστούς, πλὴν ὅσα ἐοίκασι τῇ μητρί, ὅπερ συμβαίνει ἐπὶ τῶν ἵππων.

τὰ δ' αἰδοῖα τῶν μὲν ἀρρένων τὰ μὲν ἔξω ἔχει, οἷον ἄνθρωπος καὶ ἵππος καὶ ἄλλα πολλά, τὰ δ' ἐντός, ὥσπερ δελφίς· καὶ τῶν ἔξω δ' ἐχόντων τὰ μὲν ἔμπροσθεν, ὥσπερ καὶ τὰ εἰρημένα, καὶ τούτων τὰ μὲν ἀπολελυμένα καὶ τὸ αἰδοῖον καὶ τοὺς ὄρχεις, ὥσπερ ἄνθρωπος, τὰ δὲ πρὸς τῇ γαστρὶ καὶ τοὺς ὄρχεις καὶ τὸ αἰδοῖον, καὶ τὰ μὲν μᾶλλον τὰ δ' ἧττον ἀπολελυμένα· οὐ γὰρ ὡσαύτως ἀπολέλυται κάπρῳ καὶ ἵππῳ τοῦτο τὸ μόριον. ἔχει δὲ καὶ ὁ ἐλέφας τὸ αἰδοῖον ὅμοιον μὲν ἵππῳ, μικρὸν δὲ καὶ οὐ

18 ἔμπροσθεν εἴρηται H^c rc. β γ Ald.   ὁ ἐλ. τοὺς μαστοὺς ἔχει transp. β γ
ὁ om. Y^c   ἔλαφος Y^c   19 παρὰ C^a Y^c, P K^c   καὶ om. α Dt.   20
μικροὺς om. Y^c in lac.   23 τέσσαρας β γ (exc. E^a: om. in lac. K^c)   24 δ'
ἔχει om. β γ Ald.   25 τέττ. τὰς θ. β γ (exc. L^c)   26 μηροῖς] μικροῖς
A^a pr.   28 αἱ δὲ παρδάλεις α (exc. H^c rc.)   ἡ δὲ λέαινα ... γαστρί ad 30
transp. β γ   29 ἡ om. C^a   30 καὶ om. α   post τέττ. add. ἐν τῇ γαστρί
H^c rc. β γ   post γαστρί (sic) add. ἡ δὲ λέαινα δύο ἐν τῇ γαστρί β γ (exc.
L^c)   ὥσπερ ὁ βοῦς om. H^c rc. β γ   ὁ om. Dt.   31 ἔχει m   ὅσοι α
32 ὥσπερ Y^c   33 μὲν^(1) ante δ' transp. H^c   500b1 δ' om. Y^c β γ
ἔμπροσθεν β γ Guil.: εἰς τὸ πρόσθεν α Ald. edd.   2 καὶ^(1) om. β γ   3
τοὺς ... 4 ὄρχεις om. N^c Z^c   ὁ ἀνθ. β   4 καὶ τοὺς ὄρ. καὶ om. α (exc.
H^c rc.) Guil.   6 τὸ om. Ald.   7 τὸ om. α (exc. Y^c)   οὐκ ἀνάλογον α
(exc. H^c rc.) Dt.

κατὰ λόγον τοῦ σώματος, τοὺς δ' ὄρχεις οὐκ ἔξω φανεροὺς, ἀλλ' ἐντὸς περὶ τοὺς νεφρούς· διὸ καὶ ἐν τῇ ὀχείᾳ ἀπαλλάττεται ταχέως. [καὶ τὰ μὲν ἀπολελυμένους ἔχει τοὺς ὄρχεις, ὥσπερ ἵππος, τὰ δὲ οὐκ ἀπολελυμένους, ὥσπερ κάπρος.] ἡ δὲ θήλεια τὸ αἰδοῖον ἔχει ἐν ᾧ τόπῳ τὰ οὔθατα τῶν προβάτων ἐστίν· ὅταν δ' ὀργᾷ ὀχεύεσθαι, ἀνασπᾷ ἄνω καὶ ἐκτρέπει πρὸς τὸν ἔξω τόπον, ὥστε ῥᾳδίαν εἶναι τῷ ἄρρενι τὴν ὀχείαν· ἀνέρρωγε δὲ ἐπιεικῶς ἐπὶ πολὺ τὸ αἰδοῖον. τοῖς μὲν οὖν πλείστοις αὐτῶν τὰ αἰδοῖα τοῦτον ἔχει τὸν τρόπον· ἔνια δ' ὀπισθουρητικά ἐστιν, οἷον λὺγξ καὶ λέων καὶ κάμηλος καὶ δασύπους. τὰ μὲν οὖν ἄρρενα ὑπεναντίως ἔχει ἀλλήλοις, καθάπερ εἴρηται, τὰ δὲ θήλεα πάντα ὀπισθουρητικά ἐστι· καὶ γὰρ ὁ θῆλυς ἐλέφας ἔχει τὰ αἰδοῖα ὑπὸ τοῖς μηροῖς, καθάπερ καὶ τὰ ἄλλα. τῶν δ' αἰδοίων διαφορὰ πολλή ἐστι. τὰ μὲν γὰρ ἔχει χονδρῶδες καὶ σαρκῶδες τὸ αἰδοῖον ὥσπερ ἄνθρωπος· τὸ μὲν οὖν σαρκῶδες οὐκ ἐμφυσᾶται, τὸ δὲ χονδρῶδες ἔχει αὔξησιν. τὰ δὲ νευρώδη, οἷον καμήλου καὶ ἐλάφου, τὰ δ' ὀστώδη, ὥσπερ ἀλώπεκος καὶ λύκου καὶ ἰκτίδος καὶ γαλῆς· καὶ γὰρ ἡ γαλῆ ὀστοῦν ἔχει τὸ αἰδοῖον.

πρὸς δὲ τούτοις ὁ μὲν ἄνθρωπος τελεωθεὶς τὰ ἄνω ἔχει ἐλάττω τῶν κάτωθεν, τὰ δ' ἄλλα ζῷα, ὅσα ἔναιμα, τοὐναντίον. λέγομεν δὲ ἄνω τὸ ἀπὸ κεφαλῆς μέχρι τοῦ μορίου ᾗ ἡ τοῦ περιττώματός ἐστιν ἔξοδος, κάτω δὲ τὸ ἀπὸ τούτου λοιπόν. τοῖς μὲν οὖν ἔχουσι πόδας τὸ ὀπίσθιόν ἐστι σκέλος τὸ

9 παρὰ Y^c, T^{c}rc., γ   10 καὶ ... κάπρος del. Camot. edd.: post b2 τούτων transp. (omisso καὶ) Buss.   τὸ αἰδοῖον α N^c Z^c L^c Bk.: τὰ αἰδοῖα β γ (exc. N^c Z^c L^c) Ald.   ἐν τῷ τόπῳ οὗ τὰ α Dt.   11 ἐστίν om. α (exc. H^{c}rc.) ὀργᾷ ὀχ.] ὀχεύωνται α (exc. H^{c}rc.): *fuerit hora coeundi* Guil.   12 τὸν om. P   ἐκτὸς β γ   τρόπον O^c T^c ῥᾴδιον Y^c 13 τὴν ὀχ. τῷ ἄρ. transp. α (exc. H^{c}rc.)   ἐπὶ πολὺ om. F^a X^c 15 εἰσιν β γ (exc. L^c)   17 ἅπαντα β E^a P K^c 18 εἰσὶ β E^a ἔχει codd. Bk. Louis: καίπερ ἔχων Sn. Pk.: ἔχων A.-W. Dt. Peck   19 τοὺς μηροὺς β γ   καὶ om. β γ Guil. 20 χον. τὸ αἰδοῖον καὶ σ. α (exc. H^c) Bk.: τὸ αἰ. χ. καὶ σ. H^c Ald.: σ. καὶ χ. τὸ αἰ. L^c 22 ἐμφύεται γ (exc. L^{c}rc.)   νευρῶδες A^{a}rc. G^a Q Ott.: νεβρώδη H^c 23 ὀστῶδες C^a 24 post γαλῆ add. τοιοῦτον H^{c}rc., T^{c}rc., γ 26 τελειωθεὶς Y^c 27 κάτω H^{c}rc. β γ   29 τὸ] τὰ β P E^a K^c: post τούτου transp. N^c Z^c L^c m n   30 οὖν om. F^a X^c

κάτωθεν μέρος πρὸς τὸ μέγεθος, τοῖς δὲ μὴ ἔχουσιν οὐραὶ καὶ κέρκοι καὶ τὰ τοιαῦτα. τελεούμενα μὲν οὖν τοιαῦτά ἐστιν, ἐν δὲ τῇ αὐξήσει διαφέρει· ὁ μὲν γὰρ ἄνθρωπος μείζω τὰ ἄνω ἔχει νέος ὢν ἢ τὰ κάτω, αὐξανόμενος δὲ μεταβάλλει τοὐναντίον, διὸ καὶ μόνον οὐ τὴν αὐτὴν ποιεῖται κίνησιν τῆς πορείας νέος ὢν καὶ τελεωθείς, ἀλλὰ τὸ πρῶτον παιδίον ὂν ἕρπει τετραποδίζον· τὰ δ' ἀνάλογον ἀποδίδωσι τὴν αὔξησιν, οἷον κύων. ἔνια δὲ τὸ πρῶτον ἐλάττω τὰ ἄνω, τὰ δὲ κάτω μείζω ἔχει, αὐξανόμενα δὲ τὰ ἄνω γίνεται μείζω, ὥσπερ τὰ λοφοῦρα· τούτων γὰρ οὐδὲν γίνεται μεῖζον ὕστερον τὸ ἀπὸ τῆς ὁπλῆς μέχρι τοῦ ἰσχίου.

ἔστι δὲ καὶ περὶ τοὺς ὀδόντας πολλὴ διαφορὰ τοῖς ἄλλοις ζῴοις καὶ πρὸς αὐτὰ καὶ πρὸς ἄνθρωπον. ἔχει μὲν γὰρ πάντα ὀδόντας ὅσα τετράποδα καὶ ἔναιμα καὶ ζῳοτόκα, ἀλλὰ πρῶτον τὰ μέν ἐστιν ἀμφώδοντα τὰ δ' οὔ. ὅσα μὲν γάρ ἐστι κερατοφόρα, οὐκ ἀμφώδοντά ἐστιν· οὐ γὰρ ἔχει τοὺς προσθίους ὀδόντας ἐπὶ τῆς ἄνω σιαγόνος. ἔστι δ' ἔνια οὐκ ἀμφώδοντα καὶ ἀκέρατα, οἷον κάμηλος. καὶ τὰ μὲν χαυλιόδοντας ἔχει, ὥσπερ οἱ ἄρρενες ὕες, τὰ δ' οὐκ ἔχει. ἔτι δὲ τὰ μέν ἐστι καρχαρόδοντα αὐτῶν, οἷον λέων καὶ πάρδαλις καὶ κύων, τὰ δ' ἀνεπάλλακτα, οἷον ἵππος καὶ βοῦς· καρχαρόδοντα γάρ ἐστιν ὅσα ἐπαλλάττει τοὺς ὀδόντας τοὺς ὀξεῖς. ἅμα δὲ χαυλιόδοντα καὶ κέρας οὐδὲν

31 κάτω H*c rc.* οὐρὰ α (exc. Y*c* H*c rc.*) 32 κέρκη β E*a* τελούμενα A*a pr.*: τελειούμενα Y*c* A*a rc.* G*a* Q F*a* X*c* β γ Ald. 34 αὐξόμενος γ (exc. P L*c rc.*) 501a1 καὶ om. β μόνος F*a* X*c* κίν. ποι. transp. α Ald. Sn. 2 νέον ὂν C*a* A*a* G*a* H*c pr.* τελεωθὲν C*a* Y*c* G*a* Q H*c pr.*: τελειωθείς F*a* X*c* β γ ὂν om. γ (exc. L*c rc.*): ὢν Y*c* Sylb. Sn. Peck 3 τετραποδίζων Y*c* A*a* G*a* Q Sylb. Sn. Peck τὰ δ'] τὸ δ' C*a* Y*c* A*a pr.*: τἀδ' A*a rc.* F*a* X*c* δίδωσι β (exc. T*c rc.*) 4 τὰ ἄνω ἐλ. transp. β γ 5 μείζω⁽¹⁾] μείζονα H*c rc.* β γ Ald. αὐξόμενα L*c* γίνονται Y*c* 6 λόφουρα Y*c*: λουφούρια H*c rc.* Ald.: ὁλοφούρια β γ μεῖ. γίν. transp. A*a* G*a* Q F*a* X*c* H*c* Ald. μείζω α Ald. post ὕστ. add. δὲ A*a* G*a pr.* Q F*a* X*c* H*c pr.* 8 πολλὰ καὶ διάφορα N*c* Z*c* 9 αὐτὰ α (exc. C*a*), S*c*, K*c* N*c* Z*c* m n, Ald. 11 οὔ] οὐκ ἀμφώδοντα α (exc. H*c rc.*) Dt. 12 ἀμφόδοντα nonnulli ex β γ passim, Ald. ἐστιν⁽²⁾ om. α Dt. 15 χαυλιόδοντας C*a* Y*c*: χαυλιόδοντα s. χαυλιω- E*a* P K*c* ἄρνες P υἷες H*c* Ald. 16 δὲ om. β γ 19 ὀξεῖς ὁμοῦ. ἅμα β γ Ald. χαυλιώδοντα C*a*: χαυλιόδοντας L*c*

ἔχει ζῷον, οὐδὲ καρχαρόδουν καὶ τούτων θάτερον. τὰ δὲ πλεῖστα τοὺς προσθίους ἔχει ὀξεῖς, τοὺς δ' ἐντὸς πλατεῖς. ἡ δὲ φώκη καρχαρόδουν ἐστὶ πᾶσι τοῖς ὀδοῦσιν, ὡς ἐπαλλάττουσα τῷ γένει τῶν ἰχθύων· οἱ γὰρ ἰχθύες πάντες σχεδὸν καρχαρόδοντές εἰσι. διστοίχους δὲ ὀδόντας οὐδὲν ἔχει τούτων τῶν γενῶν. ἔστι δέ τι, εἰ δεῖ πιστεῦσαι Κτησίᾳ· ἐκεῖνος γὰρ τὸ ἐν Ἰνδοῖς θηρίον, ᾧ ὄνομα εἶναι μαρτιχόραν, τοῦτ' ἔχειν ἐπ' ἀμφότερά φησι τριστοίχους τοὺς ὀδόντας· εἶναι δὲ μέγεθος μὲν ἡλίκον λέοντα καὶ δασὺ ὁμοίως, καὶ πόδας ἔχειν ὁμοίους, πρόσωπον δὲ καὶ ὦτα ἀνθρωποειδές, τὸ δ' ὄμμα γλαυκόν, τὸ δὲ χρῶμα κινναβάρινον, τὴν δὲ κέρκον ὁμοίαν τῇ τοῦ σκορπίου τοῦ χερσαίου, ἐν ᾗ κέντρον ἔχειν καὶ τὰς ἀποφυάδας ἀπακοντίζειν, φθέγγεσθαι δ' ὅμοιον φωνῇ ἅμα σύριγγος καὶ σάλπιγγος, ταχὺ δὲ θεῖν οὐχ ἧττον τῶν ἐλάφων, καὶ εἶναι ἄγριον καὶ ἀνθρωποφάγον. ἄνθρωπος μὲν οὖν βάλλει τοὺς ὀδόντας, βάλλει δὲ καὶ ἄλλα τῶν ζῴων, οἷον ἵππος καὶ ὀρεὺς καὶ ὄνος. βάλλει δ' ἄνθρωπος τοὺς προσθίους, τοὺς δὲ γομφίους οὐθὲν βάλλει τῶν ζῴων. ὗς δ' ὅλως οὐθένα βάλλει τῶν ὀδόντων. [2] περὶ δὲ τῶν κυνῶν ἀμφισβητεῖται, καὶ οἱ μὲν ὅλως οὐκ οἴονται βάλλειν οὐθένα αὐτούς, οἱ δὲ τοὺς κυνόδοντας μόνον· ὦπται δ' ὅτι βάλλει καθάπερ καὶ ἄνθρωπος, ἀλλὰ λανθάνει διὰ τὸ μὴ βάλλειν πρότερον πρὶν

20 καρχ. τε καὶ α καρχαρόδον C[a]*pr.*, n: καρχαρώδον C[a]*rc.* Y[c]: καρχαρόδου N[c] Z[c]: carkharodonta Guil.: καρχαρόδοντα cj. A.-W. Dt. **22** καρχαρόδων C[a]: καρχαρώδον Y[c]: καρχαρόδου N[c] Z[c] ὀδοῦσιν] ζώοις A[a] G[a] Q F[a] X[c] H[c]*pr.* **23** καρχαρώδοντες C[a] Y[c] **24** τούτων om. β (exc. T[c]*rc.*) **25** κτησία om. Y[c] in lac., K[c] in lac. ἐν ἰνδ. τὸ transp. H[c]*rc.* β γ Ald. **26** μαντιχώραν H[c]*rc.* β L[c]*rc.* Ald.: μαρτιοχώραν T[c]*rc.* γ **27** φησι om. Y[c] in lac. τοὺς om. α δὲ om. E[a] **28** τὸν λέοντα β (exc. T[c]*rc.*) δασὺν β E[a] P K[c] **29** δὲ[(1)]] δὲ δὴ C[a] Y[c]: δὴ A[a] G[a] Q F[a] X[c] H[c]*pr.* ὦτα] τὰ ὦτα C[a]*pr.*: τὰ ὄμματα C[a]*rc.* Y[c] A[a] G[a] Q F[a] X[c] H[c]*pr.*: aures Guil. τὸ δ' ὄμμα] τὰ δ' ὄμματα C[a]*pr.*: τό τε ὄμμα β γ **30** δὲ[(1)] om. A[a] G[a] Q F[a] X[c] H[c]*pr.* κιναβάρινον nonnulli Ald. **31** τὸ κέντρον E[a] ἔχει α (exc. H[c]*rc.*) ὑποφυάδας H[c]*rc.* β γ (exc. m): hinc inde dependentia Guil. **32** ἀκοντίζειν β γ δὲ φωνῇ ὁμοία β γ ἅμα om. β γ Ald. **33** θεῖν om. Y[c] in lac. **501b1** εἶναι] ἔστιν C[a]*pr.* **4** ὅλως om. P **5** τῶν ὀδόντων] ὀδόντα β γ Guil. κυνῶν] κοινῶν Y[c] **6** οὐθένα] ἕνα γ (exc. L[c]*rc.*) αὐτῶν β γ **7** κυν. ὦπται βάλλειν μόνον καθ. β γ (exc. ὤφθη M[c]) καὶ om. β γ Guil. **8** τὸ om. C[a] πρὶν ἢ s. πρινὴ β γ

ὑποφύωσιν ἐντὸς ἴσοι. ὁμοίως δὲ καὶ ἐπὶ τῶν ἄλλων τῶν ἀγρίων εἰκὸς συμβαίνειν, ἐπεὶ λέγονταί γε τοὺς κυνόδοντας μόνον βάλλειν. τοὺς δὲ κύνας διαγινώσκουσι τοὺς νεωτέρους καὶ πρεσβυτέρους ἐκ τῶν ὀδόντων· οἱ μὲν γὰρ νέοι λευκοὺς ἔχουσι καὶ ὀξεῖς τοὺς ὀδόντας, οἱ δὲ πρεσβύτεροι μέλανας καὶ ἀμβλεῖς. /14/ [3] ἐναντίως δὲ πρὸς τἄλλα ζῷα καὶ ἐπὶ τῶν ἵππων συμβαίνει· τὰ μὲν γὰρ ἄλλα ζῷα πρεσβύτερα γινόμενα μελαντέρους ἔχει τοὺς ὀδόντας, ὁ δ' ἵππος λευκοτέρους. ὁρίζουσι δὲ τούς τε ὀξεῖς καὶ τοὺς πλατεῖς οἱ καλούμενοι κυνόδοντες, ἀμφοτέρων μετέχοντες τῆς μορφῆς· κάτωθεν μὲν γὰρ πλατεῖς, ἄνωθεν δ' εἰσὶν ὀξεῖς. ἔχουσι δὲ πλείους οἱ ἄρρενες τῶν θηλειῶν ὀδόντας καὶ ἐν ἀνθρώποις καὶ ἐπὶ προβάτων καὶ αἰγῶν καὶ ὑῶν· ἐπὶ δὲ τῶν ἄλλων οὐ τεθεώρηταί πω. ὅσοι δὲ πλείους ἔχουσι, μακροβιώτεροι ὡς ἐπὶ τὸ πολύ εἰσιν, οἱ δ' ἐλάττους καὶ ἀραιόδοντες ὡς ἐπὶ τὸ πολὺ βραχυβιώτεροι. [4] φύονται δ' οἱ τελευταῖοι τοῖς ἀνθρώποις γόμφιοι, οὓς καλοῦσι κραντῆρας, περὶ τὰ εἴκοσιν ἔτη καὶ ἀνδράσι καὶ γυναιξίν. ἤδη δέ τισι γυναιξὶ καὶ ὀγδοήκοντα ἐτῶν οὔσαις ἔφυσαν γόμφιοι ἐν τοῖς ἐσχάτοις, πόνον παρασχόντες ἐν τῇ ἀνατολῇ, καὶ ἀνδράσιν ὡσαύτως· τοῦτο δὲ συμβαίνει ὅσοις ἂν μὴ ἐν τῇ ἡλικίᾳ ἀνατείλωσιν οἱ κραντῆρες. [5] ὁ δ' ἐλέφας ὀδόντας μὲν ἔχει τέτταρας ἐφ' ἑκάτερα, οἷς κατεργάζεται τὴν τροφήν (λεαίνει δ' ὥσπερ κριμνά), χωρὶς δὲ τούτων ἄλλους δύο τοὺς μεγάλους. ὁ μὲν οὖν ἄρρην τούτους ἔχει μεγάλους τε καὶ ἀνωσίμους, ἡ δὲ θήλεια μικροὺς καὶ ἐξ

9 δὲ om. β γ   τῶν⁽¹⁾ om. Y^c γ   10 γε om. Y^c   συνόδοντας γ (exc. L^c)
11 τοὺς πρεσβ. τε καὶ νεω. β γ (om. τε N^c Z^c L^c m n)   12 καὶ ἐκ α   13
πρεσβ. δὲ transp. α Ald.   14 καὶ ... 15 πρεσβύτερα om. A^a pr.   15 γενόμενα N^c Z^c L^c m n   16 λευκωτέρους C^a   17 τοὺς⁽²⁾ om. β γ   18
μορ. ἄνωθεν μὲν γάρ εἰσι πλατεῖς κάτωθεν δὲ α Ald.   19 ὀξεῖς εἰσιν transp.
β   20 πρόβατα καὶ αἴγας A^a pr.   21 ὑῶν καὶ αἰγῶν transp. S^c   πω]
τω E^a P: om. N^c Z^c L^c pr. m n   22 ὅσοι] ταῦτα. ὅσοι H^c rc., N^c Z^c L^c m n,
Ald.   ὡς ... 23 βραχυβιώτεροι om. N^c Z^c   23 ἀρραιόδοντες G^a Q Ott.:
ἀνόδοντες H^c rc. β γ Guil. Ald.: μανόδοντες cj. Gesner: rariores Gaza   24
τοῖς ἀνθ. οἱ τελ. transp. β γ   25 κρατῶρας T^c rc., P K^c   ἔτη] καίτη H^c
26 ἤδη ... γυναιξὶ om. N^c Z^c L^c m pr. n   27 ἐφύησαν P   παρέχοντες α
(exc. C^a)   28 δὴ N^c Z^c L^c m n   32 τοὺς om. β γ   μεγ. καὶ ἀνωσίμους E^a   33 τε om. β γ   ἀνασήμους α: ἀνασίμους edd.

εναντίας τοις άρρεσι· κάτω γὰρ οἱ ὀδόντες βλέπουσιν. ἔχει δ' ὁ ἐλέφας εὐθὺς γενόμενος ὀδόντας, τοὺς μέντοι μεγάλους ἀδήλους τὸ πρῶτον. [6] γλῶτταν δὲ ἔχει μικράν τε σφόδρα καὶ ἐντός, ὥστε ἔργον εἶναι ἰδεῖν. [7] ἔχουσι δὲ τὰ ζῷα καὶ τὰ μεγέθη διαφέροντα τοῦ στόματος. τῶν μὲν γάρ ἐστι τὰ στόματα ἀνερρωγότα, ὥσπερ κυνὸς καὶ λέοντος καὶ πάντων τῶν καρχαροδόντων, τὰ δὲ μικρόστομα, ὥσπερ ἄνθρωπος, τὰ δὲ μεταξύ, ὥσπερ τὸ τῶν ὑῶν γένος. ὁ δ' ἵππος ὁ ποτάμιος ὁ ἐν Αἰγύπτῳ χαίτην μὲν ἔχει ὥσπερ ἵππος, διχαλὸν δ' ἐστὶν ὥσπερ βοῦς, τὴν δ' ὄψιν σιμός. ἔχει δὲ καὶ ἀστράγαλον ὥσπερ τὰ διχαλά, καὶ χαυλιόδοντας ὑποφαινομένους, κέρκον δ' ὑός, φωνὴν δ' ἵππου· μέγεθος δ' ἐστὶν ἡλίκον ὄνος. τοῦ δὲ δέρματος τὸ πάχος ὥστε δόρατα ποιεῖσθαι ἐξ αὐτοῦ. τὰ δ' ἐντὸς ἔχει ὅμοια ἵππῳ καὶ ὄνῳ.

[8] ἔνια δὲ τῶν ζῴων ἐπαμφοτερίζει τὴν φύσιν τῷ τ' ἀνθρώπῳ καὶ τοῖς τετράποσιν, οἷον πίθηκοι καὶ κῆβοι καὶ κυνοκέφαλοι. ἔστι δ' ὁ μὲν κῆβος πίθηκος ἔχων οὐράν. καὶ οἱ κυνοκέφαλοι δὲ τὴν αὐτὴν ἔχουσι μορφὴν τοῖς πιθήκοις, πλὴν μείζονές τ' εἰσὶ καὶ ἰσχυρότεροι καὶ τὰ πρόσωπα ἔχοντες κυνοειδέστερα, ἔτι δ' ἀγριώτερά τε τὰ ἤθη καὶ τοὺς ὀδόντας ἔχουσι κυνοειδεστέρους καὶ ἰσχυροτέρους. οἱ δὲ πίθηκοι δασεῖς μέν εἰσι τὰ πρανῆ ὡς ὄντες τετράποδες, καὶ τὰ ὕπτια δὲ ὡσαύτως ὡς ὄντες ἀνθρωποειδεῖς (τοῦτο γὰρ ἐπὶ τῶν ἀνθρώπων ἐναντίως ἔχει καὶ ἐπὶ τῶν τετραπόδων, καθάπερ ἐλέχθη πρότερον)· πλὴν ἥ τε θρὶξ παχεῖα καὶ

502a1 γάρ] δὲ C^a H^c Guil. Ald.   βλέπουσιν] ἔχουσιν **β γ**   **2** δ'] γὰρ N^c Z^c L^c m n   γεννώμενος Y^c **β γ**   **3** δὲ] τε **γ**   **4** εἶναι] ἐστιν C^a Dt.: om. H^c pr.   **6** τῶν] τοῖς **α** (exc. H^c rc.)   **8** τὸ C^a   ὥσπερ^(2)] οἷον **α** (exc. H^c rc.) **β** E^a P K^c   **9** ποτάμειος C^a A^a pr.   **11** σιμὸς C^a pr.   ἀστρόγαλον Y^c passim   **12** χαυλιόδοντας C^a Y^c   **13** ἡλίκος **β** (exc. T^c rc.)   **14** ὥστε] ὥσπερ H^c   **16** τῇ φύσει T^c rc., N^c Z^c L^c m n   **17** πείθηκοι Y^c passim   **19** δὲ om. A^a G^a Q F^a X^c H^c   τοῖς πι. μορφὴν transp. E^a   **21** ἀγριώτεροι **γ**   τά τε transp. **β γ**   **22** κυνωδεστέρους s. κυνο- **β γ** (exc. M^c n rc.)   ἰσχυρούς **α** (exc. H^c rc.)   πίθηκες N^c Z^c m n   **23** τετράποδα Y^c: τετραπόδεις H^c pr. Ald.   **24** δὲ ὡσαύτως om. **α** (exc. H^c rc.) Guil.   ὡς om. P   **26** τὸ πρότερον **α** (exc. C^a Y^c)   τε **α** Ald. Bk.: γε **β γ** Dt.

δασεῖς ἐπ' ἀμφότερα σφόδρα εἰσὶν οἱ πίθηκοι. τὸ δὲ πρόσωπον ἔχει πολλὰς ὁμοιότητας τῷ τοῦ ἀνθρώπου· καὶ γὰρ μυκτῆρας καὶ ὦτα παραπλήσια ἔχει, καὶ ὀδόντας ὥσπερ ὁ ἄνθρωπος, καὶ τοὺς προσθίους καὶ τοὺς γομφίους. ἔτι δὲ βλεφαρίδας τῶν ἄλλων τετραπόδων ἐπὶ θάτερα οὐκ ἐχόντων οὗτος ἔχει μὲν λεπτὰς δὲ σφόδρα, καὶ μᾶλλον τὰς κάτω, καὶ μικρὰς πάμπαν· τὰ γὰρ ἄλλα τετράποδα ταύτας οὐκ ἔχει. ἔχει δ' ἐν τῷ στήθει δύο θηλὰς μαστῶν μικρῶν. ἔχει δὲ καὶ βραχίονας ὥσπερ ἄνθρωπος, πλὴν δασεῖς· καὶ κάμπτει καὶ τούτους καὶ τὰ σκέλη ὥσπερ ἄνθρωπος, τὰς περιφερείας πρὸς ἀλλήλας ἀμφοτέρων τῶν κώλων. πρὸς δὲ τούτοις χεῖρας καὶ δακτύλους καὶ ὄνυχας ὁμοίους ἀνθρώπῳ, πλὴν πάντα ταῦτα ἐπὶ τὸ θηριωδέστερον. ἰδίους δὲ τοὺς πόδας· εἰσὶ γὰρ οἷον χεῖρες μεγάλαι, καὶ οἱ δάκτυλοι ὥσπερ οἱ τῶν χειρῶν, ὁ μέσος μακρότατος, καὶ τὸ κάτω τοῦ ποδὸς χειρὶ ὅμοιον, πλὴν ἐπὶ μῆκος τῆς χειρός, ἐπὶ τὰ ἔσχατα τεῖνον καθάπερ θέναρ· τοῦτο δὲ ἐπ' ἄκρου σκληρότερον, κακῶς καὶ ἀμυδρῶς μιμούμενον πτέρνην. κέχρηται δὲ τοῖς ποσὶν ἐπ' ἄμφω, καὶ ὡς ποσὶ καὶ ὡς χερσί, καὶ συγκάμπτει ὥσπερ χεῖρας. ἔχει δὲ τὸν ἀγκῶνα καὶ τὸν μηρὸν βραχεῖς ὡς πρὸς τὸν βραχίονα καὶ τὴν κνήμην. ὀμφαλὸν δ' ἐξέχοντα μὲν οὐκ ἔχει, σκληρὸν δὲ τὸ κατὰ τὸν τόπον τοῦ ὀμφαλοῦ. τὰ δ' ἄνω τοῦ κάτω

28 τῷ] τὸ C^a   30 ὁ om. Y^c β γ   31 post τετ. add. οὐκ H^crc., N^c Z^c L^c n, Ald.   ἐπὶ om. O^crc. n   θάτερα] ἀμφότερα H^crc., S^c, L^crc., Ald. οὐκ om. H^crc., L^c, Ald.   32 αὐτὸς Y^c   λεπτοὺς β (exc. T^crc.) E^a   33 τὰς] τὰ K^c N^c Z^c   μακρὰς β γ (exc. μακρὰν P K^c)   ἄλλα om. α (exc. H^crc.) Guil.   34 ἔχει^(2)] ἔτι α (exc. Y^c H^crc.) Guil.: ἔχουσι Y^c   θ. μικρὰς μασ. O^crc. T^crc. γ Guil.   35 μικρῶν om. β γ   ὁ ἄνθ. F^a X^c   ἀνθρώπου Y^c   πλὴν ... b1 ἄνθρωπος om. E^a   502b2 ἀμφοτέρας πρὸς ἀλλήλας C^a Y^c A^apr. Guil. Sn.: ἀμφοτέρων πρὸς ἀλλ. A^arc.   4 τῷ ἀνθ. H^crc. β γ Ald.   ταῦτα πάντα transp. β (exc. T^crc.): πάντα om. Y^c, T^cpr. 5 μεγάλοι F^a X^c   6 μακρότερος H^crc. β γ   7 ἐπὶ μ. τῆς β (exc. T^crc.): ἐπὶ τὸ μ. τὸ τῆς C^a A^apr. Bk.: ἐπὶ τὸ μ. τῆς α (exc. C^a A^apr.) Ald.: ἐπὶ μ. τὸ τῆς T^crc. γ   9 ἀπ' α   10 πτέρναν H^crc., N^c Z^c L^cpr. m n   καὶ χρῆται G^a Q   χερσὶ καὶ ὡς ποσί transp. α Ald. edd.   11 συγκάπτει C^a: οὐ κάμπτει T^c γ (exc. L^crc.): κάμπτει L^crc.   12 μηρόν] μικρὸν Y^c   βραχέα α (exc. H^crc.)   πρός] περ H^crc. β γ   14 τὸ om. β: καὶ Ald.   τόπ. τοῦτον τοῦ α Ald.

πολὺ μείζονα ἔχει, ὥσπερ τὰ τετράποδα· σχεδὸν γὰρ ὡς πέντε πρὸς τρία ἐστί. καὶ διά τε ταῦτα καὶ διὰ τὸ τοὺς πόδας ἔχειν ὁμοίους χερσὶ καὶ ὡσπερανεὶ συγκειμένους ἐκ χειρὸς καὶ ποδός, ἐκ μὲν ποδὸς κατὰ τὸ τῆς πτέρνης ἔσχατον, ἐκ δὲ χειρὸς τἆλλα μέρη· καὶ γὰρ οἱ δάκτυλοι ἔχουσι τὸ καλούμενον θέναρ. διατελεῖ δὲ τὸν πλείω χρόνον τετράπουν ὂν μᾶλλον ἢ ὀρθόν· καὶ οὔτ' ἰσχία ἔχει ὡς τετράπουν ὂν οὔτε κέρκον ὡς δίπουν, πλὴν μικρὰν τὸ ὅλον, ὅσον σημείου χάριν. ἔχει δὲ καὶ τὸ αἰδοῖον ἡ θήλεια ὅμοιον γυναικί, ὁ δ' ἄρρην κυνωδέστερον ἢ ἀνθρώπου. [9] οἱ δὲ κῆβοι, καθάπερ εἴρηται πρότερον, ἔχουσι κέρκον. τὰ δ' ἐντὸς διαιρεθέντα ὅμοια ἔχουσιν ἀνθρώπῳ πάντα τὰ τοιαῦτα.

τὰ μὲν οὖν τῶν εἰς τὸ ἐκτὸς ζωοτοκούντων μόρια τοῦτον ἔχει τὸν τρόπον. [10] τὰ δὲ τετράποδα μὲν ᾠοτόκα δὲ καὶ ἔναιμα [οὐδὲν δὲ ᾠοτοκεῖ χερσαῖον καὶ ἔναιμον μὴ τετράπουν ὂν ἢ ἄπουν] κεφαλὴν μὲν ἔχει καὶ αὐχένα καὶ νῶτον καὶ τὰ πρανῆ καὶ ὀπίσθια καὶ τὸ ὕπτια τοῦ σώματος, ἔτι δὲ σκέλη πρόσθια καὶ ὀπίσθια καὶ τὸ ἀνάλογον τῷ στήθει, ὥσπερ τὰ ζωοτόκα τῶν τετραπόδων, καὶ κέρκον τὰ μὲν πλεῖστα μείζω, ὀλίγα δ' ἐλάττω. πάντα δὲ πολυδάκτυλα καὶ πολυσχιδῆ ἐστι τὰ τοιαῦτα. πρὸς δὲ τούτοις τὰ αἰσθητήρια καὶ γλῶτταν πάντα, πλὴν ὁ ἐν Αἰγύπτῳ κροκόδειλος. οὗτος δὲ παραπλησίως τῶν ἰχθύων τισίν· ὅλως μὲν γὰρ οἱ ἰχθύες ἀκανθώδη καὶ οὐκ ἀπολελυμένην ἔχουσι τὴν γλῶτταν, ἔνιοι δὲ πάμπαν λεῖον καὶ ἀδιάρθρωτον τὸν τόπον μὴ ἐγκλίναντι σφόδρα τὸ

---

15 ὡς om. α (exc. G^a Q H^c rc.): οἷον G^a rc. Q: ὥσπερ H^c rc. β Ald: ut Guil. **16** πέντε om. A^a G^a pr. F^a X^c H^c pr.: πάντα C^a pr.: quinque Guil. **17** ὡσπερεὶ β (exc. O^c rc. T^c rc.) **18** τῆς om. C^a pr. **19** δὲ τῆς χειρὸς C^a rc.: χειρὸς δὲ transp. β γ   καὶ γὰρ οἱ] οἱ γὰρ β γ   **21** ὂν om. β γ: ὢν Y^c   **22** ὂν om. Y^c β γ   **23** γυναικός H^c rc., T^c rc., γ, Ald.   **24** ὁ ἄνθρωπος α (exc. H^c rc.) Dt.: ἄνθρωπος Sn. edd.   **27** τὰ μὲν] τῶν μὲν m τῶν ante ζω. transp. α Ald. Sn.: om. S^c m: partes exteriores Gaza   τὸ] τὰ γ (exc. L^c)   **28** ζωοτόκα Y^c A^a pr. G^a pr. H^c Ald.   **29** δὲ om. N^c Z^c μὴ ... 30 ἄπουν om. Y^c in lac.   **31** τὰ om. β γ (exc. M^c)   **34** πολυσχεδῆ A^a G^a Q H^c Ald.   **35** τούτοις καὶ τὰ α (exc. C^a Y^c) Ald.   **503a1** παραπλήσιος β γ Guil. Ald.   **4** ἀδιόρθρωτον A^a, K^c   τρόπον n   ἐγκλίνοντι H^c rc. Ald.: ἐκκλίναντι β E^a K^c M^c N^c: ἐκλίναν τί P: ἐκκλίνοντι Z^c L^c m n

χεῖλος. ὦτα δ' οὐκ ἔχουσιν ἀλλὰ τὸν πόρον τῆς ἀκοῆς μόνον
πάντα τὰ τοιαῦτα· οὐδὲ μαστούς, οὐδ' αἰδοῖον, οὐδ' ὄρχεις ἔ-
ξω φανεροὺς ἀλλ' ἐντός, οὐδὲ τρίχας, ἀλλὰ πάντ' ἐστὶ φολιδω-
τά. ἔστι δὲ καρχαρόδοντα πάντα. οἱ δὲ κροκόδειλοι οἱ ποτά-
μιοι ἔχουσιν ὀφθαλμοὺς μὲν ὑός, ὀδόντας δὲ μεγάλους καὶ
χαυλιόδοντας καὶ ὄνυχας ἰσχυροὺς καὶ δέρμα ἄρρηκτον
φολιδωτόν· βλέπουσι δ' ἐν μὲν τῷ ὕδατι φαύλως, ἔξω δ'
ὀξύτατον. τὴν μὲν οὖν ἡμέραν ἐν τῇ γῇ τὸ πλεῖστον δια-
τρίβει, τὴν δὲ νύκτα ἐν τῷ ὕδατι· ἀλεεινότερον γάρ ἐστι τῆς
αἰθρίας.

[11] ὁ δὲ χαμαιλέων ὅλον μὲν τοῦ σώματος ἔχει τὸ σχῆ-
μα σαυροειδές, τὰ δὲ πλευρὰ κάτω καθήκει συνάπτοντα
πρὸς τὸ ὑπογάστριον, καθάπερ τοῖς ἰχθύσι, καὶ ἡ ῥάχις
ἐπανέστηκεν ὁμοίως τῇ τῶν ἰχθύων. τὸ δὲ πρόσωπον ὁμοιό-
τατον τῷ τοῦ χοιροπιθήκου. κέρκον δ' ἔχει μακρὰν σφόδρα,
εἰς λεπτὸν καθήκουσαν καὶ συνελιττομένην ἐπὶ πολύ, καθά-
περ ἱμάντα. μετεωρότερος δ' ἐστὶ τῇ ἀπὸ τῆς γῆς ἀποστάσει
τῶν σαύρων, τὰς δὲ καμπὰς τῶν σκελῶν καθάπερ οἱ σαῦ-
ροι ἔχει. τῶν δὲ ποδῶν ἕκαστος αὐτοῦ διχῇ διῄρηται εἰς μέρη
θέσιν ὁμοίαν πρὸς αὑτὰ ἔχοντα οἷάνπερ ὁ μέγας ἡμῶν δά-
κτυλος πρὸς τὸ λοιπὸν τῆς χειρὸς ἀντίθεσιν ἔχει. ἐπὶ βραχὺ
δὲ καὶ τούτων τῶν μερῶν ἕκαστον διῄρηται εἴς τινας δακτύ-
λους, τῶν μὲν ἔμπροσθεν ποδῶν τὰ μὲν πρὸς αὐτῷ τρίχα,
τὰ δ' ἐκτὸς δίχα, τῶν δ' ὀπισθίων τὰ μὲν πρὸς αὐτῷ δί-
χα, τὰ δ' ἐκτὸς τρίχα. ἔχει δὲ καὶ ὀνύχια ἐπὶ τούτων

6 ἔξω ὄρχ. transp. T[c]rc. γ   7 τρίχα β Guil.   8 ἔστι codd.: ἔτι Sn. edd.:
adhuc Guil.   πάντα om. H[c]rc. γ   ποτάμειοι C[a] H[c]pr.   9 μὲν ὀφθ.
transp. β γ   10 χαυλιώδοντας C[a] Y[c]   12 post ἡμ. add. ἔξω T[c]rc.   τὸ
πλεῖστον ἔξω ἐν τῇ γῇ διατ. γ   τῇ om. α   διατρίβουσι Ald. Cs. Sn.
15 μὲν om. Y[c]   19 τῷ] τὸ C[a] Y[c] G[a] Q F[a] X[c]   μικρὰν α Guil.   20
συνειλ. E[a] P K[c] M[c]   21 τῆς om. Y[c]   22 σαυρῶν α β Ald.   αἱ σαῦραι
F[a] X[c]   23 ἔχουσι α (exc. H[c]rc.) Guil.   δίχα C[a] Y[c] β: διχῶς G[a] Q
διείρηται P   24 αὐτὰ C[a], S[c], L[c], edd.: αὐτὰ cett.   οἷόνπερ β γ   27
μὲν γὰρ C[a]   πρόσθε C[a] A[a]pr.: πρόσθεν Y[c]: προσθίων A[a]rc. G[a] Q F[a] X[c]
H[c]pr.   αὐτῶ C[a] β γ Ald.: αὐτὸν α (exc. C[a]) Sn. Bk.   τὰ μὲν ... 28
ὀπισθίων om. N[c] Z[c]   τριχῇ H[c]rc. γ   28 τὰ[(1)] ... 29 τρίχα om. Y[c]
διχᾶ[(1)(2)] s. διχῇ γ   αὐτῶ C[a] β Ppr. L[c] Ald.: αὐτὸν H[c], E[a], Sn. Bk.: αὐτὰ
Q: incert. A[a] G[a]: αὐτὸ Prc. γ (exc. L[c])   29 τριχᾶ s. τριχῇ γ

ὅμοια τοῖς τῶν γαμψωνύχων. τραχὺ δ' ἔχει ὅλον τὸ σῶμα, καθάπερ ὁ κροκόδειλος. ὀφθαλμοὺς δ' ἔχει ἐν κοίλῳ τε κειμένους καὶ μεγάλους σφόδρα καὶ στρογγύλους καὶ δέρματι ὁμοίῳ τῷ λοιπῷ σώματι περιεχομένους. κατὰ μέσους δ' αὐτοὺς διαλέλειπται μικρὰ τῇ ὄψει χώρα, δι' ἧς ὁρᾷ· οὐδέποτε δὲ τῷ δέρματι ἐπικαλύπτει τοῦτο. στρέφει δὲ τὸν ὀφθαλμὸν κύκλῳ καὶ τὴν ὄψιν ἐπὶ πάντας τοὺς τόπους μεταβάλλει, καὶ οὕτως ὁρᾷ ὃ βούλεται. τῆς δὲ χροιᾶς ἡ μεταβολὴ ἐμφυσωμένῳ αὐτῷ γίγνεται· ἴσχει δὲ καὶ μέλαιναν ταύτην, οὐ πόρρω τῆς τῶν κροκοδείλων, καὶ ὠχρὰν καθάπερ οἱ σαῦροι, μέλανι ὥσπερ τὰ παρδάλια διαπεποικιλμένην. γίνεται δὲ καθ' ἅπαν τὸ σῶμα αὐτοῦ ἡ τοιαύτη μεταβολή· καὶ γὰρ οἱ ὀφθαλμοὶ συμμεταβάλλουσιν ὁμοίως τῷ λοιπῷ σώματι καὶ ἡ κέρκος. ἡ δὲ κίνησις αὐτοῦ νωθὴς ἰσχυρῶς ἐστι, καθάπερ ἡ τῶν χελωνῶν. καὶ ἀποθνήσκων τε ὠχρὸς γίνεται, καὶ τελευτήσαντος αὐτοῦ ἡ χροιὰ τοιαύτη ἐστί. τὰ δὲ περὶ τὸν στόμαχον καὶ τὴν ἀρτηρίαν ὁμοίως ἔχει τοῖς σαύροις κείμενα. σάρκα δ' οὐδαμοῦ ἔχει πλὴν πρὸς τῇ κεφαλῇ καὶ ταῖς σιαγόσιν ὀλίγα σαρκία, καὶ περὶ ἄκραν τὴν τῆς κέρκου πρόσφυσιν. καὶ αἷμα δ' ἔχει περί τε τὴν καρδίαν μόνον καὶ τὰ ὄμματα καὶ τὸν ἄνω τῆς καρδίας τόπον, καὶ ὅσα ἀπὸ τούτων φλέβια ἀποτείνει· ἔστι δὲ καὶ ἐν τούτοις βραχὺ παντελῶς. κεῖται δὲ καὶ ὁ ἐγκέφαλος ἀνώτερον μὲν ὀλίγῳ τῶν ὀφθαλμῶν, συνεχὴς δὲ τούτοις.

30 τραχὺν G^a Q   τὸ ὅλον transp. γ   31 δ'] τε γ   32 καὶ^(2) om. β γ   33 τῷ τοῦ λοιποῦ σώματι C^a: incert. Y^c: τοῦ λοιποῦ σώματος α (exc. C^a Y^c) Ald.   34 μικρᾶ γ (exc. L^c)   503b2 οὗτος C^a   χρόας H^crc. β γ   3 ἴσχει α: ἔχει β γ edd.   μέλαινα α (exc. C^a Y^c H^crc.)   4 οὐ πόρρω τῆς] ὁμοίαν τῇ S^c, L^crc.   5 αἱ σαῦραι F^a X^c   διαπεποικιλμένα β   6 αὐτῶν α (exc. C^a Y^c): αὐτῷ N^c Z^c L^c m n   7 συμβάλουσιν Y^c   8 κινεῖται T^crc., N^c Z^c mpr. n: κίνη abbrev. P K^c   αὐτοῦ om. E^a: αὐτῷ T^crc., N^c Z^c L^c mpr. n: αυ abbrev. P K^c   9 ἰσχυρὰ A^apr.: om. E^a   ἐστι om. T^crc. γ καθ. καὶ ἡ γ   καὶ om. Ald.   τε] autem Guil.: δὲ cj. Sn.   12 ταῖς σαύραις F^a X^c   πλὴν] εἰ μὴ β γ   13 post σιαγόσιν add. ἄσαρκα δὲ παντελῶς ἐστι καὶ ταῖς σιαγόσιν β Guil. Ald. ὀλιγοσαρκία L^c   παρὰ Y^c   14 τὴν^(1) om. β γ   τὴν κέρκον Y^c   δ' om. α (exc. H^crc.)   παρὰ Y^c   τε om. β   15 καὶ^(1) περὶ τὰ E^a P K^c M^c   16 φλεβία codd. Ald. passim   17 καὶ om. N^c Z^c L^c m n   18 ὀλίγον α E^a P L^c   τούτων Y^c

περιαιρεθέντος δὲ τοῦ ἔξωθεν δέρματος τῶν ὀφθαλμῶν περιέχει τι διαλάμπον διὰ τούτων, οἷον κρίκος χαλκοῦς λεπτός. καθ' ἅπαν δὲ αὐτοῦ τὸ σῶμα σχεδὸν διατείνουσιν ὑμένες πολλοὶ καὶ ἰσχυροὶ καὶ πολὺ ὑπερβάλλοντες τῶν περὶ τὰ λοιπὰ ὑπαρχόντων. ἐνεργεῖ δὲ καὶ τῷ πνεύματι ἀνατετμημένος ὅλος ἐπὶ πολὺν χρόνον, βραχείας ἰσχυρῶς ἔτι κινήσεως ἐν αὐτῷ περὶ τὴν καρδίαν οὔσης, καὶ συνάγει διαφερόντως μὲν τὰ περὶ τὰ πλευρά, οὐ μὴν ἀλλὰ καὶ τὰ λοιπὰ μέρη τοῦ σώματος. σπλῆνα δ' οὐδαμοῦ ἔχει φανερόν. φωλεύει δὲ καθάπερ οἱ σαῦροι.

[12] ὁμοίως δ' ἔνια μόρια καὶ οἱ ὄρνιθες τοῖς εἰρημένοις ἔχουσι ζῴοις· καὶ γὰρ κεφαλὴν καὶ αὐχένα πάντ' ἔχει καὶ νῶτον καὶ τὰ ὕπτια τοῦ σώματος καὶ τὸ ἀνάλογον τῷ στήθει· σκέλη δὲ δύο καθάπερ ἄνθρωπος μάλιστα τῶν ζῴων· πλὴν κάμπτει εἰς τοὔπισθεν ὁμοίως τοῖς τετράποσιν, ὥσπερ εἴρηται πρότερον. χεῖρας δ' οὐδὲ πόδας προσθίους ἔχει, ἀλλὰ πτέρυγας ἴδιον πρὸς τὰ ἄλλα ζῷα. ἔτι δὲ τὸ ἰσχίον ὅμοιον μηρῷ μακρὸν καὶ προσπεφυκὸς μέχρι ὑπὸ μέσην τὴν γαστέρα, ὥστε δοκεῖν διαιρούμενον μηρὸν εἶναι, τὸν δὲ μηρὸν μεταξὺ τῆς κνήμης, ἕτερόν τι μέρος. μεγίστους δὲ τοὺς μηροὺς ἔχει τὰ γαμψώνυχα τῶν ὀρνίθων, καὶ τὸ στῆθος ἰσχυρότερον τῶν ἄλλων. πολυώνυχοι δ' εἰσὶ πάντες οἱ ὄρνιθες, ἔτι δὲ πολυσχιδεῖς τρόπον τινὰ πάντες· τῶν μὲν γὰρ πλείστων διῄρηνται οἱ δάκτυλοι, τὰ δὲ πλωτὰ στεγανόποδά ἐστι, διηρθρωμένους δ' ἔχει καὶ χωριστοὺς τοὺς δακτύλους. εἰσὶ δ' ὅσοι αὐτῶν μετεωρίζονται πάντες τετραδάκτυλοι· τρεῖς μὲν γὰρ εἰς

19 ἔξω Eᵃ   20 διαλάμπον τί β Eᵃ Nᶜ Zᶜ Lᶜ n: διλάμπον τί P Kᶜ Mᶜ: δὲ λάμπον τι m   διὰ τούτων α Bk.: αὐτῶν β γ (exc. m npr.): αὐτὴν m npr.: per ipsos Guil.   κέρκος Yᶜ   21 καθ'] καὶ α (exc. Cᵃ Yᶜ Hᶜrc.)   τὸ] τῶ Hᶜ Ald.   22 πολὺ] πολλοὶ Hᶜ, Oᶜpr.   ὑπερβάντες α (exc. Hᶜrc.)   24 βραχ. δὲ α (exc. Cᵃ Yᶜ Hᶜrc.)   25 μὲν διαφ. transp. β γ   26 παρὰ Yᶜ   28 αἱ σαῦραι Fᵃ Xᶜ   31 ὗπ. καὶ τοῦ Aᵃ Gᵃ Q Hᶜ   33 τοὔμπροσθεν Hᶜrc. β γ Ald.   34 οὔτε Yᶜ   35 ἔτι] ἔστι α (exc. Hᶜrc.) 504a1 μακρῷ α (exc. Yᶜ Hᶜrc.)   2 δὲ om. α (exc. Cᵃ Yᶜ Hᶜrc.)   3 μεταξὺ om. Yᶜ   5 πάντες εἰσὶ transp. β γ: ὀρν. εἰσὶ πάντες transp. Fᵃ Xᶜ   7 ἐστι om. γ   8 δ'⁽¹⁾ om. γ   εἰσὶ ... 9 τετραδάκτυλοι om. Yᶜ   αὐτῶν ὅσοι transp. β γ

ARISTOTELIS

τὸ ἔμπροσθεν ἕνα δ' εἰς τὸ ὄπισθεν κείμενον ἔχουσιν οἱ πλεῖστοι ἀντὶ πτέρνης· ὀλίγοι δέ τινες δύο μὲν ἔμπροσθεν δύο δ' ὄπισθεν, οἷον ἡ καλουμένη ἴυγξ. αὕτη δ' ἐστὶ μικρῷ μὲν μείζων σπίζης, τὸ δ' εἶδος ποικίλον, ἰδίᾳ δ' ἔχει τά τε περὶ τοὺς δακτύλους καὶ τὴν γλῶτταν ὁμοίως τοῖς ὄφεσιν· ἔχει γὰρ ἐπὶ μῆκος ἔκτασιν ἐπὶ τέτταρας δακτύλους, καὶ πάλιν συστέλλεται εἰς ἑαυτήν. ἔτι δὲ περιστρέφει τὸν τράχηλον εἰς τοὐπίσω τοῦ λοιποῦ σώματος ἠρεμοῦντος, καθάπερ οἱ ὄφεις. ὄνυχας δ' ἔχει μεγάλους μὲν ὁμοίως μέντοι πεφυκότας τοῖς τῶν κολιῶν· τῇ δὲ φωνῇ τρίζει. στόμα δ' οἱ ὄρνιθες ἔχουσιν ἴδιον· οὔτε γὰρ χείλη οὔτ' ὀδόντας ἔχουσιν, ἀλλὰ ῥύγχος, οὔτ' ὦτα οὔτε μυκτῆρας, ἀλλὰ τοὺς πόρους τούτων τῶν αἰσθήσεων, τῶν μὲν μυκτήρων ἐν τῷ ῥύγχει, τῆς δ' ἀκοῆς ἐν τῇ κεφαλῇ. ὀφθαλμοὺς δὲ πάντες καθάπερ καὶ τἄλλα ζῷα δύο, ἄνευ βλεφαρίδων. μύουσι δ' οἱ βαρεῖς τῷ κάτω βλεφάρῳ, σκαρδαμύττουσι δ' ἐκ τοῦ κανθοῦ δέρματι ἐπιόντι πάντες, οἱ δὲ γλαυκώδεις τῶν ὀρνίθων καὶ τῷ ἄνω βλεφάρῳ. τὸ δ' αὐτὸ τοῦτο ποιοῦσι καὶ τὰ φολιδωτά, οἷον οἱ σαῦροι καὶ τἄλλα τὰ ὁμοιογενῆ τούτοις τῶν ζῴων· μύουσι γὰρ τῇ κάτω βλεφαρίδι πάντες, οὐ μέντοι σκαρδαμύττουσί γε ὥσπερ οἱ ὄρνιθες. ἔτι δ' οὔτε φολίδας οὔτε τρίχας ἔχουσιν, ἀλλὰ πτερά· τὰ δὲ πτερὰ ἔχει καυλὸν ἅπαντα. καὶ οὐρὰν μὲν οὐκ ἔχουσιν, ὀρροπύγιον δέ, οἱ μὲν μακροσκελεῖς καὶ στεγανόποδες βραχύ, οἱ δ' ἐναντίοι μέγα. καὶ οὗτοι μὲν πρὸς

10 πρόσθεν H^{c}rc. β γ ἔχουσιν om. α (exc. Y^c) Ald. πλεῖστοι δ' α (exc. C^a Y^c) 11 δύο ... 12 ὄπισθεν om. m 12 μικρὸν H^{c}rc., L^c 13 μείζω C^a, N^c Z^c: μεῖζον A^a G^a Q F^a X^c H^{c}pr. ἰδίᾳ codd. Ald.: ἴδια Sn. Bk. edd. τε om. F^a X^c β γ 14 ὁμοίαν α Sn. edd. 15 ἔκτασιν καὶ α Sn. edd. 16 τράχηλον] δάκτυλον F^a X^c 18 ὁμοίους α (exc. Q) Ald. μέντοι] δὲ β γ 19 κολιῶν G^{a}rc. Q Sn.: κολοιῶν C^a Y^c β γ Bk.: κοιλιῶν A^a G^{a}pr. F^a X^c H^c τρύζει H^{c}rc., L^c 20 ἔχουσι$^{(1)}$ μὲν α edd. ἴδιον δέ α γ (exc. P) edd. ἔχουσιν$^{(2)}$ om. γ (exc. L^{c}rc.) 21 οὔτ'$^{(1)}$] οὐδ' α οὔτε$^{(2)}$] καὶ β τούτων om. α (exc. Y^c H^{c}rc.) 24 ἄνευ δὲ C^a 27 τοῦτο om. N^c Z^c 28 οἱ om. α (exc. H^{c}rc.) σαῦραι F^a X^c 29 γὰρ] δὲ G^a Q 30 γε πάντες ὤ. H^{c}rc., L^c m Ald. 31 ἔχει καὶ κ. α (exc. C^a Y^c) Ald. καυλ. ἔχ. transp. β γ πάντα β 32 δὲ καὶ οἱ O^{c}rc. γ (exc. L^{c}rc.) 33 μεγάλοι E^a

HISTORIA ANIMALIUM II 504a

τῇ γαστρὶ τοὺς πόδας ἔχοντες πέτονται, οἱ δὲ μικρορρόπυγοι ἐκτεταμένους. καὶ γλῶτταν ἅπαντες, ταύτην δ' ἀνομοίαν· οἱ μὲν γὰρ μακρὰν οἱ δὲ πλατεῖαν. μάλιστα δὲ τῶν ζῴων μετὰ τὸν ἄνθρωπον γράμματα φθέγγεται ἔνια τῶν ὀρνίθων γένη· τοιαῦτα δ' ἐστὶ τὰ πλατύγλωττα αὐτῶν μάλιστα. τὴν δ' ἐπιγλωττίδα ἐπὶ τῆς ἀρτηρίας οὐθὲν τῶν ᾠοτοκούντων ἔχει, ἀλλὰ συνάγει καὶ διοίγει τὸν πόρον ὥστε μηθὲν καθεῖναι τῶν ἐχόντων βάρος ἐπὶ τὸν πλεύμονα. γένη δ' ἔνια τῶν ὀρνίθων ἔχει καὶ πλῆκτρα· γαμψώνυχον δ' ἅμα καὶ πλῆκτρον ἔχον οὐθέν. ἔστι δὲ τὰ μὲν γαμψώνυχα τῶν πτητικῶν, τὰ δὲ πληκτροφόρα τῶν βαρέων. ἔτι δ' ἔνια τῶν ὀρνέων λόφον ἔχουσι, τὰ μὲν αὐτῶν τῶν πτερῶν ἐπανεστηκότα, ὁ δ' ἀλεκτρυὼν μόνος ἴδιον· οὔτε γὰρ σάρξ ἐστιν οὔτε πόρρω σαρκὸς τὴν φύσιν.

[13] τῶν δ' ἐνύδρων ζῴων τὸ τῶν ἰχθύων γένος ἓν ἀπὸ τῶν ἄλλων ἀφώρισται, πολλὰς περιέχον ἰδέας. κεφαλὴν μὲν γὰρ ἔχει καὶ τὰ πρανῆ καὶ τὰ ὕπτια, ἐν ᾧ τόπῳ ἡ γαστὴρ καὶ τὰ σπλάγχνα· καὶ ὀπίσθιον οὐραῖον συνεχὲς ἔχει καὶ ἄσχιστον· τοῦτο δ' οὐ πᾶσιν ὅμοιον. αὐχένα δ' οὐδεὶς ἔχει ἰχθύς, οὐδὲ κῶλον οὐθέν, οὐδ' ὄρχεις ὅλως, οὔτ' ἐντὸς οὔτ' ἐκτός, οὐδὲ μαστούς. τοῦτο μὲν οὖν ὅλως οὐδ' ἄλλο οὐθὲν τῶν μὴ ζῳοτοκούντων, οὐδὲ τὰ ζῳοτοκοῦντα πάντα, ἀλλ' ὅσα εὐθὺς ἐν αὑτοῖς ζῳοτοκεῖ καὶ μὴ ᾠοτοκεῖ πρῶτον. καὶ γὰρ ὁ δελφὶς

---

34 ἔχουσιν ὅταν πέτωνται α Ald.: *habentes volant* Guil.   μικροουρρόπυγιοι α (exc. Y[c]) Ald. Dt.: μικρὸν ὀρροπύγιον T[c]*rc*. γ (exc. L[c])   **35** ἅπαντες ἔχουσι C[a]*rc*. Guil. Sn.   **504b1** πλατεῖαν] βραχεῖαν α (exc. H[c]*rc*.) Sn. Dt.: οἱ μὲν γὰρ μακρὰν οἱ δὲ βραχεῖαν οἱ δὲ πλατεῖαν οἱ δὲ στενὴν O[c]*rc*.: *aliis enim longa, aliis brevis, aliis lata, aliis angusta* Gaza   **2** τὸν om. L[c]   ἔνια γένη Y[c]   **3** γένη om. α (exc. H[c]*rc*.)   πλατύγλωσσα H[c]*rc*. β γ Ald.   **5** διοίγει] διάγει α (exc. H[c]*rc*.)   κατιέναι α (exc. H[c]*rc*.) Dt.: *descendat* Guil.   **6** πνεύμονα E[a]   **7** πλῆκτρα] πλῆκτρον H[c]*rc*., L[c]*pr*., Ald.   **10** μὲν οὖν Y[c]   **11** οὔτε γὰρ] ὃ οὔτε G[a] Q H[c]*rc*. β γ Ald.   πόρρῳ] πόρος C[a] A[a]*pr*. H[c]*pr*.   **12** τὴν φύσιν om. A[a]*pr*. G[a] Q H[c]*pr*.   *post* φύσιν hab. C[a] ἀριστοτέλους περὶ ζῴων ἱστορίας γ'.: *unius versus spatium dat.* A[a] G[a], nullum cett.   **15** ἔχει ... **16** καὶ[(2)] om. N[c] Z[c]   **18** οὐδ'[(2)]] οὔτε β E[a] P K[c] M[c]   ἐκτὸς οὔτε ἐντὸς *transp.* L[c]   **19** οὐδε[(1)]] οὔτε γ   **21** αὑτοῖς P edd.: αὐτοῖς codd. plerique Ald.   καὶ μὴ] μὴ δὲ C[a]

ζωοτοκεῖ, διὸ ἔχει μαστοὺς δύο, οὐκ ἄνω δ' ἀλλὰ πλησίον τῶν ἄρθρων. ἔχει δ' οὐχ ὥσπερ τὰ τετράποδα ἐπιφανεῖς θηλάς, ἀλλ' οἷον ῥύακας δύο, ἑκατέρωθεν ἐκ τῶν πλαγίων ἕνα, ἐξ ὧν τὸ γάλα ῥεῖ· καὶ θηλάζεται ὑπὸ τῶν τέκνων παρακολουθούντων· καὶ τοῦτο ὦπται ἤδη ὑπό τινων φανερῶς. οἱ δ' ἰχθύες, ὥσπερ εἴρηται, οὔτε μαστοὺς ἔχουσιν οὔτε αἰδοίων πόρον ἐκτὸς οὐθένα φανερόν. ἴδιον δ' ἔχουσι τό τε τῶν βραγχίων, ᾗ τὸ ὕδωρ ἀφιᾶσι δεξάμενοι κατὰ τὸ στόμα, καὶ τὰ πτερύγια, οἱ μὲν πλεῖστοι τέτταρα, οἱ δὲ προμήκεις δύο, οἷον ἐγχέλυς, ὄντα πρὸς τὰ βράγχια. ὁμοίως δὲ καὶ κεστρεῖς, οἷον ἐν Σιφαῖς οἱ ἐν τῇ λίμνῃ, δύο, καὶ ἡ καλουμένη ταινία ὡσαύτως. ἔνια δὲ τῶν προμήκων οὐδὲ πτερύγια ἔχει, οἷον σμύραινα, οὐδὲ τὰ βράγχια διηρθρωμένα ὁμοίως τοῖς ἄλλοις ἰχθύσιν. αὐτῶν δὲ τῶν ἐχόντων βράγχια τὰ μὲν ἔχει ἐπικαλύμματα τοῖς βραγχίοις, τὰ δὲ σελάχη πάντα ἀκάλυπτα. καὶ τὰ μὲν ἔχοντα καλύμματα πάντα ἐκ πλαγίου ἔχει τὰ βράγχια, τῶν δὲ σελαχῶν τὰ μὲν πλατέα κάτω ἐν τοῖς ὑπτίοις, οἷον νάρκη καὶ βάτος, τὰ δὲ προμήκη ἐν τοῖς πλαγίοις, οἷον πάντα τὰ γαλεώδη. ὁ δὲ βάτραχος ἐκ πλαγίου μὲν ἔχει, καλυπτόμενα δ' οὐκ ἀκανθώδει καλύμματι ὥσπερ οἱ μὴ σελαχώδεις, ἀλλὰ δερματώδει. ἔτι δὲ τῶν ἐχόντων βράγχια τῶν μὲν ἁπλᾶ ἐστι τὰ βράγχια τῶν δὲ διπλᾶ· τὸ δ' ἔσχατον πρὸς τὸ σῶμα πάντων ἁπλοῦν. καὶ πάλιν τὰ μὲν ὀλίγα βράγχια ἔχει,

25 ὧν] οὗ γ (exc. L^c)   26 ἤδη ὦπται β γ   28 οὐδένα ἐκτὸς transp. L^c   τὸ] τὸν A^apr.: τῶν G^apr. H^c   29 ἀφιῆσι Υ^c   30 τέσσαρα β γ δύο post 31 ἐγχ. transp. Guil. Ald.   31 ὄντα] δύο α   δὲ om. β γ   32 οἷον] οἱ α (exc. C^a Y^c A^apr.) γ (exc. L^c)   οἱ] οἷον A^apr.   λήμνη C^a: λέμνη Ald.   33 τενία β γ   προμηκῶν α   34 σμύραιναι α (exc. C^a Y^c) τὰ om. L^c   35 τὰ βρ. τὰ β Ald.   505a1 ἔχει ... 2 μὲν om. P   ἐπικάλυμμα α (exc. Y^c) Dt.   3 μὲν om. α γ (exc. L^crc.) Guil.   5 post προμ. add. διαφόρους ἔχει α Ald.   οἷον om. γ (exc. L^crc.)   ἀλεώδη γ (exc. L^crc. mrc.)   6 βάτος D^arc. O^crc. R^c U^crc., L^crc. nrc., Ott.: raia Gaza καμπτόμενα A^a   οὐκ om. A^apr. G^apr. γ (exc. L^c mrc.): post 7 καλ. transp. L^c   7 μὴ om. α (exc. H^crc.) β (exc. O^crc.)   9 τὸ^(1)] τῶν C^a A^apr.   10 πάντων ἁπλοῦν α edd.: ἁπλοῦν τούτων β E^a: ἁπλοῦν πάντων γ (exc. E^a)   πάλιν om. β γ Guil.

HISTORIA ANIMALIUM II

τὰ δὲ πλῆθος βραγχίων· ἴσα δ' ἐφ' ἑκάτερα πάντες. ἔχει δ' ὁ ἐλάχιστα ἔχων ἓν ἐφ' ἑκάτερα βράγχιον, διπλοῦν δὲ τοῦτο, οἷον κάπρος· οἱ δὲ δύο ἐφ' ἑκάτερα, τὸ μὲν ἁπλοῦν τὸ δὲ διπλοῦν, οἷον γόγγρος καὶ σκάρος· οἱ δὲ τέτταρα ἐφ' ἑκάτερα ἁπλᾶ, οἷον ἔλλοψ συναγρὶς σμύραινα ἔγχελυς· οἱ δὲ τέτταρα μὲν δίστοιχα δὲ πλὴν τοῦ ἐσχάτου, οἷον κίχλη καὶ πέρκη καὶ γλανὶς καὶ κυπρῖνος. ἔχουσι δὲ καὶ οἱ γαλεώδεις διπλᾶ πάντες, καὶ πέντ' ἐφ' ἑκάτερα· ὁ δὲ ξιφίας ὀκτὼ διπλᾶ. περὶ μὲν οὖν πλήθους βραγχίων ἐν τοῖς ἰχθύσι τοῦτον ἔχει τὸν τρόπον. ἔτι δὲ πρὸς τὰ ἄλλα ζῷα οἱ ἰχθύες διαφέρουσι πρὸς τῇ διαφορᾷ τῇ περὶ τὰ βράγχια· οὔτε γὰρ ὥσπερ τῶν πεζῶν ὅσα ζωοτόκα ἔχει τρίχας, οὔθ' ὥσπερ ἔνια τῶν ᾠοτοκούντων τετραπόδων φολίδας, οὔθ' ὡς τὸ τῶν ὀρνέων γένος πτερωτόν, ἀλλ' οἱ μὲν πλεῖστοι αὐτῶν λεπιδωτοί εἰσιν, ὀλίγοι δέ τινες τραχεῖς, ἐλάχιστον δ' ἐστὶ πλῆθος αὐτῶν τὸ λεῖον. τῶν μὲν οὖν σελαχῶν τὰ μὲν τραχέα ἐστὶ τὰ δὲ λεῖα· γόγγροι δὲ καὶ ἐγχέλυες καὶ θύννοι τῶν λείων. καρχαρόδοντες δὲ πάντες οἱ ἰχθύες ἔξω τοῦ σκάρου· καὶ πάντες ἔχουσιν ὀξεῖς τοὺς ὀδόντας καὶ πολυστοίχους, καὶ ἔνιοι ἐν τῇ γλώττῃ. καὶ γλῶτταν σκληρὰν καὶ ἀκανθώδη ἔχουσι, καὶ προσπεφυκυῖαν οὕτως ὥστ' ἐνίοτε μὴ δοκεῖν ἔχειν. τὸ δὲ στόμα οἱ μὲν ἀνερρωγὸς ὥσπερ ἔνια τῶν ζωοτόκων καὶ τετραπόδων. τῶν δ' αἰσθητηρίων τῶν μὲν ἄλλων οὐθὲν ἔχουσι φανερὸν οὔτ' αὐτὸ οὔτε τοὺς πόρους, οὔτ' ἀκοῆς οὔτ' ὀσφρήσεως· ὀφθαλμοὺς δὲ πάντες ἔχουσιν ἄνευ βλεφάρων, οὐ σκληρόφθαλμοι ὄντες. ἔναιμον μὲν οὖν ἐστιν ἅπαν τὸ τῶν

---

11 ἴσα α γ passim   πάντες... 12 ἑκάτερα om. C[a] A[a]*pr*.   πάντες om. G[a] Q H[c]*pr*. Ott.   12 ἐλάχιστος Y[c]   ἓν om. Y[c]   βράγχιον... 13 ἑκάτερα om. N[c] Z[c]   13 οἷον ὁ κ. β γ Ald.   14 τὸ δὲ διπλοῦν om. n   15 ἔλοψ Y[c] β Dt.: ἔλωψ P   19 πλῆθος P   ἐν om. β γ Guil.   20 πρὸς] περὶ C[a]*rcsm*.   22 οὔθ'[(2)]] οὐδ' Y[c]   23 ᾠοτόκων N[c] Z[c]   οὐδ' β γ   24 εἰσι λεπ. transp. α (exc. C[a] Y[c])   27 γόγγρος α Guil. Dt.   ἔγχελυς α (exc. H[c]*rc*.) Guil. Dt.   θύννος α (exc. H[c]*rc*.) Guil. Dt.   28 ἔξω τοῦ α edd.: ἐκτὸς β γ   29 παντ' α (exc. C[a] Y[c])   31 ὥστ' ἐνίοτε] ὥς τισι T[c]*rc*., N[c] Z[c] L[c]*pr*. m n   32 οἱ μὲν om. β γ Sn. Buss.   ζωοτοκούντων α (exc. Y[c] H[c]*rc*.) Dt.: ᾠοτόκων Y[c]   34 τῆς ἀκοῆς N[c] Z[c]   505b1 post ὄντες add. βλέφαρα δὲ οὐκ ἔχουσιν H[c]*rc*. β γ Ald.   ἅπαν ἐστὶ transp. γ

ἰχθύων γένος, εἰσὶ δ' αὐτῶν οἱ μὲν ᾠοτόκοι οἱ δὲ ζῳοτόκοι, οἱ μὲν λεπιδωτοὶ πάντες ᾠοτόκοι, τὰ δὲ σελάχη πάντα ζῳοτόκα πλὴν βατράχου. [14] λοιπὸν δὲ τῶν ἐναίμων ζῴων τὸ τῶν ὄφεων γένος. ἔστι δὲ κοινὸν ἀμφοῖν· τὸ μὲν γὰρ πλεῖστον αὐτῶν χερσαῖόν ἐστιν, ὀλίγον δὲ τὸ τῶν ἐνύδρων ἐν τοῖς ποτίμοις ὕδασι διατελεῖ. εἰσὶ δὲ καὶ θαλάττιοι ὄφεις, παραπλήσιοι τὴν μορφὴν τοῖς χερσαίοις τἆλλα· πλὴν τὴν κεφαλὴν ἔχουσι γογγροειδεστέραν. γένη δὲ πολλὰ τῶν θαλαττίων ὄφεών ἐστι, καὶ χρόαν ἔχουσι παντοδαπήν· οὐ γίγνονται δ' οὗτοι ἐν τοῖς σφόδρα βαθέσιν. ἄποδες δ' εἰσὶν οἱ ὄφεις ὥσπερ τὸ τῶν ἰχθύων γένος. εἰσὶ δὲ καὶ σκολόπενδραι θαλάττιαι, παραπλήσιαι τὸ εἶδος ταῖς χερσαίαις, τὸ δὲ μέγεθος μικρῷ ἐλάττους· γίγνονται δὲ περὶ τοὺς πετρώδεις τόπους. τὴν δὲ χροιάν εἰσιν ἐρυθρότεραι καὶ πολύποδες μᾶλλον καὶ λεπτοσκελέστεραι τῶν χερσαίων. οὐ γίγνονται δ' οὐδ' αὐταί, ὥσπερ οὐδ' οἱ ὄφεις, ἐν τοῖς βαθέσι σφόδρα. ἔστι δ' ἰχθύδιόν τι τῶν πετραίων, ὃ καλοῦσί τινες ἐχενηΐδα, καὶ χρῶνταί τινες αὐτῷ πρὸς δίκας καὶ φίλτρα· ἔστι δ' ἄβρωτον· τοῦτο δ' ἔνιοί φασιν ἔχειν πόδας οὐκ ἔχον, ἀλλὰ φαίνεται διὰ τὸ τὰς πτέρυγας ὁμοίας ἔχειν ποσί.

τὰ μὲν οὖν ἔξω μόρια, καὶ πόσα καὶ ποῖα τῶν ἐναίμων ζῴων, καὶ τίνας ἔχει πρὸς ἄλληλα διαφοράς, εἴρηται. [15] τὰ δ' ἐντὸς πῶς ἔχει, λεκτέον ἐν τοῖς ἐναίμοις ζῴοις πρῶτον[· τούτῳ γὰρ διαφέρει τὰ μέγιστα γένη πρὸς τὰ λοιπὰ τῶν ἄλλων ζῴων, τῷ τὰ μὲν ἔναιμα τὰ δ' ἄναιμα εἶναι.

3 οἱ μὲν] οὐ μὴν n   λεπ. εἰσι π. α (exc. H^c rc.) Ald.   4 βατράχων β P   7 τὸ om. N^c Z^c L^c m n   ποταμίοις H^c rc. β γ Ald.: potabilibus Guil.: fluminum Gaza   8 καὶ οἱ θ. C^a Y^c A^a pr. G^a Q H^c   τῇ μορφῇ n   9 πλὴν τῆς κεφαλῆς· ἔχουσι γὰρ αὐτὴν γ. P Sn.   10 χροιὰν β   13 θαλάσσιαι α (exc. C^a Y^c) N^c Z^c L^c m n Ald.   τῷ εἴδει β γ Ald.   14 τοῖς χερσαίοις N^c Z^c m n   15 παρὰ Y^c, E^a K^c   17 οὐδ'^(1) om. α Ald.   αὗται α Ald. Cs. edd.   οὐδ'^(2)] οὔθ' P K^c   18 τι πετραῖον β γ   21 ἔχειν ὁμοίας transp. γ   23 ποῖα καὶ πόσα transp. β γ Guil.   25 ὡς H^c rc. β γ   26 τοῦτο C^a rcsm. A^a pr. G^a Q H^c, E^a P K^c M^c pr., Ald.   27 τῷ] τὸ E^a P K^c m pr. post μὲν add. λοιπὰ α (exc. H^c rc.)

ἔστι δὲ ταῦτα ἄνθρωπός τε καὶ τὰ ζωοτόκα τῶν τετραπόδων, ἔτι δὲ καὶ τὰ ὠοτόκα τῶν τετραπόδων καὶ ὄρνις καὶ ἰχθὺς καὶ κῆτος, καὶ εἴ τι ἄλλο ἀνώνυμόν ἐστι διὰ τὸ μὴ εἶναι γένος ἀλλ' ἁπλοῦν τὸ εἶδος ἐπὶ τῶν καθ' ἕκαστον, οἷον ὄφις καὶ κροκόδειλος]. ὅσα μὲν οὖν ἐστι τετράποδα καὶ ζωοτόκα, στόμαχον μὲν καὶ ἀρτηρίαν πάντ' ἔχει, καὶ κείμενα τὸν αὐτὸν τρόπον ὥσπερ ἐν τοῖς ἀνθρώποις· ὁμοίως δὲ καὶ ὅσα ὠοτοκεῖ τῶν τετραπόδων, καὶ ἐν τοῖς ὄρνισιν· ἀλλὰ τοῖς εἴδεσι τῶν μορίων τούτων διαφέρουσιν. ὅλως δὲ πάντα ὅσα τὸν ἀέρα δεχόμενα ἀναπνεῖ καὶ ἐκπνεῖ, πάντ' ἔχει πνεύμονα καὶ ἀρτηρίαν καὶ στόμαχον, καὶ τὴν θέσιν τοῦ στομάχου καὶ τῆς ἀρτηρίας ὁμοίως, ἀλλ' οὐχ ὅμοια, τὸν δὲ πλεύμονα οὔθ' ὅμοιον οὔτε τῇ θέσει ὁμοίως ἔχοντα. ἔτι δὲ καρδίαν ἅπαντ' ἔχει ὅσα αἷμα ἔχει, καὶ τὸ διάζωμα, ὃ καλοῦνται φρένες· ἀλλ' ἐν τοῖς μικροῖς διὰ λεπτότητα καὶ σμικρότητα οὐ φαίνεται ὁμοίως, πλὴν ἐν τῇ καρδίᾳ. ἴδιον δ' ἐστὶν ἐπὶ τῶν βοῶν· ἔστι γάρ τι γένος βοῶν, ἀλλ' οὐ πάντες, ὃ ἔχει ἐν τῇ καρδίᾳ ὀστοῦν. ἔχει δὲ καὶ ἡ τῶν ἵππων καρδία ὀστοῦν. πλεύμονα δ' οὐ πάντα, οἷον ἰχθὺς οὐκ ἔχει, οὐδ' εἴ τι ἄλλο τῶν ζῴων ἔχει βράγχια.

καὶ ἧπαρ ἅπαντ' ἔχει ὅσαπερ αἷμα. σπλῆνα δὲ τὰ πλεῖστα ἔχει ὅσαπερ καὶ αἷμα. τὰ δὲ πολλὰ τῶν μὴ ζωοτόκων ἀλλ' ὠοτόκων μικρὸν ἔχει τὸν σπλῆνα

28 post ζω. add. καὶ τὰ ὠοτόκα τῶν τετραπόδων καὶ ὄρνις καὶ H^c rc.: add. καὶ ὠοτόκα L^c rc. m rc. n rc.   29 ἔτι ... τετραπόδων om. H^c rc. β N^c Z^c L^c m n
30 καὶ κῆτος om. H^c pr.   εἴ] ἤ K^c   31 ἐπὶ] περὶ C^a pr.   ἕκαστα H^c rc.
β γ Ald.   ὄμφις N^c Z^c   33 στόμα P   μὲν ἔχουσι καὶ H^c rc. β γ Ald. ἔχει om. β γ   35 ζωοτοκεῖ α (exc. G^a rc. Q)   ἐν om. C^a Y^c A^a pr., N^c Z^c
506a1 διαφέρει α (exc. C^a Y^c)   τὸν] τὰ P   2 δεχόμενα om. β (exc. T^c rc.)   4 πνεύμονα α E^a corr. Dt.   οὔθ'] οὐχ α (exc. C^a Y^c H^c rc.)
5 οὐδὲ γ: οὔτε δὲ Ald.   ἔχει πάντα transp. β γ   6 ὅσα αἷμα ἔχει om. C^a A^a G^a pr. F^a X^c H^c pr.   καλεῖται H^c rc. β γ Ott.   7 μικρότητα α (exc. F^a X^c H^c rc.)   8 δ' om. Y^c   10 ἔχει ... ὀστοῦν post 17 γλαυκὶ transp. γ (exc. L^c rc.): om. L^c rc. Gaza   πνεύμονα α M^c   11 πάντες n   πάντα ἔχει α Ald.   οἱ ἰχθύες οὐκ ἔχουσι β γ (om. οἱ K^c L^c)   εἴ om. α (exc. Y^c) Ald. ζώων ὃ A^a rc. G^a Q F^a X^c H^c Ald.   12 πάντα β γ   13 δὲ^(1) καὶ τὰ K^c
14 μὴ] μὲν N^c   ζωοτοκούντων β Ald.   ὠοτοκούντων H^c rc. β γ Ald.

οὕτως ὥστε λανθάνειν ὀλίγου τὴν αἴσθησιν, ἔν τε τοῖς ὄρνισι τοῖς πλείστοις, οἷον ἐν περιστερᾷ καὶ ἰκτίνῳ καὶ ἱέρακι καὶ γλαυκί· ὁ δ' αἰγοκέφαλος ὅλως οὐκ ἔχει. καὶ ἐπὶ τῶν ᾠοτόκων δὲ καὶ τετραπόδων τὸν αὐτὸν τρόπον ἔχει· μικρὸν γὰρ πάμπαν ἔχουσι καὶ ταῦτα, οἷον χελώνη ἐμὺς φρύνη σαῦρος κροκόδειλος βάτραχος. χολὴν δὲ τῶν ζῴων τὰ μὲν ἔχει τὰ δ' οὐκ ἔχει ἐπὶ τῷ ἥπατι. τῶν μὲν ζῳοτόκων καὶ τετραπόδων ἔλαφος οὐκ ἔχει οὐδὲ πρόξ, ἔτι δὲ ἵππος, ὀρεύς, ὄνος, φώκη καὶ τῶν μυῶν ἔνιοι. τῶν δ' ἐλάφων αἱ ἀχαΐναι καλούμεναι δοκοῦσιν ἔχειν ἐν τῇ κέρκῳ χολήν· ἔστι δ' ὃ λέγουσι τὸ μὲν χρῶμα ὅμοιον χολῇ, οὐ μέντοι ὅλον ὑγρὸν οὕτως, ἀλλ' ὅμοιον τῷ τοῦ σπληνὸς τὰ ἐντός. σκώληκας μέντοι πάντες ἔχουσιν ἐν τῇ κεφαλῇ ζῶντας· ἐγγίνονται δὲ ὑποκάτω τοῦ ὑπογλωττίου ἐν τῷ κοίλῳ καὶ περὶ τὸν σφόνδυλον, ᾗ ἡ κεφαλὴ προσπέφυκε, τὸ μέγεθος οὐκ ἐλάττους ὄντες τῶν μεγίστων εὐλῶν· ἐγγίνονται δ' ἀθρόοι καὶ συνεχεῖς, τὸν ἀριθμὸν δ' εἰσὶ μάλιστα περὶ εἴκοσι. χολὴν μὲν οὖν οὐκ ἔχουσιν οἱ ἔλαφοι, ὥσπερ εἴρηται· τὸ δ' ἔντερον αὐτῶν ἐστι πικρὸν οὕτως ὥστε μηδὲ τοὺς κύνας ἐθέλειν ἐσθίειν, ἂν μὴ σφόδρα πίων ᾖ ὁ ἔλαφος. ἔχει δὲ καὶ ὁ ἐλέφας τὸ ἧπαρ

ἄχολον μέν, τεμνομένου μέντοι περὶ τὸν τόπον οὗ τοῖς ἔχουσιν
ἐπιφύεται ἡ χολή, ῥεῖ ὑγρότης χολώδης ἢ πλείων ἢ ἐλάττων. τῶν δὲ δεχομένων τὴν θάλατταν καὶ ἐχόντων πλεύμονα δελφὶς οὐκ ἔχει χολήν. οἱ δ' ὄρνιθες καὶ οἱ ἰχθύες
πάντες ἔχουσι, καὶ τὰ ᾠοτόκα καὶ τετράποδα, καὶ ὡς ἐπίπαν εἰπεῖν ἢ πλείω ἢ ἐλάττω· ἀλλ' οἱ μὲν πρὸς τῷ ἥπατι
τῶν ἰχθύων, οἷον οἵ τε γαλεώδεις καὶ γλανὶς καὶ ῥίνη καὶ
λειόβατος καὶ νάρκη καὶ τῶν μακρῶν ἐγχέλυς καὶ βελόνη
καὶ ζύγαινα. ἔχει δὲ καὶ ὁ καλλιώνυμος ἐπὶ τῷ ἥπατι,
ὥσπερ ἔχει μεγίστην τῶν ἰχθύων ὡς κατὰ μέγεθος. οἱ δὲ πρὸς
τοῖς ἐντέροις ἔχουσιν, ἀποτεταμένην ἀπὸ τοῦ ἥπατος πόροις
ἐνίοις πάνυ λεπτοῖς. ἡ μὲν οὖν ἅμα παρὰ τὸ ἔντερον παρατεταμένην ἰσομήκη ἔχει, πολλάκις δὲ καὶ ἐπαναδίπλωμα·
οἱ δ' ἄλλοι πρὸς τοῖς ἐντέροις, οἱ μὲν πορρώτερον οἱ δ' ἐγγύτερον, οἷον βάτραχος, ἔλοψ, συναγρίς, σμύραινα, ξιφίας. πολλάκις δὲ καὶ τὸ αὐτὸ γένος ἐπ' ἀμφότερα φαίνεται ἔχον, οἷον γόγγροι οἱ μὲν πρὸς τῷ ἥπατι, οἱ δὲ
κάτω ἀπηρτημένην. ὁμοίως δ' ἔχει τοῦτο καὶ ἐπὶ τῶν ὀρνίθων· ἔνιοι γὰρ πρὸς τῇ κοιλίᾳ ἔχουσιν, οἱ δὲ πρὸς τοῖς ἐντέροις τὴν χολήν, οἷον περιστερά, κόραξ, ὄρτυξ, χελιδών,
στρουθός. ἔνιοι δ' ἅμα πρὸς τῷ ἥπατι ἔχουσι καὶ πρὸς τῇ
κοιλίᾳ, οἷον αἰγοκέφαλος, οἱ δ' ἅμα πρὸς τῷ ἥπατι καὶ
τοῖς ἐντέροις, οἷον ἱέραξ καὶ ἰκτῖνος. [16] νεφροὺς δὲ καὶ κύστιν τὰ μὲν ζῳοτόκα τῶν τετραπόδων πάντ' ἔχει· ὅσα δ' ᾠο-

2 ἄχολον] χολὴν n   τεμνόμενον α (exc. H[c]rc.)   παρὰ Y[c]   3 χο. καὶ
ρ̇. γ   ἢ[(1)] om. β γ   4 τὴν om. α   5 οἱ[(2)] om. α (exc. Y[c]) N[c] Z[c] L[c] m n
6 ἅπαντες E[a]   ἔχ. χολὴν καὶ β γ   καὶ τὰ τετ. β γ (exc. E[a] n)   7 ἢ[(1)]
om. β γ Guil.   9 λιόβατος α (exc. H[c]rc.)   βελόνης N[c] Z[c]   11 ὥσπερ
X[c], K[c] n Ald.   δὲ ἄλλοι πρὸς Ald.   13 ἐνίοις om. β γ   λεπτοῖς πάνυ
transp. β γ   ἄμυια F[a] X[c] H[c] β (exc. T[c]rc.) L[c]rc. Ald.   περὶ N[c] Z[c] L[c] m n
15 μὲν] μέντοι C[a] Y[c] A[a]pr.   οἱ δ'] ἢ Y[c]   16 βάτος O[c]rc. R rc., nrc., Gaza:
rana elops Guil. (Tz): rana atrachus (ex batrachus corrup.) eleps Guil. (cett.)
ἔλλοψ H[c]rc., N[c] Z[c] L[c] m, Ald. Bk.: ἔλωψ P K[c]: ἔλωψ E[a] M[c]   post ξιφ. add.
χελιδὼν στρουθός H[c]rc. β γ Guil. Ald.   17 φαίνεται om. S[c]   18 ἔχοντα n
οἷον γόγγροι om. N[c] Z[c] mpr. n   γόγγρος H[c]rc. β E[a] P K[c] M[c] L[c] mrc.
19 δ' om. Y[c]   20 οἱ δὲ ... 23 κοιλίᾳ om. S[c] E[a]   22 ἅμα] sursum Guil.
ἔχουσι post 23 κοιλίᾳ transp. β γ   πρὸς[(2)] om. β γ   24 post ἐντ. add.
τὴν χολὴν α

ARISTOTELIS

τοκεῖ, τῶν μὲν ἄλλων οὐθὲν ἔχει, οἷον οὔτ' ὄρνις οὔτ' ἰχθύς, τῶν δὲ τετραπόδων μόνη χελώνη ἡ θαλαττία μέγεθος κατὰ λόγον τῶν ἄλλων μορίων. ὁμοίους δ' ἔχει τοὺς νεφροὺς ἡ θαλαττία χελώνη τοῖς βοείοις· ἔστι δ' ὁ τοῦ βοὸς οἷον ἐκ πολλῶν μικρῶν εἷς συγκείμενος. ἔχει δὲ καὶ ὁ βόνασος τὰ ἐντὸς ἅπαντα ὅμοια βοΐ.

τῇ δὲ θέσει, ὅσα ἔχει ταῦτα τὰ μόρια, ὁμοίως κείμενα ἔχει, [17] τήν τε καρδίαν περὶ τὸ μέσον, πλὴν ἐν ἀνθρώπῳ· οὗτος δ' ἐν τῷ ἀριστερῷ μᾶλλον μέρει, καθάπερ ἐλέχθη πρότερον. ἔχει δὲ καὶ τὸ ὀξὺ ἡ καρδία πάντων εἰς τὸ πρόσθεν· πλὴν ἐπὶ τῶν ἰχθύων οὐκ ἂν δόξειεν· οὐ γὰρ πρὸς τὸ στῆθος ἔχει τὸ ὀξύ, ἀλλὰ πρὸς τὴν κεφαλὴν καὶ τὸ στόμα. ἀνήρτηται δ' αὐτῷ τὸ ἄκρον εἰς ὃ συνάπτει τὰ βράγχια ἀλλήλοις τὰ δεξιὰ καὶ τὰ ἀριστερά. εἰσὶ δὲ καὶ ἄλλοι πόροι τεταμένοι ἐξ αὐτῆς εἰς ἕκαστον τῶν βραγχίων, μείζους μὲν τοῖς μείζοσιν, ἐλάττους δὲ τοῖς ἐλάττοσιν· ὁ δ' ἐπ' ἄκρας τῆς καρδίας τοῖς μεγάλοις αὐτῶν σφόδρα παχὺς αὐλός ἐστι καὶ λευκός. στόμαχον δ' ὀλίγοι ἔχουσι τῶν ἰχθύων, οἷον γόγγρος καὶ ἐγχέλυς, καὶ οὗτοι μικρόν. καὶ τὸ ἧπαρ τοῖς ἔχουσι τοῖς μὲν ἀσχιδές ἔχουσιν ἐν τοῖς δεξιοῖς ἐστιν ὅλον, τοῖς δὲ ἐσχισμένον ἀπ' ἀρχῆς τὸ μεῖζον ἐν τοῖς δεξιοῖς. ἐνίοις γὰρ ἑκάτερον τὸ μόριον ἀπήρτηται καὶ οὐ συμπέφυκεν ἡ ἀρχή, οἷον τῶν τε ἰχθύων τοῖς γαλεώδεσι, καὶ δασυπόδων τι γένος ἐστὶ καὶ ἄλλοθι καὶ περὶ τὴν λίμνην τὴν Βόλβην ἐν τῇ καλουμένῃ Συκίνῃ, οὓς ἄν τις

27 δὲ om. A^a pr. H^c pr.   μόνον β E^a P K^c M^c   ἡ om. Y^c   28 τῶν om. N^c Z^c   ἄλλων om. K^c   ὁμοίως α (exc. C^a Y^c), S^c O^c   30 καὶ om. m ὁ om. Y^c   βόνασος H^c rc., L^c, Ald. edd.: βόννασος α (exc. Y^c H^c rc.): βόνασσος Y^c β γ (exc. L^c)   πάντα τὰ ἐντός transp. β γ   32 πάντα τὰ μόρια ταῦτα H^c rc., T^c rc., N^c Z^c L^c m: πάντα ταῦτα τὰ μ. O^c rc.: πάντα μ. ταῦτα n: omnibus add. Gaza   33 παρὰ Y^c K^c   507a4 post καὶ add. πρὸς α Ald.   5 αὐτῶν C^a A^a G^a pr. H^c pr. Bk.: ipsi Guil.   εἰς ὅ] ἦ α (exc. H^c rc.) Sn. edd.: in quam Guil.   6 τὰ^(2) om. α (exc. F^a X^c)   καὶ^(2) om. α (exc. C^a Y^c H^c rc.)   7 πόρροι G^a Q   εἰς om. O^c pr. T^c pr.   10 ἐστιν αὐλός transp. N^c Z^c L^c m n   ὀλίγον N^c Z^c   13 ἐστὶν ante 12 ἐν transp. α Ald. Dt.   14 γὰρ] δὲ Y^c   15 τῶν τε] τὸ τῶν Y^c   16 γένος ὅ ἐστι A^a rc. G^a Q H^c β γ Ald.   ἄλλοθεν N^c Z^c L^c pr. m n   καὶ^(2) om. N^c Z^c L^c m n παρὰ β P K^c   17 βόρβην H^c rc. β γ (exc. L^c pr.)

114

δόξειε δύο ἥπατα ἔχειν διὰ τὸ πόρρω τοὺς πόρους συνάπτειν, ὥσπερ καὶ ἐπὶ τοῦ τῶν ὀρνίθων πλεύμονος. καὶ ὁ σπλὴν δ᾽ ἐστὶ πᾶσιν ἐν τοῖς ἀριστεροῖς κατὰ φύσιν, καὶ οἱ νεφροὶ τοῖς ἔχουσι κείμενοι τὸν αὐτὸν τρόπον· ἤδη δὲ διανοιχθέν τι τῶν τετραπόδων ὤφθη ἔχον τὸν σπλῆνα μὲν ἐν τοῖς δεξιοῖς, τὸ δ᾽ ἧπαρ ἐν τοῖς ἀριστεροῖς· ἀλλὰ τὰ τοιαῦτα ὡς τέρατα κρίνεται. τείνει δ᾽ ἡ μὲν ἀρτηρία πᾶσιν εἰς τὸν πλεύμονα (ὃν δὲ τρόπον, ὕστερον ἐροῦμεν), ὁ δὲ στόμαχος εἰς τὴν κοιλίαν διὰ τοῦ διαζώματος, ὅσα ἔχει στόμαχον· οἱ γὰρ ἰχθύες, ὥσπερ εἴρηται πρότερον, οἱ πλεῖστοι οὐκ ἔχουσιν, ἀλλ᾽ εὐθὺς πρὸς τὸ στόμα συνάπτει ἡ κοιλία, διὸ πολλάκις ἐνίοις τῶν μεγάλων διώκουσι τοὺς ἐλάττους προπίπτει ἡ κοιλία εἰς τὸ στόμα. ἔχει δὲ κοιλίαν πάντα τὰ εἰρημένα, καὶ κειμένην ὁμοίως (κεῖται γὰρ ὑπὸ τὸ διάζωμα εὐθύς), καὶ τὸ ἔντερον ἐχόμενον καὶ τελευτῶν πρὸς τὴν ἔξοδον τῆς τροφῆς καὶ τὸν καλούμενον ἀρχόν. ἀνομοίας δ᾽ ἔχουσι τὰς κοιλίας. πρῶτον μὲν γὰρ τῶν τετραπόδων καὶ ζωοτόκων ὅσα μή ἐστιν ἀμφώδοντα τῶν κερατοφόρων, τέτταρας ἔχει τοὺς τοιούτους πόρους· ἃ δὴ καὶ λέγεται μηρυκάζειν. διήκει γὰρ ὁ μὲν στόμαχος ἀπὸ τοῦ στόματος ἀρξάμενος ἐπὶ τὰ κάτω παρὰ τὸν πλεύμονα, ἀπὸ τοῦ διαζώματος ἐπὶ τὴν κοιλίαν τὴν μεγάλην· αὕτη δ᾽ ἐστὶ τὰ ἔσω τραχεῖα καὶ διειλημμένη. συνήρτηται δ᾽ αὐτῇ πλησίον τῆς τοῦ στομάχου προσβολῆς ὁ καλούμενος κεκρύφαλος ἀπὸ τῆς ὄψεως· ἔστι γὰρ τὰ μὲν ἔξωθεν ὅμοιος τῇ κοιλίᾳ, τὰ δ᾽ ἐντὸς ὅμοιος τοῖς πλεκτοῖς κεκρυφάλοις· μεγέθει δὲ πολὺ ἐλάττων ἐστὶν ὁ κεκρύφαλος τῆς κοιλίας. τούτου δ᾽ ἔχεται ὁ ἐχῖνος, τὰ ἐντὸς ὢν τραχὺς

18 δόξῃ α (exc. Cᵃ Yᶜ Hᶜrc.) 19 τοῦ om. Nᶜ Zᶜ 20 καὶ ... 21 τρόπον om. Gaza Cs. Sn. A.-W. 21 post αὐτὸν add. ἔχουσι Hᶜrc., Tᶜrc., γ Ald. τρόπον om. Q Ott. 22 μὲν om. Yᶜ τοῖς om. α (exc. Cᵃ Yᶜ) 23 ὡς τέρατα om. Kᶜ in lac. 25 στόμαχος om. Kᶜ in lac. 27 πρότερον om. γ Ald. 29 ἐλάττονας β προσπίπτει α γ εἰς] πρὸς α (exc. Hᶜrc.) Lᶜpr. 30 πάντα μὲν τὰ α (exc. Fᵃ Xᶜ) Dt. 31 ἕτερον Aᵃpr. Hᶜpr. 33 ἀνομοίως Aᵃ Fᵃ Xᶜ 36 μηρικάζειν Fᵃ Xᶜ Hᶜpr.: μυρικάζειν Yᶜ: μηρυκιάζειν Hᶜrc., Eᵃ P Kᶜ: alii alia 37 τὰ] τὸ β γ περὶ β 507b1 ἐπὶ] εἰς β γ 2 τραχ. καὶ διειλημμένη om. Yᶜ in lac. 3 προβολῆς α (exc. Cᵃ Yᶜ) 5 ὁμοια⁽¹⁾⁽²⁾ Yᶜ 6 ἐστὶν om. Yᶜ: ἔστι δὲ Nᶜ Zᶜ Lᶜpr. m n

καὶ πλακώδης, τὸ δὲ μέγεθος παραπλήσιος τῷ κεκρυφάλῳ. μετὰ δὲ τοῦτον τὸ καλούμενον ἤνυστρόν ἐστι, τῷ μὲν μεγέθει τοῦ ἐχίνου μεῖζον, τὸ δὲ σχῆμα προμηκέστερον· ἔχει δ' ἐντὸς πλάκας πολλὰς καὶ μεγάλας καὶ λείας. ἀπὸ δὲ τούτου τὸ ἔντερον ἤδη. τὰ μὲν οὖν κερατοφόρα καὶ μὴ ἀμφώδοντα τοιαύτην ἔχει τὴν κοιλίαν, διαφέρει δὲ πρὸς ἄλληλα τοῖς σχήμασι καὶ μεγέθεσι τούτων καὶ τῷ τὸν στόμαχον /15/ εἰς μέσην ἢ πλαγίαν τείνειν τὴν κοιλίαν. τὰ δ' ἀμφώδοντα μίαν ἔχει κοιλίαν, οἷον ἄνθρωπος, ὗς, κύων, ἄρκτος, λέων, λύκος. ἔχει δὲ καὶ ὁ θὼς πάντα τὰ ἐντὸς ὅμοια λύκῳ. πάντα μὲν οὖν ἔχει μίαν κοιλίαν, καὶ μετὰ ταῦτα τὸ ἔντερον· ἀλλὰ τὰ μὲν ἔχει μείζω τὴν κοιλίαν, ὥσπερ ὗς καὶ ἄρκτος, καὶ ἥ γε τῆς ὑὸς ὀλίγας ἔχει λείας πλάκας, τὰ δὲ πολὺ ἐλάττω καὶ οὐ πολλῷ μείζω τοῦ ἐντέρου καθάπερ κύων καὶ λέων καὶ ἄνθρωπος. καὶ τῶν ἄλλων δὲ τὰ εἴδη διέστηκε πρὸς τὰς τούτων κοιλίας· τὰ μὲν γὰρ ὑΐ ὁμοίαν ἔχει τὰ δὲ κυνί, καὶ τὰ μείζω καὶ τὰ ἐλάττω τῶν ζῴων ὡσαύτως. διαφορὰ δὲ καὶ ἐν τούτοις κατὰ τὰ μεγέθη καὶ τὰ σχήματα καὶ πάχη καὶ λεπτότητας ὑπάρχει τὰς τῆς κοιλίας, καὶ κατὰ τοῦ στομάχου τῇ θέσει τὴν σύντρησιν. διαφέρει δὲ καὶ ἡ τῶν ἐντέρων φύσις ἑκατέροις τῶν εἰρημένων ζῴων, τοῖς τε μὴ ἀμφώδουσι καὶ τοῖς ἀμφώδουσι, τῷ μεγέθει καὶ πάχει καὶ ταῖς ἐπαναδιπλώσεσι. πάντα δὲ μείζω τὰ τῶν μὴ ἀμφωδόντων ἐστί· καὶ γὰρ αὐτὰ πάντα μείζω· μικρὰ μὲν γὰρ ὀλίγα, πάμπαν δὲ μικρὸν οὐθέν ἐστι κερατοφόρον. ἔχουσι δ' ἔνια καὶ ἀποφυάδας τῶν ἐντέ-

8 παραπλήσιον Y[c]   τῷ om. β γ   **11** τούτων α (exc. H[c]rc.)   **14** καὶ τοῖς μεγ. α Ald. edd.   τούτων γ Guil. Bk.: τούτω τε α (exc. H[c]rc.) Cs.: τούτω H[c]rc. β Ald.: τούτων τε Sn. edd.   **15** εἰς] πρὸς N[c] Z[c] L[c] m n τείνειν ἢ πλαγίαν transp. S[c]   **16** τὴν κοιλ. H[c]   κύων ὗς transp. β γ ἄρκος α (exc. C[a] Y[c]rc. H[c]rc.)   **18** μίαν ἔχει transp. S[c]   μίαν om. C[a]pr.: κοιλίαν μίαν transp. C[a]rc.   κοιλίαν om. Y[c]   **20** ὀλίγας δ' Y[c]   **21** πολλῷ] πολὺ H[c]rc. β γ (exc. L[c]rc.) Ald.   μεῖζον α (exc. C[a] Y[c] H[c]rc.) Ott.   **22** λέων καὶ κύων transp. α   δὲ om. α (exc. C[a] Y[c] H[c]rc.) A.-W.   **23** ὑΐ om. K[c]   **24** τῶν ζῴων om. F[a] X[c]   **25** καὶ[(1)] om. α (exc. C[a] Y[c]) **26** ὑπάρχειν O[c]pr. T[c]pr.   τὰς om. β γ   **27** τὴν ante τοῦ transp. N[c] Z[c] L[c] m n Dt., propon. Sn. Pk.   **28** ἀπὸ τῶν ἐντ. ἡ φ. Y[c]   **29** τῷ τε με. Y[c] β γ Ald.   **32** γὰρ om. α (exc. C[a] Y[c])

HISTORIA ANIMALIUM II

ρων, εύθύεντερον δ' ούθέν έστι μή άμφώδουν. ό δ' ελέφας έντερον έχει συμφύσεις έχον, ώστε φαίνεσθαι τέτταρας κοιλίας έχειν. έν τούτω και ή τροφή έγγίνεται, χωρίς δ' ούκ έχει άγγεῖον. και τα σπλάγχνα έχει παραπλήσια τοῖς ὑείοις, πλήν τό μέν ήπαρ τετραπλάσιον τοῦ βοείου και τἆλλα, τόν δέ σπλήνα ἐλάττω ἤ κατά λόγον. τόν αυτόν δέ τρόπον έχει τα περί τήν κοιλίαν και τήν τῶν ἐντέρων φύσιν και τοῖς τετράποσι μέν τῶν ζῴων ῷοτόκοις δέ, οἷον χελώνῃ χερσαίᾳ και χελώνῃ θαλαττίᾳ και σαύρᾳ και τοῖς κροκοδείλοις ἀμφοῖν και πᾶσιν ὁμοίως τοῖς τοιούτοις· ἀπλῆν τε γαρ ἔχουσι και μίαν τήν κοιλίαν, και τα μέν ὁμοίαν τῇ ὑείᾳ, τα δέ τῇ τοῦ κυνός. τό δέ τῶν ὄφεων γένος ὅμοιόν έστι και έχει παραπλήσια σχεδόν πάντα τῶν πεζῶν και ῷοτόκων τοῖς σαύροις, εἴ τις μῆκος αὐτοῖς ἀποδούς ἀφέλοι τους πόδας. φολιδωτόν τε γάρ έστι, και τα πρανῆ και τα ὕπτια παραπλήσια τούτοις ἔχει· πλήν ὄρχεις οὐκ ἔχει, ἀλλ' ώσπερ ἰχθῦς δύο πόρους εἰς ἓν συνάπτοντας και τήν ὑστέραν μακράν και δικρόαν. τα δ' ἄλλα τα ἐντός τα αὐτά τοῖς σαύροις, πλήν ἅπαντα δια τήν στενότητα και τό μῆκος στενά και μακρά τα σπλάγχνα, ὥστε και λανθάνειν δια τήν ὁμοιότητα τῶν σχημάτων· τήν τε γαρ ἀρτηρίαν ἔχει σφόδρα μακράν, ἔτι δέ μακρότερον τόν στόμαχον. ἀρχή δέ τῆς ἀρτηρίας πρός αὐτῷ ἐστι τῷ στόματι, ὥστε δοκεῖν ὑπό ταύτην εἶναι τήν γλῶτταν. προέχειν δέ δοκεῖ τῆς γλώττης ἡ ἀρτηρία δια τό συσπᾶσθαι τήν γλῶτταν και μή μένειν ώσ-

34 δ'(1) om. A^a*pr.* G^a Q H^c   έστι om. S^c   35 συμφυές A^a H^c*pr.*: συμφύεις G^a Q: incert. abbrev. C^a Y^c F^a X^c   37 post. σπλ. add. δ' H^c*rc.* β γ Ald. 508a2 ἤ om. β γ Guil.   3 έχει και τα α (exc. C^a H^c*rc.*) Ald.   παρά K^c   4 ζῴων] ζωοτόκων A^a*rc.* G^a*pr.* H^c*pr.* F^a X^c, β (exc. O^c*rc.* T^c*rc.*), Ald.   5 σαῦρα α (exc. C^a H^c*rc.*)   και⁽³⁾ om. A^a*rc.* G^a Q F^a X^c   6 ὁμοίως H^c*rc.* β γ Ald. Bk.: ὅλως α (exc. H^c*rc.*) Dt.: totis Guil.   7 μέν οὖν Y^c   9 παραπλησίαν H^c*rc.* γ (exc. m): παραπλήσιον β (exc. S^c)   10 ταῖς σαύραις F^a X^c   ἀποδ. αὐτ. transp. α Ald. Dt.   ἀποδιδούς H^c*rc.* L^c   ἀφέλει P: ἀφέλη N^c Z^c L^c m n   11 τε om. C^a, Z^c n   14 μακράν ... 15 στενότητα om. Q Ott.   ταυτά Z^c L^c: ταῦτα n   τοῖς om. F^a X^c   15 σαύραις F^a X^c   16 και⁽²⁾ om. β γ   λανθάνει α (exc. C^a Y^c)   17 ἀνομοιότητα H^c*rc.* β γ   20 προσέχειν A^a*pr.* G^a Q H^c*pr.*: coniungi Guil. δέ] τε β γ

περ τοῖς ἄλλοις. ἔστι δ' ἡ γλῶττα λεπτὴ καὶ μακρὰ καὶ μέλαινα, καὶ ἐξέλκεται μέχρι πόρρω. ἴδιον δὲ παρὰ τὰς τῶν ἄλλων γλώττας ἔχουσι καὶ οἱ ὄφεις καὶ οἱ σαῦροι τὸ δικρόαν αὐτῶν εἶναι τὴν γλῶτταν ἄκραν, πολὺ δὲ μάλιστα οἱ ὄφεις· τὰ γὰρ ἄκρα αὐτῶν ἐστι λεπτὰ ὥσπερ τρίχες. ἔχει δὲ καὶ ἡ φώκη ἐσχισμένην τὴν γλῶτταν. τὴν δὲ κοιλίαν ὁ ὄφις ἔχει οἷον ἔντερον εὐρυχωρέστερον, ὁμοίαν τῇ τοῦ κυνός· εἶτα τὸ ἔντερον μακρὸν καὶ λεπτὸν καὶ μέχρι τοῦ τέλους ἕν. ἐπὶ δὲ τοῦ φάρυγγος ἡ καρδία μικρά, μακρὰ δὲ καὶ νεφροειδής· διὸ δόξειεν ἂν ἐνίοτε οὐ πρὸς τὸ στῆθος ἔχειν τὸ ὀξύ. εἶθ' ὁ πλεύμων ἁπλοῦς, ἰνώδει πόρῳ διηρθρωμένος καὶ μακρὸς σφόδρα καὶ πολὺ ἀπηρτημένος τῆς καρδίας. καὶ τὸ ἧπαρ μακρὸν καὶ ἁπλοῦν, σπλῆνα δὲ μικρὸν καὶ στρογγύλον, ὥσπερ καὶ οἱ σαῦροι. χολὴν δ' ἔχει ὁμοίως τοῖς ἰχθύσιν· οἱ μὲν γὰρ ὕδροι ἐπὶ τῷ ἥπατι ἔχουσιν, οἱ δ' ἄλλοι πρὸς τοῖς ἐντέροις ὡς ἐπὶ τὸ πολύ. καρχαρόδοντες δὲ πάντες εἰσί. πλευρὰς δ' ἔχουσιν ἴσας ταῖς ἐν τῷ μηνὶ ἡμέραις· τριάκοντα γὰρ ἔχουσι. λέγουσι δέ τινες συμβαίνειν περὶ τοὺς ὄφεις τὸ αὐτὸ ὅπερ καὶ περὶ τοὺς νεοττοὺς τῶν χελιδόνων· ἐὰν γάρ τις ἐκκεντήσῃ τὰ ὄμματα τῶν ὄφεων, φασὶ φύεσθαι πάλιν. καὶ αἱ κέρκοι δὲ ἀποτεμνόμεναι τῶν τε σαύρων καὶ τῶν ὄφεων φύονται. ὡσαύτως δὲ καὶ τοῖς ἰχθύσιν ἔχει τὰ περὶ τὰ ἔντερα καὶ τὴν κοιλίαν· μίαν γὰρ καὶ ἁπλῆν ἔχουσι, διαφέρουσαν τοῖς σχήμασιν. ἔνιοι γὰρ πάμπαν ἐντεροειδῆ ἔχουσιν, οἷον ὃν καλοῦσι σκάρον, ὃς δὴ καὶ

23 ἐξέλκεται β γ: ἐξέρχεται α Ald. edd.: *extrahitur* Guil. 24 γλώσσας s. γλῶ- α (exc. H^c^rc.) οἱ[1] om. C^a A^a G^a Q αἱ σαῦραι F^a X^c 25 εἶναι αὐτῶν transp. S^c 28 ὁ om. γ 29 μακρὸν καὶ om. α (exc. H^c^rc.) Guil. τοῦ om. C^a 30 τῇ φάρυγγι H^c^rc. β γ: *post fauces* Guil. μικρά, μακρὰ β γ: μικρὰ καὶ μακρὰ α Ald.: *parvum longum* Scot. Guil.: *exiguum sed longum* Gaza: μικρὰ Sn. edd. (μακρὰ A.-W.) δὲ[2] om. α Ald. A.-W. Dt. 32 πόρρω E^a P K^c M^c^pr.: πόρρωθεν N^c Z^c L^c^pr. m n 34 μικρὸν] μακρὸν β γ (exc. Prc.) Ald. 35 αἱ σαῦραι F^a X^c ὁμοίως ἔχει transp. Y^c ὁμοίαν A^a G^a Q F^a X^c H^c^pr. τοῖς] τὴν Q 508b1 ἐπὶ] πρὸς α (exc. H^c^rc.) Dt. 3 ἴσας om. P 4 παρὰ K^c 5 νεοτ. τοὺς τῶν γ (exc. L^c) Bk. 7 αἱ om. β Ald. 8 σαυρῶν F^a X^c 9 παρὰ Y^c, K^c 10 διαφορὰν C^a A^a^pr. G^a Q H^c^pr.: διαφέρουσι Y^c 11 ἑτεροειδῆ α β L^c Ald. Cs. A.-W. Dt.: *assimilantur intestino* Scot.: *similem intestino* Guil.: *species ventris* Gaza

δοκεῖ μόνος ἰχθὺς μηρυκάζειν. καὶ τὸ τοῦ ἐντέρου δὲ μέγεθος ἁπλοῦν, καὶ ἀναδίπλωσιν ἔχει, ὃ ἀναλύεται εἰς ἕν. ἴδιον δὲ τῶν ἰχθύων ἐστὶ καὶ τῶν ὀρνίθων τῶν πλείστων τὸ ἔχειν ἀποφυάδας· ἀλλ' οἱ μὲν ὄρνιθες κάτωθεν καὶ ὀλίγας, οἱ δ' ἰχθύες ἄνωθεν περὶ τὴν κοιλίαν, καὶ ἔνιοι πολλάς, οἷον κωβιός, γαλεός, πέρκη, σκορπίος, κίθαρος, τρίγλη, σπάρος· ὁ δὲ κεστρεὺς ἐπὶ μὲν θάτερα τῆς κοιλίας πολλάς, ἐπὶ θάτερα δὲ μίαν. ἔνιοι δ' ἔχουσι μὲν ὀλίγας δέ, οἷον ἥπατος καὶ γλαῦκος· ἔχει δὲ καὶ ὁ χρύσοφρυς ὀλίγας. διαφέρουσι δὲ καὶ αὐτοὶ αὐτῶν, οἷον χρύσοφρυς ὁ μὲν πλείους ἔχει ὁ δ' ἐλάττους. εἰσὶ δὲ καὶ οἳ ὅλως οὐκ ἔχουσιν, οἷον οἱ πλεῖστοι τῶν σελαχωδῶν· τῶν δ' ἄλλων οἱ μὲν ὀλίγας, οἱ δὲ καὶ πάνυ πολλάς. πάντες δὲ παρ' αὐτὴν ἔχουσι τὴν κοιλίαν τὰς ἀποφυάδας οἱ ἰχθύες. οἱ δ' ὄρνιθες ἔχουσι καὶ πρὸς ἀλλήλους καὶ πρὸς τὰ ἄλλα ζῷα περὶ τὰ ἐντὸς μέρη διαφοράν. οἱ μὲν γὰρ ἔχουσι πρὸ τῆς κοιλίας πρόλοβον, οἷον ἀλεκτρυών, φάσσα, περιστερά, πέρδιξ· ἔστι δ' ὁ πρόλοβος δέρμα κοῖλον καὶ μέγα, ἐν ᾧ ἡ τροφὴ πρώτη εἰσιοῦσα ἄπεπτός ἐστιν. ἔστι δ' αὐτόθι μὲν ἀπὸ τοῦ στομάχου στενότερος, ἔπειτα εὐρύτερος, /31/ ᾗ δὲ καθήκει πάλιν πρὸς τὴν κοιλίαν, λεπτότερος. /32/ τὴν δὲ κοιλίαν σαρκώδη καὶ στιφρὰν οἱ πλεῖστοι ἔχουσι, καὶ /33/ ἔσωθεν ἓν δέρμα ἰσχυρὸν ἀφαιρούμενον ἀπὸ τοῦ σαρκώδους. οἱ δὲ /34/ πρόλοβον μὲν οὐκ ἔχουσιν, ἀλλ' ἀντὶ τούτου τὸν στόμαχον εὐρὺν

12 μόν. ἰχθ. δοκ. transp. **α** (exc. C^a Y^c) Ald.   μηρυκάζειν, μηρικάζειν, alia, cf. 507a36   **13** ἀναδ. ἔχει ὃ om. **β** (exc. T^{c}rc.)   ὃ] καὶ **γ**: om. T^{c}rc.   δὲ om. **γ**   **14** ἐστὶ τῶν ὀρν. κ. τῶν ἰχ. transp. **β γ**   **16** post ἰχ. add. πλείους **β γ** Guil. Ald.   παρὰ K^c post κωβ. add. καὶ **α** (exc. C^a Y^c)   **17** κιθαρές C^a: κιθαρίς **α** (exc. C^a Y^c H^{c}rc.)   σκάρος **α** Guil. Ald.   **19** δὲ θάτ. transp. **α** (exc. C^a Y^c) Bk.   μὲν om. Q Ott.   οἷον om. G^a Q Ott. καὶ om. C^a Y^c A^{a}pr. **γ** Bk.   **21** αὐτῶν C^a, E^{a}rc. L^c m Dt. Peck   ἔχει ὁ μὲν πλ. transp. **α** Dt. Louis   **23** καὶ om. Ald.   **25** οἱ$^{(1)}$] οἷον Y^c καὶ om. N^c Z^c L^{c}pr. m n   **26** διαφοράς **α** (exc. C^a Y^c H^{c}rc.)   **27** πρὸς τὴν κοιλίαν Y^c **28** φάττα **α** (exc. H^{c}rc.) Sn. edd.   ὁ om. **γ**   **30** αὐτόθεν H^{c}rc., N^c Z^c L^c m n: αὐτὸ Y^c: *a principio* Guil.   ἀπὸ] ἐπὶ Y^c στενότερος C^a Y^c **β** (exc. S^c) **γ** (exc. m) Dt.: στενώτερος H^{c}rc., S^c, m, Ald. edd.: στενοτέρα A^a G^a Q: στενωτέρα F^a X^c H^{c}pr.   **31** πάλιν om. **β**   **32** στρυφνὰν **α**   καὶ$^{(2)}$ ... **34** ἔχουσιν om. n   καὶ ἔσωθεν] ἔσωθεν δὲ καὶ S^c **33** ἓν om. **α** Ald. edd.   post ἰσχ. add. καὶ **α** Ald. edd.

ARISTOTELIS

καὶ πλατύν, ἢ διόλου ἢ τὸ πρὸς τὴν κοιλίαν τεῖνον, οἷον κολοιὸς καὶ κόραξ καὶ κορώνη. ἔχει δὲ καὶ ὁ ὄρτυξ τοῦ στομάχου τὸ πλατὺ κάτω, καὶ ὁ αἰγοκέφαλος μικρὸν εὐρύτερον τὸ κάτω καὶ ἡ γλαύξ. νῆττα δὲ καὶ χὴν καὶ λάρος καὶ καταρράκτης καὶ ὠτὶς τὸν στόμαχον εὐρὺν καὶ πλατὺν ὅλον, καὶ ἄλλοι δὲ πολλοὶ τῶν ὀρνίθων ὁμοίως. ἔνιοι δὲ τῆς κοιλίας αὐτῆς τι ἔχουσιν ὅμοιον προλόβῳ, οἷον ἡ κεγχρηΐς. ἔστι δὲ ἃ οὐκ ἔχει οὔτε τὸν στόμαχον οὔτε τὸν πρόλοβον εὐρύν, ἀλλὰ τὴν κοιλίαν μακράν, ὅσα μικρὰ τῶν ὀρνίθων, οἷον χελιδὼν καὶ στρουθός. ὀλίγοι δ' οὔτε τὸν πρόλοβον ἔχουσιν οὔτε τὸν /10/ στόμαχον εὐρύν, ἀλλὰ σφόδρα μακρόν, ὅσοι τὸν αὐχένα μακρὸν ἔχουσιν, οἷον πορφυρίων· σχεδὸν δ' οὗτοι καὶ τὸ περίττωμα ὑγρότερον τῶν ἄλλων προΐενται πάντες. ὁ δ' ὄρτυξ ἰδίως ἔχει ταῦτα πρὸς τοὺς ἄλλους· ἔχει γὰρ καὶ πρόλοβον καὶ πρὸ τῆς γαστρὸς τὸν στόμαχον εὐρὺν καὶ πλάτος ἔχοντα· διέχει δὲ ὁ πρόλοβος τοῦ πρὸ τῆς γαστρὸς στομάχου συχνὸν ὡς κατὰ μέγεθος. ἔχουσι δὲ καὶ λεπτὸν τὸ ἔντερον οἱ πλεῖστοι καὶ ἁπλοῦν ἀναλυόμενον. τὰς δ' ἀποφυάδας ἔχουσιν οἱ ὄρνιθες, καθάπερ εἴρηται, ὀλίγας, καὶ οὐκ ἄνωθεν ὥσπερ οἱ ἰχθύες, ἀλλὰ κάτωθεν κατὰ τὴν τοῦ ἐντέρου τελευτήν. ἔχουσι δ' οὐ πάντες ἀλλ' οἱ πλεῖστοι, οἷον ἀλεκτρυών, πέρδιξ, νῆττα, νυκτικόραξ, λόκαλος, ἀσκάλαφος, χήν, κύκνος, ὠτίς, γλαύξ. ἔχουσι δὲ καὶ τῶν μικρῶν τινες, ἀλλὰ μικρὰ πάμπαν, οἷον στρουθός.

35 τὸ om. β L^c rc. Ald.: τὴν H^c τείνοντα α (om. Y^c), S^c O^c rc, L^c rc., Ald.: qua propius ventriculum adit Gaza **509a2** εὐρύτερος T^c rc. γ (exc. L^c) **3** γλάρος A^a pr. G^a Q **4** καταρράκτης Y^c F^a X^c γ ὅτις β (exc. S^c) E^a L^c m n: ὅτις P K^c N^c: ὅτισον Z^c **5** τὴν κοιλίαν αὐτὴν ἔχουσιν ὁμ. A^a rc. β γ Ald. **6** ὁμοίαν β γ Ald. κεγχρίς Y^c β γ Ald. **7** οὔτε^(1)] ὄντα N^c Z^c: οὕτω m οὔτε^(2)] οὐδὲ N^c Z^c m n **8** μικρά] μακρὰ Y^c pr. H^c pr. **9** τὸν^(1) om. C^a Y^c **13** ταῦτα ἔχει transp. α (exc. C^a Y^c) Ald. τοὺς ἄλλους] ὅλους A^a pr. **15** δὲ] γὰρ C^a pr. **17** post ἀποφ. add. ἀπολυμένας C^a: ἀπολυμένας Y^c: ἀπολελυμένας A^a G^a Q F^a X^c H^c pr. Ald. **20** οἱ om. β **21** λόκαλος om. α (exc. H^c rc.) Guil. **22** κύκνος] κυκλάμινος α (exc. H^c rc.) ὅτις β (exc. S^c), E^a m n: ὅτις P pr. K^c: ὅτισον N^c Z^c (ὅτ-) σμικρῶν H^c rc., L^c, Ald. τινες] ἔνιοι α (exc. H^c rc.) ἀλλὰ] ἄλλος δὲ E^a: ἀλλ' ὅσα K^c **23** σμικρὰ H^c rc. β γ (exc. E^a K^c) Ald. post στρουθός add. περὶ ... εἴρηται (= a27) γ (exc. M^c Z^c), eadem iterum a27 exhibent.

120

Γ

[1] περὶ μὲν οὖν τῶν ἄλλων μορίων τῶν ἐντὸς εἴρηται, καὶ 509a27
πόσα καὶ ποῖ' ἄττα, καὶ τίνας ἔχει πρὸς ἄλληλα διαφοράς· λοιπὸν δὲ περὶ τῶν εἰς τὴν γένεσιν συντελούντων μορίων
εἰπεῖν. ταῦτα γὰρ τοῖς μὲν θήλεσι πᾶσιν ἐντός ἐστι, τὰ δὲ 30
τῶν ἀρρένων διαφορὰς ἔχει πλείους. τὰ μὲν γὰρ ὅλως τῶν
ἐναίμων ζῴων οὐκ ἔχει ὄρχεις, τὰ δ' ἔχει μὲν ἐντὸς δ'
ἔχει, καὶ τῶν ἐντὸς ἐχόντων τὰ μὲν πρὸς τῇ ὀσφύϊ ἔχει
περὶ τὸν τῶν νεφρῶν τόπον, τὰ δὲ πρὸς τῇ γαστρί, τὰ δ'
ἐκτός. καὶ τὸ αἰδοῖον τούτων τοῖς μὲν συνήρτηται πρὸς τὴν 35
γαστέρα, τοῖς δ' ἀφεῖται καθάπερ καὶ οἱ ὄρχεις· πρὸς δὲ 509b1
τὴν γαστέρα συνήρτηται ἄλλως τοῖς τ' ἐμπροσθουρητικοῖς καὶ
τοῖς ὀπισθουρητικοῖς. τῶν μὲν οὖν ἰχθύων οὐθεὶς ὄρχεις ἔχει,
οὐδ' εἴ τι ἄλλο ἔχει βράγχια, οὐδὲ τὸ τῶν ὄφεων γένος
ἅπαν, οὐδ' ὅλως ἄπουν οὐδέν, ὅσα μὴ ζῳοτοκεῖ ἐν αὑτοῖς. οἱ 5
δ' ὄρνιθες ἔχουσι μὲν ὄρχεις, ἔχουσι δ' ἐντὸς πρὸς τῇ ὀσφύϊ.
καὶ τῶν τετραπόδων ὅσα ᾠοτοκεῖ, τὸν αὐτὸν ἔχει τρόπον,
οἷον σαύρα καὶ χελώνη καὶ κροκόδειλος, καὶ τῶν ζῳοτόκων
ἐχῖνος. τὰ δὲ τῶν ἐντὸς ἐχόντων πρὸς τῇ γαστρὶ ἔχει, οἷον τῶν
ἀπόδων μὲν δελφίς, τῶν δὲ τετραπόδων καὶ ζῳοτόκων ἐλέ- 10
φας· τὰ δ' ἄλλα φανεροὺς ἔχει. ἡ δ' ἐξάρτησις ἡ πρὸς τὴν κοιλίαν καὶ τὸν τόπον τὸν συνεχῆ τίνα διαφορὰν ἔχει, πρότερον
εἴρηται· τοῖς μὲν γὰρ ἐκ τοῦ ὄπισθεν συνεχεῖς καὶ οὐκ ἀπηρτημένοι εἰσίν, οἷον τῷ γένει τῷ τῶν ὑῶν, τοῖς δ' ἀπηρτημένοι, καθάπερ τοῖς ἀνθρώποις. 15
οἱ μὲν οὖν ἰχθύες ὄρχεις μὲν 15
οὐκ ἔχουσιν, ὥσπερ εἴρηται πρότερον, οὐδ' οἱ ὄφεις· πόρους

509a28 ἄττα C^a Y^c, S^c 29 παρὰ Y^c τὴν om. F^a X^c 30 ταῦτα]
πάντα C^a 31 πολλὰς ἔχ. διαφ. β γ: διαφ. ἔχ. πολλάς H^{c}rc.   32 μὲν ...
33 ἔχει om. n   μὲν om. N^c Z^c L^c m   34 περὶ] πρὸς β: παρὰ Y^c
509b2 τ' om. β γ A.-W. Dt. Peck   ἔμπροσθεν οὐρητικοῖς β γ   5 ἐν
αὑτ. ζω. transp. Y^c β γ   αὑτοῖς s. ἑαυτοῖς cett. Cs. edd.: αὐτοῖς α (exc. C^a)
E^a Ald.   6 μὲν ἔχ. transp. γ (exc. L^{c}rc.)   8 σαῦρα α (exc. Y^c H^{c}rc.) γ
(exc. Z^c L^c)   10 μὲν om. γ (exc. L^{c}rc.)   11 φανερὰ N^c Z^c 13 πρὸς
τοὔπισθεν β γ   14 τῷ$^{(2)}$ om. α (exc. C^a Y^c H^{c}rc.)   16 ὥσπερ] καθάπερ
α (exc. C^a Y^c H^{c}rc.), S^c

121

δὲ δύο ἔχουσιν ἀπὸ τοῦ ὑποζώματος ἠρτημένους ἐφ' ἑκάτερα τῆς ῥάχεως, συνάπτοντας εἰς ἕνα πόρον ἄνωθεν τῆς τοῦ περιττώματος ἐξόδου[· τὸ δ' ἄνωθεν λέγομεν τὸ πρὸς τὴν ἄκανθαν]. οὗτοι δὲ γίνονται περὶ τὴν ὥραν τῆς ὀχείας θοροῦ πλήρεις, καὶ θλιβομένων ἐξέρχεται τὸ σπέρμα λευκόν. αὐτοὶ δὲ πρὸς αὑτοὺς ἣν ἔχουσι διαφοράν, ἔκ τε τῶν ἀνατομῶν δεῖ θεωρεῖν καὶ ὕστερον λεχθήσεται ἐν τοῖς περὶ ἕκαστον ἰδίοις ἀκριβέστερον.

ὅσα δ' ᾠοτοκεῖ ἢ δίποδα ὄντα ἢ τετράποδα πάντα ἔχει ὄρχεις πρὸς τῇ ὀσφύϊ κάτωθεν τοῦ διαζώματος, τὰ μὲν λευκοτέρους τὰ δ' ὠχροτέρους, λεπτοῖς πάμπαν φλεβίοις περιεχομένους. καὶ ἀφ' ἑκατέρου τείνει πόρος συνάπτων εἰς ἕνα, καθάπερ καὶ τοῖς ἰχθύσιν, ὑπὲρ τῆς τοῦ περιττώματος ἐξόδου. τοῦτο δ' ἐστὶν αἰδοῖον, ὃ τοῖς μὲν μικροῖς ἄδηλον, ἐν δὲ τοῖς μείζοσιν, οἷον ἐν χηνὶ καὶ τοῖς τηλικούτοις, φανερώτερον γίνεται, ὅταν ἡ ὀχεία πρόσφατος ᾖ. οἱ δὲ πόροι καὶ τοῖς ἰχθύσι καὶ τούτοις προσπεφύκασι πρὸς τῇ ὀσφύϊ ὑποκάτω τῆς κοιλίας καὶ τῶν ἐντέρων, μεταξὺ τῆς μεγάλης φλεβός, ἀφ' ἧς τείνουσι πόροι εἰς ἑκάτερον τῶν ὄρχεων. ὥσπερ δὲ τοῖς ἰχθύσι περὶ μὲν τὴν ὥραν τῆς ὀχείας θορός τε φαίνεται ἐνὼν καὶ οἱ πόροι σφόδρα δῆλοι, ὅταν δὲ παρέλθῃ ἡ ὥρα, ἄδηλοι καὶ οἱ πόροι ἐνίοτε, οὕτω καὶ τῶν ὀρνίθων οἱ ὄρχεις· πρὶν μὲν ὀχεύειν, οἱ μὲν μικροὺς οἱ δὲ πάμπαν ἀδήλους ἔχουσιν, ὅταν δὲ ὀχεύωσι, σφόδρα μεγάλους ἴσχουσιν. ἐπιδηλότατα δὲ τοῦτο συμβαίνει ταῖς φάτταις καὶ τοῖς πέρδιξιν, ὥστ' ἔνιοι οἴονται οὐδ' ἔχειν τοῦ

χειμῶνος ὄρχεις αὐτά.
τῶν δ' ἐν τῷ πρόσθεν ἐχόντων
τοὺς ὄρχεις οἱ μὲν ἐντὸς ἔχουσι πρὸς τῇ γαστρί, καθάπερ
δελφίς, οἱ δ' ἐκτὸς ἐν τῷ φανερῷ πρὸς τῷ τέλει τῆς γαστρός. τούτοις δὲ τὰ μὲν ἄλλα ἔχει τὸν αὐτὸν τρόπον, διαφέρουσι δὲ ὅτι οἱ μὲν αὐτῶν ἔχουσι καθ' αὑτοὺς τοὺς ὄρχεις, οἱ δ' ἐν τῇ καλουμένῃ ὀσχέᾳ, ὅσοι ἔξωθεν.
αὐτοὶ δ' οἱ ὄρχεις ἐν πᾶσι τοῖς πεζοῖς καὶ ζῳοτόκοις τόνδ' ἔχουσι τὸν τρόπον. τείνουσιν ἐκ τῆς ἀορτῆς πόροι φλεβικοὶ μέχρι τῆς κεφαλῆς ἑκατέρου τοῦ ὄρχεως, καὶ ἄλλοι δ' ἀπὸ τῶν νεφρῶν δύο· εἰσὶ δ' οὗτοι μὲν αἱματώδεις, οἱ δ' ἐκ τῆς ἀορτῆς ἄναιμοι. ἀπὸ δὲ τῆς κεφαλῆς πρὸς αὐτῷ τῷ ὄρχει πόρος ἐστὶ πυκνότερος ἐκείνου καὶ νευρωδέστερος, ὃς ἀνακάμπτει πάλιν ἐν ἑκατέρῳ τῷ ὄρχει πρὸς τὴν κεφαλὴν τοῦ ὄρχεως· ἀπὸ δὲ τῆς κεφαλῆς ἑκάτεροι πάλιν εἰς ταὐτὸ συνάπτουσιν εἰς τὸ πρόσθεν ἐπὶ τὸ αἰδοῖον. οἱ δ' ἐπανακάμπτοντες πόροι καὶ προσκαθήμενοι /22/ τοῖς ὄρχεσιν ὑμένι περιειλημμένοι εἰσὶ τῷ αὐτῷ, /23/ ὥστε δοκεῖν ἕνα εἶναι πόρον, ἐὰν μὴ διέλῃ τὸν ὑμένα τις. ὁ /24/ μὲν οὖν προσκαθήμενος πόρος ἔτι αἱματῶδες ἔχει τὸ ὑγρόν, /25/ ἧττον μέντοι τῶν ἄνω τῶν ἐκ τῆς ἀορτῆς· ἐν δὲ τοῖς ἐπανακάμπτουσιν εἰς τὸν καυλὸν τὸν ἐν τῷ αἰδοίῳ λευκή ἐστιν ἡ /27/ ὑγρότης. φέρει δὲ καὶ ἀπὸ τῆς κύστεως πόρος, καὶ συνάπτει ἄνωθεν εἰς τὸν καυλόν· περὶ τοῦτον δὲ οἷον κέλυφός ἐστι τὸ καλούμενον αἰδοῖον. θεωρείσθω δὲ τὰ εἰρημένα ταῦτα καὶ ἐκ

7 αὐτούς S^c O^c T^c Ald.   ἐν τῷ del. Ott. v.l.   ἐν om. H^cpr.   ἔμπροσθεν α Sn. edd.   8 ἐντὸς ... 9 δ' om. U^cpr.: πρὸς τῇ γαστρὶ καθάπερ δελφίδι ἢ U^crc.: aut intus iuxta alvum conduntur ut delphino aut foris ... Gaza   10 τὸν αὐτὸν ἔχει transp. α (exc. C^a Y^c) Ald.   11 αὐτῶν] αὐτοὺς α (exc. H^crc.) Guil.   12 ἐν om. H^c Ald.   ὀχεία Y^c Ott.: ὀχέα G^a Q F^a X^c, K^c: ὀσθεῖα P ὅσοι ... δ' om. Y^c in lac.   13 ἅπασι β γ   15 δ' om. α (exc. H^crc.) Cs. edd.   16 εἰσὶ δ'] καὶ εἰσὶν Y^c   ἀορτῆς] κεφαλῆς F^a X^c   18 ἐκείνου ... 20 ἑκάτεροι om. K^c   20 ἑκατέρας α (exc. H^crc.) Guil. Dt.   21 τὸ αἰδοῖον ... 22 τοῖς om. K^c   22 ὑμένι] οἱ μὲν α β γ (exc. L^ccorr.)   23 ἂν α (exc. H^crc.) Dt.   24 ἔτι] ὅτι Y^c: ἔστι N^c Z^c   25 τῶν ἐκ τῆς ἀορτῆς om. Gaza Dt.   26 αὐλὸν E^apr. mpr.   28 εἰς] πρὸς α Ald.   παρὰ Y^c   τοῦτο β γ (exc. E^a)   29 καὶ om. α (exc. H^crc.) Sn. edd.

123

ARISTOTELIS

30 τῆς ὑπογραφῆς τῆσδε. τῶν πόρων ἀρχὴ τῶν ἀπὸ τῆς ἀρτηρίας, ἐφ' οἷς Α· κεφαλαὶ τῶν ὄρχεων καὶ οἱ καθήκοντες πόροι, ἐφ' οἷς Κ· οἱ ἀπὸ τούτων πρὸς τῷ ὄρχει προσκαθήμενοι, ἐφ' οἷς τὰ ΩΩ· οἱ δ' ἀνακάμπτοντες, ἐν οἷς ἡ ὑγρότης ἡ λευκή, ἐφ' οἷς τὰ ΒΒ· αἰδοῖον Δ, κύστις Ε,
35 ὄρχεις δ' ἐν οἷς τὰ ΨΨ. ἀποτεμνομένων δ' ἢ ἀφαιρουμέ-
510b1 νων τῶν ὄρχεων αὐτῶν ἀνασπῶνται οἱ πόροι ἄνω. διαφθείρουσι δ' οἱ μὲν νέων ἔτι ὄντων τρίψει, οἱ δὲ ὕστερον ἐκτέμνοντες· συνέβη δ' ἤδη ταῦρον ἐκτμηθέντα καὶ εὐθὺς ἐπι-
4 βάντα ὀχεῦσαι καὶ γεννῆσαι.
4 τὰ μὲν οὖν περὶ τοὺς ὄρχεις
5 τῶν ζῴων τοῦτον ἔχει τὸν τρόπον. αἱ δ' ὑστέραι τῶν ἐχόντων
6 ὑστέρας ζῴων οὔτε τὸν αὐτὸν τρόπον ἔχουσιν οὔθ' ὅμοιαι πάντων /7/ εἰσίν, ἀλλὰ διαφέρουσι καὶ τῶν ζῳοτοκούντων
7, 8 πρὸς ἄλληλα /8/ καὶ τῶν ᾠοτοκούντων.
8 δίκροαι μὲν οὖν εἰσι πάντων τῶν πρὸς τοῖς ἄρθροις ἐχόντων τὰς ὑστέρας, καὶ τὸ μὲν αὐ-
10 τῶν ἐν τοῖς δεξιοῖς μέρεσι, τὸ δ' ἕτερον ἐν τοῖς ἀριστεροῖς ἐστιν· ἡ δ' ἀρχὴ μία καὶ τὸ στόμα ἕν, οἷον καυλὸς σαρκώδης σφόδρα καὶ χονδρώδης τοῖς πλείστοις καὶ μεγίστοις.

30 τῆσδε] ταύτης Y^c: τῆς δὲ γ (exc. L^crc. nrc.) ἡ ἀρχὴ α (exc. C^a Y^c) Ald.: ἀρχῆς γ (exc. L^crc.) τῶν (2) om. α Ald. ἀρτηρίας codd. (exc. O^crc. T^crc.) Guil. Trap. Ald. Cs. Sn. Bk. Buss.: ἀορτῆς O^crc. T^crc. Pk. A.-W. Dt. Peck Louis L.-V.: om. Scot.: aorta Gaza Scal. **31** οἷς] ἧς F^a X^c H^crc., N^c Z^c m n, Ald. Α· κεφαλαὶ α (exc. H^crc.) edd.: ἡ κεφαλὴ α β: ᾱ ἡ κεφαλὴ H^crc., E^a P K^c M^c L^c: ἂν ἡ κεφαλὴ N^c Z^c m n: ᾱ· κεφαλαὶ Ald. **32** οἷς] ἧς L^c m K] κ̄ α (exc. Y^c): εἴκοσι Y^c: ΚΚ L^crc. Gaza Cs. edd. οἱ δ' ἀπὸ E^a καθήμενοι A^apr. G^a Q H^c Ald. **33** ἐφ' οἷς om. K^c ἀνακάπτοντες E^a n ἐν] ἐφ' H^crc., N^c Z^c L^c m n Ald. **34** τὰ om. β γ κύστεις A^a G^a Q, E^a: κύστης H^c E] πέμπτον Y^c **35** ἐν codd. Ald. Dt.: ἐφ' Sn. Bk. ἀποτεμνουμένων Y^c F^a X^c **510b1** αὐτῶν om. K^c διαφέρουσι Q **2** ἔτι νέων transp. α Ald. edd. ὄντων] οὕτων N^c: οὕτω Z^cpr. τρίψει] τρέχει K^c δὲ καὶ ὕστ. α Ald. edd. ἐκτέμνοντες β γ Bk.: ἐκτέμνονται α Ald. Cs.: pereunt Guil. **3** ἤδη om. H^crc. β γ **5** τῶν ζῴων H^crc. β γ Ald.: τοῖς ζῴοις α (exc. H^crc.) Guil. Bk. **6** ὅμοιοι K^c: ὅμοια n πάντων] τούτων E^a **7** ἐστὶν K^c πρὸς ... **8** ᾠοτοκούντων om. F^a X^c **8** οὖν om. α (exc. C^a Y^c H^crc.) ἀπάντων α (exc. H^crc.) Ald. **11** ἡ δ'] καὶ τούτων α (exc. C^a Y^c H^crc.) Ott. τὸ om. H^cpr.

HISTORIA ANIMALIUM III 510b

καλεῖται δὲ τούτων τὰ μὲν ὑστέρα καὶ δελφύς (ὅθεν καὶ ἀδελφοὺς προσαγορεύουσι), μήτρα δ' ὁ καυλὸς καὶ τὸ στόμα τῆς ὑστέρας.

ὅσα μὲν οὖν ἐστι ζωοτόκα καὶ δίποδα ἢ τετράποδα, τούτων μὲν ἡ ὑστέρα πάντων ἐστὶ κάτω τοῦ ὑποζώματος, οἷον ἀνθρώπῳ καὶ κυνὶ καὶ ὑῒ καὶ ἵππῳ καὶ βοΐ· καὶ τοῖς κερατοφόροις ὁμοίως ταῦτα ἔχει πᾶσιν. ἐπ' ἄκρων δὲ αἱ ὑστέραι τῶν καλουμένων κεράτων εἱλιγμὸν ἔχουσιν αἱ τῶν πλείστων. τῶν δ' ᾠοτοκούντων εἰς τοὔμφανὲς οὐχ ὁμοίως ἁπάντων ἔχουσιν, ἀλλ' αἱ μὲν τῶν ὀρνίθων πρὸς τῷ ὑποζώματι, αἱ δὲ τῶν ἰχθύων κάτω, καθάπερ τῶν ζωοτοκούντων διπόδων καὶ τετραπόδων, πλὴν λεπταὶ καὶ ὑμενώδεις καὶ μακραί, ὥστ' ἐν τοῖς σφόδρα μικροῖς τῶν ἰχθύων δοκεῖν ἑκατέραν ᾠὸν εἶναι ἕν, ὡς δύο ἐχόντων ᾠὰ τῶν ἰχθύων τούτων, ὅσων λέγεται τὸ ᾠὸν εἶναι ψαδυρόν· ἔστι γὰρ οὐχ ἓν ἀλλὰ πολλά, διόπερ διαχεῖται εἰς πολλά. ἡ δὲ τῶν ὀρνίθων ὑστέρα κάτωθεν μὲν ἔχει τὸν καυλὸν σαρκώδη καὶ στιφρόν, τὸ δὲ πρὸς τῷ ὑποζώματι ὑμενῶδες καὶ λεπτὸν πάμπαν, ὥστε δόξαι ἂν ἔξω τῆς ὑστέρας εἶναι τὰ ᾠά. ἐν μὲν οὖν τοῖς μείζοσι τῶν ὀρνίθων δῆλος ὁ ὑμήν ἐστι μᾶλλον, καὶ φυσώμενος διὰ τοῦ καυλοῦ αἴρεται καὶ κολποῦται ὁ ὑμήν· ἐν δὲ /33/ τοῖς μικροῖς ἀδηλότερα ταῦτα. τὸν αὐτὸν δὲ τρόπον

---

13 τὸ α (exc. H^c rc.) m Dt.   δελφὶς α (exc. F^a X^c rc. H^c rc.), β (exc. S^c rc.), N^c Z^c pr. m n, Ald.   **15** ἢ] καὶ α Ald. Dt.   **16** πάντων om. L^c   **17** καὶ ὑῒ om. β Guil.   καὶ βοΐ om. Y^c   **18** ταῦτα ἔχει πᾶσιν] ἔχει πᾶσιν αὐτά S^c: ταῦτά γ' ἔχει πᾶσιν α (exc. H^c rc.) Bk.   ἄκρον α (exc. C^a Y^c H^c)   **19** κερατίων α (exc. H^c rc.) Guil. Cas. edd.   εἵλιγμα (s. εἰλ-, ἔλ-, ἔλ-) δ' H^c rc. β γ Ald.   αἱ^(2) ... 21 ἔχουσιν om. A^a pr. G^a Q H^c pr. Ott.   **21** πρὸς ... 22 ἰχθύων om. F^a X^c   **22** καθ. αἱ τῶν α (exc. H^c rc.) edd.: καθ. καὶ τῶν S^c post ζω. add. ἰχθύων E^a   **24** μακραὶ] μικραὶ A^a pr.   **25** εἶναι om. γ (exc. L^c rc. n)   **26** ὅσου Y^c, P: ὅσον Z^c m n Ald.   τὸ ᾠὸν εἶναι om. γ (exc. L^c rc.)   ψαδυρόν α (exc. H^c rc.) edd   **27** διόπερ ... πολλά^(2) om. G^a Q, N^c Z^c L^c pr. mpr. n, Ott.   ἡ om. Y^c in lac.   **28** στριφνόν C^a pr.: στεριφνόν C^a rc.: στεριφόν A^a G^a Q F^a X^c H^c pr.: στρυφνόν Y^c, S^c   **29** τὸ] τὰ α (exc. H^c rc.) Guil. Dt.   ὑμενώδη καὶ λεπτὰ α (exc. H^c rc.) Guil. Dt.   **31** ἔστιν ὁ ὑμὴν transp. α Ald.   **32** καυλοῦ] καλοῦ A^a pr.   κολφοῦται C^a A^a pr. ὁ ὑμὴν om. α (exc. H^c rc.) Cs.   **33** ἀδ. πάντα ταῦτα C^a Y^c Bk. edd.: ἀδ. ταῦτα πάντα α (exc. C^a Y^c H^c rc.) Guil. Ald.

ἔχει ἡ ὑστέρα καὶ ἐν τοῖς τετράποσι μὲν τῶν ζῴων ᾠοτόκοις
δέ, οἷον χελώνῃ καὶ σαύρᾳ καὶ βατράχοις καὶ τοῖς ἄλλοις
τοῖς τοιούτοις· ὁ μὲν γὰρ καυλὸς κάτωθεν εἷς καὶ σαρκωδέστερος, ἡ δὲ σχίσις καὶ τὰ ᾠὰ ἄνω πρὸς τῷ ὑποζώματι.
ὅσα δὲ τῶν ἀπόδων εἰς τὸ φανερὸν μὲν ζῳοτοκεῖ ἐν δ' αὑτοῖς
ᾠοτοκεῖ, οἷον οἵ τε γαλεοὶ καὶ τὰ ἄλλα τὰ καλούμενα σελάχη (καλεῖται δὲ σέλαχος ὃ ἄν τι ἄπουν ὂν καὶ βράγχια
ἔχον ζῳοτόκον ᾖ), τούτων δὴ δικρόα μὲν ἡ ὑστέρα, ὁμοίως
δὲ καὶ πρὸς τὸ ὑπόζωμα τείνει καθάπερ καὶ τῶν ὀρνίθων. ἔτι δὲ διὰ μέσου τῶν δικρόων κάτωθεν ἀρξαμένη μέχρι
πρὸς τὸ ὑπόζωμα τείνει, καὶ τὰ ᾠὰ ἐνταῦθα γίνεται καὶ
ἄνω ἐπ' ἀρχῇ τοῦ ὑποζώματος· εἶτα προελθόντα εἰς τὴν εὐρυχωρίαν ζῷα γίνεται ἐκ τῶν ᾠῶν. αὐτῶν δὲ τούτων πρὸς
ἀλληλά τε καὶ πρὸς τοὺς ἄλλους ἰχθῦς ἡ διαφορὰ τῶν ὑστερῶν ἀκριβέστερον ἂν θεωρηθείη τοῖς σχήμασιν ἐκ τῶν ἀνατομῶν. ἔχει δὲ καὶ τὸ τῶν ὄφεων γένος πρός τε ταῦτα καὶ
πρὸς ἄλληλα διαφοράν. τὰ μὲν γὰρ ἄλλα γένη τῶν ὄφεων
ᾠοτοκεῖ, ἔχις δὲ ζῳοτοκεῖ μόνον, ᾠοτοκῆσαν ἐν αὑτῷ πρῶτον· διὸ παραπλησίως ἔχει τὰ περὶ τὴν ὑστέραν τοῖς σελάχεσιν. ἡ δὲ τῶν ὄφεων ὑστέρα μακρά, καθάπερ τὸ σῶμα,
τείνει κάτωθεν ἀρξαμένη ἀφ' ἑνὸς πόρου συνεχής, ἔνθεν καὶ
ἔνθεν τῆς ἀκάνθης, οἷον πόρος ἑκάτερος ὤν, μέχρι πρὸς τὸ
ὑπόζωμα, ἐν ᾗ τὰ ᾠὰ κατὰ στοῖχον ἐγγίνεται, καὶ ἐκτίκτει
οὐ καθ' ἓν ἀλλὰ συνεχές.

  ἔχει δὲ τὴν ὑστέραν ὅσα μὲν ζῳο-

HISTORIA ANIMALIUM III   511a

τοκεῖ καὶ ἐν αὐτοῖς καὶ εἰς τὸ ἐμφανὲς [ἄνωθεν] τῆς κοιλίας,
ὅσα δ' ᾠοτοκεῖ πάντα [κάτωθεν] πρὸς τῇ ὀσφύϊ. ὅσα δ' εἰς
τὸ φανερὸν μὲν ζῳοτοκεῖ ἐν αὐτοῖς δ' ᾠοτοκεῖ ἐπαμφοτερί- 25
ζει· τὸ μὲν γὰρ [κάτωθεν] καὶ πρὸς τὴν ὀσφὺν αὐτῆς μέρος 26
ἐστίν, /27/ ἐν ᾗ τὰ περιττὰ ᾠά, τὸ δὲ περὶ τὴν ἔξοδον [ἐπάνω]
τῶν ἐντέρων.   27
                                                         ἔτι 27
δὲ διαφορὰ πρὸς ἀλλήλας ἥδε ἐστὶ τῶν ὑστερῶν. τὰ μὲν
γὰρ κερατοφόρα καὶ μὴ ἀμφώδοντα ἔχει κοτυληδόνας ἐν
τῇ ὑστέρᾳ, ὅταν ἔχῃ τὸ ἔμβρυον, καὶ τῶν ἀμφωδόντων 30
οἷον δασύπους καὶ μῦς καὶ νυκτερίς· τὰ δ' ἄλλα ἀμ-
φώδοντα καὶ ζῳοτόκα καὶ ὑπόποδα πάντα λείαν ἔχει τὴν
ὑστέραν, καὶ ἡ τῶν ἐμβρύων ἐξάρτησις ἐξ αὐτῆς ἐστι τῆς
ὑστέρας, ἀλλ' οὐκ ἐκ κοτυληδόνος.
τὰ μὲν οὖν ἀνομοιομερῆ ἐν τοῖς ζῴοις μέρη τοῦτον ἔχει 35
τὸν τρόπον, καὶ τὰ ἐντὸς καὶ τὰ ἐκτός. [2] τῶν δ' ὁμοιομερῶν 511b1
κοινότατον μέν ἐστι τὸ αἷμα πᾶσι τοῖς ἐναίμοις ζῴοις καὶ τὸ
μόριον ἐν ᾧ πέφυκεν ἐγγίνεσθαι (τοῦτο δὲ καλεῖται φλέψ),
ἔπειτα δὲ τὸ ἀνάλογον τούτοις, ἰχὼρ καὶ ἶνες, καὶ ὃ μά-
λιστα δή ἐστι τὸ σῶμα τῶν ζῴων, ἡ σάρξ καὶ τὸ τούτῳ ἀνά- 5
λογον ἐν ἑκάστῳ μόριον, ἔτι ὀστοῦν καὶ τὸ ἀνάλογον τούτῳ,
οἷον ἄκανθα καὶ χόνδρος· ἔτι δὲ δέρμα ὑμὴν νεῦρα ὄνυχες
τρίχες καὶ τὰ ὁμολογούμενα τούτοις· πρὸς δὲ τούτοις

23 αὐτοῖς codd. nonn.   ἄνωθεν codd. (exc. ἄδηλον A[a]pr.): seclusi: supra
ventrem Scot.: desuper a ventre Guil.   post ἄνωθεν add. μὲν Y[c]   τῆς κεφαλῆς
κοιλίας T[c]rc. γ (exc. L[c])   24 πάντα post κάτ. transp. L[c]   κάτωθεν codd.:
seclusi   25 αὐτοῖς codd. nonn.   ἐπαμφοτερίζεται H[c]rc. T[c]rc. γ (exc.
L[c]rc.)   26 κάτωθεν codd.: seclusi   καὶ om. α (exc. H[c]rc.) Guil. Cs. edd.
αὐτῆς om. Y[c]: αὐτοῖς E[a]   27 ἐν ᾧ α (exc. H[c]rc.) Cs. edd.   περιττὰ om.
α (exc. H[c]rc.) Scot. Guil. Gaza Cs. edd.   τὸ] τὰ H[c]rc. β γ   ἐπάνω codd.:
seclusi   28 διαφ. καὶ α Ald. edd.   ἄλληλα α (exc. C[a] H[c]rc.)   ἥδε ante
πρὸς transp. α γ Ald. edd.: ἤδη P   29 γὰρ om. C[a]   μὴ om. A[a]pr. G[a] Q
H[c]pr.: οὐκ S[c]   ἀμφόδοντα codd. nonnulli passim   31 ἄλλα τὰ ἀμφ. α
Ald. edd.   511b1 ἐκτὸς καὶ τὰ ἐντός α (exc. Y[c] G[a] Q), E[a], Ald. edd.   2
μέν om. N[c] Z[c] L[c] m n   4 τούτων C[a]   καὶ[(2)] om. α (exc. Y[c])   5 τὸ[(2)]
om. γ Ald.   τοῦτο H[c] Ald.: τούτων C[a] β γ Guil.   6 ἔτι] τό τε m: ὅτι n
τούτῳ ἀνάλ. transp. α (exc. C[a] Y[c] H[c]rc.)   7 καὶ om. γ (exc. L[c]rc.)
τρίχες ὄνυχες transp. α (exc. C[a] Y[c]) Ald. edd.   8 ὁμολογούμενα codd. Bk.:
respondentia Guil. Gaza: ἀναλογούμενα cj. Scal. Canis. Cs. Sn.

127

ARISTOTELIS

πιμελή, στέαρ καὶ τὰ περιττώματα· ταῦτα δ' ἐστὶ κόπρος, φλέγμα, χολὴ ξανθὴ καὶ μέλαινα. ἐπεὶ δ' ἀρχῇ ἔοικεν ἡ τοῦ αἵματος φύσις καὶ ἡ τῶν φλεβῶν, πρῶτον περὶ τούτων λεκτέον, ἄλλως τε ἐπειδὴ καὶ τῶν πρότερον εἰρηκότων τινὲς οὐ καλῶς λέγουσιν. αἴτιον δὲ τῆς ἀγνοίας τὸ δυσθεώρητον αὐτῶν. ἐν μὲν γὰρ τοῖς τεθνεῶσι τῶν ζῴων ἄδηλος ἡ φύσις τῶν κυριωτάτων φλεβῶν διὰ τὸ συμπίπτειν εὐθὺς ἐξιόντος τοῦ αἵματος μάλιστα ταύτας (ἐκ τούτων γὰρ ἐκχεῖται ἀθρόον ὥσπερ ἐξ ἀγγείου· καθ' αὑτὸ γὰρ οὐδὲν ἔχει αἷμα, πλὴν ὀλίγον ἐν τῇ καρδίᾳ, ἀλλὰ πᾶν ἐστιν ἐν ταῖς φλεψίν), ἐν δὲ τοῖς ζῶσιν ἀδύνατόν ἐστι θεάσασθαι πῶς ἔχουσιν· ἐντὸς γὰρ ἡ φύσις αὐτῶν. ὥσθ' οἱ μὲν ἐν τεθνεῶσι καὶ διῃρημένοις τοῖς ζῴοις θεωροῦντες τὰς μεγίστας ἀρχὰς οὐκ ἐθεώρουν, οἱ δ' ἐν τοῖς λελεπτυσμένοις σφόδρα ἀνθρώποις ἐκ τῶν τότε ἔξωθεν φαινομένων τὰς ἀρχὰς τῶν φλεβῶν διώρισαν, Συέννεσις μὲν ὁ Κύπριος ἰατρὸς τόνδε τὸν τρόπον. αἱ φλέβες αἱ παχεῖαι ὧδε πεφύκασιν, ἐκ τοῦ ὀφθαλμοῦ παρὰ τὴν ὀφρὺν διὰ τοῦ νώτου περὶ τὸν πλεύμονα ὑπὸ τοὺς μαστούς, ἡ μὲν ἐκ τοῦ δεξιοῦ εἰς τὰ ἀριστερά, ἡ δ' ἐκ τοῦ ἀριστεροῦ εἰς τὸ δεξιόν, ἡ μὲν ἐκ τοῦ ἀριστεροῦ διὰ τοῦ ἥπατος εἰς τὸν νεφρὸν καὶ εἰς τὸν ὄρχιν, ἡ δ' ἐκ τοῦ δεξιοῦ εἰς τὸν σπλῆνα καὶ νεφρὸν καὶ ὄρχιν,

9 πιμελὲς N^c Z^c 10 φλ. καὶ χ. α (exc. C^a Y^c) Ald.   δ'] δὴ γ (exc. L^c m)
11 τούτου P   12 προτέρω A^{a}pr.: προτέρων A^{a}rc. G^a Q F^a X^c H^{c}pr. εἰρηκότες H^{c}rc., L^c 13 οὐκ ἀληθῶς H^{c}rc. γ Ald.   16 ἀθρόον om. F^a X^c: ὁμοίως Y^c 17 ὥσπερ] καθάπερ H^{c}rc., N^c Z^c L^c m n   18 ἀλλ' οὐ πᾶν A^{a}pr. G^a Q pr. H^c Ald.   19 τοῖς ζῶσιν] ζῶντι γ (exc. L^{c}rc.) Cs.   ἐστι α (exc. C^a Y^c H^{c}rc.) Guil. Sn. edd.: εἶναι C^a Y^c H^{c}rc. β γ Ald. Cs.   21 οἱ δ'] οὐ δ' C^a 22 τότε om. β (exc. T^{c}rc.) Guil. Gaza A.-W.   23 συνένεσις s. συένισις s. alia codd. nonn.   post μὲν add. ⟨γὰρ⟩ cj. Pk. Dt. Peck.: non hab. codd. Guil. Gaza edd.   24 post τρόπον add. λέγει α (exc. H^{c}rc.) Sn. Dt. Peck: φάσκει I^c: γράφει nrc.: narrat dicens Scot.: ait Guil.: scribit Gaza   25 ὀμφαλοῦ α (exc. H^{c}rc.) Sn. Bk. Th. Louis L.-V.: oculorum Scot.: umbilico Guil.: oculo Gaza   περὶ α (exc. C^a Y^c H^{c}rc.): om. Scot.: iuxta Guil.: propter Gaza   ὀσφὺν A^{a}rc. G^a Q F^a X^c H^{c}pr. Sn. Bk. Th. Louis L.-V.: superciliorum Scot.: supercilium Guil. Gaza   διὰ] καὶ ἐκ Y^c 26 παρὰ H^{c}rc. γ Hp. Cs. edd.   τοὺς μαστοὺς] τοῦ στήθεος Hp.   27 τὸ ἀριστερόν Hp.   εἰς τὸ δεξ. ...   28 ἀριστεροῦ om. P   post μὲν add. οὖν C^a Dt.   28 τὸ νεφ. A^a G^a Q H^c εἰς$^{(2)}$ om. Hp.   29 ἡ ... ὄρχιν om. F^a X^c

128

ἐντεῦθεν δὲ εἰς τὸ αἰδοῖον. Διογένης δὲ ὁ Ἀπολλωνιάτης τάδε λέγει. αἱ δὲ φλέβες ἐν τῷ ἀνθρώπῳ ὧδ' ἔχουσιν. εἰσὶ δύο μέγισται· αὗται τείνουσι διὰ τῆς κοιλίας παρὰ τὴν νωτιαίαν ἄκανθαν, ἡ μὲν ἐπὶ δεξιὰ ἡ δ' ἐπ' ἀριστερά, εἰς τὰ σκέλη ἑκάτερα παρ' ἑαυτῇ, καὶ ἄνω εἰς τὴν κεφαλὴν παρὰ τὰς κλεῖδας διὰ τῶν σφαγῶν. ἀπὸ δὲ τούτων καθ' ἅπαν τὸ σῶμα αἱ φλέβες διατείνουσιν, ἀπὸ μὲν τῆς δεξιᾶς εἰς τὰ δεξιά, ἀπὸ δὲ τῆς ἀριστερᾶς εἰς τὰ ἀριστερά, μέγισται μὲν δύο εἰς τὴν καρδίαν περὶ αὐτὴν τὴν νωτιαίαν ἄκανθαν, ἕτεραι δ' ὀλίγον ἀνωτέρω διὰ τῶν στηθῶν ὑπὸ τὴν μασχάλην εἰς ἑκατέραν τὴν χεῖρα τὴν παρ' ἑαυτῇ. καὶ καλεῖται ἡ μὲν σπληνῖτις, ἡ δ' ἡπατῖτις. σχίζεται δ' αὐτῶν ἑκατέρα ἄκρα, ἡ μὲν ἐπὶ τὸν μέγαν δάκτυλον, ἡ δ' ἐπὶ τὸν ταρσόν· καὶ ἀπὸ τούτων λεπταὶ καὶ πολύοζοι ἐπὶ τὴν ἄλλην χεῖρα καὶ δακτύλους. ἕτεραι δὲ λεπτότεραι ἀπὸ τῶν πρώτων φλεβῶν τείνουσιν, ἀπὸ μὲν τῆς δεξιᾶς εἰς τὸ ἧπαρ, ἀπὸ δὲ τῆς ἀριστερᾶς εἰς τὸν σπλῆνα καὶ τοὺς νεφρούς. αἱ δὲ εἰς τὰ σκέλη τείνουσαι σχίζονται κατὰ τὴν πρόσφυσιν, καὶ διὰ παντὸς τοῦ μηροῦ τείνουσιν. ἡ δὲ μεγίστη αὐτῶν ὄπισθεν τείνει τοῦ μηροῦ, καὶ ἐκφαίνεται παχεῖα· ἑτέρα δὲ εἴσω τοῦ μηροῦ, μικρὸν ἧττον παχεῖα ἐκείνης. ἔπειτα παρὰ τὸ γόνυ τείνου-

30 ἐντεῦθεν ... αἰδοῖον om. Scot. Alb.: ταύτησι δὲ τὸ στόμα αἰδοῖον Hp. 31 δὲ om. α Dt. Peck ὧδ' ἔχουσιν om. Y^c in lac. εἰσὶ δὲ δύο αἱ C^a: εἰσὶν αἱ δύο H^{c}rc. β γ Ald.: sunt due que maxime Guil. 32 παρὰ] ἐπὶ H^{c}rc., N^c Z^c L^c m n Ald. 33 δεξιᾶ ... ἀριστερᾶ P 34 post σκέλη add. θ' C^a H^c: δ' Y^c: ras. A^a ἑκάτερα A^a G^a Q F^a X^c, O^{c}rc., Ald. Sn. edd.: om. Scot.: utraque secus ipsa Guil.: utraque ad pedem sibi subiectum Gaza post ἑκ. add. τὰ β (exc. I^c) Sn. Bk. Buss.: ⟨εἰς τὸ⟩ cj. A.-W. Dt. Peck ἑαυτῷ I^c: ἑαυτὸ N^c Z^c: ἑαυτοῦ n 35 περὶ F^a X^c H^c, β Ald. 512a1 αἱ om. α (exc. H^{c}rc.) Sn. edd. διατείνουσαι γ (exc. L^c) Cs. εἰς] ἐπὶ α (exc. C^a Y^c) Ald. Sn. 2 εἰς] ἐπὶ α (exc. C^a Y^c) Ald. Sn. 3 παρὰ E^a K^c αὐτὴν om. Y^c 4 ὀλίγαι F^a X^c H^{c}pr.: incert. A^a G^a Q ἄνωθεν α (exc. C^a Y^c H^{c}rc.) στηθέων γ (-ίων E^a P K^c) Ald. 5 τὴν χεῖρα om. Ald. 6 ἑκάτερα Y^c G^a Q, S^c, E^a P K^c: incert. C^a A^a 7 ἄκρα ἑκ. transp. α Ald. edd. 8 καὶ ἀπὸ] ἀπὸ δὲ α Guil. Ald. edd. ἄλλην] ὅλην β γ Ald.: per residuum manuum Scot.: aliam Guil.: totam Gaza 10 τείνουσαι H^{c}rc. γ Cs. 11 τὸν σπλῆνα] τὸ ἧπαρ N^c Z^c m nrc. καὶ εἰς τοὺς n Ald. 14 ἐμφαίνεται α (exc. C^a Y^c) ἑτέρα ... 15 παχεῖα om. C^a ἔσω β γ (exc. L^c) 15 παχ. μ. ἦ. transp. α (exc. C^a Y^c) Ald. ἧττον G^a Q F^a X^c H^c Ald.

129

σιν εἰς τὴν κνήμην τε καὶ τὸν πόδα, καθάπερ αἱ εἰς τὰς χεῖ-
ρας, καὶ ἐπὶ τὸν ταρσὸν τοῦ ποδὸς καθήκουσι, καὶ ἐντεῦθεν
ἐπὶ τοὺς δακτύλους διατείνουσιν. σχίζονται δὲ καὶ ἐπὶ τὴν κοι-
λίαν καὶ τὸ πλευρὸν πολλαὶ ἀπ' αὐτῶν καὶ λεπταὶ φλέ-
20 βες. αἱ δ' εἰς τὴν κεφαλὴν τείνουσαι διὰ τῶν σφαγῶν φαί-
νονται ἐν τῷ αὐχένι μεγάλαι· ἀφ' ἑκατέρας δ' αὐτῶν, ᾗ
τελευτᾷ, σχίζονται εἰς τὴν κεφαλὴν πολλαί, αἱ μὲν ἐκ
τῶν δεξιῶν εἰς τὰ ἀριστερά, αἱ δ' ἐκ τῶν ἀριστερῶν εἰς τὰ
δεξιά· τελευτῶσι δὲ παρὰ τὸ οὖς ἑκάτεραι. ἔστι δ' ἑτέρα
25 φλὲψ ἐν τῷ τραχήλῳ παρὰ τὴν μεγάλην ἑκατέρωθεν,
ἐλάττων ἐκείνης ὀλίγον, εἰς ἣν αἱ πλεῖσται ἐκ τῆς κεφαλῆς
συντείνουσιν αὐτῆς· καὶ αὗται τείνουσι διὰ τῶν σφαγῶν εἴσω,
καὶ ἀπ' αὐτῶν ἑκατέρας ὑπὸ τὴν ὠμοπλάτην τείνουσι καὶ εἰς
τὰς χεῖρας, καὶ φαίνονται παρά τε τὴν σπληνίτιν καὶ τὴν
30 ἡπατίτιν ἕτεραι ὀλίγον ἐλάττους, ἃς ἀποσχῶσιν ὅταν τὸ
ὑπὸ τὸ δέρμα λυπῇ· ἐὰν δέ τι περὶ τὴν κοιλίαν, τὴν ἡπα-
τίτιν καὶ τὴν σπληνίτιν. τείνουσι δὲ καὶ εἰς τοὺς μαστοὺς ἀπὸ

16 αἱ εἰς C^a Y^c Peck: εἰς α (exc. C^a Y^c H^crc.), N^c Z^c L^cpr. m n: καὶ εἰς H^crc.
cett. Guil. Ald. Bk.: καὶ καθ. αἱ εἰς cj. A.-W. Dt. Louis   **17** καὶ⁽¹⁾ om. N^c Z^c
L^cpr.   καθήκουσαι α Ald.   **18** διατείνουσαι γ   δὲ ... 22 σχίζονται
om. γ (exc. L^crc.)   καὶ om. α (exc. C^a) I^c   **19** καὶ ἐπὶ τὸ α (exc. C^a Y^c
H^crc.) Ald.   καὶ λεπταὶ om. I^c   **22** σχίζεται Y^c   **23** αἱ δ' ἐκ] ἐκ δὲ α
(exc. C^a Y^c) I^c   **25** περὶ I^c   **26** εἰς ἣν] εἰσὶν N^c Z^c n   **27** συνέχουσιν α
(exc. H^crc.) Sn. edd.   αὐταῖς α (exc. H^crc.): αὐτοῦ H^crc., L^c   **28** ἀπ'] ἐπ'
G^a Q   ὑπὸ] ἐπὶ H^crc, N^c Z^c L^c m n, Ald.   τῶ ὠμοπλάτη α (exc. C^a Y^c
H^crc.): τὸν ὠμοπλάτην H^crc. β γ Ald.   **29** περί G^a Q F^a X^c (incert. A^a),
β   **30** ἕτεραι ... 32 σπληνίτιν om. F^a X^c   ὀλίγαι β   ὀλ. πολλάκις
ἐλ. C^a ἀποσχῶσιν β Sylb. Sn. Bk. Buss.: ἀποσπῶσιν H^crc. γ Ald. Cs.: ἀπο-
σχίζουσιν αἱ ὑπερέχουσαι C^a: ὑποσχίζουσιν αἱ ὑπερέχουσαι Y^c A^a G^a Q
H^cpr.: ὑποσχίζουσιν οἱ θεραπεύοντες cj. A.-W.: ἀποσχάζουσιν cj. Dt. Peck
Louis: *elevabuntur et apostemabuntur* Scot. Alb.: *quas ramificant et extollunt* Guil.:
quibus adigere cultellam solemus Gaza   τὸ H^crc. β γ Ald.: om. α (exc. H^crc.)
Scot. Guil.: τι cj. Sylb. edd.: *quoties aliquid sub cute affligit* Gaza   **31** ὑπὸ τὸ
δέρμα λυπῇ H^crc. β γ Ald. edd.: ὑποδράμῃ λύπη α (exc. H^crc.): *contigerit homini dolor* Scot: *inciderit tristitia* Guil.   ἐὰν δέ τι H^crc. β γ (exc. E^a P) Ald. edd.:
ἐῶν δέ τι E^a P: αἴδ' ἔτι καὶ α (exc. H^crc.): *hee adhuc et* Guil.: ἂν δέ τι Sn.
Bk.   παρὰ E^a K^c   τὴν σπ. καὶ τὴν ἡπ. transp. A^a G^a Q H^cpr.   **32**
τὴν om. C^a H^crc. β γ Ald.   εἰς Y^c H^crc. β γ Ald.: ὑπὸ α (exc. Y^c H^crc.) Sn.
edd.: *in ubera* Guil.

HISTORIA ANIMALIUM III 512b

τούτων ἕτεραι. ἕτεραι δ' εἰσὶν αἱ ἀπὸ ἑκατέρας τείνουσαι διὰ 512b1
τοῦ νωτιαίου μυελοῦ εἰς τοὺς ὄρχεις, λεπταί. ἕτεραι δ' ὑπὸ τὸ
δέρμα καὶ διὰ τῆς σαρκὸς τείνουσιν εἰς τοὺς νεφρούς, καὶ τελευτῶσιν
εἰς τοὺς ὄρχεις τοῖς ἀνδράσι, ταῖς δὲ γυναιξὶν εἰς
τὰς ὑστέρας. αἱ δὲ φλέβες αἱ μὲν πρῶται ἐκ τῆς κοιλίας 5
εὐρύτεραί εἰσιν, ἔπειτα λεπτότεραι γίγνονται, ἕως ἂν μεταβάλλωσιν
ἐκ τῶν δεξιῶν εἰς τὰ ἀριστερὰ καὶ ἐκ τούτων εἰς τὰ
δεξιά· αὗται δὲ σπερματίτιδες καλοῦνται. τὸ δ' αἷμα τὸ
μὲν παχύτατον ὑπὸ τῶν σαρκωδῶν ἐκπίνεται· ὑπερβάλλον
δὲ εἰς τοὺς τόπους τούτους λεπτὸν καὶ θερμὸν καὶ ἀφρῶδες 10
γίνεται.
[3] Συέννεσις μὲν οὖν καὶ Διογένης οὕτως εἰρήκασιν, Πόλυβος
δὲ ὧδε. τὰ τῶν φλεβῶν τέτταρα ζεύγη ἐστίν, ἓν μὲν
ἀπὸ τοῦ ἐξόπισθεν τῆς κεφαλῆς διὰ τοῦ αὐχένος ἔξωθεν παρὰ
τὴν ῥάχιν ἔνθεν καὶ ἔνθεν μέχρι τῶν ἰσχίων εἰς τὰ σκέλη, 15
ἔπειτα διὰ τῶν κνημῶν εἰς τῶν σφυρῶν τὸ ἔξω καὶ εἰς τοὺς
πόδας· διὸ καὶ τὰς φλεβοτομίας ποιοῦνται τῶν περὶ τὸν νῶτον
ἀλγημάτων καὶ ἰσχίον ἀπὸ τῶν ἰγνύων καὶ τῶν σφυρῶν
ἔξωθεν. ἕτεραι δὲ φλέβες ἐκ τῆς κεφαλῆς παρὰ τὰ ὦτα
διὰ τοῦ αὐχένος, αἳ καλοῦνται σφαγίτιδες, ἔνδοθεν παρὰ 20

512b1 ἕτεραι[(1)]] ἑκάτεραι α (exc. H[c]rc.): om. Guil. ἑκατέρου H[c]pr. F[a] X[c]
(incert. A[a] G[a] Q) αἲ ... τείνουσιν α (exc. H[c]rc.): que ... tendunt Guil. διὰ]
αἲ δὴ E[a] N[c] Z[c] M[c] n: ἃ δὴ P K[c] m 6 post ἔπ. add. ἔτι α Guil. Ald. μεταβάλωσιν
α (exc. C[a] H[c]), E[a] N[c] Z[c] L[c] m n, Bk. edd. 8 σπερματίδες α N[c]
Z[c] Dt. Louis 9 τῶν σαρκῶν ἐγγίνεται α (exc. H[c]rc.: τῆς σαρκὸς Y[c])
Canis. Sn. Bk. Karsch Louis: inhibitur et suggitur a carne Scot.: a carnibus infit
Guil.: a carne ebibitur Gaza 10 τόπους] πόρους I[c] καὶ θερμὸν ... 513a6
ἀφίκηται caret in H[c] 12 συένεσις s. σιένεσις s. συένισις alia codd. πολύβιος
α (exc. C[a] Y[c]) Ald. 13 δὲ ὁ μαθητὴς ἱπποκράτους ὧδε I[c] τὰ
om. Guil. Hp. Dt. Peck: τὰ μὲν cj. Sn.: τὰ δὲ cj. Bk. A.-W. Louis ζεύγη α
E[a] P K[c] M[c] Camot. edd.: γένη β N[c] Z[c] L[c] m n Ald.: ζεύγεα Hp.: a iiii paribus
par primum Scot.: iuga Guil.: paria Gaza 14 περὶ β γ Ald.: ἐπὶ Hp. vi
58 15 εἰς] ἐπὶ G[a] Q Ott. 16 κν. ἐκ τῶν σφυρῶν εἰς τ' ἔξω καὶ α Ald.
(τὸ ἔξω): κν. εἰς τὰ σφυρὰ τὰ ἔξω καὶ I[c]: κν. ἐπὶ τῶν σφυρῶν τὰ ἔξω καὶ Hp.
Dt. Peck: κν. εἰς τὸ ἔξω τῶν σφυρῶν καὶ Bk. A.-W. Buss. εἰς[(2)] om. β γ
17 καὶ om. α παρὰ Y[c] 18 ἰσχίων α γ Ald. σφυρῶν τῶν transp. β
Ald. 19 ἔξωθεν ante 18 σφυρῶν transp. Bk. περὶ β E[a] 20 αἳ] καὶ α
Guil. σφυσίτιδες A[a]pr. G[a] Q περὶ α Ald.

131

τὴν ῥάχιν ἑκάτεραι φέρουσι παρὰ τὰς ψύας εἰς τοὺς ὄρχεις καὶ εἰς τοὺς μηρούς, καὶ διὰ τῶν ἰγνύων τοῦ ἔνδοθεν μορίου καὶ διὰ τῶν κνημῶν ἐπὶ τὰ σφυρὰ τὰ εἴσω καὶ τοὺς πόδας· διὸ καὶ τὰς φλεβοτομίας ποιοῦνται τῶν περὶ τὰς ψύας καὶ τοὺς ὄρχεις ἀλγημάτων ἀπὸ τῶν ἰγνύων καὶ τῶν σφυρῶν. τὸ δὲ τρίτον ζεῦγος ἐκ τῶν κροτάφων διὰ τοῦ αὐχένος ὑπὸ τὰς ὠμοπλάτας εἰς τὸν πλεύμονα ἀφικνοῦνται, αἱ μὲν ἐκ τῶν δεξιῶν εἰς τὰ ἀριστερὰ ὑπὸ τὸν μαστὸν καὶ εἰς τὸν σπλῆνά τε καὶ εἰς τὸν νεφρόν, αἱ δ' ἀπὸ τῶν ἀριστερῶν εἰς τὸν δεξιὸν ἐκ τοῦ πνεύμονος ὑπὸ τὸν μαστὸν καὶ ἧπαρ καὶ εἰς τὸν νεφρόν· ἄμφω δὲ τελευτῶσιν εἰς τὸν ἀρχόν. αἱ δὲ τέταρται ἀπὸ τοῦ ἔμπροσθεν τῆς κεφαλῆς καὶ τῶν ὀφθαλμῶν ὑπὸ τὸν αὐχένα καὶ τὰς κλεῖδας· ἐντεῦθεν δὲ τείνουσι διὰ τῶν βραχιόνων ἄνωθεν εἰς τὰς καμπάς, εἶτα διὰ τῶν πήχεων ἐπὶ τοὺς καρποὺς καὶ τὰς συγκαμπάς, καὶ διὰ τῶν βραχιόνων τοῦ κάτωθεν μορίου εἰς τὰς μασχάλας, καὶ ἐπὶ τῶν πλευρῶν ἄνωθεν, ἕως ἡ μὲν ἐπὶ τὸν σπλῆνα ἡ δ' ἐπὶ τὸ ἧπαρ ἀφίκηται· εἶθ' ὑπὲρ τῆς γαστρὸς εἰς τὸ αἰδοῖον ἄμφω τελευτῶσιν.

τὰ μὲν οὖν ὑπὸ τῶν ἄλλων εἰρημένα σχεδὸν ταῦτά ἐστιν· εἰσὶ δὲ καὶ τῶν περὶ φύσιν οἳ τοιαύτην μὲν οὐκ ἐπραγματεύθησαν ἀκριβολογίαν περὶ τὰς φλέβας, πάντες δ'

21 φέρουσαι α Ald. Bk. Louis   περὶ α (incert. Cᵃ Yᶜ) Iᶜ   ψύας Aᵃpr. Gᵃ Q Dt. Peck Louis: ψυάς Cᵃ: ψόας Yᶜ Hp.: ψοιὰς cett. Ald. Bk.   22 εἰς om. α καὶ διὰ] ἤδη γ   ἔνδοθεν τοῦ transp. β γ   23 τὰ⁽²⁾ om. Fᵃ Xᶜ: καὶ Iᶜ 25 ψυὰς Cᵃ Aᵃpr. Gᵃ Q; ψόας Yᶜ Hp.: ψοιὰς cett. Ald. Bk.   τοὺς om. α 26 post σφυρῶν add. εἴσωθεν Hp. Dt. Th. Peck Louis   27 ὑπὸ] ἐπὶ Sᶜ τούς ὤ. α (exc. Cᵃ Yᶜ)   ὠμοπλατίας γ (exc. Lᶜ)   28 αἱ] ἡ Hp. Dt. Peck 29 αἱ] ἡ Hp. Dt. Peck   30 τὰ δεξιὰ Hp. Pk. Dt. Peck   ὑπὸ] εἰς β γ καὶ εἰς τὸ ἧπαρ Sᶜ Hp. Pk. Dt. Peck   31 καὶ εἰς τὸν νεφρόν om. α   ἀρχόν α Hp. Scot. Canis. Cs. Dt. Th. Peck Louis: ὄρχιν β γ Guil. Gaza Ald. Sn. Bk.   513a1 κλεῖς β γ Bk.: κληῖδας Hp.   ἐντεῦθεν δὲ om. Yᶜ in lac.   2 τείνουσι om. β γ   συγκαμπάς Hp.   3 παχέων γ (exc. Lᶜrc.)   post καὶ add. τοὺς δακτύλους ἔπειτα πάλιν ἀπὸ τῶν δακτύλων διὰ τῶν στηθέων τῶν χειρῶν καὶ τῶν πήχεων ἐς Hp.   4 τοῖς κάτ. μορίοις Yᶜ   εἰς] ὑπὸ α (exc. Cᵃ Yᶜ) Ald.   6 εἶθ'] αἱ δ' α Guil.   8 τὰ ... 15 ἐπιμελές om. Iᶜ   9 παρὰ Yᶜ, Eᵃ P Kᶜ   τὴν φύσιν Hᶜrc., Lᶜ, Ald.: φύσεως α (exc. Hᶜrc.)   οἳ] οἷον Yᶜ   μὲν om. Sᶜ   οὐκέτι β Eᵃ P Kᶜ Mᶜ   ἐπραγματεύθημεν Aᵃpr.

HISTORIA ANIMALIUM III 513a

ὁμοίως τὴν ἀρχὴν αὐτῶν ἐκ τῆς κεφαλῆς καὶ τοῦ ἐγκεφάλου ποιοῦσι, λέγοντες οὐ καλῶς. χαλεπῆς δ' οὔσης, ὥσπερ εἴρηται, τῆς θεωρίας ἐν μόνοις τοῖς ἀποπεπνιγμένοις τῶν ζῴων προλεπτυνθεῖσιν ἔστιν ἱκανῶς καταμαθεῖν εἴ τινι περὶ τῶν τοιούτων ἐπιμελές. ἔχει δὲ τοῦτον τὸν τρόπον ἡ τῶν φλεβῶν φύσις. δύο φλέβες εἰσὶν ἐν τῷ θώρακι κατὰ τὴν ῥάχιν μέν, ἐντὸς δὲ κείμεναι ταύτης, ἡ μὲν μείζων ἐν τοῖς πρόσθεν, ἡ δ' ἐλάττων ὄπισθεν ταύτης, καὶ ἡ μὲν μείζων ἐν τοῖς δεξιοῖς μᾶλλον, ἡ δ' ἐλάττων ἐν τοῖς ἀριστεροῖς, ἣν καλοῦσί τινες ἀορτὴν ἐκ τοῦ τεθεᾶσθαι καὶ ἐν τοῖς τεθνεῶσι τὸ νευρῶδες αὐτῆς μόριον. αὗται δ' ἔχουσι τὰς ἀρχὰς ἀπὸ τῆς καρδίας· διὰ μὲν γὰρ τῶν ἄλλων σπλάγχνων, ᾗ τυγχάνουσι τείνουσαι, ὅλαι δι' αὐτῶν διέρχονται σῳζόμεναι καὶ οὖσαι φλέβες, ἡ δὲ καρδία ὥσπερ μόριον αὐτῶν ἐστι, καὶ μᾶλλον τῆς ἐμπροσθίας καὶ μείζονος, ὥστε ἄνω μὲν καὶ κάτω τὰς φλέβας εἶναι ταύτας, ἐν μέσῳ δ' αὐτῶν τὴν καρδίαν. ἔχουσι δ' αἱ καρδίαι πᾶσαι μὲν κοιλίαν ἐν αὑταῖς, ἀλλ' αἱ μὲν τῶν σφόδρα μικρῶν ζῴων μόλις φανερὰν τὴν μεγίστην ἔχουσι, τὰ δὲ μέσα τῷ μεγέθει τῶν ζῴων καὶ τὴν ἑτέραν, τὰ δὲ μέγιστα πάσας τὰς τρεῖς. ἔστι δὲ τῆς καρδίας τὸ ὀξὺ ἐχούσης εἰς τὸ πρόσθεν, καθάπερ εἴρηται πρότερον, ἡ μεγίστη μὲν κοιλία ἐν τοῖς δεξιοῖς καὶ

11 ὁμοίως om. N^c Z^c L^c*pr.* m n   αὐτὴν H^c*pr.*   13 εἴρηται πρότερον α (exc. H^c*rc.*) Guil. Dt.   ἀποπνιγμένοις H^c*rc.* Ald.: ἀποπνιγομένοις β (exc. T^c*rc.*): ἀπεπνιγμένοις T^c*rc.* γ Sylb.   14 ζώ. καὶ πρ. S^c   ἱκανὸν C^a*pr.*
17 ῥάχιν μὲν ἐντὸς δὲ κείμεναι ταύτης ἡ H^c*rc.* β γ Ald.: ῥάχιν ἐντός ἐστι δὲ κειμένη αὐτῶν ἡ α (exc. H^c*rc.*) Sn. edd.: *due vene posite interius ex parte spondilium et una earum est minor alia* Scot.: *iuxta spinam quidem intra ipsam autem posite que quidem maior* Guil.: *duae venae spinae appositae* Gaza   μεῖζον P   18 πρόσθεν ... μείζων om. I^c   ἔμπροσθεν α N^c Z^c L^c m n edd.   μεῖζον P   20 τινὲς καλ. ἀ. transp. Y^c, E^a P K^c M^c: καλ. ἀ. τ. N^c Z^c L^c m n   τεᾶσθαι N^c Z^c
22 γὰρ om. H^c   23 τείνουσι I^c   25 προσθίας C^a Y^c   ὥστε H^c*rc.* β γ Guil. Ald.: διὰ τὸ α Sn. edd.   27 ἔχουσαι F^a X^c H^c*pr.*   αἱ πᾶσαι μὲν καρδίαι transp. H^c*rc.* β γ Ald.   κοιλίαν codd. Ald. Cs.: *ventriculos* Scot. Trap.: *ventriculum* Guil.: *sinum triplicem* Gaza: κοιλιάς cj. Scal. Sn. edd.   28 αὑταῖς codd. nonn., Ald.: ἑαυταῖς I^c   29 φανερὸν N^c Z^c   30 πάσας om. α (exc. H^c*rc.*) Bk. edd.   ἔστι] ἔτι α Guil. Ald.   31 τὸ^(1) om. L^c   32 πρότερον om. P   ἡ om. α (exc. H^c*rc.*)

133

ἀνωτάτω αὐτῆς, ἡ δ' ἐλαχίστη ἐν τοῖς ἀριστεροῖς, ἡ δὲ μέση μεγέθει τούτων ἐν τῷ μέσῳ ἀμφοῖν· ἀμφότεραι δὲ αἱ δύο πολλῷ ἐλάττους εἰσὶ τῆς μεγίστης. συντέτρηνται μέντοι πᾶσαι αὗται πρὸς τὸν πλεύμονα, ἀλλ' ἄδηλοι διὰ σμικρότητα τῶν πόρων πλὴν μιᾶς. ἡ μὲν οὖν μεγάλη φλὲψ ἐκ τῆς μεγίστης ἤρτηται κοιλίας τῆς ἄνω καὶ ἐν τοῖς δεξιοῖς, εἶτα διὰ τοῦ κοίλου τοῦ μέσου γίνεται πάλιν φλέψ, ὡς οὔσης τῆς κοιλίας μορίου τῆς φλεβὸς ἐν ᾧ λιμνάζει τὸ αἷμα. ἡ δὲ ἀορτὴ ἀπὸ τῆς μέσης· πλὴν οὐχ οὕτως ἀλλὰ κατὰ στενοτέραν σύριγγα πολλῷ κοινωνεῖ. καὶ ἡ μὲν φλὲψ διὰ τῆς καρδίας, εἰς δὲ τὴν ἀορτὴν ἀπὸ τῆς καρδίας τείνει. καὶ ἔστιν ἡ μὲν μεγάλη φλὲψ ὑμενώδης καὶ δερματώδης, ἡ δ' ἀορτὴ στενοτέρα μὲν ταύτης, σφόδρα δὲ νευρώδης· καὶ ἀποτεινομένη πόρρω πρός τε τὴν κεφαλὴν καὶ πρὸς τὰ κάτω μόρια στενή τε γίνεται καὶ νευρώδης πάμπαν. τείνει δὲ πρῶτον μὲν ἄνω ἀπὸ τῆς καρδίας τῆς μεγάλης φλεβὸς μόριον πρὸς τὸν πλεύμονα καὶ τὴν σύναψιν τῆς ἀορτῆς, ἄσχιστος καὶ μεγάλη οὖσα φλέψ. σχίζεται δ' ἀπὸ ταύτης μόρια δύο, τὸ μὲν ἐπὶ τὸν πλεύμονα, τὸ δ' ἐπὶ τὴν ῥάχιν καὶ τὸν ὕστατον τοῦ τραχήλου σφόνδυλον. ἡ μὲν οὖν ἐπὶ τὸν πλεύμονα τείνουσα φλὲψ εἰς διμερῆ ὄντα αὐτὸν διχῇ σχίζεται πρῶτον, εἶτα παρ' ἑκάστην σύριγγα καὶ ἕκαστον τρῆμα τείνει, μείζων μὲν παρὰ τὰ μείζω, ἐλάττων δὲ παρὰ

33 ἀνωτέρω C^a ταύτης H^c rc. β γ Ald. **34** αἱ δύο om. α (exc. H^c rc.) Sn. edd. πολλαὶ P **35** αὗται πᾶσαι transp. β (exc. πᾶσαι om. I^c) **36** πνεύμονα α (exc. H^c rc.) Ald. ἄδηλον γ (exc. ἄδηλαι P) Cs. Sn.: *non manifestatur illa perforatio* Scot.: *inmanifesti* Guil. μικρότητα α (exc. H^c rc.) E^a: μικρότητος I^c **513b1** πλὴν μιᾶς codd.: *praeterquam unius ventriculi* Scot.: *preter unum* Guil.: *praeterquam in uno* Gaza μεγίστης] μεγάλης α (exc. H^c rc.) **3** γίνεται H^c rc. β γ Ald. Cs.: τείνεται α (exc. H^c rc.) Sn. Bk.: *transit* Scot.: *protenditur* Guil.: *formam recipit* Gaza: τείνασα γιγνεται cj Dt. Peck **5** στενωτέραν F^a X^c edd. passim **6** πολλῶν C^a Y^c A^a pr. G^a Q Guil. **7** εἰς δὲ τὴν ἀορτὴν codd. Ald. Bk. Dt.: ἡ δ' ἀορτὴ cj. Bas. Sylb. edd. nonn. δὲ om. N^c Z^c L^c pr. n **8** στενοτέρα codd. (exc. F^a X^c) Ald.: στενωτέρα F^a X^c Sn. edd. **10** μὲν πόρρω F^a X^c τε om. Y^c πρός^(2) om. α (exc. C^a Y^c) **12** μὲν om. α n φλεβὸς ... 14 μεγάλη om. γ (exc. L^c rc.) Gaza **14** ἀπ' αὐτῆς α Ald. edd. **16** σπόνδυλον Y^c, I^c **17** τείνουσα om. F^a X^c **19** μείζων] μείζω α (exc. Y^c): μεῖζον L^c n παρὰ^(1)(2)] περὶ α (exc. C^a Y^c A^a rc.) τὰ] τὴν A^a rc. F^a X^c, L^c pr. ἔλαττον N^c Z^c L^c mrc. n: ἐλάττω Y^c, mpr.

τὰ ἐλάττω, οὕτως ὥστε μηδὲν εἶναι μόριον λαβεῖν ἐν ᾧ οὐ
τρῆμά τ' ἔνεστι καὶ φλεβίον· τὰ γὰρ τελευταῖα τῷ μεγέθει ἄδηλα διὰ τὴν μικρότητά ἐστιν, ἀλλὰ πᾶς ὁ πλεύμων
φαίνεται μεστὸς αἵματος ὤν. ἐπάνω δ' οἱ ἀπὸ τῆς φλεβός
εἰσι πόροι τῶν ἀπὸ τῆς ἀρτηρίας συρίγγων τεινουσῶν. ἡ δ'
ἐπὶ τὸν σφόνδυλον τοῦ τραχήλου τείνουσα φλὲψ καὶ τὴν ῥάχιν πάλιν παρὰ τὴν ῥάχιν τείνει· ἣν καὶ Ὅμηρος ἐν τοῖς
ἔπεσιν εἴρηκε ποιήσας "ἀπὸ δὲ φλέβα πᾶσαν ἔκερσεν, ἥ
τ' ἀνὰ νῶτα θέουσα διαμπερὲς αὐχέν' ἱκάνει". ἀπὸ δὲ ταύτης τείνουσι παρά τε τὴν πλευρὰν ἑκάστην φλέβια καὶ πρὸς
ἕκαστον τὸν σφόνδυλον, κατὰ δὲ τὸν ὑπὲρ τῶν νεφρῶν σφόνδυλον σχίζεται διχῇ.
 ταῦτα μὲν οὖν τὰ μόρια ἀπὸ τῆς
μεγάλης φλεβὸς τοῦτον ἔσχισται τὸν τρόπον· ὑπεράνω δὲ
τούτων ἀπὸ τῆς ἐκ τῆς καρδίας τεταμένης πάλιν ἡ ὅλη
σχίζεται εἰς δύο τόπους. αἱ μὲν γὰρ φέρουσιν εἰς τὰ πλάγια καὶ τὰς κλεῖδας, κἄπειτα διὰ τῶν μασχαλῶν τοῖς
μὲν ἀνθρώποις εἰς τοὺς βραχίονας, τοῖς δὲ τετράποσιν εἰς
τὰ πρόσθια σκέλη τείνουσι, τοῖς δ' ὄρνισιν εἰς τὰς πτέρυγας, τοῖς δ' ἰχθύσιν εἰς τὰ πτερύγια τὰ πρανῆ. αἱ δ' ἀρχαὶ τούτων τῶν φλεβῶν, ᾗ σχίζονται τὸ πρῶτον, καλοῦνται σφαγίτιδες· ᾗ δὲ σχίζονται εἰς τὸν αὐχένα ἀπὸ τῆς
μεγάλης φλεβός, παρὰ τὴν ἀρτηρίαν τείνουσι τὴν τοῦ πλεύμονος· ὧν ἐπιλαμβανομένων ἐνίοτε ἔξωθεν ἄνευ πνιγμοῦ
καταπίπτουσιν οἱ ἄνθρωποι μετ' ἀναισθησίας, τὰ βλέφαρα
συμβεβληκότες. οὕτω δὲ τείνουσαι, καὶ μεταξὺ λαμβάνου-

20 τὰ] τὴν A[a]rc. F[a] X[c], L[c]pr. μόριον om. F[a] X[c] ἐν ᾧ οὐ] εἰ Y[c] 21
τρῆμα τ' α (exc. Y[c] H[c]rc.) Sn. edd.: τρήματα H[c]rc. β γ Ald.: om. Scot.: foramina Guil. 22 τὴν om. β γ (exc. L[c]) σμικρότητα N[c] Z[c] L[c] m n
ἀλλ' ὁ ἅπας α 23 ὢν αἵματος transp. α (exc. H[c]rc.) Bk. ὢν om. N[c] Z[c]
L[c]pr. m n 25 σπόνδυλον Y[c] passim 26 περὶ I[c], E[a] 28 τ' ἀνὰ] διὰ
H[c]rc. β γ Ald.: per dorsum Guil. διαμπαρὲς P n αὐχένος Y[c] ἵκανεν
H[c]rc. β γ Ald. 29 περὶ E[a] τε] γε S[c] ἑκάστῃ A[a]pr. G[a] Q 30
τὸν[(1)] om. β γ 31 οὖν om. β γ ἀπὸ om. β γ Guil. Dt. 32 ἔσχ.
τοῦτον transp. β 33 ἡ om. N[c] Z[c] 514a4 σφραγίτιδες E[a] P ἀπὸ
τῆς με. φλ. om. Gaza, secl. Dt. Th. Peck Louis 5 περὶ α (exc. C[a] Y[c])
τὴν[(2)]] τὰ A[a]pr. G[a]pr. H[c]pr. πνεύματος C[a] A[a] F[a] X[c] H[c]pr. 8 συμβεβηκότες I[c] Camot.

σαι τὴν ἀρτηρίαν, φέρουσι μέχρι τῶν ὤτων, ᾗ συμβάλλουσιν αἱ γένυες τῇ κεφαλῇ. πάλιν δ' ἐντεῦθεν εἰς τέτταρας σχίζονται φλέβας, ὧν μία μὲν ἐπανακάμψασα καταβαίνει διὰ τοῦ τραχήλου καὶ τοῦ ὤμου, καὶ συμβάλλει τῇ πρότερον ἀποσχίσει τῆς φλεβὸς κατὰ τὴν τοῦ βραχίονος καμπήν, τὸ δ' ἕτερον μόριον εἰς τὴν χεῖρα τελευτᾷ καὶ τοὺς δακτύλους· μία δ' ἑτέρα ἀφ' ἑκατέρου τοῦ τόπου τοῦ περὶ τὰ ὦτα ἐπὶ τὸν ἐγκέφαλον τείνει, καὶ σχίζεται εἰς πολλὰ καὶ λεπτὰ φλέβια εἰς τὴν καλουμένην μήνιγγα τὴν περὶ τὸν ἐγκέφαλον. αὐτὸς δ' ὁ ἐγκέφαλος ἄναιμος πάντων ἐστί, καὶ οὔτε μέγα οὔτε μικρὸν φλέβιον τελευτᾷ εἰς αὐτόν. τῶν δὲ λοιπῶν τῶν ἀπὸ τῆς φλεβὸς ταύτης σχισθεισῶν φλεβῶν αἱ μὲν τὴν κεφαλὴν κύκλῳ περιλαμβάνουσιν, αἱ δ' εἰς τὰ αἰσθητήρια ἀποτελευτῶσι καὶ τοὺς ὀδόντας λεπτοῖς πάμπαν φλεβίοις. [4] τὸν αὐτὸν δὲ τρόπον καὶ τὰ τῆς ἐλάττονος φλεβός, καλουμένης δ' ἀορτῆς, ἔσχισται μέρη, συμπαρακολουθοῦντα τοῖς τῆς μεγάλης· πλὴν ἐλάττους οἱ πόροι καὶ τὰ φλέβια πολλῷ ταύτης ἐστὶ τῶν τῆς μεγάλης φλεβός.

τὰ μὲν οὖν ἄνωθεν τῆς καρδίας τοῦτον ἔχουσι τὸν τρόπον αἱ φλέβες· τὸ δ' εἰς τὸ κάτω τῆς καρδίας μέρος τῆς μεγάλης φλεβὸς τείνει μετέωρον διὰ τοῦ ὑποζώματος, συνέχεται δὲ καὶ πρὸς τὴν ἀορτὴν καὶ πρὸς τὴν ῥάχιν πόροις ὑμενώδεσι καὶ χαλαροῖς. τείνει δ' ἀπ' αὐτῆς μία μὲν διὰ τοῦ ἥπατος φλέψ, βραχεῖα μὲν πλατεῖα δέ, ἀφ' ἧς πολλαὶ καὶ λεπταὶ εἰς τὸ ἧπαρ ἀποτείνουσαι ἀφανίζονται. δύο

9 μέχρι] μεταξὺ H[c]rc. β γ Ald. 10 τῆς κεφαλῆς H[c]rc. (incert. C[a]) β γ Ald. Bk. 13 προτέρα α (exc. Y[c] H[c]rc.) 14 μόριον] μόνον H[c]rc., L[c] τὰς χεῖρας α (exc. C[a] Y[c] H[c]rc.) 16 ἐπὶ] περὶ S[c] 17 καὶ λεπτὰ om. Y[c] παρὰ K[c] 18 ὁ om. Ald. 19 μικρὸν οὔτε μέγα transp. α Ald. ἐντελευτᾷ H[c]rc. β γ Ald.: ἀποτελευτᾷ cj. Sylb. 21 παραλαμβάνουσι E[a] K[c] 22 ἀποτελευτᾷ Y[c] A[a]pr. 23 δ' αὐτὸν transp. α (exc. C[a] Y[c]) Ald. τὰ om. α (exc. C[a] Y[c] H[c]rc.): τὸν n 26 post πολλῷ add. ἐλάττω α Ald. edd. ταύτης α (exc. C[a] Y[c]) Sn. Dt.: ταῦτ' C[a] β γ Guil. Ald. Bk.: om. Y[c]: τ' I[c] 28 ἔχει I[c] 29 εἰς τὸ κάτω H[c]rc. β γ Guil. Ald.: ὑποκάτω α (ἀποκάτω H[c]pr.) Sn. edd. μέρος] μέγεθος P 30 συνέρχεται T[c]rc. 32 μὲν μία transp. α (exc. C[a] Y[c]) Ald. μία om. G[a] Q διὰ ... 514b26 καὶ[(2)] om. G[a] Q Ott. 33 post πολλαὶ add. *quidem* (sc. μὲν) Guil. 34 παρατείνουσαι C[a]

HISTORIA ANIMALIUM III 514a

δ' ἀπὸ τῆς διὰ τοῦ ἥπατος φλεβὸς ἀποσχίσεις εἰσίν, ὧν ἡ 35
μὲν εἰς τὸ ὑπόζωμα τελευτᾷ καὶ τὰς καλουμένας φρένας,
ἡ δὲ πάλιν ἐπανελθοῦσα διὰ τῆς μασχάλης εἰς τὸν βραχίονα τὸν δεξιὸν συμβάλλει ταῖς ἑτέραις φλεψὶ κατὰ τὴν 514b1
ἐντὸς καμπήν· διὸ ἀποσχαζόντων τῶν ἰατρῶν ταύτην ἀπολύονταί τινων πόνων περὶ τὸ ἧπαρ. ἐκ δὲ τῶν ἀριστερῶν
αὐτῆς μικρὰ μὲν παχεῖα δὲ φλὲψ τείνει εἰς τὸν σπλῆνα,
καὶ ἀφανίζεται τὰ ἀπ' αὐτῆς φλέβια εἰς τοῦτον. ἕτερον 5
δὲ μέρος ἀπὸ τῶν ἀριστερῶν τῆς μεγάλης φλεβὸς ἀποσχισθὲν τὸν αὐτὸν τρόπον ἀναβαίνει εἰς τὸν ἀριστερὸν βραχίονα· πλὴν ἐκείνη μὲν ἡ διὰ τοῦ ἥπατός ἐστιν, αὕτη δ'
ἑτέρα τῆς εἰς τὸν σπλῆνα τεινούσης. ἔτι δ' ἄλλαι ἀπὸ τῆς
μεγάλης φλεβὸς ἀποσχίζονται, ἡ μὲν ἐπὶ τὸ ἐπίπλοον, 10
ἡ δ' ἐπὶ τὸ καλούμενον πάγκρεας. ἀπὸ δὲ ταύτης πολλαὶ
φλέβες διὰ τοῦ μεσεντερίου τείνουσιν. πᾶσαι δ' αὗται εἰς μίαν
φλέβα τελευτῶσι μεγάλην, παρὰ πᾶν τὸ ἔντερον καὶ τὴν
κοιλίαν μέχρι τοῦ στομάχου τεταμένην. καὶ περὶ ταῦτα τὰ
μόρια πολλαὶ ἀπ' αὐτῶν σχίζονται φλέβες. μέχρι μὲν οὖν 15
τῶν νεφρῶν μία οὖσα ἑκατέρα τείνει, καὶ ἡ ἀορτὴ καὶ ἡ μεγάλη φλέψ· ἐνταῦθα δὲ πρός τε τὴν ῥάχιν μᾶλλον προσπεφύκασι, καὶ σχίζονται εἰς δύο ὡσπερεὶ λάμβδα ἑκατέρα,
καὶ γίνεται εἰς τοὔπισθεν μᾶλλον ἡ μεγάλη φλὲψ τῆς ἀορτῆς. προσπέφυκε δ' ἡ ἀορτὴ μάλιστα τῇ ῥάχει περὶ τὴν 20
καρδίαν· ἡ δὲ πρόσφυσίς ἐστι φλεβίοις νευρώδεσι καὶ μικροῖς. ἔστι δ' ἡ ἀορτὴ ἀπὸ μὲν τῆς καρδίας ἀγομένη εὖ μά-

---

35 διὰ om. A[a] F[a] X[c] H[c] Ald.　**514b1** συμβαίνει A[a]pr.　**2** ἀποσχιζόντων
C[a] Y[c] A[a] H[c]pr.　**3** τινὲς πόροι οἱ I[c]　πόρων O[c]pr. Ald.　παρὰ E[a]
7 εἰς] ἐπὶ α (exc. H[c]rc.) Dt. Peck　**10** ἐπὶ] ὑπὸ C[a]　ἔπιπλον Y[c]　**11**
πάγκρεας β E[a] L[c] nrc.: πᾶν κρέας C[a] A[a]pr.: πανκρέας Y[c], m npr.: πανκρίας
H[c]pr.: παγκρέας A[a]rc. F[a] X[c] H[c]rc.: παικρέας P N[c] Z[c]: lac. κρέας K[c]: παιὸν
κρέας M[c]pr.: πάνγκρεας Ald.　**12** αὐταὶ codd. nonn.　**13** μεγ. τελ.
transp. α Ald.　μεγάλαι P　παρ' ἅπαν C[a]: παράπαν A[a]pr.　**14** παρὰ
Y[c], K[c]　**17** ῥάχιν α (exc. H[c]rc.) Scot. Guil. Cs. edd.: ἀρχὴν H[c]rc. β γ Gaza
Ald.　πεφύκασι C[a] Y[c]　**18** ὥσπερ εἰς H[c]rc. β γ Guil. Gaza Ald.
λάμβδα Y[c] A[a] H[c], m: λάβδα S[c] I[c], E[a] P K[c] L[c] nrc., Ald.　ἑκάτερα C[a] Y[c], I[c],
Bk.: ἑκάτεραι H[c]rc. γ Ald.　**20** παρὰ Y[c], K[c]　**21** μικροῖς] λεπτοῖς S[c],
L[c]rc.　**22** ἔτι Y[c]

137

λα κοίλη, προϊοῦσα δ᾽ ἐπιστενοτέρα καὶ νευρωδεστέρα. τείνουσι δὲ καὶ ἀπὸ τῆς ἀορτῆς εἰς τὸ μεσεντέριον φλέβες ὥσπερ αἱ ἀπὸ τῆς μεγάλης φλεβός, πλὴν πολλῷ λειπόμεναι τῷ μεγέθει· στεναὶ γάρ εἰσι καὶ ἰνώδεις· λεπτοῖς γὰρ καὶ κοίλοις καὶ ἰνώδεσι τελευτῶσι φλεβίοις. εἰς δὲ τὸ ἧπαρ καὶ τὸν σπλῆνα οὐδεμία τείνει ἀπὸ τῆς ἀορτῆς φλέψ. αἱ δὲ σχίσεις ἑκατέρας τῆς φλεβὸς τείνουσιν εἰς τὸ ἰσχίον ἑκάτερον, καὶ καθάπτουσιν εἰς τὸ ὀστοῦν ἀμφότεραι. φέρουσι δὲ καὶ εἰς τοὺς νεφροὺς ἀπό τε τῆς μεγάλης φλεβὸς καὶ τῆς ἀορτῆς φλέβες· πλὴν οὐκ εἰς τὸ κοῖλον ἀλλ᾽ εἰς τὸ σῶμα καταναλίσκονται τῶν νεφρῶν. ἀπὸ μὲν οὖν τῆς ἀορτῆς ἄλλοι δύο πόροι φέρουσιν εἰς τὴν κύστιν, ἰσχυροὶ καὶ συνεχεῖς, καὶ ἄλλοι ἐκ τοῦ κοίλου τῶν νεφρῶν, οὐδὲν κοινωνοῦντες τῇ μεγάλῃ φλεβί. ἐκ μέσου δὲ τῶν νεφρῶν ἑκατέρου φλὲψ κοίλη καὶ νευρώδης ἐξήρτηται, τείνουσα παρ᾽ αὐτὴν τὴν ῥάχιν διὰ τῶν φλεβῶν· εἶτα εἰς ἑκάτερον τὸ ἰσχίον ἀφανίζεται ἑκατέρα πρῶτον, ἔπειτα δῆλαι γίγνονται πάλιν διατεταμέναι πρὸς τὸ ἰσχίον. καθάπτουσι δὲ πρὸς τὴν κύστιν καὶ τὸ αἰδοῖον τὰ πέρατα αὐτῶν ἐν τοῖς ἄρρεσιν, ἐν δὲ τοῖς θήλεσι πρὸς τὰς ὑστέρας. τείνει δ᾽ ἀπὸ μὲν τῆς μεγάλης φλεβὸς οὐδεμία εἰς τὰς ὑστέρας, ἀπὸ δὲ τῆς ἀορτῆς πολλαὶ καὶ πυκναί. τείνουσι δ᾽ ἀπό τε τῆς ἀορτῆς καὶ τῆς μεγάλης φλεβὸς ἀπὸ τῶν σχιζομένων καὶ ἄλλαι, αἱ μὲν ἐπὶ τοὺς βουβῶνας πρῶτον μεγάλαι καὶ κοῖλαι, ἔπειτα διὰ τῶν σκελῶν τελευτῶσιν εἰς τοὺς

23 δ᾽ om. C[a]   ἐπιστενοτέρα scripsi: ἔτι στενοτέρα C[a] Y[c] A[a] H[c]: ἔστι στενωτέρα F[a] X[c] Camot. Cs. Sn. Louis: ἐπὶ στενοτέρα (vel στενω-) β (exc. O[c]) γ (exc. P N[c]): ἐπὶ στενοτέρα O[c] Ald.: ἐπιστενότερα P N[c]: ἐπιστενωτέρα Bk.: ἐστὶ στενοτέρα Dt. Peck   καὶ] ἢ N[c] Z[c]   νευρωδέστερα β (exc. O[c]rc.) γ: *nervosior evadit* Gaza   **24** καὶ om. A[a] F[a] X[c] H[c]rc. Ald.   **25** πλὴν ... 31 φλεβὸς om. Z[c]   **26** γὰρ om. H[c]pr.: δὲ cj. Dt. Peck   **27** κοίλοις] ποικίλοις α (exc. H[c]rc.: κίλοις G[a] Q) A.-W. Dt. Peck Louis: *vacua* Scot: *variis* Guil.: *cavas* Gaza   **28** οὐδὲ μία codd. nonn. passim   **34** ἰσχυρὸν N[c] Z[c] n   **35** οὐδὲ A[a]pr.   κοινοῦντες O[c] T[c]   **36** νεύρων A[a] G[a]pr. F[a] X[c] H[c]pr.   **515a1** ἀφανίζονται ἑκάτεραι Y[c]   **2** γίγ. δῆλ. β γ   **3** post δὲ add. πάλιν H[c]rc. β γ Ald.   **4** ταῖς θηλείαις α (exc. C[a] Y[c] H[c]rc.)   **5** τῆς φλ. τῆς μεγ. β γ   **6** πολλαὶ ... 7 ἀορτῆς om. I[c]   τείνουσαι m   **7** τε om. α O[c] T[c]pr. Ald. Bk.   ἀπὸ τῶν σχ. codd. Bk.: *a scissis* Guil.: ἀποσχιζομένων cj. Sn.: σχιζομένων cj. A.-W. Dt.   **8** αἱ om. β γ

HISTORIA ANIMALIUM III

πόδας καὶ τοὺς δακτύλους· καὶ πάλιν ἕτεραι διὰ τῶν βουβώ-
νων καὶ τῶν μηρῶν φέρουσιν ἐναλλάξ, ἡ μὲν ἐκ τῶν ἀριστε-
ρῶν εἰς τὰ δεξιά, ἡ δ' εἰς τὰ ἀριστερὰ ἐκ τῶν δεξιῶν· καὶ
συνάπτουσι περὶ τὰς ἰγνύας ταῖς ἑτέραις φλεψίν.
ὃν μὲν οὖν τρόπον ἔχουσιν αἱ φλέβες καὶ πόθεν ἤρτην-
ται τὰς ἀρχάς, φανερὸν ἐκ τούτων. ἔχει δ' ἐν ἅπασι μὲν
οὕτω τοῖς ἐναίμοις ζῴοις τὰ περὶ τὰς ἀρχὰς καὶ τὰς μεγί-
στας φλέβας· τὸ γὰρ ἄλλο πλῆθος τῶν φλεβῶν οὐχ ὡσ-
αύτως ἔχει πᾶσιν, οὐδὲ γὰρ τὰ μέρη τὸν αὐτὸν τρόπον ἔχου-
σιν, οὐδὲ πάντα τὰ αὐτὰ ἔχουσιν, οὐδὲ μὴν ὁμοίως ἐν πᾶσίν
ἐστι φανερόν, ἀλλὰ μάλιστα ἐν τοῖς μάλιστα πολυαίμοις
καὶ μεγίστοις. ἐν γὰρ τοῖς μικροῖς καὶ μὴ πολυαίμοις ἢ
διὰ φύσιν ἢ διὰ πιότητα τοῦ σώματος οὐχ ὁμοίως ἔστι κατα-
μαθεῖν· τῶν μὲν γὰρ οἱ πόροι συγκεχυμένοι καθάπερ ὀχε-
τοί τινες ὑπὸ πολλῆς ἰλύος εἰσίν, οἱ δ' ὀλίγας καὶ ταύτας
ἶνας ἀντὶ φλεβῶν ἔχουσιν. ἡ δὲ μεγάλη φλὲψ ἐν πᾶσι μά-
λιστα διάδηλος, καὶ τοῖς μικροῖς.
[5] τὰ δὲ νεῦρα τοῖς ζῴοις ἔχει τόνδε τὸν τρόπον. ἡ μὲν
ἀρχὴ καὶ τούτων ἐστὶν ἐκ τῆς καρδίας· καὶ γὰρ ἐν αὐτῇ ἔχει
νεῦρα ἡ καρδία ἐν τῇ μεγίστῃ κοιλίᾳ, καὶ ἡ καλουμένη
ἀορτὴ νευρώδης ἐστὶ φλέψ, τὰ μὲν τελευταῖα καὶ παντε-
λῶς αὐτῆς· ἄκοιλα γάρ ἐστι, καὶ τάσιν ἔχει τοιαύτην οἵαν

10 καὶ εἰς τοὺς α   11 ἐναλλάξ A^a pr.   μὲν οὖν ἐκ Y^c   εἰς τὰ δεξιὰ ἐκ
τῶν ἀρ. C^a Y^c Guil.: ἐκ τῶν δεξιῶν εἰς τὰ ἀριστερά α (exc. C^a Y^c H^c rc.)
12 ἐκ τῶν ἀριστερῶν εἰς τὰ δεξιὰ α (exc. C^a Y^c H^c rc.)   13 παρὰ E^a K^c
14 ὃν] οἷον Y^c   15 μὲν om. H^c rc., N^c Z^c L^c m n   16 οὕτω post ζῴοις
transp. α (exc. C^a Y^c) Dt.   17 τὸ μὲν γὰρ β Ald.   19 τὰ αὐτὰ πάντα
transp. C^a: ταῦτα πάντα α (exc. C^a) Ald. Bk.   οὐδὲ μὴν ὁμοίως β γ: οὐ
μὴν οὐδ' ὁμοίως C^a Y^c Cs. edd.: οὐδὲ ταῦτα μὴν οὐδ' ὁμ. α (exc. C^a Y^c) Ald.:
neque etiam similiter Guil.: nec vero aeque Gaza   ἅπασιν α Ald. edd.   20
μάλιστα^(2) om. β (exc. T^c rc. I^c)   21 καὶ^(1) ... πολυαίμοις om. O^c pr. T^c pr.
22 ποιότητα Y^c, I^c, γ (exc. L^c mrc.): pinguedinem Scot. Guil.   23 ὀχετοῦ τι-
νὸς m   24 οἱ δ'] δὲ οἱ H^c rc. β γ Ald.   ὀλίγοι F^a X^c (incert. A^a G^a Q)
26 καὶ] ἐν γ   27 τόνδε] τοῦτον β Ald.   τὸν om. H^c pr. Sn.   28 ἐστὶν
om. S^c   ἐκ] ἀπὸ α   αὐτῇ A^a G^a Q H^c γ Ald.   ἡ καρδία ἔχει νεῦρα
transp. C^a Y^c Bk. Dt.: ἡ κ. ν. ἔχ. α (exc. C^a Y^c) Ald.   29 μεγάλη I^c   30
φλ. καὶ τὰ S^c, L^c rc.   μὲν] μέντοι cj. Sn. Dt.   31 ἀκοιλία C^a Y^c A^a pr., E^a
γὰρ om. I^c   οἵαν] ὡς I^c

139

ARISTOTELIS

περ τὰ νεῦρα, ᾗ τελευτᾷ πρὸς τὰς καμπὰς τῶν ὀστῶν. οὐ μὴν ἀλλ' οὐκ ἔστι συνεχὴς ἡ τῶν νεύρων φύσις ἀπὸ μιᾶς ἀρχῆς, ὥσπερ αἱ φλέβες. αἱ μὲν γὰρ φλέβες, ὥσπερ ἐν τοῖς γραφομένοις κανάβοις, τὸ τοῦ σώματος ἔχουσι σχῆμα παντός οὕτως ὥστ' ἐν τοῖς σφόδρα λελεπτυσμένοις πάντα τὸν ὄγκον φαίνεσθαι πλήρη φλεβίων (γίνεται γὰρ ὁ αὐτὸς τόπος λεπτῶν μὲν ὄντων φλεβία, παχυνθέντων δὲ σάρκες), τὰ δὲ νεῦρα διεσπασμένα περὶ τὰ ἄρθρα καὶ τὰς τῶν ὀστῶν ἐστι κάμψεις. εἰ δ' ἦν συνεχὴς ἡ φύσις αὐτῶν, ἐν τοῖς λελεπτυσμένοις ἂν καταφανὴς ἐγίνετο ἡ συνέχεια πάντων. μέγιστα δὲ μέρη τῶν νεύρων τό τε περὶ τὸ μόριον τὸ τῆς ἄλσεως κύριον (καλεῖται δὲ τοῦτο ἰγνύα), καὶ ἕτερον νεῦρον διπτυχές, ὁ τένων, καὶ τὰ πρὸς τὴν ἰσχὺν βοηθητικά, ἐπίτονός τε καὶ ὠμιαία. τὰ δ' ἀνώνυμα περὶ τὴν τῶν ὀστῶν ἐστι κάμψιν· πάντα γὰρ τὰ ὀστᾶ, ὅσα ἅπτονται ἢ πρὸς ἄλληλα σύγκεινται, συνδέδενται νεύροις, καὶ περὶ πάντα ἐστὶ τὰ ὀστᾶ πλῆθος νεύρων. πλὴν ἐν τῇ κεφαλῇ οὐκ ἔστιν οὐδέν, ἀλλ' αἱ ῥαφαὶ αὐτῶν τῶν ὀστῶν συνέχουσιν αὐτήν. ἔστι δ' ἡ τοῦ νεύρου φύσις σχιστὴ κατὰ μῆκος, κατὰ δὲ πλάτος ἄσχιστος καὶ τάσιν ἔχουσα πολλήν. ὑγρότης δὲ περὶ ταῦτα μυξώδης γίνεται, λευκὴ καὶ κολλώδης, ᾗ τρέφεται καὶ ἐξ ἧς γιγνόμενα φαίνεται. ἡ μὲν οὖν φλὲψ δύναται πυροῦσθαι, νεῦρον δὲ πᾶν φθείρεται πυρωθέν· κἂν διακοπῇ, οὐ συμφύεται πά-

32 ᾗ] ἢ A[a] F[a]: ἢ X[c] τῶν ... 515b25 πρὸς om. H[c] 33 ᾗ] ἐκ I[c] 35 καράβοις C[a] A[a] F[a] X[c]: κεράβοις G[a] Q: κερμάβοις Ott. τὸ ... b1 λελεπτυσμένοις om. N[c] Z[c] 515b1 οὕτως om. L[c]pr. m n λεπτυνομένοις α (exc. Y[c]) 7 παρὰ Y[c] 8 τὸ νεῦρον C[a]: νεῦρόν ἐστι A[a] G[a] Q F[a] X[c] Ott. 9 ὁ τένων α E[a]rc. Guil. Gaza Ald. edd.: om. β γ (exc. E[a]rc. nrc.) Scot. Alb.: τόνος nrc. ἐπίτομος α (exc. C[a] Y[c]) Ald. 10 ὠμιδία C[a] Y[c] A[a]pr.: ὁμοίαια G[a] Q npr.: ὠμοίαια Ald. τὴν om. N[c] Z[c] 11 ἅπτονται ἢ Y[c] β (exc. T[c]rc. I[c]) γ (exc. N[c] Z[c] L[c]pr. mpr.) Ald.: κάμπτονται ἢ T[c]rc. I[c], N[c] Z[c] L[c]pr. mpr.: ἁπτόμενα (om. ἢ) α (exc. Y[c]) Cs. edd.: ossa que coniunguntur ad invicem Scot.: ossa quecumque se tangunt aut ad invicem componuntur Guil. 12 συνδέδεται A[a] G[a] Q 13 πλὴν ἐν] ἐν δὲ α Guil. Ald. οὐκ ἔστιν om. Y[c] οὐδενὶ N[c] Z[c] L[c]pr. m n 14 αὐτῶν] αὐταὶ α (exc. C[a] Y[c]) Bk. 15 τὸ μῆκος ... τὸ πλάτος α Ald. 16 ταῦτα] αὐτὰ α Dt. μυρώδης N[c] Z[c] n γί. καὶ λευκὴ N[c] Z[c] L[c] m n Ald. 17 καὶ κολλ. ᾗ om. Y[c] in lac. γιγνομένη Y[c] 18 πυρροῦσθαι A[a] 19 πᾶν om. I[c]

λιν. οὐ λαμβάνει δ' οὐδὲ νάρκη, ὅπου μὴ νεῦρόν ἐστι τοῦ σώματος. πλεῖστα δ' ἐστὶ νεῦρα περὶ τοὺς πόδας καὶ τὰς χεῖρας καὶ πλευρὰς καὶ ὠμοπλάτας καὶ περὶ τὸν αὐχένα καὶ τοὺς βραχίονας. ἔχει δὲ νεῦρα πάντα ὅσα ἔχει αἷμα· ἀλλ' ἐν οἷς μή εἰσι καμπαὶ ἀλλ' ἄποδα καὶ ἄχειρά ἐστι, καὶ λεπτὰ καὶ ἄδηλα· διὸ τῶν ἰχθύων καὶ μάλιστά ἐστι δῆλα πρὸς τοῖς πτερυγίοις.
[6] αἱ δὲ ἶνές εἰσι μεταξὺ νεύρου καὶ φλεβός. ἔνιαι δ' αὐτῶν ἔχουσιν ὑγρότητα τὴν τοῦ ἰχῶρος, καὶ διέχουσιν ἀπό τε τῶν νεύρων πρὸς τὰς φλέβας καὶ ἀπ' ἐκείνων πρὸς τὰ νεῦρα. ἔστι δὲ καὶ ἄλλο γένος ἰνῶν, ὃ γίνεται μὲν ἐν αἵματι, οὐκ ἐν ἅπαντος δὲ ζῴου αἵματι· ὧν ἐξαιρουμένων ἐκ τοῦ αἵματος οὐ πήγνυται τὸ αἷμα, ἐὰν δὲ μὴ ἐξαιρεθῶσι, πήγνυται. ἐν μὲν οὖν τῷ τῶν πλείστων αἵματι ζῴων ἔνεισιν, ἐν δὲ τῷ τῆς ἐλάφου καὶ προκὸς καὶ βουβαλίδος καὶ ἄλλων τινῶν οὐκ ἔνεισιν ἶνες· διὸ καὶ οὐ πήγνυται αὐτῶν τὸ αἷμα ὁμοίως τοῖς ἄλλοις, ἀλλὰ τὸ μὲν τῶν ἐλάφων παραπλησίως τῷ τῶν δασυπόδων (ἔστι δ' ἀμφοτέρων αὐτῶν ἡ πῆξις οὐ στιφρά, καθάπερ ἡ τῶν ἄλλων, ἀλλὰ πλαδῶσα, καθάπερ ἡ τοῦ γάλακτος, ἄν τις εἰς αὐτὸ τὸ πῆγμα μὴ ἐμβάλῃ), τὸ δὲ τῆς βουβαλίδος πήγνυται μᾶλλον· παραπλησίως γὰρ συνίσταται ἢ μικρῷ ἧττον τοῦ τῶν προβάτων.
περὶ μὲν οὖν φλεβὸς καὶ νεύρου καὶ ἰνὸς τοῦτον ἔχει τὸν τρόπον. [7] τὰ δ' ὀστᾶ τοῖς ζῴοις ἀφ' ἑνὸς πάντα συνήρτηται καὶ συνεχῆ ἐστιν ἀλλήλοις ὥσπερ αἱ φλέβες· αὐτὸ δὲ καθ'

21 ἐστὶ om. α (exc. Cᵃ Yᶜ)   παρὰ Yᶜ, Eᵃ Kᶜ   περί τε τοὺς α (exc. Cᵃ)   22 καὶ πλευρὰ α (exc. Cᵃ Yᶜ): om. β γ Gaza Ald.   23 περὶ τοὺς α n ὅσαπερ Cᵃ Yᶜ   24 ἄχ. καὶ ἄπ. transp. Fᵃ Xᶜ   καὶ⁽²⁾ om. α γ Guil. Bk. 25 καὶ⁽²⁾ om. α Guil. Ald. edd.   28 ὑγρ. ... διέχουσιν om. Iᶜ   31 αἵματι] αἵματος Yᶜ   33 ζώ. αἷμ. transp. β Ald.   εἰσὶν β γ   34 προκὸς καὶ om. Yᶜ   35 εἰσὶν Hᶜrc. β γ Ald.   516a1 μὲν om. Iᶜ, Nᶜ Zᶜ Lᶜ m: τὸ μὲν τὸ Eᵃ P Kᶜ   2 ἀμφότερα Q Ott.   στρυφρὰ Cᵃ: στρυφνὰ α (exc. Cᵃ Hᶜrc.)   3 ἡ⁽¹⁾ om. α Guil.   ἡ⁽²⁾ om. Yᶜ, hab. cett. Guil.   4 πῆμα Oᶜ Tᶜpr.   μὴ α (exc. Aᵃrc. Fᵃ Xᶜ) nrc. Scot. Guil. Gaza Canis. Cs. edd.: οὐκ Eᵃrc.: αἷμα Aᵃrc. Fᵃ Xᶜ β γ (exc. Eᵃrc. nrc.): om. Ald.   ἐμβάλῃ cett Ald. Dt.: ἐμβάλλῃ Aᵃ Gᵃ Q Fᵃ Xᶜ, P, Guil. Bk.   7 νεύρων α (exc. Hᶜrc.)   ἰνῶν α (exc. Cᵃ Hᶜrc.)   8 συνηρτημένα ἐστὶ καὶ συνεχῆ α (exc. Hᶜrc.) Sn. edd. 9 καθαυτοῦ Yᶜ

ARISTOTELIS

αὐτὸ οὐδέν ἐστιν ὀστοῦν. ἀρχὴ δὲ ἡ ῥάχις ἐστὶν ἐν πᾶσι τοῖς ἔχουσιν ὀστᾶ. σύγκειται δ' ἡ ῥάχις ἐκ σφονδύλων, τείνει δ' ἀπὸ τῆς κεφαλῆς μέχρι πρὸς τὰ ἰσχία. οἱ μὲν οὖν σφόνδυλοι πάντες τετρημένοι εἰσίν, ἄνω δὲ τὸ τῆς κεφαλῆς ὀστοῦν συνεχές ἐστι τοῖς ἐσχάτοις σφονδύλοις, ὃ καλεῖται κρανίον. τούτου δὲ τὸ πριονωτὸν μέρος ῥαφή. ἔστι δὲ οὐ πᾶσιν ὁμοίως ἔχον τοῦτο τοῖς ζῴοις· τὰ μὲν γὰρ ἔχει μονόστεον τὸ κρανίον, ὥσπερ κύων, τὰ δὲ συγκείμενον, ὥσπερ ἄνθρωπος, καὶ τούτου τὸ μὲν θῆλυ κύκλῳ ἔχει τὴν ῥαφήν, τὸ δ' ἄρρεν τρεῖς ῥαφὰς ἄνωθεν συναπτούσας, τριγωνοειδεῖς· ἤδη δ' ὤφθη καὶ ἀνδρὸς κεφαλὴ οὐκ ἔχουσα ῥαφάς. σύγκειται δ' ἡ κεφαλὴ οὐκ ἐκ τεττάρων ὀστῶν, ἀλλ' ἐξ ἕξ· ἔστι δὲ δύο τούτων περὶ τὰ ὦτα, μικρὰ πρὸς τὰ λοιπά. ἀπὸ δὲ τῆς κεφαλῆς αἱ σιαγόνες τείνουσιν ὀστᾶ. κινεῖται δὲ τοῖς μὲν ἄλλοις ζῴοις ἅπασιν ἡ κάτωθεν σιαγών· ὁ δὲ κροκόδειλος ὁ ποτάμιος μόνος τῶν ζῴων κινεῖ τὴν σιαγόνα τὴν ἄνωθεν. ἐν δὲ ταῖς σιαγόσιν ἔνεστι τὸ τῶν ὀδόντων γένος, ὀστοῦν τῇ μὲν ἄτρητον τῇ δὲ τρητόν, καὶ ἀδύνατον γλύφεσθαι τῶν ὀστῶν μόνον. ἀπὸ δὲ τῆς ῥάχεως ἥ τε περονίς ἐστι καὶ αἱ κλεῖς καὶ αἱ πλευραί. ἔστι δὲ καὶ τὸ στῆθος ἐπὶ πλευραῖς κείμενον· ἀλλ' αὗται μὲν συνάπτουσιν, αἱ δ' ἄλλαι ἀσύναπτοι· οὐδὲν γὰρ ἔχει ζῷον ὀστοῦν περὶ τὴν κοιλίαν. ἔτι δὲ τά τ' ἐν τοῖς ὤμοις ὀστᾶ, καὶ αἱ καλούμεναι ὠμοπλάται, καὶ τὰ τῶν βραχιό-

11 ὀστοῦν α (exc. C^a Y^c H^crc.)   σφονδύλου α (exc. C^a): spondilibus Guil.   12 σπόνδυλοι Y^c passim   14 ἔστι post 13 κεφ. transp. α (exc. C^a Y^c)   ἐν τοῖς S^c   15 τοῦτο H^c, I^c, E^a   ῥαφίς H^crc. β γ Ald.   17 ὥσπερ ὁ κύων H^crc. L^c Ald.: ὥσπερ εἴρηται ἔχειν ὁ κύων β   συνκείμενα α (exc. C^a Y^c H^crc.)   21 ἐξ om. G^a Q: ἐν P   τούτων om. α (exc. C^a Y^c H^crc.)   παρὰ Y^c   22 μακρὰ C^apr.   πρὸς] ὡς C^a: περὶ P: ὡς πρὸς cj. Sn.   πρὸς τὰ λοιπὰ om. α (exc. C^a Y^c H^crc.)   λοιπά] μικρὰ T^crc., N^c Z^c L^cpr. m n   τῆς κε. δ' transp. β   25 post ζῴων add. οὐ β (exc. I^c) γ Scot. Gaza   ἄνωθεν] κάτωθεν β (exc. I^c) Scot Gaza   26 ἐστὶ α (exc. H^crc.) Ald.   27 ἀδύνατον codd. edd.: non ut sculpetur Scot.: impossibile Guil. (Tz): possibile Guil. (cett.)   28 περονίς T^crc. γ (exc. P L^crc. n): περωνίς α (exc. H^crc.) Prc. n Dt. Peck: περώνη H^crc., Ppr., Ald.: περόνη β (exc. T^crc.) L^crc. Bk.: om. Scot.: canola Guil.: fibula Gaza: ἢ ἀντὶ περόνης cj. Sn. Pk.: ἤπερ περόνη cj. Louis   κλεῖδες α (exc. H^crc.) Ald. Dt.   30 αὗται β γ (exc. L^c) οὐδὲ A^apr.   31 ἔτι] ἔστι α (exc. H^crc.) Guil.

HISTORIA ANIMALIUM III

νων ἐχόμενα, καὶ τούτων τὰ ἐν ταῖς χερσίν. ὅσα δ' ἔχει σκέλη πρόσθια, καὶ ἐν τούτοις τὸν αὐτὸν ἔχει τρόπον. κάτω δ', ᾗ περαίνει, μετὰ τὸ ἰσχίον ἡ κοτυληδών ἐστι καὶ τὰ τῶν σκελῶν ἤδη ὀστᾶ, τά τ' ἐν τοῖς μηροῖς καὶ κνήμαις, οἳ καλοῦνται κωλῆνες, ὧν μέρος τὰ σφυρά, καὶ τούτων τὰ καλούμενα πλῆκτρα ἐν τοῖς ἔχουσι σφυρόν· καὶ τούτοις συνεχῆ τὰ ἐν τοῖς ποσίν. ὅσα μὲν οὖν τῶν ἐναίμων καὶ πεζῶν ζῳοτόκα ἐστίν, οὐ πολὺ διαφέρει τὰ ὀστᾶ, ἀλλὰ κατ' ἀναλογίαν μόνον σκληρότητι καὶ μαλακότητι καὶ μεγέθει.
ἔτι δὲ τὰ μὲν ἔχει μυελὸν τὰ δ' οὐκ ἔχει τῶν ἐν τῷ αὐτῷ ζῴῳ ὀστῶν. ἔνια δὲ ζῷα οὐδ' ἔχειν ἂν δόξειεν ὅλως μυελὸν ἐν τοῖς ὀστοῖς, οἷον λέων, διὰ τὸ πάμπαν ἔχειν μικρὸν καὶ λεπτὸν καὶ ἐν ὀλίγοις· ἔχει γὰρ ἐν τοῖς μηροῖς καὶ βραχίοσιν. στερεὰ δὲ μάλιστα ὁ λέων πάντων ἔχει τὰ ὀστᾶ· οὕτω γάρ ἐστι σκληρὰ ὥστε συντριβομένων ὥσπερ ἐκ λίθων ἐκλάμπειν πῦρ. ἔχει δὲ καὶ ὁ δελφὶς ὀστᾶ, ἀλλ' οὐκ ἄκανθαν.
τὰ δὲ τῶν ἄλλων ζῴων τῶν ἐναίμων τὰ μὲν μικρὸν παραλλάττει, οἷον τὰ τῶν ὀρνίθων, τὰ δὲ τῷ ἀνάλογόν ἐστι ταὐτά, οἷον ἐν τοῖς ἰχθύσι· τούτων γὰρ τὰ μὲν ζῳοτοκοῦντα χονδράκανθά ἐστιν, οἷον τὰ καλούμενα σελάχη, τὰ δ' ᾠοτοκοῦντα ἄκανθαν ἔχει, ᾗ ἐστιν ὥσπερ τοῖς τετράποσιν ἡ ῥάχις. ἴδιον δὲ ἐν τοῖς ἰχθύσιν, ὅτι ἐνίοις εἰσὶ κατὰ τὴν σάρκα κεχωρισμένα

33 καὶ om. γ (exc. L^crc.)   τὰ] ὅσα α (exc. C^a Y^c H^crc.)   **35** ὁ κοτ. N^c Z^c L^cpr. m n   **36** μηροῖς] μικροῖς N^c Z^c   οἳ] ὅσοι α (exc. H^crc.)   **516b1** κατῆνες P   τὰ σφ. μέρος transp. α (exc. C^a Y^c) Ald.   **4** κατ' ἀναλογίαν codd. edd.: om. Scot.   μόνον] μᾶλλον α (exc. H^crc.) Guil.   **5** μεγέθεσιν α (exc. C^a Y^c H^crc.) Guil. Dt.   **7** ἂν ἔχειν transp. α (exc. C^a Y^c H^crc.) Bk. post δόξ. add. οὐδ' H^crc., T^crc., γ   **8** οἷον λέων om. S^c   **9** γὰρ] γὰρ καὶ C^a Y^c: δὲ καὶ α (exc. C^a Y^c H^crc.) Dt.   μηροῖς] μικροῖς Ald.   **10** πάντων ante μάλιστα transp. α (exc. H^crc.) Guil. Sn.   ὀστέα β γ Ald.   **11** δὲ codd.: per errorem om. Sn. Bk.   **12** ἄκανθα Q F^a X^c   **13** ζῴων om. L^c παραλάττει α N^c   τὰ⁽²⁾ om. Q   **14** τῷ] τὸ G^a Q   ἀνάλογα N^c Z^c ταὐτά C^a G^a Q, mrc., Cs. edd.: ταῦτα cett. Ald.: *eadem* Guil.   οἷον om. Ald.   **15** χονδρ. ... 16 ᾠοτ. om. X^c   χονδράκανθαν O^cpr. T^cpr.   **17** ὥσπερ ἐν τοῖς α (exc. H^crc.) Dt.   ἐν om. α (exc. H^crc.)   **18** ὅτι ... 19 ἰχθύσιν om. C^a   ὅτι ἐν ἐνίοις α (exc. H^crc.) Ald. edd.

ἀκάνθια λεπτά. ὁμοίως δὲ καὶ ὁ ὄφις ἔχει τοῖς ἰχθύσιν· ἀκανθώδης γὰρ ἡ ῥάχις αὐτοῦ ἐστιν. τὰ δὲ τῶν τετραπόδων μὲν ᾠοτοκούντων δὲ τῶν μὲν μειζόνων ὀστωδέστερά ἐστι, τῶν δ' ἐλαττόνων ἀκανθωδέστερα. πάντα δὲ τὰ ζῷα ὅσα ἔναιμά ἐστιν, ἔχει ῥάχιν ἢ ὀστώδη ἢ ἀκανθώδη· τὰ δ' ἄλλα μόρια τῶν ὀστῶν ἐνίοις μέν ἐστιν, ἐνίοις δ' οὐκ ἔστιν, ἀλλ' ὡς ὑπάρχει τοῦ ἔχειν τὰ μόρια, οὕτω καὶ τοῦ ἔχειν τὰ ἐν τούτοις ὀστᾶ. ὅσα γὰρ μὴ ἔχει σκέλη καὶ βραχίονας, οὐδὲ κωλῆνας ἔχει, οὐδ' ὅσα τὰ αὐτὰ μὲν ἔχει μόρια, μὴ ὅμοια δέ· καὶ γὰρ ἐν τούτοις ἢ τῷ μᾶλλον καὶ ἧττον διαφέρει ἢ τῷ ἀνάλογον.

τὰ μὲν οὖν περὶ τῶν ὀστῶν τοῦτον ἔχει τὸν /31/ τρόπον τοῖς ζῴοις· [8] ἔστι δὲ καὶ ὁ χόνδρος τῆς αὐτῆς φύσεως τοῖς ὀστοῖς, ἀλλὰ τῷ μᾶλλον διαφέρει καὶ ἧττον. καὶ ὥσπερ οὐδ' ὀστοῦν οὐδ' ὁ χόνδρος αὐξάνεται, ἂν ἀποκοπῇ. εἰσὶ δ' ἐν μὲν τοῖς χερσαίοις καὶ ζωοτόκοις τῶν ἐναίμων ἄτρητοι οἱ χόνδροι, καὶ οὐ γίνεται ἐν αὐτοῖς ὥσπερ ἐν τοῖς ὀστοῖς μυελός· ἐν δὲ τοῖς σελάχεσιν (ταῦτα γάρ ἐστι χονδράκανθα) ἔνεστιν αὐτῶν ἐν τοῖς πλατέσι τὸ κατὰ τὴν ῥάχιν ἀνάλογον τοῖς ὀστοῖς χονδρῶδες, ἐν οἷς ὑπάρχει ὑγρότης μυελώδης. τῶν ζωοτοκούντων δὲ πεζῶν περί τε τὰ ὦτα χόνδροι εἰσὶ καὶ τοὺς μυκτῆρας καὶ περὶ ἔνια ἀκρωτήρια τῶν ὀστῶν.

[9] ἔτι δ' ἐστὶν ἄλλα γένη μορίων, οὔτε τὴν αὐτὴν ἔχοντα φύσιν τούτοις οὔτε πόρρω τούτων, οἷον ὄνυχές τε καὶ ὁπ-

19 ὁ om. β P K^c Ald. **20** ἐστὶν post γὰρ transp. S^c **22** ἄκανθ. ἐστὶ α (exc. C^a Y^c H^c rc.) Ald. **23** ἔχει ... **24** ἐστιν^(1) om. X^c ἢ^(1) om. C^a **24** ὀστ. ἐν ἐνίοις μέν ἐστιν ἐν ἐνίοις α (exc. H^c rc.) Guil. Dt. **25** οὕτως α **27** κολῆνας O^c T^c **28** τὸ H^c pr., P K^c N^c pr. m pr. **29** τὸ P K^c N^c pr. m pr. **30** περὶ τὴν τῶν ὀστῶν φύσιν α (exc. H^c rc.) Guil. Sn. edd. **31** ἐν τοῖς ζ. G^a Q **32** τὸ E^a P K^c καὶ τὸ ἦτ. E^a **33** οὐδ' ὁ] οὐδὲ Y^c, L^c **35** post ἄτρ. add. καὶ β Ald. ὥσπερ] οἷον α (exc. H^c rc.) **36** σελαχώδεσι α (exc. H^c rc.) **517a1** ἔνεστι δ' α (exc. H^c rc.) Guil. **2** χονδρῶδες] τοῖς χονδρώδεσιν α (exc. H^c rc.) Guil. **3** τῶν δὲ ζωοτόκων (-ούντων C^a Y^c) καὶ τῶν πεζῶν α (exc. H^c rc.) παρὰ Y^c, K^c τε om. β **4** τῶν μυκτήρων A^a pr. ἔνια om. Y^c **6** ὅτι H^c

λαὶ καὶ χηλαὶ καὶ κέρατα, καὶ ἔτι παρὰ ταῦτα ῥύγχος, οἷον ἔχουσιν οἱ ὄρνιθες, ἐν οἷς ὑπάρχει ταῦτα τὰ μόρια τῶν ζῴων. ταῦτα μὲν γὰρ καὶ καμπτὰ καὶ σχιστά, ὀστοῦν δ' οὐδὲν σχιστὸν οὐδὲ καμπτόν, ἀλλὰ θραυστόν. καὶ τὰ χρώματα τῶν κεράτων καὶ τῶν ὀνύχων καὶ χηλῆς καὶ ὁπλῆς κατὰ τὴν τοῦ δέρματος καὶ τῶν τριχῶν ἀκολουθεῖ χρόαν. τῶν μὲν γὰρ μελανοδερμάτων μέλανα τὰ κέρατα καὶ αἱ χηλαὶ καὶ αἱ ὁπλαί, ὅσα χηλὰς ἔχει, καὶ τῶν λευκῶν λευκά, μεταξὺ δὲ τὰ τῶν ἀνὰ μέσον. ἔχει δὲ καὶ περὶ τοὺς ὄνυχας τὸν αὐτὸν τρόπον. οἱ δὲ ὀδόντες κατὰ τὴν τῶν ὀστῶν εἰσι φύσιν. διόπερ τῶν μελάνων ἀνθρώπων, ὥσπερ Αἰθιόπων καὶ τῶν τοιούτων, οἱ μὲν ὀδόντες λευκοὶ καὶ τὰ ὀστᾶ, οἱ δ' ὄνυχες μέλανες, ὡς καὶ τὸ πᾶν δέρμα.

τῶν δὲ κεράτων τὰ μὲν πλεῖστα κοῖλά ἐστι τὸ ἀπὸ τῆς προσφύσεως περὶ τὸ ἐντὸς ἐκπεφυκὸς ἐκ τῆς κεφαλῆς ὀστοῦν, ἐπ' ἄκρου δ' ἔχει τὸ στερεόν, καὶ ἔστιν ἁπλᾶ· τὰ δὲ τῶν ἐλάφων μόνα δι' ὅλου στερεὰ καὶ πολυσχιδῆ. καὶ τῶν μὲν ἄλλων τῶν ἐχόντων κέρας οὐδὲν ἀποβάλλει τὰ κέρατα, ἔλαφος δὲ μόνος καθ' ἕκαστον ἔτος, ἐὰν μὴ ἐκτμηθῇ· περὶ δὲ τῶν ἐκτετμημένων ἐν τοῖς ὕστερον λεχθήσεται. τὰ δὲ κέρατα προσπέφυκε τῷ δέρματι μᾶλλον ἢ τῷ ὀστῷ· διὸ καὶ ἐν Φρυ-

8 ἔτι post ταῦτα transp. α (exc. Cᵃ Yᶜ) Ald.   περὶ α (exc. Cᵃ Yᶜ) Eᵃpr.   9 οἱ om. α (exc. Yᶜ Hᶜrc.)   ἐν οἷς ... 10 ζῴων om. Gaza, secl. Sylb. Sn. ὑπάρχει] ἔχουσι Hᶜrc., Nᶜ Zᶜ Lᶜpr. m n   11 καμπτὸν οὐδὲ σχιστὸν transp. α Ald. edd.   12 καὶ τῶν⁽¹⁾ Hᶜrc. γ Ald.   τῶν⁽²⁾ om. α (exc. Hᶜrc.) Dt. χηλῶν n   13 post καὶ add. τὴν α Sn. Dt.   14 μὲν om. Cᵃ: τε α (exc. Cᵃ Hᶜrc.) Bk. edd.   μελάνων δερμάτων Hᶜrc. β γ Ald.   αἱ om. α (exc. Hᶜrc.) 15 αἱ om. α (exc. Hᶜrc.)   ὁπλαὶ καὶ ὅσα Cᵃ   16 λευκὰ καὶ με. α (exc. Yᶜ) τὰ om. γ   παρὰ Yᶜ   17 τῶν om. Gᵃ Q   20 ὥσπερ α (exc. Hᶜrc.) Ald. edd.   21 τῶν μὲν πλείστων Hᶜrc., Tᶜrc., Nᶜ Zᶜ Lᶜpr. m n   μὲν om. α (exc. Cᵃ Yᶜ Hᶜrc.)   κοῖλόν Hᶜrc., Tᶜrc., γ (exc. Lᶜrc.)   τὸ om. α (exc. Hᶜrc.) Sn. edd.   22 παρὰ Yᶜ   ἐκ om. α (exc. Cᵃ Yᶜ) Ald.   ὀστοῦν post ἐκπεφ. transp. Hᶜ Ald.   23 τὰ στερεὰ α (exc. Cᵃ Yᶜ) Ald.   τὰ δὲ τῶν] τῶν δ' Lᶜ 24 πολυσχεδῆ Yᶜ Aᵃ Gᵃ Q Hᶜpr., n   καὶ⁽²⁾ ... 25 δὲ om. n   μὲν om. Nᶜ Zᶜ Lᶜ m   25 οὐδὲ Aᵃpr.   26 μόνον Hᶜrc. β γ Ald. Bk.   παρὰ Yᶜ ἐκτεμνομένων Cᵃ Yᶜ   27 ἐν τοῖς om. Yᶜ   ῥηθήσεται τὰ δ' ἑκάτερα Yᶜ 28 μᾶλλον ante τῷ δ. transp. α Ald. edd.   τὸ ὀστοῦν β γ (exc. Lᶜrc. mrc.) καὶ οἱ ἐν Aᵃ Gᵃ Q Hᶜ

γία εἰσὶ βόες καὶ ἄλλοθι κινοῦσαι τὰ κέρατα ὥσπερ τὰ ὦτα.

τῶν δ' ἐχόντων ὄνυχας (ἔχει δ' ὄνυχας ἅπαντα ὅσαπερ δακτύλους, δακτύλους δ' ὅσα πόδας, πλὴν ἐλέφας· οὗτος δὲ καὶ δακτύλους ἀσχίστους καὶ ἠρέμα διηρθρωμένους καὶ ὄνυχας ὅλως οὐκ ἔχει) τῶν δ' ἐχόντων τὰ μέν ἐστιν εὐθυόνυχα, ὥσπερ ἄνθρωπος, τὰ δὲ γαμψώνυχα, ὥσπερ καὶ τῶν πεζῶν λέων καὶ τῶν πτηνῶν αἰετός.

[10] περὶ τριχῶν δὲ καὶ τῶν ἀνάλογον καὶ δέρματος τόνδ' ἔχει τὸν τρόπον. τρίχας μὲν ἔχει τῶν ζῴων ὅσα πεζὰ καὶ ζῳοτόκα, φολίδας δ' ὅσα πεζὰ καὶ ᾠοτόκα, λεπίδας δ' ἰχθύες μόνοι, ὅσοι ᾠοτοκοῦσι τὸ ψαδυρὸν ᾠόν· τῶν γὰρ μακρῶν γόγγρος μὲν οὐ τοιοῦτον ἔχει ᾠόν, οὐδ' ἡ μύραινα, ἐγχέλυς δ' ὅλως οὐκ ἔχει. τὰ δὲ πάχη τῶν τριχῶν καὶ αἱ λεπτότητες καὶ τὰ μεγέθη διαφέρουσι κατὰ τοὺς τόπους, ἐν οἷς ἂν ὦσι τῶν μερῶν, καὶ ὁποῖον ἂν ᾖ τὸ δέρμα· ὡς γὰρ ἐπὶ τὸ πολὺ ἐν τοῖς παχυτέροις δέρμασι σκληρότεραι αἱ τρίχες καὶ παχύτεραι, πλείους δὲ καὶ μακρότεραι ἐν τοῖς κοιλοτέροις καὶ ὑγροτέροις, ἄνπερ ὁ τόπος ᾖ τοιοῦτος οἷος ἔχειν τρίχας. ὁμοίως δὲ καὶ περὶ τῶν λεπιδωτῶν ἔχει καὶ τῶν φολιδωτῶν.

ὅσα μὲν οὖν μαλακὰς ἔχει τὰς τρίχας, εὐβοσίᾳ χρώμενα σκληροτέρας ἴσχει, ὅσα δὲ σκληράς, μαλακωτέρας καὶ ἐλάττους. διαφέρουσι δὲ καὶ κατὰ τοὺς τόπους

---

29 ἄλλοθεν A^a pr. G^a Q H^c pr. οἳ κινοῦσι α (exc. H^c rc.) Guil. Dt.: κινοῦντες E^a τὰ^(2) om. E^a **30** ἔχει δ' ὄνυχας om. Z^c ὅσαπερ καὶ δ. α (exc. C^a Y^c H^c rc.) **33** εἰσιν H^c rc. β γ Ald. εὐθυόνυχα C^a Y^c, L^c, Bk. edd. **517b2** ἀετός α (exc. H^c rc.) Sn. edd. **3** δὲ τριχῶν transp. α Ald. καὶ τοῦ δέρμ. α (exc. C^a Y^c) ἔχει τόνδε transp. α (exc. C^a Y^c) Ald. **5** ᾠοτόκα] ζῳοτόκα Y^c A^a pr. G^a pr. H^c pr., E^a **6** μόνον α (exc. H^c rc.) ψαθυρὸν α (exc. H^c rc.) Ald. μικρῶν G^a pr. Q **7** μὲν om. α **8** παχέα H^c rc. γ αἱ om. α γ **9** τὰ om. N^c Z^c L^c m n **10** ἂν^(2) τ' ἦ C^a **12** post παχ. add. καὶ H^c rc. β γ Ald. **13** ᾖ τοιοῦτος] οὗτος α (exc. C^a Y^c H^c rc.) **14** τὰς τρίχας F^a X^c τῶν^(2) om. α (exc. C^a Y^c) **15** τὰς om. Y^c H^c pr. εὐβοσίᾳ] εὐδία A^a pr. G^a Q H^c pr. Ott.: εὐθοσία P pr.: om. in lac. K^c **16** χρώμενα om. A^a pr. G^a Q H^c pr. Ott.: χρωμένους β: χρωμένας γ (exc. L^c m rc.) σκληρότερα β (exc. O^c rc.) γ (exc. L^c m rc.) **17** καὶ^(2) om. Y^c, N^c Z^c L^c n

HISTORIA ANIMALIUM III

τοὺς ψυχροτέρους καὶ θερμοτέρους, οἷον αἱ τῶν ἀνθρώπων τρίχες ἐν μὲν τοῖς θερμοῖς σκληραί, ἐν δὲ τοῖς ψυχροῖς μαλακαί. εἰσὶ δ' αὖ αἱ μὲν εὐθεῖαι μαλακαί, αἱ δὲ κεκαμμέναι σκληραί. [11] ἡ δὲ φύσις τῶν τριχῶν ἐστι σχιστή. τῷ μᾶλλον δὲ καὶ ἧττον διαφέρουσι πρὸς ἀλλήλας. ἔνιαι δὲ τῇ σκληρότητι μεταβαίνουσαι κατὰ μικρὸν οὐκέτι θριξὶν ἐοίκασιν ἀλλ' ἀκάνθαις, οἷον αἱ τῶν ἐχίνων τῶν χερσαίων, παραπλησίως τοῖς ὄνυξιν· καὶ γὰρ τὸ τῶν ὀνύχων γένος ἐνίοις τῶν ζῴων οὐδὲν διαφέρει διὰ τὴν σκληρότητα τῶν ὀστῶν. δέρμα δὲ πάντων λεπτότατον ἄνθρωπος ἔχει κατὰ λόγον τοῦ μεγέθους. ἔνεστι δ' ἐν τοῖς δέρμασι πᾶσι γλισχρότης μυξώδης, ἐν μὲν τοῖς ἐλάττων ἐν δὲ τοῖς πλείων, οἷον ἐν τοῖς τῶν βοῶν, ἐξ ἧς ποιοῦσι τὴν κόλλαν· ἐνιαχοῦ δὲ καὶ ἐξ ἰχθύων ποιοῦσι κόλλαν. ἀναίσθητον δὲ τὸ δέρμα τεμνόμενόν ἐστι καθ' αὑτό· μάλιστα δὲ τοιοῦτον τὸ ἐν τῇ κεφαλῇ, διὰ τὸ μεταξὺ ἀσαρκότατον εἶναι πρὸς τὸ ὀστοῦν. ὅπου δ' ἂν ᾖ καθ' αὑτὸ δέρμα, ἂν διακοπῇ, οὐ συμφύεται, οἷον γνάθου τὸ λεπτὸν καὶ ἀκροποσθία καὶ βλεφαρίς. τῶν συνεχῶν δ' ἐστὶ τὸ δέρμα ἐν ἅπασι τοῖς ζῴοις, καὶ ταύτῃ διαλείπει ᾗ τε οἱ κατὰ φύσιν πόροι ἐξικμάζονται καὶ κατὰ στόμα καὶ ὄνυχας. δέρμα μὲν οὖν ἔχει πάντα τὰ ἔναιμα ζῷα, τρίχας δ' οὐ πάντα, ἀλλ' ὥσπερ διῄρηται πρότερον.

μεταβάλλουσι δὲ τὰς χροιὰς γηρασκόντων καὶ λευκότεραι γί-

18 θερμ. καὶ ψυχ. transp. α (exc. Cᵃ Yᶜ) Ald.   20 εἰσὶ ... μαλακαί om. α (exc. Cᵃ Yᶜ Hᶜrc.) Ott.   αὖ om. Cᵃ Yᶜ Guil. Sn.   κεκαυμέναι α (exc. Cᵃ Yᶜ Hᶜrc.) Zᶜ   21 τῆς τριχός α (exc. Hᶜrc.) γ (exc. Lᶜrc.) Ald.: pilorum Guil. τῷ] τὸ Eᵃ P Kᶜ   22 ἀλλήλους P   τῇ om. Cᵃ: τῆς Yᶜ   23 σκληρότητος Yᶜ   ἔοικεν Yᶜ   24 αἱ τῶν] αὐτῶν Nᶜ Zᶜ n   ἐχιδνῶν γ (exc. Lᶜ m) τῶν χερσ. ἐχ. P   25 ἐν ἐνίοις α Cs.   26 διὰ om. Cᵃ Yᶜ Aᵃpr. Cs.   27 χαλεπώτατον Aᵃpr. Gᵃpr. Hᶜpr.   30 ἐνιαχοῦ ... 31 κόλλαν codd. Scot. Guil. edd.: del. Hᶜrc., secl. A.-W. Dt.: ἔτι δὲ καὶ ἐκ τῶν ἰχθύων ἔνιοι ἔψουσι κόλλαν Tᶜrc.: quinetiam e piscibus glutinum a nonnullis excoquitur Gaza   31 post κό. add. λεῖαν Yᶜ   ἐστὶ τεμ. transp. Sᶜ, Nᶜ Zᶜ Lᶜ m n   33 διὰ τὸ τὸ μ. α (exc. Hᶜrc.) Sn. Bk.   518a2 ἀκροπισθία Cᵃ Aᵃpr. Gᵃpr. Hᶜpr., Eᵃ Kᶜpr. 3 ἐστὶ om. Hᶜrc. β γ Bk.   4 τε] καὶ α (exc. Hᶜrc.) Sn. edd.   ἐφικμάζονται Gᵃ Q   καὶ οἱ κατὰ α (exc. Cᵃ Yᶜ)   5 τὸ στόμα α Ald. edd.   ἅπαντ' ἔχει Cᵃ Aᵃ Gᵃ Q Fᵃ Xᶜ Dt.: ἔχει ἅπαντα Yᶜ, Nᶜ, Ald.: παντ' ἔχει γ (exc. Lᶜ) Bk.   6 εἴρηται α Guil. Ald.   7 χρόας α (exc. Hᶜrc.) Sn.   λευκότεραι γίνονται Hᶜrc. β γ Ald.: λευκαίνονται α (exc. Hᶜrc.) Guil. Sn.

147

νονται ἐν ἀνθρώποις· τοῖς δ' ἄλλοις γίνεται μέν, οὐκ ἐπιδήλως δὲ /9/ σφόδρα, πλὴν ἐν ἵππῳ. λευκαίνεται δὲ καὶ ἀπ' ἄκρας ἡ /10/ θρίξ, αἱ δὲ πλεῖσται εὐθὺς φύονται λευκαὶ τῶν πολιῶν. ᾗ καὶ δῆλον ὅτι οὐ αὐότης ἐστὶν ἡ πολιότης, ὥσπερ τινές φασιν· οὐδὲν γὰρ φύεται εὐθὺς αὖον. ἐν δὲ τῷ ἐξανθήματι ὃ καλεῖται λεύκη, πᾶσαι πολιαὶ γίγνονται· ἤδη δέ τισι κάμνουσι μὲν πολιαὶ ἐγένοντο, ὑγιασθεῖσι δὲ ἀπορρυεισῶν μέλαιναι ἀνεφύησαν. γίνονταί τε μᾶλλον πολιαὶ σκεπαζομένων τῶν τριχῶν ἢ διαπνεομένων. πρῶτον δὲ πολιοῦνται οἱ κρόταφοι /17/ τῶν ἀνθρώπων, καὶ τὰ πρόσθια πρότερα τῶν ὀπισθίων· /18/ τελευταῖον δ' ἡ ἥβη.

εἰσὶ δὲ τῶν τριχῶν αἱ μὲν συγγενεῖς, αἱ δ' ὕστερον κατὰ τὰς ἡλικίας γινόμεναι ἐν ἀνθρώπῳ μόνῳ τῶν ζῴων, συγγενεῖς μὲν αἱ ἐν τῇ κεφαλῇ καὶ ταῖς βλεφαρίσι καὶ ταῖς ὀφρύσιν, ὑστερογενεῖς δὲ αἱ ἐπὶ τῆς ἥβης πρῶτον, ἔπειτα αἱ ἐπὶ τῆς μασχάλης, τρίται δ' αἱ ἐπὶ τοῦ γενείου· ἴσοι γὰρ τόποι εἰσὶν ἐν οἷς αἱ τρίχες ἐγγίνονται αἵ τε συγγενεῖς καὶ αἱ ὑστερογενεῖς. λείπουσι δὲ καὶ ῥέουσι κατὰ τὴν ἡλικίαν αἱ ἐκ τῆς κεφαλῆς καὶ μάλιστα καὶ πρῶται. τούτων δὲ αἱ ἔμπροσθεν μόναι· τὰ γὰρ ὄπισθεν οὐδεὶς γίνεται φαλακρός. ἡ μὲν οὖν κατὰ κορυφὴν λειότης φαλακρότης καλεῖται, ἡ δὲ κατὰ τὰς ὀφρῦς ἀναφαλαντίασις· οὐδέτερον δὲ τούτων συμβαίνει οὐδενὶ πρὶν ἢ ἀφροδι-

8 ἀνθρώπῳ α Sn. 9 καὶ om. N^c Z^c L^c m n 10 εὐθὺ C^a Y^c ἦ om. α (exc. C^a Y^c H^c rc.) 11 οὐχ αὐότης Y^c Sn. edd.: οὐ αὐότης L^c rc. mrc. Cs.: οὐχανότης mpr.: οὐκ αὐχμότης O^c rc.: οὐκ αὐνότης U^c rc.: οὐ χαυνότης codd. cett. Ald.: *non una res* Scot.: *non siccitas* Guil. Trap.: *non ariditate* Gaza ἡ πολ. ἐστὶν transp. α (exc. H^c rc.) Guil. 12 οὐδ' ἓν C^a: οὐδὲ A^a pr. G^a Q H^c pr. αὖον Y^c, Z^c: αὖον cett. Ald. 13 λευκή codd. nonn. 14 γίγνονται α (exc. C^a Y^c H^c rc.) ὑγιανθεῖσι Y^c β γ 15 τε om. A^a pr. G^a Q H^c pr.: *autem* Guil. 16 πρότερον β 17 πρότερα om. β: πρότερον α (exc. H^c rc.) Guil. ὄπισθεν α (exc. H^c rc.) Dt. 20 καὶ ἐν ταῖς H^c rc. γ Ald. 21 τοῖς G^a Q H^c pr. 22 πρῶται α (exc. C^a H^c rc.) ἔπειτα δὲ αἱ α (exc. H^c rc.) Dt. 23 ἴσοι Y^c A^a G^a Q passim: ὅσοι N^c Z^c mpr.: τόσοι H^c rc. L^c οἱ τόποι α (exc. H^c rc.) Sn. edd. αἱ τρίχες om. α (exc. H^c rc.) Guil. 24 αἱ^(2) om. α (exc. C^a Y^c) γ 25 καὶ^(2) om. Y^c: αἱ C^a Guil. 26 δὲ] γὰρ A^a pr. G^a Q H^c τὸ α 27 οὖν om. α (exc. C^a Y^c) 28 ὀφρὺς C^a Y^c: ὀφρύας H^c rc. β γ Ald. ἀναφαλανθίασις C^a A^a pr., β (exc. S^c O^c rc.), E^a Ppr. K^c N^c rc. n, Dt. Peck Louis 29 οὐδενὶ] οὐδὲ α (exc. C^a Y^c H^c rc.)

σιάζειν ἄρξηται. οὐ γίνεται δ' οὔτε παῖς φαλακρὸς οὔτε γυνὴ οὔτε οἱ ἐκτετμημένοι· ἀλλ' ἐὰν μὲν ἐκτμηθῇ πρὸ ἥβης, οὐ φύονται αἱ ὑστερογενεῖς, ἐὰν δ' ὕστερον, αὗται μόναι ἐκρέουσι, πλὴν τῆς ἥβης. γυνὴ δὲ τὰς ἐπὶ τῷ γενείῳ οὐ φύει τρίχας· πλὴν ὀλίγαι γίγνονται ἐνίαις, ὅταν τὰ καταμήνια στῇ, καὶ οἷον ἐν Καρίᾳ ταῖς ἱερείαις, ὃ δοκεῖ συμβαίνειν σημεῖον τῶν μελλόντων. αἱ δ' ἄλλαι γίγνονται μέν, ἐλάττους δέ. γίγνονται δὲ καὶ ἄνδρες καὶ γυναῖκες ἐκ γενετῆς ἐνδεεῖς τῶν ὑστερογενῶν τριχῶν ἅμα καὶ ἄγονοι, ὅσοιπερ ἂν καὶ ἥβης στερηθῶσιν.

αἱ μὲν οὖν ἄλλαι τρίχες αὔξονται κατὰ λόγον ἢ πλεῖον ἢ ἔλαττον, μάλιστα μὲν αἱ ἐν τῇ κεφαλῇ, εἶτα πώγωνι, καὶ οἱ λεπτότριχοι μάλιστα. δασύνονται δέ τισι καὶ αἱ ὀφρύες γινομένοις πρεσβυτέροις, οὕτως ὥστ' ἀποκείρεσθαι, διὰ τὸ ἐπὶ συμφύσει ὀστῶν κεῖσθαι, ἃ γηρασκόντων διιστάμενα διίησι πλείω ὑγρότητα. αἱ δ' ἐν ταῖς βλεφαρίσιν οὐκ αὔξονται, ῥέουσι δέ, ὅταν ἀφροδισιάζειν ἄρξωνται, καὶ μᾶλλον τοῖς μᾶλλον ἀφροδισιαστικοῖς· πολιοῦνται δὲ βραδύτατα αὗται. ἐκτιλλόμεναι δ' αἱ τρίχες μέχρι τῆς ἀκμῆς ἀναφύονται, εἶτα οὐκέτι. ἔχει δὲ πᾶσα θρὶξ ὑγρότητα πρὸς τῇ ῥίζῃ γλίσχραν, καὶ ἕλκει εὐθὺς ἐκτιλθεῖσα τὰ κοῦφα θιγγάνουσα. ὅσα δὲ ποικίλα τῶν ζῴων κατὰ τὰς τρίχας, τούτοις καὶ ἐν τῷ δέρματι προϋπάρχει ἡ ποικιλία καὶ ἐν τῷ τῆς γλώττης δέρματι. περὶ δὲ τὸ γένειον τοῖς μὲν συμβαίνει καὶ τὴν ὑπήνην καὶ τὸ γένειον δασὺ

31 οὔτε] οὐδὲ H^c rc. β γ Ald.   οἱ ἐκτετμημένοι] οἱ εὐνοῦχοι add. supra A^a rc.: οἱ ἄνθρωποι add. supra G^a rc.: οἱ εὐνοῦχοι H^c pr. Sn.   32 ἂν α (exc. H^c rc.)   33 τὰς om. E^a   34 ἐνίαις γίγ. ὀλ. transp. α (exc. ὀλίγαι om. H^c) Bk.: ὀλ. ἐν. γίγ. Ald.   35 στῶσι α (exc. H^c rc.) Dt.   518b3 ἅμα] ἀλλὰ α (exc. H^c rc.) Cs. Sn.: simul Guil.: ⟨ὧν⟩ ἅμα cj. Dt. Peck   4 αὐξάνονται α (exc. H^c rc.) Sn. Dt.: αἴρονται β (exc. T^c rc. U^c rc.)   5 πλέον α (exc. H^c rc.) Sn. αἱ om. C^a   6 εἶτα πώγωνι codd. Sn. Bk.: deinde qui in barba Guil.: εἶτ' ἐν π. cj. Camot. Cs. A.-W.: εἶθ' αἱ ἐν π. cj. Dt. Peck   7 αἱ om. α (exc. C^a Y^c)   8 σύμφυσιν H^c rc., T^c rc., N^c Z^c L^c n   ὀστέων C^a   9 διιᾶσι C^a Y^c Dt. ὑγρότητι A^a pr.   10 αὐξάνονται α Ald. edd.   13 οὐκέτι] οὐκ ἔχει A^a pr.   16 τρ. ἐν τούτοις H^c rc. β γ Ald.   τοῖς δέρμασι α (exc. C^a Y^c H^c rc.) ὑπάρχει m   ἡ om. α (exc. C^a Y^c)   18 τοῖς … γένειον om. n   καὶ(¹) om. α γ Dt.

ἔχειν, τοῖς δὲ ταῦτα μὲν λεῖα τὰς σιαγόνας δὲ δασείας.
ἧττον δὲ γίγνονται φαλακροὶ οἱ μαδηγένειοι. αὔξονται δ'
αἱ τρίχες ἔν τε νόσοις τισίν, οἷον ταῖς φθισικαῖς μᾶλλον,
καὶ ἐν γήρᾳ καὶ τεθνεώτων, καὶ σκληρότεραι γίγνονται ἀντὶ
μαλακῶν· τὰ δ' αὐτὰ ταῦτα συμβαίνει καὶ περὶ τοὺς ὄνυ-
χας. ῥέουσι δὲ μᾶλλον αἱ τρίχες τοῖς ἀφροδισιαστικοῖς αἱ
συγγενεῖς· αἱ δ' ὑστερογενεῖς γίνονται θᾶττον. οἱ δ' ἰξίαν
ἔχοντες ἧττον φαλακροῦνται, κἂν ὄντες φαλακροὶ λάβωσιν,
ἔνιοι δασύνονται. οὐκ αὐξάνεται δὲ θρὶξ ἀποτμηθεῖσα, ἀλλὰ
κάτωθεν ἀναφυομένη γίνεται μείζων. καὶ αἱ λεπίδες δὲ τοῖς
ἰχθύσι σκληρότεραι γίνονται καὶ παχύτεραι. τοῖς δὲ λεπτυ-
νομένοις καὶ τοῖς γηράσκουσι σκληρότεραι. καὶ τῶν τετρα-
πόδων δὲ γινομένων πρεσβυτέρων τῶν μὲν αἱ τρίχες τῶν δὲ
τὰ ἔρια βαθύτερα μὲν γίνεται, ἐλάττω δὲ τῷ πλήθει. καὶ
τῶν μὲν αἱ ὁπλαὶ τῶν δ' αἱ χηλαὶ γίνονται γηρασκόντων
μείζους, καὶ τὰ ῥύγχη τῶν ὀρνίθων· αὔξονται δὲ αἱ
χηλαί, ὥσπερ καὶ οἱ ὄνυχες.

[12] περὶ δὲ τὰ πτερωτὰ τῶν
ζώων, οἷον τοὺς ὄρνιθας, κατὰ μὲν τὰς ἡλικίας οὐδὲν μετα-
βάλλει, πλὴν γέρανος· αὕτη δ' οὖσα τεφρὰ μελάντερα γη-
ράσκουσα τὰ πτερὰ ἴσχει· διὰ δὲ τὰ πάθη τὰ γιγνόμενα
κατὰ τὰς ὥρας, οἷον ὅταν ψύχη γίγνηται μᾶλλον, ἐνίοτε
γίνεται τῶν μονοχρόων ἐκ μελάνων τε καὶ μελαντέρων λευ-

20 ὁμαδηγένειοι Cᵃ: οἱ μαδηγένιοι Yᶜ: οἱ μαδυγένειοι Hᶜrc., Tᶜrc., Prc. Nᶜ Zᶜ
Lᶜpr. m n: οἱ μὴ διγένειοι codd. cett.: evulsus barbam Scot. Alb.: qui mentum et
barbam sursum recurvata habent Guil.: qui bifurcate barbe non sunt Trap.: qui mento
sunt bipartito Gaza   δ' αἱ] δὲ Cᵃ Aᵃpr. Hᶜpr.: om. Yᶜ, Tᶜpr.: δὲ καὶ αἱ n
21 νόσοισι Fᵃ Xᶜ   οἷον ἔν τε ταῖς α (exc. Hᶜrc.): οἷον τε ταῖς Cs.: οἷον ἐν
ταῖς Sn. edd.   φθίσεσι α (exc. Hᶜrc.) Sn. edd.   24 δὲ om. Cᵃ   25 ἰξί-
αν] ὀξεῖαν Yᶜ β (exc. Oᶜrc.) γ (exc. Lᶜ mrc.) Ald.: ἰξία Lᶜ (add. κιρσοὺς Lᶜrc.)
27 δασυνῶνται Cᵃ   28 δὲ om. α   29 καὶ παχ. γίνονται β γ   30
τοῖς om. β γ   32 τὰ πλήθη Nᶜpr. mpr.   33 γηρ. γί. transp. β   34
αὐξάνονται α Ald.   δὲ καὶ αἱ α γ Ald. edd.   35 τὰ πτερὰ τὰ τῶν α
(exc. Hᶜrc.) Guil. Ald.   519a1 τῆς ἡλικίας οὐδὲ Aᵃpr. Gᵃpr. Q Hᶜpr.   2
οὖσα τέφρα Cᵃ Yᶜ Aᵃpr. Gᵃ Q Hᶜpr.: ὡς τεθεώρηται Arc. Fᵃ Xᶜ Hᶜrc. β γ Ald.:
cinereus Scot. Alb.   γηρ. μελ. transp. Fᵃ Xᶜ, Nᶜ Zᶜ Lᶜ m n, Ald.   3 γε-
νόμενα Hᶜrc., Nᶜ Zᶜ Lᶜ, Ald.   4 γίνεται Hᶜrc. β γ Ald.   5 μελαίνων α
(exc. Hᶜrc.)   μελανωτέρων Cᵃ Yᶜ Aᵃpr. Gᵃ Q Hᶜpr.: μελαντέρων ἢ λευκο-
τέρων Hᶜrc. β Lᶜrc. Ald.   λευκά] καὶ γ (exc. Lᶜ): et alba Guil.

κά, οἶον κόραξ τε καὶ στρουθὸς καὶ χελιδόνες· ἐκ δὲ τῶν λευκῶν γενῶν οὐκ ὦπται εἰς μέλαν μεταβάλλον. καὶ κατὰ τὰς ὥρας δὲ μεταβάλλουσι οἱ πολλοὶ τῶν ὀρνίθων τὰς χρόας, ὥστε λαθεῖν ἂν τὸν μὴ συνήθη.

μεταβάλλουσι δ' ἔνια τῶν ζῴων τὰς χρόας τῶν τριχῶν κατὰ τὰς τῶν ὑδάτων μεταβολάς· ἔνθα μὲν γὰρ λευκὰ γίνεται, ἔνθα δὲ μέλανα /12/ τὰ αὐτά. καὶ περὶ τὰς ὀχείας δ' ἐστὶν ὕδατα πολλαχοῦ τοιαῦτα, ἃ πιόντα καὶ ὀχεύσαντα μετὰ τὴν πόσιν /14/ μέλανας γεννῶσι τοὺς ἄρνας, οἶον ἐν τῇ Χαλκιδικῇ /15/ τῇ ἐπὶ τῆς Θρᾴκης ἐν τῇ Ἀσσηρίτιδι ἐποίει ὁ καλούμενος ποταμὸς Ψυχρός. καὶ ἐν τῇ Ἀντανδρίᾳ δὲ δύο ποταμοί εἰσιν, ὧν ὁ μὲν λευκὰ ὁ δὲ μέλανα ποιεῖ τὰ πρόβατα. δοκεῖ δὲ καὶ ὁ Σκάμανδρος ποταμὸς ξανθὰ τὰ πρόβατα ποιεῖν· διὸ καὶ τὸν Ὅμηρόν φασιν ἀντὶ Σκαμάνδρου Ξάνθον προσαγορεύειν αὐτόν.

τὰ μὲν οὖν ἄλλα ζῷα οὔτ' ἐντὸς ἔχει τρίχας, τῶν τ' ἀκρωτηρίων ἐν τοῖς πρανέσιν ἀλλ' οὐκ ἐν τοῖς ὑπτίοις· ὁ δὲ δασύπους μόνος καὶ ἐντὸς ἔχει τῶν γνάθων τρίχας καὶ ὑπὸ τοῖς ποσίν. ἔτι δὲ καὶ ὁ μυστόκητος ὀδόντας μὲν ἐν τῷ στόματι οὐκ ἔχει, τρίχας δ' ὁμοίας ὑείαις.

αἱ μὲν οὖν τρίχες αὐξάνονται ἀποτμηθεῖσαι κάτωθεν, ἄνω-

8 μετ. post ὀρνίθων transp. α (exc. Y^c) Ald.   9 δ' ἔνια] δέ τινα α (exc. H^c rc.)   10 κατὰ] καὶ Y^c A^a pr. G^a Q H^c: καὶ κατὰ A^a rc. F^a X^c Dt.   11 γὰρ om. Y^c   γίγνονται α (exc. H^c rc.) Sn. edd.   μέλαινα α (exc. Y^c H^c rc.)   12 ταὐτά α (exc. Y^c H^c) Bk. edd.: ταῦτα Y^c H^c Ald.   καὶ] δὲ C^a: δὲ καὶ β   parà Y^c   δ' om. α (exc. A^a rc.) β Guil.   εἰσὶν ὕδατα C^a Y^c Dt.: ὕδατά εἰσι α (exc. C^a Y^c)   πολλαχῇ α (exc. H^c)   13 post πόσιν add. τὰ πρόβατα A^a rcsm. edd.: add. grex ovium Scot., oves Gaza: om. codd. Guil. Ald.   14 τὰς A^a pr. G^a Q   ἄρρενας Y^c F^a X^c, K^c   οἶον καὶ ἐν α γ Sn.   15 τῇ ἐπὶ om. β γ   τῆς om. F^a X^c   ἀσσηρίτιδι codd. cett.: ἀσυρρίτιδι C^a: ἀσυρίτιδι α (exc. C^a H^c rc.): ἀσσυρίτιδι Ald. edd.: ἀστυρίτιδι cj. Sylb.   16 ψυ. ποτ. transp. α (exc. Y^c) Ald.   τῇ om. β γ   ἀντανδρία C^a H^c rc. γ (exc. E^a L^c pr.) Cs. edd.: ἀτανδρία α (exc. C^a Y^c H^c rc.): ἀντανδρία Y^c β: αὐτανδρία E^a: ἀντανδρεία L^c pr. Bas.: ἀνανδρεία Ald.   18 δοκεῖ ... πρόβατα om. X^c   τὰ om. H^c Ald.   20 ζῷα] τῶν ζώων γ   23 καὶ^(1) om. Ald.   ὑπὸ τοῖς ποσίν om. H^c rc. β γ Ald.   καὶ^(2) om. N^c Z^c   μυστόκητος codd. cett.: μυστοκῆτος C^a: μυστίκητος H^c rc., N^c Z^c L^c pr. m n, Ald.: *mastakitos* Scot.: *musculus piscis* Gaza: μῦς τὸ κῆτος Sn. edd.

ARISTOTELIS

θεν δ' οὔ· τὰ δὲ πτερὰ οὔτ' ἄνωθεν οὔτε κάτωθεν, ἀλλ' ἐκπίπτει. οὐκ ἀναφύεται δὲ ἐκτιλθὲν οὐδὲ τῶν μελιττῶν τὸ πτερὸν οὐδ' /28/ ὅσα ἄλλα τοιαῦτα ἄσχιστον ἔχει τὸ πτερόν· οὐδὲ τὸ κέντρον, ὅταν /29/ ἀποβάλλῃ ἡ μέλιττα, ἀλλὰ θνήσκει.

[13] εἰσὶ δὲ καὶ ὑμένες ἐν τοῖς ζῴοις ἅπασι τοῖς ἐναίμοις. ὅμοιος δ' ἐστὶν ὁ ὑμὴν δέρματι πυκνῷ καὶ λεπτῷ· ἔστι δὲ τὸ γένος ἕτερον, οὔτε γάρ ἐστι σχιστὸν οὔτε τατόν. περὶ ἕκαστον δὲ τῶν ὀστῶν καὶ περὶ ἕκαστον τῶν σπλάγχνων ὑμήν ἐστι καὶ ἐν τοῖς μείζοσι καὶ ἐν τοῖς ἐλάττοσι ζῴοις· ἀλλ' ἄδηλοι ἐν τοῖς ἐλάττοσι διὰ τὸ πάμπαν εἶναι λεπτοὶ καὶ μικροί. μέγιστοι δὲ τῶν ὑμένων εἰσὶν οἵ τε περὶ τὸν ἐγκέφαλον δύο, ὧν ὁ περὶ τὸ ὀστοῦν ἰσχυρότερος καὶ παχύτερος τοῦ περὶ τὸν ἐγκέφαλον, ἔπειθ' ὁ περὶ τὴν καρδίαν. διακοπεὶς δὲ οὐ συμφύεται ψιλὸς ὑμήν, ψιλούμενά τε τὰ ὀστᾶ τῶν ὑμένων σφακελίζει.

[14] ἔστι δὲ καὶ τὸ ἐπίπλοον ὑμήν. ἔχει δ' ἐπίπλοον πάντα τὰ ἔναιμα· ἀλλὰ τοῖς μὲν πῖον τοῖς δ' ἀπίμελόν ἐστιν. ἔχει δὲ τὴν ἀρχὴν καὶ τὴν ἐξάρτησιν ἐν τοῖς ζωοτόκοις καὶ ἀμφώδουσιν ἐκ μέσης τῆς κοιλίας, ᾗ ἐστιν οἷον ῥαφή τις αὐτῆς· καὶ τοῖς μὴ ἀμφώδουσι δὲ ἐκ τῆς μεγάλης κοιλίας ὡσαύτως.

[15] ἔστι δὲ καὶ ἡ κύστις ὑμενοειδὴς μέν, ἄλλο δὲ γένος /14/ ὑμένος· ἔχει γὰρ τάσιν. ἔχει δὲ κύστιν οὐ πάντα, ἀλλὰ τὰ μὲν ζωο-

26 κάτ. οὔτε ἄν. transp. β γ   ἀλλ'... 27 ἐκτιλθὲν om. n   27 οὐδὲ[(1)] β γ: οὔτε α (exc. C[a]) Ald. edd.   οὐδ'[(2)] codd. Ald.: neque Guil.: οὐθ' cj. Sn. edd.   28 τοιαῦτα om. α (exc. H[c]rc.) Bk.   ἔχ. ἄσχ. transp. α (exc. H[c]rc.) Bk.   29 ἀποβάλῃ E[a] m Pk.: ἀποβάλλει P K[c]   ἀλλ' ἔκτοτε ἀποθνήσκει H[c]rc. β γ Ald. Dt. Peck   30 καὶ om. N[c] Z[c]   31 ὅμοιος A[a]rc. H[c]rc. γ Ald. edd.: ὅμοιον codd. cett.   δ' om. A[a]pr. G[a] Q H[c]pr.   ὁ om. Y[c]   λεπ. καὶ πυ. transp. β   καὶ λεπτῷ om. N[c] Z[c] L[c] m n   32 τιλτόν H[c]rc. β γ Ald.: nec extenduntur Scot.: extensibile Guil.: evulsile Gaza   33 ὁ ὑμήν α γ Ald.   34 καὶ[(1)] om. β   519b1 ἄδηλα C[a]: ἄδηλον Y[c], n   λεπτὸν καὶ μικρόν Y[c]: μικροὶ καὶ λεπτοί L[c]   2 καὶ μέγιστοι γ   4 παρὰ Y[c] post καρ. add. ὑμήν α Ald.   5 τε om. Ald.   7 τὸ om. C[a]   δὲ τὸ ἐπ.[(2)] β ἐπίπλουν[(2)] α (exc. H[c]rc.) Bk.   ἅπαντα α Ald.   9 καὶ τὴν ἀρ. α Ald. edd.   10 ἡ A[a] F[a] X[c] H[c] β Z[c] L[c] m Ald.: ἧς ἐστιν ἡ ῥαφὴ τῆς αὐτῆς Y[c]   11 ἀμφόδουσι codd. nonn. passim, Ald.   13 δὲ[(2)]] γὰρ Y[c]   14 ἔχει γὰρ τάσιν per errorem om. Bk.

τόκα πάντα, των δ' ώοτόκων ή χελώνη μόνον. διακοπείσα δὲ οὐδ' ἡ κύστις συμφύεται ἀλλ' ἢ παρ' αὐτὴν τὴν ἀρχὴν τοῦ οὐρητῆρος, εἰ μή τι πάμπαν σπάνιον· γέγονε γάρ τι ἤδη τοιοῦτον. τεθνεώτων μὲν οὖν οὐδὲν διίησιν ὑγρόν, ἐν δὲ τοῖς ζῶσι καὶ ξηρὰς συστάσεις, ἐξ ὧν οἱ λίθοι γίγνονται τοῖς κάμνουσιν· ἐνίοις δ' ἤδη καὶ τοιαῦτα συνέστη ἐν τῇ κύστει ὥστε μηδὲν δοκεῖν διαφέρειν κογχυλίων.

περὶ μὲν οὖν φλεβὸς καὶ νεύρου καὶ δέρματος, καὶ περὶ ἰνῶν καὶ ὑμένων, ἔτι δὲ καὶ περὶ τριχῶν καὶ ὀνύχων καὶ χηλῆς καὶ ὁπλῆς καὶ κεράτων καὶ ὀδόντων καὶ ῥύγχους καὶ χόνδρου καὶ ὀστῶν καὶ τῶν ἀνάλογον τούτοις τοῦτον ἔχει τὸν τρόπον. [16] σὰρξ δὲ καὶ τὸ παραπλησίαν ἔχον τὴν φύσιν τῇ σαρκὶ ἐν τοῖς ἐναίμοις ἐν πᾶσίν ἐστι μεταξὺ τοῦ δέρματος καὶ τοῦ ὀστοῦ καὶ τῶν ἀνάλογον τοῖς ὀστοῖς· ὡς γὰρ ἡ ἄκανθα ἔχει πρὸς τὸ ὀστοῦν, οὕτω καὶ τὸ σαρκῶδες πρὸς τὰς σάρκας ἔχει τῶν ἐχόντων ὀστᾶ καὶ ἄκανθαν. ἔστι δὲ διαιρετὴ ἡ σὰρξ πάντη, καὶ οὐχ ὥσπερ τὰ νεῦρα καὶ αἱ φλέβες ἐπὶ μῆκος μόνον. λεπτυνομένων μὲν οὖν τῶν ζῴων ἀφανίζονται, καὶ γίγνονται φλεβία καὶ ἴνες· εὐβοσίᾳ δὲ πλείονι χρωμένων πιμελὴ ἀντὶ σαρκῶν. εἰσὶ δὲ τοῖς μὲν ἔχουσι τὰς σάρκας πολλὰς αἱ φλέβες ἐλάττους καὶ τὸ αἷμα ἐρυθρότερον καὶ σπλάγχνα καὶ κοιλία μικρά· τοῖς δὲ τὰς φλέβας ἔχουσι μεγάλας καὶ τὸ αἷμα μελάντερον καὶ σπλάγχνα μεγάλα καὶ κοιλία μεγάλη, αἱ δὲ σάρκες ἐλάττους. γίνονται δὲ κατὰ σάρκα πίονα τὰ τὰς κοιλίας ἔχοντα μικράς.

15 μόνη α (exc. C^a Y^c H^{c}rc.) 16 οὔτε H^{c}rc. β 17 ἤδη om. α (exc. C^a Y^c H^{c}rc.) 18 οὖν om. H^c, N^c Z^c δίεισιν α (exc. H^{c}rc.) 19 ξηρὰ σύστασις α (exc. H^{c}rc.) 20 μηδὲ A^{a}pr. G^a Q H^{c}pr. 22 μὲν om. m 23 καὶ$^{(2)}$ om. α (exc. H^c) Guil. 25 τούτοις om. β γ τοῦτον ἔχει τὸν] ἔχει τόνδε τὸν α (exc. C^a Y^c) Ald. 26 post φύσιν add. ἐν γ 27 ἀναίμοις Y^c ἐν$^{(2)}$ om. L^c mrc. Ald. Bk.: οὐ mpr. τοῦ τε δέρμ. α (exc. H^{c}rc.) 28 τῶν] τοῦ L^c m n 32 μὲν om. α β L^c Ald.: quidem Guil. 33 φλεβία codd. Ald.: φλέβια edd. εὐοσία Y^c A^a G^{a}pr. F^a X^c H^{c}pr.: om. in lac. K^c 34 πιμελῆ P K^c 520a1 τὰς om. α (exc. H^{c}rc.) α] καὶ H^{c}rc. γ 2 καὶ τὰ σπλ. α (exc. C^a Y^c) Bk. καὶ κοιλία μικρά om. β (exc. O^{c}rc. T^{c}rc. U^{c}rc.) 3 μεγάλας] μελάνας Y^c 4 κοιλίαν μεγάλην A^a G^{a}pr. F^a X^c H^{c}pr. 5 γίνεται α γ κατὰ σάρκα] καὶ τὰ σαρκία α πίονα τὰ] πιόντα N^c Z^c τῆς A^a G^a Q

ARISTOTELIS

[17] πιμελὴ δὲ καὶ στέαρ διαφέρουσιν ἀλλήλων. τὸ μὲν γὰρ στέαρ ἐστὶ θραυστὸν πάντῃ καὶ πήγνυται ψυχόμενον, ἡ δὲ πιμελὴ χυτὸν καὶ ἄπηκτον· καὶ οἱ μὲν ζωμοὶ οἱ τῶν πιόνων οὐ πήγνυνται, οἷον ἵππου καὶ ὑός, οἱ δὲ τῶν στέαρ ἐχόντων πήγνυνται, οἷον προβάτου καὶ αἰγός. διαφέρουσι δὲ καὶ τοῖς τόποις· ἡ μὲν γὰρ πιμελὴ γίνεται μεταξὺ δέρματος καὶ σαρκός, στέαρ δ' οὐ γίνεται ἀλλ' ἐπὶ τέλει τῶν σαρκῶν. γίγνεται δὲ καὶ τὸ ἐπίπλοον τοῖς μὲν πιμελώδεσι πιμελῶδες, τοῖς δὲ στεατώδεσι στεατῶδες. ἔχει δὲ τὰ μὲν ἀμφώδοντα πιμελήν, τὰ δὲ μὴ ἀμφώδοντα στέαρ. τῶν δὲ σπλάγχνων τὸ ἧπαρ ἐνίοις τῶν ζῴων γίνεται πιμελῶδες, οἷον τῶν ἰχθύων ἐν τοῖς σελάχεσιν· ποιοῦσι γὰρ ἔλαιον ἀπ' αὐτῶν, ὃ γίνεται τηκομένων· αὐτὰ δὲ τὰ σελάχη ἐστὶν ἀπιμελώτατα καὶ κατὰ σάρκα καὶ κατὰ κοιλίαν κεχωρισμένῃ πιμελῇ. ἔστι δὲ καὶ τὸ τῶν ἰχθύων στέαρ πιμελῶδες, καὶ οὐ πήγνυται. καὶ πάντα δὲ τὰ ζῷα τὰ μὲν κατὰ σάρκα ἐστὶ πίονα τὰ δὲ ἀφωρισμένως. ὅσα δὲ μὴ ἔχει κεχωρισμένην τὴν πιότητα, ἧττόν ἐστι πίονα κατὰ κοιλίαν καὶ ἐπίπλοον, οἷον ἐγχέλυς· ὀλίγον γὰρ στέαρ ἔχουσι περὶ τὸ ἐπίπλοον. τὰ δὲ πλεῖστα γίνεται πίονα κατὰ τὴν γαστέρα, καὶ μάλιστα τὰ μὴ ἐν κινήσει ὄντα τῶν ζῴων. οἱ δ' ἐγκέφαλοι τῶν μὲν πιμελωδῶν λιπαροί, οἷον ὑός, τῶν δὲ στεατωδῶν αὐχμηροί. τῶν δὲ σπλάγχνων περὶ τοὺς νε-

9 πήγνυνται ... 10 ἐχόντων om. C^a Y^c 10 πήγνυται Y^c A^a G^a Q, P K^c N^c Z^c: πύγνηται H^c Camot.: πύκνηται Ald. Junt.   12 post ἀλλ' add. ἢ edd., non hab. codd. Ald.   13 τὸ om. H^{c}rc., L^c ἐπίπλοιον C^a A^{a}pr.: ἔπιπλον Y^c 15 πιμελῇ Y^c, K^c 16 τῶν$^{(1)}$] τὸ H^{c}rc., L^c σπλάγχνον H^{c}rc., L^c τὸ ἧπαρ om. γ (exc. mrc.)   ἐν ἐνίοις α (exc. C^a) L^c Ald.   19 ἀπιμέλωτα β γ   καὶ$^{(2)}$ om. α (exc. H^{c}rc.) Bk   20 πιμελῇ α E^a Ald. καὶ om. P   21 στέαρ] γένος α (exc. C^a Y^c H^{c}rc.)   καὶ$^{(2)}$ om. α (exc. H^{c}rc.) Bk.   23 πιότητα α Guil. Ald.: πιμελήν β γ Cs.   24 τὴν κοιλίαν F^a X^c ἐπίπλοιον C^a A^{a}pr.: ἐπίπλουν Y^c οἷον ... ἐπίπλοον om. S^c αἱ ἐγχέλυς C^a Y^c ὀλίγον] ὅλαι T^{c}rc. U^{c}rc. γ   γὰρ om. α Guil.   25 παρὰ Y^c K^c ἐπίπλοιον C^a A^{a}pr. G^a Q: ἐπίπλουν Y^c γίνονται Y^c πίονα] πλείονα C^{a}pr. A^a F^a X^c H^c: om. G^a Q   27 δ'] δέ γε α (exc. C^a Y^c)   μὲν om. N^c Z^c L^c m n   28 σταθητῶν C^a: στεατικῶν α (exc. C^a H^{c}rc.)   post αὐχ. add. οἷον ὅιος O^{c}rc. nrc.: ut ovis Gaza   παρὰ Y^c K^c

154

HISTORIA ANIMALIUM III

φρούς μάλιστα πίονα γίνεται τὰ ζῷα, ἔστι δ' ἀεὶ ὁ δεξιὸς ἀπιμελώτερος· κἂν σφόδρα πίονες ὦσιν, ἐλλείπει τι ἀεὶ κατὰ μέσον. περίνεφρα δὲ γίνεται τὰ στεατώδη μᾶλλον, καὶ μάλιστα τῶν ζῴων πρόβατον· τοῦτο γὰρ ἀποθνήσκει τῶν νεφρῶν πάντῃ καλυφθέντων. γίνεται δὲ περίνεφρα δι' εὐβοσίαν, οἷον τῆς Σικελίας περὶ Λεοντίνους· διὸ καὶ ἐξελαύνουσιν ὀψὲ τὰ πρόβατα τῆς ἡμέρας, ὅπως ἐλάττω λάβωσι τὴν τροφήν. [18] πάντων δὲ τῶν ζῴων κοινόν ἐστι τὸ περὶ τὴν κόρην ἐν τοῖς ὀφθαλμοῖς· ἔχουσι γὰρ τοῦτο τὸ μόριον στεατῶδες πάντα ὅσα ἔχουσι τὸ τοιοῦτον μόριον ἐν τοῖς ὀφθαλμοῖς καὶ μή εἰσι σκληρόφθαλμα. ἔστι δ' ἀγονώτερα τὰ πιμελώδη καὶ ἄρρενα καὶ θήλεα. πιαίνεται δὲ πάντα πρεσβύτερα μᾶλλον ἢ νεώτερα ὄντα, μάλιστα δ' ὅταν καὶ τὸ πλάτος καὶ τὸ μῆκος ἔχῃ τοῦ μεγέθους καὶ εἰς βάθος αὐξάνηται.

[19] περὶ δὲ αἵματος ὧδε ἔχει· τοῦτο γὰρ ἅπασιν ἀναγκαιότατον καὶ κοινότατον τοῖς ἐναίμοις, καὶ οὐκ ἐπίκτητον, ἀλλ' ὑπάρχει πᾶσι τοῖς μὴ φθειρομένοις. πᾶν δ' αἷμά ἐστιν ἐν ἀγγείῳ, ἐν ταῖς καλουμέναις φλεψίν, ἐν ἄλλῳ δὲ οὐδενὶ πλὴν ἐν τῇ καρδίᾳ μόνον. οὐκ ἔχει δὲ αἴσθησιν τὸ αἷμα ἁπτομένων ἐν οὐδενὶ τῶν ζῴων, ὥσπερ οὐδ' ἡ περίττωσις ἡ ἐν τῇ κοιλίᾳ· οὐδὲ δὴ ἐγκέφαλος οὐδὲ μυελὸς

29 γίνονται Y^c   ὁ δεξιὸς ἀεὶ transp. β   30 ἀεὶ del. H^c rc.: post 31 μέσον transp. L^c   31 τὸ μέσον α (exc. C^a Y^c) Ald.   ὀστεώδη A^a G^a pr. F^a X^c H^c pr. Ald.   μᾶλλον om. A^a G^a pr. F^a X^c H^c pr.   32 πρόβατα G^a Q F^a X^c   33 πάντῃ αὐτῶ καλ. H^c rc., T^c rc., N^c Z^c L^c m n, Ald.: πάντῃ τῶν καλ. E^a P K^c καταλειπόντων Y^c   εὐοσίαν Y^c A^a pr. H^c pr.: εὐρωσίαν G^a Q   520b2 ὀψέ ποτε τὰ C^a A^a pr. G^a Q H^c pr. Cs. Sn.   τῆς ἡμέρας om. in lac. Y^c   τῆς τροφῆς α   3 κόρον N^c Z^c n pr.   4 γὰρ ἔχουσι transp. β γ   5 πάντες E^a P K^c   τὸ τοιοῦτον] τοῦτο τὸ α Ald.   6 σκληρόφθαλμοι G^a Q ἀτονώτερα P K^c N^c Z^c m pr. n   πάντα τὰ πι. α (exc. H^c rc.) Guil. Sn.   7 θήλεια α (exc. C^a Y^c H^c rc.)   πρεσβύτερα om. γ (exc. L^c rc.)   8 ὅταν] ὄντα C^a A^a pr.   καὶ om. α   9 ἔχει α (exc. F^a X^c) P N^c Z^c n pr. Ald. αὐξάνεται C^a: αὐξάνονται Y^c: αὔξεται α (exc. C^a Y^c H^c rc.)   10 τοῦ αἵμ. β Ald.   πᾶσιν α (exc. C^a Y^c) Ald.   ἅπασιν post 11 ἐναίμοις transp. β   12 πᾶν] τὸ S^c   13 ἔστιν om. S^c   ἐν^(3) om. β N^c Z^c L^c m n   14 οὐδὲν A^a pr. H^c pr.   τὸ αἴσθ. transp. C^a   15 ἐν om. Y^c   περίττωσις τῶν ζῴων ἡ β P N^c Z^c L^c m n   16 ἐν τῇ κοιλίᾳ] τῆς κοιλίας α (exc. H^c rc.) Dt.   δὴ om. Y^c   ὁ ἐγκ. α Ald.   ὁ μυ. α (exc. C^a Y^c) Ald.   μυ. οὐκ ἔχει α Ald.

155

ἔχει αἴσθησιν ἁπτομένων. ὅπου δ' ἄν τις διέλῃ τὴν σάρκα, γίνεται αἷμα ἐν ζῶντι, ἐὰν μὴ ᾖ διεφθαρμένη ἡ σάρξ. ἔστι δὲ τὴν φύσιν τὸ αἷμα τόν τε χυμὸν ἔχον γλυκύν, ἐάν περ ὑγιὲς ᾖ, καὶ τὸ χρῶμα ἐρυθρόν· τὸ δὲ χεῖρον ἢ φύσει ἢ νόσῳ μελάντερον. καὶ οὔτε λίαν παχὺ οὔτε λίαν λεπτὸν τὸ βέλτιστον, ἐὰν μὴ χεῖρον ᾖ διὰ φύσιν ἢ διὰ νόσον ᾖ. καὶ ἐν μὲν τῷ ζῴῳ ὑγρὸν καὶ θερμὸν ἀεί, ἐξιὸν δὲ ἔξω πήγνυται πάντων πλὴν ἐλάφου καὶ προκὸς καὶ εἴ τι ἄλλο τοιαύτην ἔχει τὴν φύσιν· τὸ δ' ἄλλο αἷμα πήγνυται, ἐὰν μὴ ἐξαιρεθῶσιν αἱ ἶνες. τάχιστα δὲ πήγνυται τὸ τοῦ ταύρου αἷμα πάντων.

ἔστι δὲ τῶν ἐναίμων ταῦτα πολυαιμότερα, τὰ καὶ ἐν αὑτοῖς καὶ ἔξω ζωοτόκα, καὶ τῶν ἐναίμων μὲν ᾠοτοκούντων δέ. τὰ δὲ εὖ ἔχοντα ἢ φύσει ἢ τῷ ὑγιαίνειν οὔτε πολὺ λίαν ἔχει, ὥσπερ τὰ πεπωκότα πόμα πρόσφατον, οὔτ' ὀλίγον, ὥσπερ τὰ πίονα λίαν· τὰ γὰρ πίονα καθαρὸν μὲν ἔχει ὀλίγον δὲ τὸ αἷμα, καὶ γίνεται πιότερα γινόμενα ἀναιμότερα· ἄναιμον γὰρ τὸ πῖον. καὶ τὸ μὲν πῖον ἄσηπτον, τὸ δ' αἷμα καὶ τὰ ἔναιμα τάχιστα σήπεται, καὶ τούτων τὰ περὶ τὰ ὀστᾶ. ἔχει δὲ λεπτότατον μὲν αἷμα καὶ καθαρώτατον ἄνθρωπος, παχύτατον δὲ καὶ μελάντατον τῶν ζωοτόκων ταῦρος καὶ ὄνος. καὶ ἐν τοῖς κάτω δὲ μορίοις ἢ ἐν τοῖς ἄνω παχύτερον τὸ αἷμα γίνεται καὶ μελάντερον.

σφύζει δὲ τὸ αἷμα ἐν ταῖς φλεψὶν

HISTORIA ANIMALIUM III   521a

ἐν ἅπασι πάντῃ ἅμα τοῖς ζῴοις, καὶ ἔστι δὲ τῶν ὑγρῶν μόνον καθ' ἅπαν τε τὸ σῶμα τοῖς ζῴοις καὶ αἰεί, ἕως ἂν ζῇ, τὸ αἷμα μόνον. πρῶτον δὲ γίνεται τὸ αἷμα ἐν τῇ καρδίᾳ τοῖς ζῴοις, καὶ πρὶν ἢ ὅλον διηρθρῶσθαι τὸ σῶμα. στερισκομένου δ' αὐτοῦ καὶ ἀφιεμένου ἔξω πλείονος μὲν ἐκθνήσκουσι, πολλοῦ δ' ἄγαν ἀποθνήσκουσιν. ἐξυγραινομένου δὲ λίαν νοσοῦσιν· γίνεται γὰρ ἰχωροειδές, καὶ διοροῦται οὕτως ὥστε ἤδη τινὲς ἴδισαν αἱματώδη ἱδρῶτα· καὶ ἐξιὸν ἐνίοις οὐ πήγνυται παντελῶς ἢ διωρισμένως καὶ χωρίς. τοῖς δὲ καθεύδουσιν ἐν τοῖς ἐκτὸς μέρεσιν ἔλαττον γίνεται τὸ αἷμα, ὥστε καὶ κεντουμένων μὴ ῥεῖν ὁμοίως. γίνεται δὲ πεττομένων ἐξ ἰχώρων μὲν αἷμα, ἐξ αἵματος δὲ πιμελή. νενοσηκότος δ' αἵματος αἱμορροῖς ἥ τ' ἐν ταῖς ῥισὶ καὶ ἡ περὶ τὴν ἕδραν, καὶ ἰξία. σηπόμενον δὲ γίνεται τὸ αἷμα ἐν τῷ σώματι πύον, ἐκ δὲ τοῦ πύου πῶρος.

τὸ δὲ τῶν θηλειῶν πρὸς τὸ τῶν ἀρρένων διαφέρει· παχύτερόν τε γὰρ καὶ μελάντερόν ἐστιν ὁμοίως ἐχόντων πρὸς ὑγίειαν καὶ ἡλικίαν ἐν τοῖς

---

7 ἐν om. C^a Dt.   ἐν τοῖς ἅπασι α (exc. C^a Y^c H^crc.)   δὲ om. α Cs. edd. μόνον] μὲν C^a: om. Guil.: μένον cj. A.-W. Dt. Peck   8 τε om. O^c Ald.   9 ζῇ, ζῆ H^crc., S^c, L^crc.   μόνον om. Y^c: solus Guil.   ἐν τοῖς ζῴοις ἐν τῇ καρδίᾳ A^apr. G^a Q H^c: τοῖς ζ. ἐν τ. κ. Arc. F^a X^c Ald.   10 ἢ om. α (exc. H^crc.) Bk.   στερισκόμενα α Dt.: privata Guil.   11 ἐκθνήσκουσι β γ Gaza Cs. edd.: οὐ θνήσκουσι α Guil. Ald.   12 πολλοῦ ... ἀποθνήσκουσιν om. Y^c   13 διορθοῦται A^apr. G^a H^cpr.: διηθεῖται Q: διορροῦται E^a Bk. Dt. 14 αἱματώδει ἱδρῶτι Y^c, N^c Z^c L^c n: cum sanguineo sudore Guil.   15 δὲ] δὴ N^c Z^c L^c m n   17 πεττόμενον α Guil. Sn.   18 ἰχῶρος α (exc. H^crc.) Guil. Ald. Sn.   νενοσηκότα A^apr. H^cpr.   19 αἱμορροὶς A^a G^a Q   ἡ^(2) om. N^c Z^c L^c m n   παρὰ P   20 ἰξύα H^crc. γ (exc. Prc. L^crc.)   σηπτόμενον α (exc. C^a H^crc.)   δὲ om. C^a A^apr. G^a Q H^cpr.   ἐν τῷ σώματι om. N^c Z^c L^c m n   21 πύον] πυὸς β: πῦος s. πύος γ: πιὸς Ald.   πύου] πίου H^c: πυοῦ β: πιοῦ Ald.   πῶρον mrc. Gaza Cs. edd.: σπόρος α (exc. Y^c H^crc.): πόρος Y^c H^crc. β γ (exc. mrc.) Ald.   θήλεων Y^c   θηλ. αἷμα πρὸς α (exc. C^a Y^c) Ald.   22 τὸ om. N^c Z^c   παχύτατον α (exc. C^a Y^c H^crc.) τε om. α (exc. C^a Y^c) N^c Z^c L^c m n   23 ἐστιν om. H^crc. γ   ἔχον τῶν C^a A^apr. G^a Q H^cpr.: habentium Guil.   ὑγείαν C^a Y^c A^arc. F^a X^c: ὑγίαν H^cpr.

ARISTOTELIS

θήλεσιν, καὶ ἐπιπολῆς μὲν ἔλαττον ἐν τοῖς θήλεσιν, ἐντὸς δὲ πολυαιμότερον. μάλιστα δὲ καὶ τῶν θηλέων ζώων ἡ γυνὴ πολύαιμον, καὶ τὰ καλούμενα καταμήνια γίνεται πλεῖστα τῶν ζῴων ἐν ταῖς γυναιξίν. νενοσηκὸς δὲ τοῦτο τὸ αἷμα καλεῖται ῥοῦς. τῶν δ' ἄλλων τῶν νοσηματικῶν ἧττον μετέχουσιν αἱ γυναῖκες. ὀλίγαις δὲ γίνεται ἰξία καὶ αἱμορροῖς καὶ ἐκ ῥινῶν ῥύσις· ἐὰν δέ τι συμβαίνῃ τούτων, τὰ καταμήνια χείρω γίνεται.

διαφέρει δὲ καὶ κατὰ τὰς ἡλικίας πλήθει καὶ εἴδει τὸ αἷμα· ἐν μὲν γὰρ τοῖς πάμπαν νέοις ἰχωροειδές ἐστι καὶ πλέον, ἐν δὲ τοῖς γέρουσι παχὺ καὶ μέλαν καὶ ὀλίγον, ἐν ἀκμάζουσι δὲ μέσως· καὶ πήγνυται ταχὺ τὸ τῶν γερόντων, κἂν ἐν τῷ σώματι ᾖ ἐπιπολῆς· τοῖς δὲ νέοις οὐ γίνεται τοῦτο. ἰχὼρ δ' ἐστὶν ἄπεπτον αἷμα, ἢ τῷ μήπω πεπέφθαι ἢ τῷ διωρῶσθαι.

[20] περὶ δὲ μυελοῦ· καὶ γὰρ τοῦτο ἓν τῶν ὑγρῶν ἐνίοις τῶν ἐναίμων ὑπάρχει ζῴων. πάντα δὲ ὅσα φύσει ὑπάρχει ἐν τῷ σώματι ὑγρὰ ἐν ἀγγείοις ὑπάρχει, ὥσπερ καὶ αἷμα ἐν φλεψὶ καὶ μυελὸς ἐν ὀστοῖς, τὰ δὲ ἐν ὑμενώδεσι, καὶ δέρμασι καὶ κοιλίαις. γίνεται δὲ ἐν μὲν τοῖς νέοις αἱματώδης πάμπαν ὁ μυελός, πρεσβυτέρων δὲ γενομένων ἐν μὲν τοῖς πιμελώδεσι πιμελώδης, ἐν δὲ τοῖς στεατώδεσι

---

24 καὶ ... θήλεσιν[2] om. X[c], N[c] Z[c] L[c]pr. mpr. n   ἐπιπολλῆς A[a]: ἐπὶ πολλῆς Y[c] G[a] Q F[a] X[c] H[c]pr., K[c]: ἐπὶ πολλοῖς β Ald.   ἐν] μὲν ἐν β γ Ald.   ταῖς α (exc. C[a] Y[c] H[c]rc.)   **25** θηλειῶν α (exc. C[a] H[c]rc.)   ἡ om. α Bk.   γυνή ... **27** ζῴων om. K[c]   **27** τῶν ζῴων ἐν om. N[c] Z[c] L[c] m n   ἐν om. α (exc. H[c]rc.) Ald. Sn.   καλεῖται] κινεῖται N[c] Z[c] L[c]pr. m n   **28** νοσημάτων C[a] Y[c]   **29** ἰξύα L[c] n   **30** ῥύσιν N[c] Z[c]   τι] τίσι C[a]: τισι A[a]pr. G[a] Q H[c]   συμβαίνει H[c]pr., N[c] Z[c] n   γίγνεται χείρω τὰ κατ. transp. α (exc. C[a] Y[c] H[c]rc.)   **31** καὶ om. α (exc. C[a] Y[c] H[c]rc.)   **32** εἴδη Q, O[c] T[c], Ald.   **33** ἰχθω ἀφροειδὲς ἐστὶ πλεῖον E[a] P K[c] M[c]: ἴκται ἀφρονοειδὲς καὶ πλεῖον N[c] Z[c]: ἴκται (ἔκ- T[c]) ἀφροειδὲς καὶ πλεῖον T[c]rc., m n   ἐστι καὶ πλέον ἐστι α (exc. Y[c]) Guil.   **521b1** παχὺ C[a] A[a]pr. H[c] Ald.   **2** τοῖς ... αἷμα om. Z[c]   τοιοῦτον α (exc. H[c]rc.)   **3** πεπάνθαι T[c]rc., N[c] Z[c] m n   διωρῶσθαι H[c]rc., M[c] N[c] Z[c] L[c] m n, Ald.: διωρρῶσθαι E[a] Cs. edd.: διωρίσθαι α (exc. H[c]rc.) Guil.: διορῶσθαι β P K[c]   **6** ὑγρὰ ἐν τῷ σ. transp. α Ald.   **7** ὑμέσι mrc.: membranis Gaza   **8** δέρματι α (exc. H[c]rc.)   κοιλία α (exc. C[a] Y[c] H[c]rc.)   **9** γιγνομένων α (exc. C[a] Y[c] H[c]rc.)

στεατώδης. οὐ πάντα δ' ἔχει τὰ ὀστᾶ μυελόν, ἀλλὰ τὰ κοῖλα, καὶ τούτων ἐνίοις οὐκ ἔνεστιν· τὰ γὰρ τοῦ λέοντος ὀστᾶ τὰ μὲν οὐκ ἔχει, τὰ δὲ πάμπαν μικρόν, διόπερ ἔνιοί οὔ φασιν ὅλως ἔχειν μυελὸν τοὺς λέοντας, ὥσπερ εἴρηται πρότερον. καὶ ἐν τοῖς ὑείοις δ' ὀστοῖς ἐλάττων ἐστίν, ἐνίοις δ' αὐτῶν πάμπαν οὐκ ἔνεστιν.

ταῦτα μὲν οὖν τὰ ὑγρὰ σχεδὸν ἀεὶ σύμφυτα τοῖς ζῴοις ἐστίν, ὑστερογενῆ δὲ γάλα τε καὶ γονή. τούτων δὲ τὸ μὲν καὶ ἀποκεκριμένον ἅπασιν ὅταν ἐνῇ ἔνεστι τὸ γάλα· ἡ δὲ γονὴ οὐ πᾶσιν ἀλλ' ἐνίοις οἱ καλούμενοι θοροὶ οἷον τοῖς ἰχθύσιν. ἔχει δέ, ὅσα ἔχει τὸ γάλα, ἐν τοῖς μαστοῖς. μαστοὺς δ' ἔχει ὅσα ζῳοτόκα καὶ ἐν αὐτοῖς καὶ ἔξω, οἷον ὅσα τε ἔχει τρίχας, ὥσπερ ἄνθρωπος καὶ ἵππος, καὶ τὰ κήτη, οἷον δελφὶς καὶ φώκη καὶ φάλαινα· καὶ γὰρ ταῦτα μαστοὺς ἔχει καὶ γάλα. ὅσα δ' ἔξω ζῳοτοκεῖ μόνον ἢ ᾠοτοκεῖ, οὐκ ἔχει οὔτε μαστοὺς οὔτε γάλα, οἷον ἰχθύες καὶ ὄρνιθες.

πᾶν δὲ γάλα ἔχει ἰχῶρα ὑδατώδη, ὃς καλεῖται ὀρρός, καὶ σωματῶδες, ὃ καλεῖται τυρός· ἔχει δὲ πλείω τυρὸν τὸ παχύτερον τῶν γαλάκτων. τὸ μὲν οὖν τῶν μὴ ἀμφωδόντων γάλα πήγνυται (διὸ καὶ τυρεύεται τῶν ἡμέρων), τῶν δ' ἀμφωδόντων οὐ πήγνυται, ὥσπερ οὐδ' ἡ πιμελή, καὶ ἔστι λεπτὸν καὶ γλυκύ. ἔστι δὲ λεπτότατον μὲν γάλα καμήλου, δεύτερον

11 τὰ ὀστᾶ om. γ (exc. L^crc.)   12 τ. ἐν ἐνίοις α (exc. H^crc.)   τὰ ... 16 ἔνεστιν om. K^c m<i>pr</i>.   13 οὐκ ἔχει πάμπαν τὰ δ' ἔχει πάμπαν μ. α (exc. τὰ δ' ἔχ. πά. om. Y^c) Ald.   14 ὅλως om. E^a N^c Z^c L^c n   τὸν λέοντα N^c Z^c   15 καὶ πρότ. καὶ α (exc. H^c) γ (exc. L^c) Dt.   ἔλαττον N^c Z^c L^c   16 ἐν ἐνίοις α (exc. H^crc.)   17 σύμφυλλα A^a<i>pr</i>. G^a Q H^c<i>pr</i>.: συμφυᾶ Y^c   18 ἐστίν ante τοῖς ζ. transp. α (exc. C^a Y^c H^crc.)   τε om. α   τοῦτο N^c Z^c m n   19 καὶ om. α E^a Ald.   ἐνῇ om. N^c Z^c L^c<i>pr</i>. m n   ἔνεστι] ἐστι α (exc. H^crc.) n Ald.   τὸ om. α (exc. C^a Y^c H^crc.)   20 οὐ om. E^a   οἷον post ἐνίοις transp. β γ Ald.: om. per errorem Bk.   21 τὸ om. H^c   22 ζῳοτοκεῖ α (exc. H^crc.) Ald.   αὐτοῖς codd. plur., Ald.   τρίχας ἔχει transp. α Ald.   23 ὥσπερ] οἷον β   δελ. φάλαινα καὶ φώκη L^c Guil.   24 φάλαινα C^a passim   25 γάλα] τἆλλα A^a G^a<i>pr</i>. H^c<i>pr</i>. F^a X^c   ὅσα ... ᾠοτοκεῖ] ὅσα δ' ᾠοτοκεῖ μόνον H^crc., L^c   26 οὔτε⁽¹⁾ om. S^c, m   ἰχθὺς καὶ ὄρνις α (exc. H^crc.) Ald.   27 ὅς] ὃ α Ald. edd.   ὀρός C^a   σωματώδη Q F^a X^c   30 ἡμετέρων C^a   31 γάλα οὐ πή. H^c, P

δ' ἵππου, τρίτον δὲ ὄνου· παχύτερον δὲ τὸ βόειον. ὑπὸ μὲν οὖν τοῦ ψυχροῦ οὐ πήγνυται τὸ γάλα, ἀλλὰ διοροῦται μᾶλλον· ὑπὸ δὲ τοῦ πυρὸς πήγνυται καὶ παχύνεται. οὐ γίνεται δὲ γάλα, πρὶν ἢ ἔγκυον γένηται, οὐδενὶ τῶν ζῴων ὡς ἐπὶ τὸ πολύ. ὅταν δ' ἔγκυον ᾖ, γίνεται μέν, ἄχρηστον δὲ πρῶτον καὶ ὕστερον. μὴ ἐγκύοις δ' οὔσαις ὀλίγον μὲν ἀπ' ἐδεσμάτων τινῶν, οὐ μὴν ἀλλὰ καὶ βδαλλομέναις ἤδη πρεσβυτέραις προῆλθε, καὶ τοσοῦτον ἤδη τισὶν ὥστ' ἐκτιτθεῦσαι παιδίον. καὶ οἱ περὶ τὴν Οἴτην δέ, ὅσαι ἂν μὴ ὑπομένωσι τὴν ὀχείαν τῶν αἰγῶν, λαμβάνοντες κνίδην τρίβουσι τὰ οὔθατα βίᾳ διὰ τὸ ἀλγεινὸν εἶναι· τὸ μὲν οὖν πρῶτον αἱματῶδες ἀμέλγονται, εἶθ' ὑπόπυον, τὸ δὲ τελευταῖον γάλα ἤδη οὐδὲν ἔλαττον τῶν ὀχευομένων. τῶν δ' ἀρρένων ἔν τε τοῖς ἄλλοις ζῴοις καὶ ἐν ἀνθρώπῳ ὡς μὲν ἐπὶ τὸ πολὺ οὐ γίνεται γάλα, ἔν τισι δὲ γίνεται, ἐπεὶ καὶ ἐν Λήμνῳ αἲξ ἐκ τῶν μαστῶν, οὓς ἔχει δύο ὁ ἄρρην παρὰ τὸ αἰδοῖον, γάλα ἠμέλγετο τοσοῦτον ὥστε γίνεσθαι τροφαλίδας, καὶ πάλιν ὀχεύσαντος τῷ ἐκ τούτου γενομένῳ συνέβαινε ταὐτόν. ἀλλὰ τὰ μὲν τοιαῦτα ὡς σημεῖα ὑπολαμβάνουσιν, ἐπεὶ καὶ τῷ ἐν Λήμνῳ ἀνεῖλεν ὁ θεὸς μανθευσαμένῳ ἐπίκτησιν ἔσεσθαι χρημάτων. ἐν δὲ τοῖς ἀνδράσι μεθ' ἥβην ἐνίοις ἐκ-

---

33 παχύτατον α (exc. H^c rc.) Bk.   **34** διοροῦται β γ (exc. N^c Z^c L^c m n) Ald.   **522a2** ἦ] μὴ α Ald.   ἔγγυον Y^c A^a pr. H^c pr., E^a P K^c n   τὸ om. A^a G^a Q H^c   **3** ἔγγυον A^a pr., E^a P K^c n   τὸ πρῶτον α Ald.   **4** ἐγγύοις A^a pr., P n: ἐγγύαις E^a   ὀλίγον C^a Y^c Guil. Sn. edd.: ὀλίγα codd. cett. Ald.   **5** βαλλομέναις Y^c, P pr.: βυζανομέναις G^a rc. supra   **6** προσῆλθε F^a X^c   ἐκτιθεῦσαι α (exc. C^a Y^c): ἐκτιτθεύεσθαι N^c Z^c L^c (-τιθ-) m n   **7** τὸ παιδίον α Ald.   οἱ om. β γ   παρὰ Y^c   τὴν om. β   οἴτην om. γ (exc. L^c rc. m rc. n rc.): αἰτήν T^c rc.: αἴτναν ὅρον n rc.   ἂν] ἦν N^c Z^c   ὑπομείνωσι γ   **11** ἀρσένων H^c rc. β γ   **12** ἀνθ. ἐν οὐδενὶ μὲν ὡς ἐπὶ τὸ πολὺ γίνεται α (exc. H^c rc.) Ald. Bk.   **13** ἔν τισι δὲ γίνεται β γ Guil. Cs.: ὅμως δὲ γίνεται ἔν τισιν α Ald. Sn.   **14** αἰγὶ α (exc. H^c rc.) Guil.   μασθῶν β   ὁ om. H^c pr. Ald.   **15** γενέσθαι N^c Z^c L^c m n   τροφαλίδα C^a Y^c Bk.   **18** μαντευομένῳ α Dt.   **19** χρημάτων] κτημάτων α (exc. H^c rc.) Camot. Sn.   ἐν ... 20 προῆλθεν om. Y^c

HISTORIA ANIMALIUM III

θλίβεται ὀλίγον· βδαλλομένοις δὲ καὶ πολὺ ἤδη τισὶ προῆλθεν. ὑπάρχει δ' ἐν τῷ γάλακτι λιπαρότης, ἣ καὶ ἐν τοῖς πεπηγόσι γίνεται ἐλαιώδης. εἰς δὲ τὸ προβάτειον ἐν Σικελίᾳ, καὶ ὅπου πλεῖον, αἴγειον μιγνύουσιν. πήγνυται δὲ μάλιστα οὐ μόνον τὸ τυρὸν ἔχον πλεῖστον, ἀλλὰ καὶ τὸ αὐχμηρότατον πλέον ἔχον. τὰ μὲν οὖν πλέον ἔχει γάλα ἢ ὅσον εἰς τὴν ἐκτροφὴν τῶν τέκνων, καὶ χρήσιμον εἰς τύρευσιν καὶ ἀπόθεσιν, μάλιστα μὲν τὸ προβάτειον καὶ τὸ αἴγειον, ἔπειτα τὸ βόειον· τὸ δ' ἵππειον καὶ τὸ ὄνειον μίγνυται εἰς τὸν Φρύγιον τυρόν. ἔνεστι δὲ τυρὸς πλείων ἐν τῷ βοείῳ ἢ ἐν τῷ αἰγείῳ· γίνεσθαι γάρ φασιν οἱ νομεῖς ἐκ μὲν ἀμφορέως αἰγείου γάλακτος τροφαλίδας ὀβολιαίας μιᾶς δεούσης εἴκοσιν, ἐκ δὲ βοείου τριάκοντα. τὰ δ' ὅσον τοῖς τέκνοις ἱκανόν, πλῆθος δ' οὐδὲν οὔτε χρήσιμον εἰς τύρευσιν, οἷον πάντα τὰ πλείους ἔχοντα μαστοὺς δυοῖν· οὐδενὸς γὰρ τούτων οὔτε πλῆθός ἐστι γάλακτος οὔτε τυρεύεται τὸ γάλα.

πήγνυσι δὲ τὸ γάλα ὀπός τε συκῆς καὶ πυετία. ὁ μὲν οὖν ὀπὸς εἰς ἔριον ἐξοπισθείς, ὅταν ἐκπλυθῇ πάλιν τὸ ἔριον εἰς γάλα ὀλίγον· τοῦτο γὰρ κεραννύμενον πήγνυσιν. ἡ δὲ πυετία γάλα ἐστίν· τῶν γὰρ ἔτι θηλαζόντων

21 ἦ] ὃ α (exc. H^{c}rc.) Guil.   22 ἐλαιώδες α (exc. H^{c}rc.) Guil.   σικελλία A^a G^a Q   23 πλεῖον] πῖον α (exc. A^{a}rc. H^{c}rc.) A.-W. Dt. Peck: *coagulum* Guil.   δὲ om. C^a Guil.   οὐ μάλιστα τὸ, om. μόνον, α (exc. C^a Y^c H^{c}rc.)   24 αὐχμηρότατον β γ (exc. L^{c}pr.) Ald.: αὐχμηρότερον C^a Y^c A^{a}pr. G^a Q H^{c}pr. Sn. edd.: αὐχμηρότητα A^{a}rc. F^a X^c, L^{c}pr.: αὐχμηρότατα H^{c}rc.: *siccius* Guil.: *squalidiorem* Gaza   25 πλέον$^{(1)}$ β Ald.: om. α γ Cs.: ἔχον πλέον transp. S^c πλέον$^{(2)}$] πλεῖον α P   ἢ om. γ (exc. L^{c}rc.)   εἰς τροφὴν F^a X^c β γ   26 εἰς τύρ. χρή. transp. H^{c}rc., L^c, Ald.   εἰς om. N^c Z^c L^{c}pr. m n   27 μὲν οὖν α (exc. C^a Y^c H^{c}rc.)   προβ. ἔπειτα δὲ τὸ βόειον α (exc. H^{c}rc.)   28 τὸ$^{(2)}$ om. α γ Dt.   τὸν om. A^{a}pr. G^{a}pr.   29 ἔστι α Ald. Dt.   30 οἱ om. E^a P K^c ἀμφορέος C^a A^a G^a Q H^{c}pr.   γάλακτος om. N^c Z^c L^c m n   31 τρυφαλίδας α (τριφ- Q)   ὀβελιαίας β (exc. O^{c}corr. T^c) E^a P K^c δὲ οὔσης C^a Y^{c}pr. A^{a}pr. H^c Ald.: δὲ οὔσας P K^c N^c Z^c m n   32 τέκνοις] ἐκγόνοις G^{a}rc.: om. in lac. Q Ott.   522b2 τε om. β γ   3 ἔρια α (exc. H^{c}rc.) ἐκπληθῇ A^a G^a Q H^{c}pr., n: ἐκπλυνθῇ H^{c}rc., L^c 4 ἐκπήγνυσι H^{c}rc. β γ Ald.

ARISTOTELIS

ἐστὶν ἐν τῇ κοιλίᾳ. [21] γίνεται οὖν ἡ πυετία γάλα ἔχον ἐν αὐτῷ πῦρ ὃ ἐκ τῆς τοῦ ζῴου θερμότητος πεττομένου τοῦ γάλακτος γίνεται.

ἔχει δὲ πυετίαν τὰ μὲν μηρυκάζοντα πάντα, τῶν δ' ἀμφωδόντων δασύπους. βελτίων δ' ἐστὶν ἡ πυετία ὅσῳ ἂν ᾖ παλαιοτέρα· συμφέρει γὰρ πρὸς τὰς διαρροίας ἡ τοιαύτη μάλιστα καὶ ἡ τοῦ δασύποδος· ἀρίστη δὲ πυετία ἡ τοῦ νεβροῦ.

διαφέρει δὲ τὸ πλεῖον ἢ ἔλαττον βδάλλεσθαι γάλα τῶν ἐχόντων γάλα ζῴων κατά τε τὰ μεγέθη τῶν σωμάτων καὶ τὰς τῶν ἐδεσμάτων διαφοράς, οἷον ἐν Φάσει μέν ἐστι βοΐδια μικρὰ ὧν ἕκαστον βδάλλεται γάλα πολύ, αἱ δ' Ἠπειρωτικαὶ βόες αἱ μεγάλαι βδάλλονται ἑκάστη ἀμφορέα καὶ τούτου τὸ ἥμισυ κατὰ τοὺς δύο μαστούς· ὁ δὲ βδάλλων ὀρθὸς ἕστηκεν ἢ μικρὸν ἐπικύπτων διὰ τὸ μὴ δύνασθαι ἂν ἐφικέσθαι καθήμενος. γίνεται δ' ἔξω ὄνου καὶ τὰ ἄλλα μεγάλα ἐν τῇ Ἠπείρῳ τετράποδα, μέγιστοι δ' οἱ βόες καὶ οἱ κύνες. νομῆς δὲ δέονται τὰ μεγάλα πλείονος· ἀλλ' ἔχει πολλὴν ἡ χώρα τοιαύτην εὐβοσίαν, καὶ καθ' ἑκάστην ὥραν ἐπιτηδείους τόπους. μέγιστοι δ' οἵ τε βόες εἰσὶ καὶ τὰ πρό-

6 οὖν] γὰρ H^{c}rc., N^c Z^c L^{c}pr. m n   ἑαυτῷ α N^c Z^c L^c m n: αὐτῷ S^c O^c T^c 7 πῦρ ὃ ἐκ τῆς H^{c}rc. β γ Ald. Cs. Th. Peck Louis L.-V.: τυρὸν ἐκ δὲ τῆς α (exc. H^{c}rc.) Sn. Bk. A.-W. Buss. Dt.: om. Scot. Alb.: caseum Guil.: lac ignem habens intra sese quod ... caseum traxerit Gaza: τυρὸν in marg. mrc.   9 βέλτιον C^a A^{a}pr. G^a Q H^c ὅσα Q: ὅσον β γ   10 γὰρ] δὲ G^a Q, E^a N^c Z^c L^c m n   11 ἡ τοῦ post πυετία om. α (exc. Y^c H^{c}rc.) Dt. Peck Louis   12 νευροῦ α (exc. C^a Y^c) E^a P K^c Ald.: νευβροῦ Z^c n   τὸ] τῷ α (exc. Y^c) Dt. Peck Louis   πλέον H^{c}rc. γ Ald.   ἢ ἔλαττον βδάλ. γάλα A^{a}rc. F^a X^c H^{c}rc. β γ Guil. Ald.: ἱμᾶσθαι γάλα ἢ ἔλαττον C^a Y^c A^{a}pr. G^a Q H^{c}pr. Sn. edd.   13 τὸ μέγεθος C^a Guil.   καὶ] κατὰ τε A^{a}rc. G^a Q H^c Ott.: καὶ κατὰ F^a X^c 14 ἐδεσμάτων] σωμάτων γ (exc. L^{c}rc.)   15 βδάλλον Y^c: βδάλλεσθαι E^{a}pr.   16 αἱ μεγάλαι om. α Guil.   βδάλλεται β γ Ald.   ἕκαστος P   17 τὸ om. Y^c 18 ὀρθῶς α (exc. Y^c)   ἢ om. α Bk.   19 ἐφικνεῖσθαι α Dt. Peck Louis   καθήμενον α   δ' ἔξω ὄνου α Cs. edd.: δὲ ζῷα οὗ β γ Ald.: praeter asinum Scot. Guil. Gaza: πλὴν ὄνου T^{c}rc., nrc.   20 ἐν τῇ ... 21 μεγάλα om. Y^c τετρ. ἐν τῇ ἠπ. transp. L^c Ald.   οἱ om. γ   22 ἡ τοιαύτη χώρα α (exc. Y^c)   εὐοσίαν A^a, P K^{c}pr.: ἐβοσίαν Y^c 23 μεστοὶ T^{c}rc., E^a P N^c Z^c m

βατα τὰ καλούμενα Πυρρικά, τὴν ἐπωνυμίαν ἔχοντα ταύτην ἀπὸ Πύρρου τοῦ βασιλέως. τῆς δὲ τροφῆς ἡ μὲν σβέννυσι τὸ γάλα, οἷον ἡ Μηδικὴ πόα, καὶ μάλιστα τοῖς μηρυκάζουσιν· ποιεῖ δὲ πολὺ ἕτερα, οἷον κύτισος καὶ ὄροβοι, πλὴν κύτισος μὲν ὁ ἀνθῶν οὐ συμφέρει (πίμπρησι γάρ), οἱ δὲ ὄροβοι καὶ ταῖς κυούσαις οὐ συμφέρουσι (τίκτουσι γὰρ χαλεπώτερον). ὅλως δὲ τὰ φαγεῖν δυνάμενα τῶν τετραπόδων, ὥσπερ καὶ πρὸς τὴν κύησιν συμφέρει, καὶ βδάλλεται πολὺ τροφὴν ἔχοντα. πολὺ δὲ γάλα ποιεῖ καὶ τῶν φυσωδῶν ἔνια προσφερόμενα, οἷον καὶ κυάμων πλῆθος ὀλίγον ὀΐ καὶ αἰγὶ καὶ βοΐ /1/ καὶ χιμαίρᾳ· ποιεῖ γὰρ καθιέναι τὸ οὖθαρ. σημεῖον δὲ τοῦ /2/ γάλα πλέον γενήσεσθαι, ὅταν πρὸ τοῦ τόκου τὸ οὖθαρ βλέπῃ /3/ κάτω.

γίνεται δὲ πολὺν χρόνον γάλα πᾶσι τοῖς ἔχουσιν, ἂν ἀνόχευτα διατελῇ καὶ τὰ ἐπιτήδεια ἔχωσι, μάλιστα δὲ τῶν τετραπόδων τὰ πρόβατα· ἀμέλγεται γὰρ μῆνας ὀκτώ. ὅλως δὲ τὰ μηρυκάζοντα γάλα πολὺ καὶ χρήσιμον εἰς τυρείαν ἀμέλγεται. περὶ δὲ Τορώνην οἱ βόες ὀλίγας ἡμέρας πρὸ τοῦ τόκου διαλείπουσι, τὸν δ' ἄλλον χρόνον πάντα ἔχουσι γάλα. τῶν δὲ γυναικῶν τὸ πελιδνότερον γάλα βέλτιον τοῦ

24 πυρικὰ Y^c A^a G^a Q   τὴν] τὰ τὴν α (exc. G^arc. Q)   27 ἑτέρα C^a Y^c, K^c L^c, Dt. Peck   28 μὲν om. β γ   29 καὶ om. α Guil. Sn. edd.   31 καὶ τὰ πρὸς α (exc. C^a Y^c)   κύησιν C^a Y^c Sn. edd.: κύστιν α (exc. C^a Y^c): κτῆσιν β γ Ald.: om. Scot. Alb.: in utero habere Guil.: possidendum Gaza πολλὴν α (exc. C^a Y^c) N^c Z^c L^c m n Ald.   32 πολὺ δὲ γάλα ποιεῖ β γ Ald.: ποιεῖ δὲ γάλα α Bk. edd.   καὶ om. α   33 ὀλίγον β γ Ald.: οἷον C^a Guil.: om. α (exc. C^a) Scot. Gaza Cs. edd.   523a1 χειμέρα C^a Y^c, npr. σημεῖον ... 2 οὖθαρ om. P   2 πλεῖον α γ (exc. E^a K^c M^c)   γενήσεσθαι A^arc. β γ Ald. Bk.: ἱμήσασθαι α (exc. A^arc.): ἱμήσεσθαι cj. Buss. edd.: debeat fieri Guil.   ὅταν γὰρ πρὸ O^c Ald.   βδάλλῃ γ (exc. L^crc.)   3 γάλα post ἔχουσι transp. α   πᾶσι] παρὰ T^crc. γ Ald.   4 διατελῶσι G^a Q Ott. 5 τὰ πρόβατα β E^a: πρόβατον α Guil. Bk.: πρόβατα γ Ald.   γὰρ μῆνας] μῆνας καὶ C^a: γὰρ μῆνας καὶ Y^c: enim et Guil.   6 ὅμως α (exc. Y^c)   πολὺ om. Q Ott.   7 παρὰ Y^c, K^c   οἱ codd. Ald.: αἱ Cas. edd.   9 τὸ γάλα^(1) T^crc., N^c Z^c L^c m n Ald.   τῶν ... γάλα^(2) om. X^c   δὲ om. α (exc. C^a Y^c)   πελιώτερον C^a A^apr. G^a Q Dt. Peck Louis: πελιγνότερον Y^c: πελιδνώτερον A^arc. F^apr.

λευκοῦ τοῖς τιτθευομένοις· καὶ αἱ μέλαιναι τῶν λευκῶν ὑγιεινότερον ἔχουσιν. τροφιμώτατον μὲν οὖν τὸ πλεῖστον ἔχον τυρόν, ὑγιεινότερον δὲ τοῖς παιδίοις τὸ ἔλαττον. **[22]** σπέρμα δὲ προΐενται πάντα τὰ ἔχοντα αἷμα. τί δὲ συμβάλλεται εἰς τὴν γένεσιν καὶ πῶς, ἐν ἄλλοις λεχθήσεται. πλεῖστον δὲ κατὰ τὸ σῶμα ἄνθρωπος προΐεται. ἔστι δὲ τῶν μὲν ἐχόντων τρίχας γλίσχρον, τῶν δ' ἄλλων ζῴων οὐκ ἔχει γλισχρότητα. λευκὸν δὲ πάντων· ἀλλ' Ἡρόδοτος διέψευσται γράψας τοὺς Αἰθίοπας προΐεσθαι μέλαιναν τὴν γονήν. τὸ δὲ σπέρμα ἐξέρχεται μὲν λευκὸν καὶ παχύ, ἂν ᾖ ὑγιεινόν, θύραζε δ' ἐλθὸν λεπτὸν γίνεται καὶ μέλαν. ἐν δὲ τοῖς πάγοις οὐ πήγνυται, ἀλλὰ γίνεται πάμπαν λεπτὸν καὶ ὑδατῶδες καὶ τὸ χρῶμα καὶ τὸ πάχος· ὑπὸ δὲ τοῦ θερμοῦ πήγνυται καὶ παχύνεται. καὶ ὅταν ἐξίῃ χρονίσαν ἐν τῇ ὑστέρᾳ, παχύτερον ἐξέρχεται, ἐνίοτε δὲ ξηρὸν καὶ συνεστραμμένον. καὶ τὸ μὲν γόνιμον ἐν τῷ ὕδατι χωρεῖ κάτω, τὸ δ' ἄγονον διαχεῖται. ψευδὲς δ' ἐστὶ καὶ ὅπερ Κτησίας γέγραφε περὶ τῆς γονῆς τῶν ἐλεφάντων.

10 τιθευομένοις α (exc. A[a]rc. F[a] X[c]) L[c] μέλανες β γ Ald. **11** τροφιμώτερον C[a]: τρόφιμον A[a] G[a] Q F[a] X[c] **12** ἔλαττον codd. Ald. Bk.: ἐλάττονα cj. Sylb. Sn. edd. **13** ἅπαντα α Ald.: post αἷμα transp. α (exc. C[a] Y[c]) Ald. **14** ὅπως β γ Ald. **18** τὴν om. α Ald. **19** μὲν post λευκὸν transp. N[c] L[c] m n: om. Z[c] ὑγιαῖνον α (exc. Y[c]) Dt. **20** ἐλθὸν] ὅλον T[c]rc., N[c] Z[c] L[c]pr. m n (cf. 21) λεπτὸν] λευκὸν A[a] G[a]pr. F[a] X[c]: om. in lac. Q Ott. **21** οὐ] οὔτε Q πάμπαν] ὅλον T[c]rc., N[c] Z[c] L[c]pr. m n λεπτὸν] λευκὸν G[a] Q Ott. **22** τοῦ θερ. δὲ π. β Z[c] L[c]: δὲ τοῦ θ. δὲ π. γ (exc. Z[c] L[c]) **26** ὅπερ β Ald. Sn.: ὃ ὁ α Cs.: om. E[a] K[c] Ppr. N[c] Z[c] mpr. n: ὃ Prc. M[c] L[c] mrc. Bk. edd.: *quod* Gaza **27** παρὰ Y[c] post ἐλ. add. περὶ ... ἔχουσι (= 31) K[c]

Δ

περὶ μὲν οὖν τῶν ἐναίμων ζῴων, ὅσα τε κοινὰ ἔχουσι μέρη καὶ ὅσα ἴδια ἕκαστον γένος, καὶ τῶν ἀνομοιομερῶν καὶ τῶν ὁμοιομερῶν, καὶ ὅσα ἐντὸς καὶ ὅσα ἐκτός, εἴρηται πρότερον· περὶ δὲ τῶν ἀναίμων ζῴων νυνὶ λεκτέον. ἔστι δὲ γένη πλείω, ἓν μὲν τὸ τῶν καλουμένων μαλακίων· ταῦτα δ' ἐστὶν ὅσα ἄναιμα ὄντα ἐκτὸς ἔχει τὸ σαρκῶδες, ἐντὸς δ' εἴ τι ἔχει στερεόν, καθάπερ καὶ τὰ ἔναιμα, οἷον τὸ τῶν σηπιῶν γένος. ἓν δὲ τὸ τῶν μαλακοστράκων· ταῦτα δ' ἐστὶν /6/ ὅσα τὸ μὲν στερεὸν ἐκτὸς ἔχουσιν ἐντὸς δὲ τὸ μαλακὸν καὶ σαρκῶδες· /7/ τὸ δὲ σκληρὸν αὐτῶν ἐστιν οὐ θραυστὸν ἀλλὰ θλαστόν, οἷόν ἐστι /8/ τό τε τῶν καράβων γένος καὶ τὸ τῶν καρκίνων. ἓν δὲ τῶν /9/ ὀστρακοδέρμων· τοιαῦτα δ' ἐστὶν ὧν ἐντὸς μὲν τὸ σαρκῶδές /10/ ἐστιν, ἐκτὸς δὲ τὸ στερεόν, θραυστὸν ὂν καὶ κατακτόν, ἀλλ' οὐ θλαστόν· τοιοῦτον δὴ τό τε τῶν κόχλων καὶ τὸ τῶν ὀστρέων γένος ἐστί. τέταρτον δὲ τὸ τῶν ἐντόμων, ὃ πολλὰ καὶ ἀνόμοια /13/ εἴδη περιείληφε ζῴων. ἔστι δ' ἔντομα ὅσα κατὰ τοὔνομά /14/ ἐστιν ἐντομὰς ἔχοντα ἢ ἐν τοῖς

523a31
523b1

5

9, 10
10

12

523a31 περὶ ... ἔχουσι codd., iterum K^c   33 καὶ^(1) ... ἐντὸς om. N^c Z^c   ἐκτὸς ... ἐντὸς transp. α Guil. Dt.   523b1 ζῴων om. α Guil. Dt.   νῦν α Dt.   2 post γένη add. ταῦτα α Guil. Dt.   4 εἴ τι ἔχει Y^c A^apr. G^a Q Bk. Dt.: ὅτι ἔχει C^a: ἔχει τὸ E^a P K^c Mc Guil.: τὸ A^arc. F^a X^c, β, N^c Z^c L^c m n, Ald. Cs.: om. Sn.   post ἔναιμα add. τῶν ζῴων α Dt. οἷον καὶ τὸ α (exc. Y^c)   5 ἓν δὲ τὸ τῶν μαλακοστράκων A^arc., β, N^c Z^c m n, Ald.: ἓν δὲ τῶν μ. F^a X^c, E^a P K^c M^c L^c: τὰ δὲ μαλακόστρακα C^a Y^c A^apr. G^a Q Dt.: adhuc autem malacostraca Guil.   6 ὅσα ... ἔχουσιν β Ald.: ὅσα μὲν τὸ στ. ἐκ ἔχ. γ: ὅσων ἐκτὸς τὸ στερεόν α (exc. F^a X^c) Sn. Bk.: ὅσα ἐκ. τὸ στ. F^a X^c   τὸ^(2) om. α (exc. F^a X^c)   post μαλ. add. ἔχει F^a X^c   7 φλαστόν β L^c nrc. Ald.: φλαυστόν γ (exc. L^c nrc.)   8 τε om. α (exc. C^a) Guil. Ald.   καρκίνων ... καράβων transp. β γ   ἓν δὲ τῶν ὀ. β γ: ἔτι δὲ τὰ ὀστρακόδερμα α (exc. A^arc. F^arc.) Sn.: ἓν δὲ τὸ τῶν ὀστρακοδέρμων A^arc. F^arc., m: ἔστι δὲ τὰ ὀ. Ald.: unum autem ostracoderma Guil.   9 δ' om. E^a P K^c   10 ἐστιν om. α (exc. C^a Y^c)   11 φλαστόν β L^crc. Ald.: φλαυστόν γ (exc. L^crc.)   τοιοῦτο L^c Ald.   δὴ] δὲ α γ Ald. edd.   τὸ τε β γ (exc. L^c): καὶ τὸ α (exc. C^a): τὸ C^a, L^c Ald. edd.   κοχλιῶν α Sn.: conchiliorum Guil.   12 γένος post 11 κοχ. transp. α (exc. C^a) Bk.   ἀνόμοια] ἀνώνυμα Ald.   13 περ. εἴδη transp. α Bk.   post ἔντομα add. ζῷα E^a ὑπτίοις ἢ ἐν τοῖς πρανέσιν ἢ /15/ ἐν ἀμφοῖν, καὶ οὔτε ὀστῶδες ἔχει κεχωρισμένον οὔτε σαρκῶδες, /16/ ἀλλὰ μέσον ἀμφοῖν ἔχει. τὸ σῶμα γὰρ ὁμοίως καὶ /17/ ἔσω καὶ ἔξω σκληρόν ἐστιν αὐτῶν. ἔστι δ' ἔντομα καὶ ἄπτερα, οἷον ἴουλος καὶ σκολόπενδρα, καὶ πτερωτά, οἷον μέλιττα καὶ μηλολόνθη καὶ σφήξ· τὸ αὐτὸ δὲ γένος ἐστὶ καὶ πτερωτὸν καὶ ἄπτερον, οἷον μύρμηκές εἰσι καὶ πτερωτοὶ καὶ ἄπτεροι, καὶ αἱ καλούμεναι πυγολαμπίδες.

τῶν μὲν οὖν μαλακίων καλουμένων τὰ μὲν ἔξω μόρια τάδ' ἐστίν, ἓν μὲν οἱ ὀνομαζόμενοι πόδες, δεύτερον δὲ τούτων ἐχομένη ἡ κεφαλή, τρίτον δὲ τὸ κύτος, ὃ περιέχει πᾶν τὸ σῶμα, καὶ καλοῦσιν αὐτὸ κεφαλήν τινες, οὐκ ὀρθῶς καλοῦντες, ἔστι δὲ πτερύγια κύκλῳ περὶ τὸ κύτος. συμβαίνει δ' ἐν πᾶσι τοῖς μαλακίοις μεταξὺ τῶν ποδῶν καὶ τῆς γαστρὸς εἶναι τὴν κεφαλήν. πόδας μὲν οὖν ὀκτὼ πάντα ἔχει, καὶ τούτους δικοτύλους ἅπαντα, πλὴν ἑνὸς γένους πολυπόδων. ἴδια δ' ἔχουσιν ἥ τε σηπία καὶ αἱ τευθίδες καὶ οἱ τεῦθοι δύο προβοσκίδας μακρὰς ἐπ' ἄκρων τραχύτητα ἐχούσας δικότυλον, αἷς προσάγονταί τε καὶ λαμβάνουσιν εἰς τὸ στόμα τὴν τροφήν, καὶ ὅταν χειμὼν ᾖ, βαλλόμεναι πρός τινα πέτραν ὥσπερ ἄγκυραν ἀποσαλεύουσιν. τοῖς δὲ πτερυγίοις ἃ ἔχουσι περὶ τὸ κύτος, νέουσιν. ἐπὶ δὲ τῶν ποδῶν αἱ κοτυληδόνες ἅπασίν εἰσιν. ὁ μὲν οὖν

15 ἐγκεχωρισμένον β (exc. O^{c}rc.) γ: ἓν κεχ. cj. Bk. Louis L.-V. **16** ἔχει om. α N^c Z^c L^c m n Ald. edd. **19** μηλολόνθ C^a abbrev.: μηλολόνθα A^{a}pr. σφὶγξ G^{a}pr., E^a: σφὶξ C^a G^{a}rc. Q Ald. post σφ. add. καὶ α Guil. Ald. edd. post γένος add. αὐτῶν α Guil. Ald. edd. **21** πυγολαμπίδες α Guil. Ald. edd.: πτερόποδες β γ: cicindelae Gaza **22** τάδ'] ταῦτα β γ Ald. ὀνομ.] καλούμενοι N^c Z^c L^c m n Ald. **23** ἡ om. α **24** πᾶν τὸ σῶμα β γ Ald. Cs.: τἀντὸς C^a Bk. edd.: τὰ ἐντὸς α (exc. C^a) Sn.: om. Scot.: totum corpus Guil.: interiora Gaza κέφαλον β (exc. T^{c}rc.) Ald.: κέλυφος cj. Scal. **25** ἔτι α Guil. Cs. edd. **28** ἅπαντα β: πάντα C^a Sn. edd.: πάντας α (exc. C^a) Ald.: om. γ: omnia Guil. **29** ἴδια β γ Gaza Sn.: ἰδίᾳ α Guil. Ald.: ἰδίᾳ Cs. Bk. edd. αἵ τε σηπίαι α Ald. edd. super τευθίδες add. δοκεῖ εἶναι τὰ καλαμάρια A^{a}rc.: καλαμάρια add. G^a αἱ κατευθίδες N^c Z^c **30** προβ. καὶ μακρὰς γ (exc. L^{c}rc.): προβ. μακ. καὶ cj. Cs. **32** χειμῶνι, omisso ᾖ, E^a P K^c M^{c}pr. N^c Z^c n βαλλόμενα α **33** ἀγκύρας α Camot. Bk. edd.: anchoram Guil. **524a1** δὲ πτερυγίοις ἃ β γ Guil. Cs. Peck: δ' ὥσπερ πτερυγίοις οἷς α Sn. edd.: δὲ πτερ. οἷς Ald. παρὰ C^a γ πολύπους καὶ ὡς χερσὶ καὶ ποσὶ χρῆται ταῖς πλεκτάναις. προσάγει μὲν οὖν ταῖς δυσὶ ταῖς ὑπὲρ τοῦ στόματος· τῇ δ' ἐσχάτῃ τῶν πλεκτανῶν, ἥ ἐστιν ὀξυτάτη τε καὶ μόνη παράλευκος αὐτῶν καὶ ἐξ ἄκρου δικρόα (ἔστι δ' αὕτη ἐπὶ τῇ ῥάχει· καλεῖται δὲ ῥάχις τὸ λεῖον, οὗ πρόσω αἱ κοτυληδόνες εἰσίν), ταύτῃ δὴ τῇ πλεκτάνῃ χρῆται ἐν ταῖς ὀχείαις. πρὸ τοῦ κύτους δ' ὑπὲρ τῶν πλεκτανῶν ἔχουσι κοῖλον αὐλόν, ᾧ τὴν θάλασσαν ἀφιᾶσι δεξάμενοι τῷ κύτει ὅταν τι τῷ στόματι λαμβάνωσιν. μεταβάλλει δὲ τοῦτον ὁτὲ μὲν εἰς τὰ δεξιὰ ὁτὲ δὲ εἰς τὰ εὐώνυμα· ἀφιᾶσι δὲ καὶ τὸν θολὸν ταύτῃ. νεῖ δὲ πλάγιος, ἐπὶ τὴν καλουμένην κεφαλὴν ἐκτείνων τοὺς πόδας· οὕτω δὲ νέοντι συμβαίνει προορᾶν μὲν εἰς τὸ πρόσθεν (ἐπάνω γάρ εἰσιν οἱ ὀφθαλμοί), τὸ δὲ στόμα ἔχει ὄπισθεν. τὴν δὲ κεφαλήν, ἕως ἂν ζῇ, σκληρὰν ἔχει καθάπερ ἐμπεφυσημένην. ἅπτεται δὲ καὶ κατέχει ταῖς πλεκτάναις ὑπτίαις, καὶ ὁ μεταξὺ τῶν ποδῶν ὑμὴν διατέταται πᾶς· ἐὰν δ' εἰς τὴν ἄμμον πέσῃ, οὐκέτι δύναται κατέχειν. ἔχουσι δὲ διαφορὰν οἵ τε πολύποδες καὶ τὰ εἰρημένα τῶν μαλακίων· τῶν μὲν γὰρ πολυπόδων τὸ μὲν κύτος μικρόν, οἱ δὲ πόδες μακροί εἰσι, τῶν δὲ τὸ μὲν κύτος μέγα, οἱ δὲ πόδες βραχεῖς, ὥστε μὴ πορεύεσθαι ἐπ' αὐτοῖς. αὐτῶν δὲ πρὸς αὐτά, τὸ μὲν μακρότερόν ἐστιν ἡ τευθίς, ἡ δὲ σηπία πλατύτερον. τῶν δὲ τευθίδων οἱ τεῦθοι

3 ὡς ποσὶ καὶ ὡς χερσὶ α Ald. edd.: ὡς ποσὶ καὶ χερσὶ γ   4 προσάγεται α Sn. edd.   μὲν οὖν] δὲ α Guil. Sn. Dt.   6 περίλευκος α (exc. C^a)   αὕτη ἡ ἐπὶ L^c: αὐτὴ ἡ ἐπὶ γ (exc. L^c)   8 δὴ om. α: δὲ O^c T^c, E^a P Guil. Ald. Bk.   10 ἀφίεισι G^a Q: ἀμφιᾶσι N^c Z^c δεξάμενα α (exc. C^a)   κήτει A^{a}pr. G^a Q   11 σώματι γ Ald.   λάβωσι α (exc. C^a)   τοῦτο β γ Ald. Cs. A.-W.: declinat illa canna Scot.: hunc Guil.   12 εὐώνυμα β γ Ald. Bk.: ἀριστερά α Dt.   ἀφίησι α Dt.: eiciunt Scot.: eicit Alb.: emittunt Guil.   δὲ καὶ τὸν β γ Ald. edd.: δ' ἕκαστον α Guil.   13 θόλον β γ Ald.: θορὸν α ut saepe: semen Scot.: thorum Guil.   πλαγίως C^a G^a Q F^a X^c: πελαγίως A^a: lateraliter Guil.   14 ἐκτεῖνον α   μὲν] μὴ A^{a}pr.   15 τὸ$^{(1)}$] τὰ m   ἔμπροσθεν α (exc. C^a)   17 ἐμπεσημένην γ   18 τῶν om. β   19 ἐμπέσῃ α Ald. edd.: ceciderit Guil.   20 διαφορὰς α (exc. C^a)   21 post μαλ. add. τὰ τῶν πολυποδίων E^a P K^c M^c: τὰ τῶν πολυπόδων T^{c}rc., N^c Z^c L^{c}pr. m n   22 μὲν$^{(1)}$ om. P   κύτος μὲν$^{(2)}$ transp. β   23 ἐπ'] ἐν α   24 post αὐτοῖς add. τούτοις α Ald.   μακρότατον C^a ἐστιν οἷον ἡ T^{c}rc. γ Dt. Peck   25 τεφθίς A^a G^a Q   τευθοὶ β γ Ald. passim

καλούμενοι ἐπὶ πολὺ μείζους· γίγνονται γὰρ καὶ πέντε πήχεων τὸ μέγεθος. γίγνονται δὲ καὶ σηπίαι ἔνιαι διπήχεις, καὶ πολυπόδων πλεκτάναι τηλικαῦται καὶ μείζους ἔτι τὸ μέγεθος. ἔστι δὲ τὸ γένος ὀλίγον τῶν τεύθων. διαφέρουσι δὲ τῷ σχήματι τῶν τευθίδων οἱ τεῦθοι· πλατύτερον γάρ ἐστι τὸ ὀξὺ τῶν τεύθων, ἔτι δὲ τὸ κύκλῳ πτερύγιον περὶ ἅπαν ἐστὶ τὸ κύτος· τῇ δὲ τευθίδι ἐλλείπει. ἔστι δὲ πελάγιον ὥσπερ ἡ τευθίς.

μετὰ δὲ τοὺς πόδας ἡ κεφαλή ἐστιν ἁπάντων ἐν μέσῳ τῶν ποδῶν τῶν καλουμένων πλεκτανῶν. ταύτης δὲ τὸ μέν ἐστι στόμα, ἐν ᾧ εἰσι δύο ὀδόντες· ὑπὲρ δὲ τούτων ὀφθαλμοὶ δύο μεγάλοι, ὧν τὸ μεταξὺ μικρὸς χόνδρος ἔχων ἐγκέφαλον μικρόν. ἐν δὲ τῷ στόματί ἐστι μικρὸν σαρκῶδες· γλῶτταν δ' οὐκ ἔχει αὐτῶν οὐδέν, ἀλλὰ τούτῳ χρῆται ἀντὶ γλώττης. μετὰ δὲ τοῦτο ἔξωθεν μὲν ἰδεῖν τὸ φαινόμενον κύτος. ἔστι δ' αὐτοῦ ἡ σὰρξ σχιστή, οὐκ εἰς εὐθὺ μέντοι ἀλλὰ κύκλῳ· δέρμα δ' ἔχουσι πάντα τὰ μαλάκια περὶ ταύτην. μετὰ δὲ τὸ στόμα ἔχουσιν οἰσοφάγον μακρὸν καὶ στενόν, ἐχόμενον δὲ τούτου πρόλοβον μέγαν καὶ παρεμφερῆ ὄρνιθι. τούτου δ' ἔχεται ἡ κοιλία οἷον ἤνυστρον· τὸ δὲ σχῆμα ὁμοία τῇ ἐν τοῖς κήρυξιν ἑλίκη. ἀπὸ δὲ ταύτης ἄνω πάλιν φέρει πρὸς τὸ στόμα ἔντερον λεπτόν· παχύτερον δ' ἐστὶ τοῦ στομάχου τὸ ἔντερον. σπλάγχνον δ' οὐδὲν ἔχει τῶν μαλακίων, ἀλλ' ἦν κα-

26 ἔτι πολὺ Cᵃ: πολλῷ α (exc. Cᵃ)   γίγνεται α (exc. Cᵃ)   καὶ om. γ
27 καὶ om. Nᶜ Zᶜ Lᶜ m n   **28** ἔτι α Guil. edd.: ἐπὶ β γ Ald.   **29** τὸ om.
β: τι cj. Gesner   διαφέρει δὲ τὸ σχῆμα τῶν τ. ὁ τεῦθος Cᵃ Aᵃpr. Gᵃ Q
Guil. Dt. Peck Louis   **31** τευθίδων β γ   πᾶν β γ   **32** ἐλλείπει α Cs.
edd.: ἔλασσον β γ Ald.: *est vacuitas* Scot.: *deficit* Guil.   πλάγιον Cᵃ Aᵃpr. Gᵃ
Q: *pelagosum* Scot.: *laterale* Guil.   **33** καὶ ἡ τευ. α Ald. edd.   ἐστιν om. α
(exc. Cᵃ)   **524b2** δὲ τὸ om. Oᶜ Tᶜpr.   ἔνεισι α Dt.   **3** μεγ. δύο transp.
α Guil. Ald. edd.   **4** σαρκ. μικ. transp. α (exc. Cᵃ)   πικρὸν Eᵃ   **5**
οὐδὲ ἓν Nᶜ Zᶜ Lᶜ m n Ald.   **6** post μὲν add. ἔστιν α Ald. edd.   **7** μέντοι]
μὲν γ   **9** σῶμα Eᵃ P Kᶜ Mᶜpr. Nᶜpr. Zᶜpr. mpr. n   στενὸν καὶ μα. transp.
β γ   **10** μέγα Cᵃ Fᵃ Xᶜ, Ppr. Nᶜ Zᶜ n   παρεμφερῆ ὄρνιθι β Scot. Alb.
Gaza Ald. Cs.: περιφερῆ ὀρνιθώδη α Guil. Sn. edd.: πανεμφερῆ ὄρνιθι Eᵃ Ppr.
Kᶜ: ἐμφερῆ ὄρνιθι Mᶜ Nᶜ Zᶜ Lᶜ m n   **11** ὅμοιον α Sn. edd.   **12** ἔλικι α
Sn.   **13** ἐστὶ om. γ (exc. Lᶜrc.).

λοῦσι μύτιν, καὶ ἐπὶ ταύτῃ θολόν. τοῦτον δὲ ἐπὶ πλεῖστον αὐτῶν καὶ μέγιστον ἡ σηπία ἔχει· ἀφίησι μὲν οὖν ἅπαντα, ὅταν φοβηθῇ, μάλιστα δὲ ἡ σηπία. ἡ μὲν οὖν μύτις κεῖται ὑπὸ τὸ στόμα, καὶ δι' αὐτῆς τείνει ὁ στόμαχος· ᾗ δὲ εἰς τὸ ἔντερον ἀνατείνει κάτωθεν ὁ θολὸς τῷ αὐτῷ ὑμένι περιεχόμενον ἔχει τὸν πόρον τῷ ἐντέρῳ, καὶ ἀφίησι κατὰ ταὐτὸν τόν τε θολὸν καὶ τὸ περίττωμα· ἔχουσι δὲ καὶ τριχώδη ἄττα ἐν τῷ σώματι. τῇ μὲν οὖν σηπίᾳ καὶ τῇ τευθίδι καὶ τῷ τεύθῳ ἐντός ἐστι τὰ στερεὰ ἐν τῷ πρανεῖ τοῦ σώματος, ἃ καλοῦσι τὸ μὲν σήπιον τὸ δὲ ξίφος· διαφέρει γὰρ ὅτι τὸ μὲν σήπιον ἰσχυρὸν καὶ πλατύ ἐστι, μεταξὺ ἀκάνθης καὶ ὀστοῦ, ἔχον ἐν αὐτῷ ψαθυρότητα σομφήν, τὸ δὲ τῶν τευθίδων λεπτὸν καὶ χονδρωδέστερον. τῷ δὲ σχήματι διαφέρουσιν ἀλλήλων ὥσπερ καὶ τὰ κύτη. οἱ δὲ πολύποδες οὐκ ἔχουσιν ἔσω στερεὸν τοιοῦτον οὐδέν, ἀλλὰ περὶ τὴν κεφαλὴν χονδρῶδες, ὃ γίνεται, ἐάν τις αὐτῶν παλαιωθῇ, σκληρόν. τὰ δὲ θήλεα τῶν ἀρρένων διαφέρουσιν· οἱ μὲν γὰρ ἄρρενες ἔχουσι πόρον ὑπὸ τὸν στόμαχον, ἀπὸ τοῦ ἐγκεφάλου τείνοντα πρὸς τὰ κάτω τοῦ κύτους· ἔστι δὲ πρὸς ὃ τείνει, ὅμοιον μαστῷ· ταῖς δὲ θηλείαις δύο τε ταῦτά ἐστι καὶ ἄνω. ἀμφοτέροις δ' ὑπὸ ταῦτα ἐρυθρὰ ἄττα σωμάτια πρόσεστι.

τὸ δ' ᾠὸν ὁ

---

15 μύστιν α (exc. Cᵃ), Nᶜ Zᶜ, Guil.   θορόν α: tholum (+vel thorum in marg.Tz, in textu cett.) suum nigrum Guil.   ἐπὶ om. α Sn. edd.   αὐτῷ Eᵃ P Kᶜ Mᶜpr.: αὐτὸν Nᶜ Zᶜ Lᶜpr. m n Ald.   17 μύστις α Guil.   18 διὰ ταύτης α Dt. Peck Louis   εἰς om. α Guil. Gaza Cs. edd.   19 θορὸς α Guil.   post θο. add. καὶ α Guil. Ald. edd.   20 πόρον] θορὸν α Guil.: θολὸν cj. Sn. edd.   τὰ αὐτὰ β γ   21 θορόν α Guil.   δὴ Lᶜ m n ἄττα codd. plur. passim   22 τῷ⁽¹⁾ om. α (exc. Cᵃ)   24 σηπίειον⁽¹⁾ Cᵃ β Lᶜrc. Ald.: σηπύειον Aᵃpr. Gᵃ Q Fᵃ Xᶜ   γὰρ ὅτι τὸ μὲν β (exc. Sᶜ Oᶜ Tᶜ) γ Guil.: δὲ ὅτι τὸ μὲν Sᶜ Oᶜ Tᶜ: δὲ τὸ μὲν γὰρ α Ald. edd.   σηπίειον⁽²⁾ Cᵃ β: σηπύειον α (exc. Cᵃ)   25 ἐστι καὶ με. γ   26 αὐτῷ codd. plur. Ald. ψαθυρότητα α Ald.: ψαδηρότητα Nᶜ Zᶜ Lᶜ m n   29 εἴσω α Dt. τοιοῦτον om. β γ   30 ἂν β γ   32 τείνοντος Nᶜ Zᶜ   33 τὸ α Dt. πρὸς om. α   μαστοῦ Cᵃrc.   525a1 ταῖς δὲ β γ: ἐν δὲ ταῖς α Ald. edd. τε om. α (exc. Cᵃ) n   καὶ om. Nᶜ Zᶜ Lᶜpr.   ἀμφ.] καὶ ἀμφ. Cᵃ   2 ταύτην Gᵃ Q   ἄττα (ἄττα codd. plur.)] τε τὰ Cᵃ: δὲ τὰ Aᵃpr.: quedam Guil.   σώματα γ (exc. Lᶜrc.)   πρόσεστι om. Kᶜ in lac.

ARISTOTELIS

μὲν πολύπους ἓν καὶ ἀνώμαλον ἔξωθεν καὶ μέγα ἴσχει· ἔσω
δὲ τὸ ὑγρόν, ὀμόχρουν ἅπαν καὶ λεῖον, χρῶμα δὲ λευκόν·
τὸ δὲ πλῆθος τοῦ ᾠοῦ τοσοῦτον ὥστε πληροῦν ἀγγεῖον μεῖζον
τῆς τοῦ πολύποδος κεφαλῆς. ἡ δὲ σηπία δύο τε τὰ κύτη
καὶ πολλὰ ᾠὰ ἐν τούτοις, χαλάζαις ὅμοια λευκαῖς. ἕκαστα
δὲ τούτων ὡς κεῖται τῶν μορίων, θεωρείσθω ἐκ τῆς ἐν ταῖς
ἀνατομαῖς διαγραφῆς. πάντα δὲ τὰ ἄρρενα ταῦτα τῶν θη-
λειῶν διαφέρει, καὶ μάλιστα ἡ σηπία· τά τε γὰρ πρανῆ
τοῦ κύτους πάντα μελάντερα τῶν ὑπτίων τραχύτερά τε ἔχει
ὁ ἄρρην τῆς θηλείας καὶ διαποίκιλα ῥάβδοις καὶ τὸ ὀρ-
ροπύγιον ὀξύτερον.

ἔστι δὲ γένη πλείω τῶν πολυπόδων, ἓν μὲν
τὸ μάλιστα ἐπιπολάζον καὶ μέγιστον αὐτῶν (εἰσὶ δὲ πολὺ
μείζους οἱ πρόσγειοι τῶν πελαγίων), ἔτι δ' ἄλλοι μικροί,
ποικίλοι, οἳ οὐκ ἐσθίονται. ἄλλο δὲ ἥ τε καλουμένη /17/ ἐλε-
δώνη, μήκει τε διαφέρουσα τῷ τῶν ποδῶν καὶ τῷ μονο-
κότυλον εἶναι μόνον τῶν μαλακίων (τὰ γὰρ ἄλλα πάντα
δικότυλά ἐστι), καὶ ἣν καλοῦσιν οἱ μὲν βολίταιναν οἱ δ' ὄζο-
λιν. ἔτι δ' ἄλλοι δύο ἐν ὀστρείοις, ὅ τε καλούμενος ὑπό τινων
ναυτίλος καὶ ὁ ναυτικός, ὑπ' ἐνίων δ' ᾠὸν πολύποδος· τὸ δ'
ὄστρακον αὐτοῦ ἐστιν οἷον κτεὶς κοῖλος καὶ οὐ συμφυής. οὗτος
νέμεται πολλάκις παρὰ τὴν γῆν, εἶθ' ὑπὸ τῶν κυμάτων ἐκ-
κλύζεται εἰς τὸ ξηρόν, καὶ παραπεσόντος τοῦ ὀστρέου ἁλίσκε-

3 μὲν om. N[c] Z[c] L[c]pr. m n   ἔξωθεν α Cs. edd.: ἔξω δὲ β γ Ald.   ἔχει β N[c]
Z[c] L[c] m n Ald.   4 ὀμίχροον C[a]: ὀμόχροον α (exc. C[a])   δὲ om. β γ   5
τοῦ om. G[a] Q   πληροῦν τὸ ἀγ. T[c]rc. γ   6 πολύπου β P K[c]   σηπυία
A[a]   7 ἕκαστον C[a]   9 θηλέων α (exc. C[a])   10 σηπυία A[a]pr.   11
πάντα] ὄντα α Dt.   τε om. γ (exc. L[c]rc.)   post τε add. πάντα β L[c]rc.
Ald.   12 οὐροπύγιον α (exc. C[a]) E[a]rc. Ald.   13 τῶν om. α Ald. edd.
16 ἄλλο δὲ β γ (exc. ἄλλοι Prc.): ἄλλα τε δύο α Guil. Ald. edd.   17 ἐλε-
αώνη C[a]: ἐλετόνη A[a]: ἐλεόνη G[a] Q F[a] X[c]   τῷ τῶν om. α   18 μόνην N[c]
Z[c] L[c] m n Ald. Cs. Bk.   τῶν om. Ald.   19 ἐστι] εἰσὶ E[a]: εἶναι P   21
καὶ ὁ ναυτικὸς β L[c]rc. Ald.: καὶ ναυτικὸς γ (exc. L[c]rc. nrc.): καὶ ποντίλος α
nrc.: om. Scot. Alb.: pontilus Guil.: pompilus Gaza   ὑπ' ἐνίων] ὑπό τινων β
δ' ᾠὸν πολύποδος β γ Ald. Sn. Bk.: ἔστι δ' οἷον πολύπους α Guil. Cs. Dt.
22 κοῖλον καὶ οὐ συμφυές α   23 νέμ. δὲ πολ. β γ   24 περιπεσόντος β
T[c]rc. γ Ald. Bk.

HISTORIA ANIMALIUM IV

ται καὶ ἐν τῇ γῇ ἀποθνῄσκει. εἰσὶ δ' οὗτοι μικροί, τῷ δὲ εἴδει ὅμοιοι ταῖς βολιταίναις. καὶ ἄλλος ἐν ὀστράκῳ οἷον κοχλίας, ὃς οὐκ ἐξέρχεται ἐκ τοῦ ὀστράκου, ἀλλ' ἔνεστιν ὥσπερ ὁ κοχλίας, καὶ ἔξω ἐνίοτε τὰς πλεκτάνας προτείνει. περὶ μὲν οὖν τῶν μαλακίων εἴρηται.

[2] τῶν δὲ μαλακοστράκων ἓν μέν ἐστι γένος τὸ τῶν καράβων, καὶ τούτῳ παραπλήσιον ἕτερον τὸ τῶν καλουμένων ἀστακῶν· οὗτοι δὲ διαφέρουσι τῶν καράβων τῷ ἔχειν χηλὰς καὶ ἄλλας τινὰς διαφοράς οὐ πολλάς. ἓν δὲ τὸ τῶν καρίδων, καὶ ἄλλο τὸ τῶν καρκίνων. γένη δὲ πλείω τῶν καρίδων ἐστὶ καὶ τῶν καρκίνων, τῶν μὲν καρίδων αἵ τε κύφαι καὶ αἱ κράγγονες καὶ τὸ μικρὸν γένος (αὗται γὰρ οὐ γίνονται μείζους), τῶν δὲ καρκίνων παντοδαπώτερον τὸ γένος καὶ οὐκ εὐαρίθμητον. μέγιστον μὲν οὖν ἐστιν ἃς καλοῦσι μαίας, δεύτερον δὲ οἵ τε πάγουροι καὶ οἱ Ἡρακλεωτικοὶ καρκίνοι, ἔτι δ' οἱ ποτάμιοι· οἱ δ' ἄλλοι ἐλάττους καὶ ἀνωνυμώτεροι. περὶ δὲ τὴν Φοινίκην γίνονται ἐν τῷ αἰγιαλῷ οὓς καλοῦσιν ἱππεῖς διὰ τὸ οὕτως ταχέως θεῖν ὥστε μὴ ῥᾴδιον εἶναι καταλαβεῖν· ἀνοιχθέντες δὲ κενοὶ διὰ τὸ μὴ ἔχειν νομήν. ἔστι δὲ καὶ ἕτερον γένος μικρὸν μὲν ὥσπερ οἱ καρκίνοι, τὸ δὲ εἶδος ὅμοιον τοῖς ἀστακοῖς.

πάντα μὲν οὖν ταῦτα, καθάπερ εἴρηται πρότερον, τὸ μὲν στερεὸν καὶ ὀστρακῶδες ἐκτὸς ἔχει ἐν τῇ χώρᾳ τῇ τοῦ δέρματος, τὸ δὲ σαρκῶδες ἐντός, τὰ δ' ἐν

25 ἀποθνήσκουσιν Cᵃ Aᵃ*pr.*   αὐτοὶ γ Ald.   τῷ δὲ εἴδει β γ (exc. Lᶜ): τῷ εἴδει δὲ Lᶜ Ald.: τὸ εἶδος α Sn.   26 ὅμοιαι β   27 ἔστιν α Ald.: *inest* Guil.   28 προτ. τὰς πλ. transp. α (exc. Cᵃ) Ald.   30 ἐστι τὸ γένος τὸ β γ Ald.   31 καὶ ... 32 καράβων om. n   τούτων β (exc. Oᶜ*rc.*) γ   34 πλείω τὸ τῶν Aᵃ*pr.*   525b1 εἰσὶ Eᵃ   μὲν] μὲν γὰρ β γ Ald.   κύφαι codd. cett.: κῆφαι α (exc. Cᵃ): κυφαὶ edd.   2 κράγονες Cᵃ, P   3 παντοδαπέστερον Eᵃ: παντοδαποτ- P Kᶜ Ald.   τὸ om. α (exc. Cᵃ)   4 καλοῦμεν α (exc. Cᵃ)   μάνας Tᶜ*rc.*, Nᶜ Zᶜ n*pr.*   5 οἱ⁽²⁾ om. β γ   καρκῖνοι codd. plur. passim   6 ἔτι] ὅτι Nᶜ Zᶜ m*rc.* n   ποτάμειοι Cᵃ passim   οἱ δ'⁽²⁾ om. Nᶜ Zᶜ Lᶜ*pr.* m n   ἀνωνυμότεροι codd. plur.   7 ἃς β (exc. Tᶜ*rc.*) 8 ἱππεῖς β (exc. Tᶜ*rc.*), Lᶜ*rc.* n*rc.*, Guil. Ald. Bk.: ἵππους α, Tᶜ*rc.* (ἱππέας Tᶜ*rcsm.*), γ (exc. Lᶜ*rc.* n*rc.*), A.-W. Dt. Peck Louis: *milites* Scot.   post εἶναι add. ταχέως β γ Ald.   10 οἱ om. α   11 τοῖς om. β

τοῖς ὑπτίοις πλακωδέστερα, εἰς ἃ καὶ ἐκτίκτουσιν αἱ θήλειαι. πόδας δ' οἱ μὲν κάραβοι ἔχουσιν ἐφ' ἑκάτερα πέντε σὺν ταῖς ἐσχάταις χηλαῖς· ὁμοίως δὲ καὶ οἱ καρκίνοι δέκα τοὺς πάντας σὺν ταῖς χηλαῖς. τῶν δὲ καρίδων αἱ μὲν κυφαὶ πέντε μὲν ἐφ' ἑκάτερα ἔχουσιν ὀξεῖς τοὺς πρὸς τῇ κεφαλῇ, ἄλλους δὲ πέντε ἐφ' ἑκάτερα κατὰ τὴν γαστέρα, τὰ ἄκρα ἔχοντας πλατέα· πλάκας δ' ἐν ὑπτίοις οὐκ ἔχουσι, τὰ δ' ἐν τοῖς πρανέσιν ὅμοια τοῖς καράβοις. ἡ δὲ κραγγὼν τὸ ἀνάπαλιν· τοὺς πρώτους γὰρ ἔχει τέτταρας ἐφ' ἑκάτερα, εἶτα ἄλλους ἐχομένους λεπτοὺς τρεῖς ἐφ' ἑκάτερα, τὸ δὲ λοιπὸν πλεῖον μόριον τοῦ σώματος ἄπουν ἐστίν.

κάμπτονται δ' οἱ μὲν πόδες πάντων εἰς τὸ πλάγιον, ὥσπερ καὶ τῶν ἐντόμων, αἱ δὲ χηλαί, ὅσα ἔχει χηλάς, εἰς τὸ ἐντός. ἔχει δ' ὁ κάραβος καὶ κέρκον, καὶ πτερύγια πέντε· καὶ ἡ καρὶς ἡ κύφη τὴν οὐρὰν καὶ πτερύγια τέσσαρα. ἔχει δὲ καὶ ἡ κραγγὼν πτερύγια ἐφ' ἑκάτερα ἐν τῇ οὐρᾷ· τὸ δὲ μέσον αὐτῶν ἀκανθῶδες ἀμφότεραι, πλὴν αὗται μὲν πλατύ, ἡ δὲ κύφη ὀξύ. ὁ δὲ καρκίνος μόνος τῶν τοιούτων ἀνορροπύγιον· καὶ τὸ σῶμα τὸ μὲν τῶν καράβων καὶ καρίδων πρόμηκες, τὸ δὲ τῶν καρκίνων στρογγύλον.

διαφέρει δ' ὁ κάραβος ὁ ἄρρην τῆς θηλείας· τῆς μὲν γὰρ θηλείας ὁ πρῶτος ποὺς δίκρους ἐστὶ τοῦ δ' ἄρρενος μῶνυξ, καὶ τὰ πτερύγια τὰ ἐν τῷ ὑπτίῳ ἡ μὲν θήλεια μεγάλα ἔχει καὶ ἐπαλλάττοντα πρὸς τῷ τραχήλῳ, ὁ δ' ἄρρην ἐλάττω καὶ οὐκ ἐπαλλάτ-

---

15 ἐφ' ἑκ. ἔχ. transp. α γ   19 τἄκρα γ   21 κράγγη β γ Ald.   τὸ om. α Dt.   23 ἐχόμενα α (exc. Cᵃ)   25 τὸ om. α (exc. Cᵃ)   26 χηλαὶ δὲ transp. β   27 καὶ πτερύγια β γ: πτερ. δὲ α Ald. edd.   28 κήφη Eᵃ: κυφὴ α Ald. edd.   καὶ⁽¹⁾ om. α   τέτταρα α Bk.   29 κράγγη β γ Ald.   30 ἀκανθώδεις α (exc. Fᵃrc. Xᶜ)   ἀμφ. ἀκ. transp. α Bk.   post αὗται add. ἄμφω α   μὲν om. Nᶜ Zᶜ   31 κήφη Eᵃ: κυφὴ α Ald. edd.   ἀνουρροπύγιον Cᵃ: ἀνουροπύγιον α (exc. Cᵃ): ἂν ὀρροπύγιον P Kᶜ   32 τὸ μὲν τῶν] τῶν μὲν P: τῶν μὲν τῶν n   καρίδων καὶ τῶν καράβων α Bk.   34 θήλεος⁽¹⁾ α (exc. Cᵃ)   526a1 ἐστὶ om. Nᶜ Zᶜ Lᶜ m n   μονώνυξ β γ Ald.   2 μὲν γὰρ θη. Ald.   ἐπ' ἔλαττον τὰ β γ Ald.   ἐπαλ.... 3 καὶ om. Gᵃ Q   3 ἐπαλλάττοντα Cᵃ: ἐπ' ἐλάττονα β γ (exc. P) Ald.

HISTORIA ANIMALIUM IV

τοντα· ἔτι τοῦ μὲν ἄρρενος ἐν τοῖς τελευταίοις ποσὶ μεγάλα καὶ ὀξέα ἐστὶν ὥσπερ πλῆκτρα, τῆς δὲ θηλείας μικρὰ ταῦτα καὶ λεῖα. ὁμοίως δ' ἔχουσιν ἀμφότερα κεραίας δύο πρὸ τῶν ὀφθαλμῶν μεγάλας καὶ τραχείας, καὶ ἄλλα κεράτια μικρὰ ὑποκάτω λεῖα. τὰ δ' ὄμματα τούτων ἁπάντων ἐστὶ σκληρόφθαλμα, καὶ κινεῖται καὶ ἐντὸς καὶ ἐκτὸς καὶ εἰς τὸ πλάγιον· ὁμοίως δὲ καὶ τοῖς καρκίνοις τοῖς πλείστοις, καὶ ἔτι μᾶλλον.
ὁ δ' ἀστακὸς τὸ μὲν ὅλον ὑπόλευκον ἔχει τὸ χρῶμα, μέλανι δὲ διαπεπασμένον. ἔχει δὲ τοὺς μὲν ὑποκάτω πόδας τοὺς ἄχρι τῶν μεγάλων ὀκτώ, μετὰ δὲ ταῦτα τοὺς μεγάλους πολλῷ μείζους καὶ ἐξ ἄκρου πλατυτέρους ἢ ὁ κάραβος, ἀνωμάλους δ' αὐτούς· ὁ μὲν γὰρ δεξιὸς τὸ πλατὺ τὸ ἔσχατον πρόμηκες ἔχει καὶ λεπτόν, ὁ δ' ἀριστερὸς παχὺ καὶ στρογγύλον. ἐξ ἄκρου δ' ἑκάτερος ἐσχισμένος ὥσπερ σιαγὼν ὀδόντας ἔχων καὶ κάτωθεν καὶ ἄνωθεν, πλὴν ὁ μὲν δεξιὸς μικροὺς ἅπαντας καὶ καρχαρόδους, ὁ δ' ἀριστερὸς ἐξ ἄκρου μὲν καρχαρόδους, τοὺς δ' ἐντὸς ὥσπερ γομφίους, ἐκ μὲν τοῦ κάτωθεν μέρους τέτταρας καὶ συνεχεῖς, ἄνωθεν δὲ τρεῖς καὶ οὐ συνεχεῖς. κινοῦσι δὲ τὸ ἄνω μέρος ἀμφότεροι, καὶ προσπιέζουσι πρὸς τὸ κάτω· βλαισοὶ δ' ἀμφότεροι τῇ κάτω θέσει, καθάπερ προτείνειν καὶ πιέσαι πεφυκότες. ἐπάνω δὲ τῶν μεγάλων δύο ἄλλοι δασεῖς, μικρὸν /26/ ὑποκάτω τοῦ στόματος, καὶ μικρὸν ὑποκάτω τούτων τὰ βραγχιώδη τὰ περὶ τὸ στόμα, δασέα καὶ πολλά. ταῦτα δ' ἀεὶ δια-

---

5 ταῦτα μικρὰ transp. α Ald. edd.: μικρὰ καὶ ταῦτα λεῖα P   6 ὅμως β (exc. T^c rc.), L^c rc. Ald.   7 κέρατα α Guil.   8 μικρὰ om. Guil.   πάντων τούτων α Ald.   τούτων om. G^a Q   εἰσὶ E^a   9 ἐκτὸς καὶ ἐντὸς transp. α Dt.   καὶ^(4) om. C^a Dt. Peck   11 ὑπόλευκον α Scot. Guil. Sn. edd.: λαμπρὸν β γ Ald.   12 διαπεπλασμένον α   15 ἀνώμαλος δὲ αὐτοῖς β γ Ald.   16 πλατὺ καὶ τὸ C^a Guil.   18 καὶ^(1) om. C^a   19 καρχαρόδοντας α Sn. edd.   20 καρχαρόδους codd. cett. Ald.: καρχαροδόντων C^a pr.: καρχαρόδοντας C^a rc. Sn. edd.: καρχαρόδων A^a G^a Q Ott.   δ' ἐντός] δὲ μέσους α Scot. Guil. Sn.   21 κάτω α Bk. edd.   23 βλαισοὶ] add. λοξοὶ supra A^a rc. G^a: βλεσοὶ P K^c   24 κάτω om. α Guil. Cs. edd.: *ex parte inferiori* Scot. Alb. Gaza   προτείνειν β γ Ald.: πρὸς τὸ λαβεῖν α Scot. Guil. Gaza Cs. edd.   25 ἄλλοι δύο transp. α   26 σώματος α (exc. C^a) μικρὸν om. α Guil. Bk. edd.   βραγχία δὴ β γ Ald.

τελεῖ κινῶν· κάμπτει δὲ καὶ προσάγεται τοὺς δύο πόδας τοὺς δασεῖς πρὸς τὸ στόμα. ἔχουσι δὲ καὶ παραφυάδας λεπτὰς οἱ πρὸς τῷ στόματι πόδες. ὀδόντας δ' ἔχει δύο καθάπερ ὁ κάραβος, ἐπάνω δὲ τούτων τὰ κέρατα, βραχύτερα καὶ λεπτότερα πολὺ ἢ ὁ κάραβος, καὶ ἄλλα /33/ τέτταρα τὴν μὲν μορφὴν ὅμοια τούτοις, λεπτότερα δὲ καὶ /1/ βραχύτερα. τούτων δ' ἐπάνω τοὺς ὀφθαλμοὺς μικροὺς καὶ παχεῖς, οὐχ ὥσπερ ὁ κάραβος μεγάλους. τὸ δ' ἐπάνω τῶν ὀφθαλμῶν ὀξὺ καὶ τραχύ, καθαπερανεὶ μέτωπον, μεῖζον ἢ ὁ κάραβος. ὅλως δὲ τὸ μὲν πρόσωπον ὀξύτερον, τὸν δὲ θώρακα εὐρύτερον ἔχει πολὺ τοῦ καράβου, καὶ τὸ ὅλον σῶμα σαρκωδέστερον καὶ μαλακώτερον. τῶν δ' ὀκτὼ ποδῶν οἱ μὲν τέτταρες ἐξ ἄκρου δίκροοί εἰσιν, οἱ δὲ τέτταρες οὔ. τὰ δὲ περὶ τὸν τράχηλον καλούμενον διῄρηται μὲν ἔξωθεν πενταχῇ, καὶ ἕκτον ἐστὶ τὸ πλατὺ καὶ ἔσχατον, πέντε πλάκας ἔχον· τὰ δ' ἐντός, εἰς ἃ προεκτίκτουσιν αἱ θήλειαι, δασέα τέσσαρα. καθ' ἕκαστον δὲ τῶν εἰρημένων πρὸς τὰ ἔξω ἄκανθαν ἔχει βραχεῖαν καὶ ὀρθήν. τὸ δ' ὅλον σῶμα καὶ τὰ περὶ τὸν θώρακα λεῖα ἔχει, οὐχ ὥσπερ ὁ κάραβος τραχύ· ἀλλ' ἐν τοῖς μεγάλοις ποσὶ τὰς ἔξωθεν ἀκάνθας ἔχει μείζους. τῆς δὲ θηλείας πρὸς τὸν ἄρρενα οὐδεμία διαφορὰ φαίνεται· καὶ γὰρ ὁ ἄρρην καὶ ἡ θήλεια ὁποτέραν ἂν τύχῃ τῶν χη-

---

28 post προσάγ. add. τὸ λεῖχον α (exc. Cᵃ) Ald.   **29** τοὺς δασεῖς post στόμα transp. α Ald. edd.   **31** post κέρατα add. μικρὰ α Guil. Ald.: *longa* Scot. Alb.: μακρὰ cj. Camot. edd.   **32** post 31 βραχύτερα add. δὲ α Guil. Ald. edd.   πολὺ ἢ] ἢ β Lᶜ*rc*.: ἀπολύει γ (exc. Lᶜ*rc*.)   **33** ὁμοίαν Eᵃ βραχ. δὲ καὶ λεπτ. transp. α Scot. Ald. edd.   **526b1** παχεῖς] βραχεῖς α Guil. Ald. edd.: *crassiusculi* Gaza   **3** καθαπερεῖ α Dt.   μείζων β Eᵃ P Kᶜ Nᶜ*rc*. mrc. n   **4** ἢ Eᵃ P Kᶜ: ἥ Nᶜ Zᶜ n   **7** εἰσιν om. α   τὸ α   **8** διῄρηνται β   πενταχῇ καὶ ἕκτον α Gaza Ald. edd.: πάντα καὶ ἐκτός β γ Ott.: om. Scot. Alb.: *omniquaque et extrinsecum* Guil.   **9** καὶ τὸ ἔσχ. Lᶜ: τὸ ἔσχ. (om. καὶ) α Guil. Dt.   **10** ἐκτὸς β (exc. Oᶜ*rc*.) γ   προεκτίκτουσιν Cᵃ, Tᶜ*rc*., γ (exc. Kᶜ), Cs. Sn. A.-W. Dt. Peck: προεντ- α (exc. Cᵃ) Bk. Louis: προσεντ- β (exc. Tᶜ*rc*.) Ald.: προσεκτ- Kᶜ: *ubi sunt* Scot.: *in que propariunt* Guil.: *in quibus prius pariunt* Gaza   τέτταρα α Ald. edd.   **12** καὶ⁽¹⁾ om. α γ (exc. Lᶜ*rc*.) Guil.   **13** λεῖον γ (exc. Lᶜ*rc*.) Ald.: λεῖος cj. Dt. Peck   ἔχει om. α Dt. Peck   τραχύς α Bk. edd.: *aspera* Guil.   **14** τὰς β γ: τὰ α Ald. edd.   **16** ὁποτέρα Cᵃ*rc*. Dt. Peck   ἂν om. β γ

λῶν ἔχουσι μείζω, ἴσας μέντοι ἀμφοτέρας οὐδέποτε οὐδέτερος. τὴν δὲ θάλατταν δέχονται μὲν παρὰ τὸ στόμα πάντα τὰ τοιαῦτα, ἀφιᾶσι δ' ἐπιλαμβάνοντα μικρὸν τούτου μόριον οἱ καρκίνοι, οἱ δὲ κάραβοι παρὰ τὰ βραγχιοειδῆ· /21/ ἔχουσι δὲ τὰ βραγχιοειδῆ πολλὰ οἱ κάραβοι, κοινὸν δὲ πάντων τούτων ἐστίν. ὀδόντας τε πάντ' ἔχει δύο (καὶ γὰρ οἱ /23/ κάραβοι τοὺς πρώτους δύο ἔχουσι) καὶ ἐν τῷ στόματι σαρκωδέστερον ἀντὶ γλώττης, εἶτα κοιλίαν τοῦ στομάχου ἐχομένην εὐθύς, πλὴν οἱ κάραβοι μικρὸν στόμαχον πρὸ τῆς κοιλίας, εἶτ' ἐκ ταύτης ἔντερον εὐθύ. τελευτᾷ δὲ τοῦτο τοῖς μὲν καραβοειδέσι καὶ καρίσι κατ' εὐθυωρίαν πρὸς τὴν οὐράν, ᾗ τὸ περίττωμα ἀφιᾶσι καὶ τὰ ᾠὰ ἐκτίκτουσιν, τοῖς δὲ καρκίνοις, ᾗ τὸ ἐπίπτυγμα ἔχουσι, κατὰ μέσον τὸ ἐπίπτυγμα. ἐκτὸς δὲ καὶ οὗτοι, ᾗ τὰ ᾠὰ ἐκτίκτουσιν. ἔτι τὰ θήλεα αὐτῶν παρὰ τὸ ἔντερον τὴν τῶν ᾠῶν χώραν ἔχουσιν. καὶ τὴν καλουμένην δὲ μύτιν ἢ μήκωνα πλείω ἢ ἐλάττω ἔχει πάντα ταῦτα.

τὰς δὲ ἰδίας ἤδη διαφορὰς καθ' ἕκαστον δεῖ θεωρεῖν. οἱ μὲν οὖν κάραβοι, ὥσπερ εἴρηται, δύο ἔχουσιν ὀδόντας μεγάλους καὶ κοίλους, ἐν οἷς ἔνεστι χυμὸς ὅμοιος τῇ μύτιδι, μεταξὺ δὲ τῶν ὀδόντων σαρκίον γλωττοειδές. ἀπὸ

17 οὐδ' ἕτερος οὐδέποτε transp. α 18 περὶ Eᵃ τῷ στόματι β γ Ald. 19 ἀφιᾶσι edd.: ἀφίασι α: ἀφίησι β γ Ald. ἐπιλαμβάνοντες Gᵃ Q Sylb. Dt. Peck: ἐπιλαμβάνοντος Nᶜ Zᶜ post ἐπιλ. add. κατὰ α Ald. Cs. Dt. Peck: paulatim Scot. τοῦτο m: τοῦτο τὸ cj. Sn. Dt. Peck 20 βραγχοειδῆ α: βραγχία δὴ P 21 ἔχουσι ... βραγχ. om. Gᵃ Q βραγχοειδῆ α post πολλὰ add. γὰρ βραγχοειδῆ ἔχουσιν Gᵃrc. Q 22 πάντα post δύο transp. β ἔχειν Eᵃ P Lᶜ Guil. Dt. Peck 23 ἐν τῷ στόματι β γ Ald. edd.: τὸ στόμα α Guil. Bk. σαρκώδη Lᶜrc. Ald. 24 στομάχου codd. Ald. Dt.: στόματος cj. Cs. edd.: ore stomaci Scot. Alb.: stomacho Guil.: os Gaza 26 εὐθὺς ἔντερον β γ 29 ᾗ om. Camot.: ἢ n: ᾗ τὸ secl. Dt.: οἳ τὸ cj. Pk. ἐπίπτυγμα⁽¹⁾] ἐπίπυγμα α (exc. Cᵃ), β (exc. Oᶜrc. Tᶜrc.), Eᵃ, Ald. τὸ ἐπίπτυγμα⁽²⁾] om. α Ott. Dt.: τὸ ἐπίπυγμα β (exc. Oᶜrc. Tᶜrc.), Eᵃ 30 δὲ om. γ 32 μύστιν α Guil.: μύτην Ppr. npr. μήκονα β γ Ald. πάντ' ἔχει transp. α Ald. edd. 33 ταῦτα] τὰ τοιαῦτα Lᶜ ἰδέας α (exc. Cᵃ) ἤδη om. α (exc. Cᵃ) διαφ. ἤδη transp. Ald. διαφόρους Gᵃ Q Fᵃ Xᶜ (abbrev. Aᵃ) 527a2 κοιλίας β: κοιλίαν γ Gaza οἷς] ἢ mrc. Gaza 3 μύστιδι α Guil.

ARISTOTELIS

δὲ τοῦ στόματος ἔχει οἰσοφάγον βραχὺν καὶ κοιλίαν τούτου
5 ἐχομένην ὑμενώδη, ἧς πρὸς τῷ στόματι ὀδόντες εἰσὶ τρεῖς,
οἱ μὲν δύο κατ' ἀλλήλους, ὁ δὲ εἷς ὑποκάτω. τῆς δὲ κοι-
λίας ἐκ τοῦ πλαγίου ἐστὶν ἔντερον ἁπλοῦν καὶ ἰσοπαχὲς δι'
ὅλου μέχρι πρὸς τὴν ἔξοδον τοῦ περιττώματος. ταῦτα μὲν
οὖν πάντες ἔχουσι καὶ οἱ κάραβοι καὶ αἱ καρίδες καὶ οἱ
10 καρκίνοι· καὶ γὰρ ὀδόντας δύο ἔχουσι καὶ οἱ καρκίνοι. ἔτι δὲ
οἵ γε κάραβοι πόρον ἀπὸ τοῦ στήθους ἠρτημένον μέ-
χρι πρὸς τὴν ἔξοδον τοῦ περιττώματος· οὗτος δ' ἐστὶ τῆς μὲν
θηλείας ὑστερικός, τοῦ δὲ ἄρρενος θορικός. ἔστι δὲ ὁ πόρος οὗ-
τος πρὸς τῷ κοίλῳ τῆς σαρκός, ὥστε μεταξὺ εἶναι τὴν σάρκα·
15 τὸ μὲν γὰρ ἔντερον πρὸς τῷ κυρτῷ ἐστιν, ὁ δὲ πόρος πρὸς
τῷ κοίλῳ, ὁμοίως ἔχοντα ταῦτα ὥσπερ τοῖς τετράποσιν.
διαφέρει δ' οὐθὲν ὁ τοῦ ἄρρενος ἢ τῆς θηλείας· ἀμφότεροι
γάρ εἰσι λεπτοὶ καὶ λευκοὶ καὶ ὑγρότητα ἔχοντες ἐν αὑ-
τοῖς ὠχράν, ἔτι δὲ ἠρτημένοι ἀμφότεροι ἐκ τοῦ στήθους.
20 ἔχουσι δὲ οὕτως τὸ ᾠὸν καὶ αἱ καρίδες καὶ τὰς ἕλικας. ἰδίᾳ
δ' ἔχει ὁ ἄρρην πρὸς τὴν θήλειαν ἐν τῇ σαρκὶ κατὰ τὸ
στῆθος δύο λευκὰ ἄττα καθ' αὑτά, ὅμοια τὸ χρῶμα καὶ
τὴν σύστασιν ταῖς τῆς σηπίας προβοσκίσιν· εἱλιγμένα δέ
ἐστι ταῦτα ὥσπερ ἡ τοῦ κήρυκος μήκων. ἡ δὲ ἀρχὴ τούτων
25 ἐστὶν ἀπὸ τῶν κοτυληδόνων, αἵ εἰσιν ὑποκάτω τῶν ἐσχά-
των ποδῶν. ἔχει δὲ καὶ ἐν τούτῳ σάρκα ἐρυθρὰν καὶ αἱ-
ματώδη τὴν χρόαν, τὴν δ' ἀφὴν γλίσχραν καὶ οὐχ ὁμοίαν
τῇ σαρκί. ἀπὸ δὲ τοῦ περὶ τὰ στήθη κηρυκώδους ἄλλος
ἐστὶν ἑλιγμός, ὥσπερ ἀρπεδόνη τὸ πάχος· ὧν ὑποκάτω δύο

6 καταλλήλως α 7 ἐστιν om. α Dt. 8 ταῦτα ... 12 περιττώματος om.
P 9 πάντες Cᵃ β γ Guil. Cs.: πάντα α (exc. Cᵃ) Bk.: om. Ald. 10
καὶ⁽¹⁾ ... καρκίνοι om. Fᵃ Xᶜ β Ald. Cs. edd. καὶ⁽²⁾ om. Bk. edd. 11
γε οἱ transp. β γ post πόρον add. ἔχουσιν α (exc. Cᵃ) Ald. edd. 12 τῇ
μὲν θηλείᾳ ὑστ. τῷ δ' ἄρρενι θο. α Guil. Sn. edd. 15 μὲν om. α (exc.
Cᵃ) 16 ἔχοντι Eᵃ Zᶜ 17 ὁ τοῦ] ὀστοῦν Gᵃ Q τῆς om. α (exc.
Cᵃcorr.) Ald. 18 λευ. καὶ λεπ. transp. Nᶜ Zᶜ Lᶜ m n 20 οὗτοι α Ald.
ἕλικας Aᵃ: ἑλίκας edd. ἴδια Lᶜ Bk. edd. 21 τῇ om. α (exc. Cᵃ) 23
ταῖς] τῇ α (exc. Cᵃ) συπίας Aᵃpr. προβοσκήσει Aᵃ (corr. ex -κίσι) Gᵃ
Q Fᵃ Xᶜ 24 εἰσι Eᵃ 27 τῇ δ' ἀφῇ α γ (exc. Lᶜrc.) Guil. Sn. edd. 28
τοῦ] τούτου α (exc. Aᵃrc.) κηρυκώδης α (exc. Aᵃrc.) Dt. 29 ὧν Cᵃ
Aᵃpr.

176

HISTORIA ANIMALIUM IV

ἄττα ψαδυρά ἐστι προσηρτημένα τῷ ἐντέρῳ θορικά. ταῦτα μὲν οὖν ὁ ἄρρην ἔχει· ἡ δὲ θήλεια ᾠὰ ἴσχει τὸ χρῶμα ἐρυθρά, ὧν ἡ πρόσφυσίς ἐστι πρὸς τῇ κοιλίᾳ καὶ τοῦ ἐντέρου ἑκατέρωθι μέχρι εἰς τὰ σαρκώδη, ὑμένι λεπτῷ περιεχόμενα. τὰ μὲν οὖν μόρια ὅσα ἐντὸς καὶ ἐκτὸς ἔχουσι, /35/ ταῦτά ἐστι. [3] συμβέβηκε δὲ τῶν μὲν ἐναίμων τὰ ἐντὸς μόρια ὀνόματα ἔχειν· πάντα γὰρ σπλάγχνα ἔχει τὰ ἔσωθεν· τῶν δ' ἀναίμων οὐδέν, ἀλλὰ κοινὰ τούτοις καὶ ἐκείνοις πᾶσι κοιλία καὶ στόμαχος καὶ ἔντερόν ἐστιν.

οἱ δὲ καρκίνοι, περὶ μὲν τῶν χηλῶν καὶ τῶν ποδῶν, ὅτι ἔχουσι καὶ πῶς ἔχουσιν, εἴρηται πρότερον· ὡς δ' ἐπὶ τὸ πολὺ πάντες μείζω ἔχουσι τὴν δεξιὰν χηλὴν καὶ ἰσχυροτέραν. εἴρηται δὲ πρότερον καὶ περὶ ὀφθαλμῶν, ὅτι εἰς τὸ πλάγιον βλέπουσιν οἱ πλεῖστοι. τὸ δὲ κύτος τοῦ σώματος ἔνεστιν ἀδιόριστον, ἥ τε κεφαλή, καὶ εἴ τι ἄλλο μόριον. ἔχουσι δ' ὀφθαλμοὺς οἱ μὲν ἐκ τοῦ πλαγίου ἄνω ὑπὸ τὸ πρανὲς εὐθὺς πολὺ διεστῶτας, ἔνιοι δ' ἐν μέσῳ καὶ ἐγγὺς ἀλλήλων, οἷον οἱ Ἡρακλεωτικοὶ καὶ αἱ μαῖαι. ὑποκάτω δὲ τὸ στόμα τῶν ὀφθαλμῶν, καὶ ἐν αὐτῷ ὀδόντας δύο ὥσπερ ὁ κάραβος, πλὴν οὐ στρογγύλοι οὗτοι ἀλλὰ μακροί. καὶ ἐπὶ τούτων ἐπικαλύμματά ἐστι δύο, ὧν μεταξύ ἐστιν οἷάπερ ὁ κάραβος ἔχει πρὸς τοῖς ὀδοῦσιν. δέχεται μὲν οὖν τὸ ὕδωρ παρὰ τὸ στόμα, ἀπωθῶν τοῖς ἐπικαλύμμασιν, ἀφίησι δὲ κατὰ τοὺς ἄνω πόρους τοῦ στόματος,

30 ψαδυρά α passim Ald. edd.   εἰσι E^a   31 ᾠὸν β N^c Z^c L^c m n Ald.
ἔχει α E^a Dt.   32 ἐρυθρὸν β γ Ald.   33 ἑκατέρου α   μέχρις β   τὸ
σαρκῶδες α Guil. Dt.   35 εἰσί E^a   527b1 μὲν om. β γ   post μόρια
add. καὶ ἐκτὸς β γ Guil. Gaza Cs.   2 γὰρ τὰ σπλ. β   ἔχει] ἔχειν A^a
G^apr.   3 κοινὸν α Ald.   4 ἐστιν om. α Ald.   5 τῶν om. C^a   6 πῶς
m   τὴν δε. ἐχ. μείζω transp. α Ald.   7 δὴ N^c Z^c L^c m n   9 ἔν ἐστιν L^c
m Cs. edd.   ἤ τε] ἔτι δὲ α Ald.   10 εἴ τι om. β γ Cs.: εἰ om. Guil.   11
ὑπὸ] ἐπὶ N^c Z^c m n   πολύ] πολλὰ γ (exc. L^c)   διεστῶτα γ (exc. M^c
L^c)   post διεστ. add. πως γ (exc. πάντες E^a) Ald.   12 καὶ^(1) om. N^c Z^c
L^c m n   οἱ om. C^a A^apr., E^a   ἡρακλεωταὶ C^a   13 στῶμα G^a Q
15 μικροί Ald.   εἰσὶ E^a   16 εἰσὶν E^a   17 περὶ α (exc. C^a) E^a Ald.
ἀπωθοῦν α   18 ἀφίησι... 19 ᾗ om. A^apr.   ἀφίησι... 19 ἐπικαλύμμασιν
om. N^c Z^c mpr.   σώματος n L^c Ald.

ἐπιλαμβάνων τοῖς ἐπικαλύμμασιν ᾗ εἰσῆλθεν· οὗτοι δ' εἰ-
σὶν εὐθὺς ὑπὸ τοὺς ὀφθαλμούς, καὶ ὅταν δέξηται τὸ ὕδωρ
ἐπιλαμβάνει τὸ στόμα τοῖς ἐπικαλύμμασιν ἀμφοτέροις,
ἔπειθ' οὕτως ἀποπυτίζει τὴν θάλατταν. ἐχόμενος δὲ τῶν ὀδόν-
των ὁ στόμαχος βραχὺς πάμπαν, ὥστε δοκεῖν εὐθὺς εἶναι
τὴν κοιλίαν μετὰ τὸ στόμα. καὶ κοιλία τούτου ἐχομένη δι-
κρόα, ἧς ἐκ μέσης τὸ ἔντερόν ἐστιν ἁπλοῦν καὶ λεπτόν·
τελευτᾷ δὲ τὸ ἔντερον ὑπὸ τὸ ἐπικάλυμμα τὸ ἔξω, ὥσπερ
εἴρηται πρότερον. ἔχει δὲ τὰ μεταξὺ τῶν ἐπικαλυμμά-
των οἷάπερ ὁ κάραβος πρὸς τοῖς ὀδοῦσιν. ἐν δὲ τῷ κύτει
ἔσω χυμός ἐστιν ὠχρός, καὶ μικρὰ ἄττα προμήκη λευκά,
καὶ ἄλλα πυρρὰ διαπεπασμένα. διαφέρει δ' ὁ ἄρρην τῆς
θηλείας τῷ τε μεγέθει καὶ τῷ πάχει καὶ τῷ ἐπικαλύμματι·
μεῖζον γὰρ ἔχει τοῦτο ἡ θήλεια, καὶ πλέον ἀφεστηκὸς καὶ
συνηρεφέστερον, καθάπερ καὶ ἐπὶ τῶν θηλειῶν καράβων.

τὰ μὲν οὖν τῶν μαλακοστράκων μόρια τοῦτον ἔχει τὸν
τρόπον. [4] τὰ δ' ὀστρακόδερμα τῶν ζῴων, οἷον οἵ τε κόχλοι
καὶ οἱ κοχλίαι καὶ πάντα τὰ καλούμενα ὄστρεα, ἔτι δὲ τὸ
τῶν ἐχίνων γένος, τὸ μὲν σαρκῶδες, ὅσα σάρκας ἔχει,
ὁμοίως ἔχει τοῖς μαλακοστράκοις (ἐντὸς γὰρ ἔχει), τὸ δ'
ὄστρακον ἐκτός, ἐντὸς δ' οὐθὲν σκληρόν. αὐτὰ δὲ πρὸς αὑτὰ
διαφορὰς ἔχει πολλὰς καὶ κατὰ τὰ ὄστρακα καὶ κατὰ τὴν
σάρκα τὴν ἐντός. τὰ μὲν γὰρ αὐτῶν οὐκ ἔχει σάρκα οὐδε-
μίαν, οἷον ἐχῖνος, τὰ δ' ἔχει μέν, ἐντὸς δ' ἔχει τὴν σάρκα

20 εὐθὺς om. β (exc. T^crc.)   21 post ἐπικαλ. add. ἐστιν A^apr.   22 ἐπι-
πτύει α   23 βραχὺ C^a A^apr.   εὐθὺ A^apr.   24 τὴν κο. post στόμα
transp. α Ald. edd.   κοιλία] κοιλίαν A^apr. G^a Q   δικρόαν Qrc.: δικέρα
T^crc., n   25 post μέσης add. μὲν α Ald. edd.   27 post εἰρ. add. καὶ α Ald.
edd.   τὰ om. β γ Dt.: τὸ Ald. edd.   28 πρὸς] παρὰ α   29 μικρᾶτα
C^a: μικράττα A^a G^a Q   λευκᾶ A^cpr. G^a Q; λεπτὰ C^a β (exc. T^crc.): alba
Guil.   30 πυρὰ codd. plur.   Ald.   διαπεπλασμένα α   τῆς om. γ
31 τε om. α (exc. C^a) Ald. edd.   πλάτει C^a Guil. Cs. edd.   32 τοῦτο
ἔχει α Ald. edd.   33 συνηρρεφέστερον C^a, L^crc.: συνηρεφὲς N^c Z^c L^cpr. m n
Ald.   35 οἷον om. γ   κοχλίαι καὶ οἱ κόχλοι transp. α N^c Z^c L^c m
Ald.   528a4 αὐτὰ] ἑαυτὰ α (exc. C^a): αὐτὰ K^c n   5 ὀστᾶ C^a: ὀστᾶ α
(exc. C^a): testa Scot.: testas Guil.(Tz)   κατὰ⁽²⁾ om. β   7 οἷον ὁ ἐχ. α (exc. C^a)

ἀφανῆ πᾶσαν πλὴν τῆς κεφαλῆς, οἷον οἵ τε χερσαῖοι κοχλίαι καὶ τὰ καλούμενα ὑπό τινων κοκάλια καὶ τῶν ἐν τῇ θαλάττῃ αἵ τε πορφύραι καὶ οἱ κήρυκες καὶ ὁ κόχλος καὶ τὰ ἄλλα τὰ στρομβώδη. τῶν δ' ἄλλων τὰ μέν ἐστι δίθυρα τὰ δὲ μονόθυρα· λέγω δὲ δίθυρα τὰ δυσὶν ὀστράκοις περιεχόμενα, μονόθυρα δὲ τὰ ἑνί· τὰ δὲ σαρκώδη ἐπιπολῆς, οἷον ἡ λεπάς. τῶν δὲ διθύρων τὰ μέν ἐστιν ἀνάπτυχα, οἷον οἱ κτένες καὶ οἱ μύες· ἅπαντα γὰρ τὰ τοιαῦτα τῇ μὲν συμπέφυκε τῇ δὲ διαλύεται, ὥστε συγκλείεσθαι καὶ ἀνοίγεσθαι. τὰ δὲ δίθυρα μέν ἐστιν, ὁμοίως δὲ συγκέκλεισται ἐπ' ἀμφότερα, οἷον οἱ σωλῆνες. ἔστι δ' ἃ ὅλα περιέχεται τῷ ὀστράκῳ καὶ οὐδὲν τῆς σαρκὸς ἔχει εἰς τὸ ἔξω γυμνόν, οἷον τὰ καλούμενα τήθυα.

ἔτι δ' αὐτῶν τῶν ὀστράκων διαφοραὶ πρὸς ἄλληλά εἰσιν. τὰ μὲν γὰρ λειόστρακά ἐστιν, ὥσπερ σωλὴν καὶ μύες καὶ κόγχαι ἔνιαι αἱ καλούμεναι ὑπό τινων γαλάδες, τὰ δὲ τραχυόστρακα, οἷον τὰ λιμόστρεα καὶ πίνα καὶ γένη κόγχων ἔνια καὶ κήρυκες· καὶ τούτων τὰ μὲν ῥαβδωτά, οἷον κτεὶς καὶ κόγχων τι γένος, τὰ δ' ἀρράβδωτα, οἷον αἵ τε πίνναι καὶ κόγχων τι γένος. καὶ πάχει δὲ καὶ λεπτότητι τῶν ὀστράκων διαφέρουσιν, ὅλων τε τῶν ὀστράκων καὶ κατὰ μέρος, οἷον περὶ τὰ χείλη· τὰ μὲν

9 κοκκάλια C[a]: κωκάλια β Ald. 10 κόγχος F[a] X[c] 11 εἰσὶ E[a] 12 μονόθυρα ... τὰ[(2)] om. C[a]pr. A[a]pr. G[a]pr. δὲ[(2)]] δὴ E[a] L[c] m n Ald. 13 τὸ δὲ σαρκῶδες α Guil. Sn. edd. ἐπὶ πολλῆς α (exc. C[a]) n 14 λοπὰς C[a] A[a] G[a] Q*pr*. Guil. ἐστὶ τὰ μὲν transp. β γ (exc. εἰσὶ E[a]) ἀνάπτυκτα C[a]: ἀναπτυκτά α (exc. C[a]) Dt. 15 οἵ τε κτένες α Dt. τὰ om. N[c] Z[c] 16 διαλέλυται α Ald. edd. 17 ἔστιν om. N[c] Z[c] L[c] m n: εἰσιν E[a] ut passim 18 σωλῆνες] ὄνυχες n*rc*.: *ungues sive digiti* Gaza 20 τήθεα C[a]: τίθεα α (exc. C[a]): τηθυεία N[c] Z[c] L[c] m: τήλυα n τῶν om. N[c] Z[c] ὀστράκων ... 21 λειόστρακα om. Z[c] 21 λειόσαρκα T[c]*rc*. γ (exc. m*rc*.) ἐστι λει. transp. C[a]: εἰσι λει. α (exc. C[a]) 23 γάλακες α Guil. Sn. τραχέα β γ Ald. λημνόστρεα C[a] A[a]pr. G[a] Q Guil.: λειμόστρεα A[a]rc. F[a] X[c]: λιμνόστρεα Cs. edd. 24 πῖνναι C[a]: πίνναι α (exc. C[a]) Dt.: πίννα Guil. Bk. 25 post ῥαβ. add. ἐστιν α Ald. τὰ[(2)] ... 26 γένος om. α (exc. C[a]), S[c], P M[c]pr. n 26 ἀράβδωτα C[a] β E[a] K[c] πίναι β N[c] Z[c] L[c] m*pr*. Ald. 28 τῶν om. α (exc. C[a])

γὰρ λεπτόχειλά ἐστιν, οἷον οἱ μύες, τὰ δὲ παχύχειλα, οἷον
30 τὰ λιμόστρεα.
30   ἔτι τὰ μὲν κινητικά ἐστιν αὐτῶν, οἷον κτείς
(ἔνιοι γὰρ καὶ πέτεσθαι λέγουσι τοὺς κτένας, ἐπεὶ καὶ ἐκ τοῦ
ὀργάνου ᾧ θηρεύονται ἐξάλλονται πολλάκις), τὰ δ' ἀκίνητα
33 ἐκ τῆς προσφυῆς, οἷον ἡ πίννα. τὰ δὲ στρομβώδη πάντα
528b1, 2 καὶ ἕρπει· νέμεται δ' ἀπολυομένη καὶ ἡ λεπάς. /2/ κοι-
2 νὸν δὲ καὶ τούτων καὶ τῶν ἄλλων τῶν σκληροστράκων τὸ
λεῖον εἶναι ἐντὸς τὸ ὄστρακον. τὸ δὲ σαρκῶδες τοῖς μὲν μονο-
θύροις καὶ διθύροις προσπέφυκε τοῖς ὀστράκοις, ὥστε βίᾳ
5 ἀποσπᾶσθαι, τοῖς δὲ στρομβώδεσιν ἀπολέλυται μᾶλλον.
ἴδιον δὲ τούτοις κατὰ τὸ ὄστρακον ὑπάρχει πᾶσι τὸ ἑλίκην
ἔχειν τὸ ὄστρακον τὸ ἔσχατον ἀπὸ τῆς κεφαλῆς. ἔτι δ' ἐπί-
πτυγμα ἔχει πάντα ἐκ γενετῆς. ἔτι δὲ πάντα τὰ στρομβώδη
τῶν ὀστρακοδέρμων δεξιὰ καὶ κινεῖται οὐκ ἐπὶ τὴν ἑλίκην
10 ἀλλ' ἐπὶ τὸ καταντικρύ. τὰ μὲν οὖν ἔξωθεν μόρια τούτων τῶν
ζῴων τοιαύτας ἔχει τὰς διαφοράς· τῶν δ' ἐντὸς τρόπον μέν
τινα παραπλησία ἐστὶν ἡ φύσις αὐτῶν καὶ μάλιστα τῶν
στρομβωδῶν (μεγέθει γὰρ ἀλλήλων διαφέρει καὶ τοῖς καθ'
ὑπεροχὴν πάθεσιν), οὐ πολὺ δὲ διαφέρει οὐδὲ τὰ μονόθυρα
15 καὶ δίθυρα, συγκλειστὰ δέ· διαφορὰν γὰρ ἔχει πρὸς ἄλ-

---

29 λεπτοχειλῆ et παχυχειλῆ **α** Sn. edd.   οἷον οἱ μύες om. N[c] Z[c] L[c] m n
post οἷον[(2)] add. μῦες λεπτόχειλα παχύχειλα δὲ οἷον N[c] Z[c] L[c] m n   **30**
λειμόστρεα **α**: *limostrea* Guil.: λιμνόστρεα Cs. edd.   αὐτῶν ἐστιν transp. **α**
Ald. edd.   αὐτῶν per err. Bk.   ὁ κτεὶς C[a]: οἱ κτεῖς A[a] G[a] Q Ald.: οἱ
κτένες F[a] X[c]   **31** πετᾶσθαι **α**: πέττεσθαι **β** (exc. S[c]*rc*.) P K[c]   **32** ἐξ-
άλλεται N[c] Z[c] m n   πολλοὶ F[a] X[c]   post ἀκιν. add. ἐστιν **α** Dt.   **33**
ἐκ τῆς πρ.] καὶ προσφυῆ L[c] Ald. A.-W.   προσφύσεως C[a] A[a]*pr*. Dt. Peck
πίννη **α**: πίνα **β** P L[c] Ald.   **528b1** λοπάς C[a] A[a] G[a] Q Guil.   **2** καὶ[(1)]
om. **α** (exc. C[a]) Ald.   σκληροσάρκων **β γ**   **3** μὲν om. N[c] Z[c] L[c] m n   **5**
ἀποσπάσαι E[a]   **7** ἐπίπτυγμα **α** (exc. C[a]) E[a] K[c]   **8** πάντ' ἔχει transp. **α**
Ald.   ἔτι] ἔστι **α** (exc. C[a])   **9** δεξιὰ κεκίνηται **β γ** (δεξιὰ N[c] Z[c] L[c] m n)
Ald.   **10** ἐπὶ τὴν ἀντικρύ **β γ** Ald.   μόρια] τῶν μορίων **α**   **12** παρα-
πλήσιος ἡ φύσις ἐστὶ πάντων καὶ **α** Bk.   **13** στρομβοειδῶν **β γ**   καὶ] ἐν
N[c] Z[c]   **14** διαφέρουσι E[a]   οὐδὲ] οὐ A[a]*pr*.: καὶ E[a]   **15** καὶ τὰ δίθυρα
E[a]: οὐδὲ τὰ δι. K[c]   συγκλειστὰ **β γ** Ald. Bk.: τὰ πλεῖστα **α** Sn. A.-W. Dt.
Th. Peck   δὲ om. A.-W. Dt. Peck   γὰρ] μὲν C[a] Guil. Sn.: om. **α** (exc.
C[a]) Ald.

HISTORIA ANIMALIUM IV 528b

λήλα μὲν μικράν, πρὸς δὲ τὰ ἀκίνητα πλείω. τοῦτο δ' ἔσται φανερὸν ἐκ τῶν ὕστερον μᾶλλον. ἡ δὲ φύσις τῶν στρομβοειδῶν ἁπάντων ὁμοίως ἔχει διαφέρει δ' ὥσπερ εἴρηται καθ' ὑπεροχήν· τὰ μὲν γὰρ μείζω μέρη καὶ ἐνδηλότερα ἔχει αὐτῶν τὰ δ' ἐλάττω τοὐναντίον, ἔτι δὲ σκληρότητι καὶ μαλακότητι καὶ τοῖς ἄλλοις τοῖς τοιούτοις πάθεσιν. ἔχει γὰρ πάντα τὴν μὲν ἐξωτάτω ἐν τῷ στόματι τοῦ ὀστράκου σάρκα στιφράν, τὰ μὲν μᾶλλον τὰ δ' ἧττον. ἐκ μέσου δὲ τούτου ἡ κεφαλὴ καὶ κεράτια δύο· ταῦτα δ' ἐν μὲν τοῖς μείζοσι μεγάλα, ἐν δὲ τοῖς ἐλάττοσι πάμπαν μικρά ἐστιν. ἡ δὲ κεφαλὴ ἐξέρχεται πᾶσι τὸν αὐτὸν τρόπον· καὶ ὅταν φοβηθῇ, συσπᾶται πάλιν εἰς τὸ ἐντός. ἔχει δὲ στόμα καὶ ὀδόντας ἔνια, οἷον ὁ κοχλίας, ὀξεῖς καὶ μικροὺς καὶ λεπτούς. ἔχουσι δὲ καὶ προβοσκίδας, ὥσπερ αἱ μυῖαι· τοῦτο δ' ἐστὶ γλωττοειδές. ἔχουσι δὲ καὶ οἱ κήρυκες τοῦτο καὶ αἱ πορφύραι στιφρόν, καὶ ὥσπερ οἱ μύωπες καὶ οἱ οἶστροι τὰ δέρματα διατρυπῶσι τῶν τετραπόδων, ἔτι τὴν ἰσχὺν τοῦτό ἐστι σφοδρότερον· τῶν γὰρ δελεάτων τὰ ὄστρακα διατρυπῶσιν. τοῦ δὲ στόματος εὐθὺς ἔχεται ἡ κοιλία· ὁμοία δ' ἐστὶν ἡ κοιλία προλόβῳ ὄρνιθος ἡ τῶν κόχλων. κάτω δ' ἔχει δύο λευκὰ στιφρά, ὅμοια μαστοῖς, οἷα ἐγγίνεται καὶ ἐν ταῖς σηπίαις, πλὴν στιφρὰ ταῦτα μᾶλλον. ἀπὸ δὲ τῆς κοιλίας

16 μὲν om. C^a   17 τῶν στρομβ. om. Guil. (exc. Tz) Sn.   18 post εἴρηται add. καὶ β   καθάπερ ὁ χὴν γ (exc. L^c)   19 μόρια α Dt.   20 ἔτι] ὅτι N^c Z^c   σκληρότατον καὶ μαλακώτατον α (exc. G^arc. Q)   22 τὴν] τὸ C^a A^apr. G^a Q   ἐξώτατον C^a A^apr. G^a Q   σώματι m   τοῦ ὀστράκου om. F^a X^c: post ἐξωτ. transp. Ald.   σὰρξ A^apr. G^a Q   23 στρυφνὰν C^a: στρυφνὴν A^apr. G^a Q F^a X^c   24 κέρατα α (exc. C^a)   25 ἐλάττοσι] μικροῖς α Guil.   πάμπαν] πάντα γ   ἐστιν om. P: εἰσιν E^a   26 πᾶσα A^apr.   καὶ ὅταν] κἄν τι α Bk.   28 καὶ⁽¹⁾ om. β γ   29 post ὥσπερ add. καὶ α Ald. edd.   30 οἱ om. A^apr.   31 στρυφνόν α (exc. A^arc.): στυφρόν β Ald.   οἶστροι καὶ οἱ μυ. transp. β   32 τρυπῶσι F^a X^c   ἔτι] ὅτι β γ Ald. Bk.   33 σφοδρότατον β γ Ald. Bk.: fortiora Scot.   529a1 ἔχεται εὐθὺς καὶ ἡ α (om. καὶ C^a) Ald.   2 ἡ] ἢ A^acorr.: ὁμοία οὖσα β γ Guil. Ald.   κόγχων F^a X^c   3 λευκὰ] λεπτὰ F^a X^c   στριφνὰ C^a: στρυφνὰ A^apr. G^a Q F^a X^c   ὅμοια ... 4 στιφρὰ om. γ (exc. L^crc.)   4 στριφνὰ C^a: στρυφνὰ α (exc. C^a)

181

στόμαχος ἁπλοῦς μακρὸς μέχρι τῆς μήκωνος, ἥ ἐστιν ἐν τῷ /6/ πυθμένι. ταῦτα μὲν οὖν δῆλα καὶ ἐπὶ τῶν πορφυρῶν καὶ /7/ ἐπὶ τῶν κηρύκων ἐστὶν ἐν τῇ ἕλίκῃ τοῦ ὀστράκου. τοῦ δὲ στομάχου τὸ /8/ ἐχόμενόν ἐστιν ἔντερον· συνεχὲς δὲ ὅ τε στόμαχος καὶ τὸ /9/ ἔντερον, καὶ ἅπαν ἁπλοῦν μέχρι τῆς ἐξόδου. ἡ δ' ἀρχὴ τοῦ /10/ ἐντέρου περὶ τὴν ἕλίκην τῆς μήκωνος, καὶ ταύτῃ ἐστὶν εὐρύτερον (ἔστι γὰρ ἡ μήκων οἱονεὶ περίττωμα πᾶσι τοῖς ὀστρακηροῖς τὸ πολὺ αὐτῆς), εἶτα ἐπικάμψαν ἄνω φέρεται πάλιν πρὸς τὸ σαρκῶδες, καὶ ἡ τελευτὴ τοῦ ἐντέρου παρὰ τὴν κεφαλήν ἐστιν, ᾗ ἀφίησι τὸ περίττωμα, πᾶσιν ὁμοίως τοῖς στρομβώδεσι καὶ τοῖς χερσαίοις καὶ τοῖς θαλαττίοις. παρύφανται δ' ἀπὸ τῆς κοιλίας τῷ στομάχῳ ἐν τοῖς μεγάλοις κόχλοις συνεχόμενος ὑμενίῳ μακρὸς πόρος καὶ λευκός, ὅμοιος τὴν χρόαν τοῖς ἄνω μαστοειδέσιν· ἔχει δ' ἐντομὰς ὥσπερ τὸ ἐν τῷ καράβῳ ᾠόν, πλὴν τὴν χρόαν τὸ μὲν λευκόν, ἐκεῖνο δ' ἐρυθρόν. ἔχει δ' οὐδεμίαν ἔξοδον τοῦτο οὐδὲ πόρον, ἀλλ' ἐν ὑμένι ἐστὶ λεπτῷ, κοιλότητα ἔχον ἐν αὐτῷ στενήν. ἀπὸ δὲ τοῦ ἐντέρου κάτω παρατείνει μέλανα καὶ τραχέα συνεχῆ, οἷα καὶ ἐν ταῖς χελώναις, πλὴν ἧττον μέλανα. ἔχουσι δὲ καὶ οἱ ἄλλοι κόχλοι ταῦτα καὶ τὰ λευκά, πλὴν ἐλάττω οἱ ἐλάττους.

τὰ δὲ μονόθυρα καὶ δίθυρα πῇ

---

5 ὁ στομ. L^c   διπλοῦς β γ Ald.: *planum* Scot.: *simplex* Guil.   μικρὸς F^a X^c   μήκονος β (exc. S^c) γ (exc. P L^c*pr*.)   **6** post οὖν add. ἐστὶ α (exc. C^a) Ald.   **7** ἐπὶ om. α Ald. edd.   τῇ ἕλικι C^a, T^c*rc*., m*rc*. n: τῷ ἕλικι α (exc. C^a)   **8** συνεχὲς ... 9 ἔντερον om. α: del. A.-W. Dt.   **10** τῆς] τοῦ A^a G^a Q F^a*pr*., T^c*rc*.   μήκονος β (exc. S^c) γ (exc. P L^c)   ταύτης α Ald.   **11** οἱονεὶ] οἷον κοιλίας α Guil.   **12** εἶτα] ᾗ δ' α   **13** περὶ G^a Q F^a X^c Ald.   **14** ἀφιᾶσι α Bk.   καὶ τοῖς β γ Ald.   **15** στρομβοειδέσι α   θαλασσίοις β   **16** ὑπὸ Ald.   τοῦ στομάχου C^a Guil.: τῷ στομάχῳ post 17 κόχλοις transp. β γ   **17** ὑμὴν ᾧ β L^c*rc*. Ald.: ὑμένι ᾧ γ (exc. L^c*rc*.)   καὶ λευκὸς πόρος transp. β γ   **19** τὸ^(1) om. G^a Q n   τὸ^(2)] ἐκεῖνο m*pr*.   **21** ἐν^(1) om. A^a G^a*pr*. F^a X^c   λε. καὶ κοιλ. α γ   ἔχων α (exc. C^a)   ἑαυτῷ α Dt.: αὑτῷ codd. plur. Ald.   **22** κατατείνει α   μέλαινα α   τραχεῖα α (exc. C^a)   **23** μέλαινα α   **24** καὶ^(1) om. α (exc. C^a)   ἄλλοι β γ Guil. Ald. A.-W.: θαλάττιοι α (θαλάσσιοι C^a) Sn. edd.   καὶ^(2) om. β Ald.   **25** et **26** τῇ α Sn. edd.

182

μὲν ὁμοίως ἔχει τούτοις πῇ δ' ἑτέρως. κεφαλὴν μὲν γὰρ καὶ κεράτια καὶ στόμα ἔχουσι καὶ τὸ γλωττοειδές· ἀλλ' ἐν μὲν τοῖς ἐλάττοσι διὰ μικρότητα αὐτῶν ἄδηλα, τὰ δὲ καὶ ἐν τεθνεῶσιν ἢ μὴ κινουμένοις οὐ δῆλα. τὴν δὲ μήκωνα πάντα ἔχει, ἀλλ' οὐκ ἐν τῷ αὐτῷ οὐδ' ἴσην οὐδ' ὁμοίως φανεράν, ἀλλ' αἱ μὲν λεπάδες κάτω ἐν τῷ βάθει, τὰ δὲ δίθυρα ἐν τῷ γιγγλυμώδει. καὶ τὰ τριχώδη πᾶσιν ὑπάρχει κύκλῳ τούτοις, οἷον καὶ τοῖς κτεσίν. καὶ τὸ λεγόμενον ᾠὸν τοῖς ἔχουσιν, ὅταν ἔχωσιν, ἐν τῷ ἐπὶ θάτερα κύκλῳ τῆς περιφερείας ἐστίν, ὥσπερ καὶ τὸ λευκὸν τοῖς κόχλοις· καὶ γὰρ ἐκείνοις τοῦτο ὅμοιον ὑπάρχει. ἀλλὰ πάντα τὰ τοιαῦτα μόρια, ὥσπερ εἴρηται, ἐν μὲν τοῖς μεγάλοις δῆλά ἐστιν, ἐν δὲ τοῖς μικροῖς ἢ οὐδὲν ἢ μόλις. διὸ μάλιστα ἐν τοῖς μεγάλοις κτεσὶ φανερά ἐστιν· οὗτοι δ' εἰσὶν οἱ τὴν ἑτέραν θυρίδα πλατεῖαν ἔχοντες, οἷον ἐπίθεμα. ἡ δὲ τοῦ περιττώματος ἔξοδος τοῖς μὲν ἄλλοις ἐστὶν ἐκ πλαγίου· ἔστι γὰρ πόρος ᾗ πορεύεται ἔξω· ἡ γὰρ μήκων, ὥσπερ εἴρηται, περίττωμά ἐστι πᾶσιν ἐν ὑμένι. τὸ δὲ καλούμενον ᾠὸν οὐκ ἔχει πόρον ἐν οὐθενί, ἀλλ' αὐτῆς τῆς σαρκὸς ἐπανοιδεῖ· ἔστι δ' οὐκ ἐπὶ ταὐτὸν τῷ ἐντέρῳ, ἀλλὰ τὸ μὲν ᾠὸν ἐν τοῖς δεξιοῖς, τὸ δ' ἐν τοῖς ἀριστεροῖς. τοῖς μὲν οὖν ἄλλοις τοιαύτη ἔξοδος τῆς περιττώσεως, τῇ δ' ἀγρίᾳ λεπάδι, ἥν τινες καλοῦσι θαλάττιον οὖς, ὑποκάτω τοῦ ὀστράκου ἡ περίττωσις ἐξέρχεται· τετρύπηται γὰρ τὸ ὄστρακον. φανερὰ δὲ καὶ ἡ κοιλία μετὰ /18/ τὸ στόμα οὖσα ἐν ταύτῃ καὶ τὰ ᾠοειδῆ.

26 τούτους A[a]pr. G[a] 28 σμικρότητα α (exc. C[a]) L[c] 29 οὐ δῆλα C[a] A[a]pr. Scot. Guil. Gaza Cs. edd.: εὔδηλα codd. cett. Ald. μήκονα β γ (exc. E[a]) πάντα om. C[a] A[a]pr. 30 ταυτῶ γ 31 λεπίδες A[a]pr. βάθει] ἐδάφει N[c] Z[c] L[c] m n 32 γιγγλυμώδει C[a] edd.: γιγνυμώδει A[a]pr. G[a]pr. F[a]pr. X[c]pr.: ἰγνυμώδει G[a]rc. Q: γιγγλυμώδει cett. Ald. 529b1 κτεισί α 2 ἔχουσιν A[a] G[a] Q τῶ κύκλω τῆς περ. τῶ (τὸ Qrc.) ἐπὶ θάτ. α (exc. C[a]) Ald. 3 καὶ[(1)] om. P 4 ἐκεῖνο τούτοις ὁμοίως α πάντα om. β (exc. T[c]rc.) 7 κτεισί α 8 ἐπίθημα α 9 ἐκ πλ. ἐστίν transp. L[c] Ald. ἐστὶν[(1)] om. α πόρος] πρὸς α Guil. Sn. 11 ἅπασιν L[c] Ald. 12 οὐκ ἐπὶ] οὐκέτι γ Ald. ταὐτὸ α Sn. edd. 13 ἐντέρῳ] ἑτέρῳ C[a] post δ' add. ἔντερον C[a] Sn. edd.: ἕτερον α (exc. C[a]) 14 post τοιαύτη add. ἡ C[a], K[c], Bk. edd. 15 λοπάδι α (exc. F[a] X[c]) Guil. 16 οὖς] ἧς Z[c] npr. κάτω α 17 φανερῶς α (exc. C[a])

πάντα δὲ ταῦτα /19/ τίνα τρόπον τῇ θέσει ἔχει, ἐκ τῶν ἀνατομῶν θεωρείσθω.

τὸ δὲ καλούμενον καρκίνιον τρόπον τινὰ κοινόν ἐστι τῶν τε μαλακοστράκων καὶ τῶν ὀστρακοδέρμων. αὐτὸ μὲν γὰρ τὴν φύσιν ὅμοιον τοῖς καραβοειδέσι, καὶ γίνεται αὐτὸ καθ' ἑαυτό, τῷ δ' εἰσδύεσθαι καὶ ζῆν ἐν ὀστράκῳ ὅμοιον τοῖς ὀστρακοδέρμοις, ὥστε διὰ ταῦτα ἔοικεν ἐπαμφοτερίζειν. τὴν δὲ μορφὴν ὡς μὲν ἁπλῶς εἰπεῖν ὅμοιόν ἐστι τοῖς ἀράχναις, πλὴν τὸ κάτω τῆς κεφαλῆς καὶ τοῦ θώρακος μεῖζον ἔχει ἐκείνου. ἔχει δὲ κεράτια δύο λεπτὰ πυρρά, καὶ ὀφθαλμοὺς ὑποκάτω τούτων δύο μακρούς, οὐκ εἰσδυομένους οὐδὲ κατακλειομένους ὥσπερ οἱ τῶν καρκίνων ἀλλ' ὀρθούς, ὑποκάτω δὲ τούτων τὸ στόμα καὶ περὶ αὐτὸ καθαπερεὶ τριχώδη ἄττα πλείω, τούτων δ' ἐχομένους δύο πόδας δικρόους, οἷς προσάγεται, καὶ ἄλλους ἐφ' ἑκάτερα δύο, καὶ τρίτον μικρόν. τὸ δὲ κάτω τοῦ θώρακος μαλακὸν ἅπαν ἐστὶ καὶ διοιγόμενον ὠχρὸν ἔνδοθεν. ἀπὸ δὲ τοῦ στόματος πόρος εἷς ἄχρι τῆς κοιλίας· τῆς δὲ περιττώσεως οὐ δῆλος ὁ πόρος. οἱ δὲ πόδες καὶ ὁ θώραξ σκληρὰ μέν, ἧττον δ' ἢ τῶν καρκίνων. πρόσφυσιν δ' οὐκ ἔχει πρὸς τὰ ὄστρακα ὥσπερ αἱ πορφύραι καὶ οἱ κήρυκες, ἀλλ' εὐαπόλυτόν ἐστιν. προμηκέστερα δ' ἐστὶ τὰ ἐν τοῖς στρόμβοις τῶν ἐν τοῖς νηρίταις. ἕτερον δὲ γένος ἐστὶ τὸ τῶν νηριτῶν, τὰ μὲν ἄλλα παραπλήσιον, τῶν δὲ δικρόων ποδῶν τὸν μὲν δεξιὸν ἔχει μικρὸν τὸν δ' ἀριστερὸν μέγαν, καὶ ποιεῖται τὴν βάδισιν μᾶλλον ἐπὶ τούτῳ. λαμβάνεται δὲ καὶ ἐν ταῖς

---

19 τῇ θέσει ἔχει] ἔχει τῇ φύσει α   **20** τρόπον μέν τινα α Sn. edd.   **21** γὰρ τὴν φύσιν om. β   **22** αὐτό⁽²⁾ α Zᶜ Bk.   **23** τὸ Hᶜ β n Ald.   ὀστράκοις α (exc. Cᵃ)   **25** ταῖς α   **26** τὸ] τῷ n Ald.   καὶ om. Nᶜ Zᶜ ἐκεῖνος Cᵃ   **27** λεπτὰ om. Nᶜ Zᶜ Lᶜpr. m n   πυρρὰ α (exc. Cᵃ) Eᵃrc.   **28** δύο om. α Guil.   κατακλινομένους α Cs. edd.: pendent Scot.: declinatos Guil.: recedunt Gaza   **30** ἄττα codd. plur. ut passim   **31** δίκρους α   **530a1** διανοιγόμενον α (exc. Cᵃ), Tᶜrc., Nᶜ Zᶜ Lᶜ n: διεπόμενον Eᵃ   ἐνδ. ὠχρόν ἐστιν. ἀπὸ α   **3** οὐ δῆλος] ἄδηλος β   ὁ⁽¹⁾ om. Fᵃ   **4** σκληροὶ Lᶜ Ald.: σκληρὸν n   ἢ om. P: ἡ Eᵃ Kᶜ Mᶜ n   **5** ὥσπερ καὶ αἱ P   **6** εὐαποδυτόν γ (exc. Eᵃ Lᶜrc.)   **7** νηρείταις α passim   **8** παραπλήσια Gᵃ Q Guil.   δίκρων Tᶜrc. γ   **10** τούτου γ   καὶ om. α (exc. Cᵃ)

HISTORIA ANIMALIUM IV

κόγχαις τοιοῦτον, ὧν ἐστιν ἡ πρόσφυσις παραπλησία, καὶ ἐν τοῖς ἄλλοις. τοῦτον δὲ καλοῦσι κύλλαρον. ὁ δὲ νηρίτης τὸ μὲν ὄστρακον ἔχει λεῖον καὶ μέγα καὶ στρογγύλον, τὴν δὲ μορφὴν παραπλησίαν τοῖς κήρυξι, πλὴν οὐχ ὥσπερ ἐκεῖνοι τὴν μήκωνα μέλαιναν ἀλλ᾽ ἐρυθράν· προσπέφυκε δὲ νεανικῶς κατὰ τὸ μέσον. ἐν μὲν οὖν ταῖς εὐδίαις ἀπολυόμενα νέμεται ταῦτα, πνευμάτων δ᾽ ὄντων τὰ μὲν καρκίνια ἡσυχάζει πρὸς τοῖς λίθοις, οἱ δὲ νηρῖται προσέχονται μὲν καθάπερ αἱ λεπάδες καὶ αἱ ἀπορραΐδες καὶ πᾶν /20/ τὸ τοιοῦτον γένος, προσφύονται δὲ ταῖς πέτραις, ὅταν ἀποκλίνωσι τὸ ἐπικάλυμμα· τοῦτο γὰρ ἔοικεν εἶναι ὥσπερ πῶμα· ὃ γὰρ τοῖς διθύροις ἄμφω, τοῦτο τοῖς στρομβώδεσι τὸ ἕτερον μέρος. τὸ δ᾽ ἐντὸς σαρκῶδές ἐστι, καὶ ἐν τούτῳ τὸ στόμα. τὸν αὐτὸν δὲ τρόπον ἔχει ταῖς ἀπορραΐσι καὶ ταῖς πορφύραις καὶ πᾶσι τοῖς τοιούτοις. ὅσα δ᾽ ἔχει μείζω τὸν ἀριστερὸν πόδα, ταῦτα ἐν μὲν τοῖς στρόμβοις οὐκ ἐγγίνεται, ἐν δὲ τοῖς νηρίταις ἐγγίνεται. εἰσὶ δέ τινες κόχλοι οἳ ἔχουσιν ἐν αὐτοῖς ὅμοια ζῷα τοῖς ἀστακοῖς τοῖς μικροῖς, οἳ γίνονται καὶ ἐν τοῖς ποταμοῖς· διαφέρουσι δ᾽ αὐτῶν τῷ μαλακὸν ἔχειν τὸ ἔσω τοῦ ὀστράκου. τὴν δ᾽ ἰδέαν οἷοί εἰσιν, ἐκ τῶν ἀνατομῶν θεωρείσθωσαν.

[5] οἱ δ᾽ ἐχῖνοι τὸ μὲν σαρκῶδες οὐκ ἔχουσιν, ἀλλ᾽ ἴδιον αὐτῶν τοῦτό ἐστιν· ἐστέρηνται γὰρ πάντες, καὶ οὐκ ἔχουσι σάρκα ἐντὸς οὐδεμίαν· τὰ δὲ μέλανα πάντες. ἔστι δὲ πλείω τῶν ἐχίνων γένη, ἓν μὲν τὸ ἐσθιόμενον· τοῦτο δ᾽ ἐστὶν ἐν ᾧ τὰ κα-

---

11 κόγχαις τοιοῦτον β γ Ald. edd.: κρόκαις τούτων α Dt.   ἡ om. α   12 τοῖς codd. Bk.: τισιν cj. A.-W. Dt. edd.   δὲ καὶ καλ. α   σκύλλαρον β L[c]rc. Ald.   13 μέλαν α   15 μήκονα β γ Ald.   μέλανα E[a]: μέλαιναν P   17 νέμονται α (exc. C[a])   18 προσέρχονται C[a] A[a]pr. G[a] Q H[c] Guil.   μὲν om. α γ (exc. L[c]rc.): quidem Guil.   19 λοπάδες α (exc. F[a] X[c])   καὶ αἱ ἀπορραΐδες] ὡσαύτως δὲ καὶ αἱμορροΐδες α Guil. Sn. edd.   αἱ[(2)] om. N[c] Z[c] L[c] m n   20 τοιοῦτο L[c] Ald.   21 εἶναι om. G[a] Q   ὡσπερεὶ α Sn. edd.   πόμα (exc. C[a])   22 ὃ γὰρ] οἷον C[a] A[a]pr. Guil.   στρομβοειδέσι α (exc. C[a])   23 ἔστι om. C[a] A[a]pr.   24 αἱμορροῖσι α Guil. Sn. edd.   27 κοχλίαι α Guil.   28 ἑαυτοῖς α (exc. C[a]) E[a] Dt.: αὐτοῖς β Ald.   οἳ] ἃ β γ Ald.   29 καὶ om. Guil. (exc. Tz) Sn.   30 τὸ om. β E[a] P K[c] M[c]   34 γένη πλείω τῶν ἐχ. transp. α Bk.: τῶν om. Ald.

λούμενα ᾠὰ μεγάλα γίνεται καὶ ἐδώδιμα, ὁμοίως ἐν μείζοσι καὶ ἐλάττοσιν· καὶ γὰρ εὐθὺς ἔτι μικροὶ ὄντες ἔχουσι ταῦτα. ἄλλα δὲ δύο γένη τό τε τῶν σπατάγγων καὶ τὸ τῶν καλουμένων βρύσσων· γίνονται δ' οὗτοι πελάγιοι καὶ σπάνιοι. ἔτι αἱ ἐχινομῆτραι καλούμεναι, μεγέθει πάντων μέγισται. πρὸς δὲ τούτοις ἄλλο γένος μικρόν, /8/ ἀκάνθας ἔχον μεγάλας καὶ σκληράς, γίνεται δ' ἐκ τῆς /9/ θαλάττης ἐν πολλαῖς ὀργυιαῖς, ᾧ χρῶνται πρὸς τὰς στραγγουρίας τινές. περὶ δὲ Τορώνην εἰσὶν ἐχῖνοι λευκοὶ θαλάττιοι καὶ τὰ ὄστρακα καὶ τὰς ἀκάνθας καὶ τὰ ᾠά, μείζους δὲ τῶν ἄλλων εἰς μῆκος· ἡ δ' ἄκανθα οὐ μεγάλη οὐδὲ ἰσχυρὰ ἀλλὰ μαλακωτέρα, τὰ δὲ μέλανα τὰ ἀπὸ τοῦ στόματος πλείω, καὶ πρὸς μὲν τὸν ἔξω πόρον συνάπτοντα πρὸς ἑαυτὰ δὲ ἀσύναπτα· τούτοις δ' ὥσπερ διειλημμένος ἐστίν. κινοῦνται δὲ μάλιστα καὶ πλειστάκις οἱ ἐδώδιμοι αὐτῶν· καὶ σημεῖον δέ τι ἀεὶ ἔχουσιν ἐπὶ ταῖς ἀκάνθαις. ἔχουσι μὲν οὖν ἅπαντες ᾠά, ἀλλ' ἔνιοι πάμπαν μικρὰ καὶ οὐκ ἐδώδιμα. συμβαίνει δὲ τὴν μὲν λεγομένην κεφαλὴν καὶ τὸ στόμα τὸν ἐχῖνον κάτω ἔχειν, ᾗ δ' ἀφίησι τὸ περίττωμα, ἄνω. ταὐτὸν δὲ τοῦτο συμβέβηκε τοῖς τε στρομβώδεσι πᾶσι καὶ ταῖς λεπάσιν· ἡ γὰρ νομὴ ἐκ τῶν κάτωθεν, ὥστε τὸ μὲν στόμα πρὸς τὴν νομὴν τὸ δὲ περίττωμα ἄνω πρὸς τοῖς πρανέσι τοῦ ὀστράκου. ἔχει δ' ὁ ἐχῖνος ὀδόντας πέντε κοίλους ἔνδοθεν, ἐν μέσῳ δὲ τούτων σῶμα σαρκῶδες ἀντὶ γλώττης. τούτου δ' ἔχεται ὁ στόμαχος, εἶτα ἡ κοιλία εἰς πέντε μέρη διῃρημένη, πλήρης περιττώματος· συνέχουσι δὲ πάντες οἱ κόλποι αὐτῆς

530b2 ἐγγίνεται α Sn. edd.   μείζονι καὶ ἐλάσσονι α (ἐλάττονι C^a F^a X^c)
3 ἔτι om. β: καὶ T^c rc. γ Ald.   4 δὲ om. A^a pr.   τῶν om. P   σπαταγίων α Guil.: σπατάγων O^c Ald.   τὸ^(2) om. α (exc. C^a) N^c Z^c L^c m n   5
βυρσσῶν C^a: βυρσῶν α (exc. C^a)   6 χηνομῆτραι A^a pr. G^a Q H^c   7 post
γένος add. μεγέθει μὲν α Sn. edd.   8 ἀκάνθας δὲ μεγ. ἔχει α Guil. Sn. (ἔχον)
edd.   14 συνάπτονται α Guil.   15 διειλημμένος α (exc. C^a)   17 ἀεὶ
om. α Bk.: ἂν P   οὖν om. α (exc. C^a)   18 οὐκ om. A^a G^a pr. F^a X^c H^c
σημαίνει E^a   19 μὲν om. α (exc. C^a)   τὸν ἐχ. post 20 ἔχειν transp. F^a
X^c   20 δ' ἀφίησι] διαφίησι N^c Z^c L^c m n   ταὐτὸ α Dt.   21 τοῖς^(2) F^a
X^c   22 λοπάσιν α (exc. F^a X^c) Guil.   23 τῇ νομῇ α Sn. edd.   25
στόμα T^c rc. γ (exc. L^c)   σαρκοειδὲς L^c pr. Ald.

εἰς ἓν πρὸς τὴν ἔξοδον τῆς περιττώσεως, ᾗ τετρύπηται τὸ ὄστρακον. ὑπὸ δὲ τὴν κοιλίαν ἐν ἄλλῳ ὑμένι τὰ καλούμενα ᾠά ἐστιν, ἴσα τῷ ἀριθμῷ ὄντα ἐν πᾶσι· πέντε γάρ ἐστι καὶ περιττά. ἄνω δὲ τὰ μέλανα ἀπὸ τῆς ἀρχῆς /32/ τῶν ὀδόντων ἤρτηται, ἅ ἐστι πικρὰ καὶ οὐκ ἐδώδιμα. ἐν πολλοῖς δὲ τῶν ζῴων τὸ τοιοῦτόν ἐστιν ἢ τὸ ἀνάλογον· καὶ γὰρ ἐν ταῖς χελώναις καὶ ἐν φρύναις καὶ ἐν βατράχοις καὶ ἐν τοῖς στρομβώδεσι καὶ τοῖς μαλακίοις· ἀλλὰ τῷ χρώματι διαφέρει, καὶ ἄβρωτά ἐστιν ἐν πᾶσι τὰ τοιαῦτα ἢ πάμπαν ἢ μᾶλλον. κατὰ μὲν οὖν τὴν ἀρχὴν καὶ τελευτὴν συνεχὲς τὸ σῶμα τοῦ ἐχίνου ἐστί, κατὰ δὲ τὴν ἐπιφάνειαν οὐ συνεχὲς ἀλλ᾽ ὅμοιον λαμπτῆρι μὴ ἔχοντι τὸ κύκλῳ δέρμα. ταῖς δ᾽ ἀκάνθαις ὁ ἐχῖνος χρῆται ὡς ποσίν· ταύταις γὰρ ἀπερειδόμενος καὶ κινούμενος μεταβάλλει τὸν τόπον.

[6] τὰ δὲ καλούμενα τήθυα τούτων πάντων ἔχει τὴν φύσιν περιττοτάτην. κέκρυπται γὰρ αὐτῶν μόνων τὸ σῶμα ἐν τῷ ὀστράκῳ πᾶν, τὸ δ᾽ ὄστρακόν ἐστι μεταξὺ δέρματος καὶ ὀστράκου, διὸ καὶ τέμνεται ὥσπερ βύρσα σκληρά. προσπέφυκε μὲν οὖν ταῖς πέτραις τῷ ὀστράκῳ, δύο δ᾽ ἔχει πόρους ἀπέχοντας ἀπ᾽ ἀλλήλων, πάμπαν μικροὺς καὶ οὐ ῥᾳδίους ἰδεῖν, ᾗ ἀφίησι καὶ δέχεται τὸ ὑγρόν· περίττωμα γὰρ οὐδὲν ἔχει φανερόν, ὥσπερ τῶν ἄλλων ὀστρέων τὰ μὲν ὥσπερ ἐχῖνος, τὰ δὲ τὴν καλουμένην μήκωνα. ἀνοιχθέντα δ᾽ ἔσωθεν πρῶτον

28 εἰς ἕν om. β (exc. Tᶜrc.) ἔξωθεν Aᵃpr. Fᵃpr. Xᶜpr. τὸ om. P **30** τὸν ἀριθμὸν α Sn. edd.: *numero* Guil. ἅπασι α Sn. πέντε] πάντα P Kᶜ post ἐστι add. τὸ πλῆθος α Sn. edd. **31** καὶ om. P ἀπὸ δὲ τῆς β Ald. **33** ᾠῶν β (exc. Oᶜrc.) γ Ald. ἐστι τὸ τοιοῦτον transp. β **34** ἐν⁽²⁾⁽³⁾ om. α Dt. φρύνοις α (φύνοις Hᶜ) Prc. **531a1** καὶ τοῖς⁽²⁾] καὶ ἐν τοῖς Cᵃ Guil.: καὶ α (exc. Cᵃ) Nᶜ Zᶜ Lᶜpr. m μαλακοῖς β γ (exc. Prc.) Ald. ἀλλ᾽ ἐν τῷ α **2** ἐν πᾶσι om. β γ Ald. **3** τὴν om. γ (exc. Lᶜrc.) **4** τοῦ ἐχίνου τὸ στόμα ἐστί α A.-W. Dt. Th. Louis: τὸ σῶμα ἐστὶ τοῦ ἐχ. β δὲ om. Aᵃpr. **6** χρ. ὁ ἐχ. transp. α Dt. Peck Louis ἐπερειδόμενος α Sn. Dt. Peck Louis **8** δὲ om. Cᵃ τήθεα α Prc.: τήθεα Lᶜpr. τούτων post φύσιν transp. α **9** μόνων om. Gᵃ Q Ott.: μόνον Eᵃ Nᶜ Zᶜ Lᶜ m n Ald. ἐν om. α (exc. Cᵃ) **10** τὸ δ᾽ ὄστρακον] τούτου δὲ σκληρότης Oᶜrc.: *cuius durities* Gaza **12** τῶ ὀστράκω β γ Guil. Ald. Bk.: τὸ ὀστρακῶδες α Sn. Buss.: τῷ ὀστρακώδει cj. edd. δ᾽ om. Cᵃ **13** ἀπ᾽ om. α **14** ἀφίασι α (exc. Cᵃ) τὸ ὑγρ. καὶ δεχ. transp. Nᶜ Zᶜ Lᶜ m n Ald. δέχονται Fᵃ Xᶜ **15** μὲν οὖν α (exc. Cᵃ) **16** μήκονα Nᶜ Zᶜ Lᶜ m n Ald. ἀνοιχθέντος Aᵃpr.

ARISTOTELIS

μὲν ὑμένα ἔχει νευρώδη περὶ τὸ ὀστρακῶδες· ἐν δὲ τούτῳ ἐστὶν αὐτὸ τὸ σαρκῶδες τοῦ τηθύου· οὐδενὶ δ' ἐστὶν ὅμοιον τῶν ἄλλων, /19/ αὕτη μέντοι ἡ σὰρξ πᾶσιν ὁμοία. προσπέφυκε δὲ τοῦτο /20/ κατὰ δύο τόπους τῷ ὑμένι καὶ τῷ δέρματι ἐκ πλαγίου· καὶ /21/ ᾗ προσπέφυκε, ταύτῃ ἐστὶ στενότερον ἐφ' ἑκάτερα, οἷς τείνει /22/ πρὸς τοὺς πόρους τοὺς ἔξω διὰ τοῦ ὀστράκου φέροντας, ᾗ ἀφίησι καὶ δέχεται τὴν τροφὴν καὶ τὸ ὑγρόν, ὡς ἂν εἰ τὸ μὲν στόμα εἴη, τὸ δὲ τῇ περιττώσει ἔξοδος· καὶ ἔστιν αὐτῶν τὸ μὲν παχύτερον τὸ δὲ λεπτότερον. ἔσω δὲ κοῖλον ἐφ' ἑκάτερα, καὶ διείργει μικρόν τι συνεχές· ἐν θατέρῳ δὲ τῶν κοίλων ἡ ὑγρότης ἐγγίνεται. ἄλλο δ' οὐδὲν ἔχει μόριον οὔτε ὀργανικὸν οὔτε αἰσθητήριον, οὔτε, ὥσπερ ἐλέχθη πρότερον ἐν τοῖς ἄλλοις, τὸ περιττωματικόν. χρῶμα δὲ τοῦ τηθύου ἐστὶ τὸ μὲν ὠχρὸν τὸ δ' ἐρυθρόν.

ἔστι δὲ καὶ τὸ τῶν ἀκαληφῶν γένος ἴδιον· προσπέφυκε μὲν γὰρ ταῖς πέτραις ὥσπερ ἔνια τῶν ὀστρακοδέρμων, ἀπολύεται δ' ἐνίοτε. οὐκ ἔχει δ' ὄστρακον, ἀλλὰ σαρκῶδες τὸ σῶμα πᾶν ἐστιν αὐτῆς. αἰσθάνεται δὲ καὶ συναρπάζει προσφερομένης τῆς χειρὸς καὶ προσέχεται καθάπερ ὁ πολύπους ταῖς πλεκτάναις οὕτως ὥστε τὴν σάρκα ἐπανοιδεῖν. ἔχει δὲ τὸ στόμα ἐν μέσῳ, καὶ ζῇ ἀπὸ τῆς πέτρας ὥσπερ ἀπ' ὀστρέου, καὶ ἄν τι προσπέσῃ τῶν μικρῶν ἰχθυδίων, ἀντέχεται ὥσπερ τῆς χειρός· οὕτω κἂν προσπέσῃ αὐτῇ ἐδώδι-

17 παρὰ α (exc. Cᵃ)   τὸ σαρκῶδες Lᶜ Ald. A.-W.   18 αὐτό ἐστι transp. α Bk.   τηθέου α: τηθείου Lᶜpr.   δ' ἐστὶν om. α Sn. edd.   19 αὐτὴ Nᶜ Zᶜ Lᶜ m n Ald. edd.   πᾶσα Cᵃ Aᵃpr. Guil. Sn. edd.   20 τρόπους Aᵃ Gᵃpr. Fᵃ Xᶜ Hᶜ   ἐκ τοῦ πλαγ. α (exc. Hᶜ) Dt.   21 στενότερα Cᵃrc.: στενώτερον Fᵃ Xᶜ Sn. Bk.: στενότερον codd. cett. Ald.   23 post δέχ. add. καὶ Cᵃ καὶ⁽²⁾ om. Cᵃ A.-W. Dt.   τὸ ὑγρ. καὶ τὴν τρ. transp. Fᵃ Xᶜ   25 ἑκάτερον α   26 μικρόν] medium Guil. (exc. Tz): μέσον cj. Sn.   δὲ] γὰρ α   29 τηθέου α: τηθύος Eᵃ Prc. Nᶜ Zᶜ m n: τηθείου Lᶜpr.   31 ἀκαλύφων β γ (exc. ἀκαλίφων Eᵃ P) Ald.   32 μὲν γὰρ] δὲ α Cs. Sn.   33 ἀπολύονται α Guil.   531b1 στόμα α (exc. Gᵃrc. Q)   πᾶν om. α   αὐτοῦ Fᵃ Xᶜ Hᶜ Sn.   2 προσέρχεται Cᵃ: προσδέχεται α (exc. Cᵃ)   3 οὕτως] οὔτε Aᵃpr.: om. Gᵃpr.   4 post ζῇ add. δ' α   5 ἀπὸ στερεοῦ Cᵃ Aᵃpr. Gᵃ Q Hᶜ τῶν ... 6 προσπέσῃ om. Nᶜ Zᶜ   ἰχθύων β   6 ὥσπερ] γὰρ ὥσπερ καὶ α Guil. (om. καὶ) Dt.   post κἂν add. τι α Guil. Sn. Bk.

HISTORIA ANIMALIUM IV   531b

μον, κατεσθίει. καὶ ἀπολύεται δὲ γένος τι αὐτῶν, ὃ ἄν τι προσπέσῃ κατεσθίει καὶ ἐχίνους καὶ κτένας. περίττωμα δὲ οὐδὲν παντελῶς φαίνεται ἔχουσα ἀλλ' ὁμοία κατὰ τοῦτο τοῖς φυτοῖς. ἔστι δὲ γένη τῶν ἀκαληφῶν δύο, αἱ μὲν ἐλάττους καὶ ἐδώδιμοι μᾶλλον, αἱ δὲ μεγάλαι καὶ σκληραί, οἷαι γίνονται καὶ περὶ Χαλκίδα. τοῦ μὲν οὖν χειμῶνος τὴν σάρκα στιφρὰν ἔχουσι (διὸ καὶ θηρεύονται καὶ ἐδώδιμοί εἰσι), τοῦ δὲ θέρους ἀπόλλυνται· γίνονται γὰρ μαδαραί, καὶ ἄν τις θίγῃ, διασπῶνται ταχέως καὶ ὅλως οὐ δύνανται ἀφαιρεῖσθαι, πονοῦσαί τε ταῖς ἀλέαις εἰς τὰς πέτρας εἰσδύονται μᾶλλον.

περὶ μὲν οὖν τῶν μαλακίων καὶ τῶν μαλακοστράκων καὶ τῶν ὀστρακοδέρμων, ὅσα τε ἔχουσιν ἐκτὸς μέρη καὶ ὅσα ἐντός, εἴρηται· [7] περὶ δὲ τῶν ἐντόμων λεκτέον τὸν αὐτὸν τρόπον. ἔστι δὲ τὸ γένος τοῦτο πολλὰ ἔχον εἴδη ἐν αὑτῷ, καὶ ἐνίοις πρὸς ἄλληλα συγγενικοῖς οὖσιν οὐκ ἐπέζευκται κοινὸν ὄνομα οὐδέν, οἷον ἐπὶ μελίττῃ καὶ ἀνθρήνῃ καὶ σφηκὶ καὶ τοῖς τοιούτοις, καὶ πάλιν ὅσα τὸ πτερὸν ἔχει ἐν κολεῷ, οἷον μηλολόνθη καὶ κάραβος καὶ κανθαρὶς καὶ ὅσα τοιαῦτα. πάντων μὲν οὖν κοινὰ μέρη ἐστὶ τρία, κεφαλή τε καὶ τὸ περὶ τὴν κοιλίαν κύτος καὶ τρίτον τὸ μεταξὺ τούτων, οἷον τοῖς ἄλλοις τὸ στῆθος καὶ τὸ νῶτόν ἐστι. τοῦτο δὲ τοῖς μὲν πολλοῖς ἕν ἐστιν· ὅσα δὲ μακρὰ καὶ πολύποδα, σχεδὸν ἴσα

7 κατεσθίει om. α   ἐάν α Sn. Bk.   8 κτ. καὶ ἐχ. transp. α (exc. Cᵃ)   9 παντελῶς οὐδὲν transp. Cᵃ: φανερὸν οὐδὲν α (exc. Cᵃ)   10 φυτοῖς ἐστι. γένη δὲ α Guil. Bk.   ἀκαλίφων s. ἀκαλύφων β γ Ald.   post ἀκ. add. ἐστὶ α Bk.   ἐλάττονες Cᵃrc.: ἐλάττω n   12 αἳ α (exc. καὶ Hᶜ)   οὖν om. Fᵃ Xᶜ   13 στριφνὰν Cᵃ: στρυφνὰν Aᵃpr. Gᵃ Q Fᵃ Xᶜ Hᶜ   14 ἐάν α (exc. Gᵃ Q)   15 ὅλαι Cᵃ Bk. Dt.: ὅλα Aᵃ Gᵃ Q Hᶜ: ἄλλα Fᵃ Xᶜ: totae Guil.: ὅλας cj. Sn.   ἀφ. post ὅλ. transp. α Dt.   16 πονοῦσι Cᵃ Guil.   τε] autem Guil.   ἐνδύονται β γ Ald.   18 τῶν⁽²⁾ om. β γ Ald.   19 τῶν om. Lᶜ Ald.   τε om. β γ Ald.   μέρη ἐκτὸς transp. α Dt.   21 τοῦτο τὸ γένος πολλὰ εἴδη ἔχον α Dt.   ἑαυτῶ α Dt.: αὐτῶ β γ (exc. Nᶜ Zᶜ Lᶜ m n) Ald.   22 γενικοῖς Aᵃpr. Gᵃ Q Hᶜ   23 ἀνθρίνη β γ (exc. P) Ald.: ἀρθρίνη P   24 τοῖς] πᾶσι τοῖς α Dt.   25 κάνθαρος α   post τοιαῦτα add. ἄλλα α   27 κοιλίαν] κεφαλὴν P   28 τὸ⁽²⁾ om. α   ἐστι om. α   29 ἔνεστιν Aᵃpr. Gᵃpr. Hᶜ, Eᵃ P Kᶜ Nᶜ m n   μικρὰ Aᵃ Gᵃpr. Fᵃ Xᶜ Hᶜ

189

ταῖς ἐντομαῖς ἔχει τὰ μεταξύ. πάντα δ' ἔχει διαιρούμενα ζωὴν τὰ ἔντομα, πλὴν ἃ ἢ λίαν κατέψυκται ἢ διὰ μικρότητα ταχὺ καταψύχεται, ἐπεὶ καὶ οἱ σφῆκες διαιρεθέντες ζῶσιν. μετὰ μὲν οὖν τοῦ μέσου καὶ ἡ κεφαλὴ καὶ ἡ κοιλία ζῇ, ἄνευ δὲ τούτου ἡ κεφαλὴ οὐ ζῇ. ὅσα δὲ μακρὰ καὶ πολύποδά ἐστι, πολὺν χρόνον ζῇ διαιρούμενα, καὶ κινεῖται τὸ ἀποτμηθὲν ἐπ' ἀμφότερα τὰ ἔσχατα· καὶ γὰρ ἐπὶ τὴν τομὴν πορεύεται καὶ ἐπὶ τὴν οὐράν, οἷον ἡ καλουμένη σκολόπενδρα. ἔχει δ' ὀφθαλμοὺς μὲν ἅπαντα, ἄλλο δ' αἰσθητήριον οὐδὲν φανερόν, πλὴν ἔνια γλῶτταν· ἣν καὶ τὰ ὀστρακόδερμα ἔχει πάντα, ᾗ καὶ γεύεται καὶ εἰς αὑτὸ τὴν τροφὴν ἀνασπᾷ. τοῦτο δὲ τοῖς μὲν μαλακόν, τοῖς δ' ἔχει ἰσχὺν πολλήν, ὥσπερ ταῖς πορφύραις. καὶ οἱ μύωπες καὶ οἱ οἶστροι ἰσχυρὸν τοῦτο ἔχουσι, καὶ τἆλλα σχεδὸν τὰ πλεῖστα· ἐν ἅπασι γὰρ τοῖς μὴ ὀπισθοκέντροις τοῦτο ὥσπερ ὅπλον ἔχει ἕκαστον. ὅσα δ' ἔχει τοῦτο, ὀδόντας οὐκ ἔχει, ἔξω ὀλίγων τινῶν, ἐπεὶ καὶ αἱ μυῖαι τούτῳ θιγγάνουσαι αἱματίζουσι καὶ οἱ κώνωπες τούτῳ κεντοῦσιν. ἔχουσι δ' ἔνια τῶν ἐντόμων καὶ κέντρα. τὸ δὲ κέντρον τὰ μὲν ἔχει ἐν αὑτοῖς, οἷον αἱ μέλιτται καὶ οἱ σφῆκες, τὰ δ' ἐκτός, οἷον σκορπίος· καὶ μόνον δὴ τῶν ἐντόμων τοῦτο μακρόκεντρόν ἐστιν, ἔτι δὲ χηλὰς ἔχει τοῦτό τε καὶ τὸ ἐν τοῖς βιβλίοις γινόμενον σκορπιῶδες. τὰ δὲ πτηνὰ αὐτῶν πρὸς τοῖς ἄλλοις μορίοις καὶ πτερὰ ἔχει. ἔστι δὲ τὰ μὲν δίπτερα αὐτῶν, ὥσπερ αἱ μυῖαι, τὰ δὲ τετράπτερα, ὥσπερ αἱ μέλιτται·

30 τὸ C^a A^apr. G^apr. H^c **31** ἃ] ὅσα α Sn. **32** ψύχεται α (exc. C^a) **33** καὶ⁽¹⁾ om. α **532a1** οὐ om. A^apr. G^a Q H^c **2** post ἐστι add. καὶ γ (exc. L^crc.) **5** σκολόπεδρα A^a G^a Q ὀφθαλμὸν N^c Z^c L^c m n μὲν om. G^a Q **6** post ἔνια add. οἷον C^a A^a Sn.: ut puta Guil. γλῶττα C^a A^apr. **7** ἔχει om. β ὧ C^a A^apr. καὶ⁽²⁾ om. A^apr. αὐτὸ F^a, D^a, P K^c M^c: αὑτὴν A^apr. G^a Q H^c: αὑτὸ codd. cett. Ald. Bk.: αὑτὰ s. αὑτὰ cj. edd. **8** post μαλ. add. ἐστι α Sn. **9** post μύ. add. δὲ α Sn. **11** πᾶσι α **13** ἐξ γ (exc. L^c) τοῦτο P: τοῦτων n **14** τοῦτο A^apr. H^c κεντῶσιν F^a X^c **15** τὰ] τοῦ G^a Q: τὸ n αὑτοῖς A^a G^a Q H^c, N^c Z^c, Ald. **16** post οἷον⁽²⁾ add. δὴ C^a σκορπίοι P **17** τοῦτο τῶν ἐντ. transp. α Dt. μακρόκεντρον β (exc. T^crc.) Ald. Bk.: μακρόκερκον α, T^crc., γ, Cs. edd.: longe caude Scot.: longi aculei Guil.: longo spiculo Gaza **18** ὅτι A^apr. G^apr. H^c δὲ] τε α (exc. C^a) τε om. α (exc. C^a)

οὐθὲν δ' ἐστὶ δίπτερον ὀπισθόκεντρον. ἔτι δὲ τὰ μὲν ἔχει τῶν πτηνῶν ἔλυτρον τοῖς πτεροῖς, ὥσπερ ἡ μηλολόνθη, τὰ δ' ἀνέλυτρά ἐστιν, ὥσπερ ἡ μέλιττα. ἀνορροπύγιος δὲ ἡ πτῆσις αὐτῶν πάντων ἐστί· καὶ τὸ πτερὸν οὐκ ἔχει καυλὸν οὐδὲ σχίσιν. ἔτι κεραίας πρὸ τῶν ὀμμάτων ἔχει ἔνια, οἷον αἵ τε ψυχαὶ καὶ οἱ κάραβοι. ὅσα δὲ πηδητικὰ αὐτῶν ἐστι, τούτων τὰ μὲν ἔχει τὰ ὄπισθεν σκέλη μείζω, τὰ δὲ πηδάλια καμπτόμενα εἰς τοὔπισθεν ὥσπερ τὰ τῶν τετραπόδων σκέλη. πάντα δ' ἔχει τὰ πρανῆ πρὸς τὰ ὕπτια διαφορὰς ὥσπερ καὶ τὰ ἄλλα ζῷα. ἡ δὲ τοῦ σώματος σὰρξ οὔτε ὀστρακώδης ἐστὶν οὔθ' οἷον τὸ ἐντὸς τῶν ὀστρακωδῶν, οὕτω /33/ σαρκώδης, ἀλλὰ μεταξύ. διὸ καὶ οὔτ' ἄκανθαν ἔχουσιν οὔτ' /1/ ὀστοῦν οὔθ' οἷον σήπιον οὔτε κύκλῳ ὄστρακον· αὐτὸ γὰρ αὐτὸ /2/ τὸ σῶμα διὰ τὴν σκληρότητα σώζει, καὶ οὐ προσδεῖται ἑτέρου /3/ ἐρείσματος. δέρμα δ' ἔχουσι μέν, πάμπαν δὲ τοῦτο /4/ λεπτόν. τὰ μὲν οὖν ἔξωθεν μόρια αὐτῶν ταῦτα καὶ τοῦτον ἔχουσι /5/ τὸν τρόπον, ἐντὸς δὲ εὐθὺς μετὰ τὸ στόμα ἔντερόν ἐστι τοῖς μὲν πλείστοις /6/ εὐθὺ καὶ ἁπλοῦν μέχρι τῆς ἐξόδου, ὀλίγοις δ' ἑλιγμὸν ἔχει. σπλάγχνον δ' οὐδὲν ἔχει τῶν τοιούτων οὐδὲ πιμελήν, ὥσπερ οὐδ' ἄλλο τῶν ἀναίμων οὐδέν. ἔνια δ' ἔχει καὶ κοιλίαν, καὶ ἀπὸ ταύτης τὸ λοιπὸν ἔντερον ἢ ἁπλοῦν ἢ εἱλιγμένον, ὥσπερ αἱ ἀκρίδες. ὁ δὲ τέττιξ μόνον τῶν τοιούτων

---

22 ἐστὶ om. α   δίπ. ὀπ.] ὀπ. δίπ. μόνον α Guil. Sn.   23 ἔλυτρον Cᵃ: ἔλυτρον Aᵃ Gᵃ Q   ἡ] καὶ β   24 ἀνουροπύγιος Cᵃ Hᶜ: ἀνουροπύγιος Aᵃ Gᵃ Q Fᵃ Xᶜ   δὲ πάντων αὐτῶν ἡ πτ. ἐστὶ Lᶜ Ald.   25 ἁπάντων α Dt.   26 ὀλυμάτων γ (exc. Lᶜ)   ἔχει om. β γ Ald.   ἔνια ἔχει transp. Cᵃ Dt.   27 οἱ] αἱ β   29 καλυπτόμενα Fᵃ Xᶜ   εἰς τὰ ὄπισθεν Cᵃ: εἰς τὸ ὀπ. α (exc. Cᵃ) m   30 διαφορὰν α (exc. Aᵃpr.) Eᵃ n: διαφορὰ Aᵃpr.: διάφορα cj. Sn. edd.   32 τὸ ἐντὸς om. Nᶜ Zᶜ Lᶜpr. m n   οὕτω] οὔτε Cᵃ Aᵃ Gᵃpr. Fᵃ Xᶜ Hᶜ, Nᶜ Zᶜ m n: om. Gᵃrc. Q   33 σαρκῶδες α   καὶ om. α (exc. Cᵃ) ἀκάνθας Nᶜ Zᶜ   532b1 σηπίειον Cᵃ: σηπίον α (exc. Cᵃ) β   αὐτὸ γὰρ αὐτὸ α (exc. Cᵃ) Eᵃ P Nᶜ Zᶜ m n: αὐτὸ γὰρ αὐτὸ Oᶜ Ald.   2 οὐδὲν δεῖται α   4 αὐτῶν μόρια transp. α Cs.   ταῦτα] τοιαῦτα Tᶜrc., Nᶜ Zᶜ Lᶜ m n, Ald.   τοῦτον ἔχουσι τὸν τρόπον] τοιαῦτ' ἐστί α Guil. Sn.   ἔχει Zᶜ Lᶜ m n Ald.   5 εὐθὺς α Guil. Cs. edd.: τοῦ κύτους β γ Gaza Ald.: om. Scot. ἐστι post 6 ἐξόδου transp. α Tᶜrc. γ (exc. Lᶜrc.) Cs. edd.   7 ἑλιγ. codd. plur., Ald.   ἔχει] ἔχον α Guil.   8 ἐναίμων Nᶜ Zᶜ Lᶜ mpr. n Ald.   9 κοιλίας P   ἢ⁽¹⁾⁽²⁾ om. α   10 ἐλ. s. εἰλ. codd. plur.   αἱ om. α (exc. Cᵃ): οἱ Sᶜ

οὔτων καὶ τῶν ἄλλων δὲ ζῴων στόμα οὐκ ἔχει, ἀλλ' οἷον τοῖς ἐμπροσθοκέντροις τὸ γλωττοειδές, τοῦτο μακρὸν καὶ συμφυὲς καὶ ἀδιάσχιστον, δι' οὗ τῇ δρόσῳ τρέφεται μόνον· ἐν δὲ τῇ κοιλίᾳ οὐκ ἴσχει περίττωμα. ἔστι δ' αὐτῶν πλείω εἴδη, καὶ
15 διαφέρουσι μεγέθει τε καὶ μικρότητι καὶ τῷ τοὺς μὲν καλουμένους ἀχέτας ὑπὸ τὸ ὑπόζωμα διῃρῆσθαι καὶ ἔχειν ὑμένα φανερόν, τὰ δὲ τεττιγόνια μὴ ἔχειν.
ἔστι δ' ἔνια ζῷα περιττὰ καὶ ἐν τῇ θαλάττῃ, ἃ διὰ τὸ σπάνια εἶναι οὐκ ἔστι θεῖναι εἰς γένος. ἤδη γάρ τινές φα-
20 σι τῶν ἐμπορικῶν ἁλιέων οἱ μὲν ἑωρακέναι ἐν τῇ θαλάττῃ ὅμοια δοκοῖς, μέλανα, στρογγύλα τε καὶ ἰσοπαχῆ· ἕτερα δὲ ἀσπίσιν ὅμοια, τὸ μὲν χρῶμα ἐρυθρά, πτερύγια δ' ἔχοντα πυκνά· καὶ ἄλλα ὅμοια αἰδοίῳ ἀνδρὸς τό τε εἶδος καὶ τὸ μέγεθος, πλὴν ἀντὶ τῶν ὄρχεων πτέρυγας
25 ἔχειν δύο, καὶ λαβέσθαι ποτὲ τοιοῦτον τοῦ πολυαγκίστρου τῷ ἄκρῳ.

τὰ μὲν οὖν μέρη τῶν ζῴων πάντων τά τ' ἐντὸς καὶ τὰ ἐκτὸς περὶ ἕκαστον γένος καὶ ἰδίᾳ καὶ κοινῇ τοῦτον ἔχει τὸν τρόπον. [8] περὶ δὲ τῶν αἰσθήσεων νῦν λεκτέον· οὐ γὰρ ὁ-
30 μοίως πᾶσιν ὑπάρχουσιν, ἀλλὰ τοῖς μὲν πᾶσαι τοῖς δ' ἐλάττους. εἰσὶ δὲ πλεῖσται, καὶ παρ' ἃς οὐδεμία φαίνεται ἴδιος ἑτέρα, πέντε τὸν ἀριθμόν, ὄψις, ἀκοή, ὄσφρησις, γεῦσις, ἁφή. ἄνθρωπος μὲν οὖν καὶ τὰ ζωοτόκα καὶ πεζά,
533a1 καὶ ἔτι πρὸς τούτοις καὶ ὅσα ἔναιμα καὶ ζωοτόκα, πάντα φαί-

11 δὲ om. α P Guil. Sn.   12 ἐμπροσθοκέντροις L^c Ald. Pk. A.-W. Dt. Peck: ἔμπροσθεν κέντροις C^a A^apr. G^a Q H^c, β (exc. T^crc.): ὀπισθοκέντροις A^arc. F^a X^c, T^crc., γ (exc. L^c), Cs. Sn. Bk. Louis: om. Scot. Gaza: *anterius aculeatis* Guil. 15 ante μεγ. add. καὶ β   τε α Dt.: om. cett.   σμικρότητι α (exc. C^a) 16 ἀσχέτας α (exc. C^a): ἠχέτας n*rc*.   διάζωμα α Sn. edd.: ζῶμα L^c 19 φασί τινες transp. α Bk.   20 ἐμπειρικῶν α Guil. Cs. edd.   21 δοκίοις α (exc. A^arc. F^arc.) Sn. edd.   δοκοῖς ... 22 ὅμοια om. P   ἀμέλανα C^a A^apr. G^apr. H^c   τε] δὲ α Guil.   22 post δὲ add. καὶ α P Sn. edd.   23 καὶ ἄλλα] ἄλλα δ' N^c Z^c L^c m n Ald.   24 πτερύγια α Bk.   25 ἔχει α (exc. C^a) n   τοιοῦτον om. α A.-W. Dt.   26 ἄκρῳ αὐτοῦ α: *summitate ipsa* Guil.   27 ἁπάντων α   ἐκτὸς καὶ τὰ ἐντὸς transp. α   28 καὶ^(1) ante περὶ transp. α   29 αἰσθητηρίων N^c Z^c   30 ἅπασιν α ὑπάρχει α   31 ἐλάττους εἰσίν. εἰσὶ α (ἐλάττονες C^arc.)   δὲ] δ' αἱ α   533a1 καὶ ἔτι πρός] πρὸς δὲ α Guil. Sn. edd.   φαίνονται L^c Ald.

HISTORIA ANIMALIUM IV

νεται ἔχοντα ταύτας πάσας, πλὴν εἴ τι πεπήρωται γένος, οἷον τὸ τῶν ἀσπαλάκων. τοῦτο γὰρ ὄψιν οὐκ ἔχει· ὀφθαλμοὺς μὲν γὰρ ἐν τῷ φανερῷ οὐκ ἔχει, ἀφαιρεθέντος δὲ τοῦ δέρματος ὄντος παχέος ἀπὸ τῆς κεφαλῆς κατὰ τὴν χώραν τὴν ἔξωθεν τῶν ὀμμάτων εἰσὶν ἔσωθεν οἱ ὀφθαλμοὶ διεφθαρμένοι, πάντα ἔχοντες ταὐτὰ τὰ μέρη τοῖς ἀληθινοῖς· ἔχουσι γὰρ τό τε μέλαν καὶ τὸ ἐντὸς τοῦ μέλανος, τὴν καλουμένην κόρην, καὶ τὸ κύκλῳ πῖον, ἐλάττω μέντοι ταῦτα τῶν φανερῶν ὀφθαλμῶν. εἰς δὲ τὸ ἔξω τούτων οὐδὲν σημαίνει διὰ τὸ τοῦ δέρματος πάχος, ὡς ἐν τῇ γενέσει πηρουμένης τῆς φύσεως· εἰσὶ γὰρ ἀπὸ τοῦ ἐγκεφάλου, ᾗ συνάπτει †τῷ νευρῷ†, δύο πόροι νευρώδεις καὶ ἰσχυροὶ παρ' αὐτὰς τείνοντες τὰς ἕδρας τῶν ὀφθαλμῶν, τελευτῶντες δ' εἰς τοὺς ἄνω χαυλιόδοντας. τὰ δ' ἄλλα καὶ τῶν χρωμάτων αἴσθησιν ἔχει καὶ τῶν ψόφων, ἔτι δὲ καὶ ὀσμῆς καὶ χυμῶν. τὴν δὲ πέμπτην αἴσθησιν τὴν ἁφὴν καλουμένην καὶ τὰ ἄλλα πάντα ἔχει ζῷα. ἐν μὲν οὖν ἐνίοις καὶ τὰ αἰσθητήρια φανερώτατά εἰσι, τὰ μὲν τῶν ὀμμάτων καὶ μᾶλλον. διωρισμένον γὰρ ἔχει τὸν τόπον τῶν ὀφθαλμῶν καὶ τῆς ἀκοῆς· ἔνια μὲν γὰρ ὦτα ἔχει, ἔνια δὲ τοὺς πόρους φανερούς. ὁμοίως δὲ καὶ περὶ ὀσφρήσεως· τὰ μὲν γὰρ ἔχει μυκτῆρας, τὰ δὲ τοὺς πόρους τοὺς τῆς ὀσφρήσεως οἷον τὸ τῶν ὀρνίθων γένος. ὁμοίως δὲ καὶ τὸ τῶν χυμῶν αἰσθητήριον τὴν γλῶτταν ἔχουσιν. ἐν δὲ τοῖς ἐνύδροις, καλουμένοις δὲ ἰχθύσι, τὸ μὲν τῶν χυμῶν αἰσθητήριον, τὴν γλῶτταν,

2 post γένος add. ἓν α Bk. 3 τοῦτο μὲν γὰρ N[c] Z[c] L[c] m n Ald. 4 μὲν post ἐν transp. α Sn. 5 ἀπὸ] ἐπὶ n 6 ἔξω α Bk. ἔσωθέν εἰσιν transp. α γ Ald. 7 πάντες α (exc. C[a]) ταῦτα A[a] G[a] Q H[c], E[a] 9 κυκλώπιον codd. Ald.: *quod in circuitu pingue* Guil.: κύκλῳ πῖον scr. Pk. edd. 10 post ταῦτα add. πάντα α Guil. Sn. τῶν ὀφθ. τῶν φαν. α (exc. C[a]) ἔξωθεν α Sn. οὐδὲν σημαίνει τούτων transp. α γ 11 ἐν om. C[a] A[a]*pr.* G[a] Q H[c] γεννήσει A[a]*rc.* F[a] X[c], N[c] Z[c] L[c] m n 12 πληρουμένης C[a] A[a]*pr.* G[a] Q H[c]: πυρουμένης P*pr.* 13 †τῷ νεύρῳ†] τῷ μυελῷ α Guil. Sn. edd.: τῷ νευρῷ β E[a] P K[c] M[c]: τὸ νεῦρον N[c] Z[c] L[c] m n Ald. 15 χαυλιώδοντας C[a] 16 καὶ[(2)] om. α Bk. 18 καὶ[(1)] om. β τὰ ζῷα F[a] X[c] 19 ἐστί α (exc. ἔτι H[c]) Sn. 21 καὶ τὸν τῆς ἀκ. α Bk.: καὶ τῶν ἀκοῶν E[a] 23 τοὺς[(2)] om. α A.-W. 25 ἔχουσιν om. α Bk. 26 τὴν γλῶτταν om. α

ἔχουσι μέν, ἔχουσι δ' ἀμυδρῶς· ὀστώδη τε γὰρ καὶ οὐκ ἀπολελυμένην ἔχουσιν. ἀλλ' ἐνίοις τῶν ἰχθύων ὁ οὐρανός ἐστι σαρκώδης, οἷον τῶν ποταμίων ἐν τοῖς κυπρίνοις, ὥστε τοῖς μὲν σκοπουμένοις ἀκριβῶς δοκεῖν ταύτην εἶναι γλῶτταν. ὅτι δ' αἰσθάνονται γευόμενα, φανερόν· ἰδίοις τε γὰρ πολλὰ χαίρει χυμοῖς, καὶ τὸ τῆς ἀμίας λαμβάνουσι μάλιστα δέλεαρ καὶ τὸ πῖον τῶν ἰχθύων, ὡς χαίροντες ἐν τῇ γεύσει καὶ ἐν τῇ ἐδωδῇ τοῖς τοιούτοις δελέασιν. τῆς δ' ἀκοῆς καὶ τῆς ὀσφρήσεως οὐδὲν ἔχουσι φανερὸν αἰσθητήριον· ὃ γὰρ ἄν τισιν εἶναι δόξειε κατὰ τοὺς τόπους τῶν μυκτήρων, οὐδὲν περαίνει πρὸς τὸν ἐγκέφαλον, ἀλλὰ τὰ μὲν τυφλά, τὰ δὲ φέρει μέχρι τῶν βραγχίων. ὅτι δὲ καὶ ἀκούουσι καὶ ὀσφραίνονται, φανερόν· τούς τε γὰρ ψόφους φεύγοντα φαίνεται τοὺς μεγάλους, οἷον τὰς εἰρεσίας τῶν τριήρων, ὥστε λαμβάνεσθαι ῥᾳδίως ἐν ταῖς θαλάμαις· καὶ γὰρ ἂν μικρὸς ᾖ ὁ ἔξω ψόφος, ὁμοίως τοῖς ἐν τῷ ὑγρῷ τὴν ἀκοὴν ἔχουσι χαλεπὸς καὶ μέγας καὶ βαρὺς φαίνεται πᾶσιν. ὃ συμβαίνει καὶ ἐπὶ τῆς τῶν δελφίνων θήρας· ὅταν γὰρ ἀθρόον περικυκλώσωσι τοῖς μονοξύλοις, ψοφοῦντες ἐξ αὐτῶν ἐν τῇ θαλάττῃ ἀθρόους ποιοῦσιν ἐξοκέλλειν φεύγοντας εἰς τὴν γῆν, καὶ λαμβάνουσιν ὑπὸ τοῦ ψόφου καρηβαροῦντας. καίτοι οὐδ' οἱ δελφῖνες τῆς ἀκοῆς οὐδὲν ἔχουσι φανερὸν αἰσθητήριον. ἔτι δ' ἐν ταῖς θήραις τῶν ἰχθύων ὅτι μάλιστα εὐλαβοῦνται ψόφον ποιεῖν ἢ κώπης ἢ δικτύων οἱ περὶ τὴν θήραν ταύτην ὄντες· ἀλλ' ὅταν κατανοήσωσιν ἔν τινι τόπῳ πολλοὺς ἀθρόους ὄντας ἐκ τοσούτου τόπου τεκμαιρόμενοι

27 τε om. α Sn. **28** ἔχουσιν om. β γ Ald. ὁ om. γ **29** κυπρίοις α (exc. G[a]rc. Q): καπρίοις G[a]rc. Q Guil. (cett.): *carpis* Guil. (Tz) (= κυπρίνοις) **30** μὲν codd. Ald. Cs.: om. Scot.: *nisi* Gaza: μὴ Bas. edd. **31** πολλὰ A[a]pr. G[a] Q H[c] Ott.: πολλοῖς C[a] Guil. **32** ἀμείας N[c] Z[c] L[c]pr. mpr. n μᾶλλον C[a] **33** τὸ τῶν πιόνων ἰχ. α Guil. Sn. ἐν om. β γ Ald. **34** ἐν τῇ om. α Bk. **533b1** ἃ α A.-W. ἄν om. α (exc. C[a]) **2** τις α (exc. Q): τι Q, K[c] N[c] Z[c] L[c] m n, Ott. **5** φαίνεται φεύγ. transp. H[c] β **8** ὅμως α Guil. Cs.: *aeque omnibus* Gaza ὑγρῷ] ἀγρῷ A[a]pr. G[a] Q **10** ἀθρόους C[a] Cs.: ἀθρόως α (exc. C[a]) Sn. **11** ψοφοῦνται N[c] Z[c] m n **12** ποιοῦσιν] πᾶσιν E[a] ἐξοκείλειν C[a]: ἐξεκείλειν α (exc. C[a]): ἐξωκέλλειν β Ald. **13** καρηβαρῶντας α: καρηβαροῦντες γ (exc. L[c]) **14** φαν. οὐδ. ἐχ. transp. α: οὐδ. φαν. ἐχ. γ Ald.

καθιᾶσι /19/ τὰ δίκτυα, ὅπως μήτε κώπης μήτε ῥύμης τῆς ἁλιάδος ἀφίκηται πρὸς τὸν τόπον ἐκεῖνον ὁ ψόφος· παραγγέλλουσί τε πᾶσι τοῖς ναύταις ὅτι μάλιστα σιγῇ πλεῖν, μέχρι περ ἂν συγκυκλώσωνται. ἐνίοτε δ' ὅταν βούλωνται συνδραμεῖν, ταὐτὸν ποιοῦσιν ὅπερ ἐπὶ τῆς τῶν δελφίνων θήρας· ψοφοῦσι γὰρ λίθοις, ἵνα φοβηθέντες συνθέωσιν εἰς ταὐτὸ καὶ τοῖς δικτύοις οὕτω περιβάλλωνται. καὶ πρὶν μὲν συγκλεῖσαι, καθάπερ εἴρηται, κωλύουσι ψοφεῖν, ἐπὰν δὲ κυκλώσωσι, κελεύουσιν ἤδη βοᾶν καὶ ψοφεῖν· τὸν γὰρ ψόφον καὶ τὸν θόρυβον ἀκούοντες ἐμπίπτουσι διὰ τὸν φόβον. ἔτι δ' ὅταν ἴδωσιν οἱ ἁλιεῖς ἐκ πάνυ πολλοῦ νεμομένους ἀθρόους πολλοὺς ἐν ταῖς γαλήναις καὶ εὐδίαις ἐπιπολάζοντας, καὶ βουληθῶσιν ἰδεῖν τὰ μεγέθη καὶ τί τὸ γένος αὐτῶν, ἂν μὲν ἀψοφητὶ προσπλεύσωσι, λανθάνουσι καὶ καταλαμβάνουσιν ἐπιπολάζοντας ἔτι, ἐὰν δέ τις ψοφήσας τύχῃ πρότερον, φανεροὶ φεύγοντές εἰσιν. ἔτι δ' ἐν τοῖς ποταμοῖς εἰσιν ἰχθύδια ὑπὸ ταῖς πέτραις ἃ καλοῦσί τινες κόττους, καὶ ταῦτα /2/ θηρεύουσί τινες διὰ τὸ ὑπὸ ταῖς πέτραις ὑποδεδυκέναι κόπτοντες /3/ τὰς πέτρας λίθοις· τὰ δ' ἐσπίπτει παραφερόμενα /4/ ὡς ἀκούοντα καὶ καρηβαροῦντα ὑπὸ τοῦ ψόφου. ὅτι μὲν οὖν /5/ ἀκούουσιν, ἐκ τῶν τοιούτων ἐστὶ φανερόν· εἰσὶ δέ τινες οἵ φασι /6/ καὶ μάλιστα ὀξυηκόους εἶναι τῶν ζῴων τοὺς ἰχθύας, λέγειν δὲ τοῦτο τοὺς /7/ διατρίβοντας περὶ τὴν θάλατταν διὰ τὸ ἐντυγχάνειν τοιούτοις

18 καθιᾶσι post 19 δίκτυα transp. α Dt.   **19** μήτε τῆς ῥύμης τῆς α Sn.
22 κυκλώσωσιν α Sn.: circumdederint Guil.   **23** ταυτὸ C^a   **24** ψοφῶσι β γ (exc. Prc. L^c m*rc*.)   λίθους α (exc. C^a): lapidibus Guil.   **25** περιβάλλονται F^a X^c, P K^c M^c, Cs. Sn. A.-W. Dt.   **26** συγκλεῖσθαι H^c Sn. ἐπὰν] ὅταν α Bk.   **29** ἐκ] εἰς A^a*pr*. G^a*pr*.: om. G^a*rc*. Q H^c   **30** ἀθρόους om. L^c   εὐδίας A^a*pr*. G^a Q H^c   **33** ἔτι del. G^a*rc*., om. Q   ἂν C^a δὴ N^c Z^c m   τύχῃ ψοφ. transp. α Bk.   **34** φανερὸν P   εἰσὶ φεύγ. transp. α Bk.   **534a1** ὑπὸ ταῖς πέτραις β γ Ald.: ἄττα s. ἄττα α Sn. edd. κοίτους β γ Ald.: *cottos* Guil. Gaza: βοίτους edd. vet.   καὶ om. α Guil. Sn. **2** κόμπτοντες ταῖς πέτραις A^a*pr*.   **3** ἐσπίπτει β (exc. O^c*rc*.) γ (exc. L^c*pr*.): ἐκπίπτει α O^c*rc*. Cs.: ἐμπίπτει P: εἰσπίπτουσι L^c*pr*. Ald.: ἐκπίπτουσι Junt.: *inde exturbantur* Gaza   περιφερόμενα α (exc. C^a)   **6** ὀξυκόους A^a*pr*. G^a Q H^c, β, L^c, Ald. Sn.: ὀξηκόους A^a*rc*. F^a X^c   ἰχθῦς ἐκ τοῦ διατρίβοντας περὶ τὴν θ. ἐντυγχάνειν α Sn. Bk.

534a ARISTOTELIS

πολλοῖς. /8/ μάλιστα δ' εἰσὶ τῶν ἰχθύων ὀξυήκοοι κεστρεὺς χρέμψ /9/ λάβραξ σάλπη χρομὶς καὶ ὅσοι ἄλλοι τοιοῦ-
9, 10 τοι τῶν /10/ ἰχθύων· οἱ δ' ἄλλοι τούτων ἧττον, διὸ μᾶλλον
10, 11 πρὸς τῷ /11/ ἐδάφει τῆς θαλάττης ποιοῦνται τὰς διαγωγάς.
11 ὁμοίως δὲ
καὶ περὶ ὀσφρήσεως ἔχει. τοῦ τε γὰρ μὴ προσφάτου δελέατος οὐκ ἐθέλουσιν ἅπτεσθαι τῶν ἰχθύων οἱ πλεῖστοι, τοῖς
δελέασί τε οὐ τοῖς αὐτοῖς ἁλίσκονται πάντες ἀλλὰ ἰδίοις,
15 διαγινώσκοντες τῷ ὀσφραίνεσθαι· ἔνια γὰρ δελεάζεται τοῖς
δυσώδεσιν, ὥσπερ ἡ σάλπη τῇ κόπρῳ. ἔτι δὲ πολλοὶ τῶν
17 ἰχθύων διατρίβουσιν ἐν σπηλαίοις, οὓς ἐπειδὰν βούλωνται
προσκαλέσασθαι /18/ εἰς ἄγραν οἱ ἁλιεῖς, τὸ στόμα τοῦ σπη-
19 λαίου περιαλείφουσι ταριχηραῖς ὀσμαῖς, πρὸς ἃς ἐξέρχεται
20 ταχέως. ἁλίσκεται δὲ καὶ ἡ ἐγχέλυς τοῦτον τὸν τρόπον·
τιθέασι γὰρ τῶν ταριχηρῶν τι κεραμίων, ἐνθέντες εἰς τὸ
στόμα τοῦ κεραμίου τὸν καλούμενον ἠθμόν. καὶ ὅλως δὲ πρὸς
τὰ κνισώδη πάντες φέρονται μᾶλλον. καὶ τῶν σηπιῶν δὲ
τὰ σαρκία σταθεύσαντες ἕνεκα τῆς ὀσμῆς δελεάζουσι τούτοις·
25 προσέρχονται γὰρ μᾶλλον. τοὺς δὲ πολύπους φασὶν ὀπτήσαντες εἰς τοὺς κύρτους ἐντιθέναι οὐδενὸς ἄλλου χάριν ἢ τῆς
κνίσσης. ἔτι δ' οἱ ῥυάδες ἰχθύες, ὅταν ἐκχυθῇ τὸ πλύμα

8 τῶν ἰχ. εἰσὶν transp. α Dt.   ὀξύκοοι A[a]*pr.* G[a] Q H[c], L[c], Ald. Sn.: ὀξήκοοι F[a] X[c] ὀξ. ... 10 ἰχθύων om. N[c] Z[c]   χρέμψ β γ (χρέψ P) Ald.: om. α Dt.
9 λαύραξ codd. plur. passim   σάρπη A[a] G[a] Q H[c]   χρέμις α P*rc.*   **10**
μάλιστα α (exc. C[a])   τὰ ἐδάφη E[a]   **12** ἔχει om. α Dt.   μὴ om. S[c], del.
L[c]*rc*.   **13** οὐ θέλουσιν α   οἱ πλεῖστοι τῶν ἰχ. οἱ δ' ἄλλοι τούτων ἧττον,
τοῖς α Scot.   **14** τε δελέασιν transp. α Sn.   ἀλ. πάντες] ἁλίσκοντες F[a]
X[c]   **15** δελεάζονται α (exc. C[a])   **16** οἱ σάλποι β (exc. O[c]*rc.*) P K[c]
τῶν ἰχθύων om. γ (exc. L[c]*rc.*)   **17** προσκαλέσασθαι codd. (exc. om. A[a]*pr.*):
provocare Guil.: *evocare* Gaza: προκαλέσασθαι Sn. edd.   **18** εἰς] πρὸς α (exc.
C[a]) Sn.   ἄγραν β γ Ald.: τὴν θήραν α Sn.: *venationem* Scot.: *capturam* Guil.:
captum Gaza   οἱ om. A[a]*pr.*   **19** ἐπαλείφουσι α (exc. C[a]) Sn.: *circumungunt*
Guil.   ἐξέρχονται α Sn.   **20** δὲ] τε γ   **21** γὰρ] δὲ α (exc. C[a])   **22**
ἠσθμὸν F[a] X[c]: ἰθμὸν β: ἰσθμὸν γ Ald.   **23** κνισσώδη N[c] Z[c] L[c] m n Ald.
φέρ. πάν. transp. α A.-W.   μᾶλλον] θᾶττον α A.-W.   σηπύων α (exc.
C[a] H[c])   δὲ om. C[a] Guil.   **25** προσέρχομαι A[a]*pr.*   πολύποδας F[a] X[c]
ὀπτήσαντας α P K[c] L[c] n   **26** τῆς om. α   **27** κνίσσης codd. Ald.: κνίσης
Bk. edd.   πλύμα C[a] Sn. edd.: πλῦμα α (exc. C[a]): πόλισμα A[a]γρ m: πήλυσμα β E[a] P K[c] M[c]: πήλισμα N[c] Z[c] L[c] n

196

HISTORIA ANIMALIUM IV

τῶν ἰχθύων, ἢ τῆς ἀντλίας ἐκχυθείσης, φεύγουσιν ὡς ὀσφραινόμενοι τῆς ὀσμῆς αὐτῶν. καὶ τοῦ αὐτῶν δὲ αἵματος ταχὺ ὀσφραίνεσθαί φασιν αὐτούς· δῆλον δὲ ποιοῦσι φεύγοντες καὶ ἐκτοπίζοντες μακράν, ὅταν γένηται αἷμα ἰχθύων. καὶ ὅλως μὲν ἐὰν σαπρῷ τις δελέατι δελεάσῃ εἰς τὸν κύρτον, οὐκ ἐθέλουσιν εἰσδύνειν οὐδὲ πλησιάζειν, ἐὰν δὲ νεαρῷ δελέατι καὶ κεκνισσωμένῳ, εὐθὺς φερόμενοι πόρρωθεν εἰσδύνουσιν. μάλιστα δὲ φανερόν ἐστι περὶ τῶν εἰρημένων ἐπὶ τῶν δελφίνων· οὗτοι γὰρ τῆς ἀκοῆς αἰσθητήριον μὲν οὐδὲν ἔχουσι φανερόν, ἁλίσκονται δὲ διὰ τὸ καρηβαρεῖν ὑπὸ τοῦ ψόφου, καθάπερ εἴρηται πρότερον. οὐδὲ δὴ τῆς ὀσφρήσεως αἰσθητήριον οὐδὲν ἔχει φανερόν, ὀσφραίνεται δ᾽ ὀξέως.

ὅτι μὲν οὖν πάσας ἔχει τὰς αἰσθήσεις ταῦτα τὰ ζῷα, φανερόν· τὰ δὲ λοιπὰ γένη τῶν ζῴων ἔστι μὲν τέτταρα διῃρημένα εἰς γένη ἃ περιέχει τὸ πλῆθος τῶν λοιπῶν ζῴων, τά τε μαλάκια καὶ τὰ μαλακόστρακα καὶ τὰ ὀστρακόδερμα καὶ ἔτι τὰ ἔντομα, τούτων δὲ τὰ μὲν μαλάκια καὶ τὰ μαλακόστρακα καὶ τὰ ἔντομα ἔχει πάσας τὰς αἰσθήσεις· καὶ γὰρ ὄψιν ἔχει καὶ ὄσφρησιν καὶ γεῦσιν. τά τε γὰρ ἔντομα ὄντα πόρρω συναισθάνεται, καὶ τὰ πτερωτὰ καὶ τὰ ἄπτερα, οἷον αἵ τε μέλιτται καὶ οἱ κνῖπες τοῦ μέλιτος· ἐκ πολλοῦ γὰρ αἰσθάνονται ὡς τῇ ὀσμῇ γινώσκοντα. καὶ ὑπὸ τῆς τοῦ θείου ὀσμῆς πολλὰ ἀπόλλυνται.

28 ὡς om. C^a   29 αὐτῶν^(1) ... 536b30 γένος] post 539b1 κοινωνίας transp. C^a A^apr., post 539b1 ἄρρενας transp. G^apr. H^c   αὐτῶν^(1) om. Q F^a X^c   αὐτῶν^(2) S^c, L^c Bk.   δὴ α Dt.   534b1 τάχιστα α Guil. A.-W.   2 αἷμα γένηται transp. α A.-W.   3 μὲν ἐὰν β γ Ald.: δὲ ἐὰν μὲν α Cs. edd.   εἰς om. α Cs. edd.   4 ἂν α (exc. C^a)   5 κεκνισσωμένῳ H^c, S^c, Bk.: κεκνισσαμένῳ P K^c   6 δὴ N^c Z^c m n   7 οὗτοι] τοῦτο F^a X^c   γὰρ ἐπὶ τῆς α οὐδὲν] οὐκ α (exc. C^a)   8 δὲ om. P K^c N^c Z^c mpr.   9 αἰσθ. post 10 οὐδὲν transp. α   10 οὐδέν] οὐδὲ A^apr.   11 οὖν om. H^c   ἔχει post αἰσ. transp. α S^c, post ταυ. γ Ald. edd.   ταύτας γ Ald.   12 ἐστι] ἐπὶ β: ἐπεὶ γ Ald.   μὲν] δὴ εἰς L^c Ald.   13 διηρ. εἰσὶν εἰς β γ Ald. (exc. εἰς om. L^c Ald.)   ἅπερ ἔχει β γ Ald.   14 καὶ τὰ ὀστρ. ... 16 μαλακόστρακα om. γ (exc. καὶ τὰ ὀστρ. habet, cetera om. L^c)   15 τούτων ... 16 ἔντομα om. α (exc. C^a)   17 καὶ γεῦσιν om. C^a A^apr.   18 ἐντ. πεζὰ ὄντα α   συναισθάνονται H^c, E^a: συναισθάνεσθαι n   19 τὰ om. β γ Ald.   τε om. α Sn.   οἱ] αἱ H^c, P   20 αἰσθάνεται α (exc. C^a) E^a   γινώσκοντες A^apr., E^a   21 τοῦ om. C^a   ἀπόλλυται α γ Ald.

ἔτι δ' οἱ μύρμηκες ὑπὸ ὀριγάνου καὶ θείου περιπαττομένων λείων ἐκλείπουσι τὰς μυρμηκίας, καὶ ἐλαφείου κέρατος θυμιωμένου τὰ πλεῖστα φεύγει τῶν τοιούτων· μάλιστα δὲ φεύγουσι θυμιωμένου τοῦ στύρακος. ἔτι δὲ αἵ τε σηπίαι καὶ οἱ πολύποδες /26/ καὶ οἱ κάραβοι τοῖς δελέασιν ἁλίσκονται· καὶ οἵ γε /27/ πολύποδες οὕτω μὲν προσέρχονται ὥστε μὴ ἀποσπασθῆναι /28/ ἀλλ' ὑπομένειν ἀποτεμνόμενοι, ἐὰν δέ τις κόνυζαν προσενέγκῃ, /29/ ὥς φασιν εὐθὺς ὀσφραινόμενοι ἀφιᾶσιν. ὁμοίως δὲ καὶ περὶ γεύσεως· ἐνίοτε γὰρ τήν τε τροφὴν ἑτέραν διώκουσι καὶ οὐ τοῖς αὐτοῖς πάντα χαίρει χυμοῖς, οἷον ἡ μέλιττα πρὸς οὐδὲν προστρέχει σαπρὸν ἀλλὰ πρὸς γλυκέα, ὁ δὲ κώνωψ πρὸς οὐδὲν γλυκὺ ἀλλὰ πρὸς τὰ ὀξέα. τὸ δὲ τῇ ἁφῇ αἰσθάνεσθαι, ὅπερ καὶ πρότερον εἴρηται, πᾶσιν ὑπάρχει τοῖς ζῴοις. τὰ δ' ὀστρακόδερμα ὄσφρησιν μὲν καὶ γεῦσιν ἔχει, φανερὸν δ' ἐκ τῶν δελεασμάτων, οἷον ἐπὶ τῆς πορφύρας· αὕτη γὰρ δελεάζεται τοῖς σαπροῖς, καὶ προσέρχεται πρὸς τὸ τοιοῦτον δέλεαρ ὡς αἴσθησιν ἔχουσα πόρρωθεν. καὶ τῶν χυμῶν δὲ ὅτι αἴσθησιν ἔχει, φανερὸν διὰ τῶν αὐτῶν· πρὸς ἃ γὰρ διὰ τὰς ὀσμὰς προσέρχεται κρίνοντα, τούτων χαίρει καὶ τοῖς χυμοῖς ἕκαστα. ἔτι δὲ ὅσα ἔχει στόμα, χαίρει καὶ λυπεῖται τῇ τῶν χυμῶν ἁψει. περὶ δ' ὄψεως καὶ ἀκοῆς βέβαιον μὲν οὐθέν

22 ὑπὸ] ἀπὸ Cᵃpr.   ὀργάνου Cᵃ   **23** λείων om. α A.-W.   τὰς] τοὺς Aᵃ Gᵃ Q Hᶜ   μυρμηκείας Cᵃ: -υίας Aᵃ Gᵃ Q Fᵃpr. Hᶜ   θυμιουμένου α (exc. Cᵃ)   **25** θυμιουμένου α (exc. Cᵃ)   στόρακος Cᵃ: στήρακος Hᶜ   ἔτι δὲ om. β γ Ald. Bk.   τε om. α Sn.   σηπύαι Cᵃ: σηπυῖαι Aᵃ Gᵃpr. Qpr.   οἱ] αἱ P   **26** γε] τε Ald.   **27** προσέρχονται codd. Scot. Alb. Guil. Ald.: adhaerescunt Gaza: προσέχονται cj. Scal. edd.   ἀποσπᾶσθαι α Sn.   **28** τεμνόμενοι α Sn.   κόρυζαν Aᵃ Fᵃ Xᶜ Hᶜ, Sᶜ Oᶜpr. Tᶜ, Ald.: om. Gᵃ Q: κόνιζαν Eᵃ: κόνιξαν Kᶜ   **29** ὥς ... ἀφιᾶσιν] ἀφιᾶσιν εὐθέως ὀσμώμενοι α Guil. Bk.   **535a1** ἐνίοτε ... τε] τήν τε γὰρ Cᵃ Sn. edd.: τήν τε α (exc. Cᵃ)   **2** προστρέχει β γ Ald.: προσιζάνει α Sn. edd.: sedent Scot.: insident Alb.: accedit Guil.: advolare Gaza   **3** πρὸς τὰ γλ. α Cs. edd.   οἱ δὲ κώνωπες α (exc. οὐδὲ κω. Gᵃ Q) Sn.   **5** ὅπερ] ὥσπερ α A.-W.   **6** ἔχει καὶ γεῦσιν transp. β Kᶜ   **7** δελεασμῶν α Bk.   οἷον om. Nᶜ Zᶜ Lᶜ m n   **8** πρὸς ... 11 προσέρχεται om. Kᶜ   τοιοῦτο Lᶜ Ald.   **10** διὰ⁽¹⁾ β γ Ald.: ἔκ α Sn. edd.   **11** προσέρχονται α   κρίναντα α Dt.: κρίνονται Nᶜ Zᶜ m n   τοῦτο n   χαίρειν Nᶜ Zᶜ   καὶ om. α (exc. Cᵃ)   **12** ἕκαστον α Guil.   στόματα α

HISTORIA ANIMALIUM IV

ἔστιν οὐδὲ λίαν φανερόν, δοκοῦσι δ' οἵ τε σωλῆνες, ἄν τις ψοφήσῃ, καταδύεσθαι, καὶ φεύγειν κατωτέρω, ὅταν αἴσθωνται τὸ σιδήριον προσφερόμενον (ὑπερέχει γὰρ αὐτῶν μικρόν, τὸ δ' ἄλλο ὥσπερ ἐν θαλάμῃ ἐστίν), καὶ οἱ κτένες ἐάν τις προσφέρῃ τὸν δάκτυλον χάσκουσι καὶ συμμύουσιν ὡς ὁρῶντες. καὶ τοὺς νηρίτας δ' οἱ θηρεύοντες οὐ κατὰ πνεῦμα προσιόντες θηρεύουσιν, ὅταν θηρεύωσιν αὐτοὺς εἰς τὸ δέλεαρ, οὐδὲ φθεγγόμενοι ἀλλὰ σιωπῶντες ὡς ὀσφραινομένων καὶ ἀκουόντων· ἐὰν δὲ φθέγγωνται, φασὶν ὑποφεύγειν αὐτούς. ἥκιστα δὲ τὴν ὄσφρησιν τῶν ὀστρακοδέρμων φαίνεται ἔχειν τῶν /24/ μὲν πορευτικῶν ἐχῖνος, τῶν δ' ἀκινήτων οἷον τὰ τήθυα καὶ οἱ βάλανοι.

περὶ μὲν οὖν τῶν αἰσθητηρίων τοῦτον ἔχει τὸν τρόπον τοῖς ζῴοις πᾶσιν, περὶ δὲ φωνῆς τῶν ζῴων ὧδε ἔχει. **[9]** φωνὴ δὲ /28/ καὶ ψόφος ἕτερόν ἐστι, καὶ τρίτον τούτων διάλεκτος. φωνεῖ μὲν οὖν οὐδενὶ τῶν ἄλλων μορίων οὐδὲν πλὴν τῷ φάρυγγι· διὸ ὅσα μὴ ἔχει πλεύμονα, οὐδὲν φθέγγεται· διάλεκτος δ' ἡ τῆς φωνῆς ἐστι τῇ γλώττῃ διάρθρωσις. τὰ μὲν οὖν φωνήεντα ἡ φωνὴ καὶ ὁ λάρυγξ ἀφίησιν, ὅσα δ' ἄφωνα ἡ γλῶττα καὶ τὰ χείλη· ἐξ ὧν ἡ διάλεκτός ἐστιν. διὸ ὅσα γλῶτταν μὴ ἔχει ἢ μὴ ἀπολελυμένην, οὔτε φωνεῖ οὔτε διαλέγεται· ψοφεῖν δ' ἔστι καὶ ἄλλοις μορίοις. τὰ μὲν οὖν ἔντομα οὔτε φωνεῖ οὔτε διαλέγεται, ψοφεῖ δὲ τῷ ἔσω πνεύματι, οὐ τῷ θύραζε· οὐθὲν γὰρ ἀναπνεῖ αὐτῶν, ἀλλὰ τὰ μὲν βομβεῖ, οἷον μέλιττα καὶ τὰ πτηνὰ αὐτῶν, τὰ δ' ᾄδειν

---

14 τε om. Eᵃ   τις] τι α   **16** προσφερόμενον β γ Ald.: προσιόν α Guil. Sn. edd.   ὑπάρχει Cᵃ   **18** ὡς ὁρῶντες] προσορῶντες α (exc. Cᵃ)   **19** νηρείτας Cᵃ Hᶜ: νειρείτας Aᵃ Gᵃ Q: νειρήτας Fᵃ Xᶜ   προσιόντας α (exc. Gᵃrc. Q)   **20** θηρεύωσιν Fᵃ Xᶜ Hᶜ β: θηρεύουσιν Cᵃ Aᵃ Gᵃ Q: θηρεύσωσιν γ Ald. edd.   οὐδὲ] οὐ Cᵃ: μὴ α (exc. Cᵃ)   **21** ὡς om. α   **23** φαίν. τῶν ὀσ. transp. α   **24** οἷον τὰ om. α Sn. edd.   τήθεα α (abbrev. Cᵃ)   οἱ om. α Sn. edd.   **26** οὖν om. α (exc. Cᵃ Hᶜ)   **27** δὲ⁽²⁾ om. α Guil. Sn. edd.   **28** τούτων ante τρίτον transp. α: om. γ Dt.   **29** οὖν om. Cᵃ   **30** πνεῦμα β γ (exc. Prc. Mᶜrc. Lᶜ mrc.)   οὐδὲ α (exc. Cᵃ) Bk.   **31** τῇ γλώττῃ] καὶ ἡ τῆς γλώττης α (exc. Cᵃ)   διόρθωσις Eᵃ Lᶜpr.   **32** ἡ⁽¹⁾ om. Aᵃpr.   ὅσα] τὰ α Guil. Sn. edd.   **535b1** τὰ om. Lᶜ Ald.   **2** ἢ om. β Guil.   **3** ψοφεῖν ... 4 διαλέγεται om. α (exc. Cᵃ) Guil.   **5** θύραθεν Eᵃ   **6** βομβεῖν Cᵃrc. Ald.

199

ARISTOTELIS

λέγεται, οἷον οἱ τέττιγες. πάντα δὲ ταῦτα ψοφεῖ τῷ ὑμένι
τῷ ὑπὸ τὸ ὑπόζωμα, ὅσον διῄρηται οἷον τὸ τῶν τεττίγων
γένος, τῇ τρίψει τοῦ πνεύματος, καὶ αἱ μυῖαι δὲ καὶ αἱ
μέλιτται καὶ τὰ ἄλλα πάντα τῇ τρίψει αἴρονται καὶ συστέλ-
λονται· ὁ γὰρ ψόφος τρίψις ἐστὶ τοῦ ἔσω πνεύματος. αἱ δ᾽
ἀκρίδες τοῖς πηδαλίοις τρίβουσαι ποιοῦσι τὸν ψόφον. οὔτε δὲ
τῶν μαλακίων οὐδὲν οὔτε φθέγγεται οὔτε ψοφεῖ οὐδένα φυσι-
κὸν ψόφον, οὐδὲ τῶν μαλακοστράκων. οἱ δ᾽ ἰχθύες ἄφωνοι μέν
εἰσιν (οὔτε γὰρ πνεύμονα οὔτε ἀρτηρίαν καὶ φάρυγγα ἔχουσι),
ψόφους δέ τινας ἀφιᾶσι καὶ τρισμοὺς οὓς λέγουσι φωνεῖν,
οἷον λύρα καὶ χρομίς (οὗτοι γὰρ ἀφιᾶσιν ὥσπερ γρυλλισμόν)
καὶ ὁ κάπρος ὁ ἐν τῷ Ἀχελῴῳ, ἔτι δὲ χαλκὶς καὶ ὁ κόκ-
κυξ· ἡ μὲν γὰρ ψοφεῖ οἷον τριγμόν, ὁ δὲ παραπλήσιον
τῷ κόκκυγι ψόφον, ὅθεν καὶ τοὔνομα ἔχει. πάντα δὲ ταῦτα
τὴν δοκοῦσαν φωνὴν ἀφιᾶσι τὰ μὲν τῇ τρίψει τῶν βραγ-
χίων (ἀκανθώδεις γὰρ οἱ τόποι), τὰ δὲ τοῖς ἐντὸς τοῖς περὶ
τὴν κοιλίαν· πνεῦμα γὰρ ἔχει τούτων ἕκαστον, ὃ προστρί-
βοντα καὶ κινοῦντα ποιεῖ τοὺς ψόφους. καὶ τῶν σελαχῶν δ᾽
ἔνια δοκεῖ τρίζειν. ἀλλὰ ταῦτα φωνεῖν μὲν οὐκ ὀρθῶς ἔχει
φάναι, ψοφεῖν δέ. καὶ γὰρ οἱ κτένες ὅταν φαίνωνται ἀπερει-
δόμενοι τῷ ὑγρῷ, ὃ καλοῦσι πέτεσθαι, ῥοιζοῦσι, καὶ αἱ χε-

---

7 οἱ om. β **8** τῷ om. L[c] Ald. ζῶμα Ald. ὅσων C[a] Q Guil. Sylb. edd. οἷον τῶν τεττ. τι γένος C[a] Sn. edd. **9** αἱ[(1)] om. γ αἱ[(2)] om. N[c] Z[c] L[c] m n Ald. **10** τρίψει β (exc. U[c]rc.): πτήσει α γ Scot. Guil. Ald. edd. αἴροντα καὶ συστέλλοντα C[a], P Scot. Guil. Cs. edd. **11** ἐστὶ post πνεύ. transp. α γ Ald. **12** οὔτε β γ Ald.: οὐ γὰρ C[a]pr.: οὐδὲ C[a]rc. Bk.: om. A[a]pr.: οὔτω A[a]rc. G[a] Q F[a] X[c] H[c], P δὲ β N[c] Z[c] L[c] m n Ald.: δὴ α E[a] P K[c] M[c] Bk. **13** οὔτε[(1)]] οὕτως E[a] **14** οἱ δ᾽] οὐδὲ H[c], E[a] **15** πνεῦμα E[a] **16** τριγμοὺς α Guil. Sn. φωνὴν α (exc. C[a]) Guil. **17** χρόμις C[a]: χρῶμις α (exc. C[a]) γρυλλισμόν β γ (exc. P) Ald.: τρυλλισμόν α: γρυλισμόν P Bk. **18** χαλκὸς A[a]rc. G[a] Q H[c] ὁ[(3)] om. α Sn. **19** ἡ] ὁ L[c] Ald. Sn. τριγμόν α (exc. C[a] A[a]pr.) Guil. Cs.: συριγμόν C[a] Sn. edd.: lac. μόν A[a]pr.: στριγμόν β γ (exc. στρειγμόν P, στριγμένον N[c] Z[c]) Ald. δὲ om. A[a]pr. **23** ὃ] ὧι C[a] **24** σελαχωδῶν H[c] Sn. **25** τρ. δοκ. transp. Ald. φωνὴν A[a]pr. F[a] X[c], E[a] μὲν ante φω. transp. α (exc. C[a]) S[c] **26** ψοφεῖ A[a]pr. γὰρ om. G[a] Q φαίνωνται β γ Ald.: φέρωνται α Guil. Sn. edd. ἐπερειδόμενοι α (exc. C[a]) **27** πέττεσθαι C[a] A[a] G[a] Q, γ (exc. L[c])

HISTORIA ANIMALIUM IV

λιδόνες αἱ θαλάττιαι· καὶ γὰρ αὗται πέτονται μετέωροι, οὐχ ἁπτόμεναι τῆς θαλάττης· τὰ γὰρ πτερύγια /30/ ἔχουσι πλατέα καὶ μακρά. ὥσπερ οὖν τῶν ὀρνίθων πετομένων ὁ γινόμενος ταῖς πτέρυξι ψόφος οὐ φωνή ἐστιν, οὕτως οὐδὲ τῶν τοιούτων οὐδέν. ἀφίησι δὲ καὶ ὁ δελφὶς τριγμὸν καὶ μύζει ὅταν ἐξέλθῃ ἐν τῷ ἀέρι, οὐχ ὁμοίως δὲ τοῖς εἰρημένοις· ἔτι γὰρ τοῦτο φωνῆεν ἔχει καὶ πλεύμονα καὶ ἀρτηρίαν, ἀλλὰ τὴν γλῶτταν οὐκ ἀπολελυμένην οὐδὲ χείλη ὥστε ἄρθρον τι τῆς φωνῆς ποιεῖν. τῶν δ' ἐχόντων γλῶτταν καὶ πλεύμονα ὅσα μὲν ᾠοτόκα ἐστὶ καὶ τετράποδα, ἀφίησι φωνήν, ἀσθενῆ μέντοι, καὶ τὰ μὲν συριγμόν, ὥσπερ οἱ ὄφεις, τὰ δὲ λεπτὴν καὶ ἀσθενῆ φωνήν, τὰ δὲ σιγμὸν μικρόν, ὥσπερ αἱ χελῶναι. ὁ δὲ βάτραχος ἰδίαν ἔχει τὴν γλῶτταν· τὸ μὲν γὰρ ἔμπροσθεν προσπέφυκεν ἰχθυωδῶς, ὃ τοῖς ἄλλοις ἀπολέλυται, τὸ δὲ πρὸς τὸν φάρυγγα ἀπολέλυται καὶ ἐπέπτυκται, ᾧ τὴν ἰδίαν ἀφίησι φωνὴν αἰεί. καὶ τὴν ὀλολυγόνα δὲ τὴν γινομένην ἐν τῷ ὕδατι οἱ βάτραχοι οἱ ἄρρενες ποιοῦσιν, ὅταν ἀνακαλῶνται τὰς θηλείας πρὸς τὴν ὀχείαν· εἰσὶ γὰρ ἑκάστοις τῶν ζῴων ἴδιαι φωναὶ πρὸς τὴν ὁμιλίαν καὶ τὸν πλησιασμόν, οἷον καὶ ὑσὶ καὶ τράγοις καὶ προβάτοις. ποιεῖ δὲ τὴν ὀλολυγόνα, ὅταν ἰσοχειλῆ τὴν κάτω σιαγόνα ποιήσας ἐπὶ τῷ ὕδατι περιτείνῃ τὴν ἄνω. δοκεῖ δὲ διαλαμ-

28 post θαλ. add. ὁμοίως α (exc. Cᵃ)   πέττονται Hᶜ, P Kᶜ Nᶜ   **30** μικρά α Scot. Alb.: *longas* Guil.   οὖν om. Ald.   ὀρν. τῶν πετ. α   πεττομένων Gᵃ Q, P   **31** ταῖς πτέρυξι om. α (exc. Cᵃ)   φωνεῖ α (exc. Cᵃ) ἐστιν om. α   **32** οὐδέν β Lᶜ*rc*. Ald.: οὐδενός α γ Sn. edd.   οὐδ. ἃ ἀφίησιν· ἀφίησι γ (exc. Lᶜ*rc*.)   **536a1** ἔλθῃ α (exc. Cᵃ)   δὲ om. α   ἔτι] ἔστι α Guil. Cs.   **2** τούτῳ α (exc. Cᵃ*rc*.) Cs. edd.   φωνῆεν β (exc. Oᶜ Tᶜ) P Kᶜ Mᶜ m: φωνὴ α Nᶜ Zᶜ*pr*. Cs. edd.: φωνὴ μὲν Oᶜ Tᶜ: φωνὴν Eᵃ Zᶜ*rc*. Lᶜ n Ald.: *similis voci* Scot.: *vocale* Guil.   post ἔχει add. γὰρ α Guil. Cs. edd.   **3** οὐδὲ τὰ χείλη α   **5** ἀφιᾶσι α   post ἀφ. add. μὲν α Bk.   **6** μέντοι] δὲ α Dt.: μὲν γ (exc. Lᶜ*rc*.)   ὥσπερ ... **7** σιγμὸν om. Gᵃ Q Ott.   **7** ἀσθενὴν Aᵃ Hᶜ, n   συριγμὸν α (exc. Cᵃ) Kᶜ: συγμὸν Ald.   **9** ὃ] ἣ β (exc. ἣ Sᶜ) Kᶜ **10** τὸ] τὰ β Zᶜ Guil. Ald.   **11** πέπτυκται α (πέπυκται Fᵃ Xᶜ Hᶜ) Bk.: om. Scot.: *applicatur* Guil.   αἰεί om. α Nᶜ Zᶜ m Cs.   **12** τοῖς ὕδασιν α   **15** οἷον] τοῦτον γ (exc. Lᶜ*rc*.)   τρ. καὶ ὑ. transp. α Dt.   **17** περιτείνει Gᵃ Q β n Ald.   δοκεῖ codd.: *videntur* Guil.: δοκοῦσι cj. edd.   δὲ καὶ δ. α (exc. Cᵃ)

πουσῶν τῶν σιαγόνων ἐκ τῆς ἐπιτάσεως ὥσπερ λύχνοι φαίνεσθαι οἱ ὀφθαλμοί· ἡ γὰρ ὀχεία τὰ πολλὰ φαίνεται νύκτωρ οὖσα.

τὸ δὲ τῶν ὀρνίθων γένος ἀφίησι φωνήν· καὶ μάλιστα ἔχει διάλεκτον ὅσοις ὑπάρχει μετρίως ἡ γλῶττα πλατεῖα, καὶ ὅσοι ἔχουσι λεπτὴν τὴν γλῶτταν αὐτῶν. ἔνια μὲν οὖν ἀφίησι τὴν αὐτὴν φωνὴν τά τε θήλεα καὶ τὰ ἄρρενα, ἔνια δ' ἑτέραν. πολύφωνα δέ ἐστι καὶ λαλίστερα τὰ ἐλάττω τῶν μεγάλων· καὶ μάλιστα περὶ τὴν ὀχείαν γίνεται ἕκαστον τῶν ὀρνέων τοιοῦτον, καὶ τὰ μὲν μαχόμενα φθέγγεται, οἷον ὄρτυξ, τὰ δὲ πρὸ τοῦ μάχεσθαι προκαλούμενα ἢ νικῶντα οἷον ἀλεκτρυόνες. ᾄδουσι δ' ἔνια μὲν ὁμοίως τὰ ἄρρενα τοῖς θήλεσιν, οἷον καὶ ἡ ἀηδὼν ᾄδει καὶ ὁ ἄρρην καὶ ἡ θήλεια, πλὴν ἡ θήλεια παύεται ὅταν ἐπῳάζῃ καὶ τὰ νεόττια ἔχῃ· ἐνίων δὲ καὶ τὰ ἄρρενα μᾶλλον, οἷον ἀλεκτρυόνες τε καὶ ὄρτυγες, αἱ δὲ /32/ θήλειαι οὐκ ᾄδουσιν.

τὰ δὲ ζωοτόκα καὶ τετράποδα ζῷα ἄλλο ἄλλην ἀφίησι φωνήν, διάλεκτον δ' οὐδὲν ἔχει, ἀλλ' ἴδιον τοῦτο τοῦ ἀνθρώπου ἐστίν· ὅσα μὲν γὰρ διάλεκτον ἔχει, καὶ φωνὴν ἔχει, ὅσα δὲ φωνήν, οὐ πάντα διάλεκτον. ὅσοι δὲ κωφοὶ γίνονται ἐκ γενετῆς, πάντες καὶ ἐννεοὶ γίνονται· φωνὴν μὲν οὖν ἀφιᾶσι, διάλεκτον δ' οὐδεμίαν. τὰ δὲ παιδία ὥσπερ καὶ τῶν ἄλλων μορίων οὐκ ἐγκρατῆ ἐστιν, οὕτως οὐδὲ τῆς γλώττης τὸ πρῶτον, καὶ ἔστιν ἀτελῆ, καὶ ἀπολύεται ὀψιαίτερον, ὥστε ψελλίζουσι καὶ τραυλίζουσι τὰ πολλά.

διαφέρουσι δὲ καὶ αἱ

φωναὶ κατὰ τόπους καὶ αἱ διάλεκτοι. ἡ μὲν οὖν φωνὴ ὀξύτητι καὶ βαρύτητι μάλιστα ἐπίδηλος, τὸ δ' εἶδος οὐδὲν διαφέρει τῶν αὐτῶν γενῶν· ἡ δ' ἐν τοῖς ἄρθροις, ἣν ἄν τις ὥσπερ διάλεκτον εἴπειεν, καὶ τῶν ἄλλων ζῴων διαφέρει καὶ /13/ τῶν ἐν ταὐτῷ γένει ζῴων κατὰ τόπους, οἷον τῶν τε περδίκων οἱ μὲν κακκαβίζουσιν οἱ δὲ τρίζουσιν, καὶ τῶν μικρῶν ὀρνίθων ἔνια οὐ τὴν αὐτὴν ἀφίησι φωνὴν ἐν τῷ ᾄδειν τοῖς γεννήσασιν, ἂν ἀπότροφα γένωνται καὶ τῶν ἄλλων ἀκούωσιν ᾀδόντων ὀρνίθων. ἤδη δ' ὦπται καὶ ἀηδὼν νεοττὸν προδιδάσκουσα, ὡς οὐχ /18/ ὁμοίως φύσει οὔσης τῆς διαλέκτου καὶ τῆς φωνῆς, ἀλλ' ἐνδεχόμενον /19/ πλάττεσθαι. καὶ οἱ ἄνθρωποι φωνὴν μὲν τὴν αὐτὴν /20/ ἀφιᾶσι, διάλεκτον δ' οὐ τὴν αὐτήν. ὁ δ' ἐλέφας φωνεῖ, /21/ ἄνευ μέντοι τοῦ μυκτῆρος αὐτῷ τῷ στόματι πνευματῶδες ὥσπερ /22/ ὅταν ἄνθρωπος ἐκπνέῃ καὶ αἰάζῃ, μετὰ δὲ τοῦ μυκτῆρος /23/ ὅμοιον σάλπιγγι τετραχυσμένη.

[10] περὶ δὲ ὕπνου καὶ ἐγρηγόρσεως τῶν ζῴων, ὅτι ὅσα πεζὰ καὶ ἔναιμα πάντα καθεύδει καὶ ἐγρήγορεν, φανερὸν ποιοῦσι κατὰ τὴν αἴσθησιν. πάντα γὰρ ὅσα ἔχει βλεφαρίδας, μύοντα ποιεῖται τὸν ὕπνον. ἔτι δ' ἐνυπνιάζειν φαίνονται οὐ μόνον ἄνθρωποι, ἀλλὰ καὶ ἵπποι καὶ κύνες καὶ βόες, ἔτι δὲ πρόβατα καὶ αἶγες καὶ πᾶν τὸ τῶν ζῳοτόκων καὶ τετραπόδων γένος· δηλοῦσι δ' οἱ κύνες τῷ ὑλαγμῷ. περὶ δὲ τῶν ᾠοτοκούντων τοῦτο μὲν ἄδηλον, ὅτι δὲ καθεύδουσι, φανε-

---

9 κατὰ τόπους post 8 δὲ transp. α Bk.   κατὰ τοὺς τόπ. Cᵃ Dt.   ἡ διάλεκτος α   11 ἐν om. Hᶜ   12 εἴπειεν corr. Sylb. edd.: εἴποιε Cᵃ Aᵃ*pr*. Hᶜ, m: εἴποι Aᵃ*rc*. Gᵃ Q Fᵃ Xᶜ, Eᵃ Lᶜ: εἴποιεν β P Kᶜ Nᶜ Zᶜ n Ald.   ζῴων om. γ (exc. Lᶜ*rc*.)   διαφέρει ... 13 ζῴων bis Cᵃ Aᵃ*pr*.   13 ἐν om. Lᶜ   τῷ αὐτῷ α   κατὰ τοὺς τοπ. α (τρόπους Hᶜ) Dt.   τῶν τε β: τὸ τῶν α Nᶜ Zᶜ Lᶜ m n Ald.: τε τῶν Eᵃ P Kᶜ Mᶜ: τῶν Bk.   post περδ. add. γένος α Sn.   14 κακαβίζουσιν P   τρίβουσι P Kᶜ Mᶜ Nᶜ Zᶜ n   ὀρνίθων codd. Ald.: ὀρνιθίων cj. Sn. edd.   15 φωνὴν ἀφιᾶσιν α   16 ἀπότροφα α (-οι Cᵃ*rc*.)   τῶν om. α γ (exc. Lᶜ*rc*.) Sn.   ἀκούσωσιν α Sn.   ὀρν. ᾀδ. transp. α (exc. Cᵃ) Nᶜ Zᶜ Lᶜ m n Ald. edd.   17 ὡς om. α (exc. Cᵃ)   18 ὁμοίας α Sn.   τῆς δι. οὔσης transp. α γ Ald.   21 ἄνω μέντοι β γ Ald.: μὲν ἄνευ α Sn.: *sine nare quidem* Guil.: ἄνευ μὲν cj. Bk. edd.   τῶν μυκτήρων Nᶜ Zᶜ Lᶜ m n Ald.   22 ὅτ' ἄνθ. ἐκπνέει καὶ λαλεῖ β γ Ald.   23 τετραχυμένη α   24 post ὅτι add. μὲν α Sn.   25 post ἔναιμα add. τῶν ζῴων α (exc. Cᵃ)   ἐγρηγορεῖ β γ (exc. Eᵃ) Ald.   26 βλεφαρίδα α γ Guil.   31 δὲ om. P

ρόν. ὁμοίως δὲ καὶ τὰ ἔνυδρα, οἷον οἵ τε ἰχθύες καὶ τὰ μαλάκια καὶ τὰ μαλακόστρακα κάραβοί τε καὶ τὰ τοιαῦτα. βραχύυπνα μὲν οὖν ἐστι πάντα τὰ τοιαῦτα, φαίνεται δὲ καθεύδοντα. σημεῖον δὲ κατὰ μὲν τὰ ὄμματα λαβεῖν οὐκ ἔστιν (οὐδὲν γὰρ ἔχει τούτων βλέφαρον), ἀλλὰ ταῖς ἀτρεμίαις. ἁλίσκονται μὲν γὰρ οἱ ἰχθύες, εἰ μὲν μὴ διὰ τοὺς φθεῖρας καὶ τοὺς /6/ λεγομένους ψύλλους, κἂν ὥστε τῇ χειρὶ λαβεῖν ῥᾳδίως· νῦν δ᾽, ἂν χρονίσωσιν, οὗτοι τῆς νυκτὸς κατεσθίουσι προσπίπτοντες, πολλοὶ τὸ πλῆθος ὄντες. γίνονται δὲ ἐν τῷ βυθῷ τῆς θαλάσσης, καὶ τοσοῦτοι τὸ πλῆθος ὥστε καὶ τὸ δέλεαρ, ὅταν ἰχθύος ᾖ, ἂν χρονίσῃ ἐπὶ τῆς γῆς, κατεσθίουσιν· καὶ ἀνέλκουσι πολλάκις οἱ ἁλιεῖς περὶ τὸ δέλεαρ ὥσπερ σφαῖραν συνεχομένων αὐτῶν. ἀλλ᾽ ἐκ τῶν τοιούτων ἔστι τεκμαίρεσθαι μᾶλλον ὅτι καθεύδουσιν· πολλάκις γὰρ ἔστιν ἐπιπεσόντα τοὺς ἰχθῦς λαθεῖν οὕτως ὥστε καὶ τῇ χειρὶ λαβεῖν ἢ πατάξαντα λαθεῖν· ὑπὸ δὲ τὸν καιρὸν τοῦτον ἠρεμοῦσι σφόδρα, καὶ κινοῦσιν οὐθὲν πλὴν ἠρέμα τὸ οὐραῖον. δῆλον δὲ γίνεται ὅτι καθεύδει καὶ ταῖς φοραῖς, ἄν τι κινηθῇ ἡσυχαζόντων· φέ-

32 καὶ⁽¹⁾ om. Cᵃ   537a1 μαλακόστρακα καὶ τὰ μαλάκια καὶ καραβοί τε α (exc. Cᵃ)   2 βραχύυπνα ... πάντα om. Nᶜ Zᶜ   ἅπαντα γ Ald. πάντα ταῦτα Cᵃ: ταῦτα πάντα α (exc. Cᵃ) Bk.   φαίνονται α   3 οὐκ ἔστι λαβεῖν transp. α Bk.   4 οὐδὲ α (exc. Cᵃ)   τούτων om. α γ Ald. βλέφαρον Cᵃ β γ Guil. Ald.: βλέφαρα α (exc. Cᵃ) Sn.   post βλ. add. αὐτῶν α Sn.   5 μὲν⁽¹⁾ β: om. α γ Guil. Ald. edd.   μὲν⁽²⁾ β γ Ald.: om. α Guil. Sn.   τοὺς⁽²⁾] τὰς P Mᶜ Lᶜpr.   6 λεγομένους β Lᶜrc. Ald.: καλουμένους α Guil. Sn.: om. γ   ψύλλους Cᵃ β Eᵃ Zᶜ Lᶜrc. Ald.: ψύλους α (exc. Cᵃ), Kᶜ Nᶜ m n: ψύλας P Mᶜ: ψύλλας Lᶜpr.   post ψύλ. add. incert. Gᵃrc., lac. Q; inquietentur ita utique immobilitantur Guil.: peragitentur, adeo enim quiescunt Trap.: ⟨οὕτως ἀτρεμίζοντες⟩ cj. Sn. Pk. Dt.: loc. corr. indicant A.-W. Peck Louis λαμβάνειν Cᵃ Aᵃrc. Fᵃ Xᶜ γ Ald.: λαμβάνη Aᵃpr. Gᵃ Q Hᶜ   7 χρονίζωσιν α Bk.: χρονίσουσιν P Kᶜ: si moram fecerint Guil.   post χρόν. add. in reti Scot. Guil.: ⟨ἐν τοῖς δικτύοις⟩ cj. Sn. Pk.   8 ὄντες om. α (exc. Cᵃ Aᵃrc.)   δὲ om. Eᵃ Kᶜ   9 θαλάττης α Sn.   10 ὅταν β Lᶜrc. Ald.: ὅτι ἂν α γ (exc. Lᶜrc.) Guil. Cs.   ἂν β γ Ald.: ἐὰν α Sn.   11 παρὰ Aᵃpr. Gᵃ Q Hᶜ   12 συνεχομένην α γ Guil.   αὐτῶν] abbrev. incert. Aᵃ: αὐτὰ Gᵃ Hᶜ: αὐτὴν Q τοιῶνδε α Bk.   13 τεκμήρασθαι α Bk.   μᾶλλον ante 12 ἔστι transp. α γ Ald.   ἐπιπεσόντες Aᵃpr.   14 τοῖς ἰχθύσι α γ Cs.   καὶ om. α   16 δῆλα γ   17 καθεύδει] incert. abbrev. Cᵃ   post ἡσ. add. αὐτῶν α

ρεται γὰρ ὡς ἐξ ὕπνου ὄντα. ἔτι δ' ἐν ταῖς πέτραις ἁλίσκονται διὰ τὸ καθεύδειν. πολλάκις δὲ οἱ θυννοσκόποι περιβάλλονται καθεύδοντας· δῆλον δ' ἐκ τοῦ ἡσυχάζοντας καὶ τὰ λευκὰ ὑποφαίνοντας ἁλίσκεσθαι. καθεύδουσι δὲ τῆς νυκτὸς μᾶλλον ἢ τῆς ἡμέρας οὕτως ὥστε βαλλόντων μὴ κινεῖσθαι. τὰ δὲ πλεῖστα καθεύδουσιν ἢ τῆς ἄμμου ἢ τῆς γῆς ἢ λίθου τινὸς ἐχόμενοι ἐν τῷ βυθῷ, ἢ ἀποκρύψαντες ὑπὸ πέτραν ἢ θῖνα ἑαυτούς, οἱ δὲ πλατεῖς ἐν τῇ ἄμμῳ· γινώσκονται δὲ τῇ σχηματίσει τῆς ἄμμου, καὶ λαμβάνονται τυπτόμενοι τοῖς τριόδουσι. λαμβάνονται δὲ καὶ λάβρακες καὶ χρυσόφρυες καὶ κεστρεῖς καὶ ὅσοι τοιοῦτοι τριόδοντι ἡμέρας πολλάκις διὰ τὸ καθεύδειν· εἰ δὲ μή, οὐθὲν δοκεῖ τῶν τοιούτων ἂν ληφθῆναι ἐν τῷ τριόδοντι. τὰ δὲ σελάχη οὕτω καθεύδει ἐνίοτε ὥστε καὶ λαμβάνεσθαι τῇ χειρί. ὁ δὲ δελφὶς καὶ φάλαινα, καὶ ὅσα αὐλὸν ἔχει, ὑπερέχοντα τὸν αὐλὸν καθεύδει τῆς θαλάττης, δι' οὗ καὶ ἀναπνέουσιν ἠρέμα κινοῦντες τὰς πτέρυγας· καὶ δελφῖνος δὲ καὶ ῥέγκοντος ἤδη ἠκρόανταί τινες. καθεύδει δὲ καὶ τὰ μαλάκια τὸν αὐτὸν τρόπον ὅνπερ καὶ οἱ ἰχθύες· ὁμοίως δὲ καὶ τὰ μαλακόστρακα τούτοις. καὶ τὰ ἔντομα δὲ τῶν ζῴων ὅτι τυγχάνει ὕπνου, διὰ τοιούτων σημείων ἐστὶ φανερόν· ἡσυχάζουσί τε γὰρ καὶ ἀκινητίζουσιν ἐπιδήλως. μάλιστα δ' ἐπὶ τῶν μελιττῶν τοῦτο δῆλον· ἠρεμοῦσι γὰρ καὶ παύονται βομβοῦσαι τῆς νυκτός. δῆλον δὲ καὶ ἐπὶ τῶν

18 ὥσπερ α γ Ald.   ταῖς om. O^c T^c πέτραις] πυρίαις C^a A^{a}pr. G^a Q H^c Sn. edd.: om. Scot.: petris Guil. Gaza   ἁλίσκεται Ald.   **19** post δὲ add. καὶ α γ Ald.   θυννοσκόποι s. θυννοσκόποι codd. plur.   **22** ὥστε om. P **23** καθ. τῆς γῆς ἢ τῆς ἄμμου ἢ α Scot. Sn.: aut harene aut terre Guil.   **24** ἐχόμενα E^a ὑπὸ τὴν πέ. α (exc. C^a)   **26** σχηματίσει A^a G^a Q   **27** τριώδουσιν α Bk.   λάβραξ α Bk.: λαύρακες codd. plur. passim   **28** χρύσοφρυς καὶ κεστρεὺς α Bk.   τριώδοντι α Bk.   **29** εἰ] οὐ N^c Z^c n **30** ἂν post λη. transp. α γ Ald.   ἐν om. α γ Cs.   τῷ om. α Sn. οὕτως α   καθεύδειν C^a **31** ὁ om. α Bk.   δὲ post δελ. transp. α γ Ald. καὶ$^{(2)}$ om. A^{a}pr. G^a Q H^c φάλαινα α (exc. F^a X^c)   **537b1** αὐλὸν$^{(2)}$] αὐτὸν A^{a}pr. G^a Q H^c **2** καὶ om. C^a A^{a}pr. G^a Q H^c Dt.   κινοῦντα m **3** δὲ β N^c Z^c L^c m n Ald.: γε α E^a K^c Mc Bk.: τε P   ῥέγχοντος α E^a P edd.   **4** τινος P K^c **5** καὶ$^{(1)}$ om. α Bk.   **8** καὶ μάλιστα γ Ald. post ἠρ. add. τε α (exc. C^a) Bk.   **9** βομβῆσαι N^c Z^c

ἐν ποσὶ μάλιστα τῶν τοιούτων· οὐ γὰρ μόνον διὰ τὸ μὴ ὀξὺ βλέπειν ἡσυχάζουσι τῆς νυκτός (ἅπαντα γὰρ ἀμυδρῶς βλέπουσι τὰ σκληρόφθαλμα), ἀλλὰ καὶ πρὸς τὸ φῶς τὸ τῶν λύχνων ἡσυχάζοντα φαίνονται οὐδὲν ἧττον.

ἐνυπνιάζει δὲ τῶν ζῴων μάλιστα ἄνθρωπος. καὶ νέοις μὲν οὖσι καὶ παιδίοις ἔτι πάμπαν οὐ γίνεται ἐνύπνιον, ἀλλ' ἄρχεται τοῖς πλείστοις περὶ τέτταρα ἔτη ἢ πέντε ἤδη γεγονόσιν. εἰσὶ δὲ καὶ ἄνδρες καὶ γυναῖκες οἳ οὐθὲν πώποτε ἐνύπνιον εἶδον. συνέβη δέ τισι τῶν τοιούτων προϊούσης τῆς ἡλικίας ἰδεῖν ἐνύπνιον, καὶ μετὰ ταῦτα γενέσθαι περὶ τὸ σῶμα μεταβολὴν τοῖς μὲν εἰς θάνατον τοῖς δ' εἰς ἀρρωστίαν. /21/ περὶ μὲν οὖν αἰσθήσεως καὶ ὕπνου καὶ ἐγρηγόρσεως τοῦτον ἔχει /22/ τὸν τρόπον.

[11] τὸ δ' ἄρρεν καὶ θῆλυ τοῖς μὲν ὑπάρχει τῶν ζῴων, τοῖς δ' οὐχ ὑπάρχει, ἀλλὰ καθ' ὁμοιότητά τινα καὶ τίκτειν λέγονται καὶ κύειν. ἔστι δ' οὐθὲν ἄρρεν καὶ θῆλυ ἐν τοῖς μονίμοις, οὐδ' ὅλως ἐν τοῖς ὀστρακοδέρμοις. ἐν δὲ τοῖς μαλακίοις καὶ τοῖς μαλακοστράκοις ἔστι τὸ μὲν θῆλυ τὸ δ' ἄρρεν, καὶ ἐν τοῖς πεζοῖς καὶ ἐν τοῖς δίποσι καὶ ἐν τοῖς τετράποσι καὶ ἐν πᾶσιν /28/ ὅσα ἐκ συνδυασμοῦ τίκτει ζῷον ἢ ᾠὸν ἢ σκώληκα. ἐν /29/ μὲν οὖν τοῖς ἄλλοις ζῴοις ἁπλοῦν ἐστιν ἢ οὐκ ἔστιν, οἷον ἐν μὲν τοῖς τετράποσιν ἅπασιν ἔστι τὸ μὲν θῆλυ τὸ δ' ἄρρεν, ἐν /31/ δὲ τοῖς ὀστρακοδέρμοις οὐκ ἔστιν, ἀλλ' ὥσπερ ἐν φυτοῖς τὰ /1/ μὲν εὔφορά ἐστι τὰ δ' ἄφορα, οὕτω καὶ ἐν τούτοις. ἐν δὲ τοῖς ἐντόμοις καὶ τοῖς ἰχθύσιν ἐστὶ τὰ μὲν ὅλως οὐκ ἔχοντα ταύτην τὴν διαφορὰν ἐπ' οὐδέτερον, οἷον ἔγχελυς οὔτε ἄρρεν

10 ἐν om. C[a]   11 βλέπουσι β Ald.: βλέπει α γ Cs.   12 τὸ[(2)] om. α Buss.   13 φαίνεται γ Ald.   15 ἄρχονται α Guil.   16 τὰ τέτταρα L[c] Ald.   πέντε. ἤδη δὲ γεγόνασι καὶ ἄνδρες α Guil. Sn.   17 post οἳ add. ὅλως α Guil. Sn.   οὐδεπώποτε L[c] Ald.   19 μεταβολὴ β   21 οὖν om. γ (exc. m)   ἐγρ. καὶ ὕπνου transp. β   22 ὑπάρχουσι α (exc. C[a])   23 ὑπάρχουσι α (exc. C[a])   25 ἐν[(2)]] οὐ P   27 καὶ ἐν τοῖς τετρ.] καὶ τετράποσιν α Bk.   ἐν πᾶσιν γ Ald.: πᾶσιν α Bk.: om. β   29 ζώοις β γ Guil. Ald.: γένεσιν α Sn. edd.   ἁπλοῦν] ἁπλῶς G[a]corr. Q Ott. Sylb. Sn. edd.: simplex Guil. (Tz: simpliciter cett.)   post ἀπ. add. ἢ α γ Guil. Ald. edd.   30 πᾶσιν α Bk.   538a1 εὔφορα] φορᾶ P K[c]: φορὰ N[c] Z[c] L[c] m n   post δ'[(1)] add. ἄλλα α Dt.   τούτοις] τοῖς τοιούτοις α (exc. C[a])   2 ἐν τοῖς ἰχ. E[a] P K[c] M[c]   οὐκ ἔχ. ὅλως transp. α (exc. C[a])   3 οἷον ἡ ἔγχ. α

HISTORIA ANIMALIUM IV

ἐστὶν οὔτε θῆλυ, οὐδὲ γεννᾷ ἐξ αὑτοῦ οὐδέν, ἀλλ' οἱ λέγοντες ὅτι τριχώδη καὶ ἑλμινθώδη προσπεφυκότα ἔχουσαί ποτέ τινες φαίνονται, οὐ προθεωρήσαντες τὸ ποῦ ἔχουσιν ἀσκέπτως λέγουσιν. οὔτε γὰρ ζωοτοκεῖ ἄνευ ᾠοτοκίας οὐδὲν τῶν τοιούτων, ᾠὸν δ' οὐδεμία πώποτε ὦπται ἔχουσα· ὅσα τε ζωοτοκεῖ, ἐν τῇ ὑστέρᾳ ἔχει καὶ προσπεφυκότα, ἀλλ' οὐκ ἐν τῇ γαστρί· ἐπέττετο γὰρ ἂν ὥσπερ ἡ τροφή. ἣν δὲ λέγουσι διαφορὰν ἄρρενός τε καὶ θηλείας ἐγχέλυος τῷ τὸν μὲν μείζω κεφαλὴν καὶ μακροτέραν ἔχειν, τὴν δὲ θήλειαν /13/ σιμοτέραν, οὐ τοῦ θῆλυν καὶ ἄρρενα λέγουσιν, ἀλλὰ τοῦ γένους. /14/ εἰσὶ δέ τινες ἰχθύες οἳ καλοῦνται ἐπιτραγέαι, γίνονται δὲ τοιοῦτοι τῶν ποταμίων κυπρῖνος καὶ βαρῆνος· οὐκ ἔχουσι δὲ οἱ /16/ τοιοῦτοι οὔτε ᾠὸν οὔτε θορὸν οὐδέποτε, ἀλλ' ὅσοι στερεοί εἰσι καὶ πίονες, ἔντερον μικρὸν ἔχουσι, καί εἰσιν ἄριστοι οὗτοι. ἔτι δ' ἔνια, καθάπερ ἐν τοῖς ὀστρακοδέρμοις καὶ φυτοῖς τὸ μὲν τίκτον ἐστὶ καὶ γεννῶν, τὸ δ' ὀχεῦον οὐκ ἔστιν, οὕτω καὶ ἐν τοῖς ἰχθύσι τὸ τῶν ψηττῶν γένος καὶ τὸ τῶν ἐρυθρίνων καὶ αἱ χάνναι, καὶ πάντα τὰ τοιαῦτα ᾠὰ φαίνεται ἔχοντα.

ἐν μὲν οὖν τοῖς πεζοῖς καὶ ἐναίμοις τῶν ζῴων ὅσα μὴ ᾠο-

---

4 αὑτῆς N^c Z^c Ald.: ἑαυτῆς L^c m n: αὐτῶ P: αὑτῆς edd.   post οἱ add. μὲν α Guil. Sn.   λέγοντες β γ Ald.: φάσκοντες α Sn. Dt.   5 ἑλμιθώδη α (exc. A^crc. F^a X^c) S^c   προσπεφυκότα] πρασώδη τε α (exc. A^arc. F^a X^c) Dt. Peck: adnatum Guil.   6 οὐ] μὴ N^c Z^c L^c m n Ald.   προθεωρήσαντες F^a X^c β N^c Z^c L^c m Ald.: προσθεωρήσαντες cett. Sn. edd.   τὸ om. Mc Sn.   7 οὐδὲν] οὐδὲ G^acorr. Q   8 τῶν τοιούτων om. A^apr. G^a Q H^c   post οὐδεμία add. τούτων α (exc. C^a)   9 καὶ τάγε οὐ προ. ἐν β γ (exc. γε om. E^a, οὐ post προ. transp. mrc.) Ald.   προπεφυκότα N^c Z^c m n: adnata Guil.   10 ἂν om. γ Ald.   11 ἄρρενος ἐγχ. καὶ θηλ. transp. α Sn.   12 ἔχειν post κεφ. transp. α Bk.   13 σιμοτέραν β γ (σημ- P K^c N^c Z^c n) Ald.: μικρὰν C^a A^apr. Scot. Guil.: μικρὰν καὶ σιμοτέραν A^arc. G^a Q F^a X^c H^c Sn. edd.   οὐ] καὶ N^c n   θήλεος α L^c m Guil. Ald. edd.   καὶ] ἢ α Guil. Bk.   ἄρρενος α L^c m Guil. Ald. edd.   14 ἐπιτραγίαι α Sn.   τοιοῦτοι post 15 ποταμίων transp. α Bk.   15 βαρῆνος β L^crc.: κάρινος A^arc. γ (exc. L^crc.): βαρῖνος Ald.: βάλλαγρος C^a: βάλαγρος α (exc. C^a A^arc.) Bk.: balagorez Scot.: ballagrus Guil.   17 ἕτερον P K^c n   εἰσὶν β γ Guil. Ald.: δοκοῦσιν α Sn.   post οὗτοι add. εἶναι α Sn.   οὗτοι ἄριστοι transp. C^a: οὗτοι om. F^a X^c   18 ἔστι α N^c Z^c m n   post φυτοῖς add. καὶ α (exc. C^a)   19 οὕτως α   καὶ^(2) om. α Dt.   20 ἐρυθρινῶν C^a β γ Ald.   21 χάναι N^c Z^c L^c n Ald.   καὶ πάντα] πάντα γὰρ α Guil. Cs.   φαίνονται N^c Z^c m n   22 ἔναιμ. καὶ πε. transp. F^a X^c   ὅσα μὴ ᾠοτοκεῖ α Scot. Guil. Gaza Cs. edd.: ἅμα ζωοτοκεῖ β γ Ald.

207

τοκεῖ, τὰ πλεῖστα μείζω καὶ μακροβιώτερα τὰ ἄρρενα τῶν θηλειῶν εἰσι, πλὴν ἡμίονος, τούτων δ' αἱ θήλειαι μακροβιώτεραι καὶ μείζους. ἐν δὲ τοῖς ᾠοτόκοις καὶ τοῖς σκωληκοτόκοις, οἷον ἐν τοῖς ἰχθύσι καὶ ἐπὶ τῶν ἐντόμων, μείζω τὰ θήλεα τῶν ἀρρένων ἐστίν, οἷον ὄφεις καὶ φαλάγγια καὶ ἀσκαλαβῶται καὶ βάτραχοι. καὶ ἐπὶ τῶν ἰχθύων δ' ὡσαύτως, οἷον τά τε σελάχη τὰ μικρὰ καὶ τῶν ἀγελαίων τὰ πλεῖστα, τὰ δὲ πετραῖα πάντα. ὅτι δὲ μακροβιώτεροί εἰσι τῶν ἰχθύων οἱ θήλεις τῶν ἀρρένων, δῆλον ἐκ τοῦ παλαιότερα ἁλίσκεσθαι τὰ θήλεα τῶν ἀρρένων.

ἔστι δὲ τὰ μὲν ἄνω καὶ πρόσθια πάντων τῶν ζῴων τὰ ἄρρενα κρείττω καὶ ἰσχυρότερα καὶ εὐπλευρότερα, τὰ δ' ὡς ἂν ὀπίσθια καὶ κάτω λεχθέντα τῶν θηλέων. τοῦτο δὲ καὶ ἐπ' ἀνθρώπων καὶ ἐπὶ τῶν ἄλλων ζῴων τῶν πεζῶν καὶ ζωοτόκων πάντων τοῦτον ἔχει τὸν /7/ τρόπον.

καὶ ἀνευρότερόν τε καὶ ἀναρθρότερον τὸ θῆλυ /8/ μᾶλλον, καὶ λεπτοτριχώτερον, ὅσον τρίχας ἔχει· τὰ δὲ /9/ μὴ τρίχας ἔχοντα τὸ ἀνάλογον. καὶ ὑγροσαρκότερα δὲ τὰ θήλεα τῶν ἀρρένων καὶ γονυκροτώτερα, καὶ αἱ κνῆ-

23 πλεῖστα καὶ μείζω N^c Z^c L^c m n Ald.   24 ἐστὶ α Dt.   ἡμιόνου α (exc. C^a) O^crc.   μακροβιωτέρας καὶ μείζας A^apr.   25 δὲ] μὲν α (exc. C^a) τοῖς⁽²⁾ om. N^c Z^c L^c m n   26 ἔν τε τοῖς α Bk.   27 ἐστίν om. F^a X^c: εἰσί n ὄφις C^a: ὁ ὄφις α (exc. C^a)   28 post καὶ⁽¹⁾ add. οἱ α   βατρῶν A^apr. G^a Q H^c   29 καὶ om. L^c   30 τὰ δὲ] τά τε α   μακροβιώτεραι F^a X^c εἰσι om. α Bk.   538b1 αἱ α (exc. C^a) Bk.   θήλεις] abbrev. A^a G^a: θῆλυ Q: θήλυες H^c: θήλειαι F^a X^c: θῆλυς N^c Z^c m n   παλαιοτέρου A^a G^a Q H^c 3 πάντων om. N^c Z^c L^cpr. m n   τὰ ἄρρενα om. β γ Ald.   4 εὐπλευρότερα Bas. v.l., Cs. Sn.: εὐοπλότερα α Bk. edd.: om. β: ἐκπλευρότερα γ Ald.: meliorum costarum Scot.: melius costata Guil.: aptiores Gaza   λεχθέντα β γ Ald. edd.: ἔνια α Guil.   5 θηλέων γ Ald.: θηλειῶν α: θηλείων β   τοῦτο δὲ] ταὐτὸν α   6 τοῦτον ἔχει τὸν β Ald.: ἔχει τὸν αὐτὸν α Bk.: ἔχει τοῦτον τὸν γ 7 τε β E^a P K^c Mc Ald.: om. α (exc. C^a), N^c Z^c L^c m n: δὲ C^a Bk.   ἄναρθρον C^a: ἄνανδρον A^apr. G^a Q H^c   8 ὅσα α γ Ald. edd.   ἔχ. τρ. transp. L^c Ald.   9 post ἔχοντα add. κατὰ α Camot. edd.   ὑγροσαρκότερον δὲ τὸ θῆλυ α (exc. C^a)   10 γονυκροτώτερον α (exc. C^a): γονιμωτότερα E^a: γονυμώτερα N^c Z^c n: γονυκρώτερα L^c Ald.   αἱ om. α

μαι λεπτότεραι· τοὺς δὲ πόδας γλαφυρωτέρους, ὅσα ἔχει ταῦτα τὰ μόρια τῶν ζῴων. καὶ περὶ φωνῆς δέ, πάντα τὰ θήλεα λεπτοφωνότερα καὶ ὀξυφωνότερα, πλὴν βοός, ὅσα ἔχει φωνήν· οἱ δὲ βόες βαρύτερον φθέγγονται αἱ θήλειαι τῶν ἀρρένων. τὰ δὲ πρὸς ἀλκὴν ἐν τῇ φύσει ὑπάρχοντα μόρια, οἷον ὀδόντες καὶ χαυλιόδοντες καὶ κέρατα καὶ πλῆκτρα καὶ ὅσα ἄλλα τοιαῦτα μόρια, ἐν ἐνίοις μὲν γένεσιν ὅλως τὰ μὲν ἄρρενα ἔχει τὰ δὲ θήλεα οὐκ ἔχει, οἷον κέρατα ἔλαφος φήλεια οὐκ ἔχει καὶ τῶν ὀρνίθων τῶν πλῆκτρα ἐχόντων ἐνίων αἱ θήλειαι ὅλως πλῆκτρα οὐκ ἔχουσιν· ὁμοίως δὲ καὶ χαυλιόδοντας οὐκ ἔχουσιν αἱ θήλειαι τῶν ὑῶν. ἐν ἐνίοις δὲ ὑπάρχει μὲν ἀμφοῖν, ἀλλὰ κρείττω μᾶλλον τοῖς ἄρρεσιν, οἷον τὰ κέρατα τῶν ταύρων ἰσχυρότερα ἢ τὰ τῶν θηλειῶν βοῶν.

11 ὅσα τὰ μόρια ταῦτ᾽ ἔχει α Sn.: ὅσα ταῦτα τὰ μόρια ἔχει Eᵃ P Kᶜ Mᶜ: ὅσα ταῦτα ἔχει τὰ μόρια ἔχει Nᶜ Zᶜ Lᶜ m*pr*. n Ald.   12 περὶ om. Fᵃ Xᶜ   δέ om. α   14 βαρύτερα α (exc. Cᵃ)   αἱ δὲ θήλ. Aᵃ*pr*. Gᵃ Q Hᶜ   16 μόριά ἐστιν οἷον α   χαυλιώδοντες Cᵃ: χαυλοδόντες Eᵃ   καὶ⁽²⁾ om. Gᵃ Q   καὶ τὰ πληκ. α   17 ἐν om. β γ Ald.   18 ἄρρεν᾽ Aᵃ Gᵃ Q   ἔλαφος κέρατα transp. α (exc. Cᵃ)   19 θήλεια ... 20 αἱ om. Nᶜ Zᶜ   τῶν τὰ πληκ. β Ald.   21 χαυλιώδοντας α (exc. Fᵃ Xᶜ)   αἱ θήλ. οὐκ ἔχ. transp. α γ Ald.   ὑῶν] ἐνίων α (exc. Cᵃ)   ἐν om. Eᵃ Nᶜ Zᶜ Lᶜ m n Ald.   22 κρεῖττον Nᶜ Zᶜ Lᶜ m n Ald.   post κρ. add. καὶ α Sn. edd. μᾶλλον post 23 ἄρρεσι transp. Lᶜ Ald.   23 ἢ τὰ⁽²⁾ om. α Sn.   τὰ⁽²⁾ om. Nᶜ Zᶜ Lᶜ m n   24 post βοῶν. add. ex 28 ὅσα ... 539a2 διελθεῖν γ (exc. Mᶜ)

E

ὅσα μὲν οὖν ἔχουσι μόρια τὰ ζῷα πάντα καὶ τῶν ἐντὸς καὶ τῶν ἐκτός, ἔτι δὲ περί τε αἰσθήσεων καὶ φωνῆς καὶ ὕπνου, καὶ ποῖα θήλεα καὶ ποῖα ἄρρενα, πρότερον εἴρηται περὶ πάντων· περὶ δὲ τὰς γενέσεις αὐτῶν λοιπὸν διελθεῖν, καὶ πρῶτον περὶ τῶν πρώτων. εἰσὶ δὲ πολλαὶ καὶ πολλὴν ἔχουσαι ποικιλίαν, πῇ μὲν ἀνόμοιοι, πῇ δὲ τρόπον τινὰ προσεοίκασιν ἀλλήλαις. ἐπεὶ δὲ διῄρηται τὰ γένη πρῶτον, τὸν αὐτὸν τρόπον καὶ νῦν πειρατέον ποιεῖσθαι τὴν θεωρίαν· πλὴν τότε μὲν τὴν ἀρχὴν ἐποιούμεθα σκοποῦντες περὶ τῶν μερῶν ἀπὸ ἀνθρώπου, νῦν δὲ περὶ τούτου τελευταῖον λεκτέον διὰ τὸ πλείστην ἔχειν πραγματείαν. πρῶτον δ' ἀρκτέον ἀπὸ τῶν ὀστρακοδέρμων, μετὰ δὲ ταῦτα περὶ τῶν μαλακοστράκων, καὶ τὰ ἄλλα δὲ τοῦτον τὸν τρόπον ἐφεξῆς· ἔστι δὲ τά τε μαλάκια καὶ τὰ ἔντομα, καὶ μετὰ ταῦτα τὸ τῶν ἰχθύων γένος, τό τε ζωοτόκον καὶ τὸ ᾠοτόκον αὐτῶν, εἶτα τὸ τῶν ὀρνίθων· μετὰ δὲ ταῦτα περὶ τῶν πεζῶν καὶ λεκτέον, ὅσα τε ζωοτόκα καὶ ὅσα ᾠοτόκα. ζωοτόκα δ' ἐστὶ τῶν τετραπόδων ἔνια, καὶ ἄνθρωπος τῶν διπόδων μόνον.

κοινὸν μὲν οὖν συμβέβηκε καὶ ἐπὶ τῶν ζῴων ὥσπερ καὶ ἐπὶ τῶν φυτῶν· τὰ μὲν γὰρ ἀπὸ σπέρματος ἑτέρων φυτῶν, τὰ δ' αὐτόματα γίνεται συστάσης τινὸς τοιαύτης ἀρχῆς· καὶ

538b28 τῶν ἐντὸς καὶ om. A^a*pr*.   **29** δὲ] τε loco primo N^c Z^c L^c m n τε om. α (exc. C^a)   τῶν αἰσθ. α γ Ald. edd.   **539a1** ἁπάντων α γ (exc. πάντων loco primo γ) Ald.   περὶ δὲ] τὸ δὲ περὶ E^a P*pr.*, et loco primo sed non secundo N^c Z^c L^c m n   τῶν γενέσεων α Sn.   **2** post πρώτων add. λεκτέον P   **3** πῇ⁽¹⁾ β γ Ald.: καὶ τῇ α Bk.   ἀνόμοια α: ἀνόμοιαι Canis. πῇ⁽²⁾ β E^a P K^c M^c Z^c*rc.* m: ποῖ N^c Z^c L^c n Ald.: τῇ α Bk.   **5** πρῶτον] πρότερον α Guil. Dt. Peck Louis   **8** ἀρκτέον] λεκτέον A^a*pr*. G^a Q H^c   **9** ἀπὸ] περὶ G^a Q Ott.   **10** δὲ] δὴ α A.-W. Dt. Peck Louis   ἐξῆς α (exc. C^a)   **11** τε] γε E^a   τὸ om. O^c T^c   **13** περί τε τῶν C^a   καὶ om. α Sn.   **14** ᾠοτόκα καὶ ὅσα ζω. transp. α A.-W. Dt. Peck Louis   ὅσα⁽²⁾ post ᾠοτόκα transp. E^a P K^c M^c: om. N^c Z^c L^c m n Ald.   ἐστὶ om. α (exc. C^a)   **17** σπερμάτων N^c Z^c L^c m n   **18** συστραφείσης C^a A^a*pr*. G^a Q H^c

HISTORIA ANIMALIUM V

τούτων τὰ μὲν ἐκ τῆς γῆς λαμβάνει τὴν τροφήν, τὰ δ' ἐν ἑτέροις ἐγγίνεται φυτοῖς, ὥσπερ εἴρηται ἐν τῇ θεωρίᾳ τῇ περὶ τῶν φυτῶν. οὕτω καὶ τῶν ζῴων τὰ μὲν ἀπὸ ζῴων γίνεται /22/ κατὰ συγγένειαν τῆς μορφῆς, τὰ δ' αὐτόματα καὶ οὐκ ἀπὸ /23/ συγγενῶν· καὶ τούτων τὰ μὲν ἐκ γῆς σηπομένης καὶ φυτῶν, /24/ ὥσπερ πολλὰ συμβαίνει τῶν ἐντόμων, τὰ δ' ἐν τοῖς ζῴοις /25/ αὐτοῖς καὶ ἐκ τῶν ἐν τοῖς μορίοις περιττωμάτων. τῶν δὴ τὴν γένεσιν /26/ ἐχόντων ἀπὸ συγγενῶν ζῴων ὅσοις μὲν αὐτῶν ἐστι τὸ θῆλυ καὶ τὸ ἄρρεν, ἐκ συνδυασμοῦ γίνεται· ἐν δὲ τῷ τῶν ἰχθύων γένει ἔνια γίνεται οὔτε θήλεα οὔτε ἄρρενα, τῷ γένει μὲν ὄντα ἑτέροις τῶν ἰχθύων τὰ αὐτά, τῷ δὲ εἴδει ἕτερα, ἔνια δὲ καὶ πάμπαν ἴδια. τὰ δὲ θήλεα μέν ἐστιν, ἄρρενα δ' οὐκέτι· ἐξ ὧν γίνεται ὥσπερ ἐν τοῖς ὄρνισι τὰ ὑπηνέμια. τὰ μὲν οὖν τῶν ὀρνίθων ἄγονα πάντα εἰσὶ ταῦτα, ἀλλὰ μέχρι τοῦ ᾠοῦ γέννησιν δύναται ἡ φύσις αὐτῶν ἐπιτελεῖν ἐὰν μή τις αὐτοῖς συμβῇ τρόπος ἄλλος τῆς κοινωνίας πρὸς τοὺς ἄρρενας· περὶ ὧν ἀκριβέστερον ἔσται δῆλον ἐν τοῖς ὕστερον. τῶν δὲ ἰχθύων ἐνίοις, ὅταν αὐτόματα γεννήσωσιν ᾠά, συμβαίνει ἐκ τούτων καὶ ζῷα γίνεσθαι, πλὴν τῶν μὲν καθ' αὑτά, τῶν δ' οὐκ ἄνευ ἄρρενος· ὃν δὲ τρόπον, καὶ περὶ τούτων ἐν τοῖς ἐχομένοις ἔσται φανερόν· σχεδὸν γὰρ παραπλήσια συμβαίνει καὶ ἐπὶ τῶν ὀρνίθων. ὅσα δ' ἀπὸ τοῦ αὐτομάτου γίνεται ἐν ζῴοις /8/ ἢ ἐν γῇ ἢ ἐν φυτοῖς ἢ ἐν τοῖς τούτων μορίοις,

21 τῶν[1] om. α Bk. 22 καὶ om. α (exc. C[a]) 23 ἐκ τῆς γῆς α 25 καὶ om. α Bk. ἐκ om. β δὴ] δὲ α Guil. 26 ὅσοις] ἐν οἷς α Bk. 27 γίνονται α (exc. H[c]) Bk. 28 ἄρρενα οὔτε θήλεα transp. α Bk. 29 τῶν ἰχ. ἑτέροις transp. L[c] Ald. εἴδει δ' transp. α Bk. 30 θήλεια A[a] G[a] Q H[c] ἔνεστιν H[c] 31 οὐκέτι] οὔ α Guil. Louis: οὐκ ἔστιν E[a] A.-W. Dt. Peck 32 ἄγονα om. C[a] A[a]pr. Q H[c] Guil. ἅπαντα C[a] A[a]pr. Q H[c] ἐστὶ α Bk. ταῦτα] δῆλα C[a] A[a]pr. G[a] Q H[c] Guil. ἀλλὰ μέχρι] μέχρι γὰρ α Guil. Sn. edd. 33 ᾠὸν γεννῆσαι α Guil. A.-W. Dt. Peck Louis ἂν α Dt. 539b1 πρὸς τοὺς ἄρρενας αὐτῶν πρὸς τοὺς ἄρρενας περὶ G[a]rc. Q; πρὸς τοὺς ἄρρενας αὐτῶν περὶ F[a] X[c] 5 ἀρρένων α δὴ N[c] Z[c] L[c] m n ἐνδεχομένοις A[a] G[a]pr. F[a] X[c] H[c]: ἐπομένοις Q Ott. 6 φανερώτερον α (exc. C[a]) παραπλήσιον C[a]: παραπλησίως α (exc. C[a]) 7 τῶν ὀρνίθων in ras. (ex incert.) A[a] G[a] δ' om. A[a]pr. G[a] Q H[c] ἐν τοῖς ζ. F[a] X[c] H[c], P N[c] Z[c] L[c] m n, Ald. 8 ἐν[1][2][3] om. α Bk.

211

ἔχουσι δὲ τὸ ἄρρεν καὶ /9/ τὸ θῆλυ, ἐκ τούτων συνδυ-
αζομένων γίνεται μέν τι, οὐ ταὐτὸ /10/ δ' ἐξ οὐθενὸς ἀλλ' ἀ-
τελές, οἷον ἔκ τε τῶν φθειρῶν ὀχευομένων /11/ αἱ κα-
λούμεναι κονίδες καὶ ἐκ τῶν μυιῶν σκώληκες /12/ καὶ ἐκ
τῶν ψυλλῶν σκώληκες ᾠοειδεῖς, ἐξ ὧν οὔτε τὰ γεννή-
σαντα γίνεται οὔτε ἄλλο οὐθὲν ζῷον, ἀλλὰ τοιαῦτα μό-
νον.
    πρῶτον μὲν οὖν περὶ τῆς ὀχείας λεκτέον, ὅσα ὀχεύεται,
εἶτα μετὰ ταῦτα περὶ τῶν ἄλλων ἐφεξῆς, τά τε καθ' ἕκα-
στα καὶ τὰ κοινῇ συμβαίνοντα περὶ αὐτῶν. /17/ [2] ὀχεύεται
μὲν οὖν ταῦτα τῶν ζῴων ἐν οἷς ὑπάρχει τὸ /18/ θῆλυ καὶ
τὸ ἄρρεν, εἰσὶ δ' αἱ ὀχεῖαι οὔθ' ὅμοιαι πᾶσιν οὔθ' /19/ ὁμοί-
ως ἔχουσαι. τὰ μὲν γὰρ ζῳοτόκα καὶ πεζὰ τῶν ἐναίμων
ἔχει μὲν ὄργανα πρὸς τὴν τοιαύτην πρᾶξιν ἅπαντα τὰ ἄρρε-
να τὴν γεννητικήν, οὐ μὴν ὁμοίως γε πάντα πλησιάζουσιν, ἀλ-
λὰ τὰ μὲν ὀπισθουρητικὰ συνιόντα πυγηδόν, οἷον λέοντες καὶ
δασύποδες /23/ καὶ λύγκες· τῶν δασυπόδων δὲ πολλάκις ἡ
θήλεια προτέρα ἀναβαίνει ἐπὶ τὸν ἄρρενα. τῶν δ' ἄλλων τῶν
μὲν πλείστων ὁ αὐτὸς τρόπος· τὸν ἐνδεχόμενον γὰρ ποιοῦνται
συνδυασμὸν τὰ πλεῖστα τῶν τετραπόδων, ἐπιβαίνοντος
ἐπὶ τὸ θῆλυ τοῦ ἄρρενος, καὶ τὸ τῶν ὀρνίθων ἅπαν γένος οὕ-
τω τε καὶ μοναχῶς. εἰσὶ δὲ διαφοραί τινες καὶ περὶ τοὺς ὄρνι-
θας· τὰ μὲν γὰρ συγκαθείσης τῆς θηλείας ἐπὶ τὴν γῆν ἐπι-
βαίνει τὸ ἄρρεν, ὥσπερ αἱ ὠτίδες καὶ οἱ ἀλεκτρυόνες, τὰ

9 τὸ om. γ Ald.   συνδιαζομένων codd. plur. ut saepe   τι C^a A^apr., P K^c
M^c m Guil. Cs. edd.: τοι A^arc. G^a F^a X^c H^c, β, Ea N^c Z^c L^c n, Ald.   οὐ
ταὐτὸ C^a A^apr. Guil. Cs. edd.: τοῦτο αὐτὸ cett. Ald.   10 τε om. α   11
κόνιδες codd. Ald.   μυῶν codd. plur. ut saepe   12 καὶ ... σκώληκες
om. G^a Q, K^c, Ott.   ψυχῶν C^a A^cpr. G^a Q H^c Guil. Cs. Bk.: ψυλῶν P n:
om. K^c: ψυλλῶν cett. edd.: *apicularum* Scot.: *pulicum* Gaza   13 post ἀλλὰ
add. τὰ α Sn.   14 μὲν om. α (exc. C^a)   πόσα β Ald.   15 περὶ ... 16
κοινῇ om. O^c T^c   16 τὰ om. β γ Ald.   18 οὔθ'⁽¹⁾] οὔθὲν β γ Ald.   19
ἔχουσι α (exc. C^a) Sn.: *habentes* Guil.   20 ὄργανα πάντα τὰ ἄρρενα πρὸς
τὴν πρᾶξιν τὴν γεν. α Guil. Sn.   πρᾶξιν] πρόσαξιν γ (exc. L^crc.)   21
πάντα om. β   22 ἀνιόντα C^a   τε καὶ α Dt   23 λύγγες codd. Ald.
τῶν δὲ δασ. καὶ πολλάκις α Bk.   25 γὰρ ἕνα ποι. γ (exc. καὶ ἕνα π. E^a)
26 τά τε πλ. α Bk.   28 τε καὶ om. Guil. (cett.) Sn.   δὲ] δὲ καὶ α   30
αἱ ὠτίδες α Guil. Cs.: νεοτίδες β γ Ald.: om. Scot. Gaza   οἱ om. α

HISTORIA ANIMALIUM V

δὲ οὐ συγκαθείσης τῆς θηλείας, οἷον καὶ οἱ γέρανοι· ἐν
τούτοις γὰρ /32/ ὁ ἄρρην ἐπιπηδῶν ὀχεύει τὴν θήλειαν,
καὶ συγγίνεται ὥσπερ /33/ τὰ στρουθία ὀξέως. τῶν δὲ τε-
τραπόδων αἱ ἄρκτοι /1/ παρακεκλιμέναι τὸν αὐτὸν τρόπον
ὅνπερ καὶ τὰ ἄλλα ἐπὶ τῶν ποδῶν /2/ ποιούμενα τὴν
ὀχείαν, πρὸς τὰ πρανῆ τῶν θηλειῶν τὰ /3/ ὕπτια τῶν ἀρ-
ρένων· οἱ δὲ χερσαῖοι ἐχῖνοι ὀρθοὶ τὰ ὕπτια /4/ πρὸς
ἄλληλα ἔχοντες. τῶν δὲ ζῳοτόκων καὶ μεγέθη ἐχόντων
οὔτε τοὺς ἄρρενας ἐλάφους αἱ θήλειαι ὑπομένουσιν, εἰ μὴ
ὀλιγάκις, οὔτε τοὺς ταύρους αἱ βόες διὰ τὴν τοῦ αἰδοίου συν-
τονίαν, ἀλλ᾽ ὑπάγοντα τὰ θήλεα δέχονται τὴν γονήν· καὶ γὰρ
ἐπὶ /8/ τῶν ἐλάφων ὦπται τοῦτο συμβαῖνον, τῶν γε τιθασ-
σῶν. λύκος /9/ δὲ ὀχεύει τὸν αὐτὸν τρόπον ὥσπερ /10/ κύων.
οἱ δ᾽ αἴλουροι οὐκ ὄπισθεν συνιόντες, ἀλλ᾽ ὁ μὲν ὀρθός,
ἡ δὲ θήλεια ὑποτιθεῖσα ἑαυτήν· εἰσὶ δὲ τῇ φύσει αἱ θήλειαι
ἀφροδισιαστικαί, καὶ προσάγονται τοὺς ἄρρενας εἰς τὰς ὀχεί-
ας, καὶ συνιοῦσαι κράζουσιν. αἱ δὲ κάμηλοι ὀχεύονται τῆς
θηλείας καθημένης· περιβεβηκὼς δὲ ὁ ἄρρην ὀχεύει οὐκ ἀν-
τίπυγος, ἀλλὰ καθάπερ καὶ τὰ ἄλλα τετράποδα· καὶ
διημερεύει τὸ μὲν ὀχεῦον τὸ δ᾽ ὀχευόμενον. ἀποχωροῦσι δ᾽
εἰς ἐρημίαν, ὅταν ποιῶνται τὴν ὀχείαν, καὶ οὐκ ἔστι πλησιά-
σαι ἀλλ᾽ ἢ τῷ βόσκοντι. τὸ δ᾽ αἰδοῖον ἔχει ὁ κάμηλος νεῦ-
ρον οὕτως ὥστε καὶ νευρὰν ἐκ τούτου ποιεῖσθαι τοῖς τόξοις. οἱ
δ᾽ ἐλέφαντες ὀχεύονται μὲν ἐν ταῖς ἐρημίαις, μάλιστα δὲ
περὶ τοὺς ποταμοὺς καὶ οὗ διατρίβειν εἰώθασιν· ὀχεύεται δ᾽ ἡ

31 οὐδὲ καθείσης α (exc. C[a])   καὶ om. α (exc. C[a]) Bk.   αἱ α N[c] Z[c] L[c]*pr.*
m Bk.   32 ἐπιποδῶν O[c] T[c] Ald. Sn.: om. Scot.: *supersaltans* Guil.   33
καὶ τὰ στ. α Sn.   540a1 καὶ om. α Bk.   2 ποιοῦσι α Guil.   4 μέγε-
θος α P K[c] M[c] Guil. Cs.   5 ὑπομένωσιν A[a] G[a] Q H[c] (-οσιν)   7 ὑποπε-
σόντα α: *fugiendo* Scot.: *subeuntia* Guil.   δέχεται C[a]   καὶ γὰρ καὶ ἐπὶ
α   8 ἐλεφάντων α (exc. C[a])   γε om. α   9 δὲ om. P   post ὀχεύει
add. καὶ ὀχεύεται α γ Cs.   ὥσπερ] ὅνπερ καὶ α Cs.   11 ὑποτίθησιν α
Guil. Sn.   αὐτὴν C[a]: αὐτὴν α (exc. C[a])   τὴν φύσιν α A.-W.   12
προσάγοντας α (exc. C[a])   13 συνοῦσαι α Bk.: *coeuntes* Guil.   κράζουσιν
α Camot. edd.: κολάζουσιν β γ Ald.: *clamant* Scot. Guil.: *puniunt* Gaza   14
δὲ om. α Guil.   15 τὰ ἄλλα τὰ τ. C[a]   19 ποιοῦνται ἐκ τούτου α Dt.
20 ἐν] ἐπὶ F[a] X[c]   21 οὗ] οὐ α Ald.:   *ubi* Guil.   δ᾽ ἡ μὲν codd.: μὲν ἡ
Ald.

μὲν θήλεια συγκαθιεῖσα καὶ διαβαίνουσα, ὁ δ' ἄρρην ἐπανα-
βαίνων ὀχεύει. ὀχεύεται δὲ καὶ ἡ φώκη καθάπερ τὰ ὀπι-
σθουρητικὰ τῶν ζῴων, καὶ συνέχονται ἐν τῇ ὀχείᾳ πολὺν
χρόνον, ὥσπερ καὶ αἱ κύνες· ἔχουσι δὲ τὸ αἰδοῖον μέγα οἱ
ἄρρενες. /27/ **[3]** τὸν αὐτὸν δὲ τρόπον καὶ τῶν πεζῶν τὰ
τετράποδα καὶ /28/ ᾠοτόκα ποιεῖται τὴν ὀχείαν. τὰ μὲν
γὰρ ἐπιβαίνοντα καθάπερ /29/ τὰ ζωοτόκα, οἷον χελώνη καὶ
ἡ θαλαττία καὶ ἡ /30/ χερσαία· ἔχουσι δέ τι εἰς ὃ οἱ πό-
ροι συνάπτουσιν καὶ ᾧ ἐν /31/ τῇ ὀχείᾳ πλησιάζουσιν, οἷ-
ον τρυγόνες καὶ βάτραχοι καὶ πᾶν /32/ τὸ τοιοῦτον γένος.
[4] τὰ δ' ἄποδα καὶ μακρὰ τῶν ζῴων, οἷον ὄφις τε καὶ
μύραινα, περιπλεκόμενοι τοῖς ὑπτίοις πρὸς τὰ ὕπτια· οὕτω
τε σφόδρα οἱ ὄφεις περιελίττονται ἀλλήλοις, ὥστε δοκεῖν
ἑνὸς ὄφεως δικεφάλου εἶναι τὸ σῶμα ἅπαν. τὸν αὐτὸν δὲ
τρόπον καὶ τὸ τῶν σαύρων γένος· ὁμοίαν γὰρ τῇ περιπλοκῇ
ποιοῦνται τὴν ὀχείαν.

[5] οἱ δ' ἰχθύες πάντες, ἔξω τῶν πλατέων σελαχῶν, παρα-
πίπτοντες τὰ ὕπτια πρὸς τὰ ὕπτια ποιοῦνται τὸν συνδυασ-
μόν. τὰ δὲ πλατέα καὶ κερκοφόρα, οἷον βάτος καὶ τρυγὼν
καὶ τὰ τοιαῦτα, οὐ μόνον παραπίπτοντα ἀλλὰ καὶ ἐπιβαί-
νοντα τοῖς ὑπτίοις ἐπὶ τὰ πρανῆ τῶν θηλειῶν, ὅσοις ἂν μὴ ἐμ-
ποδίζῃ τὸ οὐραῖον οὐθὲν ἔχον πάθος. αἱ δὲ ῥῖναι, καὶ ὅσοις
τῶν τοιούτων πολὺ τὸ οὐραῖον, παρατριβόμενα μόνον ὀχεύε-
ται τὰ ὕπτια πρὸς τὰ ὕπτια. εἰσὶ δέ τινες οἳ ἑωρακέναι φασὶ

22 συγκαθεῖσα α (exc. C[a])   ἐπάνω βαίνων α (exc. C[a])   **23** καθάπερ καὶ
τὰ Ald.   **24** ἐν] ἐπὶ α (exc. C[a])   **25** καὶ om. α Dt.   οἱ β   δὲ καὶ τὸ
α Dt.   μέγα post 26 ἄρρενες transp. α Dt.   **26** ἄρνες P   **28** ποιεῖ α
(exc. C[a])   **33** οἷον] οἱ α (exc. C[a])   ὄφεις α Sn.   **540b1** σμύραιναι α
Sn.   περιπλεκόμεναι α Dt.   **2** τε] δὲ α γ Ald.   οἱ] οἵ γε C[a]: οἵ τε α
(exc. C[a])   ἀλλήλους C[a]: ἀλλήλων α (exc. C[a])   δοκεῖ α (exc. C[a])   **3**
δικέφαλον P   τὸ σῶμα εἶναι transp. α Dt.   **4** σαυρῶν α   ὁμοία α
(exc. A[a]pr.) Sn.   τῇ om. α Sn.   **6** ἅπαντες α Dt.   περιπίπτοντες N[c]
Z[c] L[c]pr. m n Ald.   **7** συνδοιασμόν α (exc. C[a]): συνδιασμόν N[c] Z[c] Ald.
8 κερωφόρα γ (exc. E[a]rc. mrc.) Ald.   **9** ἐπιβαίνοντα α Guil. Sn.: ἐπι-
πίπτοντα β γ   **10** ὅσα N[c] Z[c]   ἂν om. α Bk.   ἐμποδίζει α Bk.   **11**
ἔχουσι A[a]pr. G[a] Q H[c] A.-W.   πάχος α, O[c]rc. U[c]rc., mrc., Scot. Guil. Gaza
edd.   ῥῖνες α (exc. C[a])   **12** ὀχεύονται α Dt

καὶ ὄπισθεν συνεχόμενα τῶν σελαχῶν ἔνια, ὥσπερ τοὺς κύνας. ἔστι δ' ἐν πᾶσι τοῖς σελαχώδεσι μείζων ὁ θῆλυς τοῦ ἄρρενος· σχεδὸν δὲ καὶ ἐν τοῖς ἄλλοις ἰχθύσι τὰ θήλεα μείζω τῶν ἀρρένων. σελάχη δέ ἐστι τά τε εἰρημένα καὶ βοῦς /18/ καὶ λάμια καὶ αἰετὸς καὶ νάρκη καὶ βάτραχος καὶ πάντα /19/ τὰ γαλεώδη. τὰ μὲν οὖν σελάχη πάντα τεθεώρηται μᾶλλον ὑπὸ /20/ πολλῶν τούτους ποιούμενα τοὺς τρόπους τὴν ὀχείαν· χρονιωτέρα /21/ γὰρ ἡ συμπλοκὴ πάντων τῶν ζωοτόκων ἢ τῶν ᾠοτόκων. καὶ δελφῖνες δὲ καὶ πάντα τὰ κητώδη τὸν αὐτὸν τρόπον· παραπίπτοντα γὰρ ὀχεύει παρὰ τὸ θῆλυ τὸ ἄρρεν, καὶ χρόνον οὔτ' ὀλίγον οὔτε λίαν πολύν. διαφέρουσι δ' ἔνιοι τῶν σελαχωδῶν ἰχθύων οἱ ἄρρενες τῶν θηλειῶν τῷ τοὺς μὲν ἔχειν ἀποκρεμώμενα ἄττα δύο περὶ τὴν ἔξοδον τῆς περιττώσεως, τὰς δὲ θηλείας ταῦτα μὴ ἔχειν, οἷον ἐν τοῖς γαλεώδεσιν· ἐπὶ γὰρ τούτων ὑπάρχει πάντων τὸ εἰρημένον. ὄρχεις μὲν οὖν οὔτε ἰχθὺς οὔτε ἄλλο τῶν ἀπόδων ἔχει οὐθέν, πόρους δὲ δύο καὶ οἱ ὄφεις καὶ οἱ ἰχθύες οἱ ἄρρενες ἔχουσιν, οἳ γίνονται /31/ καὶ θοροῦ πλήρεις περὶ τὴν τῆς ὀχείας ὥραν, καὶ προΐενται ὑγρότητα γαλακτώδη πάντες. οὗτοι δ' οἱ πόροι εἰς ἓν συνάπτουσιν, ὥσπερ καὶ τοῖς ὄρνισιν· οἱ γὰρ ὄρνιθες ἐντὸς ἔχουσι τοὺς ὄρχεις, καὶ τὰ ἄλλα πάντα ὅσα ᾠοτοκεῖ πόδας ἔχοντα. τοῦτο δὴ συμπεραίνει καὶ ἐπεκτείνεται εἰς τὴν τοῦ θήλεος χώραν καὶ ὑποδοχήν. ἔστι δὲ τοῖς μὲν ζωοτόκοις καὶ πεζοῖς ὁ αὐτὸς πόρος τοῦ σπέρματος καὶ τῆς τοῦ ὑγροῦ περιττώσεως ἔξωθεν, ἔσωθεν δ' ἕτερος πόρος, ὥσπερ ἐλέχθη πρότερον

---

14 ὄπισθεν post ἔνια transp. α Bk.　　post κύνας add. φασίν β γ Ald.　　**15** δ'] γὰρ Cᵃ Guil.　　μεῖζον τὸ θῆλυ α Bk.　　**17** τε om. α　　**18** λάμια] μαλάκια Nᶜ Zᶜ　　ἀετός α Bk.　　**19** γαλεοειδῆ Cᵃ Fᵃrc. Xᶜ: γαλοειδῆ Aᵃ Gᵃ Q Fᵃpr. Hᶜ　　μᾶλλον om. α Cs.: *magis* Guil.　　**21** post γὰρ add. ἐστιν α Dt.　　**23** παρὰ om. α　　**24** σελαχοειδῶν γ Ald.　　**26** ἀποκρεμώμενα Lᶜ Ald. edd.: ἀποκρεμμώμενα Cᵃ, n: ἀποκρεμόμενα α (exc. Cᵃ) P: ἀποκρεμόμενα β m: -άμονα Eᵃ　　ἄττα] τὰ μόρια τὰ α　　**29** ἰχθύες α Dt　　**30** οἱ⁽²⁾ om. Aᵃ Gᵃ Q Hᶜ　　**31** καὶ⁽¹⁾ om. α Bk.　　θόρου codd. plur.　　post θό. add. τε α (exc. Cᵃ)　　**541a2** δὲ α Guil.　　**4** τοῦ τε σπ. Cᵃ Bk.　　**5** εἴσωθεν α πόρος om. α Dt.　　post ἐλέχθη add. καὶ α Sn.

ἐν τῇ διαφορᾷ τῇ τῶν μορίων. τοῖς δὲ μὴ ἔχουσι κύστιν ὁ αὐτὸς καὶ τῆς ξηρᾶς περιττώσεως πόρος ἔξωθεν· ἔσωθεν δὲ σύνεγγυς ἀλλήλων. ὁμοίως δὲ ταῦτα ἔχει τοῖς θήλεσιν αὐτῶν καὶ τοῖς ἄρρεσιν· οὐ γὰρ ἔχουσι κύστιν πλὴν χε-
10 λώνης, τούτων δ' ἡ θήλεια ἕνα πόρον ἔχει, καίτοι κύστιν ἔχουσα· /11/ αἱ χελῶναι δὲ τῶν ᾠοτοκούντων εἰσίν. ἡ δὲ τῶν ᾠοτοκούντων ἰχθύων /12/ ὀχεία ἧττον γίνεται κατάδηλος· διόπερ οἱ πλεῖστοι νομίζουσι /13/ πλη-
13 ροῦσθαι τὰ θήλεα τῶν ἀρρένων ἀνακάπτοντα τὸν θορόν. τοῦτο γὰρ πολλάκις ὁρᾶται γινόμενον· περὶ γὰρ τὴν τῆς
15 ὀχείας ὥραν αἱ θήλειαι τοῖς ἄρρεσιν ἑπόμεναι τοῦτο δρῶσι, καὶ κόπτουσιν ὑπὸ τὴν γαστέρα τοῖς στόμασιν, οἱ δὲ θᾶττον προΐενται καὶ μᾶλλον· κατὰ δὲ τὸν τόκον οἱ ἄρρενες τοῖς θήλεσι, ἀποτικτουσῶν δὲ ἀνακάπτουσι τὰ ᾠά· ἐκ δὲ τῶν παραλειπομένων γίνονται οἱ ἰχθύες. περὶ δὲ τὴν Φοινίκην καὶ
20 θήραν ποιοῦνται δι' ἀλλήλων· ἄρρενας μὲν γὰρ ὑπάγοντες κεστρέας τὰς θηλείας περιβάλλονται συνάγοντες, θηλείας δὲ τοὺς ἄρρενας. τοῦτο μὲν οὖν διὰ τὸ πολλάκις ὁρᾶσθαι τὴν δόξαν ἐποίησε τῆς ὀχείας ταύτης, ποιεῖ δὲ τοῦτο καὶ τὰ τετράποδα τῶν ζῴων· περὶ γὰρ τὴν ὥραν τῆς ὀχείας ἀπορ-
25 ραίνουσι καὶ τὰ ἄρρενα καὶ τὰ θήλεα, καὶ τῶν ἄρθρων ὀσμῶνται ἀλλήλων. οἱ δὲ πέρδικες ἂν κατ' ἄνεμον στῶσιν αἱ θήλειαι τῶν ἀρρένων, ἔγκυοι γίνονται· πολλάκις δὲ καὶ τῆς φωνῆς, ἐὰν ὀργῶσαι τύχωσι, καὶ ὑπερπετομένων ἐκ τοῦ καταπνεῦσαι τὸν ἄρρενα· χάσκει δὲ καὶ ἡ θήλεια καὶ ὁ

7 ἔσωθεν om. α (exc. C^a G^a rc.)   9 πλὴν ἐπὶ χε. α γ Cs.   10 ἔχουσα] ἔχουσιν α (exc. C^a)   11 χελῶνες G^a Q F^a X^c   ᾠοτόκων utrobique α (exc. C^a) Bk.   13 post θήλεα add. τὸν δὲ C^a: add. τὸν α (exc. C^a) Dt. ἀνακάπτοντα K^c L^c rc. Sylb. Cs. edd.: ἀνακάμπτοντα codd. (exc. K^c L^c rc.): om. Scot. Ald.: reflectentia Guil.: vorando Gaza   τὸν om. α Dt.   θόρον codd. plur. Ald.   14 post περὶ add. μὲν α Guil. Sn.   γὰρ om. G^a Q   17 καὶ om. F^a X^c, P   μᾶλλον om. F^a X^c   18 post θηλ. add. ἔπονται G^a rc. Q Ott.   ante ἀποτ. add. καὶ α Sn.   δὲ^(1) om. β γ Ald.   ἀνακάμπτουσι codd. (exc. L^c rc.) Ald.: transglutit Scot. Alb.: reflectunt Guil.: vorant Gaza   20 μὲν om. α   γὰρ om. N^c Z^c L^c m n   22 οὖν om. β   23 ταύτην α Guil. Sn. edd.   τοῦτο β γ Ald. Bk.: τὸ τοιοῦτον α Guil. Sn.
25 ἄρθρων β γ Ald. A.-W.: αἰδοίων α Camot. Sn. edd.   26 αἱ α Sn. edd. ἀνέμων γ (ἀναίμων L^c n)   29 ἄρρενα] ἀέρα Ald.

ἄρρην, καὶ τὴν γλῶτταν ἔξω ἔχουσι περὶ τὴν τῆς ὀχείας ποίησιν. ἡ δὲ ἀληθινὴ σύνοδος τῶν ᾠοτόκων ἰχθύων ὀλιγάκις ὁρᾶται διὰ τὸ ταχέως ἀπολύεσθαι παραπεσόντας, ἐπεὶ ὦπται καὶ ἡ ἐπὶ τούτων ὀχεία γινομένη τοῦτον τὸν τρόπον.

[6] τὰ δὲ μαλάκια, οἷον πολύποδες καὶ σηπίαι καὶ τευθίδες, τὸν αὐτὸν τρόπον πλησιάζουσι πάντα ἀλλήλοις· κατὰ στόμα γὰρ συμπλέκονται, τὰς πλεκτάνας πρὸς τὰς πλεκτάνας συναρμόττοντες. ὁ μὲν οὖν πολύπους ὅταν τὴν λεγομένην κεφαλὴν ἐρείσῃ πρὸς τῇ γῇ καὶ διαπετάσῃ τὰς πλεκτάνας, ἅτερος ἐφαρμόττει ἐπὶ τὸ πέτασμα τῶν πλεκτανῶν, καὶ συνεχεῖς ποιοῦνται τὰς κοτυληδόνας πρὸς ἀλλήλας. φασὶ δέ τινες καὶ τὸν ἄρρενα ἔχειν αἰδοιῶδές τι ἐν μιᾷ τῶν πλεκτανῶν, ἐν ᾗ δύο αἱ μέγισται κοτυληδόνες εἰσίν· εἶναι δὲ τὸ τοιοῦτον ὥσπερ νευρῶδες μέχρι εἰς μέσην τὴν πλεκτάνην προσπεφυκὸς ἅπαν, ἣν εἰσπιφράναι εἰς τὸν μυκτῆρα τῆς θηλείας. αἱ δὲ σηπίαι καὶ αἱ τευθίδες νέουσιν ἅμα συμπεπλεγμέναι τὰ στόματα καὶ τὰς πλεκτάνας ἐφαρμόττουσαι καταντικρὺ ἀλλήλαις νέουσαι ἐναντίως· ἐναρμόττουσι δὲ καὶ τὸν καλούμενον μυκτῆρα εἰς τὸν μυκτῆρα. τὴν δὲ νεῦσιν ἡ μὲν ἐπὶ τὸ ὄπισθεν ἡ δ' ἐπὶ τὸ στόμα ποιεῖται. ἐκτίκτει δὲ κατὰ τὸν φυσητῆρα καλούμενον, καθ' ὃν ἔνιοι καὶ ὀχεύεσθαί φασιν αὐτάς.

[7] τὰ δὲ μαλακόστρακα ὀχεύεται, οἷον κάραβοι καὶ ἀστακοὶ καὶ καρίδες καὶ τὰ τοιαῦτα, ὥσπερ καὶ τὰ ὀπισθου-

32 παραπεσόντα C[a]: περιπεσόντα α (exc. C[a]): περιπεσόντας E[a]   33 ἡ ὀχεία καὶ ἐπὶ τούτων C[a] G[a]rc. Q Dt: ἡ ὀχ. καὶ ἐπὶ τοῦτον A[a]pr. G[a]pr. H[c] τοῦτον τὸν] τὸν εἰρημένον α Guil. Sn.   541b1 οἷον om. α (exc. G[a]rc. Q) γ (exc. L[c]rc. nrc.): ὥσπερ G[a]rc. Q: velut Guil. ante πολ. add. οἱ γ Ald.   σηπυῖαι C[a]   2 πάντα πλησ. transp. α γ Ald.   ἀλλήλας N[c] Z[c]   3 τὸ στόμα α K[c] Bk.   πρὸς τὰς πλ. om. F[a] X[c]   4 προσαρμόττοντες C[a], E[a] P K[c] M[c]   οὖν om. α (exc. C[a])   5 τὴν γῆν α γ (exc. L[c]rc.) Ald.   7 ποιοῦσι α   9 αἱ om. α   11 προσπεφυκὸς ... 12 θηλείας om. H[c]   ἣν εἰσπιφράναι C[a]: ᾗ εἰσπιφράναι A[a]pr.: τε εἰσβάλλειν G[a]rc.: τε εἰσβάλλῃ Q Ott.: om. A[a]rc. G[a]pr. F[a] X[c] β γ Ald.: que immittere Guil.: ᾗ ἐσπιφράναι Bk.   12 σηπυῖαι α passim   14 ἀλλήλοις νέοντες β γ Ald.   ἐναρμόττουσαι α (exc. C[a])   16 ὁ δ' α Dt.   17 ἐκτείνει α: pariunt Guil.   κατά[(1)]] καὶ α (exc. G[a]rc. Q)   20 ὥσπερ ... 21 τετραπόδων om. C[a]

ARISTOTELIS

ρητικὰ τῶν τετραπόδων, ὅταν ὁ μὲν ὑπτίαν ὁ δ' ἐπὶ ταύτης ποιήσῃ τὴν κέρκον. ὀχεύεται δὲ τοῦ ἔαρος ἀρχομένου πρὸς τῇ γῇ (ἤδη γὰρ ὦπται ἡ ὀχεία πάντων τῶν τοιούτων), ἐνιαχοῦ δὲ καὶ ὅταν τὰ σῦκα ἄρξηται πεπαίνεσθαι. τὸν αὐτὸν δὲ τρό-
25 πον καὶ οἱ ἀστακοὶ καὶ αἱ καρίδες ὀχεύονται· οἱ δὲ καρκίνοι κατὰ τὰ πρόσθια ἀλλήλων συνδυάζονται, τὰ ἐπικαλύμματα τὰ πτυχώδη πρὸς ἄλληλα συμβάλλοντες. πρῶτον δ' ὁ καρκίνος ἀναβαίνει ὁ ἐλάττων ἐκ τῶν ὄπισθεν· ὅταν δ' ἀναβῇ οὗτος, ὁ μείζων πλαγίως ἐπιστρέφει. ἄλλο μὲν οὖν
30 οὐθὲν ἡ θήλεια τοῦ ἄρρενος διαφέρει· τὸ δ' ἐπικάλυμμα μεῖζον καὶ μᾶλλον ἀφεστηκός ἐστι τὸ τῆς θηλείας καὶ συνηρεφέστερον εἰς ὃ ἐκτίκτουσι καὶ ᾗ τὸ περίττωμα ἐξέρχεται. μόριον δ' οὐθὲν προΐεται θάτερον εἰς θάτερον.
[8] τὰ δ' ἔντομα συνέρχεται μὲν ὄπισθεν, εἶτα ἐπιβαίνει
542a1 τὸ ἔλαττον ἐπὶ τὸ μεῖζον· τοῦτο δ' ἐστὶ τὸ ἄρρεν. ἀφίησι δὲ τὸν πόρον κάτωθεν τὸ θῆλυ εἰς τὸν ἄρρενα τὸν ἐπάνω, ἀλλ' οὐ τὸ ἄρρεν εἰς τὸ θῆλυ ὥσπερ ἐπὶ τῶν ἄλλων. καὶ τοῦτο
4, 5 τὸ μόριον ἐπὶ μὲν ἐνίων φαίνεται μεῖζον ὂν ἢ κατὰ /5/ τὸν
5 λόγον τοῦ ὅλου σώματος, καὶ πάνυ μικρῶν ὄντων, ἐπ' ἐνίων δ' ἧττον. τοῦτο δ' ἐστὶ φανερόν, ἐάν τις διαιρῆται ὀχευομένας μυίας. ἀπολύονται δ' ἀπ' ἀλλήλων μόλις· πολὺν γὰρ χρόνον ὁ συνδυασμός ἐστι τῶν τοιούτων. δῆλον δ' ἐπὶ τῶν ἐν ποσίν, οἷον μυιῶν τε καὶ κανθαρίδων. πάντα δὲ τὸν τρόπον

21 ὅταν] ὅτε α (exc. C[a])   ταύτην C[a] A[a]pr. G[a] Q H[c], Dt   22 τοῦ om. γ Ald.   ἔαρος] ἄρρενος H[c]   ἔαρος post 23 γῇ transp. γ (exc. L[c]rc.) Ald. ἐρχομένου C[a] H[c]rc., E[a]   24 ἄρχηται α Bk.   πεπαίνησθαι α (exc. C[a]) 26 ἐπικαλύμματα A[a] H[c]   27 τὰ om. α   συμβαίνοντες N[c] Z[c] L[c] m n 28 δ' ὅ τε καρ. α (exc. Q): δ' οὔτε καρ. Q Ott.   τῶν β γ Ald.: τοῦ α Bk. 29 πλάγιος α Sn.   ἄλλω A[a]pr. G[a] Q H[c] Sn.   30 οὐθὲν om. A[a]pr. G[a]pr. H[c]: οὐδενὶ G[a]rc. Q X[c]rc. Sn.   31 ἐστι ... θηλείας post μεῖζον transp. α (exc. C[a]) Sn.   τὸ om. γ Ald.   συνηρρεφέστερον C[a]   32 εἰς ... καὶ om. C[a] 542a1 ἐναφίησι α Sn.: dimittit Guil.   2 post πόρον add. τὸ C[a] A[a]pr. G[a] Q H[c] Sn.   τὸ ἄρρεν τὸ α E[a] Sn.   4 post ἐνίων add. καὶ α γ Sn.   5 τὸν om. α N[c] Z[c] Sn.   ὅλου τοῦ transp. α (exc. C[a])   6 ἄν α Dt.   διαιρῇ α Sn.: διαιρεῖται P pr. K[c] n   9 μυῶν codd. plur. passim   ἀκανθαρίδων γ (exc. L[c]rc. mrc.)   ἅπαντα α (exc. C[a])   τοῦτον τὸν τρόπον transp. α (exc. C[a]), N[c] Z[c]

HISTORIA ANIMALIUM V

τοῦτον ὀχεύονται, αἵ τε μυῖαι καὶ αἱ κανθαρίδες καὶ αἱ σφονδύλαι καὶ τὰ φαλάγγια, καὶ εἴ τι ἄλλο τοιοῦτόν ἐστι τῶν ὀχευομένων. ποιοῦνται δὲ τὰ φαλάγγια τοῦτον τὸν τρόπον τὴν ὀχείαν, ὅσα γε ὑφαίνει ἀράχνια· ὅταν ἡ θήλεια σπάσῃ τῶν ἀποτεταμένων ἀραχνίων, πάλιν ὁ ἄρρην /15/ ἀντισπᾷ· τοῦτο δὲ ποιήσαντα πολλάκις οὕτω συνέρχεται καὶ συμπλέκεται ἀντίπυγα· διὰ γὰρ τὴν περιφέρειαν τῆς κοιλίας οὗτος ἁρμόττει ὁ συνδυασμὸς αὐτοῖς.

ἡ μὲν οὖν ὀχεία τῶν ζῴων πάντων τοῦτον γίνεται τὸν τρόπον, ὧραι δὲ καὶ ἡλικίαι ἑκάστοις τῆς ὀχείας εἰσὶν ὡρισμέναι τῶν ζῴων. βούλεται μὲν οὖν ἡ φύσις τῶν πλείστων περὶ τὸν αὐτὸν χρόνον ποιεῖσθαι τὴν ὁμιλίαν ταύτην, ὅταν ἐκ τοῦ χειμῶνος μεταβάλλῃ πρὸς τὸ θέρος· αὕτη δ' ἐστὶν ἡ τοῦ ἔαρος ὥρα, ἐν ᾗ τὰ πλεῖστα καὶ πτηνὰ καὶ πεζὰ καὶ πλωτὰ ὁρμᾷ πρὸς τὸν συνδυασμόν. ποιεῖται δ' ἔνια τὴν ὀχείαν /25/ καὶ τὸν τόκον καὶ μετοπώρου καὶ χειμῶνος, οἷον τῶν τ' ἐνύδρων /26/ ἄττα γένη καὶ τῶν πτηνῶν· ἄνθρωπος δὲ μάλιστα πᾶσαν /27/ ὥραν, καὶ τῶν συνανθρωπευομένων ζῴων πεζῶν πολλὰ διὰ τὴν /28/ ἀλέαν καὶ εὐτροφίαν, ὅσων καὶ αἱ κυήσεις ὀλιγοχρόνιαί εἰσιν, οἷον ὑὸς καὶ κυνός, καὶ τῶν πτηνῶν ὅσα πλεονάκις ποιοῦνται τοὺς τόκους. πολλὰ δὲ καὶ πρὸς τὰς ἐκτροφὰς τῶν τέκνων στοχαζόμενα ποιοῦνται τὸν συνδυασμὸν ἐν τῇ ἀπαρτιζούσῃ ὥρᾳ. ὀργᾷ δὲ πρὸς τὴν ὁμιλίαν τῶν ἀνθρώπων τὸ μὲν /1/ ἄρρεν ἐν τῷ χειμῶνι μᾶλλον, τὸ δὲ θῆλυ ἐν τῷ θέρει.

10 ὀχεύεται α γ Ald.   ἀκανθαρίδες γ (exc. P mrc. nrc.)   σπονδύλαι α Guil.   11 καὶ εἰ] κἂν εἰ α (exc. Fᵃ Xᶜ)   12 τὴν ὀχείαν τόνδε τὸν τρόπον α Cs.   13 γε om. α   τὸ ἀράχνιον α Guil.   14 ἀποπεταμένων Cᵃ post ἀράχ. add. ἀπὸ τοῦ μέσου α Guil. Sn.   15 οὕτως α: ὅτε Zᶜ συμπλέκ. καὶ συνέρχ. transp. Aᵃ Gᵃ Q Hᶜ   16 ἀντίπυγα om. Aᵃpr. Gᵃ Q Hᶜ Guil. (cett.: lac. Tz)   τὴν om. P   18 πάντων post τρόπον transp. α γ Ald.   γίνεται] ἔχει α   19 τῆς ὀχ. ἑκ. transp. α Bk.   ἑκάστης n edd. διωρισμέναι α Dt.   20 οὖν om. α (exc. Cᵃ)   21 χρόνον] τρόπον Eᵃ 22 μεταβάλῃ α (exc. Cᵃ Hᶜ): μεταβάλλει P   24 τὸν om. α (exc. Cᵃ) Bk. 26 γένη ἄττα transp. α Bk.   ἄττα codd. plur. passim   27 πεζῶν om. α Scot. Cs.   28 ἀλέαν καὶ εὐτραφίαν α (exc. Cᵃ)   ὅσον α (exc. Cᵃ), Eᵃ καὶ⁽²⁾ om. α Cs.   ὀλιγοχρόνιοι α (exc. Hᶜ) Bk.   31 ποιεῖται α Dt   32 ὁρμᾷ Oᶜrc.: stimulatur Gaza   δὲ] γὰρ Cᵃ   τῶν] καὶ τῶν γ Ald.

ARISTOTELIS

τὸ δὲ τῶν ὀρνίθων γένος, ὥσπερ εἴρηται, τὸ πλεῖστον περὶ τὸ ἔαρ ποιεῖται καὶ ἀρχομένου τοῦ θέρους τὴν ὀχείαν καὶ τοὺς τόκους, πλὴν ἀλκυόνος. ἡ δὲ ἀλκυὼν τίκτει περὶ τροπὰς χειμερινάς. διὸ καὶ καλοῦνται, ὅταν εὐδιειναὶ γίνωνται αἱ τροπαί, ἀλκυόνειοι ἡμέραι ἑπτὰ μὲν πρὸ τροπῶν, ἑπτὰ δὲ μετὰ τροπάς, καθάπερ καὶ Σιμωνίδης ἐποίησεν ὡς ὁπόταν χειμέριον κατὰ μῆνα πινύσκῃ Ζεὺς ἤματα τεσσαρακαίδεκα, λαθάνεμόν τέ μιν ὥραν καλέουσιν ἐπιχθόνιοι, ἱερὰν παιδοτρόφον ποικίλας ἀλκυόνος. γίνονται δὲ εὐδιειναί, ὅταν συμβῇ νοτίους γίνεσθαι τὰς τροπάς, τῆς Πλειάδος βορείου γενομένης. λέγεται δ' ἐν ἑπτὰ μὲν ἡμέραις ποιεῖσθαι τὴν νεοττίαν, ἐν δὲ ταῖς λοιπαῖς ἑπτὰ ἡμέραις τίκτειν καὶ ἐκτρέφειν τὰ νεόττια. περὶ μὲν οὖν τοὺς ἐνταῦθα τόπους οὐκ αἰεὶ συμβαίνει γίνεσθαι ἀλκυονίδας ἡμέρας περὶ τροπάς, ἐν δὲ τῷ Σικελικῷ πελάγει σχεδὸν ἀεί. τίκτει δ' ἡ ἀλκυὼν περὶ πέντε ᾠά. [9] ἡ δ' αἴθυια καὶ οἱ λάροι τίκτουσι μὲν ἐν ταῖς περὶ τὴν θάλασσαν πέτραις, τὸ δὲ πλῆθος δύο ἢ τρία· ἀλλ' ὁ μὲν λάρος τοῦ θέρους, ἡ δ' αἴθυια ἀρχομένου τοῦ ἔαρος εὐθὺς ἐκ τροπῶν, καὶ ἐπικαθεύδει ὥσπερ αἱ ἄλλαι ὄρνιθες. οὐδέτερον δὲ φωλεύει τούτων τῶν ὀρνέων. πάντων δὲ σπανιώτατον ἰδεῖν ἀλκυόνα ἐστίν· σχεδὸν γὰρ περὶ Πλειάδος δύσιν καὶ τροπὰς ὁρᾶται μόνον, καὶ ἐν τοῖς ὑφόρμοις πρῶτον ὅσον

542b3 ποιεῖται om. G^arc. Q   τοῦ θέρ. ἀρχ. transp. N^c Z^c L^c m n Ald.
post ὀχείαν add. iterum ποιεῖται α (exc. C^a)   **4** ἀλκυῶν codd.: ἀλκ. edd.
post τροπὰς add. τὰς α Sn.   **5** χειμερίας N^c Z^c m n   γένωνται α N^c Z^c
L^c m n Ald.   **6** ἀλκυονίδες α Guil. Dt: ἀλκυόνειαι γ   **7** μετὰ τὰς τρ. α
(exc. C^a)   καθὰ N^c Z^c L^c m n Ald.   **8** χειμ. post μῆνα transp. α   ἤματα codd. plur.   τεσσαρεσκαίδεκα β γ Ald.   **9** λανθάνεμόν β γ (λανθανέμεν Z^c m n: λάνθανε L^cpr.) Ald.   μυν A^apr.: μὲν m   **10** ἀλκυόνας α
(abbrev. C^a)   δὲ καὶ α (exc. C^a)   **11** γενέσθαι α   γινομένης α (exc.
C^a): γενομένου E^a   **12** νεοττείαν C^a, E^arc.   **13** δὲ post λοιπ. transp. α
(exc. C^a)   ἐκτρέφει P   **14** τὰ νεόττια post 13 τίκτειν transp. α (exc. C^a)
Bk.   οὖν om. C^a   ἀεὶ α Bk.   **15** post περὶ add. τὰς α Bk.   **16** αἰεί
C^a γ Ald.   **17** αἴθυα α (exc. F^a X^c), K^c   **18** τὴν om. α Bk.   θάλατταν
α Bk.   δὲ] μὲν α Guil. Sn.   **19** αἴθυα A^a G^a Q H^c, K^c   **21** οὐδ' ἕτερον
α (exc. F^a X^c)   φωλεῖ C^a A^apr. Dt.   ὀρνίθων α   **22** ἀλκυόνας γ Ald.
23 πρῶτον om. α Dt.

220

HISTORIA ANIMALIUM V

περιιπταμένη περὶ τὸ πλοῖον ἀφανίζεται εὐθύς, διὸ καὶ Στησίχορος τοῦτον τὸν τρόπον ἐμνήσθη περὶ αὐτῆς. τίκτει δὲ καὶ ἡ ἀηδὼν τοῦ θέρους ἀρχομένου, τίκτει δὲ πέντε καὶ ἓξ ᾠά· φωλεύει δὲ ἀπὸ τοῦ μετοπώρου μέχρι τοῦ ἔαρος. τὰ δὲ ἔντομα καὶ τοῦ χειμῶνος ὀχεύεται καὶ γίνεται, ὅταν εὐημερίαι γένωνται καὶ νότια, ὅσα μὴ φωλεύει αὐτῶν, οἷον μυῖαι καὶ μύρμηκες.
τίκτει δ' ἅπαξ τοῦ ἐνιαυτοῦ τὰ πολλὰ τῶν ἀγρίων, ὅσα μὴ ἐπικυΐσκεται ὥσπερ δασύπους. /32/ ὁμοίως δὲ καὶ τῶν ἰχθύων οἱ πλεῖστοι ἅπαξ, οἷον οἱ /1/ χυτοί, καλοῦνται δὲ χυτοὶ οἱ τῷ δικτύῳ περιεχόμενοι, οἷον θύννος πηλαμὺς κεστρεὺς χαλκίδες κολίαι χρομὶς ψῆτται /3/ καὶ τὰ τοιαῦτα, πλὴν ὁ λάβραξ· οὗτος δὲ δὶς τούτων /4/ μόνος, γίνεται δ' αὐτῷ ὁ τόκος ὁ ὕστερος ἀσθενέστερος. καὶ ὁ τριχίας δὲ καὶ τὰ πετραῖα δή, τρίγλα δὲ μόνη τρίς. τεκμαίρονται δ' ἐκ τοῦ γόνου· τρὶς γὰρ φαίνεται ὁ γόνος περί τινας τόπους. ὁ δὲ σκορπίος τίκτει δίς. τίκτει δὲ καὶ ὁ σάργος δίς, ἔαρος καὶ μετοπώρου· ἡ δὲ σάλπη μετοπώρου ἅπαξ. ἡ δὲ θυννὶς ἅπαξ τίκτει, ἀλλὰ διὰ τὸ τὰ μὲν πρώϊμα τὰ δ' ὄψιμα ποιεῖσθαι δὶς δοκεῖ τίκτειν· ἔστι δ' ὁ μὲν πρῶτος τόκος περὶ τὸν Ποσειδεῶνα πρὸ τροπῶν, ὁ δ' ὕστερος τοῦ ἔαρος. διαφέρει δ' ὁ θύννος ὁ ἄρρην τοῦ θήλεος, ὅτι ἡ μὲν ἔχει ὁ

---

24 περιπταμένη α (exc. C^a) **25** καὶ ὁ στησ. α (exc. C^a) ἐμνήσθη ante τοῦτον transp. α (exc. C^a) δὲ om. γ Ald. **26** καὶ^(1) om. γ (exc. L^c) ἀρχομένη A^a F^a X^c δὲ] δὲ καὶ γ Ald. **27** φωλεῖ C^a A^a pr. **29** γένωνται α, E^a N^c Z^c L^c m n, Ald. edd.: γίνωνται β P K^c M^c νότια α Bk.: νοτίαι β γ Ald. φωλεῖ C^a A^a pr. μύλες s. μυίες α (exc. C^a) **31** ὥσπερ] οἷον L^c **543a1** χοταῖοι^(1) γ (exc. L^c rc.) δὲ] δὲ οἱ α γ περιχεόμενοι O^c rc. Cas: fusaneos ... quia fusim retibus capianter Gaza οἷον om. α O^c rc. Ald. **2** πηλαμὺς α E^a P K^c Mc Sn.: παλαμὶς β Ald.: παλαμὺς N^c Z^c L^c m n κολίαι Cs. A.-W. Dt.: κολ. κόλλαιναι C^a: κολίαι κόλλαιναι α (exc. C^a): κοχλίαι β γ Ald. Bk.: *kolie kollene* Guil. ψῆττα α Sn. **3** καὶ τὰ τοιαῦτα om. α (exc. C^a) λαύραξ codd. plur. passim **4** αὐτῷ post τόκος transp. α Bk. **5** δὴ τρίγλα δὲ β: ἡ δὲ τρίγλη α Guil.: δὴ τρίγλα γ (exc. L^c): δὶς τρίγλα L^c Ald.: δίς, ἡ δὲ τρίγλη cj. Sn. edd. μόνον α Guil. **7** τινας τοὺς τόπους α (exc. C^a) τίκτει^(2) ... 8 δὲ om. m καὶ om. A^a pr. σάρδος E^a N^c Z^c L^c n pr. Ald. **8** σάλπιγξ A^a G^a pr. H^c Ott. τοῦ μετ. α Dt **9** πρώια α Sn. **10** ὄψια α Sn. προίεσθαι α Bk. τόκος] γόνος N^c Z^c L^c m n Ald. **11** πρό] ἀπό α (exc. C^a) Sn.

δ' οὐκ ἔχει ὑπὸ τῇ γαστρὶ πτερύγιον, ὃ καλοῦσιν ἀφαρέα. τῶν δὲ σελαχῶν ἡ ῥίνη μόνη τίκτει δίς· **[10]** τίκτει γὰρ καὶ ἀρ-
15 χομένου τοῦ φθινοπώρου καὶ περὶ Πλειάδος δύσιν, εὐημερεῖ δ' ἐν τῷ φθινοπώρῳ μᾶλλον· ὁ δ' εἷς τόκος γίνεται περὶ ἑπτὰ ἢ ὀκτώ. δοκοῦσι δ' ἔνιοι τῶν γαλεῶν, οἷον οἱ ἀστερίαι, δὶς τοῦ μηνὸς τίκτειν· τοῦτο δὲ συμβαίνει, ὅτι οὐχ ἅπαντα λαμβάνει τελείωσιν τὰ ᾠά. ἔνια δὲ τίκτει πᾶσαν ὥραν, οἷον ἡ
20 σμύραινα. τίκτει δὲ αὐτὴ ᾠὰ πολλά, καὶ ἐκ μικροῦ ταχεῖαν τὴν αὔξησιν λαμβάνουσι τὰ γεννώμενα, ὥσπερ καὶ τὸ
22 τοῦ ἱππούρου· καὶ γὰρ ταῦτα ἐξ ἐλαχίστου μέγιστα γίνεται τάχιστα, /23/ πλὴν ἡ μὲν σμύραινα πᾶσαν ὥραν τίκτει, ὁ δ' ἵπ-
24 πουρος ἔαρος. διαφέρει δ' ὁ σμῦρος καὶ ἡ σμύραινα· ἡ μὲν
25 γὰρ σμύραινα ποικίλον καὶ ἀσθενέστερον, ὁ δὲ σμῦρος ὁμόχρους καὶ ἰσχυρός, καὶ τὸ χρῶμα ὅμοιον ἔχει τῇ πίτυϊ, καὶ ὀδόντας ἔχει καὶ ἔσωθεν καὶ ἔξωθεν. φασὶ δ' ὥσπερ καὶ τὰ ἄλλα τὸν μὲν ἄρρενα τὴν δὲ θήλειαν εἶναι. ἐξέρχεται δὲ ταῦτα εἰς τὴν ξηράν, καὶ λαμβάνονται πολλάκις. συμ-
30 βαίνει μὲν οὖν σχεδὸν πᾶσι ταχεῖαν γίνεσθαι τὴν αὔξησιν τοῖς ἰχθύσιν, οὐχ ἥκιστα δὲ κορακίνῳ τῷ μικρῷ· τίκτει δὲ /1/ πρὸς τῇ γῇ καὶ πρὸς τοῖς βρυώδεσι καὶ δασέσιν. ταχὺ δὲ καὶ ὁ ὀρφὸς /2/ ἐκ μικροῦ γίνεται μέγας. αἱ δὲ πηλαμύδες καὶ οἱ θύννοι /3/ τίκτουσιν ἐν τῷ Πόντῳ, ἄλλοθι δ' οὔ· οἱ δὲ κεστρεῖς καὶ οἱ χρυσόφρυες /4/ καὶ οἱ

13 ἀφορέα α (exc. C^a) **14** γὰρ] δὲ E^a καὶ om. P **17** ὁ ἀστερίας α Sn. **18** μηνὸς] μὴ F^a X^c (abbrev. A^a) ἅπαντα β γ Guil. Ald.: ἅμα πάντα α Cs.: simul Gaza **19** τελέωσιν α (exc. F^a X^c) Bk. ἡ] καὶ ἡ α **20** μύραινα C^a β E^a rc. Ald.: murena Guil. αὕτη α Guil. Sn. ᾠὰ om. S^c, L^c rc. Ald. πολλὰ ᾠὰ transp. m ἐκ om. C^a A^a pr. μικρῇ A^a pr. **21** τὴν om. H^c τὰ om. α γενόμενα α Sn.: que fiunt Guil. τὸ β γ Guil. Ald.: τὰ α Cs. **23** μύραινα C^a β γ (exc. M^c L^c) **24** μύρος C^a, E^a rc.: smurus Guil.: murus Gaza μύραινα β E^a rc.: murena Guil. Gaza **25** μύραινα β E^a rc.: murena Guil. Gaza ante ποικίλον add. διαφόρως E^a L^c Ald.: διαφορᾷ K^c n μύρος C^a, E^a rc.: smurus Guil.: murus Gaza ὁμόχρους β Ald.: ὁμόχρως α: ὁμόχροος γ **26** ἔχ. ὄμ. transp. α Bk. **28** τἆλλα α Bk. **29** τὸ ξηρὸν α Dt. **30** σχεδὸν om. L^c Ald. **31** τῷ om. α τῶν μικρῶν γ Gaza Ald.: parvo Guil. **543b1** καὶ πρὸς^(2) om. α ὀρφῶς α Sn. **2** παλαμύδες N^c Z^c L^c n Ald. **3** ἄλλοθεν α (exc. C^a), E^a κεστρεῖς δὲ (om. οἱ) α Bk. οἱ^(2) om. α Bk.

HISTORIA ANIMALIUM V 543b

λάβρακες μάλιστα οὗ ἂν ποταμοὶ ῥέωσιν· οἱ /5/ δ' ὄρκυ-
νες καὶ σκορπίδες καὶ ἄλλα πολλὰ γένη ἐν τῷ πελάγει.
[11] τίκτουσι δ' οἱ πλεῖστοι τῶν ἰχθύων ἐν τρισὶ μησί,
Μουνυχιῶνι Θαργηλιῶνι Σκιρροφοριῶνι· μετοπώρου δ' ὀλί-
γοι, οἷον σάλπη καὶ σαργὸς καὶ ἄλλα τοιαῦτα μικρὸν
πρὸ ἰσημερίας τῆς φθινοπωρινῆς, καὶ νάρκη καὶ ῥίνη.
τίκτει δ' ἔνια καὶ χειμῶνος καὶ θέρους, ὥσπερ ἐλέχθη πρότερον,
χειμῶνος μὲν λάβραξ κεστρεὺς βελόνη θέρους δὲ περὶ
τὸν Ἑκατομβαιῶνα, θυννὶς δὲ περὶ τροπὰς θερινάς· τίκτει δὲ
θυλακοειδές, ἐν ᾧ μικρὰ γίνεται καὶ πολλὰ ᾠά. καὶ οἱ /14/ ῥυά-
δες τοῦ θέρους τίκτουσιν. ἄρχονται δὲ καὶ κύειν τῶν κεστρέων
οἱ /15/ μὲν χελῶνες τοῦ Ποσειδεῶνος καὶ ὁ σάργος καὶ ὁ μύξων
καλούμενος καὶ ὁ κέφαλος· κύουσι δὲ τριάκοντα ἡμέρας.
ἔνιοι δὲ τῶν κεστρέων οὐ γίνονται ἐκ συνδυασμοῦ, ἀλλὰ φύ-
ονται ἐκ τῆς ἰλύος καὶ τῆς ψάμμου. ὡς μὲν οὖν ἐπὶ τὸ πολὺ
τοῦ ἔαρος τὰ πλεῖστα κυΐσκεται, οὐ μὴν ἀλλά, καθάπερ
εἴρηται, καὶ θέρους ἔνια καὶ φθινοπώρου καὶ χειμῶνος· ἀλλ'
οὔτε ἅπασιν ὁμοίως τοῦτο συμβαίνει οὔθ' ἁπλῶς οὔτε καθ'
ἕκαστον γένος, ὥσπερ τοῖς πλείστοις τοῦ ἔαρος· οὐδὲ δὴ κύου-
σι πολλὰ κυήματα ὁμοίως ἐν τοῖς ἄλλοις χρόνοις. ὅλως δὲ
δεῖ μὴ λεληθέναι ὅτι, ὥσπερ τῶν φυομένων καὶ τῶν
ζῴων τῶν τετραπόδων πολλὴν αἱ χῶραι ποιοῦσι διαφορὰν
οὐ μόνον πρὸς τὴν ἄλλην τοῦ σώματος εὐημερίαν ἀλλὰ καὶ

4, 5

5

10

13, 14

14, 15

16

20

25

---

4 οἱ om. α Bk.   post ἂν add. ποτε γ (exc. Eᵃ) Ald.   5 σκομβρίδες α Guil.
Th. Peck   6 μησὶ τρ. transp. α Bk.   7 μουν. καὶ σκιρ. θαρ. α   με-
θοπώρου Cᵃ   ὀλίγη P   8 οἷον om. γ (exc. Lᶜ)   σαρῶς Aᵃ Gᵃpr. Fᵃ Xᶜ
Hᶜ   ante ἄλλα add. ὅσα α Cs.   9 ῥίνα β   11 ante χειμῶνος add. οἷον
α (post μὲν transp. Hᶜ) γ Cs.   βελόνη α (exc. Cᵃ Hᶜ): βελώνη P   12
θυννὶς δὲ Fᵃ Xᶜ β γ Ald.: θυννίδες α: θυννὶς (om. δὲ) cj. Gaza edd.   θερινάς
om. Ald.   13 πολλὰ ἐγγίνεται μικρὰ α   14 ῥοάδες Cᵃ   καὶ om. α
κύειν] τίκτειν α (exc. Cᵃ)   15 χαλῶνες β Eᵃ P Kᶜ Mᶜ: χαλλῶνες Nᶜ Zᶜ Lᶜ m
n Ald.   σάργων Nᶜ Zᶜ Lᶜ m n   σμύζων Cᵃ: σμύξων α (exc. Cᵃ) Bk.
16 μύουσι Aᵃ Gᵃpr. Fᵃ Xᶜ Hᶜ   18 post καὶ add. ἐκ α (exc. Cᵃ)   ἄμμου α
Sn.   οὖν om. β γ Ald.   τὸ om. α (exc. Cᵃ)   19 καθῶς β γ (καθὰ
Lᶜpr.) Ald.   22 γένος οὔτε τοῖς πλείστοις ὥσπερ τοῦ α   23 ὅμοια Aᵃpr.
Gᵃ Q Hᶜ   24 post ὥσπερ add. καὶ α Bk.

223

ARISTOTELIS

πρὸς τὸ πλεονάκις ὀχεύεσθαι καὶ γεννᾶν, οὕτως καὶ περὶ τοὺς ἰχθῦς πολλὴν ποιοῦσι τὴν διαφορὰν αὐτοὶ οἱ τόποι οὐ μόνον κατὰ μεγέθη καὶ εὐτροφίαν ἀλλὰ καὶ κατὰ τοὺς τόκους καὶ τὰς ὀχείας, τοῦ ἔνθα μὲν πλεονάκις ἔνθα δ' ἐλαττονάκις γεννᾶν τὰ αὐτά. /1/ [12] τίκτει δὲ καὶ τὰ μαλάκια τοῦ ἔαρος, καὶ ἐν τοῖς πρώτοις /2/ τίκτει δὲ τῶν θαλαττίων ἡ σηπία· τίκτει δὲ πᾶσαν ὥραν, /3/ ἀποτίκτει δ' ἐν ἡμέραις δέκα πέντε. ὅταν δὲ τέκῃ τὰ /4/ ᾠά, ὁ ἄρρην παρακολουθῶν καταφυσᾷ τὸν θορόν, καὶ γίνεται στιφρά. βαδίζουσι δὲ κατὰ ζυγά. ἔστι δ' ὁ ἄρρην τῆς θηλείας ποικιλώτερος καὶ μελάντερος τὸν νῶτον. ὁ δὲ πολύπους ὀχεύει τοῦ χειμῶνος, τίκτει δὲ τοῦ ἔαρος καὶ φωλεύει περὶ δύο μῆνας. τίκτει δὲ τὸ ᾠὸν καθάπερ βόστρυχον ὅμοιον τῷ τῆς λεύκης καρπῷ. ἔστι δὲ πολύγονον τὸ ζῷον· ἐκ γὰρ τοῦ ἀποτικτομένου ἄπειρον γίνεται τὸ πλῆθος. διαφέρει δ' ὁ ἄρρην τῆς θηλείας τῷ τε τὴν κεφαλὴν ἔχειν προμηκεστέραν καὶ τὸ καλούμενον ὑπὸ τῶν ἁλιέων αἰδοῖον ἐν τῇ πλεκτάνῃ λευκόν. ἐπῳάζει δέ, ὅταν τέκῃ· διὸ καὶ χείριστοι γίνονται· οὐ γὰρ νέμονται κατὰ τοῦτον τὸν χρόνον. γίνονται δὲ καὶ αἱ πορφύραι τὸ ἔαρ, καὶ οἱ κήρυκες λήγοντος τοῦ χειμῶνος. καὶ ὅλως τὰ ὀστρακόδερμα ἔν τε τῷ ἔαρι φαίνονται τὰ καλούμενα ᾠὰ ἔχοντα καὶ ἐν τῷ μετοπώρῳ, πλὴν τῶν ἐχίνων τῶν ἐδωδίμων· οὗτοι δὲ μάλιστα μὲν ταύταις ταῖς ὥραις, οὐ μὴν ἀλλὰ καὶ ἀεὶ ἔχουσι, καὶ μάλιστα ταῖς πανσελήνοις καὶ ταῖς ἀλεειναῖς ἡμέραις, πλὴν τῶν ἐν τῷ εὐρίπῳ τῶν Πυρραίων· ἐκεῖνοι δ'

---

27 τὸ om. Ald. οὕτω Ald. edd. **28** ἰχθύας Cᵃ, Nᶜpr. Zᶜ αὐτοῖς α (om. Fᵃ Xᶜ) **29** μέγεθος α γ Ald. **30** τοῦ] τοὺς Cᵃ Aᵃpr.: eos Guil. **544a2** δὲ⁽¹⁾ om. α mrc. Sn. θαλαττίων] μαλακίων Q Ott.: om. Gaza σιπύα Cᵃ: σηπύα Aᵃ **3** πέντε καὶ δέκα α Bk. δ' ἐπιτέκῃ γ Ald. **4** κατακολουθῶν α θορόν α Scot. Guil. Cs.: θόλον β γ Gaza Ald.: θολόν Bk. **5** στριφνά Cᵃ: στρυφνά Aᵃpr. Gᵃ Q Fᵃ Xᶜ Hᶜ Ott. **6** τὰ νῶτα Nᶜ Zᶜ Lᶜ m n Ald. **7** ὀχεύεται γ Ald. edd. τοῦ⁽²⁾ ... 8 δὲ om. γ (exc. Lᶜrc.) post ἔαρος add. ὅτε α γ (exc. Lᶜrc.) Sn **8** φωλεῖ Cᵃ Aᵃpr. **14** τοῦτον τὸν χρόνον] τὸν καιρὸν τοῦτον α Dt. **15** post πορφ. add. περὶ α Cs. **17** φαίνεται Cᵃ γ Ald. **18** τῶν⁽²⁾ om. Ald. **19** μὲν om. α (exc. Cᵃ) ante ταύταις add. ἐν α Sn. **21** πυρεῶν α: πυραίων β γ (exc. πυρείων P)

HISTORIA ANIMALIUM V

ἀμείνους τοῦ χειμῶνος· εἰσὶ δὲ μικροὶ μέν, πλήρεις δὲ τῶν ᾠῶν. ποιοῦντες δὲ φαίνονται καὶ οἱ κοχλίαι πάντες ὁμοίως τὴν αὐτὴν ὥραν.

[13] τῶν δ' ὀρνίθων τὰ μὲν ἄγρια, ὥσπερ εἴρηται, ἅπαξ ὀχεύεται καὶ τίκτει τὰ πλεῖστα, χελιδὼν δὲ δὶς τίκτει καὶ ὁ κόττυφος. τὰ μὲν οὖν πρῶτα τοῦ κοττύφου ὑπὸ χειμῶνος ἀπόλλυται, πρώτιστα γὰρ τίκτει πάντων τῶν ὀρνέων, τὸν δ' ὕστερον τόκον εἰς τέλος ἐκτρέφει. ὅσα δὲ ἥμερα ἢ ἡμεροῦσθαι δύναται, ταῦτα δὲ πλεονάκις, οἷον αἱ περιστεραὶ κατὰ παντὸς τοῦ θέρους, καὶ τὸ τῶν ἀλεκτορίδων γένος· ὀχεύουσι γὰρ /32/ καὶ οἱ ἄρρενες καὶ αἱ θήλειαι τῶν ἀλεκτορίδων καὶ τίκτουσιν αἰεὶ πλὴν ἐν τῷ χειμῶνι τῶν τροπικῶν ἡμερῶν. τῶν δὲ περιστεροειδῶν τυγχάνει πλείω ὄντα τὰ γένη· ἔστι γὰρ ἕτερον πελειὰς καὶ περιστερά. ἐλάττων μὲν οὖν ἡ πελειάς, τιθασσὸν δὲ γίνεται μᾶλλον ἡ περιστερά· ἡ δὲ πελειὰς καὶ μέλαν καὶ μικρὸν καὶ ἐρυθρόπουν καὶ τραχύπουν, διὸ καὶ οὐδεὶς τρέφει. μέγιστον μὲν οὖν τῶν τοιούτων ἡ φάττα ἐστί, δεύτερον δ' ἡ οἰνάς· αὕτη δὲ μικρῷ μείζων ἐστὶ τῆς περιστερᾶς· ἐλάχιστον δὲ τῶν τοιούτων ἡ τρυγών. τίκτουσι δ' αἱ περιστεραὶ πᾶσαν ὥραν καὶ ἐκτρέφουσιν, ἐὰν τόπον ἔχωσιν ἀλεεινὸν καὶ τὰ ἐπιτήδεια· εἰ δὲ μή, τοῦ θέρους μόνον. τὰ δ' ἔκγονα βέλτιστα τοῦ ἔαρος ἢ τοῦ φθινοπώρου· τὰ δὲ τοῦ θέρους καὶ ἐν ταῖς θερμημερίαις χείριστα.

[14] διαφέρουσι δὲ καὶ κατὰ τὴν ἡλικίαν τὰ ζῷα πρὸς τὴν

22 δὲ⁽²⁾ om. α (exc. Cᵃ)   23 ποιοῦντες β: κύοντες α γ (exc. κύονες P*pr.* Kᶜ) Ald.: *facientes* Guil.   25 ὀρνέων α Bk.   26 τίκτει καὶ ὀχεύεται transp. α γ   ὁ om. Cᵃ Bk.   27 κότυφος et κοτύφου β γ Ald.   28 πρωιαίτατα α Sn.: *tempestivissime* Guil.   πάντων post ὀρν. transp. α γ (ἀπάντων α)   29 δὲ ἢ ἥμερα α Dt.   30 δὲ om. P   καθ' ἅπαν τὸ θέρος α Cs.   31 τοῦ om. γ Ald.   γὰρ] δὲ Cᵃ   32 καὶ⁽¹⁾ om. α Guil. Cs.   post καὶ⁽²⁾ add. ὀχεύνται α Guil. Cs.   33 πλὴν τῶν ἐν χειμ. τροπ. α (exc. Cᵃ) Bk.: πλὴν ἐν τῷ χ. τρ. γ   544b1 πλείω τυγχ. transp. Cᵃ Bk.   τὰ om. α Bk.   γὰρ] δὲ Nᶜ Zᶜ   2 περιστερὰ καὶ πελ. transp. α Bk.   ἐλάττων ... 3 πελειάς om. Xᶜ   ἔλλατον Cᵃ: ἐλλάτω Gᵃ Q   5 ἡ om. β   6 μικρὸν α (exc. Cᵃ)   μείζω Cᵃ: μείζον Aᵃ Gᵃ Q Hᶜ, Dᵃ*rc.*   7 ἡ om. α   8 ἂν α Dt.   9 μόνου Gᵃ Q   10 ἔγγονα α P Kᶜ Mᶜ   βέλτιστα post ἔαρος transp. α (exc. Cᵃ) Bk.   ἢ] καὶ α γ Sn.   11 ἐν om. α Nᶜ Zᶜ Lᶜ m n   μεθημερίαις Aᵃ*rc.* Ott.   12 καὶ om. α (exc. Cᵃ), Nᶜ Zᶜ Guil.

ARISTOTELIS

ὀχείαν. πρῶτον μὲν οὖν οὐχ ἅμα τοῖς πολλοῖς ἄρχεταί τε τὸ σπέρμα ἐκκρίνεσθαι καὶ γεννᾶν δύναται, ἀλλ' ὕστερον· τὸ
15 γὰρ τῶν νέων ἐν πᾶσι τοῖς ζῴοις τὸ μὲν πρῶτον ἄγονον, γονίμων δ' ὄντων ἀσθενέστερα καὶ ἐλάττω τὰ ἔκγονα. τοῦτο δὲ μάλιστα δῆλον ἐπί τε τῶν ἀνθρώπων καὶ τῶν ζῳοτόκων τετραπόδων καὶ ἐπὶ τῶν ὀρνίθων· τῶν μὲν γὰρ τὰ ἔκγονα ἐλάττω, τῶν δὲ τὰ ᾠά. αἱ δ' ἡλικίαι τοῖς ὀχεύουσιν αὐτοῖς
20 μὲν πρὸς αὐτοὺς τοῖς γένεσι τοῖς πλείστοις σχεδὸν κατὰ τὸν αὐτὸν γίνονται χρόνον, ἐὰν μή τι προτερῇ διά τι τερατῶδες πρᾶγμα ἢ διὰ βλάβην τῆς φύσεως. τοῖς μὲν οὖν ἀνθρώποις ἐπισημαίνει κατά τε τὴν τῆς φωνῆς μεταβολὴν καὶ τῶν αἰδοίων οὐ μόνον μεγέθει ἀλλὰ καὶ εἴδει, καὶ ἐπὶ τῶν μα-
25 στῶν ὡσαύτως, μάλιστα δὲ τῇ τριχώσει τῆς ἥβης. ἄρχεται δὲ φέρειν τὸ σπέρμα περὶ τὰ δὶς ἑπτὰ ἔτη, γεννητικὰ δὲ περὶ τὰ τρὶς ἑπτά. τοῖς δ' ἄλλοις ζῴοις ἥβη μὲν οὐ γίνεται (τὰ μὲν γὰρ ὅλως οὐκ ἔχει τρίχας, τὰ δ' οὐκ ἔχει ἐν τοῖς ὑπτίοις, ἢ ἐλάττους τῶν ἐν τοῖς πρανέσιν), ἡ δὲ φωνὴ
30 μεταβάλλουσα ἐνίοις ἔνδηλός ἐστιν· τοῖς δ' ἔτερα τοῦ σώματος /31/ μόρια ἐπισημαίνει τὴν ἀρχὴν τὸ σπέρμα ἔχειν /32/ καὶ τὸ γόνιμον. τὴν δὲ φωνὴν ἔχει τὸ θῆλυ
33 ἐν τοῖς πλείστοις ὀξυτέραν, καὶ τὰ νεώτερα τῶν πρεσβυτέ-
545a1 ρων, καὶ οἱ ἔλαφοι οἱ ἄρρενες τῶν θηλειῶν φθέγγονται βαρύτερον. φθέγγονται δ' οἱ μὲν ἄρρενες, ὅταν ἡ ὥρα

13 τό τε transp. β γ Ald.   **14** δύνασθαι m*rc*. Gaza Camot. Cs.   τὸ[(2)]] τὰ α N[c] Z[c] m n Guil.   **15** νέων] ὀρνέων A[a] G[a]*pr.* Orc. F[a] X[c] H[c]   post μὲν add. γὰρ C[a]   ἄγονα α (ἄγωνα A[a]*pr.*) Guil.   **16** ἔγγονα α (exc. C[a]*rc*. F[a]*rc*. X[c]) γ   (exc. κυήματα m)   **17** τῶν[(1)] om. C[a]   ζῳοτοκούντων E[a]   **18** ἔγγονα α (exc. C[a] F[a]*rc*. X[c]) γ Ald.   **19** τοῖς om. α (exc. C[a])   **20** αὐτοὺς L[c] Ald.: αὐτοῖς C[a]: αὐτοῖς α (exc. C[a]): αὐτοὺς β γ (exc. L[c])   **21** χρόνον] τρόπον α (exc. C[a])   post προτ. add. ἢ γ Ald.   **22** πρᾶγμα β γ Guil. Ald.: πάθος α Bk.   **24** μασθῶν A[a] G[a] Q passim   **25** ὡσαύτως] ὁμοίως α (exc. C[a])   **26** δὲ φέρειν] διαφέρειν β   ἔτι A[a]*pr*.   **27** τρεῖς A[a] H[c]   **30** μεταβάλλουσιν N[c] Z[c]   ἐν ἐνίοις ἐπίδηλος α Bk.   **31** post τὴν add. τ' C[a] γ Ald.   τὴν ἀρχὴν om. F[a] X[c]   τὸ] τοῦ α Cs.   σπέρματος F[a] X[c]   **32** τό[(1)]] τοῦτο α: τοῦ τὸ Sn.   post γόν. add. ἤδη α Sn.   δὲ om. P   post φωνὴν add. ὅλως α Guil. Sn.   **33** ὀξυτ. ἐν τοῖς transp. α (exc. C[a])   πρεσβυτέρων] ὀξυτέρων A[a]*pr*. G[a]*pr*. H[c]   **545a1** ante καὶ add. ἐπεὶ α γ Ald.   **2** τραχύτερον C[a]

HISTORIA ANIMALIUM V

τῆς ὀχείας ᾖ, αἱ δὲ θήλειαι ὅταν φοβηθῶσιν. ἔστι δ' ἡ μὲν τῆς θηλείας φωνὴ βραχεῖα, ἡ δὲ τοῦ ἄρρενος ἔχει μῆκος. καὶ ἡ τῶν κυνῶν δὲ γηρασκόντων γίνεται βαρυτέρα φωνή. καὶ τῶν ἵππων δὲ διαφέρουσιν αἱ φωναί· εὐθὺς γὰρ γεννώμεναι ἀφιᾶσι φωνὴν λεπτὴν καὶ μικρὰν αἱ θήλειαι, οἱ δ' ἄρρενες μικρὰν μέν, μείζω μέντοι γε καὶ βαρυτέραν τῆς θηλείας· τοῦ δὲ χρόνου προϊόντος μείζονα· διετὴς δ' ἐπειδὰν γένηται καὶ τῆς ὀχείας ἄρξηται, φωνὴν ἀφίησιν ὁ μὲν ἄρρην μεγάλην καὶ βαρεῖαν, ἡ δὲ θήλεια μείζω καὶ λαμπροτέραν ἢ τέως, ἄχρι ἐτῶν εἴκοσιν ὡς ἐπὶ τὸ πολύ· μετὰ μέντοι τὸν χρόνον τοῦτον ἀσθενεστέραν ἀφιᾶσι καὶ οἱ ἄρρενες καὶ αἱ θήλειαι. ὡς μὲν οὖν ἐπὶ τὸ πολύ, καθάπερ εἴπομεν, διαφέρει ἡ φωνὴ τῶν ἀρρένων καὶ τῶν θηλειῶν ἐν τῷ βαρύτερον φθέγγεσθαι τὰ ἄρρενα τῶν θηλειῶν, ὅσων ἐστὶν ἀπόστασις τῆς φωνῆς· οὐ μὴν ἐν πᾶσί γε τοῖς ζῴοις, ἀλλ' ἐνίοις τοὐναντίον, οἷον ἐπὶ τῶν βοῶν· ἐπὶ γὰρ τούτων τὸ θῆλυ τοῦ ἄρρενος βαρύτερον φθέγγεται, καὶ οἱ μόσχοι τῶν τελείων. διὸ καὶ τὰς φωνὰς τὰ ἐκτεμνόμενα μεταβάλλουσιν ἐναντίως· εἰς τὸ θῆλυ γὰρ μεταβάλλουσι τὰ ἐκτεμνόμενα.

οἱ δὲ χρόνοι τῆς ὀχείας κατὰ τὴν ἡλικίαν ἔχουσιν ὧδε τοῖς ζῴοις. πρόβατον μὲν καὶ αἲξ αὐτοετὲς ὀχεύονται καὶ κύει, μᾶλλον δ' ἡ αἴξ· καὶ οἱ ἄρρενες δ' ὀχεύουσιν ὡσαύ-

---

5 δὲ om. L^c Ald.   6 post εὐθὺς add. μὲν C^a Bk.   7 γεννώμεναι β L^{c}rc. Ald.: γινόμεναι α: γεννώμενα γ (exc. L^{c}rc.): nati Guil.: γενόμεναι cj. Sn. edd. ἀφίησι γ (exc. Prc.)   μικ. καὶ λεπ. transp. C^a, S^c 8 μέντοι γε β γ Ald. edd.: μέντοι C^a: δὲ A^a G^a Q F^a X^c: om. H^c: tamen Guil.   9 περιόντος A^{a}pr. G^a Q H^c: περιιόντος F^a X^c: procedente Guil.   11 μὲν ὁ transp. L^c Ald.   12 λαμπροτέρα A^{a}pr. G^a Q H^c ἢ om. F^a X^c ἐτῶν] τῶν E^a 14 θήλεις β (exc. S^c)   οὖν om. β γ: δὴ L^c Ald.   16 ἐν ... θηλειῶν om. α (exc. G^{a}rc. Q) Scot.: τῷ βαρυτέραν τῶν ἀρρένων εἶναι G^{a}rc.: τῷ βαρυτέραν τῶν ἄρρενος εἶναι Q Ott.: eo quod graviorem emittant masculi femellis Guil.   βαιότερον N^c: βεβαιότερον Z^c n   17 ὅσον A^a G^{a}pr. F^a X^c H^c, E^a P K^c M^c N^c Z^c ἀπότασις α mrc. Guil. Gaza Cs.: ἀπόστασις codd. cett. Scal.: om. Scot. ἀπόσταλσις cj. Camot. Sylb.   post ἀπό. add. τις C^a Guil.   γε α β m: τε γ (exc. γε m, om. E^{a}rc.) Ald.   18 ἐν ἐνίοις E^a τὸ ἐναντίον α (exc. C^a) οἷον] ἦ C^a A^a F^a X^c H^c: εἶναι Q: abbrev. G^a 24 ὀχεύεται α Ald.

227

τως. τὰ δὲ ἔκγονα τῶν ἀρρένων διαφέρει ἐπὶ τούτων καὶ τῶν ἄλλων· οἱ γὰρ ἄρρενες βελτίους γίνονται ἢ τῷ ὕστερον ἔτει, ὅταν γηράσκωσιν. ὗς δ' ὀχεύει μὲν καὶ ὀχεύεται πρῶτον ὀκτάμηνος, τίκτει δὲ θήλεια μὲν ἐνιαυσία (οὕτω γὰρ συμ-
30 βαίνει ὁ χρόνος τῆς κυήσεως), ὁ δ' ἄρρην γεννᾷ μὲν ὀκτάμηνος, φαῦλα μέντοι πρὶν γενέσθαι ἐνιαύσιος. οὐ πανταχοῦ δέ, ὥσπερ εἴρηται, ὁμοίως συμβαίνουσιν αἱ ἡλικίαι· ἐνιαχοῦ
545b1 γὰρ ὗες ὀχεύονται μὲν καὶ ὀχεύουσι τετράμηνοι, ὥστε δὲ γεννᾶν καὶ ἐκτρέφειν ἑξάμηνοι, ἐνιαχοῦ δὲ οἱ κάπροι δεκάμηνοι ἄρχονται ὀχεύειν, ἀγαθοὶ δὲ μέχρι τριετίας. κύων δ' ὡς ἐπὶ τὸ πολὺ μὲν ὀχεύεται ἐνιαυσία καὶ ὀχεύει ἐνιαύ-
5 σιος, ἐνίοτε δὲ συμβαίνει ταῦτα καὶ ὀκταμήνοις· μᾶλλον δὲ ταῦτα γίνεται ἐπὶ τῶν θηλειῶν ἢ τῶν ἀρρένων. κύει δὲ ἑξήκοντα καὶ μίαν ἢ δύο ἢ τρεῖς ἡμέρας τὸ μακρότατον· ἔλαττον δὲ οὐ φέρει τῶν ἑξήκοντα ἡμερῶν, ἀλλ' ἄν τι γένηται, οὐκ ἐκτρέφεται εἰς τέλος. τεκοῦσα δὲ πάλιν ὀχεύε-
10 ται ἕκτῳ μηνί, καὶ οὐ πρότερον. ἵππος δ' ὀχεύειν ἄρχεται διετὴς καὶ ὀχεύεται ὥστε καὶ γεννᾶν· τὰ μέντοι ἔκγονα κατὰ τούτους τοὺς χρόνους ἐλάττω καὶ ἀσθενικώτερα. ὡς δ' ἐπὶ τὸ πλεῖστον τριετὴς ὀχεύει καὶ ὀχεύεται. καὶ ἐπιδίδωσι δὲ αἰεὶ ἐπὶ τὸ βέλτιον τὰ ἔκγονα γεννᾶν μέ-
15 χρις ἐτῶν εἴκοσιν. ὀχεύει δ' ὁ ἵππος ὁ ἄρρην ἄχρι ἐτῶν τριάκοντα καὶ τριῶν, ἡ δὲ θήλεια ὀχεύεται ἄχρι ἐτῶν

26 δὲ] τε α (exc. Cᵃ) ἔγγονα α (exc. Cᵃ Fᵃrc. Xᶜ), P Kᶜ 27 γίνεται Aᵃ Gᵃ Q Hᶜ ἢ om. α Guil. A.-W. ὑστέρον α (exc. Cᵃ) ἔτι P Kᶜ Mᶜ 28 γηράσωσιν α ὀχεύεται μὲν καὶ ὀχεύει transp. α 29 ante θήλ. add. ἡ α Bk. μὲν om. α 31 φλαῦρα Nᶜ Zᶜ Lᶜ m n 32 ὁμοίως om. β post ἐνιαχοῦ add. μὲν α (exc. Cᵃ) Bk. 545b1 γάρ] τε Eᵃ post γὰρ add. οἱ Cᵃ: αἱ α (exc. Cᵃ) Bk. ὗς β 3 ἀγαθὴ α (exc. Cᵃ Hᶜ) τριετίας Cᵃ β γ Ald.: ἐπὶ τριετές α (exc. Cᵃ) Bk. 4 μὲν om. α ἐνιαυσία καὶ ὀχεύει om. Fᵃ Xᶜ ἐνιαυσιαία Nᶜpr. mpr. npr. Lᶜ Ald. 6 τοῦτο α Bk. ἀρρένων ἢ τῶν θη. transp. α Scot. Guil. Sn. edd. 7 ἢ καὶ μίαν Cᵃ Aᵃpr. Dt. ἢ καὶ δύο Cᵃ ἢ καὶ τρεῖς Cᵃ ἡμέρας om. Fᵃ Xᶜ μακρότερον Fᵃ Xᶜ 8 ἔλαττον om. Aᵃpr. ἑξηκονθημέρων α (exc. Cᵃ) post τι add. καὶ α Bk. 9 ἐκτρέφει Hᶜ 11 ὀχεύεσθαι α Cs. ἔγγονα Aᵃ Gᵃ Q Hᶜ, P Kᶜ 12 τὰ κατὰ α Cs. 13 καὶ τριέτης α (exc. Cᵃ) 14 τὸ] τὰ α βέλτιον β: βελτίω α Sn.: βελτιώτατον γ Ald. ἔγγονα α (exc. Cᵃ) P Kᶜ γεννᾷ α Eᵃ post γεν. add. δὲ α 15 μέχρι α Lᶜ Ald. 16 καὶ om. γ μέχρι τετταράκοντα ἐτῶν α Bk.

HISTORIA ANIMALIUM V 545b

τεσσαράκοντα, ὥστε συμβαίνει σχεδὸν διὰ βίου γίνεσθαι τὴν ὀχείαν· ζῇ γὰρ ὡς ἐπὶ τὸ πολὺ ὁ μὲν ἄρρην περὶ τριάκοντα πέντε ἔτη, ἡ δὲ θήλεια πλείω τῶν τεσσαράκοντα· ἤδη δέ τις ἐβίωσεν ἵππος καὶ ἑβδομήκοντα πέντε ἔτη. ὄνος 20 δὲ τριακοντάμηνος ὀχεύει καὶ ὀχεύεται. οὐ μέντοι γεννῶσί γε ὡς ἐπὶ τὸ πολὺ ἀλλὰ διετεῖς ἢ καὶ τριετεῖς καὶ ἑξάμηνοι. ἤδη δὲ καὶ ἐνιαυσία ἐκύησεν ὥστε καὶ ἐκτραφῆναι. καὶ βοῦς ἐνιαυσία ἔτεκεν ὥστε καὶ ἐκτραφῆναι· καὶ τὸ μέγεθος ηὐξήθη ὅσον ἔμελλε, καὶ οὐκέτι. αἱ μὲν οὖν ἀρχαὶ τοῖς ζῴοις τούτοις 25 τῆς γεννήσεως τοῦτον ἔχουσι τὸν τρόπον. 26

γεννᾷ δὲ ἄνθρωπος 26
τὸ ἔσχατον μέχρι ἑβδομήκοντα ἐτῶν ὁ ἄρρην, γυνὴ δὲ μέχρι πεντήκοντα. ἀλλὰ τοῦτο μὲν σπάνιον· ὀλίγοις γὰρ γεγένηται ἐν ταύταις ταῖς ἡλικίαις τέκνα· ὡς δ' ἐπὶ τὸ πολὺ τοῖς μὲν πέντε καὶ ἑξήκοντα ὅρος, ταῖς δὲ πέντε καὶ 30 τεσσαράκοντα. πρόβατον δὲ τίκτει μέχρι ἐτῶν ὀκτώ, ἐὰν δὲ θεραπεύηται καλῶς, καὶ μέχρι ἕνδεκα· σχεδὸν δὲ καὶ διὰ βίου συμβαίνει ὀχεύειν καὶ ὀχεύεσθαι ἀμφοτέροις. οἱ δὲ τράγοι 546a1 πίονες ὄντες ἧττον γόνιμοί εἰσιν (ἀφ' ὧν καὶ τὰς ἀμπέλους, ὅταν μὴ φέρωσι, τραγᾶν καλοῦσιν), ἀλλὰ παρισχναινόμενοι δύνανται ὀχεύοντες γεννᾶν. ὀχεύουσι δ' οἱ κριοὶ τὰς πρεσβυτέρας πρῶτον, τὰς δὲ νέας οὐ διώκουσιν. τίκτουσι δ', ὥσ- 5

18 πέντε καὶ τριάκοντα α Bk.   19 πλέον α (exc. C^a)   20 ἔτη ἑβ. καὶ πέντε α (om. καὶ C^c)   ἔτι A^apr.   21 γε om. α (exc. C^a)   22 ἀλλ' ἢ τριετὴς ἢ διετὴς ἢ ἑξάμηνοι α (exc. ἑξάμηνος C^apr.) Scot.: ἀλλὰ διετὴς ἢ καὶ τριετὴς ἢ ἑξάμηνοι N^c Z^c L^c m n (exc. ἢ καὶ ἑξ. L^c n): nisi triennes aut biennes et sex mensium Guil.   23 ἐναυσία⁽¹⁾] ἐνιαύσιος F^a X^c   post ἐνιαυσία⁽¹⁾ add. βοῦς α (exc. C^a A^apr.)   τραφῆναι A^apr.   καὶ βοῦς ... 24 ἐκτραφῆναι om. α (exc. C^a) Guil.   post βοῦς add. δὲ C^a   24 καὶ⁽¹⁾ om. E^a P K^c M^c τῷ μεγέθει N^c Z^c L^c m n Ald.   26 γενέσεως α   δὲ] δὲ ὁ C^a γ   ἄνθρωπος] ἄρρην γ (exc. L^c m pr.)   27 ante τὸ add. μετὰ C^a: μὲν α (exc. C^a) Sn. ὁ ἄρρην om. γ (exc. K^c M^c L^crc.)   post δὲ add. τὸ β   28 post σπάνιον add. γεγένηται γ (exc. γενήσεται n: γίνεται L^c Ald.)   29 γεννᾶται α Sn.: γεγένηται L^c Ald.   τέκνον C^a   30 ταῖς] τοῖς A^a G^a Q H^c: τῶν P 32 καὶ⁽²⁾ om. α γ Ald.   546a1 συμβαίνει καὶ ὀχ. γ   ὀχ. συμβ. transp. α (exc. C^a)   ἀμφότερα C^arc.   3 τράγαν A^a G^apr. F^a X^c H^c   παρισχραινόμενοι C^a: παρισχνόμενοι E^a   4 δύναται A^apr., N^cpr.   ὀχεύεσθαι καὶ γε. α   τὰς πρεσβυτέρας α A.-W.: ταῖς πρεσβυτάταις β γ Ald.: antiquissimas Guil.: τὰς πρεσβυτάτας cj. Sn. Bk.   5 οὐ om. β γ Guil. Ald.

229

περ εἴρηται ἐν τοῖς πρότερον, αἱ νέαι ἐλάττω τὰ ἔκγονα τῶν πρεσβυτέρων. κάπρος δ' ἀγαθὸς μὲν ὀχεύειν μέχρι ἐπὶ τριετοῦς, τῶν δὲ πρεσβυτέρων χείρω τὰ ἔκγονα· οὐ γὰρ ἔτι γίνεται αὐτῷ ἐπίδοσις οὐδὲ ῥώμη. ὀχεύειν δ' εἴωθε χορτασθεὶς καὶ προβιβάσας ἄλλην· εἰ δὲ μή, ὀλιγοχρονιωτέρα ἡ ὀχεία γίνεται καὶ μικρότερα τὰ ἔκγονα. τίκτει δ' ἐλάχιστα μὲν ὗς ὅταν πρωτοτόκος ᾖ, δευτεροτόκος δ' οὖσα ἀκμάζει· γηράσκουσα δὲ τίκτει μὲν ὁμοίως, ὀχεύεται δὲ βραδύτερον· ὅταν δὲ πεντεκαιδεκαετεῖς ὦσιν, οὐκέτι γεννῶσιν ἀλλὰ ἀγριαίνονται. ἐὰν δ' εὐτραφὴς ᾖ, θᾶττον ὁρμᾷ πρὸς τὰς ὀχείας καὶ νέα καὶ γηράσκουσα. ἔγκυος δ' οὖσα ἐὰν πιαίνηται σφόδρα, ἔλαττον ἔχει τὸ γάλα μετὰ τὸν τόκον. τὰ δ' ἔκγονα κατὰ μὲν τὴν ἡλικίαν βέλτιστα ἐν ἀκμῇ, κατὰ δὲ τὰς ὥρας, ὅσα τοῦ χειμῶνος ἀρχομένου γίνεται· χείριστα δὲ τὰ θερινά, καὶ γὰρ μικρὰ καὶ λεπτὰ καὶ ὑγρά. ὁ δ' ἄρρην, ἐὰν μὲν εὐτραφὴς ᾖ, πᾶσαν ὥραν ὀχεύειν δύναται, καὶ μεθ' ἡμέραν καὶ νύκτωρ· εἰ δὲ μή, μάλιστα τὸ ἕωθεν· καὶ γηράσκων ἧττον αἰεί, ὥσπερ εἴρηται καὶ πρότερον. πολλάκις δ' οἱ ἀδύνατοι διὰ τὴν ἡλικίαν ἢ ἀσθένειαν, οὐ δυνάμενοι ταχέως ὀχεύειν, κατακλινομένης τῆς θηλείας διὰ τὸ κάμνειν τῇ συστάσει συγκατακλιθέντες πλησιάζουσιν. κυΐσκεται δὲ μάλιστα ἡ ὗς, ἐπειδὰν θυῶσα καταβάλλῃ τὰ ὦτα· εἰ δὲ μή, οὔ, ἀλλ' ἀναθυᾷ πάλιν. αἱ δὲ κύνες ὀχεύονται οὐ διὰ βίου ἀλλὰ μέ-

---

6 προτέροις Cᵃ: πρώτοις Fᵃ Xᶜ   ἔγγονα γ (exc. Lᶜ)   7 ὀχεύει α Guil. ἐπὶ om. Nᶜ Zᶜ Lᶜ m n   τριετές α Bk.   8 ἔγγονα P   9 αὐτῶν Gᵃ Q: αὐτοῖς Fᵃ Xᶜ Hᶜ   ἐπίρρωσις Cᵃpr.   10 ante προβιβ. add. μὴ α Scot. Guil. Gaza Cs. edd.   ἄλλην] ἀλκὴν Sᶜ, Lᶜrc.   ὀλιγοχρονιωτέρα β Ald. Bk.: ὀλιγοχειροτέρα Cᵃ: ὀλιγοχοιροτέρα Aᵃpr. Gᵃ Q Hᶜ: ὀλίγον χρονιωτέρα Aᵃrc. Fᵃ Xᶜ γ: filii pauciores Scot.: minus prolixus coitus Guil.: initus brevior Gaza   11 ἔγγονα Aᵃ Gᵃ Q   12 πρωτόγονος β Ald.   ἡ ante πρω. transp. α Bk.   14 πεντεκαιδεκάτεις Cᵃ: πεντεκαιδεκέτεις Aᵃ Gᵃ Q Hᶜ: πεντεκαιδεκέται Fᵃ Xᶜ   ἀγριαίνονται β γ Ald.: γραῖα γίνονται Cᵃ: γραῖαι γίνονται α (exc. Cᵃ) Camot. Bk.: silvestres fiunt Guil.   15 εὐτροφήσῃ α Sn.   16 ἔγγυος Hᶜ, Eᵃ P   17 ἴσχει α Bk.   ἔγγονα P Kᶜ m n   20 μικρὰ καὶ om. β   εὐτροφήση α Sn.   22 post τὸ add. γ' α Sn.   ἔωθε Aᵃpr. Gᵃ Q Hᶜ   24 ante διὰ add. ἢ α Bk.   ante ἀσθ. add. δι' α Bk.   25 post ὀχεύειν add. διὰ τὴν ἀδυναμίαν P   26 στάσει α Guil. Sn. Bk.   27 ἢ om. α   οὔ ἀλλ' β γ Ald.: ὅταν α: οὒ P   28 ἀναθυμιᾷ β γ Ald.   οἱ Cᵃ Fᵃ Xᶜ

χρι ἀκμῆς τινος· ὡς μὲν ἐπὶ τὸ πολὺ μέχρι ἐτῶν δώδεκα αἵ τ' ὀχεῖαι συμβαίνουσι καὶ αἱ κυήσεις αὐτῶν· οὐ μὴν ἀλλ' ἤδη τισὶ καὶ ὀκτωκαίδεκα ἔτη γεγονόσι καὶ εἴκοσι συνέβη καὶ θηλείαις ὀχευθῆναι καὶ ἄρρεσι γεννῆσαι. ἀφαιρεῖται δὲ καὶ τὸ γῆρας ὥστε μὴ γεννᾶν μηδὲ τίκτειν, καθάπερ καὶ ἐπὶ τῶν ἄλλων. ἡ δὲ κάμηλος ἔστι μὲν ὀπισθουρητικόν, καὶ ὀχεύεται ὥσπερ εἴρηται πρότερον· τῆς δ' ὀχείας ὁ χρόνος ἐν τῇ Ἀραβίᾳ κατὰ τὸν Μαιμακτηριῶνα μῆνα. κύει δὲ δώδεκα μῆνας, τίκτει δ' ἕν· ἔστι γὰρ μονοτόκον. ἄρχεται δὲ τῆς ὀχείας ἡ θήλεια τριετὴς οὖσα καὶ ὁ ἄρρην τριετὴς ὤν· μετὰ δὲ τὸν τόκον ἓν ἔτος διαλιποῦσα ὀχεύεται ἡ θήλεια. ὁ δ' ἐλέφας ἄρχεται μὲν βαίνεσθαι ὁ μὲν νεώτατος δέκα ἐτῶν, ὁ δὲ πρεσβύτατος πεντεκαίδεκα· ὁ δ' ἄρρην βαίνει πέντε ἢ καὶ ἓξ ἐτῶν ὤν. χρόνος δὲ τῆς ὀχείας τὸ ἔαρ. πάλιν δὲ βαίνει μετὰ τὴν ὀχείαν διὰ τρίτου ἔτους· ὃν δ' ἂν ἐγκύμονα ποιήσῃ, τούτου πάλιν οὐχ ἅπτεται. κύει δ' ἔτη δύο, τίκτει δ' ἕν· ἔστι γὰρ μονοτόκον· τὸ δ' ἔμβρυον γίνεται ὅσον μόσχος δίμηνος ἢ τρίμηνος.

περὶ μὲν οὖν τῆς ὀχείας τῶν ζῴων τῶν ὀχευομένων τοῦτον ἔχει τὸν τρόπον.

[15] περὶ δὲ τῆς γενέσεως τῶν ὀχευομένων καὶ τῶν ἀνοχεύτων λεκτέον, καὶ πρῶτον περὶ τῶν ὀστρακοδέρμων· τοῦτο γάρ ἐστιν ἀνόχευτον μόνον ὡς εἰπεῖν ὅλον τὸ γένος. αἱ μὲν οὖν πορφύραι τοῦ ἔαρος συναθροιζόμεναι εἰς ταὐτὸ ποιοῦσι τὴν καλουμένην μελίκηραν. τοῦτο δ' ἐστὶν οἷον κηρίον, πλὴν οὐχ οὕτω γλαφυρόν, ἀλλ' ὥσπερ ἂν εἰ ἐκ λεπυρίων ἐρεβίνθων λευκῶν πολλὰ συμπλακεῖεν. οὐκ ἔχει δ'

29 τινος ἀκ. transp. α   μὲν οὖν ἐπὶ C^a Dt.   31 γεγόνασι C^a Ald.   συμβέβηκε θηλ. α   32 γεννῆσαι] κυῆσαι β (exc. U^crc.)   33 καὶ(2) om. α
546b1 ὀπισθουρητικὴ α   3 ἀρραβία codd. plur.   μεμακτηριῶνα α (exc. G^a Q) E^a Ald.   5 ὧν om. β   6 ὁ] ἡ C^a   7 ἡ μὲν νεωτάτη C^a
8 ἡ δὲ πρεσβυτάτη C^a   πεντέτης ὢν ἢ ἑξέτης α Guil. Sn.: πέντε ἐτῶν ἢ καὶ ἓξ ὢν γ (exc. καὶ om. L^c Ald.)   12 οἷον α   15 ante τῶν add. καὶ α Bk.   18 ὅλον] ἄνω A^apr. G^a Q H^c   19 μελίκηραν α: μελικηρὰν β: μελικήραν γ   20 γλαφ. ὥσπερ γὰρ εἰ α (exc. C^a)   λεπ. ἢ ἐρεβ. N^c Z^c L^c mpr. n Ald.   21 ἐρεβενθίνων C^a: ἐρεβινθίων α (exc. C^a)   συμπαγείη α Cs. edd.

ἀνεῳγμένον πόρον οὐθὲν τούτων, οὐδὲ γίνονται ἐκ τούτων αἱ πορφύραι, /23/ ἀλλὰ φύονται καὶ αὐτὰ καὶ τὰ ἄλλα ὀστρακόδερμα ἐξ ἰλύος καὶ σήψεως. τοῦτο δὲ συμβαίνει ὥσπερ ἀποκάθαρμα καὶ ταύταις καὶ τοῖς κήρυξιν· κηριάζουσι γὰρ καὶ οἱ κήρυκες. γίνονται μὲν οὖν καὶ τὰ κηριάζοντα τῶν ὀστρακοδέρμων τὸν αὐτὸν τρόπον τοῖς ἄλλοις ὀστρακοδέρμοις, οὐ μὴν ἀλλὰ μᾶλλον ὅταν προϋπάρχῃ τὰ ὁμοιογενῆ· ἀφιᾶσι γὰρ ἀρχόμενα κηριάζειν γλισχρότητα μυξώδη, ἐξ ὧν τὰ λεπυριώδη συνίσταται. ταῦτα μὲν οὖν ἅπαντα διαχεῖται, ἀφίησι δ' ὃ εἶχεν εἰς τὴν γῆν· καὶ ἐν τούτῳ τῷ τόπῳ γίνεται ἐν τῇ γῇ συστάντα πορφύρια μικρά, ἃ ἔχουσαι ἁλίσκονται αἱ πορφύραι ἐπ' αὐτῶν, ἔνια δ' οὔπω διηκριβωμένα τὴν μορφήν. ἐὰν δὲ πρὶν ἐκτεκεῖν ἁλῶσιν, ἐνίοτε ἐν ταῖς φορμίσιν ὅπου ἔτυχεν ἐκτίκτουσιν ἅλις ἐν τῷ αὐτῷ οὖσαι, ὥσπερ ἐν τῇ θαλάττῃ, καὶ διὰ τὴν στενοχωρίαν γίνονται οἱονεὶ βότρυς. εἰσὶ δὲ τῶν πορφυρῶν γένη πολλά, καὶ ἔνιαι μὲν μεγάλαι, οἷον αἱ περὶ τὸ Σίγειον καὶ Λεκτόν, αἱ δὲ μικραί, οἷον ἐν τῷ Εὐρίπῳ καὶ περὶ τὴν Καρίαν, καὶ αἱ μὲν ἐν τοῖς κόλποις μεγάλαι καὶ τραχεῖαι, καὶ τὸ ἄνθος αὐτῶν αἱ μὲν πλεῖσται μέλαν ἔχουσιν, ἔνιαι δ' ἐρυθρὸν μικρόν. γίνονται δ' ἔνιαι τῶν μεγάλων καὶ μναῖαι· αἱ δ' ἐν τοῖς αἰγιαλοῖς καὶ περὶ τὰς ἀκτὰς τὸ μὲν μέγεθος γίγνονται μικραί, τὸ δ' ἄνθος ἐρυθρὸν ἔχουσιν. ἔτι δ' ἐν μὲν τοῖς προσβορείοις μέλαιναι, ἐν δὲ τοῖς νοτίοις ἐρυθραὶ ὡς ἐπὶ τὸ

23 αὐτὰ β Ald.: αὗται α Bk.: αὐταὶ γ Sn.   τἆλλα Cᵃ Bk.   ante ὀστρ. add. τὰ α Bk.   ὀστρ.... σήψεως] ἐκ τῆς σήψεως καὶ ἰλύος ὀστρ. Lᶜ Ald. **24** ἰλλύος Aᵃ   συσσήψεως α Cs. edd.   **25** ταῖς Aᵃ Fᵃ Xᶜ Hᶜ   **26** γίνεται P Kᶜ   **27** ante τοῖς add. καὶ α   **28** ὁμογενῆ α Guil.   **29** ἀφίησι α **30** ὧν codd. Guil. Ald. Athen. III.88E: et ex eo Scot.: mucorem ex quo Gaza: ἧς cj. Sylb. Sn. edd.   διαχ. ἀπ. transp. β   **31** ὃ εἶχεν] ἰχῶρα Athen. III.88E, Sn.   τῷ τόπῳ om. Nᶜ Zᶜ Lᶜ m n Cs.   **33** ἐπ' om. γ: ἀπ' Ald.   δ' om. α (exc. Cᵃ) Nᶜ Zᶜ Lᶜ m n   **547a2** ante ὅπου add. οὐχ α Guil. Gaza Cs. edd. ἔτυχον P Bk.   ἅλις... οὖσαι β γ Ald.: ἀλλ' εἰς ταὐτὸ ἰοῦσαι α Guil. Gaza Cs. edd.   **3** post ὥσπερ add. καὶ α Sn.   καὶ] ἀλλὰ α Guil.   διὰ om. γ   τῇ στενοχωρίᾳ Nᶜ Zᶜ Lᶜ m n   γίνεται α A.-W.   **4** οἷον α πλείω α Guil. Athen. Sn. edd.   **5** αἱ⁽¹⁾ om. α A.-W.   **6** καρδίαν Cᵃpr.: καρείαν Cᵃrc.: καρέαν P   **8** ἔχουσαι γ Ald.   post ἐρυθ. add. καὶ α Cs.   **11** τοῖς μὲν transp. β γ   **12** βορείοις Nᶜ Zᶜ Lᶜ m n Ald.

HISTORIA ANIMALIUM V

πλεῖστον εἰπεῖν. ἁλίσκονται δὲ τοῦ ἔαρος ὅταν κηριάζωσιν· ὑπὸ κύνα δ' οὐχ ἁλίσκονται· οὐ γὰρ νέμονται, ἀλλὰ κρύπτουσιν ἑαυτὰς καὶ φωλεύουσι. τὸ δ' ἄνθος ἔχουσιν ἀνὰ μέσον τῆς μήκωνος καὶ τοῦ τραχήλου· τούτων δ' ἐστὶν ἡ σύμφυσις πυκνή· χρῶμα δὲ ἰδεῖν ὥσπερ ὑμὴν λευκός, ὃν ἀφαιροῦσιν· θλιβόμενος δὲ βάπτει καὶ ἀνθίζει τὴν χεῖρα. διατείνει δ' αὐτὴν ὥσπερ φλέβα· τοῦτο δὲ δοκεῖ εἶναι τὸ ἄνθος. ἡ δ' ἄλλη σύμφυσις οἷον στυπτηρίας. ὅταν δὲ κηριάζωσι αἱ πορφύραι, τότε χείριστον ἔχουσι τὸ ἄνθος. τὰς μὲν οὖν μικρὰς μετὰ τῶν ὀστράκων κόπτουσιν· οὐ γὰρ ῥᾴδιον ἀφελεῖν· τῶν δὲ μειζόνων περιελόντες τὸ ὄστρακον ἀφαιροῦσι τὸ ἄνθος. διὸ καὶ χωρίζεται ὁ τράχηλος καὶ ἡ μήκων· μεταξὺ γὰρ τούτων τὸ ἄνθος, ἐπάνω τῆς καλουμένης κοιλίας· ἀφαιρεθέντος οὖν /26/ ἀνάγκη διῃρῆσθαι. σπουδάζουσι δὲ ζώσας κόπτειν· ἐὰν γὰρ πρὶν κόπτειν /27/ πρότερον ἀποθάνῃ, συνεξεμεῖ τὸ ἄνθος· διὸ καὶ φυλάττουσιν /28/ ἐν τοῖς κύρτοις, ἕως ἂν ἀθροισθῶσι καὶ σχολάσωσιν. οἱ μὲν /29/ οὖν ἀρχαῖοι πρὸς τοῖς δελέασιν οὐ καθίεσαν οὐδὲ προσῆπτον τοὺς κύρτους, ὥστε συνέβαινεν ἀνεσπασμένην ἤδη πολλάκις ἀποπίπτειν· οἱ δὲ νῦν προσάπτουσιν, ὅπως ἐὰν ἀποπέσῃ, μὴ ἀπολύηται. μάλιστα δ' ἀποπίπτει ἐὰν πλήρης ᾖ· κενῆς /33/ δ' οὔσης ἀποσπᾶσθαι χαλεπόν. ταῦτα μὲν οὖν τὰ συμβαίνοντα ἴδια περὶ τὰς πορφύρας ἐστίν. τὸν αὐτὸν δὲ τρόπον /2/ ἐγγίνονται ταῖς πορφύραις καὶ οἱ κήρυκες, καὶ τὴν αὐτὴν ὥραν. ἔχουσι δὲ καὶ τὰ ἐπικαλύμματα κατὰ ταὐτὰ ἀμφότερα, καὶ τὰ ἄλλα τὰ στρομβώδη, ἐκ γενετῆς πάντα· νέμονται δὲ

14 οὐ γὰρ νέμονται om. L^c Ald. 15 φωλοῦσι α Dt 17 πυκνή om. E^a τὸ δὲ χρῶμα α Bk. post ὃν add. ἂν β γ Ald. 18 ἀφαιρῶσι N^c Z^c L^c m n Ald. 19 αὕτη α Cs. οἷον φλέψ α Sn. 20 φύσις α Guil. Sn. στυπτηρία α Bk. ἀκηριάζωσι C^a: defecerint a favifactione Guil. 25 οὖν] τοίνυν γ Ald. 26 πρὶν κόπτειν om. α (exc. A^arc. F^a X^c) Sn. 28 τοῖς om. α ἕως ἂν] ἐ ἂν C^a: ἕαν A^apr. G^a Q H^c Sn.: si Guil. ἀθροίσωσι α (exc. A^arc. F^a X^c) Sn. Bk. 30 συμβαίνειν α ἀνεσπασμένα m n 32 ἀπολλύηται α Guil. Sn. edd. ἀποπίπτουσιν ὅταν α 33 post οὔσης add. καὶ α Sn. ἀποσπάσαι α (exc. C^a) Bk. 547b1 εἰσί C^a 2 γίνονται α Guil. Sn. 3 κατὰ ταῦτα H^c: καὶ ταῦτα G^arc. A.-W. Dt: καὶ ταῦτα κατὰ ταῦτα Q: et hec Guil.: κατὰ τὰ αὐτὰ Athen. 4 τὰ⁽²⁾ om. γ Sn. ἅπαντα α Bk.

233

ἐξαίροντα τὴν καλουμένην γλῶτταν ὑπὸ τὸ κάλυμμα. τὸ δὲ μέγεθος τῆς γλώττης ἔχει ἡ πορφύρα μεῖζον δακτύλου, ᾧ νέμεται καὶ διατρυπᾷ τὰ κογχύλια καὶ τὸ αὑτῆς ὄστρακον. ἔστι δὲ ἡ πορφύρα καὶ ὁ κῆρυξ ἀμφότερα μακρόβια· ζῇ γὰρ ἡ πορφύρα περὶ ἔτη ἕξ, καὶ καθ᾽ ἕκαστον ἐνιαυτὸν φανερά ἐστιν ἡ αὔξησις τοῖς διαστήμασι τοῖς ἐν τῷ ὀστράκῳ τῆς ἕλικος. κηριάζουσι δὲ καὶ οἱ μύες. τὰ δὲ λιμόστρεα καλούμενα, ὅπου ἂν βόρβορος ᾖ, ἐνταῦθα συνίσταται πρῶτον αὐτῶν ἡ ἀρχή. αἱ δὲ κόγχαι καὶ χῆμαι καὶ σωλῆνες καὶ κτένες ἐν τοῖς ἀμμώδεσι λαμβάνουσι τὴν σύστασιν. αἱ δὲ πίναι ὀρθαὶ φύονται ἐκ τοῦ βύσσου ἐν τοῖς ἀμμώδεσι καὶ βορβορώδεσιν. ἔχουσι δ᾽ ἐν αὐταῖς πινοφύλακα, αἱ μὲν καρίδιον αἱ δὲ καρκίνιον· οὗ στερισκόμεναι διαφθείρονται θᾶττον. ὅλως δὲ πάντα τὰ ὀστρακώδη γίνεται καὶ αὐτόματα ἐν τῇ ἰλύϊ, κατὰ τὴν διαφορὰν τῆς ἰλύος ἕτερα, ἐν μὲν τῇ βορβορώδει τὰ ὄστρεα, ἐν δὲ τῇ ἀμμώδει κόγχαι καὶ τὰ εἰρημένα, περὶ δὲ τὰς σήραγγας τῶν πετριδίων τήθυα καὶ βάλανοι καὶ τὰ ἐπιπολάζοντα, οἷον αἱ λεπάδες καὶ οἱ νηρῖται. ἅπαντα μὲν οὖν τὰ τοιαῦτα τὴν αὔξησιν ἔχει ταχεῖαν, μάλιστα δ᾽ αἵ τε πορφύραι καὶ οἱ κτένες· ταῦτα γὰρ ἐνιαυτῷ γίνεται τέλεια. ἐμφύονται δ᾽ ἐν ἐνίοις τῶν ὀστρακοδέρμων καρκίνοι λευκοί, τὸ μέγεθος μικροὶ πάμ-

5 ἐξεγείροντα α: ἐξείροντα Athen. Sn. edd.: *emittentia omnia* Guil.: *exorta* Gaza   post κάλυμμα add. πάντα G[a]rc. Q Ott.   6 ᾧ] ἦ Q, mrc.   7 διατρύπτει γ (exc. L[c])   αὑτῆς C[a] Buss. Pk. A.-W.: αὐτοῖς N[c] Z[c] L[c] n: ἑαυτῆς Athen.: *ipsius* Guil.: *sui generis* Gaza   8 post δὲ add. καὶ C[a] γ Ald.   11 λινόστρεα F[a]rc. X[c]: λιμνόστρεα cj. Cs. edd.   13 κόχλαι H[c]   καὶ αἱ χη. α Bk.   καὶ οἱ σω. α Bk.   14 καὶ οἱ κτ. α Bk.   κτένες] κήρυκες G[c]rc. Qpr.: *kteries* Guil. (cett.) (*ktenes* Guil. Tz)   15 πίναι β: πῖναι F[a] X[c]: πίνναι cett. Ald.   τοῦ βύσσου] τοῦ βυθοῦ G[a]rc. Q Athen. A.-W.: *ex lana viridi* Scot.: *ex fundo* Guil. Trap: *ex bysso, id est villo sine lana illa pinnali* Gaza: τῆς βύσσου cj. Karsch Th. Peck   16 αὐταῖς edd.   πιννοφύλακα E[a] L[c] Ald.   17 καὶ αἱ μὲν α   18 καὶ om. L[c] Ald.   19 διαφθορὰν A[a]pr. G[a] Q H[c] post ἕτερα add. δὲ β γ Ald.   21 δὲ post σηρ. transp. L[c] Ald.   πετρίδων C[a] A[a]pr. G[a] Q   τήθυαι α (exc. X[c]): τηθύα β E[a]rc.: τιθύα γ (exc. τίθεια L[c]pr.): τήθεια Ald.   22 λεπίδες A[a]pr.   23 νηρεῖται α Bk.   24 πορφύρες A[a] G[a] Q   25 ante ἐνιαυτῷ add. ἐν α γ (exc. N[c] Z[c] n) Ald.   ἐνιαυτοῦ N[c] Z[c]   ἐν om. α (exc. H[c])   26 λεπτοί β   τὸ δὲ μέγ. πάμ. μικροὶ L[c] Ald.

παν, πλεῖστοι μὲν ἐν τοῖς μυσὶ τοῖς πυελώδεσιν, ἔπειτα καὶ ἐν ταῖς πίναις οἱ καλούμενοι πινοθῆραι. γίνονται δὲ καὶ ἐν τοῖς κτένεσι καὶ ἐν τοῖς λιμοστρέοις. αὔξησιν δ' οὐδεμίαν οὗτοι ἐπίδηλον λαμβάνουσιν. φασὶ δ' αὐτοὺς οἱ ἁλιεῖς ἅμα συγγίνεσθαι γινομένοις. ἀφανίζονται δέ τινα χρόνον ἐν τῇ ἄμμῳ καὶ οἱ κτένες, ὥσπερ καὶ αἱ πορφύραι. φύεται μὲν οὖν τὰ ὄστρεα καθάπερ εἴρηται, φύεται δὲ αὐτῶν ἃ μὲν ἐν τοῖς τενάγεσι, τὰ δ' ἐν τοῖς αἰγιαλοῖς, τὰ δ' ἐν τοῖς σπιλαδώδεσι τόποις, ἔνια δ' ἐν τοῖς σκληροῖς καὶ τραχέσι, τὰ δ' ἐν τοῖς ἀμμώδεσιν. καὶ τὰ μὲν μεταβάλλει τοὺς τόπους, τὰ δ' οὔ. τῶν δὲ μὴ μεταβαλλόντων αἱ μὲν πίναι ἐρρίζωνται, οἱ δὲ σωλῆνες καὶ αἱ κόγχαι ἀρρίζωτοι διαμένουσιν· ὅταν δ' ἀνασπασθῶσιν, οὐκέτι δύνανται ζῆν. ὁ δὲ καλούμενος ἀστὴρ οὕτω θερμός ἐστι τὴν φύσιν, ὥσθ' ὅ τι ἂν λάβῃ, παραχρῆμα ἐξαιρούμενον δίεφθον εἶναι. φασὶ δὲ καὶ σίνος τι τοῦτο τῷ εὐρίπῳ τῶν Πυρραίων μέγιστον εἶναι. τὴν δὲ μορφὴν ὅμοιόν ἐστι τοῖς γραφομένοις. γίνονται δὲ καὶ οἱ καλούμενοι πλεύμονες αὐτόματοι. ᾧ δ' οἱ γραφεῖς ὀστρέῳ χρῶνται, πάχει τε πολὺ ὑπερβάλλει, καὶ ἔξωθεν τοῦ ὀστράκου τὸ ἄνθος ἐπιγίνεται· εἰσὶ δὲ τὰ τοιαῦτα μάλιστα περὶ τοὺς τόπους τοὺς περὶ τὴν Καρίαν. τὸ δὲ καρκίνι-

27 πυλώδεσι α (exc. πηλώδεσι F^arc. X^c H^c Sn.): lutosis Guil.   28 πίνναις C^a A^a G^a Q, E^a Z^c L^c m, Ald. Bk.   πιννοθῆραι C^a A^a G^apr. H^c, γ (exc. P K^c M^c), Ald.: πιννοτῆραι G^arc. Q edd.   29 κτεσὶ C^a Sn.: om. A^apr.: κτένεσι cett. Ald.   ἐπιδ. οὐδ. οὗτοι transp. α Dt.   30 αὐτὸν α (exc. C^a): αὐτοῖς γ (exc. Z^c L^c m)   31 γινόμενα C^arc.   32 καὶ⁽¹⁾ om. N^c Z^c L^c m n Ald.   φύονται α   33 φύονται C^a A^a   αὐτῶν post 548a1 μὲν transp. α Dt.   548a1 ἃ β γ Ald.: τὰ α edd.   στεγάνεσι α E^a Ppr. K^c: pelago Scot. Alb.: locis ubi parum aque Guil.: vadis Trap. Gaza   τὰ δ' ἐν τοῖς αἰγιαλοῖς om. β γ Gaza Ald.: ripa Scot. Alb.: littoribus Guil. Trap.   2 σπηλώδεσι C^a G^a Q F^a X^c: σπιλώδεσι A^a H^c, L^crc.: πυελώδεσι γ (exc. L^crc.): luto Scot. Alb.: lutosis Guil.: cavernosis Trap.: gurgite Gaza   τραχώδεσι β γ Ald.   4 τὸν τόπον α (exc. C^a)   5 πίνναι codd. nonn., edd.   ἀρρίζωτα α (ἐρρ- A^apr.)   7 οὕτως P: οὔτε N^c Z^c L^c mpr. npr.   9 σίνος C^a F^a X^c: σῖνος A^a G^a Q H^c   τι om. α Sn.   μέγιστον εἶναι τοῦτο ἐκ τοῦ εὑρ. τῶν πυρ. α Sn.   τούτῳ β Ald.: τοῦ E^a   τῶν] τῷ γ (exc. mrc. nrc.)   πυρραίνων α (exc. C^a)   10 ὁμοίαν α   ἐστι om. α   11 πνεύμονες α E^arc. M^c αὐτόματα α (exc. C^a)   12 ὀστρείῳ α: ὀστρίῳ E^apr. P   πολλῶ α   14 τὴν om. α γ Ald.

ΑRISTOTELIS

15 ον γίνεται μὲν τὴν ἀρχὴν ἐκ τῆς γῆς καὶ ἰλύος, εἶτα εἰς τὰ κενὰ τῶν ὀστράκων εἰσδύεται, καὶ αὐξανόμενον μετεισδύνει πάλιν εἰς ἄλλο μεῖζον ὄστρακον, οἷον εἴς τε τὸ τοῦ νηρίτου καὶ τὸ τοῦ στρόμβου καὶ τῶν ἄλλων τῶν τοιούτων, πολλάκις δὲ καὶ εἰς τοὺς κήρυκας τοὺς μικρούς. ὅταν δ' εἰσδύσῃ, συμπε-
20 ριφέρει τοῦτο καὶ ἐν τούτῳ τρέφεται πάλιν· καὶ αὐξανόμενον πάλιν εἰς ἄλλο μετεισδύνει μεῖζον.

[16] τὸν αὐτὸν δὲ τρόπον γίνονται τοῖς ὀστρακοδέρμοις καὶ τὰ μὴ ἔχοντα ὄστρακα οἷον αἵ τε κνῖδαι καὶ οἱ σπόγγοι, ἐν ταῖς σήραγξι τῶν πετρῶν. τῶν δὲ κνιδῶν δύο γένη·
25 αἱ μὲν οὖν ἐν τοῖς κοίλοις οὐκ ἀπολύονται τῶν πετρῶν, αἱ δ' ἐπὶ τοῖς λείοις καὶ ἐπὶ τοῖς πλαταμώδεσιν ἀπολυόμεναι μεταχωροῦσιν. καὶ αἱ λεπάδες δ' ἀπολύονται καὶ μεταχωροῦσιν. τῶν δὲ σπόγγων ἐν ταῖς θαλάμαις γίνονται πινοφύλακες (ἔστι δ' οἷον ἀράχνιον ἐπὶ τῶν θαλαμῶν), καὶ διοίγοντες καὶ
30 συνάγοντες θηρεύουσι τὰ ἰχθύδια τὰ μικρά, πρὶν μὲν εἰσελθεῖν διοίγοντες αὐτά, ὅταν δ' εἰσέλθῃ, συνάγοντες. ἔστι
32, 548b1 δὲ τῶν σπόγγων τρία γένη, ὁ μὲν μανός, ὁ δὲ πυκνός, /1/ τρί-
1 τον δ' ὂν καλοῦσιν Ἀχίλλειον λεπτότατος καὶ πυκνότατος
2, 3 καὶ ἰσχυρότατος· ὂν ὑπὸ τὰ κράνη καὶ τὰς κνημῖδας /3/ ὑπο-
3 τιθέασι καὶ ἧττον ἡ πληγὴ ποιεῖ ψόφον. σπανιώτατος δὲ γί-

16 μετενδύνει C^a A^apr.: μετ' εἰσδύνει A^arc. G^a Q   17 εἴς⁽²⁾] ὥς α (exc. C^a G^arc.)   νηρείτου α Bk.   18 τὸ om. α (exc. C^a)   καὶ τὸ τῶν α γ Cs.
19 καὶ om. α Bk.   εἰς δύο ἢ C^a G^apr. F^a X^c H^c: εἰς δύο ἢ A^a: εἰσδύσῃ (sic) G^arc.: εἰς δῆ Q: εἰς δύο β (exc. O^crc.) Ald.: εἰσδύῃ O^crc. γ (exc. εἰσδύνῃ E^a K^c): om. Scot.: ingressum fuerit Guil.: ingressus fuerit Trap.: ingressus Gaza: εἰσδύσῃ cj. Sn. edd.   συμπεριφέρῃ β E^a L^crc. Ald.   post συμπ. add. καὶ α   20 στρέφεται α γ (exc. L^crc.): nutritur Guil.: alitur Trap.: vivit Gaza   21 πάλιν] πλὴν γ (exc. L^c)   μεταδύνει α   22 γίνεται E^a   23 ὄστρακον α Dt. οἷον om. γ   24 τῶν δὲ] ἔστι δὲ τῶν α Guil. Sn.   δὲ om. E^a   25 τῶν] ἐκ τῶν α (exc. F^a X^c) Sn.   26 λείοις α Athen. Cs.: μείζοσι β γ Ald.: planis Scot. Gaza: planis ... et magnis Guil.   ἐπὶ τοῖς⁽²⁾ om. α Athen. Cs.   28 πιννοφύλακες α Z^c L^c Ald.   29 ἔστι β γ Guil. Ald. · ἔπεστι α Sn.   καὶ⁽¹⁾ β γ Guil. Ald.: ἃ α Cs.: ὃ cj. Sn. Gaza   30 πρὶν μὲν β γ Scot. Gaza Ald.: πρὸς μὲν τὸ α Guil. Sn.   31 συνάγοντα C^a A^apr.   548b1 τρίτος α N^c Z^c L^c m n Ald. edd.   ἀγχίλλιον γ (exc. L^crc.)   λεπτότατον ... πυκ-ον ... ἰσχ-ον α (exc. C^arc.)   2 ὑπὸ α N^c Z^c L^cpr. m n Ald. edd.: ἐπὶ β E^a P K^c M^c L^crc.: sub galeis Scot. Guil.: inseritur galeis Gaza   3 ποιεῖ ψόφον] ψοφεῖ α Guil. Sn.: non inducit dolorem Scot.: minus ciere strepitum potest Gaza

νεται οὗτος. τῶν δὲ πυκνῶν οἱ σκληροὶ σφόδρα καὶ τραχεῖς τράγοι καλοῦνται. φύονται δ' ἢ πρὸς πέτραν πάντες ἢ πρὸς ταῖς θισί, τρέφονται δ' ἐν τῇ ἰλύϊ. σημεῖον δέ· ὅταν γὰρ ληφθῶσι, φαίνονται μεστοὶ ἰλύος· ὅπερ συμβαίνει καὶ τοῖς ἄλλοις τοῖς φυομένοις ἀπὸ τῆς προσφύσεως οὖσα ἡ τροφή. ἀσθενέστεροι δ' εἰσὶν οἱ πυκνοὶ τῶν μανῶν διὰ τὸ τὴν πρόσφυσιν εἶναι κατ' ἔλαττον. ἔχει δὲ καὶ αἴσθησιν, ὥς φασιν. σημεῖον δέ· ἐὰν γὰρ μέλλοντος ἀποσπᾶν αἴσθηται, συνάγεται καὶ χαλεπὸν ἀφελεῖν ἐστιν. ταὐτὸ δὲ τοῦτο ποιεῖ καὶ ὅταν ᾖ πνεῦμα πολὺ καὶ κλύδων, πρὸς τὸ μὴ ἀποπίπτειν. εἰσὶ δέ τινες οἳ περὶ τούτου ἀμφισβητοῦσιν, ὥσπερ οἱ ἐν Τορώνῃ. φασὶ γὰρ τρέφειν ἐν ἑαυτῷ ζῷα, ἕλμινθάς τε καὶ ἕτερα τοιαῦτα ἃ ὅταν ἀποσπασθῇ τὰ ἰχθύδια τὰ πετραῖα κατεσθίει καὶ τὰς ῥίζας τὰς ὑπολοίπους· ἐὰν δ' ἀπορραγῇ, φύεται πάλιν ἐκ τοῦ καταλοίπου καὶ ἀναπληροῦται. μέγιστοι μὲν οὖν οἱ μανοὶ καὶ πλεῖστοι περὶ τὴν Λυκίαν, μαλακώτατοι δ' οἱ πυκνοί· οἱ γὰρ Ἀχίλλειοι στριφνότεροι τούτων εἰσίν. ὅλως δ' οἱ ἐν τοῖς βαθέσι καὶ εὐδιεινοῖς μαλακώτατοί εἰσιν· τὸ γὰρ πνεῦμα καὶ ὁ χειμὼν σκληρύνει, καθάπερ καὶ τὰ ἄλλα τὰ φυόμενα, καὶ ἀφαιρεῖται τὴν αὔξησιν· διὸ καὶ οἱ ἐν Ἑλλησπόντῳ τραχεῖς εἰσι καὶ πυκνοί, καὶ ὅλως οἵ τ' ἐπέκεινα Μαλέας καὶ οἱ ἐντὸς διαφέρουσι μαλακότητι καὶ σκληρότητι. δεῖ δὲ μηδ' ἀλέαν εἶναι σφόδρα· σήπεται γάρ, ὥσπερ τὰ φυόμενα. διὸ οἱ

5 πέτρα α Bk. πρὸς⁽²⁾] ἐν α Bk. 6 ταῖς] τοῖς α 7 συμβαίνει α Guil. Sn. Bk.: σημαίνει β γ Gaza Cs.: σημεῖον Ald. 10 κατ' ἔλαττον α Cs.: κατελθοῦσαν β γ Ald. 11 ἐὰν γάρ] ὅταν γὰρ ληφθῶσιν ἐὰν α (exc. Cᵃ) 12 συνάγει ἑαυτὸν καὶ χα. α Sn. ἀφελεῖν] ἀποσπᾶν Cᵃ 15 φασὶ γὰρ τρέφειν β γ Guil. Ald.: τρέφει δ' α Sn. αὐτῷ Cᵃ: αὐτῶ α (exc. Cᵃ) 16 τοιαῦτα β γ (exc. m) Ald.: ἄττα s. ἄττα Cᵃ Aᵃpr. Gᵃ Q Hᶜ Guil. Sn.: om. Aᵃrc. Fᵃ Xᶜ, m ἃ β Ald. edd.: om. Cᵃ Aᵃpr. Gᵃ Q Hᶜ: ἃς Aᵃrc. Fᵃ Xᶜ, γ ὅτε Lᶜ 17 κατεσθίει ante 16 ὅταν transp. α (exc. Aᵃrc.) 19 post οὖν add. γίγνονται α Sn. μανοὶ] μακροὶ P 20 μαλακώτεροι α Guil. 21 στρυφνότεροι Gᵃ Q Hᶜ Ott.: στιφρότεροι γ (exc. στρυφρ- Kᶜ) Ald. edd. οἱ om. α 24 ἑλησπόντω Aᵃ Gᵃ Q Hᶜ 25 οἵ τε ὅλως transp. γ μαλέου Eᵃ: μαλέα Nᶜ Zᶜ n ἐντὸς mrc. Gaza edd.: ἐν τοῖς codd. cett. Guil. 26 μαλακότατοι καὶ σκληρότατοι Cᵃ Aᵃ Gᵃ Q Guil. 27 ὥσπερ καὶ τὰ Lᶜ Ald.

πρὸς ταῖς ἀκταῖς εἰσι κάλλιστοι, ἂν ὦσιν ἀγχιβαθεῖς· εὖ γὰρ κέκρανται πρὸς ἄμφω διὰ τὸ βάθος. ἄπλυτοι δ' ὄντες καὶ ζῶντές εἰσι μέλανες. ἡ δὲ πρόσφυσίς /31/ ἐστιν οὔτε καθ' ἓν οὔτε κατὰ πᾶν· μεταξὺ γάρ εἰσι πόροι κενοί. περιτέταται δ' ὥσπερ ὑμὴν περὶ τὰ κάτω· κατὰ πλείω δ' ἐστὶν ἡ πρόσφυσις. ἄνωθεν δ' οἱ μὲν ἄλλοι πόροι συγκεκλεισμένοι, φανεροὶ δ' εἰσὶ τέσσαρες ἢ πέντε· διό φασιν ἔνιοι τούτους εἶναι καθ' οὓς δέχεται τὴν τροφήν. ἔστι δ' /4/ ἄλλο γένος ὃ καλοῦσιν ἀπλυσίας διὰ τὸ μὴ δύνασθαι πλύνεσθαι· /5/ τοῦτο δὲ τοὺς μὲν μεγάλους πόρους ἔχει, τὸ δ' ἄλλο /6/ πυκνόν ἐστι πᾶν· διατμηθὲν δὲ πυκνότερον καὶ γλισχρότερόν /7/ ἐστι τοῦ σπόγγου, καὶ τὸ σύνολον πλευμονῶδες. ὁμολογεῖται /8/ δὲ μάλιστα παρὰ πάντων τοῦτο τὸ γένος αἴσθησιν ἔχειν καὶ /9/ πολυχρόνιον εἶναι. διάδηλοι δ' εἰσὶν ἐν τῇ θαλάττῃ πρὸς /10/ τοὺς σπόγγους τῷ τοὺς σπόγγους μὲν εἶναι λευκοὺς ἐφιζούσης τῆς ἰλύος, τούτους δ' ἀεὶ μέλανας. τὰ μὲν οὖν περὶ τοὺς σπόγγους καὶ τὴν τῶν ὀστρακοδέρμων γένεσιν τοῦτον ἔχει τὸν τρόπον.

[17] τῶν δὲ μαλακοστράκων οἱ κάραβοι μετὰ τὴν ὀχείαν κύουσι καὶ ἴσχουσι τὰ ᾠὰ περὶ τρεῖς μῆνας, Σκιροφοριῶνα καὶ Ἑκατομβαιῶνα καὶ Μεταγειτνιῶνα· καὶ μετὰ ταῦτα προστίκτουσιν ὑπὸ τὴν κοιλίαν εἰς τὰς πτύχας, καὶ αὐξάνεται αὐτῶν τὰ ᾠὰ ὥσπερ οἱ σκώληκες· τὸ δ' αὐτὸ τοῦτο καὶ ἐπὶ τῶν μαλακίων ἐστὶ καὶ τῶν ἰχθύων, ὅσα ᾠοτοκοῦσιν·

28 ἐὰν α (exc. Cᵃ)   ἄγαν βαθεῖς β Lᶜrc.: valde profunda Guil.   29 κέκρανται α   30 post ζῶντες add. ἰδεῖν μὲν α Guil. Camot. Bk.   μέλ. εἰσι transp. α   32 κοινοὶ Nᶜ Zᶜ Lᶜ mpr. n   περιτέτακται Nᶜ Zᶜ   τὸ α κατὰ om. Cᵃ Aᵃpr. Gᵃ Q Hᶜ   549a2 συγκεκλιμένοι Cᵃ Aᵃpr. Gᵃ Q Hᶜ   6 διατμηθὲν α Cs.: οὐθὲν β γ Ald.: om. Scot.: decisum Guil.: nihilo Gaza   7 ἔστι post πυκνότερον transp. α Bk.   πνευμ- α Dt.   ὡμολόγηται γ   8 παρὰ] περὶ α (exc. Cᵃ) P   9 διάδηλα γ (exc. Mᶜrc. Lᶜ): διάδηλον Mᶜrc. ἐστιν Mᶜrc.   10 σπόγγους ... 11 περὶ τοὺς om. Aᵃpr.   τὸ Aᵃrc. Fᵃ Xᶜ Hᶜ γ   μὲν om. Cᵃ   μὲν σπόγγους transp. Lᶜ Ald.   ὑφιζούσης Nᶜ Zᶜ Lᶜ m Ald. Cs. A.-W.   15 σκιρροφοριῶνα Cᵃ Hᶜ, Lᶜ n Ald. edd.   16 μεταγειτνιῶντα α (exc. Fᵃ: om. Xᶜ)   καὶ μετὰ β γ Ald.: μετὰ δὲ α Cs. Bk.   17 προεκτίκτουσιν Cᵃ Cs. Dt.: prepariunt Guil.   18 τὸ δ' αὐτὸ] αὐτὸ δὲ α   19 εἰσὶ Aᵃpr. Gᵃpr. Hᶜ   ὅσοι α Cs. edd.

HISTORIA ANIMALIUM V

αὐξάνεται γὰρ πάντων τὸ ᾠόν. τὸ μὲν οὖν ᾠὸν γίνεται ψαθυρὸν τῶν καράβων, διῃρημένον εἰς ὀκτὼ μοίρας. καθ' ἕκαστον γὰρ τῶν ἐπικαλυμμάτων τῶν ἐκ τοῦ πλαγίου πεφυκότων ἐστὶ χονδρῶδές τι πρὸς ὃ περιφύεται, καὶ τὸ ὅλον γίνεται ὥσπερ βότρυς· σχίζεται γὰρ ἕκαστον εἰς πλείω τῶν χονδρωδῶν. ταῦτα δὲ διαστέλλοντι μὲν γίνεται φανερόν, προσβλέποντι δὲ συνεστηκός τι φαίνεται· καὶ γίνεται μέγιστα οὐ τὰ πρὸς τῷ πόρῳ ἀλλὰ κατὰ μέσον, ἐλάχιστα δὲ τὰ ἔσχατα. τὸ δὲ μέγεθος τῶν μικρῶν ᾠῶν ἐστιν ἡλίκον κεγχραμίς. οὐκ εὐθὺς δ' ἐστὶν ἐχόμενα τοῦ πόρου, ἀλλὰ κατὰ μέσον· ἑκατέρωθεν γὰρ ἀπὸ τῆς κέρκου καὶ ἀπὸ τοῦ θώρακος δύο διαστήματα μάλιστα ἀπέχει· οὕτω γὰρ καὶ τὰ ἐπικαλύμματα πέφυκεν. αὐτὰ μὲν οὖν τὰ ἐκ τοῦ πλαγίου οὐ δύναται συμπεριλαμβάνειν, τοῦ δ' ἄκρου προσεπιτεθέντος καλύπτει πάντα, καὶ γίνεται αὐτοῖς οἷον πῶμα. ἔοικε δὲ τὰ ᾠὰ τίκτουσα προσάγειν πρὸς τὰ χονδρώδη τῷ πλάτει τῆς κέρκου προσαναπτυσσομένης, καὶ συμπιέσασα δὲ εὐθὺς καὶ κεκαμμένη ἀποτίκτει. τὰ δὲ χονδρώδη κατὰ τοὺς καιροὺς τούτους αὐξάνει καὶ δεκτικὰ γίνεται τῶν ᾠῶν· πρὸς τὰ χονδρώδη γὰρ ἀποτίκτουσι, καθάπερ αἱ σηπίαι πρὸς τὰ κλήματα καὶ τὸν φορυτόν. ἀποτίκτει μὲν οὖν τοῦτον τὸν τρόπον, συμπέψασα δ' ἐνταῦθα μάλιστα ἐν εἴκοσιν ἡμέραις ἀποβάλλει συνεστηκὸς καὶ ἁθρόον, ὥσπερ φαίνεται καὶ ἐκτός· εἶτ' ἐκ τούτων γίνονται οἱ κάραβοι ἐν ἡμέραις μάλιστα

20 τό(2) ... 21 καράβων om. H^c   ψαθυρὸν α edd.   23 ὦ α (exc. H^c)
25 φανερά α N^c Z^c L^c Ald. edd.   26 post γίνεται add. δὲ α Cs. edd.   27 τὸ πόρρω α γ (exc. P L^c m*rc*.)   post ἀλλὰ add. τὰ α edd.   28 τῶν ᾠῶν τῶν μικρῶν α Bk.   29 οὐκ ἔστι δ' εὐθὺς α Dt.   ἐχόμενος C^a*rc*.   τοὺς πόρους N^c Z^c   31 μάλιστα ... 32 ἐπικαλύμματα om. H^c   ἐπέχει μάλιστα α Dt.   32 τοῦ om. α   33 προσεπιτιθέντος α (exc. F^a X^c), E^a n   34 post γίνεται add. τοῦτ' α Sn.   549b1 προάγειν γ (exc. P) Ald.   τῷ πλάτει om. A^a*rc*. F^a X^c β γ Gaza Ald. · *latitudine* Scot. Guil.   2 προσαναπτυττομένη α (exc. -όμενα C^a*rc*. Cs.: -υσσο- A^a*rc*. F^a X^c): *coaptata* Guil. καὶ om. A^a*rc*. F^a X^c   προσπιέσασα α Sn.: *accipiens* Guil.   δὲ om. α (exc. A^a*rc*. F^a X^c) Sn.   3 ἀποτίκτειν α Guil. Cs.   4 αὐξάνεται α Sn. ζώων β (exc. O^c*rc*. U^c*rc*.) γ Ald.: *ova* Scot.: *ovorum* Guil. Gaza   5 σηπύαι A^a passim   6 κλίματα γ (exc. L^c*rc*. m)   7 post μάλιστα add. δ' A^a*pr*. G^a Q H^c

πεντεκαίδεκα, καὶ λαμβάνονται πολλάκις ἐλάττους ἢ δακτυλιαῖοι. προεκτίκτουσι μὲν οὖν πρὸ ἀρκτούρου, μετὰ δ' ἀρκτοῦρον ἀποβάλλει τὰ ᾠά. τῶν δὲ κυφῶν καρίδων ἡ κύησίς ἐστι περὶ τέτταρας μῆνας. γίνονται δ' οἱ μὲν κάραβοι ἐν τοῖς τραχέσι καὶ πετρώδεσιν, οἱ δ' ἀστακοὶ ἐν τοῖς λείοις· ἐν δὲ τοῖς πηλώδεσιν οὐδέτεροι· διὸ καὶ ἐν Ἑλλησπόντῳ μὲν καὶ περὶ Θάσον ἀστακοὶ γίνονται, περὶ δὲ τὸ Σίγειον καὶ τὸν Ἄθω κάραβοι. διασημαίνονται δὲ τοὺς τόπους οἱ ἁλιεῖς τούς τε τραχεῖς καὶ τοὺς πηλώδεις ταῖς τε ἀκταῖς καὶ ἄλλοις τοιούτοις σημείοις ὅταν βούλωνται ἐν τῷ πελάγει ποιεῖσθαι τὴν θήραν. γίνονται δ' ἐν μὲν τῷ ἔαρι καὶ τῷ χειμῶνι πρὸς τῇ γῇ μᾶλλον, τοῦ δὲ θέρους ἐν τῷ πελάγει, διώκουσι δ' ὁτὲ μὲν τὴν ἀλέαν ὁτὲ δὲ τὸ ψῦχος. τοῖς δὲ χρόνοις παραπλησίως τίκτουσι τοῖς καράβοις καὶ αἱ καλούμεναι ἄρκτοι· διὸ καὶ τοῦ χειμῶνος καὶ πρὶν ἐκτεκεῖν τοῦ ἔαρος ἄρισταί εἰσιν, ὅταν δ' ἐκτέκωσι, χείρισται. ἐκδύνουσι δὲ τὸ κέλυφος τοῦ ἔαρος, ὥσπερ οἱ ὄφεις τὸ καλούμενον γῆρας, καὶ εὐθὺς γινόμενοι καὶ ὕστερον καὶ οἱ κάραβοι καὶ οἱ καρκίνοι. εἰσὶ δ' οἱ κάραβοι μακρόβιοι πάντες.

[18] τὰ δὲ μαλάκια ἐκ τοῦ συνδυασμοῦ καὶ τῆς ὀχείας ᾠὸν ἴσχει λευκόν· τοῦτο δὲ γίνεται τῷ χρόνῳ, ὥσπερ τὰ τῶν σκληροδέρμων, ψαδυρόν. καὶ ἀποτίκτει ὁ μὲν πολύπους ἢ εἰς τὰς θαλάμας ἢ εἰς κεράμιον ἤ τι ἄλλο κοῖλον ὅμοιον βοστρυχίοις οἰνάνθης καὶ λεύκης καρπῷ, καθάπερ εἴρηται πρότερον. ἐκκρεμάννυνται δὲ περὶ τὴν θαλάμην τὰ ᾠά, ὅταν

10 ἐλάττω C^{a}rc.   11 προεκτίκτει α Cs.   12 κυφῶν α Guil. Gaza Camot. edd.: φύκων β (exc. U^{c}rc.) γ (exc. nrc.) Ald.   καρίδιον β E^a P K^c M^c: καριδίων N^c Z^c L^c m n Ald.   ἡ κύησίς ἐστι ante καρ. transp. β   13 ἐν] πρὸς β   14 τραχώδεσι β γ Ald.   17 ἄθων α Bk.   18 τοῖς ἄλλοις α Bk.   19 τοῖς τοιούτοις α Bk.   20 χειμῶνι καὶ τῷ ἔαρι α Bk   21 διώκοντα α (exc. διώκονται F^a X^c) γ (exc. L^{c}rc.) Guil. Cs.   22 δ'$^{(1)}$ om. α γ Guil. Ald.   ψύχος codd. Ald.   23 τικ. τ. καρ. post 24 ἄρκτοι transp. α γ Ald. edd.   καὶ om. α Dt.   24 τοῦ ἔαρος om. N^c Z^c m   25 δύνουσι N^c Z^c 26 ἀέρος A^{a}pr. G^{a}pr.   γήρας A^a G^a Q   27 γενόμενοι α Guil. Dt.   καρκ. καὶ οἱ κάραβοι transp. α Guil. Dt.   29 συνδοιασμοῦ α (exc. C^a)   30 ἐγγίνεται α (exc. C^a)   31 ψαθυρόν G^a Q edd.   32 ἢ$^{(1)}$ om. α Sn.   κεράμειον P   33 οἰδνάνθης C^a 34 ἐκκρεμάννυνται codd. plur. δὲ] μὲν γ Ald.

HISTORIA ANIMALIUM V

ἐκτέκῃ. τὸ δὲ πλῆθος ἔχει τοσαῦτα ᾠὰ ὥστε ἐξαιρεθέντων
ἐμπίπλαται ἀγγεῖον πολλῷ μεῖζον τῆς κεφαλῆς, ἐν ᾧ ἔχει
τὰ ᾠά. τὰ μὲν οὖν τῶν πολυπόδων μεθ' ἡμέρας μάλιστα
πεντήκοντα γίνεται ἀπὸ τῶν ἀπορραγέντων πολυπόδια, καὶ
ἐξέρπει, ὥσπερ τὰ φαλάγγια, πολλὰ τὸ πλῆθος· ὧν ἡ
μὲν καθ' ἕκαστα φύσις τῶν μελῶν οὔπω διάδηλος, ἡ δ' ὅλη
μορφὴ φανερά. διὰ δὲ τὴν μικρότητα καὶ τὴν ἀσθένειαν
φθείρεται τὸ πλῆθος αὐτῶν. ἤδη δ' ὦπται καὶ οὕτω πάμπαν
μικρὰ ὥστ' ἀδιάρθρωτα μὲν εἶναι, ἁπτομένων δὲ κινεῖσθαι.
αἱ δὲ σηπίαι ἀποτίκτουσι, καὶ γίνεται ὅμοια μύρτοις μεγάλοις καὶ μέλασιν· ἐπαφίησι γὰρ τὸν θορόν, καὶ ἀλλήλων
ἐχόμενά ἐστιν, οἷον ὁ βότρυς /12/ τὸ πᾶν, περιπεπλεγμένα ἑνί τινι, καὶ οὐκ εὐαπόσπαστα ἀλλήλων· /13/ ἀφίησι γὰρ ὁ ἄρρην ὑγρότητά τινα μυξώδη· ὃ /14/ τὴν
γλισχρότητα παρέχει. καὶ αὐξάνεται δὲ ταύτῃ τὰ ᾠά,
καὶ εὐθὺς μέν ἐστι λευκά, ὅταν δὲ ἀφῇ τὸν θορόν, καὶ μείζω καὶ μέλανα. ὅταν δὲ σηπίδιον γένηται, ὅλον ἐκ τοῦ λευκοῦ γινόμενον ἔσω, τότε περιρραγέντος ἐξέρχεται. γίνεται
δὲ τὸ ἔσω πρῶτον ὅταν ἀπορράνῃ ἡ θήλεια οἷον χάλαζα·
ἐκ γὰρ /19/ τούτου τὸ σηπίδιον φύεται ἐπὶ κεφαλήν, ὥσπερ οἱ ὄρνιθες /20/ κατὰ τὴν κοιλίαν προσηρτημένοι. ποία
δέ τίς ἐστιν ἡ πρόσφυσις /21/ ἡ ὀμφαλώδης, οὔπω ὦπται,
πλὴν ὅτι αὐξανομένου τοῦ /22/ σηπιδίου ἀεὶ ἔλαττον

550a1 ἴσχει P   2 ἦ N^c Z^c L^c m n Ald. edd.: ὦ codd. cett.   3 ἡμέραν
A^{a}pr. G^{a}pr. Q H^c 4 περὶ πεντήκοντα C^a A^{a}pr. G^a Q H^c Guil.   γίνεται
om. N^c Z^c ἀπὸ β γ Ald.: ἐκ α Bk.   πολυπόδων C^a: πολύποια β γ
(πολύπεια E^a P) Ald.: animal parvum multipes Scot.: om. Guil.: πουλυπόδια
Athen. VII.317E   6 οὔπω] οὔτω C^a 8 φέρεται N^c Z^c ἤδ' ὦπται C^a
A^{a}pr. G^a Q H^c 9 ἀδιάπτωτα β   11 καὶ$^{(1)}$ om. α Guil.   μέλεσιν
C^a ἐπαφ... θορόν om. α Guil. Sn. edd.   ἐπαφιεῖ E^a P K^c θόλον γ
Gaza Cs.   ὁ om. α L^c m. Ald.   12 τινὶ ἑνὶ transp. α Guil. A.-W.   13
ἐπαφίησι α (exc. F^a X^c) Sn.   14 τῇ γλισχρότητι N^c Z^c L^c m n Ald.   παρέπεται γ Ald.   ταῦτα α Guil. A.-W.: πάντῃ N^c Z^c 15 καὶ$^{(1)}$ om.
Ald.   δὲ om. α   θόρον codd. Guil. Ald. Sn. A.-W. edd.: θολόν cj. Gaza
Camot. Cs. Bk. Buss.   16 καὶ om. α Guil.   σηπύδιον C^a A^a H^c passim   17 γενόμενον γ (exc. E^a m) Ald.   τότε β γ Ald.: τούτου α Guil.
Cs.   18 δὲ ἂν τὸ πρῶτον ἀπορ. α Sn.   οἷον ἡ χαλ. α Camot. Sn.
19 φαίνεται α Guil.   ἐπὶ τὴν κε. α (exc. C^a)   20 κοίλην E^a N^c Z^c L^{c}pr.
m n   22 αἰεὶ γ Ald.

ARISTOTELIS

γίνεται τὸ λευκόν, καὶ τέλος, ὥσπερ /23/ τὸ ὠχρὸν τοῖς ὄρνισι, τούτοις τὸ λευκὸν ἀφανίζεται. μέγιστοι /24/ δὲ φαίνονται πρῶτον, ὥσπερ καὶ ἐν τοῖς ἄλλοις, καὶ ἐν /25/ τούτοις οἱ ὀφθαλμοί. ᾠὸν ἐφ' οὗ τὸ Α, ὀφθαλμοὶ ἐφ' οὗ τὸ ΒΓ, τὸ σηπίδιον αὐτὸ τὸ Ε, τὸ δ' ἐφ' οὗ τὸ Δ.

κύει δὲ τοῦ ἔαρος, ἀποτίκτει δ' ἐν ἡμέραις πεντεκαίδεκα· ὅταν δ' ἀποτέκῃ τὰ ᾠά, γίνεται ἐν ἄλλαις πεντεκαίδεκα ἡμέραις οἷον ῥῶγες βότρυος ἐλάσσους, /29/ ὧν περιρραγέντων ἐκδύεται ἔσωθεν τὰ σηπίδια. ἐὰν δέ τις /30/ περισχίσῃ πρότερον ἤδη τετελειωμένων, προΐενται κόπρον τὰ /31/ σηπίδια, καὶ τὸ χρῶμα μεταβάλλει ἐρυθρότερον γινόμενον /32/ ἐκ λευκοῦ διὰ τὸν φόβον.

τὰ μὲν οὖν μαλακόστρακα αὐτὰ ὑφ' αὑτὰ θέμενα τὰ ᾠὰ ἐπῳάζει, ὁ δὲ πολύπους καὶ ἡ σηπία καὶ τὰ ἄλλα τὰ τοιαῦτα ἐκτεκόντα, οὗ ἂν τὰ κυήματα αὐτῶν ᾖ, μάλιστα δὲ ἡ σηπία· πολλάκις γὰρ ὑπερφαίνεται πρὸς τῇ γῇ τὸ κύτος αὐτῆς. ὁ δὲ πολύπους ὁ θῆλυς ὁτὲ μὲν ἐπὶ τοῖς ᾠοῖς ὁτὲ δ' ἐπὶ τῷ στόματι προσκάθηται τῆς θαλάμης, τὴν πλεκτάνην ὑπερέχων. ἡ δὲ σηπία πρὸς τὴν γῆν ἐκτίκτει περὶ τὰ φυκία καὶ τὰ καλαμώδη, κἄν τι ᾖ τοιοῦτον ἐκβεβλημένον οἷον ὕλη, κλήματα ἢ λίθοι· καὶ οἱ ἁλιεῖς δὲ κληματίδας τιθέασιν ἐπίτηδες· καὶ πρὸς ταῦτα ἐκτίκτει μακρὸν καὶ συνεχὲς ἐκ τῶν ᾠῶν, οἷον τὸ τῶν βοστρύχων.

24 δὲ] μὲν οὖν α (exc. C[a]) 25 ᾠόν] οἷον β γ (exc. L[c]rc.) Ald. post A add. ᾠὸν O[c]rc., τὸ ᾠόν U[c]rc., m rc. οἱ ὀφθ. U[c]rc. N[c] Z[c] L[c] m n Ald. οὗ[(2)] ὧν α Guil. Sn. 26 τὸ[(2)] om. α γ (exc. K[c] L[c]rc. n) E om. α Guil. Cs. edd. τὸ[(3)] δ' om. α β Cs. edd. ἐφ' οὗ τὸ Δ om. β (exc. U[c]rc.) τὸ[(4)] om. α Cs. edd. 28 ῥῶγες β γ (exc. E[a] L[c]pr.): ῥάγες s. ῥᾶγες α E[a] L[c]pr. Ald. edd. ἐλάσσους om. α Guil. Bk. 29 ἐκδύονται F[a] X[c] 30 περισχισθῇ α τελειωμένων L[c] Ald. 550b1 ὑφ' αὑτά] καὶ ὑπ' αὐτὰ α (exc. A[a]rc. F[a] X[c]) 2 καὶ ... 3 σηπία om. G[a]pr.: καὶ τἄλλα τὰ τοιαῦτα ὅταν ἀποτέκῃ ὅπου τὰ ἔκγονα αὐτῶν εἰσι μάλιστα δὲ ἡ σηπία G[a]rc. Q: *et alia talia enixa ubicumque fetus ipsarum* (s. *ipsorum*) *sint, maxime autem sepia* Guil. οὗ ἂν τά] οὐ ταὐτὰ β γ Ald.: om. Gaza 3 ᾖ om. β γ δὲ] μὲν α Bk. 4 κῆτος α (exc. C[a]) ἡ θήλεια δὲ πολύπους F[a] X[c] 5 προκάθηται α γ (exc. L[c]) Sn. 6 ἐπέχων α (ἐπέχουσα F[a] X[c]) Cs. 7 φυλακία α (exc. A[a]rc. F[a] X[c]) καλαμύνδια P K[c] M[c] τοιαῦτα ἐκβεβλημένα P 8 οἷον οἷς ὕλη α (exc. A[a]rc. F[a] X[c]) λίθος α 9 κλήματα C[a] F[a] X[c] H[c] Dt.: κλίματα A[a] G[a] Q

242

HISTORIA ANIMALIUM V

ἀποτίκτει δὲ καὶ ἀπορραίνει ἐξ ἀναγωγῆς, ὡς μετὰ πόνου γινομένης τῆς προέσεως. αἱ δὲ τευθίδες πελάγιαι ἀποτίκτουσιν· τὸ δ' ᾠὸν ὥσπερ ἡ σηπία ἀποτίκτει συνεχές. ἔστι δὲ καὶ ὁ τεῦθος καὶ ἡ σηπία βραχύβιον· οὐ γὰρ διετίζουσιν, εἰ μή τινες ὀλίγαι αὐτῶν· ὁμοίως δὲ καὶ οἱ πολύποδες. γίνεται δ' ἐξ ἑνὸς ᾠοῦ ἓν σηπίδιον· ὁμοίως δὲ καὶ ἐπὶ τῶν τευθίδων ἔχει. διαφέρει δ' ὁ ἄρρην τευθὶς τῆς θηλείας· ἔχει γὰρ ἡ θήλεια, ἐάν τις διαστείλας θεωρῇ τὴν κόμην εἴσω, ἐρυθρὰ δύο οἷον μαστούς, ὁ δ' ἄρρην οὐκ ἔχει. ἡ δὲ σηπία τοῦτό τε ἔχει διάφορον, καὶ ὅτι ποικιλώτερόν ἐστιν ὁ ἄρρην τῆς θηλείας, καθάπερ εἴρηται πρότερον.

[19] τὰ δ' ἔντομα τῶν ζῴων ὅτι μὲν ἐλάττω ἐστὶ τὰ ἄρρενα τῶν θηλειῶν καὶ ἐπιβαίνει ἄνωθεν, καὶ πῶς ποιεῖται τὴν ὀχείαν, καὶ ὅτι διαλύεται μόλις, εἴρηται πρότερον· ὅταν δ' ὀχευθῇ, ταχέως προΐεται πλεῖστα τὸν τόκον ὅσα ὀχεύεται. τίκτει δὲ πάντα σκώληκα πλὴν γένος τι ψυχῶν· αὗται δὲ σκληρόν, ὅμοιον κνίκου σπέρματι, ἔσω δὲ χύμα. ἐκ δὲ τῶν σκωλήκων οὐκ ἐκ μέρους τινὸς γίνεται ζῷον, ὥσπερ ἐκ τῶν ᾠῶν, ἀλλ' ὅλον αὐξάνεται καὶ διαρθρούμενον γίνεται ζῷον. γίνεται δὲ αὐτῶν τὰ μὲν ἐκ ζῴων τῶν συγγενῶν, οἷον φαλάγγια καὶ ἀράχνια ἐκ φαλαγγίων καὶ

11 ἐναγωγῆς C^a A^apr.   12 προσθέσεως α (exc. C^a), E^a K^c M^c N^c Z^c m: προθέσεως A^apr., Ppr. L^cpr.   πλάγιαι β (exc. O^crc.) γ (exc. m rc.) Ald.: in alto Gaza   15 ὀλίγοι P n   ἐξ αὐτῶν H^c   πουλίποδες P   17 ἡ A^a G^a Q H^c Bk.   τευθὶς α (exc. F^a X^c) Guil. Bk.   18 ἄν α   θεωρήσῃ α (exc. G^a Q) Sn.   κόμην] κοιλίαν mrc. Scal. Cs.: alvo Gaza   ἐρυθρὰ α Guil. Cs. edd.: ἔντερα β γ Ald.   20 τε om. E^a N^c Z^c L^c m n   ποικιλώτερός α edd.: ποικιλότερος L^c Ald.   22 τὰ⁽¹⁾ ... 24 πρότερον om. A^apr. G^apr. H^c: τὰ δ' ἔντομα τῶν ζῴων ὅτι ἐλάττω τῶν θηλειῶν τὰ ἄρρενα καὶ ὅτι ἀναβαίνει καὶ ὅπως ὀχεύει καὶ ὅτι μόλις ἀπολύεται εἴρηται πρότερον G^arc. Q: entoma autem animalium quod quidem minora sunt masculina femininis et ascendunt desuper et quomodo faciunt coitum et quod dissoluuntur vix dictum est prius Guil.   25 προΐεται β Ald.: ποιεῖται α γ Sn.: emittunt Guil.   τὰ πλεῖστα α Sn.   τρόπον γ (exc. L^crc.)   26 σκώληκας α Guil. Sn.   27 δὲ⁽¹⁾ om. C^a   κνήκου m Sn. edd.: κνίκου codd. cett. Ald.   σπέρματος A^a G^a Q H^c   δὲ χύμα C^a H^c Bk.: δὲ χῦμα A^apr. G^a Q F^apr. X^c: δ' ἔγχυμα A^arc. F^arc., β, γ (ex. mrc.), Ald.: δ' ἔγχυμον mrc.. Sn. A.-W.: autem humorem Guil.   28 τὸ ζῷον α Bk.   29 ὥσπερ ... 30 ζῷον om. C^a Guil.   ὅλον] ὡς A^apr. G^a Q H^c   30 ante ζῷον add. τὸ α Bk.   31 φαλ. τε α Sn.

243

ἀραχνίων, καὶ ἀττέλαβοι καὶ ἀκρίδες καὶ τέττιγες· τὰ δ' οὐκ ἐκ ζῴων ἀλλ' αὐτόματα, τὰ μὲν ἐκ τῆς δρόσου τῆς ἐπὶ τοῖς φύλλοις ἐπιπιπτούσης, κατὰ φύσιν μὲν τῷ ἔαρι, πολλάκις δὲ γίνεται καὶ τοῦ χειμῶνος, ὅταν εὐδία καὶ νοτία γένηται πλείω χρόνον· τὰ δ' ἐν βορβόρῳ καὶ κόπρῳ σηπομένῃ, τὰ δ' ἐν ξύλοις, τὰ μὲν φυτῶν, τὰ δ' ἐν αὐτοῖς ἤδη, τὰ δ' ἐν θριξὶ ζῴων, τὰ δ' ἐν σαρκὶ τῶν ζῴων, τὰ δ' ἐν τοῖς περιττώμασι, καὶ τούτων τὰ μὲν ἐκ κεχωρισμένων, τὰ δ' ἐκ τῶν ἐν τοῖς ζῴοις, οἷον αἱ καλούμεναι ἕλμινθες. ἔστι δ' αὐτῶν γένη τρία, ἥ τε ὀνομαζομένη πλατεῖα, καὶ αἱ στρογγύλαι, καὶ αἱ τρίται καλοῦνται ἀσκαρίδες. ἐκ μὲν οὖν τούτων ἕτερον οὐθὲν γίνεται· ἡ δὲ πλατεῖα προσπέφυκε μόνῳ τῷ ἐντέρῳ καὶ ἀποτίκτει τι οἷον σικύου σπέρμα, ᾧ γινώσκουσι σημείῳ οἱ ἰατροὶ τοὺς ἔχοντας αὐτήν. γίνονται δ' αἱ μὲν καλούμεναι ψυχαὶ ἐκ τῶν καμπῶν, αἱ δὲ γίνονται ἐπὶ τῶν φύλλων τῶν χλωρῶν, καὶ μάλιστα ἐπὶ τῆς ῥαφάνου, ἣν καὶ καλοῦσί τινες κράμβην, πρῶτον μὲν ἔλαττον κέγχρου, εἶτα μικροὶ σκώληκες καὶ αὐξανόμενοι, ἔπειτα ἐν τρισὶν ἡμέραις κάμπαι μικραί· μετὰ δὲ ταῦτα αὐξηθεῖσαι ἀκινητίζουσι, καὶ μεταβάλλουσι τὴν μορφήν, καὶ καλοῦνται χρυσαλλίδες, καὶ σκληρὸν ἔχουσι τὸ κέλυφος, ἁπτομένου δὲ κινοῦνται. περι-

551a1 μέν] δὲ γ (exc. L[c])   **2** πιπτούσης α Sn.   post μὲν add ἐν C[a] Bk.: add. οὖν ἐν α (exc. C[a]) Sn.   ἀέρι A[a]*pr.* G[a]*pr.* H[c]   **3** γίνεται om. α γ Ald. νότος C[a]: νοτία codd. cett.: νότια cj. Peck: *australe tempus* Gaza   γίγνηται E[a] P K[c]   **4** καὶ] τὰ δ' ἐν α Guil.   σηπομένοις α (exc. -ης H[c]), N[c] Z[c] L[c] m n, Cs.: σηπομένῳ P M[c]: σηπόμενα E[a] K[c]   **5** ἐν αὐτοῖς α: ἑαυτοῖς β γ Ald.: ἐν αὑοῖς cj. Bas. edd.: *in se ipsis* Guil.: *caesis* Gaza   **6** τὰ δ' ἐν σαρκὶ τῶν ζώων α Guil. Cs.: om. β γ Ald.   τοῖς] τισι P: τοῖσι K[c] N[c] Z[c] n   **7** ἐγκεχωρισμένων A[a]*pr.* G[a] Q H[c]: ἐκκεχεσμένων A[a]*rc.* F[a] X[c], m: ἐκκεχωσμένων γ (exc. L[c]*rc.* m)   ἐκ τῶν β γ Guil. Ald.: ἔτι ὄντων α Cs. edd.   **9** αἵ τε ὀνομαζόμεναι πλατεῖαι L[c] m Ald.   αἱ om. γ Ald.   **10** αἱ τρίται καλοῦνται β γ Ald.: τρίται αἱ α Guil.   ἀκαρίδες α (exc. F[a] X[c]) Guil.   **11** οὐθέν τι γίν. β E[a] P K[c] M[c]   πλατ. δὲ transp. α   post προσπ. add. τε α Cs.: τι γ (exc. L[c])   μόνη α Guil. Bk.   **12** τι om. α N[c] Z[c] L[c]*pr.* m n Cs. συκίου N[c] Z[c]: *coloquintidi* Guil.: *cucumeris* Gaza: κολοκύντης cj. Sn.   **14** κάμπων A[a] G[a] Q H[c]   αἱ δὲ] αἳ α Guil. Bk.: αἳ δὲ cj. Sn.   **15** καὶ[(2)] om. α γ Ald. edd.   **16** ἔπειτα α   **17** καὶ om. α γ Guil. Sn.   **19** χρυσαλίδες α (exc. C[a]) E[a] K[c]   **20** προσέχονται α (exc. προσέρχ- C[a]) Sn.: *accedunt* Guil.

ἔχονται δὲ πόροις ἀραχνιώδεσιν οἳ οὔτε στόμα ἔχουσιν οὔτε ἄλλο τῶν μορίων οὐθὲν διάδηλον. χρόνου δὲ πολλοῦ διελθόντος περιρρήγνυται τὸ κέλυφος, καὶ ἐκπέτονται ἐξ αὐτῶν πτερωτὰ ζῷα, ἃς καλοῦμεν ψυχάς. τὸ μὲν οὖν πρῶτον, ὅταν ὦσι κάμπαι, τρέφονται καὶ περίττωμα ἀφιᾶσιν· ὅταν δὲ γένωνται χρυσαλλίδες, οὐθὲν οὔτε γεύονται οὔτε προΐενται περίττωμα. τὸν αὐτὸν δὲ τρόπον καὶ τὰ ἄλλα ὅσα γίνεται ἐκ σκωλήκων, καὶ ὅσοι ἐκ συνδυασμοῦ γίνονται ζῴων σκώληκες, καὶ ὅσοι ἄνευ ὀχείας. καὶ γὰρ οἱ τῶν μελιττῶν καὶ ἀνθρηνῶν καὶ σφηκῶν ὅταν μὲν νέοι σκώληκες ὦσι, τρέφονταί τε καὶ κόπρον ἔχοντες φαίνονται· ὅταν δ' ἐκ τῶν σκωλήκων εἰς τὴν διατύπωσιν ἔλθωσι, καλοῦνται μὲν νύμφαι τότε, οὐ λαμβάνουσι δὲ τροφὴν οὐδὲ κόπρον ἔχουσιν, ἀλλὰ περιειργμέναι ἀκινητίζουσι μέχρις ἂν αὐξηθῶσιν· τότε δ' ἐξέρχονται διακόψασαι ᾧ καταλήλειπται ὁ κύτταρος. γίνονται δὲ καὶ τὰ πηνία καὶ τὰ ὕπερα ἔκ τινων καμπῶν τοιούτων, αἳ κυμαίνουσι τῇ πορείᾳ καὶ προσβᾶσαι τῷ ἑτέρῳ κάμψασαι ἐπιβαίνουσιν. ἕκαστον δὲ τῶν γενῶν τὸ οἰκεῖον χρῶμα λαμβάνει ἀπὸ τῆς κάμπης. ἐκ δέ τινος σκώληκος μεγάλου, ὃς ἔχει οἷον κέρατα καὶ διαφέρει τῶν ἄλλων, γίνεται πρῶτον μὲν μεταβαλόντος τοῦ σκώληκος κάμπη, ἔπει-

---

21 οἵ ... ἔχουσιν] οὔτε στόμα ἔχουσαι α Guil. Sn. Bk.   οὔτε[1] δὲ στόμα γ Cs.   22 ἄλλο τι F^a X^c, m   διαδ. οὐθέν transp. α γ Ald.   δ' οὐ πολλοῦ α Cs.   23 ἐκπέτεται C^a F^a X^c Sn.: ἐκπέττεται A^a G^a Q H^c: ἐκπέτανται E^a: ἐκπέττονται P   24 οὓς Ald.   25 περιττώματα α   ὅτε β   26 γίνωνται N^c Z^c L^c m n   χρυσαλλίδες codd. plur.   οὐθενὸς α Cs. edd.   27 γίνονται H^c, E^a 28 ὅσοι C^a, L^c, Ald.: ὅσα codd. cett.   συνδυασμῶν C^a A^a G^{a}pr. Q H^c γίνεται F^a X^c, E^a ζῷα G^{a}pr. Q ζώ. γίν. transp. H^c 29 οἱ] ἐκ C^a Guil.: om. α (exc. C^a)   30 ἀνθρινῶν P K^c 551b1 τε] μὲν β γ Ald.   2 μὲν οὖν νύμ. γ (exc. m) Ald.   3 post κόπρον add. ἔτ' α Sn.   4 περιειργμένοι α (exc. F^a X^c) γ Sn.   μέχρις β Ald.: ἕως α γ Sn.   5 διακόψαντες α Sn.   καταλήλειπται α (exc. F^a X^c) Guil. Bk.: καταλείπται F^a X^c β N^c Z^c L^c m npr. Ald.: καταλέληπται E^a P K^c M^c nrc.   6 ὕπερα καὶ τὰ ὑπήνια α Guil.   καμπῶν τοιούτων β γ Ald. Dt.: τοιούτων ἄλλων α Bk.   7 προβᾶσαι α (exc. C^a) Sn.   8 γενῶν β γ Ald.: γινομένων α Sn.: *procreatorum* Guil.   9 λαμβάνουσιν A^a G^a Q H^c 10 post γίνεται add. δὲ γ (exc. L^{c}rc. mrc.) Ald.   11 μὲν om. α Guil.   μεταβαλόντος α, O^c, K^c N^c Z^c n   ἔπειτα ... 12 νεκύδαλος om. H^c

ARISTOTELIS

τα βομβύλιος, ἐκ δὲ τούτου νεκύδαλος· ἐν ἓξ δὲ μησὶ μεταβάλλει ταύτας τὰς μορφὰς πάσας. ἐκ δὲ τούτου τοῦ ζῴου καὶ τὰ βομβύκια ἀναλύουσι τῶν γυναικῶν τινες ἀναπηνιζόμεναι, κἄπειτα ὑφαίνουσιν· πρώτη δὲ λέγεται ὑφῆναι ἐν Κῷ Παμφίλη Πλάτεω θυγάτηρ. ἐκ δὲ τῶν σκωλήκων τῶν ἐν τοῖς ξύλοις τοῖς αὔοις οἱ κάραβοι γίνονται τὸν αὐτὸν τρόπον· πρῶτον μὲν ἀκινητισάντων τῶν σκωλήκων, εἶτα περιρραγέντος τοῦ κελύφους ἐξέρχονται οἱ κάραβοι. ἐκ δὲ τῶν καράβων γίνονται αἱ πρασοκουρίδες· ἔχουσι δὲ πτερὰ καὶ αὐταί. ἐκ δὲ τῶν ἐν τοῖς ποταμοῖς πλατέων ζῳδαρίων τῶν ἐπιθεόντων οἱ οἶστροι· διὸ καὶ οἱ πλεῖστοι περὶ τὰ ὕδατα γίνονται οὗ τὰ τοιαῦτά ἐστι ζῷα. ἐκ δὲ μελαινῶν τινων καὶ δασειῶν οὐ μεγάλων καμπῶν πρῶτον γίνονται πυγολαμπίδες, οὐχ αἱ πετόμεναι· αὗται δὲ πάλιν μεταβάλλουσι, καὶ /26/ γίνονται πτερωτὰ ζῷα καὶ ἐξ αὐτῶν, οἱ καλούμενοι βόστρυχοι.

αἱ δ' ἐμπίδες γίνονται ἐκ τῶν ἀσκαρίδων· αἱ δ' ἀσκαρίδες γίνονται ἔν τε τῇ ἰλύϊ τῶν φρεάτων καὶ ὅπου ἂν σύρρευσις γένηται ὕδατος γεώδη ἔχουσα ὑπόστασιν. τὸ μὲν οὖν πρῶτον αὐτὴ ἡ ἰλὺς σηπομένη χρῶμα λαμβάνει λευκόν, εἶτα μέ-

12 βομβυλίς α Dt. νεκύδαλος α Ald.: νυκύδαλος Oᶜ Tᶜ: σκύδαλος P ἐν om. m δὲ⁽²⁾ post μεταβάλλει transp. γ (exc. Lᶜ) 13 ταύτας om. β τοῦ ζῴου τούτου β 14 βομβύλια Aᵃrc. Fᵃ Xᶜ, Eᵃ Nᶜ Zᶜ Lᶜpr. m n: μομβύκια β (exc. Oᶜrc.) 15 ὑφᾶναι s. ὑφάναι β γ Ald. 16 πασαφίλη β Ott. πλατέω α Guil.: λατώου β Eᵃ Mᶜ Lᶜ Ald.: λατούω γ (exc. Eᵃ Mᶜ Lᶜ) 17 καράμβιοι Cᵃ Guil. Dt.: κάραβιοι α (exc. Cᵃ) αὐτὸν δὲ τρ. β γ Ald. 18 πρῶτον μὲν om. β ante ἀκιν. add. ὑμήν τις β γ Ald. εἶτα α Guil. Gaza Cs. edd.: νοεῖται β γ (exc. γίνονται mrc.) Ald. post περιρ. add. δὲ β γ Ald. 19 καράμβιοι Cᵃ Guil. Dt.: κάραβιοι α (exc. Cᵃ) ἐκ] ἐν Lᶜrc. Gaza 20 καράβων β γ Ald. Bk.: σίμβων Cᵃcorr.: σίμβλων α (exc. Cᵃ) Cs.: karambiis Guil.: simblis Trap: alveariis Gaza: varia cjj. edd. αἱ om. α πρασουκαρίδες Cᵃ Guil. ἴσχουσι α Bk. 22 οἱ οἶστροι om. β γ (exc. Lᶜrc. nrc.) Ald.: οἶστρος nrc.: οἶστρος γίνεται Lᶜrc.: ystri Guil.: asilus Gaza 23 οὗ α Cs. edd.: καὶ β γ (exc. οὗ καὶ nrc.) Ald.: et ubi Guil.: ubi Gaza ζῷα ἔστι α Dt. 24 πυρολαμπίδες β (πυρολαμπάδες Oᶜrc. Tᶜ Ald.) γ (πυγο- Mᶜrc.) 25 πεττόμεναι P 26 ἐξ αὐτῶν α (exc. Cᵃ) Cs. edd.: ἐξ αὐτῶν δὲ Cᵃ: καὶ ἐξ αὐτῶν β γ Ald.: ex ipsis Guil.: om. Gaza 27 λαμπίδες Fᵃ Xᶜ 28 συρρύασις Cᵃ: σύρρεισις P: σύρευσις Kᶜ 29 γίνεται Hᶜ γαιώδη α (exc. Cᵃ) ἔχουσαν Aᵃpr. Gᵃ Q Hᶜ τὰ Aᵃpr. Gᵃ Q Hᶜ πρῶτον om. Fᵃ Xᶜ 30 αὕτη α

HISTORIA ANIMALIUM V

λαν, τελευτῶσα δ' αἱματῶδες· ὅταν δὲ τοιαύτη γένηται, φύεται ἐξ αὐτῆς ὥσπερ τὰ φύκια μικρὰ σφόδρα καὶ ἐρυθρά· ταῦτα δὲ χρόνον μέν τινα κινεῖται πεφυκότα, ἔπειτα ἀπορραγέντα φέρεται κατὰ τὸ ὕδωρ, αἱ καλούμεναι ἀσκαρίδες. μεθ' ἡμέρας δ' ὀλίγας ἵστανται ὀρθαὶ ἐπὶ τοῦ ὕδατος ἀκινητίζουσαι καὶ σκληραί, κἄπειτα περιρραγέντος τοῦ κελύφους ἡ ἐμπὶς ἄνω ἐπικάθηται ἕως ἂν ἥλιος ἢ πνεῦμα κινήσῃ· τότε δὴ πέτεται. πᾶσι δὲ καὶ τοῖς ἄλλοις σκώληξι καὶ τοῖς ζῴοις τοῖς ἐκ τῶν σκωλήκων περιρρηγνυμένοις ἡ ἀρχὴ φαίνεται γίνεσθαι τῆς γενέσεως ἢ ὑφ' ἡλίου ἢ ὑπὸ πνεύματος. /11/ μᾶλλον δὲ καὶ θᾶττον γίνονται αἱ ἀσκαρίδες ἐν τοῖς /12/ ἔχουσι παντοδαπὴν ὑπόστασιν, οἷον Μεγαροῖ τε γίνεται καὶ /13/ ἐν τοῖς ἔργοις· σήπεται γὰρ τὰ τοιαῦτα θᾶττον. τοῦ μετοπώρου /14/ δὲ γίνονται μᾶλλον· τότε γὰρ τὸ ὑγρὸν συμβαίνει /15/ εἶναι ἔλαττον. οἱ δὲ κρότωνες γίνονται ἐκ τῆς ἀγρώστεως, αἱ δὲ μηλολόνθαι ἐκ τῶν σκωλήκων τῶν ἐν τοῖς βολίτοις καὶ τῶν ὀνίδων. αἱ δὲ κάνθαροι ἣν κυλίουσι κόπρον, ἐν ταύτῃ φωλοῦσί τε τὸν χειμῶνα καὶ ἐντίκτουσι σκώληκας, ἐξ ὧν γίνονται κάνθαροι. γίνονται δὲ καὶ ἐκ τῶν σκωλήκων τῶν ἐν

552a3 τινὰ μὲν transp. P K^c M^c   μὲν om. E^a N^c Z^c L^c m n Ald.   πεφυκότα codd. Ald.: *adnata* Guil.: προσπεφυκότα cj. Sn. Bk.   4 ἀπορραγέντος N^c Z^c n   φέρονται F^a X^c, L^c Ald.   6 κἄπειτα] ἐπεὶ N^c Z^c: ἔπειτα L^c m n Ald.   7 τοῦ om. α   ἂν] ἢ ἦν A^a H^c: ἂν ἢ ἂν G^a: ἂν ἢ ἢ ἂν Q: ἂν ἢ F^a X^c: om. N^c Z^c L^c m n   8 δὴ] δ' ἤδη C^a Bk.: ἤδη α (exc. F^a X^c) Sn.: δὲ N^c Z^c L^c m n: *autem* Guil.   πέτεται C^a A^arc., L^c: πέπαυται A^apr. G^apr. H^c: πέτανται G^arc. Q F^a X^c: πετᾶται γ (exc. L^c)   9 ζῴοις καὶ σκώληξι α (exc. C^a)   10 φαίνεται γίνεσθαι β γ Ald.: γίγνεται α Guil. Sn.   ἢ^(1) om. α Guil. Sn.   11 θᾶττον om. F^a X^c   12 ποδαπὴν F^a X^c   μεγαροῖ α β L^c Ald.: μὲν γὰρ οἱ γ (exc. L^c m): ἐν μεγαρικοῖς m*corr.*: *in Megarico* Gaza   τε om. m Cs.   13 τὰ τοιαῦτα] ταῦτα α   τοῦ β L^crc. Ald.: καὶ α Bk.   τοῦ ... 15 ἔλαττον om. γ (exc. L^c)   14 τὸ om. β L^crc. Ald.   15 ante εἶναι add. μᾶλλον α (exc. C^a)   εἶναι] οὖν G^a Q *ut saepe*, Ott.   κρότονες codd. nonn.   ἀγρόστεως codd. nonn.   16 βοβλίτοις α (exc. F^a X^c): βολίττοις F^a X^c: βολετοῖς γ (exc. Prc. L^c)   17 οἱ α Cs.   φωλεύουσί α N^c Z^c L^c m n Ald.   18 τε καὶ τὸν α (exc. C^a)   καὶ post χε. om. F^a X^c   ἐκτίκτουσι β P K^c   σκώληκας β L^crc. Ald.: σκωλήκια α Sn.: σκώληκα γ (exc. L^c): *vermiculos* Guil. Gaza   ὧν] οὔ H^c, N^c Z^c m n   19 σκάνθαροι H^c, P K^c   ἐν om. α

247

τοῖς ὀσπρίοις πτερωτὰ ζῷα ὁμοίως τοῖς εἰρημένοις. αἱ δὲ μυῖαι ἐκ τῶν σκωλήκων τῶν ἐν τῇ κόπρῳ τῇ χωριζομένῃ κατὰ μέρος· διὸ καὶ οἱ περὶ ταύτην τὴν ἐργασίαν ὄντες μάχονται χωρίζειν τὴν ἄλλην τὴν μεμιγμένην, καὶ λέγουσι κατειργάσθαι τότε τὴν κόπρον. ἡ δ' ἀρχὴ τῶν σκωληκίων μικρά· πρῶτον μὲν γὰρ καὶ ἐνταῦθα ἐρυθραίνεται καὶ ἐξ ἀκινησίας λαμβάνει κίνησιν οἷον πεφυκότα· εἶτα σκωλήκιον ἀποβαίνει ἀκίνητον· εἶτα κινηθὲν ὕστερον γίνεται ἀκίνητον πάλιν· ἐκ δὲ τούτου μυῖα ἀποτελεῖται, καὶ κινεῖται πνεύματος ἢ ἡλίου γινομένου. οἱ δὲ μύωπες γίνονται ἐκ τῶν ξύλων. αἱ δὲ ὀρσοδάκναι ἐκ τῶν σκωλήκων μεταβαλλόντων· τὰ δὲ σκωλήκια ταῦτα γίνονται ἐν τοῖς καυλοῖς τῆς κράμβης. αἱ δὲ κανθαρίδες ἐκ τῶν πρὸς ταῖς συκαῖς καμπῶν καὶ ταῖς ἀπίοις καὶ ταῖς πεύκαις (πρὸς πᾶσι γὰρ τούτοις γίνονται σκώληκες) καὶ ἐκ τῶν ἐν τῇ κυνακάνθῃ· ὁρμῶσι δὲ καὶ πρὸς τὰ δυσώδη διὰ τὸ ἐκ τοιαύτης γεγονέναι ὕλης. οἱ δὲ κώνωπες ἐκ σκωλήκων οἳ γίνονται ἐκ τῆς περὶ τὸ ὄξος ἰλύος· καὶ γὰρ ἐν τοῖς δοκοῦσιν ἀσηπτοτάτοις ἐγγίνονται /7/ ζῷα, οἷον ἐν χιόνι τῇ παλαιᾷ σκώληκες. γίνεται δὲ ἡ παλαιὰ ἐρυθροτέρα, διὸ καὶ οἱ σκώληκες τοιοῦτοι καὶ δασεῖς· οἱ δὲ ἐκ τῆς ἐν Μηδίᾳ χιόνος μεγάλοι καὶ λευκοί· δυσκίνητοι δὲ πάντες. ἐν δὲ Κύπρῳ, οὗ ἡ χαλκῖτις λίθος καίεται, ἐπὶ πολλὰς ἡμέρας ἐμβαλόντων, ἐνταῦθα γίνεται θηρία ἐν τῷ πυρί, τῶν μεγάλων μυιῶν μικρόν τι μείζονα, ὑπόπτερα,

20 κοπρίοις γ (exc. E[a]rc. L[c]rc.)   21 τῇ κόπρῳ om. Ald.   22 μέρη m
24 κατεργάσθαι β: κατεργάσασθαι γ Ald.   τότε ante κατ. transp. α
Sn.   σκωλήκων α (exc. C[a]), S[c] O[c]   25 μὲν γὰρ καὶ] γὰρ α   28 ἀποτελευτᾷ α   29 γενομένου α   30 ὀρσοδάκναι m rc. n rc. Cs. edd.: ὀρεοδάκναι α Guil.: ὀρσαδάκναι β γ Ald. σκωληκίων α Bk.   31 γίνεται α N[c]
Z[c] L[c] m n Ald.   552b3 καὶ[(2)] om. α (exc. C[a])   4 πρὸς om. C[a]   5 κώνωπες] σκώληκες C[a]   σκωλήκιον α   οἳ] οὐ H[c]   6 ἀσαιποτάτοις C[a]: ἀσηποτάτοις A[a] G[a] Q: ἀσήποτατα H[c]: ἀσηπότητα F[a] X[c]   post ἀσηπ. add. εἶναι α Sn.   ἐγγίνεται Ald.   7 βραχίονί τε τῇ C[a]: χιόνι τε τῇ α (exc. C[a])   σκώληκες codd.: om. Guil. Sn. Bk.   δὲ om. C[a], S[c] παλαιᾷ[(2)]] πᾶσα α (exc. C[a])   8 οἱ δὲ ἐκ τῆς] ἐν δὲ τῇ α   9 μηδία α m rc. Guil. Gaza Plin. Cs. edd.: εὐδία β γ (exc. εὐδρία P) Ald.   χιόνι α   10 οὗ om. A[a]pr. G[a] Q H[c]   χαλκήτις P: χαλίτις Ald.   11 ἐμβαλόντων α γ (exc. P M[c]) Ald.   12 μυῶν codd. plur. ut saepe, Ald.

248

ἃ κατὰ τοῦ πυρὸς βαδίζει καὶ πηδᾷ. ἀποθνήσκουσι δὲ καὶ οἱ σκώληκες καὶ ταῦτα χωριζόμενα τὰ μὲν τοῦ πυρός, οἱ δὲ τῆς χιόνος. ὅτι δ' ἐνδέχεται μὴ κάεσθαι συστάσεις τι- νῶν ζῴων, ἡ σαλαμάνδρα ποιεῖ φανερόν· αὕτη γάρ, ὥς φασι, διὰ τοῦ πυρὸς βαδίζουσα κατασβέννυσι τὸ πῦρ. περὶ δὲ τὸν Ὕπανιν ποταμὸν τὸν περὶ Βόσπορον τὸν Κιμμερικὸν ὑπὸ τροπὰς θερινὰς καταφέρονται ἐπὶ τοῦ ποταμοῦ οἷον θύλακοι μείζους ῥωγῶν, ἐξ ὧν ῥηγνυμένων ἐξέρχεται ζῷον πτερωτὸν τετράπουν· ζῇ δὲ καὶ πέτεται μέχρι δείλης, καταφερομένου δὲ τοῦ ἡλίου ἀπομαραίνεται, καὶ ἅμα δυομένου ἀποθνήσκει βιοῦν ἡμέραν μίαν, διὸ καὶ καλεῖται ἐφήμερον.

τὰ πλεῖστα δὲ τῶν γινομένων καμπῶν ἐκ τῶν σκωλήκων ὑπὸ /25/ ἀραχ- νίων περιέχεται τὸ πρῶτον. ταῦτα μὲν οὖν γίνεται τοῦτον τὸν τρόπον. [20] οἱ δὲ σφῆκες οἱ ἰχνεύμονες καλούμενοι (εἰσὶ δ' ἐλάττους τῶν ἑτέρων) τὰ φαλάγγια ἀποκτείναντες φέρουσι πρὸς τειχίον ἤ τι τοιοῦτον τρώγλην ἔχον, καὶ πηλῷ κατα- χρίσαντες ἐκτίκτουσιν ἐνταῦθα, καὶ γίνονται ἐξ αὐτῶν οἱ σφῆκες οἱ ἰχνεύμονες. ἔνια δὲ τῶν κολεοπτέρων καὶ μι- κρῶν καὶ ἀνωνύμων ζῴων τοῦ πηλοῦ τρώγλας ποιοῦνται μι- κρὰς ἢ πρὸς τάφοις ἢ τειχίοις, καὶ ἐνταῦθα τὰ σκωλήκια ἐκτίκτουσιν. ὁ δὲ χρόνος τῆς γενέσεως ἀπὸ μὲν τῆς ἀρχῆς μέχρι τέλους σχεδὸν τοῖς πλείστοις ἑπτάσι μετρεῖται

---

13 κατὰ] διὰ α Sn.   πη. καὶ βα. transp. α Bk.   **14** οἱ[(1)] om. Ald. οἱ[(2)]] τὰ α (exc. C[a])   **15** μὴ] καὶ μὴ α (exc. A[a]rc. P[c] X[c])   καίεσθαι codd. nonn. Ald.   τινὰς α Guil. Sn.   **17** τοῦ om. C[a] Bk.   **18** ὑπάνην β γ Ald.   κιμμέριον α Sn.: καὶ μέχρι καὶ γ (exc. L[c]rc. m rc.)   **19** ἐπὶ] ὑπὸ α Sn.: in Guil.   **20** ῥογῶν A[a]pr. G[a] Q F[a]pr. H[c]: ῥαγῶν F[a]rc. X[c], P, Cs. edd.: rogis Guil.   **21** πέταται α (exc. C[a]) L[c]: πετᾶται γ (exc. E[a]rc. Prc. L[c])   **23** βιῶσαν α Sn.   ἡμέραν μίαν διὸ] ἡμέρας δύο γ (exc. L[c]rc. m rc.)   καὶ om. α   **24** καμπῶν ἐκ τῶν] ἔκ τε καμπῶν καὶ α Guil. Sn.: ἐκ τῶν καμπῶν ἢ ἐκ τῶν m rc. Gaza   **25** κατέχεται α Sn.   **26** σφ. καὶ οἱ ἰχ. α (exc. C[a] A[a]rc.)   **28** τειχίον ἢ α O[c]rc. U[c]rc., L[c]rc. Guil. Scal. Cs. edd.: τειχίον L[c]pr. nrc.: τῇ χιόνι codd. cett. Ald.: parietinas Gaza   καταχρίσαντες β γ Ald.: προσκαταλείψαντες α Sn. edd.: linientes Guil.: illiniunt Gaza   **29** ἐντίκτου- σιν E[a] N[c] Z[c] L[c] m n Ald. edd.: pariunt Guil.   **30** οἱ[(1)(2)] om. α   **553a1** ἤ[(2)]] καὶ γ   τὰ om. γ   **2** ἐντίκτουσιν α (exc. F[a]), L[c] m, Sn. edd.: intus pariunt Guil.   **3** τοῦ τέλους α Bk.   ἑπτὰ συμμετρεῖται n

τρισὶν ἢ τέτταρσιν. τοῖς μὲν οὖν κώνωψι καὶ τοῖς σκωληκοειδέσι τοῖς πλείστοις τρεῖς γίνονται ἑπτάδες, τοῖς δὲ ζωοτοκοῦσι τέτταρες ὡς ἐπὶ τὸ πολύ. τούτων δ' ἀπὸ μὲν τῆς ὀχείας ἐν ταῖς ἑπτὰ ἡ σύστασις γίνεται, ἐν δὲ ταῖς λοιπαῖς τρισὶν ἐπῳάζουσι καὶ ἐκλέπουσιν ὅσα γόνῳ τίκτεται, οἷον ὑπὸ ἀράχνου ἢ ἄλλου τοιούτου τινός. αἱ δὲ μεταβολαὶ γίνονται τοῖς πλείστοις κατὰ τριήμερον ἢ τετραήμερον, ὥσπερ καὶ αἱ τῶν νόσων συμβαίνουσι κρίσεις.

τῶν μὲν οὖν ἐντόμων οὗτος ὁ τρόπος ἐστὶ τῆς γενέσεως· φθείρονται δ' ἐρρικνωμένων τῶν μορίων, ὥσπερ γήρᾳ τὰ μείζω τῶν ζῴων· ὅσα δὲ πτερωτά, καὶ τῶν πτερῶν συσπωμένων περὶ τὸ μετόπωρον· αἱ δὲ μύωπες καὶ τῶν ὀμμάτων ἐξυδρωπιώντων.

[21] περὶ δὲ τὴν γένεσιν τῶν μελιττῶν οὐ τὸν αὐτὸν τρόπον πάντες ὑπολαμβάνουσιν. οἱ μὲν γάρ φασιν οὐ τίκτειν οὐδ' ὀχεύεσθαι τὰς μελίττας, ἀλλὰ φέρειν τὸν γόνον, καὶ φέρειν οἱ μὲν ἀπὸ τοῦ ἄνθους τοῦ καλλύντρου, οἱ δ' ἀπὸ τοῦ ἄνθους τοῦ καλάμου, ἄλλοι δ' ἀπὸ τοῦ ἄνθους τῆς ἐλαίας· καὶ σημεῖον λέγουσιν ὅτι ὅταν ἐλαιῶν φορὰ γένηται, τότε καὶ ἐσμοὶ ἀφίενται πλεῖστοι. οἱ δέ φασι τὸν μὲν τῶν κηφήνων αὐτὰς φέρειν γόνον ἀπό τινος ὕλης τῶν εἰρημένων, τὸν δὲ τῶν μελιττῶν τίκτειν τοὺς ἡγεμόνας. τῶν δ' ἡγεμόνων ἐστὶ γένη δύο, ὁ μὲν βελτίων πυρρός, ὁ δ' ἕτερος μέλας καὶ

4 τέσσαρσι β   οὖν om. α   κώνωψι α β mrc. nrc. Guil. Gaza Ald.: σκόλοψι s. σκώλωψι E^a P K^c M^c npr.: σκώληξι N^c Z^c L^c Cs. edd.   5 ζωοτοκοῦσι codd. cett. Guil. Ald.: ὠοτοκοῦσι G^arc. Q, O^crc. U^crc., mrc. Gaza edd.   6 τέσσαρες α (exc. C^a)   7 εἰς σύστασιν n   8 ἐπωαζούσαις γ (exc. mrc.) ἐκλείπουσιν β (exc. O^crc.) γ (exc. mrc.) Ald.: ἐκλεπίζουσιν mrc.: fetum educunt Guil.: excludunt Gaza   ὅσα om. γ (exc. L^c)   τήκεται γ (exc. L^c)   9 ἀραχνίου α   τινὸς τοιούτου transp. α Bk.   11 αἱ om. C^a: ἐπὶ G^a Q   12 ἐστὶ post γεν. transp. α (exc. C^a)   13 ἐρικνουμένων α: ῥικνωμένων P K^c M^cpr.   14 πτερωτῶν οὐ σπωμένων γ (exc. L^c)   15 οἱ α Cs.   16 ἐξυδροπιώντων A^apr. G^a Q H^c: ἐξ ὑδροπιόντων P: ὀξυδρωπιώντων N^c Z^c L^c mpr. npr.: ὑδρωπιώτων mrc.   17 post γέν. add. τὴν α (exc. H^c) Bk.   20 τοῦ καλλύντρου ... 21 ἄνθους om. A^arc. F^a X^c H^c, β (exc. U^crc.), γ (exc. L^crc. mrc.)   22 λέγειν α (exc. C^a)   ὅτι ὅταν C^a β Guil.: ὅταν A^apr. G^a Q: ὅτι ἂν A^arc. F^a X^c H^c γ Ald. edd.   23 κηφίνων codd. nonn. passim   24 αὐτὰς φέρειν γόνον β: γόν. φ. αὐτ. α Dt.: φ. αὐτ. γόν. γ Ald.: γόν. αὐτ. φ. cj. Bk.   προειρημένων α Sn.   26 πυρὸς α (exc. C^a) E^a P K^c

HISTORIA ANIMALIUM V

ποικιλώτερος, τὸ δὲ μέγεθος διπλάσιος τῆς χρηστῆς μελίττης· καὶ τὸ κάτω τοῦ διαζώματος ἔχουσιν ἡμιόλιον μάλιστα τῷ μήκει, καὶ καλοῦνται ὑπό τινων μητέρες ὡς γεννῶντες. σημεῖον δὲ λέγουσιν ὅτι ὁ μὲν τῶν κηφήνων ἐγγίνεται γόνος κἂν μὴ ἐνῇ ἡγεμών, ὁ δὲ τῶν μελιττῶν οὐκ ἐγγίνεται. οἱ δέ φασιν ὀχεύεσθαι, καὶ εἶναι ἄρρενας μὲν τοὺς κηφῆνας, θηλείας δὲ τὰς μελίττας. ἔστι δὲ τῶν μὲν ἄλλων ἡ γένεσις ἐν τοῖς κοίλοις τοῦ κηρίου, οἱ δὲ ἡγεμόνες γίνονται κάτω πρὸς τῷ κηρίῳ, ἀποκρεμάμενοι χωρίς, ἓξ ἢ ἑπτά, ἐναντίως τῷ γόνῳ πεφυκότες. κέντρον δ' αἱ μὲν μέλιτται ἔχουσιν, οἱ δὲ κηφῆνες οὐκ ἔχουσιν· οἱ δὲ βασιλεῖς καὶ ἡγεμόνες ἔχουσι μὲν κέντρον, ἀλλ' οὐ τύπτουσι, διὸ ἔνιοι οὐκ οἴονται ἔχειν αὐτούς. [22] εἰσὶ δὲ γένη τῶν μελιττῶν, ἡ μὲν ἀρίστη μικρὰ καὶ στρογγύλη καὶ ποικίλη, ἄλλη δὲ μακρά, ὁμοία τῇ ἀνθρήνῃ, τρίτος δ' ὁ φὼρ καλούμενος (οὗτος δ' ἐστὶ μέλας καὶ πλατυγάστωρ), τέταρτος δ' ὁ κηφήν, μεγέθει μὲν μέγιστος πάντων, ἄκεντρος δὲ καὶ νωθρός· διὸ πλέκουσί τινες περὶ τὰ σμήνη ὥστε τὰς μὲν μελίττας εἰσδύεσθαι, τοὺς δὲ κηφῆνας μὴ διὰ τὸ εἶναι αὐτοὺς μείζους. ἡγεμόνων δὲ δύο γένη εἰσίν, ὥσπερ εἴρηται καὶ πρότερον. εἰσὶ δὲ ἐν ἑκάστῳ σμήνει πλείους ἡγεμόνες, καὶ οὐχ εἷς μόνος· ἀπόλλυται δὲ τὸ σμῆνος, ἐάν τε ἡγεμόνες ἱκανοὶ μὴ ἐνῶσιν (οὐχ οὕτω διὰ τὸ ἄναρχα εἶναι, ἀλλ' ὥς

---

28 καὶ τὸ] τὸ δὲ α Dt.   30 λέγεται α (abbrev. C^a)   31 μὴ om. C^a Guil.
32 ἐγκλίνεται N^c Z^c 553b1 τοὺς] τὰς A^a G^a Q   2 post δὲ add. γ' α
(exc. H^c) Bk.   3 ἓξ ἢ ἑπτὰ α O^{c}rc. U^{c}rc., mrc., Guil. Gaza: om. T^c: καὶ ἐξήφαται L^c: καὶ ἐξῆπται codd. cett. Ald.   4 post τῷ add. ἄλλω α Guil.
Gaza Cs.   6 κέντρον om. N^c Z^c L^c m n Ald.   7 post ἔνιοι add μὲν β γ
Ald.   8 μακρὰ G^{a}rc. Q β: longa Guil.   ποικίλη] κοίλη A^a G^{a}pr. F^a X^c:
om. H^c 9 μικρὰ G^a Q β: longa Guil.   ἀρθρήνη s. ἀρθρίνη codd. passim
10 δ'$^{(1)}$ om. γ   μέγας α   ὁ om. α   11 ἀπάντων α Dt.   δὲ] τε γ
Ald.   12 post διὸ add. καὶ α Sn.   post πλεκ. add. μὲν β γ (exc. L^c)
μὲν post 13 μελίττας transp. P: om. N^c Z^c L^c m n   13 αὐτοὺς om. α   14
γένη δύο ἐστὶν α (exc. γε. ἐσ. δύο F^a X^c) Bk.: γένη δύο εἰσὶν γ (exc. L^c)   15
σμήνει] γένει C^a πλείους ante ἐν transp. α Guil. Bk.   16 ἄν α   τε
om. β γ   17 μὴ ἱκ. transp. α   ὦσιν α Guil.   post οὕτω add. δὲ Ald.
ἄναρχα β L^{c}rc. Ald.: ἄναρχοι α (exc. Q) Sn. Bk.: ἄναρχον Q, cj. A.-W. Dt.:
ἄναρχαι γ (exc. L^{c}rc.)

φασιν, ὅτι συμβάλλονται εἰς τὴν γένεσιν τὴν τῶν μελιττῶν) ἐάν τε πολλοὶ οἱ ἡγεμόνες ὦσι· διασπῶσι γάρ. ὅταν μὲν οὖν ἔαρ ὄψιμον γένηται, καὶ ὅταν αὐχμοὶ καὶ ἐρυσίβη, ἐλάττων γίνεται ὁ γόνος· ἀλλ' αὐχμοῦ μὲν ὄντος μέλι ἐργάζονται μᾶλλον, ἐπομβρίας δὲ γόνον, διὸ καὶ ἅμα συμβαίνει ἐλαιῶν φορά καὶ ἐσμῶν. ἐργάζονται δὲ πρῶτον μὲν τὸ κηρίον, εἶτα τὸν γόνον ἐναφιᾶσιν, ὡς μὲν ἔνιοι λέγουσιν, ἐκ τοῦ στόματος, ὅσοι φέρειν φασὶν ἄλλοθεν, εἶθ' οὕτως τὸ μέλι τροφὴν τὴν μὲν τοῦ θέρους τὴν δὲ τοῦ μετοπώρου· ἄμεινον δ' ἐστὶ τὸ μετοπωρινὸν μέλι. γίνεται δὲ κηρίον μὲν ἐξ ἀνθέων, κήρωσιν δὲ φέρουσιν ἀπὸ τοῦ δακρύου τῶν δένδρων, μέλι δὲ τὸ πῖπτον ἐκ τοῦ ἀέρος, καὶ μάλιστα ἐν ταῖς τῶν ἄστρων ἐπιτολαῖς, καὶ ὅταν κατασκήψῃ σίριος· ὅλως δ' οὐ γίνεται μέλι πρὸ Πλειάδος ἐπιτολῆς. τὸν μὲν οὖν κηρὸν ποιεῖ ὥσπερ εἴρηται, ἐκ δὲ τῶν ἀνθέων τὸ μέλι· ὅτι δ' οὐ ποιεῖ ἀλλὰ φέρε πλεῖστον μόνον, σημεῖον· ἐν μιᾷ γὰρ ἢ δυσὶν ἡμέραις πλήρη εὑρίσκουσι τὰ σμήνη οἱ μελιττουργοὶ μέλιτος. ἔτι δὲ τοῦ μετοπώρου ἄνθη μὲν γίνεται, μέλι δ' οὔ, ὅταν ἀφαιρεθῇ. ἀφηρημένου οὖν ἤδη τοῦ γενομένου μέλιτος,

18 τὴν(2) om. α (exc. Cᵃ) 19 ἄν α ὦσιν οἱ ἡγεμόνες α (exc. οἱ om. Cᵃ) Bk. γάρ om. Lᶜ Ald. 20 τὸ ἔαρ α (exc. Cᵃ) ὄψιον α Sn. αὐχμαὶ P Kᶜ ἐρυσίβης Eᵃ P*pr*. 21 ἐλάττω Aᵃ Gᵃ Q Fᵃ*pr*. Hᶜ: ὁ γόνος] λόγος γόνος Cᵃ: λόγος Aᵃ Gᵃ*pr*. Q marg. Fᵃ Xᶜ Hᶜ: γόνος Gᶜ*rc*. Q*pr*.: gonus Guil. 22 ἐπ' ὀμβρίας Aᵃ Gᵃ Q 24 ἐναφίησιν Eᵃ P*pr*. Kᶜ Nᶜ Zᶜ Lᶜ*pr*. m*pr*. n ὡς] δ' ὡς β Lᶜ*rc*. μὲν οὖν α 25 ὅσοι α Cs.: οἱ δὲ β Lᶜ*rc*.: διὸ Eᵃ P Kᶜ Mᶜ Lᶜ*pr*. Ald.: δια (φέρειν) Nᶜ Zᶜ m n εἶθ' οὕτως α β Cs.: εἰς τοῦτο s. εἰς τοῦ τῶ γ τὸ om. β Lᶜ*rc*.: τὸ δὲ Lᶜ*pr*. Ald. 26 τροφὴν α Cs.: τρέφειν β γ Ald. 28 ἀνθῶν γ Ald. φέρωσιν Aᵃ Gᵃ Q Hᶜ 29 μέλι ... ἀέρος om. Fᵃ Xᶜ ἐν om. β Lᶜ*rc*.: ἐν ταῖς om. γ (exc. Lᶜ*rc*.) Ald. 30 σίριος β (exc. Uᶜ*rc*.): ἡ Ἶρις Cᵃ γ: ἶρις α (exc. Cᵃ) 31 τὸ μὲν οὖν κηρίον α m*rc*. Dt. Th. Peck Louis: *favum* Guil.: *favos* Gaza 32 ποιεῖ ὥσπερ εἴρηται om. α δὲ(1) post τὸ transp. α m*rc*. Guil. Gaza Cs. edd. δ'(2) om. α γ Ald. 554a1 διαφέρει α (exc. Cᵃ): φέρειν m*rc*.: *deferre* Gaza πλεῖστον μόνον β Lᶜ*rc*.: πλεῖστον μόρον γ (exc. m*rc*.): τὸ πῖπτον α (exc. Fᵃ*rc*. Xᶜ) Cs. edd.: τὸ συμπίπτον Fᵃ*rc*. Xᶜ*rc*. Canis: πίπτοντα δρόσον μόνον m*rc*.: *decidens* Guil.: *rorem cadentem* Gaza ἐν μιᾷ γὰρ ἢ] ἔνια γὰρ ἐν γ (exc. Lᶜ*rc*. m*rc*.) δύο α (exc. Cᵃ) 2 μελιτουργοὶ Eᵃ P Kᶜ Nᶜ Zᶜ 3 γίν. μὲν transp. γ Ald. μέλι δ' οὔ] δύο γ (exc. Lᶜ*rc*. m*rc*.): om. m*rc*. 4 ἀφαιρουμένου Fᵃ Xᶜ, Nᶜ Zᶜ Lᶜ m*pr*. n Ald. γινομένου Lᶜ Ald.

HISTORIA ANIMALIUM V 554a

καὶ τροφῆς οὐκ ἐνούσης ἔτι ἢ σπανίας, ἐγίνετο ἄν, εἴπερ 5
ἐποίουν ἐκ τῶν ἀνθέων. 6
συνίσταται δὲ τὸ μέλι πεττόμενον· 6
ἐξ ἀρχῆς γὰρ οἷον ὕδωρ γίνεται, καὶ ἐφ' ἡμέρας μέν τινας
ὑγρόν ἐστι (διὸ κἂν ὑφαιρεθῇ ἐν αὐταῖς ταῖς ἡμέραις,
οὐκ ἴσχει πάχος), ἐν εἴκοσι δὲ μάλιστα συνίσταται.
δῆλον δ' ἐστὶν εὐθέως τὸ ἀπὸ χυμοῦ μάλιστα. διαφέρει γὰρ τῇ 10
γλυκύτητι καὶ τῷ πάχει. φέρει δ' ἀπὸ πάντων ἡ μέλιττα
ὅσα ἔχει ἐν κάλυκι ἄνθη, καὶ ἀπὸ τῶν ἄλλων δὲ ὅσα
ἂν γλυκύτητα ἔχῃ, οὐθένα βλάπτουσα καρπόν· τοὺς δὲ χυμοὺς
τούτων τῷ ὁμοίῳ τῇ γλώττῃ ἀναλαμβάνουσα κομίζει.
βλίττεται δὲ τὰ σμήνη, ὅταν ἐρινεὸν σῦκον φανῇ. σχάδο- 15
νας δ' ἀρίστας ποιοῦσιν, ὅταν μέλι ἐργάζωνται. φέρει δὲ
κηρὸν μὲν καὶ ἐριθάκην περὶ τοῖς σκέλεσι, τὸ μέλι δὲ ἐμεῖ
εἰς τὸν κύτταρον. τὸν δὲ γόνον ὅταν ἀφῇ, ἐπῳάζει ὥσπερ
ὄρνις. ἐν δὲ τῷ κηρίῳ τὸ σκωλήκιον μικρὸν μὲν ὂν κεῖται
πλάγιον, ὕστερον δ' ἀνίσταται αὐτὸ ὑφ' αὑτοῦ καὶ τρέφε- 20
ται, πρὸς δὲ τῷ κηρίῳ ἔχεται ὥστε καὶ ἀντειλῆφθαι. ὁ
δὲ γόνος ἐστὶ τῶν μελιττῶν καὶ τῶν κηφήνων λευκός, ἐξ οὗ
τὰ σκωλήκια γίνεται· αὐξανόμενα δὲ γίνονται μέλιτται
καὶ κηφῆνες. ὁ δὲ τῶν βασιλέων γόνος τὴν χρόαν γίνεται
ὑπόπυρρος, τὴν δὲ λεπτότητά ἐστιν οἷον μέλι παχύ, τὸν 25
ὄγκον δέ εὐθέως ἔχει παραπλήσιον τῷ γενομένῳ ἐξ αὐτοῦ.

5 post τροφῆς add. ἢ α Bk.   ἐνεγίγνετο Cᵃ: ἐν ἐγίγνετο Aᵃ: ἐν ἐγίγνεται
Gᵃ Q: ἐνεγγίγνετο Hᶜ: ἐνεγγίνετο Fᵃ Xᶜ: ἐνεγίνετο Bk.   6 ἀνθῶν α (exc. Fᵃ
Xᶜ) γ (exc. Lᶜ)   συνίεται γ (exc. Lᶜrc.)   8 καὶ ἂν α   ἀφαιρεθῇ α Sn.
ταύταις α Cs.   9 ἔχει α Bk.   μᾶλλον γ (exc. Lᶜrc.)   10 τὸ del.
mrc.   post ἀπὸ add. τοῦ α γ Ald. edd.   μάλιστα om. α Bk.   12 ἔχει
ἐν κάλυκι ἄνθη β γ (exc. Lᶜ) Ald.:   ἔχοιεν κάλυκα ἄνθη Lᶜ: ἐν κάλυκι ἀνθεῖ
α Sn.   δὲ om. α Guil.   13 ἔχει codd. nonn.   βλάπτοντα Nᶜ Zᶜ   14
τούτους α Guil.   15 βλίττεται Fᵃ Xᶜ, Lᶜrc., edd.: βολίτεται Cᵃ: βολίττεται
Aᵃ Gᵃ Q Hᶜ: εἰλίττεται s. ἐλ- codd. cett. Ald.   φάγῃ β γ Ald.
σχάδωνας β: σχάνδοντας P   17 δὲ μέλι transp. α Bk.   ἔχει Fᵃ Xᶜ   20
αὐτοῦ Cᵃ, Dᵃ, Eᵃ al.: ἑαυτοῦ Nᶜ Zᶜ Lᶜ m n Ald. edd.: αὑτοῦ codd.
nonn.   21 ἔχεται] οὐ προσέρχεται α Guil.   23 γίνεται] γίνονται β
γίν. αὐξ. δὲ om. Gᵃ Q   αὐξανομένων Lᶜ m n Ald.   post δὲ add. ὀλίγα α
(exc. Gᵃ Q) Guil.   25 ἐστιν om. α (exc. Cᵃ)   οἷον om. γ (exc.
Lᶜrc.)   26 δ' ὄγκον transp. α (ὄγγον Aᵃ Gᵃ Q Fᵃ Hᶜ)   γενομένῳ codd.
Guil. Ald.: γιγνομένῳ cj. Sn. edd.   αὐτοῦ] ὀλίγῳ γ (del. mrc.)

253

σκώληξ δὲ οὐ γίνεται πρότερον ἐκ τούτου, ἀλλ' εὐθέως ἡ μέλιττα φαίνεται. ὅταν δὲ τέκῃ ἐν τῷ κηρίῳ, μέλι ἐκ τοῦ ἀπαντικρὺ γίνεται. φύει δ' ἡ σχάδων πόδας καὶ πτερὰ ὅταν καταλειφθῇ· ὅταν δὲ λάβῃ τέλος, τὸν ὑμένα περιρρήξας ἐκπέταται. κόπρον δὲ προΐεται, ὡσανεὶ σκωλήκιον, ὕστερον δ' οὐκέτι, πλὴν ἐὰν μὴ ἐξέλθῃ, ὥσπερ ἐλέχθη πρότερον. ἐὰν δέ τις ἀφέληται τὰς κεφαλὰς τῆς σχάδονος πρὶν πτερὰ ἔχειν, ἐξεσθίουσιν αὐτὰ αἱ μέλιτται· κἂν κηφῆνος πτερὸν ἀποκνίσας ἀφῇ τις, τῶν λοιπῶν αὐτῶν τὰ πτερὰ ἀπεσθίουσιν. βίος δὲ τῶν μελιττῶν ἔτη ἕξ· ἔνιαι δὲ τῶν μελιττῶν καὶ ἑπτὰ ἔτη /7/ ζῶσιν. σμῆνος δ' ἂν διαμείνῃ ἔτη ἐννέα ἢ δέκα, εὖ δοκεῖ /8/ διαγεγενῆσθαι. ἐν δὲ τῷ Πόντῳ εἰσὶ μέλιτταί τινες λευκαὶ /9/ σφόδρα, αἳ μέλι ποιοῦσι δὶς τοῦ μηνός. αἱ δ' ἐν Θεμισκύρᾳ /10/ περὶ τὸν Θερμώδοντα ποταμὸν ἐν τῇ γῇ καὶ ἐν τοῖς σμήνεσι ποιοῦνται κηρία οὐκ ἔχοντα κηρὸν πολὺν ἀλλὰ πάνυ μικρόν, μέλι δὲ παχύ· τὸ δὲ κηρίον λεῖον καὶ ὁμαλόν ἐστιν. οὐκ ἀεὶ δὲ τοιοῦτον ποιοῦσιν, ἀλλὰ τοῦ χειμῶνος· ὁ γὰρ

27 δὲ om. γ (exc. L^c rc. m rc.) ἐκ] ἐκ δὲ γ (exc. L^c rc. m rc.) Ald. 28 φαίνεται β γ Ald.: ὡς φασίν α Guil. Gaza Sn. 29 ἀπ' ἀντικρὺ C^a A^a G^a Q ἡ om. β γ Ald. ἰσχάδων γ (exc. L^c m n) 30 καταλειφθῇ E^a P K^c M^c L^c rc. Bas. Bk. edd.: καταληφθῇ cett. Ald. Cs.: apprehensus fuerit Guil.: oppressus intercipiatur Gaza: καταλιφθῇ cj. Sn. Pk. A.-W. τέλος] πέρας L^c n Ald.: πέτρας N^c Z^c m τὸν μὲν ὑμ. β γ Ald. περιρρήξαν α (exc. C^a): περιρρήξασα N^c Z^c L^c m n 554b1 ἐκποτᾶται β: ἐκπετᾶται γ (exc. L^c) ὡσανεὶ β γ (exc. L^c) Ald.: ἕως ἂν ᾖ α L^c Guil. Cs. edd. 2 ἐὰν] εἰ α (exc. C^a) 3 ἀφέλῃ α Bk. σχάδονος codd. nonn. πρὶν] πλὴν γ (exc. L^c m rc.) 4 πτερὰ ἔχει ἕξ. ἐσθίουσιν γ (exc. L^c m rc.) αὐτὰ] αὗται α κἂν] καὶ α γ Bk. κηφῆνες γ (exc. L^c rc.) 5 πτερὸν] ὕπεβρον s. ὕποβρον γ (exc. L^c rc.) ante ἀποκ. add. ἂν α Bk.: add. ἐὰν γ ἀποκινήσας α (exc. C^a): ἀποκνήσας C^a, S^c, n: ἀποκνίσας cett. Ald.: evellens Guil. αὐτῶν β: αὗται α γ Ald.: ipsas alas Guil.: ipsae Gaza: αὐτὰ cj. Cs.: αὐταὶ cj. Sn. Bk. 6 τῶν μελιττῶν καὶ ἑπτὰ ἔτη] ἑπτὰ α Guil. Sn. edd. 7 ζῶσιν. ἐπὰν σμῆνος δ' ἂν διαμείνῃ E^a P K^c: ζῶσιν. ἐπὰν δὲ σμ. διαμ. M^c L^c m Ald. et om. δὲ N^c Z^c n 8 τινες μέλ. transp. α Bk. 9 τὸ μέλι α Bk.: ἀπόμελι γ (exc. L^c) ποιοῦσαι γ (exc. L^c) δὶς] διὰ A^a Ott. αἱ δ' ἐν δὲ ἐν C^a: ἐν δὲ α (exc. C^a) θεσμισκύρα α (exc. C^a): θερμισκόραι γ (exc. L^c) 10 θερμόδοντα β γ (exc. L^c rc.) Ald. ἐν^(2) om. β μήνεσι A^a pr. G^a Q H^c, O^c T^c 11 ποιοῦσι α Dt. πολὺ P K^c L^c 12 σμικρόν α (exc. C^a) Bk. 13 τοῦτο α γ Ald. edd.

HISTORIA ANIMALIUM V

κιττὸς πολὺς ἐν τῷ τόπῳ ἐστίν, ἀνθεῖ δὲ ταύτην τὴν ὥραν, ἀφ' οὗ φέρουσι τὸ μέλι. κατάγεται δὲ καὶ εἰς Ἀμισὸν ἄνωθεν μέλι λευκὸν καὶ παχὺ σφόδρα, ὃ ποιοῦσιν αἱ μέλιτται ἄνευ κηρίων πρὸς τοῖς δένδρεσιν· γίνεται δὲ τοιοῦτον καὶ ἄλλοθι ἐν τῷ Πόντῳ. εἰσὶ δὲ καὶ μέλιτται αἳ ποιοῦσι τριπλᾶ κηρία ἐν τῇ γῇ· ταῦτα δὲ μέλι μὲν ἴσχει, σκώληκα δ' οὐκ ἴσχει. ἔστι δ' οὔτε τὰ κηρία πάντα τοιαῦτα, οὔτε πᾶσαι αἱ μέλιτται τοιαῦτα ποιοῦσιν.

[23] αἱ δ' ἀνθρῆναι καὶ οἱ σφῆκες ποιοῦσι κηρία τῷ γόνῳ, ὅταν μὴ ἔχωσιν ἡγεμόνα ἀλλ' ἀποπλανηθῶσι καὶ μὴ εὑρίσκωσιν, αἱ μὲν ἀνθρῆναι ἐπὶ μετεώρου τινός, οἱ δὲ σφῆκες ἐν τρώγλῃ, ὅταν δ' ἔχωσιν ἡγεμόνας, ὑπὸ γῆν. ἐξάγωνα μὲν οὖν πάντα ἐστὶ τὰ κηρία καὶ τὰ τούτων ὥσπερ καὶ τὰ τῶν μελιττῶν, σύγκειται δ' οὐκ ἐκ κηροῦ ἀλλ' ἐκ φλοιώδους καὶ ἀραχνώδους ὕλης τὸ κηρίον· γλαφυρώτερον δὲ πολλῷ τὸ τῶν ἀνθρηνῶν ἐστιν ἢ τὸ τῶν σφηκῶν κηρίον. ἐναφιᾶσι δὲ γόνον, ὥσπερ αἱ μέλιτται, ὅσον σταλαγμὸν εἰς τὸ πλάγιον τοῦ κυττάρου, καὶ προσέχεται τῷ τοίχῳ. οὐχ ἅμα δὲ ἐν πᾶσι τοῖς κυττάροις ἔνεστιν ὁ γόνος, ἀλλ' ἐνίοις μὲν ἤδη μεγάλα ἔνεστιν ὥστε καὶ πέτεσθαι, ἐνίοις δὲ νύμφαι, ἐν τοῖς δὲ σκώληκες ἔτι. κόπρος δὲ μόνον ὕπεστι τοῖς σκώληξιν, ὥσπερ ταῖς μελίτταις. καὶ ἔστ' ἂν νύμφαι ὦσιν, καὶ ἀκινητίζουσι καὶ ἀπαλήλιπται ὁ κύτταρος. καταντικρὺ δ' ἐν τῷ κυττά-

---

14 τόπῳ] πόντω C^a F^a X^c Guil. A.-W.   15 ἀμισσὸν C^a: ἄβυσσον A^apr. G^apr. H^c: ἀμυσσὸν G^arc. Q: ἀμινσὸν F^a X^c, S^c   16 μέλι ἄν. transp. α Bk. 17 πρὸς] ἐν H^c   τοιοῦτον post 18 ἄλλοθι transp. α Bk.   18 ἄλλοθεν A^apr. G^a Q H^c, K^c N^c Z^c n: ἄλλο m   19 κηρία τριπλᾶ α   σκώληκα... 20 ἴσχει om. N^c Z^c L^cpr. m n Ald.   σκώληκας α Bk.   20 ἔχει α   22 ἀρθρῆναι s. ἀρθρίναι codd. plur. passim   οἱ om. Ald.   23 post ὅταν add. μὲν E^a P K^c M^c m n edd.   25 τρώγλαις α Sn.   ἡγεμόνα α Guil. Gaza Cs.   26 οὖν] οὐ γ (exc. L^c mrc.)   ἐστι πάντα α Dt.   καὶ τὰ τούτων] αὐτῶν α Bk.   27 κηρίων α   28 ἀμμώδους α Guil.   30 ἡ μέλιττα α   555a1 ἔρχονται πρὸς α (exc. A^arc. F^a X^c)   ἐν om. α Bk.   2 ὁ om. α Bk.   3 πέττεσθαι A^a G^a Q, P K^c   4 ὕπεστι] περὶ α Guil. Sn. post ὥσπερ add. καὶ α Sn.   5 ἔστ' ἄν] ὅταν C^a Guil.: ὅτε α (exc. C^a): ὥστ' ἂν Ald.   καὶ^(2) om. α Cs.   ἀκινητίζωσι L^c m Ald.   6 ἐπαλήλειπται α: ἐπαλήλιπται cj. Canis. Sn. edd.: obstruitur Guil.

ΑRISTOTELIS

ρῳ τοῦ γόνου ὅσον σταλαγμὸς μέλιτος ἐγγίνεται ἐν τοῖς τῆς ἀνθρήνης κηρίοις. γίνονται δὲ σχάδονες οὐκ ἐν τῷ ἔαρι τούτων, ἀλλ' ἐν τῷ μετοπώρῳ· τὴν δ' αὔξησιν ἐπίδηλον λαμ-
10 βάνουσι μάλιστα ἐν ταῖς πανσελήνοις. ἔχεται δὲ καὶ ὁ γόνος καὶ οἱ σκώληκες οὐ κάτωθεν τοῦ κυττάρου, ἀλλ' ἐκ τῶν πλαγίων.

[24] ἔνια δὲ τῶν βομβυκίων πρὸς λίθῳ ἢ τοιούτῳ τινὶ ποιοῦσι πήλινον ὀξύ, καὶ ὥσπερ οἱ ἅλες καταλείφονται· τοῦτο δὲ
15 σφόδρα παχὺ καὶ σκληρόν· λόγχῃ γὰρ μόλις διαιροῦσιν. ἐνταῦθα ἐντίκτουσι, καὶ γίνεται σκωλήκια λευκὰ ἐν ὑμένι μέλανι. χωρὶς δὲ τοῦ ὑμένος ἐν τῷ πηλῷ γίνεται κηρός· οὗτος δ' ὁ κηρὸς πολύ τι ὠχρότερος γίνεται τοῦ τῶν μελιττῶν.

[25] ὀχεύονται δὲ καὶ οἱ μύρμηκες καὶ τίκτουσι, σκωλή-
20 κια δὲ οὐ προσπέφυκεν πρὸς οὐθέν· αὐξανόμενα δὲ ταῦτα ἐκ μικρῶν καὶ στρογγύλων τὸ πρῶτον μακρὰ γίνονται καὶ διαρ-
22 θροῦνται· ἡ δὲ γένεσίς ἐστι τούτοις τοῦ ἔαρος.
22 [26] τίκτουσι δὲ καὶ οἱ σκορπίοι οἱ χερσαῖοι σκωλήκια ᾠοειδῆ πολλά, καὶ ἐπῳάζουσιν. ὅταν δὲ τελειωθῇ, ἐκβάλλονται, ὥσπερ οἱ ἀράχναι,
25 καὶ ἀπόλλυνται ὑπὸ τῶν τέκνων· πολλάκις δὲ γίνεται περὶ ἕνδεκα τὸν ἀριθμόν.

7 τοῦ γόνου] τοῦτον οἷον C[a]: τοῦτον οὗ A[a]pr. G[a]pr. H[c] (τοῦτων sic): τοῦ γόνου οὗ A[a]rc.: γόνου G[a]rc. Q; goni Guil.   ἐγγ. μέλ. transp. α Bk.   8 δ' αἱ σχ. α Sn.   σκάδωνες codd. plur. Ald.: σχάδοντες P   ἀέρι A[a]pr. G[a]pr. H[c]   τούτῳ γ (exc. L[c]rc.)   9 λαμβάνει α (exc. C[a])   10 πανσελήναις α (exc. C[a])   11 τοῦ πλαγίου α Dt.   13 βομβυκοειδῶν α: bombizantium Guil.   ποιοῦσι om. γ (exc. L[c]rc.)   14 πηλινῶ γ (exc. L[c]rc.)   ὀξεῖ E[a] P K[c] M[c]   καὶ om. α γ (exc. L[c]rc.)   post ὥσπερ add. ἐν ἄλλοις α Guil. οἱ ἄλες] ὑάλες L[c]rc. mrc.: sales Guil.: vitri Gaza   καταλείπονται β (exc. O[c]rc.): liniuntur Guil.: illitos Gaza   15 post σφόδρα add. καὶ α Dt.   λ. γὰρ μ. δ.] τοῦτο δὲ (γὰρ C[a]) μόλις καὶ λόγχῃ διαπίπτει διαιροῦσιν α (διαπίπτει om. A[a]rc. F[a] X[c])   16 ἐντίκτουσι β γ (ἐκτ- P) Guil. Ald.: δὲ τίκτουσι α Cs.   γίνονται α Dt.   σκώληκες λευκοὶ α (exc. C[a])   17 ἐγγίνεται α Sn.   18 τι] ἐστιν α Cs.   ὠχρότερον A[a] G[a] Q   γίνεται om. α Cs.   20 δὲ] ἆ α Guil. Sn.   πρὸς οὐθέν] οὐδενί α Z[c]rc. Sn.   21 μικρὰ C[a] F[a] X[c]   γίνεται καὶ διαρθροῦται α Bk.   23 σκωλήκια ᾠοειδῆ A[a] G[a] Q H[c]: σκ. ᾠοδῆ C[a]: σκ. ᾠειδῆ F[a] X[c]: σκωληκώδη β γ (σκωληκωοειδῆ L[c]rc.) Ald.: vermiculos ovales Guil: vermiculos ovorum specie Gaza   σπάζουσιν γ (exc. L[c]rc. mrc.)   25 γὰρ γίγνονται α Sn.   26 τὸν om. β γ (exc. L[c])

256

HISTORIA ANIMALIUM V

[27] τὰ δ' ἀράχνια ὀχεύεται μὲν πάντα τὸν εἰρημένον τρόπον, γεννᾷ δὲ σκωλήκια μικρὰ πρῶτον· ὅλα γὰρ μεταβάλλοντα γίνεται ἀράχνια, καὶ οὐκ ἐκ μέρους, ἐπιστρόγγυλα δέ ἐστι κατ' ἀρχάς· ὅταν δὲ τέκῃ, ἐπῳάζει τε καὶ ἐν τρισὶν ἡμέραις διαρθροῦται. τίκτει δὲ πάντα μὲν ἐν ἀραχνίῳ, ἀλλὰ τὰ μὲν ἐν λεπτῷ καὶ μικρῷ, τὰ δ' ἐν παχεῖ, καὶ τὰ μὲν ὅλως ἐν κύτει στρογγύλῳ, τὰ δὲ μέχρι τινὸς περιέχεται ὑπὸ τοῦ ἀραχνίου. οὐχ ἅμα δὲ πάντα τὰ ἀράχνια γίνεται· πηδᾷ δ' εὐθὺς καὶ ἀφίησιν ἀράχνιον. ὁ δὲ χυμὸς ὅμοιος ἐν τοῖς σκώληξι θλιβομένοις καὶ ἐν αὐτοῖς νέοις οὖσι, παχὺς καὶ λευκός. αἱ δὲ λειμώνιαι ἀράχναι προαποτίκτουσιν εἰς ἀράχνιον, οὗ τὸ μὲν ἥμισυ πρὸς αὐταῖς ἐστι, τὸ δ' ἥμισυ ἔξω· καὶ ἐν τούτῳ ἐπῳάζουσαι ζῷα ποιοῦσι. τὰ δὲ φαλάγγια τίκτει εἰς γύργαθον πλεξάμενα παχύν, ἐν ᾧ ἐπῳάζουσιν. τίκτουσι δ' αἱ μὲν γλαφυραὶ ἐλάττω τὸ πλῆθος, τὰ δὲ φαλάγγια πολὺ πλῆθος· καὶ αὐξηθέντα περιέχει τὸ φαλάγγιον, καὶ ἀποκτείνει τὴν τεκοῦσαν ἐκβάλλοντα, πολλάκις δὲ καὶ τὸν ἄρσενα ἐὰν λάβωσι· συνεπῳάζει γὰρ τῇ θηλείᾳ ἐνίοτε. τὸ δὲ πλῆθος γίνεται καὶ τριακόσια περὶ ἓν φαλάγγιον. ἐκ δὲ μικρῶν τέλειοι ἀράχναι γίνονται ἐπὶ τὰς τέσσαρας ἑπτάδας.

[28] αἱ δ' ἀκρίδες ὀχεύονται τὸν αὐτὸν τρόπον τοῖς ἄλλοις ἐντόμοις, ἐπιβαίνοντος τοῦ ἐλάττονος ἐπὶ τὸ μεῖζον (τὸ

27 μὲν om. γ Ald.   28 ὅλον γὰρ μεταβάλλον α Guil.   29 γίνονται β ἀράχνιον α   καὶ om. α (exc. Cᵃ)   ἐπιστρόγγυλα δὲ β γ Ald.: ἐπεὶ στρογγύλα α Guil. Gaza Sn.   30 εἰσὶ α Sn.   555b1 ἓν ἀραχνιον ἀλλὰ τὰ μὲν ἓν λεπτὸν καὶ μικρὸν τὰ δὲ ἓν παχὺ β γ (exc. ἓν⁽²⁾ om. Nᶜ Zᶜ Lᶜ m n): pro ἓν⁽¹⁾⁽²⁾⁽³⁾ hab. εἰς Lᶜrc. Ald.   3 κύτω β Eᵃ Ppr. Kᶜ Mᶜpr.   6 σκώληξι] ὄνυξι Fᵃ Xᶜ   φθειρομένοις Aᵃrc. Fᵃrc. Xᶜ β γ (exc. Lᶜrc. mrc.) Ald.: τριβομένοις Lᶜrc.: conquassatis Guil.: in frictu Gaza   ἐν ἀραχνίοις αὐτοῖς Lᶜrc.   9 ζωοποιοῦσιν α Sn.   10 τίκτουσιν P   ἀγύργαθον Nᶜ Zᶜ Lᶜpr. mpr. n ἐν] ἐφ' α Sn.   12 πολὺ τὸ πλῆθος α Cs.   post περιέχει add. κύκλῳ α Guil. Sn.   13 τὸ δὲ φαλάγγιον β γ Ald. (del. mrc.)   ἀποτίκτει β (exc. Oᶜrc.) γ (exc. Lᶜ mrc.)   καὶ ἐκβάλλονται α: ἐκβάλλον Nᶜ Zᶜ Lᶜ m n: et eiciunt Guil.   14 ἄρρενα α Eᵃrc. Sn.   ἂν λάβωσι α Sn.: ἀναλαμβάνουσι γ (exc. ἐὰν λαμβάνωσι Lᶜrc. Ald.)   15 δὲ post ἐνίοτε transp. α (exc. Cᵃ) Sn.   γίνονται α Bk.   τριάκοντα Hᶜ   16 τέλ. οἱ ἀρ. α Bk.   17 περὶ τὰς ἑπ. τὰς τέτταρας α γ Ald. edd.   18 post ὀχ. add. μὲν α Sn.   19 ἐλάττονος] ἄρρενος Fᵃ Xᶜ   τὸν μείζονα β γ (τὰ Zᶜ) Ald.

ARISTOTELIS

γὰρ ἄρρεν ἔλαττόν ἐστι)· τίκτουσι δ' εἰς τὴν γῆν καταπήξασαι τὸν πρὸς τῇ κέρκῳ καυλόν, ὃν οἱ ἄρρενες οὐκ ἔχουσιν. ἀθρόως δὲ τίκτουσι καὶ κατὰ τὸν αὐτὸν τόπον, ὥστε εἶναι καθαπερεὶ κηρίον. εἶθ' ὅταν τέκωσιν, ἐνταῦθα γίνονται σκώληκες ᾠοειδεῖς, οἳ περιλαμβάνονται ὑπό τινος γῆς λεπτῆς ὥσπερ ὑφ' ὑμένος, ἐν ταύτῃ δ' ἐκπέττονται. γίνονται δὲ μαλακὰ τὰ κυήματα οὕτως ὥστ' ἄν τις ἅψηται συνθλίβεσθαι. ταῦτα δ' οὐκ ἐπιπολῆς ἀλλὰ μικρὸν ὑπὸ γῆς ἐστιν. ὅταν δ' /28/ ἐκπεφθῶσιν, ἐκδύνουσιν ἐκ τοῦ γεοειδοῦς τοῦ περιέχοντος ἀκρίδες μικραὶ καὶ μέλαιναι· εἶτα περιρρήγνυται αὐτῶν τὸ δέρμα καὶ γίνονται εὐθὺς μείζους. τίκτουσι δὲ λήγοντος τοῦ θέρους, καὶ τεκοῦσαι ἀποθνήσκουσιν· ἅμα γὰρ τικτούσαις σκώληκες ἐγγίνονται περὶ τὸν τράχηλον. καὶ οἱ ἄρρενες δὲ ἀποθνήσκουσι περὶ τὸν αὐτὸν χρόνον. ἐκδύνουσι δ' ἐκ τῆς γῆς τοῦ ἔαρος. οὐ γίνονται δ' αἱ ἀκρίδες ἐν τῇ ὀρεινῇ οὐδ' ἐν τῇ λυπρᾷ, ἀλλ' ἐν τῇ πεδιάδι καὶ κατερρωγυίᾳ· ἐν ταῖς ῥωγμαῖς γὰρ ἐκτίκτουσιν. διαμένει δὲ τὰ ᾠὰ τὸν χειμῶνα ἐν τῇ γῇ· ἅμα δὲ τῷ θέρει γίνονται ἐκ τῶν περυσινῶν κυημάτων ἀκρίδες. [29] ὁμοίως δὲ τίκτουσι καὶ οἱ ἀττέλαβοι, καὶ τεκόντες ἀποθνήσκουσιν. φθείρεται δ' αὐτῶν τὰ ᾠὰ ὑπὸ τῶν μετοπω-

20 πῆξασαι α   21 καυλόν α Sn.: αὐλόν β γ Ald.: *prominens* Guil.: *cauliculo* Gaza   ὃν οἱ α Guil. Sn.: οἱ δὲ β γ Ald.   22 ἀθρόαι α Guil. Sn.   τρόπον α γ (exc. L[c]*rc.*)   post ὥστε add. ἂν U[c]*rc.*, N[c] Z[c] L[c] m n, Ald.   καθαπερεὶ α, N[c] Z[c] L[c] m n, Ald. Bk.: καθάπερ ἂν ἢ β (exc. om. ἂν ἢ U[c]*rc.*): καθάπερ ἂν εἰ E[a] P K[c] M[c]   25 ὑφ' om. α Bk.   ἐκ ταύτης α Bk.: *in hac* Guil.   ἐκπέτονται β γ (exc. P m) Ald.   γίνεται γ Ald.   27 ἐπὶ πολλῆς α (exc. C[a]) E[a] n   γῆν α (exc. C[a])   δ' ἐκπεφθῶσιν Prc. M[c] N[c] Z[c] L[c] m Cs.: δὲ πεφθῶσιν C[a] X[c] Sn. Bk.: δὲ πεμφθῶσιν α (exc. C[a] X[c]): δ' ἐκτέκτωσιν β Ald.: δ' ἐκπεμφθῶσιν E[a]: δ' ἐκπευθῶσιν P*pr.* K[c] n: *pepererint* Guil.: *concretione peracta* Gaza   28 γαιοειδοῦς β   ὑπερέχοντος E[a]   29 περιρρήγνυνται α (exc. C[a])   αὐταῖς α γ Ald.   30 δ' εὐθὺς C[a]   θέρους] ἔαρος *mrc.*: *veris* Gaza   556a1 ἀπ. ἅμα· ἅμα γὰρ γ Ald.   τικτούσαις α Guil. Bk.: τέκωσι β γ Ald.: τῷ τεκεῖν O[c]*rc.*: τεκούσαις L[c]*rc.* Cs.: *tempore partus* Gaza   2 δὲ om. β   3 τῆς γῆς om. γ (exc. L[c]*rc.*)   4 αἱ om. α Sn.   post ἀκρ. add. οὔτ' α Sn.   οὐδ'] οὔτ' α Sn.   λέπρα β (exc. O[c]*rc.*) γ (exc. N[c] Z[c] L[c] m*pr.*): *vili* Guil.: *locis tenuibus* Gaza   5 κατερρωγυῖα A[a]*pr.* F[a] X[c], P K[c]   ῥωχμαῖς C[a]   6 ἐντίκτουσιν γ   δὲ] γὰρ N[c] Z[c] L[c] m n   7 δὲ] δ' ἐν β γ Ald.   θέρει α, U[c]*rc.*, L[c] m*rc.*, Guil. Gaza Ald. edd.: ἔαρι β L[c]*rc.*: θανεῖν γ (exc. L[c])   8 ἀττέλαφοι γ (exc. L[c])

258

HISTORIA ANIMALIUM V

ρινῶν ὑδάτων, ὅταν πολλὰ γένηται· ἂν δ' αὐχμὸς συμβῇ, τότε γίνονται μᾶλλον ἀττέλαβοι πολλοὶ διὰ αὐτὰ τὸ μὴ φθείρεσθαι ὁμοίως, ἐπεὶ ἄτακτός γε δοκεῖ εἶναι ἡ φθορὰ αὐτῶν, καὶ /13/ γίνεσθαι ὅπως ἂν τύχῃ.

[30] τῶν δὲ τεττίγων γένη μέν ἐστι δύο, οἱ μὲν μικροί, οἳ πρῶτοι φαίνονται καὶ τελευταῖοι ἀπόλλυνται, οἱ δὲ μεγάλοι, οἱ ᾄδοντες, οἳ καὶ ὕστερον γίνονται καὶ πρότερον ἀπόλλυνται. ὁμοίως δ' ἔν τε τοῖς μικροῖς καὶ ἐν τοῖς μεγάλοις οἱ μὲν διῃρημένοι εἰσὶ τὸ ὑπόζωμα, οἱ ᾄδοντες, οἱ δὲ /19/ ἀδιαίρετον ἔχοντες οὐκ ᾄδουσι. καλοῦσι δέ τινες τοὺς μὲν μεγάλους καὶ ᾄδοντας ἀχέτας, τοὺς δὲ μικροὺς τεττιγόνια· ᾄδουσι δὲ μικρὸν καὶ τούτων οἱ διῃρημένοι. οὐ γίνονται δὲ τέττιγες ὅπου δένδρα μὴ ἔστιν· διὸ καὶ ἐν Κυρήνῃ οὐ γίνονται ἐν τῷ πεδίῳ, περὶ δὲ τὴν πόλιν πολλοί, μάλιστα δ' οὗ ἐλαῖαι οὐ γίνονται πολύσκιοι. ἐν γὰρ τοῖς ψυχροῖς οὐ γίνονται τέττιγες, διὸ οὐδ' ἐν τοῖς εὐσκίοις ἄλσεσιν. ὀχεύονται δ' οἱ μεγάλοι ὁμοίως ἀλλήλοις καὶ οἱ μικροί, ὕπτιοι συνδυαζόμενοι πρὸς ἀλλήλους· ἐναφίησι δὲ ὁ ἄρρην εἰς τὴν θήλειαν, ὥσπερ καὶ τὰ ἄλλα ἔντομα. ἔχει δὲ ἡ θήλεια αἰδοῖον ἐσχισμένον· ἡ δὲ θήλειά ἐστιν ἐν ᾗ ἐναφίησιν ὁ ἄρρην. τίκτουσι δ' ἐν τοῖς ἀργοῖς, τρυπῶντες ᾧ ἔχουσιν ὄπισθεν ὀξεῖ, καθάπερ καὶ οἱ

11 ποτὲ γ   πολλοὶ οἱ ἀττέλαβοι α Sn.   ἀττέλεβοι C^a: ἀττέλαφοι γ (exc. L^c)   αὐτὰ om. α Bk.   12 γε om. H^c β   δοκεῖ ἄτακτος transp. H^c Sn. εἶναι om. C^a Bk.   φορὰ C^a Guil.   14 οἳ] οἱ A^a G^a Q, E^a K^c N^c Z^c n: om. F^a X^c   15 μεγάλοι οἱ] τελευταῖοι α (exc. G^a rc. Q): μεγάλοι G^a rc. Q; magne Guil.   16 οἳ καὶ ὕστερον α Guil. Sn.: ὕστερόν τε β E^a P K^c Mc Ald.: ὕστερόν N^c Z^c L^c m n   17 ἐν^(2) om. α Bk.   18 οἱ μὲν om. γ: μὲν οἱ Ald.   οἱ^(2) om. α (exc. C^a)   19 ἀδιαίρετοι οἱ οὐκ ᾄδοντες α (οἱ G^a rc. Q): indivisum habent que non cantant Guil.   τινες om. α Dt.   20 τριγόνια α (exc. A^a rc. F^a rc. X^c) Guil.   21 καὶ τούτων om. N^c Z^c L^c pr. m n   οἱ om. Ald.   ὅποι α (exc. C^a)   22 μὴ δένδρα transp. α Bk.   καὶ om. C^a   23 οὐ γὰρ γίνονται α Guil. Sn.   24 παλίνσκιοι α Sn.: umbrose valde Guil.   25 εὐσκίοις β γ Ald.: συκίοις C^a A^a G^a pr. F^a X^c: συσκίοις G^a rc. Q H^c Sn. edd.: umbrosis Guil. ἄλεσιν P pr.: ἄλλεσιν K^c: ἄλεσιν Junt. Camot.   ὁμοίως οἱ μεγ. transp. α Bk. 26 ἀλλήλοισι α (exc. C^a)   27 δὲ] γὰρ C^a   28 post δὲ add. καὶ α Bk. 29 ἡ δὲ θήλ.] θήλ. δ' α Sn.   δὲ^(1) om. E^a K^c   εἰς ἣν α Sn.   ἀφίησιν α E^a Sn.   δὲ^(2) τοῖς C^a: δὲ τοῖς μὲν A^a pr. G^a Q H^c: δὲ ἐν μὲν τοῖς A^a rc. F^a X^c   30 ἀργοῖς A^a rc. F^a X^c β γ Ald.: non laboratis Guil.: arvis cessantibus Gaza τρυπῶντες ... ὀξεῖ] ὡς ἔχουσιν ὄπισθεν γ (exc. L^c rc.)   ὀξὺ α (exc. C^a)

259

ἀττέλαβοι· καὶ γὰρ οἱ ἀττέλαβοι τίκτουσιν ἐν τοῖς ἀργοῖς, διὸ πολλοὶ ἐν τῇ Κυρηναίᾳ γίνονται. ἐντίκτουσι δὲ καὶ ἐν τοῖς καλάμοις ἐν οἷς ἱστᾶσι τὰς ἀμπέλους διατρυπῶντες τοὺς καλάμους, καὶ ἐν τοῖς τῆς σκίλλης καυλοῖς. ταῦτα δὲ τὰ κυήματα καταρρεῖ εἰς τὴν γῆν. γίνονται δὲ πολλοὶ ὅταν ἐπομβρία γένηται. ὅταν δὲ σκώληξ αὐξηθῇ ἐν τῇ γῇ, τότε γίνεται τεττιγομήτρα· καί εἰσι τότε ἥδιστοι, πρὶν περιρραγῆναι τὸ κέλυφος. ὅταν δ' ἡ ὥρα ἔλθῃ περὶ τροπάς, ἐξέρχονται νύκτωρ, καὶ εὐθὺς ῥήγνυται τὸ κέλυφος καὶ γίνονται τέττιγες ἐκ τῆς τεττιγομήτρας, γίνονται δὲ μέλανες καὶ σκληρότεροι εὐθὺς καὶ μείζους, καὶ ᾄδουσιν. εἰσὶ δ' ἄρρενες μὲν οἱ ᾄδοντες ἐν ἀμφοτέροις τοῖς γένεσι, θήλεις δ' οἱ ἕτεροι. καὶ τὸ μὲν πρῶτον ἡδίους οἱ ἄρρενες, μετὰ δὲ τὴν ὀχείαν αἱ θήλειαι· ἔχουσι γὰρ ᾠὰ λευκά. ἀναπετόμεναι δ' ὅταν σοβήσῃ τις, ἀφιᾶσιν ὑγρὸν οἷον ὕδωρ, ὃ λέγουσιν οἱ γεωργοὶ ὡς κατουρούντων καὶ ἐχόντων περίττωμα καὶ τρεφομένων τῇ δρόσῳ. ἐὰν δέ τις κινῶν τὸν δάκτυλον προσίῃ ἀπ' ἄκρου ἤ τι κάμπτων καὶ ἐκτείνων πάλιν, μᾶλλον ὑπομένουσιν ἢ ἐὰν εὐθὺς ἐκτείνῃ, ἀναβαίνουσι δ' ἐπὶ τὸν δάκτυλον διὰ τὸ ἀμυδρῶς ὁρᾶν ὡς ἐπὶ τὸ φύλλον ἀναβαίνοντες κινούμενον.

[31] τῶν δ' ἐντόμων ὅσα σαρκοφάγα μὲν μή ἐστι, ζῇ δὲ

556b1 ἀττέλαφοι[(1)(2)] γ (exc. L[c])   καὶ γὰρ οἱ ἀττ. om. α   post γὰρ add. οὗτοι P   ἐν] ἓν γ (exc. L[c]rc.)   ἀγροῖς A[a]rc. F[a] X[c]: σαργοῖς β (exc. O[c]rc.)   2 κυρηναία α Guil. Sn.: κυρήνη β γ Ald.   3 θαλάμοις F[a] X[c]   συστᾶσι F[a] X[c]: ἑστᾶσι N[c] Z[c] L[c] m n   τοὺς] τὰς β P K[c]   4 κίκλης C[a] A[a]pr.: κύκλης G[a] Q H[c]: σκύλλης A[a]rc. F[a] X[c], N[c] Z[c] L[c] m n Ald.: σκέλλης P: σκίλης K[c]: om. in lac. Guil.: *squillae* Gaza   5 κάτω ῥεῖ γ (exc. L[c]rc.)   6 ὅταν ... αὐξηθῇ β γ Guil. Ald.: ὁ δὲ σκώληξ αὐξηθεὶς α Sn.   τότε om. α γ Cs.   8 ἐξέρχεται β   9 post ῥηγ. add. τε α Sn.   10 γίνονται δὲ] καὶ γίνονται α Sn.   13 ἰδίους C[a]   14 ἀναπεπταμέναι α: ἀναπεττόμεναι E[a]pr. P: ἀναπετόμενα K[c] N[c] Z[c] L[c] n Ald.: ἀναπετόμενοι m*rc.*   συμβῇ β γ Ald.   15 οἷον ὡς ὕδωρ α   17 ἀπ'] κἀπ' N[c] Z[c] m n: ἐπ' L[c]pr. Ald.   ἤ τι κάμπτων β γ Ald.: ἐπικάμπτων α Cs. edd.   18 τε καὶ α Sn.   ἐκτείνων β γ Ald. Bk.: ἐπεκτείνων α Sn. Dt.   μᾶλλον πάλιν transp. E[a] P K[c] M[c]: πάλιν om. N[c] Z[c] L[c] m n   ἢ ... 20 ἀναβαίνοντες om. γ (exc. L[c]rc.)   ἐκτείνας α Bk.   19 ἀναβαίνουσι δ' β L[c]rc. Ald.: καὶ ἀναβαίνουσι α   post ἀμυδρῶς add. γὰρ α Sn.   20 τὸ om. α Sn.   ἀναβαίνουσι α Sn.   21 μή om. β (exc. U[c]rc.)   εἰσι α χυμοῖς σαρκὸς ζώσης, οἷον οἵ τε φθεῖρες καὶ ψύλλοι καὶ κόρεις, ἐκ μὲν τῆς ὀχείας πάντα γεννᾷ τὰς καλουμένας κονίδας, ἐκ δὲ τούτων ἕτερον οὐθὲν γίνεται πάλιν. αὐτῶν δὲ γίνονται τούτων αἱ μὲν ψύλλαι ἐξ ἐλαχίστης σηπεδόνος (ὅπου γὰρ ἂν κόπρος ξηρὰ γένηται, ἐνταῦθα συνίστανται), αἱ δὲ κόρεις ἐκ τῆς ἰκμάδος τῆς ἀπὸ τῶν ζῴων συνισταμένης ἐκτός, οἱ δὲ φθεῖρες ἐκ τῶν σαρκῶν. γίνονται δ' ὅταν μέλλωσιν οἷον ἴονθοι μικροί, οὐκ ἔχοντες πύον· τούτους ἄν τις κεντήσῃ, ἐξέρχονται φθεῖρες. ἐνίοις δὲ συμβαίνει τῶν ἀνθρώπων νόσημα, ὅταν ὑγρασία πολλὴ ἐν τῷ σώματι ᾖ· καὶ διεφθάρησάν τινες ἤδη τοῦτον τὸν τρόπον, ὥσπερ Ἀλκμᾶνά τέ φασι τὸν ποιητὴν καὶ Φερεκύδην τὸν Σύριον. καὶ ἐν νόσοις δέ τισι γίνεται πλῆθος φθειρῶν. ἔστι δὲ γένος φθειρῶν οἳ καλοῦνται ἄγριοι, καὶ σκληρότεροι τῶν ἐν τοῖς πολλοῖς γιγνομένων· εἰσὶ δ' οὗτοι καὶ δυσαφαίρετοι ἀπὸ τοῦ σώματος. παισὶ μὲν οὖν οὖσιν αἱ κεφαλαὶ φθειρώδεις γίνονται, τοῖς δ' ἀνδράσιν ἧττον. γίνονται δὲ καὶ αἱ γυναῖκες τῶν ἀνδρῶν μᾶλλον φθειρώδεις. ὅσοις δ' ἂν ἐγγίνωνται τῇ κεφαλῇ, ἧττον πονοῦσι τὰς κεφαλάς. ἐγγίνονται δὲ καὶ τῶν ἄλλων ζῴων ἐν πολλοῖς φθεῖρες. καὶ γὰρ οἱ ὄρνιθες ἔχουσι, καὶ οἵ γε καλούμενοι φασιανοὶ ἐὰν μὴ κονίωνται, διαφθείρονται ὑπὸ τῶν φθειρῶν. καὶ τῶν ἄλλων δὲ ὅσα πτερὰ ἔχει, τὸ ἔχον καυλόν, καὶ τῶν ἐχόντων τρίχας. πλὴν ὄνος οὐκ ἔχει

22 τε om. α   καὶ ψύλλοι β γ (ψύλοι P K^c N^c Z^c m n): καὶ αἱ ψύλλαι α Bk.: καὶ ψύλλαι Ald.   23 κόρις A^{a}pr. G^a Q   24 οὐδὲν ἕτερον β   25 τούτ. γίν. transp. L^c Ald.   26 γὰρ] δ' α   ἂν om. β γ Ald.   συνίσταται F^a X^c H^c β   οἱ α Dt.   28 αἱ β   29 ποιόν H^c, β (exc. U^{c}rc.), γ (exc. L^c) ἐάν α Dt.   30 ante ἐξ. add. ἐκ τούτων α Guil.   post δὲ add. τοῦτο α Bk.   557a2 ἤδη om. α   ἀκμάνα A^{a}pr. G^a Q H^c τε om. α   3 τὸν ποιητὴν om. C^a ἀσσύριον α   νήσοις E^a 4 δή N^c Z^c L^c m n   γίνονται α   πλήθη α (exc. C^a)   δέ τι γένος C^a Guil.   6 σώματος β γ Guil. Ald.: χρωτὸς α Sn.   7 οὖν om. E^a P K^c M^c γίν. φθ. transp. α Bk. 8 αἱ om. γ   9 ὅσοι β   ἐγγίνηται α   ἐν τῇ α Sn.   11 ζῴων om. α (exc. C^a)   ὄρνεις γ   οἱ$^{(2)}$ om. α   12 γε om. α Sn   μὴ] μὲν C^a Guil. κονιῶνται codd. Ald. edd.   φθείρονται P   13 τῶν om. γ   τὸ ἔχον codd. Ald.: habentes Guil.: quibus penna caule constat Gaza: τῶν ἐχόντων cj. edd. 14 πλήν] ὁ δὲ F^a X^c

ούτε φθεΐρας ούτε κρότωνας. οί δέ βόες έχουσιν άμφω· τά δέ πρόβατα καί αίγες κρότωνας, φθείρας δ' ούκ έχουσιν· καί ύες φθείρας μεγάλους καί σκληρούς. έν δέ τοις κυσίν οί καλούμενοι γίνονται κυνοραισταί. πάντες δ' οί φθείρες έν τοις έχουσιν έξ αυτών γίνονται τών ζώων. γίνονται δ' οί φθείρες μάλιστα όταν μεταβάλλωσι ύδατα οίς λούονται, όσα έχει τών λουομένων φθείρας. έν δέ τή θαλάττη γίνονται μέν έν τοις ιχθύσι φθείρες, ούτοι δ' ούκ έξ αυτών τών ιχθύων άλλ' έκ τής ιλύος· είσί δέ τάς όψεις όμοιοι τοις όνοις τοις πολύποσι, πλήν τήν ούράν έχουσι πλατειαν. έν δ' είδός έστι τών φθειρών τών θαλαττίων, καί γίνονται πανταχού, μάλιστα δέ περί τάς τρίγλας. πάντα δέ πολύποδά έστι ταύτα καί άναιμα τά έντομα. τισί δέ τών θύννων οίστρος γίνεται μέν περί τά πτερύγια, έστι δ' όμοιος τοις σκορπίοις, καί τό μέγεθος ηλίκος αράχνης. έν δέ τή θαλάττη τή άπό Κυρήνης πρός Αίγυπτον έστι περί τόν δελφίνα ιχθύς όν καλούσι φθείρα, ός γίνεται πάντων πιότατος διά τό άπολαύειν τροφής άφθόνου θηρεύοντος τού δελφίνος.

[32] γίνεται δέ καί άλλα ζωδάρια, ώσπερ έλέχθη, /2/ τά μέν έν έρίοις καί όσα έξ ερίων είσίν οίον οί /3/ σήτες, οί έμφύονται μάλλον όταν κονιορτώδη ή τά έρια, /4/ μάλιστα δέ γίνονται άν αράχνης συγκατακλεισθή· έκπίνων γάρ, έάν τι ένή υγρόν, ξηραίνει. γίνεται δέ έν χιτώνι

---

15 κρότονας Eᵃ P Kᶜ passim   **17** αί ύες α (exc. Cᵃ Hᶜ)   **18** κυνορέσται γ (exc. Lᶜ m)   **19** τών om. γ (exc. m*rc*.)   **20** μάλλον α Guil. Gaza Sn. μεταβάλωσιν Eᵃ   τά ύδ. α Sn.   **21** μέν] δέ Hᶜ   **23** όνίοις Cᵃ: *oniis* Guil.   παχύποσι Aᵃ*pr*. Gᵃ*pr*. Hᶜ: ταχύποσι Fᵃ Xᶜ   **24** παχείαν Aᵃ*pr*. Gᵃ*pr*. Hᶜ   δ' om. Aᵃ*pr*. Gᵃ Q Hᶜ   **25** post παντ. add. μέν Gᵃ Q   δέ μάλιστα transp. Aᵃ Hᶜ: om. Gᵃ Q   **26** τρύγλας Gᵃ: τρόγλας Q: τρώγλας Oᶜ*rc*. Uᶜ*rc*., m*rc*., Ald. A.-W.: *trilias* Guil.: *in foraminibus et cavernis* Gaza   δέ τά πολ. Cᵃ   ταύτ' είσί α (exc. Fᵃ Xᶜ): ταύτ' έστί Fᵃ Xᶜ Bk.   **27** έναιμα α (exc. Fᵃ*rc*. Xᶜ)   τά β Lᶜ Ald.: καί α m*rc*. Guil. Gaza: καί τά γ (exc. Lᶜ m*rc*.: κτά P Kᶜ)   τισί β γ Ald.: ό α Sn.   **28** παρά α (exc. Hᶜ)   τά om. Cᵃ   **29** ήλίκον β Ald.   **31** πιότατος Aᵃ Gᵃ Q Fᵃ*pr*. Hᶜ   **557b1** ζωάρια α   έλέγχθη Aᵃ Gᵃ Q   post έλ. add. καί πρότερον α Sn.   **2** έστιν Cᵃ γ Ald.   οί om. α Nᶜ Zᶜ   **3** οί om. γ (exc. Lᶜ*rc*. m*rc*.)   τά έρ. ή transp. α Dt.   **5** άν α Dt.   υγρού α   post δέ add. καί α Bk.   χιόνι Cᵃ Guil.: χιώνι Gᵃ*rc*. Q

HISTORIA ANIMALIUM V

ὁ σκώληξ οὗτος. καὶ ἐν κηρῷ δὲ γίνεται παλαιουμένῳ ὥσπερ ἐν ξύλῳ ζῷον ὃ δὴ δοκεῖ ἐλάχιστον εἶναι τῶν ζώων πάντων καὶ καλεῖται ἀκαρί, λευκὸν καὶ μικρόν. καὶ ἐν τοῖς βιβλίοις ἄλλα γίνεται, τὰ μὲν ὅμοια τοῖς ἐν τοῖς ἱματίοις, τὰ δὲ σκορπίοις ἄνευ τῆς οὐρᾶς, μικρὰ πάμπαν· καὶ ὅλως ἐν πᾶσιν ὡς εἰπεῖν, ἔν τε τοῖς ξηροῖς ὑγραινομένοις καὶ ἐν τοῖς ὑγροῖς ξηραινομένοις, ὅσα ἔχει αὐτῶν ζωήν. ἔστι δέ τι σκωλήκιον ὃ καλεῖται ξυλοφθόρον, οὐθενὸς ἧττον ἄτοπον τῶν ζῴων. ἡ μὲν γὰρ κεφαλὴ ἔξω τοῦ κελύφους προέρχεται ποικίλη, καὶ οἱ πόδες ἐπ' ἄκρου, ὥσπερ τοῖς ἄλλοις σκώληξιν, ἐν χιτῶνι δὲ τὸ ἄλλο σῶμα ἀραχνιώδει, καὶ περὶ αὐτὸ κάρφη, ὥστε δοκεῖν προσέχεσθαι βαδίζοντι· ταῦτα δὲ σύμφυτα τῷ χιτῶνί ἐστιν· ὥσπερ κοχλίαι τὸ ὄστρακον, οὕτω τὸ ἅπαν τῷ σκώληκι, καὶ οὐκ ἀποπίπτει ἀλλ' ἀποσπᾶται ὥσπερ προσπεφυκότα· καὶ ἐάν τις τὸν χιτῶνα περιέλῃ, ἀποθνήσκει καὶ γίνεται ὁμοίως ἀχρεῖος ὥσπερ ὁ κοχλίας /22/ περιαιρεθέντος τοῦ ὀστράκου. χρόνου δὲ προϊόντος γίνεται καὶ οὗτος ὁ σκώληξ χρυσαλλὶς ὥσπερ καὶ αἱ κάμπαι, καὶ ζῇ ἀκινητίζων· ὃ δ' ἐξ αὐτοῦ γίνεται τῶν πτερωτῶν ζῴων, οὔπω συνῶπται. οἱ δ' ἐρινεοὶ ἐν τοῖς ἐρινοῖς ἔχουσι τοὺς καλουμένους ψῆνας. γίνεται δὲ τοῦτο πρῶτον σκωλήκιον, εἶτα ἐμπε-

6 ἐν] ἐπὶ α Dt. κηρίῳ α Sn. Dt. 8 ἀκαρῆ α Guil. 9 τοῖς] τῶν γ Ald.: τὰ F^a X^c 10 post δὲ add. τοῖς α Sn. 12 ζῶα L^c ἔτι C^a 13 σκωλήκιον] ξωύφιον N^c Z^c L^c m n ξυλήφθορον N^c Z^c L^c m: ξηλόφθειρον n: xyloforum Guil.: xylophthoro Gaza: ζυλοφόρον cj. Sn. edd. ἄτοπον α Guil. Gaza Bk.: ἀπὸ τούτων β γ: ἄτοπον τούτων O^crc. U^crc., mrc. Ald. 14 μὲν om. β προσέχεται β γ Ald. 15 ποικίλη] τῇ κοίλῃ A^a F^a X^c H^c: πῇ κοίλη G^a ἄκρων C^a Guil.: ἄκρον α (exc. C^a) 16 δὲ] καὶ β (exc. O^crc.) P ἀραχ. post δὲ transp. α (exc. C^a) ἀραχνιῶδες β (exc. O^crc.) γ Ald. 17 προσέρχεσθαι βαδίζοντα F^a X^c 18 συμφυᾶ C^a: σύμφυα A^apr. G^a Q H^c εἰσιν α κοχλίαι cett. Guil.: κοχλίαις A^arc. F^a X^c, L^c m Gaza Ald.: κοχλία cj. Bk. edd. 19 τῷ om. P 20 ἄν α (exc. C^a) τὸν χι. τις transp. α Guil. 23 καὶ^(1) om. α Bk. 24 ὅ τι δ' α Sn. ἐξ om. γ (exc. L^crc. mrc.) αὐτοῦ β L^c mrc. Ald. edd.: αὐτῆς C^a: αὐτῶν α (exc. C^a): ταύτου γ (exc. L^c mrc.) 25 δ' ἐρινεοὶ α mrc. Guil. Gaza Cs. edd.: δὲ ῥίνες οἱ β: δὲ ῥίνες οἱ γ Ald.: δ' ἐρινεοὶ οἱ cj. Sn. Bk. ἐρίνοις β L^crc. m Ald. (-οῖς) Cs.: ἐρινεοῖς^(2) α Sn.: ἔρνοις γ (exc. L^crc. m) τὰς καλουμένας P 26 ψῆρας β γ (exc. mrc.) Ald. τοῦτο πρῶτον] πρῶτον τὸ α Guil. περιαιρεθέντος C^a: περιρραγέντος α (exc. C^a) Sn.

ριρραγέντος τοῦ δέρματος ἐκπέτεται τοῦτο ἐγκαταλεῖπον ὄψιν καὶ εἰσδύεται εἰς τὰ τῶν συκῶν ἐρινά, καὶ διὰ στομάτων ποιεῖ μὴ ἀποπίπτειν τὰ ἐρινά· διὸ περιάπτουσί τε τὰ ἐρινὰ πρὸς τὰς συκᾶς οἱ γεωργοί, καὶ φυτεύουσι πλησίον ταῖς συκαῖς ἐρινεούς.

[33] τῶν δὲ τετραπόδων καὶ ἐναίμων καὶ ᾠοτόκων αἱ μὲν γενέσεις εἰσὶ τοῦ ἔαρος, ὀχεύεται δ' οὐ πάντα τὴν αὐτὴν ὥραν, ἀλλὰ τὰ μὲν ἔαρος τὰ δὲ θέρους τὰ δὲ περὶ τὸ μετόπωρον, ὡς ἑκάστοις πρὸς τὴν γένεσιν τῶν ἐκγόνων ἡ ἐπιοῦσα ὥρα συμφέρει. ἡ δὲ χελώνη τίκτει ᾠὰ σκληρόδερμα καὶ δίχροα ὥσπερ τὰ τῶν ὀρνίθων, τεκοῦσα δὲ κατορύττει καὶ τὸ ἄνω ποιεῖ ἐπίκροτον· ὅταν δὲ τοῦτο ποιήσῃ, φοιτῶσα ἐπῳάζει ἄνωθεν· ἐκλέπεται δὲ τὰ ᾠὰ τῷ ὑστέρῳ ἔτει. ἡ δ' ἐμὺς ἐξιοῦσα ἐκ τοῦ ὕδατος τίκτει, ὀρύξασα βόθυνον πιθώδη, καὶ ἐντεκοῦσα καταλείπει· ἐάσασα δ' ἡμέρας τριάκοντα ἀνορύττει καὶ ἐκλέπει ταχύ, καὶ ἀπάγει εὐθὺς τοὺς νεοττοὺς εἰς τὸ ὕδωρ. τίκτουσι δὲ καὶ αἱ θαλάττιαι χελῶναι ἐν τῇ γῇ ὅμοια τοῖς ὄρνισι τοῖς ἡμέροις, καὶ κατορύξασαι ἐπῳάζουσι τὰς νύκτας. τίκτουσι δὲ πλῆθος πολὺ ᾠῶν· καὶ γὰρ ἑκατὸν τίκτουσιν ᾠά. τίκτουσι δὲ καὶ σαῦροι καὶ κροκόδειλοι οἱ χερσαῖοι καὶ οἱ ποτάμιοι εἰς τὴν γῆν. ἐκλέπεται δὲ τὰ τῶν σαύρων αὐτόματα ἐν τῇ γῇ· οὐ γὰρ διετίζει ὁ σαῦρος· λέγεται γὰρ ἑξαμηνόβιος εἶναι ὁ σαῦρος. ὁ δὲ

27 ἐκπέταται Cᵃ Aᵃ Gᵃ Q, m: ἐκπέπταται Hᶜ: ἐκτέταται Fᵃ Xᶜ: ἐκπέτταται P   ἐγκαταλιπὼν Cᵃ Aᵃpr. Gᵃ Q Hᶜ Bk.   ὄψιν] ὁ ψὴν Gᵃrc. Scal. Sylb. edd.: visus Guil.   28 ἐνδύεται α   ἐρινεά α (exc. Aᵃrc.) Prc.: ἐρινᾶ edd. διὰ στόματος α (exc. Cᵃ): διαστομῶν γ (διὰ στόμων plures) Sylb. Cs. Sn. edd.   29 ἐρινεά⁽¹⁾⁽²⁾ α (exc. Aᵃrc.) Prc.: ἐρινᾶ edd.   τά τε transp. β γ Ald.   30 συκέας α (exc. Aᵃrc.)   558a1 πάντα] κατὰ α Dt.   3 πρὸς] περὶ α   ἐγγόνων γ Ald.   4 δὲ] μὲν οὖν α γ Ald. edd.   5 δίκροα β γ (exc. Lᶜrc. mrc.)   7 ἄνω α (exc. Cᵃ)   ἐκλείπεται Eᵃ   8 ἐμὶς Cᵃ: ἐμὺς edd.   ἐκ om. Lᶜ   9 ἐκτεκοῦσα β Ald.   post ἡμ. add. ἐλάττους ἢ α Guil. Sn. edd.   10 ἐκλέπει α, Sᶜ, Lᶜ, Ald. edd.: ἐκκλέπτει Dᵃpr. Oᶜ Rᶜ Uᶜpr., Nᶜ Zᶜ: ἐκλείπει Dᵃrc., Eᵃ P Kᶜ: ἐκλέπεται Uᶜrc.: ἐκλέπτει m n   εὐθὺς post νεοτ. transp. α Sn.   12 post γῇ add. ᾠὰ α Cs.   ἡμετέροις Cᵃ Aᵃ Gᵃpr. Fᵃ Xᶜ, Eᵃ: domesticis Guil.   13 ταῖς νύκταις α   post δὲ add. τὸ P πολὺ πλ. transp. α Sn.   14 post γὰρ add εἰς α Sn.   καὶ αἱ σαῦραι καὶ οἱ κρ. α   15 ἐκλείπεται Eᵃ   16 σαυρῶν α   17 ἡ σαῦρα⁽¹⁾ Fᵃ Xᶜ ἔκμηνος εἶναι βίος σαύρας α (ἑξάμηνος Aᵃrc. Fᵃ Xᶜ) Bk.

HISTORIA ANIMALIUM V

ποτάμιος κροκόδειλος τίκτει μὲν ὠὰ /19/ περὶ ἑξήκοντα, λευκὰ τὴν χρόαν, καὶ ἐπικάθηται ἡμέρας /20/ ἑξήκοντα (καὶ γὰρ βιοῖ χρόνον πολύν), ἐξ ἐλαχίστων /21/ δ' ᾠῶν μέγιστον ζῷον γίνεται ἐκ τούτων· τὸ μὲν γὰρ /22/ ᾠόν ἐστιν οὐ μεῖζον χηνείου, καὶ ὁ νεοττὸς κατὰ λόγον, /23/ αὐξανόμενος δὲ γίνεται καὶ ἑπτακαίδεκα πήχεων. λέγουσι δέ τινες ὡς καὶ αὐξάνεται ἕως ἂν ζῇ.

[34] τῶν δὲ ὄφεων ὁ μὲν ἔχις ζωοτοκεῖ ἔξω, ἐν αὐτῷ πρῶτον ᾠοτοκήσας· τὸ δ' ᾠόν, ὥσπερ τῶν ἰχθύων, μονόχρουν ἐστὶ καὶ μαλακόδερμον. ὁ δὲ νεοττὸς ἄνωθεν περιγίνεται, καὶ οὐ περιέχει φλοιὸς ὀστρακώδης, ὥσπερ οὐδὲ τὰ τῶν ἰχθύων. τίκτει δὲ μικρὰ ἐχίδια ἐν ὑμέσιν, οἳ περιρρήγνυνται τριταῖοι· ἐνίοτε δὲ καὶ ἔσωθεν διαφαγόντα αὐτὰ ἐξέρχεται. τίκτει δ' ἐν μιᾷ ἡμέρᾳ καθ' ἕν, τίκτει δὲ πλείω ἢ εἴκοσιν. οἱ δ' ἄλλοι ὄφεις ᾠοτοκοῦσιν ἔξω, τὰ δ' ᾠὰ ἀλλήλοις συνεχῆ ἐστιν ὥσπερ αἱ τῶν γυναικῶν ὑποδερίδες· ὅταν δὲ τέκῃ εἰς τὴν γῆν, ἐπῳάζει. ἐκλέπεται δὲ καὶ ταῦτα τῷ ὑστέρῳ ἔτει.

18 post ᾠὰ add. πολλὰ τὰ πλεῖστα α (om. πολλὰ τὰ F[a] X[c]) Guil. Cs. edd.: *complurimum* Gaza   19 λευκὰ ... 20 ἑξήκοντα om. U[c]*rc*. Gaza   καὶ ... 20 ἑξήκοντα om. G[a] Q   post ἐπικ. add. δ' α Bk.   20 post γὰρ add. καὶ α Sn.   πολὺν χρ. transp. β: χρ. καὶ πολὺν γ (exc. P L[c]*rc*.)   21 ζῴ. μέγ. transp. α Bk.   22 οὐ μεῖ. ἐστι α Bk.: οὐκ ἔστι μεῖ. N[c] Z[c] (ἔχει) L[c] m n Ald.   χηνίου s. χηνείου καὶ νεοττοῦ γ   post νεοττ. add. τούτου α Cs. edd.: τοῦ γ (exc. L[c]*rc*.)   23 καὶ om. α (exc. C[a])   24 καὶ ὡς transp. C[a]: ὅτι καὶ α (exc. C[a]) Sn.   ἂν] οὖ α (exc. C[a])   25 ἔξω ἐν] ἐξ ὧν C[a]: ἔξω ζω. ἐν transp. Ald.   26 ζωοτοκήσας H[c]   μονόχροον α   27 ἄνω ἐπιγίνεται α: *desuper circumfit* Guil.   29 post δὲ add. καὶ α (exc. C[a])   μακρὰ L[c]   ἐχίδνια α   30 ἔσωθεν β γ Ald. Dt.: τὰ ἔσω α Sn.   διαφυγόντα F[a] X[c]   ἐξέρχονται α (exc. C[a])   31 πλέον α (exc. C[a])   558b1 αἱ γ   ἄλλαι L[c]   3 δὲ om. β (exc. γὰρ S[c]): γὰρ S[c], N[c] Z[c]   καὶ om. α (exc. C[a])   ἑτέρῳ α Guil.   4 post ἔτει add. 8–9 αἱ ... τρόπον γ (exc. M[c]) Ald.

Z

αἱ μὲν οὖν τῶν ὄφεων καὶ τῶν ἐντόμων γενέσεις, ἔτι δὲ καὶ τῶν ζῴων τῶν τετραπόδων καὶ ᾠοτόκων, τοῦτον ἔχουσι τὸν τρόπον. /10/ οἱ δ' ὄρνιθες ᾠοτοκοῦσι μὲν ἅπαντες, ἡ δ' ὥρα τῆς ὀχείας /11/ καὶ οἱ τόκοι οὐ πᾶσιν ὁμοίως ἔχουσιν. τὰ μὲν γὰρ καὶ ὀχεύεται /12/ καὶ τίκτει κατὰ πάντα τὸν χρόνον ὡς εἰπεῖν, οἷον ἀλεκτορὶς /13/ καὶ περιστερά, ἡ μὲν ἀλεκτορὶς ὅλον τὸν ἐνιαυτὸν πλὴν δύο μηνῶν τῶν ἐν τῷ χειμῶνι τροπικῶν. πλῆθος δὲ τίκτουσιν ἔνιαι καὶ τῶν γενναίων πρὸ ἐπῳασμοῦ καὶ ἑξήκοντα· καίτοι ἧττον πολυτόκοι αἱ γενναῖαι τῶν ἀγεννῶν εἰσιν. αἱ δὲ Ἀδριανικαὶ ἀλεκτορίδες εἰσὶ μὲν μικραὶ τὸ μέγεθος, τίκτουσι δ' ἀν' ἑκάστην ἡμέραν· εἰσὶ δὲ χαλεπαί, καὶ κτείνουσι τοὺς νεοττοὺς πολλάκις· χρώματα δὲ παντοδαπὰ ἔχουσιν. τίκτουσι δὲ καὶ οἰκογενεῖς ἔνιαι δὶς τῆς ἡμέρας· ἤδη δέ τινες λίαν πολυτοκήσασαι ἀπέθανον διὰ ταχέων. αἱ μὲν οὖν ἀλεκτορίδες τίκτουσιν, ὥσπερ εἴρηται, συνεχῶς· περιστερὰ δὲ καὶ φάττα καὶ τρυγὼν καὶ οἰνὰς διτοκοῦσι μέν, ἀλλ' αἱ περιστεραὶ καὶ δεκάκις τοῦ ἐνιαυτοῦ τίκτουσιν. οἱ δὲ πλεῖστοι τῶν ὀρνίθων τίκτουσι τὴν ἐαρινὴν ὥραν, καί εἰσιν οἱ μὲν πολύγονοι αὐτῶν, πολύγονοι δὲ διχῶς, οἱ μὲν τῷ πολλάκις, ὥσπερ αἱ περιστεραί, οἱ δὲ τῷ πολλά, ὥσπερ αἱ ἀλεκτορίδες. τὰ δὲ γαμψώνυχα πάντα ὀλιγόγονά ἐστιν, ἔξω κεγχρίδος· αὕτη δὲ πλεῖστα τίκτει τῶν γαμψωνύχων. ὦπται μὲν οὖν καὶ τέτταρα ἤδη, τίκτει δὲ καὶ πλείω.

τίκτουσι δὲ τὰ μὲν ἄλλα

558b8 αἱ] εἰ D^a V^c **9** καὶ τῶν ζῴων om. α et loco secundo γ (exc. καὶ P) Ald. post τετ. add. ζῴων loco secundo P m ᾠοτοκούντων P et loco primo γ **10** ἅπαντα A^apr. **11** οὐ] ἐν P καὶ^(2) om. α L^c m n Ald. **13** πλὴν β: ἔξω α γ Ald. edd. **14** δυοῖν μηνοῖν α **15** ἔνια F^a X^c τῶν ἐννέων προεπωσμοῦ γ (exc. L^c m*rc*.) **16** post πολ. add. καὶ γ ἀδριαναὶ α Bk. **20** καὶ om. α **21** ταχέος β Ald. **22** ὡς προείρηται E^a **23** καὶ οἰνὰς om. m: καὶ οἴασκαι γ (exc. m) διττοτοκοῦσι m*rc*. αἱ] ὡς β (exc. O^c*rc*.) γ (exc. L^c m*rc*.) Bk.: οὐχ ὡς L^c Ald. καὶ^(3) om. L^c m n Ald. **24** post δεκ. add. μὲν D^a*pr*. S^c γ (exc. L^c) **26** οἱ] αἱ β γ Ald. **27** αἱ] οἱ β γ Ald. δὲ^(2) om. E^a P K^c **28** ὀλιγογόνια E^a P K^c M^c **29** post πλεῖστα add. μόνη P **30** καὶ om. γ (exc. L^c*rc*.)

266

HISTORIA ANIMALIUM VI

ἐν νεοττιαῖς, τὰ δὲ μὴ πτητικὰ οὐκ ἐν νεοττιαῖς, οἶον αἵ τε πέρδικες καὶ οἱ ὄρτυγες, ἀλλ' ἐν τῇ γῇ, ἐπηλυγαζόμενα ὕλην. ὡσαύτως δὲ καὶ κόρυδος καὶ τέτριξ. ταῦτα μὲν οὖν ὑπηνέμους ποιεῖται τὰς νεοττεύσεις· ὃν δ' οἱ Βοιώτιοι καλοῦσιν μέροπα εἰς τὰς ὀπὰς ἐν τῇ γῇ καταδυόμενος νεοττεύει μόνος. αἱ δὲ κίχλαι νεοττιὰν μὲν ποιοῦνται ὥσπερ αἱ χελιδόνες ἐκ πηλοῦ ἐπὶ τοῖς ὑψηλοῖς τῶν δένδρων· ἐφεξῆς δὲ ποιοῦσιν ἀλλήλαις καὶ ἐχομένας, ὥστ' εἶναι διὰ τὴν συνέχειαν ὥσπερ ὁρμαθὸν νεοττιῶν. ὁ δ' ἔποψ μόνος οὐ ποιεῖται νεοττιὰν τῶν καθ' ἑαυτὸν νεοττευόντων, ἀλλ' εἰσδυόμενος εἰς τὰ στελέχη ἐν τοῖς κοίλοις αὐτῶν τίκτει, οὐδὲν συμφορούμενος. ὁ δὲ κίρκος καὶ ἐν οἰκίᾳ νεοττεύει καὶ ἐν πέτραις. ἡ δὲ τέτριξ ἣν καλοῦσιν οἱ Ἀθηναῖοι οὔραγα οὔτ' ἐπὶ τῆς γῆς νεοττεύει οὔτ' ἐπὶ τοῖς δένδρεσιν, ἀλλ' ἐν τοῖς χαμαιζήλοις φυτοῖς.

[2] τὸ δ' ᾠὸν ἁπάντων ὁμοίως τῶν ὀρνίθων σκληρόδερμόν τ' ἐστίν, ἐὰν γόνῳ γένηται καὶ μὴ διαφθαρῇ (ἔνια γὰρ μαλακὰ τίκτουσιν αἱ ἀλεκτορίδες), καὶ δίχροα τὰ ᾠὰ τῶν ὀρνίθων, ἐκτὸς μὲν τὸ λευκόν, ἐντὸς δὲ τὸ ὠχρόν. διαφέρουσι δὲ καὶ τὰ τῶν περὶ ποταμοὺς καὶ λίμνας γινομένων ὀρνέων πρὸς τὰ τῶν ξηροβατικῶν· πολλαπλάσιον γὰρ ἔχει τὸ τῶν ἐνύδρων κατὰ λόγον τὸ ὠχρὸν πρὸς τὸ λευκόν. καὶ τὰ χρώματα δὲ τῶν ᾠῶν διαφέρει κατὰ γένη τῶν ὀρνίθων· τῶν μὲν γὰρ λευκά ἐστι τὰ ᾠά, οἷον περιστερᾶς καὶ πέρδι-

---

31 νεοττίαις β: νεοττείαις γ Ald.   πτ. ἐν νεοτ. οὐδαμῶς οἷον οἵ τε α
559a1 ἀλλ'] τίκτει δὲ β   γῇ om. α   ἐπηλυγαζομένη ὕλη α: ἐπιλαζόμενα ὕλης γ (exc. L^{c}rc.)   2 δὲ del. D^{a}rc.   κόρυδες β γ Ald.   οὖν om. α K^c 3 ποιεῖ L^c βοιωτοὶ α Bk.   4 εἴροπα α Guil. Bk.   νοττεύει C^a 5 νεοττίαν α (exc. C^a) β: νεοττείαν γ Ald.   ποιοῦσιν α   8 ὁρμαθῇ β   νεοττείαν$^{(1)(2)}$ β γ Ald.   9 ἑαυτὰ L^{c}pr. Cs. edd.: ἑαυτῶν O^{c}pr. T^c Bas.: ἑαυτὸν s. αὐτὸν codd. cett.   11 κίρκος β L^{c}rc. Guil. A.-W. Karsch Th. Peck.: κόκκυξ α γ (exc. L^{c}rc.) Ald. Bk.: cignus albescens Scot.   12 τέττιξ E^a n   οἱ om. α Bk.   13 ἐπὶ] ἐν Ald.   ἐν] ἐπὶ α γ Cs. edd.   16 τ' om. α A.-W.   17 post ᾠὰ add. τὰ γ Ald.   18 διαφέρει Q F^a X^c 19 καὶ$^{(1)}$ om. α   20 ξηροβιωτικῶν E^a L^c Ald.: ξηρὰ βιωτικῶν Ppr. K^c M^c (ξηρᾷ) m n: ἐν ξηρᾷ βιωτικῶν Prc.   πολλὰ πλεῖον γ Ald.   τὸ codd. Guil. Ald.: τὰ cj. edd.   22 post κατὰ add. τὰ α Bk.   23 εἰσι α (exc. C^a)   καὶ πέρδικος om. α

κος, τῶν δ' ὠχρά, οἷον τῶν περὶ τὰς λίμνας, τὰ δὲ κατεστιγμένα, οἷον τὰ τῶν μελεαγρίδων καὶ φασιανῶν· τὰ δὲ τῆς κεγχρίδος ἐρυθρά ἐστιν ὥσπερ μίλτος. ἔχει δὲ τὸ ᾠὸν διαφοράν· τῇ μὲν γὰρ ὀξὺ τῇ δὲ πλατύτερόν ἐστιν· ἐξιόντος δ' ἡγεῖται τὸ πλατύ. ἔστι δὲ τὰ μὲν μακρὰ καὶ ὀξέα τῶν ᾠῶν θήλεα, τὰ δὲ στρογγύλα καὶ περιφέρειαν ἔχοντα κατὰ τὸ ὀξὺ ἄρρενα. ἐκπέττεται μὲν οὖν ἐπῳαζόντων τῶν ὀρνίθων, οὐ μὴν ἀλλὰ καὶ αὐτόματα ἐν τῇ γῇ ὥσπερ ἐν Αἰγύπτῳ κατορυττόντων εἰς τὴν κόπρον· καὶ ἐν Συρακούσαις δὲ φιλοπότης τις ὑποθέμενος ὑπὸ τὴν ψίαθον εἰς τὴν γῆν τοσοῦτον ἔπινεν, ὥς φασι, χρόνον συνεχῶς, ἕως ἐκλαπείη τὰ ᾠά. ἤδη δὲ καὶ κείμενα ἐν ἀγγείοις ἀλεεινοῖς ἐξεπέφθη καὶ ἐξῆλθον αὐτομάτως. ἡ μὲν οὖν γονὴ πάντων τῶν ὀρνίθων λευκή, ὥσπερ καὶ τῶν ἄλλων ζῴων· ὅταν δ' ὀχευθῇ, ἄνω πρὸς τὸ ὑπόζωμα λαμβάνει ἡ θήλεια. καὶ τὸ μὲν πρῶτον μικρὸν καὶ λευκὸν φαίνεται, ἔπειτα ἐρυθρὸν καὶ αἱματῶδες, αὐξανόμενον δὲ ὠχρὸν καὶ ξανθὸν ἅπαν· ὅταν δ' ἤδη γίγνηται ἁδρότερον, διακρίνεται, καὶ ἔσω μὲν τὸ ὠχρὸν ἔξω δὲ τὸ λευκὸν περιίσταται. ὅταν δὲ τελειωθῇ, ἀπολύεται καὶ ἐξέρχεται οὕτω τῷ καιρῷ ἐκ τοῦ μαλακὸν εἶναι μεταβάλλον πρὸς τὸ σκληρόν, ὥστε ἐξέρχεται μὲν οὔπω πεπηγός, ἐξερχό-

---

24 τῶν(2) om. A[a]*pr*. τὰ β: τῶν α γ Ald. edd. **25** τὰ τῶν om. F[a] X[c] μελεασπίδων E[a]: μελεαπίδων P K[c] M[c] n (incert. L[c]*pr*. m*pr*.) **26** εἰσιν A[a] G[a] Q **27** ὀξύτητι πλατ. γ (exc. L[c]*rc*. m*rc*.) **30** ἐκπέττεται O[c]*rc*. V[c]*rc*. γ (exc. P L[c]*rc*.) Ald. Bk.: ἐκλέπεται α Dt.: ἐκπέμπεται β (exc. O[c]*rc*. V[c]*rc*.) L[c]*rc*.: ἐκπέτεται P: *aperiuntur* Guil.: *foetum excludi* Gaza μὲν om. G[a] Q **559b1** ἀλλὰ om. C[a] A[a]*pr*. **2** post κατορ. add. εἰς τὴν γῆν γ ἐν τῇ κόπρῳ L[c] m n Ald. συρρακούσαις C[a] F[a] X[c], E[a] m n **3** ὑποτιθέμενος α γ Ald. **4** ὥς φασι om. α χρόνον ante ἔπινε transp. α (exc. C[a]) ἕως ἂν α ἐκλέπῃ α: ἐκλεπείη O[c]*rc*., L[c], Ald.: *exciperentur* Guil.: *ederent foetum* Gaza **5** ἐξεπέμφθη A[a]*pr*. G[a] Q β (exc. O[c]*rc*.) γ (exc. L[c] m n) Ald. ἐξῆλθεν α γ Ald. edd. **6** αὐτόματα α Guil. Sn. **8** λευκὸν κ. μικ. transp. α Dt. **10** γένηται α Dt. **12** post ἀπολ. add. τε α Bk. **13** post ἐξέρχ. add. πεπηγὸς α μεταβάλλον α m Sn. edd.: μεταβαλόντος β (exc. V[c]*rc*.) E[a] Ald.: μεταβάλλοντος γ (exc. E[a] m): μεταβάλλει V[c]*rc*. **14** πρός] ἐπὶ α Sn.: εἰς V[c]*rc*., L[c]*pr*. m n, Ald. πω om. α ἐξερχόμενον β L[c] Ald.: ἐξελθὸν α Guil. Bk.: ἐξερχομένου γ (exc. L[c])

μενον δ' εὐθέως πήγνυται καὶ γίνεται σκληρόν, ἐὰν μὴ ᾖ νε- 15
νοσηκός. ἐφάνη δ' ἤδη, οἷον ἔν τινι καιρῷ γίνεται τὸ ᾠόν
(ἅπαν γὰρ ὠχρὸν ὁμοίως ἐστὶν ὥσπερ ὕστερον ὁ νεοττός), τοι-
αῦτα καὶ ἐν ἀλεκτρυόνι διαιρουμένῳ ὑπὸ τὸ ὑπόζωμα, οὕ-
περ αἱ θήλειαι ἔχουσι τὰ ᾠά, τὸ μὲν εἶδος ὠχρὰ ὅλα, τὸ
δὲ μέγεθος ἡλίκα ᾠά· ἃ ἐν τέρατος λόγῳ τιθέασιν. οἱ δὲ 20
λέγοντες ὅτι ὑπολείμματά ἐστι τὰ ὑπηνέμια τῶν ἔμπροσθεν
ἐξ ὀχείας γινομένων, οὐκ ἀληθῆ λέγουσιν· ὦπται γὰρ ἱκα-
νῶς ἤδη ἀνόχευτοι νεοττίδες ἀλεκτορίδων καὶ χηνῶν τεκοῦ-
σαι ὑπηνέμια. τὰ δὲ ᾠὰ τὰ ὑπηνέμια ἐλάττω μὲν τῷ με-
γέθει γίνεται καὶ ἧττον ἡδέα καὶ ὑγρότερα τῶν γονίμων, 25
πλήθει δὲ πλείω· ὑποτιθεμένων δὲ τῇ ὄρνιθι οὐθὲν παχύνεται
τὸ ὑγρόν, ἀλλὰ τό τε ὠχρὸν διαμένει καὶ τὸ λευκὸν ὅμοια
ὄντα. γίνεται δ' ὑπηνέμια πολλῶν, οἷον ἀλεκτορίδος, πέρ-
δικος, περιστερᾶς, ταῶνος, χηνός, χηναλώπεκος. ἐκλέπεται
δ' ἐπῳαζουσῶν ἐν τῷ θέρει θᾶττον ἢ ἐν τῷ χειμῶνι· ἐν ὀκτω- 30
καίδεκα γὰρ ἡμέραις αἱ ἀλεκτορίδες ἐν τῷ θέρει ἐκλέπουσιν, 560a1
ἐν δὲ τῷ χειμῶνι ἐνίοτε πέντε καὶ εἴκοσιν. διαφέρουσι
μέντοι καὶ ὄρνιθες ὀρνίθων τῷ ἐπῳαστικώτεραι εἶναι ἕτεραι
ἑτέρων. ἐὰν δὲ βροντήσῃ ἐπῳαζούσης, διαφθείρεται τὰ ᾠά.
τὰ δὲ καλούμενα ὑπό τινων κυνόσουρα καὶ οὔρια γίνεται τοῦ 5
θέρους μᾶλλον. ζεφύρια δὲ καλεῖται ὑπό τινων τὰ ὑπηνέμια,
ὅτι ὑπὸ τὴν ἐαρινὴν ὥραν φαίνονται δεχόμεναι τὰ

15 εὐθὺς α Dt.   ἂν α Dt.   ᾖ β γ Ald.: ἐξίη α Bk.: *fuerit* Guil.   16 οἷον]
ᾠὸν P   17 ἅπαντα γ Ald.   ὠχρὰ E[a] L[c] n Ald.   ὠχρὸν post ἀπ.
transp. P   18 ἀλέκτορι F[a]*rc.* β: ἀλεκτορίδι γ Ald.   αἱρουμένῳ γ (exc.
αἱρουμένου P*pr.*, αἱρομένου P*rc.*)   20 ἃ α Guil. Bk.: om. β γ Ald.: ὃ cj.
Camot. Cs. Sn.   21 εἰσι α (exc. C[a])   22 ἀληθῶς α (exc. C[a]) K[c]
ὤφαται L[c]*pr.*   23 τίκτουσαι α Bk.   24 δὲ] γὰρ C[a]   post ὑπ. add. ex
21 τῶν ἔμπ. ἐξ ὀχ. γιν. A[a] G[a]*pr.* F[a] X[c]   25 γίγνονται α (exc. C[a])   26 δὲ
πλείω om. γ (exc. L[c]*rc.*)   27 τω ὑγρῷ γ (exc. L[c]*rc.* m*rc.*)   τὰ λευκὰ α
ὅμοιον P K[c] m n   28 ἀλεκτορίδες πέρδικες περιστεραὶ ταῶν E[a] P K[c] M[c]*pr.*
m*pr.*   29 χὴν E[a]   χηναλώπεκες P   30 θᾶττον] ἔλαττον γ (exc. L[c]*rc.*)
560a2 ἐν δὲ τῶ χ. β γ Ald.: τῶ χ. δὲ α   3 post καὶ add. οἱ β E[a]: αἱ L[c] m n
Ald.   4 βροντήσῃ A[a] G[a] Q, P*pr.* K[c] n   φθείρεται α (exc. C[a]*rc.*)
5 οὔρινα β γ (exc. P) Ald.   6 καλούμενα G[a] Q   τὰ ὑπην. ὑπό τ. transp.
α γ Ald.   7 εἰαρινὴν α (exc. F[a] X[c]): ἀερινὴν E[a]   δεχόμενα α (exc. C[a]) P
K[c] m n: δεχόμενοι β

ARISTOTELIS

πνεύματα αἱ ὄρνιθες· τοιοῦτον δὲ ποιοῦσι καὶ τῇ χειρί πως ψηλαφώμεναι. γίνεται δὲ τὰ ὑπηνέμια γόνιμα καὶ τὰ ἐξ ὀχείας ἤδη ἐνυπάρχοντα μεταβάλλει τὸ γένος εἰς ἄλλο γένος, ἐὰν πρὶν μεταβαλεῖν ἐκ τοῦ ὠχροῦ εἰς τὸ λευκὸν ὀχεύηται ἡ τὰ ὑπηνέμια ἔχουσα ἢ τὰ γόνῳ εἰλημμένα ἐξ ἑτέρου ὄρνιθος· καὶ γίνεται τὰ μὲν ὑπηνέμια γόνιμα, τὰ δὲ προϋπάρχοντα κατὰ τὸν ὕστερον ὀχεύοντα ὄρνιθα. ἂν δ' ἤδη μεταβαλλόντων εἰς τὸ λευκόν, οὐθὲν μεταβάλλει οὔτε τὰ ὑπηνέμια ὥστε γίνεσθαι γόνιμα, οὔτε τὰ γόνῳ κυούμενα ὥστε μεταβάλλειν εἰς τὸ τοῦ ὀχεύοντος γένος. καὶ ἐὰν ὑπαρχόντων δὲ μικρῶν διαλείπῃ ἡ ὀχεία, οὐθὲν ἐπαυξάνεται τὰ προϋπάρχοντα· ἐὰν δὲ πάλιν ὀχεύηται, ταχεῖα γίνεται ἡ ἐπίδοσις εἰς τὸ μέγεθος.

ἔχει δὲ φύσιν τοῦ ᾠοῦ τό τε λευκὸν καὶ τὸ ὠχρὸν ἐναντίαν οὐ μόνον τῷ χρώματι ἀλλὰ καὶ τῇ δυνάμει· τὸ μὲν γὰρ ὠχρὸν ὑπὸ τοῦ ψύχους πήγνυται, τὸ λευκὸν δὲ οὐ πήγνυται ἀλλ' ὑγραίνεται μᾶλλον· ὑπὸ δὲ τοῦ πυρὸς τὸ μὲν λευκὸν πήγνυται, τὸ ὠχρὸν δὲ οὐ πήγνυται ἀλλὰ μαλακὸν διατελεῖ, ἂν μὴ κατακαυθῇ, καὶ μᾶλλον ἑψομένου ἢ πυρουμένου συνίσταται καὶ ξηραίνεται. ἑκάτερον δὲ χωρὶς ἐν ὑμένι διείληπται ὑπ' ἀλλήλων. αἱ δὲ πρὸς τῇ ἀρχῇ τοῦ ὠχροῦ χάλαζαι οὐθὲν συμβάλλονται πρὸς τὴν γένεσιν, ὥσπερ τινὲς ὑπολαμβάνουσιν·

8 οἱ β: om. L^c 9 ψηλαφώμενα A^a G^{a}pr. F^a X^c 10 ἐνυπ. ἤδη transp. α (exc. C^a) Bk. 11 μεταβάλλειν C^a γ: μεταβαλῇ F^a X^c περίλευκον C^a A^{a}pr. G^a Q Guil. 12 γόνῳ εἰλημένα β L^{c}rc.$^{(2)}$: γονοειρημένα γ (exc. L^c m): γόνῳ ἠρημένα L^{c}rc.$^{(1)}$ m: γονορρυημένα Lpr. 15 ἐὰν α Dt. μεταβαλλόντων] μεταβάλλον γ (μεταβάλλῃ mrc. μετέβαλεν L^{c}rc.): permutatis Guil.: μεταβαλόντων cj. Sn. μεταβάλλει C^a X^c β Sn.: μεταβαλλόντως α (exc. C^a X^c): μεταβαλόντων E^a: μεταβαλλόντων γ (exc. E^a L^c): μεταβάλλονται L^c Ald. 17 μεταβαλεῖν α Dt. 18 μικρὸν E^a διαλίπῃ C^a, mrc. n: desierit Gaza ἐπαυράνεται E^a K^c 20 ἡ om. γ εἰς om. γ (add. L^{c}rc. mrc.) post τοῦ add. δὲ γ (del. L^{c}rc.) 21 τό τε β L^{c}rc. Ald.: τὸ α L^{c}pr. m n Bk.: οὔτε τὸ E^a P K^c M^c ὠχρὸν καὶ τὸ λ. transp. α L^c m n Ald. ἐναντία γ (exc. L^c mrc.) 22 τοῦ om. C^a ψυχροῦ γ 23 τὸ] καὶ Ald. δὲ λευκὸν transp. α Bk. 24 δ' ὠχρόν transp. α γ Ald. 26 ἑπομένου P 27 ἐν om. α Gaza Bk. ὑπ'] ἀπ' α mrc. Scal. Cas. Cs. edd.: inter se Gaza

270

εἰσὶ δὲ δύο, ἡ μὲν κάτωθεν ἡ δ' ἄνωθεν. συμβαίνει δὲ περὶ τὸ ὠχρὸν καὶ τὸ λευκόν, καὶ ὅταν ἐξαιρεθέντα συγκεράσῃ τις πλείω τοιαῦτα εἰς κύστιν καὶ ἕψῃ μαλακῷ καὶ μὴ συντόνῳ πυρί, τὸ ὠχρὸν εἰς τὸ μέσον συνέρχεται πᾶν, κύκλῳ δὲ τὸ λευκὸν περιίσταται.

τῶν δ' ἀλεκτορίδων αἱ νεοττίδες τίκτουσι πρῶτον εὐθὺς ἀρχομένου τοῦ ἔαρος, καὶ πλείω δὲ τίκτουσιν ἢ αἱ πρεσβύτεραι· ἐλάττω δὲ τῷ μεγέθει τὰ ἐκ τῶν νεωτέρων. ὅλως δὲ ἐὰν μήπω ἐπῳάζωσιν αἱ ὄρνιθες, διαφθείρονται καὶ κάμνουσιν. ὀχευθεῖσαι δὲ αἱ μὲν ὄρνιθες φρίττουσί τε καὶ ἀποσείονται καὶ πολλάκις κάρφος περιβάλλονται, ποιοῦσι δὲ τὸ αὐτὸ τοῦτο καὶ τεκοῦσαι ἐνίοτε, αἱ δὲ περιστεραὶ ἐφέλκουσι τὸ ὀρροπύγιον, οἱ δὲ χῆνες καταλυμβῶσιν.

αἱ δὲ κυήσεις καὶ αἱ τῶν ὑπηνεμίων ᾠῶν συλλήψεις ταχεῖαι γίνονται ταῖς πλείσταις τῶν ὀρνίθων, οἷον καὶ τῇ πέρδικι, ὅταν ὀργᾷ πρὸς τὴν ὀχείαν· ἐὰν γὰρ κατὰ πνεῦμα στῇ τοῦ ἄρρενος, κυΐσκεται καὶ εὐθὺς ἄχρηστος γίνεται πρὸς τὰς θήρας· ὄσφρησιν γὰρ δοκεῖ ἔχειν ἐπίδηλον ὁ πέρδιξ.

ἡ δὲ τοῦ ᾠοῦ γένεσις μετὰ τὴν ὀχείαν καὶ ἐκ τοῦ ᾠοῦ πάλιν συμπεττομένου ἡ τοῦ νεοττοῦ γένεσις οὐκ ἐν ἴσοις χρόνοις /18/ συμβαίνει πᾶσιν, ἀλλὰ διαφέρει κατὰ μεγέθη τῶν γεννώντων. συνίσταται δὲ τὸ τῆς ἀλεκτορίδος ᾠὸν μετὰ τὴν

31 συνερανίσῃ α Sn.: συγκράσῃ P: *confregerit* Guil.: συνεράσῃ cj. Bk. **560b1** εἰς τὴν κ. α μαλακῶς α Guil. Bk. 2 συντόνως α Guil. τῷ πυρὶ α Bk. 3 τὸ δὲ transp. γ Ald. post λευκὸν add. iterum κύκλῳ β περιτέταται α 4 πρῶ. τίκ. transp. α Bk. πρῶται α 5 δὲ[1]] τε C[a]: om. α (exc. C[a]) Bk. ἢ om. β γ (exc. L[c]rc.) τῶν πρεσβυτέρων O[c]rc. τὰ μεγέθη γ 6 μήπω β γ Ald.: μὴ α Guil. Cs. edd. ἐπῳάζουσιν A[a] G[a], E[a] P K[c] n, Ald. 7 αἱ μὲν om. α (exc. C[a]): μὲν om. C[a] 10 οὐροπύγιον α (exc. C[a]) E[a]rc. οἱ] αἱ G[a] Q 11 αἱ[2] om. α (exc. A[a]rc.) P 13 καταπνευσθῇ τοῦ γ (exc. L[c]rc.) Ald. 14 ἄχρηστον α 15 τῆς A[a] G[a]pr. F[a] X[c] 16 ᾠοῦ] νεοττοῦ γ (exc. L[c]rc. m*rc*.) 17 συμπεττομένη α (exc. C[a]) ἡ τοῦ νε. γένεσις om. γ (exc. L[c]rc.) 18 post κατὰ add. τὰ α (exc. C[a]) Bk. μέγεθος P: μεγέθει K[c] n*pr*. 19 μετὰ] κατὰ Ald.

ARISTOTELIS

ὀχείαν καὶ τελειοῦνται ἐν δέκα ἡμέραις ὡς ἐπὶ τὸ πολύ· καὶ τῆς περιστερᾶς δ' ἐν μικρῷ ἐλάττονι. δύνανται δ' αἱ περιστεραὶ καὶ ἤδη τοῦ ᾠοῦ ἐν ὠδῖνι ὄντος κατέχειν· ἐὰν γάρ τι ἐνοχληθῇ ὑπό τινος ἢ περὶ τὴν νεοττείαν ἢ πτερὸν ἐκτιλθῇ ἢ ἄλλο τι πονήσῃ ἢ καὶ δυσαρεστήσῃ, κατέχει καὶ οὐ τίκτει μελλήσασα. ἴδια δὲ περὶ τὰς περιστερὰς συμβαίνει καὶ τάδε περὶ τὴν ὀχείαν. κυνοῦσί τε γὰρ ἀλλήλας ὅταν μέλλῃ ἀναβαίνειν ὁ ἄρρην, ἢ οὐκ ἂν ὀχεύσειεν, ὁ μὲν πρεσβύτερος ἂν μὴ τὸ πρῶτον· ὕστερον μέντοι ἀναβαίνει καὶ μὴ κύσας· οἱ δὲ νεώτεροι ἀεὶ τοῦτο ποιήσαντες ὀχεύουσιν. τοῦτό τε δὴ ἴδιον ποιοῦσι, /30/ καὶ ἔτι αἱ θήλειαι ἀλλήλαις ἀναβαίνουσιν ὅταν ὁ ἄρρην /31/ μὴ παρῇ, κύσασαι ὥσπερ οἱ ἄρρενες· καὶ οὐθὲν προϊέμεναι /1/ εἰς ἀλλήλας τίκτουσιν ᾠὰ πλείω ἢ τὰ γόνῳ γενόμενα, ἐξ /2/ ὧν οὐ γίνεται νεοττὸς οὐδὲ εἷς, ἀλλ' ὑπηνέμια πάντα τὰ τοιαῦτά /3/ ἐστιν.

[3] ἡ δὲ γένεσις ἐκ τοῦ ᾠοῦ τοῖς ὄρνισι συμβαίνει μὲν τὸν αὐτὸν τρόπον πᾶσιν, οἱ δὲ χρόνοι διαφέρουσι τῆς τελειώσεως, καθάπερ εἴρηται. ταῖς μὲν οὖν ἀλεκτορίσι τριῶν ἡμερῶν καὶ νυκτῶν παρελθουσῶν ἐπισημαίνει τὸ πρῶτον, ταῖς δὲ μείζοσιν αὐτῶν ὄρνισιν ἐν πλείονι χρόνῳ, τοῖς δ' ἐλάττοσιν ἐν ἐλάττονι. γίνεται δ' ἐν τούτῳ τῷ χρόνῳ ἤδη ἄνω προεληλυθὸς πρὸς τὸ ὀξύ, ᾗπερ ἡ ἀρχὴ τοῦ ᾠοῦ καὶ

20 post τελ. add. τὸ ᾠὸν α γ Ald.   **22** καὶ om. γ Ald.   ἐνωδίνοντος α   ὄντες Eᵃ P Kᶜ Mᶜ: οὖσαι Lᶜ*pr.* m n   **23** πτερὸν ἤ τι ἕτερον ἐκτιλθῇ α   **24** πονῇ s. πονεῖ γ   ἢ om. α Bk.   **25** μελήσασα α β Ald.   ἰδίᾳ α (exc. Aᵃ*rc.* Fᵃ Xᶜ) γ (exc. Lᶜ)   **26** κύουσι α, Vᶜ*rc.*, m, Ald.: κινοῦσι n   **27** ἄρρην οὐκ ἂν ὀχεύσῃ γ (exc. Lᶜ): ἄρ. πρὶν ἂν ὀχεύσῃ Lᶜ*pr.* Ald.   **28** ἂν μὴ τὸ β Lᶜ*rc.*: ἐὰν μὴ κύσῃ α Dt.: τὸ γ Ald. edd.   **29** τοῦτο ἀεὶ transp. α Dt.   δὴ om. β γ Ald.   **30** ὁ om. α β Bk.   **31** κυήσασαι Vᶜ*rc.*, Eᵃ m*rc.*: κυνήσασαι β γ (exc. Eᵃ m*rc.*)   οἱ om. Cᵃ   **561a1** ἢ τὰ] εἶτα β (exc. Oᶜ*rc.*) γ Ald.   οὐδὲ γόνῳ Ald.   γεννώμενα α: γινόμενα Eᵃ Ald. edd.: facta Guil.   **2** οὐθεὶς α m*rc.* Cs.: εἷς γ (exc. m*rc.*)   **4** γέννησις α (exc. Cᵃ)   συμβαίνει τοῖς ὀρν. συμβαίνει β Ald.   μέντοι Sᶜ   **5** post διαφ. add. ἀλλήλων α (exc. Cᵃ)   **6** καθάπερ εἴρηται om. β   **8** ἐν πλείοσι τοῖς δ' ἐλάττοσιν ἐλάττονα β γ (exc. ἐν ἐλάττοσι Vᶜ*rc.* mrc. corr. ex ἐλάττονα) Ald.   τοῖς] ταῖς Fᵃ Xᶜ edd.   **9** ἐν⁽²⁾ om. α   ἤδη om. α   ante ἄνω add. τό τ' ὠχρὸν α Scot. Guil. Gaza: ἄνω τὸ ὠχρὸν Lᶜ*rc.* Ald. edd.   **10** προεληλυθὸς β Lᶜ*rc.* Guil. Ald.: προσεληλυθὸς α Bk.: πρὸς τὸ ἐληλυθὸς γ post ᾗπερ add. ἐστὶν α Sn.   post ἀρχὴ add. τε α Bk.

HISTORIA ANIMALIUM VI

ἐκλέπεται τὸ ᾠόν, καὶ ὅσον στιγμὴ αἱματίνη ἐν τῷ λευκῷ ἡ καρδία. τοῦτο δὲ τὸ σημεῖον πηδᾷ καὶ κινεῖται ὥσπερ ἔμψυχον, καὶ ἀπ' αὐτοῦ δύο πόροι φλεβικοὶ ἔναιμοι ἑλισσόμενοι οἳ φέρουσιν αὐξανομένου εἰς ἑκάτερον τῶν χιτώνων τῶν περιεχόντων. καὶ ὑμὴν δ' αἱματικὰς ἶνας ἔχων περιέχει ἤδη τὸ λευκὸν κατὰ τὸν χρόνον τοῦτον ὑπὸ τῶν πόρων τῶν φλεβικῶν. ὀλίγον δ' ὕστερον καὶ τὸ σῶμα ἤδη ἀποκρίνεται, πρῶτον μικρὸν πάμπαν καὶ λευκόν. δηλοῖ δ' ἡ κεφαλή, καὶ ταύτης οἱ ὀφθαλμοὶ μάλιστα ἐμπεφυσημένοι· καὶ τοῦτο μέχρι πόρρω διατελεῖ· ὀψὲ γάρ ποτε μικροὶ γίνονται καὶ συμπίπτουσιν. τοῦ δὲ σώματος τὸ κάτω μέρος οὐθὲν φαίνεται μόριον πρὸς τὸ ἄνω τὸ πρῶτον. τῶν δὲ πόρων τῶν ἐκ τῆς καρδίας τεινόντων ὁ μὲν φέρει εἰς τὸ κύκλῳ περιέχον, ὁ δὲ εἰς τὸ ὠχρὸν ὥσπερ ὀμφαλὸς ὤν. ἡ μὲν οὖν ἀρχὴ τοῦ νεοττοῦ ἐστιν ἐκ τοῦ λευκοῦ, ἡ δὲ τροφὴ διὰ τοῦ ὀμφαλοῦ ἐκ τοῦ ὠχροῦ. δεκαταίου δ' ἤδη ὄντος ὁ νεοττὸς ὅλος διάδηλος καὶ τὰ μέρη πάντα. ἔχει δὲ τὴν κεφαλὴν μείζω τοῦ ἄλλου σώματος, καὶ τοὺς ὀφθαλμοὺς τῆς κεφαλῆς, οὐκ ἔχοντάς πω ὄψιν. γίνονται δ' οἱ ὀφθαλμοὶ περὶ τὸν χρόνον τοῦτον ἐξαιρούμενοι μείζους κυάμων καὶ μέλανες· ἀφαιρουμένου δὲ τοῦ δέρματος ὑγρὸν ἔνεστι λευκὸν καὶ ψυχρόν, σφόδρα στίλβον πρὸς τὴν αὐγήν, ὕστερον δ' οὐθέν. τὰ μὲν οὖν περὶ τὰ ὄμματα καὶ τὴν κεφαλὴν τοῦτον διάκειται τὸν τρόπον.

ἔχει

12 σήμερον E^a P K^c nrc.   ὥσπερ ἔμψυχον om. m   13 λελισσώμενοι α   14 οἳ om. α Guil. Sn.   αὐξανόμενοι G^a Q: αὐξανόμενον F^a X^c, P   15 ἤδη περιέχει transp. α γ Ald.   16 ὑπὸ β γ (exc. mrc.) Ald.: ἀπὸ α Gaza Cs. edd.   17 post ὕστ. add. ἤδη γ (exc. L^crc. mrc.)   18 πρῶτον om. C^a: τὸ πρῶτον α (exc. C^a) Bk.   μικρὸν πρῶτον transp. α (exc. C^a) γ Ald.   καὶ τὸ λευκὸν β γ Ald.   δηλοῖ δ' ἡ β Ald.: δήλη δ' ἡ α Cs. edd.: δήλη δὲ ἤδη γ   20 διαπλεῖ E^a Ppr. K^c mpr. n   22 τὸ^(2) om. L^c Ald.   24 ὁ om. E^a P K^c M^cpr.   εἰς] ὡς γ (exc. L^crc.)   τῷ ὠχρῷ P K^c M^cpr. ὅπερ C^a: qui Guil.   26 ἄδηλος C^apr.: εὔδηλος C^arc.   27 post δὲ add. ἔτι α Cs.   28 ἄλλου] ὅλου α (exc. C^a)   29 πως C^a   30 ἐξαιρούμενοι codd. Ald.: si aliquis discooperierit Scot.: elevati Guil.: emineant Gaza: ἐξαιρόμενοι cj. Sylb. Cs. edd.   31 ἔστι L^cpr. m n Ald.   32 αὐγήν] αὐτήν E^a P K^c n Ald.   ὕστερον β γ Ald.: στερεὸν α Scot. Guil. Cs. edd.: nihil solidi ... nec quicquam aliud Gaza   561b1 διάκεινται α (exc. C^a)

δ' ἐν τῷ χρόνῳ τούτῳ καὶ τὰ σπλάγχνα ἤδη φανερὰ καὶ τὰ περὶ τὴν κοιλίαν καὶ τὴν τῶν ἐντέρων φύσιν, καὶ αἱ φλέβες αἱ ἀπὸ τῆς καρδίας φαινόμεναι τείνειν πρὸς τῷ 5 ὀμφαλῷ ἤδη γίγνονται. ἀπὸ δὲ τοῦ ὀμφαλοῦ τέταται φλὲψ ἡ μὲν πρὸς τὸν ὑμένα τὸν περιέχοντα τὸ ὠχρόν (τὸ δ' ὠχρὸν ἐν τούτῳ τῷ χρόνῳ ὑγρὸν ἤδη ἐστὶ καὶ πλεῖον ἢ τὸ κατὰ φύσιν), ἡ δ' ἑτέρα εἰς τὸν ὑμένα τὸν περιέχοντα ὅλον τὸν ὑμένα ἐν ᾧ ὁ νεοττός, καὶ τὸν τοῦ ὠχροῦ ὑμένα 10 καὶ τὸ μεταξὺ τούτων ὑγρόν. αὐξανομένου γὰρ τοῦ νεοττοῦ κατὰ μικρὸν τοῦ ὠχροῦ τὸ μὲν ἄνω γίνεται τὸ δὲ κάτω, ἐν μέσῳ δὲ τὸ λευκὸν ὑγρόν· τοῦ δὲ κάτω ὠχροῦ τὸ λευκὸν κάτωθεν, ὥσπερ τὸ πρῶτον ὑπῆρχεν. δεκαταίου δ' ὄντος τὸ λευκὸν ἔσχατον γίνεται, ὀλίγον ἤδη ὂν καὶ γλίσχρον καὶ 15 παχὺ καὶ ὕπωχρον. τέτακται γὰρ τῇ θέσει ἕκαστα τόνδε τὸν τρόπον. πρῶτος μὲν καὶ ἔσχατος πρὸς τὸ ὄστρακον ὁ τοῦ ᾠοῦ ὑμήν, οὐχ ὁ τοῦ ὀστράκου, ἀλλ' ὑπ' ἐκεῖνον. ἐν δὲ τούτῳ λευκὸν ἔνεστιν ὑγρόν, εἶτα ὁ νεοττός καὶ ὁ περὶ αὐτὸν ὑμὴν χωρίζων, ὅπως μὴ ᾖ ἐν ὑγρῷ ὁ νεοττός· ὑπὸ δὲ τὸν 20 νεοττὸν τὸ ὠχρόν, εἰς ὃ τῶν φλεβῶν ἔφερεν ἡ ἑτέρα, ἡ δ' ἑτέρα εἰς τὸ περιέχον λευκόν. τὸ δὲ πᾶν περιέχει ὑμὴν μετὰ ὑγρότητος ἰχωροειδοῦς. εἶτα ἄλλος ὑμὴν περὶ αὐτὸ ἤδη τὸ ἔμβρυον, ὥσπερ εἴρηται, χωρίζων πρὸς τὸ ὑγρόν. ὑποκάτω δὲ τούτου τὸ ὠχρὸν ἐν ἑτέρῳ ὑμένι περιειλημμένον, ἐν 25 ᾧ τείνει ὀμφαλὸς ὁ ἀπὸ τῆς καρδίας καὶ τῆς μεγάλης φλεβὸς φέρων, ὥστε μὴ εἶναι τὸ ἔμβρυον ἐν οὐδετέρᾳ τῶν 27 ὑγροτήτων.
27   περὶ δὲ τὴν εἰκοστὴν ἤδη φθέγγεταί τε κινούμενος

6 τὸ ὠχρόν[(1)] ... 8 περιέχοντα om. γ (exc. L[c]rc.)   ὠχρόν[(1)]] ὑγρὸν α (exc. C[a])   7 ἐν τῷ χρόνῳ τούτῳ ὑγρόν ἐστιν ἤδη α (exc. C[a]) Bk.   9 τὸν[(1)] om. γ   post τὸν[(1)] add. τε α Bk.   12 τὸ[(1)(2)] om. α   16 πρώτως β γ Ald.   ἔσχατον β γ Ald.   ὁ om. C[a]: τὸ α (exc. C[a])   18 ἔνεστιν] εἶτ' ἔνεστιν ὁ α ὁ[(2)] om. α Bk.   19 ᾗ post νεοττὸς transp. α   20 εἰς ὃ] εἴσω β (exc. O[c]rc.) γ (exc. L[c]rc.)   23 χωρίζον C[a]pr.   τῷ ὑγρῷ E[a]   24 τοῦτο β (exc. S[c]) E[a] P K[c]   τὸ om. β (exc. S[c]) γ Ald.   ἐμπεριειλημμένον ἑτέρῳ ὑμένι S[c] ἐν ᾧ β γ Ald.: εἰς ὃ α Cs. edd.   25 ὁ ὀμφ. transp. α (exc. C[a])   26 μὴ δ' ἑτέρα C[a]: μηδετέρα A[a] G[a] Q: οὐδετέρα F[a] X[c] β mrc. Ald.: οὐδετέρῳ γ (exc. mrc.)   27 ἤδη] ᾗ A[a] G[a]pr. Q F[a] X[c]   φθέγγεται (sic) κιν. A[a]

HISTORIA ANIMALIUM VI

ἔσωθεν, ἄν τις κινῇ διελών, καὶ ἤδη δασὺς γίνεται ὅταν ὑπὲρ τὰς εἴκοσιν γίγνηται ἡ ἐκκόλαψις τῶν ᾠῶν. ἔχει δὲ τὴν κεφαλὴν ὑπὲρ τοῦ δεξιοῦ σκέλους ἐπὶ τῇ λαγόνι, τὴν δὲ πτέρυγα ὑπὲρ τῆς κεφαλῆς· καὶ φανερὸς κατὰ τοῦτον τὸν χρόνον ὅ τε χοριοειδὴς ὑμὴν ὁ μετὰ τὸν τοῦ ὀστράκου ὑμένα τὸν ἔσχατον, εἰς ὃν ἔτεινεν ὁ ἕτερος τῶν ὀμφαλῶν (καὶ ὁ νεοττὸς ἐν τούτῳ δὴ γίνεται τότε ὅλος), καὶ ὁ ἕτερος ὑμὴν χοριοειδὴς ὤν, ὁ περὶ τὸ ὠχρὸν εἰς ὃ ἔτεινεν ὁ ἕτερος ὀμφαλός· ἄμφω δ' ἤστην ἀπό τε τῆς καρδίας καὶ τῆς φλεβὸς τῆς μεγάλης. ἐν δὲ τούτῳ τῷ χρόνῳ ὁ μὲν πρὸς τὸ ἔξω χόριον ὀμφαλὸς τείνων ἀπολύεται τοῦ ζῴου συμπεπτωκώς, ὁ δὲ εἰς τὸ ὠχρὸν φέρων συνήρτηται τοῦ νεοττοῦ πρὸς τὸ ἔντερον τὸ λεπτόν, καὶ ἔσω τοῦ ὠχροῦ πολὺ ἤδη γίνεται ἐν τῷ νεοττῷ, καὶ ὑπόστημα ἐν τῇ κοιλίᾳ ὠχρόν. καὶ περίττωμα δὲ ἀφίησι περὶ τὸν χρόνον τοῦτον πρὸς τὸ ἔξω χόριον, καὶ ἐν τῇ κοιλίᾳ ἔχει· λευκὸν δὲ καὶ τὸ ἔξω περίττωμα, καὶ ἔσω τι ἐγγίνεται λευκόν. τέλος δὲ τὸ ὠχρὸν ἀεὶ ἔλαττον γινόμενον καὶ προϊὸν ἀναλίσκεται πάμπαν καὶ ἐμπεριλαμβάνεται ἐν τῷ νεοττῷ, ὥστε ἤδη ἐκκεκολαμμένου δεκαταίου, ἄν τις ἀνασχίσῃ, ἔτι πρὸς τῷ ἐντέρῳ μικρόν τι τοῦ ὠχροῦ λείπεται, ἀπὸ δὲ τοῦ ὀμφαλοῦ ἀπολέλυται, καὶ οὐθὲν γίνεται μεταξὺ ἀλλ' ἀνήλωται πᾶν. περὶ δὲ τὸν χρόνον τὸν πρότερον ῥηθέντα καθεύδει μὲν ὁ νεοττός, ἐγείρεται

28 ἐάν τις κ. α Sn.: ἀντικινεῖ γ (exc. L°rc. mrc.) 29 γίγ. post ἡ ἐκκ. transp. α Bk. γίνεται A^a G^a Q, D^a O^c 30 ὑπὲρ] ὑπὸ A^apr. G^a Q 31 ὑπὲρ] ὑπὸ G^a Q τῆς om. α φανερῶς β (exc. V^crc.) γ (exc. L^c m) 32 χορειώδης β: χοριώδης s. χωρ- γ: χοιροειδὴς C^a 562a1 ἐνέτεινεν α (exc. C^a) 2 δὴ] ἤδη α Dt. τότε ὅλος] τὸ τέλος C^a A^apr. Guil. 3 χορειώδης β: χοριώδης s. χωρ- γ: χοιροειδὴς C^a ὁ^(1) om. α ὃ] ὃν mrc. ἐτείνετο C^a A^a F^a X^c: ἐτείνατο G^a Q Ott. 4 δή ἐστιν α: δ' ἤσθην γ (exc. E^arc. Prc.) 5 ὁ μὲν ἔξω πρὸς τὸ χ. transp. α 6 χωρίον codd. nonn. passim συμπεπτωκότος α: συμπεπτωκός P 7 συναρτεῖται γ Ald. 10 δὲ ἀφίησι] δ' ἀφιᾶσι α Guil.: δὴ γίνεται K^c περὶ τὸν χρόνον τοῦτον post χόριον transp. α (exc. C^a) χωρίον β γ (exc. P mrc.) Ald. 11 post κοιλίᾳ add. δὲ V^crc., P L^c m n Ald. δὲ om. Ald. 12 τὸ om. γ (exc. mrc.) ἀεὶ ὠχρὸν transp. E^a 14 ἐκκεκολαμένου α: ἐκκεκαλυμμένου β γ Ald.: exclusum Guil. 15 ἔτι] τὰ α 16 δὲ post ὀμ. transp. P 17 post γίν. add. τὸ C^a: τῶ α (exc. C^a) ἄλλο γ ἀνήλωται πᾶν om. γ

275

ARISTOTELIS

δὲ καὶ ἀναβλέπει κινούμενος καὶ φθέγγεται· καὶ ἡ καρδία ἅμα τῷ ὀμφαλῷ ἀναφυσᾷ ὡς ἀναπνέοντος. ἡ μὲν οὖν γένεσις ἐκ τοῦ ᾠοῦ τοῖς ὄρνισι τοῦτον ἔχει τὸν τρόπον.

τίκτουσι δ' αἱ ὄρνιθες ἔνια ἄγονα τῶν ᾠῶν καὶ τὰ ἐξ ὀχείας γινόμενα, καὶ ἐπῳαζουσῶν οὐθὲν γίνεται ἔκγονον· τεθεώρηται δὲ τοῦτο μάλιστα ἐπὶ τῶν περιστερῶν. τὰ δὲ δίδυμα τῶν ᾠῶν δύο ἔχει λεκίθους, ὧν τὰ μὲν διείργει τοῦ μὴ εἰς ἄλληλα συγκεχύσθαι τὰ ὠχρὰ τοῦ λευκοῦ λεπτὴ διάφυσις, τὰ δ' οὐκ ἔχει ταύτην τὴν διάφυσιν, ἀλλὰ συμψαύουσιν. εἰσὶ δ' ἔνιαι ἀλεκτορίδες αἳ πάντα δίδυμα τίκτουσιν, ὡς ἐπὶ τούτων ὦπται τὸ περὶ τὴν λέκιθον συμβαῖνον· ὀκτωκαίδεκα γάρ τις τεκοῦσα ἐξέλεψε δίδυμα, πλὴν ὅσα οὔρια ἐγένετο. τὰ μὲν οὖν ἄλλα γόνιμα, πλὴν ὅσα τὸ μὲν μεῖζον τὸ δ' ἔλαττον γίνεται τῶν διδύμων τὸ δὲ τελευταῖον τερατῶδες.

[4] τίκτουσι δὲ πάντα μὲν τὰ περιστεροειδῆ δύο, οἷον φάττα καὶ τρυγὼν ὡς ἐπὶ τὸ πολύ, τὰ δὲ πλεῖστα τρία τρυγῶν καὶ φάττα. τίκτει δ' ἡ μὲν περιστερά, ὥσπερ εἴρηται, πᾶσαν ὥραν, τρυγὼν δὲ καὶ φάττα ἐν τῷ ἔαρι, οὐ πλεονάκις ἢ δίς· τίκτει δὲ τὰ δεύτερα, ὅταν τὰ πρότερα γεννηθέντα διαφθαρῇ· πολλαὶ γὰρ διαφθείρουσιν αὐτὰ τῶν ὀρνίθων. τίκτει μὲν οὖν οὕτως ὥσπερ εἴρηται, καὶ τρία ποτέ· ἀλλ' ἐξάγει γε οὐδέποτε δυοῖν πλέον νεοττοῖν, ἐνίοτε δὲ καὶ ἕνα μόνον· /11/ τὸ δ' ὑπολειπόμενον τῶν ᾠῶν ἀεὶ οὔριόν ἐστιν. τῶν δὲ πλείστων /12/ ὀρνέων οὐδὲν αὐτοετές γεννᾷ. ἅπαντες

19 φθέγγεται] φθείρεται A^apr.   20 ἀναφῦσα codd. nonn.   21 ἐκ om. γ τίκτουσαι C^a   25 λεκύθους β γ (exc. E^a) Ald.   τὰ] τὸ α (exc. Q) τοῦ] τὸ α   26 διάθεσις γ (exc. L^crc.)   27 τοιαύτην L^c post ἔνιαι add. αἱ A^apr.   28 ὥς] καὶ ἤδη α Guil. Bk.   29 τὸ om. C^a A^apr. λέκυθον β γ (exc. m) Ald.   30 οὔρινα β γ (exc. m) Ald.   31 ὅσα codd. (exc. ὅσω Prc.) Ald.: ὅτι cj. Gesner edd.   562b1 ἔλασσον α τὸ⁽²⁾] ὁτὲ γ τελευτᾶ E^a   4 τὸ om. E^a P m n   6 οὐ om. β (exc. V^crc.) γ (exc. L^crc.)   7 δέτερα C^a   πρότερα] πρῶτα C^a: πρότερον α (exc. C^a) E^a Bk. 8 πολλοὶ α: πολλὰ γ (exc. L^crc.)   9 οὖν om. γ (exc. m) Ald.   οὕτως om. α Bk.   τρίς L^cm n   10 γε α (exc. C^a): τε cett. (τε καὶ L^c Ald.): om. Sn. edd.   δυσὶ β γ (exc. m) Ald.   πλείω C^a A.-W.: πλέω A^a G^a Q F^apr.: πλέων F^arc. X^c   δὲ καὶ ἕνα] δ' ἕν α A.-W.   11 οὔρινον β L^crc. Ald.

δ' οἱ ὄρνιθες, ἐπειδὰν /13/ ἅπαξ ἄρξωνται τίκτειν, διὰ τέλους ὡς εἰπεῖν ἔχουσιν ᾠά, ἀλλ' /14/ ἐν ἐνίοις διὰ μικρότητα οὐ ῥᾴδιον ἰδεῖν. ἡ δὲ περιστερὰ ὡς ἐπὶ τὸ πολὺ ἄρρεν καὶ θῆλυ, καὶ τούτων ὡς ἐπὶ τὸ πολὺ πρότερον τὸ ἄρρεν τίκτει· καὶ τεκοῦσα μίαν ἡμέραν διαλείπει τὰ πολλά, εἶτα πάλιν τίκτει θάτερον. ἐπῳάζει δὲ καὶ ὁ ἄρρην ἐν τῷ μέρει τῆς ἡμέρας, τὴν δὲ νύκτα ἡ θήλεια. ἐκπέττεταί τε καὶ ἐκλέπεται ἐντὸς εἴκοσιν ἡμερῶν τὸ γεννώμενον πρότερον τῶν ᾠῶν· τιτρώσκει δὲ τὸ ᾠὸν τῇ προτέρᾳ ἢ ἐκλέπει. καὶ συνθερμαίνουσι τοὺς νεοττοὺς ἀμφότεροι ἐπὶ χρόνον τὸν αὐτὸν ὄνπερ καὶ τὰ ᾠά. χαλεπωτέρα δὲ καὶ ἡ θήλειά ἐστι περὶ τὴν τεκνοτροφίαν τοῦ ἄρρενος, ὥσπερ καὶ τὰ ἄλλα ζῷα μετὰ τὸν τόκον. τίκτουσι δὲ τοῦ ἐνιαυτοῦ καὶ δεκάκις, ἤδη δέ τινες καὶ ἑνδεκάκις, αἱ δ' ἐν Αἰγύπτῳ καὶ δωδεκάκις. ὀχεύει δὲ καὶ ὀχεύεται ἡ περιστερὰ ἐντὸς τοῦ ἐνιαυτοῦ· καὶ γὰρ ἐξ μηνῶν ὀχεύει καὶ ὀχεύεται. τὰς δὲ φάττας καὶ τὰς τρυγόνας ἔνιοί φασιν ὀχεύεσθαι καὶ γεννᾶν καὶ τρίμηνα ὄντα, σημεῖον ποιούμενοι τὴν πολυπλήθειαν αὐτῶν. ἔγκυα δὲ γίνεται δέκα καὶ τέτταρας ἡμέρας, καὶ ἐπῳάζει ἄλλας τοσαύτας· ἐν ἑτέραις δὲ δέκα καὶ τέτταρσι πτεροῦνται οὕτως ὥστε μὴ ῥᾳδίως καταλαμβάνεσθαι. βιοῖ δὲ φάττα, ὥς φασι,

13 ἅπαξ M^c rc. L^c m n Ald.: ἀπ α: ἅπαντες β E^a K^c Mpr.: om. P: semel Guil.: om. Gaza   post ἔχ. add. φύσει γ Cs.   14 ἐν om. G^a Q β γ Ald.   post ὡς add. μὲν α   16 post ἡμ. add. οὐ γ   τὰ πολλὰ om. α Dt.   18 ἐν om. Ald.   τῷ om. L^c   θέρει β γ (exc. mrc.) Ald.   ἐκπέτεται α (exc. C^a) β E^a rc. L^c Ald.   19 τε om. m: autem Guil.: δὲ cj. Sn.   γενόμενον α (exc. γινόμενον F^a X^c) Bk.   20 τιτρώσκουσι E^a   προτεραία α Bk.   ἢ L^c n Ald.: ἧς α: ἢ β γ (exc. L^c n)   21 ἐκλείπει E^a   post ἐπὶ add. τινα α Dt.   22 post αὐτὸν add. δὲ τρόπον C^a: χρόνον α (exc. C^a)   καὶ^(2) om. α L^c Ald.   23 περὶ] ἐπὶ α   τεκνοφορίαν A^a pr. G^a Q   24 τόκον] κόπον P K^c M^c mpr.   25 ἤδη δὲ τινες om. L^c m n Ald.   τις β E^a P K^c   26 ὀχεύεται δὲ καὶ ὀχεύει transp. α (exc. C^a)   τοῦ om. α γ Bk.   27 ἓξ μηνῶν A^a rc. β γ Ald.: ἑξάμηνον C^a: ἔκμηνος A^a pr. G^a Q: ἔκμηνον F^a X^c: ἔκμηνος Bk.   ὀχεύει καὶ om. γ (exc. L^c rc.)   29 ἔγγυα α   31 τέσσαρσι α (exc. C^a) E^a   πτεροῦνται C^a: πτεραιοῦται A^a G^a pr. F^a X^c: om. Q in lac.   οὕτως ... αι καταλαμβάνεσθαι om. L^c pr. m n   οὕτως om. L^c rc.   563a1 μὴ ῥᾳδίως] καὶ ῥᾳδίας μὴ E^a P K^c M^c   καταλαμβάνεσθαι] κατ vac. 3 P M^c: κατα E^a K^c

καὶ τετταράκοντα ἔτη· καὶ αἱ πέρδικες δὲ πλείω ἔτη ἢ ἑκκαίδεκα. τίκτει δὲ καὶ ἡ περιστερὰ ἀπονεοττεύουσα πάλιν ἐν τριάκοντα ἡμέραις.

[5] ὁ δὲ γὺψ νεοττεύει μὲν ἐπὶ πέτραις ἀπροσβάτοις· διὸ σπάνιον ἰδεῖν νεοττείαν γυπὸς καὶ νεοττούς. καὶ διὰ τοῦτο Ἡρόδωρος ὁ Βρύσωνος τοῦ σοφιστοῦ πατήρ φησιν εἶναι τοὺς γύπας ἀφ' ἑτέρας γῆς, ἀδήλου ἡμῖν, τοῦτό γε λέγων τὸ σημεῖον, ὅτι οὐδεὶς ἑώρακε γυπὸς νεοττείαν, καὶ ὅτι πολλοὶ ἐξαίφνης φαίνονται ἀκολουθοῦντες τοῖς στρατεύμασιν. τὸ δ' ἐστὶ χαλεπὸν μὲν ἰδεῖν, ὦπται δ' ὅμως. τίκτουσι δὲ δύο ᾠὰ οἱ γύπες. τὰ μὲν οὖν ἄλλα ὅσα σαρκοφάγα οὐκ ὦπται πλεονάκις ἢ ἅπαξ τίκτοντα, ἡ δὲ χελιδὼν δὶς νεοττεύει μόνον τῶν σαρκοφάγων· τῶν δὲ νεοττῶν ἄν τις ἔτι νέων ὄντων τῆς χελιδόνος τὰ ὄμματα ἐκκεντήσῃ, γίνονται ὑγιεῖς καὶ βλέπουσιν ὕστερον.

[6] ὁ δ' ἀετὸς ᾠὰ μὲν τίκτει τρία, ἐκλέπει δὲ τούτων τὰ δύο, ὥσπερ ἐστὶ καὶ ἐπὶ τοῖς λεγομένοις Μουσαίου ἔπεσιν, "ὃς τρία μὲν τίκτει, δύο δ' ἐκλέπει, ἓν δ' ἀλεγίζει." ὡς μὲν οὖν τὰ πολλὰ οὕτω συμβαίνει, ἤδη δὲ καὶ τρεῖς νεοττοὶ ὠμμένοι εἰσίν. ἐκβάλλει δ' αὐξανομένων τὸν ἕτερον τῶν νεοττῶν ἀχθόμενος τῇ ἐδωδῇ. ἅμα δὲ λέγεται /23/ ἐν τῷ χρόνῳ τούτῳ ἄπαστος γίνεσθαι, ὅπως μὴ ἁρπάζῃ

2 καὶ(1) om. L^c m n   ἢ ἔτη(2) transp. α Bk.   3 καὶ om. α Bk.   6 νεοττιάν α Bk.   post τοῦτο add. καὶ α Bk.   7 ἡρόδοτος β (exc. O^crc.) γ Ald.   ὁ om. γ (exc. L^crc.)   βρύσωνος C^a: βρίσσωνος β L^crc. Ald.: ἀρίσσωνος γ   πατέρας β (exc. O^crc. V^crc.) γ (exc. m)   8 ἐφ' β γ Ald.   ἀδήλους β γ (exc. L^cmrc.) Ald.   γε] τε α Bk.: γὰρ K^c   λέγεται K^c   9 νεοττιάν α Bk.   πολλοῖς γ   10 στρατευομένοις α (exc. C^a)   11 μὲν om. β γ Ald.   οἱ om. γ   13 μόνον] μᾶλλον C^a Guil.   14 δὲ νεοττῶν om. γ (exc. L^crc.)   τῆς χελιδόνος om. L^c m n   15 βλέποντες γ   18 ἐπὶ] ἐν α mrc. Cs. edd.   μους. λεγ. transp. α Bk.   19 δ'(1) codd. Ald.: om. Bk. edd. per errorem   δὲ λεπίζει γ (δὲ λιβάζει L^crc.)   20 τρὶς G^a Q, D^a O^c, K^c   22 τῶν νεοττῶν] νεοττὸν β   τῆς ἐδωδῆς C^a   post δὲ add. καὶ α Bk.   23 τούτῳ] τῷ αὐτῷ C^a A^apr. G^a Q Dt.: eodem Guil.   ἄπαστος β E^a P Mc Sylb. edd.: ἑπάετος C^a: ἑπτάετος A^apr. G^apr. Qpr.: ἑξάετος G^arc. Qrc., mrc.: ἀσπαστός A^arc. F^a X^c, K^c L^c n, Ald. Canis.: debilitatur Scot. Alb.: extra genus aquile Guil.: exaeti Gaza: ἀπάετος cj. Junt. Bas. Camot.: ἄπαγρος cj. Sn: ἀπτὴν ὁ ἀετὸς cj. Peck   post ὅπως add. εἰ γ (exc. L^crc. mrc.)   ἁρπάζει E^a K^c

HISTORIA ANIMALIUM VI

τοὺς τῶν θηρίων σκύμνους· οἵ τε ὄνυχες οὖν αὐτῷ διαστρέφονται ὀλίγας ἡμέρας, καὶ τὰ πτερὰ λευκαίνεται, ὥστε καὶ τοῖς τέκνοις τότε γίνονται χαλεποί. τὸν δ' ἐκβληθέντα δέχεται καὶ τρέφει ἡ φήνη. ἐπῳάζει δὲ περὶ τριάκοντα ἡμέρας. καὶ τῶν ἄλλων δὲ τοῖς μεγάλοις ὁ χρόνος τοσοῦτός ἐστι τῆς ἐπῳάσεως, οἷον χηνὶ καὶ ὠτίδι· τοῖς δὲ μέσοις περὶ εἴκοσιν, οἷον ἰκτίνῳ καὶ ἱέρακι. τίκτει δ' ὁ ἰκτῖνος τὰ μὲν πλεῖστα δύο, ἐνίοτε δὲ καὶ τρεῖς ἐξάγει νεοττούς· ὁ δ' αἰτώλιος καλούμενος ἔστιν ὅτε καὶ τέτταρας. τίκτει δὲ καὶ ὁ κόραξ οὐ μόνον δύο, ὥσπερ φασί τινες, ἀλλὰ πλείω· /2/ καὶ ἐπῳάζει περὶ εἴκοσιν ἡμέρας καὶ ἐκβάλλει τοὺς νεοττοὺς ὁ κόραξ. ποιεῖ δὲ καὶ ἄλλα τῶν ὀρνέων τὸ αὐτὸ τοῦτο· πολλάκις γάρ, ὅσα πλείω τίκτει, ἕνα ἐκβάλλουσιν. οὐ πάντα δὲ τὰ τῶν ἀετῶν γένη ὅμοια περὶ τὰ τέκνα, ἀλλ' ὁ πύγαργος χαλεπός, οἱ δὲ μέλανες εὔτεκνοι περὶ τὴν τροφήν εἰσιν, ἐπεὶ πάντες ὡς εἰπεῖν οἱ γαμψώνυχες, ὅταν θᾶττον οἱ νεοττοὶ δύνωνται πέτεσθαι, ἐκβάλλουσι τύπτοντες ἐκ τῆς νεοττείας. καὶ τῶν ἄλλων δέ, ὥσπερ εἴρηται, σχεδὸν οἱ πλεῖστοι τοῦτο δρῶσι καὶ ἐκθρέψαντες οὐδεμίαν ἐπιμέλειαν ποιοῦνται τὸ λοιπόν, πλὴν κορώνης· αὕτη δὲ ἐπί τινα χρόνον ἐπιμελεῖται· καὶ γὰρ ἤδη πετομένη σιτίζει παραπετομένους.

[7] ὁ δὲ κόκκυξ λέγεται μὲν ὑπό τινων ὡς μεταβάλλει ἐξ ἱέρακος, διὰ τὸ ἀφανίζεσθαι τὸν ἱέρακα περὶ τοῦτον τὸν

24 τοὺς om. G^a Q   οὖν om. α (exc. C^a): ante ὄνυχες transp. L^c m n Ald. αὐτοῦ α γ (exc. P) Ald.   διαφέρονται C^a A^a pr. G^a Q   25 λευκαίνονται β 27 ἐκτρέφει α Bk.   περὶ om. β   28 ὁ om. γ   29 χηνὸς καὶ ὠτίδος α 30 καὶ om. γ   31 δὲ γώλιος γ (exc. L^c rc.): agubacus Scot.: agulneus Alb.: etolius Guil. Gaza: αἰγώλιος cj. edd.   32 τέτταρα A^a G^a Q   563b2 καὶ ἐπῳάζει C^a β γ Ald.: ἐπ. δὲ α (exc. C^a) Bk.   περὶ om. α (exc. C^a)   3 καὶ om. α (exc. C^a)   ὀρνίθων α   7 post πάντες add. γε α Bk.: τε E^a P K^c M^c   ὅτι C^a: ὅτε α (exc. C^a) Bk.   8 δύνανται α (exc. C^a) Bk.   πέττεσθαι α (exc. C^a) E^a pr. P pr.   9 νεοττιᾶς α edd.   10 ἐκθρέψαντες E^a Prc. L^c rc.: θρέψαντες α Cs: ἐπικάμψαντες β: ἐκτρέψαντες P pr. M^c: ἐκπέμψαντες K^c: ἐκλέψαντες L^c pr. m n Ald.   11 τὸ om. α   δὲ] γὰρ L^c m n Ald.   12 πετομένη β γ (exc. Prc.) Ald.: πετομένων α Cs. Bk.: πετομέτοις Prc. Sn.: quando volant sui pulli Scot.: volantibus Guil.: volantes Gaza παραπετομένη Prc. (incert. C^a) Sn. Bk.: παραπετομένους cett. Ald.   15 ante περὶ add. καὶ γ Ald.

χρόνον, ᾧ ὅμοιός ἐστιν· σχεδὸν δὲ καὶ τοὺς ἄλλους ἱέρακας οὐκ ἔστιν ἰδεῖν, ὅταν θᾶττον φθέγγηται ὁ κόκκυξ, πλὴν ὀλίγας ἡμέρας. ὁ δὲ κόκκυξ φαίνεται μὲν ἐπ' ὀλίγον χρόνον τοῦ θέρους, τὸν δὲ χειμῶνα ἀφανίζεται. ἔστι δ' ὁ μὲν ἱέραξ γαμψώνυχος, ὁ δὲ κόκκυξ οὐ γαμψώνυχος· ἔτι δ' οὐδὲ τὰ περὶ τὴν κεφαλὴν ἔοικεν ἱέρακι, ἀλλ' ἄμφω ταῦτα περιστερᾷ μᾶλλον· ἀλλ' ἢ κατὰ τὸ χρῶμα μόνον προσέοικεν ἱέρακι, πλὴν τοῦ μὲν ἱέρακος τὰ ποικίλα οἷον γραμμαί εἰσι, τοῦ δὲ κόκκυγος οἷον στιγμαί. τὸ μέντοι μέγεθος καὶ ἡ πτῆσις παραπλησία τῷ ἐλαχίστῳ τῶν ἱεράκων, ὃς κατὰ τὸν χρόνον τοῦτον ἀφανής ἐστιν ὡς ἐπὶ τὸ πολὺ ὃν φαίνεται ὁ κόκκυξ, ἐπεὶ ἤδη γε ὠμμένοι εἰσὶν ἄμφω. καὶ κατεσθιόμενος δ' ὦπται κόκκυξ ὑπὸ ἱέρακος· καίτοι οὐθὲν ποιεῖ τοῦτο τῶν ὁμοιογενῶν ὀρνέων. νεοττοὺς δὲ κόκκυγος λέγουσιν ὡς οὐδεὶς ἑώρακεν· ὁ δὲ τίκτει μέν, ἀλλ' οὐ ποιησάμενος νεοττείαν, ἀλλ' ἐνίοτε μὲν ἐν τῇ τῶν ἐλαττόνων ὀρνίθων ἐντίκτει καταφαγὼν τὰ ᾠὰ τὰ ἐκείνων, μάλιστα δ' ἐν ταῖς τῶν φαβῶν νεοττείαις, καταφαγὼν καὶ τὰ τούτων ᾠά. τίκτει δ' ὀλιγάκις μὲν δύο, τὰ δὲ πλεῖστα ἕν. τίκτει δὲ καὶ ὑπὸ τῇ τῆς ὑπολαΐδος νεοττείᾳ· ἡ δ' ἐκλέπει καὶ ἐκτρέφει. γίνεται δὲ πίων καὶ ἡδύκρεως κατὰ τοῦτον τὸν καιρὸν μάλιστα. γίνονται δὲ καὶ τῶν ἱεράκων οἱ νεοττοὶ ἡδύκρεῳ σφόδρα καὶ πίονες. νεοττεύει δὲ γένος τι αὐτῶν πόρρω καὶ ἐν ἀποτόμοις πέτραις.

16 ᾧ ὅμοιός] ὅμοιος δ' C^a A^a G^a*pr.* F^a X^c Dt.: ὧις ὅμοιος δ' G^a*rc.*: οἷς ὅμοιος δ' Q; *cui similis* Guil. **17** ὅτε θα. φθέγγεται α (exc. C^a) Bk. **18** μὲν om. α γ Bk. **20** ὁ δὲ κόκκυξ οὐ] καὶ ὁ κόκκυξ γ (exc. L^c*rc.*) οὐδὲ] οὔτε γ Ald. **21** τὰ αὐτὰ πε. μάλλον ἢ ἱέρακι ἀλλὰ κατὰ α **23** τὰ om. C^a A^a*pr.* G^a Q **26** ὡς om. L^c m n Ald. ὃν] ὢν P ὁ om. C^a A^a G^a Q **28** ὑπὸ] ἀπὸ C^a ὁμογενῶν α (exc. C^a) Sn. **29** λέγει A^a*pr.* G^a Q **30** νεοττιὰν α Bk. **31** τίκτει L^c m n τὰ ᾠὰ τὰ ἐκείνων] τὰ τούτων ᾠὰ α (exc. C^a) **32** μάλιστα ... αι ὠά om. F^a X^c, K^c φλάβων α Guil.: φάττων O^c*rc.* V^c*rc.*, P m*rc.* νεοττιαῖς α Bk. **564a2** ἐντίκτει α (exc. C^a) Bk.: *parit in nido* Guil. Gaza ὑπὸ om. α Bk.: ἐν cj. Sylb. Sn. τῇ om. E^a P K^c m*pr.*: τὴν M^c L^c m*rc.* n τῆς om. M^c L^c*pr.* ὑλαΐδος D^a*pr.* S^c, L^c*rc.* νεοττιᾷ α Bk.: νεοττειας P: νεοττείαν L^c m n νεοτ. ... 4 καιρόν om. C^a **3** ἐκλέπει β Ald. Sn.: ἐκπέττει α V^c*rc.* γ (exc. ἐκπέτεται E^a) Cs. Bk.: *parit et enutrit* Guil.: *fovet et excludit et educat* Gaza πῖον καὶ ἡδύκρεων α **4** οἷ] οἷον C^a A^a*pr.* G^a Q; om. F^a X^c **5** ἡδύκρεοι β E^a P K^c M^c

[8] ἐπῳάζει δὲ τὰ πολλὰ τῶν ὀρνίθων, ὥσπερ εἴρηται περὶ τῶν περιστερῶν, διαδεχόμενα τὰ ἄρρενα τοῖς θήλεσι, τὰ δὲ τοσοῦτον χρόνον ὅσον ἀπολείπει τὸ θῆλυ τροφὴν αὑτῷ ποριζόμενον. τῶν δὲ χηνῶν αἱ θήλειαί τε ἐπῳάζουσι μόναι, καὶ διαμένουσι διὰ παντὸς ἐφεδρεύουσαι, ὅτανπερ ἄρξωνται τοῦτο ποιεῖν. πρὸς δὲ τόποις ἑλώδεσί τε καὶ πόαν ἔχουσι πάντων τῶν λιμναίων ὀρνίθων αἱ νεοττεῖαι γίνονται· διόπερ καὶ ἡσυχίαν ἔχοντες ἐπὶ τῶν ᾠῶν δύνανται τροφήν τινα αὑτοῖς πορίζεσθαι καὶ μὴ παντάπασιν ἄσιτοι εἶναι. ἐπῳάζουσι δὲ καὶ τῶν κορωνῶν αἱ θήλειαι μόναι, καὶ διατελοῦσιν ἐπ' αὐτῶν οὖσαι διὰ παντός· τρέφουσι δ' αὐτὰς οἱ ἄρρενες κομίζοντες τὴν τροφὴν αὐταῖς καὶ σιτίζοντες. τῶν δὲ φαβῶν ἡ μὲν θήλεια ἀπὸ δείλης ἀρξαμένη τήν τε νύκτα ὅλην ἐπῳάζει καὶ ἕως ἀκρατίσματος ὥρας, ὁ δ' ἄρρην τὸ λοιπὸν τοῦ χρόνου. οἱ δὲ πέρδικες δύο ποιοῦνται τῶν ᾠῶν σηκούς, καὶ ἐφ' ᾧ μὲν ἡ θήλεια ἐπὶ θατέρῳ δὲ ὁ ἄρρην ἐπῳάζει, καὶ ἐκλέψας ἐκπέμπει ἑκάτερος ἑκάτερα· καὶ τοὺς νεοττοὺς ὅταν πρῶτον ἐξάγῃ, ὀχεύει αὐτούς.

[9] ὁ δὲ ταὼς ζῇ μὲν περὶ εἴκοσι πέντε ἔτη, γεννᾷ δὲ τριέτης μάλιστα, ἐν οἷς καὶ τὴν ποικιλίαν τῶν πτερῶν ἀπολαμβάνει· καὶ ἐκλέπει ἐν τριάκοντα ἡμέραις ἢ μικρῷ πλείοσιν. ἅπαξ δὲ τοῦ ἔτους τίκτει μόνον· τίκτει δ' ᾠὰ δώδεκα ἢ μικρῷ ἐλάττω· τίκτει δὲ διαλιπὼν δύο ἢ τρεῖς ἡμέρας καὶ οὐκ ἐφεξῆς· αἱ δὲ πρωτοτόκοι μάλιστα περὶ

---

7 ὀρνέων α Bk.   8 τὰ] τὸν β Ald.   9 αὑτῷ A^a G^a Q, E^a P m*pr*. n: αὐτὸ K^c: αὑτὸ S^c   10 τε om. α Bk.   11 διαμένουσι om. β γ Ald.   ἐφεδρεύουσιν V^crc., P L^c m n   12 τόποις] τοῖς α   ὑλώδεσί β (exc. O^crc.)   13 νεοτταὶ C^a A^a G^a Q: νεοττιαὶ F^a X^c Bk.   14 τινα om. α Bk.   αὐτοῖς cett. edd.: αὑτοῖς A^a*pr*. G^a Q, n, Ald.: αὐταῖς D^a S^c R^c: αὐταῖς O^c T^c   16 διαμένουσιν β γ Ald.   18 φλάβων A^a G^a*pr*. Q F^a X^c: φάττων m*rc*.: *favorum* Guil.   21 ᾧ] ὧν C^a A^a*pr*.   22 ἐπὶ δὲ θατέρῳ δ' C^a: ἐπὶ δὲ θ. α (exc. C^a) Bk.   θάτερον G^a Q F^a X^c (abbrev. A^a): θατέρου β (exc. V^crc.)   ἐκπέμπει] ἐκτρέφει α V^crc. Dt.: *enutriens excludit* Guil.: *excludit et educat* Gaza   25 πέντε καὶ εἴκοσι α Bk.: εἴκοσι καὶ πεντε L^c Ald.   26 ἐν] ἐφ' C^a A^a*pr*. G^a Q   27 καὶ ἐκλέπει] ἐκλέπει δ' α Bk.   28 μόνον τίκτει transp. α Bk.   τίκτει^(1) om. γ   29 διαλείπων α Bk.   30 post περὶ add. τὰ C^a

ὀκτὼ /31/ ᾠά. τίκτουσι δ' οἱ ταῷ καὶ τὰ ὑπηνέμια. ὀχεύονται δὲ περὶ τὸ ἔαρ· /32/ γίνεται δὲ καὶ ὁ τόκος εὐθέως μετὰ τὴν ὀχείαν. πτερορρυεῖ /1/ δὲ ἅμα τοῖς πρώτοις τῶν δένδρων καὶ ἄρχεται αὖθις ἀπολαμβάνειν /2/ τὴν πτέρωσιν ἅμα τῇ τούτων βλαστήσει. ἀλεκτορίδι /3/ δ' ὑποτιθέασιν αὐτῶν τὰ ᾠὰ ἐπῳάζειν οἱ τρέφοντες διὰ /4/ τὸ τὸν ἄρρενα τῆς θηλείας τοῦτο δρώσης ἐπιπετόμενον συντρίβειν· διὰ ταύτην δὴ τὴν αἰτίαν καὶ τῶν ἀγρίων ἔνιοι ὀρνίθων ἀποδιδράσκοντες τοὺς ἄρρενας τίκτουσι καὶ ἐπῳάζουσιν. ὑποτίθεται δὲ μάλιστα τοῖς ὄρνισι δύο ᾠά· τοσαῦτα γὰρ δύνανται μόνα ἐπῳάζουσαι ἐξάγειν. ἐπιμελοῦνται δ' ὅπως μὴ καταβαίνουσα διαλείπῃ τὸν ἐπῳασμόν, παρατιθέντες τροφήν. οἱ δ' ὄρνιθες περὶ τὴν ὀχείαν τοὺς ὄρχεις μείζους ἔχουσιν ἐπιδήλως, οἱ μὲν μᾶλλον ὀχευτικοὶ καὶ μᾶλλον ἐπιδήλως, οἷον ἀλεκτρυόνες καὶ πέρδικες, οἱ δὲ μὴ συνεχῶς ἧττον.

περὶ μὲν οὖν τῆς τῶν ὀρνίθων γενέσεως καὶ κυήσεως τοῦτον ἔχει τὸν τρόπον.

[10] οἱ δ' ἰχθύες ὅτι μὲν οὐ πάντες ᾠοτοκοῦσιν, εἴρηται πρότερον. τὰ μὲν γὰρ σελάχη ζῳοτοκεῖ, τὸ δὲ τῶν ἄλλων ἰχθύων γένος ᾠοτοκεῖ. ζῳοτοκεῖ δὲ τὰ σελάχη πρότερον ᾠοτοκήσαντα ἐν αὑτοῖς, καὶ ἐκτρέφουσιν ἐν αὑτοῖς,

31 ταόνες Cᵃ: ταῶνες α (exc. Cᵃ)   post ταῷ add. τὰ ᾠὰ β γ Ald.: *pavones et ypenemia* Guil.   καὶ om. α Bk.   τὰ ὑπηνέμια β Lᶜrc. mrc. Ald.: ὑπηνέμια α Bk.: ταυτηνεμυ Eᵃ P: ταύτην Mᶜ: om. Kᶜ Lᶜpr. mpr. n   **564b1** ταῖς πρώταις γ (exc. Lᶜ)   2 ἀλεκτορίδι δ' α β Bk.: αἱ δὲ ἀλεκτορίδες γ (exc. Lᶜrc. mrc.): ταῖς δὲ ἀλεκτορίδαις Lᶜrc.: ταῖς δὲ ἀλεκτορίσιν mrc. Ald.   3 οἱ τρέφοντες om. α   4 τὸ] τοῦ γ (exc. Lᶜ)   5 δὴ] δὲ α Bk.   7 ὑποτίθενται Fᵃ Xᶜ   δὲ om. P   μάλιστα post ὄρν. transp. α γ Ald.   ταῖς α (exc. Cᵃ) Sn.   8 δύναται Cᵃ γ (exc. Lᶜrc.) Bk.   μόνα ante δύν. transp. α (exc. Cᵃ) Bk.   ante ἐπῳ. add. καὶ Cᵃ   ἐπῳάζουσα Cᵃ γ (exc. Lᶜrc.) Bk. ἐπιμελῶνται α (exc. Cᵃ) Ppr. Kᶜ   9 διαλείπῃ cett. Ald.: ἀπολίπῃ Cᵃ: διαλίπῃ Aᵃ Gᵃ Q, Kᶜ, Bk.   10 ἴσχουσιν α Bk.   ἐπιδήλως] ἐπειδὴ ὅλως γ (exc. Lᶜrc. mrc.): καὶ ὅλως mrc.   11 μᾶλλον⁽¹⁾] ἔλαττον γ (exc. Lᶜrc., del. mrc.)   μᾶλλον⁽²⁾] αἰεὶ Cᵃ Sn. Buss. Pk.: αἱ δὲ Aᵃpr. Gᵃpr. Q   ἐπιδήλους Aᵃpr. Gᵃ Q Buss. Pk.   13 οὖν om. Aᵃpr. Gᵃ Q   κυ. καὶ γεν. transp. α Lᶜ Ald.   14 μὲν om. α (exc. Cᵃ)   15 τὸ δὲ ... 16 ᾠοτοκεῖ om. γ   16 γένος ἰχθύων transp. α Bk.   ζῳοτοκεῖ δὲ τὰ σελάχη β γ (exc. om. P m) Ald. edd.: τὰ δὲ σελάχη α   17 πρῶτον α γ (exc. ἀλλὰ πρῶτον m, om. n) Guil.   ἐν αὑτοῖς⁽²⁾ om. α Guil.

πλὴν βατράχου. ἔχουσι δὲ καὶ τὰς ὑστέρας, ὥσπερ ἐν τοῖς ἄνω ἐλέχθη, διαφόρους οἱ ἰχθύες· τὰ μὲν γὰρ ᾠοτοκοῦντα δικρόας ἔχει καὶ κάτω, τὰ δὲ σελάχη ὀρνιθωδεστέρας. δια- 20 φέρει δὲ τῆς τῶν ὀρνίθων ὑστέρας, ὅτι οὐ πρὸς τῷ ὑποζώματι ἐνίοις συνίσταται τὰ ᾠά, ἀλλὰ μεταξὺ κατὰ τὴν ῥάχιν, ἐκεῖθεν δ' αὐξανόμενα μεταβαίνει. τὸ δ' ᾠὸν γίνεται πάντων τῶν ἰχθύων οὐ δίχρων ἀλλὰ ὁμόχρων, λευκότερον δ' ἢ ὠχρότερον, καὶ πρότερον καὶ ὅταν ἐνῇ ὁ νεοττός. διαφέρει 25 δ' ἡ γένεσις ἡ ἐκ τοῦ ᾠοῦ τοῦ τῶν ἰχθύων καὶ τῶν ὀρνίθων, ᾗ οὐκ ἔχει τὸν ἕτερον ὀμφαλὸν τείνοντα πρὸς τὸν ὑμένα τὸν ὑπὸ τὸ ὄστρακον· τὸν δ' εἰς τὸ ὠχρὸν τοῖς ὄρνισι τείνοντα πόρον, τοῦτον ἔχει τοῖν δυοῖν μόνον. ἡ δ' ἄλλη γένεσις ἤδη πᾶσα ἡ αὐτὴ ἐκ τοῦ ᾠοῦ τῶν τε ὀρνίθων καὶ τῶν ἰχθύων· ἐπ' 30 ἄκρου τε γὰρ τούτου γίνεται, καὶ αἱ φλέβες ὁμοίως τείνουσιν ἐκ τῆς καρδίας πρῶτον, καὶ ἡ κεφαλὴ καὶ τὰ ὄμματα καὶ τὰ ἄνω μέγιστα ὁμοίως πρῶτον· αὐξανομένου δὲ ἀεὶ ἔλατ- 565a1 τον γίνεται τὸ ᾠόν, καὶ τέλος ἀφανίζεται καὶ εἰσδύεται ἔσω, καθάπερ ἐν τοῖς ὄρνισιν ὁ νεοττὸς καλούμενος. προσπέφυκε δὲ καὶ ὁ ὀμφαλὸς μικρὸν κατώτερον τοῦ στόματος τῆς γαστρός. ἔστι δὲ νέοις μὲν οὖσιν ὁ ὀμφαλὸς μακρός, αὐξανο- 5 μένοις δ' ἐλάττων, καὶ τέλος μικρός, ἕως ἂν εἰσέλθῃ, καθάπερ ἐλέχθη ἐπὶ τῶν ὀρνίθων. περιέχεται δὲ τὸ ἔμβρυον καὶ τὸ ᾠὸν ὑμένι κοινῷ· ὑπὸ δὲ τοῦτον ἄλλος ἐστὶν ὑμήν, ὃς περιέχει ἰδίᾳ τὸ ἔμβρυον· μεταξὺ δὲ τῶν ὑμένων ἔνεστιν ὑγρότης. καὶ ἡ τροφὴ δ' ὁμοία γίνεται τοῖς ἰχθυδίοις ἐν τῇ 10

18 ἐν] καὶ ἐν γ Ald. 19 αἱ G[a] Q ἰχθὺς E[a] P L[c] n 23 καταβαίνει E[a] 24 δίχροον s. δίχρουν α γ Ald. μονόχροον α Bk. (-χρων): μονόχρωον καὶ ἰδίχροον Q Ott. 25 ἐπῇ α: ἦ L[c] n Ald. 26 τοῦ[(2)] τῆς β γ (exc. τῇ E[a] n, del. m*rc*.) Ald. 28 ὄστρακον] ὑπόζωμα C[a]*pr*. A[a] G[a]*pr*. F[a] X[c] Ott. 29 τοῖν δυοῖν μόνον] τὸν τρόπον Ald. μόνοιν α (exc. C[a]) 30 post αὐτὴ add. ἡ α Bk. τε om. α 31 ἄκρου τε β Ald.: ἄκρω τε α Cs.: ἀκρότερα γ τούτου γίνεται om. m: τοῦτο γίνεται L[c] Ald. 565a1 μέγιστα γίγνεται τὸ πρῶτον ὁμοίως α Dt. δ' αὐξανομένου transp. A[a] G[a] Q: δ' αὐξανόμενα F[a] X[c] 3 εἴσω α (exc. C[a]) E[a] ἐν] καὶ α γ Dt. 4 ὁ om. A[a]*pr*. G[a] Q σώματος α Guil. 5 ἔτι C[a] ὁ om. C[a] μικρὸς α (exc. Q X[c]*rc*.) 6 ἕως ἂν] ἐὰν C[a] A[a]*pr*. G[a]*pr*.: ἕως G[a]*rc*.: om. Q 7 δὲ καὶ τὸ α (exc. C[a]) 8 τούτου O[c] Ald.: τοῦτο γ (exc. τούτω L[c], τοῦτον m*rc*.) 9 ἰδίᾳ] διὰ γ (exc. Prc. L[c]*rc*. m*rc*.) 10 ὑγρόν m ἰχθύσιν α (exc. C[a])

κοιλία ὥσπερ τοῖς τῶν ὀρνίθων νεοττοῖς, ἡ μὲν λευκὴ ἡ δ' ὠχρά. τὸ μὲν οὖν σχῆμα τῆς ὑστέρας ὡς ἔχει, ἐκ τῶν ἀνατομῶν θεωρείσθω· διαφορὰ δ' ἐστὶν αὐτοῖς πρὸς αὑτούς, οἷον τοῖς γαλεώδεσι καὶ πρὸς αὑτοὺς καὶ πρὸς τὰ πλατέα. ἐνίοις μὲν γὰρ ἐν τῷ μέσῳ τῆς ὑστέρας περὶ τὴν ῥάχιν προσπέφυκε τὰ ᾠά, ὥσπερ εἴρηται, οἷον τοῖς σκυλίοις· αὐξανόμενα δὲ περιέρχεται. οὔσης δὲ δικρόας τῆς ὑστέρας καὶ προσπεφυκυίας πρὸς τῷ ὑποζώματι, ὥσπερ καὶ τῶν ἄλλων τῶν τοιούτων, περιέρχεται εἰς ἑκάτερον τὸ μέρος. ἔχει δ' ἡ ὑστέρα καὶ αὕτη καὶ ἡ τῶν ἄλλων τῶν γαλεοειδῶν μικρὸν προελθόντι ἀπὸ τοῦ ὑποζώματος οἷον μαστοὺς λευκούς, οἳ κυημάτων μὴ ἐνόντων οὐκ ἐγγίνονται. τὰ μὲν σκύλια καὶ αἱ βατίδες ἔχουσι τὰ ὀστρακώδη, ἐν οἷς ἐγγίνεται ᾠοειδὴς ὑγρότης· τὸ δὲ σχῆμα τοῦ ὀστράκου ὅμοιον ταῖς τῶν αὐλῶν γλώτταις, καὶ πόροι τριχώδεις ἐγγίνονται τοῖς ὀστράκοις. τοῖς μὲν οὖν σκυλίοις, οὓς καλοῦσί τινες νεβρίους γαλεούς, ὅταν περιρραγῇ καὶ ἐκπέσῃ τὸ ὄστρακον, γίνονται οἱ νεοττοί· ταῖς δὲ βατίσιν, ὅταν ἐκτέκωσι, τοῦ ὀστράκου περιρραγέντος ἐξέρχεται ὁ νεοττός. ὁ δ' ἀκανθίας γαλεὸς πρὸς τῷ ὑποζώματι ἴσχει τὰ ᾠὰ ἄνωθεν τῶν μαστῶν· ὅταν δὲ καταβῇ τὸ ᾠὸν ἀπολελυμένων, ἐπὶ τούτῳ γίνεται ὁ νεοττός. τὸν αὐτὸν δὲ τρόπον συμβαίνει ἡ γένεσις καὶ ἐπὶ τῶν ἀλωπέκων.

12 σχῆμα] χρῶμα γ (exc. mrc.) 13 post ἐστὶν add. ἐν β γ Ald. αὐτούς] αὐτοὺς α γ (exc. L^c) Ald. 14 αὐτοὺς α (exc. C^a) γ (exc. L^c) Ald. 16 σκύλλοις C^apr.: σκυλλίοις α (exc. C^apr.) 17 περιέχεται β γ (exc. L^crc.) Guil. Ald. 19 περιέχεται A^arc. β γ (exc. L^crc.) Guil. 20 αὐτὴ β γ Ald.: αὐτῶν mrc. τῶν γαλ. τῶν ἄλλων α (exc. C^a) γαλεωδῶν L^c n Ald. προσελθόντι O^cpr. T^c, γ (exc. L^c) 21 οἳ] οἷον A^apr. 22 μὴ] μὲν α: οὐκ S^c, K^c: quidem Guil. ὄντων α: inexistentibus Guil. μὲν οὖν L^c mrc. Guil. Ald. σκύλλια α οἱ G^arc. Q αἱ βατίδες] λιβατίδες C^a A^apr. G^apr. 23 ἴσχουσι α γ Ald. ἐν οἷς] ἐνίοις γ (exc. L^crc. mrc.) ᾠώδης α γ Bk. 24 post σχῆμα add. τὸ γ ἄλλων C^a γ (exc. L^c m) Guil. 25 προσγίνονται C^a Dt.: προσεγγίγνονται α (exc. C^a) 26 σκυλλίοις α Guil. νεβρίους s. νευρίους β γ Ald.: νεβρίας α Guil. Sylb. Sn.: nebrias s. nebrios Gaza 27 ἐμπέσῃ γ Ald. τοῖς β E^a Ppr. K^c βάτοισιν E^a P K^c 29 πρὸς] ἐν γ Ald. ἔχει α Dt. 30 δὲ E^a P n ἀπολελυμένων ἐπὶ τούτῳ β: ἐπὶ τούτῳ ἀπολελυμένῳ α Sn.: ἐπὶ τούτου ἀπολυμένων E^a: ἐπὶ τούτου ἀπολυομένων P K^c M^c: ἐπὶ τούτων ἀπολυομένων L^c m n Ald.

HISTORIA ANIMALIUM VI

οἱ δὲ καλού- 1
μενοι λεῖοι τῶν γαλεῶν τὰ μὲν ᾠὰ ἴσχουσι μεταξὺ τῶν ὑστερῶν ὁμοίως τοῖς σκυλίοις, περιστάντα δὲ ταῦτα εἰς ἑκατέραν τὴν δικρόαν τῆς ὑστέρας καταβαίνει, καὶ τὰ ζῷα γίνεται τὸν ὀμφαλὸν ἔχοντα πρὸς τῇ ὑστέρᾳ, ὥστε ἀναλισκομένων τῶν 5 ᾠῶν ὁμοίως ἔχειν τὸ ἔμβρυον τοῖς τετράποσιν. προσπέφυκε δὲ μακρὸς ὢν ὁ ὀμφαλὸς τῆς μὲν ὑστέρας πρὸς τῷ κάτω μέρει, ὥσπερ ἐκ κοτυληδόνος ἠρτημένος ἕκαστος, τοῦ δ' ἐμβρύου κατὰ τὸ μέσον, ᾗ τὸ ἧπαρ. ἡ δὲ τροφὴ ἀνατεμνομένου, κἂν μὴ ἔχῃ τὸ ᾠόν, ᾠοειδής. χόριον δὲ καὶ 10 ὑμένες ἴδιοι περὶ ἕκαστον γίνονται τῶν ἐμβρύων, καθάπερ ἐπὶ τῶν τετραπόδων. ἔχει δὲ τὰ ἔμβρυα τὴν κεφαλὴν νέα μὲν ὄντα ἄνω, ἁδρυνόμενα δὲ καὶ τέλεια ὄντα κάτω. ἐγγίνονται δὲ καὶ ἐν τῇ ἀριστερᾷ ἄρρενα καὶ ἐν τῇ δεξιᾷ θήλεα, καὶ ἐν τῇ αὐτῇ ἅμα καὶ θήλεα καὶ ἄρρενα. καὶ τὰ ἔμβρυα διαιρού- 15 μενα, ὁμοίως ὥσπερ ἐπὶ τῶν τετραπόδων, ἔχει τῶν σπλάγχνων ὅσα ἔχει μεγάλα, οἷον τὸ ἧπαρ, καὶ αἱματώδη. 17

πάν- 17
τα δὲ τὰ σελαχώδη ἅμα ἔχουσιν ἄνω μὲν πρὸς τῷ ὑποζώματι ᾠά, τὰ μὲν μείζω τὰ δ' ἐλάττω, πολλά, κάτω δ' ἔμβρυα ἤδη· διὸ πολλὰ κατὰ μῆνα τίκτειν καὶ ὀχεύ- 20
εσθαι οἷόν τε τοὺς τοιούτους τῶν ἰχθύων, ὅτι οὐχ ἅμα πάντα προΐενται ἀλλὰ πολλάκις καὶ πολὺν χρόνον, τὰ δὲ κάτωθεν

565b2 λεοὶ C^a A^{a}pr.   μὲν οὖν γ (exc. L^c m)   ἐντέρων γ (exc. L^c)   **3** σκυλίοις α Guil.   περιόντα C^a A^a F^a X^c: περιόντες G^a Q   ταῦτα] τὰ τοιαῦτα β γ Ald.   **6** post ὁμοίως add. δοκεῖν C^a γ Ald.: δοκεῖ α (exc. C^a)   ἔχειν τὸ] ἓν ἔχειν α   **7** ὁ om. A^{a}pr.   **8** ἕκαστος ἐνηρτημένος α (exc. C^a): ἐκ. ἠρτημένος C^a γ Ald.   τὸ δὲ ἔμβρυον β γ (exc. ἐμβρύου P) Ald.   **9** κατὰ τὸ μέσον om. γ (exc. L^{c}rc. mrc.)   ᾗ] ἢ γ (exc. L^{c}rc. mrc.)   **10** μὴ] μηκέτι α Sn.   ᾠώδης α Bk.: ᾠοειδές γ (exc. L^{c}rc.)   χόριον ... 20 ἤδη] haec post 567b26 πάλιν ponunt Q F^a X^c χωρίον m   **11** γίγνεται α (exc. C^a)   **13** ἁδρυνόμενα A^a G^a Q X^c, P: ἀνδρυνόμενα β (exc. O^{c}rc.), K^c n   τέλεα α Bk.   ὄντα$^{(2)}$ om. γ   ἐγγίνεται α Ald.   **14** ἐν$^{(1)}$ om. γ (exc. L^c)   **15** καὶ$^{(1)}$ om. α γ Bk.   ἔμβρυα] ἔγκυα C^a: ἔγγυα α (exc. C^a)   **17** post καὶ add. τὰ α   **18** αἷμα A^{a}rc. G^{a}rc. F^a X^c γ (exc. L^{c}rc.)   πρὸς ...   20 ἤδη om. A^{a}pr. G^{a}pr.   περὶ τὸ ὑπόζωμα A^{a}rc. G^{a}rc. Q F^a X^c: apud Guil.   **20** δὲ τὰ ἔμ. A^{a}rc. G^{a}rc. Q F^a X^c διὸ ... 567b26 πάλιν om. A^a G^a, post lib. x ponit G^{a}rc.   πολλοὶ C^a Bk.: om. Scot.: multi Guil.   **21** οἷόν τε] οἴονται C^a Bk.: putant Scot.: possunt Guil.   **22** κάτω C^a Bk.

ἐν τῇ ὑστέρᾳ ἅμα πέττεσθαι καὶ τελεσιουργεῖσθαι. οἱ μὲν οὖν ἄλλοι γαλεοὶ καὶ ἐξαφιᾶσι καὶ δέχονται εἰς ἑαυτοὺς τοὺς νεοττούς, καὶ αἱ ῥῖναι καὶ αἱ νάρκαι (ἤδη δ' ὤφθη νάρκη μεγάλη περὶ ὀγδοήκοντα ἔχουσα ἐν ἑαυτῇ ἔμβρυα), ὁ δ' ἀκανθίας μόνος οὐκ εἰσδέχεται τῶν γαλεῶν διὰ τὴν ἄκανθαν. τῶν δὲ πλατέων τρυγὼν καὶ βάτος οὐ δέχονται διὰ τὴν τραχύτητα τῆς κέρκου. οὐκ εἰσδέχεται δ' οὐδὲ βάτραχος τοὺς νεοττοὺς διὰ τὸ μέγεθος τῆς κεφαλῆς καὶ τὰς ἀκάνθας· οὐδὲ γὰρ ζῳοτοκεῖ μόνος τούτων, ὥσπερ εἴρηται πρότερον. αἱ μὲν οὖν πρὸς ἄλληλα διαφοραὶ τοῦτον ἔχουσι τὸν τρόπον αὐτῶν, καὶ ἡ γένεσις ἡ ἐκ τῶν ᾠῶν.

[11] οἱ δὲ ἄρρενες περὶ τὸν χρόνον τοῦτον τῆς ὀχείας τοὺς πόρους ἔχουσι πλήρεις θοροῦ οὕτως ὥστε θλιβομένων ῥεῖν ἔξω τὸ σπέρμα λευκόν. εἰσὶ δ' οἱ πόροι δίκροοι, ἀπὸ τοῦ ὑποζώματος καὶ τῆς μεγάλης φλεβὸς ἔχοντες τὴν ἀρχήν. περὶ μὲν οὖν τὸν χρόνον τοῦτον ἤδη διάδηλοι πρὸς τὴν τῶν θηλειῶν ὑστέραν εἰσὶν οἱ πόροι τῶν ἀρρένων, ὅταν δὲ μὴ αὐτὴ ἡ ὥρα, ἧττον διάδηλοι τῷ μὴ συνήθει· πάμπαν γὰρ ἐν ἐνίοις καὶ ἐνίοτε ἄδηλοι γίνονται, ὥσπερ ἐλέχθη περὶ τῶν ὄρχεων ἐν τοῖς ὄρνισιν. ἔχουσι δὲ διαφορὰς καὶ ἄλλας μὲν πρὸς ἄλληλα οἵ τε θορικοὶ πόροι καὶ οἱ ὑστερικοί, καὶ ὅτι οἱ μὲν προσπεφύκασι τῇ ὀσφύϊ, οἱ δὲ τῶν θηλειῶν πόροι εὐκίνητοί εἰσι καὶ λεπτῷ ὑμένι προσειλημμένοι. θεωρείσθωσαν δὲ καὶ οἱ τῶν ἀρρένων πόροι, ὡς ἔχουσιν, ἐκ τῶν ἀνατομῶν διαγεγραμμένων.

ἐπικυΐσκεται δὲ τὰ σελάχη,

23 ἐν om. γ (exc. L^{c}rc.)   ἅμα πέττεται C^a Guil. Sn.: ἀναπέττεται E^a L^{c}pr. m n Ald.   τελεσιουργεῖται C^a, E^a K^c L^{c}pr. m n, Ald.   25 ὦπται P   26 αὐτῇ s. αὐτῆ codd. nonn.   27 μόνος post εἰσδ. transp. C^a Bk.   566a2 ἡ$^{(2)}$ om. C^a τοῦτον om. C^a Guil. Cs.   3 θόρου πλ. transp. C^a Bk.   θλιβομένων] φαινομένων C^a Scot.: τριβομένων L^{c}rc.   4 ἔξω ῥεῖν transp. C^a Bk.   οἱ om. C^a δίκροοι om. G^{a}rc. Q F^a X^c Ott.   5 ante ἀπὸ add. καὶ C^a καὶ C^a Scot. Guil. Gaza Cs. edd.: om. codd. cett.   6 ἤδη om. C^a Guil.   πρὸς ... 7 δὲ om. G^{a}rc. Q F^a X^c πρὸς ... 8 διάδηλοι om. γ (exc. L^{c}rc.)   7 πόρροι C^a 8 post ὥρα add. καλὴ extra versum C^a διαδηλοῖ β   πάμπαν ... 9 ἄδηλοι om. G^{a}rc. Q F^a X^c β (exc. V^{c}rc.) L^{c}rc.   9 ἐν om. V^{c}rc. γ Ald.   10 μὲν om. L^c Ald.   12 εὐκ. πόροι transp. C^a 15 ἀνατομῶν] ἐν ταῖς ἀνατομαῖς C^a Bk.

HISTORIA ANIMALIUM VI

καὶ κύει τοὺς πλείστους μῆνας ἕξ. πλειστάκις δ' ἀποτίκτει ὁ καλούμενος τῶν γαλεῶν ἀστερίας· ἀποτίκτει γὰρ δὶς τοῦ μηνός. ἄρχονται δ' ὀχεύεσθαι μηνὸς Μαιμακτηριῶνος. οἱ δ' ἄλλοι γαλεοὶ δὶς τίκτουσι, πλὴν τοῦ σκυλίου· οὗτος δ' ἅπαξ τοῦ ἐνιαυτοῦ. τίκτουσι δὲ πάντα τοῦ ἔαρος αὐτῶν, ῥίνη δὲ καὶ τοῦ μετοπώρου πρὸς δύσιν Πλειάδος χειμερινὴν τὸ ὕστερον, τὸ δὲ πρῶτον τοῦ ἔαρος· εὐθηνεῖ δ' αὐτῆς μάλιστα μὲν ὁ γόνος ὕστερον· αἱ δὲ νάρκαι περὶ τὸ φθινόπωρον. ἐκτίκτει δὲ τὰ σελάχη πρὸς τὴν γῆν ἐκ τοῦ πελάγους καὶ τῶν βαθέων ἐπανιόντα διά τε τὴν ἀλέαν καὶ διὰ τὸ φοβεῖσθαι περὶ τῶν τέκνων. τῶν μὲν οὖν ἄλλων ἰχθύων παρὰ τὰς συγγενείας οὐθὲν ὦπται συνδυαζόμενον, ῥίνη δὲ μόνη δοκεῖ τοῦτο ποιεῖν καὶ βάτος· ἔστι γάρ τις ἰχθὺς ὃς καλεῖται ῥινόβατος· ἔχει γὰρ τὴν μὲν κεφαλὴν καὶ τὰ ἔμπροσθεν βάτου, τὰ δ' ὄπισθεν ῥίνης, ὡς γινόμενος ἐξ ἀμφοτέρων τούτων τῶν ἰχθύων.

οἱ /31/ μὲν οὖν γαλεοὶ καὶ οἱ γαλεοειδεῖς, οἷον ἀλώπηξ καὶ κύων, /32/ καὶ οἱ πλατεῖς ἰχθύες, νάρκη καὶ βάτος καὶ λειόβατος καὶ τρυγών, τὸν εἰρημένον τρόπον ζωοτοκοῦσιν ᾠοτοκήσαντες, [12] δελφὶς δὲ καὶ φάλαινα καὶ τὰ ἄλλα κήτη, ὅσα μὴ ἔχει βράγχια ἀλλὰ φυσητῆρα, ζωοτοκοῦσιν, ἔτι δὲ πρίστις

16 ἀποτίκτει om. γ   οἱ καλούμενοι γ (exc. L^c)   17 ἀστερίας om. γ (exc. L^{c}rc. mrc.): ἀστερικοὶ V^{c}rc.: ἀστρικοὶ mrc.: stellares Gaza   τίκτει γ (exc. L^{c}rc.): τίκτουσι mrc.   19 σκυλλίου C^a Q F^a X^c 20 πάντα] τὰ μὲν C^a Guil. Sn.: πάντες P   21 χειμερινῆς C^a: om. γ (exc. L^{c}rc. mrc.)   τὸ ὕστερον om. γ (exc. L^{c}rc.): ὃς δεύτερός ἐστι τόκος mrc.: qui partus secundus est Gaza   22 τὸ δὲ πρῶτον] τὰ δὲ περὶ τὸν γ (exc. L^{c}rc.): πρῶτος γάρ ἐστιν ὁ περὶ τὴν ὥραν mrc.: primus enim verno fit tempore Gaza   ἀσθενεῖ C^a: debilitatur Guil.   μᾶλλον C^a Guil. Sn. Dt.   μὲν om. C^a Guil. Sn. Dt.   23 γόνος] τόκος mrc. Gaza   ὕστερον] ὁ ὕστερος C^a mrc. Sn.: qui posterius Guil.: secundus Gaza   24 ἐκ δὲ τοῦ γ (exc. L^{c}rc. mrc.) Ald.   25 ἐπανιόντα om. in lac. γ (exc. L^{c}rc.)   τε om. C^a 27 δοκεῖ μόνη transp. C^a Bk.   30 τούτων om. Ald.   τῶν ἰχθύων om. C^a Guil. Sn.   31 οἱ γαλεοειδεῖς] ὁ γ (exc. L^{c}rc. mrc.)   32 ἰχθῦς γ   νάρκοι G^{a}rc. Q F^a X^c β E^a Ppr. K^c mpr.   βάτοι G^{a}rc. Q F^a X^c β γ (exc. L^c mrc.)   ῥινόβατος K^c Ald.   566b2 ὅσα] ἦν F^a X^c 3 φυσητῆρας C^a πρίστις C^a Sn.: περίστης G^{a}rc. Q F^a X^c: πρίστης β γ Ald.

287

καὶ βοῦς· οὐδὲν γὰρ τούτων φαίνεται ἔχον ᾠά, ἀλλ' εὐθέως κύημα, ἐξ οὗ διαρθρουμένου γίνεται τὸ ζῷον, καθάπερ ἄνθρωπος καὶ τῶν τετραπόδων τὰ ζῳοτόκα. τίκτει δ' ὁ μὲν δελφὶς τὰ μὲν πολλὰ ἕν, ἐνίοτε δὲ καὶ δύο· ἡ δὲ φάλαινα ἢ δύο τὰ πλεῖστα καὶ πλεονάκις, ἢ ἕν. ὁμοίως δὲ τῷ δελφῖνι καὶ ἡ φώκαινα· καὶ γάρ ἐστιν ὅμοιον δελφῖνι μικρῷ, γίνεται δ' ἐν τῷ Πόντῳ. διαφέρει δὲ φώκαινα δελφῖνος· ἔστι γὰρ τὸ μέγεθος ἔλαττον, εὐρύτερον δ' ἐκ τοῦ νώτου, τὸ χρῶμα κυανοῦν. πολλοὶ δὲ δελφίνων τι γένος εἶναί φασι τὴν φώκαιναν. ἀναπνεῖ δὲ πάντα ὅσα ἔχει φυσητῆρα, καὶ δέχεται τὸν ἀέρα· πνεύμονα γὰρ ἔχουσιν. καὶ ὅ γε δελφὶς ὦπται, ὅταν καθεύδῃ, ὑπερέχων τὸ ῥύγχος, καὶ ῥέγχει καθεύδων. ἔχει δ' ὁ δελφὶς καὶ ἡ φώκαινα γάλα, καὶ θηλάζονται· καὶ εἰσδέχονται τὰ τέκνα μικρὰ ὄντα. τὴν δὲ αὔξησιν τὰ τέκνα τῶν δελφίνων ποιοῦνται ταχεῖαν· ἐν ἔτεσι γὰρ δέκα μέγεθος λαμβάνουσι τέλειον. κύει δὲ δέκα μῆνας. τίκτει δ' ὁ δελφὶς ἐν τῷ θέρει, ἐν ἄλλῃ δ' ὥρᾳ οὐδεμιᾷ· συμβαίνει δὲ καὶ ἀφανίζεσθαι αὐτὸν ὑπὸ κύνα περὶ τριάκοντα ἡμέρας. παρακολουθεῖ δὲ τὰ τέκνα πολὺν χρόνον, καὶ ἔστι τὸ ζῷον φιλότεκνον. ζῇ δ' ἔτη πολλά· δῆλοι γὰρ ἔνιοι γεγόνασι βιοῦντες οἱ μὲν πέντε καὶ εἴκοσιν

4 ἔβους γ (exc. L*rc*. m*rc*.) 6 μὲν om. C*a* 7 μὲν om. G*arc*. Q F*a* X*c* β m*pr*. πλεῖστα ἕν· ἐνίοτε καὶ C*a* ἢ om. C*a* 8 καὶ πλεονάκις ἢ] μέντοι C*a* καὶ om. γ (exc. L*crc*.) τῷ δελφ. post 9 φώκ. transp. C*a* 9 φώκη γ (exc. L*crc*. m*rc*.) 10 φώκαινα om. C*a*: φώκη γ (exc. L*crc*. m*rc*.) 11 post νώτου add. καὶ C*a* Guil. Cs. post χρῶμα add. ἔχει C*a* γ (exc. L*c*) Cs. 12 πολλοὶ ... εἶναι] ἢ δελφῖνι E*a* M*c* n: οἱ δελφῖνοι P: om. in lac. K*c*: om. in ras. L*cpr*. m*pr*.: πολλοὶ δ' αὐτὴν τοῦ γένους οἴονται τῶν δελφίνων εἶναι m*rc*.: *multi autem esse putant delphinorum quoddam genus* Guil.: *complures eum genus esse delphinum opinantur* Gaza δελφῖνος C*a* φώκην Prc. 13 ἀναπνεῖ δὲ] ἀνὰ E*a* P K*c* M*c*: om. in lac. m L*cpr*. post πάντα add. δὲ m*rc*. καὶ om. G*arc*. Q (exc. L*crc*.) 14 post γὰρ add. οὐκ C*a* 15 ῥέγκει γ (exc. P) Ald. 16 δελφῖνος P: δελφὶν codd. plur. passim, Ald. post δελ. add. ὡς E*a* L*c* m n 17 post εἰσδ. add. δὲ γ Ald. 18 δὲ post 17 μικρὰ transp. C*a* Guil. ποιεῖται C*a* 19 λαμβάνει C*a* τέλεον C*a* Bk. 22 περὶ om. F*a* X*c* 23 δ'] γὰρ L*c* m n Ald. 24 οἱ μὲν om. m μὲν πλείω ἔτη ἢ ε' καὶ εἴκοσιν οἱ δὲ λ' C*a* Guil. Dt.

ἔτη οἱ δὲ τριάκοντα· ἀποκόπτοντες γὰρ ἐνίων τὸ οὐραῖον οἱ ἁλιεῖς ἀφιᾶσιν, ὥστε τούτῳ γνωρίζεσθαι τοὺς χρόνους αὐτῶν.

ἡ δὲ φώκη ἔστι μὲν τῶν ἐπαμφοτεριζόντων ζῴων· οὐ δέχεται μὲν γὰρ τὸ ὕδωρ, ἀλλ' ἀναπνεῖ καὶ καθεύδει καὶ τίκτει ἐν τῇ γῇ μέν, πρὸς τοῖς αἰγιαλοῖς δέ, ὡς οὖσα τῶν πεζῶν, διατρίβει δὲ τοῦ χρόνου τὸ πολὺ καὶ τρέφεται ἐκ τῆς θαλάσσης, διὸ μετὰ τῶν ἐνύδρων περὶ αὐτῆς λεκτέον. ζωοτοκεῖ μὲν οὖν εὐθὺς ἐν αὐτῇ, καὶ τίκτει ζῷα, καὶ χόριον καὶ τἆλλα προΐεται ὥσπερ πρόβατον. τίκτει δ' ἓν ἢ δύο, τὰ δὲ πλεῖστα τρία. καὶ μαστοὺς δ' ἔχει δύο καὶ θηλάζεται ὑπὸ τῶν τέκνων καθάπερ τὰ τετράποδα. τίκτει δ' ὥσπερ ἄνθρωπος πᾶσαν ὥραν τοῦ ἔτους, μάλιστα δ' ἅμα ταῖς πρώταις αἰξίν. ἄγει δὲ περὶ δωδεκαταῖα ὄντα τὰ τέκνα εἰς τὴν θάλατταν πολλάκις τῆς ἡμέρας, συνεθίζουσα κατὰ μικρόν· τὰ δὲ κατάντη φέρεται, ἀλλ' οὐ βαδίζει, διὰ τὸ μὴ δύνασθαι ἀπερείδεσθαι τοῖς ποσίν. συνάγει δὲ καὶ συστέλλει ἑαυτήν· σαρκῶδες γάρ ἐστι καὶ μαλακόν, καὶ ὀστᾶ χονδρώδη ἔχει. ἀποκτεῖναι δὲ φώκην χαλεπὸν βιαίως, ἂν μὴ πατάξῃ τις περὶ τὸν κρόταφον· τὸ γὰρ σῶμα σαρκῶδες αὐτῆς. ἀφίησι δὲ φωνὴν ὁμοίαν βοΐ. ἔχει δὲ καὶ τὸ αἰδοῖον ἡ θήλεια ὅμοιον βατίδι, ἅπαντα δὲ τὰ τοιαῦτα ὅμοια γυναικί.

περὶ μὲν οὖν τῶν ἐνύδρων καὶ ζωοτοκούντων ἢ ἐν αὑτοῖς

26 γνωρίζουσι C^a γ (exc. L^crc.) Dt.   αὐτῶν om. G^arc. Q F^a X^c   27 μὲν om. C^a Dt.   δέχονται G^arc. Q, S^c   29 τοῖς om. C^a Bk.   30 δὲ om. C^a, K^c L^cpr.   τὸν πολὺν C^a Sn.   θαλάττης C^a Sn.   31 ὠοτοκεῖ γ (exc. L^crc.)   32 χωρίον codd. plur. passim, Ald.: locum Guil.   567a1 τἆλλα C^a Sn.: γάλα G^arc. Q F^a X^c β: τὰ ἄλλα γ (exc. L^c): τὸ γάλα L^c Ald.: similiter animalia alia Scot.: lac Guil. Gaza   2 δὲ πλεῖστα] πλεῖστα ἢ γ δ' ἔχει δύο] ἔχει διὸ C^a: habet duo Guil.   3 post ὥσπερ add. ὁ C^a   5 αἰξίν] ἐξείσι πρὸς τῇ πόα C^a   9 αὐτὴν C^a   10 ἔχον L^c m n   ἐὰν C^a Bk.   11 τις πατ. transp. C^a γ (exc. τις ἂν μὴ πατ. P), Ald: τις παταξει W^c παρὰ C^a, P M^c L^cpr. m n, W^c, Cs. edd.: circa Guil.   12 post αὐτῆς add. ἐστιν C^a, W^c, Guil. Dt.   ἀφείησιν W^c   φωνὴν post βοΐ transp. C^a, W^c, Dt., post ὁμοίαν γ Ald.   13 ἅπαντα δὲ τὰ τοιαῦτα β γ W^c Gaza Ald.: πάντα δὲ τἆλλα C^c Scot. Guil. Cs.   14 ὅμοια] om. C^a, W^c: ὅμοιον m*pr*.: αἰδοῖον ἔχει ὅμοιον m*rc*.: ὅμοιον αἰδοῖον ἔχει Cs.   15 οὖν om. F^a X^c, P ζωοτόκων E^a   ἢ] δὲ C^a

ἢ ἔξω ἡ γένεσις καὶ τὰ περὶ τὸν τόκον τοῦτον ἔχει τὸν τρόπον. [13] οἱ δ' ᾠοτοκοῦντες τῶν ἰχθύων τὴν μὲν ὑστέραν δικρόαν ἔχουσι καὶ κάτω, καθάπερ ἐλέχθη πρότερον (ᾠοτοκοῦσι δὲ πάντες οἵ τε λεπιδωτοί, οἷον λάβραξ κεστρεὺς κέφαλος ἐτελίς, καὶ οἱ λευκοὶ καλούμενοι πάντες, καὶ οἱ λεῖοι πλὴν ἐγχέλυος), ᾠὸν δὲ ἴσχουσι τὸ ψαδυρόν. τοῦτο δὲ φαίνεται διὰ τὸ τὴν ὑστέραν εἶναι πλήρη πᾶσαν ᾠῶν, ὥστ' ἕν γε τοῖς μικροῖς τῶν ἰχθύων δοκεῖν ᾠὰ μόνον εἶναι δύο· διὰ τὴν μικρότητα γὰρ καὶ τὴν λεπτότητα ἄδηλος ἐν αὐτοῖς ἡ ὑστέρα. περὶ μὲν οὖν τῆς ὀχείας πάντων τῶν ἰχθύων εἴρηται πρότερον.

εἰσὶ δὲ τῶν ἰχθύων οἱ μὲν πλεῖστοι ἄρρενες καὶ θήλεις, περὶ δ' ἐρυθρίνου καὶ χάννης ἀπορεῖται· πάντες γὰρ ἁλίσκονται κυήματα ἔχοντες. συνίσταται μὲν οὖν καὶ ὀχευομένων ᾠὰ τοῖς συνδυαζομένοις τῶν ἰχθύων, ἴσχουσι δὲ καὶ ἄνευ ὀχείας. δηλοῦσι δ' ἔνιοι τῶν ποταμίων· εὐθὺς γὰρ γεννώμενοι ὡς εἰπεῖν καὶ μικροὶ ὄντες οἱ φοξῖνοι κυήματα ἔχουσιν. ἀπορραίνουσι δὲ τὰ ᾠά, καὶ καθάπερ λέγεται, τὰ μὲν πολλὰ ᾠὰ οἱ ἄρρενες ἀνακάπτουσι, τὰ δ' ἀπόλλυται ἐν τῷ ὑγρῷ· ὅσα δ' ἂν ἐκτέκωσιν εἰς τοὺς τόπους εἰς οὓς ἐκτίκτουσι, ταῦτα σώζεται· εἰ γὰρ πάντα ἐσώζετο, παμπληθὲς ἂν τὸ γένος ἦν ἑκάστων. καὶ τούτων δὲ οὐ γίνεται τὰ πολλὰ γόνιμα, ἀλλ' ὅσα ἂν περιρράνῃ ὁ ἄρρην τῷ θορῷ· ὅταν γὰρ ἐκτίκτῃ, παρεπόμενος ὁ ἄρρην ἐπιρραίνει ἐπὶ τὰ ᾠὰ τὸν θορόν, καὶ ὅσα

16 ἢ ἔξω ἤ] ἡ ἔξω C^a   18 ante πρότερον add. καὶ W^c   19 τε om. L^c Ald.   λαύραξ F^a X^c: λαύρακες P K^c m   καὶ στρεὺς G^arc. Q   20 εὐτελεῖς C^a Guil.   καλ. λευ. transp. C^a W^c Guil.   21 ἐγχέλεως β W^c δὲ^(1) om. C^a Guil.: γὰρ P   τίκτουσι ψαθυρὸν C^a Guil.   23 ἰχθυδίων C^a G^arc. Q F^a X^c, S^c   δοκεῖ C^a, n   μόνον ἐνεῖναι W^c   24 γὰρ om. O^c T^c τὴν om. F^a X^c   27 χάνης C^a G^arc. Q F^a X^c   28 ᾠὰ ὀχ. transp. G^arc. Q F^a X^c β   29 ἔχουσι P   30 γινόμενοι C^a: γενόμενοι W^c   32 ᾠά^(2) om. C^a W^c   33 ἀνακάμπτουσι codd. Ald.: transglutitur Scot.: reflectunt Guil.: devorant Gaza: ἀνακάπτουσι cj. Scal. edd.   567b1 εἰς^(2) C^a, W^c, Guil. Cs.: om. cett. Ald.: ubi Scot.: locis opportunis Gaza   2 εἰ] οὐ F^a X^c   ἐσώζετο ... 3 οὐ om. G^arc. Q F^a X^c   ἂν C^a: ἄν τι β W^c: om. E^a P K^c: post ἦν transp. M^c L^c m n Ald.   3 ἑκάστῳ C^a   δὲ om. W^c   4 ἐπιρραίνη C^a: irroraverit Guil.: ἐπιρράνῃ W^c, cj. Sn. Bk.   ἐκτέκῃ C^a Bk.: ἐκτίκτει e corr.? W^c   5 τὸν θορόν] ἐκ τοῦ θοροῦ C^a Guil.: τοῦ θοροῦ W^c

μὲν ἂν ἐπιρρανθῇ, ἐκ πάντων γίνεται ἰχθύδια, ἐκ δὲ τῶν ἄλλων ὅπως ἂν τύχῃ. ταὐτὸ δὲ τοῦτο συμβαίνει καὶ ἐπὶ τῶν μαλακίων· ὁ γὰρ ἄρρην τῶν σηπιῶν, ὅταν ἐκτέκῃ ἡ θήλεια, ἐπιρραίνει τὰ ᾠά. ὅπερ εὔλογον συμβαίνειν καὶ ἐπὶ τῶν ἄλλων μαλακίων, ἀλλ' ἐπὶ τῶν σηπιῶν ὦπται ἐν τῷ παρόντι μόνον. ἐκτίκτουσι δὲ πρὸς τῇ γῇ, οἱ μὲν κωβιοὶ πρὸς τοῖς λίθοις, πλὴν πλατὺ καὶ ψαδυρὸν τὸ ἀποτικτόμενόν ἐστιν. ὁμοίως δὲ καὶ οἱ ἄλλοι· ἀλεεινά τε γάρ ἐστι τὰ περὶ τὴν γῆν, καὶ τροφὴν ἔχει μᾶλλον, καὶ πρὸς τὸ μὴ κατεσθίεσθαι ὑπὸ τῶν μειζόνων τὰ κυήματα. διὸ καὶ ἐν τῷ Πόντῳ περὶ τὸν Θερμώδοντα ποταμὸν οἱ πλεῖστοι τίκτουσιν· νήνεμος γὰρ ὁ τόπος καὶ ἀλεεινὸς καὶ ἔχων ὕδατα γλυκέα. τίκτουσι δ' οἱ μὲν ἄλλοι τῶν ἰχθύων τῶν ᾠοτόκων ἅπαξ τοῦ ἐνιαυτοῦ, πλὴν τῶν μικρῶν φυκίδων· αὗται δὲ δίς. διαφέρει δ' ὁ ἄρρην φύκης τῆς θηλείας τῷ μελάντερος εἶναι καὶ μείζους ἔχειν τὰς λεπίδας. οἱ μὲν οὖν ἄλλοι ἰχθύες ἐν γόνῳ τίκτουσι καὶ τὰ ᾠὰ ἀφιᾶσιν· ἣν δὲ καλοῦσί τινες βελόνην, ὅταν ἤδη ὥρα ᾖ τοῦ τίκτειν, διαρρήγνυται, καὶ οὕτω τὰ ᾠὰ ἐξέρχεται. ἔχει γάρ τινα ἔσω ὁ ἰχθὺς οὗτος διάφυσιν ὑπὸ τὴν γαστέρα καὶ τὸ ἦτρον, ὥσπερ αἱ τυφλίναι ὄφεις· ὅταν δ' ἐκτέκῃ, ζῇ καὶ συμφύεται πάλιν ταῦτα.

ἡ δὲ γέ-

---

6 μὲν] περ γ Ald. 7 ἄλλων] αὐτῶν γ (exc. L^c) ταὐτὸ δὲ συμβ. τοῦτο transp. C^a γ Ald.: τοῦτο δὲ συμβ. ταυτὸ W^c 8 μαλακεῖων W^c ὁ γὰρ ὁ G^arc. Q ὅταν] οὗ ἂν W^c 9 ἅπερ C^a συμβαίνειν post 10 ἄλλων transp. C^a, W^c, Guil. 10 μαλακείων W^c ἀλλ'] καὶ γ (exc. L^c) 11 κωβιοὶ] κιβωτίοις s. κηβ- γ (exc. L^crc. mrc.) 12 τοῖς om. γ ψαθυρὸν C^a Bk. 16 θερμόδοντα codd. plur. 17 ἄνεμος Ppr.: ἤνεμος K^c n καὶ^(2)] ὁ L^c Ald. 18 τῶν ᾠοτόκων ἰχθύων C^a γ W^c Guil. Ald. 19 φυκίδων C^a, W^c, Guil. Sylb. edd.: φυκιδίων codd. cett. Ald. 20 post δὶς add. τοῦ ἔτους mrc.: bis pariunt anno Gaza ὁ] ἡ W^c φύκις C^a: φυκις W^c μελαντέρα D^a O^cpr. T^c: μελαντέραν G^arc. Q, S^c: μελάντερον F^a X^c: μελάντερα W^c 21 λοπιδας W^c ἄλλοι om. W^c 22 ἐν om. C^a, W^c, Sn. Buss. Dt. Th. Peck Louis L.-V.: genitura pariunt Guil.: eodem foramine vulva edunt Gaza: om. Scot. Alb. 23 ἤδη om. C^a: post ᾖ transp. W^c Guil. 24 ἔσω om. C^a γ Guil. Gaza Cs. 25 ἴτρον γ: ἦπαρ C^a Guil. οἱ C^a γ Ald. τυφλίαι C^a Guil. 26 τέκῃ L^c Ald. ζῇ καὶ om. C^a Guil. Bk. ταυτά E^a P K^c: ταῦτα πάλιν transp. C^a Bk.

νεσις ἐκ τοῦ ᾠοῦ συμβαίνει ἐπί τε τῶν ἔσω ᾠοτοκούντων καὶ ἐπὶ τῶν ἔξω· ἐπ' ἄκρου τε γὰρ γίνεται καὶ ὑμένι περιέχεται, καὶ πρῶτον διάδηλοι οἱ ὀφθαλμοὶ μεγάλοι καὶ σφαιροειδεῖς ὄντες. ᾗ καὶ δῆλον ὅτι οὐχ ὥσπερ τινές φασιν, ὁμοίως γίνονται τοῖς ἐκ τῶν σκωλήκων γινομένοις· τοὐναντίον γὰρ συμβαίνει ἐπ' ἐκείνων, τὰ κάτω μείζω πρῶτον, οἱ δ' ὀφθαλμοὶ καὶ ἡ κεφαλὴ ὕστερον. ὅταν δ' ἀναλωθῇ τὸ ᾠόν, γίνονται πυρινώδεις, καὶ τὸ μὲν πρῶτον οὐδεμίαν τροφὴν λαμβάνοντα αὐξάνονται ἐκ τῆς ἀπὸ τοῦ ᾠοῦ ἐγγιγνομένης ὑγρότητος, ὕστερον δὲ τρέφονται ἕως ἂν αὐξηθῶσι τοῖς ποταμίοις ὕδασιν. τοῦ δὲ Πόντου καθαιρομένου ἐπιφέρεταί τι κατὰ τὸν Ἑλλήσποντον ὃ καλοῦσι φῦκος· ἔστι δ' ὠχρὸν /6/ τοῦτο· οἱ δέ φασι τοῦτο ἄνθος εἶναι τοῦ φύκου ἀφ' οὗ τὸ φυκίον εἶναι· ἀρχομένου δὲ γίνεται τοῦ θέρους. τούτῳ τρέφεται καὶ τὰ ὄστρεα καὶ τὰ ἰχθύδια τὰ ἐν τοῖς τόποις τούτοις. φασὶ δέ τινες τῶν θαλαττίων καὶ τὴν πορφύραν ἴσχειν ἀπὸ τούτου τὸ ἄνθος.

[14] οἱ δὲ λιμναῖοι καὶ ποτάμιοι τῶν ἰχθύων κύημα /12/ μὲν ἴσχουσι πέντε μῆνας τὴν ἡλικίαν ἔχοντες ὡς ἐπὶ τὸ πολὺ εἰπεῖν, τίκτουσι δὲ τοῦ ἐνιαυτοῦ περιιόντος ἅπαντες· ὥσπερ δὲ καὶ οἱ

27 post ᾠοῦ add. ὁμοίως α W[c] Guil. Gaza Cs. edd.: add. ὡσαύτως m*rc*. εἴσω W[c]   28 post ἔξω add. ᾠοτοκούντων G[a] Q*pr*.: add. ζωοτοκούντων A[a]*rc*. Q*rc*. F[a] X[c], β, γ, W[c], Guil. Ald.   τε om. C[a]   30 ᾗ] ἢ C[a] A[a]*pr*. G[a] Q, E[a] P*pr*. m*pr*. n   31 γίνονται] ἔχουσι S[c]   32 post γὰρ add. οὐ C[a]*pr*. A[a] G[a]*pr*. F[a] X[c]   post κάτω add. καὶ C[a]: add. τῶν A[a]*pr*.   33 ἡ δὲ κεφ. καὶ οἱ ὀφ. transp. L[c] Ald.   post κεφ. add. ἐλάττων m*rc*.   ὅταν om. γ (exc. L[c]*rc*.: εἰ K[c])   ἀναλωθὲν L[c]*pr*. m n   568a1 πυρινώδεις cett. (exc. πυρινῶδες Q Fa Xc) Ald.: γυρινώδεις C[a]*pr*. A[a]*pr*. Guil. Cs. edd.: γυρινώδη C[a]*rc*. Dt.: om. Scot. Alb.: *ignei coloris efficiuntur* Trap.: *quasi ranarum liniatura* Guil.: *velut nucleus* Gaza: πυρηνώδεις cj. Sylb.   2 αὐξάνεται W[c]   ἐκ τῆς ἀπὸ] ὑπὸ τῆς L[c] m n Ald.   ἐγγενομένης W[c] γ Ald.   4 ὑδατίοις α γ W[c]*rc*.: om. W[c]*pr*.   ποτοῦ β (exc. O[c]*rc*. V[c]*rc*.), E[a] P M[c] L[c]*pr* n: ποταμοῦ K[c] m   6 post δὲ add. τινες α W[c] Bk.   τοῦ ... 7 εἶναι] τι φυσικὸν τὸ φυκίον C[a] Guil. Sn.: τοῦ φυσικοῦ τὸ δ' ἀφ' οὗ τὸ φυκίον εἶναι A[a]*pr*.   τοῦτο[(2)] post εἶναι transp. W[c]   7 τρέφονται W[c]   καὶ om. C[a] β K[c]   9 ἔχειν W[c] Guil.   10 τοῦ ἄνθους β γ Ald.   11 post καὶ add. οἱ α Bk.   κυήματα L[c] m n Ald.   12 μὲν om. L[c]*pr*. m n   πεντάμηνοι α Sn.: πεντέμηνοι W[c] ὄντες C[a] A[a]*pr*. Guil. Bk.   εἰπεῖν om. C[a] A[a]*pr*. Guil. Bk.   13 περιόντος α: περιόντες W[c]   δὲ om. P

HISTORIA ANIMALIUM VI

θαλάττιοι, καὶ οὗτοι οὐκ ἐξαφιᾶσιν οὐδέποτε ἅμα πᾶν, οὔτε αἱ θήλειαι τὸ ᾠὸν οὔτε οἱ ἄρρενες τὸν θορόν, ἀλλ' ἔχουσιν ἀεὶ πλείω ἢ ἐλάττονα οἱ μὲν ᾠὰ οἱ δὲ θορόν. τίκτουσι δ' ἐν τῇ καθηκούσῃ ὥρᾳ κυπρῖνος μὲν πεντάκις ἢ ἑξάκις· ποιεῖται δὲ τὸν τόκον μάλιστα ἐπὶ τοῖς ἄστροις· χαλκὶς δὲ τίκτει τρίς, οἱ δ' ἄλλοι ἅπαξ ἐν τῷ ἐνιαυτῷ τίκτουσι, πάντες δὲ ἐν ταῖς προλιμνάσι τῶν ποταμῶν καὶ τῶν λιμνῶν πρὸς τὰ καλαμώδη, οἷον οἵ τε φοξῖνοι καὶ αἱ πέρκαι. οἱ δὲ γλάνεις καὶ αἱ πέρκαι συνεχὲς ἀφιᾶσι τὸ κύημα, ὥσπερ οἱ βάτραχοι· οὕτω δὲ συνεχές ἐστι τὸ κύημα περιειλιγμένον, ὥστε τά γε τῆς πέρκης διὰ πλατύτητα ἀναπηνίζονται ἐν ταῖς λίμναις οἱ ἁλιεῖς ἐκ τῶν καλάμων. οἱ μὲν οὖν μείζους τῶν γλανίων ἐν τοῖς βαθέσι ἐκτίκτουσιν, ἔνιοι καὶ κατ' ὀργυιᾶς τὸ βάθος, οἱ δ' ἐλάττους αὐτῶν ἐν τοῖς βραχυτέροις, μάλιστα πρὸς ῥίζαις ἰτέας ἢ ἄλλου τινὸς δένδρου, καὶ πρὸς τῷ καλάμῳ δὲ καὶ πρὸς τῷ βρύῳ.

συμπλέκονται δὲ πρὸς ἀλλήλους ἐνίοτε καὶ πάνυ μέγας πρὸς μικρόν, καὶ προσαγαγόντες τοὺς πόρους πρὸς ἀλλήλους, οὓς καλοῦσί τινες ὀμφαλούς, ᾗ τὸν γόνον ἀφιᾶσιν, ὁ μὲν τὸ ᾠὸν ὁ δὲ τὸν θορὸν ἐξίησιν. ὅσα δ' ἂν τῷ θορῷ μιχθῇ τῶν ᾠῶν, εὐθύς τε λευ-

---

14 οὐκ om. F^a X^c   οὔτε] οὐδὲ W^c   **15** ἀλλ' ... 16 θορόν om. C^a A^a G^apr. F^a X^c: ἀλλ' ἔχουσιν ἀεὶ ἢ πλεῖον ἢ ἔλαττον οὗτοι μὲν ᾠὰ οὗτοι δὲ θορὸν G^arc. Q: sed habent semper aut plus aut minus hii quidem ova hii autem thorum Guil.   ἀεὶ ἢ πλείονα ἢ ἐλάττονα W^c   **16** οἱ^(1)] αἱ α Cs.   **17** ποιοῦνται C^a   **19** ἐν α W^c Guil. Sn. Bk.: om. β γ Ald.   τοῦ ἐνιαυτοῦ Prc. L^c m n Ald. Cs. edd.   πάντες· τίκτουσι δὲ transp. α W^c Sn.: τίκτουσι δὲ πάντες L^c Ald. Bk.   **20** πρὸς λιμνάσι β E^a Prc. K^c: προλιμναις W^c   **21** φορξῖνοι γ (exc. Prc. mrc.)   αἱ om. α γ   πέρσαι A^a G^apr. F^a   **22** ἀφείασιν W^c ὥσπερ ... 23 κύημα om. A^a G^apr. F^a X^c, γ (exc. L^crc.)   **23** δὲ] γὰρ G^arc. Q   **24** τά γε] τό τε C^a A^apr. Cs.: τόγε post ras.? W^c: τό γε cj Sn. Bk. **25** ἐκ om. C^a A^apr., W^c, Guil.   **26** γλανέων β γ W^c Ald.   ἐντίκτουσιν α: τίκτουσιν L^c m n   ἔνιοι om. L^cpr. m n   ἐν. δὲ καὶ α   ὀργυᾶς W^c **27** post ὀργ. add. τρεῖς G^arc. Q mrc.: unius stadii Scot. Alb.: tres cubitos Guil.: trium passuum Gaza   **28** πρὸς ταῖς ῥί. β   ῥίζας F^a X^c   δένδρους W^c **29** βρίω A^a G^apr. Q F^a X^c   **30** πάνυ α W^c Guil. Gaza Sn.: om. β γ Ald. προσάγοντες α   **568b1** ᾗ] ἢ E^a P, incert. D^a O^c, ἢ T^c, η R^c   ἀμφιασιν G^a Q: ἀφειασιν W^c   ὁ^(1) α W^c Bk.: οἱ β γ Ald.   τὰ ᾠὰ Ald.   ὁ^(2)] οἱ C^a β γ Ald.   **2** ἐξιᾶσιν β γ Ald.: ἀφειησιν W^c   ὅσα] ὅταν C^a

293

ARISTOTELIS

κότερα φαίνεται καὶ μείζω ἐν ἡμέρᾳ ὡς εἰπεῖν. ὕστερον δ' ἐν ὀλίγῳ χρόνῳ δῆλά ἐστι τὰ ὄμματα τοῦ ἰχθύος· τοῦτο γὰρ ἐν πᾶσι τοῖς ἰχθύσιν, ὥσπερ καὶ ἐν τοῖς ἄλλοις ζῴοις, ἐπιδηλότατόν ἐστιν εὐθὺς καὶ φαίνεται μέγιστον. ὅσων δ' ἂν ᾠῶν ὁ θορὸς μὴ θίγῃ, καθάπερ καὶ ἐπὶ τῶν θαλαττίων, ἀχρεῖον τὸ ᾠὸν τοῦτο καὶ ἄγονόν ἐστιν. ἀπὸ δὲ τῶν γονίμων ᾠῶν αὐξανομένων τῶν ἰχθυδίων ἀποκαθαίρεται οἷον κέλυφος· τοῦτο δ' ἐστὶν ὑμὴν ὁ περιέχων τὸ ᾠὸν καὶ τὸ ἰχθύδιον. ὅταν δὲ μιγῇ τῷ ᾠῷ ὁ θορός, σφόδρα γίνεται κολλῶδες τὸ συνεστηκὸς ἐξ αὐτῶν πρὸς ταῖς ῥίζαις ἢ ὅπου ἂν ἐκτέκωσιν. οὗ δ' ἂν πλεῖστον ἐκτέκωσιν, ᾠοφυλακεῖ ὁ ἄρρην, ἡ δὲ θήλεια ἀπέρχεται τεκοῦσα. ἔστι δὲ βραδυτάτη μὲν ἐκ τῶν ᾠῶν ἡ τῶν γλανίων αὔξησις, διὸ προσεδρεύει ὁ ἄρρην καὶ τετταράκοντα καὶ πεντήκοντα ἡμέρας, ὅπως μὴ κατεσθίηται ὁ γόνος ὑπὸ τῶν παρατυχόντων ἰχθύων· δευτέρα δὲ βραδυτῆτι ἡ τοῦ κυπρίνου γένεσις, ὅμως δὲ ταχέως καὶ τούτων ὁ σωζόμενος διαφεύγει γόνος. τῶν δ' ἐλαττόνων ἐνίων καὶ τριταίων ὄντων ἤδη ἰχθύδιά ἐστιν. λαμβάνει δ' αὔξησιν τὰ ᾠά, ὧν ἂν ἐπιψαύσῃ ὁ θορός, καὶ αὐθημερὸν καὶ ἔτι ὕστερον. τὸ μὲν οὖν τοῦ γλάνιος γίνεται ὅσον ὄροβος, τὰ δὲ τῶν κυπρίνων καὶ τῶν τοιούτων ὅσον κέγχρος. ταῦτα μὲν οὖν τοῦτον τὸν τρόπον /24/ τίκτει καὶ γεννᾷ, χαλκὶς δὲ τίκτει ἐν τοῖς βαθέσιν

---

3 δ' ἐν α W^c Bk.: δὲ β γ Ald.   **4** ὀλίγον χρόνον β γ Ald.   τῶν ἰχθύων β γ   **7** ᾠῶν om. P   ἐπὶ om. α W^c Guil.   **8** τὸ ᾠὸν om. α W^c Guil.   **9** ἰχθύων β γ Ald.   **10** ὁ β γ W^c Ald.: om. α Dt.   περέχον A^a G^a Q   **11** κοιλιῶδες A^a G^a Q F^a X^c: σφοδρῶδες γ (exc. L^{c}rc.)   **12** ἢ β γ W^c Ald.: om. α   **13** οὗ ... ἐκτέκωσιν om. γ (exc. L^{c}rc.)   τέκωσιν α Bk.   post ᾠο. add. μὲν K^c: δὲ L^{c}pr. m n   **15** post ἡ add. ἐκ γ   τοῦ γλανίος α W^c: γλανέων β E^a K^c L^c Ald.   τεσσαράκοντα P   **17** ἰχθυδίων α Bk.   βραχύτητι C^a: βραχυτάτη A^{a}pr.: βραδυτάτη A^{a}rc. G^a Q F^a X^c: βραδύτητι W^c **18** ἡ om. γ (exc. m rc.)   ὁμοίως α Gaza Dt.: tamen Guil.   ταχέως om. K^c Gaza Peck: cito Guil.   **19** ὀζόμενος γ   **20** ὄντων ἤδη] ἔν τω εἴδει α (exc. C^{a}pr.)   **21** ὕστ. ἔτι transp. α Bk.   τὸ] ὁ β γ (exc. L^{c}rc.)   **22** οὖν om. γ (exc. ᾠὸν L^{c}rc.)   γλανέως C^a, Prc.   ὅσον om. P K^c: ante γίγνεται transp. E^a M^c L^{c}pr. m n   **23** ὅσα P   **24** χαλκὶς] γλαύκις M^{c}rc. L^{c}pr. m n

294

HISTORIA ANIMALIUM VI

ἀθρόα /25/ καὶ ἀγελαία, ὃν δὲ καλοῦσι τύλωνα, πρὸς τοῖς αἰγιαλοῖς ἐν ὑπηνέμοις· ἀγελαῖος δὲ καὶ οὗτος. κυπρῖνος δὲ καὶ βάλερος καὶ οἱ ἄλλοι πάντες ὡς εἰπεῖν ὠθοῦνται μὲν εἰς τὰ βραχέα πρὸς τὸν τόκον, μιᾷ δὲ θηλείᾳ πολλάκις ἀκολουθοῦσιν ἄρρενες καὶ τρισκαίδεκα καὶ τεσσαρεσκαίδεκα· τῆς θηλείας δ' ἀφιείσης τὸ ᾠὸν καὶ ὑποχωρούσης ἐπακολουθοῦντες ἐπιρραίνουσι τὸν θορόν. ἀπόλλυται δὲ τὰ πλεῖστα αὐτῶν· διά τε γὰρ τὸ ὑποχωροῦσαν τίκτειν τὴν θήλειαν σκεδάννυται τὸ ᾠὸν ὅταν ὑπὸ ῥεύματος ληφθῇ καὶ μὴ προσπέσῃ πρὸς ὕλην· καὶ γὰρ οὐδὲν ᾠοφυλακεῖ τῶν ἄλλων ἔξω γλάνιος οὐθείς, πλὴν ἐὰν ἀθρόῳ γόνῳ ἑαυτοῦ περιτύχῃ ὁ κυπρῖνος· τοῦτον δέ φασιν ᾠοφυλακεῖν.

θορὸν δὲ ἔχουσι πάντες οἱ ἄρρενες πλὴν ἐγχέλυος· αὕτη δὲ οὔτε θορὸν οὔτε ᾠόν. οἱ μὲν οὖν κεστρεῖς ἐκ τῆς θαλάττης ἀναβαίνουσιν εἰς τὰς λίμνας καὶ τοὺς ποταμούς, οἱ δ' ἐγχέλυς τοὐναντίον ἐκ τούτων εἰς τὴν θάλατταν.

[15] οἱ μὲν οὖν πλεῖστοι τῶν ἰχθύων γίνονται, ὥσπερ εἴρηται, ἐξ ᾠῶν. οὐ μὴν ἀλλ' ἔνιοι καὶ ἐκ τῆς ἰλύος καὶ ἐκ τῆς ἄμμου γίνονται, καὶ τῶν τοιούτων γενῶν ἃ γίνεται ἐκ συν-

---

25 ἀγελαία β A.-W. Dt.: ἀγελαῖος Eᵃ P Kᶜ Mᶜ, Wᶜ: ἀγελαίως α Wᶜ Guil.: ἀγελαῖα Lᶜ m n Ald. Bk. τύλωνα α Wᶜ: ψύλωνα β Lᶜ Ald.: ψίλωνα γ (exc. Lᶜ): *tilon* Scot.: *cylon* Alb.: *tylonem* Guil.: *tullonem* s. *fullonem* s. *tulionem* Gaza: τίλωνα Sn. edd. 26 ὑπηνεμίοις α β ἀγελαίως Wᶜ 27 βαλῖνος β γ (exc. βαλῆρος Lᶜ*rc.*): βαλλειρος Wᶜ: om. Ald.: *balerus* Guil. ὀχοῦνται γ εἰς α Wᶜ: πρὸς β γ Ald. 28 πολλάκις ἄρρενες ἀκολουθοῦσιν Wᶜ 30 δὲ θηλ. transp. Lᶜ Ald. ἀφιάσης Cᵃ: ἀφιούσης α (exc. Cᵃ): ἀφειεισης Wᶜ 569a1 τε om. Lᶜ m*rc.* Ald. γὰρ om. m*pr.* n 2 ὅταν] ὅ τι ἂν α Sn.: *cum* Guil. ἀπὸ Fᵃ Xᶜ 3 ἰλύν Cᵃ Guil. οὐδ' α Bk. γλανίως Cᵃ: γλάνιδος P οὐθὲν Fᵃ Xᶜ: οὐ lac. m: om. Lᶜ n Ald. 4 ἐὰν] ἂν α Dt.: ἐν γ (exc. Lᶜ m) ἄρθρου γ (exc. ἀθρόω Lᶜ, om. in lac. m) post περ. add. καὶ Cᵃ ὁ om. α (exc. Cᵃ*rc.*) γ τοῦτον] τότε Vᶜ*rc.*, m*rc.*, Gaza Scal. 5 δέ⁽¹⁾ om. Guil. Dt. πάντ'. ἔχ. transp. α γ Ald. οἱ om. γ 6 ἐγχέλεως β αὐτῇ β post δὲ add. οὐδέτερον α Gaza Sn. οὔτ' ᾠὸν οὔτε θο. α Guil. Gaza Sn. 7 post εἰς add. τε Lᶜ m n Ald. τὰς om. Lᶜ*pr.* m n 8 αἱ α Lᶜ m*pr.* Ald. ἐγχέλυες α (exc. Cᵃ): ἐγχέλεις Eᵃ P Kᶜ Mᶜ 9 θάλασσαν γ Ald. 10 ὥσπ. εἴρ. post πλεῖστοι transp. α γ Ald. 12 γίνεται] γίνονται β ἐκ] καὶ γ (exc. Lᶜ m)

δυασμοῦ καὶ ᾠῶν, ἐν τέλμασιν ἄλλοις τε καὶ οἵοις περὶ Κνίδον φασὶν εἶναί ποτε, ἃ ἐξηραίνετο μὲν ὑπὸ κύνα καὶ ἡ ἰλὺς ἅπασα ἐξηρεῖτο, ὕδωρ δὲ ἤρχετο ἐγγίνεσθαι ἅμα τοῖς πρώτοις γιγνομένοις. ἐν τούτῳ δὲ ἰχθύδια ἐνεγίνετο ἀρχομένου τοῦ ὕδατος. ἦν δὲ κεστρέων τι γένος τοῦτο, ὃ οὐδὲ γίνεται ἐξ ὀχείας, μέγεθος ἡλίκα μαινίδια μικρά· ᾠὸν δὲ τούτων εἶχεν οὐδὲν οὐδὲ θορόν. γίνεται δὲ καὶ ἐν ποταμοῖς ἐν τῇ Ἀσίᾳ, ὅπου διαρρέουσιν εἰς θάλατταν, ἰχθύδια μικρὰ ἡλίκα ἑψητοὶ ἕτερα τὸν αὐτὸν τρόπον τούτοις. ἔνιοι δὲ καὶ ὅλως φασὶ τοὺς κεστρεῖς φύεσθαι πάντας, οὐκ ὀρθῶς λέγοντες· ἔχουσαι γὰρ φαίνονται καὶ ᾠὰ αἱ θήλειαι αὐτῶν καὶ θορὸν οἱ ἄρρενες. ἀλλὰ γένος τί ἐστιν αὐτῶν τοιοῦτον, ὃ φύεται ἐκ τῆς ἰλύος καὶ τῆς ἄμμου. ὅτι μὲν οὖν γίνεται αὐτόματα ἔνια καὶ οὔτε ἐκ ζῴων οὔτ' ἐξ ὀχείας, φανερὸν ἐκ τούτων. ὅσα δὲ μήτε ᾠοτοκεῖ μήτε ζῳοτοκεῖ, ἅπαντα γίνεται τὰ μὲν ἐκ τῆς ἰλύος τὰ δ' ἐκ τῆς ἄμμου καὶ τῆς ἐπιπολαζούσης σήψεως, οἷον καὶ τῆς ἀφύης ὁ καλούμενος ἀφρὸς γίνεται ἐκ τῆς ἀμμώδους γῆς· καὶ ἔστιν αὕτη ἡ ἀφύη ἀναυξὴς καὶ ἄγονος, καὶ ὅταν πλείων γένηται χρόνος, ἀπόλλυται, ἄλλη δὲ πάλιν ἐπιγίνεται, διὸ ἔξω χρόνου τινὸς ὀλίγου πᾶσαν ὡς εἰπεῖν τὴν ἄλλην γίνεται ὥραν· διαμένει γὰρ ἀρξάμενος ἀπὸ ἀρκτούρου μετοπωρινοῦ μέχρι τοῦ ἔαρος. σημεῖον δ' ὅτι ἐνίοτε ἐκ τῆς γῆς

13 καὶ[1] om. γ (exc. L^{c}rc. mrc.) οἷον α Sn. 14 ἃ β L^{c}rc. Ald.: ὃ C^a Sn.: om. α (exc. C^a): δὲ γ (exc. L^{c}rc.) ξηραίνεται γ (exc. L^{c}rc.) κύμμα C^a ἡ om. α 15 ἐξήρει τὸ α: quando aufertur Scot.: siccata fuit Guil.: limo iam arido Gaza δὲ post ἤρχ. transp. α 16 δὲ om. α Guil. Bk. ἀρχομένοις A^a G^a Q F^{a}pr. 17 ὃ οὐδὲ γίνεται C^a Guil. Bk.: ὃ οὐ γίν. α (exc. C^a) Dt.: οὐ γίν. μὲν β (exc. O^{c}rc.): ὃ γιν. μὲν O^{c}rc. γ Ald. 18 ἡλίκα μαινίδια] ἡλικία γ (exc. L^{c}rc.) εἶχεν οὐδὲν] οὐδὲν ἔχει α Ott. 19 οὐ θορὸν α (exc. C^a): οὐδὲ τὸν θορόν τι γ ὅπου] οὐ α Sn. Bk.: qui non Guil. 20 εἰς τὴν θάλατταν α Bk. ἡλίκοι α γ (exc. L^c) Sn. ἑψητὸν C^a: ἑψητοῦ β γ Ald. 21 ἕτεραι α (exc. C^a): ἔντερα L^{c}pr. Ald. 23 θόρου D^a O^c 24 ἐστιν om. P φύεσθαι γ (exc. L^{c}rc. mrc.) 25 μὲν οὖν] δὲ γ αὐτόματα ... 27 γίνεται om. Q post ἔνια add. τῶν ζῴων α (exc. C^a) καὶ[2] om. α γ Ald. ἐκ ζῴων] ἐξ ᾠῶν α (exc. C^{a}pr. A^{a}pr.) Scot. Guil. Dt.: ζῴων (om. ἐκ) C^{a}pr. A^{a}pr. 27 πάντα α Bk. 29 γίνεται om. E^a 30 ἀναυξις α P: ἀναυξὲς K^c ἄρρενος C^a 569b1 πλείω C^a F^a X^c γεν. πλ. transp. E^a ἀλλ' ἤδη πάλιν α Guil. 3 ὥρ. γίν. transp. P ἀρξαμένη L^c n Ald. Bk. ἄρκτου C^a 4 ἐνίοτε om. α (exc. C^a) E^a A.-W.

HISTORIA ANIMALIUM VI

ἀνέρχεται· ἁλιευομένων γάρ, ἐὰν ᾖ ψῦχος μὲν οὐχ ἁλίσκεται, ἐὰν δὲ εὐδία, ἁλίσκεται, ὡς ἐκ τῆς γῆς ἀνιοῦσα πρὸς τὴν ἀλέαν. καὶ ἑλκόντων καὶ ἀναξυομένης τῆς γῆς πλεονάκις πλείων γίνεται καὶ βελτίων. αἱ δ' ἄλλαι ἀφύαι χείρους διὰ τὸ ταχὺ λαμβάνειν αὔξησιν. γίνονται δ' ἐν τοῖς ἐπισκίοις καὶ ἀλεεινοῖς τόποις, ὅταν εὐημερίας γενομένης ἀναθερμαίνηται ἡ γῆ, οἷον περὶ Ἀθήνας ἐν Σαλαμῖνι καὶ πρὸς τῷ Θεμιστοκλείῳ καὶ ἐν Μαραθῶνι· ἐν γὰρ τούτοις τοῖς τόποις γίνεται ὁ ἀφρός. φαίνεται δὲ ἐν μὲν τόποις τοιούτοις καὶ εὐημερίαις τοιαύταις, γίνεται δὲ ἐνιαχοῦ καὶ ὁπόταν ὕδωρ πολὺ γένηται ἐκ τοῦ οὐρανοῦ, ἐν τῷ ἀφρῷ τῷ γινομένῳ ὑπὸ τοῦ ὀμβρίου ὕδατος, διὸ καὶ καλεῖται ἀφρός· καὶ ἐπιφέρεται ἐνίοτε ἐπιπολῆς τῆς θαλάττης, ὅταν εὐημερία ᾖ, /18/ ἐν ᾧ συστρέφεται, οἷον ἐν τῇ κόπρῳ τὰ σκωλήκια μικρά, οὕτως ἐν /19/ τούτῳ ὁ ἀφρός, ὅπου ἂν συστῇ ἐπιπολῆς· διὸ πολλαχοῦ προσφέρεται ἐκ τοῦ πελάγους ἡ ἀφύη αὕτη. καὶ εὐθηνεῖ δὲ καὶ ἁλίσκεται πλείστη, ὁπόταν ἔνυγρον καὶ εὐδιεινὸν γένηται τὸ ἔτος. ἡ δ' ἄλλη ἀφύη γόνος ἰχθύων ἐστίν, ὁ μὲν καλούμενος κωβίτης κωβιῶν τῶν μικρῶν καὶ φαύλων οἳ καταδύνουσιν εἰς τὴν γῆν· ἐκ δὲ τῆς φαληρικῆς γίνονται βεμβράδες, ἐκ δὲ τούτων τριχίδες, ἐκ δὲ τῶν τριχίδων

5 μὲν post ἐὰν transp. α Bk.   6 post δὲ add. ᾖ α (exc. Cᵃ) Bk.   7 ἑλκομένη Cᵃ: attracta Guil.   ἑλκόντων καὶ om. Lᶜ m n   ἀναξεομένης m: *non augmentata* Guil.   8 πλεονάκις om. α (exc. Cᵃ): post πλεί. transp. P   βελτίω Eᵃ P*pr.* Kᶜ: βέλτια m n   9 ταχὺ post αὔξ. transp. β: ταχέως Sᶜ, Lᶜ*rc.*, Ald.   10 ἀλεεινοῖς β Lᶜ*rc.* Ald.: ἑλώδεσι α Guil. Cs. Bk.: ἐν εὐέλοις γ (exc. εὐήλοις Lᶜ P, εὐηλίοις m*rc.*)   γινομένης α (exc. Cᵃ)   11 ἐν ἀθήναις περὶ σαλαμῖνα α   12 τοῖς τοιούτοις α   14 post δὲ add. καὶ γ Ald.   καὶ post ἐν. om. Lᶜ m n Ald.   15 πολὺ om. α: post οὐρ. transp. Eᵃ   γένηται post οὐρ. transp. α γ Ald.   ἐκ τοῦ] ἐξ α Bk.   τῷ⁽²⁾ om. α   17 ἐπὶ πολλῆς α (exc. Cᵃ) Oᶜ: ἐπὶ πολὺ Eᵃ   ὅταν μὴ Cᵃ   18 μικρά om. α Sn.: ante σκ. transp. P   19 ἐπὶ πολλῆς α (exc. Cᵃ) Kᶜ   διὸ ... 21 πλείστη om. Cᵃ   20 ἐκ] ἐπὶ Lᶜ*pr.* m n   εὐθυνεῖ Fᵃ Xᶜ: εὐσθενεῖ β   21 πλεῖστον α (om. Cᵃ)   ὅταν Cᵃ   εὐδιηνὸν Gᵃ Q, Dᵃ Oᶜ*pr.* Tᶜ: εὔυολον γ (exc. Lᶜ*rc.*)   22 ἡ μὲν καλουμένη κωβῖτις Lᶜ*pr.* Sylb. edd.   post μὲν add. γὰρ m*rc.* Gaza   24 φλιαρικῆς Aᵃ*pr.* Gᵃ Q   25 βεμβράδες α (exc. Aᵃ*rc.*): μὲν ἄραδες Aᵃ*rc.* β γ Ald.: *mebradedez* Scot.: *membrades* Guil.: *membradas* Gaza: μεμβράδες cj. Sylb. edd.

ARISTOTELIS

τριχίαι, ἐκ δὲ μιᾶς ἀφύης, οἷον τῆς ἐν τῷ Ἀθηναίῳ λιμένι, οἱ ἐγκρασίχολοι καλούμενοι. ἔστι δὲ καὶ ἄλλη ἀφύη, ἣ γόνος ἐστὶ μαινίδων καὶ κεστρέων. ὁ δ' ἀφρὸς ὁ ἄγονος ὑγρός ἐστι καὶ διαμένει ὀλίγον χρόνον, καθάπερ εἴρηται πρότερον· τέλος γὰρ λείπεται κεφαλὴ καὶ ὀφθαλμοί. πλὴν νῦν εὕρηται τοῖς ἁλιεῦσι πρὸς τὸ διακομίζειν· ἁλιζομένη γὰρ πλείω διαμένει χρόνον.

[16] αἱ δ' ἐγχέλεις οὔτ' ἐξ ὀχείας γίνονται οὔτ' ᾠοτοκοῦσιν, οὐδ' ἐλήφθη πώποτε οὔτε θορὸν ἔχουσα οὐδεμία οὔτ' ᾠὸν οὔτ' /5/ ἀνασχισθεῖσα ἐντὸς θορικοὺς πόρους οὔθ' ὑστερικοὺς ἔχουσα· ἀλλὰ /6/ τοῦτο ὅλον τὸ γένος τῶν ἐναίμων οὐ γίνεται οὔτ' ἐξ ὀχείας /7/ οὔτ' ἐξ ᾠῶν. φανερὸν δ' ἐστὶν ὅτι οὕτως ἔχει· ἐν ἐνίαις γὰρ /8/ τελματώδεσι λίμναις τοῦ τε ὕδατος παντὸς ἐξαντληθέντος /9/ καὶ τοῦ πηλοῦ ἐξοισθέντος γίνονται πάλιν, ὅταν ὕδωρ γένηται /10/ ὄμβριον· ἐν δὲ τοῖς αὐχμοῖς οὐ γίνονται, οὐδ' ἐν ταῖς διαμενούσαις λίμναις· καὶ γὰρ ζῶσι καὶ τρέφονται ὀμβρίῳ ὕδατι. ὅτι μὲν οὖν οὔτ' ἐξ ὀχείας οὔτ' ἐκ ζῴων γίνονται, φανερόν ἐστιν. δοκοῦσι δέ τισι γεννᾶν, ὅτι ἐν ἐνίαις τῶν ἐγχέλεων ἑλμίνθια ἐγγίνονται· ἐκ τούτων γὰρ οἴονται ἐγγίνεσθαι ἐγχέλυς. τοῦτο δέ ἐστιν οὐκ ἀληθές, ἀλλὰ γίγνονται ἐκ τῶν

26 τριχία A[a]*pr*. G[a] Q δὲ μιᾶς] δ' ἐνίας α Guil. οἷον ... **28** ἐστὶ om. C[a] ἀθηναίων S[c], L[c]*rc*. Ald. **27** ἐν κρασία ὄχοι α (exc. C[a]): ἐν κρασὶ χόλοι β (exc. ἔγκραυλοι corr. -εις O[c]*rc*.): ἐν κρασὶ χολοὶ γ (exc. ἐνκρασίχολοι E[a] m Ald.): ankanicuolo Scot.: enkrasicoli Guil.: encraulos s. encrasicholos Gaza δὲ om. m ἀφύη] καὶ φύη E[a]: φύη P*pr*. K[c] M[c] **28** κεστρῶν α **30** καὶ κεφ. m κεφαλαὶ α (exc. C[a]) **570a1** νῦν om. S[c], L[c]*rc*., Ald. **2** πλείονα E[a]: πλεῖον P K[c]: om. F[a] X[c] μένει α γ Ald. **3** ἐγχέλυς α E[a] L[c]*pr*. n: ἐγχέλυες S[c], m L[c]*rc*. **4** οὐδ'] οὔτ' α πω om. L[c]*pr*. m n Ald. οὔτε[(1)] om. G[a] Q οὔτ'[(2)] ᾠὸν om. F[a] X[c] γ (exc. L[c]*rc*.) ᾠὰ α Guil. Bk. **5** ἀνασχισθεῖσαι C[a] Guil. Bk. ἐντὸς] τοὺς α (exc. C[a]) ἔχουσιν α Guil. Bk. **7** οὔτε ζῴων β γ (exc. P m*rc*.): οὔτ' ἐκ ζῴων P: ovis Scot.: ex animalibus Guil. ἐν post **8** τελμ. transp. γ (exc. L[c]*rc*.): om. Ald. ἔνιαι γ (exc. L[c]*rc*.) **8** τελματώδες s. -ώδεις γ (exc. L[c]*rc*. m*rc*.) λίμνη L[c]*pr*. **9** ξυσθέντος α Sn. edd.: ἐξοισθέντος β E[a]: ἐξοσθέντος P K[c] M[c]: ἐξωσθέντος L[c] m n Ald.: om. Scot. Guil.: limo detracto Gaza ὅταν] οὗ ἂν γ (exc. L[c]*rc*.) Ald. **12** ἐξ ᾠῶν α m*rc*. Scot. Gaza: ἐκ ζῴων cett. Guil. **13** τινες α ἐγχελύων α E[a]*rc*. Cs. **14** ἐγγίνεται α Bk. γὰρ τούτων transp. β: γὰρ om. Ald. γίνεσθαι α γ (exc. E[a] L[c]*rc*.)

HISTORIA ANIMALIUM VI 570a

καλουμένων γῆς ἐντέρων, ἃ αὐτόματα συνίσταται ἐν τῷ πηλῷ καὶ ἐν τῇ γῇ τῇ ἑνίκμῳ. καὶ ἤδη εἰσὶν ὠμμέναι αἱ μὲν ἐκδύνουσαι ἐκ τούτων, αἱ δ' ἐν διακνιζομένοις καὶ διαιρουμένοις γίνονται φανεραί. καὶ ἐν τῇ θαλάττῃ δὲ καὶ ἐν τοῖς ποταμοῖς γίνονται τὰ τοιαῦτα, ὅταν ᾖ μάλιστα σῆψις, τῆς 20 μὲν θαλάσσης πρὸς τοῖς τοιούτοις τόποις οὗ ἂν ᾖ φῦκος, τῶν δὲ ποταμῶν καὶ λιμνῶν περὶ τὰ χείλη· ἐνταῦθα γὰρ ἡ ἀλέα ἴσχουσα σήπει. περὶ μὲν οὖν τῆς τῶν ἐγχελύων γενέσεως τοῦτον ἔχει τὸν τρόπον.

[17] τοὺς δὲ τόκους οὔτε πάντες οἱ ἰχθύες ποιοῦνται τὴν αὐ- 25
τὴν ὥραν οὔθ' ὁμοίως, οὔτε κύουσι τὸν ἴσον χρόνον. πρὸ μὲν οὖν τῆς ὀχείας αἱ ἀγέλαι γίνονται ἀρρένων καὶ θηλειῶν· ὅταν δὲ περὶ τὴν ὀχείαν ὦσι καὶ τοὺς τόκους, συνδυάζονται. κύουσι δὲ τούτων ἔνιοι μὲν οὐ πλείους τριάκοντα ἡμερῶν, οἱ δὲ ἐλάττω χρόνον, πάντες δ' ἐν χρόνοις διαιρουμένοις εἰς τὸν 30
τῶν ἑβδομάδων ἀριθμόν. κύουσι δὲ πλεῖστον χρόνον οὓς καλοῦσί τινες μαρίνους. σάργος δὲ κυΐσκεται μὲν περὶ τὸν Ποσειδεῶνα μῆνα, κύει δ' ἡμέρας τριάκοντα· καὶ ὃν καλοῦσι 570b1
δέ τινες χελῶνα τῶν κεστρέων, καὶ ὁ μύξων τὴν αὐτὴν ὥραν καὶ ἴσον χρόνον κύουσι τῷ σάργῳ. πονοῦσι δὲ τῇ κυήσει πάντες, διὸ μάλιστα τὴν ὥραν ταύτην ἐκπίπτουσιν· φέρονται γὰρ οἰστρῶντες πρὸς τὴν γῆν. καὶ ὅλως ἐν κινήσει 5
περὶ τὸν χρόνον τοῦτον διατελοῦσιν ὄντες, ἕως ἂν ἐκτέκωσιν· καὶ μάλιστα ὁ κεστρεὺς τοῦτο ποιεῖ τῶν ἰχθύων· ὅταν δ' ἐκ-

---

16 συνίστανται γ (exc. L^c rc.) 17 ἀνίκμῳ S^c, L^c rc. 18 ἐκδύνουσαι β γ
Ald. Bk.: ἐκλυόμεναι α Guil. Sn. Dt. ἐκ τῶν τοιούτων A^a G^a Q Guil.
19 δὲ om. α γ Dt. ἐν^(2) om. β 20 γίγνεται α Dt. μάλιστα om. F^a
X^c 21 θαλάττης α Bk. οὗ om. γ (exc. L^c rc. mrc.) 22 παρὰ C^a, E^a
P Guil. 23 ἰσχύουσα C^a G^a rc. Guil. Sn. edd. 27 οὖν om. α (exc.
C^a) αἱ om. γ Ald. ἀγελαῖαι α 28 ὦσι post τόκους transp. α γ
Ald. 29 μὲν om. γ Ald. 30 πάντα α γ (exc. L^c rc.) διαιρούμενα α
(exc. C^a) 31 post δὲ add. τινες α (exc. C^a) ὃν γ (exc. L^c rc.) 32 μαρίνον γ (exc. μαρίνου P K^c, μαρίνους L^c rc.) σάρδος E^a m pr. n pr. μὲν
om. γ 570b2 δέ om. α γ Dt. χέλλωνα C^a A^a τῶν κεστρέων om. γ
(exc. L^c rc.) ὁ μύξων] μύξωνα β L^c rc. Ald. post μύ. add. δὲ E^a P M^c
τὴν ... 3 χρόνον] τὸν αὐτὸν χρόνον β: τὸν αὐτὸν καὶ ἴσον χρόνον γ Ald.
3 τῷ] τῇ α post δὲ add. ἐν α 5 γὰρ] δ' α οἱ σύροντες γ (exc. L^c rc.
mrc.) 6 περὶ om. L^c pr. m n

299

τέκωσιν, ἡσυχάζουσιν. πολλοῖς δὲ τῶν ἰχθύων πέρας ἐστὶ τοῦ τίκτειν, ὅταν ἐγγένηται σκωλήκια ἐν τῇ γαστρί· ἐγγίνεται γὰρ μικρὰ καὶ ἔμψυχα, ἃ ἐξελαύνει τὰ κυήματα. οἱ δὲ τόκοι γίνονται τοῖς μὲν ῥυάσι τοῦ ἔαρος, καὶ τοῖς πλείστοις δὲ περὶ τὴν ἐαρινὴν ἰσημερίαν· τοῖς δ' ἄλλοις οὐχ ἡ αὐτὴ ὥρα τοῦ ἔτους, ἀλλὰ τοῖς μὲν τοῦ θέρους, τοῖς δὲ περὶ τὴν φθινοπωρινὴν ἰσημερίαν. τίκτει δὲ πρῶτον τῶν τοιούτων ἀθερίνη (τίκτει δὲ πρὸς τῇ γῇ), κέφαλος δὲ ὕστατος· δῆλον δ' ἐκ τοῦ πρῶτον ταύτης φαίνεσθαι τὸν γόνον, τοῦ δὲ ὕστατον. τίκτει δὲ καὶ κεστρεὺς ἐν τοῖς πρώτοις, καὶ σάλπη τοῦ θέρους ἀρχομένου ἐν τοῖς πλείστοις, ἐνιαχοῦ δὲ μετοπώρου. τίκτει δὲ καὶ ὁ αὐλωπίας, ὃν καλοῦσι ἀνθίαν, τοῦ θέρους. μετὰ δὲ ταῦτα ὁ χρύσοφρυς καὶ λάβραξ καὶ μόρμυρος καὶ ὅλως οἱ καλούμενοι δρομάδες. ὕστατοι δὲ τῶν ἀγελαίων τρίγλη καὶ κορακῖνος· τίκτουσι δὲ οὗτοι περὶ τὸ μετόπωρον. τίκτει δ' ἡ τρίγλη ἐπὶ τῷ πηλῷ, διὸ ὀψὲ τίκτει· πολὺν γὰρ χρόνον ὁ πηλὸς ψυχρός ἐστιν. ὁ δὲ κορακῖνος ὕστερον τῆς τρίγλης ἐπὶ τῶν φυκίων ἐκπορευόμενος διὰ τὸ βιοτεύειν ἐν τοῖς πετραίοις χωρίοις· καὶ κύει δὲ πολὺν χρόνον. αἱ δὲ μαινίδες τίκτουσι μετὰ τροπὰς χειμερινάς. τῶν δ' ἄλλων ὅσοι πελάγιοι, οἱ πολλοὶ θέρους τίκτουσιν· σημεῖον δ' ὅτι οὐχ ἁλίσκονται τὸν χρόνον τοῦτον. πολυγονώτατον δ' ἐστὶ τῶν ἰχθύων ἡ μαινίς, τῶν δὲ σελαχῶν βάτραχος· ἀλλὰ σπάνιοί εἰσι διὰ τὸ ἀπόλλυσθαι ῥᾳδίως· τίκτει γὰρ ἀθρόα ἅμα καὶ

9 γίνεται[(2)] L[c]*pr.* m n   11 ἀέρος α P K[c] n   12 τοῖς ... 14 ἰσημερίαν om. γ (exc. L[c]*rc.*)   ἄλλοις δ' transp. α   13 τοῦ[(2)] om. α   14 φθινοπωρινὴν α Sn.: ἐαρινὴν β (exc. V[c]*rc.*) L[c]*rc.* Ald.: μετοπωρινὴν V[c]*rc.* Cs.: om. γ (exc. L[c]*rc.*): *autumnale* Guil. Gaza   15 ἀνθερίνη β L[c]*rc.* Ald.   16 αὐτῆς C[a] φαίν. ταύ. transp. α (exc. C[a])   τοῦ[(2)]] τοῦτο F[a] X[c]: τὸ β γ (exc. L[c]*rc.* m*rc.*)   18 ἀρχομένη G[a] Q   ἐν τοῖς πλείστοις om. γ (exc. L[c]*rc.*)   post δὲ add. καὶ L[c] m n Ald.   19 ὁ om. C[a]: κεστρεὺς καὶ ὁ α (exc. C[a])   αὐλοπίας β γ Ald.   post καλοῦσι add. τινες α Guil. Bk.   20 τούτους α Guil. Cs.   ὁ om. α   μόρμυρος] ὀσμῦλος C[a]: ὀσμῦλος α (exc. C[a]): *tunaloz* Scot.: *osmylus* Guil.: *mormur, molaris* Gaza   21 ὕστατον L[c]*pr.* Ald.   22 αὐτοὶ α: *hii* Guil.   23 ἡ om. γ (exc. L[c]*rc.*)   ἐπὶ] ἐν β   25 φυσικῶν C[a] A[a]*pr.*: *super algam* Scot.: *in eiectis a mari* Guil.   εἰσπορευόμενος E[a]   26 καὶ om. α Cs.   27 δ' ἄλλων] πολλῶν δὲ γ   30 ἡ om. α Bk.   31 ἅμα om. α Bk.: *simul* Guil. καὶ om. γ Ald.

HISTORIA ANIMALIUM VI

πρὸς τῇ γῇ. ὅλως δ' ὀλιγογονώτερα μέν ἐστι τὰ σελάχη διὰ τὸ ζωοτοκεῖν, σώζεται δὲ μάλιστα ταῦτα διὰ τὸ μέγεθος. ὀψίγονον δ' ἐστὶ καὶ ἡ καλουμένη βελόνη, καὶ αἱ πολλαὶ αὐτῶν πρὸ τοῦ τίκτειν διαρρήγνυνται ὑπὸ τῶν ᾠῶν· ἴσχει δ' οὐχ οὕτω πολλὰ ὡς μεγάλα. καὶ ὥσπερ τὰ φαλάγγια δέ, περικέχυνται καὶ περὶ τὴν βελόνην· ἐκτίκτει γὰρ πρὸς αὐτήν, κἄν τις θίγῃ φεύγουσιν. ἡ δ' ἀθερίνη τίκτει τρίβουσα τὴν κοιλίαν πρὸς τὴν ἄμμον. διαρρήγνυνται δὲ καὶ οἱ θύννοι ὑπὸ τῆς πιμελῆς, ζῶσι δ' ἔτη δύο. σημεῖον δὲ τούτου ποιοῦνται οἱ ἁλιεῖς· ἐκλιπουσῶν γάρ ποτε τῶν θυννίδων ἐνιαυτόν, τῷ ἐχομένῳ ἔτει καὶ οἱ θύννοι ἐξέλιπον, δοκοῦσι δ' ἐνιαυτῷ εἶναι πρεσβύτεροι τῶν πηλαμύδων. ὀχεύονται δὲ οἱ θύννοι καὶ οἱ σκόμβροι περὶ τὸν Ἐλαφηβολιῶνα φθίνοντα, τίκτουσι δὲ περὶ τὸν Ἑκατομβαιῶνα ἀρχόμενον· τίκτουσι δὲ οἷον ἐν θυλάκῳ τὰ ᾠά. ἡ δ' αὔξησίς ἐστι τῶν θυννίδων ταχεῖα· ὅταν γὰρ τέκωσιν οἱ ἰχθύες ἐν τῷ Πόντῳ, γίγνονται ἐκ τοῦ ᾠοῦ ἃς καλοῦσιν οἱ μὲν σκορδύλας, Βυζάντιοι δ' αὐξίδας διὰ τὸ ἐν ὀλίγαις ἡμέραις αὐξάνεσθαι, καὶ ἐξέρχονται μὲν τοῦ φθινοπώρου ἅμα ταῖς θυννίσιν, εἰσπλέουσι δὲ τοῦ ἔαρος ἤδη οὖσαι πηλαμύδες. σχεδὸν δὲ καὶ οἱ ἄλλοι πάντες ἰχθύες ταχεῖαν λαμβάνουσι τὴν αὔξησιν, πάντες δ' ἐν τῷ Πόντῳ θᾶττον· παρ' ἡμέραν γὰρ καὶ ἅμιαι πολλαὶ ἐπιδήλως αὔξονται. ὅλως δὲ δεῖ νομίζειν τοῖς αὐτοῖς ἰχθύσι μὴ ἐν τοῖς αὐτοῖς τόποις μήτε τῆς ὀχείας καὶ κυήσεως εἶναι τὴν αὐτὴν ὥραν μήτε τοῦ

32 ὀλιγόγονα β: ὀλιγοτόκα γ (ὀλιγονοτόκα K^c m n) Ald.   **571a4** οὕτως α   5 δὲ post περικ. transp. α Guil.   6 αὐτῇ α: αὐτὴν β γ Ald.: αὐτὴν s. αὑτῇ edd.   ἀνθερίνη S^c, L^c rc., Ald.   8 θύνοι s. θυύνοι codd. plur. passim   9 ἐκλειπουσῶν α E^a K^c m rc.   ποτε C^a edd.: om. α (exc. C^a): τότε β γ Ald.: aliquando Guil. Gaza   10 θυννίδων (θυνίδων, θυυνίδων) α β L^c rc. Ald.: θύννων γ (exc. L^c rc. m rc.): πηλαμύδων m rc. Sylb.: thunnidibus Guil.: limariae Gaza   ἐρχομένῳ α (exc. C^a)   11 ἐνιαυτὸν γ Ald.   12 δὲ] γὰρ γ οἱ^(1) om. γ   οἱ^(2) om. α γ   16 σκορδύλας β γ Ald.   17 οἱ δὲ βυζ. α (exc. C^a) Dt.   ἡμέραις post αὐξ. transp. α Bk.   18 μὲν ἐκ τοῦ γ (exc. m rc.) ταῖς θύνναις β P K^c M^c pr. L^c rc.: ταῖς θύννοις E^a: τοῖς θύννοις M^c rc. L^c pr. m n Ald. Sn. A.-W.: thunidibus Guil.   20 πάντες om. Guil. Dt.   λαμβάνωσι α (exc. C^a)   21 πάντα α P m n Cs.   post καὶ add. αἱ α (exc. G^a Q) Bk.   22 πολὺ α Guil. Gaza Bk.   αὐξάνονται α   24 κυήσεως καὶ τῆς ὀχ. α

τόκου καὶ τῆς εὐημερίας, ἐπεὶ καὶ οἱ καλούμενοι κορακῖνοι ἐνιαχοῦ τίκτουσι περὶ τὸν πυραμητόν· ἀλλὰ τοῦ ὡς ἐπὶ τὸ πολὺ γιγνομένου ἐστόχασται τὰ εἰρημένα.

ἴσχουσι δὲ καὶ οἱ γόγγροι κυήματα· ἀλλ' οὐκ ἐν πᾶσι τοῖς τόποις ὁμοίως τοῦτο ἐπίδηλον, οὐδὲ τὸ κύημα σφόδρα φανερὸν διὰ τὴν πιμελήν· ἴσχει γὰρ μακρόν, ὥσπερ καὶ οἱ ὄφεις. ἀλλ' ἐπὶ τὸ πῦρ τιθέμενον διάδηλον ποιεῖ· ἡ μὲν γὰρ πιμελὴ θυμιᾶται καὶ τήκεται, τὰ δὲ πηδᾷ καὶ ψοφεῖ ἐκθλιβόμενα. ἔτι δ' ἄν τις ψηλαφᾷ καὶ τρίβῃ τοῖς δακτύλοις, τὸ μὲν στέαρ λεῖον φαίνεται, τὸ δ' ᾠὸν τραχύ. ἔνιοι μὲν οὖν γόγγροι στέαρ μόνον ἔχουσιν ᾠὸν δ' οὐδέν, οἱ δὲ τοὐναντίον στέαρ μὲν οὐθέν, ᾠὸν δὲ τοιοῦτον οἷον εἴρηται νῦν.

[18] περὶ μὲν οὖν τῶν ἄλλων ζῴων καὶ πλωτῶν καὶ πτηνῶν, /4/ καὶ περὶ τῶν πεζῶν ὅσα ᾠοτοκεῖ, σχεδὸν εἴρηται περὶ πάντων, /5/ περί τε ὀχείας καὶ κυήσεως καὶ γενέσεως καὶ τῶν ἄλλων τῶν ὁμοιοτρόπων /6/ τούτοις· περὶ δὲ τῶν πεζῶν ὅσα ζῳοτοκεῖ καὶ περὶ ἀνθρώπων λεκτέον τὰ συμβαίνοντα τὸν αὐτὸν τρόπον. περὶ μὲν οὖν ὀχείας εἴρηται καὶ κοινῇ καὶ ἰδίᾳ κατὰ πάντων. πάντων δὲ κοινὸν τῶν ζῴων τὸ περὶ τὴν ἐπιθυμίαν καὶ τὴν ἡδονὴν ἐπτοῆσθαι τὴν ἀπὸ τῆς ὀχείας μάλιστα. τὰ μὲν οὖν θήλεα χαλεπώτατα, ὅταν ἐκτέκωσι πρῶτον, οἱ δ' ἄρρενες περὶ τὴν ὀχείαν. οἵ τε γὰρ ἵπποι δάκνουσι τοὺς ἵππους καὶ καταβάλλουσι καὶ διώκουσι τοὺς ἱππέας, καὶ οἱ ὗες οἱ ἄγριοι χαλεπώτατοι, καίπερ ἀσθενέστατοι περὶ τὸν καιρὸν τοῦτον ὄντες, διὰ τὴν ὀχείαν, καὶ πρὸς ἀλλήλους ποιοῦνται μάχας θαυμαστάς, θωρακίζοντες ἑαυτοὺς καὶ ποιοῦντες τὸ δέρμα ὡς

25 κερκῖνοι γ (exc. L^c). 26 πυραμηγόν P K^c 34 φέρεται C^{a}pr. παχύ γ Ald. 571b1 μόνον] μὲν α Guil. Bk. 2 post εἴρ. add. μοι β γ Gaza Ald., om. α Guil. Sn. 3 πτην. καὶ πλ. transp. α Dt. 5 τε] τῆς α καὶ γενέσεως om. α Bk. ὁμοτρόπων γ (exc. L^{c}rc.). 6 τῶν om. α ᾠοτοκεῖ C^a A^a G^{a}pr. ἀνθρώπου α Guil. Cs. 8 ἰδίᾳ καὶ κοινῇ transp. α γ Ald. πάντων$^{(2)}$ om. β γ Ald. 9 τῶν ζῴων κοινὸν transp. β γ Ald. τὴν$^{(2)}$ om. L^{c}pr. m n 12 καὶ ... 13 ἱππέας om. γ (exc. L^{c}rc.) 13 ἱππεῖς α 14 ἀσθενέστεροι C^a Dt. 15 post ἀλλήλους add. δὲ α Dt.: μὲν γ (exc. L^{c}rc.) Ald. μάχ. ποι. transp. S^c, L^{c}rc. 16 ἑαυτούς] ἀλλήλους αὐτοὺς α

παχύτατον ἐκ παρασκευῆς, πρὸς τὰ δένδρα τρίβοντες καὶ τῷ πηλῷ μολύνοντες πολλάκις καὶ ξηραίνοντες ἑαυτούς· μάχονται δὲ πρὸς ἀλλήλους, ἐξελαύνοντες ἐκ τῶν συοφορβίων, οὕτω σφοδρῶς ὥστε πολλάκις ἀμφότεροι ἀποθνήσκουσιν. ὡσαύτως δὲ καὶ οἱ ταῦροι καὶ οἱ κριοὶ καὶ οἱ τράγοι· πρότερον γὰρ ὄντες σύννομοι ἕκαστοι περὶ τοὺς καιροὺς τῆς ὀχείας μάχονται διιστάμενοι πρὸς ἀλλήλους. χαλεπὸς δὲ καὶ ὁ κάμηλος περὶ τὴν ὀχείαν ὁ ἄρρην, ἐάν τε ἄνθρωπος ἐάν τε κάμηλος πλησιάζῃ· ἵππῳ μὲν γὰρ ὅλως ἀεὶ πολεμεῖ. τὸν αὐτὸν δὲ τρόπον καὶ ἐπὶ τῶν ἀγρίων· καὶ γὰρ ἄρκτοι καὶ λύκοι καὶ λέοντες χαλεποὶ τοῖς πλησιάζουσι γίνονται περὶ τὸν καιρὸν τοῦτον, πρὸς ἀλλήλους δ' ἧττον μάχονται διὰ τὸ μὴ ἀγελαῖον εἶναι μηθὲν τῶν τοιούτων ζώων. χαλεπαὶ δὲ καὶ αἱ θήλειαι ἄρκτοι ἀπὸ τῶν σκύμνων, ὥσπερ καὶ αἱ κύνες ἀπὸ τῶν σκυλακίων. ἐξαγριαίνονται δὲ καὶ οἱ ἐλέφαντες περὶ τὴν ὀχείαν, διόπερ φασὶν οὐκ ἐᾶν αὐτοὺς ὀχεύειν τὰς θηλείας τοὺς τρέφοντας ἐν τοῖς Ἰνδοῖς· ἐμμανεῖς γὰρ γινομένους ἐν τοῖς χρόνοις τούτοις ἀνατρέπειν τὰς οἰκήσεις αὐτῶν ἅτε φαύλως ᾠκοδομημένας, καὶ ἄλλα πολλὰ ἐργάζεσθαι. φασὶ δὲ καὶ τὴν τῆς τροφῆς δαψίλειαν πραοτέρους αὐτοὺς παρέχειν· καὶ προσάγοντες δ' αὐτοῖς ἑτέρους κολάζονται καὶ δουλοῦνται προστάττοντες τύπτειν τοῖς προσαγομένοις. τὰ δὲ πολλάκις ποιούμενα τὰς ὀχείας καὶ μὴ κατὰ μίαν ὥραν, οἷον τὰ συνανθρωπευόμενα, ὕες τε καὶ κύνες, ἧττον τὰ τοιαῦτα ποιοῦντα φαίνεται διὰ τὴν ἀφθονίαν τῆς ὁμιλίας. τῶν δὲ θηλειῶν ὁρμητικῶς

17 δένδρη C[a]rc. A[a]pr. G[a] Q   τρίβοντες C[a] A[a]pr. G[a] Q Bk.: διατρίβοντες A[a]rc. F[a] X[c] β γ Ald.   18 αὐτούς C[a]: αὐτῆς α (exc. C[a])   24 post τε add. ὁ A[a]pr.   25 πλησιάσῃ E[a] K[c]   28 περὶ] πρὸς α (exc. C[a])   30 καὶ om. A[a] G[a] Q   ἀπό] περὶ G[a] Q   31 οἱ E[a]   32 διόπερ] διὸ β   33 τοὺς τρεφ.] οἱ θρέψαντες E[a]: τοὺς στέψαντας P K[c] M[c]: τοὺς θρέψαντας Prc. L[c] m n Ald.   34 ἀναστρέφειν V[c] γ (exc. L[c]rc.)   572a1 αὐτῶν ἅτε] αὐτά τε α: αὑτῶν οὔτε P   οἰκοδομουμένας β E[a] P K[c] M[c]   3 δαψίλειαν ... παρέχειν] ἀδηλίαν παρ' αὐτοῖς ἔχειν γ (exc. L[c]rc.)   4 δ' om. γ (exc. L[c]rc.) κολάζουσι α Bk.   δουλεύονται C[a]pr. A[a]pr. G[a] Q: δουλεύοσι C[a]rc.   5 τοὺς προσαγομένους β: τοὺς προσταττομένους γ Ald.   τὴν ὀχείαν α   7 οἷον ὕες γ Ald.   τὰ om. α Bk.   ποιοῦντα om. α Dt.   φαίν. ποι. transp. L[c] Ald.

ἔχουσι πρὸς τὸν συνδυασμὸν μάλιστα μὲν ἵππος, ἔπειτα
βοῦς. αἱ μὲν οὖν ἵπποι αἱ θήλειαι ἱππομανοῦσιν· ὅθεν καὶ ἐπὶ
τὴν βλασφημίαν τὸ ὄνομα αὐτῶν ἐπιφέρουσιν ἀπὸ μόνου
τῶν ζῴων τὴν ἐπὶ τῶν ἀκολάστων περὶ τὸ ἀφροδισιάζεσθαι.
λέγονται δὲ καὶ ἐξανεμοῦσθαι περὶ τὸν καιρὸν τοῦτον· διὸ καὶ
ἐν /14/ Κρήτῃ οὐκ ἐξαιροῦσι τὰ ὀχεῖα ἐκ τῶν θηλειῶν. ὅταν δὲ
τοῦτο /15/ πάθωσι, θέουσιν ἐκ τῶν ἄλλων ἵππων. ἔστι δὲ τὸ πά-
θος ὅπερ ἐπὶ ὑῶν λέγεται τὸ καπρίζειν. θέουσι δὲ οὔτε πρὸς
ἕω οὔτε πρὸς δυσμάς, ἀλλὰ πρὸς ἄρκτον ἢ νότον. ὅταν δ'
ἐμπέσῃ τὸ πάθος, οὐδένα ἐῶσι πλησιάζειν, ἕως ἂν ἢ ἀπεί-
πωσι διὰ τὸν πόνον ἢ πρὸς θάλατταν ἔλθωσιν· τότε δ' ἐκ-
βάλλουσί τι. καλοῦσι δὲ καὶ τοῦτο, ὥσπερ ἐπὶ τοῦ τικτομέ-
νου, ἱππομανές· ἔστι δ' οἷον ἡ καπρία, καὶ ζητοῦσι τοῦτο
μάλιστα πάντων οἱ περὶ τὰς φαρμακείας. περὶ δὲ τὴν ὥραν
τῆς ὀχείας συγκύπτουσί τε πρὸς ἀλλήλας μᾶλλον ἢ πρό-
τερον, καὶ τὴν κέρκον κινοῦσι πυκνά, καὶ τὴν φωνὴν ἀφιᾶ-
σιν ἀλλοιοτέραν ἢ κατὰ τὸν ἄλλον χρόνον· ἐκρεῖ δ' αὐταῖς
ἐκ τοῦ αἰδοίου ὅμοιον γονῇ, λεπτότερον δὲ πολὺ ἢ τὸ τοῦ ἄρ-
ρενος· καὶ καλοῦσι τοῦτό τινες ἱππομανές, ἀλλ' οὐ τὸ ἐπὶ
τοῖς πώλοις ἐπιφυόμενον· ἐργῶδες δ' εἶναί φασι λαβεῖν·
κατὰ μικρὸν γὰρ ῥεῖ. καὶ οὐροῦσι δὲ πολλάκις, ὅταν σκυ-
ζῶσι καὶ πρὸς αὐτὰς παίζωσι. τὰ μὲν οὖν περὶ τὰς ἵπ-
πους τοῦτον ἔχει τὸν τρόπον, αἱ δὲ βόες ταυρῶσιν· οὕτω δὲ
σφόδρα κατακώχιμαι τῷ πάθει γίνονται, ὥστε μὴ δύνα-
σθαι αὐτῶν κρατεῖν μηδὲ λαμβάνεσθαι τοὺς βουκόλους. δῆ-
λαι δ' εἰσὶ καὶ αἱ ἵπποι καὶ αἱ βόες, ὅταν ὀργῶσι πρὸς /2/ τὴν

12 post ζῴ. add. τούτου α Dt.   τὴν om. γ Dt.   **13** καὶ[(2)] om. α γ Ald.
14 ἐξαίρουσι codd.   **16** ὥσπερ α   τῶν ὑῶν α Sn.: τινῶν (exc. L[c]rc.) Cs.
18 οὐδὲν γ (exc. L[c]rc.)   **19** πόθον C[a] Guil.   θάλασσαν L[c] Ald.   **22** αἱ
A[a] F[a] X[c] Bk.: om. G[a] Q; οἱ cett. Ald.   **23** συγκόπτουσι E[a] P K[c] M[c]   **25**
ἄλλον om. α   ῥεῖ α Bk.   **27** καὶ om. P   post καλ. add. δὲ γ   τινες
τοῦτο transp. α Dt.   τινες] λοιπὸν L[c]pr. m n   τὸ] τοῦτο C[a] A[a]pr. G[a] Q
Guil.   **28** πολλοῖς C[a] A[a]pr. G[a] Q Guil.   λαμβάνειν α   **29** ῥεῖν α
Guil. Sn.   **30** παίζουσι G[a]rc. Q, L[c], Ald.: ludunt Guil. Gaza   τὰς β E[a]
K[c] M[c]: τοὺς cett. Ald.   **31** ταυριῶσιν α   **32** κατακώχιμα E[a]: -οι L[c]pr.
m n   **33** λαμβάνειν α

ὀχείαν, καὶ τῇ ἐπάρσει τῶν αἰδοίων, καὶ τῷ πυκνὰ /3/ οὐρεῖν αἱ βόες ὥσπερ αἱ ἵπποι. ἔτι δ' αἵ γε βόες ἐπὶ τοὺς ταύρους ἀναβαίνουσι, καὶ παρακολουθοῦσιν ἀεί, καὶ παρεστᾶσιν. πρότερα δὲ τὰ νεώτερα ὀργᾷ πρὸς τὴν ὀχείαν καὶ ἐν ταῖς ἵπποις καὶ ἐν ταῖς βουσίν· καὶ ὅταν εὐημερίαι γίνωνται καὶ τὰ σώματα εὖ ἔχωσι, μᾶλλον ὀργῶσιν. αἱ μὲν οὖν ἵπποι ὅταν ἀποκείρωνται, ἀποπαύονται τῆς ὁρμῆς μᾶλλον καὶ γίνονται κατηφέστεραι. οἱ δ' ἄρρενες ἵπποι διαγινώσκουσι τὰς θηλείας τὰς συννόμους ταῖς ὀσμαῖς, κἂν ὀλίγας ἡμέρας ἀλλαχόθι ἅμα γένωνται πρὸ τῆς ὀχείας καὶ ἀναμιχθῶσι, τὰς ἄλλας /12/ ἐξελαύνουσι δάκνοντες, καὶ νέμονται χωρίς, ἕκαστοι τὰς ἑαυτῶν ἔχοντες. διδόασι δ' ἑκάστῳ περὶ τριάκοντα ἢ μικρῷ πλείους. ὅταν δὲ προσίῃ τις ἄρρην, συστρέψας εἰς ταὐτὸ καὶ περιδραμὼν κύκλῳ, προσελθὼν μάχεται· κἂν τις κινῆται, δάκνει καὶ κωλύει. ὁ δὲ ταῦρος, ὅταν ὥρα τῆς ὀχείας ᾖ, τότε γίνεται σύννομος καὶ μάχεται τοῖς ἄλλοις, τὸν δὲ πρότερον χρόνον μετ' ἀλλήλων εἰσίν, ὃ καλεῖται ἀτιμαγελεῖν· πολλάκις γὰρ οἵ γε ἐν τῇ Ἠπείρῳ οὐ φαίνονται τριῶν μηνῶν. ὅλως δὲ τὰ ἄγρια πάντα ἢ τὰ πλεῖστα οὐ συννέμονται τοῖς θήλεσι πρὸ τῆς ὥρας τοῦ ὀχεύειν, ἀλλ' ἐκκρίνονται ὅταν εἰς ἡλικίαν ἔλθωσι καὶ χωρὶς βόσκονται τὰ ἄρρενα τῶν θηλειῶν.
καὶ αἱ ὕες δ' ὅταν ἔχωσιν ὁρμητικῶς πρὸς τὴν ὀχείαν, ὃ καλεῖται καπρᾶν,

572b3 οἱ ἵπ. α (exc. Cᵃ): καὶ ἵπ. P   δ' om. α γ (exc. Lᶜrc.)   4 παριστᾶσι P Kᶜ Mᶜ   5 τοῖς α γ Ald.   6 τοῖς α γ Ald.   9 κατωφερέστεραι Cᵃ   10 ὀσμαῖς] ὁρμαῖς γ (exc. Lᶜrc. mrc.)   11 ἀλλαχόθι om. Cᵃ Aᵃpr. Gᵃ Q: ἀλλαχόθεν Eᵃ P Kᶜ Mᶜ   καὶ] κἂν Aᵃrc. Vᶜrc. γ (exc. Lᶜrc.) Cs. Bk.   τὰς ἄλλας β Lᶜrc.: ἀλλήλαις Cᵃ Aᵃpr. Gᵃ Q: ἀλλήλοις cett. Ald. Bk.   13 περὶ om. P   14 τις om. γ (exc. Lᶜrc.)   15 αὐτὸ Aᵃ Fᵃ Xᶜ: αὐτὸν Gᵃ Q   17 post σύν. add. ταῖς θηλείς mrc.: cum feminis Gaza   18 post προτ. add. μὲν Eᵃ P Kᶜ Mᶜ   εἰσίν om. γ (exc. Lᶜrc.)   19 ἀτιμελεῖν Eᵃ: ἀτιμαιέλειν P Kᶜ Mᶜ m: ἀτιμελῆ n   γε] τε γ   20 δὲ] τε α P: γε Eᵃ Kᶜ n   post τὰ⁽¹⁾ add. γε γ (exc. Lᶜ)   ἀγριώτερα α   πάντων Aᵃ Gᵃpr. Fᵃ Xᶜ   21 συννέμεται α   ταῖς β γ Ald.   θηλείαις Lᶜ m n Ald.   24 ὁρμ. post ὀχ. transp. α Lᶜ m n Ald.: post καλ. Eᵃ P Kᶜ Mᶜ   καλοῦσι Gᵃ Q Ott.   καπριᾶν α Ald.

ὠθοῦνται καὶ πρὸς τοὺς ἀνθρώπους. περὶ δὲ τὰς κύνας τὸ τοιοῦτον πάθος καλεῖται σκυζᾶν. ἔπαρσις μὲν οὖν τοῖς θήλεσιν ἐγγίνεται τῶν αἰδοίων, ὅταν πρὸς τὴν ὀχείαν ὁρμῶσι, καὶ ὑγρασία περὶ τὸν τόπον· αἱ δ' ἵπποι καὶ ἀπορραίνουσι λευκὴν ὑγρότητα περὶ τὸν καιρὸν τοῦτον.

καθάρσεις δὲ γίνονται μὲν καταμηνίων, οὐ μὴν ὅσαι γε ταῖς γυναιξὶν οὐθενὶ τῶν ἄλλων ζῴων. τοῖς μὲν οὖν προβάτοις καὶ αἰξίν, ἐπειδὰν ὥρα ᾖ ὀχεύεσθαι, ἐπισημαίνει πρὸ τοῦ ὀχεύεσθαι· καὶ ἐπειδὰν ὀχευθῶσι, γίνονται τὰ σημεῖα, εἶτα διαλείπει μέχρις οὗ ἂν μέλλωσι τίκτειν. τότε δ' ἐπισημαίνει, καὶ οὕτω γινώσκουσιν ὅτι ἐπίτοκά εἰσιν οἱ ποιμένες. ἐπειδὰν δὲ τέκῃ, κάθαρσις γίνεται πολλή, τὸ μὲν πρῶτον οὐ σφόδρα αἱματώδης, ὕστερον μέντοι σφόδρα. βοΐ δὲ καὶ ὄνῳ καὶ ἵππῳ πλείω μὲν τούτων διὰ τὸ μέγεθος γίνεται, ἔλαττον δὲ κατὰ λόγον πολλῷ. ἡ μὲν οὖν βοῦς ὅταν ὀργᾷ πρὸς τὴν ὀχείαν ἡ θήλεια, καθαίρεται κάθαρσιν βραχεῖαν ὅσον ἡμικοτύλιον ἢ μικρῷ πλεῖον· γίνεται δὲ καιρὸς τῆς ὀχείας μάλιστα περὶ τὴν κάθαρσιν. ἵππος δὲ τῶν τετραπόδων ἁπάντων εὐτοκώτατον καὶ λοχίων καθαρώτατον, καὶ ἐλαχίστην προΐεται αἵματος ῥύσιν, ὡς κατὰ τὸ τοῦ σώματος μέγεθος. μάλιστα δὲ καὶ ταῖς βουσὶ καὶ ταῖς ἵπποις τὰ καταμήνια σημαίνει διαλιπόντα δίμηνον καὶ τετράμηνον καὶ ἑξάμηνον· ἀλλ' οὐ δυνατὸν γνῶναι

27 γίγνεται Cᵃ Fᵃ Xᶜ Dt.: γίγνονται Aᵃ Gᵃ Q ὀργῶσι α (exc. Cᵃ) Bk. 28 καὶ om. α Guil. 30 μὲν om. γ (exc. Lᶜrc.) ὅσα α n τε α (incert. Cᵃ) 31 οὖν om. Aᵃ Gᵃ Q ὥρα post 32 ᾖ transp. γ Ald.: ὥρα ... 32 ἐπειδὰν om. Oᶜ Tᶜ 32 ἦν Cᵃ Aᵃpr. Gᵃ Q: ἡ Eᵃ Ppr. Kᶜ Mᶜ mpr. 33 γίνεται α Bk. μέχρι Cᵃ Bk. οὗ om. Lᶜpr. m n 573a1 θέλωσι α (exc. Cᵃ) 2 ἐπίτοκοι α Bk. εἰσιν om. α Bk. 5 γίνεται om. α Cs. ἐλάττω α Prc. Lᶜ m n Ald. δὴ α γ πολλῷ. ἡ] πολλῶν α (exc. Gᵃrc.: ἡ om. πολλῶ Q) 6 post ὀργ. add. καὶ Sᶜ, Lᶜrc. ὀχείαν] γῆν Eᵃ P Kᶜ Mᶜ n post θηλ. add. καὶ γ (exc. Lᶜrc. mrc.) post καθ. add. καὶ Oᶜ Tᶜ γ (exc. Lᶜrc.) 7 πλέον α Bk.: πλείω Eᵃ P Kᶜ Mᶜ καιρὸς δὲ γίνεται transp. α γ Ald. 10 ῥύσιν] ὥσιν γ (exc. Lᶜrc.) 11 τὸ om. Gᵃ Q n μέγεθος om. Eᵃ Ppr. Kᶜ Mᶜ 12 ἐπισημαίνει α Cs. Bk.: συμβαίνει P Kᶜ Mᶜ: σημεῖον Ald. διαλείποντα α Ppr. Bk. δίμηνον] δὲ μόνον P Cs.: om. Scot. Alb. 13 τετράμηνον] τρίμηνον β (exc. Vᶜrc.): bimestri trimestri quadrimestri semestri Gaza δυνατὸν] ῥᾴδιον α Guil. Sn.

HISTORIA ANIMALIUM VI

μὴ παρεπομένῳ μηδὲ συνήθει σφόδρα, διὸ ἔνιοι οὐκ οἴονται γίνεσθαι αὐτοῖς. τοῖς δ' ὀρεῦσι τοῖς θήλεσιν οὐθὲν γίνεται καταμήνιον, ἀλλὰ τὸ οὖρον παχύτερον τὸ τῆς θηλείας. ὅλως μὲν οὖν τὸ τῆς κύστεως περίττωμα τοῖς τετράποσι παχύτερον ἢ τὸ τῶν ἀνθρώπων, τὸ δὲ τῶν προβάτων καὶ τῶν αἰγῶν τῶν θηλειῶν παχύτερον ἢ τὸ τῶν ἀρρένων· ὄνου δὲ λεπτότερον τὸ τῶν θηλειῶν, βοὸς δὲ καὶ δριμύτερον τὸ τῆς θηλείας. μετὰ δὲ τοὺς τόκους ἁπάντων τῶν τετραπόδων παχύτερον τὸ οὖρον γίνεται, καὶ μᾶλλον τῶν ἐλάττω προϊεμένων κάθαρσιν. τὸ δὲ γάλα γίνεται, ὅταν ὀχεύεσθαι ἄρχωνται, πυοειδές· χρήσιμον δὲ γίνεται, ἐπειδὰν τέκωσιν ὕστερον. κύοντα δὲ τὰ πρόβατα καὶ αἶγες πιότερα γίνονται καὶ ἐσθίουσι μᾶλλον· καὶ βόες δὲ ὡσαύτως καὶ τὰ ἄλλα τετράποδα πάντα. ὁρμητικώτατα μὲν οὖν ἐστιν ὡς ἐπὶ τὸ πολὺ εἰπεῖν πρὸς τὴν ὀχείαν τὴν ἐαρινὴν ὥραν· οὐ μὴν τὰ πάντα γε ποιεῖται τὸν αὐτὸν καιρὸν τῆς ὀχείας, ἀλλὰ πρὸς τὴν ἐκτροφὴν τῶν τέκνων ἐν τοῖς καθήκουσι καιροῖς.

αἱ μὲν οὖν ἥμεροι ὕες κύουσι τέτταρας μῆνας, τίκτουσι δὲ τὰ πλεῖστα εἴκοσιν· πλὴν ἂν πολλὰ τέκωσιν, οὐ δύνανται ἐκτρέφειν πάντα. γηράσκουσαι δὲ τίκτουσι μὲν ὁμοίως, ὀχεύονται δὲ βραδύτερον· κυΐσκονται δὲ οὐκ ἐκ μιᾶς ὀχείας, ἀλλὰ πολλάκις ἐπιβιβάσκουσι διὰ τὸ ἐκβάλλειν μετὰ τὴν ὀχείαν

16 τὸ(2) ... 19 παχύτερον om. G[a]pr. Q[pr].: ἢ τὸ τῶν ἀρρένων· ὅλως μὲν οὖν τὸ τῆς κύστεως περίττωμα παχύτερον τὸ τῶν τετραπόδων ἐστὶν ἢ(2) τὸ τῶν ἀνθρώπων, προβάτων δὲ καὶ αἰγῶν παχύτερον τὸ τῶν θηλειῶν ἢ τὸ τῶν ἀρρένων G[a]rc.: eadem exc. καὶ pro ἢ(2) Q Ott.   18 τὸ(1) om. γ   τὸ δὲ τῶν] τῶν δὲ A[a] F[a] X[c]   19 τῶν(1) om. α γ   post παχ. add. ἔτι γ Ald.   20 καὶ om. α γ (exc. L[c]rc.)   25 κυοῦντα A[a]rc. F[a] X[c], L[c]   τά] καὶ α Bk.   πιότεραι E[a] P K[c] M[c]   27 ante τετ. add. τὰ L[c] m Ald. ὁρμητικώτερα α Dt.   οὖν om. α (exc. C[a])   ἐστὶν post 28 ὥραν transp. α γ Ald.   28 πολὺ] πᾶν α Guil. Sn.   29 τὰ om. α   30 πρός om. m[pr].: διὰ m[rc].   31 ἡμέραι α   τίκτουσι] κύουσι A[a]pr. G[a] Q   32 ἐκτέκωσιν K[c] L[c] m n   34 βραδ. κυ. δὲ om. Ald.   οὐκ om. α (exc. A[a]rc. F[a] X[c]) m[rc]. Scot. Gaza Cs. edd.   573b1 ἐπιβιβάσκουσι C[a] β L[c]rc.: ἐπιβόσκουσι A[a]pr. G[a]pr.: ἐπιβάλλουσι A[a]rc. F[a] X[c] γ (exc. L[c]rc.) Ald.: ἐπιβαίνουσι ὀχευομένοις G[a]rc. Q: coeuntibus Guil.

307

τὴν καλουμένην ὑπό τινων καπρίαν. τοῦτο μὲν οὖν συμβαίνει πάσαις, ἔνιαι δ' ἅμα τούτῳ καὶ τὸ σπέρμα προΐενται. ἐν δὲ τῇ κυήσει ὃ ἂν βλαφθῇ τῶν τέκνων καὶ τῷ μεγέθει πηρωθῇ, καλεῖται μετάχοιρον· τοῦτο δὲ γίνεται ὅπου ἂν τύχῃ τῆς ὑστέρας. ὅταν δὲ γεννήσῃ, τῷ πρώτῳ τὸν πρῶτον παρέχει μαστόν. θυῶσαν δ' οὐ δεῖ εὐθὺς βιβάζειν, πρὶν ἂν μὴ τὰ ὦτα καταβάλλῃ· εἰ δὲ μή, ἀναθυᾷ πάλιν· ἂν δ' ὀργῶσαν βιβάσῃ, μία ὀχεία ὥσπερ εἴρηται ἀρκεῖ. συμφέρει δ' ὀχεύοντι μὲν τῷ κάπρῳ παρέχειν κριθάς, τετοκυίᾳ δὲ τῇ ὑΐ κριθὰς ἑφθάς. εἰσὶ δὲ τῶν ὑῶν αἱ μὲν εὐθὺς καλλίχοιροι μόνον, αἱ δ' ἐπαυξανόμεναι τὰ τέκνα καὶ τὰς δέλφακας χρηστὰς γεννῶσιν. φασὶ δέ τινες, ἐὰν τὸν ἕτερον ὀφθαλμὸν ἐκκοπῇ ἡ ὗς, ἀποθνῄσκειν διὰ ταχέων ὡς ἐπὶ τὸ πολύ. ζῶσι δ' αἱ πλεῖσται μὲν περὶ ἔτη πεντεκαίδεκα, ἔνιαι δὲ καὶ τῶν εἴκοσιν ὀλίγον ἀπολείπουσιν.

[19] τὰ δὲ πρόβατα κυΐσκουσι μὲν ἐν τρισὶν ἢ τέτταρσιν ὀχείαις, ἂν δ' ὕδωρ ἐπιγένηται μετὰ τὴν ὀχείαν, ἀνακυΐσκει· ὁμοίως δὲ καὶ αἱ αἶγες. τίκτουσι δὲ τὰ μὲν πλεῖστα /20/ δύο, ἐνίοτε δὲ καὶ τρία ἤδη δὲ καὶ τέτταρα. κύει δὲ πέντε μῆνας καὶ πρόβατον καὶ αἴξ· διὸ ἐν ἐνίοις τόποις, ὅσοι ἀλεεινοί εἰσι καὶ ἐν οἷς εὐημεροῦσι καὶ τροφὴν ἄφθονον ἔχουσι, δὶς τίκτουσιν. ζῇ δὲ αἴξ μὲν περὶ ἔτη ὀκτώ, πρόβατον δὲ δέκα, τὰ δὲ πλεῖστα ἐλάττω, πλὴν οἱ ἡγεμόνες τῶν προβάτων· οὗτοι δὲ καὶ πεντεκαίδεκα. ἐν ἑκάστῃ δὲ ποίμνῃ κατασκευάζουσιν ἡγε-

---

2 post τοῦτο add. δὲ γίνεται ὅπου ἂν τύχῃ τῆς ὑστέρας· ἥτις L[c]rc. Ald. μὲν ... 5 τοῦτο om. S[c]   post οὖν add. καὶ L[c]rc. Ald.   4 δ' ἐπικυήσει γ (δὲ τῇ ἐπ- m)   βλαβῇ α (exc. C[a]rc.)   6 γένηται C[a]pr.: generatio facta fuerit Guil.   7 θυῶσαν om. A[a]pr. in lac.: ὀργῶσαν C[a]corr. (ex incert.)   εὐθέως P K[c]   βιβάζειν] λαμβάνειν α (exc. A[a]rc.)   ἂν om. α (exc. A[a]rc.)   8 καταλάβῃ C[a] A[a]pr. G[a]pr.: καταβάλῃ E[a] m n Sn. Bk.   ἀναθυμιᾷ C[a] A[a]pr. G[a]pr., P K[c]   ἐάν α   12 μόνον del. m rc., om. Gaza Cs. Sn.   14 ἡ om. α   ἀποθνήσκει α   15 τὸ om. β (exc. V[c])   17 κυΐσκεται α γ (exc. L[c]rc.) Cs. τέτρασι α (exc. C[a]): τέσσαρσι E[a]   18 ἐὰν α Dt.   γένηται Ald.   19 αἱ om. α γ (exc. L[c])   δὲ[(2)]] μὲν C[a] Guil.   20 δὲ[(1)] om. α   ἤδη δὲ καὶ] ἢ α Bk.   καὶ[(3)] ante πέντε transp. L[c] m n   21 ἐν om. C[a]   23 post δὲ[(1)] add. καὶ α (exc. C[a])   24 πλείστω A[a]pr. G[a]pr.   25 δὲ] γὰρ γ Ald. Dt.

HISTORIA ANIMALIUM VI

μόνα τῶν ἀρρένων, ὃς ὅταν ὀνόματι κληθῇ ὑπὸ τοῦ ποιμένος προηγεῖται· συνεθίζουσι δὲ τοῦτο δρᾶν ἐκ νέων. τὰ δὲ περὶ τὴν Αἰθιοπίαν πρόβατα ζῇ καὶ δώδεκα καὶ τρισκαίδεκα ἔτη, καὶ αἶγες δὲ καὶ δέκα καὶ ἕνδεκα. ὀχεύει δὲ καὶ ὀχεύεται, ἕως ἂν ζῇ, καὶ πρόβατον καὶ αἴξ. διδυμοτοκοῦσι δὲ καὶ πρόβατα καὶ αἶγες διά τε εὐβοσίαν, καὶ ἐὰν ὁ κριὸς ᾖ ὁ τράγος ᾖ διδυμοτόκος ἢ ἡ μήτηρ. θηλυγόνα δὲ καὶ ἀρρενογόνα γίνεται διά τε τὰ ὕδατα (ἔστι γὰρ τὰ μὲν θηλυγόνα τὰ δὲ ἀρρενογόνα) καὶ διὰ τὰς ὀχείας ὡσαύτως, καὶ βορείοις μὲν ὀχευόμενα ἀρρενοτοκεῖ μᾶλλον, νοτίοις δὲ θηλυτοκεῖ. μεταβάλλει δὲ καὶ τὰ θηλυτοκοῦντα καὶ ἀρρενοτοκεῖ· δεῖ δ' ὁρᾶν ὀχευόμενα πρὸς βορέαν. τὰ δ' εἰωθότα πρωΐ ὀχεύεσθαι, ἐὰν ὀψὲ ὀχεύῃ τις, οὐχ ὑπομένουσι τοὺς κριούς. λευκὰ δὲ τὰ ἔκγονα γίνεται καὶ μέλανα, ἐὰν ὑπὸ τῇ τοῦ κριοῦ γλώττῃ λευκαὶ φλέβες ὦσιν ἢ μέλαιναι, λευκὰ μὲν ἐὰν λευκαί, μέλανα δ' ἐὰν μέλαιναι· ἐὰν δ' ἀμφότεραι, ἀμφότερα· πυρρὰ δ' ἂν πυρραί. τὰ δὲ τὸ ἁλυκὸν ὕδωρ πίνοντα πρότερον ὀχεύεται· δεῖ δ' ἀλίζειν πρὶν τεκεῖν καὶ ἐπειδὰν τέκῃ, καὶ ἔαρος αὖθις. αἰγῶν δ' ἡγεμόνα οὐ καθιστᾶσιν οἱ νομεῖς διὰ τὸ μὴ μόνιμον εἶναι τὴν φύσιν αὐτῶν, ἀλλ' ὀξεῖαν καὶ εὐκίνητον. τῶν δὲ προβάτων ἐὰν μὲν τὰ πρεσβύτερα ὁρμᾷ πρὸς τὴν ὀχείαν κατὰ τὴν τεταγμένην ὥραν, φασὶν οἱ ποιμένες σημεῖον εὐετηρίας εἶναι τοῖς προβάτοις, ἐὰν δὲ τὰ νεώτερα, κακοθηνεῖν τὰ πρόβατα.

[20] Τῶν δὲ κυνῶν ἔστι μὲν γένη πλείω, ὀχεύει δὲ κύων ἡ

26 ἀρρένων] προβάτων S[c]   27 δὲ[(1)] om. C[a] A[a]pr. G[a] Q   28 δώδεκα] δέκα L[c] mpr. n   τρία καὶ δέκα α Sn.   29 καὶ δέκα om. γ (exc. L[c]rc.) δὲ[(2)] om. C[a]   31 ὁ[(2)] om. α E[a] P K[c] M[c]: ὅ τε L[c]pr. m n   32 τράγος] ταῦρος C[a] A[a] G[a]pr. F[a] X[c] Guil.   καὶ] τὰ δ' α Bk.   33 τε ... 34 διὰ om. m   34 καὶ[(1)] om. γ   τὰ ὀχεῖα α Dt. Peck L.-V.   574a1 βορρείοις C[a]   3 βορρέαν C[a]   τῷ πρωῒ α (exc. C[a])   4 δὶς ἐὰν α Guil.   ὀψὲ om. C[a] A[a]pr. G[a] Q   ὀχευθῇ γ Ald.   5 ἔγγονα α γ saepius   6 ἦ] καὶ γ (exc. L[c]rc.)   7 ἐὰν δὲ μέλαιναι μέλανα α Dt.   ἀμφότερα α (incert. C[a]): ἀμφότεροι m n   8 ἄμφω α Dt.   πυρρὰ] πυρραί s. πυραὶ α (exc. F[a] X[c]) ἐὰν L[c] m n Ald.   12 ὀχείαν A[a]pr. G[a]pr.   14 φασὶν ante 13 ὥραν transp. α E[a] P K[c] M[c]   οἱ ποιμένες om. P   15 κακοηθυνεῖν C[a] A[a]pr.   16 κύων] πλεῖον C[a] A[a]pr. G[a]pr. Q

Λακωνική μὲν ὀκτάμηνος καὶ ὀχεύεται· καὶ τὸ σκέλος δὲ αἴροντες οὐροῦσιν ἤδη ἔνιοι περὶ τὸν χρόνον τοῦτον. κυΐσκεται δὲ /19/ κύων ἐκ μιᾶς ὀχείας· δῆλον δὲ τοῦτο γίνεται μάλιστα ἐν τοῖς /20/ κλέπτουσι τὰς ὀχείας· ἅπαξ γὰρ ἐπιβάντες πληροῦσιν. κύει /21/ δ' ἡ μὲν Λακωνικὴ ἕκτον μέρος τοῦ ἐνιαυτοῦ (τοῦτο δ' ἐστὶν /22/ ἡμέραι ἑξήκοντα), κἂν ἄρα μιᾷ ἢ δυσὶν ἢ τρισὶ πλείονας /23/ ἡμέρας καὶ ἐλάττους μιᾷ. τυφλὰ δὲ γίνεται αὐτῇ τὰ σκυλάκια, /24/ ὅταν τέκῃ, δώδεκα ἡμέρας. τεκοῦσα δὲ πάλιν ὀχεύεται /25/ ἕκτῳ μηνί, καὶ οὐ πρότερον. ἔνιαι δὲ κύουσι τῶν κυνῶν τὸ /26/ πέμπτον μέρος τοῦ ἐνιαυτοῦ (τοῦτο δ' ἐστὶν ἡμέραι ἑβδομήκοντα καὶ δύο), τυφλὰ δὲ γίνεται τὰ σκυλάκια τούτων τῶν κυνῶν ἡμέρας δεκατέσσαρας. ἔνιαι δὲ κύουσι μὲν τέταρτον μέρος τοῦ ἐνιαυτοῦ (τοῦτο δ' ἐστὶ τρεῖς μῆνες ὅλοι), τυφλὰ δὲ γίνεται τούτων τὰ σκυλάκια ἑπτακαίδεκα ἡμέραις. δοκεῖ δὲ σκυζᾶν τὸν ἴσον χρόνον κύων. τὰ δὲ καταμήνια ταῖς κυσὶν ἑπτὰ ἡμέραις γίνεται· συμβαίνει δ' ἅμα καὶ ἔπαρσις αἰδοίου. ἐν δὲ τῷ χρόνῳ τούτῳ οὐ προσίενται ὀχείαν, ἀλλ' ἐν ταῖς μετὰ ταύτας ἑπτὰ ἡμέραις· τὰς γὰρ πάσας δοκεῖ σκυζᾶν ἡμέρας τέτταρας καὶ δέκα ὡς ἐπὶ τὸ πολύ, οὐ μὴν ἀλλά τισι καὶ περὶ ἑκκαίδεκα ἡμέρας γεγένηται τοῦτο τὸ πάθος. ἡ δ' ἐν τοῖς τόκοις κάθαρσις γίνεται ἅμα τοῖς σκυλακίοις τικτομένοις, ἔστι δ' αὕτη παχεῖα καὶ φλεγματώδης· καὶ τὸ

17 μὲν om. α Dt.   post καὶ⁽¹⁾ add. ἡ θήλεια δὲ ὡσαύτως α   ὀχεύοντες γ (exc. L^crc.): ὀχεύονται L^crc. Ald.   δὲ αἴροντες] διαίροντες L^cpr. m n   **18** οὐρῶσιν E^a P pr. K^c M^c   **19** ἐν] δὴ α Dt.   **20** κλέπτουσι] βλέπουσι F^apr. X^c   **22** ἡμέρας C^a A^a G^a Q   τρισὶ om. A^apr. G^a Q   post τρισὶ add. ἢ C^a   πλείοσιν ἡμέραις ἢ ἐλάττω C^a A^apr. G^a Q: πλείοσιν ἡμέραις ἢ ἐλάττοσι A^arc. F^a X^c   **24** post ὅταν add. δὲ γ (exc. L^crc. m rc.)   ἐκτέκη m rc. ἡμέραις α (exc. C^a)   **25** ὀκτὼ μησὶ γ (exc. L^crc. m rc.)   ἔνιοι γ (exc. L^c) τῶν κυνῶν om. α (exc. C^a)   τὸ om. α γ Dt.   **27** γίνονται G^a Q   **28** δεκατέτταρας α P Bk.   μὲν om. F^a X^c   μέρος om. m: ἔτος L^c n   **29** τὰ σκυλ. τούτ. γίν. transp. α: καὶ τούτοις γιν. τὰ σκ. P   **30** ἡμέρας α E^a Sn. Dt.   **31** post κύων add. ὅσον κύει β γ (exc. m rc.) Ald.   ἠμ. ἐπ. transp. β   **32** ἡμέρας E^a P m rc. Dt.   γίνονται β   **33** προΐεται α ἐν om. γ (exc. L^crc.)   **574b1** ταύτας] ταῦτα α S^c, L^crc.   post ταύ. add. ἐν γ (exc. L^crc.)   κυνῶν α (exc. G^arc. Q) E^a: κυνῶν P K^c n: σκυνῶν G^arc., L^c: σκηνῶν Q   **2** τέσσαρες F^a X^c   καὶ τισὶ transp. L^cm n: καὶ τισὶ καὶ L^crc. Ald.   **5** αὕτη C^a Guil. edd.: αὐτὴ cett.

HISTORIA ANIMALIUM VI   574b

πλῆθος ὅταν τέκωσιν, ἀπισχναίνεται ἔλαττον ἢ κατὰ
τὸ σῶμα. τὸ δὲ γάλα αἱ κύνες ἴσχουσι πρὸ τοῦ τεκεῖν ὡς
ἐπὶ τὸ πολὺ ἡμέρας πέντε· οὐ μὴν ἀλλ' ἐνίαις καὶ ἑπτὰ γίνεται πρότερον καὶ τέτταρσιν. χρήσιμον δ' εὐθύς ἐστι τὸ γάλα,
ὅταν τέκωσιν. ἡ δὲ Λακωνικὴ μετὰ τὴν ὀχείαν τριάκονθ' 10
ἡμέραις ὕστερον. τὸ μὲν οὖν πρῶτον παχύ ἐστι, χρονιζόμενον δὲ γίνεται λεπτότερον. διαφέρει δὲ παχύτητι τὸ /13/ κύνει- 12, 13
ον πρὸς τὸ τῶν ἄλλων ζῴων μετὰ τὸ ὕειον καὶ δασυπόδειον. 13
γίνεται δὲ σημεῖον καὶ ὅταν ἡλικίαν ἔχωσι τοῦ ὀχεύεσθαι·
ὥσπερ γὰρ τοῖς ἀνθρώποις, ἐπὶ ταῖς θηλαῖς τῶν μασθῶν ἐπι- 15
γίνεται ἀνοίδησίς τις καὶ χόνδρον ἴσχουσιν· οὐ μὴν ἀλλ' ἔργον
μὴ συνήθει ὄντι ταῦτα καταμαθεῖν· οὐ γὰρ ἴσχει μέγεθος
οὐθὲν τὸ σημεῖον. τῇ μὲν οὖν θηλείᾳ τοῦτο συμβαίνει, τῷ δ'
ἄρρενι οὐθὲν τούτων. τὸ δὲ σκέλος αἴροντες οὐροῦσιν οἱ ἄρρενες ὡς μὲν ἐπὶ τὸ πολὺ ὅταν ἑξάμηνοι ὦσιν· ποιοῦσι δέ τινες 20
τοῦτο καὶ ὕστερον, ἤδη ὀκτάμηνοι ὄντες, καὶ πρότερον ἢ ἑξάμηνοι· ὡς γὰρ ἁπλῶς εἰπεῖν, ὅταν ἰσχύειν ἄρξωνται, αὐτὸ
ποιοῦσιν. αἱ δὲ θήλειαι πᾶσαι καθεζόμεναι οὐροῦσιν· ἤδη δέ
τινες καὶ τούτων ἄρασαι τὸ σκέλος οὔρησαν. τίκτει δὲ κύων
σκυλάκια δώδεκα τὰ πλεῖστα, ὡς δ' ἐπὶ τὸ πολὺ πέντε ἢ 25
ἕξ· ἤδη δὲ καὶ ἓν ἔτεκέ τις· αἱ δὲ Λακωνικαὶ ὡς ἐπὶ τὸ
πολὺ ὀκτώ. ὀχεύονται δ' αἱ θήλειαι καὶ ὀχεύουσιν οἱ ἄρρενες
ἕως ἂν ζῶσιν. ἴδιον δ' ἐπὶ τῶν Λακωνικῶν συμβαίνει πάθος·
πονήσαντες γὰρ μᾶλλον δύνανται ὀχεύειν ἢ ἀργοῦντες. ζῇ δὲ
τῶν Λακωνικῶν κυνῶν ὁ μὲν ἄρρην ἔτη δέκα, ἡ δὲ θή- 30

6 πλῆθος δ' ὅταν ἐκτέκωσιν α   ἔλαττον ἢ β γ Ald.: καὶ ἔλαττον α   7
τό⁽¹⁾ om. Lᶜ m n Ald.   πρὸ τοῦ τεκεῖν om. m   8 καὶ ἐν ἑπτὰ P   9
καὶ πρότ. καὶ α   ἐστι om. γ (exc. Lᶜrc.)   11 ἡμέρας α   ὕστερον post
10 Λακ. transp. α   χρωματιζόμενον Kᶜ   13 πρὸς τὸ om. α Bk.: πρὸς τὰ
γ   15 θηλείαις α   μαστῶν α Sn.   16 ἔργω Eᵃ   17 ὄντα Gᵃ Q
κατ. ταῦτα transp. Lᶜ Ald.   ἔχει α γ (exc. P Lᶜrc.) Ald.   18 τὸ δ' ἄρρεν α
20 τό om. α (exc. Cᵃ)   εἰσὶν γ (exc. Prc. mrc.)   ποιοῦσι ... 21 ἑξάμηνοι
om. γ (exc. Lᶜrc.)   21 τοῦτο καὶ ὕστερον] καὶ ἕτεροι τοῦτο β P Lᶜrc. Ald.
ἤ] οἱ α (exc. Gᵃrc. Q)   22 γὰρ] δὲ Lᶜpr. Ald.   ἰσχύειν] ὀχεύειν β γ Ald.
24 post καὶ add. ἐκ α (exc. Cᵃ)   post δὲ add. καὶ β γ (exc. P) Ald.   25 τὰ
πλ. δώ. transp. α Bk.   26 ἤδη ... τις om. m   27 ὀκτώ] ὀκτὼ καὶ α Dt.:
καὶ ὀκτὼ γ Ald.   30 τῶν Λακ. κυνῶν] ἡ μὲν λακωνικὴ κύων α Bk.
post ἄρρην add. περὶ α Bk.

311

λεια περὶ ἔτη δώδεκα, τῶν δ' ἄλλων κυνῶν αἱ πλεῖσται περὶ ἔτη τετταρακαίδεκα ἢ πεντεκαίδεκα, ἔνιαι δὲ καὶ εἴκοσιν· διὸ καὶ Ὅμηρόν τινες οἴονται ὀρθῶς ποιῆσαι τῷ εἰκοστῷ ἔτει ἀποθανόντα τὸν κύνα τοῦ Ὀδυσσέως. ἐπὶ μὲν οὖν τῶν Λακωνικῶν διὰ τὸ πονεῖν τοὺς ἄρρενας μᾶλλον μακροβιώτεραι αἱ θήλειαι τῶν ἀρρένων· ἐπὶ δὲ τῶν ἄλλων λίαν μὲν οὐκ ἐπίδηλον, μακροβιώτεροι δ' ὅμως οἱ ἄρρενες τῶν θηλειῶν εἰσιν. ὀδόντας δὲ κύων οὐ βάλλει πλὴν τοὺς καλουμένους κυνόδοντας· τούτους δ' ὅταν ὦσι τετράμηνοι, ὁμοίως αἵ τε θήλειαι καὶ οἱ ἄρρενες. διὰ δὲ τὸ τούτους μόνους βάλλειν ἀμφισβητοῦσί τινες· οἱ μὲν γὰρ διὰ τὸ δύο μόνους βάλλειν ὅλως οὔ φασι (χαλεπὸν γὰρ ἐπιτυχεῖν τούτοις), οἱ δ' ὅταν ἴδωσι τούτους, ὅλως οἴονται βάλλειν καὶ τοὺς ἄλλους. τὰς δ' ἡλικίας ἐκ τῶν ὀδόντων σκοποῦσιν· οἱ μὲν γὰρ νέοι λευκοὺς καὶ ὀξεῖς ἔχουσιν, οἱ δὲ πρεσβύτεροι μέλανας καὶ ἀμβλεῖς.

[21] βοῦς δὲ πληροῖ μὲν ὁ ἄρρην ἐκ μιᾶς ὀχείας, βαίνει δὲ σφοδρῶς ὥστε συγκάμπτεσθαι τὴν βοῦν· ἐὰν δ' ἁμάρτῃ τῆς ὁρμῆς, εἴκοσιν ἡμέρας διαλείπουσα προσίεται πάλιν ἡ θήλεια τὴν ὀχείαν. οἱ μὲν οὖν πρεσβύτεροι τῶν ταύρων οὐδ' ἀναβαίνουσι πλεονάκις ἐπὶ τὴν αὐτὴν τῆς αὐτῆς ἡμέρας, ἐὰν μὴ ἄρα διαλιπόντες· οἱ δὲ νεώτεροι καὶ τὴν αὐτὴν βιάζονται πλεονάκις καὶ ἐπὶ πολλὰς ἀναβαίνουσι διὰ τὴν ἀκμήν. ἥκιστα δὲ λάγνον τῶν ἀρρένων ἐστὶ βοῦς. ὀχεύει δ' ὁ νικῶν τῶν ταύρων· ὅταν δ' ἐξαδυνατήσῃ διὰ τὴν λαγνείαν, ἐπιτίθεται ὁ ἡττώμενος, καὶ κρατεῖ πολλάκις. ὀχεύει δὲ τὰ ἄρρενα καὶ ὀχεύεται τὰ θήλεα ἐνιαύσια ὄντα πρῶτον, ὥστε καὶ γεννᾶν· οὐ μὴν ἀλλὰ τό γε ὡς ἐπὶ τὸ πολὺ ἐνιαύσιοι καὶ ὀκτά-

---

31 post αἱ add. μὲν α (exc. C^a) Bk.   **32** τεσσαρεσκαίδεκα β m   ἢ πεντεκαίδεκα om. α   **33** οἴονταί τινες transp. α Bk.   **575a1** ἔτει om. γ (exc. L^crc.)   **6** εἰσὶ A^a G^a Q   **7** μόνον S^c, L^crc.   **8** τὸ] τε C^a A^apr.   μόνους om. A^apr.   **14** σφόδρα α   συγκάπτεσθαι codd. plur. ut saepius   τὸν α   δ' ἁμάρτῃ] διαμάρτῃ α   **15** post εἴκ. add. δ' α   **17** πολλάκις F^a X^c   **18** διαλίποντες C^a: διαλείποντες α (exc. C^a)   **20** δὲ λάγνον] δὲ λαινόντων P*pr.* K^c M^c: δ' ἐλαινόντων E^a: δ' ἐλαυνόντων P*rc.*: δειλαινόντων L^c*pr.*: δὲ λαυνόντων n: δὲ λάγνον m*rc.* in ras.   τῶν ἀρρένων λάγνον transp. α Dt.   **23** καὶ⁽²⁾ om. α (exc. C^a) L^c*pr.*   **24** μὴν δ' ἀλλὰ α

HISTORIA ANIMALIUM VI

μηνοι, τὸ δὲ μάλιστα ὁμολογούμενον διετεῖς. κύει δ' ἐννέα μῆνας, δεκάτῳ δὲ τίκτει· ἔνιοι δὲ διισχυρίζονται δέκα μῆνας κύειν ἡμερολεγδόν. ὅ τι δ' ἂν ἔμπροσθεν ἐξενεχθῇ τῶν εἰρημένων χρόνων, ἐκβόλιμόν ἐστι καὶ οὐ ζῇ ἔτι κἂν μικρὸν προτερήσῃ τῷ τόκῳ οὔτε θέλει ζῆν, μάλα /29/ γὰρ καὶ ἀτελεῖς γίνονται αἱ ὁπλαί. τίκτει δ' ἓν τὰ /30/ πλεῖστα, ὀλιγάκις δὲ δύο· καὶ τίκτει καὶ ὀχεύει ἕως ἂν ζῇ. ζῶσι δ' ὡς ἐπὶ τὸ πολὺ περὶ πεντεκαίδεκα ἔτη αἱ θήλειαι· καὶ οἱ ἄρρενες δὲ ἂν ἐκτμηθῶσιν. ἔνιοι δὲ ζῶσι καὶ εἴκοσιν ἔτη καὶ ἔτι πλείω, ἐὰν εὔφορον ἔχωσι τὸ σῶμα· καὶ γὰρ /1/ τῶν βοῶν τοὺς τομίας ἐθίζουσι, καὶ καθιστᾶσι ἡγεμόνας τῶν βοῶν ὥσπερ τῶν προβάτων, καὶ ζῶσιν οὗτοι πλείω χρόνον τῶν ἄλλων διά τε τὸ πονεῖν καὶ διὰ τὸ νέμεσθαι ἀκέραιον νομήν. ἀκμάζει δὲ μάλιστα πενταετὴς ὤν, διὸ καὶ Ὅμηρόν φασι πεποιηκέναι τινὲς ὀρθῶς ποιήσαντα "ἄρσενα πενταέτηρον" καὶ τὸ "βοὸς ἐννεώροιο"· δύνασθαι γὰρ ταυτόν. τοὺς δ' ὀδόντας βάλλει βοῦς διετής, καὶ οὐκ ἀθρόους ἀλλ' ὥσπερ ἵππος· τὰς δ' ὁπλάς, ὁπόταν ποδαγρᾷ, οὐκ ἀποβάλλει, ἀλλ' οἰδεῖ μόνον σφόδρα τοὺς πόδας. τὸ δὲ γάλα, ὅταν τέκῃ, χρήσιμον γίνεται· ἔμπροσθεν δ' οὐκ ἔχει γάλα. τὸ δὲ πρῶτον γινόμενον γάλα ὅταν παγῇ οὕτω γίνεται σκληρὸν ὥσπερ λίθος· τοῦτο δὲ συμβαίνει, ἐὰν μή τις μίξῃ ὕδατι.

25 ὁμ. μάλιστα transp. L^c m n Ald.   διέτεις α: διετὲς γ (exc. L^{c}rc. mrc.)
27 ἡμερολεγδῶν β L^{c}rc.: ἡμερολιδῶν γ (exc. L^c m): ἡμερῶν ὀλίγων L^{c}pr. m
Ald.   ὅ τι] ὅταν γ (exc. L^{c}rc.)   28 χρόνων] μηνῶν K^c καὶ om. γ
ζῇ ... οὔτε om. α Guil. Bk.   ζῆν θέλει transp. α (exc. C^a)   οὔτε θέλει ζῆν
om. L^c m n   μάλα] ἀπαλαὶ G^{a}rc. Q: μαλακαὶ O^{c}rc.: μάλα γὰρ μαλακαὶ
mrc.: molles Guil. Gaza: μαλακαὶ cj. Scal. Cs Sn. edd.   29 ὁπλαί] ἁπλαί
C^a A^{a}pr. G^{a}pr.   30 ὀχεύει] ἀργεύει A^{a}pr. G^{a}pr.   31 ζῇ γ (exc. m) Ald.
περὶ om. E^a αἱ] καὶ αἱ E^a K^c: καὶ P m n: ἡ L^c Ald.   θήλεια L^c Ald.
32 οἱ om. L^c m n Ald.   ἐὰν L^c m n Ald.   ἔνιαι L^{c}pr. m n Ald.   33 καὶ
ἔτι om. C^a 575b1 τοὺς ... βοῶν$^{(2)}$] εἰσιν ἡγεμόνες α Scot. Guil.   τῶν
β. ἡγ. transp. γ Ald.   2 οὗτοι om. Ald.   3 πονεῖν codd. Ald.: om. Scot.:
non multum elaborata Alb.: μὴ πονεῖν cj. Scal. edd.   4 πεντέτης α Bk.   6
ἐννεώτεροι ὀδυνᾶσθαι E^a Ppr. K^c M^c 7 διετής om. L^{c}pr. mpr n   ἀθρόως
C^a ἀλλ' om. α   8 ὅταν α   10 ἔμπροσθεν ... 11 γίνεται om. γ (exc.
L^{c}rc.)   11 post σκλ. add. γὰρ γ (exc. Lcrc.)   12 μίξῃ] συμμίξη α

313

575b ARISTOTELIS

13 νεώτεραι δ' ἐνιαυσίων οὐκ ὀχεύονται, πλὴν ἐάν τι τερατῶδες·
14, 15 ἤδη δέ τινες καὶ τετράμηνοι ὠχεύθησαν. /15/ ἄρχονται δὲ
τῆς ὀχείας περὶ τὸν Θαργηλιῶνα μῆνα καὶ τὸν /16/ Σκιρρο-
16 φοριῶνα αἱ πλεῖσται· οὐ μὴν ἀλλ' ἔνιαι καὶ μέχρι τοῦ
μετοπώρου κυΐσκονται. ὅταν δὲ πολλὰ κύωσι καὶ προσδέ-
χωνται τὴν ὀχείαν, σφόδρα δοκεῖ σημεῖον εἶναι καὶ χει-
μῶνος καὶ ἐπομβρίας. αἱ δὲ συνήθειαι γίνονται μὲν τοῖς
20 βουσὶν ὥσπερ τοῖς ἵπποις, ἧττον δέ.

[22] ἵππος δ' ἄρχεται ὀχεύειν ὁ μὲν ἄρρην διέτης, καὶ ἡ
θήλεια διέτης ὀχεύεσθαι· ταῦτα μέντοι ὀλίγα ἐστί, καὶ τὰ
ἔκγονα τούτων ἐλάττω καὶ ἀσθενικώτερα· ὡς δ' ἐπὶ τὸ πολὺ
ἄρχονται ὀχεύειν τριετεῖς ὄντες, καὶ αἱ ἵπποι ὀχεύεσθαι,
25 καὶ ἐπιδιδόασι δ' ἀεὶ πρὸς τὸ βέλτιον τὰ ἔκγονα γίνεσθαι
μέχρι ἐτῶν εἴκοσιν. κύει δ' ἕνδεκα μῆνας, δωδεκάτῳ δὲ τί-
κτει. πληροῖ δ' ὁ ἵππος οὐκ ἐν τεταγμέναις ἡμέραις, ἀλλ'
ἐνίοτε μὲν ἐν μιᾷ ἢ δυσὶν ἢ τρισίν, ἐνίοτε δὲ πλείοσιν·
θᾶττον δὲ ἐπιβαίνων πληροῖ ὄνος ἢ ἵππος. ἡ δ' ὀχεία οὐκ
30 ἐπίπονος τῶν ἵππων, ὥσπερ ἡ τῶν βοῶν. λαγνίστατον δὲ καὶ
τῶν θηλειῶν καὶ τῶν ἀρρένων ἵππος μετ' ἄνθρωπόν ἐστιν. ἡ δὲ
τῶν νεωτέρων ὀχεία γίνεται παρὰ τὴν ἡλικίαν, ὅταν εὐβο-
σία καὶ ἀφθονία γένηται τροφῆς. ἔστι μὲν οὖν ὡς ἐπὶ τὸ
576a1 πολὺ μονοτόκος, τίκτει μέντοι ποτὲ καὶ δύο τὰ πλεῖστα.

13 νεώτερα α γ (exc. L^{c}rc.)   ὀχεύεται α γ Ald.   post τερ. add. ἢ α Guil.
Bk.   14 τινες om. L^{c}pr. m n   τετράμηνοι codd. Guil.: decem mensium Scot.
Alb.: δεκάμηνοι cj. Pk.   post ὠχ. add. καὶ ὠχευσαν α Guil. Sn.   17
κυΐσκεται A^{a}pr. G^a Q; ὀχεύονται V^{c}rc., mrc.: coeundi Gaza   πολλὰ codd.
(exc. mrc.) Ald.: πολλαὶ mrc.: multotiens Scot.: plurimae Alb.: multum Guil.: plures
Gaza   προσδέχονται codd. plur. ut saepius   19 συνήθειαι ἢ τὰ κα-
ταμήνια mrc.: menses Gaza   ταῖς α L^c m n Ald.   20 ταῖς α Cs.   21 ὁ
ἵππος ἄρχεται δ' γ (exc. L^{c}rc. mrc.)   23 ἔγγονα α ut saepe: ἥττονα γ (exc.
L^{c}rc. mrc.)   24 οἱ C^a A^{a}pr. G^{a}pr. F^a X^c β   25 βελτίω C^a A^{a}Pr. G^a Q Guil.
Bk.   post τὰ add. δ' α (exc. Q)   ἔγγονα α γ (exc. E^a L^c)   26 ἐτῶν]
τῶν γ (exc. L^{c}rc.)   28 μὲν om. α (exc. C^a)   δὲ] δ' ἐν α Bk.   29 ἐπι-
βαίνει πληρῶν γ (exc. L^{c}rc.)   πλ. ἐπ. transp. α Bk.   ἢ ἵππος] ἵππω α
30 λαγνίαστον C^a: ἀλλ' ἀγνιστότατον β (exc. O^{c}rc. V^{c}rc.) γ (exc. Prc. L^{c}pr.
m n): ἀλλὰ λαγνιστότατον O^{c}rc. V^{c}rc., Prc.   δὲ om. β   31 ἵπ. post ἄνθ.
transp. α γ Bk.   32 περὶ E^a εὐοσία A^{a}pr. ut saepe   576a1 μονο-
τόκον α γ

HISTORIA ANIMALIUM VI 576a

καὶ ἡμίονος δ' ἤδη ἔτεκέ τις δύο· ἃ κρίνουσιν ἐν τέρασιν. ὀχεύει μὲν οὖν ἵππος καὶ τριακοντάμηνος· ὥστε δὲ καὶ γεννᾶν ἀξίως, ὅταν παύσηται βάλλων (ἤδη δέ τινες καὶ βάλλοντες ἐπλήρωσαν, ὥς φασιν), ἂν μὴ φύσει ἄγονοι τυγχάνωσιν ὄντες. ἔχει μὲν οὖν ὀδόντας τεσσαράκοντα, βάλλει δὲ τοὺς μὲν πρώτους τέτταρας τριακοντάμηνος, τοὺς μὲν δύο ἄνωθεν τοὺς δὲ δύο κάτωθεν· ἐπειδὰν δὲ γένηται ἐνιαυτός, βάλλει τὸν αὐτὸν τρόπον τέτταρας, δύο μὲν ἄνωθεν δύο δὲ κάτωθεν, καὶ πάλιν ὅταν ἄλλος ἐνιαυτὸς γένηται, ἑτέρους τέτταρας τὸν αὐτὸν τρόπον· τεττάρων δ' ἐτῶν παρελθόντων καὶ ἓξ μηνῶν οὐκέτι βάλλει οὐδένα. ἤδη δέ τις εὐθὺς τὸ πρῶτον ἅμα πάντας ἐξέβαλε, καὶ ἄλλος ἅμα τοῖς τελευταίοις ἅπαντας· ἀλλὰ τὰ τοιαῦτα γίνεται ὀλιγάκις. ὥστε σχεδὸν συμβαίνει, ὅταν τεττάρων ἐτῶν ᾖ καὶ ἓξ μηνῶν, χρήσιμον εἶναι πρὸς τὴν γένεσιν μάλιστα. εἰσὶ δ' οἱ πρεσβύτεροι τῶν ἵππων γονιμώτεροι, καὶ οἱ ἄρρενες τῶν ἀρρένων καὶ αἱ θήλειαι τῶν θηλειῶν. ἀναβαίνουσι δὲ καὶ ἐπὶ τὰς μητέρας οἱ ἵπποι καὶ ἐπὶ τὰς θυγατέρας· καὶ τότε δοκεῖ τέλειον εἶναι τὸ ἱπποφόρβιον, ὅταν ὀχεύωσι τὰ ἑαυτῶν ἔκγονα. οἱ δὲ Σκύθαι ἱππεύουσι ταῖς κυούσαις ἵπποις, ὅταν θᾶττον στραφῇ τὸ ἔμβρυον, καί φασι γίνεσθαι αὐτὰς εὐτοκωτέρας. τὰ μὲν οὖν ἄλλα τετράποδα τίκτει κατακείμενα, διὸ καὶ πλάγια προέρχεται τὰ ἔμβρυα πάντων· ἡ δ' ἵππος ἡ θήλεια ὅταν ἤδη πλησίον ᾖ τῆς ἀφέσεως, ὀρθὴ στᾶσα προΐεται τὸ ἔκγο-

2 ἡμίονος cett. Gaza Ald.: ἡμιόνους Cᵃ Scot. Alb. Guil. Sn. edd.   ἤδη om. α   τέσσαρσιν Aᵃpr. Gᵃpr.   3 ὥστε] οἱ Eᵃ Kᶜ Mᶜ: om. P: οἷος m: ὡς n   4 παύηται α   5 ἐὰν α Dt.   ἀπόγονοι τύχωσιν α   6 τετταράκοντα α (exc. Fᵃ Xᶜ) Lᶜ Ald.: μεγάλους Cᵃcorr. ex μ′   7 post τέτ. add. καὶ γ   8 τοὺς δὲ δύο] δύο δὲ α Dt.   ἐπειδὰν ... 9 κάτωθεν om. P Lᶜpr. mpr. n   11 δ' ἐτῶν] δὲ τῶν Dᵃ Oᶜ γ (exc. Lᶜrc.)   12 τὸ πρ. εὐ. transp. α γ Bk.   13 ἐξ. πα. transp. α   ἐξέβαλλε P Kᶜ m n   14 τὰ om. Cᵃ Aᵃpr. Gᵃ Q   post γίν. add. σχεδὸν α   15 post ὅταν add. δὲ Cᵃ Aᵃpr.   ᾖ] ἦ α (exc. Aᵃrc.) καὶ om. Cᵃ Aᵃpr. Fᵃ Xᶜ   16 γέννησιν α Sn.   19 ἐπὶ om. α   ante τελ. add. τὸ Eᵃ P Kᶜ Mᶜ   τέλεον α Bk.   20 τὰ post ἑαυ. transp. γ Ald. αὐτῶν γ (exc. Lᶜrc.)   ἔγγονα codd. nonn.   21 ἱππεύωσι Aᵃ Gᵃ Q ἵππαις Fᵃ Xᶜ   22 τοκωτέρας Eᵃ: ἐντοκωτέρες γ (exc. Eᵃ m)   23 κατ. τίκ. transp. α Bk.   24 ἡ δὲ θήλ. ἵππος P   25 ὀρθήσασα γ (exc. Prc. Lᶜrc.): ὀρθώσασα Prc.   ἔγγονον codd. nonn.

315

νον. ζῶσι δὲ τῶν ἵππων οἱ μὲν πλεῖστοι περὶ ὀκτωκαίδεκα ἔτη καὶ εἴκοσιν, ἔνιοι δὲ πεντεκαιείκοσι καὶ τριάκοντα· ἐὰν δέ τις θεραπεύῃ, ἐκτείνει καὶ πρὸς τὰ πεντήκοντα. ὁ δὲ μακρότατος βίος τῶν ἵππων ἐστὶν ὡς ἐπὶ τὸ /30/ πολὺ τριάκοντα ἐννέα ἔτη, ἡ δὲ θήλεια ὡς ἐπὶ τὸ πολὺ μὲν πέντε καὶ εἴκοσιν ἔτη, ἤδη δέ τινες καὶ τετταράκοντα ἔτη βεβιώκασιν. ἐλάττω δὲ χρόνον βιοῦσιν οἱ ἄρρενες τῶν θηλειῶν διὰ τὰς ὀχείας, καὶ ἰδίᾳ τρεφόμεναι τῶν ἐν τοῖς ἱπποφορβίοις. ἡ μὲν οὖν θήλεια πέντε ἐτῶν τέλος λαμβάνει μήκους καὶ ὕψους, ὁ δ' ἄρρην ἓξ ἐτῶν· μετὰ δὲ ταῦτα ἐν ἄλλοις ἓξ ἔτεσι τὸ πλῆθος λαμβάνει τοῦ σώματος, καὶ ἐπιδίδωσι μέχρις ἐτῶν εἴκοσι καὶ ἀποτελοῦνται· τελειοῦνται δὲ τὰ θήλεα τῶν ἀρρένων /8/ ἔμπροσθεν, ἐν δὲ τῇ γαστρὶ τὰ ἄρρενα τῶν θηλειῶν, καθάπερ /9/ καὶ ἐπὶ τῶν ἀνθρώπων· ταὐτὸ δὲ τοῦτο συμβαίνει καὶ ἐπὶ /10/ τῶν ἄλλων ζῴων ὅσα πλείω τίκτει. θηλάζειν δέ φασι τὸν /11/ μὲν ἡμίονον ἑξάμηνον, εἶτ' οὐκέτι προσίεται διὰ τὸ σπᾶσθαι /12/ καὶ πονεῖν· τὸν δ' ἵππον πλείω χρόνον. ἀκμάζει δὲ καὶ ἵππος καὶ ἡμίονος μετὰ τοὺς βόλους· ὅταν δὲ πάντας ὦσι βεβληκότες, οὐ ῥᾴδιον γνῶναι τὴν ἡλικίαν. διὸ καὶ λέγουσι γνώμην ἔχειν, ὅταν ἄβολος ᾖ· ὅταν δὲ βεβληκώς, οὐκ ἔχειν. ὅμως δὲ μάλιστα γνωρίζεται ἡ ἡλικία μετὰ τοὺς βόλους τῷ

26 μὲν om. γ Ald.   **27** ἔνιοι δὲ πεντεκαιείκοσι om. γ Ald.   post δὲ add. καὶ β   **28** post τις add. ἐπιμελῶς α (ἐπιμενῶς A^{a}pr. G^{a}pr.) Sn.   ἐκτείνεται α (exc. C^a)   πρὸς] περὶ L^c m n Ald.   **29** ἵππων β Ald.: πλειόνων C^a: πλείστων α (exc. C^a) γ Guil. Bk.   ἐστὶν] ἑκατὸν E^a **30** τριάκοντα ἐννέα ἔτη β (exc. O^{c}rc.) L^{c}rc. Ald.: τριακονταέτης C^a: τριακοντέτης α (exc. C^a) Bk.: xxx anni Guil.: tricesimum Gaza   τριάκοντα ... πολὺ om. γ (exc. L^{c}rc.)   μὲν om. L^c m n Ald.   **576b1** τεσσαράκοντα P   **2** ἔλαττον α: ἐλάττονα m   **3** post καὶ add. οἱ α: αἱ mrc.   ἰδίᾳ om. α   τρεφόμενοι α E^a **6** ἓξ ἔτεσι] ἕξεσι C^{a}pr. A^{a}pr.   **7** εἴκοσι] viginti Guil. (Tz): xxx Guil. (cett.) καὶ om. α γ Sn.   ἀποτελοῦνται om. α mrc. Guil. Sn.   τελειοῦνται β γ Ald.: ἀποτελειοῦται α Bk.   **8** δὲ om. C^a in ras.   post τὰ add. δ' C^a A^{a}pr. G^{a}pr.   τὰ ἀρρ. τῶν θ.] τῶν ἀρρένων τὰ θήλεα G^{a}rc.: τοῖς ἀρρενοῖς τὰ θηλ. Q Ott.: masculi ... femellis [posterius] Guil.   post θηλ. add. ὕστερον α Guil.   **9** τῶν ... ἐπὶ$^{(2)}$ om. O^{c}pr. T^c **11** ἑξάμηνον om. γ (exc. L^{c}rc. mrc.): ἓξ μηνῶν mrc.   προίεσθαι α: προσίεσθαι L^c m Ald. Bk.   ἀποσπᾶσθαι α   **13** πάντες α   **14** λέγεται α Dt.   **15** γνώριμα C^a A^{a}rc. G^a Q: γνῶμα A^{a}pr. Dt. Peck   βόλος C^a A^{a}pr. G^a Q   δὲ] ἐκ γ (exc. L^{c}rc.)   **16** ὅλως α κυνόδοντι· τῶν μὲν γὰρ ἑπταετῶν γίνεται μικρὸς διὰ τὴν τρίψιν (κατὰ τοῦτον γὰρ ἐμβάλλεται ὁ χαλινός), τῶν δὲ μὴ ἱππαστῶν μέγας μὲν ἀλλ' ἀπηρτημένος, τῶν δὲ νέων ὀξὺς καὶ μικρός. ὀχεύει δ' ὁ μὲν ἄρρην πᾶσάν τε ὥραν καὶ ἕως ἂν ζῇ· καὶ ἡ θήλεια δ' ὀχεύεται ἕως ἂν ζῇ, οὔπω δὲ πᾶσαν ὥραν ἐὰν μή τις δεσμὸν ἢ ἄλλην τινὰ προσενέγκῃ ἀνάγκην· ὥρα δ' οὐκ ἀφαιρεῖται οὐδεμία τεταγμένη τοῦ ὀχεύεσθαι καὶ ὀχεύειν. οὐ μέντοι γε, ὅτ' ἔτυχε γενομένης τῆς ὀχείας, δύνανται ἃ ἂν γεννήσωσιν ἐκτρέφειν. ἐν Ὀποῦντι δ' ἐν ἱπποφορβίῳ ἵππος ὤχευεν ἐτῶν ὢν τεσσαράκοντα· /27/ ἔδει δὲ τὰ πρόσθια σκέλη συνεπαίρειν. ἄρχονται δ' ὀχεύεσθαι αἱ ἵπποι τοῦ ἔαρος. ὅταν δὲ τέκῃ ὁ ἵππος, οὐκ εὐθὺς πίμπλαται ἀλλὰ διαλείπει χρόνον, καὶ τίκτει /30/ ἀμείνω τετάρτῳ ἢ πέμπτῳ ἔτει μετὰ τὸν τόκον. ἕνα δ' ἐνιαυτὸν καὶ πάμπαν ἀνάγκη διαλείπειν καὶ ποιεῖν ὥσπερ /2/ νειόν. ἵππος μὲν οὖν διαλείπουσα τίκτει, ὥσπερ εἴρηται, ἡμίονος δὲ συνεχῶς. γίνονται δὲ τῶν ἵππων αἱ μὲν καὶ ἄτεκνοι ὅλως, αἱ δὲ συλλαμβάνουσι μέν, οὐ δύνανται δ' ἐκφέρειν· σημεῖον δὲ τῶν τοιούτων λέγουσιν εἶναι, τὸ ἔμβρυον ἀνασχιζόμενον

---

17 ἑπταετῶν cett. Gaza Ald.: ἱππαστῶν Cᵃ Aᵃpr. Gᵃrc. Guil. Sn.   μακρὸς α (exc. Gᵃrc.)   18 ἐκκβάλλεται α (exc. Cᵃ)   19 ἱππαστῶν Cᵃ Aᵃpr. Gᵃrc. Guil. Sn.: ἑπταετῶν cett. Gaza Ald.   ἀπηρτημένος] μὴ ἀπηρ. Lᶜpr. m n Cs.: productus Guil.: non vertice exstans adactiore Gaza   δὲ om. Cᵃ Aᵃpr.   20 μακρός γ (exc. Lᶜ) Louis L.-V.: parvus Guil.: procerior Gaza   τε] τὴν α (exc. Cᵃ) γ (exc. P Lᶜrc.)   21 ἂν⁽¹⁾ om. α Bk.   οὔπω] οὕτω Cᵃ Aᵃpr. Gᵃ Q, Oᶜrc., Eᵃ P Lᶜpr. n, Guil. Sn.: om. Vᶜrc., mrc., Cs.   δὲ πᾶσαν] καὶ πᾶσαν δὲ mrc. Cs.: καὶ πᾶσαν τὴν Vᶜrc.: καὶ πᾶσαν cj. Cas.   22 ἐὰν μὴ] ἕως ἂν Cᵃ Aᵃpr. Gᵃ Q Guil. Sn.   δεσμῶν Aᵃpr.   23 ἀνάγκην om. Cᵃ Aᵃpr. Gᵃ Q: coactionem Guil.   οὐδεμία om. m   τοῦ om. γ   ὀχεύειν καὶ ὀχεύεσθαι transp. α (exc. Cᵃ)   25 ἃ ἂν] ὅταν Cᵃ Aᵃpr. Gᵃ Q   ἐν ἱπποφορβίῳ α Sn.: ὁ φορβίου β γ Ald.: in grege Guil.: gregarium Gaza   26 post ἵππος add. ἐγένετο ὅς α Guil. Sn.   ὢν om. α (exc. Cᵃ)   τετταράκοντα s. μ′ codd. nonn.   27 πρόσθεν α   28 αἱ om. Cᵃ Aᵃpr. Gᵃ Q, Kᶜ   ὁ om. α: ἡ mrc. Ald.: equa Guil. Gaza   post εὐθὺς add. μετὰ τοῦτο α Sn.   29 ἐμπίπλαται Sᶜ: ἀμπιπλᾶται Lᶜrc.   30 ἀμεινω α Dt.   ἕνα] ἕνια Cᵃ γ: uno Guil.   577a2 νέον Dᵃ Oᶜpr. Tᶜ Vᶜpr. γ (exc. Lᶜrc.) Ald.: νέων ὄντων Sᶜ, Lᶜrc.   ἡμίονος codd. (exc. mrc.) Ald.: ὄνος mrc. Gaza Scal. Sn. edd.   4 αἱ . . . μὲν om. γ (exc. Lᶜrc. mrc.): αἱ δὲ κύουσι μὲν mrc.   μὲν om. α   5 λέγει α (exc. Gᵃrc.)   τὸ τὸ mrc.   ἀνεσχημένον γ (ἀνεσχησμένον Lᶜ, ἀνεσχισμένον m)

ἔχειν ἄλλα νεφροειδῆ περὶ τοὺς νεφρούς, ὥστε δοκεῖν τέτταρας εἶναι νεφρούς. ὅταν δὲ τέκῃ ἡ ἵππος τό τε χόριον εὐθὺς κατεσθίει, καὶ ἀπεσθίει τοῦ πώλου ὃ ἐπιφύεται ἐπὶ τοῦ μετώπου τούτων τῶν πώλων, ὃ καλεῖται ἱππομανές· ἔστι δὲ τὸ μέγεθος ἔλαττον μικρᾶς ἰσχάδος, τὴν δ' ἰδέαν πλατύ, περιφερές, μέλαν. τοῦτο ἐάν τις φθῇ λαβὼν καὶ ὀσφρηται ἡ ἵππος, ἐξίσταται καὶ μαίνεται πρὸς τὴν ὀσμήν· διὸ καὶ αἱ φαρμακίδες ζητοῦσι καὶ συλλέγουσιν. ἐὰν δ' ὠχευμένην ἵππον ὑπὸ ἵππου ὄνος ὀχεύσῃ, διαφθείρει τὸ ἔμβρυον τὸ ἐνυπάρχον. ἵππων δ' ἡγεμόνα οὐ καθιστᾶσιν οἱ ἱπποφορβοὶ ὥσπερ βοῶν, διὰ τὸ μὴ μόνιμον εἶναι τὴν φύσιν αὐτῶν ἀλλ' ὀξεῖαν καὶ εὐκίνητον.

[23] ὄνος δ' ὀχεύει μὲν καὶ ὀχεύεται τριακοντάμηνος, καὶ /19/ βάλλει τοὺς πρώτους ὀδόντας· τοὺς δὲ δευτέρους ἕκτῳ μηνί, /20/ καὶ τοὺς τρίτους καὶ τοὺς τετάρτους ὡσαύτως· τούτους δὲ γνῶμα /21/ καλοῦσι, τοὺς τετάρτους. ἤδη δὲ καὶ ἐνιαυσία ὄνος ἐκύησεν /22/ ὥστε καὶ ἐκτραφῆναι. ἐξουρεῖ δ', ὅταν ὀχευθῇ, τὴν γονήν, ἐὰν μὴ κωλύηται· διὸ τύπτουσι μετὰ τὴν ὀχείαν εὐθὺς καὶ διώκουσιν. τίκτει δὲ δωδεκάτῳ μηνί. τίκτει δὲ τὰ μὲν πολλὰ ἕν· μονοτόκον γάρ ἐστι φύσει· τίκτει δ' ἐνίοτε καὶ δύο. ὁ μὲν οὖν ὄνος ἐπαναβὰς διαφθείρει τὸ τοῦ ἵππου ὄχευμα, ὥσπερ εἴρηται· ὁ δ' ἵππος τὸ τοῦ ὄνου οὐ διαφθείρει, ὅταν ᾖ ὠχευμένη ἡ ἵππος ὑπὸ τοῦ ὄνου. ἴσχει δὲ γάλα κύουσα δε-

6 ἀλλὰ codd. plur. (exc. Cᵃ Gᵃrc., m)   7 εἶναι] ἔχειν α Guil. Sn.   ἦ om. α (exc. Cᵃ)   χορίον s. χωρίον γ   8 ὃ om. Cᵃ in ras., Aᵃpr.: δ' Gᵃ Q   9 τούτων om. α Guil. Cs.   πολλῶν Cᵃpr. Aᵃpr. Gᵃ Q: πωλίδων Kᶜ: πωλέων n: pullorum Guil.: om. Gaza Dt.   ὃ καλεῖται] καλεῖται δὲ α Guil. Bk.   10 μικρῷ α (exc. Gᵃrc. Q) Bk.: μικρᾶς Gᵃrc. Q, β: μικρὸν γ Ald.   11 post τοῦτο add. δὲ α Guil. Dt.   ὀφθῇ Cᵃ Aᵃpr. Gᵃpr.: ἐφθῇ Gᵃrc. Q: decoxerit Guil. 12 ἐκμαίνεται α   πρὸς] κατὰ Eᵃ   post καὶ⁽²⁾ add. τοῦτο α Guil. Cs.   13 ἐπὰν Lᶜ Ald.   ὀχευομένην α (ὀχευομένη Aᵃpr.) γ (exc. m) Ald. 14 τό⁽²⁾ om. γ (exc. Lᶜrc.)   ὑπάρχον α γ (exc. Lᶜrc.)   15 ἱπποφορεῖς Aᵃ Gᵃ Q   post ὥσπερ add. τῶν α Ε.   20 γνῶμα α Cs: γνώμονας Eᵃ Gaza Sn. Bk.: γνώμας cett. Ald.: discretivum Guil.   22 ἐξουρεῖ] φέρει Aᵃ Gᵃ Q Fᵃpr.: ἐκφέρει Fᵃrc. Xᶜ: ἐξαιρεῖ Oᶜ Tᶜ   23 εὐθὺ α   27 οὐ om. Aᵃpr. Gᵃrc. Q Ald.   28 ἡ ὀχευομένη ᾖ α (exc. ἡ om. Fᵃ Xᶜ)   ὀχευομένη α Lᶜ Ald.: ὠχευομένη Oᶜ Tᶜ   ἔχει Oᶜ Tᶜ

HISTORIA ANIMALIUM VI

κάμηνος οὖσα. τεκοῦσα δὲ βιβάζεται ἑβδόμῃ ἡμέρᾳ, καὶ μάλιστα δέχεται τὸ πλῆσμα ταύτῃ τῇ ἡμέρᾳ βιβασθεῖσα, λαμβάνει δὲ καὶ ὕστερον. ἐὰν δὲ μὴ τέκῃ πρὶν τὸ γνῶμα λείπειν, οὐκέτι λαμβάνει πλῆσμα οὐδὲ κυΐσκεται τοῦ λοιποῦ /1/ βίου παντός. τίκτειν δ' οὐ θέλει οὔτε ὁρωμένη ὑπὸ ἀνθρώπου οὔτ᾽ /2/ ἐν τῷ φωτί, ἀλλ᾽ εἰς τὸ σκότος ἀπάγουσιν, ὅταν μέλλῃ τίκτειν. /3/ τίκτει δὲ διὰ βίου, ἐὰν τέκῃ πρὶν τὸ γνῶμα λείπειν. /4/ βιοῖ δ᾽ ὄνος πλείω τριάκοντα ἐτῶν, καὶ ἡ θήλεια τοῦ ἄρρενος /5/ πλείω ἔτη. ὅταν δ᾽ ἵππος ὀχεύῃ ὄνον ἢ ὄνος ἵππον, πολὺ /6/ μᾶλλον ἐξαμβλοῖ ἢ ὅταν τὰ ὁμογενῆ ἀλλήλοις μιχθῇ, /7/ οἷον ἵππος ἵππῳ ἢ ὄνος ὄνῳ. ἀποβαίνει δὲ καὶ ὁ τῆς κυήσεως χρόνος, ὅταν μιχθῇ ἵππος καὶ ὄνος, κατὰ τὸ ἄρρεν, λέγω δ᾽ ἐν ὅσῳ χρόνῳ τοῦτο γίνεται ἐξ ὁμογενῶν γινόμενον. τὸ δὲ μέγεθος τοῦ σώματος καὶ τὸ εἶδος καὶ ἡ ἰσχὺς μᾶλλον τῷ θήλει ἀφομοιοῦται τοῦ γενομένου. ἂν δὲ συνεχῶς μίσγηται καὶ μὴ διαλίπῃ χρόνον τινὰ οὕτως ὀχευόμενα, ταχέως τὸ θῆλυ ἄγονον γίνεται· διὸ συνεχῶς οὐ μίσγουσιν οὕτως οἱ περὶ ταῦτα πραγματευόμενοι, ἀλλὰ διαλείπουσί τινα χρόνον. οὐ προσδέχεται δ᾽ οὔτε ἡ ἵππος τὸν ὄνον οὔτε ἡ ὄνος τὸν ἵππον, ἐὰν μὴ τύχῃ τεθηλακὼς ὁ ὄνος ἵππον· ὑποβάλλουσι γὰρ ἐπίτηδες οὓς καλοῦσιν ἱπποθήλας. οὗτοι δ᾽ ὀχεύουσιν ἐν τῇ νομῇ βίᾳ κρατοῦντες, ὥσπερ οἱ ἵπποι.

29 τίκτουσα β γ Ald.   30 post μάλ. add. δὲ γ   πλησίασμα α Dt.: appropinquationem Guil.   βιβ. τῇ ἡμ. transp. α   31 τὸ γνῶμα α β (exc. γνώμωνα, om. τὸ, V^c rc.) Ald. Cas. Cs. Bk.: τὸ γνώμην γ (exc. τὸ om. m rc., τὴν L^c rc. Sn.): discretivum Guil.: gnomonem Gaza: τὸν γνώμονα Junt. edd.   32 λιπεῖν α Bk.: deficiat Guil.: amittat Gaza   577b2 μέλη A^a G^a Q   3 τὸν γνώμωνα V^c rc.: τὸ γνώμην γ (exc. L^c rc.): gnomonem Gaza   λιπεῖν α Bk.   4 πλεῖον α (exc. C^a)   ἡ om. γ (exc. L^c)   5 ὀχεύσῃ α (exc. C^a) Bk.   6 τὰ om. L^c Ald.   7 ἢ] οἷον β (exc. S^c): καὶ L^c m n Ald.   9 ἐφ᾽ ὅσον χρόνου L^c m n Ald.   11 γινομένου α (exc. C^a): τὸ γινόμενον V^c rc. m: quod nascitur Gaza   ἐὰν α Dt.   μίγνυται α (exc. incert. C^a)   12 διαλείπῃ F^a X^c γ (exc. m n) Ald.   οὕτως] οὔτε P   13 ἄγ. τὸ θῆ. transp. α Bk.   14 οὕτως om. γ (exc. P rc.) Ald.   post οἱ add. τε E^a P pr. K^c n: γε M^c L^c m Ald.: om. P rc.   ταῦτα cett. Bk.: τοιαῦτα β L^c Ald.   15 προσδέχονται α (exc. F^a X^c)   16 ἵππον^(2) om. L^c m n   post ἵππον^(2) add. ἢ ὄνος ἵππον K^c   17 ἱπποθήρας α (exc. A^a rc.) E^a   18 νομῇ βίᾳ] νεομηνίᾳ C^a A^a pr. G^a Q Guil.

319

ARISTOTELIS

[24] ὁ δ' ὀρεὺς ἀναβαίνει μὲν καὶ ὀχεύει μετὰ τὸν πρῶ-
τον βόλον, ἑπτέτης δ' ὢν καὶ πληροῖ, καὶ ἤδη ἐγένετο
ἵννος ὅταν ἀναβῇ ἐφ' ἵππον θήλειαν· ὕστερον δ' οὐκέτι ἀνα-
βαίνει. καὶ ὁ θῆλυς δ' ὀρεὺς ἤδη ἐπληρώθη, οὐ μέντοι γε
ὥστ' ἐξενεγκεῖν διὰ τέλους. αἱ δὲ ἐν τῇ Συρίᾳ τῇ ὑπὲρ Φοι-
νίκης ἡμίονοι καὶ ὀχεύονται καὶ τίκτουσιν· ἀλλ' ἔστι τὸ γέ-
νος ὅμοιον μὲν ἕτερον δέ. οἱ δὲ καλούμενοι γίννοι γίνονται
ἐξ ἵππου, ὅταν νοσήσῃ ἐν τῇ κυήσει, ὥσπερ ἐν μὲν τοῖς ἀν-
θρώποις οἱ νάννοι, ἐν δὲ τοῖς ὑσὶ τὰ μετάχοιρα· καὶ ἴσχει
δέ, ὥσπερ οἱ νάννοι ὁ γίννος τὸ αἰδοῖον μέγα. ζῇ δ' ὁ ἡμίο-
νος ἔτη πολλά· ἤδη γάρ τις βεβίωκεν ἔτη καὶ ὀγδοήκοντα,
οἷον Ἀθήνησιν ὅτε τὸν νεὼν ᾠκοδόμουν· ὃς καὶ ἀφειμένος
ἤδη διὰ γῆρας συναμπρεύων παραπορευόμενος παρώ-
ξυνε τὰ ζεύγη πρὸς τὸ ἔργον, ὥστ' ἐψηφίσαντο μὴ ἀπε-
λαύνειν αὐτὸν τοὺς σιτοπώλας ἀπὸ τῶν τηλιῶν. γηράσκει
δὲ βραδύτερον ὁ θῆλυς ὀρεὺς τοῦ ἄρρενος. λέγουσι δ' ἔνιοι ὅτι
ἡ μὲν καθαίρεται οὐροῦσα, ὁ δ' ἄρρην διὰ τὸ ὀσφραίνεσθαι
τοῦ /4/ οὔρου γηράσκει μᾶλλον θᾶττον.
τούτων μὲν οὖν τῶν ζῴων αἱ γενέσεις τοῦτον ἔχουσι τὸν
τρόπον. [25] τὰ δὲ νέα καὶ τὰ παλαιὰ τετράποδα διαγινώ-
σκουσιν οἱ περὶ τὰς θεραπείας ὄντες αὐτῶν· ἐὰν μὲν ἀπὸ τῆς
γνάθου τὸ δέρμα ἀφελκόμενον ταχὺ ἐπίῃ, νέον τὸ τετράπουν,
ἐὰν δὲ πολὺν χρόνον ἐρρυτιδωμένον μένῃ, παλαιόν.

20 ἐπιτριέτης Cᵃ: ἑπτάτης Aᵃ Fᵃ Xᶜ: ἑπταετὴς γ Ald.   21 ἵννος β (exc. Sᶜ)
P*pr.* L*pr.*: γίννος Cᵃ Aᵃ*pr.* Gᵃ Q Dt.: γίννος Fᵃ Xᶜ, Sᶜ, P*rc.* L*rc.* n, Ald. Bk.:
ἵννος Aᵃ*rc.*, Eᵃ n: ὄνος Kᶜ: *gynnus* Guil.: *hinnum* Gaza   22 ἡ Fᵃ Xᶜ   γε om.
α   23 αἱ δὲ ἐν Cᵃ β Ald.: ἐν δὲ α (exc. Cᵃ): αἱ μὲν ἐν γ (exc. Lᶜ m*rc.*): αἱ μέν-
τοι ἐν Lᶜ: αἱ μὲν γὰρ ἐν m*rc.*   οὐρίαι Cᵃ Aᵃ*pr.*   φοινίκην α (exc. Aᵃ*rc.*)
24 τὸ om. α (exc. Cᵃ)   25 γίννοι codd. nonn. Ald. Bk.   26 ἵππων α
ἐν μὲν] om. α: μὲν Ald.   27 νᾶνοι Eᵃ: νάνοι Ald. edd.   ἐν ... 28 νάννοι
om. m   28 νᾶνοι Eᵃ: νάνοι Ald. edd.   γῖνος Cᵃ Aᵃ Eᵃ: γίννος codd.
nonn. Ald. Bk.   ὁ⁽²⁾ om. α γ (exc. ἡ P)   29 ἔτη post ὀγ. transp. Lᶜ m n
Ald.   καὶ om. β P   30 οἰκοδόμουν β   31 post διὰ add. τὸ α (exc. Cᵃ)
Bk.   συναμπρεύων om. Sᶜ, L*rc*.   post συν. add. καὶ α Guil. Sn.   περι-
πορευόμενος α: *iuxta ambulans* Guil.   32 ζυγὰ α (exc. Aᵃ*rc.*)   578a1 σι-
τοπώλους α Bk.   θηλειῶν Cᵃ*rc.* Guil.: τηλείων α (exc. Cᵃ*rc.*): πωλητηρίων
Kᶜ: τηλίων cett. Ald.   2 ἡ θήλεια Fᵃ Xᶜ   ὀρεὺς om. Fᵃ Xᶜ   4 μᾶλλον
om. α Cs.   7 αὐτῶν ὄν. transp. α   8 ἐφελκόμενον (exc. Fᵃ Xᶜ) γ Ald.
παχὺ α (exc. Cᵃ*rc.* Aᵃ*rc.* Fᵃ*rc.*) γ (exc. Kᶜ) Ald.   9 μένη ἐρρυτιδούμενον α

HISTORIA ANIMALIUM VI

[26] ἡ δὲ κάμηλος κύει μὲν δέκα μῆνας, τίκτει δὲ αἰεὶ ἓν μόνον· μονοτόκον γάρ ἐστιν. ἐκκρίνουσι δ' ἐκ τῶν καμήλων ἐνιαύσιον τὸ ἔκγονον. ζῇ δὲ χρόνον πολύν, πλείω ἢ πεντήκοντα ἔτη. τίκτει δὲ τοῦ ἔαρος, καὶ γάλα ἔχει μέχρι οὗ ἂν ἐν γαστρὶ λάβῃ. ἔχει δὲ καὶ τὰ κρέα καὶ τὸ γάλα μέχρι οὗ ἂν ἐν γαστρὶ λάβῃ ἥδιστα /15/ πάντων· πίνουσι δὲ τὸ γάλα δύο καὶ ἕνα ἢ τρία καὶ ἕνα πρὸς /16/ ὕδωρ κεράσαντες.

[27] ὁ δ' ἐλέφας ὀχεύει καὶ ὀχεύεται πρὸ τῶν εἴκοσιν ἐτῶν. ὅταν δ' ὀχευθῇ ἡ θήλεια, φέρει ἐν γαστρὶ ὡς μέν τινές φασιν, ἐνιαυτὸν καὶ ἓξ μῆνας, ὡς ἕτεροι δὲ ἔτη τρία· τοῦ δὲ μὴ ὁμολογεῖσθαι τὸν χρόνον αἴτιον τὸ μὴ εὐθεώρητον εἶναι τὴν ὀχείαν. τίκτει δ' ἡ θήλεια συγκαθίσασα ἐπὶ τὰ ὄπισθεν, καὶ ἀλγοῦσα δήλη ἐστίν. ὁ δὲ σκύμνος ὅταν γένηται, θηλάζει τῷ στόματι οὐ τῷ μυκτῆρι, καὶ βαδίζει καὶ βλέπει εὐθὺς γεννώμενος.

[28] αἱ δ' ὕες αἱ ἄγριαι τοῦ χειμῶνος ἀρχομένου ὀχεύονται, /26/ τίκτουσι δὲ τοῦ ἔαρος ἀποχωροῦσαι εἰς τοὺς δυσβατωτάτους τόπους /27/ καὶ ἀποκρήμνους μάλιστα καὶ φαραγγώδεις καὶ συσκίους. /28/ διατρίβει δ' ὁ ἄρρην ἐν ταῖς ὑσὶν ὡς ἐπὶ τὸ πολὺ ἡμέρας /29/ τριάκοντα. τὸ δὲ πλῆθος τῶν τικτομένων καὶ ὁ χρόνος τῆς /30/ κυήσεως ὁ αὐτὸς καὶ ἐπὶ τῶν ἡμέρων ὑῶν ἐστιν. τὰς δὲ φωνὰς παραπλησίους ἔχουσι ταῖς ἡμέροις, πλὴν μᾶλλον ἡ θήλεια φωνεῖ, ὁ δ' ἄρρην σπανίως. τῶν δ' ἀρρένων καὶ ἀγρίων οἱ τομίαι μείζους γίνονται καὶ χαλεπώτεροι, ὥσπερ καὶ Ὅμηρος ἐποίησεν "θρέψεν ἔπι χλούνην σῦν ἄγριον· οὐδὲ ἐῴκει θηρί γε σιτοφάγῳ, ἀλλὰ ῥίῳ ὑλήεντι." γίνονται δὲ

---

10 ἓν om. E^a 12 ἔγγονον P m n   πολύ C^a   14 μέχρι ... λάβῃ om. α
P Guil. Cs. edd.   15 τὸ om. γ (exc. m)   17 πρὸ τῶν] πρῶτον α Sn.:
primo Guil.: *incipit* Gaza   19 δ' ἕτεροι τρία ἔτη α γ Ald.   20 post τὸ add.
δὲ A^apr. G^apr.: τοῦ μὴ P n   εὐθεώρητον εἶναι] θεωρεῖσθαι γ (exc. L^crc.) Ald.
21 τὸ ὄπισ. L^c m n Ald.   23 post στόμ. add. καὶ α Bk.   οὐ τῷ] αὐτῷ
C^apr.   24 γεννηθείς α Guil. Sn.: γενόμενος edd. vet.   25 ὗς α   ἀρχόμεναι A^a G^apr. F^a X^c   26 ἀέρος A^a F^a X^c   27 ἀποκρημνοτάτους α
30 post αὐτὸς add. τε ὡς γ Ald.   ἡμετέρων C^apr.   31 παραπλησίας α
Dt.: παραπλησίως γ Ald.   τοῖς α γ Ald.   32 καὶ ἀγρίων om. α Dt.
578b1 θρίψιν P   2 ἀλλ' ἀγρίῳ F^a X^c β (exc. ἀλλ' ὁρίῳ V^crc.)

τομίαι διὰ τὸ νέοις οὖσιν ἐμπίπτειν νόσημα κνησμὸν εἰς τοὺς ὄρχεις· εἶτα ξυόμενοι πρὸς τὰ δένδρα ἐκθλίβουσι τοὺς ὄρχεις.

[29] ἡ δ' ἔλαφος τὴν μὲν ὀχείαν ποιεῖται, καθάπερ ἐλέχθη πρότερον, τὰ πλεῖστα μὲν ἐξ ὑπαγωγῆς (οὐ γὰρ ὑπομένει ἡ θήλεια τὸν ἄρρενα πολλάκις διὰ τὴν συντονίαν), οὐ μὴν ἀλλὰ καὶ ὑπομένουσαι ἐνίοτε ὀχεύονται, καθάπερ τὰ πρόβατα· καὶ ὅταν ὀργῶσι, παρεκκλίνουσιν ἀλλήλας. μεταλλάττει δ' ὁ ἄρρην καὶ οὐ πρὸς μιᾷ διατρίβει, ἀλλὰ διαλιπὼν βραχὺν χρόνον πλησιάζει ἄλλαις. ἡ δ' ὀχεία γίνεται μετ' ἀρκτοῦρον περὶ τὸν Βοηδρομιῶνα καὶ Μαιμακτηριῶνα. κύει δ' ὀκτὼ μῆνας· κυΐσκεται δ' ἐν ὀλίγαις ἡμέραις, καὶ ὑφ' ἑνὸς πολλαί. τίκτει δ' ὡς μὲν ἐπὶ τὸ πολὺ ἕν, ἤδη δέ τινες ὠμμέναι εἰσὶν ὀλίγαι καὶ δύο. καὶ ποιεῖται τοὺς τόκους παρὰ τὰς ὁδοὺς διὰ τὸν πρὸς τὰ θηρία φόβον. ἡ δ' αὔξησις ταχεῖα τῶν νεβρῶν. κάθαρσις δὲ κατ' ἄλλους μὲν χρόνους οὐ συμβαίνει ταῖς ἐλάφοις· ὅταν δὲ τέκωσι, γίνεται φλεγματώδης αὐταῖς κάθαρσις. εἴθισται δ' ἄγειν τοὺς νεβροὺς ἐπὶ τοὺς σταθμούς· ἔστι δὲ τοῦτο τὸ χωρίον αὐταῖς καταφυγή, πέτρα περιρραγεῖσα μίαν ἔχουσα εἴσοδον, οὗ καὶ ἀμύνεσθαι εἴωθεν ἤδη τοὺς ἐπιτιθεμένους. περὶ δὲ τῆς ζωῆς μυθολογεῖται μὲν ὡς ὂν μακρόβιον, οὐ φαίνεται δ' οὔτε τῶν μυθολογουμένων οὐθὲν σαφές, ἥ τε κύησις καὶ ἡ αὔξησις τῶν νεβρῶν συμβαίνει οὐχ ὡς μακροβίου τοῦ ζῴου ὄντος. ἐν δὲ τῷ ὄρει τῷ Ἐλαταέντι καλουμένῳ, ὅ ἐστι τῆς Ἀσίας ἐν τῇ Ἀργινούσῃ,

---

3 κνισμὸν Cᵃ: σκνησμὸν Gᵃ Q: κνισμῶν Eᵃ P*pr*. Kᶜ n: κνησμῶν P*rc*. Lᶜ*pr*. Ald.   **4** εἶτα ... **5** ὄρχεις om. n   **6** ὁ Cᵃ P   καθὼς α (exc. Cᵃ)   **7** post τὰ add. δὲ Cᵃ Aᵃ*pr*.   ἐπαγωγῆς Lᶜ*pr*. n Ald.   **10** παρεγκλίνουσιν α   μεταβάλλει α   **11** προσδιατρίβει omisso μιᾷ α   διαλείπων γ Ald.   πολὺν χρόνον m   **12** ἀλλήλαις Cᵃ Aᵃ Gᵃ*pr*. Q: ἀλλήλοις Gᵃ*rc*. Fᵃ Xᶜ   **14** ἡμέραις codd.: *coitibus* Guil.   **15** ἐπὶ om. β γ (exc. Lᶜ)   ὠμμέναι om. Lᶜ*pr*. m n   **16** περὶ Eᵃ Kᶜ   **17** post ταχ. add. μέν α   **18** οὐ om. α m: καὶ n   **19** τίκτωσι α Bk.   **20** ἀλγεῖν Cᵃ Aᵃ*pr*. Gᵃ*rc*.   **22** περιρραγεῖσα] περιδοχμία Cᵃ: περι cum lac. Aᵃ*pr*.: *circumcisa* Guil.   **23** ἤδη om. α Kᶜ Dt. τοῖς ἐπιτιθεμένοις α   **24** ὄν] ἔστι Cᵃ   φαίνονται δὲ τῶν α   **25** σαφές] ὀμφαῖς Cᵃ Aᵃ*pr*.: *famosum* Guil.   post τε add. γὰρ Cᵃ supra ἡ⁽²⁾ om. Lᶜ Ald.   **27** ἐλαταέντι β (exc. Oᶜ*rc*.): ἐλαφώεντι Cᵃ: ἐλαφόεντι α (exc. Cᵃ) Oᶜ*rc*.: γ (exc. Eᵃ Lᶜ): ἐλατώεντι Eᵃ Lᶜ Ald.   ἀργιννούσῃ α

HISTORIA ANIMALIUM VI

οὗ τετελεύτηκεν Ἀλκιβιάδης, ἔλαφοι πᾶσαι τὸ οὖς ἐσχισμέναι εἰσίν, ὥστε κἂν ἐκτοπίσωσι γινώσκεσθαι τούτῳ· καὶ τὰ ἔμβρυα δ' ἐν τῇ γαστρὶ ὄντα εὐθὺς ἔχει τοῦτο τὸ σημεῖον. θηλὰς δ' ἔχουσιν αἱ θήλειαι τέτταρας ὥσπερ αἱ βόες. ἐπειδὰν δ' ἐμπλησθῶσιν αἱ θήλειαι, ἐκκρίνονται οἱ ἄρρενες καθ' ἑαυτούς, καὶ διὰ τὴν ὁρμὴν τὴν τῶν ἀφροδισίων ἕκαστος μονούμενος βόθρους ὀρύττει, καὶ βρομεῖ ὥσπερ οἱ τράγοι· καὶ τὰ πρόσωπα διὰ τὸ ῥαίνεσθαι μέλανα γίνεται αὐτοῖς, ὥσπερ τὰ τῶν τράγων. οὕτω δὲ διάγουσιν, ἕως ἂν ὕδωρ γένηται· μετὰ δὲ ταῦτα τρέπονται πρὸς τὴν νομήν. ταῦτα δὲ ποιεῖ τὸ ζῷον διὰ τὸ φύσει λάγνον εἶναι καὶ διὰ τὴν παχύτητα· ὑπερβάλλουσα γὰρ γίνεται τοῦ θέρους αὐτῶν, διὸ καὶ οὐ δύνανται θεῖν, ἀλλ' ἁλίσκονται ὑπὸ τῶν πεζῇ διωκόντων ἐν τῷ δευτέρῳ δρόμῳ καὶ τρίτῳ, καὶ φεύγουσι διὰ τὸ καῦμα καὶ τὸ ἆσθμα εἰς τὸ ὕδωρ. καθ' ὃν δὲ χρόνον ὀχεύουσι, τὰ κρέα γίνεται δυσώδη καὶ φαῦλα, καθάπερ καὶ τῶν τράγων. ἐν μὲν οὖν τῷ χειμῶνι γίνονται λεπτοὶ καὶ ἀσθενεῖς, πρὸς δὲ τὸ ἔαρ μάλιστα ἀκμάζουσι πρὸς τὸ δραμεῖν. ἐν δὲ τῷ φεύγειν ἀνάπαυσιν ποιοῦνται τῶν δρόμων, καὶ ὑφιστάμενοι μένουσιν ἕως ἂν πλησίον ἔλθῃ ὁ διώκων· τότε δὲ πάλιν φεύγουσιν. τοῦτο δὲ δοκοῦσι ποιεῖν διὰ τὸ πονεῖν τὰ ἐντός· τὸ γὰρ ἔντερον ἔχει λεπτὸν καὶ ἀσθενὲς οὕτως ὥστε ἂν ἠρέμα τις πατάξῃ, διακόπτεται τοῦ δέρματος ὑγιοῦς ὄντος.

28 ἐτελεύτησεν α Bk.   post Ἀλκ. add. αἱ α Bk.   πᾶσαι] ἱστᾶσαι E^a P K^c M^c: ἑστᾶσι L^c pr.: ἑστᾶσαι m n   29 εἰσίν om. L^c pr. m n   ἐκτοπίσωσι] εἰς τοὐπίσω C^a A^a pr.   γινώσκεσθαι α L^c m n Ald.: γινώσκεται E^a P K^c M^c: γίνεσθαι τούτω καταφανεῖς β: fiant hoc manifeste Guil.   τοῦτο γ (exc. L^c): om. L^c Ald.   30 δ' om. γ (exc. L^c rc.)   εὐθὺς ἔχει ἐν τῇ γαστρὶ omisso ὄντα α   τοῦτο om. L^c pr. m n   31 δ'] τ' γ   post αἱ^(1) add. τε α βοῦς β γ Ald.   32 δὲ πλησθῶσιν α Bk.   θηλαὶ β (exc. O^c rc.) γ (exc. P rc. m rc.)   33 ὀσμὴν α Guil.   579a1 βρομεῖ C^a A^a pr. G^a Q: βρωμᾶται A^a rc. F^a X^c, M^c rc. L^c pr. m n Ald. Bk.: βρομᾷ β: βρῶμα E^a P L^c rc.: βρωμᾷ K^c M^c pr.: βρωμεῖ cj. Dt. Peck L.-V.   2 γίνεσθαι m n   αὐτοῖς β L^c rc. Ald.: αὐτῶν cett. Cs.   3 τὰ om. α Bk.   ἕως] ὡς γ (exc. L^c mrc.)   8 post τρίτῳ add. δρόμῳ β L^c rc.   9 ἔχουσι C^a A^a pr.: ὀχεύονται A^a rc. G^a Q F^a X^c   10 post γίν. add. καὶ α   φα. καὶ δυ. transp. α γ Ald.   καὶ^(2) om. α   11 τὸ om. α Bk.   13 μένουσιν] μὲν ναίουσιν C^a A^a pr.: μὲν μένουσιν A^a rc. G^a Q F^a X^c   16 ὥστ' ἐάν α Bk.   17 ἐκκόπτεται L^c Ald.

323

[30] αἱ δὲ ἄρκτοι τὴν ὀχείαν ποιοῦνται, ὥσπερ εἴρηται πρότερον, οὐκ ἀναβαδὸν ἀλλὰ κατακεκλιμέναι ἐπὶ τῆς γῆς. κύει δ' ἄρκτος τριάκοντα ἡμέραις. τίκτει δὲ καὶ ἓν καὶ δύο, τὰ δὲ πλεῖστα πέντε. ἐλάχιστον δὲ τίκτει τὸ ἔμβρυον τῷ μεγέθει ὡς κατὰ τὸ σῶμα τὸ αὑτῆς· ἔλαττον μὲν γὰρ γαλῆς τίκτει, μεῖζον δὲ μυός, καὶ ψιλὸν καὶ τυφλόν, καὶ σχεδὸν ἀδιάρθρωτα τὰ σκέλη καὶ τὰ πλεῖστα τῶν μορίων. τὴν δ' ὀχείαν ποιεῖται τοῦ μηνὸς τοῦ Ἐλαφηβολιῶνος, τίκτει δὲ περὶ τὴν ὥραν τὴν τοῦ φωλεῖν. γίγνονται μὲν οὖν περὶ τὸν χρόνον τοῦτον καὶ ἡ θήλεια καὶ ὁ ἄρρην πιότατος· ὅταν δὲ ἐκθρέψῃ τρίτῳ μηνὶ ἐκφαίνουσιν ἤδη τοῦ ἔαρος. καὶ ἡ ὕστριξ δὲ φωλεύει καὶ κύει ἴσας ἡμέρας, καὶ τὰ ἄλλα ὡσαύτως τῇ ἄρκτῳ. κύουσαν δ' ἄρκτον ἔργον ἐστὶ λαβεῖν.

[31] λέων δ' ὅτι μὲν ὀχεύει ὄπισθεν καὶ ἔστιν ὀπισθουρητικόν, εἴρηται πρότερον· ὀχεύει δὲ καὶ τίκτει οὐ πᾶσαν ὥραν, καθ' ἕκαστον μέντοι τὸν ἐνιαυτόν. τίκτει μὲν οὖν τοῦ ἔαρος, τίκτει δ' ὡς ἐπὶ τὸ πολὺ δύο, τὰ μέντοι πλεῖστα ἕξ· τίκτει δ' ἐνίοτε καὶ ἕν. ὁ δὲ λεχθεὶς μῦθος περὶ τοῦ ἐκβάλλειν τὰς ὑστέρας τίκτοντα ληρώδης ἐστί, συνετέθη δ' ἐκ τοῦ σπανίους εἶναι τοὺς λέοντας, ἀποροῦντος τὴν αἰτίαν τοῦ τὸν μῦθον συνθέντος· σπάνιον γὰρ τὸ γένος τὸ τῶν λεόντων ἐστὶ καὶ οὐκ ἐν πολλῷ γίνεται τόπῳ, ἀλλὰ τῆς Εὐρώπης ἁπάσης ἐν τῷ μεταξὺ τοῦ Ἀχελῴου καὶ τοῦ Νέσσου ποταμοῦ. τίκτει δὲ καὶ ὁ λέων πάνυ μικρὰ οὕτως ὥστε δίμηνα ὄντα μόλις βαδίζειν. οἱ δ' ἐν Συρίᾳ λέοντες τίκτουσι πεντάκις, τὸ πρῶτον πέντε, εἶτα ἀεὶ

18 post τὴν add. μὲν α γ Bk.   19 κεκλιμέναι L[c]pr. n   20 ἡμέρας α K[c] Sn. edd.   22 ἑαυτῆς α Bk.: αὑτῆς E[a] L[c] m   ἐλάττους α γ (exc. L[c]rc.)   γὰρ om. E[a]   23 μείζους α γ (exc. L[c]rc.)   24 σκέλη] μέλη S[c], L[c]rc.   26 φωλεῖν β L[c]rc. mrc.: φωλεύειν α Ald.: ὀχεύειν γ   μὲν οὖν] δὲ α Guil.   27 ὁ] ἡ A[a] F[a] X[c] Bk.   πιότατοι α Cs: πιότατον O[c]rc. T[c]   28 θρέψῃ E[a] P K[c] M[c]   ἐκφαίνεται α (exc. ἐκφέρεται C[a]pr.) Dt.: apparet Guil.: exit Gaza ἀέρος α ut saepe   29 ὁ A[a]pr. G[a] Q: om. P   ἀστρὶξ C[a]: στρὶξ A[a]pr. G[a] Q δὲ om. C[a] A[a]pr. G[a] Q   φωλεύει A[a]rc. F[a] X[c], V[c]rc., L[c]pr. m, Ald. Bk.: φωνεῖται E[a]: φωλεῖται cett.   30 ληφθῆναι α Guil.   579b2 ῥηθεὶς E[a]   4 συντεθέντος C[a] P   5 τὸ τῶν λεόντων γένος S[c], L[c]rc.   τὸ[(2)] om. α (exc. C[a])   ἐστί om. L[c]pr. m n   οὐχ ἓν C[a] A[a]pr. G[a] Q   7 νέσου α L[c]: νεοστοῦ E[a] P K[c] M[c]: νέστου m n   8 βαδίζει α (exc. A[a]rc.)   αἱ F[a] X[c]   9 λέαιναι F[a] X[c]

HISTORIA ANIMALIUM VI

ἑνὶ ἐλάττονα· μετὰ δὲ ταῦτα οὐκέτι οὐδὲν τίκτουσιν, ἀλλ' ἄγονοι διατελοῦσιν. οὐκ ἔχει δὲ ἡ λέαινα χαίτην, ἀλλ' ὁ ἄρρην λέων. βάλλει δὲ ὁ λέων τοὺς κυνόδοντας καλουμένους τέτταρας μόνους, δύο μὲν ἄνωθεν δύο δὲ κάτωθεν· /14/ βάλλει δ' ἑξάμηνος ὢν τὴν ἡλικίαν.

[32] ἡ δὲ ὕαινα τῷ μὲν χρώματι λυκώδης ἐστί, δασυτέρα δέ, καὶ λοφιὰν ἔχει δι' ὅλης τῆς ῥάχεως· περὶ δὲ τῶν αἰδοίων ὃ λέγεται, ὡς ἔχει ἄρρενος καὶ θηλείας, ψεῦδός ἐστιν. ἀλλ' ἔχει τὸ μὲν τοῦ ἄρρενος ὅμοιον τῷ τῶν λύκων καὶ τῶν κυνῶν, τὸ δὲ δοκοῦν θηλείας εἶναι ὑποκάτω μὲν ἔχει τῆς κέρκου, παραπλήσιον δ' ἐστὶ τῷ σχήματι τοῦ θήλεος, οὐκ ἔχει μέντοι οὐδένα πόρον· ὑποκάτω δ' ἐστὶν αὐτοῦ ὁ τῆς περιττώσεως πόρος. ἡ δὲ θήλεια ὕαινα ἔχει μὲν καὶ τὸ ὅμοιον τῷ τῆς θηλείας λεγομένῳ αἰδοίῳ, ἔχει δ' ὥσπερ ὁ ἄρρην αὐτὸ ὑποκάτω τῆς κέρκου, πόρον δὲ οὐδένα ἔχει· μετὰ δὲ τοῦτο ὁ τῆς περιττώσεώς ἐστι πόρος, ὑποκάτω δὲ τούτου τὸ ἀληθινὸν αἰδοῖον. ἔχει δὲ ἡ ὕαινα ἡ θήλεια καὶ ὑστέραν, ὥσπερ καὶ τὰ ἄλλα ζῷα τὰ θήλεα, ὅσα ἐστὶ τοιαῦτα. σπάνιον δ' ἐστὶ λαβεῖν ὕαιναν θήλειαν· ἐν ἕνδεκα γοῦν κυνηγός τις μίαν ἔφη λαβεῖν.

[33] οἱ δὲ δασύποδες ὀχεύονται μὲν συνιόντες ὄπισθεν, ὥσπερ εἴρηται πρότερον, ἔστι γὰρ ὀπισθουρητικόν, ὀχεύονται δὲ καὶ τίκτουσι πᾶσαν ὥραν, καὶ ἐπικυΐσκονται ὅταν κύωσι,

10 ἐλάττω F^a X^c   post δὲ add. χρόνον τινὰ C^a A^a pr.   ταῦτα om. C^a   οὐδὲν οὐκέτι transp. P   11 οὐκ ... 12 λέων om. K^c   χαίτην] καὶ τὴν lac. γ: χαίτην in lac. add. Prc. L^c rc.: λοφίαν in lac. add. mrc.   12 post λέων^(2) add. τῶν ὀδόντων α Guil. Cs.   13 μόνον C^a   14 δεκάμηνος γ (exc. L^c rc.)   15 τὰ μὲν χρώματα P: τὸ μὲν χρῶμα m   λυκώδης cett. Ald.: λευκώδης C^a A^a pr. G^a Q β (exc. O^c rc.) L^c rc. Guil.   ἐστι ante λυ. transp. α   16 δὲ^(1)] τε β E^a P K^c   17 θήλεος α   18 post ἄρρ. add. ἑνὸς C^a A^a pr. G^a pr.   post καὶ add. τῶ C^a   19 ἔχει] ἐστι L^c pr. m n Ald.   20 post σχ. add. τῶ α Cs.   21 ἐστὶν post αὐ. transp. α   αὐτῆς α (abbrev. C^a)   22 ὕαινα] ἕνα γ (exc. L^c rc., del. mrc.)   καὶ τὸ] τοι γ (exc. L^c rc., τι m) Ald.   24 αὐτό] οὐ τὸ C^a: οὗ τὸ A^a G^a Q: ubi quod Guil.   20 παραπλήσιον ... θήλεος A^a pr.   πόρον ... ἔχει] οὐκ ἔχει μέντοι οὐδένα πόρον A^a G^a Q F^a X^c δὲ^(1) om. C^a   25 τοῦτον A^a Q F^a X^c   ὁ om. γ   26 post δὲ add. καὶ C^a   28 θήλ. ὕα. transp. α Bk.   ἐν om. A^a pr.   ἕνδεκα] xi annis Guil.   τις] τὴν P   30 post μὲν add. οὖν γ (exc. L^c mrc.)   32 κύωσι] τέκωσι β L^c rc. Ald.

325

καὶ τίκτουσι κατὰ μῆνα. τίκτουσι δὲ οὐκ ἀθρόα, ἀλλὰ διαλείπουσιν ἡμέρας ὁπόσας ἂν τύχωσιν. ἴσχει δ' ἡ θήλεια γάλα πρότερον ἢ τεκεῖν, καὶ τεκοῦσα εὐθὺς ὀχεύεται, καὶ συλλαμβάνει ἔτι θηλαζομένη· τὸ δὲ γάλα παχύτητι ὅμοιόν ἐστι τῷ ὑείῳ. τίκτει δὲ τυφλά, ὥσπερ τὰ πολλὰ τῶν πολυσχιδῶν.

[34] ἡ δ' ἀλώπηξ ὀχεύει μὲν ἀναβαίνουσα, τίκτει δὲ ὥσπερ ἡ ἄρκτος, καὶ ἔτι μᾶλλον ἀδιάρθρωτον. ὅταν δὲ μέλλῃ τίκτειν, ἐκτοπίζει οὕτως ὥστε σπάνιον εἶναι τὸ ληφθῆναι κύουσαν. ὅταν δ' ἐκτέκῃ, τῇ γλώττῃ λείχουσα ἐκθερμαίνει καὶ συμπέττει. τίκτει δὲ τέτταρα τὰ πλεῖστα.

[35] λύκος δὲ κύει μὲν καὶ τίκτει καθάπερ κύων τῷ χρόνῳ καὶ τῷ πλήθει τῶν γιγνομένων, καὶ τυφλὰ τίκτει ὥσπερ κύων· ὀχεύει δὲ καὶ ὀχεύεται κατὰ μίαν ὥραν, καὶ τίκτει ἀρχομένου τοῦ θέρους. λέγεται δέ τις περὶ τοῦ τόκου λόγος πρὸς μῦθον συνάπτων· φασὶ γὰρ ἅπαντας τοὺς λύκους ἐν δώδεκα ἡμέραις τοῦ ἐνιαυτοῦ τίκτειν. τούτου δὲ τὴν αἰτίαν ἐν μύθῳ λέγουσιν, ὅτι ἐν τοσαύταις ἡμέραις τὴν Λητὼ παρεκόμισαν ἐξ Ὑπερβορέων εἰς Δῆλον, λύκαιναν φαινομένην διὰ τὸν τῆς Ἥρας φόβον. εἰ δ' ἐστὶν ὁ χρόνος οὗτος τῆς κυήσεως ἢ μή ἐστιν, οὐδέν πω συνῶπται μέχρι γε τοῦ νῦν, ἀλλ' ἢ ὅτι λέγεται μόνον. οὐκ ἀληθὲς δὲ φαίνεται οἷον οὐδὲ τὸ λεγόμενον ὡς ἅπαξ ἐν τῷ βίῳ τίκτουσιν οἱ λύκοι.

οἱ δ' αἴλουροι καὶ ἰχνεύμονες τίκτουσιν ὅσαπερ καὶ οἱ κύνες, καὶ τρέφονται τοῖς αὐτοῖς· ζῶσι δὲ περὶ ἔτη ἕξ·

33 μῆνας Ald.   **580a1** ὅσας α Bk.   **4** post δὲ add. οὐ α Guil. Gaza   **6** ὀχεύεται α γ Ald.   post δὲ⁽²⁾ add. οὐ τυφλὰ A^a pr., add. τυφλὰ α (exc. C^a A^a pr.)   **7** ἡ om. α: ὁ P K^c   **8** post σπ. add. τι γ   τὸ ... **9** ἐκτέκῃ om. C^a A^a pr.   **9** ἐκγλίχουσα s. ἐγγ- γ (exc. L^c rc.): ἐκλείχουσα Ald.   **11** κύει] ὀχεύει γ (exc. L^c rc.) Ald.   τῷ ... **13** κύων om. K^c   **15** φησὶ A^a rc. F^a X^c, m n   πάντας α Bk.   **16** δὴ γ (exc. L^c rc.) Ald.   **17** λέγει C^a A^a G^a pr. F^a X^c   τῇ γ (exc. L^c m)   ἀητῷ C^a A^a pr.   ἐκόμισεν α   **18** εἰς δῆλον om. m: in palam Guil.   λύκαινα C^a A^a pr. G^a pr.   φαινομένη C^a A^a pr. G^a Q   **19** φόβον] χρόνον A^a pr. G^a pr.   **20** μή] αἰεί α Guil. Dt.   γε om. α   **21** δὲ om. C^a A^a pr. F^a X^c   οἷον] ὂν C^a A^a pr., O^c rc., Guil. Sn.   **22** ὡς om. α: δὴ γ (exc. L^c m): δὴ ὅτι L^c pr. Ald.   ἐν τῳ βίῳ om. γ Ald.   οἱ λύκοι ... **23** τίκτουσιν om. X^c   **23** post καὶ⁽¹⁾ add. οἱ α Bk.   καὶ⁽²⁾ om. β   **24** οἱ om. α

καὶ ὁ πανθὴρ δὲ τίκτει τυφλὰ ὥσπερ λύκος, τίκτει δὲ τὰ πλεῖστα τέσσαρα. καὶ οἱ θῶες δ' ὁμοίως κυΐσκονται τοῖς κυσί, καὶ τίκτουσι τυφλά· τίκτουσι δὲ καὶ δύο /28/ καὶ τρία καὶ τέσσαρα. ἔστι δὲ τὴν ἰδέαν ἐπ' οὐρὰν /29/ μὲν μακρός, τὸ δ' ὕψος βραχύτερος. ὁμοίως δὲ ταχυτῆτι /30/ διαφέρει καίπερ τῶν σκελῶν ὄντων βραχέων, ἀλλὰ διὰ τὸ ὑγρὸς εἶναι καὶ πηδᾷ πόρρω.

[36] εἰσὶ δ' ἐν Συρίᾳ οἱ καλούμενοι ἡμίονοι, ἕτερον γένος τῶν ἐκ συνδυασμοῦ γινομένων ἵππου καὶ ὄνου, ὅμοιον δὲ τὴν ὄψιν, ὥσπερ καὶ οἱ ἄγριοι ὄνοι πρὸς τοὺς ἡμέρους, ἀπό τινος ὁμοιότητος λεχθέντες. εἰσὶ δ' ὥσπερ οἱ ὄνοι οἱ ἄγριοι καὶ αἱ ἡμίονοι τὴν ταχυτῆτα διαφέροντες. αὗται αἱ ἡμίονοι γεννῶσιν ἐξ ἀλλήλων. σημεῖον δέ· ἦλθον γάρ τινες εἰς Φρυγίαν ἐπὶ Φαρνάκου τοῦ Φαρναβάζου πατρός, καὶ διαμένουσιν ἔτι. εἰσὶ δὲ νῦν μὲν τρεῖς, τὸ παλαιὸν δ' ἐννέα ἦσαν, ὥς φασιν.

[37] ἡ δὲ τῶν μυῶν γένεσις θαυμασιωτάτη παρὰ τὰ ἄλλα ζῷά ἐστι τῷ πλήθει καὶ τῷ τάχει. ἤδη γάρ ποτε ἐναπoληφθείσης τῆς θηλείας κυούσης ἐν ἀγγείῳ κέγχρου, μετ' ὀλίγον χρόνον ἀνοιχθέντος τοῦ ἀγγείου ἐφάνησαν ἑκατὸν καὶ εἴκοσι μύες τὸν ἀριθμόν. ἀπορεῖται δὲ καὶ ἡ τῶν ἐπιπολαζόντων μυῶν γένεσις ἐν ταῖς χώραις καὶ ἡ φθορά· πολλαχοῦ γὰρ εἴωθε γίνεσθαι πλῆθος ἀμύθητον τῶν ἀρουραίων, ὥστ' ὀλίγον λείπεσθαι τοῦ σίτου παντός. γίνεται δὲ οὕτως ταχεῖα ἡ φορὰ ὥστ'

25 τυφλὰ] ταῦτα γ (exc. L^c rc.)   26 τέτταρα γ Ald.   post τέ. add. τὸν ἀριθμὸν L^c m n Ald.   κυΐσκ. ὁμ. transp. β   28 οὐρὰν] σειρὰν γ (exc. L^c rc.) 29 ὕψος] ψύχος γ (exc. L^c rc.)   βραχύτερος α Camot. Cs. edd.: μακρότερος β γ Ald.: minor Guil.: proceritate brevior Gaza   30 καίπερ] καὶ περὶ C^a A^a pr. G^a Q   τῶν om. A^a pr.   G^a Q   ἀλλὰ om. C^a A^a pr. G^a Q Guil. Bk. 580b2 ὅμοιον codd. cett.: ὅμοιοι L^c pr. Ald.   3 ὄνοι om. γ (exc. L^c)   4 εἰσὶ δ' α Cs.: εἰσὶν β γ (exc. εἰ δὲ L^c pr.) Ald.   οἱ^(2) om. β γ (exc. E^a) Ald. αἱ om. β γ Ald.: οἱ G^a rc. Q Sn. Dt.   5 αἱ] δὲ α   8 ἦσαν post φασίν transp. α 11 τῇ ταχύτητι β L^c rc.   ἐναπολειφθείσης α (exc. C^a) β E^a L^c Ald.: inclusa Guil.: occupata Gaza   12 κεχρῶν α   χρόνου om. α Bk.   14 γέν. μύ. transp. α   μυιῶν A^a G^a Q ut saepe   15 φορά γ (exc. L^c rc.) Ald.   ἐώθει C^a: εἰώθει α (exc. C^a)   16 πλ. γίν. transp. α (exc. C^a) Bk.   ἀμύητον E^a Ppr. K^c M^c pr.   οὐραίων E^a Ppr. K^c m   ὀλίγον] ὅλον γ (exc. L^c rc.)   λείπεσθαι] ἔπεσθαι C^a: φαίνεσθαι A^a pr. G^a Q F^a X^c   17 φορά cett. Ald. edd.: φθορά β L^c rc. Guil. Gaza Sn. Bk. A.-W.

ἔνιοι τῶν μὴ μεγάλας γεωργίας ἐργαζομένων, τῇ προτέρᾳ ἰδόντες ὅτι θερίζειν ὥρα, τῇ ὑστεραίᾳ ἕωθεν ἄγοντες τοὺς θεριστὰς καταβεβρωμένον ἅπαντα καταλαμβάνουσιν. ὁ δ' ἀφανισμὸς οὐ κατὰ λόγον ἀποβαίνει· ἐν ὀλίγαις γὰρ ἡμέραις ἀφανεῖς πάμπαν γίγνονται· καίτοι ἐν τοῖς ἔμπροσθεν χρόνοις οὐ κρατοῦσιν οἱ ἄνθρωποι ἀναθυμιῶντες καὶ ἀνορύττοντες, ἔτι δὲ θηρεύοντες καὶ τὰς ὗς ἐμβάλλοντες· αὗται γὰρ ἀνορύττουσι τὰς μυωπίας. θηρεύουσι δὲ καὶ αἱ ἀλώπεκες αὐτούς, καὶ αἱ γαλαῖ αἱ ἄγριαι μάλιστα ἀναιροῦσιν, ὅταν ἐπιγένωνται· ἀλλ' οὐ κρατοῦσι τῆς πολυγονίας καὶ τῆς ταχυτῆτος, οὐδ' ἄλλο οὐθὲν πλὴν οἱ ὄμβροι, ὅταν ἐπιγένωνται· τότε δὲ ἀφανίζονται ταχέως. τῆς δὲ Περσικῆς ἔν τινι τόπῳ ἀνασχιζομένων τῶν ἐμβρύων τὰ θήλεα κύοντα /31/ φαίνεται.

φασὶ δέ τινες καὶ διισχυρίζονται ὅτι ἂν ἀναλείχωσιν ἄνευ ὀχείας γίνεσθαι ἐγκύους. οἱ δ' ἐν Αἰγύπτῳ /2/ μύες σκληρὰν ἔχουσι τὴν τρίχα ὥσπερ οἱ χερσαῖοι ἐχῖνοι. εἰσὶ δὲ καὶ ἕτεροι οἳ βαδίζουσιν ἐπὶ τοῖς δυσὶ ποσίν· τὰ γὰρ πρόσθια μικρὰ ἔχουσι, τὰ δ' ὀπίσθια μεγάλα· γίνονται δὲ πλήθει πολλοί. ἔστι δὲ καὶ ἄλλα γένη μυῶν πολλά.

18 προτεραία α E[a]rc. mrc. Bk. 19 ἰδόντες] δόντες C[a] A[a]pr. G[a]pr. Q ὑστέρα β ἄγοντας A[a]pr. G[a] Q 20 καταβεβρωμένα L[c] Sylb. Bk. καταλαμβάνειν α 23 οἱ ἄνθρωποι om. C[a] ἀποθυμιῶντες α Sn. καὶ ... 24 θηρεύοντες om. α Guil. 24 ἔτι δὲ θηρεύοντες om. β ἔτι δὲ] τί δὲ γ (exc. καὶ m) 25 τοὺς μύωπας A[a]pr. G[a] Q οἱ C[a] A[a] G[a] Q: om. P 26 γαλίαι C[a] A[a]pr. G[a] Q αἱ[(2)] om. E[a] P K[c] ὅταν ἐπιγένωνται om. Gaza Scal. Sn.: ὅταν ἔτι γεννῶνται P K[c] L[c]pr. Ald. 27 τῆς[(2)] om. α ταχύτητος β γ Ald.: ταχυγονίας α Guil. Cs. 28 οἱ ὄμβροι] οἷον νεύροις γ (exc. L[c], ἐπομβρίαι m rc.) ἐπιγεννῶνται γ 29 δὲ[(1)] om. C[a] ταχέως om. γ 30 ἀνασχιζομένης τῆς θηλείας τῶν ἐμ. α Guil. Sn. κύοντα] ἀκούοντα γ (οἷον ἀκούοντα L[c]pr.): οἷον κύοντα Ald. 31 φαίνονται α (exc. A[a]pr.): φαίνεσθαι γ (exc. L[c]rc.) ἰσχυρίζονται α Sn. ὅτι ἂν] καὶ ἐὰν α Dt. ἀναλίχωσιν D[a] S[c] O[c] (add. ἄλας O[c]rc.) T[c] R[c], K[c] M[c] L[c] mpr. n, Ald.: ἀναλίχωσιν E[a] P: ἄλας λείχωσιν V[c]: ἄλα λείχωσιν mrc. Cs. edd.: ἄλλας λείχωσιν α Guil.: *si salem lambant* Gaza 581a2 post μύ. add. καὶ α τρίχαν A[a] G[a] Q post τρ. add. σχεδὸν γ (exc. K[c]) α Ald. 3 εἰσὶ ... βαδίζουσιν] βαδίζουσι δὲ καὶ α Guil. ἐπὶ] ἐν (exc. C[a]) 4 ἔμπροσθεν α ὀπίσω α γίνονται δὲ πλ. πολλοί om. γ (exc. L[c]rc.) 5 πολλὰ μυ. transp. α (exc. C[a]) μυιῶν α ut saepe posthac add. ex libri sequentis principio τὰ μὲν ... τρόπον (588a16–17) α E[a]

Η(Θ)

τὰ μὲν οὖν περὶ τὴν ἄλλην φύσιν τῶν ζῴων καὶ τὴν γένεσιν τοῦτον ἔχει τὸν τρόπον· αἱ δὲ πράξεις καὶ οἱ βίοι κατὰ τὰ ἤθη καὶ τὰς τροφὰς διαφέρουσιν. ἔνεστι γὰρ ἐν τοῖς πλείστοις καὶ τῶν ἄλλων ζῴων ἴχνη τῶν περὶ τὴν ψυχὴν τρόπων, ἅπερ ἐπὶ τῶν ἀνθρώπων ἔχει φανερωτέρας τὰς διαφοράς· καὶ γὰρ ἡμερότης καὶ ἀγριότης καὶ πραότης καὶ χαλεπότης καὶ ἀνδρία καὶ δειλία καὶ φόβοι καὶ θάρρη καὶ θυμοὶ καὶ πανουργίαι καὶ τῆς περὶ τὴν διάνοιαν συνέσεως ἔνεισιν ἐν πολλοῖς αὐτῶν ὁμοιότητες, καθάπερ ἐπὶ τῶν μερῶν ἐλέγομεν. τὰ μὲν γὰρ τῷ μᾶλλον καὶ ἧττον διαφέρει πρὸς τὸν ἄνθρωπον, καὶ ὁ ἄνθρωπος πρὸς πολλὰ τῶν ζῴων (ἔνια γὰρ τῶν τοιούτων ὑπάρχει μᾶλλον ἐν ἀνθρώπῳ, ἔνια δ' ἐν τοῖς ἄλλοις ζῴοις μᾶλλον), τὰ δὲ τῷ ἀνάλογον διαφέρει· ὡς γὰρ ἐν ἀνθρώπῳ τέχνη καὶ σοφία καὶ σύνεσις, οὕτως ἐνίοις τῶν ζῴων ἐστί τις ἑτέρα τοιαύτη φυσικὴ δύναμις. φανερώτατον δ' ἐστὶ τὸ τοιοῦτον ἐπὶ τὴν τῶν παίδων ἡλικίαν βλέψασιν· ἐν τούτοις γὰρ τῶν μὲν ὕστερον ἕξεων ἐσομένων ἔστιν ἰδεῖν οἷον ἴχνη καὶ σπέρματα, διαφέρει δ' οὐδὲν ὡς εἰπεῖν ἡ ψυχὴ τῆς τῶν θηρίων ψυχῆς κατὰ τὸν χρόνον τοῦτον, ὥστ' οὐδὲν ἄλογον εἰ τὰ μὲν ταὐτὰ τὰ δὲ παραπλήσια τὰ δ' ἀνάλογον ὑπάρχει τοῖς ἄλλοις ζῴοις.

οὕτω δ' ἐκ τῶν ἀψύχων εἰς τὰ ζῷα μεταβαίνει κατὰ μικρὸν ἡ φύσις, ὥστε τῇ συνεχείᾳ λανθάνειν τὸ μεθόριον αὐ-

588a16 τὰ ... 17 τρόπον om. Eᵃ, ad lib. vi finem subiungit ἄλλην om. Ald. 18 καὶ τὰς] καὶ κατὰ τὰς α (exc. Cᵃ) διατροφὰς Aᵃpr. Gᵃ Q 20 διαφοράς α β Lᶜrc. Ald. edd.: διατριβὰς γ 21 πραότης καὶ ἀγριότης transp. Kᶜ: καὶ ἀγριότης καὶ om. Ald. 24 μερῶν codd. Guil. Gaza edd.: apibus Scot. Alb.: μελιττῶν cj. Peck 27 ἐν om. γ (exc. Lᶜrc.) ἀνθρώποις α 28 δ'] δὲ καὶ Lᶜpr. post ζῴοις add. ὑπάρχει m 29 ὡς γὰρ β γ Ald. edd.: ὥσπερ α 30 ἐν ἐνίοις Lᶜ Ald. τοιαύτη ἑτέρα transp. α 31 φανερώτατον δ' ἐστὶ τὸ τοιοῦτον β γ Ald. Bk.: φανερὸν δὲ περὶ ὧν λέγομέν ἐστιν Cᵃ Guil. Dt.: φαν. δὲ π. ὤ. λ. τὸ τοιοῦτον ἐστὶν α (exc. Cᵃ): et hoc est manifestum illis Scot. τὴν ... 32 ἡλικίαν α β Lᶜrc. Ald.: τῇ ... ἡλικίᾳ γ 588b1 ὡς εἰπεῖν om. Cᵃ Aᵃpr. Gᵃpr. Scot. 2 post οὐδὲν add. ἂν Gᵃ Q 3 τοῖς ἄλλοις β γ Guil. Ald.: πολλοῖς α Scot. Ott. 5 λανθάνει α (exc. Aᵃrc. Gᵃrc.)

τῶν καὶ τὸ μέσον ποτέρων ἐστίν. μετὰ γὰρ τὸ τῶν ἀψύχων γένος τὸ τῶν φυτῶν πρῶτόν ἐστιν· καὶ τούτων ἕτερον πρὸς ἕτερον διαφέρει τῷ μᾶλλον δοκεῖν μετέχειν ζωῆς, ὅλον δὲ τὸ γένος πρὸς μὲν τἆλλα σώματα φαίνεται σχεδὸν ὥσπερ ἔμψυχον, πρὸς δὲ τὸ τῶν ζῴων ἄψυχον. ἡ δὲ μετάβασις ἐξ αὐτῶν εἰς τὰ ζῷα συνεχής ἐστιν, ὥσπερ ἐλέχθη πρότερον. ἔνια γὰρ τῶν ἐν τῇ θαλάττῃ διαπορήσειεν ἄν τις πότερον ζῷον ἢ φυτόν ἐστιν· προσπέφυκε γὰρ καὶ χωριζόμενα πολλὰ διαφθείρεται τῶν τοιούτων, αἱ μὲν γὰρ πίνναι πεφύκασιν, οἱ δὲ σωλῆνες ἀνασπασθέντες οὐ δύνανται ζῆν. ὅλως δὲ πᾶν τὸ γένος τὸ τῶν ὀστρακοδέρμων φυτοῖς ἔοικε πρὸς τὰ πορευτικὰ τῶν ζῴων. καὶ περὶ αἰσθήσεως τὰ μὲν αὐτῶν οὐδὲν σημαίνεται τὰ δ' ἀμυδρῶς. ἡ δὲ τοῦ σώματος ἐνίων σαρκώδης ἐστὶ φύσις, οἷον τά τε καλούμενα τήθυα καὶ τὸ τῶν ἀκαλήφων γένος· ὁ δὲ σπόγγος παντελῶς ἔοικε τοῖς φυτοῖς. ἀεὶ δὲ κατὰ μικρὰν διαφορὰν ἕτερα πρὸ ἑτέρων ἤδη φαίνεται μᾶλλον ζωὴν ἔχοντα καὶ κίνησιν. καὶ κατὰ τὰς τοῦ βίου δὲ πράξεις τὸν αὐτὸν ἔχει τρόπον. τῶν τε γὰρ φυτῶν ἔργον ἄλλο οὐδὲν φαίνεται πλὴν οἷον αὐτὸ ποιῆσαι πάλιν ἕτερον, ὅσα γίνεται διὰ σπέρματος· ὁμοίως δὲ καὶ τῶν ζῴων ἐνίων παρὰ τὴν γένεσιν οὐδὲν ἔστιν ἄλλο λαβεῖν ἔργον. διόπερ αἱ μὲν τοιαῦται πράξεις κοιναὶ πάντων εἰσί· προσούσης δ' αἰσθήσεως ἤδη περί τε τὴν ὀχείαν διὰ τὴν ἡδονὴν διαφέρουσιν αὐτῶν οἱ βίοι καὶ περὶ τοὺς τόκους καὶ τὰς ἐκτροφὰς τῶν τέκνων. τὰ μὲν

6 ποτέρων] προτέρων A[a]pr. G[a]pr.: πότερον K[c]   7 πρῶτόν] πρότερον P ἐστιν om. P   10 τῶν ζῴων] ζῷον β γ Ald.   11 ἐξ αὐτῶν om. Guil. ἐλέγχθη A[a] G[a] Q   13 ἐστιν ἢ φυτόν transp. α Bk.   14 αἱ μὲν γὰρ] οἷον αἱ μὲν α Guil. Cs. Bk.   15 πεφύκασιν codd. Ald.: adherent Guil. Gaza: προσπεφύκασιν cj. Sylb. edd.   αἱ δ. σ. ἀνασπασθεῖσαι γ (exc. L[c]rc.)   16 τὸ[(2)] om. α L[c] Ald.   17 post πορευτ. add. καὶ E[a] P K[c]   18 οὐδὲ ἓν α Bk. 20 ἀκαλύφων codd. plur. ut saepe   22 πρὸ] πρὸς γ (exc. L[c] m)   ἤδη] εἴδη C[a]   23 δὲ] τε α: om. Guil.   24 τε codd. Bk.: γε Ald.: secl. Dt. ἔργον ἄλλο οὐδὲν β P K[c] M[c] m n: ἔ. ο. ἄ. C[a], E[a] L[c], Ald. Bk. Dt.: ο. ἄ. ἔ. α (exc. C[a])   25 οἷον β γ: ὅσον α   26 ἐνίων α Guil. Bk.: ἐνίων γὰρ γ (exc. L[c]rc.): ἐνίοις γὰρ β L[c]rc. Ald.   27 ἄλλο λαβεῖν ἔργον α (λαλεῖν A[a]pr.): λαβεῖν ἔργον ἕτερον β γ Ald.   28 προσούσης] προιούσης C[a] A[a]pr. G[a] Q Gaza Sylb. Dt.   29 τε om. C[a] A[a]pr. G[a] Q.

HISTORIA ANIMALIUM VII(VIII)

588b

οὖν ἁπλῶς ὥσπερ φυτὰ κατὰ τὰς ὥρας ἀποτελεῖ τὴν οἰκείαν γένεσιν· τὰ δὲ καὶ περὶ τὰς τροφὰς ἐκπονεῖται τῶν τέκνων, ὅταν δ' ἀποτελέσῃ χωρίζονται καὶ κοινωνίαν οὐδεμίαν ἔτι ποιοῦνται· τὰ δὲ συνετώτερα καὶ κοινωνοῦντα μνήμης 589a1 ἐπὶ πλέον καὶ πολιτικώτερον χρῶνται τοῖς ἀπογόνοις. ἓν μὲν οὖν μέρος ζωῆς αἱ περὶ τὴν τεκνοποιίαν εἰσὶ πράξεις αὐτοῖς, ἓν δ' ἕτερον αἱ περὶ τὴν τροφήν· περὶ γὰρ δύο τούτων αἵ τε σπουδαὶ τυγχάνουσιν οὖσαι πᾶσι καὶ ὁ βίος. πᾶσαι 5 δὲ τροφαὶ διαφέρουσι μάλιστα κατὰ τὴν ὕλην ἐξ οἵας συνεστήκασιν. ἡ γὰρ αὔξησις ἑκάστοις γίνεται κατὰ φύσιν ἐκ τῆς αὐτῆς. τὸ δὲ κατὰ φύσιν ἡδύ· διώκει δὲ πάντα τὴν κατὰ φύσιν ἡδονήν.

[2] διῄρηνται δὲ κατὰ τοὺς τόπους· τὰ μὲν γὰρ πεζὰ τὰ 10 δ' ἔνυδρα τῶν ζῴων ἐστίν. διχῶς δὲ λεγομένης ταύτης τῆς διαφορᾶς, τὰ μὲν τῷ δέχεσθαι τὸν ἀέρα τὰ δὲ τῷ τὸ ὕδωρ λέγεται τὰ μὲν πεζὰ τὰ δ' ἔνυδρα· τὰ δ' οὐ δεχόμενα μέν, πεφυκότα μέντοι πρὸς τὴν κρᾶσιν τῆς ψύξεως τὴν ἐφ' ἑκατέρου τούτων ἱκανῶς, τὰ μὲν πεζὰ τὰ δ' ἔνυδρα 15 καλεῖται οὔτ' ἀναπνέοντα οὔτε δεχόμενα τὸ ὕδωρ τῷ δὲ τὴν τροφὴν ποιεῖσθαι καὶ διαγωγὴν ἐν ἑκατέρῳ τούτων. πολλὰ γὰρ δεχόμενα τὸν ἀέρα, καὶ τοὺς τόκους ἐν τῇ γῇ ποιούμενα, τὴν τροφὴν ἐκ τῶν ἐνύδρων ποιεῖται τόπων

31 οὖν] enim Guil.   ἁπλῶς ὥσπερ φυτά] περὶ τὴν ἄλλην φύσιν Cᵃ Aᵃpr. Gᵃ Q (cf. 588a16)   τάς] τῆς Aᵃpr. Gᵃpr.   32 περί] παρὰ Kᶜ   ἐκπνεῖται Aᵃpr. Gᵃpr. Q   **589a1** post κοιν. add. καὶ Aᵃ Gᵃ Q   2 πολιτικώτερον Aᵃrc. Gᵃrc. Guil. Gaza Sn. edd.: ποικιλώτερον α (exc. Aᵃrc. Gᵃrc.) Scot.: πολιτικωτέροις β γ Ald. Cs.   ἀπογόνοις] ἀπὸ ἀγώνων Cᵃpr. Aᵃpr. Gᵃ Q: ἀπὸ ἀγόνων Cᵃrc.   3 ζωῆς β: τῆς ζωῆς α γ (exc. Lᶜpr. n) Cs. Bk.: τοῖς ζῴοις Lᶜpr. n Ald.   4 ἕν] ἔτι α Sn. Bk.   αἱ om. Gᵃpr. Q Fᵃ Xᶜ περί⁽¹⁾] ἐπὶ Fᵃ Xᶜ   τροπήν Aᵃpr.   5 πᾶσι] πᾶσαι Cᵃpr. Bk.   πᾶσαι β γ Guil. Ald.: αἱ α Bk.   8 τῆς αὐτῆς β γ Gaza Ald.: ταύτης α Guil. Sn. Bk.   10 δέ] μὲν Aᵃpr. Gᵃpr.   11 διχῶς codd. Scot. Guil. Ald. Bk. Peck. L.-V.: τριχῶς Oᶜrc., mrc., Gaza Scal. Cs. Sn. Dt. Louis   δὲ⁽²⁾] μὲν Aᵃpr. Gᵃpr.   12 post μέν add. γάρ Cᵃ Aᵃpr. Gᵃ Q Guil.   14 πεφυκότα] παραπεφυκότα Aᵃpr. Gᵃ Q   μέντοι] δέ τοι β   πρός] περὶ Aᵃpr. Gᵃ Q Fᵃ Xᶜ   15 ἐφ' β γ Ald. Bk.: ἀφ' α Guil. Gaza Sn. Dt.   post μὲν add. γὰρ Cᵃ   16 ἀναπνέοντα] ἀνάπνεα Cᵃ Aᵃpr. Gᵃ Q   τῷ δὲ β γ Ald. Bk.: τὰ δὲ τῷ α mrc. Guil. Gaza Dt. Peck Louis   19 ἐκ τῶν] αὐτῶν P   ἐνύδρων] ὑδαρῶν α (exc. Cᵃ)

331

ΑRISTOTELIS

καὶ διατρίβει τὸν πλεῖστον ἐν ὕδατι χρόνον· ἅπερ ὡς ἔοικεν ἐπαμφοτερίζουσι μόνα τῶν ζώων· καὶ γὰρ ὡς πεζὰ καὶ ὡς ἔνυδρά τις ἂν θείη. τῶν δὲ δεχομένων τὸ ὑγρὸν οὐθὲν οὔτε πεζὸν οὐδὲ πτηνὸν τὴν τροφὴν ἐκ τῆς γῆς ποιεῖται, τῶν δὲ πεζῶν καὶ δεχομένων τὸν ἀέρα πολλά, καὶ τὰ μὲν οὕτως ὥστε μηδὲ ζῆν δύνασθαι χωριζόμενα τῆς τοῦ ὕδατος φύσεως, οἷον αἵ τε καλούμεναι θαλάττιαι χελῶναι καὶ κροκόδειλοι καὶ ἵπποι ποτάμιοι καὶ φῶκαι καὶ τῶν ἐλαττόνων ζῴων οἷον αἵ τ' ἐμύδες καὶ τὸ τῶν βατράχων γένος· ταῦτα γὰρ ἅπαντα μὴ διά τινος ἀναπνεύσαντα χρόνου ἀποπνίγεται. καὶ τίκτει δὲ καὶ ἐκτρέφει ἐν τῷ ξηρῷ, τὰ δὲ πρὸς τῷ ξηρῷ, διάγει δ' ἐν τῷ ὑγρῷ.

περιττότατα δὲ πάντων ὁ δελφὶς ἔχει τῶν ζῴων καὶ εἴ τι ἄλλο τῶν τοιούτων ἐστὶ καὶ τῶν ἐνύδρων καὶ τῶν ἄλλων κητωδῶν ὅσα τοῦτον ἔχει τὸν τρόπον, οἷον φάλαινα καὶ ὅσ' ἄλλ' αὐτῶν ἔχει αὐλόν. οὐ γὰρ ῥᾴδιον οὔτ' ἔνυδρον θεῖναι μόνον τούτων ἕκαστον οὔτε πεζόν, εἰ πεζὰ μὲν τὰ δεχόμενα τὸν ἀέρα θετέον, τὰ δὲ τὸ ὕδωρ ἔνυδρα τὴν φύσιν. ἀμφοτέρων γὰρ μετείληφεν· καὶ γὰρ τὴν θάλατταν δέχεται, καὶ ἀφίησι κατὰ τὸν αὐλόν, καὶ τὸν ἀέρα τῷ πνεύμονι. τοῦτο γὰρ ἔχουσι τὸ μόριον καὶ ἀναπνέουσιν· διὸ καὶ λαμβανόμενος ὁ δελφὶς ἐν τοῖς δικτύοις ἀποπνίγεται ταχέως διὰ τὸ μὴ

20 ὡς om. α Guil. Gaza Sn. Bk. 21 ἐπαμφοτερίζειν α Guil. Gaza Sn. Bk.: ἐπαμφοτερίζει Ald. 22 ὡς om. α (exc. Cᵃ) 23 οὔτε πεζὸν οὐδὲ πτηνὸν β γ Ald.: οὔτε πε. οὔτε πτ. ἐστιν οὐδὲ m*rc*. Gaza Sn. Bk. (om. ἐστιν): αὐτῶν πεζὸν οὐδὲ α Scot. Guil. Cs. 24 post μὲν add. ἔνυδρα cj. Peck: *et quaedam animalia manent in aqua* Scot. 26 post φύσεως add. τὰ δὲ ἐκ τοῦ ἀέρος cj. Peck 27 κροκόδειλος α (exc. Cᵃ) 28 τ' ἐμύδες cj. Sylb. edd.: τε αἰμύδες m*corr*.: τε μῦδες cett. Ald.: mides Guil.: *testudines lutariae* (viz. ἐμύδες) *sive mures* (viz. μῦες) Gaza 30 τίκτει δὲ] ἐκτίκτει α τρέφει Eᵃ 31 τὰ δὲ πρὸς τῷ ζηρῷ om. Aᵃ*rc*. Fᵃ Xᶜ γ (exc. L^c*rc*.) Gaza Ott. διάγει ... ὑγρῷ om. Gaza: del. m*rc*. ὑγρῷ] ξηρῶ m*pr*. περιττότερα Cᵃ Aᵃ Gᵃ Q Ott. 32 ὁ] ἡ Aᵃ Gᵃ Q ἔχει] ὀχεῖ Cᵃ τῶν τοιούτων β γ Ald.: τοιοῦτον α Cs. Bk. 33 ἄλλων om. γ (exc. L^c*rc*.) Ald. 589b1 φάλαιναι α ἀλλ' αὐτῶν] τούτων L^c*pr*. m n: ἄλλα τούτων Ald. 2 ἔχει] ἴσχει L^c*pr*. m n Ald. γὰρ] μὲν Ald. ῥᾴδιον α m*corr*. Guil. Gaza: ἴδιον β γ Ald. μόνον θεῖναι transp. γ Ald. 3 τὸν ἀέρα om. Gᵃ Q: τὸν ἄρρενα P*pr*. 4 τὴν om. Cᵃ Aᵃ*pr*. Gᵃ*pr*. Q *pr*.: κατὰ in lac. Q*rc*.: *secundum* Guil. Gaza 5 γὰρ om. Kᶜ

332

HISTORIA ANIMALIUM VII(VIII)

ἀναπνεῖν. καὶ ἔξω δὲ ζῇ πολὺν χρόνον μύζων καὶ στένων, ὥσπερ καὶ τὰ ἄλλα τῶν ἀναπνεόντων ζῴων· ἔτι δὲ καθεύδων ὑπερέχει τὸ ῥύγχος ὅπως ἀναπνέῃ. τὰ δ' αὐτὰ τάττειν εἰς ἀμφοτέρας τὰς διαιρέσεις ἄτοπον ὑπεναντίας οὔσας· ἀλλ' ἔοικεν εἶναι τὸ ἔνυδρον ἔτι προσδιοριστέον. τὰ μὲν γὰρ δέχεται τὸ ὕδωρ καὶ ἀφίησι διὰ τὴν αὐτὴν αἰτίαν δι' ἥνπερ τὰ ἀναπνέοντα τὸν ἀέρα, καταψύξεως χάριν, τὰ δὲ διὰ τὴν τροφήν· ἀνάγκη γὰρ ἐν ὑγρῷ λαμβάνειν ταύτην καὶ τὸ ὑγρὸν ἅμα δέχεσθαι, καὶ τὸ δεχόμενον ὄργανον ἔχει ᾧ ἐκπέμψει. τὰ μὲν οὖν ἀνάλογον τῇ ἀναπνοῇ χρώμενα τῷ ὑγρῷ βράγχια ἔχει, τὰ δὲ διὰ τὴν τροφὴν αὐλὸν τῶν ἐναίμων ζῴων. ὁμοίως δὲ τά τε μαλάκια καὶ τὰ μαλακόστρακα· καὶ γὰρ ταῦτα δέχεται τὸ ὑγρὸν διὰ τὴν τροφήν.

ἔνυδρα δ' ἐστὶ τὸν ἕτερον τρόπον, διὰ τὴν τοῦ σώματος κρᾶσιν καὶ τὸν βίον, ὅσα δέχεται μὲν τὸν ἀέρα ζῇ δ' ἐν τῷ ὑγρῷ, ἢ ὅσα δέχεται μὲν τὸ ὑγρὸν καὶ ἔχει βράγχια, πορεύεται δ' εἰς τὸ ξηρὸν καὶ λαμβάνει τροφήν. ἓν δὲ μόνον νῦν ὦπται τοιοῦτον, ὁ καλούμενος κορδύλος· οὗτος γὰρ πνεύμονα μὲν οὐκ ἔχει ἀλλὰ βράγχια, τετράπουν δ' ἐστὶν ὡς καὶ πεζεύειν πεφυκός. τούτων δὲ πάντων ἔοικεν ἡ φύσις ὡσπερεὶ διεστράφθαι, καθάπερ τῶν τ' ἀρρένων ἔνια γίνεται θηλυκὰ καὶ τῶν

10 τὰ ἄλλα Gᵃ Q β P Kᶜ Lᶜrc. m: ἄλλα cett.   11 τὰ δ' αὐτά] τὸ δ' αὖ α post τάττειν add. αὐτα Aᵃrc. Fᵃ Xᶜ   12 ὑπεναντίους α γ (exc. Lᶜ) Bk. οὔσας om. Tᶜ   13 ἄλλο τι ἔοικεν Fᵃ Xᶜ   14 αὐτήν] τοιαύτην Eᵃ   16 τὴν om. α (exc. Cᵃ)   λαμβάνοντα α Cs. Bk.: λαμβάνειν β γ Ald.   17 τὸ δεχόμενον β Lᶜrc. Ald.: δεχόμενον α (exc. Cᵃ) γ (exc. Lᶜrc.): δεχόμεναι Cᵃ: suscipiens Guil.: δεχόμενα cj. Cs. Bk.   ἔχει β P: ἔχειν α γ (exc. P) Guil. Ald. Bk. 18 ᾧ] ἢ γ (exc. Lᶜrc.)   ἐκπέμπει γ Ald.   19 ὑγρῷ] θερμῷ Cᵃ Aᵃpr. Gᵃpr. 22 ἔνυδρα α Mᶜ Lᶜ m n Ald.: ἔνυγρα β Eᵃ P Kᶜ   23 τὸν ἀέρα ... 24 δέχεται μὲν om. Xᶜ   24 ἢ ὅσα ... ὑγρὸν om. γ (exc. Lᶜrc. mrc.)   26 νῦν om. Lᶜpr. m n   27 κορδύλος Aᵃrc. Xᶜrc. γ (exc. Lᶜ): κροκόδειλος α (exc. Aᵃrc. Xᶜrc.) β Lᶜ Ald.: codiloz Scot. Alb.: cocodrillus Guil.: crocodillus Trap.: cordulus Gaza   28 post βράγχια iterum ponit 25 πορεύεται ... 26 τροφήν α καὶ om. Tᶜ   29 ἔοικεν α β Lᶜrc.: πέφυκεν γ (exc. Lᶜrc.) Ald.   ὡσπερανεὶ Aᵃrc. Fᵃ Xᶜ γ Ald. Bk.: ὥσπερ ἀεὶ Cᵃ Aᵃpr. Gᵃpr.: ὥσπερ Gᵃrc. Q   διεστράφθαι β γ Ald.: διεψεῦσθαι α Ott. Canis.: perversa Guil.   30 τ' om. α

333

ARISTOTELIS

θηλέων ἀρρενωπά. ἐν μικροῖς γὰρ μορίοις λαμβάνοντα τὰ ζῷα διαφορὰν μέγα διαφέρειν φαίνονται κατὰ τὴν τοῦ ὅλου σώματος φύσιν. δηλοῖ δ' ἐπὶ τῶν ἐκτεμνομένων· μικροῦ γὰρ μορίου πηρωθέντος εἰς τὸ θῆλυ μεταβάλλει τὸ ζῷον, ὥστε δῆλον ὅτι καὶ ἐν τῇ ἐξ ἀρχῆς συστάσει ἀκαριαίου τινὸς μεταβάλλοντος τῷ μεγέθει, ἐὰν ᾖ ἀρχοειδές, γίνεται τὸ μὲν θῆλυ τὸ δ' ἄρρεν, ὅλως δ' ἀναιρεθέντος οὐδέτερον. ὥστε καὶ τὸ πεζὸν καὶ ἔνυδρον εἶναι κατ' ἀμφοτέρους τοὺς τρόπους ἐν μικροῖς μορίοις γινομένης τῆς μεταβολῆς συμβαίνει γίνεσθαι τὰ μὲν πεζὰ τὰ δ' ἔνυδρα τῶν ζῴων. καὶ τὰ μὲν οὐκ ἐπαμφοτερίζει τὰ δ' ἐπαμφοτερίζει διὰ τὸ μετέχειν τι τῆς ὕλης ἐν τῇ συστάσει τῆς γενέσεως ἐξ οἵας ποιεῖται τὴν τροφήν· προσφιλὲς γὰρ ἑκάστῳ τῶν ζῴων τὸ κατὰ φύσιν, ὥσπερ εἴρηται καὶ /12/ πρότερον. /13/ διῃρημένων δὲ τῶν ζῴων εἰς τὸ ἔνυδρον καὶ πεζὸν τριχῶς, /14/ τῷ τε δέχεσθαι τὸν ἀέρα ἢ τὸ ὕδωρ, καὶ τῇ κράσει τῶν σωμάτων, τὸ δὲ τρίτον ταῖς τροφαῖς, ἀκολουθοῦσιν οἱ βίοι κατὰ ταύτας τὰς διαιρέσεις· τὰ μὲν γὰρ κατὰ τὴν κρᾶσιν καὶ τὴν τροφὴν ἀκολουθοῦσι, καὶ κατὰ τὸ δέχεσθαι τὸ ὕδωρ ἢ τὸν ἀέρα, τὰ δὲ τῇ κράσει καὶ τοῖς βίοις μόνον.

τῶν μὲν οὖν ὀστρακοδέρμων ζῴων τὰ μὲν ἀκινητίζοντα τρέφεται τῷ ποτίμῳ· διηθεῖται γὰρ διὰ τῶν πυκνῶν διὰ τὸ λεπτότερον εἶναι τῆς θαλάττης συμπεττομένης, ὥσπερ καὶ τὴν ἐξ ὑπαρχῆς λαμβάνει γένεσιν. ὅτι δ' ἐν τῇ θαλάττῃ πότιμόν ἐστι

31 θηλυκῶν α Prc.   ἀρρενωπά] ἄρρενος ὠπή n   32 φαίνεται α Dt. 590a5 οὐδ' ἕτερον A^a G^a Q   ante ἔνυδρον add. τὸ α Bk. Dt.   6 τόπους Ald.   γενομένης P: τεινομένης A^{a}pr.   γιν. post μετ. transp. β   7 ante συμβαίνει add. διὸ α Guil. Dt.   8 ἐπαμφοτερίζειν C^a (utrobique), T^c (primo), m (utrob.)   τὰ δ' ἐπαμφοτερίζει om. γ (exc. L^{c}rc. mrc.) Guil. (cett.: hab. Tz)   9 τι om. α   13 τὸ om. α   14 τῷ τε α: τὸ β E^a P M^c n: τῷ K^c L^c m Ald. Bk.   17 καὶ τὴν τροφὴν ἀκολουθοῦσιν om. γ (exc. L^{c}rc.): καὶ κατὰ τὸν βίον add. mrc.: et alimentum sequuntur Guil.: et victus ratione Gaza 19 ὀστρ. ... μὲν om. T^c τὰ β γ Ald. Bk.: ἔνια α Dt.   κινητίζοντα C^a A^{a}pr. G^{a}pr.   20 γὰρ C^a β γ: δὲ α (exc. C^a)   διὰ$^{(1)}$] ἴδια γ (exc. L^{c}rc. m) 21 συμπεττομένων γ (exc. L^{c}rc. m)   22 γένεσιν α β L^{c}rc.: κίνεσιν γ (exc. L^{c}rc. mcorr.): σύστασιν mcorr.: generationem Guil.: instituuntvr Gaza   ἔνεστι α Bk. Dt.

καὶ ταύτῃ διηθεῖσθαι δύναται φανερόν ἐστιν· ἤδη γὰρ εἰληφέναι τούτου συμβέβηκέ τισι πεῖραν. ἐὰν γάρ τις κήρινον πλάσας λεπτὸν ἀγγεῖον καὶ περιδήσας καθῇ εἰς τὴν θάλατταν κενόν, ἐν νυκτὶ καὶ ἡμέρᾳ λαμβάνει ὕδατος πλῆθος καὶ τοῦτο φαίνεται πότιμον.

αἱ δ' ἀκαλῆφαι τρέφονται ὅ τι ἂν προσπέσῃ ἰχθύδιον. ἔχει δὲ τὸ στόμα ἐν μέσῳ· δῆλον δὲ τοῦτο μάλιστ' ἐστὶν ἐπὶ τῶν μεγάλων. ἔχει δ' ὥσπερ τὰ ὄστρεα, ᾗ ὑποχωρεῖ ἔξω ἡ τροφή, πόρον. ἔστι δ' αὐτὸς ἄνω· ἔοικε γὰρ ἡ ἀκαλήφη ὥσπερ τὸ ἔσω εἶναι τῶν ὀστρέων τὸ σαρκῶδες, τῇ δὲ πέτρᾳ χρῆσθαι ὡς ὀστρέῳ. καὶ αἱ λεπάδες δ' ἀπολυόμεναι μεταχωροῦσι καὶ τρέφονται.

ὅσα δὲ κινητικά, τὰ μὲν ζῳοφαγοῦντα τρέφεται τοῖς μικροῖς ἰχθυδίοις, οἷον ἡ πορφύρα· σαρκοφάγον γάρ ἐστι, διὸ καὶ δελεάζεται τοῖς τοιούτοις· τὰ δὲ καὶ τοῖς ἐν τῇ θαλάττῃ φυομένοις.

αἱ δὲ χελῶναι αἱ θαλάττιαι τά τε κογχύλια νέμονται (ἔχουσι γὰρ τὸ στόμα ἰσχυρότατον πάντων· ὅτου γὰρ ἂν ἐπιλάβηται, ἢ λίθου ἢ ἄλλου ὁτουοῦν, ἀπεσθίει καὶ κατάγνυσιν), καὶ ἐξιοῦσα τὴν πόαν νέμεται. πονοῦσι δὲ καὶ ἀπόλλυνται πολλάκις ὅταν ἐπιπολάζουσαι ὑπερξηρανθῶσιν ὑπὸ τοῦ ἡλίου· καταφέρεσθαι γὰρ οὐ δύνανται πάλιν ῥᾳδίως.

τὸν αὐτὸν δὲ τρόπον καὶ τὰ μαλακόστρακα· καὶ γὰρ ταῦτα παμφάγα· καὶ γὰρ λίθους

23 ταύτῃ] τοῦτο α Cs. Bk. 24 τοῦτο Cᵃ Aᵃ Gᵃpr. Fᵃ Xᶜ: τούτω P τισι om. α Cs. Bk. 27 φαίνεται] γίνεται Sᶜ Lᶜrc. ἀκαλύφαι β Ald. passim ὅ τι ἂν] ὅταν α 29 δ'] δὲ καὶ α Dt. 30 ὑπ. τροφὴ ἔξω πόρον α (add. ἡ ante τροφὴ Aᵃrc. Fᵃ Xᶜ) αὐτὸς β γ Ald.: οὗτος αἶνος Cᵃ: οὕτως Aᵃpr.: οὗτος Gᵃ Q Bk. 31 εἶναι om. Aᵃrc. Fᵃ Xᶜ, Lᶜpr. m n ὀστρέων] ὀφρίων Q 32 χρῆται Lᶜ Ald. ὀστρέα Ppr. ἀποδυόμεναι Cᵃ Aᵃpr. Gᵃpr. Q 33 ἀποχωροῦσι mpr. κινητικὰ μὲν ζωοφ. δὲ α 590b2 τοῖς om. Cᵃ γ 3 τὰ δὲ καὶ] τάδε. καὶ Cᵃ τῇ om. α Lᶜpr. m n 4 αἱ om. P 5 ἰσχυρότερον γ Ald. Bk. ὅτου] οὗ α ὁτουοῦν Cᵃ Aᵃpr. Gᵃ Q: οὑτουοῦν β m n 7 ἀπολλύονται α 8 ξηρανθῶσιν α Bk. 9 πάλιν ante οὐ δύν. transp. α Bk. 10 λίθους] θάλους Tᶜ

καὶ ὕλην καὶ φυκία νέμονται καὶ κόπρον, οἷον οἱ πετραῖοι τῶν καρκίνων, καὶ σαρκοφαγοῦσιν. οἱ δὲ κάραβοι κρατοῦσι μὲν καὶ τῶν μεγάλων ἰχθύων, καί τις συμβαίνει περιπέτεια τούτων ἐνίοις· τοὺς μὲν γὰρ καράβους οἱ πολύποδες κρατοῦσιν, ὥστε κἂν ὄντας πλησίον ἐν ταὐτῷ δικτύῳ αἴσθωνται ἀποθνῄσκουσιν οἱ κάραβοι διὰ τὸν φόβον. οἱ δὲ κάραβοι τοὺς γόγγρους· διὰ γὰρ τὴν τραχύτητα οὐκ ἐξολισθαίνουσιν αὐτῶν. οἱ δὲ γόγγροι τοὺς πολύποδας κατεσθίουσιν· οὐδὲν γὰρ αὐτοῖς διὰ τὴν λειότητα δύνανται χρῆσθαι. τὰ δὲ μαλάκια πάντα σαρκοφάγα ἐστίν. νέμονται δ' οἱ κάραβοι τὰ ἰχθύδια θηρεύοντες παρὰ τὰς θαλάμας· καὶ γὰρ ἐν τοῖς πελάγεσιν ἐν τοῖς τοιούτοις γίνονται τόποις οἷοι ἂν ὦσι τραχεῖς καὶ λιθώδεις· ἐν τοῖς τοιούτοις γὰρ ποιοῦνται τὰς θαλάμας· ὅ τι δ' ἂν λάβῃ, προσάγεται πρὸς τὸ στόμα τῇ δικρόᾳ χηλῇ καθάπερ οἱ καρκίνοι. βαδίζει δὲ κατὰ φύσιν μὲν εἰς τὸ πρόσθεν ὅταν ἄφοβος ᾖ, καταβάλλων τὰ κέρατα πλάγια· ὅταν δὲ φοβηθῇ φεύγει ἀνάπαλιν καὶ μακρὰν ἐξακοντίζει. μάχονται δὲ πρὸς ἀλλήλους ὥσπερ οἱ κριοὶ τοῖς κέρασιν, ἐξαίροντες καὶ τύπτοντες· ὁρῶνται δὲ μετ' ἀλλήλων πολλάκις καὶ ἀθρόοι ὥσπερ ἀγέλη. /32/ τὰ μὲν οὖν μαλακόστρακα τοῦτον ζῇ τὸν τρόπον.

τῶν δὲ μαλακίων αἱ τευθίδες καὶ αἱ σηπίαι κρατοῦσι καὶ τῶν με-

---

11 ὕλην β γ Ald.: ἰλὺν α Bk.: *fecem* Guil.: *limum* Gaza   φυκίαν γ (exc. L^c): *eiecturas* Guil.   νέμεται γ Ald.   κόπριον A^a *pr*. G^a Q   **12** οἱ] αἱ A^a G^a Q F^a X^c   **13** καὶ^(1)] κατὰ γ Ald.   τις] τι G^a Q   **14** γὰρ om. G^a Q   πολύποδες] πολύπριόρχ· ποδες C^a   **15** δυκτίω F^a X^c   αἰσθάνωνται α: ἴδωνται L^c *pr*. m*pr*.: ἔδωνται n   **17** ταχύτητα E^a P K^c M^c m*pr*.   **18** κατεσθίουσιν] οὐκ ἐσθίουσιν A^a *pr*. G^a Q Gaza: add. ἀλλ' οὐ m*rc*.   **19** δύναται α γ (exc. m) Ald.   **21** παρὰ] περὶ α (exc. C^a) L^c n   **22** ἐν^(2)] μὲν C^a A^a *pr*. G^a Q: om. T^c   τοῖς^(2) om. α   τοιοῦτοι G^a Q   **23** τοῖς τοιούτοις] τούτοις α Bk.   post ποιοῦνται add. καί α Bk.   **24** ὅτι δ' ἂν β K^c *rc*. Bk.: ὅτι ἂν δὲ α: ὅτι ἂν γ (exc. K^c *rc*. L^c): καὶ ὅτι ἂν L^c Ald.   λάβοι S^c, L^c *rc*. n, Ald.   **26** τοὔμπροσθεν α Bk.   καταβαλὼν C^a Bk. Dt.   **28** post ἐξακ. add. τὰ κέρατα G^a Q Ott.   **30** πολλάκις post ἀθρόοι transp. α Bk.   **32** τοῦτον] τοιοῦτον C^a   **33** αἱ σ. καὶ αἱ τ. transp. β   αἱ^(2) om. α (exc. C^a)   καὶ^(2) om. X^c

HISTORIA ANIMALIUM VII(VIII)

γάλων ἰχθύων. οἱ δὲ πολύποδες μάλιστα κογχύλια συλλέγοντες, ἐξαίροντες τὰ σαρκία τρέφονται τούτοις· διὸ καὶ τοῖς ὀστράκοις οἱ θηρεύοντες γνωρίζουσι τὰς θαλάμας αὐτῶν. ὃ δὲ λέγουσί τινες, ὡς αὐτὸς αὑτὸν ἐσθίει ψεῦδός ἐστιν· ἀλλὰ περιεδηδεσμένας ἔχουσιν ἔνιοι τὰς πλεκτάνας ὑπὸ τῶν γόγγρων.

οἱ δ' ἰχθύες τοῖς μὲν κυήμασι τρέφονται πάντες ὅταν οἱ χρόνοι καθήκωσιν οὗτοι, τὴν δ' ἄλλην τροφὴν οὐ τὴν αὐτὴν ποιοῦνται πάντες. οἱ μὲν γὰρ αὐτῶν εἰσι σαρκοφάγοι μόνον, οἷον τά τε σελάχη καὶ οἱ γόγγροι καὶ αἱ χάνναι καὶ οἱ θύννοι καὶ λάβρακες καὶ σινόδοντες καὶ ἀμίαι καὶ ὀρφοὶ καὶ μύραιναι· αἱ δὲ τρίγλαι φυκίοις τρέφονται καὶ /13/ ὀστρέοις καὶ βορβόρῳ καὶ σαρκοφαγοῦσιν· /14/ ὁ δὲ δάσκιλλος τῷ βορβόρῳ καὶ κόπρῳ, σκάρος /15/ δὲ καὶ μελάνουρος φυκίοις, ἡ δὲ σάλπη τῇ κόπρῳ καὶ φυκίοις· /16/ βόσκεται δὲ καὶ τὸ πράσιον, θηρεύεται δὲ καὶ κολοκύντῃ μόνη τῶν ἰχθύων. ἀλληλοφαγοῦσι δὲ πάντες μὲν /18/ πλὴν κεστρέως, μάλιστα δ' οἱ γόγγροι.

ὁ δὲ κέφαλος καὶ ὁ κεστρεὺς ὅλως μόνοι οὐ σαρκοφαγοῦσιν· σημεῖον δέ, οὔτε γὰρ ἐν τῇ κοιλίᾳ ποτ' ἔχοντες εἰλημμένοι εἰσὶ τοιοῦτον οὐδέν, οὔτε δελέατι χρῶνται ζῴων σαρξὶν πρὸς αὐτοὺς ἀλλὰ μάζῃ.

591a1 post μάλιστα add. τὰ α κογχύλας m 2 ἐξαιροῦντες α edd.
4 ὅ] ὅτι α (exc. Aᵃrc.) Dt. ψευδές α Dt. 5 ἀλλὰ περιεδηδεσμένας β Lᶜrc.
Ald.: ἀλλ' ἀπεδεδεμένας Cᵃ Aᵃpr. Gᵃ Q: ἀλλ' ἐπεδηδεσμένας Aᵃrc. Fᵃ Xᶜ,
Lᶜpr. n: ἀλλὰ πέδῃ δεσμίας Eᵃ Ppr. (incert. Prc.): ἀλλ' ἐπεδιδεμένας m: ἀλλ'
ἀπεδηδεσμένας Kᶜ Mᶜ Bk. 9 μόνον om. γ 11 θύννοι β Lᶜ Ald. ut passim συνόδοντες α Eᵃ ἄμυαι Eᵃ: ἄμειαι P ὀρφὸς Eᵃ P Kᶜ Mᶜ: ὀροφοὶ Lᶜ n: Gᵃ ὀροφὸς m 12 καὶ μύραιναι post 11 θύννοι transp. α post τρίγ. add. καὶ α Bk. τρέφονται post 13 βορβόρῳ α Guil. 13 ὀστρέω α post σαρκ. add. κέφαλοι δὲ τῷ βορβόρῳ α mrc. Guil. (Tz) Gaza edd. 14 δασκῖλος Fᵃ Xᶜ: δάσκιλος m κόπρῳ] καρπῶ α Guil. 16 βόσκεται ...
θηρ. δὲ⁽²⁾ om. P m βράσιον α Guil.: porrum Gaza post καὶ⁽²⁾ add.
φυκίοις καὶ γ (exc. P m) κολοκύνθη α edd. 18 ὁ⁽²⁾ om. γ (exc. Lᶜrc.)
20 πώποτ' α Bk. ἔχουσιν α 21 ζω. σα. post αὐτοὺς transp. α Bk.
αὐτῶν β γ (exc. Lᶜrc.)

ARISTOTELIS

τρέφεται δὲ πᾶς κεστρεὺς φύκει καὶ ἄμμῳ. ἔστι δ᾽ ὁ μὲν κέφαλος ὃν καλοῦσί τινες χελῶνα πρόσγειος, ὁ δὲ περαίας οὔ· βόσκεται δ᾽ ὁ περαίας τὴν ἀφ᾽ αὑτοῦ μύξαν, διὸ
25 καὶ νῆστίς ἐστιν ἀεί. οἱ δὲ κέφαλοι νέμονται τὴν ἰλύν, διὸ καὶ βαρεῖς καὶ βλεννώδεις εἰσίν, ἰχθὺν δ᾽ ὅλως οὐκ ἐσθίουσιν· διά τε τὸ ἐν τῇ ἰλύϊ διατρίβειν ἐξανακολυμβῶσι πολλάκις ἵνα περιπλύνωνται τὸ βλέννος. τὸν δὲ γόνον αὐτῶν οὐδὲν ἐσθίει τῶν θηρίων, διὸ γίγνονται πολλοί· ἀλλ᾽ ὅταν αὐξηθῶσι,
30 τότε κατεσθίονται ὑπό τε τῶν ἄλλων ἰχθύων καὶ μάλιστα
591b1 ὑπὸ τοῦ ἀρχάρνου. λαίμαργος δὲ μάλιστα τῶν ἰχθύων ἐστὶν ὁ κεστρεὺς /2/ καὶ ἄπληστος, διὸ ἡ κοιλία περιτείνεται, καὶ
3 ὅταν μὲν ᾖ νῆστις, φαῦλος· ὅταν δὲ φοβηθῇ κρύπτει τὴν
4 κεφαλὴν ὡς ὅλον τὸ σῶμα κρύπτων.

4 σαρκοφαγεῖ δὲ καὶ ὁ
5 σινόδων καὶ τὰ μαλάκια κατεσθίει. πολλάκις δὲ καὶ οὗτος καὶ ἡ χάννη ἐκβάλλουσι τὰς κοιλίας διώκοντες τοὺς ἐλάττους ἰχθύας διὰ τὸ πρὸς τῷ στόματι τὰς κοιλίας τῶν ἰχθύων εἶναι
8 καὶ στόμαχον μὴ ἔχειν.

8 τὰ μὲν οὖν, ὥσπερ εἴρηται, σαρκοφάγα μόνον ἐστίν, οἷον δελφὶς καὶ σινόδων καὶ χρύσοφρυς
10 καὶ οἱ σελαχώδεις τῶν ἰχθύων καὶ τὰ μαλάκια· τὰ δ᾽ ὡς

22 τρέφεται δὲ] ἀλλὰ τρέφεται γ (exc. L^c) post δὲ⁽¹⁾ add. καὶ α post κεστρεὺς add. καὶ E^a φύκει L^c Ald.: φυκίοις α Bk.: φύκη cett. **23** πρόσγειος α (exc. πρόσγειον G^a Q) m rc. Guil. Gaza Bk.: πρόσγηρως β L^crc. Ald.: πρόσγηρος γ (exc. L^crc. m rc.) παρέας α Guil. **24** οὔ del. m rc. δ᾽ ὁ περαίας om. E^a L^cpr. n παρέας α Guil. post περαίας add. εἰ μὴ O^crc.: add. ἢ L^cpr. (del. L^crc.): non pascitur autem pareas eam que ab ipso Guil.: non nisi mucore vescitur suo Gaza μύξαν ante τὴν transp. Ald. **25** ἀεί om. γ (exc. L^crc.) ἰλύν α edd.: ὕλην β γ Ald.: fecem Guil.: limo Gaza διὸ καὶ βαρεῖς bis O^c T^c **26** βαρεῖς om. in lac. K^c: lac. εἰς M^c βλενώδεις et 28 βλένος β γ Ald. **27** τε] δὲ C^a Dt.: om. A^apr. G^a Q τῇ ἰλύι α γ (exc. K^c L^crc.) Ald.: ταῖς ἰλύσι β L^crc. Ald.: τοῖς lac. K^c **28** περιπλάνωνται γ (exc. L^crc. m) Ald. **30** τε om. α E^a L^c Ald. **591b1** ἀρχάρνου β (exc. O^c T^c) γ (exc. m): ἀρχάνου O^c T^c Gaza Ald.: ἀχάρνου m edd.: ἀθαρίνου α Guil. ἐστὶν post ὁ κεστρεύς transp. α Bk. **3** μὲν ᾖ β: ᾖ μὲν γ (exc. m) Ald. Scal.: ἢ μὴ α m Scot. Guil. Gaza edd. **5** συνόδων α **6** χάννα α **7** ἰχθῦς α Bk. **9** συνόδους α **10** οἱ om. P post σελ. add. δὲ α (exc. C^a) τῶν ἰχθύων om. S^c Gaza

HISTORIA ANIMALIUM VII(VIII)

ἐπὶ τὸ πολὺ νέμονται μὲν τὸν πηλὸν καὶ τὸ φῦκος καὶ τὸ βρύον καὶ τὸ καλούμενον καυλίον καὶ τὴν φυομένην ὕλην, οἷον φυκὶς καὶ κωβιὸς καὶ οἱ πετραῖοι· ἡ δὲ φυκὶς ἄλλης μὲν σαρκὸς οὐχ ἅπτεται, τῶν δὲ καρίδων. πολλάκις δὲ καὶ ἀλλήλων ἅπτονται, καθάπερ εἴρηται, καὶ τῶν ἐλαττόνων οἱ μείζους. σημεῖον δ' ὅτι σαρκοφαγοῦσιν· ἁλίσκονται γὰρ τοιούτοις δελέασιν. καὶ ἀμία δὲ καὶ θυννὶς καὶ λάβραξ τὰ μὲν πολλὰ σαρκοφαγοῦσιν, ἅπτονται δὲ καὶ φυκίων. ὁ δὲ σάργος ἐπινέμεται τὴν τρίγλαν, καὶ ὅταν ἡ τρίγλη κινήσασα τὸν πηλὸν ἀπέλθῃ (δύναται γὰρ ὀρύττειν), ἐπικαταβὰς νέμεται καὶ τοὺς ἀσθενεστέρους ἑαυτοῦ κωλύει συνεπιβαίνειν. δοκεῖ δὲ τῶν ἰχθύων καὶ ὁ καλούμενος σκάρος μηρυκάζειν ὥσπερ τὰ τετράποδα μόνος.

τοῖς μὲν οὖν ἄλλοις ἰχθύσιν ἡ θήρα τῶν ἡττόνων καταντικρὺ γίνεται τοῖς στόμασιν, ὅνπερ πεφύκασι τρόπον νεῖν· οἱ δὲ σελαχώδεις καὶ οἱ δελφῖνες καὶ πάντες οἱ κητώδεις ὕπτιοι ἀναπίπτοντες λαμβάνουσιν· κάτω γὰρ τὸ στόμα ἔχουσιν. διὸ σώζονται μᾶλλον οἱ ἐλάττους· εἰ δὲ μή, πάμπαν ἂν δοκοῦσιν ὀλίγοι εἶναι· καὶ γὰρ

11 τὸ⁽²⁾ om. Ald.   13 φυκὶς⁽¹⁾] φώκις Cᵃrc.   καὶ κωβιὸς ... φυκὶς om. Gᵃpr.   ἡ δὲ φυκὶς⁽²⁾] οἱ δὲ φύκες γ (exc. Lᶜ mrc.): οἱ δὲ φύκινες mrc.: ὁ δὲ φύκκος Gᵃrc. Q: *fykis* Guil.: *fucae* Gaza   14 ἅπτονται γ (exc. Lᶜ)   δὲ⁽²⁾ om. γ (exc. Lᶜrc.)   15 καθάπερ εἴρηται om. α (exc. Gᵃrc. Q): ὡς εἴρηται Gᵃrc. Q   16 μείζονες α (exc. Cᵃ) Tᶜ   17 καὶ ἀμία ... 18 σαρκοφ. om. Gᵃpr.: post 18 φυκίων add. ἡ δὲ ἀμία καὶ ὁ θύρος καὶ ἡ ἄκανθα ὡς ἐπὶ τὸ πολὺ μὲν σαρκοφαγοῦσιν ἅπτονται δὲ καὶ φυκίων Gᵃrc. Q Trap.: *et amia autem et thynis et spinula* Guil.: *amia thunnus et lupus* Gaza   18 post σαρκοφ. iterum ponit 16 ἁλίσκονται γὰρ τοιούτοις δελέασιν Aᵃ Fᵃ Xᶜ   ὁ δὲ om. Gᵃ Q   19 σαρκὸς n   ἐπινέμεται α β (exc. Oᶜrc.) Ald.: ἐπιλέγεται γ Oᶜrc.: *depascitur* Guil.: *reliquias sequitur* Gaza   τὴν τρίγλαν] τῇ τρίγλῃ α Sn. Bk.   τρίγλῃ] τρίγλα Cᵃ Aᵃ Gᵃ Q   20 δύνανται Gᵃ Q   21 συνεπιβαίνειν] συνεπινεῖν α Guil. Gaza Dt.   22 καὶ om. α Gaza Sn. Bk.   24 τοῦ στόματος α Dt.: *oris* Guil.   25 νεῖν om. α (exc. Gᵃrc.): νεῖν post 24 ὄνπερ transp. Gᵃrc.: νῦν β: *natare* Guil. Trap.: *meare* Gaza   οἱ δὲ] οἱ μὲν οὖν ἄλλοι Aᵃ Gᵃpr. Fᵃ Xᶜ: ἀλλ' οἱ Gᵃrc. Q: *selachodei autem* Guil.   26 ἀναπίπτοντες] ἅπαντες β γ Ald.   27 στόμα] σῶμα Eᵃ P   ἔχουσιν om. Oᶜ Tᶜ   28 δοκ. post ὀλίγ. transp. α Bk.   δοκῶσιν Cᵃ, Lᶜ n Ald.: ἐσώζοντο mrc.: *servarentur* Gaza   εἶναι del. mrc.

ἡ τοῦ δελφῖνος ὀξύτης καὶ δύναμις τοῦ φαγεῖν δοκεῖ εἶναι θαυμαστή.

τῶν δ' ἐγχελέων τρέφονται μὲν ὀλίγαι τινὲς καὶ ἐνιαχοῦ καὶ τῇ ἰλύϊ καὶ σιτίοις ἐάν τις παραβάλλῃ, αἱ μέντοι πλεῖσται τῷ ποτίμῳ ὕδατι· καὶ τοῦτο τηροῦσιν οἱ ἐγχελεοτρόφοι ὅπως ὅτι μάλιστα καθαρὸν ᾖ, ἀπορρέον ἀεὶ καὶ ἐπιρρέον ἐπὶ πλαταμώνων, ἢ κονιῶντες τοὺς ἐγχελεῶνας. ἀποπνίγονται γὰρ ταχὺ ἐὰν μὴ καθαρὸν ᾖ τὸ ὕδωρ· ἔχουσι γὰρ τὰ βράγχια μικρά. διόπερ ὅταν θηρεύωσι, ταράττουσι τὸ ὕδωρ· καὶ ἐν τῷ Στρυμόνι δὲ περὶ Πλειάδα ἁλίσκονται· τότε γὰρ ἀναθολοῦται τὸ ὕδωρ καὶ ὁ πηλὸς ὑπὸ πνευμάτων γινομένων ἐναντίων· εἰ δὲ μή, συμφέρει ἡσυχίαν ἔχειν. ἀποθανοῦσαι δ' αἱ ἐγχέλεις οὐκ ἐπιπολάζουσιν οὐδὲ φέρονται ἄνω ὥσπερ οἱ πλεῖστοι τῶν ἰχθύων· ἔχουσι γὰρ τὴν κοιλίαν μικράν. δημὸν δ' ὀλίγαι μὲν ἔχουσιν, αἱ δὲ πλεῖσται οὐκ ἔχουσιν. ζῶσι δ' ἐκ τοῦ ὑγροῦ ἀφαιρούμεναι ἡμέρας καὶ πέντε καὶ ἕξ, καὶ βορείων μὲν ὄντων πλείους νοτίων δ' ἐλάττους. καὶ μεταβαλλόμεναι τοῦ θέρους εἰς τοὺς ἐγχελεῶνας ἐκ τῶν λιμνῶν ἀποθνήσκουσι, χειμῶνος δ' οὔ. καὶ τὰς μεταβολὰς δ' οὐχ ὑπομένουσι τὰς ἰσχυράς, οἷον καὶ τοῖς φέρουσιν ἐὰν βάπτωσιν εἰς ψυχρόν· ἀπόλλυνται γὰρ ἀθρόαι πολλάκις. ἀποπνίγονται δὲ ἐὰν καὶ ἐν ὀλίγῳ ὕ-

29 ἡ] ἥτε α   τοῦ om. γ (exc. L^crc.)   **30** ἐγχελύων α γ (exc. K^c M^c) Bk. μὲν post ὀλίγ. transp. α γ (exc. L^c m n) Bk.   **592a2** πλεῖσται om. γ (exc. L^crc. mrc.)   ἐγχελοτρόφοι α: ἐγχελυοτρόφοι E^a P Bk.   **4** ἐπιρραίων G^a Q   πλατάμων C^a A^apr. G^a Q   ᾖ β E^a P K^c Mc Cs. Bk.: ἦ α (exc. G^arc. Q) L^c m n Ald.: μὴ G^arc. Q: ne Guil. Trap.: ubi Gaza   κονιῶντες C^a A^apr. G^a Q β Dt.: κονιῶνται A^arc. F^a X^c, L^c m n, Ald. Bk.: κονιῶν τε E^a P K^c M^c: pulverizentur Guil.: pulverulentes Trap.: extruunt Gaza   **6** ἔχουσι ... **7** ὕδωρ om. L^cpr.   ἴσχουσι Q   θηρεύουσι P   **7** post καὶ add. αἱ C^a: que Guil. πλειάδας α Guil. Sn. Bk.   **10** δ'] δὴ m   ἐγχέλυς α Bk.   ἐπιπολάζονται α (exc. C^a)   **12** δημὸν] δῆλον A^arc. F^a X^c   ὀλίγα A^apr. G^apr. δὲ⁽²⁾ post 13 πλεῖσται transp. α   **13** ζῶσι α (exc. G^apr. Q.): σώζουσι G^apr. Q Ott.: ζωῆν β γ (exc. om. L^c mrc.) Ald.   post ἐκ add. δὲ L^c mrc. Ald.   **14** post ἕξ add. ζῶσι β γ Ald.   **16** ἐγχελυῶνας P mpr. Bk.   **17** ὑπομένωσι A^a G^a Q   **18** τοῖς] τότε C^a A^apr. G^a Q Ott. Dt.: om. m in ras.   **19** ἐὰν post καὶ transp. α Sn.   ἐν β γ: ἐπ' α (exc. ὑπ' F^a X^c): om. Ald. Bk.

HISTORIA ANIMALIUM VII(VIII)

δατι τρέφωνται. τὸ δ' αὐτὸ τοῦτο καὶ ἐπὶ τῶν ἄλλων συμβαίνει ἰχθύων· ἀποπνίγονται γὰρ ἐν τῷ αὐτῷ ὕδατι καὶ ὀλίγοι ἀεὶ ὄντες, ὥσπερ καὶ τὰ ἀναπνέοντα ἐάνπερ πωμασθῇ ὀλίγος ἀήρ. ζῶσι δ' ἔνιαι ἐγχέλεις καὶ ἑπτὰ καὶ ὀκτὼ ἔτη.

τροφῇ δὲ καὶ οἱ ποτάμιοι χρῶνται ἀλλήλους τ' ἐσθίοντες καὶ βοτάνας καὶ ῥίζας, κἄν τι ἐν τῷ βορβόρῳ λάβωσιν. νέμονται δὲ μᾶλλον τῆς νυκτός, τὴν δ' ἡμέραν εἰς τὰ βαθέα ὑποχωροῦσι.

τὰ μὲν οὖν περὶ τὴν τῶν ἰχθύων τροφὴν τοῦτον ἔχει τὸν τρόπον.

[3] τῶν δ' ὀρνίθων ὅσοι μὲν γαμψώνυχοι σαρκοφάγοι πάντες εἰσί, σῖτον δ' οὐδ' ἐάν τις ψωμίζῃ δύνανται καταπιεῖν, οἷον τά τε τῶν ἀετῶν γένη πάντα καὶ ἰκτῖνοι καὶ ἱέρακες ἄμφω, ὅ τε φαβοτύπος καὶ ὁ σπιζίας (διαφέρουσι δὲ τὸ μέγεθος οὗτοι πολὺ ἀλλήλων) καὶ ὁ τριόρχης· ἔστι δ' ὁ τριόρχης τὸ μέγεθος ὅσον ἰκτῖνος καὶ φαίνεται οὗτος διὰ παντός. ἔτι δὲ φήνη καὶ γύψ· ἔστι δ' ἡ μὲν φήνη τὸ μέγεθος ἀετοῦ μείζων, τὸ δὲ χρῶμα σποδοειδές· τῶν δὲ γυπῶν δύο ἐστὶν εἴδη, ὁ μὲν μικρὸς καὶ ἐκλευκότερος, ὁ δὲ μείζων καὶ

20 τρέφονται Gᵃ Q, Tᶜ, n, Ald.   τοῦτο om. α Guil.   21 ἀποπνίγεται α   γὰρ om. γ (exc. Lᶜrc. mrc.)   ταὐτῶ γ   22 ὀλίγοι β γ Ald.: ὀλίγω α edd.   ἐὰν περιπωμασθῇ α Sylb. edd.   23 ἐγχέλυς α: ἐγχελίδες Eᵃ P Kᶜ Mᶜ: ἐγχέλυες Lᶜ m n Ald.   24 καὶ om. Lᶜ Ald.   τ' ἐσθίοντες Cᵃ β γ: κατεσθίοντες α (exc. Cᵃ) Ott.   25 καὶ βοτάνας καὶ ῥίζας om. Aᵃ Gᵃpr. Fᵃ Xᶜ βοτάνους Tᶜ   τι] τε n   27 ἀποχωροῦσι α   28 τὴν om. Q: ante περὶ transp. n   29 ὅσοι] οἱ α Guil.   γαμψώνυχες α Bk.   30 πάντας Gᵃ Q   καταπίνειν α (exc. καταδίνειν Aᵃpr.) Ott. Dt.: καταποιεῖν Ald. 592b1 καὶ⁽¹⁾ om. Lᶜpr. m n   καὶ οἱ ἰκτ. καὶ οἱ ἱέρ. α (exc. Cᵃ)   2 βαφότυπος α Guil. Ott.: φοβότυπος γ (exc. Lᶜ)   σπιζίας β Ald. edd.: στιγξίας α (exc. Aᵃrc. Fᵃpr. Xᶜ) Guil.: σπηζίας Aᵃrc. Fᵃpr. Xᶜ γ: στειξίας Ott.   3 οὗτοι τὸ μέγ. transp. α Bk.   ἔστι δ' ὁ τριόρχης om. Fᵃ Xᶜ γ (exc. Lᶜrc.)   4 ὅσον] ὡς α   5 δὲ om. α γ (exc. Lᶜrc.) Bk.   φήνη] kini Scot. Alb.: fene Guil.: ossifraga Trap. Gaza (cf. 619a13, 619b23)   γύξ Kᶜ   6 σποδοειδές Aᵃrc. β γ Ald. Scot. Guil.: πολυειδέστερον Cᵃ: πογγοειδέστερον Aᵃpr.: σπογγοειδέστερον Gᵃpr.: σποδοειδέστερον Gᵃrc. Q Fᵃ Xᶜ   τῶν δὲ γυπῶν ... 8 σποδοειδέστερος om. γ (exc. add. Lᶜrc.: caret signif. mrc.)   7 ἐστὶν] εἰσὶν α ἐκλευκότερος β Lᶜrc. Ald.: λεπτότερος α (exc. Gᵃrc. Q) Ott.: λευκότερος Gᵃrc.: λεπτολευκότερος Q Ott. v.l.: album Scot. v.l.: albior Guil. Trap.: albicantius Gaza

341

σποδοειδέστερος. ἔτι τῶν νυκτερινῶν ἔνιοι γαμψώνυχές εἰσιν, οἷον νυκτικόραξ, γλαύξ, βύας. ἔστι δ' ὁ βύας τὴν μὲν ἰδέαν ὅμοιος γλαυκί, τὸ δὲ μέγεθος ἀετοῦ οὐδὲν ἐλάττων. ἔτι δ' ἐλεὸς καὶ αἰγώλιος καὶ σκώψ. τούτων δ' ὁ μὲν ἐλεὸς μείζων ἀλεκτρυόνος, ὁ δ' αἰγώλιος παραπλήσιος, ἀμφότεροι δὲ θηρεύουσι τὰς κίττας· ὁ δὲ σκὼψ ἐλάττων γλαυκός· πάντα δὲ ταῦτα τρία ὄντα ὅμοια τὰς ὄψεις καὶ σαρκοφάγα πάντα εἰσίν. εἰσὶ δὲ καὶ τῶν μὴ γαμψωνύχων ἔνιοι σαρκοφάγοι, οἷον ἡ χελιδών.

τὰ δὲ σκωληκοφάγα, οἷον σπίζα, στρουθός, βατίς, χλωρίς, αἰγιθαλός. ἔστι δὲ τῶν αἰγιθαλῶν εἴδη τρία, ὁ μὲν σπιζίτης μέγιστος (ἔστι γὰρ ὅσον σπίζα), ἕτερος ὀρεινὸς διὰ τὸ διατρίβειν ἐν τοῖς ὄρεσιν, οὐραῖον μακρὸν ἔχων· ὁ δὲ τρίτος ὅμοιος μὲν τούτοις, διαφέρει δὲ κατὰ τὸ μέγεθος· ἔστι γὰρ ἐλάχιστος. ἔτι δὲ συκαλίς, μελαγκόρυφος, πυρρούλας, ἐρίθακος, ἐπιλαΐς, οἶστρος, τύραννος· οὗτος τὸ μέγεθος μικρῷ μείζων ἀκρίδος, ἔστι δὲ φοινικοῦν λόφον ἔχων, καὶ ἄλλως εὔχαρι τὸ ὄρνεον καὶ εὔρυθμον. ὁ δὲ λεγόμενος ἄνθος· οὗτος τὸ μέγεθος ὅσον σπίζα. ὀρόσπιζος· οὗτος σπίζῃ ὅμοιος καὶ τὸ μέγεθος παραπλήσιος, πλὴν ἔχει /27/ τὸν αὐχένα κυανοῦν, καὶ διατρίβει ἐν τοῖς ὄρεσιν.

8 σποδοειδέστερος β L^c rc. Ald. edd.: πολυειδέστερος α: om. γ: *cinereum* Scot.: *multiformior vel magis cinereus* Guil: *magis varius* Trap.: *multiformius* Gaza ἔτι ... **9** βύας^(1) om. A^a pr. G^a Q post ἔτι add. δὲ C^a **9** βύας^((1)(2)) A^a rc. β γ Ald. Dt.: βρύας C^a A^a pr. F^a X^c Bk.: μβρύας G^a Q Ott. **10** ὅμοιον α (exc. F^a X^c) γ ἀετοῦ post οὐδὲν transp. L^c m n Ald. ἔλαττον α γ **11** καὶ^(2) om. Ald. **13** δὲ^(2) om. α (exc. C^a) ἔλλατον α **14** σαρκοφάγα ... 15 ἔνιοι om. X^c **15** εἰσίν^(1) om. α Bk.: ἐστίν L^c Ald. μὴ om. C^a **17** βατίος C^a: βαπός A^a pr. G^a Q Ott. χλορίς β γ (exc. L^c rc.) **19** ἔσπιζα C^a A^a pr. G^a Q Guil. ἔτ. δ' ὀρ. C^a Bk.: ὀρ. δ' ἔτ. α (exc. C^a) **21** γὰρ] δὲ α δὲ^(2) om. γ συκαλίς C^a A^a rc. F^a X^c Bk.: καλίς A^a pr. G^a Q: συκαλλίς β γ (exc. L^c pr.): σικαλίς L^c pr. Ald. **22** πυρρουλάς L^c rc. Ald.: πυρρὸς ὕλας C^a A^a pr. G^a Q Guil.: πυρουλάς β: πυρρουράς A^a rc. F^a X^c γ (exc. L^c rc.) ἐρυθακός α (exc. C^a) ἐπιλαΐς codd. Bk.: ὑπολαΐς edd. **23** μακρῷ G^a Q ἔστι] ἔτι E^a P m n δὲ om. L^c pr. **24** φοινικιοῦν C^a A^a G^a pr. ἔχον A^a rc. F^a X^c, L^c pr. n: ἴσχει E^a m εὐχάριτον ὀρνίθιον C^a: εὔχαρι τὸ ὀρνίθιον α (exc. C^a) **25** ὁ δὲ λεγόμενος β L^c rc. Guil. Ald.: om. α γ Bk. ὀρόσπιζος A^a rc. F^a X^c, O^c rc., γ (exc. P L^c): ὀνεόσπιζος C^a Guil.: ὀνεόσπιζος A^a pr. G^a Q: ὀερόσπιζος β L^c rc.: ὀρέσπιζος P: ὀροσπίζος L^c pr. Ald. **26** ἔχειν R^c post ἔχει add. περὶ α γ

HISTORIA ANIMALIUM VII(VIII)

ἔτι βασιλεύς, /28/ σπερμολόγος. ταῦτα μὲν οὖν καὶ τὰ τοιαῦτα τὰ μὲν /29/ ὅλως τὰ δ' ὡς ἐπὶ τὸ πολὺ σκωληκοφάγα. τὰ δὲ τοιάδε ἀκανθοφάγα, ἀκανθίς, θραυπίς, ἔτι ἡ καλουμένη χρυσομῆτρις. ταῦτα γὰρ πάντα ἐπὶ τῶν ἀκανθῶν νέμεται, σκώληκα δ' οὐδὲν οὐδ' ἔμψυχον οὐδέν· ἐν ταὐτῷ δὲ καθεύδει καὶ νέμεται ταῦτα.

ἄλλα δ' ἐστὶ σκνιποφάγα, ἃ τοὺς σκνῖπας θηρεύοντα ζῇ μάλιστα, οἷον πιπὼ ἥ τε μείζων καὶ ἐλάττων· καλοῦσι δέ τινες ἀμφότερα ταῦτα δρυοκολάπτας· ὅμοια δ' ἀλλήλοις καὶ φωνὴν ἔχουσιν ὁμοίαν πλὴν μείζω τὸ μεῖζον· νέμεται δ' ἀμφότερα ταῦτα πρὸς τὰ ξύλα προσπετόμενα. ἔτι κελεός· ἔστι δ' ὁ κελεὸς τὸ μέγεθος ὅσον τρυγών, τὸ δὲ χρῶμα χλωρὸς ὅλος· ἔστι δὲ ξυλοκόπος σφόδρα καὶ νέμεται ἐπὶ τῶν ξύλων τὰ πολλά, φωνήν τε μεγάλην ἔχει· γίνεται δὲ μάλιστα τὸ ὄρνεον τοῦτο περὶ Πελοπόννησον. ἄλλος ὃς καλεῖται κνιπολόγος, τὸ μέγεθος μικρὸς ὅσον ἀκανθυλλίς, τὴν δὲ χρόαν σποδοειδὴς καὶ κατάστικτος· φωνεῖ δὲ μικρόν· ἔστι δὲ καὶ τοῦτο ξυλοκόπον.

ἄλλα δ' ἔστιν ἃ ζῇ καρποφαγοῦντα καὶ ποιοφαγοῦντα, οἷον φὰψ

---

28 ἢ σπερμολέγος R^{c}rc.   **30** θλυπίς C^a Guil.   post ἔτι add. δὲ α   ῥυσομῆτρις β (exc. O^{c}rc. R^{c}rc.) γ (exc. L^{c}pr. mrc. n) Ald.: ῥουσομῆτρις L^{c}pr. n: *krisometris* Guil.: *auriuittis* Gaza   **593a2** δὲ$^{(2)}$ om. γ (exc. L^c)   **4** μάλιστα C^a, P K^c M^c m, Bk.: μάλιστα δὲ β E^a L^{c}rc. n: μᾶλλον α (exc. C^a) Ott.: ἄλλα δὲ δύο L^{c}pr. Ald.: *maxime* Guil.   οἷον πιπὼ α mrc. Guil. Gaza Sn.: πτοεῖται (s. πτοιεῖται) β γ (exc. E^a mrc.): πτοεῖται περὶ τὰ ξύλα L^c Ald.   ἥ τε om. γ (exc. L^{c}rc.: ἡ mrc.): *que maior et que minor* Guil.   μεῖζον L^{c}pr.   ἔλαττον L^{c}pr.   **5** τινες ἀμφότερα] καὶ ἄμφω α   **7** μεῖζον] μέγεθος E^a νέμονται γ Ald.   **8** προτρεπόμενα C^{a}corr.   κελεός$^{(1)}$ α (exc. A^{a}rc.) E^a Bk.: κελιός A^{a}rc. P K^c M^c L^{c}rc.: καλιός β: κολιός L^{c}pr. Ald.: κηλιός m: θολιός n   ἔστι δ' ὁ κελεὸς$^{(2)}$ om. γ (exc. L^{c}rc.)   ὅσα S^c **9** χλωρόγολος E^a P K^c M^c n: χλωρόγολον L^{c}pr.   **10** ante σφόδρα add. ὅλως γ (ὅλος E^a K^c: del. L^{c}rc.) τε] δὲ α Guil. Dt.   **11** περὶ] παρὰ P   **12** κνιδόλογος C^a: κνίδολος A^{a}pr. G^a Q Ott.: κνιπολέγος R^{c}rc.: *knidologus* Guil.   post τὸ add. δὲ α   **13** ἀκανθαλίς α   **14** καὶ om. C^a **15** δ' εἰσὶν ἃ α (exc. C^a): δέ τινα γ (exc. L^{c}rc.) Ald.   καὶ ποιοφαγοῦντα om. γ Ald.   φάψ β M^{c}rc.: φάττα α K^c M^{c}pr. mcorr.: φὰψ φάττα E^a P L^c mpr. n Ald. Bk.: *palumbi et turtures et fehita* Scot. Alb.: *fassa columba inas turtur* Guil.: *palumbus columbus vinago turtur* Gaza

περιστερὰ οἰνὰς τρυγών. φὰψ μὲν οὖν καὶ περιστερὰ ἀεὶ φαίνονται, τρυγὼν δὲ τοῦ θέρους· τοῦ γὰρ χειμῶνος ἀφανίζεται· φωλεύει γάρ. οἰνὰς δὲ τοῦ φθινοπώρου καὶ φαίνεται μάλιστα καὶ ἁλίσκεται. ἔστι δὲ τὸ μέγεθος ἡ οἰνὰς μείζων μὲν περιστερᾶς, ἐλάττων δὲ φαβός· ἡ δ' ἅλωσις αὐτῆς γίνεται μάλιστα καπτούσης τὸ ὕδωρ. ἀφικνοῦνται δ' εἰς τοὺς τόπους τούτους ἔχουσαι νεοττούς· τὰ δ' ἄλλα πάντα τοῦ θέρους /23/ ἀφικνούμενα νεοττεύει ἐνταῦθα καὶ ἐκτρέφει τὰ πλεῖστα /24/ ζῴοις, πλὴν τῶν περιστεροειδῶν.

πάντων δ' ὡς εἰπεῖν τῶν ὀρνίθων οἱ μὲν πεζεύουσι περὶ τὴν τροφήν, οἱ δὲ περὶ ποταμοὺς καὶ λίμνας βιοτεύουσιν, οἱ δὲ περὶ τὴν θάλατταν, ὅσοι μὲν στεγανόποδες ἐν αὐτῷ τῷ ὕδατι ποιούμενοι τὴν πλείστην διατριβήν, ὅσοι δὲ σχιζόποδες περὶ αὐτὸ τὸ ὕδωρ, καὶ τούτων ἔνιοι διὰ τῶν δυομένων τρεφόμενοι ὅσοι μὴ σαρκοφάγοι. οἷον περί τε τὰς λίμνας καὶ τοὺς ποταμοὺς ἐρωδιὸς καὶ ὁ λευκερωδιός· ἔστι δ' οὗτος τὸ μέγεθος ἐκείνου ἐλάττων καὶ ἔχει τὸ ῥύγχος πλατὺ καὶ μακρόν. ἔτι δὲ πελαργὸς καὶ λά-

---

16 φὰψ μὲν οὖν **β** L^c rc. M^c rc.: φάττα μὲν οὖν **α** K^c M^c pr. L^c pr. m rc. Ald. Bk.: φὰψ μὲν οὖν φάττα E^a P: φὰψ φάττα μὲν οὖν m pr. n: *palumbi autem et fehyta* Scot. Alb.: *fassa quidem igitur et columba* Guil.: *columbi atque palumbes* Gaza **17** φαίνεται L^c pr. m n γὰρ] δὲ C^a **18** φωλεῖ **α γ** (exc. L^c rc.) Ald. Bk. καὶ om. P **20** ἔλαττον C^a F^a X^c: ἐλάττω A^a pr. G^a Q ἅλωσις **α β** L^c rc. Ald. Bk.: ὅρασις **γ** (exc. L^c rc. m): θήρα m in ras.: *deprehenditur* Scot. Alb.: *captura* Guil.: *modus capiendi* Gaza **21** καπτούσης A^a rc. F^a rc. X^c, **γ** (exc. L^c rc. m rc): καμπτούσης C^a A^a pr. G^a Q F^a pr., **β**, L^c rc. m rc., Ald.: *quando capit aquam* Guil.: *dum se in aquam propendit* Gaza ante τὸ ὕδωρ add. εἰς m rc. **22** τοὺς om. E^a τούτους C^a Cs. Bk.: τούσδε **α** (exc. C^a) K^c L^c pr.: τοὺς **β** M^c L^c rc. Ald.: τοὺς δ' E^a P n: om. m in lac. ἔχουσαι **α** L^c pr.: ἔχοντας **β** E^a P M^c L^c rc. m pr. n Ald.: ἔχοντες K^c m rc. **23** ἀφικνοῦνται C^a A^a pr. G^a Q Ott. ἐκτρέφεται **α** Guil. **24** τῶν^(1) om. O^c T^c **25** οἱ δὲ ... **26** βιοτεύουσιν om. T^c **26** post θάλ. add. καὶ L^c Ald. ὅσοι] οἱ **α 27** ἐν ... **28** σχιζ. om. **γ** (exc. L^c rc.: caret signif. m) **29** διὰ τῶν] δι' αὐτῶν **α** (exc. A^a rc.) δυομένων C^a A^a pr. G^a Q **β** L^c rc. Bk.: *δυόμενοι* F^a X^c: φαινομένων A^a rc. **γ** (exc. L^c rc.) Ald.: φυομένων O^c rcsm. m rc. Scal. Cs. Dt.: *se ipsas immergentes* Guil.: *terra contētis altilibus vescuntur* Gaza τρέφονται **α** Guil. ὅσοι om. V^c pr. **593b1** τε] μὲν **α** Bk. τοὺς om. **α** (exc. C^a) **2** λευκορωδιός **α** L^c pr. n: λευκοροδιός **γ** (exc. L^c n) οὗτος post μέγ. transp. **γ** Ald. **3** μακρὰν F^a X^c δὲ om. **α γ** (exc. L^c rc.) Bk.

HISTORIA ANIMALIUM VII(VIII) 593b

ρος· ὁ δὲ λάρος τὸ χρῶμα σποδοειδής. καὶ σχοινίκλος καὶ κίγκλος καὶ ὁ τρύγγας· οὗτος δὲ μέγιστος τῶν ἐλαττόνων τούτων· /6/ ἔστι γὰρ οἷον κίχλη. πάντες δ' οὗτοι τὸ οὐραῖον κινοῦσιν. ἔτι /7/ σκαλίδρις· ἔστι δὲ τοῦτο τὸ ὄρνεον ποικιλίαν ἔχον, τὸ δ' ὅλον /8/ σποδοειδές. καὶ τὸ τῶν ἀλκυόνων δὲ γένος πάρυδρόν ἐστιν. /9/ τυγχάνει δ' αὐτῶν ὄντα δύο εἴδη, καὶ ἡ μὲν φθέγγεται /10/ καθιζάνουσα ἐπὶ τῶν δονάκων, ἡ δ' ἄφωνος· ἔστι δ' αὕτη /11/ μείζων· τὸν δὲ νῶτον ἀμφότεραι κυανοῦν ἔχουσιν. καὶ τροχίλος. /12/ περὶ δὲ τὴν θάλατταν καὶ ἀλκυὼν καὶ κήρυλος. καὶ /13/ αἱ κορῶναι δὲ νέμονται ἁπτόμεναι τῶν ἐκπιπτόντων ζώων· παμφάγον γάρ ἐστιν. ἔτι δὲ λάρος ὁ λευκὸς καὶ κέπφος αἴθυα χαραδριός.

τῶν δὲ στεγανοπόδων τὰ μὲν βαρύτερα περὶ τοὺς ποταμοὺς καὶ λίμνας ἐστίν, οἷον κύκνος νῆττα φαλαρὶς κολυμβίς· ἔτι βόσκας ὅμοιος μὲν νήττῃ τὸ δὲ μέγεθος ἐλάττων, καὶ ὁ καλούμενος κόραξ· οὗτος δ' ἐστὶ τὸ μὲν μέγεθος οἷον πελαργὸς πλὴν τὰ σκέλη ἔχει ἐλάττω, στεγανόπους δὲ καὶ νευστικός, τὸ δὲ χρῶμα μέλας· καθίζει δὲ οὗτος ἐπὶ τῶν δένδρων καὶ νεοττεύει ἐνταῦθα μόνος τῶν τοιούτων. ἔτι χὴν καὶ ὁ μικρὸς χὴν ὁ ἀγελαῖος καὶ χηναλώ-

---

4 σχοινῖλος α (σχοινιλός Cᵃ): σχοινίλος edd.   5 κίγχλος Cᵃ: κίχλος α (exc. Cᵃ): μίγκος Tᶜ   ὁ τρύγγας β γ Gaza Ald. Cs.: πύγαργος α Guil. Sn. Bk. Dt.: om. Scot.   δὲ om. α γ (exc. Lᶜrc.) Bk.   6 οἷον] ὅσον α Guil. Sn. Bk.   κίγχλη Cᵃ   οὗτοι post οὐραῖον transp. α   7 σκαλίδρις P Kᶜ Mᶜ Bk.: σκαλίδρες Eᵃ Lᶜpr. m n: ὁ καλίδρις β Lᶜrc. Ald.: σκανδρίς α Guil.   8 ἀλκυόνων codd.: ἀηδόνων Lᶜrc. Ald.   9 αὐτῶν] αὐτὰ Lᶜpr.   δύο ὄντα εἴδη Sᶜ, Lᶜrc.: ὄντα δυσείδη γ (exc. Lᶜrc.)   post ἡ μὲν add. αὐτῶν α   10 καθινάζουσα Cᵃ   αὕτη Fᵃ Xᶜ, Lᶜ, Ald. edd.: αὐτὴ codd. cett.: hec Guil.   11 τὸν] τὸ Fᵃ Xᶜ, Lᶜ n, Ald.   ἀμφότ. post ἔχουσιν transp. β   κοιανοῦν Aᵃ Gᵃ Q   τρόχηλος P Kᶜ Lᶜ n: τράχηλον Eᵃ Mᶜ   12 δὲ om. Cᵃ Aᵃpr. Gᵃ Q   κηρύλος Cᵃ: κηρύλλος Aᵃ Gᵃ Q: κηρίλος Fᵃ Xᶜ   14 δὲ om. γ (exc. Lᶜ)   κίπφος Eᵃ P: γῆφος Cᵃ   15 αἴθυια Lᶜ Ald. Bk.: αἴθεια Fᵃ Xᶜ   16 τοὺς om. α Bk.   νῆττα καὶ κύκνος α   φαληρίς β: φαραλίς P   17 ἔτι βόσκας ὅμοιος] ἔτι βάσκας ὅμοιος α: ἔτι δὲ βόσκας ὅμοιος β Lᶜrc. Ald.: ἔτιβος καθ' ὁμῖος Ppr. (ut vid.): ἔτιβος καθόμοιος Eᵃ Pcorr. Kᶜ Mᶜ n: ἔτι δὲ βάσκας ὅμοιος Guil.   μὲν] μὴ Rᶜ   18 μὲν om. Ald.   22 post χήν⁽¹⁾ caret signif. m: anser maior Gaza   χὴν ὁ ἀγ. καὶ om. γ (exc. Lᶜrc.)   post καὶ⁽²⁾ add. ὁ Gᵃ Q

345

πηξ καὶ αἴξ καὶ πηνέλοψ. ὁ δ' ἁλιαιετὸς καὶ περὶ τὴν θάλατταν διατρίβει καὶ τὰ λιμναῖα κόπτει. πολλοὶ δὲ καὶ παμφάγοι τῶν ὀρνίθων εἰσίν. οἱ δὲ γαμψώνυχοι καὶ τῶν ἄλλων ἅπτονται ζῴων ὅσων ἂν κρατῶσι καὶ τῶν ὀρνέων, πλὴν οὐκ ἀλληλοφάγοι τοῦ γένους τοῦ οἰκείου εἰσὶν ὥσπερ οἱ ἰχθύες ἅπτονται πολλάκις καὶ ἑαυτῶν. ἔστι δὲ τὸ τῶν ὀρνέων γένος πᾶν μὲν ὀλιγόποτον, οἱ δὲ γαμψώνυχες καὶ ἄποτοι πάμπαν, εἰ μή τι ὀλίγον γένος καὶ ὀλιγάκις. μάλιστα δὲ τοιοῦτον ἡ κεγχρίς. καὶ ἰκτῖνος ὀλιγάκις μέν, ὦπται δὲ πίνον.

[4] τὰ δὲ φολιδωτὰ τῶν ζῴων, οἷον σαῦρός τε καὶ τὰ τετράποδα τἆλλα καὶ οἱ ὄφεις, παμφάγα ἐστίν· καὶ γὰρ σαρκοφάγα καὶ πόαν ἐσθίουσιν. οἱ δ' ὄφεις καὶ λιχνότατοι τῶν ζῴων εἰσίν. ἔστι μὲν οὖν ὀλιγόποτα καὶ ταῦτα καὶ τἆλλα ὅσα ἔχει τὸν πλεύμονα σομφόν· ἔχουσι δὲ σομφὸν τὰ ὀλιγόαιμα πάντα καὶ τὰ ᾠοτόκα. οἱ δ' ὄφεις καὶ πρὸς τὸν οἶνόν εἰσιν ἀκρατεῖς, διὸ θηρεύουσί τινες καὶ τοὺς ἔχεις εἰς ὀστράκια διατιθέντες οἶνον εἰς τὰς αἱμασιάς· λαμβάνονται γὰρ μεθύοντες. σαρκοφάγοι δ' ὄντες οἱ ὄφεις ὅ τι ἂν λαμβάνωσι ζῷον ἐξικμάζοντες ὅλα κατὰ τὴν ὑποχώρησιν προΐεν-

---

23 καὶ αἴξ om. γ (exc. L^c rc.)   πινέλοψ C^a   ὁ δ'] δ' ὁ α (exc. C^a)   **24** τὰς λίμνας διακόπτει α   **25** ποηφάγοι G^a Q Ott.   οἱ δὲ] οἱ E^a P K^c M^c: οἷον L^c pr. m n   **26** τῶν om. γ   **27** ἀλληλοφαγοῦσι γ   εἰσίν om. γ Ald.   **28** ἑαυτῶν β: αὑτῶν s. αὐτῶν α γ   ὀρνίθων E^a P L^c m Ald.   **29** πᾶν μὲν] πάμπαν α   γαμψώνυχοι α   **594a1** τι] ὅτι γ (exc. L^c rc.)   **2** μέν] δὲ L^c pr. m n   **3** δὲ om. E^a L^c pr. m n   πίνων α m rc. edd.   **4** οἷον om. α   σαῦροι α Guil. Gaza   τὰ^(2) om. α (exc. C^a) γ (exc. L^c rc.)   **5** τἆλλα] ἄλλα m   ὄφιες L^c m Ald.   εἰσίν α (exc. C^a)   γὰρ om. α m pr.   **6** λιχνότατοι ... 9 ὄφεις καὶ om. C^a   **7** καὶ τἆλλα] ἀλλ' γ (exc. L^c rc.)   **8** πνεύμονα α   τὰ om. A^a pr. G^a Q: καὶ cj. Sn. Dt. Peck   **9** ὀλίγαιμα P Bk.: om. C^a in lac.: ὀλιγόαιμον A^a pr. G^a Q Sn. A.-W. Dt. Peck L.-V.   καὶ^(1) om. A^a pr. G^a Q Sn. A.-W. Dt. Peck L.-V.   **10** ἔχεις] ὄφεις α m (cf. 12): viperas Guil. Gaza   **11** ὀστράκινα α   διὰ τὸ τιθέναι β γ Ald.   οἶνον] οἷον C^a A^a pr.: δινον A^a rc. G^a   **12** γὰρ] δὲ β   ὄφεις] ἔχεις m: serpentes Guil. Gaza   λαμβάνωσι] λάβωσι α Bk.: λαμβάνουσι P

HISTORIA ANIMALIUM VII(VIII)

ται. σχεδὸν δὲ καὶ τἆλλα τὰ τοιαῦτα, οἷον οἱ ἀράχναι· ἀλλ' ἔξω οἱ ἀράχναι ἐκχυμίζουσιν, οἱ δ' ὄφεις ἐν τῇ κοιλίᾳ. λαμβάνει μὲν οὖν ὁ ὄφις ὅθεν ἂν τύχῃ τὸ διδόμενον (ἐσθίει γὰρ καὶ ὀρνίθια καὶ θηρία, καὶ ᾠὰ καταπίνει), λαβὼν δ' ἐπανάγει ἕως ἂν ἐπὶ τὸ ἄκρον ἐλθὼν εἰς εὐθὺ καταστήσῃ, κἄπειθ' οὕτως συνάγει ἑαυτὸν καὶ συστέλλει εἰς μικρὸν ὥστ' ἐκταθέντος κάτω γίνεσθαι τὸ καταποθέν. ταῦτα δὲ ποιεῖ διὰ τὸ τὸν στόμαχον εἶναι λεπτὸν καὶ μακρόν. δύναται δ' ἄσιτα καὶ τὰ φαλάγγια καὶ οἱ ὄφεις πολὺν χρόνον ζῆν· ἔστι δὲ τοῦτο θεωρῆσαι ἐκ τῶν παρὰ τοῖς φαρμακοπώλοις τρεφομένων.

[5] τῶν δὲ τετραπόδων καὶ ζῳοτοκούντων τὰ μὲν ἄγρια καὶ καρχαρόδοντα πάντα σαρκοφάγα· πλὴν τοὺς λύκους φασὶν ὅταν πεινῶσιν ἐσθίειν τινὰ γῆν, μόνον δὴ τοῦτο τῶν ζῴων· πόας δ' ἄλλοτε μὲν οὐχ ἅπτονται, ὅταν δὲ κάμνωσι, καθάπερ καὶ αἱ κύνες ὅταν κάμνωσι ἐσθίουσαι ἀνεμοῦσι καὶ καθαίρονται. ἀνθρωποφαγοῦσι /30/ δ' οἱ μονοπεῖραι τῶν λύκων μᾶλλον αὐτῶν ἢ /31/ τὰ κυνηγέσια. ὃν δὲ καλοῦσιν οἱ μὲν γλάνον οἱ δ' ὕαιναν, ἔστι /32/ τὸ μέγεθος οὐκ ἔλαττον λύκου, χαίτην δ' ἔχει ὥσπερ ἵππος, καὶ ἔτι σκληροτέρας καὶ βαθυτέρας τὰς τρίχας, καὶ δι' ὅλης τῆς ῥάχεως. ἐπιβουλεύει δὲ καὶ θηρεύει τοὺς ἀνθρώπους, τοὺς δὲ κύνας καὶ ἐμοῦσα θηρεύει ὥσπερ οἱ ἀν-

14 post οἷον add. καὶ β   οἱ] αἱ γ (exc. L^c)   **15** ἀλλ' ἔξω οἱ ἀράχναι om. γ (exc. L^c rc.)   οἱ^(1)] αἱ β   ἐκχυμάζουσιν C^a A^a pr. G^a Q   **16** ὁ ὄφις om. P   **17** καὶ^(1) α Bk.: τὰ β: om. γ Ald.   ᾠὰ post κατ. transp. γ Ald.   **18** ἐλθὼν εἰς α β L^c corr. Ald. Bk.: ἔλθωσιν γ (exc. L^c rc. mrc.): del. mrc. post ἐλθ. add. καὶ K^c rc.   **19** αὑτόν s. αὐτὸν α   εἰς om. Ald.   **20** καταποθέν] κάτωθεν C^a A^a pr. G^a Q: absortum Guil.: quod deglutierit Trap.   **21** μακρὸν καὶ λεπτόν transp. Ald.   **23** φαρμακοπώλαις Prc. Bk.: φαρμακοπωλείοις L^c rc. mrc. n   **25** ζῳοτόκων α Bk.   **27** τούτων α L^c n Dt.   **29** κύνες C^a A^a G^a Q: γῶνες T^c   ὅταν κάμνωσι om. α Guil. Cs. Bk.   ἐσθίουσιν A^a rc. F^a X^c γ (exc. L^c rc.)   ἀναιμοῦσι C^a, K^c rc.: ἀνεμοῦσαι A^a rc., E^a mpr. n: ἀναιμοῦνσαι P K^c pr.: ἀναιμοῦσαι M^c: ἐμοῦσαι mrc: ἀνεμουσικὴ μουσικαὶ T^c: revomunt Guil.: evomunt Gaza   **30** αὐτῶν del. nrc.: om. Gaza: secl. Sylb. Sn. Bk.   **31** γάνον β (exc. O^c rc. R^c rc.) L^c rc.   post ἔστι add. μὲν α Bk.   **32** ἐλάττων Prc. Sn. Bk.   χαίτιν A^a   **594b1** ante ἵππος add. λύκου E^a K^c M^c mpr. n   ἵππου P L^c pr.   **2** δι'] καθ' α Bk.   post ῥάχ. add. καὶ L^c Ald.   **3** ἐμοῦσα] νέμουσα A^a rc. F^a X^c γ (exc. L^c rc. mrc.)

θρωποι· καὶ τυμβωρυχεῖ δὲ ἐφιέμενον τῆς σαρκοφαγίας τῶν ἀνθρώπων.

ἡ δ' ἄρκτος παμφάγον ἐστί. καὶ γὰρ καρπὸν ἐσθίει, καὶ ἀναβαίνει ἐπὶ τὰ δένδρα διὰ τὴν ὑγρότητα τοῦ σώματος, καὶ τοὺς καρποὺς τοὺς χέδροπας· ἐσθίει δὲ καὶ μέλι τὰ σμήνη καταγνύουσα, καὶ καρκίνους καὶ μύρμηκας, καὶ σαρκοφαγεῖ. διὰ γὰρ τὴν ἰσχὺν ἐπιτίθεται οὐ μόνον τοῖς ἐλάφοις ἀλλὰ καὶ τοῖς ἀγρίοις ὑσίν, ἐὰν δύνηται λαθεῖν ἐπιπεσοῦσα, καὶ τοῖς ταύροις· ὁμόσε γὰρ χωρήσασα τῷ ταύρῳ κατὰ πρόσωπον ὑπτία καταπίπτει, καὶ τοῦ ταύρου τύπτειν ἐπιχειροῦντος τοῖς μὲν βραχίοσι τοῦ ταύρου τὰ κέρατα περιλαμβάνει, /14/ τῷ δὲ στόματι τὴν ἀκρωμίαν δάκνουσα καταβάλλει /15/ τὸν ταῦρον. βαδίζει δ' ἐπί τινα χρόνον ὀλίγον καὶ τοῖν /16/ δυοῖν ποδοῖν ὀρθή. τὰ δὲ κρέα πάντα κατεσθίει προσήπουσα /17/ πρῶτον.

ὁ δὲ λέων σαρκοφάγον μέν ἐστιν ὥσπερ καὶ τἆλλα ὅσα ἄγρια καὶ καρχαρόδοντα, τῇ δὲ βρώσει χρῆται λάβρως, /19/ καὶ καταπίνει πολλὰ οὐ διαιρῶν, εἶθ' ἡμέρας δύο ἢ τρεῖς ἀσιτεῖ· δύναται γὰρ διὰ τὸ ὑπερπληροῦσθαι. ὀλιγόποτον δ' ἐστίν. τὸ δὲ περίττωμα προΐεται σπανίως· διὰ τρίτης γὰρ ἢ ὅπως ἂν τύχῃ προχωρεῖ, καὶ τοῦτο ξηρὸν καὶ ἐξικμασμένον, ὅμοιον κυνί. προΐεται δὲ καὶ τὴν φῦσαν σφόδρα δριμεῖαν καὶ τὸ οὖρον ἔχον ὀσμήν, διόπερ οἱ κύνες ὀσ-

---

4 σαρκοφάγου Aᵃpr. Gᵃ Q Ott.   5 τῶν ἀνθρώπων] τῆς τοιαύτης Cᵃ Aᵃpr. Gᵃ Q Guil. Sn. Bk.   γὰρ] τὸν Eᵃ: om. Kᶜ   7 χεδροπούς α m   δὲ om. Fᵃ Xᶜ, P   8 μέλι] μελιττῶν α γ (exc. Lᶜcorr.) Guil. Gaza Dt.   post μύρμ. add. ἐσθίει P   9 γὰρ om. γ (exc. Lᶜrc.)   post ἐπιτίθ. add. δὲ γ (exc. Lᶜrc.) 11 τοὺς ταύρους α (exc. Cᵃ)   ὁμόσε. χωρήσασα γὰρ α: ὅμως ἐγχωρήσασα γὰρ γ (exc. Lᶜrc.: γὰρ om. Kᶜ)   13 βραχέσι Eᵃ Ppr. Kᶜ: βραχίωσι Mᶜ τοῦ ταύρου om. α Cs. Bk.   14 δακοῦσα α Bk.   15 τοῖς Ppr.   16 προσειποῦσα γ (exc. Lᶜ mrc.)   17 λέων] lupus Scot. hic et saepius: lupus hic sed leo 629b8 Alb.   18 λάβρως] λαύρως codd. nonnulli ut saepe   19 post πολλὰ add. ὅλα α Bk.   εἶθ'] ἐπὶ δὲ α   20 τὸ] τοῦ Cᵃ Aᵃpr. Gᵃ Q ὑπερπληροῦσθαι] πεπληρῶσθαι Cᵃ Aᵃpr. Gᵃ Q Guil.   22 ξηρὸν] σκληρὸν α Guil. Dt.   23 ἐξικμασάμενον Eᵃ Ppr. Kᶜ: ἐξικμιασμένον n   post ἐξικ. add. καὶ α Guil.   δὲ om. α (exc. Cᵃ)   σφόδρα] φύσει α Ott.: v.l. ἀφισι Ott.   24 ἔχει α   post ὀσμήν add. βαρεῖαν mrc.: graviter olentem Gaza

φραίνονται τῶν δένδρων· οὐρεῖ γὰρ αἴρων τὸ σκέλος ὥσπερ
οἱ κύνες. ἐμποιεῖ δὲ καὶ ὀσμὴν βαρεῖαν ἐν τοῖς ἐσθιομένοις
καταπνέων· καὶ γὰρ ἀνοιχθέντος αὐτοῦ τὰ ἔσω ἀτμίδα ἀ-
φίησι βαρεῖαν.
    ἔνια δὲ τῶν τετραπόδων καὶ ἀγρίων ζῴων
ποιεῖται τὴν τροφὴν περὶ λίμνας καὶ ποταμούς· περὶ δὲ τὴν
θάλατταν οὐδὲν ἔξω φώκης. τοιαῦτα δ' ἐστὶν ὅ τε καλούμενος
κάστωρ καὶ τὸ σαθέριον καὶ τὸ σατύριον καὶ ἐνυδρὶς καὶ ἡ
καλουμένη λάταξ· ἔστι δὲ τοῦτο πλατύτερον τῆς ἐνυδρίδος, καὶ
ὀδόντας ἔχει ἰσχυρούς· ἐξιοῦσα γὰρ νύκτωρ πολλάκις τὰς
περὶ τὸν ποταμὸν κερκίδας ἐκτέμνει τοῖς ὀδοῦσιν. δάκνει δὲ
τοὺς ἀνθρώπους καὶ ἡ ἐνυδρὶς καὶ οὐκ ἀφίησιν, ὡς λέγουσι,
μέχρι ἂν ὀστοῦ ψόφον ἀκούσῃ. τὸ δὲ τρίχωμα ἔχει ἡ λάταξ
σκληρὸν καὶ τὸ εἶδος μεταξὺ τοῦ τῆς φώκης τριχώματος
καὶ τοῦ τῆς ἐλάφου.

[6] πίνει δὲ τῶν ζῴων τὰ μὲν καρχαρόδοντα λάπτοντα,
ἔνια δὲ καὶ τῶν μὴ καρχαροδόντων οἷον οἱ μῦες. τὰ δὲ
συνόδοντα σπάσει, οἷον ἵπποι καὶ βόες. ἡ δ' ἄρκτος οὔτε
σπάσει οὔτε λάψει, ἀλλὰ κάψει. καὶ τῶν ὀρνέων δὲ τὰ μὲν
ἄλλα σπάσει, πλὴν τὰ μὲν μακραύχενα διαλείποντα καὶ
αἴροντα τὴν κεφαλήν, ὁ δὲ πορφυρίων μόνος κάψει.
    τὰ δὲ κερατώδη τῶν ζῴων καὶ ἥμερα καὶ ἄγρια,
καὶ ὅσα μὴ καρχαρόδοντα, πάντα καρποφάγα καὶ ποη-

---

30 θαλαττίαν A^a pr. G^a Q   εἰσὶν α (exc. C^a)   **31** σαθέριον] σαθρίον α (exc. Q): σαθροίον Q Ott.   σατύριον] σαπείριον α   καὶ post ἐνυδρὶς om. A^a pr. G^a pr. F^a pr., n   **32** τῆς om. Ald.   **595a2** περί] παρὰ α   **3** λέγουσι] μὲν λέγεται α Guil.   **4** ὀστοῦ om. β L^c rc.   ἀκοῦσαν E^a P: ἀκουσῶνται K^c pr. (ut vid.)   ὀστ. ἀκ. ψόφ. transp. A^a G^a Q: ἀκ. ὀστ. ψόφ. F^a X^c   **8** ante ἔνια add. καὶ m   καὶ post δὲ^(1) om. γ (exc. L^c)   οἱ] αἱ A^a F^a X^c: καὶ C^a   μύες L^c edd.   **9** συνώδοντα L^c m n Ald.   σπάσει] σπᾷ L^c pr. m n Ald.   ἵππος C^a, T^a   **10** σπᾷ οὔτε λάπτει L^c pr. m n Ald.   κάψει] κάμψει πίνει L^c pr. m nrc.: κάψει πίνει npr.   τῶν δὲ ὀρν. L^c pr. m n   **11** πλὴν om. m   μὲν om. L^c: δὲ m   μακραύχενα] μικρὰ οὐχ ἕνα E^a P K^c n: μικρὰ οὐχ ἵνα M^c: μικρὰ L^c pr.: del. m pr.: μακρὸν ἔχοντα τὸν αὐχένα mrc. in ras.: sed quibus collum est longum Gaza   **12** κάμψει L^c pr. m   **13** κρεατώδη β γ (exc. mrc.)   **14** καὶ^(1) om. β L^c rc. Ald.   ποιοφάγα α

φάγα ἐστί, μὴ λίαν κατεχόμενα τῷ πεινῆν, ἔξω τῆς ὑός. αὕτη δ' ἥκιστα ποηφάγον καὶ καρποφάγον ἐστίν· ῥιζοφάγον δὲ μάλιστα ἡ ὗς ἐστι τῶν ζῴων διὰ τὸ εὖ πεφυκέναι τὸ ῥύγχος πρὸς τὴν ἐργασίαν ταύτην· καὶ εὐχερέστατον πρὸς πᾶσαν τροφὴν τῶν ζῴων ἐστίν. τάχιστα δὲ καὶ ἐπιδίδωσιν εἰς παχύτητα ὡς κατὰ μέγεθος· πιαίνεται γὰρ ἐν ἑξήκοντα ἡμέραις· ὅσον δ' ἐπιδίδωσιν, ἐπιγινώσκουσιν οἱ περὶ ταῦτα πραγματευόμενοι νῆστιν ἱστάντες. πιαίνεται δὲ προλιμοκτονηθεῖσα ἡμέρας τρεῖς· σχεδὸν δὲ καὶ τἆλλα πάντα προλιμοκτονούμενα πιαίνεται. μετὰ δὲ τὰς τρεῖς ἡμέρας εὐωχοῦσιν ἤδη οἱ πιαίνοντες τὰς ὗς. οἱ δὲ Θρᾷκες πιαίνουσι τῇ μὲν πρώτῃ πιεῖν διδόντες, εἶτα διαλείπουσιν ἡμέραν μίαν τὸ πρῶτον, μετὰ δὲ ταῦτα δύο, εἶτα καὶ τρεῖς καὶ τέτταρας μέχρι τῶν ἑπτά. πιαίνεται δὲ τὸ ζῷον τοῦτο κριθαῖς κέγχροις σύκοις ἀκύλαις ἀχράσι σικύοις. μάλιστα δὲ καὶ ταῦτα καὶ τἆλλα τὰ ἔχοντα κοιλίαν ἀγαθὴν ἡ ἀτρεμία πιαίνει· τὰς δ' ὗς καὶ τὸ λούεσθαι ἐν πηλῷ. νέμεσθαι δὲ βούλονται κατὰ τὰς ἡλικίας. μάχεται δὲ ὗς καὶ λύκῳ. ἀπογίνεται δ' ἀπὸ τοῦ σταθμοῦ, ὅσον ἕλκει ζῶσα, τὸ ἕκτον μέρος εἰς τρίχας καὶ αἷμα καὶ τὰ τοιαῦτα. θηλαζόμεναι δὲ καὶ αἱ ὕες καὶ τἆλλα πάντα λεπτότερα γίνεται. ταῦτα μὲν οὖν τοῦτον ἔχει τὸν τρόπον.

[7] οἱ δὲ βόες εἰσὶ μὲν καὶ καρποφάγοι καὶ

---

15 ὑός α Gaza Sn. Bk.: κυνός β (exc. συός O^c in ras.) γ (exc. συός L^c rcsm. mcorr.) Guil. Ald. Cs.: conoz Scot. **16** ποιοφάγον α β καρποφόρον α (exc. C^a) ἐστίν om. α **20** post κατὰ add τὸ β **21** γινώσκουσιν α Bk. **22** ἱστῶντες β: ἱστῶτες (sic) L^c rc. **24** τὰς om. α ἤδη εὐωχ. transp. F^a X^c **27** τοῦτο α καὶ^(1) om. α Bk. post τέττ. add. καὶ γ (exc. L^c rc.) **29** ἀκύλοις C^a Sylb. edd.: ἀκοίλοις A^a pr. G^a Q συκινοῖς C^a: συκιοῖς A^a G^a Q: συκίοις F^a X^c mcorr.: πικύοις T^c: σικύσι γ (exc. L^c corr. mcorr.) **30** τἆλλα om. L^c pr. n post ἔχοντα add. τὴν F^a X^c ἀγαθὴν C^a β γ Guil.: θερμὴν ἀγαθήν α (exc. C^a): calidus Gaza: θερμὴν Sn. Bk. Dt. ἡ ἀτρεμίαν C^a A^a pr. G^a Q Guil. **31** τὰς δ' ὗς β L^c rc. Ald. Bk.: δὲ τὰς ὗς α (exc. δὲ καὶ τὰς ὗς G^a): τὰς νηδῦς γ (exc. L^c rc.) λούεσθαι] νέμεσθαι C^a Guil. **595b2** τῶν σταθμῶν γ (exc. τοὺς σταθμοὺς P) Ald. ζῶσα ἕλκει transp. P **3** καὶ^(1) om. L^c καὶ^(3) om. α **5** καὶ ποηφάγοι om. T^c

ποηφάγοι, πιαίνονται δὲ τοῖς φυσητικοῖς, οἷον ὀρόβοις καὶ κυάμοις ἐρηριγμένοις καὶ χλόῃ κυάμων, καὶ ἐάν τις τὸ δέρμα ἐντεμὼν φυσήσῃ καὶ μετὰ ταῦτα παράσχῃ τὴν τροφὴν τοῖς πρεσβυτέροις, ἔτι δὲ κριθαῖς καὶ ἁπλαῖς καὶ ἑπτισμέναις καὶ τοῖς γλυκέσιν οἷον σύκοις καὶ ἀσταφίσι καὶ οἴνῳ καὶ τοῖς φύλλοις τῆς πτελέας· μάλιστα δ' οἱ ἥλιοι καὶ τὰ λουτρὰ τὰ θερμά. τὰ δὲ κέρατα τῶν νέων χλιαινόμενα τῷ κηρῷ ἄγεται ῥᾳδίως ὅπου ἄν τις ἐθέλῃ· καὶ τοὺς πόδας δ' ἧττον ἀλγοῦσιν ἐάν τις τὰ κέρατα ἀλείφῃ κηρῷ ἢ πίττῃ ἢ ἐλαίῳ. πονοῦσι δ' αἱ ἀγέλαι μᾶλλον ὑπὸ τῆς πάχνης μετανιστάμεναι ἢ ὑπὸ χιόνος. αὐξάνονται δὲ ὅταν πλείω ἔτη ἀνόχευτοι ὦσιν· διὸ οἱ ἐν τῇ Ἠπείρῳ τὰς καλουμένας πυρρίχας βοῦς ἐννέα ἔτη διατηροῦσιν ἀνοχεύτους καὶ καλοῦσιν ἀποταύρους, ὅταν αὔξωνται. τούτων δὲ τὸ μὲν πλῆθος εἶναί φασι περὶ τετρακοσίους, ἰδίους τῶν βασιλέων, ἐν ἄλλῃ δὲ ζῆν χώρᾳ οὐ δύνασθαι· καίτοι πεπειρᾶσθαί τινας.

[8] ἵπποι δὲ καὶ ὀρεῖς καὶ ὄνοι καρποφάγα μέν ἐστι καὶ ποηφάγα, μάλιστα δὲ πιαίνεται τῷ ποτῷ· ὡς γὰρ ἂν πίνῃ τὰ ὑποζύγια τὸ ὕδωρ, οὕτω καὶ πρὸς τὴν ἀπόλαυσιν ἔχει

---

6 ποιοφάγοι α β (ποο- F^a X^c, P) πιαίνεται F^a X^c post τοῖς add. τε α Bk. φυσητικοῖς α edd.: φυσικοῖς β γ Ald. 7 ἐρηριγμένοις M^c edd. (ἐρε- L^c m n Ald.: ἐρι- E^a P K^c): ἠρεισμένοις α (ἡρισ- C^a): om. β: deiectis Guil. (viz. ἠρειμμένοις s. ἐρηριμμένοις): ἠρειγμένοις cj. Camot. 8 ἐκτεμὼν α παράσχῃ α Sn. Bk.: παρέχει β (exc. S^c) n*pr.*: παρέχῃ S^c γ (exc. n*pr.*) Ald. τὴν om. α 9 ἁπλῶς α γ (exc. L^c) Cs. Bk. Dt. 10 post οἷον add. τοῖς F^a X^c σταφίσι L^c m n Ald. 11 ἥλιοι] ἡλεῖοι E^a P K^c M^c 12 τὰ^(2) om. E^a P K^c M^c κεράτια γ (exc. L^c*rc.*) Ald. 13 θέλῃ α (exc. F^a X^c): ἐθέλει P n 14 δ' om. α κεράτια L^c*pr.* m n Ald. Cs. Sn. ἀλιφῇ A^a G^a Q κηρῷ] πηλῷ E^a 15 ἐλ. ἢ πί. transp. α ἀγέλαι α (exc. C^a) β L^c*rc.* Ald.: ἀγελαῖαι C^a, P*pr.*, Bk.: ἀγέλαις αἱ γ (exc. P L^c*rc.*): ἀγελαῖαι αἱ Prc.: *gregales* Guil. 16 πάχνης] γαλήνης γ (exc. L^c*rc.* mrc.) 18 τηροῦσιν L^c m n: διαφυλάττουσιν α Sn. 19 ὅταν C^a γ (exc. P) Ald.: ὅτε β: ὅπως α (exc. C^a) P Sn.: *ut* Scot. Guil. Gaza αὐξάνωνται α Sn. 20 τετρακοσίους C^a γ Ald.: τετρακοσίας A^a G^a Q Bk.: τριακοσίας F^a X^c: τριακοσίους β Canis.: *quadringenti* Scot. *quadrigentas* Guil. Gaza ἰδίας F^a X^c, om 21 ζῆν δ' ἐν ἄλλῃ transp. α 22 δὲ om. E^a P καρποφάγοι α Bk. εἰσὶ α Bk. 23 ποιοφάγοι α Bk. πότῳ] τόπῳ R^c, P n πίνῃ] πίνηται A^a*pr.* G^a: τίνηται Q Ott.: πίνει n

τῆς τροφῆς, καὶ ὅποιον ἂν ἧττον δυσχεραίνῃ τὸ ποτόν, τοῦτο μᾶλλον εὔχορτον. ἡ δὲ κράστις λειοτριχεῖν ποιεῖ ὅταν ἔγκυος ᾖ· ὅταν δ' ἀθέρας ἔχῃ σκληροὺς οὐκ ἀγαθή. τῆς δὲ πόας τῆς Μηδικῆς ἥ τε πρωτόκουρος φαύλη, καὶ ὅπου ἂν ὕδωρ δυσῶδες ἐπάγηται· ὄζει γὰρ τῆς πόας. πίνειν δ' οἱ μὲν βόες ζητοῦσι καθαρόν, οἱ δ' ἵπποι ὥσπερ καὶ αἱ κάμηλοι· ἡ δὲ κάμηλος πίνει ἥδιον θολερὸν καὶ παχύ, οὐδ' ἀπὸ τῶν ποταμῶν πρότερον πίνει ἢ συνταράξαι. δύναται δ' ἄποτος ἀνέχεσθαι καὶ τέτταρας ἡμέρας· εἶτα μετὰ ταῦτα πίνει πολὺ πλῆθος.

[9] ὁ δ' ἐλέφας ἐσθίει πλεῖστον μὲν μεδίμνους Μακεδονικοὺς ἐννέα ἐπὶ μιᾶς ἐδωδῆς· ἐπικίνδυνον δὲ τὸ τοσοῦτον πλῆθος· τὸ δ' ἐπίπαν ἓξ μεδίμνους ἢ ἑπτά, ἀλφίτων δὲ πέντε καὶ οἴνου πέντε μάρεις (ἔστι δ' ὁ μάρις ἓξ /7/ κοτύλαι). ἤδη δέ τις ἔπιεν ἐλέφας μετρητὰς ὕδατος Μακεδονικοὺς εἰσάπαξ δέκα καὶ τέτταρας, καὶ πάλιν τῆς δείλης ἄλλους ὀκτώ.

ζῶσι δ' αἱ μὲν πολλαὶ τῶν καμήλων περὶ ἔτη τριάκοντα, ἔνιαι δὲ πολλῷ πλείω· καὶ γὰρ εἰς ἔτη ἑκατὸν ζῶσιν. τὸν δ' ἐλέφαντα ζῆν φασιν οἱ μὲν περὶ ἔτη τριακόσια οἱ δὲ διακόσια.

[10] πρόβατα δὲ καὶ αἶγες εἰσὶ μὲν ποηφάγα, τὴν δὲ

---

25 ὅποιον] ὅπου δ' α Bk.   ἧττον om. m   δυσχεραίνειν A[a]*pr*. G[a] Q: δυσχεραίνει β L[c] Ald.: ἤ τί δυσχεραῖνον γ (exc. L[c])   **26** post εὔχ. add. ἐστιν α P K[c] M[c] Bk.: ἔτι m   ἡ om. P K[c] M[c] m κράστις cj. Sylb. edd.: κράσις α: κρατὶς β (exc. S[c]) E[a] K[c] m n Ald.: κρατὴς S[c], L[c]: κρατὲς P M[c] πλειοτριχεῖν α: λειοκρατεῖν γ (exc. L[c])   **27** ἔγγυος P M[c]: ἔγγυνος T[c] ἔχειν A[a]*pr*. G[a]*pr*. Q: ἔχει L[c]*pr*. n   σκληροὺς om. P   **28** ὅπου ἂν] ὅταν α: ὁπόταν γ   **29** δυσ. ὕδωρ transp. α   ὄζει γὰρ α β L[c]*rc*. Ald. (post πόας transp. Ald.): om. L[c]*pr*.: ὅταν P M[c] m: ὁ E[a] n: ἄτη K[c]   **30** καὶ om. α Bk.   post κάμηλοι add. θολερόν mrc.: *turbulentam* Gaza   **31** post οὐδ' add. γὰρ α   **596a1** συνταράξει β γ Ald.   **3** ὁ δ' ... **5** πλῆθος om. C[a] **4** τὸ om. α   **6** post πέντε add. μεδίμνους α Guil. edd.   **7** μητρητὰς F[a]: μητριτὰς P   **8** καὶ[(1)] om. P L[c] m n   **9** ὀκτὼ ante ἄλλους transp. F[a] X[c] **11** φασιν ante 12 οἱ transp. α Guil. Bk.   διακόσια ... τριακόσια transp. α Guil. Gaza Bk.   **13** μὲν om. γ   ποιοφάγα α β m n (ποο- F[a] X[c]: pio- n)

HISTORIA ANIMALIUM VII(VIII)

νομήν ποιοῦνται τα μὲν πρόβατα προσεδρεύοντα καὶ μονίμως, αἱ δ' αἶγες ταχὺ μεταβάλλουσαι καὶ τῶν ἄκρων ἁπτόμεναι μόνον. πιαίνει δὲ μάλιστα τὸ πρόβατον τὸ ποτόν, διὸ καὶ τοῦ θέρους διδόασιν ἅλας διὰ πέντε ἡμερῶν μέδιμνον τοῖς ἑκατόν· γίνεται γὰρ οὕτως ὑγιεινότερον καὶ πιότερον τὸ ποιμνίον. καὶ τὰ πολλὰ δὲ ἁλίζοντες διὰ τοῦτο προσφέρουσιν, οἷον ἔν τε τοῖς ἀχύροις ἅλας πολλούς (διψῶντα γὰρ πίνει μᾶλλον) καὶ τοῦ μετοπώρου τὴν κολοκύντην ἁλὶ πάττοντες· τοῦτο γὰρ καὶ γάλα ποιεῖ πλεῖον. καὶ κινούμεναι δὲ μεσημβρίας πίνουσι μᾶλλον πρὸς τὴν δείλην. πρός τε τοὺς τόκους ἁλιζόμεναι μείζω τὰ οὔθατα καθιᾶσιν. πιαίνει δὲ τὰ πρόβατα θαλλός, κότινος, ἀφάκη, ἄχυρα ὁποῖα ἂν ᾖ· πάντα δὲ μᾶλλον πιαίνει ἄλμη προρρανθέντα. παχύνεται δὲ καὶ ταῦτα μᾶλλον προλιμοκτονηθέντα τρεῖς ἡμέρας. ὕδωρ δὲ προβάτοις τοῦ μετοπώρου τὸ βόρειον τοῦ νοτίου ἄμεινον, καὶ αἱ νομαὶ αἱ πρὸς ἑσπέραν συμφέρουσιν, λεπτύνουσι δ' αἱ ὁδοὶ καὶ αἱ ταλαιπωρίαι.

οἱ δὲ ποιμένες γινώσκουσι τὰς ἰσχυρὰς τῶν ὀίων ὅταν χειμὼν ᾖ τῷ πάχνην ἔχειν, τὰς δὲ τῷ μὴ ἔχειν· διὰ γὰρ τὴν ἀσθένειαν κινούμεναι ἀποβάλλουσιν αἱ μὴ ἰσχύουσαι. παντὸς δὲ τετράποδος τὰ κρέα χείρω ὅπου εἰς ἑλώδη χωρία νέμονται ἢ ὅπου

14 προεδρ. P K^cpr. m*pr*. n 16 μόνων C^a A^a F^a X^c 18 ὑγ. οὕτω transp. L^c m n Ald. ὑγιεινόν E^a P K^c M^c καὶ πιότερον om. α 19 δὲ ἁλίζοντες α β L^crc. Ald.: δελεάζοντες γ (exc. L^crc.) 20 οἷον om. β 21 κολοκύνθην α Bk. ἁλὶ α Guil. Bk.: ἅλα β Ppr. L^crc. m: ἅλας E^a M^c L^cpr. n Ald.: ἅλασι Prc. K^c 22 καὶ⁽¹⁾ om. P 23 post πίνουσι add. δὲ A^a G^apr. τὴν δείλην C^a A^apr. G^a Q Sn. Bk.: τῇ δείλῃ cett. Ald. 24 μεῖζον γ καθίησι C^a A^apr. G^a Q 25 θαλλός C^a, L^c m n, Ald. Bk.: θαλός cett. ὁποῖα ἂν ᾖ C^a β L^crc. Bk.: ἂν ὁποῖα ᾖ A^a: ἂν ὁποῖα ᾖ G^a Q F^a X^c Ott.: ποιά E^a K^c M^c n: πόα P m: καὶ πόα L^cpr. Ald.: *qualiscunque fuerit* Guil.: *herba* Gaza ἅπαντα α Bk.: πάντων L^cpr. n 26 προσρανθέντα C^a Bk.: προσραθέντα α (exc. C^a) 27 πρὸς λιμοκτονηθέντα A^apr. G^a Q 28 post δὲ add. τοῖς α Bk. 29 αἱ νομαὶ om. T^c ἑσπερίαν G^a Q 30 αἱ⁽²⁾ om. γ 31 ἰσχυούσας α Bk. ὄίων α β Ald.: οἰῶν L^c m Bk.: ὑῶν E^a P K^c M^c: οἱ ὑῶν n: *ovium* Guil. Gaza 596b1 ἔχ. πάχ. transp. α Bk. τῷ om. α (exc. A^arc.) Bk. 3 χείρω] χερίω Bk. (typ. err.) Louis εἰς om. α Guil. Sylb. Sn. Bk.

μετεωρότατα. εἰσὶ δ' εὐχειμερώτεραι αἱ πλατύκερκοι ὄἴες τῶν μακροκέρκων, καὶ αἱ κολέραι τῶν λασίων· δυσχείμεροι δὲ καὶ αἱ αἶγες. ὑγιεινότεραι μὲν οὖν αἱ ὄἴες τῶν αἰγῶν, ἰσχύουσι δὲ μᾶλλον αἱ αἶγες τῶν ὀΐων. τῶν δὲ λυκοβρώτων προβάτων τὰ κώδια καὶ τὰ ἔρια καὶ τὰ ἐξ αὐτῶν ἱμάτια φθειρωδέστερα γίνεται πολὺ μᾶλλον τῶν ἄλλων.

[11] τῶν δ' ἐντόμων τὰ μὲν ἔχοντα ὀδόντας παμφάγα ἐστί, τὰ δὲ γλῶτταν μόνον τοῖς ὑγροῖς τρέφεται, πάντοθεν ἐκχυλίζοντα ταύτῃ. καὶ τούτων τὰ μὲν παμφάγα (πάντων γὰρ γεύεται χυμῶν), οἷον αἱ μυῖαι, τὰ δ' αἱμοβόρα, καθάπερ μύωψ καὶ οἶστρος· τὰ δὲ φυτῶν καὶ καρπῶν ζῇ χυλοῖς. ἡ δὲ μέλιττα μόνον πρὸς οὐδὲν προσίζει σαπρόν, οὐδὲ χρῆται τροφῇ οὐδεμιᾷ ἀλλ' ἢ τῇ γλυκὺν ἐχούσῃ χυμόν· καὶ ὕδωρ δ' ἥδιστον εἰς ἑαυτὰς λαμβάνουσιν, ὅπου ἂν ἀναπηδᾷ.

τροφαῖς μὲν οὖν χρῶνται τὰ γένη τῶν ζῴων ταῖς εἰρημέναις.

[12] αἱ δὲ πράξεις αὐτῶν ἅπασαι περί τε τὰς ὀχείας καὶ τεκνώσεις εἰσί, καὶ περὶ τὰς εὐπορίας τῆς τροφῆς, καὶ πρὸς τὰ ψύχη καὶ τὰς ἀλέας πεπορισμέναι καὶ πρὸς τὰς μεταβολὰς τῶν ὡρῶν. πάντα γὰρ τῆς κατὰ τὸ

---

4 μετεωρότερα α γ Ald.   εὐχειμερώτεραι αἱ β γ Sn. Bk.: εὐχειμερώτεροι οἱ Cᵃ Aᵃʳᶜ. Fᵃ Xᶜ: εὐχειμώτεροι οἱ Aᵃᵖʳ. Gᵃ: εὐχυμώτεροι οἱ Q   ὄἴες β Ald.: ὄἴες Lᶜ mʳᶜ. edd.: ὕες Eᵃ P Kᶜ Mᶜ mᵖʳ. n: om. α Scot.: oves Guil. Gaza   **5** κολοεραὶ Cᵃ edd.   λασίων β (exc. Sᶜ) γ (exc. Lᶜʳᶜ.) Ald. Bk.: δασέων Sᶜ Lᶜʳᶜ.: δασείων α   **6** αἱ⁽¹⁾ om. γ   αἶγες β γ Ald.: οὖλαι α Scot. Guil. Gaza Cs. Bk.   αἱ⁽²⁾ om. γ   ὄἴες] ὕες γ (exc. Lᶜ mᶜᵒʳʳ.)   **7** ὀΐων] ὑῶν γ (exc. Lᶜ mᶜᵒʳʳ.)   **9** γίνονται Eᵃ   **11** εἰσί α (exc. Cᵃ)   πανταχόθεν α (exc. Cᵃ)   **12** ἐκχολίζοντα γ (exc. Lᶜ)   ταύτην α   **13** γὰρ om. α post γεύ. add. τῶν α Bk.   **14** δὲ om. Aᵃᵖʳ. Gᵃ Q   καρπῶν καὶ φ. transp. Fᵃ Xᶜ   **15** ζῇ om. Aᵃᵖʳ. Gᵃ Q   χυμοῖς Aᵃʳᶜ. Fᵃ Xᶜ γ (exc. Lᶜʳᶜ.)   σαπρὸν προσίζει transp. α: om. m in lac.: σαθρὸν Lᶜpr. n Ald.   **16** οὐδὲ⁽¹⁾ om. Lᶜpr. m n Ald. Sn.   post χρῆται add. δὲ Lᶜpr. Ald. Sn.: οὐδὲ μία ἄλλη· τὰ δὲ γλυκὺν ἔχουσι Cᵃ Aᵃᵖʳ. Gᵃ Q   **17** ἥδιστα α Guil. Gaza Bk.   αὑτὰς α post ὅπου ἂν add. καθαρὸν α Guil. Gaza Cs. edd.   **18** ἀναπηδείη Eᵃ Kᶜ: ἀναπηδίη P Mᶜ: ἀναπηδύη Lᶜpr. m n   **19** τῶν ζ. τὰ γ. transp. β   προειρημέναις α   **21** post καὶ⁽¹⁾ add. τὰς α (exc. Cᵃ) Bk.   **22** καὶ πρὸς⁽¹⁾ ... πεπορισμέναι om. γ (exc. Lᶜʳᶜ.)   post καὶ⁽²⁾ add. πρὸς α   **23** τὰς om. β   post μετ. add. τὰς α

θερμὸν καὶ ψυχρὸν μεταβολῆς αἴσθησιν ἔχει σύμφυτον, καὶ καθάπερ τῶν ἀνθρώπων οἱ μὲν εἰς τὰς οἰκίας τοῦ χειμῶνος μεταβάλλουσιν, οἱ δὲ πολλῆς χώρας κρατοῦντες θερίζουσι μὲν ἐν τοῖς ψυχροῖς χειμάζουσι δ' ἐν τοῖς ἀλεεινοῖς, οὕτω καὶ τῶν ζῴων τὰ δυνάμενα μεταβάλλειν τοὺς τόπους. καὶ τὰ μὲν ἐν αὐτοῖς τοῖς συνήθεσι τόποις εὑρίσκεται τὰς βοηθείας, τὰ δ' ἐκτοπίζει, μετὰ μὲν τὴν φθινοπωρινὴν ἰσημερίαν ἐκ τοῦ Πόντου καὶ τῶν ψυχρῶν τόπων φεύγοντα τὸν ἐπιόντα χειμῶνα, μετὰ δὲ τὴν ἐαρινὴν ἐκ τῶν θερμῶν εἰς τοὺς τόπους τοὺς ψυχροὺς φοβούμενα τὰ καύματα, τὰ μὲν ἐκ τῶν ἐγγὺς τόπων ποιούμενα τὰς μεταβολάς, τὰ δὲ καὶ ἐκ τῶν ἐσχάτων ὡς εἰπεῖν, οἷον αἱ γέρανοι ποιοῦσιν. μεταβάλλουσι γὰρ ἐκ τῶν Σκυθικῶν πεδίων εἰς τὰ ἕλη τὰ ἄνω τῆς Αἰγύπτου ὅθεν ὁ Νεῖλος ῥεῖ· ἔστι δὲ ὁ τόπος οὗτος περὶ ὃν οἱ πυγμαῖοι /7/ κατοικοῦσιν· οὐ γάρ ἐστι τοῦτο μῦθος ἀλλ' ἔστι κατὰ τὴν ἀλήθειαν /8/ γένος μικρὸν μέν, ὥσπερ λέγεται, καὶ αὐτοὶ καὶ οἱ /9/ ἵπποι, τρωγλοδύται δ' εἰσὶ τὸν βίον. καὶ οἱ πελεκᾶνες δ' /10/ ἐκτοπίζουσι, καὶ πέτονται ἀπὸ τοῦ Στρυμόνος ποταμοῦ ἐπὶ τὸν /11/ Ἴστρον κἀκεῖ τεκνοποιοῦνται· ἀθρόοι δ' ἀπέρχονται, ἀναμένοντες οἱ πρότεροι τοὺς ὕστερον διὰ τὸ ὅταν ὑπερπτῶνται τὸ ὄρος ἀδήλους γίνεσθαι τοὺς ὑστέρους τοῖς προτέροις. καὶ οἱ

---

24 ψ. καὶ θ. transp. β **29** τοῖς om. Q **30** post ἐκτ. add. τὰ δὲ α μὲν C[a] A[a] G[a] Q, m*pr*., Guil. edd.: om. F[a] X[c] Gaza: δὲ β γ (exc. m*pr*.) Ald. **31** καὶ om. C[a] τοῦ ψυχροῦ L[c]*pr*. τόπων om. γ Ald. **597a1** ἐκ τῶν θερμῶν om. K[c] θερμῶν α β: θερινῶν γ (exc. om. K[c]) Ald. **2** post μὲν add. καί β L[c]*rc*. Ald. **4** οἱ α μεταβάλλουσαι γ (exc. L[c]*rc*.) **5** γάρ] τὰ E[a] P K[c] M[c]: om. L[c]*pr*. m n παιδίων F[a] X[c] Ott.: om. Ald. ἄνω om. α **6** ἔστι ... 7 κατοικοῦσιν β Guil. Ald. Cs. Sn.: ἔστι δ' ὁ τόπος περὶ ὃν οἱ πυγ. κατέχουσιν γ (exc. κατοικοῦσιν L[c]*corr*.): οὓ καὶ λέγονται τοῖς πυγμαίοις ἐπιχειρεῖν α Scot. Gaza Bk. **7** ἔστι[(2)] post ἀλήθ. transp. β **8** γόνος P μὲν om. α καί[(2)] om. m οἱ om. α **10** ποταμοῦ om. α γ (exc. L[c]*rc*.) **12** πρότερον γ ὑστέρους E[a] ὑπερπτῶσι α **13** τοὺς ὑστέρους τοῖς προτέροις β L[c]*rc*. Guil. Ald.: τοὺς προτέρους τοῖς ὑστέροις C[a] Gaza Bk. Dt.: τοῖς ὑστέροις τοὺς προτέρους α (exc. C[a]): τοὺς ὑστέρους τοῖς πρότερον E[a] P K[c] M[c] n: τοὺς ὕστερον τοῖς πρότερον L[c]*pr*.: τοῖς ὑστέροις τοὺς πρότερον m: τοῖς ὕστερον τοὺς προτέρους Ott.

ἰχθύες δὲ τὸν αὐτὸν τρόπον οἱ μὲν ἐκ τοῦ Πόντου καὶ εἰς τὸν Πόντον μεταβάλλουσιν, οἱ δ' ἐν μὲν τῷ χειμῶνι ἐκ τοῦ πελάγους πρὸς τὴν γῆν, τὴν ἀλέαν διώκοντες, ἐν δὲ τῷ θέρει ἐκ τῶν προσγείων εἰς τὸ πέλαγος φεύγοντες τὴν ἀλέαν. καὶ τὰ ἀσθενῆ δὲ τῶν ὀρνέων ἐν μὲν τῷ χειμῶνι καὶ τοῖς πάγοις εἰς τὰ πεδία καταβαίνουσι διὰ τὴν ἀλέαν, ἐν δὲ τῷ θέρει ἀποχωροῦσιν εἰς τὰ ὄρη ἄνω διὰ τὰ καύματα. ποιεῖται δ' ἀεὶ τὰ ἀσθενέστερα πρῶτα τὴν μετάστασιν καθ' ἑκατέραν τὴν ὑπερβολήν, οἷον οἱ μὲν σκόμβροι τῶν θύννων οἱ δ' ὄρτυγες τῶν γεράνων· τὰ μὲν γὰρ μεταβάλλει τοῦ Βοηδρομιῶνος τὰ δὲ τοῦ Μαιμακτηριῶνος. ἔστι δὲ πιότερα πάντα ὅταν ἐκ τῶν ψυχρῶν τόπων μεταβάλλῃ ἢ ὅταν ἐκ τῶν θερμῶν, οἷον καὶ οἱ ὄρτυγες τοῦ φθινοπώρου μᾶλλον ἢ τοῦ ἔαρος. συμβαίνει δ' ἐκ τῶν ψυχρῶν τόπων ἅμα μεταβάλλειν καὶ ἐκ τῆς ὥρας τῆς θερμῆς. ἔχουσι δὲ καὶ πρὸς τὰς ὀχείας ὁρμητικώτερον κατὰ τὴν ἐαρινὴν ὥραν καὶ ὅταν μεταβάλλωσιν ἐκ τῶν θερμῶν. τῶν μὲν οὖν ὀρνέων αἱ γέρανοι, καθάπερ εἴρηται πρότερον, ἐκτοπίζουσιν εἰς τὰ ἔσχατα ἐκ τῶν ἐσχάτων. πέτονται δὲ πρὸς τὸ πνεῦμα. τὸ δὲ περὶ

14 οἱ μὲν ... 15 πόντον om. F^a X^c   καὶ om. β γ (exc. m*rc*.) Guil. (cett.: hab. Tz) Ald.: ἢ m*rc*.: *aut* Gaza   **16** πρὸς] εἰς E^a   γῆν, τὴν ἀλέαν] ἀλέαν γῆν P: γῆν ἀλέαν M^c   τὴν ἀλέαν ... 17 ἀλέαν om. m*pr*.: add. διώκοντες τὴν ἀλέαν, ἐν δὲ τῷ θέρει ἐκ τῆς γῆς εἰς τὸ πέλαγος διὰ τὰ καύματα m*rc*.: *fugiunt a locis que sunt prope terram et ineunt profundum maris fugiendo calorem* Scot.: *calorem persequuntur, in estate autem ex prope terram ad pelagus fugientes calorem* Guil.: *teporis gratia veniunt, contra estate ex littore in altum vitantes aestum discedunt* Gaza   δὲ om. G^a Q   **18** δὲ om. α γ   μὲν] δὲ γ (exc. L^c*rc*. m*rc*.)   **19** δὲ om. A^a*pr*. G^a Q   **20** ὄρη ... 21 τὰ om. R^c   τὰ κύματα A^a*pr*. G^a*pr*.: τὸ κύημα C^a   **21** τὰ πρῶτα τὴν μετάστασιν τὰ ἀσθ. transp. γ Ald. (exc. μετάβασιν L^c*rc*. Ald.)   μετάβασιν β L^c*rc*. Ald. Sn.   ἑκατέραν] ἑτέραν C^a Q, T^c, P   **22** οἷον om. α (exc. C^a)   σκόμβροι] σκόλαυροι A^a*pr*. G^a Q: σκόλαυλοι Ott.   θυννῶν Q, D^a, E^a P M^c L^c, Ald.: θυύων A^a X^c   **23** τὰ ... 24 μαιμακτηριῶνος om. m*pr*.: add. τὰ μὲν γὰρ βοιδρομιῶνος ἔρχεται τὰ δὲ μαιμακτηριῶνος m*rc*.: *moventur* Scot.: *transmigrant* Guil.: *incipiunt* Gaza   **24** μεμακτηριῶνος α   ιουλιους et αὐγουστους add. V^c marg.   **25** τῶν om. β   μεταβάλλει A^a*pr*. G^a*pr*., P m*pr*. n   ἢ ὅταν ... 27 μεταβάλλειν bis ponit m*pr*. n: secundum locum del. m*rc*.   **26** post ὄρτυγες add. ἐκ γ (exc. M^c m*rc*.)   **27** ἔαρος] ἀέρος primo loco, ἔαρος secundo m n: ἀέρος L^c*pr*.   **28** καὶ⁽²⁾ om. α (exc. C^a) Dt.   πρὸς] περὶ L^c   **29** ὥραν om. L^c m n   **30** post αἱ add. τε α

HISTORIA ANIMALIUM VII(VIII)

τοῦ λίθου ψεῦδός ἐστι· λέγεται γὰρ ὡς ἔχουσιν ἕρμα λίθον ὃς γίνεται χρήσιμος πρὸς τὰς τοῦ χρυσοῦ βασάνους ὅταν ἐκπέσῃ. ἀπαίρουσι δὲ καὶ αἱ φάτται καὶ αἱ πελειάδες /4/ καὶ οὐ χειμάζουσι, καὶ αἱ χελιδόνες καὶ αἱ τρυγόνες· αἱ /5/ δὲ περιστεραὶ καταμένουσιν. ὁμοίως δὲ καὶ οἱ ὄρτυγες, ἐὰν μή τινες ὑπολειφθῶσι καὶ τῶν τρυγόνων καὶ τῶν ὀρτύγων ἐν εὐηλίοις χωρίοις. ἀγελάζονται δ' αἵ τε φάτται καὶ αἱ τρυγόνες ὅταν τε παραγίνωνται καὶ ὅταν πάλιν ὥρα ᾖ πρὸς τὴν ἀνακομιδήν. οἱ δ' ὄρτυγες ὅταν πέσωσιν, ἐὰν μὲν εὐδία ἢ βόρειον ᾖ, συνδυάζονταί τε καὶ ἠρεμοῦσιν, ἐὰν δὲ νότος, χαλεπῶς ἔχουσι διὰ τὸ μὴ εἶναι πτητικοί· ὑγρὸς γὰρ καὶ βαρὺς ὁ ἄνεμος· διὸ καὶ οἱ θηρεύοντες ἐπιχειροῦσι τοῖς νοτίοις. εὐδίας δ' οὐ πέτονται διὰ τὸ βάρος· πολὺ γὰρ τὸ σῶμα, διὸ καὶ βοῶντες πέτονται· πονοῦσι γάρ. ὅταν μὲν οὖν ἐκεῖθεν παραβάλλωσιν, οὐκ ἔχουσιν ἡγεμόνας· ὅταν δ' ἐντεῦθεν ἀπάρωσιν, ἥ τε γλωττὶς συναπαίρει καὶ ἡ ὀρτυγομήτρα καὶ ὁ ὠτὸς καὶ ὁ κύχραμος, ὅσπερ αὐτοὺς καὶ ἀνακαλεῖται νύκτωρ· καὶ ὅταν τούτου τὴν φωνὴν ἀκούσωσιν οἱ θηρεύοντες, ἴσασιν ὅτι οὐ καταμένουσιν. ἡ δ' ὀρτυγομήτρα παραπλήσιος τὴν μορφὴν τοῖς λιμναίοις ἐστί, καὶ ἡ γλωττὶς γλῶτταν ἐξαγομένην ἔχουσα μέχρι πόρρω. ὁ δ' ὠτὸς ὅμοιος ταῖς γλαυξὶ καὶ παρὰ τὰ ὦτα πτερύγιον ἔχων· ἔνιοι

597b1 post ἔχουσιν add. ἐν τῷ στομάχῳ G^a rc. Q Trap. Ott.: *in stomacho habent* Scot. Alb.: om. Guil. Gaza   ἑρμάλιθον G^a Q γ   **2** ἐκπέσῃ A^a rc. F^a X^c β γ (exc. om. in lac. K^c) Ald.: ἀνεμέσωσιν C^a Sn. Bk.: ἂν ἐμέσωσιν A^a pr. G^a Q Ott.: *vomitant* Scot. Alb.: *evomuerint* Guil.: *deciderit* Gaza   **3** αἱ^(1) om. α (exc. C^a)   **4** καὶ αἱ χελιδόνες om. C^a A^a pr. G^a Q, Guil. Ott.   **6** τριγώνων A^a Q: τρυγώνων G^a   **7** εὐήλοις C^a pr.: εὐείλοις C^a rc. A^a pr. G^a Q, Bk. Dt. **8** παραγένωνται α γ Ald. Cs. Sn.   πάλιν ὅταν transp. α Bk.   **9** ἐμπέσωσιν C^a A^a pr. G^a Q Dt.   **10** ἢ βόρειον ἢ C^a A^a G^a pr.   συνδοιάζονται F^a X^c   τε om. α   ἠρεμοῦσιν A^a rc. F^a X^c β γ Ald.: εὐημεροῦσιν C^a A^a pr. G^a Q Guil. Gaza edd. Bk.   **12** διὸ] διότι L^c   post θηρ. add. οὐκ C^a A^a pr. G^a Q Guil. A.-W. Kraak: *accipiunt ipsas manibus* Scot. (scil. om. οὐκ) **13** εὐδίας δ' οὐ πέτονται om. Scot.: *tranquillitate autem non volant* Guil.   **15** παραβάλωσιν C^a, O^c T^c   **16** ἀπαίρωσιν α Cs.   συνεπαίρει E^a   **17** et **21** ὦτος α   **17** κεχράμος C^a A^a pr. G^a Q: κίχραμος β   **18** νυκτός γ (exc. L^c)   **22** παρὰ C^a β L^c rc.: περὶ cett. Ald. edd.   πτερύγα α γ Ald.

ARISTOTELIS

δ' αὐτὸν νυκτικόρακα καλοῦσιν. ἔστι δὲ κοβάλος καὶ μιμητής, καὶ ἀντορχούμενος ἁλίσκεται περιελθόντος θατέρου τῶν /25/ θηρευτῶν, καθάπερ γλαύξ. ὅλως δὲ τὰ γαμψώνυχα πάντα βραχυτράχηλα καὶ πλατύγλωττα καὶ μιμητικά· καὶ γὰρ τὸ Ἰνδικὸν ὄρνεον ἡ ψιττάκη, τὸ λεγόμενον ἀνθρωπόγλωττον, τοιοῦτόν ἐστι· καὶ ἀκολαστότερον δὲ γίνεται ὅταν πίῃ οἶνον.

ἀγελαῖοι δὲ τῶν ὀρνίθων εἰσὶ γέρανος κύκνος πελεκὰν χὴν ὁ μικρός.

[13] τῶν δ' ἰχθύων οἱ μέν, ὥσπερ εἴρηται, μεταβάλλουσι πρὸς τὴν γῆν ἐκ τοῦ πελάγους καὶ εἰς τὸ πέλαγος ἀπὸ τῆς γῆς, φεύγοντες τὰς ὑπερβολὰς τοῦ ψύχους καὶ τῆς ἀλέας. ἀμείνους δ' εἰσὶν οἱ πρόσγειοι τῶν πελαγίων· πλείω γὰρ καὶ βελτίω νομὴν ἔχουσιν· ὅπου γὰρ ἂν ὁ ἥλιος ἐπιβάλλῃ, φύεται πλείω καὶ βελτίω καὶ ἁπαλώτερα, οἷον ἐν κήποις. καὶ ὁ θὶς ὁ μέλας φύεται πρὸς τῇ γῇ, ὁ δ' ἄλλος ὅμοιός ἐστι τοῖς ἀγρίοις. ἔτι δὲ καὶ κεκραμένοι τυγχάνουσι καλῶς τῷ θερμῷ καὶ τῷ ψυχρῷ οἱ τόποι οἱ πρόσγειοι τῆς θαλάττης· διὸ καὶ αἱ σάρκες συνεστᾶσι μᾶλλον τῶν τοιούτων ἰχθύων, τῶν δὲ πελαγίων ὑγραί εἰσι καὶ κεχυμέναι. εἰσὶ δὲ πρόσγειοι σινώδων κάνθαρος ὀρφὸς χρύσοφρυς κεστρεὺς τρί-

23 ἔστι] ἔτι A[a] F[a] X[c]: ὅτι O[c]pr. T[c] Ald.   κολοβὸς β γ Ald.   μιμ. καὶ κ. transp. β   24 καὶ om. L[c]pr. m n   post ἁλίσκ. add. δὲ α γ Dt.   περιελθόντος θατέρου α β L[c]rc. Ald.: προελθόντος τοῦ θέρους K[c] M[c] L[c]pr. m n: περιελθὼν τοῦ θέρους E[a] P   25 θηρευόντων α   post καθάπερ add. ἡ α Bk.   γαμψὰ γ (exc. L[c]rc.)   27 σιττακή C[a]: σιτακή A[a]pr. G[a] Q Ott.: ψιτάκη β   28 δὲ α β Ald. Bk.: τε E[a] P M[c] L[c] n: γε m: om. K[c]   29 πίνῃ C[a] ἀγελαῖον O[c] T[c]   32 πρὸς α Bk.: εἰς β γ Ald.   598a2 νομὴν καὶ βελτίω transp. β   3 ὅπου ... 4 βελτίω post 6 ἀγρίοις transp. L[c]pr. m n: om. M[c] post ἂν add. ἢ P   ἐπιβάλῃ α (exc. C[a])   φύεται πλείω β γ Ald.: πλείω γίνεται α   4 βελτίω νομὴν ἔχουσι καὶ ἁπαλωτέραν E[a] K[c]: βελτίω νομὴν ἔχουσι καὶ βέλτιον καὶ ἁπαλωτέραν P: καὶ ἁπαλωτέραν ceteris omissis M[c] L[c] m n   5 θὶς] θεὶς C[a] A[a]pr. G[a] Q; caper Scot. Alb.: this Guil.: thina Trap.: lituus Gaza   μέλας] μέγας C[a] G[a]pr. Q Guil.   6 κεκραμένοι β K[c] L[c]rc. m Bk.: κεκραμμένοι α E[a] P M[c]: κεκρασμένοι L[c]pr. Ald.: κ lac. μένοι n   7 ψυ. οἱ πρόσγ. τόποι τῆς β   8 αἱ om. γ (exc. Prc. mrc.) Ald.   συνεστήκασι L[c]pr. Ald. Cs. Sn.   10 συνώδων β (exc. συνόδων O[c] T[c]) γ Ald.: συνόδων καὶ α: synodon Guil.: σινώδων, σινόδων, κυνόδων cjj. edd.

358

γλη κίχλη δράκων καλλιώνυμος κωβιός καὶ τὰ πετραῖα πάντα· πελάγιοι δὲ τρυγὼν καὶ τὰ σελάχη καὶ γόγγροι οἱ λευκοὶ χάννη ἐρυθρῖνος γλαῦκος· φάγροι δὲ καὶ σκορπίοι καὶ γόγγροι οἱ μέλανες καὶ μύραιναι καὶ κόκκυγες ἐπαμφοτερίζουσιν. εἰσὶ δὲ διαφοραὶ τούτων καὶ κατὰ τοὺς τόπους, οἷον περὶ Κρήτην οἱ κωβιοὶ καὶ τὰ πετραῖα πάντα πίονα γίνεται. γίνεται δὲ καὶ ὁ θύννος ἀγαθὸς πάλιν μετ' ἀρκτοῦρον· ἤδη γὰρ οἰστρῶν παύεται ταύτην τὴν ὥραν· διὰ γὰρ τοῦτο ἐν τῷ θέρει χείρων ἐστίν.

γίνονται δὲ καὶ ἐν ταῖς λιμνοθαλάτταις πολλοὶ τῶν ἰχθύων, οἷον σάλπαι χρύσοφρυς τρίγλη καὶ τῶν ἄλλων σχεδὸν οἱ πλεῖστοι. γίνονται δὲ καὶ ἅμιαι, οἷον περὶ Ἀλωπεκόννησον· καὶ ἐν τῇ Βιστωνίδι λίμνῃ ἔνεστι τὰ γένη τῶν ἰχθύων. τῶν δὲ κολίων οἱ πολλοὶ εἰς μὲν τὸν Πόντον οὐκ ἐμβάλλουσιν, ἐν δὲ τῇ Προποντίδι θερίζουσι καὶ ἐντίκτουσι, χειμάζουσι δ' ἐν τῷ Αἰγαίῳ. θυννίδες δὲ καὶ πηλαμύδες καὶ ἅμιαι εἰς τὸν Πόντον ἐμβάλλουσι τοῦ ἔαρος καὶ θερίζουσιν, σχεδὸν δὲ καὶ οἱ πλεῖστοι τῶν ῥυάδων καὶ ἀγελαίων ἰχθύων. εἰσὶ δ' οἱ πλεῖστοι ἀγελαῖοι. ἔχουσι δ' οἱ ἀγελαῖοι ἡγεμόνα.

---

11 κωβιὸς Cᵃ β *Prc.* Lᶜ Ald. Bk.: καρβίος Aᵃ*pr.* Gᵃ Q: ἀρβιὸς Fᵃ Xᶜ: βιὸς Aᵃ*rc.*, P*pr.* Kᶜ Mᶜ m n: om. Eᵃ **12** πελάγια α: πελάγιον n **13** οἱ γόγ. λευκοί Cᵃ Aᵃ*pr.* Gᵃ Q: οἱ γόγ. οἱ λ. Aᵃ*rc.* Fᵃ Xᶜ: γόγ. λευκοί Ald. χάννα α: χάννοι Lᶜ m n φαῦροι β Lᶜ*rc.* δὲ] τε Cᵃ **14** οἱ om. α μύραινα γ **15** καὶ om. m **16** κατὰ] περὶ Fᵃ*pr.* Xᶜ τοὺς om. Aᵃ Fᵃ Xᶜ **17** πίονα πάντα transp. γ (exc. Lᶜ*rc.*) θύννος] varia cf. 597a22 **18** πάλιν] πλὴν Cᵃ Guil. οἴστρω γ (exc. Lᶜ*rc.*) **20** σάρπη α **21** τρίγλα P: τρίγλαι Lᶜ*pr.* m n **22** ante ἅμιαι add. αἱ γ Ald. ἅμιαι β Lᶜ*rc.* Ald. Bk.: ἁμίαι α Dt.: ἅμειαι γ (exc. Lᶜ*rc.*) ἀλωπεκόννησον Fᵃ Xᶜ Ald. Bk.: ἀλώπεκον νῆσον Cᵃ Aᵃ Gᵃ Q: ἀλωπεκόνησον β γ **23** βιστωνίδι β: βιστώνη γ Ald. post τὰ add πλεῖστα α m*rc.* Guil. Gaza Cs. Bk. **24** κολίων β *Prc.* Lᶜ*rc.* Ald.: κολοιῶν α m*rc.*: κοιλίων γ (exc. *Prc.* Lᶜ*rc.* m*rc.*): κολιῶν edd. post οἱ add. μὲν α τὸν om. β πόντον] τόπον Cᵃ ἐκβάλλουσιν Aᵃ*rc.* Fᵃ*rc.* Xᶜ **25** ἐκτίκτουσι γ Ald. Bk. Dt. **26** αἰγιαλῷ Cᵃ Aᵃ*pr.* Gᵃ Q θυννίδες Cᵃ: θύνιδες Aᵃ*rc.* Fᵃ Xᶜ: θυνῆδες Aᵃ*pr.* Gᵃ Q: θύννες s. θύννες β γ (exc. *Prc.*): θύννοι *Prc.* δὲ⁽²⁾ om. Aᵃ*pr.* Gᵃ Q παλαμύδες Lᶜ Ald. **27** ἁμίαι Cᵃ: ἅμειαι γ **28** ῥυάλων α (exc. Aᵃ*rc.*) **29** δὲ εἰσὶν transp. γ ἡγεμόνας α Bk. Dt.

πάντες δὲ εἰσπλέουσι δ' εἰς τὸν Πόντον διά τε τὴν τροφήν (ἡ γὰρ νομὴ καὶ πλείων καὶ βελτίων διὰ τὸ πότιμον), καὶ τὰ θηρία τὰ μεγάλα ἐλάττω· ἔξω γὰρ δελφῖνος καὶ φωκαίνης οὐδέν ἐστιν ἐν τῷ Πόντῳ, καὶ ὁ δελφὶς μικρός. ἔξω δ' εὐθὺς προελθόντι μεγάλοι. διά τε δὴ τὴν τροφὴν εἰσπλέουσι καὶ διὰ τὸν τόκον· τόποι γάρ εἰσιν ἐπιτήδειοι εἰς τὸ τίκτειν, /5/ καὶ τὸ πότιμον καὶ τὸ γλυκύτερον ὕδωρ ἐκτρέφει τὰ κυήματα. ὅταν δὲ τέκωσι καὶ τὰ γεννώμενα αὐξηθῇ, ἐκπλέουσιν εὐθὺς μετὰ Πλειάδα. ἂν μὲν οὖν νότιος ὁ χειμὼν ᾖ, βραδύτερον ἐκπλέουσιν, ἂν δὲ βόρειος, θᾶττον διὰ τὸ τὸ πνεῦμα συνεπουρίζειν. καὶ ὁ γόνος δὲ τότε μικρὸς ἁλίσκεται περὶ Βυζάντιον ἅτε οὐ γενομένης ἐν τῷ Πόντῳ πολλῆς διατριβῆς. οἱ μὲν οὖν ἄλλοι καὶ ἐκπλέοντες καὶ εἰσπλέοντες δῆλοί εἰσιν, οἱ δὲ τριχίαι μόνοι τῶν ἰχθύων εἰσπλέοντες μὲν ἁλίσκονται, ἐκπλέοντες δ' οὐχ ὁρῶνται, ἀλλὰ καὶ ὅταν ληφθῇ τις περὶ Βυζάντιον οἱ ἁλιεῖς τὰ δίκτυα περικαθαίρουσι διὰ τὸ μὴ εἰωθέναι ἐκπλεῖν. αἴτιον δ' ὅτι οὗτοι μόνοι ἀναπλέουσιν εἰς τὸν Ἴστρον, εἶθ' ᾗ σχίζεται καταπλέουσιν εἰς τὸν Ἀδρίαν. σημεῖον δέ, καὶ γὰρ συμβαίνει τοὐναντίον· εἰσπλέοντες μὲν

HISTORIA ANIMALIUM VII(VIII)

γὰρ οὐχ ἁλίσκονται εἰς τὸν Ἀδρίαν, ἐκπλέοντες δ' ἁλίσκονται. εἰσπλέουσι δ' οἱ θύννοι ἐπὶ δεξιὰ ἐχόμενοι τῆς γῆς, ἐκπλέουσι δ' ἐπ' ἀριστερά· τοῦτο δέ φασί τινες ποιεῖν ὅτι τῷ δεξιῷ ὀξύτερον ὁρῶσι, φύσει οὐκ ὀξὺ βλέποντες.
τὴν μὲν οὖν ἡμέραν οἱ ῥυάδες κομίζονται, τὴν δὲ νύκτα ἡσυχάζουσι καὶ νέμονται ἐὰν μὴ σελήνη ᾖ· τότε δὲ κομίζονται καὶ οὐχ ἡσυχάζουσιν. λέγουσι δέ τινες τῶν περὶ τὴν θάλατταν ὡς ὅταν τροπαὶ χειμεριναὶ γίνωνται, οὐκέτι κινοῦνται ἀλλ' ἡσυχάζουσιν, ὅπου ἂν τύχωσι καταλειφθέντες, μέχρι ἰσημερίας.
οἱ μὲν οὖν κολίαι εἰσπλέοντες ἁλίσκονται, ἐξιόντες δ' ἧττον· ἄριστοι δ' εἰσὶν ἐν τῇ Προποντίδι πρὸ τοῦ τίκτειν. οἱ δ' ἄλλοι ῥυάδες ἐξιόντες ἐκ τοῦ Πόντου ἁλίσκονταί τε καὶ μᾶλλον ἄριστοι τότε εἰσίν· ὅταν δ' εἰσπλέωσιν, ἐγγύτατα τοῦ Αἰγαίου πιότατοι ἁλίσκονται, ὅσῳ δ' ἀνωτέρω, ἀεὶ λεπτότεροι. πολλάκις δὲ καὶ ὅταν πνεῦμα ἀντικόψῃ νότιον ἐκπλέουσι τοῖς κολίοις καὶ τοῖς σκόμβροις, κάτω ἁλίσκονται μᾶλλον ἢ περὶ Βυζάντιον.

πλέοντες δὲ ἁλίσκονται εἰσπλέουσι δὲ οἱ θυν. O^cpr. T^c: ἐκπλέοντες μὲν ἀεὶ ἁλίσκονται, εἰσπλέοντες δὲ οὐδέποτε, οἱ δὲ θυν. O^crc.: ἐκπλέοντες μὲν γὰρ εἰσπλέοντες δὲ οὐχ ἁλίσκονται, εἰσπλέουσι δὲ οἱ θυν. L^cpr.: ἐκπλέοντες μὲν γὰρ οὐχ ἁλίσκονται εἰς τὸν ἀδρίαν εἰσπλέοντες δὲ ἁλίσκονται, εἰσπλέουσι δὲ οἱ θυν. L^crc. Ald.: exeuntes enim semper capiuntur, subeuntes nunquam. thunni Gaza **18** γὰρ om. α (exc. C^a) ἀνδρίαν α **21** τῷ δεξιὸν G^a Q φύσιν A^apr. G^a Q, n post φύσει add. τῷ δ' ἀριστέρῳ L^cpr. Gaza Ald. ὀξεῖ A^a βλέπουσι L^cpr. Ald. **22** οὖν om. A^apr. G^a Q **23** καὶ νέμονται ... **24** ἡσυχάζουσιν om. γ (exc. L^crc.: caret signif. m) ἐὰν β: ἂν α νομίζονται R^c καὶ⁽²⁾ α Bk.: κἂν β L^crc. Ald. **25** γένωνται α **26** καταληφθέντες L^c m n Guil. Ald. Bk. **27** οὖν om. G^a Q κολίαι β (exc. κοκλίαι R^c) L^crc. Ald.: κολιοί C^a G^a Q: κολοιοί A^a F^a X^c: κόνες E^a K^c m: κόντες P M^c: θύννες L^cpr.: κύνες n: *kolie* Guil.: *v.l.* κοκλίοι *et alii* κοκλοιοι Ott. εἰσπλέοντες] εἰσιόντες Ald. **28** ἄρισται E^a P K^c M^c n **29** ἁλίσκονταί τε καὶ μᾶλλον ἄριστοι β γ Ald.: ἀλ. μᾶλ. κ. ἄρ. α Gaza Cs. μᾶλλον ... **31** ἁλίσκονται om. Q **30** post εἰσπ. add. οἱ α αἰγαίου C^a A^apr. G^a F^arc., O^crc., mrc., Scot. Guil. Gaza: αἰγιαλοῦ A^arc. β γ Ald. Bk. **31** λεπτότατοι α (exc. C^a) **599a1** ἐκπνέουσι E^a Ppr. M^c n: συνεκπλέουσι L^c Ald.: ἐκπλέουσι συν mrc.: *ut cum monedulis et scobris exeant* Gaza post ἐκπλ. add. καὶ α **2** κολίοις s. κολιοῖς cett.: κολοιοῖς A^a G^arc. Q F^a X^c: κολίαις cj. Sylb. edd. (cf. 598b27) post σκόμ. add. καὶ L^c Gaza Ald. **3** τὸ βυζ. F^a X^c

τοὺς μὲν οὖν ἐκτοπισμοὺς τοῦτον ποιοῦνται τὸν τρόπον. τὸ δ' αὐτὸ τοῦτο συμβαίνει πάθος καὶ ἐπὶ τῶν χερσαίων κατὰ τὴν φωλείαν· τοῦ μὲν γὰρ χειμῶνος ὁρμῶσι πρὸς τὴν φωλείαν, ἀπαλλάττονται δὲ κατὰ τὴν θερμοτέραν ὥραν. ποιοῦνται δὲ τὰ ζῷα καὶ τὰς φωλείας πρὸς τὴν βοήθειαν καὶ τὰς ὑπερβολὰς τῆς ὥρας ἑκατέρας. φωλεῖ δὲ τῶν μὲν ὅλον τὸ γένος, ἐνίων δὲ τὰ μὲν τὰ δ' οὔ. τὰ μὲν γὰρ ὀστρακόδερμα πάντα φωλεῖ, οἷον τά τε ἐν τῇ θαλάττῃ, πορφύραι καὶ κήρυκες καὶ πᾶν τὸ τοιοῦτον γένος· ἀλλὰ τῶν μὲν ἀπολελυμένων ἐπιδηλότερός ἐστιν ἡ φωλεία (κρύπτουσι γὰρ αὑτά, οἷον οἱ κτένες, τὰ δ' ἴσχει ἐπιπολῆς ἐπικάλυμμα, οἷον οἱ χερσαῖοι κοχλίαι), τῶν δ' ἀναπολύτων ἄδηλος ἡ μεταβολή. φωλοῦσι δ' οὐ τὴν αὐτὴν ὥραν, ἀλλ' οἱ μὲν κοχλίαι τοῦ χειμῶνος, αἱ δὲ πορφύραι καὶ οἱ κήρυκες ὑπὸ κύνα περὶ ἡμέρας τριάκοντα, καὶ οἱ κτένες περὶ τὸν αὐτὸν χρόνον. τὰ δὲ πλεῖστα αὐτῶν φωλεῖ καὶ ἐν τοῖς σφόδρα ψύχεσι καὶ ἐν ταῖς σφόδρα ἀλέαις.

[14] τὰ δ' ἔντομα σχεδὸν ἅπαντα φωλεῖ, πλὴν εἴ τι ἐν ταῖς οἰκήσεσι συνανθρωπεύεται αὐτῶν καὶ ὅσα φθείρεται καὶ μὴ διετίζει. ταῦτα δὲ φωλεῖ τοῦ χειμῶνος. φωλεῖ δὲ τὰ μὲν πλείους ἡμέρας, τὰ δὲ τὰς χειμεριωτάτας, οἷον αἱ μέλιτται· καὶ γὰρ αὗται φωλοῦσιν. σημεῖον δ' ὅτι οὐδὲν φαίνονται γευόμεναι τῆς παρακειμένης τροφῆς· καὶ ἐάν τις αὐτῶν ἐξερπύσῃ, φαίνεται δια-

---

4 ἐκτοπισμένους X[c] 5 καὶ ἐπὶ om. G[a] Q 6 et 7 φώλην E[a] K[c] M[c] m n 8 καὶ[(1)]] κατὰ A[a] G[a] Q   φώλας E[a] m n 9 ἑκατ. ὥρας transp. P φωλεῖ δὲ τῶν α m*corr.* Guil. Gaza Ott. Bk.: φολιδωτῶν β γ (exc. φολιδωτὰ P) Ald. 13 φώλη C[a], E[a] P M[c] m n: φωλέα K[c] 14 οἱ om. γ (exc. L[c]*rc*.) ἴσχει] ἔχει Ald.   ἔπι πολλῆς α (exc. C[a]) E[a] 15 ἀπολύτων α 20 πάντα α 21 εἴ τι ἐν β L[c]*rc*. Guil. Ald. Bk.: εἴ τινες ἐν α: εἰπεῖν γ (exc. L[c]*rc*.)   ταῖς] τοῖς A[a]*pr.* G[a] Q   post οἰκ. add. εἴ τι γ   post συν. add. δὲ α   22 αὐτῶν] αὐτοῖς L[c]*pr.* m n 24 τὰς om. L[c]*pr.*   χειμεριωτέρας L[c]*pr.* m Ald.: χειμεριωτίας n 25 φαίνονται γευόμεναι β γ Ald. Bk.: γεύεται α Guil. 26 καὶ ἐάν] κἄν α Bk.   ἐξερπύσας γ (exc. L[c]*pr.* m*rc*.)   ἀφανής γ (exc. L[c]*rc*.) Ald.

HISTORIA ANIMALIUM VII(VIII)

φανῆς καὶ οὐθὲν ἐν τῇ κοιλίᾳ ἐνὸν δῆλον. ἡσυχάζει δ' ἀπὸ Πλειάδος δύσεως μέχρι τοῦ ἔαρος. ποιεῖται δὲ τὰ ζῷα τὰς φωλείας ἀποκρυπτόμενα ἐν ἀλεεινοῖς καὶ ἐν οἷς εἴωθε τόποις ἐπικοιτάζεσθαι. [15] φωλεῖ δὲ καὶ τῶν ἐναίμων πολλά, οἷον τά τε φολιδωτά, ὄφεις τε καὶ σαῦραι καὶ ἀσκαλαβῶται καὶ κροκόδειλοι οἱ ποτάμιοι, τέτταρας μῆνας τοὺς χειμεριωτάτους, καὶ οὐκ ἐσθίουσιν οὐδέν. οἱ μὲν οὖν ἄλλοι ὄφεις ἐν τῇ γῇ φωλεύουσιν, αἱ δ' ἔχιδναι ὑπὸ τὰς πέτρας κατακρύπτουσιν ἑαυτάς.

φωλοῦσι δὲ πολλοὶ καὶ τῶν ἰχθύων, ἐμφανέστατα /3/ δ' ἵππουρος καὶ κορακῖνος τοῦ χειμῶνος· οὗτοι γὰρ /4/ μόνοι οὐχ ἁλίσκονται οὐδαμοῦ πλὴν κατά τινας χρόνους τακτοὺς /5/ καὶ τοὺς αὐτοὺς ἀεί, τὰ δὲ λοιπὰ πάντα φωλεῖ σχεδόν. φωλοῦσι δὲ καὶ μύραινα καὶ ὀρφὸς καὶ γόγγρος. κατὰ συζυγίας δ' οἱ πετραῖοι φωλεύουσιν οἱ ἄρρενες τοῖς θήλεσιν ὥσπερ καὶ νεοττεύουσιν, οἷον κίχλαι κόττυφοι πέρκαι. φωλοῦσι δὲ καὶ οἱ θύννοι τοῦ χειμῶνος ἐν τοῖς βάθεσι, καὶ γίνονται πιότατοι μετὰ τὴν φωλείαν, καὶ ἄρχονται θηρεύεσθαι ἀπὸ Πλειάδος ἀνατολῆς μέχρι Ἀρκτούρου δύσεως τὸ ἔσχατον· τὸν δ' ἄλλον χρόνον ἡσυχίαν ἔχουσι φωλοῦντες. ἁλίσκονται δ' ἔνιοι περὶ τὸν χρόνον τῆς φωλείας καὶ τούτων καὶ τῶν ἄλλων τινὲς

28 ποιεῖ α   30 ἐπικοιτάζεσθαι β γ Gaza Ald. Bk.: ἐπηλυγάζεσθαι α (ἐπιλ-C^a) Guil. A.-W   καὶ τῶν ἐν. πολλά α Bk.: καὶ τὰ πολλὰ τῶν ἐν. β Ald.: πολλὰ καὶ τῶν ἐν. γ Cs.   31 σαῦροι C^a A^a G^a Q, L^c   599b1 φωλοῦσιν α Bk.   αἱ] οἱ C^a γ (exc. L^c rc.)   ἐχῖνοι E^a L^c pr.: ἐχιναί P pr. M^c n   ἀποκρύπτουσιν α Bk.: κρύπτουσιν L^c m n Ald.   2 ἑαυτούς γ (exc. L^c rc.)   καὶ om. P   ἐπιφανέστατα α Bk.   3 ἵππορος α (exc. C^a)   post ἵππ. add. τε α   4 μόνον α (exc. C^a)   5 καὶ τοὺς αὐτοὺς om. Ald.   αὐτοὺς] ἄλλους C^a   φωλεῖ om. α γ (exc. L^c rc.) Cs. edd.   post σχεδόν add. οὐχ ἁλίσκονται G^a rc. Q Ott.   φωλοῦσι β E^a P K^c M^c: φωλεύουσι L^c m n Ald.: φωλεῖ α Cs. edd.   6 δ' οἱ] δὲ καὶ οἱ α   7 φωλοῦσιν α Bk.   8 κίχλοι E^a P pr. K^c M^c: κίχλη P rc. n   πέρκαι] περὶ γ (exc. L^c rc. m)   9 θύννοι] varia ut 597a22

363

τῶν φωλούντων κινούμενοι ἂν ἀλεεινὸς ᾖ ὁ τόπος καὶ ἐπιγίνωνται εὐδίαι παράλογοι· ἀπὸ γὰρ τῆς θαλάμης προέρχονται μικρὸν ἐπὶ νομήν· καὶ ταῖς πανσελήνοις. εἰσὶ δ' οἱ πολλοὶ φωλοῦντες ἥδιστοι. αἱ δὲ πριμαδίαι κρύπτουσιν ἑαυτὰς ἐν τῷ βορβόρῳ· σημεῖον δὲ τό τε μὴ ἁλίσκεσθαι καὶ ἰλὺν δ' ἔχουσαι ἐν τῷ νώτῳ φαίνεσθαι πολλὴν καὶ τὰ πτερύγια ἐντεθλιμμένα. κατὰ δὲ τὴν εἰρημένην ὥραν κινοῦνται καὶ προέρχονται πρὸς τὴν γῆν ὀχευόμεναι καὶ τίκτουσαι, καὶ ἁλίσκονται κύοντες· καὶ τότε ὡραῖοι δοκοῦσιν εἶναι, οἱ δὲ μετοπωρινοὶ καὶ χειμερινοὶ χείρους· ἅμα δὲ καὶ οἱ ἄρρενες φαίνονται πλήρεις ὄντες θοροῦ. ὅταν μὲν οὖν μικρὰ τὰ κυήματ' ἔχωσι, δυσάλωτοί εἰσιν, ὅταν δὲ μείζω, πολλοὶ ἁλίσκονται διὰ τὸ οἰστρᾶν. φωλεῖ δὲ τὰ μὲν ἐν τῇ ἄμμῳ τὰ δ' ἐν τῷ πηλῷ, ὑπερέχοντα τὸ στόμα μόνον.

τὰ μὲν οὖν πλεῖστα φωλεῖ τοῦ χειμῶνος, τὰ δὲ μαλακόστρακα καὶ τῶν /29/ ἰχθύων οἱ πετραῖοι καὶ βάτοι καὶ τὰ σελαχώδη τὰς χειμεριωτάτας ἡμέρας· δηλοῖ δὲ τὸ μὴ ἁλίσκεσθαι ὅταν ᾖ ψύχη. ἔνιοι δὲ τῶν ἰχθύων φωλοῦσι καὶ τοῦ θέρους, οἷον γλαῦκος· οὗτος γὰρ τοῦ θέρους φωλεῖ περὶ ἑξήκονθ' ἡμέρας. φωλεῖ δὲ καὶ ὁ ὄνος καὶ ὁ χρύσοφρυς· σημεῖον δὲ δοκεῖ εἶναι τοῦ τὸν ὄνον πλεῖστον φωλεῖν χρόνον τὸ διὰ πλείστου

---

14 ἂν... τόπος α Guil. Bk.: ἐν ἀλεεινοῖσι (sive ἀλεεινοῖς) τόποις β γ Gaza Ald. post καὶ add. ἂν m   ἐπιγίνωνται Cᵃ, m*corr*., Bk.: ἐπιγίνονται α (exc. Cᵃ) β L*c*rc.: ἐπιτείνονται γ (exc. L*c*rc. m*corr*.) Ald.: *facte fuerint* Guil.: *contingant* Gaza post ἐπ. add. αἱ γ Ald.   **15** προέρχεται Cᵃ   **17** πριμάδες α Guil. Bk. **18** τε om. γ   καὶ om. γ Ald.   **19** δ' om. α Sn.   ἔχουσαι β L*c*rc. Ald.: ἐχούσας α Sn.: ἔχουσιν γ (exc. L*c*rc.)   ἐπὶ τοῦ νώτου α Sn.   φαίνονται L*c*corr. Ald.   **20** εἰρημένην] ἐαρινὴν m*rc*. Gaza cj. Scal. Cs. Sn. Bk. προσέρχονται α (exc. Cᵃ)   **21** ὀχευόμενοι καὶ τίκτοντες α A.-W.   **22** κύουσαι L*c* m n Ald. Sn. Bk.   δοκ. ὥρ. transp. α Bk.   αἱ δὲ μετοπώριναι καὶ χειμέριναι m   **24** ὄντες] εἶναι α (exc. Cᵃ)   **25** ἁλίσκονται om. Kᶜ   **26** οἰστρᾶν α β L*c*rc. Ald.: ὅστρας Eᵃ Kᶜ Mᶜ: ὕστραν P: ὄστριον L*c*pr.: ὄστρ lac. m: ὀστρέον n   **27** οὖν om. Bk. (typ. err.)   πλείονα m **28** ante τοῦ add. μόνον α Gaza Sn. Bk.   δὲ] τε γ   **29** καὶ βάτοι om. Ald.   βάτη Aᵃ Gᵃ Q Ott.   χειμερωτάτας γ (exc. Kᶜ Mᶜ L*c*rc.)   **30** ante ἡμέρας add. μόνον α   τὸ] τῷ β   **32** ante γλαῦκος add. ὁ α Dt. τοῦ θέρους om. L*c*pr. m n   **33** ὁ⁽¹⁾ om. γ   ὁ⁽²⁾ om. Eᵃ   **600a1** τὸν ὄνον] μόνον γ (exc. L*c*rc.)   πλεῖστον φωλεῖν] δοκεῖν φ. πλ. L*c* m n: φωλ. πλ. Ald.

HISTORIA ANIMALIUM VII(VIII)

ἁλίσκεσθαι χρόνου. τοῦ δὲ καὶ θέρους τοὺς ἰχθῦς φωλεῖν δοκεῖ σημεῖον εἶναι τὸ ἐπὶ τοῖς ἄστροις γίνεσθαι τὰς ἁλώσεις, καὶ μάλιστα ἐπὶ κυνί· τηνικαῦτα γὰρ ἀνατρέπεσθαι τὴν θάλατταν, ὅπερ ἐν τῷ Βοσπόρῳ γνωριμώτερόν ἐστιν· ἡ γὰρ ἰλὺς ἐπάνω γίνεται καὶ ἐπιφέρονται οἱ ἰχθύες. φασὶ δὲ καὶ πολλάκις τριβομένου τοῦ βυθοῦ ἁλίσκεσθαι πλείους ἐν τῷ αὐτῷ βόλῳ τὸ δεύτερον ἢ τὸ πρῶτον. καὶ ἐπειδὰν ὄμβροι μεγάλοι γένωνται πολλὰ φαίνεται ζῷα τῶν πρότερον ἢ ὅλως οὐχ ἑωραμένων ἢ οὐ πολλάκις.

[16] φωλοῦσι δὲ πολλοὶ καὶ/11/τῶν ὀρνίθων, καὶ οὐχ ὥς τινες οἴονται ὀλίγοι ἢ εἰς ἀλεεινοὺς τόπους ἀπέρχονται πάντες· ἀλλ' οἱ μὲν πλησίον ὄντες τοιούτων τόπων ἐν οἷς ἀεὶ διαμένουσι, καὶ ἰκτῖνοι καὶ χελιδόνες, ἀποχωροῦσιν ἐνταῦθα, οἱ δὲ πορρωτέρω ὄντες τῶν τοιούτων οὐκ ἐκτοπίζουσιν ἀλλὰ κρύπτουσιν ἑαυτούς. ἤδη γὰρ ὠμμέναι πολλαὶ χελιδόνες εἰσὶν ἐν ἀγγείοις ἐψιλωμέναι πάμπαν, καὶ ἰκτῖνοι ἐκ τοιούτων ἐκπετόμενοι χωρίων, ὅταν φαίνωνται τὸ πρῶτον. φωλοῦσι δ' οὐθὲν διακεκριμένως καὶ τῶν γαμψωνύχων καὶ τῶν εὐθυωνύχων· φωλεῖ γὰρ καὶ πελαργὸς καὶ κόττυφος καὶ τρυγὼν καὶ κόρυδος, καὶ ἥ γε τρυγὼν ὁμολογουμένως μάλιστα πάντων· οὐθεὶς γὰρ ὡς εἰπεῖν λέγεται τρυγόνα ἰδεῖν οὐθαμοῦ χειμῶνος. ἄρχεται δὲ τῆς φωλείας

2 χρόν. ἀλ. transp. α Bk. post καὶ add. τοῦ Eᵃ 3 γενέσθαι α 5 ὅπερ] ὥσπερ Fᵃ Xᶜ γνωριμώτατον α Bk. 6 γίγνονται α (exc. Cᵃ) ἐπιφαίνονται P καὶ⁽²⁾ om. γ (exc. Lᶜrc.) 7 πλείω β ταὐτῷ γ 8 καὶ om. γ Ald. post ἐπειδὰν add. δὲ Lᶜ m Ald. μεγάλοι post γεν. transp. α Bk.: om. Sᶜ 9 γίγνωνται Lᶜ m n Ald. φαίνονται Ald. 10 οὐ⁽²⁾ om. Cᵃ Aᵃpr. Gᵃpr. 11 ὀλίγοι ἢ om. α Scot. Guil. Cs. 12 τοιούτῳ τόπῳ Ald. 13 καὶ⁽¹⁾] οἷον Lᶜ Gaza ἀποχωροῦσιν... 16 χελιδόνες εἰσίν om. m 14 πόρρω α post τοιούτων add. τόπων α ἐκτοπίζουσιν α β Lᶜrc. Ald. edd.: ἐπιπίπτουσιν γ (exc. Lᶜrc.: ἀπο- Eᵃpr.) 15 ἀποκρύπτουσιν Cᵃ: κατακρύπτουσιν Aᵃ Gᵃ Q post ὠμμέναι add. εἰσὶν Sᶜ, Lᶜ, Ald. 16 εἰσὶν om. β γ Ald. ἀγγείοις codd. Ald. edd.: plante Scot.: plantis Alb.: vasis Guil.: angustiis convallium Gaza 17 post ἐκ add. τῶν α (exc. Cᵃ) τὸ om. α 18 διακεκριμένου Aᵃpr. Gᵃ Q: διακεκρυμμένως Fᵃ Xᶜ 19 φωνεῖ Aᵃpr., Sᶜ, Lᶜrc. (del. Lᶜrcsm.) 20 post τρυγῶν⁽¹⁾ add. δὲ m κόρυλος Cᵃ: κόρυλλος α (exc. Cᵃ) Ott. γε] τε Q ὁμολογουμένη πάντων μάλιστα α (exc. Cᵃ) 22 τρυγόνα ἰδεῖν α Scot. Guil. Gaza Bk.: τρυγὼν ᾄδειν β γ Ald. post οὐθ. add. τοῦ β χειμῶνι Eᵃ

σφόδρα πίειρα οὖσα, καὶ πτεροῤῥυεῖ μὲν ἐν τῇ φωλείᾳ, παχεῖα μέντοι διατελεῖ οὖσα. τῶν δὲ φασσῶν ἔνιαι μὲν φωλοῦσιν, ἔνιαι δ' οὐ φωλοῦσιν ἀπέρχονται δ' ἅμα ταῖς χελιδόσιν. φωλεῖ δὲ καὶ ἡ κίχλη καὶ ὁ ψάρος καὶ τῶν γαμψωνύχων ἰκτῖνος ὀλίγας ἡμέρας καὶ ἡ γλαύξ.
[17] τῶν δὲ ζῳοτόκων καὶ τετραπόδων φωλοῦσιν οἵ τε ὕστριχες καὶ αἱ ἄρκτοι. ὅτι μὲν οὖν φωλοῦσιν αἱ ἄγριαι ἄρκτοι φανερόν ἐστι, πότερον δὲ διὰ ψῦχος ἢ δι' ἄλλην αἰτίαν ἀμφισβητεῖται. γίνονται γὰρ περὶ τὸν χρόνον τοῦτον οἱ ἄρρενες καὶ αἱ θήλειαι πιόταται, ὥστε μὴ εὐκίνητοι εἶναι. ἡ δὲ θήλεια καὶ τίκτει περὶ τοῦτον τὸν καιρόν, καὶ φωλεῖ ἕως ἂν ἐξάγειν ὥρα ᾖ τοὺς σκύμνους· τοῦτο δὲ ποιεῖ τοῦ ἔαρος περὶ τρίτον μῆνα ἀπὸ τροπῶν. τὸ δ' ἐλάχιστον φωλεῖ περὶ τετταράκονθ' ἡμέρας· τούτων δὲ δὶς ἑπτὰ λέγουσιν ἐν αἷς οὐδὲν κινεῖται, ἐν δὲ ταῖς πλείοσι ταῖς μετὰ ταῦτα φωλεῖ μὲν κινεῖται δὲ καὶ ἐγείρεται. κύουσα δ' ἄρκτος ἢ ὑπ' οὐθενὸς ἢ πάνυ ὑπ' ὀλίγων εἴληπται. ἐν δὲ τῷ χρόνῳ τούτῳ φανερόν ἐστιν ὅτι οὐθὲν ἐσθίουσιν· οὔτε γὰρ ἐξέρχονται, ὅταν τε ληφθῶσι κενὰ φαίνεται ἥ τε κοιλία καὶ τὰ ἔντερα. λέγεται δὲ καὶ διὰ τὸ μηδὲν προσφέρεσθαι τὸ ἔντερον ὀλίγου συμφύεσθαι αὐτῇ, καὶ διὰ τοῦτο πρῶτον ἐξιοῦσαν γεύεσθαι τοῦ ἄρου πρὸς τὸ ἀφιστάναι

---

23 παχέα Aᵃ Gᵃ Q   24 φασσῶν α Guil. Gaza Bk.: τιθασσῶν β γ Scot. Ald.   26 ὁ ψάρος Cᵃ Fᵃ Xᶜ, Lᶜpr., Ald.: ὄψαρος Aᵃrc. β (incert. Sᶜ) γ (exc. Lᶜ): ὄψαρρος Lᶜrc.: ὀψάρῳ Aᵃpr. Gᵃ Q   27 ἰκτ. post ἡμέρας transp. Lᶜ m n Ald.   ἡ om. α   τῶν δὲ] καὶ τῶν Gᵃ Q   28 οἵ τε ... 29 φωλοῦσιν om. γ (exc. Lᶜrc.)   αἵ τε ὕστριγγες καὶ ἄρκτοι α   29 ἄγριοι α (exc. Fᵃ Xᶜ) φανερόν ἐστι om. Lᶜpr. m n   31 γὰρ] δὲ Gᵃ Q   πιόταται β Eᵃ P Kᶜ Mᶜ   32 ἐντίκτει Lᶜ: ἐκτίκτει m n   600b2 τρίτον] τὸν Tᶜ   5 φωλεῖ om. Lᶜpr.: κινεῖ mpr. n   μὲν om. γ (exc. Lᶜrc. mrc.)   δὲ] τε Lᶜpr. Ald.   ἀγείρεται Aᵃpr. Gᵃ Q Fᵃ Xᶜ   6 ὑπ'⁽²⁾ om. α γ Dt.   ὀλίγον Fᵃ Xᶜ   7 ἐστιν om. Lᶜ m n   8 οὔτε] οὐδὲ Lᶜ m n   γὰρ om. Lᶜpr.   τε α Bk.: δὲ β γ Guil. Ald.   φαίνεται post 9 κοιλία transp. β: φαίνονται Lᶜ m n Ald.   9 καὶ⁽²⁾ om. γ Ald.   post καὶ⁽²⁾ add. ὡς α   10 ὀλίγον β γ Ald.   προσφύεσθαι α   11 πρῶτον] ποῶν Cᵃ Aᵃpr. Gᵃ Q Ott.: primo Guil.   ἀφεστάναι Lᶜ m n Ald.: ἀφιέναι α (exc. Cᵃ)

τὸ /12/ ἔντερον καὶ διευρύνειν. φωλεῖ δὲ καὶ ὁ ἐλειὸς ἐν αὑτοῖς τοῖς /13/ δένδρεσι, καὶ γίνεται τότε παχύτατος· καὶ ὁ μῦς ὁ Ποντικὸς /14/ ὁ λευκός. τῶν δὲ φωλούντων ἔνιοι τὸ καλούμενον γῆρας ἐκδύουσιν· ἔστι δὲ τοῦτο τὸ ἔσχατον δέρμα καὶ τὸ περὶ τὰς γενέσεις κέλυφος. τῶν μὲν οὖν πεζῶν καὶ ζῳοτόκων περὶ τῆς ἄρκτου ἀμφισβητεῖται ἡ αἰτία τῆς φωλείας, καθάπερ ἐλέχθη πρότερον· τὰ δὲ φολιδωτὰ φωλεῖ μὲν σχεδὸν τὰ πλεῖστα, ἐκδύνει δὲ τὸ γῆρας ὅσων τὸ δέρμα μαλακὸν καὶ μὴ ὀστρακῶδες ὥσπερ τῆς χελώνης (καὶ γὰρ ἡ χελώνη τῶν φολιδωτῶν ἐστι καὶ ὁ ἐμύς), ἀλλ' οἷον ἀσκαλαβώτης τε καὶ σαῦρος καὶ μάλιστα πάντων οἱ ὄφεις· ἐκδύνουσι γὰρ καὶ τοῦ ἔαρος ὅταν ἐξίωσι καὶ τοῦ μετοπώρου πάλιν. ἐκδύνουσι δὲ καὶ οἱ ἔχεις τὸ γῆρας καὶ τοῦ ἔαρος καὶ τοῦ μετοπώρου, καὶ οὐχ ὥσπερ τινές φασι τοῦτο τὸ γένος τῶν ὄφεων μὴ ἐκδύεσθαι μόνον. ὅταν δ' ἄρχωνται ἐκδύνειν οἱ ὄφεις, ἀπὸ τῶν ὀφθαλμῶν ἀφίστασθαι πρῶτόν φασιν, ὥστε δοκεῖν γίνεσθαι τυφλοὺς τοῖς μὴ συνιοῦσι τὸ πάθος· μετὰ δὲ τοῦτο ἀπὸ τῆς κεφαλῆς, καὶ λευκὴ φαίνεται πάντων. ἐν νυκτὶ δὲ σχεδὸν καὶ ἡμέ-

---

12 διευρύνειν A\ʳc. Fᵃ Xᶜ β Prc. Lᶜ m Ald.: διηρεμεῖν Cᵃ: διερεύνειν Aᵃpr. Gᵃ Q: διεραύνειν Eᵃ P*pr*. Kᶜ: διελαύνειν Mᶜ: διευρίνειν n ἐλιὸς α: λεῖος γ (exc. Lᶜrc.: λεῖ Kᶜ) 13 τότε] ποτε Cᵃ Aᵃpr. Gᵃpr.: τοῦτο Eᵃ παχύτατον γ (exc. Lᶜ) πόντιος β γ Ald. 15 γῆρας post ἐκδ. transp. α ἐκδύνουσιν α Bk. 16 τὸ⁽¹⁾ om. Lᶜ m n Ald. Sn. 19 τὰ πλ. σχ. transp. Eᵃ 20 καὶ codd. Guil. Ald.: om. Bk. (typ. corr.) edd. 21 φολιδωτῶν codd. Guil.: *manet in cavernis* (viz. φωλούντων) Scot. 22 ὁ ἐμύς α Guil. Bk.: ὁ μῦς β Lᶜrc. Ald.: αἱ μῦς γ (exc. Lᶜrc.) ἀλλ'] om. Lᶜ m n Ald. 24 ἐξιῶσι Cᵃ Aᵃpr. Gᵃ Q, Eᵃ Kᶜ πάλιν ... 25 μετοπώρου om. Cᵃ Aᵃpr. Gᵃpr.: ἐκδύεται δὲ καὶ ἡ ἔχις τὸ γῆρας καὶ ἔαρος καὶ φθινοπώρου Gᵃrc. Q Ott. Trap.: *exuit autem et vipera senectam et vere et autumpno* Guil.: *vipera etiam exuit tam vere quam autumno* Gaza 25 ἔχες P καὶ⁽³⁾ om. Aᵃpr. Gᵃ Q 26 φασί ante τινες transp. α Bk. μὴ] οὐκ α ἐνδύεσθαι Cᵃ 27 ἐκδύειν Cᵃ Aᵃpr. Fᵃ Xᶜ 28 ἀφίστασθαι φασὶ πρῶτον transp. Cᵃ Aᵃpr. Gᵃ Q Ott.: ἀφίστανται πᾶσι πρῶτον Aᵃrc. Fᵃ Xᶜ γ Bk. Dt.: ἀφίστασθαι φα Lᶜrc.: ἀφίσταται πρῶτόν φασιν Ald.: *separare aiunt primo* Guil.: *primum detrahi aiunt* Gaza 29 συννοοῦσι α Bk. Dt. 30 καὶ λευκὴ Aᵃrc. β γ Ald. Bk.: κελυφὴ γὰρ Cᵃ Aᵃpr. Gᵃ Q Cs. Dt.: καὶ λευκὴ γὰρ Fᵃ Xᶜ: *corium* Scot.: *et album* Guil. Trap.: *glabrum enim* Gaza σχεδὸν post 31 ἀποδύεται transp. Lᶜ Ald.

ρᾳ πᾶν ἀποδύεται τὸ γῆρας, ἀπὸ τῆς κεφαλῆς ἀρξάμενον μέχρι τῆς κέρκου. γίνεται δὲ ἐκδυομένου τὰ ἐντὸς ἐκτός· ἐκδύεται γὰρ ὥσπερ τὰ ἔμβρυα ἐκ τῶν χορίων. τὸν αὐτὸν δὲ τρόπον καὶ τῶν ἐντόμων ἐκδύνει τὸ γῆρας ὅσα ἐκδύνει, οἷον σίλφη καὶ ἀσπὶς καὶ τὰ κολεόπτερα οἷον κάνθαρος. πάντα δὲ μετὰ τὴν γένεσιν ἐκδύεται· ὥσπερ γὰρ τοῖς ζῳοτοκουμένοις τὸ χόριον καὶ τοῖς σκωληκοτοκουμένοις περιρρήγνυται τὸ κέλυφος, ὁμοίως καὶ μελίτταις καὶ ἀκρίσιν. οἱ δὲ τέττιγες ὅταν ἐξέλθωσι καθιζάνουσιν ἐπί τε τὰς ἐλαίας καὶ καλάμους. περιρραγέντος δὲ τοῦ κελύφους ἐξέρχονται ἐγκαταλιπόντες ὑγρότητα μικράν, καὶ μετ' οὐ πολὺν χρόνον ἀναπέτονται καὶ ᾄδουσιν.
τῶν δὲ θαλαττίων οἱ κάραβοι καὶ ἀστακοὶ ἐκδύνουσιν ὁτὲ μὲν τοῦ ἔαρος ὁτὲ δὲ τοῦ μετοπώρου μετὰ τοὺς τόκους. ἤδη δ' εἰλημμένοι ἔνιοί εἰσι τῶν καράβων τὰ μὲν περὶ τὸν θώρακα μαλακὰ ἔχοντες διὰ τὸ περιερρωγέναι τὸ ὄστρακον, τὰ δὲ κάτω σκληρὰ διὰ τὸ μήπω περιερρωγέναι· τὴν γὰρ ἔκδυσιν ποιοῦνται οὐχ ὁμοίαν τοῖς ὄφεσιν. φωλοῦσι δ' οἱ κάραβοι περὶ πέντε μῆνας. ἐκδύνουσι δὲ καὶ οἱ καρκίνοι τὸ γῆρας, οἱ μὲν μαλακόστρακοι ὁμολογουμένως, φασὶ δὲ καὶ τοὺς ὀστρακοδέρμους, οἷον τὰς μαίας. ὅταν δ' ἐκδύνωσι, γίνονται μαλακὰ πάμπαν τὰ ὄστρακα, καὶ οἵ γε

31 πᾶς F^a X^c   post ἀπὸ add. δὲ P   32 ἐκδυομένου α β L^crc. Guil. Gaza Ald.: φυομένου γ (exc. L^crc.)   τὰ] τοῦ L^c m Gaza (in adnot.) Ald.: τὸ Bas. ἐντὸς om. C^a A^apr. G^a Q Guil.   post ἐντὸς add. δέρματος, ἡ τοῦ ἐκτὸς ἀποβολὴ m rc.: cute altera intus subnascente ipsa removetur Gaza   ἐκτὸς om. T^c
601a1 χωρίων m pr.: locellis Guil.   2 ἐκδύει utroque loco α (exc. C^a)   3 σίφλη α (exc. C^a)   ἀσπίς β γ Ald.: ἐμπίς α Guil. Gaza edd.: ankiz Scot.: empys Guil.: culex Gaza   κουλεόπτερα α (exc. C^a) E^arc. Prc.   4 μετὰ] τὰ μεγέθη γ (exc. L^crc.)   5 τὸ χόριον om. β γ Ald.   6 ἀγρίσιν A^apr. G^apr.
7 ἐπί ... καλάμους] ἐπί τινα πέτραν γ (exc. L^crc.)   8 κελύφου α   9 οὐ ante μετὰ transp. α   10 ἐδοῦσι E^a K^c M^c   12 δ' om. γ (exc. L^c)   εἰσὶν ἔνιοι transp. α   μὲν om. α   14 πω om. γ (exc. L^crc.)   15 γὰρ] δὲ C^a Guil. (cett.: γὰρ Tz)   ἔκλυσιν C^a A^apr. G^a Q   οὐχ ὁμ. πο. transp. β
16 ἐκδύουσι α   18 καὶ om. A^apr. G^apr.   post μαίας add. τὰς γραῦς A^arc. F^a X^c γ Ott.   ἐκδύωσι F^a X^c β L^c Ald.: ἐκδύσωσι γ (exc. L^c)   19 μαλακὰ γίνεται α Bk.   post μαλ. add. καὶ γ   γε] δὲ m

HISTORIA ANIMALIUM VII(VIII)

καρκίνοι βαδίζειν οὐ σφόδρα δύνανται. ἐκδύνει δὲ τὰ τοιαῦτα οὐχ ἅπαξ ἀλλὰ πολλάκις. ὅσα μὲν οὖν φωλεῖ καὶ πότε καὶ πῶς, ἔτι δὲ ποῖα καὶ πότε ἐκδύνει τὸ γῆρας, εἴρηται.

[18] εὐημεροῦσι δὲ τὰ ζῷα κατὰ τὰς ὥρας οὐ τὰς αὐτάς, οὐδ' ἐν ταῖς ὑπερβολαῖς ὁμοίως ἁπάσαις· ἔτι δ' ὑγίειαι καὶ νόσοι κατὰ τὰς ὥρας τοῖς ἑτερογενέσιν ἕτεραι καὶ τὸ σύνολον οὐχ αἱ αὐταὶ πᾶσιν. τοῖς μὲν οὖν ὄρνισιν οἱ αὐχμοὶ συμφέρουσι καὶ πρὸς τὴν ἄλλην ὑγίειαν καὶ πρὸς τοὺς τόκους, καὶ οὐχ ἥκιστα ταῖς φάτταις, τοῖς δ' ἰχθύσιν ἔξω τινῶν ὀλίγων αἱ ἐπομβρίαι. ἀσύμφορα δὲ τοὐναντίον ἑκατέροις, τοῖς μὲν ὄρνισιν τὰ ἔπομβρα ἔτη (οὐδὲ γὰρ ὅλως συμφέρει τὸ πολὺ πίνειν), τοῖς δ' ἰχθύσιν οἱ αὐχμοί. τὰ μὲν οὖν γαμψώνυχα, καθάπερ εἴρηται πρότερον, ὡς ἁπλῶς εἰπεῖν ἄποτα πάμπαν ἐστίν (ἀλλ' Ἡσίοδος ἠγνόει τοῦτο· πεποίηκε γὰρ τὸν τῆς μαντείας πρόεδρον ἀετὸν ἐν τῇ διηγήσει τῇ περὶ τὴν πολιορκίαν τὴν Νίνου πίνοντα)· τὰ δ' ἄλλα πίνει μέν, οὐ πολύποτα δ' ἐστίν· ὁμοίως δ' οὐδ' ἄλλο οὐθὲν τῶν πνεύμονα ἐχόντων σομφὸν καὶ ᾠοτόκων. τῶν δ' ὀρνίθων ἐν ταῖς ἀρρωστίαις ἐπίδηλος ἡ πτέρωσις γίνεται· ταράτ-

20 βαδίζειν post δύν. transp. β 20 et 23 ἐκδύει F^a X^c 22 οὖν om. E^a P K^c m*pr.* n 25 ὑγεῖαι β post κατὰ add. γε α: τε Ott post ὥρας add. οὐχ αἱ αὐταὶ οὐδ' ἐν ταῖς ὑπερβολαῖς ὁμοίως ἀπάσαις ἀλλὰ G^arc. Guil. Ott. (cf. 24) ἑτέροις γένεσιν α γ (exc. L^c*rc*.) 26 αἱ αὐταὶ] ἑαυταὶ G^a Q 27 οἱ om. γ καὶ ... ὑγίειαν om. Ald. 28 πρὸς om. α (exc. F^a X^c) καὶ om. α (exc. C^a) 29 αἱ] καὶ γ 30 post μὲν add. οὖν α P ἐπόμβρια γ (exc. L^c*rc*.) Ald. post ἐπό. add. τὰ S^c, L^c*rc*. ἔτη] ἔλη γ (exc. L^c*rc*. m) post ἔτη add. τοῖς δὲ ἰχθῦσι τὰ αὐχμώδη m*rc*.: *piscibus sicci* (sc. *anni*) Gaza 31 τὸ πολὺ πίνειν om. G^a Q Ott. τοῖς ... αὐχμοί om. γ Ald. 601b1 Ἡσίοδος α γ (exc. L^c*rc*.) Guil. Gaza edd.: Ἡρόδοτος β L^c*rc*. Ald.: *anchiopoz* Scot. (add. *homerus* Scot. Got. Chis.*rc*.): *homerus quem arabes anthyopos dicunt* Alb. 2 πρόσεδρον γ Ald. ἀετὸν α, S^c O^c*corr*., L^c*rc*., Ald. Bk.: ἀστὸν β (exc. S^c O^c*corr*.): δὲ τὸν E^a P K^c M^c n: om. L^c*rc*. m*pr*.: τὸν ἀετὸν post γὰρ add. m*rc*.: *presidem aquilam* Guil. Gaza 3 τῇ om. G^a Q τῆς νίνου β L^c m Ald.: *quarundam civitatum* Scot.: *Ylion* Alb.: *nina* Guil. 4 μὲν om. γ εἰσίν A^a G^a Q ὁμοίως β γ Ald. Bk.: ὅλως α Scot. Sn. Dt.: *attamen* (viz. ὅμως) Guil.

τεται γὰρ καὶ οὐ τὴν αὐτὴν ἔχει κατάστασιν ἥνπερ ὑγιαινόντων.

[19] τῶν δ' ἰχθύων τὸ πλεῖστον γένος εὐθενεῖ μᾶλλον, ὥσπερ εἴρηται πρότερον, ἐν τοῖς ἐπομβρίοις ἔτεσιν· οὐ γὰρ μόνον τότε πλείω τροφὴν ἔχουσιν, ἀλλὰ καὶ ὅλως τὸ ὄμβριον συμφέρει, καθάπερ καὶ τοῖς ἐκ τῆς γῆς φυομένοις· καὶ γὰρ τὰ λάχανα καίπερ ἀρδευόμενα ὅμως ἐπιδίδωσιν ὑόμενα πλέον. τὸ δ' αὐτὸ καὶ οἱ κάλαμοι πάσχουσιν οἱ πεφυκότες ἐν ταῖς λίμναις· οὐθὲν γὰρ ὡς εἰπεῖν αὐξάνονται μὴ γινομένων ὑδάτων. σημεῖον δὲ καὶ τὸ τοὺς πλείστους τῶν ἰχθύων εἰς τὸν Πόντον ἐκτοπίζειν θεριοῦντας· διὰ γὰρ τὸ πλῆθος τῶν ποταμῶν γλυκύτερον τὸ ὕδωρ, καὶ τροφὴν οἱ ποταμοὶ καταφέρουσι πολλήν. ἔτι δὲ καὶ εἰς τοὺς ποταμοὺς ἀναπλέουσι πολλοὶ τῶν ἰχθύων καὶ εὐθενοῦσιν ἐν τοῖς ποταμοῖς καὶ ἐν ταῖς λίμναις, οἷον ἄμια καὶ κεστρεύς. γίνονται δὲ καὶ οἱ κωβιοὶ πίονες ἐν τοῖς ποταμοῖς· καὶ ὅλως τὰ εὔλιμνα τῶν χωρίων ἀρίστους ἔχει ἰχθῦς. αὐτῶν δὲ τῶν ὑδάτων οἱ θερινοὶ ὄμβροι συμφέρουσι μᾶλλον τοῖς πλείστοις ἰχθύσι, καὶ ὅταν τὸ ἔαρ καὶ τὸ θέρος καὶ τὸ φθινόπωρον γένηται ἔπομβρον, ὁ δὲ χειμὼν εὐδιεινός. ὡς δ' εἰπεῖν σύνολον,

---

7 ὑγιείνοντα m: *sanarum* Guil.: *cum recte valent* Gaza   **9** εὐθενεῖ β Dt.: εὐσθενεῖ α γ: εὐθηνεῖ Ald. edd.   ὥσπερ ε. π. post ἔτεσιν transp. β   **10** τοῖς om. α (exc. C^a)   **11** τότε om. γ   πλείω om. β γ Ald.   ἔχει α (exc. C^a) ἔμβριον P*pr.*: ἔμβρυον A^a*pr.* G^a*pr.*, E^a K^c M^c   **12** καθάπερ ... φυομένοις om. L^c*pr.* m n   γῆς om. Q   **13** ὑόμενα] φυόμενα α (exc. G^a*rc.* Q): compluti nascentes Guil.   **14** πλείω E^a P K^c M^c: πλεῖον L^c m n Ald.   κάλαμοι] κάμηλοι γ (exc. L^c*corr.* m*corr.*)   **16** μὴ] μὲν G^a*pr.*   **18** τροφὴν πολλὴν κατ. οἱ ποτ. transp. α   **19** δὲ om. α (exc. C^a)   **20** εὐθενοῦσιν A^a*pr.* G^a Q β L^c Dt.: εὐθηνοῦσιν C^a A^a*rc.* F^a X^c, E^a, Ald. edd.: εὐσθενοῦσιν P K^c M^c m n   **21** ἄμια β Ald. Bk.: ἀμία α Dt.: ἄμεια γ   καὶ^(2) om. α   **22** δὲ om. α   καὶ^(1) om. Ald.   πίονες] πλείονες α   εὔλιμνα C^a A^a*pr.* G^a Q m Gaza edd.: εὐλίμενα A^a*rc.* F^a X^c β γ Guil. Ald.   **23** χωρίων] ἰχθύων A^a*pr.* G^a Q Ott.   **24** μᾶλλον ante συ. transp. α Bk.   **25** post καὶ^(1) add. μάλιστα (sic) G^a*rc.* Q Ott.: *praecipae* Gaza φθινοπωρινὸν P K^c n   **26** γίνηται L^c m*corr.* Ald.: γίνεται P K^c m*pr.* n   ἐπόμβριον α Dt. εὐδιεινότερος C^a A^a*rc.* F^a X^c Ott.: ἀδινότερος A^a*pr.* G^a Q Ott. v.l.: *serena* Guil.   σύνολον β γ (τὸ σύνολον L^c Ald.): ὅλως α Bk.

ὅταν καὶ κατὰ τοὺς ἀνθρώπους εὐετηρία ᾖ, καὶ τοῖς πλείστοις ἰχθύσι συμβαίνει εὐημερεῖν.

ἐν δὲ τοῖς ψυχροῖς τόποις οὐκ εὐθενοῦσιν. μάλιστα δὲ πονοῦσιν ἐν τοῖς χειμῶσιν οἱ ἔχοντες λίθον ἐν τῇ κεφαλῇ, οἷον χρομὶς λάβραξ σκίαινα φάγρος· διὰ γὰρ τὸν λίθον ὑπὸ τοῦ ψύχους καταπήγνυται καὶ ἐκπίπτουσιν.

τοῖς μὲν οὖν πλείστοις ἰχθύσι συμφέρει μᾶλλον, κεστρεῖ δὲ καὶ κεφάλῳ καὶ ὃν καλοῦσί τινες μύρινον τοὐναντίον· ὑπὸ γὰρ τῶν ὀμβρίων ὑδάτων οἱ πολλοὶ αὐτῶν ἀποτυφλοῦνται θᾶττον ἂν ὑπερβάλλωσιν. εἰώθασι γὰρ πάσχειν αὐτὸ οἱ κέφαλοι ἐν τοῖς χειμῶσι μᾶλλον· γίνονται γὰρ αὐτῶν τὰ ὄμματα λευκά, καὶ ἁλίσκονται τότε λεπτοί, καὶ τέλος ἀπόλλυνται πάμπαν. ἔοικε δ' οὐ διὰ τὴν ὑπερομβρίαν τοῦτο πάσχειν μᾶλλον, ἀλλὰ καὶ διὰ τὸ ψῦχος μᾶλλον· ἤδη γοῦν καὶ ἄλλοθι καὶ περὶ Ναυπλίαν τῆς Ἀργείας περὶ τὸ τέναγος τυφλοὶ πολλοὶ ἐλήφθησαν ἰσχυροῦ γενομένου ψύχους· ἐλήφθησαν δὲ πολλοὶ καὶ λευκὴν ἔχοντες τὴν ὄψιν. πονεῖ δὲ τοῦ χειμῶνος καὶ ὁ χρύσοφρυς, τοῦ δὲ θέρους ὁ ἀχάρνας, καὶ γίνεται λεπτός. συμφέρει δὲ τοῖς κορακίνοις ὡς εἰπεῖν παρὰ τοὺς ἄλλους ἰχθῦς τὰ αὐχμώδη μᾶλλον τῶν ἐτῶν· καὶ τούτοις δὲ διὰ τὸ συμβαίνειν ἀλέαν μᾶλλον ἐν τοῖς αὐχμοῖς.

τόποι δ' ἑκάστοις συμφέρουσι πρὸς εὐσθέ-

27 καὶ⁽¹⁾ et καὶ⁽²⁾ om. α   πλείστοις om. α   29 εὐθηνοῦσι α γ Ald. Bk. τῷ χειμῶνι Lᶜ m n Ald.   30 χρωμὶς β γ Ald.   φάγ. ante σκ. transp. β 31 πήγνυται α: καταπήγνυνται Prc. Lᶜ m Ald. edd.   32 μὲν οὖν πλείστοις om. Tᶜ   602a1 μαρῖνον α Dt.   3 ἀποτυφ. post 2 ὑδάτων transp. α Bk.   post ἂν add. λίαν α Bk.   ὑπεράλωσιν Cᵃ Aᵃ, Eᵃ   4 πάσχειν ἑαυτοῖς Eᵃ P Kᶜ Mᶜ: αὑτοῖς πάσχειν Lᶜ n: αὐτὸ πάσχειν m Ald.   post κέφ. add. καὶ P   μᾶλλον post πάσχειν transp. Fᵃ Xᶜ   5 γίνεται Aᵃ Gᵃ Q Bk. αὐτῶν post ὄμματα transp. α (exc. Cᵃ) Bk.   6 λεπτοί] λευκοί Lᶜ n Ald. 7 ἐπομβρίαν α   καὶ om. α γ Cs. Bk.   ψῦχος edd.: ψύχος codd.   8 μᾶλλον om. α γ Cs. Bk.   post περὶ add. τὴν α   9 πολ. τυφ. transp. α Bk. γινομένου Lᶜ n   11 ὁ om. α   12 ἀχάρνας β γ Ald. Bk.: ἀχαρνάς α: acharnas Guil.: archanas Gaza: ἀχάνας s. ἀρχάνας edd.   13 μᾶλλον post 14 ἐτῶν transp. Fᵃ Xᶜ   14 μᾶλλον post συμβ. transp. Tᶜ Ald.   15 ἕκαστοι β γ (exc. Lᶜ mrc.)   εὐσθένειαν cett.: εὐθένειαν Lᶜ: εὐθενίαν Ald. Dt.: εὐθηνίαν Bk.

ARISTOTELIS

νειαν, ὅσα μέν εἰσι φύσει παράγεια ἢ πελάγια, ἐν ἑκατέρῳ τούτων, ὅσα δ' ἐπαμφοτερίζει, ἐν ἀμφοτέροις· εἰσὶ δέ τινες καὶ ἴδιοι τόποι ἑκάστοις ἐν οἷς εὐθενοῦσιν. ὡς δ' ἁπλῶς εἰπεῖν οἱ φυκώδεις συμφέρουσιν· πιότεροι γοῦν ἐν τοῖς τοιούτοις ἁλί-
20 σκονται ὅσοι παντοδαποὺς νέμονται τόπους· οἱ μὲν γὰρ φυκιοφάγοι τροφῆς εὐποροῦσιν, οἱ δὲ σαρκοφάγοι πλείοσιν ἐντυγχάνουσιν ἰχθύσιν. διαφέρουσι δὲ καὶ τὰ βόρεια καὶ τὰ νότια. τὰ γὰρ μακρὰ μᾶλλον εὐθενεῖ ἐν τοῖς βορείοις, καὶ τοῦ θέρους ἁλίσκονται ἐπὶ τοῦ αὐτοῦ χωρίου πλείους
25 τοῖς βορείοις τῶν μακρῶν καὶ τῶν πλατέων.
25   οἱ δὲ θύννοι καὶ οἱ ξιφίαι οἰστρῶσι περὶ κυνὸς ἐπιτολήν· ἔχουσι γὰρ ἀμφότεροι τηνικαῦτα παρὰ τὰ πτερύγια οἷον σκωλήκιον τὸ καλούμενον οἶστρον, ὅμοιον μὲν σκορπίῳ, μέγεθος δ' ἡλίκον ἀράχνης· ποιοῦσι δὲ ταῦτα πόνον τοιοῦτον ὥστ' ἐξάλλεσθαι οὐκ
30 ἔλαττον ἐνίοτε τὸν ξιφίαν τοῦ δελφῖνος, διὸ καὶ τοῖς πλοίοις πολλάκις ἐμπίπτουσιν. χαίρουσι δ' οἱ θύννοι μάλιστα τῶν ἰχθύων τῇ ἀλέα, καὶ πρὸς τὴν ἄμμον τὴν πρὸς τῇ γῇ
602b1 προσχωροῦσι τῆς ἀλέας ἕνεκεν, ὅτι θερμαίνονται καὶ ἄνω
2 ἐπιπολάζουσιν.
2   τὰ δὲ μικρὰ τῶν ἰχθυδίων σώζεται διὰ τὸ παρορᾶσθαι· διώκουσι γὰρ τὰ μείζω οἱ μεγάλοι. τῶν δ'

16 ὅσοι γ   εἰσι β γ Ald.: ἔτι C^a: ἐστι α (exc. C^a) Bk.   παράγεια ἢ πελάγια α (exc. C^a) β L^{c}rc. m: παράγει πρὸς τὴν εὐθηνίαν πελάγια C^a: παραγείαν πελαγίαν E^a P K^c M^c n: πελάγιοι πελάγιοι L^{c}pr.: πελάγεια ἢ πελάγια Ald.   ante ἐν add. ἢ α (exc. G^a Q)   **17** τινες om. β   **18** ἑκάστῳ β εὐσθενοῦσιν α P: εὐθηνοῦσιν γ (exc. P) Ald. Bk.   **19** πιότεροι] πρότερον γ (exc. L^{c}rc. mrc.)   post τοιούτοις add. τόποις C^a **21** ἐντυγχάνει G^a Q   **22** τὰ νότ. κ. τ. βορ. C^a **23** μικρὰ β (exc. O^{c}rc.) Guil.   εὐσθενεῖ C^a: εὐσθενῇ A^{a}pr. G^a Q: εὐσθηνῇ A^{a}rc.: εὐθηνεῖ F^a X^c γ (exc. L^{c}rc.) Bk.   **24** πλεῖον α   **25** ante τοῖς add. ἐν G^a Q, L^c, Gaza Ald. Dt.   καὶ$^{(1)}$] ἢ O^{c}rc., L^c, Ald. Dt.: quam Gaza   **25 et 31** θύννοι] varia cf. 597a22 et passim (θύννοι, θύννοι, θύοι)   **26** οἱ om. β γ Ald.   ξιφαῖοι β E^a Ppr. K^c **27** παρὰ] περὶ F^{a}rc. X^c **28** μεγέθει β L^{c}rc.   ἡλίκον] ἴσον L^{c}pr. m n Ald.   ἀράχνη L^{c}pr. Ald.   **30** ἐνίοτε ante 29 οὐκ transp. L^c m n Ald.: post ξιφίαν transp. G^{a}pr.: ἐνίοτε τὸν ξ. οὐκ ἔλ. S^c **31** μάλιστα post 32 ἰχθύων transp. F^a X^c **32** τῇ$^{(2)}$ om. γ   **602b1** προχωροῦσι α: χωροῦσι E^a καὶ om. E^a P K^c M^c **2** ἰχθύων T^c P

ᾠῶν καὶ τούτων διαφθείρεται τὸ πολὺ διὰ τὰς ἀλέας· οὗ γὰρ ἂν ἐφάψωνται, πᾶν τοῦτο λυμαίνονται.

ἁλίσκονται δὲ μάλιστα οἱ ἰχθύες πρὸ ἡλίου ἀνατολῆς καὶ μετὰ τὴν δύσιν, ὅλως δὲ περὶ δυσμὰς ἡλίου καὶ ἀνατολάς· οὗτοι γὰρ λέγονται εἶναι ὡραῖοι βόλοι, διὸ καὶ τὰ δίκτυα ταύτην τὴν ὥραν ἀναιροῦνται οἱ ἁλιεῖς. μάλιστα γὰρ ἀπατῶνται οἱ ἰχθύες τῇ ὄψει κατὰ τούτους τοὺς καιρούς· τῆς μὲν γὰρ νυκτὸς ἡσυχάζουσι, πλείονος δὲ γινομένου τοῦ φωτὸς μᾶλλον ὁρῶσιν.

νόσημα δὲ λοιμῶδες μὲν ἐν οὐδενὶ τοῖς ἰχθύσι φαίνεται ἐμπῖπτον οἷον ἐπὶ τῶν ἀνθρώπων συμβαίνει πολλάκις καὶ τῶν ζῳοτόκων καὶ τετραπόδων εἰς ἵππους καὶ βοῦς καὶ τῶν ἄλλων εἰς ἔνια καὶ ἥμερα καὶ ἄγρια· νοσεῖν μέντοι γε δοκοῦσιν· τεκμαίρονται δ' οἱ ἁλιεῖς τῷ ἐνίους ἁλίσκεσθαι λεπτοὺς καὶ ἠσθενηκόσιν ὁμοίους καὶ τὸ χρῶμα μεταβεβληκότας ἐν πολλοῖς καὶ πίοσιν ἑαλωκότας καὶ τῷ γένει τῷ αὐτῷ.

περὶ μὲν οὖν τῶν θαλαττίων τοῦτον ἔχει τὸν τρόπον.

[20] τοῖς δὲ ποταμίοις καὶ λιμναίοις λοιμῶδες μὲν οὐδὲ τούτοις οὐθὲν γίνεται, ἐνίοις δ' αὐτῶν ἴδια νοσήματα ἐμπίπτει, οἷον γλάνις ὑπὸ κύνα μάλιστα διὰ τὸ μετέωρος νεῖν ἀστροβλής τε γίνεται καὶ ὑπὸ βροντῆς νεανικῆς καροῦται. πάσχει δέ ποτε τοῦτο καὶ κυπρῖνος, ἧττον δέ. οἱ δὲ γλάνεις ἐν τοῖς βραχέσι καὶ ὑπὸ δράκοντος τοῦ ὄφεως τυπτόμενοι ἀπόλ-

---

4 τούτων β m*rc*. Ald.: τοῦ γόνου α Scot. Guil. Gaza Camot. Cs.: τούτων οὐ γ (exc. m*rc*.)   5 τοῦτο πᾶν transp. γ Ald.   6 πρὸς E^a P*pr*. K^c καὶ...   7 ἀνατολάς om. α Guil.   9 αἱροῦνται α   11 γενομένου α Dt.   12 μὲν om. γ (exc. L^c*rc*.)   ἐν οὐδενὶ τοῖς ἰχθύσι β γ (τοῖς ἐχθύοις E^a P*pr*. K^c n, τῶν ἰχθύων P*rc*.) Ald.: οὐδὲν εἰς τοὺς ἰχθῦς α Cs. Bk.   ἐμπῖπτον edd.: ἐμπίπτον codd.   13 τῶν^(2) om. F^a X^c   14 ζῳοτοκούντων F^a X^c   15 ἄγ. κ. ἥμ. transp. α (exc. C^a)   γε om. β γ Ald.   16 οἱ ἁλ. δὲ τεκ. transp. α (exc. C^a) λεπτοῖς γ (exc. L^c)   20 τοὺς δὲ ποταμίους κ. λιμναίους γ   ποταμίοις] ποτίμοις C^a   21 οὐθὲν γίνεται cett.: ἐγγίνεται (om. οὐθὲν) E^a: οὐδέποτε γίνεται L^c*pr*. m n: οὐδενὶ γίνεται Ald.   22 ὁ γλάνις C^a   μετεώρως β M^c L^c m n Ald. Sn.: μὴ μετέωρος P   νεῖν] εἶναι α Guil.   ἀστροβλής β Ald.: ἀστρόβλης γ: οἰστροπλήξ α Guil.: *nocent eis stelle* Scot. Alb.: *syderatur* Gaza   24 ὁ κυπ. α Dt.   25 post ἀπόλ. add. πολλοί α Guil. Sn.

λυνται. ἐν δὲ τῷ βαλλίρῳ καὶ τίλωνι ἑλμὶς ἐγγινομένη ὑπὸ κύνα μετεωρίζει τε καὶ ἀσθενῆ ποιεῖ· μετέωρος δὲ γινόμενος ὑπὸ τοῦ καύματος ἀπόλλυται. τῇ δὲ χαλκίδι νόσημα ἐμπίπτει νεανικόν· φθεῖρες ὑπὸ τὰ βράγχια γιγνόμενοι πολλοὶ ἀναιροῦσιν. τῶν δ' ἄλλων ἰχθύων οὐθενὶ οὐθὲν τοιοῦτόν ἐστι νόσημα.

ἀποθνήσκουσι δ' οἱ ἰχθῦς τῷ πλόμῳ· διὸ καὶ θηρεύουσιν οἱ μὲν ἄλλοι τοὺς ἐν τοῖς ποταμοῖς καὶ λίμναις πλομίζοντες, οἱ δὲ Φοίνικες καὶ τοὺς ἐν τῇ θαλάττῃ. ποιοῦνται δέ τινες καὶ δύο ἄλλας θήρας τῶν ἰχθύων. διὰ γὰρ τὸ φεύγειν ἐν τῷ χειμῶνι τὰ βαθέα ἐν τοῖς ποταμοῖς (καὶ γὰρ ἄλλως τὸ πότιμον ὕδωρ ψυχρόν) ὀρύττουσι τάφρον εἰς τὸν ποταμὸν διὰ ξηροῦ· εἶτα ταύτην καταστεγάσαντες χόρτῳ καὶ λίθοις οἷον φωλεὸν ποιοῦσιν, ἔκδυσιν ἔχοντα ἐκ τοῦ ποταμοῦ· καὶ ὅταν πάγος ᾖ ἐκ τούτου κύρτῳ θηρεύουσι τοὺς ἰχθῦς. καὶ ἄλλην δὲ θήραν ποιοῦνται ὁμοίως θέρους καὶ χειμῶνος· ἐν μέσῳ τῷ ποταμῷ φρυγάνοις καὶ λίθοις περιφράξαντες ὅσον στόμα καταλείπουσιν· ἐν τούτῳ κύρτον ἐνθέντες θηρεύουσιν, περιελόντες τοὺς λίθους.

τῶν δ' ὀστρακοδέρμων καὶ τοῖς ἄλλοις συμφέρει τὰ ἐπόμβρια ἔτη πλὴν ταῖς πορφύραις. σημεῖον δέ· ὅταν γὰρ τεθῇ οὗ ποταμὸς ἐξερεύγεται, καὶ γεύσωνται τοῦ ὕδατος, ἀποθνήσκουσι αὐθημερόν. καὶ ζῇ δ' ἡ πορφύρα, ὅταν θηρευθῇ, περὶ ἡμέρας πεντήκοντα. τρέφονται δ' ὑπ' ἀλλήλων· ἐπι-

---

26 βαλλέρω L^c m n*pr*. Ald.: βαλέρω n*rc*. edd.   τριλῶνι C^a: τίλλωνι β γ (exc. E^a) Ald.   ἕλμινς C^a F^a X^c: ἕλμισσα A^a*pr*. G^a Q   27 μετεωρίζεται καὶ C^a A^a*pr*. G^a: μετεωρίζεσθαι καὶ Q   31 πλόμω A^a*rc*. F^a*rc*. β (exc. φλόμω O^c*rc*.) γ Ald.: πάγω C^a A^a*pr*. G^a Q F^a*pr*. X^c Scot. Guil. Ott.: *verbasco* (viz. φλόμῳ s. πλόμῳ) Gaza   603a1 πλωίζοντας C^a: πλωίζοντας A^a*pr*. G^a Q Ott.   2 δύοι G^a Q   post ἄλλας add. τινὰς α   3 χειμῶνι] λειμῶνι E^a P*pr*. L^c*pr*. n   5 χόρτα α (exc. C^a)   6 φωλεὸν β L^c Ald.: γωλεὸν α Sn. Bk.: γρώλεον γ (exc. L^c)   ἐκδύνουσιν γ (exc. ἔκδυσιν L^c*rc*.: εἴδυσιν m*rc*.): *exitum* Guil.: *aditu* Gaza   7 τούτων α   9 γρυγάνοις A^a*pr*. G^a*pr*.   10 post κατ. add. καὶ α   12 καὶ τοῖς ἄλλοις συμφέρει β γ Ald.: συμφ. τοῖς ἄλ. α Bk.   ἐπόμβρα α Bk.   13 τεθῇ] τῇ γῇ C^a A^a*pr*. G^a Q   14 οὗ] ὁ C^a A^a*pr*. G^a Q: οὗ ὁ A^a*rc*. F^a X^c ἐξερεύγηται A^a*pr*. G^a Q: ἐξέρχηται C^a: ἐξορούεται K^c γεύσονται β P K^c L^c n Ald.   16 καὶ πεντήκοντα C^a: πέντε καὶ πεντήκοντα α (exc. C^a) Ott.: *circa dies quinquaginta* Guil.

HISTORIA ANIMALIUM VII(VIII)

γίνεται γὰρ ἐπὶ τοῖς ὀστράκοις ὥσπερ φῦκός τι καὶ βρύον. ἃ δ' ἐμβάλλουσι εἰς τροφὴν αὐταῖς, τοῦ σταθμοῦ χάριν εἶναί φασι πρὸς τὸ πλέον ἕλκειν. τοῖς δ' ἄλλοις οἱ αὐχμοὶ ἀσύμφοροι· ἐλάττω γὰρ καὶ χείρω γίνεται, καὶ οἱ πυρροὶ τότε μᾶλλον γίνονται κτένες. ἐν δὲ τῷ Πυρραίων ποτ' εὐρίπῳ ἐξέλιπον οἱ κτένες οὐ μόνον διὰ τὸ ὄργανον ᾧ θηρεύοντες ἀνέξυον ἀλλὰ καὶ διὰ τοὺς αὐχμούς. τοῖς δ' ἄλλοις ὀστρακοδέρμοις τὰ ἔπομβρα ἔτη συμφέρει διὰ τὸ γλυκερὰν γίγνεσθαι τὴν θάλατταν. ἐν δὲ τῷ Πόντῳ διὰ τὸ ψῦχος οὐ γίγνονται, οὐδ' ἐν τοῖς ποταμοῖς ἀλλ' ἢ ὀλίγα τῶν διθύρων· τὰ δὲ μονόθυρα μάλιστα ἐν τοῖς πάγοις ἐμπήγνυται.

περὶ μὲν οὖν τὰ ἔνυδρα τῶν ζῴων τοῦτον ἔχει τὸν τρόπον.

[21] Τῶν δὲ τετραπόδων αἱ μὲν ὗες νοσήμασι μὲν κάμνουσι τρισίν, ὧν ἓν μὲν καλεῖται βράγχος, ἐν ᾧ μάλιστα τὰ περὶ σιαγόνας καὶ τὰ βράγχια φλεγμαίνει. γίνεται δὲ καὶ ὅπου ἂν τύχῃ τοῦ σώματος· πολλάκις γὰρ τοῦ ποδὸς λαμβάνεται, ὁτὲ δ' ἐν τῷ ὠτί. γίνεται δὲ εὐθὺς σαπρὸν καὶ τὸ ἐχόμενον, ἕως ἂν ἔλθῃ πρὸς τὸν πλεύμονα· τότε δ' ἀποθνήσκει. ταχὺ δ' αὐξάνεται· καὶ οὐθὲν ἐσθίει ὅταν ἄρξηται τὸ πάθος κἂν ὁσονοῦν. ἰῶνται δ' οἱ ὑοβοσκοί, ὅταν αἴσθων-

---

17 φῦκός Gᵃ Q edd.: φύκος codd. cett. **18** εἰς] πρός α **19** φασὶ post 18 σταθμοῦ transp. α Bk. ἄλλοις δ' transp. Cᵃ οἱ om. α **20** οἱ ante 21 κτένες transp. m*rc.*: *pectines tunc magis trahunt rufum colorem* Gaza **21** γίνονται μᾶλλον transp. α Bk. ἐν ... **22** κτένες om. Xᶜ ἐν δὲ τῷ α β Ald.: ἐν τῷδε τῷ τὸ γ (exc. lac. inter. τῷ et. τὸ Lᶜ m) πυρραίων β Lᶜ*rc.* Ald.: πυρραίω α (πυραίω Aᵃ Fᵃ) Sn.: πυρραῖον γ (exc. Lᶜ*rc.*) **22** ᾧ α Guil. Bk.: ὃ οἱ β Lᶜ*rc.* Ald.: οἱ γ (exc. Lᶜ*rc.* m*rc.*): ᾧ οἱ m*rc.* Cs. Sn. **23** καὶ om. Gᵃ Q γ (exc. m*rc.*) post αὐχμούς add. καὶ α Bk. δ' post ἄλλοις transp. α Bk. **24** ἐπέμβρια Lᶜ γλυκύτεραν α Guil. Bk. **25** ψῦχος edd.: ψύχος codd. **26** γίνεται α (exc. Cᵃ) **27** ἐκπήγνυται α Dt.: *compinguntur* Guil.: *indurat et interit* Gaza **29** οὖν om. α **30** ὗες om. Cᵃ Aᵃ*pr.* Gᵃ*pr.* μὲν⁽²⁾ om. α (exc. Cᵃ) **31** ἕν] ὁ α μὲν ἓν transp. P τὰ om. α **32** τὰς σιαγ. Lᶜ m Ald. τὰ βρ. καὶ τὰς σιαγ. α Bk. **603b1** τοὺς πόδας γ (exc. Lᶜ*rc.*) **2** ὁτὲ] ὅτε Aᵃ Gᵃ Q, P: ὅταν Eᵃ Kᶜ σαπ. εὐ. transp. α Bk. **3** πνεύμονα α τότε] τὸ γ (exc. Lᶜ m*rc.*) **5** βάθος Eᵃ P Kᶜ Mᶜ κἂν] κεῖς Oᶜ*corr.* post ὁσονοῦν add. ἢ m*rc.*: *quantacumque* Guil.: *quantumlibet sit* Gaza οἱ ὑοβοσκοί om. Aᵃ*pr.* in lac.: οἱ βοσκοί Cᵃ

ARISTOTELIS

ται μένον σμικρόν, ἄλλον μὲν οὐθένα τρόπον, ἀποτέμνουσι δ' ὅ-
λον. δύο δ' ἄλλ' ἐστί, λέγεται δὲ κραυρᾶν ἄμφω· ὧν τὸ μὲν
ἕτερόν ἐστι κεφαλῆς πόνος καὶ βάρος, ᾧ αἱ πλεῖσται ἁλίσ-
κονται· τὸ δ' ἕτερον, ἡ κοιλία ῥεῖ. καὶ τοῦτο μὲν δοκεῖ
10 εἶναι ἀνίατον, θατέρῳ δὲ βοηθοῦσιν οἶνον προσφέροντες πρὸς
τοὺς μυκτῆρας καὶ κλύζοντες τοὺς μυκτῆρας οἴνῳ. διαφυγεῖν
δὲ καὶ τοῦτο χαλεπόν· ἀναιρεῖ γὰρ ἐν ἡμέραις τρισὶν ἢ
τέτταρσιν. βραγχῶσι δὲ μάλιστα ὅταν τὸ θέρος ἐνέγκῃ εὖ
καὶ πιόταται ὦσιν· βοηθεῖ δὲ τά τε συκάμινα διδόμενα
15 καὶ τὸ λουτρὸν ἐὰν ᾖ πολὺ καὶ θερμόν, καὶ ἐάν τις σχάσῃ
16 ὑπὸ τὴν γλῶτταν.
16   χαλαζώδεις δ' εἰσὶ τῶν ὑῶν αἱ ὑγρό-
σαρκοι τά τε περὶ τὰ σκέλη καὶ τὰ περὶ τὸν τράχηλον
καὶ τοὺς ὤμους, ἐν οἷς μέρεσι καὶ πλεῖσται γίνονται χάλα-
ζαι· κἂν μὲν ὀλίγας ἔχῃ, γλυκερὰ ἡ σάρξ, ἂν δὲ πολλάς,
20, 21 ὑγρὰ λίαν καὶ ἄχυλος γίνεται. δῆλαι δ' εἰσὶν αἱ /21/ χα-
λαζῶσαι· ἔν τε γὰρ τῆς γλώττης τῷ κάτω ἔχουσι /22/ τὰς
χαλάζας, καὶ ἐάν τις τρίχα ἐκτίλῃ ἐκ τῆς /23/ λοφιᾶς
ὕφαιμοι φαίνονται· ἔτι δὲ τὰ χαλαζῶντα τοὺς /24/ ὀπι-
24 σθίους πόδας οὐ δύνανται ἡσυχάζειν. οὐκ ἔχουσι δὲ χαλά-

6 μένον σμικρόν β L^crc.: μικρόν ὄν α L^cpr. Guil. Ald. Bk.: ὅταν μένον σμικρόν
P: ὅταν μὲν ὂν σμικρόν E^a K^c n: ὅταν μεν ον μικρόν (sic) M^c: incert. m*pr.*:
ἀρξάμενον ἀποτέμνοντες m*corr.*: cum perceperint parvam existentem Guil.: cum
malum incipere senserint ... tota parte abscissa qua coeperit Gaza   μὲν] δὲ L^c m n
7 δ' om. γ (exc. L^c)   κραυρᾶν α O^crc. Guil. Ald.: κραυγᾶν β γ (exc. m):
κραῦρος m   10 οἶνον] οἷον A^apr. G^apr. Q*pr.* F^a X^c, T^c   11 καὶ κλύζ.
τοὺς μ. om. X^c   διαφεύγειν α (διαφεύγει G^a Q)   12 ἀναιρεῖ μὲν α Bk.:
ἀναιρεῖται γ Ald.   13 βρυχῶσι A^a: βραγχοῦσι F^a X^c   θέρος α β L^crc.
Ald. edd.: ὅρος O^ccorr. γ (exc. L^crc.): estas Guil.: montes Gaza   εὖ β γ Ald.
Bk.: σύκα α Trap. Dt.: quando calor est grandis Scot.: cum estas intulerit Guil. (Tz):
inciderit Guil. (cett.)   14 πιότατα C^a   τε om. α   συκαμίνια γ   15
πολὺ ἢ transp. α   16 χαλαζώδεις] γάλα ὀζώδεις C^a A^a G^apr.: grandinosi
Guil. Trap. Gaza   υἱῶν A^a G^a Q   17 καὶ τὰ] τά τε β: καὶ E^a   18
μέλεσι C^a   19 γλυκυτέρα α Guil. Bk.   20 ἄχυλος β γ (exc. m) Ald. Cs.:
διάχυλος α Sn. Bk. Dt.: ἄχυμος m: sucosa Guil.: insipida Gaza   21 ἔν] αἵ
A^apr. G^a Q   τῆς γλώττης τῷ A^arc. F^a X^c β γ Ald.: τῇ γλώττῃ τῇ C^a A^apr.
G^a Q Bk.   post ἔχουσι add. μάλιστα α Guil. Sn. Bk.   22 τις om. γ (exc.
L^crc.)   τρίχα α β Guil.: τρίχας γ Ald. edd.   ἐκτίλλῃ S^c, L^crc., Ald. edd.
23 λοφιᾶς] ὀχείας F^a X^c

ζας ἕως ἂν ὦσι γαλαθηναὶ μόνον. ἐκβάλλουσι δὲ τὰς χαλάζας ταῖς τιφαῖς· ὃ καὶ πρὸς τὴν τροφήν ἐστι χρήσιμον. ἄριστον δὲ πρὸς τὸ πιαίνειν καὶ τρέφειν οἱ ἐρέβινθοι καὶ τὰ σῦκα, τὸ δ' ὅλον μὴ ποιεῖν ἁπλῆν τὴν τροφὴν ἀλλὰ ποικίλην· χαίρει γὰρ μεταβάλλουσα καθάπερ καὶ τἆλλα ζῷα, καὶ ἅμα φασὶ τὸ μὲν ἐμφυσᾶν τὸ δὲ σαρκοῦν τὸ /31/ δὲ πιαίνειν τῶν προσφερομένων, τὰς δὲ βαλάνους μόνον ἡδέως μὲν ἐσθίειν ποιεῖν δ' ὑγρὰν τὴν σάρκα· καὶ ἐὰν κύουσαι πλείους ἐσθίωσιν, ἐκβάλλουσιν ὥσπερ καὶ τὰ πρόβατα· ταῦτα γὰρ ἐπιδηλοτέρως τοῦτο πάσχει διὰ τὰς βαλάνους. χαλαζᾷ δὲ μόνον τῶν ζῴων ὧν ἴσμεν ὗς.

[22] οἱ δὲ κύνες κάμνουσι νοσήμασι τρισίν· ὀνομάζεται δὲ ταῦτα λύττα, κυνάγχη, ποδάγρα. τούτων ἡ λύττα ἐμποιεῖ μανίαν, καὶ ὅταν λυττῶσιν ἅπαντα τὰ δηχθέντα /7/ πλὴν ἀνθρώπου ἀναιρεῖ· ἀναιρεῖ δὲ τὸ νόσημα τοῦτο τὰς κύνας. ἀναιρεῖ /9/ δὲ καὶ ἡ κυνάγχη τὰς κύνας· ὀλίγαι δὲ καὶ ἐκ τῆς ποδάγρας περισῴζονται. λαμβάνει δ' ἡ λύττα καὶ τὰς καμήλους. τοὺς δ' ἐλέφαντας πρὸς μὲν τὰ ἄλλα ἀρρωστήματα ἀνόσους εἶναί φασιν, ἐνοχλεῖσθαι δ' ὑπὸ φυσῶν.

[23] οἱ δὲ βόες οἱ ἀγελαῖοι νοσοῦσι δύο νόσους, ὧν τὸ μὲν

---

25 ὦσι] ἔχωσι γ (exc. L^c rc.)   γαλαθηνὰ G^a Q F^a X^c, L^c rc. m   δὲ post χαλάζας transp. P   **26** στιφαῖς β γ Ald.   **27** ἄριστοι α L^c rc. m Ald. καὶ τρέφειν om. L^c m n   **28** σύκα α m   **29** post ποικ. add. καὶ γ   **30** τὸ δὲ σαρκοῦν om. Ald.   **31** μόνον om. α Guil. Sn. Bk.   **32** κύουσαι α Bk.: ἐγκύουσαι β γ Ald. (ἐγγύουσαι P pr. K^c M^c: ἔγγυοι οὖσαι E^a pr., ἐγκ-E^a corr.)   **604a1** ἐχθίουσι E^a pr. P pr. K^c   ἐκβάλλουσαι A^a pr. G^a Q: ἐκβάλουσι P corr.   **2** χάλαζα C^a: χάλαζαι A^a pr. G^a pr. Q: χαλαζᾷ A^a rc. G^a rc. F^a X^c: χαλαζα Ott.: χαλαζῶνται β E^a P K^c Mc Ott. v.l: χαλαζοῦται L^c m n Ald.: grandinat Guil.   **3** τῶν ζ. μόνον transp. β (μόνων O^c T^c)   **6** post ὅταν add. δάκη α γ (exc. L^c rc.) Ald.   **7** ἀναιρεῖ^(1) om. α (exc. G^a rc. Q), γ (exc. L^c rc.), Ald.   ante ἀναιρεῖ^(2) add. καὶ α γ (exc. L^c rc.)   δὲ om. C^a τὸ νόσ. ... **8** ἀναιρεῖ om. m   post τὰς add. τε C^a A^a pr. γ (exc. L^c rc.) Ald. post κύνας add. καὶ ἄν τι δηχθῇ ὑπὸ λυττώσης πλὴν ἀνθρώπου C^a A^a pr. γ (exc. L^c rc.) Ald. (exc. καὶ ὅτι ἂν δειχθῇ L^c pr. Ald.)   **9** τὰς κύνας om. F^a X^c: τοὺς κύνας L^c pr. m   ὀλίγοι m   καὶ^(2) om. A^a pr. G^a Q, E^a   **10** περισῴζονται A^a rc. β γ Ald.: περιφεύγουσιν C^a A^a pr. G^a Q Bk.: διασῴζονται F^a X^c   δ' ἡ λύττα α Scot. Guil. Gaza Cs. Bk.: ταῦτα β γ Ald.   **11** τοὺς δ' ἐλέφαντας] τὰς δὲ καμήλους G^a rc. Q Ott.: elefantes Scot. Guil. Trap. Gaza   **12** ὀχλεῖσθαι α

ποδάγρα τὸ δὲ κραῦρος καλεῖται. ἐν μὲν οὖν τῇ ποδάγρᾳ τοὺς πόδας οἰδοῦσιν, οὐκ ἀποθνήσκουσι δ᾽ οὐδὲ τὰς ὁπλὰς ἀ-ποβάλλουσιν· βέλτιον δ᾽ ἴσχουσι τῶν κεράτων ἀλειφομένων πίσσῃ θερμῇ. ὅταν δὲ κραυρᾷ τὸ πνεῦμα γίνεται θερμὸν καὶ πυκνόν· καὶ ὅ ἐστιν ἐν τοῖς ἀνθρώποις πυρετός, τοῦτό ἐστιν ἐν τοῖς βουσὶ τὸ κραυρᾶν. σημεῖον δὲ τῆς ἀρρωστίας τὰ ὦτα καταβάλλουσι καὶ οὐ δύνανται ἐσθίειν. ἀποθνήσκουσι δὲ ταχέως, καὶ ἀνοιχθέντων ὁ πλεύμων φαίνεται σαπρός.

[24] τῶν δ᾽ ἵππων αἱ μὲν φορβάδες ἄνοσοι τῶν ἄλλων ἀρρωστημάτων εἰσὶ πλὴν ποδάγρας, ταύτην δὲ κάμνουσι, καὶ ἐνίοτε ἀποβάλλουσι τὰς ὁπλάς· ὅταν δ᾽ ἀποβάλωσι, πάλιν φύουσιν εὐθύς· γίνεται γὰρ ἅμα τῆς ἑτέρας ὑποφυομένης ἡ τῆς ἑτέρας ὁπλῆς ἀποβολή. σημεῖον δὲ τῆς ἀρρωστίας· ὁ γὰρ ὄρχις ἅλλεται ὁ δεξιός, ἢ κατὰ μέσον ὀλίγον κάτωθεν τῶν μυκτήρων καὶ ἔγκοιλόν τι γίνεται καὶ ῥυτιδῶδες. οἱ δὲ τροφίαι ἵπποι πλείστοις ἀρρωστήμασι κάμνουσιν. λαμβάνει γὰρ καὶ εἰλεός· σημεῖον δὲ τῆς ἀρρωστίας τὰ ὀπίσθια σκέλη ἐφέλκουσιν ἐπὶ τὰ ἐμπρόσθια καὶ ὑποφέρουσιν ὥστε ἀλλήλους συγκρούειν. ἐὰν δ᾽ ἀσιτήσας τὰς ἔμπροσθεν ἡμέρας εἶτα μανῇ, αἷμα ἀφαιροῦντες βοηθοῦσι καὶ ἐκτέμνοντες. λαμβάνει δὲ καὶ τέτανος· σημεῖον δ᾽ αἱ φλέβες τέτανται πᾶσαι καὶ κεφαλὴ καὶ αὐχήν, καὶ προ-

15 οὐδὲ τὰς α Scot. Alb. Guil. Cs. Sn. Bk.: τὰς δ᾽ β γ Gaza Ald. **16** βελτίω β γ Ald. ἰσχύουσι α Eᵃ P Kᶜ Mᶜ: *habent* Guil. Trap.: *valent* Gaza **17** πίσσῃ θερμῇ Gᵃ*rc.* Q, β, Lᶜ*rc.* mrc., Guil. Trap. Gaza Ald. edd.: om. cett. Scot. κραῦραι Cᵃ Aᵃ*pr.* Gᵃ*pr.* γίνεται Aᵃ Gᵃ Q πυκ. κ. θερμ. transp. Fᵃ Xᶜ **19** ἐν om. α **22** φοράδες α (exc. Prc. Lᶜ*rc.*): *pascentibus* Scot.: *gregales* Guil. Gaza: *armentales* Trap. ἄνοσοι Aᵃ: ἄνουσι Gᶜ*rc.* Q **23** ταύτῃ α Dt. **24** ἀποβάλωσι⁽²⁾ Cᵃ Eᵃ Bk. **25** φύωσιν Cᵃ*pr.* **27** ὁ γὰρ ... 30 ἀρρωστίας om. γ (exc. add. Lᶜ*rc.*: caret signif. m) ἢ κατὰ ... 30 ἀρρωστίας om. Fᵃ Xᶜ post κατὰ add. τὸ Cᵃ **28** καὶ ἔγκοιλόν τι α (exc. om. Fᵃ Xᶜ) Trap. Gaza: ἐν κοῖλον β Lᶜ*rc.* Guil. Ald.: om. Scot.: ἔγκοιλον Bk. ῥυτιῶδες β Lᶜ*rc.* Ald. **30** ἡλεός α (exc. εἰλεός Q) **604b1** ὑφέλκουσιν ὑπὸ α Guil. **2** ἀλλήλους Aᵃ*rc.* Fᵃ Xᶜ β (exc. Oᶜ*pr.* Tᶜ) γ Ald.: ἀλλήλοις Oᶜ*pr.* Tᶜ: ὀλίγου Cᵃ Gᵃ*rc.* Q Guil. Gaza Ott. Bk.: ὀλίγους Aᵃ*pr.* Gᵃ*pr.* συγκροτεῖν Cᵃ Aᵃ*pr.* Gᵃ Q Sn. τὰ Gᵃ Q **3** αἷμα] αἷ μὲν (sic) Aᵃ*pr.* Gᵃ*pr.*: αἷμα μὲν Q βοηθοῦσι post 4 ἐκτέμ. transp. Lᶜ m Ald. **4** ἐκτέμνουσι Aᵃ*pr.* Gᵃ Q **5** ἡ κεφαλὴ γ Ald. ὁ αὐχήν Ald. προσβαίνει β Ald.

HISTORIA ANIMALIUM VII(VIII)

βαίνει εὐθέσι τοῖς σκέλεσιν. γίγνονται δὲ καὶ ἔμπυοι οἱ ἵπποι. λαμβάνει δὲ καὶ ἄλλος αὐτοὺς πόνος, καλεῖται δὲ τοῦτο κριθιᾶν· σημεῖον δὲ τοῦ ἀρρωστήματος μαλακὸς γίνεται ὁ οὐρανὸς καὶ θερμὸν πνεῖ. ἀνίατα δέ, ἐὰν μὴ αὐτόματα καταστῇ. τό τε νυμφιᾶν καλούμενον, ἐν ᾧ συμβαίνει κατέχεσθαι ὅταν αὐλῇ τις καὶ κατωπιᾶν· καὶ ὅταν ἀναβῇ τις τροχάζει ἕως ἂν μέλλῃ κατά τινας θεῖν· κατηφεῖ δ' ἀεί, κἂν λυττήσῃ. σημεῖον δὲ καὶ τούτου τὰ ὦτα καταβάλλει πρὸς τὴν χαίτην καὶ πάλιν προτείνει, καὶ ἐκλείπει, καὶ πνεῖ.

ἀνίατα δὲ καὶ τάδε, ἐὰν καρδίαν ἀλγήσῃ (σημεῖον δὲ λαπάρας ἀλγεῖ), καὶ ἐὰν ἡ κύστις μεταστῇ (σημεῖον δὲ καὶ τούτου τὸ μὴ δύνασθαι οὐρεῖν, καὶ τὰς ὁπλὰς καὶ τὰ ἰσχία ἐφέλκει). καὶ ἐὰν σταφύλινον περιχάνῃ· τοῦτο δ' ἐστὶν ἡλίκον σφονδύλη. τὰ δὲ δήγματα τῆς μυγαλῆς καὶ τοῖς ἄλλοις ὑποζυγίοις χαλεπά· γίνονται δὲ φλύ-

---

6 οἱ om. α   8 κριθιᾶν A^a rc. F^a X^c, Prc. M^c n, Bk.: ἠριθιᾶν C^a A^a pr. G^a Q Trap.: κριθίας β m Ald.: κριθία E^a: κριθίαν Ppr. K^c L^c   9 ἀνίατον et αὐτόματον m   10 κατέστη E^a P K^c n   τό τε β Ald. Bk.: τὸ δὲ α: καὶ τὸ L^c: om. γ (exc. L^c: caret signif. m)   11 ante ὅταν^(1) add. καὶ α Guil. κατωπιᾶν edd.: κατωπίαν β L^c rc. Ald.: κατωπιᾶ α (exc. κατωπία C^a): κάτω πίαν γ (exc. κάτω πιεῖν L^c pr.)   ἀναβῇ] λάβῃ C^a A^a pr. G^a Q Ott.   12 μέλλει β (exc. S^c)   κατά τινας θεῖν β γ Ald. Bk.: τις κατασχεῖν α Guil. Gaza Dt.   13 κἂν] καὶ ὅταν α   15 πνεῖ β L^c rc. Guil. Ald. Bk.: τείνει α m: πίνει γ (exc. L^c rc. m)   ἀνιᾶται C^a A^a pr. G^a Q   σημεῖον ... 16 μεταστῇ om. O^c T^c, P: add. σημεῖον δὲ ὅταν τὰ πλευρὰ ὑφιζάνῃ καὶ αἱ λαγόνες συσπῶνται καὶ ἐὰν ἡ κύστις μεθίστηται O^c rc.: signum autem gracilis existens et si vesica transciderit Guil.: cuius indicium ut latera subsidant et ilia praestringantur, et si vesica dimoveatur de suo situ Gaza   16 λαπάρας β (exc. O^c T^c) L^c rc.: λαπαρὸς ὢν α γ (exc. P L^c rc.) Ald. Bk.   μεταστῇ α β (exc. O^c T^c) Ott. Canis.: om. γ Ald. (※ in lac. Ald.): transciderit Guil.: dimoveatur de suo situ Gaza: om. in lac. Junt. Camot.: παρακινηθείη τόπου Bas. Ott. v.l.: παρακινηθῇ cj. Sylb.   17 τούτου τὸ] τοῦτο C^a A^a pr. G^a Q   δύνεσθαι A^a G^a Q   18 ἐὰν σταφύλινον περιχάνῃ α β L^c rc. Guil. Gaza Ald.: τυφλός· οἱόνπερ ἡ χάνη γ (χάννη E^a)   19 ἡ σφ. L^c Ald.   τῆς μυγδάλης α (exc. C^a): τοῖς μεγάλοις C^a Guil.: τῆς μεγάλης γ (exc. L^c rc.)   20 γίνονται δὲ φλύκταιναι om. γ (exc. L^c rc.)   φλεκταῖναι A^a G^a Q F^a pr.: φλεκτάναι F^a corr. X^c   post φλ. add. εἰ δὲ μή, οὐκ ἀποκτείνει C^a: add. εἰ δὲ μή, ἀποθνήσκουσι G^a rc. Q: add. si autem non, moriuntur Guil.: moriuntur enim nisi pustule fiant Trap.

379

κταιναι. χαλεπώτερον δὲ τὸ δῆγμα ἐὰν κύουσα δάκῃ· ἐκρήγνυνται γὰρ αἱ φλύκταιναι, εἰ δὲ μή, οὔ. ἀποκτείνει δὲ δάκνουσα ἢ σφόδρα ποιεῖ ἀλγεῖν καὶ ἡ καλουμένη χαλκὶς ὑπό τινων, ὑπὸ δ' ἐνίων ζιγνίς· ἔστι δ' ὅμοιον ταῖς μικραῖς σαύραις, τὸ δὲ χρῶμα τοῖς τυφλίνοις ὄφεσιν. ὅλως δέ φασιν οἱ ἔμπειροι σχεδὸν ὅσαπερ ἀρρωστεῖ ἄνθρωπος ἀρρωστήματα καὶ ἵππον ἀρρωστεῖν καὶ πρόβατον. ὑπὸ φαρμάκου δὲ διαφθείρεται καὶ ἵππος καὶ πᾶν ὑποζύγιον σανδαράκης· δίδοται δ' ἐν ὕδατι καὶ διηθεῖται. καὶ ἐκβάλλει δὲ κύουσα ἵππος ὀσμὴν λύχνου ἀποσβεννυμένου· συμβαίνει δὲ τοῦτο καὶ γυναιξὶν ἐνίαις κυούσαις.

περὶ μὲν οὖν τὰς νόσους τῶν ἵππων τοῦτον ἔχει τὸν τρόπον.

τὸ δ' ἱππομανὲς καλούμενον ἐπιφύεται μέν, ὥσπερ εἴρηται, τοῖς πώλοις, αἱ δ' ἵπποι περιλείχουσαι καὶ καθαίρουσαι ἀποτρώγουσιν αὐτό· τὰ δὲ ἐπιμυθευόμενα πέπλασται μᾶλλον ὑπὸ γυναικῶν καὶ τῶν περὶ τὰς ἐπῳδάς. ὁμολογουμένως δὲ καὶ τὸ καλούμενον πώλιον αἱ ἵπποι προεκβάλλουσι πρὸ τοῦ πώλου.

γινώσκουσι δ' οἱ ἵπποι καὶ τὴν φωνὴν ἀκούοντες τῶν ἵππων οἷς ἂν μαχεσάμενοι τύχωσιν. χαίρουσι δ' οἱ ἵπποι τοῖς λειμῶσι καὶ τοῖς

21 τὸ om. A^a*pr.* G^a Q Ott.   κύουσαν P K^c M^c n Scot.   ἐρρήγυνται A^a*pr.* G^a Q   **22** φλεκτάναι α (exc. C^a): φλυκτάναι γ (exc. L^c)   εἰ δὲ μή, οὐκ ἀποκτείνει· ἔτι δὲ δάκνουσα σφόδρα α: εἰ δὲ μὴ οὐ κύουσα ἀποκτείνει δάκνουσα m: *si autem non, non moriuntur. adhuc autem* (v.l. *enim*) *mordens valde facit infirmari* Guil.: *sed si non gravida est, non interimit* Gaza   ἀποτείνει γ (exc. L^c*rc.* m)   **23** ποιεῖ post ἀλγεῖν transp. L^c m Ald.   ἀλγεῖν] πονεῖν α: ἀλγύνειν m n   **24** ζίγνις α Guil.: ζιγνύς β L^c*rc.*: δειμνύς E^a: διγνύς P M^c L^c*pr.* m n: δειγνύς K^c: ζυγνίς Ald.   **25** τυφλοῖς α   **26** ἀρρωστήματα ἀρρωστεῖ ἄνθρ. α: ἀρρωστοῦσιν ἀνθρώποις ἀρρωστήματα E^a **28** post σανδ. add. δὲ K^c **29** ante ἐν add. καὶ γ Ald.   ὕδατι] νυκτί γ (exc. L^c*rc.*)   **30** ἵπ. ante κυ. transp. L^c m n Ald.   **605a1** post δὲ add. καὶ E^a **2** τῶν ἵππων om. γ   **3** εἴρηται β Guil.: λέγεται α γ Gaza Ald. edd.   πωλίοις α   **4** περιλείχουσι καὶ καθαίρουσιν α   ἀποτρώγουσιν edd.: ἀποτρώγουσαι α περιτρώγουσιν β γ Ald.   **5** μυθευόμενα α   ὑπὸ] ἀπὸ γ (exc. Prc. L^c*rc.* m*rc.*)   ante γυν. add. τῶν L^c m Ald.   **6** ἐπαιδάς P*pr.*: ἐπαιοιδάς Prc. E^a*pr.*: ἐπαοιδάς K^c M^c L^c m n   **7** αἱ] οἱ α (exc. om. C^a)   ἐκβάλουσι F^a X^c

ἔλεσιν· καὶ γὰρ τῶν ὑδάτων τὰ θολερὰ πίνουσι, κἂν ᾖ καθαρὰ ἀνατρέπουσιν αὐτὰ οἱ ἵπποι ταῖς ὁπλαῖς, εἶτα πιοῦσαι λούονται. καὶ γὰρ ὅλως ἐστὶ φιλόλουτρον τὸ ζῷον καὶ ἔτι φίλυδρον· διὸ καὶ ἡ τοῦ ποταμίου ἵππου φύσις οὕτω συνέστηκεν. ὁ δὲ βοῦς τοὐναντίον τοῦ ἵππου· ἂν γὰρ μὴ καθαρὸν ᾖ τὸ ὕδωρ καὶ ψυχρὸν καὶ ἀκέραιον, οὐκ ἐθέλει πιεῖν.

[25] οἱ δ' ὄνοι νοσοῦσι μάλιστα νόσον μίαν, ἣν καλοῦσι μηλίδα. γίνεται δὲ περὶ τὴν κεφαλὴν πρῶτον, καὶ ῥεῖ φλέγμα κατὰ τοὺς μυκτῆρας παχὺ καὶ πυρρόν· ἐὰν δὲ πρὸς τὴν πνεύμονα καταβῇ, ἀποκτείνει· τὰ δὲ περὶ τὴν κεφαλὴν πρῶτον οὐ θανάσιμα. δυσριγότατον δ' ἐστὶ τὸ τοιοῦτον ζῷον· διὸ καὶ περὶ τὸν Πόντον καὶ τὴν Σκυθίαν οὐ γίνονται ὄνοι.

[26] οἱ δ' ἐλέφαντες κάμνουσι τοῖς φυσώδεσι νοσήμασιν· διὸ οὔτε τὸ ὑγρὸν περίττωμα προΐεσθαι δύνανται οὔτε τὸ τῆς κοιλίας. καὶ ἐὰν γῆν ἐσθίῃ, μαλακίζεται, ἐὰν μὴ συνεχῶς· εἰ δὲ συνεχῶς, οὐδὲν βλάπτεται. καταπίνει δὲ καὶ λίθους ἐνίοτε. ἁλίσκεται δὲ καὶ διαρροίᾳ· ὅταν δ' ἁλῶσιν, ἰατρεύουσιν ὕδωρ θερμὸν διδόντες πίνειν, καὶ τὸν χόρτον εἰς μέλι βάπτοντες διδόασιν ἐσθίειν, καὶ ἵστησιν ἑκάτερον τούτων. ὅταν δὲ κοπιάσῃ διὰ τὸ μὴ κοιμηθῆναι, ἀλὶ τριβόμενοι καὶ ἐλαίῳ καὶ ὕδατι θερμῷ τοὺς ὤμους ὑγιάζονται. καὶ ὅταν τοὺς ὤμους ἀλγῇ, ὕεια κρέα ὀπτήσαντες προστιθέασι καὶ βοηθεῖ αὐτοῖς. ἔλαιον δ' οἱ μὲν πίνουσιν οἱ δ' οὒ τῶν ἐλε-

---

12 λύονται Aᵃ Gᵃpr., n: πλύνονται Gᵃrc. Q Ott.: lavantur Guil.   ἔτι om. α   Bk.   13 φύσις ante. ἵπ. transp. β   post οὕτω add. δὲ Eᵃ   14 ᾖ] ἐστὶ Eᵃ P Kᶜ: om. Lᶜpr. m n   15 πίνειν α   17 ῥέει β γ Ald.   φλέγμα] ῥεῦμα γ (exc. Lᶜrc.) Ald.   18 παχὺ] πολὺ α: grossum s. crossum Guil.: multa Gaza   πυρρόν] πυκνόν Gᵃcorr. Q: spissum Guil.: ruffa Gaza   19 πλεύμονα β   ἀποκτείνει] ἀποθνήσκουσι α: interficiuntur Guil.   δὲ post κεφ. transp. P   20 πρῶτον om. α Guil. Dt.   δυσριγώτατον α β Ald.   τὸ τοιοῦτον ζῷον Gᵃrc. Q β γ (exc. Lᶜ): τῶν τοιούτων ζώων α (exc. Gᵃrc. Q) Guil. Bk.: τοῦτο τὸ ζῷον Lᶜ Ald.: talium animalium Guil.: hoc animalium Gaza   21 καὶ⁽¹⁾ om. γ Ald.   σκυθικὴν α Bk.   22 οἱ ὄνοι γ Ald.   24 οὔτε⁽¹⁾] οὕτως Aᵃpr. Gᵃpr.   τὸ⁽²⁾] τὰ α   25 καὶ ἐὰν γῆν] κἂν γὰρ Cᵃ Aᵃpr. Gᵃpr. Qpr.   ἐσθίει Fᵃ Xᶜ   26 εἴ] ἂν α   καὶ om. (exc. Lᶜrc.)   27 διαρροιᾷ α   ἁλῶσιν β Ald.: ἀνῶσιν Cᵃ Aᵃpr. Gᵃ Q: ἁλῶ Aᵃrc. Fᵃ Xᶜ γ   30 κοπιάσωσι α Bk.   31 θερμῷ α β Lᶜrc. Ald. Bk.: πολλῷ γ (exc. Lᶜrc.).

ARISTOTELIS

φάντων· κἂν τύχῃ σιδήριόν τι ἐν τῷ σώματι ἐνόν, τὸ ἔλαιον ἐκβάλλει ὅταν πίωσιν, ὥς φασι· τοῖς δὲ μὴ πίνουσι τὸν οἶνον ῥίζαν /5/ ἑψήσαντες ἐν ἐλαίῳ διδόασιν. περὶ μὲν οὖν τῶν τετραπόδων ζῴων τοῦτον ἔχει τὸν τρόπον.

[27] τῶν δ' ἐντόμων τὰ πλεῖστα εὐθενεῖ ἐν ᾗπερ ὥρᾳ καὶ γίνεται, ὅταν τοιοῦτον ᾖ τὸ ἔτος οἷον τὸ ἔαρ, ὑγρὸν καὶ ἀλεεινόν.

ταῖς δὲ μελίτταις ἐγγίνεται ἐν τοῖς σμήνεσι θηρία ἃ λυμαίνεται τὰ κηρία, τό τε σκωλήκιον τὸ ἀραχνιοῦν καὶ λυμαινόμενον τὰ κηρία (καλεῖται δὲ κλῆρος, οἱ δὲ πυραύστην καλοῦσιν· ὃς ἐντίκτει ἐν τῷ κηρίῳ ὅμοιον ἑαυτῷ οἷον ἀράχνιον, καὶ νοσεῖν ποιεῖ τὸ σμῆνος), καὶ ἄλλο θηρίον οἷον ὁ ἠπίολος ὁ περὶ τὸν λύχνον πετόμενος· οὗτος ἐντίκτει τι χνοῦ ἀνάπλεων, καὶ οὐ κεντεῖται ὑπὸ τῶν μελιττῶν ἀλλὰ μόνον φεύγει καπνιζόμενος. ἐγγίνονται δὲ καὶ κάμπαι ἐν τοῖς σμήνεσιν [ἃς καλοῦσι τερηδόνας] ἃς οὐκ ἀμύνονται αἱ

605b3 τι β P*corr.* L*c corr.* M*c* m Guil. Ald. Bk.: om. α Gaza: τάς E*a* K*c* L*c pr.* n τὸ ἔλ. post 4 ἐκβάλλει transp. α 4 πίωσιν β L*c corr.* Ald. Bk.: πίνωσιν α: πίῃ γ (exc. L*c corr.*) μὴ πίνουσι τὸν οἶνον A*a pr.* G*a* Q Ott.: μὴ πίνουσι A*a rc.* F*a* X*c*, m*rc.*, Sn. Bk.: πίνουσι τὸν οἶνον C*a*: ὄνοις β γ Ald.: οὐ Bas. Ott. v.l.: *et elefas bibit vinum. et quando non potest potare accipiunt medicinas et decoquunt cum oleo et dantes illud ei ad potandum* Scot. Alb.: *non bibentibus autem vinum radicem decoquentes in oleo dant* Guil.: *qui autem oleum non bibunt iis radix tyrtami decocta in vino datur* Gaza   ante ῥίζαν add. τυρτάμου m*rc.* Gaza 5 ἐν om. β γ Ald. ἐλαίῳ] οἴνῳ m*rc.* Gaza 7 εὐθενεῖ β Dt.: ἢ C*a*: εὐσθενῆ A*a* G*a* Q: εὐθηνεῖ F*a* X*c* γ Ald. Bk. 8 γίνονται α 9 ταῖς μήνεσι C*a*: τοῖς μήνεσι A*a pr.* G*a pr.* 10 τό(¹) ... 11 κηρία del. A*a rc.*: om. F*a* X*c* m (caret signif.) Ott. τε] δὲ α τὸ(²) om. E*a* L*c pr.* n ἀραχνιοδοῦν G*a* Q 11 σκλῆρος Q πῦρ αὐτήν E*a* P K*c* M*c* n 12 ὅς] ὡς C*a* A*a pr.* 14 ἠπιόλης C*a corr.* A*a pr.* G*a* Q: ἠπιλιότης C*a pr.* Guil. πεττόμενος A*a* G*a* Q: τικτόμενος E*a* 15 τι χνοῦ β P K*c* rc. M*c* L*c rc.* Ald. Bk. Dt.: χνοῦν C*a*: χοῦν α (exc. C*a*): τι χοῦ E*a* K*c pr.* m n: χοῦ L*c pr.*: *terram* Scot.: *caliginem* Guil.: *pulverem* Trap. Gaza ἀναπλέων β γ (ἀνάπλεον K*c*) Ald.: ἀναπνέων α Scot. Guil. Trap. Gaza κεντεῖται C*a* A*a pr.* G*a* Q Bk. Dt.: κεντᾶται cett. Ald. 16 μόνος C*a* καπνιόμενος E*a* P K*c* M*c* 17 ἃς καλοῦσι τερηδόνας edd.: om. α β Scot. Guil. Trap. Ott.: ἃς καλοῦσι lac. γ (nulla lac. E*a*): ἃς καλ. τεριδόνας Ald.: *vermiculus qui teredo vocatur* Alb.: *teredines dictae* Gaza

μέλιτται. νοσοῦσι δὲ μάλιστα ὅταν ἐρυσιβώδη τὰ ἄνθη ἡ ὕλη ἐνέγκῃ, καὶ ἐν τοῖς αὐχμηροῖς ἔτεσιν. πάντα δὲ τὰ ἔντομα ἀποθνῄσκει ἐλαιούμενα· τάχιστα δ᾽ ἄν τις τὴν κεφαλὴν ἀλείψας ἐν τῷ ἡλίῳ θῇ.

[28] ὅλως δὲ τὰ ζῷα διαφέρει κατὰ τοὺς τόπους· ὥσπερ γὰρ ἔν τισιν ἔνια οὐ γίνονται παντάπασιν, οὕτως ἐν ἐνίοις τόποις γίνονται μὲν ἐλάττω δὲ καὶ ὀλιγοβιώτερα καὶ οὐκ εὐημερεῖ. καὶ ἐνίοτε ἐν τοῖς πάρεγγυς τόποις ἡ διαφορὰ γίνεται τῶν τοιούτων, οἷον τῆς Μιλησίας ἐν τόποις γειτνιῶσιν ἀλλήλοις ἔνθα μὲν γίνονται τέττιγες ἔνθα δ᾽ οὐ γίνονται, καὶ ἐν Κεφαληνίᾳ ποταμὸς διείργει οὗ ἐπὶ τάδε μὲν γίνονται τέττιγες ἐπ᾽ ἐκεῖνα δ᾽ οὐ γίνονται. ἐν δὲ Πορδοσελήνῃ ὁδὸς διείργει ἧς ἐπ᾽ ἐκεῖνα μὲν γαλῆ γίνεται, ἐπὶ θάτερα δ᾽ οὐ γίνεται. καὶ ἐν τῇ Βοιωτίᾳ ἀσπάλακες περὶ μὲν τὸν Ὀρχομενὸν πολλοὶ γίγνονται, ἐν δὲ τῇ Λεβαδικῇ γειτνιώσῃ οὔκ εἰσιν, οὐδ᾽ ἄν τις κομίσῃ, ἐθέλουσιν ὀρύττειν. ἐν Ἰθάκῃ δ᾽ οἱ δασύποδες, ἐάν τις ἀφῇ κομίσας, οὐ δύνανται ζῆν ἀλλὰ φαίνονται τεθνεῶτες πρὸς τῇ θαλάττῃ ἐστραμμένοι ᾗπερ ἂν εἰσ-

18 νοσοῦσι δὲ μάλιστα om. β γ (exc. m*rc*.) Ald. 20 ἡλιούμενα A^a*rc*. F^a X^c γ (exc. L^c m*corr*.): inunguntur oleo Scot.: oleata Guil.: tacta ex oleo Gaza 22 ὅλως ... κατὰ] διαφέρει δὲ τὰ ζῷα καὶ κατὰ α Guil. Bk. 23 γίνεται α Bk. ἐν⁽²⁾ om. γ (exc. L^c*rc*.) 24 γίνεται α Bk. μὲν om. m ὀλιγοβιώτερα α Scot. Guil. Gaza Bk.: πολυχρονιώτερα β (exc. O^c*rc*.) γ (exc. m*rc*.) Ald.: ὀλιγοχρονιώτερα O^c*rc*. m*rc*. cj. Scal. 27 μὲν] μὴ F^a X^c ἔνθα δ᾽ οὐ γίνονται β γ Ald. Bk.: ἐπέκεινα δ᾽ οὐ γίγνεται α (exc. οὐ om. F^a X^c) 28 ἐπὶ τάδε μὲν] ἔπειτα C^a A^a*pr*. G^a*pr*.: ἐπὶ τάδε G^a*rc*. Q 29 ἐπέκεινα α L^c Ald. ἐν] ἐὰν A^a G^a*pr*. F^a*pr*. πορρωσελήνη β (exc. O^c*rc*.) L^c*rc*. Ald.: πορδωσελήνη O^c*rc*. διείργῃ A^a*pr*. G^a Q 30 ἐπέκεινα α β L^c Ald. γαλῆ edd. ἐπὶ θάτερα δ᾽ οὐ γίνεται om. m*pr*.: add. ἐπὶ τάδε δ᾽ οὐ γίνεται m*rc*. 31 βοιωτίδι α Guil. οἱ ἀσπ. α περὶ μὲν δὴ C^a: μὲν περὶ transp. L^c Ald. τὸν] τὴν α P ὀρχωμενίαν C^a: ὀρχωμανίαν A^a*pr*. G^a Q Ott.: ὀρχωμαινίαν A^a*rc*. F^a X^c: οἰχόμενον K^c: orchomeniam Guil.: in orcomenio Gaza 606a1 λεβεδιακῇ C^a: λεβεσιακῇ A^a*pr*. G^a Q: λεβαδιακῇ cj. Sn. Bk. Dt. 2 οὐδ᾽] οὗ δ᾽ γ (exc. L^c*rc*.) κομισθῇ α γ (exc. L^c*rc*.) ἐθέλουσιν] τελοῦσιν C^a: τενοῦσιν A^a*pr*. G^a*pr*.: om. Q in lac: non legit Ott.: οὐκ ἐθέλουσιν m: neque ... volunt Guil. Gaza 4 πρὸς γ Ald. Bk.: καὶ πρὸς α: ἐν β ἐστρεμμένοι E^a K^c n: ἡστρεμμένοι P ᾗπερ] οἳ C^a A^a*pr*.: οὗ G^a Q

383

606a

ἀχθῶσιν. καὶ ἐν μὲν Σικελίᾳ οἱ ἱππεῖς μύρμηκες οὔκ εἰσιν, ἐν δὲ Κυρήνῃ οἱ φωνοῦντες βάτραχοι πρότερον οὐκ ἦσαν. ἐν δὲ Λιβύῃ πάσῃ οὔτε σῦς ἄγριός ἐστιν οὔτ᾽ ἔλαφος οὔτ᾽ αἲξ ἄγριος· ἐν δὲ τῇ Ἰνδικῇ, ὥς φησι Κτησίας οὐκ ὢν ἀξιόπιστος, οὔτ᾽ ἥμερος οὔτ᾽ ἄγριος ὗς, τὰ δ᾽ ἔναιμα καὶ τὰ φωλοῦντα πάντα μεγάλα. καὶ ἐν μὲν τῷ Πόντῳ οὔτε τὰ μαλάκια γίνεται οὔτε τὰ ὀστρακόδερμα, εἰ μὴ ἔν τισι τόποις ὀλίγοις· ἐν δὲ τῇ ἐρυθρᾷ θαλάττῃ ὑπερμεγέθη τὰ ὀστρακόδερμα πάντα. ἐν δὲ Συρίᾳ τὰ πρόβατα τὰς οὐρὰς ἔχει τὸ πλάτος πήχεος, τὰ δ᾽ ὦτα αἱ αἶγες σπιθαμῆς καὶ παλαιστῆς, καὶ ἔνιαι συμβάλλουσι κάτω τὰ ὦτα πρὸς τὴν γῆν· καὶ οἱ βόες ὥσπερ οἱ κάμηλοι κάλας ἔχουσιν ἐπὶ τῶν ἀκρωμίων. καὶ ἐν Κιλικίᾳ αἱ αἶγες κείρονται ὥσπερ τὰ πρόβατα παρὰ τοῖς ἄλλοις. καὶ ἐν μὲν Λιβύῃ εὐθὺς γίνεται κέρατα ἔχοντα τὰ κερατώδη τῶν κριῶν, οὐ μόνον οἱ ἄρρενες ὥσπερ Ὅμηρός φησιν ἀλλὰ καὶ τὰ ἄλλα· ἐν δὲ τῷ Πόντῳ περὶ τὴν Σκυθικὴν τοὐναντίον· ἀκέρατα γὰρ γίνονται. καὶ ἐν Αἰγύπτῳ τὰ

5 σικελία οἱ ἱππεῖς μύρμηκες α: σικ. ἱππῆς μ. E[a] K[c] n: σικ. lac. μύρμηκες P: σικ. οἱ ἱππομύρμηκες M[c]: σικ. ἱππομύρμηκες L[c]*pr*. Ald. Bk.: σικ. ἵπποι μύρμηκες m: σικιλίοις ἵπποις μύρμηκες β L[c]*rc*.: *equestres formice* Guil.: *formicae quae equites appellantur* Gaza   δὲ ... 6 ἦσαν om. m (caret signif.)   6 φθονοῦντες α (exc. G[a]*rc*. Q): *sonantes* Guil.: *vocales* Gaza   οὔκ εἰσὶ πρότερον β γ Ald.   7 πάσῃ om. α Ott.   οὔτε ἄγριος σῦς transp. F[a] X[c]: σῦς οὔτ᾽ ἄγριος Ald. οὔτε[(1)]] οὐδὲ C[a]   σῦς om. γ (exc. L[c]*rc*. m*rc*.)   ἐστιν om. P in lac.   8 ἐν δὲ] οὔτ᾽ ἐν α   φασὶ A[a] G[a] Q   9 ἄγριος οὔτε ἥμερος ὗς α Scot. Guil. Bk.: ἄγριος ὗς οὔτε ἥμερος S[c]   ἔναιμα α (ἔνναιμα A[a] G[a] Q): ἄναιμα β γ Ald. edd.: *habentia sanguinem* Scot. Guil.: *quae sanguine carent* Gaza   φωλοῦντα codd. Guil.: om. Scot.: φολιδωτὰ cj. A.-W. Dt.   10 πάντα om. γ (exc. L[c]*rc*.) τά om. P   11 post ὀστ. add. πάντα β γ Ald.   εἰ .. 12 ὀστρακόδερμα om. γ (exc. L[c]*rc*.)   ὀλίγοις β L[c]*rc*. Scot. Guil. Ald.: ὀλίγα α Bk.   13 τῇ συρίᾳ F[a] X[c] β   14 πήχεως C[a], L[c], Ald. edd.   15 τὰ ὦτα κάτω transp. L[c] m n Ald.   πρὸς τὴν γῆν α Guil. Gaza Bk.: ἀλλήλαις β γ Ald.   16 post ὥσπερ add. καὶ α   αἱ καμ. α E[a] L[c] Ald. Bk.   κάλας s. καλὰς β (exc. O[c]*rc*.) γ (exc. L[c]*pr*. n): καμπὰς O[c]*rc*., L[c]*pr*. n Ald.: χαίτας α Cs. Bk.: *spatulas* Scot.: *jubas* Guil. Trap.: *nodos* Gaza   17 κιλικία β γ (κοελικία E[a]) Guil. Gaza Ald.: λυκία α Cs. Bk.: *cikilie* Scot. Guil.   post ὥσπερ add. καὶ α παρὰ] περὶ C[a] A[a] G[a]*rc*. Q   18 γίνονται β   κέρατα] κενὰ τὰ γ (exc. L[c]*rc*.) τὰ om. α (exc. G[a]*rc*. Q)   19 post μόνον add. δὲ α   ἄρρενες codd: ἄρνες cj. Bk.   φησ. ὁμ. transp. α   20 τὰ ἄλλα] τὰ θήλη m: *feminae* Scot. Gaza ante ἐν add. καὶ P   δὲ] μὲν E[a] P K[c] M[c] n   21 τῇ αἰγ. L[c] m n Ald.

384

μὲν ἄλλα μείζω ἢ ἐν τῇ Ἑλλάδι, καθάπερ οἱ βόες καὶ τὰ πρόβατα, τὰ δ' ἐλάττω, οἷον λύκοι καὶ ὄνοι καὶ λαγοὶ καὶ ἀλώπεκες καὶ κόρακες καὶ ἱέρακες, τά τε παραπλήσια, οἷον κορῶναι καὶ αἶγες. αἰτιῶνται δὲ τὰς τροφάς, ὅτι τοῖς μὲν ἀφθόνως τοῖς δὲ σπανίως, οἷον τοῖς λύκοις καὶ τοῖς ἱέραξι· τοῖς δὲ σαρκοφάγοις ἡ ὕλη, σπάνια τὰ μικρὰ ὄρνεα, τοῖς δὲ δασύποσι καὶ ὅσα οὐ σαρκοφάγα, ὅτι οὔτ' ἀκρόδρυα οὔτ' ὀπώρα χρόνιος. πολλαχοῦ δὲ καὶ ἡ κρᾶσις αἰτία, οἷον ἐν τῇ Ἰλλυρίδι καὶ τῇ Θρᾴκῃ καὶ τῇ Ἠπείρῳ οἱ ὄνοι μικροί, ἐν δὲ τῇ Σκυθικῇ καὶ Κελτικῇ ὅλως οὐ γίγνονται· δυσχείμερα γὰρ ταῦτα. ἐν δὲ τῇ Ἀραβίᾳ σαῦραι μείζους πηχυαίων· γίνονται δὲ καὶ μύες πολλοὶ μείζους τῶν ἀρουραίων, τὰ μὲν πρόσθια σκέλη ἔχοντες καὶ σπιθαμῆς, τὰ δ' ὀπίσθια ὅσον ἄχρι τῆς πρώτης καμπῆς τῶν δακτύλων. ἐν δὲ τῇ Λιβύῃ τὸ τῶν ὄφεων γένος γίνεται ἄπλατον, ὥσπερ καὶ λέγεται· ἤδη γάρ τινές φασι προσπλεύσαντες ἰδεῖν ὀστᾶ βοῶν πολλῶν, καὶ δῆλον ἦν αὐτοῖς

22 post μὲν add. οὖν α (exc. Gᵃ Q)   ἄλλα del. mrc.: om. Gaza: secl. Scal. Cs.   ἢ om. Eᵃ P Kᶜ Mᶜ: καὶ n   ἑλλάδι] λεβάδι Cᵃ   23 post οἷον add. οἱ α γ   λύκοι καὶ ὄνοι β (λαγοὶ καὶ λύκοι καὶ ὄνοι transp. Sᶜ): κύνες (s. κῦνες) καὶ λύκοι α Sn. Bk.: ὄνοι καὶ λύκοι γ Ald.: canes et lupi Scot. Gaza: asini et lupi Guil.   24 λαγωοὶ α Mᶜ Lᶜ m n Ald. Bk.   τε α β: δὲ γ Ald. edd. 26 ἀφθόνως β γ Ald.: ἄφθονος α Sn.   σπανίως β γ Ald.: σπανία α Sn. 27 τοῖς⁽¹⁾ om. α   δὲ] μὲν γὰρ α Dt.: enim Scot. Gaza: quidem enim Guil. ἡ ὕλη β (exc. Oᶜrc.) Lᶜrc. Ald.: ὀλίγη α Oᶜrc. γ (exc. Lᶜrc.) Cs. Bk.: cibus Scot. Gaza: paucum Guil.   606b1 δασυπόδοις α (exc. Cᵃ): δασύπουσι Eᵃ   οὐ] μὴ α Bk.   2 ἡ ὀπώρα α   πολλαχῇ α   3 ἰλλυρίδη P   τῇ θρᾴκῃ] ἐν τῇ παροίκη Cᵃ Aᵃpr. Gᵃ Q: ἐν γῇ θράκη Aᵃrc. Fᵃ Xᶜ   4 ἐν τῇ ἠπ. α   οἱ ὄνοι Cᵃ β Lᶜ mcorr. Ald. Bk.: ὄνοι α (exc. Cᵃ): οἷον οἱ Eᵃ Kᶜ Mᶜ mpr. n: οἱ P κελτ. κ. σκ. transp. α   κεντικὴ Cᵃ Aᵃpr.: κελτηική Lᶜpr.   5 ταῦτα] πάντα α Guil.   τῇ om. α γ (exc. Lᶜrc.) Bk.   ἀρραβία Dᵃ Rᶜ Vᶜ, Eᵃ P Lᶜ, Ald.   6 σαῦροι α (exc. Cᵃ)   πήχεων α   δὲ om. α Bk.   πολλοὶ α β Eᵃ npr.: πολὺ γ (exc. Eᵃ npr.) Guil. Gaza Ald.   7 post μὲν add. οὖν Fᵃ Xᶜ πρόσθια β Lᶜrc. Ott.: ἔμπροσθεν α γ (exc. Lᶜrc.) Ald. Bk.   καὶ om. β Ald. 8 ὅσον om. γ (exc. Lᶜrc.)   τῶν om. Gᵃ Q   τοῦ δακτύλου m: digitorum Guil. (Tz): cubitorum Guil. (cett.): digiti Gaza   9 τὸ om. γ (exc. Lᶜrc.) γένος Gᵃpr. β Lᶜrc. Scot. Guil.: μέγεθος α (exc. Gᵃpr.) γ (exc. Lᶜrc.) Gaza Ald. ἄπαλτον Cᵃ Aᵃpr.: ἄπλετον Aᵃrc. Fᵃ Xᶜ, m, Scal.: παλτὸν Gᵃ Q: ἄπλαστον Bas. Sylb. Ott.: quod dicitur afflaton Scot.: aplaton Alb.   10 φασί τινες α Bk. 11 καὶ δῆλον ἦν β γ Guil. Ald.: ἃ δῆλον γενέσθαι α Gaza Bk.

ὅτι ὑπὸ τῶν ὄφεων ἦν κατεδηδεσμένα· ἀναγομένων γὰρ ταχὺ διώκειν τὰς τριήρεις αὐτούς, καὶ ἐνίους αὐτῶν ἐμβάλλειν ἀναστρέψασαν τὴν τριήρη. ἔτι δὲ λέοντες μὲν ἐν τῇ Εὐρώπῃ μᾶλλον, καὶ τῆς Εὐρώπης ἐν τῷ μεταξὺ τόπῳ τοῦ Ἀχελῴου καὶ Νέσσου μόνον· παρδάλεις δ᾽ ἐν τῇ Ἀσίᾳ, ἐν δὲ τῇ Εὐρώπῃ οὐ γίνονται. ὅλως δὲ τὰ μὲν ἄγρια ἀγριώτερα ἐν τῇ Ἀσίᾳ, ἀνδρειότερα δὲ πάντα τὰ ἐν τῇ Εὐρώπῃ, πολυμορφότατα δὲ τὰ ἐν τῇ Λιβύῃ· καὶ λέγεται δέ τις παροιμία, ὅτι ἀεὶ φέρει τι ἡ Λιβύη καινόν. διὰ γὰρ τὴν ἀνομβρίαν μίσγεσθαι δοκεῖ ἀπαντῶντα πρὸς τὰ ὑδάτια καὶ τὰ μὴ ὁμόφυλα, καὶ ἐκφέρειν ὧν οἱ χρόνοι τῆς κυήσεως οἱ αὐτοὶ καὶ τὰ μεγέθη μὴ πολὺ ἀλλήλων· πρὸς ἄλληλα δὲ πραΰνεται διὰ τὴν τοῦ ποτοῦ χρείαν. καὶ γὰρ καὶ δέονται τοῦ πίνειν τοὐναντίον τῶν ἄλλων τοῦ χειμῶνος μᾶλλον ἢ τοῦ θέρους· διὰ γὰρ τὸ μὴ εἰωθέναι ὕδατα γίνεσθαι τοῦ θέρους ἀσύνηθες αὐτοῖς τὸ πίνειν ἐστίν. καὶ οἵ γε μύες ὅταν πίωσιν ἀποθνήσκουσιν. γίνεται δὲ καὶ ἄλλα ἐκ μίξεως μὴ ὁμοφύλων, ὥσπερ καὶ ἐν Κυρήνῃ μίσγονται οἱ λύκοι τοῖς κυσὶ καὶ

12 τῶν om. α γ   κατεδηδεσμένα β Ald. Bk.: κατεδηδομένα α: καταεδηδασμένα γ   διώκειν ταχὺ transp. α   **13** αὐτὰς A[a]*pr.* G[a] Q   ἔνιοι α: ἐνίων γ Ald.   ἐμβαλεῖν α Bk.: ἐκβάλλειν γ Ald.   **14** ἀναστρέψασαν β (exc. O[c]) L[c]*rc.* Ald.: ἀνατρέψαντες α (-τριψ- F[a] X[c]): ἀναστρέψαντα εἰς E[a] P n: ἀναστρέψαντες εἰς K[c] M[c]: ἀναστρέξαντας O[c], L[c]*pr.*: ἀνατρέψαντας m*corr.* Bk. Dt.: om. Scot.: redierunt ad navem Guil.: aggressi trieremem everterent Gaza   δὲ om. α   λέοντες] lupi Scot. Alb.   μὲν om. γ (exc. L[c]*rc.*)   **15** τόπῳ om. γ   post τόπῳ add. ἐν τοῖς α   ἀχελαίου A[a]*pr.* G[a] Q   **16** καὶ Νέσσου om. Ald.   Νέσσου] μέσσου E[a] M[c]: μέσου P*pr.* K[c] L[c] m n   post νέσσου add ποταμοῦ α   μόνον β Guil.: om. α γ Ald. Bk.   **17** ὅλως] ὅπως E[a] P n: πάντα m*corr.* Gaza   **18** ἀνδρ. δὲ ἐν τῇ εὐρ. πάντα α Guil. Bk.   πολυμορφώτερα C[a] A[a]*pr.* G[a] Q Ott.: παμμορφώτερα A[a]*rc.* F[a] X[c] Ott. v.l.: maxime multe forme Guil.: multiformiores Gaza   **19** τὰ om. α Bk.   δέ[(2)] om. α (exc. C[a]) L[c]*pr.* m n   **20** ἡ om. α L[c] m n Ald.   λιβύη ante φέρει transp. α Bk. κενόν P   **21** ἀπαντῶντα] ἀπάντων τὰ A[a]*pr.* G[a] Q   ὕδατα α   **22** post χρο. add. οἱ α Bk.   **23** post πολὺ add. ἀπ᾽ C[a] γ Bk.   post ἄλληλα add. τὰ γ   **24** τοῦ ποτοῦ C[a] A[a]*rc.* β Ald.: ποταμοῦ A[a]*pr.* G[a] Q: τοῦ ποταμοῦ F[a] X[c]: τοῦ τόπου γ (exc. E[a] m*rc.*): τόπου E[a]: πότου m*rc.*: potus Guil.: fluminis usum Trap.: desiderio fluvii Gaza   **27** πίνωσιν α   ἀποθνήσκωσιν α (exc. C[a])   **607a2** οἱ λύκ. μί. α Bk.   τοῖς β E[a] P K[c] M[c]: ταῖς α L[c] m n Ald. Bk.   καὶ γεννῶσι om. γ (exc. L[c]*rc.*)

γεννῶσι, καὶ ἐξ ἀλώπεκος καὶ κυνὸς οἱ Λακωνικοί. φασὶ δὲ καὶ ἐκ τοῦ τίγριος καὶ κυνὸς γίνεσθαι τοὺς Ἰνδικούς, οὐκ εὐθὺς /5/ δὲ ἀλλ' ἐκ τῆς τρίτης μίξεως· τὸ γὰρ πρῶτον γεννηθὲν θηριῶδες γίνεσθαί φασιν. ἄγοντες δὲ δεσμεύουσιν εἰς τὰς ἐρημίας τὰς κύνας· καὶ πολλαὶ κατεσθίονται, ἐὰν μὴ τύχῃ ὀργῶν πρὸς τὴν ὀχείαν τὸ θηρίον.

[29] ποιοῦσι δὲ καὶ οἱ τόποι διαφέροντα τὰ ἤθη, οἷον οἱ ὀρεινοὶ καὶ τραχεῖς τῶν ἐν τοῖς πεδίοις καὶ μαλακοῖς· καὶ γὰρ τὰς ὄψεις ἀγριώτερα καὶ ἀλκιμώτερα, καθάπερ καὶ οἱ ἐν τῷ Ἄθῳ ὕες· τούτων γὰρ οὐδὲ τὰς θηλείας ὑπομένουσι τῶν κάτω οἱ ἄρρενες.

καὶ πρὸς τὰ δήγματα δὲ τῶν θηρίων μεγάλην ἔχουσιν αἱ χῶραι διαφοράν, οἷον περὶ μὲν Φάρον καὶ ἄλλους τόπους οἱ σκορπίοι οὐ χαλεποί, ἐν ἄλλοις δὲ τόποις καὶ ἐν τῇ Σκυθίᾳ πολλοὶ καὶ μεγάλοι καὶ χαλεποὶ γίγνονται, καὶ ἐάν τινα πατάξωσιν ἄνθρωπον ἢ θηρίον ἀποκτείνουσι, καὶ τὰς ὗς, αἳ ἥκιστα αἰσθάνονται τῶν ἄλλων δηγμάτων, καὶ τούτων τὰς μελαίνας μᾶλλον ἀποκτείνουσιν· μάλιστα δ' ἀπόλλυνται αἱ ὕες πληγεῖσαι ἐὰν εἰς ὕδωρ ἔλθωσιν. τά τε τῶν ὄφεων δήγματα πολὺ διαφέρουσιν. ἥ τε γὰρ ἀσπὶς ἐν Λιβύῃ γίνεται, ἐξ οὗ ὄφεως ποιοῦσι τὸ σηπτικόν, καὶ ἄλλως ἀνίατος. γίνεται δὲ καὶ ἐν τῷ σιλφίῳ τι ὀφίδιον, οὗ καὶ λέγεται ἄκος εἶναι λίθος τις ὃν λαμβά-

3 καὶ[1] om. α   καὶ κυνὸς del. A[a]rc.: om. F[a] X[c]: τινὸς γ (exc. L[c]corr. mcorr.): ex vulpe et cane Guil. Gaza   4 τίγριος καὶ] ἀγρίου γ (exc. L[c]rc. mrc.)   5 ἐκ β Guil.: ἐπὶ α γ Bk.   τῆς om. γ Ald.   7 τοὺς C[a] A[a]pr. G[a] F[a]pr., L[c]pr. πολλοὶ F[a]pr., L[c]pr.   9 καὶ post διαφέροντα transp. α Bk.   οἱ om. A[a]pr. G[a] Q   10 πεδινοῖς α Sn.   τοῖς μαλ. L[c] Ald.   11 post ἀλκ. add. τὰ ὀρεινὰ G[a]rc. Q Guil. Ott.   12 ὗς α   16 σκυθία α β L[c]rc. Guil. Gaza A.-W. Dt. Louis L.-V.: καρία γ (exc. L[c]rc.) Ald. Bk. Th.   17 post ἢ add. τι ἄλλο α (ἄλλο τι F[a] X[c])   κτείνουσι α E[a] P K[c] M[c]   18 ὗας m   19 μάλιστα β γ Ald.: τάχιστα α Guil. Bk.   20 ἀπέλθωσι α: intraverint Guil.   21 πολὺ om. L[c]pr. m n: πολλοὶ F[a] X[c]   post πολὺ add. κατὰ τοὺς τόπους G[a]rc. Q Trap. Gaza Ott.   22 ἐξ οὗ] ἐξ ὡοῦ C[a]: ἔξω τοῦ A[a]pr. G[a]pr. ποιοῦσα C[a] A[a]pr. G[a]pr.   23 ἀνιάτως γ Ald. Bk.   σιλφίῳ τι α β L[c]rc. Ald. Bk.: σιλφιώδει γ (exc. L[c]rc.)   24 ὀφίδιον G[a] Q β L[c]rc. Ald.: ὀφείδιον α (exc. G[a] Q) γ (exc. L[c]rc.) Bk.   τις om. α   λαμβᾶ G[a]: λαμβάνει Q

νουσιν ἀπὸ τάφου βασιλέως τῶν ἀρχαίων καὶ ἐν οἴνῳ ἀποβάψαντες πίνουσιν. τῆς δ' Ἰταλίας ἔν τισι τόποις καὶ τὰ τῶν ἀσκαλαβωτῶν δήγματα θανάσιμά ἐστιν. πάντων δὲ χαλεπώτερά ἐστι τὰ δήγματα τῶν ἰοβόλων ἐὰν τύχῃ ἀλλήλων ἐδηδοκότα, οἷον σκορπίον ἔχις. ἔστι δὲ τοῖς πλείστοις αὐτῶν πολέμιον τὸ τοῦ ἀνθρώπου πτύελον. ἔστι δέ τι ὀφίδιον μικρόν, ὃ καλοῦσί τινες ἱερόν, ὃ οἱ πάνυ μεγάλοι ὄφεις φεύγουσιν· γίνεται δὲ τὸ μέγιστον πηχυαῖον, καὶ δασὺ ἰδεῖν· ὅ τι δ' ἂν δάκῃ, εὐθὺς σήπεται τὸ κύκλῳ. ἔστι δὲ καὶ ἐν τῇ Ἰνδικῇ ὀφίδιόν τι οὗ μόνου φάρμακον οὐκ ἔχουσιν.

[30] διαφέρει δὲ τὰ ζῷα τῷ εὐημερεῖν ἢ τοὐναντίον καὶ περὶ τὰς κυήσεις. τὰ μὲν γὰρ ὀστρακόδερμα, οἷον κτένες καὶ ἅπαντα τὰ ὀστρεώδη καὶ τὰ μαλακόστρακα ἄριστά ἐστιν ὅταν κύῃ, οἷον τὰ καραβώδη. βλέπεται δὲ ἡ κύησις καὶ τῶν ὀστρακοδέρμων· τὰ μὲν γὰρ μαλακόστρακα καὶ ὀχευόμενα ὁρᾶται καὶ ἀποτίκτοντα, ἐκείνων δ' οὐθέν. καὶ τὰ μαλάκια δὲ κύοντα ἄριστα, οἷον τευθίδες τε καὶ σηπίαι καὶ πολύποδες. οἱ δ' ἰχθύες ἀρχόμενοι μὲν κυΐσκεσθαι σχεδὸν ἀγαθοὶ πάντες, προϊούσης δὲ τῆς κυήσεως οἱ μὲν οἱ δ' οὔ. κύουσα μὲν οὖν ἀγαθὴ μαινίς· μορφὴ δὲ τῆς θηλείας στρογγυλωτέρα, ὁ δ' ἄρσην μακρότερος καὶ παχύτερος· συμβαίνει δ' ἀρχομένης κυΐσκεσθαι τῆς θηλείας τοὺς ἄρρενας μέλαν τὸ χρῶμα

---

25 post ἀπὸ add. τοῦ F^a X^c καὶ om. m*pr.* n   ἐν om. F^a X^c, L^c*pr.* m n
27 σκαλαβωτῶν A^a G^a*pr.* F^a X^c **27 et 28** εἰσὶ α (exc. C^a)   **29** ἐδηδότα α (exc. C^a)   σκορπίος A^a*rc.* F^a X^c γ   ἔχεις ἐστίν. ἐν δὲ τοῖς C^a A^a*pr.* G^a*pr.*: ἔχις. ἐν δὲ τοῖς G^a*rc.* Q: *est autem plurimis* Guil.: *plurimis autem* Trap.
30 ὀφίδιον F^a X^c β Ald.: ὀφείδιον α (exc. F^a X^c) γ Bk.   **31** ἱεράν γ (exc. L^c*rc.*) Ald.   πάνυ] πάντες m: *praemagni* Gaza   **32** μέγιστον] μέγεθος τούτου α Guil. Dt.   **33** τὸ κύκλῳ om. γ (exc. L^c*rc.*)   post δὲ$^{(2)}$ add. τι α (exc. C^a)   **34** ὀφίδιον β Ald.: ὀφείδιον α γ Bk.   τι om. γ (exc. L^c*rc.*)
607b1 τὰ om. G^a Q   post ζῷα add. καὶ L^c Ald.   τῷ] τοῦ A^a*pr.* G^a Q
3 πάντα α   ὀστρειώδη A^a*pr.* G^a Q   εἰσιν α   **4** οἷον] ὡς λέγουσι C^a A^a*pr.* G^a*pr.*: ὡς G^a*rc.* Q   βλέπεται A^a*rc.* F^a X^c β γ Ald.: λέγεται C^a A^a*pr.* G^a Q Guil. Gaza Bk.   ἡ om. α γ (exc. L^c*rc.*) Bk.   καὶ om. G^a Q, L^c*pr.* m n   **7** κυοῦντα F^a X^c **8** ἰχθῦς γ Ald. Bk.   κύεσθαι β   **9** κυοῦσα F^a X^c **10** κενίς K^c L^c*pr.* n   **11** ἄρσην β γ Ald.: ἄρρην α Sn.   παχύτερος β γ Ald.: πλατύτερος α Cs.

ἴσχειν καὶ ποικιλώτερον, καὶ φαγεῖν χειρίστους εἶναι· καλοῦνται δ' ὑπ' ἐνίων τράγοι περὶ τοῦτον τὸν χρόνον. μεταβάλλουσι δὲ καὶ οὓς καλοῦσι κοττύφους καὶ κίχλας καὶ ἡ καρὶς τὸ χρῶμα κατὰ τὰς ὥρας, ὥσπερ ἔνια τῶν ὀρνέων· τοῦ μὲν γὰρ ἔαρος μέλανες γίνονται, εἶτα ἐκ τοῦ ἔαρος λευκοὶ πάλιν. μεταβάλλει δὲ καὶ ἡ φυκὶς τὴν χρόαν· τὸν μὲν γὰρ ἄλλον χρόνον λευκή ἐστι τοῦ δ' ἔαρος ποικίλη· μόνη δ' αὕτη τῶν θαλαττίων ἰχθύων στιβάδας ποιεῖται, ὥς φασι, καὶ τίκτει ἐν ταῖς στιβάσι. μεταβάλλει δὲ καὶ ἡ μαινίς, ὥσπερ εἴρηται, καὶ ἡ σμαρίς, καὶ ἐκ λευκοτέρων πάλιν ἐν τῷ θέρει καθίστανται καὶ γίνονται μέλανες· μάλιστα δ' ἐπίδηλός ἐστι περὶ τὰ πτερύγια καὶ τὰ βράγχια. καὶ κορακῖνος δ' ἄριστός ἐστι κύων, ὥσπερ καὶ ἡ μαινίς. κεστρεὺς δὲ καὶ λάβραξ καὶ οἱ λεπιδωτοὶ φαῦλοι κύοντες σχεδὸν πάντες. ὅμοιοι δὲ κύοντες καὶ μὴ ὀλίγοι, οἷον γλαῦκος. φαῦλοι δὲ καὶ οἱ γέροντες τῶν ἰχθύων, καὶ οἵ γε θύννοι καὶ εἰς ταριχείαν φαῦλοι οἱ γέροντες· πολὺ γὰρ συντήκεται τῆς σαρκός. τὸ δ' αὐτὸ καὶ ἐπὶ τῶν ἄλλων συμβαίνει ἰχθύων. δῆλοι δ' οἱ γέροντες αὐτῶν τῷ μεγέθει τῶν λεπίδων καὶ τῇ σκληρότητι. ἤδη δ' ἐλήφθη γέρων θύννος οὗ σταθμὸς μὲν ἦν τάλαντα πεντεκαίδεκα, τοῦ δ' οὐραίου τὸ διάστημα πέντε πήχεων ἦν καὶ σπιθαμῆς.

οἱ δὲ ποτάμιοι καὶ οἱ λιμναῖοι ἄρι-

13 post φαγεῖν add. δὲ α Guil.   14 περὶ] κατὰ β   μεταβαίνουσι n   15 δὲ] γὰρ Eᵃ: om. P   καὶ γὰρ ἡ καρὶς α Guil.   16 post ὥρας add. μεταβάλλει α Guil.   17 εἶτα ἐκ] ἐκ δὲ α Guil.   post λευκοὶ add. γίνονται α Guil.   19 μόνη δ' αὕτη μόνη Aᵃ Gᵃ Q   20 στιβάδας ποιεῖται β γ Ald.: στιβαδοποιεῖται α Guil. Bk.   21 ταῖς στιβάσι β Lᶜrc. Ald.: τῇ στιβάδι α γ (exc. Lᶜrc.) Bk.   καὶ om. Eᵃ   22 σμαρίς β γ Ald. Bk.: καρίς α Guil. πάλιν post θέρει transp. β   25 ἐστι om. α   καιστρεὺς Lᶜ: καὶ στρεὺς n   26 λεπιδωτοὶ Gᵃrc. Qrc. β γ Scot. Guil. Gaza Ald. Dt.: λοιποὶ πλωτοὶ α (exc. Gᵃrc. Qrc.) Sn. Bk.   26 et 27 κυοῦντες Fᵃ Xᶜ, Lᶜ   28 τῶν ... 29 γέροντες om. m   καὶ⁽²⁾ om. P   τὰς ταριχ. α Dt.   ταριχείαν β Kᶜ Mᶜ Gaza: ταριχείας α γ (exc. Kᶜ Mᶜ) Guil. Bk. Dt.   29 φαῦλοι οἱ γέροντες om. Aᵃ Gᵃpr. Fᵃ Xᶜ Ott.   31 δὲ καὶ οἱ P   τῇ om. Cᵃ Aᵃ Gᵃ Q   33 πέντε β γ Ald. Bk.: δύο α Scot. Guil. Gaza Dt.   34 οἱ δὲ ποτ. κ. λιμ. Cᵃ: οἱ δὲ λιμ. κ. ποτ. transp. α (exc. Cᵃ)

στοι γίνονται μετὰ τὴν ἄφεσιν τοῦ κυήματος καὶ τοῦ θοροῦ, ὅταν ἀνατραφῶσιν· κυοῦντες δ' ἔνιοι μὲν ἀγαθοί, οἷον σαπερδίς, ἔνιοι δὲ φαῦλοι, οἷον γλανίς. οἱ μὲν οὖν ἄλλοι πάντες ἀμείνους οἱ ἄρρενες τῶν θηλειῶν, γλανὶς δ' ὁ θῆλυς τοῦ ἄρρενος ἀμείνων. καὶ ἐν ταῖς ἐγχέλυσι δὲ ἃς καλοῦσι θηλείας ἀμείνους εἰσίν· οὐκ οὔσας δὲ θηλείας καλοῦσιν, ἀλλὰ τῇ ὄψει διαφόρους.

608a2 ἀναστραφῶσι α (exc. Cᵃ)   κυοῦντες Fᵃ Xᶜ β γ (exc. Eᵃ m): κύοντες α (exc. Fᵃ Xᶜ) Eᵃ m Cs.   ὁ σαπ. α   **4** post ἄρρενες add. τῶν ἰχθύων P   ὁ θῆλυς] ἡ θήλεια Cᵃ Fᵃ Xᶜ: ὁ θῆλις Gᵃ Q, Tᶜ   **5** ταῖς] τοῖς β ἐγχέλεσι Fᵃ Xᶜ β   **7** διαφόρους β γ (exc. Lᶜ) Bk.: διαφέρουσιν α (διαφέροντες Gᵃpr.): δοκούσας Lᶜ Ald.: *differentes* Guil.: *quia discrepant* Gaza

Θ(Ι)

τὰ δ' ἤθη τῶν ζῴων ἐστὶ τῶν μὲν ἀμαυροτέρων καὶ βραχυβιωτέρων ἧττον ἡμῖν ἔνδηλα κατὰ τὴν αἴσθησιν, τῶν δὲ μακροβιωτέρων ἐνδηλότερα. φαίνονται γὰρ ἔχοντά τινα δύναμιν περὶ ἕκαστον τῶν τῆς ψυχῆς παθημάτων φυσικήν, περί τε φρόνησιν καὶ εὐήθειαν καὶ ἀνδρείαν καὶ δειλίαν, περί τε πραότητα καὶ χαλεπότητα καὶ τὰς ἄλλας τὰς τοιαύτας ἕξεις. ἔνια δὲ κοινωνεῖ τινος ἅμα καὶ μαθήσεως καὶ διδασκαλίας, τὰ μὲν γὰρ ἀλλήλων τὰ δὲ παρὰ τῶν ἀνθρώπων, ὅσαπερ ἀκοῆς μετέχει, μὴ μόνον ὅσα τῶν ψόφων ἀλλὰ καὶ ὅσα τῶν σημείων αἰσθάνεται τὰς διαφοράς.

ἐν πᾶσι δ' ὅσοις ἐστὶ γένεσι τὸ θῆλυ καὶ τὸ ἄρρεν, σχεδὸν ἡ φύσις ὁμοίως διέστησε τὸ ἦθος τῶν θηλειῶν πρὸς τὸ τῶν ἀρρένων. μάλιστα δὲ φανερὸν ἐπί τε τῶν ἀνθρώπων καὶ τῶν μέγεθος ἐχόντων καὶ τῶν ζῳοτόκων τετραπόδων. μαλακώτερον γὰρ τὸ ἦθός ἐστι τῶν θηλειῶν, καὶ τιθασσεύεται θᾶττον, καὶ προσίεται τὰς χεῖρας μᾶλλον, καὶ μαθηματικώτερον, οἷον καὶ αἱ Λάκαιναι κύνες αἱ θήλειαι εὐφυέστεραι τῶν ἀρρένων. τὸ δ' ἐν τῇ Μολοττίᾳ γένος τῶν κυνῶν τὸ μὲν θηρευτικὸν οὐδὲν διαφέρει πρὸς τὸ παρὰ τοῖς ἄλλοις, τὸ δ' ἀκόλουθον τοῖς προβάτοις τῷ μεγέθει καὶ τῇ ἀνδρείᾳ τῇ πρὸς τὰ θηρία. διαφέρουσι δ' οἱ ἐξ ἀμφοῖν ἀνδρείᾳ καὶ φιλοπονίᾳ, οἵ τε ἐκ τῶν ἐν τῇ Μολοττίᾳ γιγνομένων κυνῶν καὶ ἐκ τῶν Λακωνικῶν.

ἀθυμότερα δὲ τὰ θήλεα πάντα

608a13 φαίνεται α (exc. C^a)   γὰρ] *autem* Guil.   **14** τῶν τῶν ψυχῶν P ψυχικήν A^a G^a*pr.* F^a X^c: φυσικὴν post δύναμιν transp. G^a*rc.* Q: *naturalem* Scot. Guil. Gaza   **15** εὐήθειαν] εὔνοιαν C^a A^a*pr.*   δειλ. κ. ἀνδ. transp. α (exc. C^a)   **18** γὰρ] παρ' A^a*rc.* F^a X^c Cs.: γὰρ παρ' G^a*rc.* Q: *ex* Scot.: *ab* Guil.: *enim* Gaza   post δὲ add. καὶ α Guil. Sn.   **20** καὶ ὅσα F^a X^c β P K^c: ὅσα καὶ α cett. γ cett. Cs.   αἰσθάνεται β Ald.: διαισθάνεται α γ Cs.   **21** γένεσις α E^a   **22** διέστησεν ὁμοίως transp. M^c   **24** ζῳοτοκούντων β (ζῳοτοκούν ὦν O^c)   ζω. καὶ τετ. L^c*pr.*   **25** post μαλ. add. τε γ (exc. δὲ n) Ald.   post ἐστι add. τὸ L^c m n Ald. Bk.   **27** μαθητικώτερον E^a Sylb. Bk.   **28** post ἀρρ. add. εἰσίν α Sylb. Bk.   **31** ἀνδρία (utrobique) S^c γ Ald. Bk.

τῶν ἀρρένων πλὴν ἄρκτος καὶ πάρδαλις· τούτων δ' ἡ θήλεια δοκεῖ εἶναι ἀνδρειοτέρα. ἐν δὲ τοῖς ἄλλοις γένεσι τὰ θήλεα μαλακώτερα καὶ κακουργότερα καὶ ἧττον ἁπλᾶ καὶ προπετέστερα καὶ περὶ τὴν τῶν τέκνων τροφὴν φροντιστικώτερα, τὰ δ' ἄρρενα ἐναντίως θυμωδέστερα καὶ ἀγριώτερα καὶ ἁπλούστερα καὶ ἧττον ἐπίβουλα. τούτων δ' ἴχνη μὲν τῶν ἠθῶν ἐστιν ἐν πᾶσιν ὡς εἰπεῖν, μᾶλλον δὲ φανερώτερα ἐν τοῖς ἔχουσι μᾶλλον ἦθος καὶ μάλιστα ἐν ἀνθρώπῳ· τοῦτο γὰρ ἔχει τὴν φύσιν ἀποτετελεσμένην, ὥστε καὶ ταύτας τὰς ἕξεις εἶναι φανερωτέρας ἐν αὐτοῖς. διόπερ γυνὴ ἀνδρὸς ἐλεημονέστερον καὶ ἀρίδακρυ μᾶλλον, ἔτι δὲ φθονερώτερον καὶ μεμψιμοιρότερον, καὶ φιλολοίδορον μᾶλλον καὶ πληκτικώτερον. ἔστι δὲ καὶ δύσθυμον μᾶλλον τὸ θῆλυ τοῦ ἄρρενος καὶ δύσελπι, καὶ ἀναιδέστερον καὶ ψευδέστερον, εὐαπατητότερον δὲ καὶ μνημονικώτερον, ἔτι δὲ ἀγρυπνότερον καὶ ὀκνηρότερον καὶ ὅλως ἀκινητότερον τὸ θῆλυ τοῦ ἄρρενος, καὶ τροφῆς ἐλάττονός ἐστιν. βοηθητικώτερον δέ, ὥσπερ ἐλέχθη, καὶ ἀνδρειότερον τὸ ἄρρεν τοῦ θήλεός ἐστιν, ἐπεὶ καὶ ἐν τοῖς μαλακίοις ὅταν τῷ τριόδοντι πληγῇ ἡ σηπία ὁ μὲν ἄρρην βοηθεῖ τῇ θηλείᾳ, ἡ δὲ θήλεια φεύγει τοῦ ἄρρενος πληγέντος.

πόλεμος μὲν οὖν πρὸς ἄλληλα τοῖς ζῴοις ἐστὶν ὅσα τοὺς αὐτούς τε κατέχει τόπους καὶ ἀπὸ τῶν αὐτῶν ποιεῖται τὴν ζωήν. ἐὰν γὰρ ᾖ σπάνιος ἡ τροφή, καὶ πρὸς ἄλληλα τὰ ὁμόφυλα μάχεται, ἐπεὶ καὶ τὰς φώκας φασὶ πολεμεῖν τὰς περὶ τὸν αὐτὸν τόπον, καὶ ἄρρενι ἄρρενα καὶ θηλείᾳ θήλειαν, ἕως ἂν ἀποκτείνῃ ἢ ἐκβληθῇ θάτερον ὑπὸ θα-

34 ἄρκτου κ. παρδάλεως α Bk.   δ' om. E^a   35 εἶναι] οὖν G^a pr.: del. G^a rc.: om. Q   608b1 κουργότερα F^a X^c: ἀκακουργότερα β (exc. O^c rc.) L^c rc.: πανουργότερα O^c rc.   3 post θυμ. add. τε β Ald.   5 εἰσὶν A^a G^a Q: om. F^a X^c   φανερώτερον P   6 μᾶλλον ἐχ. transp. α (exc. C^a)   9 φθονώτερον C^a A pr.   post φθ. add. τε β   11 ἔστι] ἔτι C^a Guil. Gaza Cs. Sn. δύσθημον G^a pr. Q   12 δύσελπον E^a Ppr. K^c: δύσελπτον M^c   13 δὲ^(1)] τε β   post δὲ^(2) add. καὶ α (exc. C^a)   15 βοηθικώτερον α (exc. C^a) L pr. ἐλέγχθη G^a Q   16 τὸ θῆλυ τοῦ ἄρρενος F^a X^c   ἐστιν om. L^c m n 17 τριώδοντι γ Ald. Bk.   19 ἄλληλα] ἄλλα L^c Ald.   20 τε κατέχει] ὑποκατέχει A^a pr. G^a Q   21 ἡ ζωὴ τροφὴ A^a pr.   22 τὰς] τοὺς A^a pr. G^a pr. Q pr.   23 τὰς om. L^c m n Ald.   24 ἐκβληθῇ α β Prc. L^c rc. Ald.: ἐμβληθῇ E^a Ppr. K^c M^c: καταβληθῇ L^c pr. m n

τέρου· καὶ τὰ σκυμνία ὡσαύτως πάντα. ἔτι δὲ τοῖς ὠμοφάγοις ἅπαντα πολεμεῖ, καὶ ταῦτα τοῖς ἄλλοις· ἀπὸ γὰρ τῶν ζώων ἡ τροφὴ αὐτοῖς· ὅθεν καὶ τὰς διεδρείας καὶ τὰς συνεδρείας οἱ μάντεις λαμβάνουσι, δίεδρα μὲν τὰ πολέμια τιθέντες, σύνεδρα δὲ τὰ εἰρηνεύοντα πρὸς ἄλληλα. κινδυνεύει δέ, εἰ ἀφθονία τροφῆς εἴη, πρός τε τοὺς ἀνθρώπους ἀνέχειν τιθασσῶς τὰ νῦν φοβούμενα αὐτῶν καὶ ἀγριαίνοντα, καὶ πρὸς ἄλληλα τὸν αὐτὸν τρόπον. δῆλον δὲ ποιεῖ τοῦτο ἡ περὶ Αἴγυπτον ἐπιμέλεια τῶν ζώων· διὰ γὰρ τὸ τροφὴν ὑπάρχειν καὶ μὴ ἀπορεῖν μετ' ἀλλήλων ζῶσι καὶ αὐτὰ τὰ ἀγριώτατα· διὰ τὰς ὠφελείας γὰρ ἡμεροῦται, οἷον ἐνιαχοῦ τὸ τῶν κροκοδείλων γένος πρὸς τὸν ἱερέα διὰ τὴν ἐπιμέλειαν τῆς τροφῆς. τὸ δ' αὐτὸ τοῦτ' ἔστιν ἰδεῖν καὶ περὶ τὰς ἄλλας χώρας γινόμενον, καὶ κατὰ μόρια τούτων.

ἔστι δ' ἀετὸς καὶ δράκων πολέμια· τροφὴν γὰρ ποιεῖται τοὺς ὄφεις ὁ ἀετός. καὶ ἰχνεύμων καὶ φάλαγξ· θηρεύει γὰρ τοὺς φάλαγγας ὁ ἰχνεύμων. τῶν δ' ὀρνίθων ποικιλίδες καὶ κορυδῶνες καὶ πίπρα καὶ χλωρεύς· τὰ γὰρ ᾠὰ κατεσθίουσιν ἀλλήλων. καὶ κορώνη καὶ γλαύξ· ἡ μὲν γὰρ τῆς μεσημβρίας, διὰ τὸ μὴ ὀξὺ βλέπειν τὴν γλαῦκα τῆς ἡμέρας, κατεσθίει ὑφαρπάζουσα αὐτῆς τὰ ᾠά, ἡ δὲ γλαὺξ τῆς νυκτὸς τὰ τῆς κορώνης, καὶ κρείττων ἡ μὲν τῆς ἡμέρας ἡ δὲ τῆς νυκτός ἐστιν. καὶ γλαὺξ δὲ καὶ ὄρχιλος πολέμια· τὰ γὰρ ᾠὰ κατεσθίει καὶ οὗτος τῆς γλαυκός. τῆς δ' ἡμέρας καὶ τὰ ἄλλα ὀρνίθια τὴν γλαῦκα περιπέταται, ὃ καλεῖται θαυμάζειν, καὶ προσπετόμενα τίλλουσιν· διὸ οἱ ὀρνι-

---

27 συνεδρείας κ. τὰς δι. transp. β   διέδρας α: διεδρίας γ   28 συνεδρίαν α L^c m Ald. Bk.   29 εἰρηνεύοντα β L^c m n Ald.: εἰρηνοῦντα α (exc. εἰρηνοποιοῦντα F^a X^c) γ (exc. L^c m n) Bk.   31 ἀνέχειν] ἂν ἔχειν m edd.: sustinendos Guil.   τιθασῶς C^a, E^a K^c   32 ποιεῖ] πρὸς L^c   33 τὸ] τὴν C^a   35 ἡμεροῦσι C^a: ἡρεμοῦται A^a G^a pr.: ἡρεμοῦνται F^a X^c   609a1 κροδείλων F^a X^c   2 post ἐπιμελ. add. τὴν γ (exc. L^c)   ἔστιν ἰδεῖν om. S^c ἰδεῖν post 3 ἄλλας transp. F^a X^c Guil.   3 τούτων] αὐτῶν L^c Ald.: om. m 5 ὁ om. L^c pr. m n   φάλαξ α Guil.   6 τοὺς] τὰς F^a X^c   7 πιπρῶ α (πιπρῶς F^a X^c): πιπῶν m rc.   12 τῆς om. L^c m n   14 περιπέτεται Prc. L^c   ὃ καλ. θαυμ. om. L^c pr. m n Scot.

ARISTOTELIS

θοθῆραι θηρεύουσιν αὐτῇ παντοδαπὰ ὀρνίθια. πολέμιος δὲ καὶ ὁ πρέσβυς καλούμενος καὶ γαλῆ καὶ κορώνη· τὰ γὰρ ᾠὰ καὶ τοὺς νεοττοὺς κατεσθίουσιν αὐτῆς. καὶ τρυγὼν καὶ πυραλίς· τόπος γὰρ τῆς νομῆς καὶ βίος ὁ αὐτός. καὶ κε-
20 λεὸς καὶ λιβυός. ἰκτῖνος δὲ καὶ κόραξ· ὑφαιρεῖται γὰρ τοῦ κόρακος ὁ ἰκτῖνος ὅ τι ἂν ἔχῃ διὰ τὸ κρείττων εἶναι τοῖς ὄνυξι καὶ τῇ πτήσει, ὥστε ἡ τροφὴ ποιεῖ πολεμίους καὶ τούτους. ἔτι οἱ ἀπὸ τῆς θαλάττης ζῶντες ἀλλήλοις, οἷον βρένθος καὶ λάρος καὶ ἅρπη. τριόρχης δὲ καὶ φρῦνος καὶ ὄφις·
25 κατεσθίει γὰρ ὁ τριόρχης αὐτούς. τρυγὼν δὲ καὶ χλωρεύς· ἀποκτείνει γὰρ τὴν τρυγόνα ὁ χλωρεύς, καὶ ἡ κορώνη τὸν καλούμενον τύπανον. τὸν δὲ κάλαριν ὁ αἰγώλιος καὶ οἱ ἄλλοι γαμψώνυχες κατεσθίουσιν· ὅθεν ὁ πόλεμος αὐτοῖς. πόλεμος δὲ καὶ ἀσκαλαβώτῃ καὶ ἀράχνῃ· κατεσθίει γὰρ
30 τοὺς ἀράχνας ὁ ἀσκαλαβώτης. ἵππῳ δὲ καὶ ἐρωδιῷ· τὰ γὰρ ᾠὰ κατεσθίει καὶ τοὺς νεοττοὺς τοῦ ἐρωδιοῦ. αἰγίθῳ δὲ καὶ ὄνῳ πόλεμος διὰ τὸ παριόντα τὸν ὄνον ξύεσθαι εἰς τὰς ἀκάνθας τὰ ἕλκη· διά τε οὖν τοῦτο, κἂν ὀγκήσηται, ἐκβάλλει τὰ ᾠὰ καὶ τοὺς νεοττούς· φοβούμενοι γὰρ ἐκτίκτουσιν· ὁ δὲ
35 διὰ τὴν βλάβην ταύτην κολάπτει ἐπιπετόμενος τὰ ἕλκη
609b1 αὐτοῦ. λύκος δ' ὄνῳ καὶ ταύρῳ καὶ ἀλώπεκι πολέμιος· ὠμοφάγος γὰρ ὢν ἐπιτίθεται τοῖς βουσὶ καὶ τοῖς ὄνοις καὶ τῇ

17 γαλῇ L[c] edd. **18** πυραλίς β γ Ald.: πυραλλίς α Bk. **19** ὁ om. S[c] **20** λιβυός β L[c]rc. Ald.: κίβιος C[a] Guil.: κήβιος α (exc. C[a]): λιβιὸς E[a] L[c]pr. m n: λεβιὸς P M[c]: βιὸς K[c] post λιβ. add. καὶ L[c] δὲ ... **21** ἰκτῖνος om. T[c] **21** κρεῖττον A[a]pr. G[a] Q **22** ποιεῖ om. P m*pr*.: ποιεῖται n **23** οἱ om. G[a] Q **24** τριόρχις α E[a] P K[c] M[c] **25** τριόρχις α (exc. A[a]) E[a] P K[c] M[c] **26** ἀποκτείνει ... χλωρεύς om. G[a]pr.: add. ἀναιρεῖ γάρ τ. τ. ὁ χ. G[a]rc. ἀναιρεῖ γάρ τ. τ. ὁ χ. Q Ott.: interficit enim turturem khloreus Guil.: occiditur ... turtur Gaza γάρ] δὲ L[c] m n **27** τύμπανον G[a]rc. Q F[a] X[c], m*rc*., Gaza: τάπυνον Ald.: *tipanum* Guil. κόλαριν β L[c]rc. Ald.: καράλιν G[a] Q: κλάριν L[c]pr.: κηλάλην Ott.: *calarim* Guil.: *colarem* Gaza αἰγωλιὸς C[a], L[c], Ald. Bk. **28** γαμψώνυχοι α **29** δὲ] γὰρ α Guil. **30** post ὁ add. δὲ C[a] A[a]pr. ἵππω β γ (exc. m*corr*.) Ald.: πιπὸν C[a] ut vid.: πιπῶ α (exc. C[a]: πιπρῶ F[a] X[c]): πίπω m*corr*. edd.: *pipo* Guil. Gaza καὶ om. α Guil. **32** ξύεσθαι cett.: κνήθεσθαι C[a] Bk. Dt. **33** τε] τοι G[a]rc. ὀγρήσηται F[a]pr. X[c]: ὀγκήση τε P **34** ἐκτίκτουσιν cett. Ald.: ἐκπίπτουσιν O[c]rc., m*corr*., Guil. Gaza edd. **609b2** τῷ ὄνῳ β

394

άλώπεκι. καὶ ἀλώπηξ δὲ καὶ κίρκος διὰ τὴν αὐτὴν αἰτίαν· γαμψώνυχος γὰρ ὢν καὶ ὠμοφάγος ἐπιτίθεται καὶ ἕλκη ποιεῖ κόπτων. καὶ κόραξ ταύρῳ καὶ ὄνῳ πολέμιος διὰ τὸ τύπτειν ἐπιπετόμενος αὐτοὺς καὶ τὰ ὄμματα κολάπτειν αὐτῶν. πολεμεῖ δὲ καὶ ἀετὸς καὶ ἐρωδιός· γαμψώνυχος γὰρ ὢν ὁ ἀετὸς ἐπιτίθεται, ὁ δ' ἀποθνήσκει ἀμυνόμενος. καὶ αἰσάλων δ' αἰγυπιῷ πολέμιος, καὶ κρὲξ ἐλεῷ καὶ κοττύφῳ καὶ χλωρίωνι, ὃν ἔνιοι μυθολογοῦσι γενέσθαι ἐκ πυρκαϊᾶς· καὶ γὰρ αὐτοὺς βλάπτει καὶ τὰ τέκνα αὐτῶν. καὶ σίττη καὶ τροχίλος ἀετῷ πολέμια· ἡ γὰρ σίττη καταγνύει τὰ ᾠὰ τοῦ ἀετοῦ, ὁ δ' ἀετὸς καὶ διὰ τοῦτο καὶ διὰ τὸ ὠμοφάγος εἶναι πολέμιός ἐστι πᾶσιν. ἄνθος δ' ἵππῳ πολέμιος· ἐξελαύνει γὰρ αὐτὸν ὁ ἵππος ἐκ τῆς νομῆς· πόαν γὰρ νέμεται ὁ ἄνθος, ἐπάργεμος δ' ἐστὶ καὶ οὐκ ὀξυωπός· μιμεῖται γὰρ τοῦ ἵππου τὴν φωνήν, καὶ φοβεῖ ἐπιπετόμενος· καὶ ἐξελαύνει, ὅταν δὲ λάβῃ, κτείνει αὐτόν. οἰκεῖ δ' ὁ ἄνθος παρὰ ποταμὸν καὶ ἕλη, χρόαν δ' ἔχει καλὴν καὶ εὐβίοτος. κωλωτῇ δ' ὄνος πολέμιος· κοιμᾶται γὰρ ἐν τῇ φάτνῃ αὐτοῦ, καὶ κωλύει ἐσθίειν εἰς τοὺς μυκτῆρας ἐνδυόμενος. τῶν δ' ἐρωδιῶν ἐστι τρία γένη, ὅ τε πέλλος καὶ ὁ λευκὸς καὶ ὁ ἀστερίας

3 καὶ[1] om. α (exc. Cᵃ)   αἰτίαν αὐτήν transp. α (exc. Cᵃ)   4 καὶ ἕλκη ποιεῖ] ἐκλείπει εἰ Eᵃ: ἐκλείποι εἰ P Kᶜ Mᶜ: καὶ λυπεῖ Lᶜpr. m n Ald.: et ulcera facit Guil.: ac vulnerat Gaza   6 αὐτοὺς] αὐτὸν Cᵃ   καλύπτειν Cᵃ   8 ἀετὸς] αὐτός m n   9 αἰγυπτίῳ Cᵃ Aᵃpr. Gᵃ Q, Eᵃ P Kᶜ Mᶜ: egyptio Guil. (Tz): egipcio avi Guil. (cett.)   κρὲξ ἐλεῷ β (exc. Rᶜcorr.) Eᵃ P Kᶜ Mᶜ Bk. Dt.: κρεξελ´ Cᵃ: κρεξελέω Aᵃpr. Gᵃ Q: κρὲξ κελεῷ Aᵃrc. Fᵃ Xᶜ, Rᶜcorr., m, Canis.: κρὲξ κολεῷ Lᶜ Ald. Bas.: κρὲξ καὶ λεῷ n: κρὲξ γολεῷ Junt. Camot.: krex eleo Guil.: crex cum galgulo Gaza   10 χλωρίωνι, ὃν ἔνιοι] χλωριόνιον ἐνί· ὃν Cᵃ Aᵃpr. Gᵃpr. Qpr. Guil.   ἐκ πυρκ. γεν. transp. Sᶜ   12 τροχῖλος α Mᶜ n: τροχέλος Eᵃ: τροχεῖλος P Kᶜ   post τρ. add. καὶ n   πολέμιος Lᶜ m post πολ. add. ἐστιν Lᶜ m n Ald.   13 καὶ διὰ τοῦτο om. α (exc. Cᵃ) Ott.   14 πᾶσιν om. Lᶜpr. m n   14 et 16 ἄνθος] ἄκανθος Cᵃrc. Gᵃrc. Q Ott.: iboz Scot.: yboz, Latine vocatur acontis Alb.: anthus Guil. (+ vel akanthus i.m. Tz): glorus Gaza   15 ἐπιλαύνει mpr. n: ἀπελαύνει mcorr.   αὐτὸν β: om. α γ Ald. Bk.: ipsum Guil.   τὸν ἵππον Lᶜ Ald.   ἐπινέμεται Lᶜ m n Ald.   16 γὰρ β Eᵃ Kᶜ Bk.: μὲν γὰρ α P Mᶜ m n: δὲ Lᶜ Guil. Ald.: quippe Gaza   18 ἄκανθος Cᵃ Aᵃpr. Gᵃ Q   19 χροιὰν Cᵃ: χρείαν Aᵃ Gᵃpr.   εὐβίωτος Cᵃ Aᵃrc. Fᵃ Xᶜ: εὐβοίωτος Aᵃpr. Gᵃ Q

καλούμενος. τούτων ὁ πέλλος χαλεπῶς εὐνάζει καὶ ὀχεύει. κράζει τε γὰρ καὶ αἷμα, ὥς φασιν, ἀφίησιν ἐκ τῶν ὀφθαλ-
25 μῶν ὀχεύων, καὶ τίκτει φαύλως καὶ ὀδυνηρῶς. πολεμεῖ δὲ τοῖς βλάπτουσιν, ἀετῷ (ἁρπάζει γὰρ αὐτόν) καὶ ἀλώπεκι (φθείρει γὰρ αὐτὸν τῆς νυκτός) καὶ κορύδῳ (τὰ γὰρ ᾠὰ αὐτοῦ κλέπτει). ὄφις δὲ γαλῇ καὶ ὑΐ πολέμιον, τῇ μὲν γαλῇ κατ᾽ οἰκίαν ὅταν ὦσιν ἀμφότερα· ἀπὸ γὰρ τῶν
30 αὐτῶν ζῶσιν· ἡ δ᾽ ὗς ἐσθίει τοὺς ὄφεις. καὶ αἰσάλων ἀλώπεκι πολέμιος· τύπτει γὰρ καὶ τίλλει αὐτήν, καὶ τὰ τέκνα ἀποκτείνει· γαμψώνυχος γάρ ἐστιν. κόραξ δὲ καὶ ἀλώπηξ ἀλλήλοις φίλοι· πολεμεῖ γὰρ τῷ αἰσάλωνι ὁ κόραξ· διὸ βοηθεῖ τυπτομένῃ αὐτῇ. καὶ αἰγυπιὸς δὲ καὶ αἰσάλων πο-
35 λέμιοι σφίσιν αὐτοῖς· ἀμφότεροι γὰρ γαμψώνυχοι. μά-
610a1 χεται δὲ καὶ ἀετῷ αἰγυπιός. καὶ κύκνος καὶ ὁ ἀετός· κρατεῖ δ᾽ ὁ κύκνος /2/ πολλάκις· εἰσὶ δ᾽ οἱ κύκνοι /3/ καὶ
3 ἀλληλοφάγοι μάλιστα τῶν ὀρνέων.
3 ἔστι δὲ τῶν θηρίων τὰ μὲν ἀεὶ πολέμια ἀλλήλοις, τὰ δ᾽ ὥσπερ ἄνθρωποι ὅταν τύχωσιν. ὄνος δὲ καὶ ἀκανθίδες
5 πολέμιοι· αἱ μὲν γὰρ ἐπὶ τῶν ἀκανθῶν βιοτεύουσιν, ὁ δ᾽ ἁπαλὰς οὔσας κατεσθίει τὰς ἀκάνθας. καὶ ἄνθος καὶ ἀκανθὶς καὶ αἴγιθος· λέγεται δ᾽ ὅτι αἰγίθου καὶ ἄνθου αἷμα οὐ συμμίγνυται ἀλλήλοις. κορώνη δὲ καὶ ἐρωδιὸς φίλοι, καὶ σχοινίων καὶ κόρυδος, καὶ λαεδὸς καὶ κελεός· ὁ μὲν γὰρ κελεὸς
10 παρὰ ποταμὸν οἰκεῖ καὶ λόχμας, ὁ δὲ λαεδὸς πέτρας καὶ ὄρη, καὶ φιλοχωρεῖ οὗ ἂν οἰκῇ. καὶ πίφης καὶ ἄρπη καὶ ἰκτῖνος φίλοι, καὶ ἀλώπηξ καὶ ὄφις (ἄμφω γὰρ τρωγλοδύται),

23 εὐνάζει β: εὐνάζεται α E^a P K^c Mc Bk.: εὐνάζει τε L^c m n Ald.   **24** τε om. m   **28** post μὲν add. γὰρ G^a Q; *quidem quoniam* Guil.   **29** ἀπό ... 30 ζῶσιν om. L^c*pr.*   **30** ζῶσιν] τρέφονται m n: *vivunt* Guil.: *victus* Gaza   ὗις C^a A^a F^a X: ὖ (vac. 1) ς G^a: ὗς Q   αἰσθίει K^c   **31** τιλ. γ. κ. τυπ. transp. P   **33** κόλαξ P*pr.*   **34 et 610a1** αἰγυπτιὸς A^a G^a*pr.*, E^a P K^c M^c: *agotiloz* s. *agofiez* Scot.: *egypius* Guil.   **34** πολέμιοι σφίσιν] πολεμίοις φησὶν C^a A^a*pr.* G^a*pr.* Q   **610a1** post ἀετῷ add. ὁ α   καὶ ὁ ἀετός om. S^c (ut vid.) O^c*rc.*, L^c m n, Gaza Ald. edd.   **2** καὶ ante οἱ transp. C^a: om. L^c m n Ald.   **5** ἐπὶ β Ald.: ἀπὸ α γ Bk.: *in* Guil.   ἀκανθιῶν L^c   **6** ἁπαλὰς] *simplices* (viz. ἁπλᾶς) Guil.   **7** συμμίσγεται L^c m n Ald.   **8** καὶ^(1) om. C^a   **9 et 10** λαεδὸς α γ (exc. L^c*rc.*) Guil. Gaza Cs. Bk.: λιβυὸς β L^c*rc.* Ald.   **11** πίφης β γ Ald.: πίφιγξ α Sn.   **12** τρωλγοδυτεῖ γ (exc. L^c*rc.*) Ald.

HISTORIA ANIMALIUM VIII(IX)

καὶ κόττυφος καὶ τρυγών. πολέμιοι δὲ καὶ ὁ λέων καὶ ὁ θὼς ἀλλήλοις· ὠμοφάγοι γὰρ ὄντες ἀπὸ τῶν αὐτῶν ζῶσιν. μάχονται δὲ καὶ ἐλέφαντες σφοδρῶς πρὸς ἀλλήλους, καὶ τύπτουσι τοῖς ὀδοῦσι σφᾶς αὐτούς· ὁ δ' ἡττηθεὶς δουλοῦται ἰσχυρῶς, καὶ οὐχ ὑπομένει τὴν τοῦ νικήσαντος φωνήν. διαφέρουσι δὲ καὶ τῇ ἀνδρείᾳ ἀλλήλων οἱ ἐλέφαντες θαυμαστὸν ὅσον. χρῶνται δ' οἱ Ἰνδοὶ πολεμιστηρίοις, καθάπερ τοῖς ἄρρεσι, καὶ ταῖς θηλείαις· εἰσὶ μέντοι καὶ ἐλάττονες αἱ θήλειαι καὶ ἀψυχότεραι πολύ. τοὺς δὲ τοίχους καταβάλλει ὁ ἐλέφας τοὺς ὀδόντας τοὺς μεγάλους προσβάλλων· τοὺς δὲ φοίνικας τῷ μετώπῳ ἕως ἂν κατακλίνῃ, ἔπειτα τοῖς ποσὶν ἐπιβαίνων κατατείνει ἐπὶ τῆς γῆς. ἔστι δὲ καὶ ἡ θήρα τῶν ἐλεφάντων τοιάδε· ἀναβάντες ἐπί τινας τῶν τιθασσῶν καὶ ἀνδρείων διώκουσι, καὶ ὅταν καταλάβωσι, τύπτειν προστάττουσι τούτοις ἕως ἂν ἐκλύσωσιν· τότε δ' ὁ ἐλεφαντιστὴς ἐπιπηδήσας κατευθύνει τῷ δρεπάνῳ. ταχέως δὲ μετὰ ταῦτα τιθασσεύεταί τε καὶ πειθαρχεῖ. ἐπιβεβηκότος μὲν οὖν τοῦ ἐλεφαντιστοῦ ἅπαντες πραεῖς εἰσιν, ὅταν δ' ἀποβῇ οἱ μὲν οἱ δ' οὔ· ἀλλὰ τῶν ἐξαγριουμένων τὰ ἐμπρόσθια σκέλη δεσμεύουσι σειραῖς ἵν' ἡσυχάζωσιν. ἔστι δ' ἡ θήρα καὶ μεγάλων ἤδη ὄντων καὶ πώλων.

αἱ μὲν οὖν φιλίαι καὶ οἱ πόλεμοι τοῖς θηρίοις τούτοις διὰ τὰς τροφὰς καὶ τὸν βίον συμβαίνουσιν.

[2] Τῶν δ' ἰχθύων οἱ μὲν συναγελάζονται μετ' ἀλλήλων καὶ φίλοι εἰσίν, οἱ δὲ μὴ συναγελαζόμενοι πολέμιοι. ἀγελάζονται δ' οἱ μὲν κυοῦντες, ἔνιοι δ' ὅταν ἐκτέκωσιν. ὅλως δ' ἀγελαῖά ἐστι τὰ τοιάδε, θυννίδες, μαινίδες, κωβιοί, βῶκες,

---

13 ὁ(2) om. Gᵃ Q   **18** ἀνδρία Cᵃ γ (exc. n) Ald. Bk.   **19** οἱ om. Gᵃ Q
22 τοὺς μεγ. ὀδ. β   **25** τινα α (exc. Cᵃ), Eᵃ Kᶜ   **26** καὶ ἀνδρείων om. m
ante ἀνδρ. add. τῶν α (exc. Cᵃ)   **27** ἐκλύσσωσι α (exc. Cᵃ)   **28** post δὲ
add. καὶ Aᵃpr. Gᵃ Q   **29** τε om. α (exc. Cᵃ), Lᶜ m n, Ald.   οὖν om. Cᵃ
Aᵃpr. Gᵃ Q   **30** τοῦ om. Cᵃ Aᵃpr. Gᵃ Q γ   πρα. ἑ. ἀπ. transp. β   **31**
ἐξαγριαιμένων Aᵃpr. Gᵃpr.   πρόσθια Lᶜ m n Ald.   **32** post δὲ add. καὶ
Cᵃrc.   **610b2** ἀγελάζονται . . . κυοῦντες] ἔνιοι μὲν οὖν ἀγελάζονται κυοῦντες Ald.   **4** κωβιοί Lᶜ Ald. Bk.: κύβοι Eᵃ: κήβοι n: om. cett. Scot. Guil.:
gobiones Gaza βῶκες] βάκες P: om. Eᵃ Kᶜ: bokidez Scot.: bokes Guil.: vocae Gaza

σαῦροι, κορακῖνοι, συνόδοντες, τρίγλαι, σφύραιναι, ἀνθίαι, ἐλεγῖνοι, ἀθερῖνοι, σαργῖνοι, βελόναι, τευθοί, ἰουλίδες, πηλαμύδες, σκόμβροι, κολίαι. τούτων δ' ἔνιά ἐστιν οὐ μόνον ἀγελαῖα ἀλλὰ καὶ σύζυγα· τὰ γὰρ λοιπὰ συνδυάζεται μὲν ἅπαντα, τὰς δ' ἀγέλας ποιοῦνται κατ' ἐνίους καιρούς, ὥσπερ εἴρηται, ὅταν κύωσιν, ἔνια δὲ καὶ ὅταν τέκωσιν. λάβραξ δὲ καὶ κεστρεὺς πολεμιώτατοι ὄντες κατ' ἐνίους καιροὺς συναγελάζονται ἀλλήλοις· συναγελάζονται γὰρ πολλάκις οὐ μόνον τὰ ὁμόγονα ἀλλὰ καὶ οἷς ἡ αὐτή καὶ ἡ παραπλήσιός ἐστι νομή, ἂν ᾖ ἄφθονος. ζῶσι δὲ πολλάκις ἀφῃρημένοι οἱ κεστρεῖς τὴν κέρκον καὶ οἱ γόγγροι μέχρι τῆς ἐξόδου τῆς περιττώσεως· ἀπεσθίεται δ' ὁ μὲν κεστρεὺς ὑπὸ λάβρακος, ὁ δὲ γόγγρος ὑπὸ μυραίνης. ὁ δὲ πόλεμός ἐστι τοῖς κρείττοσι πρὸς τοὺς ἥττους· κατεσθίει γὰρ ὁ κρείττων. καὶ περὶ μὲν τῶν θαλαττίων ταῦτα.

[3] τὰ δ' ἤθη τῶν ζῴων, ὥσπερ εἴρηται πρότερον, διαφέρει κατά τε δειλίαν καὶ πραότητα καὶ ἀνδρείαν καὶ ἡμερότητα καὶ νοῦν τε καὶ ἄγνοιαν. τό τε γὰρ τῶν προβάτων ἦθος, ὥσπερ λέγεται, εὔηθες καὶ ἀνόητον· πάντων γὰρ τῶν τετραπόδων κάκιστόν ἐστι, καὶ ἕρπει εἰς τὰς ἐρημίας πρὸς οὐδέν, καὶ πολλάκις χειμῶνος ὄντος ἐξέρχεται ἔνδοθεν, καὶ ὅταν ὑπὸ τοῦ νιφετοῦ ληφθῶσιν, ἂν μὴ κινήσῃ ὁ ποιμήν, οὐκ ἐθέλουσιν ἀπιέναι, ἀλλ' ἀπόλλυνται καταλειπόμενα ἐὰν μὴ ἄρρενας κομίσωσιν οἱ ποιμένες· τότε δ' ἀκολουθοῦσιν. τῶν δ'

---

5 καρκῖνοι Fᵃ Xᶜ συνώδοντες Lᶜ m n Ald.: σινόδοντες edd. φύραιναι Cᵃ Aᵃ*pr.* Gᵃ Q: *fyrene* Guil. **6** ἀνθερῖνοι P Kᶜ Mᶜ βελόναι] μηλόναι P: μελόναι m: μήκονη βελόνη n: βελόναι μήκονες Lᶜ Ald.: *acus* Guil.: om. Gaza: *non legit* μήκονες Ott. τευθοί secl. Th. **8** καὶ om. Eᵃ Lᶜ*pr.* m*pr.* n τὰ λοιπὰ γὰρ transp. β συνδοιάζεται Fᵃ Xᶜ **9** ἀγελαίας Cᵃ **10** κυῶσιν Fᵃ Xᶜ, Lᶜ, Dt. **12** γὰρ ... 14 ζῶσι om. Q: *non legit* Ott. **13** ὁμόγενα Cᵃ Aᵃ*pr.* Gᵃ*pr.* Fᵃ Xᶜ: *sub uno genere* Scot.: *homogenea* Guil.: *eiusdem generis* Gaza ᾖ⁽²⁾ om. α (exc. Cᵃ) **14** ἄφθ. ᾖ transp. Fᵃ Xᶜ **16** κατεσθίεται α **17** σμυραίνης Eᵃ Kᶜ Mᶜ m n **22** ἄγνοιαν codd. Ald.: *ignorantiam* Guil.: *dementia* Gaza: ἄνοιαν cj. Sylb. edd. **23** εὔηθες] εὐθέως Aᵃ*pr.* Gᵃ*pr.* Q καὶ ἀνοήτως καὶ ἀνόητον Q **24** ἔρπει α β Lᶜ Ald. Bk.: ἔρρει Aᵃ*rcsm.* γ (exc. Lᶜ) **26** τοῦ om. α Bk. **28** τοὺς ἄρρενας Gᵃ*rc.* Q

αἰγῶν ὅταν τις μιᾶς λάβῃ τὸ ἄκρον τοῦ ἡρύγγου (ἔστι δ' οἷον θρίξ) αἱ ἄλλαι ἑστᾶσιν ὥσπερ μεμωρωμέναι βλέπουσαι εἰς ἐκείνην. ἐγκαθεύδειν δὲ ψυχρότεραι ὄϊες αἰγῶν· αἱ γὰρ αἶγες μᾶλλον μηρυκάζουσι καὶ προσέρχονται πρὸς τοὺς ἀνθρώπους· εἰσὶ δ' αἱ αἶγες δυσριγώτεραι τῶν ὀΐων. διδάσκουσι δ' οἱ ποιμένες τὰ πρόβατα συνθεῖν ὅταν ψοφήσῃ· ἐὰν γὰρ βροντήσαντος ὑποληφθῇ τις καὶ μὴ συνδράμῃ, ἐκτιτρώσκει ἐὰν τύχῃ κύουσα· διὸ ἐὰν ψοφήσῃ ἐν τῇ οἰκίᾳ συνθέουσι διὰ τὸ ἔθος. ἀπόλλυνται δὲ καὶ οἱ ταῦροι ὅταν ἀτιμαγελήσαντες ἀποπλανηθῶσιν, ὑπὸ θηρίων. κατάκεινται δ' αἱ ὄϊες καὶ αἱ αἶγες ἀθρόαι κατὰ συγγένειαν· ὅταν δ' ὁ ἥλιος τραπῇ θᾶττον, φασὶν οἱ ποιμένες οὐκέτι ἀντιβλεπούσας κατακεῖσθαι τὰς αἶγας ἀλλ' ἀπεστραμμένας ἀπ' ἀλλήλων.

[4] αἱ δὲ βόες καὶ νέμονται καθ' ἑταιρείας καὶ συνηθείας, κἂν μία ἀποπλανηθῇ ἀκολουθοῦσιν αἱ ἄλλαι· διὸ καὶ οἱ βουκόλοι, ἐὰν μίαν μὴ εὕρωσιν, εὐθὺς πάσας ἐπιζητοῦσιν.

τῶν δ' ἵππων αἱ σύννομοι, ὅταν ἡ ἑτέρα ἀπόληται, ἐκτρέφουσι τὰ πωλία ἀπ' ἀλλήλων. καὶ ὅλως γε δοκεῖ τὸ τῶν ἵππων γένος εἶναι φύσει φιλόστοργον. σημεῖον δέ· πολλάκις γὰρ αἱ στέ-

29 μιᾶς codd. Guil. Gaza Ald. Bk.: μία cj. Salmasius Dt.   ἡρύγγου Cᵃ Bk.: ὀρύγγου α (exc. Cᵃ): κρύγγου β γ Ald.: om. Scot.: *inflexionis tibie* Guil.: *aruncum* Gaza   τοῦ ὀρύγγου τὸ ἄκρον transp. α (exc. Cᵃ)   30 θρίξ om. Cᵃ*pr.* Aᵃ*pr.* Gᵃ Q Ott.   μεμωραμέναι Aᵃ*rc.* Fᵃ Xᶜ, β, Lᶜ m n, Ald.   31 ψυχρότεραι] δυσκολώτεραι Oᶜ*rc.*: *frigidiores* Guil.: *cubant difficilius* Gaza post ψυχ. add. αἱ Sᶜ, Lᶜ*rc.*, Ald.   ὄϊες] ὗες Eᵃ P*pr.* Kᶜ Mᶜ m*pr.* n   32 μηρυκάζουσι β (exc. Oᶜ*rc.*), Lᶜ*rc.* Ald.: ἡσυχάζουσι α Oᶜ*rc.* γ (exc. Lᶜ*rc.*) Scot. Guil. Gaza Bk.   33 αἱ om. α Lᶜ n Ald.   δυσριγώτεραι α β: δυσριγότεραι γ Ald.   ὐῶν Eᵃ P*pr.* Kᶜ Mᶜ m*pr.* n*pr.*   35 βροντήσας Cᵃ Aᵃ*pr.* Gᵃ Q ὑποληφθῇ Eᵃ Mᶜ Lᶜ m n, Ald. Bk. Dt.   611a1 κυοῦσα Gᵃ Q Fᵃ Xᶜ, Eᵃ P Kᶜ Lᶜ   ψοφῇ α γ Bk.   2 ἀπόλλυνται ... 3 θηρίων post 9 ἐπιζητοῦσιν transp. Scal. Dt.: om. Gaza: secl. Sn.   ταῦροι] τράγοι m Cs.   ἀτιμελήσαντες Gᵃ Q   4 αἱ om. α γ Ald.   5 τραπῇ θᾶττον codd. Guil. edd.: τάχιστα τραπῇ Antig. *Mirab.* 65: *cum primum* Gaza   7 αἱ δ' αἱ Fᵃ Xᶜ καὶ⁽¹⁾ om. β   9 μίαν om. α   μὴ om. P   10 ἀπόληται β P*rc.* Mᶜ Ald. Bk.: ἀπόληται (sic) Cᵃ: ἀπόλλυται α (exc. Cᵃ): ἀπολεῖται P*pr.* Kᶜ m*pr.* n*pr.*: ἀπόλοται Eᵃ: ἀπολῆται Lᶜ m*corr.* n*corr.*   11 ἀπ' β: om. α γ Ald.   12 φύσει om. α (exc. Cᵃ)

ARISTOTELIS

ριφαι ἀφαιρούμεναι τὰς μητέρας τὰ πωλία αὗται στέργουσι, διὰ δὲ τὸ μὴ ἔχειν γάλα διαφθείρουσιν. [5] τῶν δ' ἀγρίων καὶ τετραπόδων ἡ ἔλαφος οὐχ ἥκιστα δοκεῖ εἶναι φρόνιμον, τῷ τε τίκτειν παρὰ τὰς ὁδούς (τὰ γὰρ θηρία διὰ τοὺς ἀνθρώπους οὐ προσέρχεται), καὶ ὅταν τέκῃ ἐσθίει τὸ χόριον πρῶτον. καὶ ἐπὶ τὴν σέσελιν δὲ τρέχουσι, καὶ φαγοῦσαι οὕτως ἔρχονται πρὸς τὰ τέκνα πάλιν. ἔτι δὲ τὰ τέκνα ἄγει ἐπὶ τοὺς σταθμούς, ἐθίζουσα οὗ δεῖ ποιεῖσθαι τὰς ἀποφυγάς· ἔστι δὲ τοῦτο πέτρα ἀπορρώξ, μίαν ἔχουσα εἴσοδον, οὗ δὴ καὶ ἀμύνεσθαι ἤδη φασὶν ὑπομένουσαν. ἔτι δὲ ὁ ἄρρην ὅταν γένηται παχύς (γίνεται δὲ σφόδρα πίων ὀπώρας οὔσης), οὐδαμοῦ ποιεῖ αὑτὸν φανερὸν ἀλλ' ἐκτοπίζει ὡς διὰ τὴν παχύτητα εὐάλωτος ὤν. ἀποβάλλουσι δὲ καὶ τὰ κέρατα ἐν τόποις χαλεποῖς καὶ δυσεξευρέτοις· ὅθεν καὶ ἡ παροιμία γέγονεν "οὗ αἱ ἔλαφοι τὰ κέρατα ἀποβάλλουσιν"· ὥσπερ γὰρ τὰ ὅπλα ἀποβεβληκυῖαι φυλάττονται ὁρᾶσθαι. λέγεται δ' ὡς τὸ ἀριστερὸν κέρας οὐδείς πω ἑώρακεν· ἀποκρύπτειν γὰρ αὐτὸ ὡς ἔχον τινὰ φαρμακείαν. οἱ μὲν οὖν ἐνιαύσιοι οὐ φύουσι κέρατα πλὴν ὥσπερ σημείου χάριν ἀρχήν τινα· τοῦτο δ' ἐστὶ βραχὺ καὶ δασύ. φύουσι δὲ διετεῖς πρῶτον τὰ κέρατα εὐθέα, καθάπερ παττάλους· διὸ καὶ καλοῦσι τότε πατταλίας αὐτούς. τῷ δὲ τρίτῳ ἔτει δίκρουν φύουσι, τῷ δὲ τετάρτῳ τραχύτερον· καὶ τοῦτον τὸν τρόπον ἀεὶ ἐπιδιδόασι μέχρι ἓξ ἐτῶν. ἀπὸ τούτου δὲ ὅμοια ἀεὶ ἀναφύουσιν, ὥστε μηκέτι ἂν γνῶναι τὴν ἡλικίαν τοῖς κέρασιν, ἀλλὰ τοὺς γέροντας γνωρίζουσι μάλιστα δυοῖν σημείοιν· ὀδόντας τε

13 αὗται codd. Ald.: *ipse* Guil. Gaza: αὐταὶ edd.   16 φρόνιμος F[a] X[c], P
18 χώριον α (exc. C[a]) β (exc. S[c]) m n Ald.: *locellum* Guil.: *involucrum* Gaza
δὲ τρέχουσι] διατρέχουσι F[a] X[c]   19 πάλιν ... 20 τέκνα om. X[c]   ἔτι]
ὅτε C[a]: ὅτι A[a]*pr.*   20 ἐπὶ] παρὰ α (exc. C[a])   ποῦ β L[c]*rc.*   21 δὲ] δὴ m
post τοῦτο add. ὡς εἶπον n   22 ἤδη om. L[c] Ald.   23 ὀπώρας οὔσης β
Ald.: καρπῶν ὄντων G[a]*rc.* Q; om. cett.: *fructibus existentibus* Guil.: *tempore fructuum* Gaza   27 οὗ] *vade ubi* (viz. ἴθι οὗ) Scot.: *ubi* Guil.   αἱ om. A[a] G[a] Q;
οἱ F[a] X[c]   τὰ om. Ald.   28 ἀποβεβληκότες F[a] X[c]   29 ἄριστον β: *sinistrum* Scot. Guil.   ἀποκρύπτει α (exc. C[a]) γ (exc. L[c]*rc.*)   34 ἀτταλίας β
(exc. O[c]*rc.*): *passalios* Guil.: *subulones* Gaza   35 τραχύτερον codd. Guil. edd.:
trifida Gaza   611b3 γνωρίζουσα A[a] G[a]*pr.* F[a] X[c]   ὀδόντας ... 4 ὀλίγους
om. F[a] X[c]

400

HISTORIA ANIMALIUM VIII(IX)

γὰρ οἱ μὲν ὅλως οὐκ ἔχουσιν οἱ δ' ὀλίγους, καὶ τοὺς ἀμυντῆρας
οὐκέτι /5/ φύουσιν. καλοῦνται δ' ἀμυντῆρες τὰ προνενευκότα
τῶν /6/ φυομένων κεράτων εἰς τὸ πρόσθεν, οἷς ἀμύνεται· ταῦτα
δ' οἱ γέροντες οὐκ ἔχουσιν, ἀλλ' εἰς τὸ ὀρθὸν γίνεται ἡ αὔξη-
σις αὐτοῖς τῶν κεράτων. ἀποβάλλουσι δ' ἀνὰ ἕκαστον ἐνιαυ-
τὸν τὰ κέρατα, ἀποβάλλουσι δὲ περὶ τὸν Θαργηλιῶνα μῆνα.
ὅταν δ' ἀποβάλωσι, κρύπτουσιν αὑτοὺς τὴν ἡμέραν, ὥσπερ
εἴρηται· κρύπτουσι δ' ἐν τοῖς δασέσιν, εὐλαβούμενοι τὰς
μυίας. νέμονται δὲ τὸν χρόνον τοῦτον νύκτωρ, μέχριπερ ἂν
ἐκφύσωσι τὰ κέρατα. φύεται δ' ὥσπερ ἐν δέρματι τὸ
πρῶτον, καὶ γίνονται δασέα· ὅταν δ' αὐξηθῶσιν, ἡλιάζον-
ται ἵν' ἐκπέμψωσι καὶ ξηράνωσι τὸ κέρας. ὅταν δὲ μηκέτι
πονῶσι πρὸς τὰ δένδρα κνώμενοι αὐτά, τότ' ἐκλείπουσι τοὺς
τόπους τούτους διὰ τὸ θαρρεῖν ὡς ἔχοντες ᾧ ἀμύνονται. ἤδη
δ' εἴληπται ἀχαΐνης ἔλαφος ἐπὶ τῶν κεράτων ἔχων κιττὸν
πολὺν πεφυκότα χλωρόν, ὡς ἁπαλῶν ὄντων τῶν κεράτων
ἐμφύντα ὥσπερ ἐν ξύλῳ χλωρῷ. ὅταν δὲ δηχθῶσιν αἱ
ἔλαφοι ὑπὸ φαλαγγίου ἤ τινος τοιούτου, τοὺς καρκίνους συλ-
λέγουσαι ἐσθίουσιν· δοκεῖ δὲ τοῦτο καὶ ἀνθρώπῳ ἀγαθὸν εἶ-
ναι πίνειν, ἀλλ' ἔστιν ἀηδές. αἱ δὲ θήλειαι τῶν ἐλάφων ὅταν
τέκωσιν εὐθὺς κατεσθίουσι τὸ χόριον, καὶ οὐκ ἔστι λαβεῖν·
πρὸ γὰρ τοῦ χαμαὶ βαλεῖν αὗται ἅπτονται· δοκεῖ δὲ τοῦτ'

4 ὅλως om. α γ (exc. L^{c}rc.) Bk.   7 τὸ om. β   8 αὐτοῖς om. γ (exc. L^{c}rc.)   ἀποβάλλουσι ... 9 κέρατα om. G^{a}pr.: ἀποβάλλουσι δὲ ἑκάστῳ ἔτει τὰ κέρατα G^{a}rc. Q; abiciunt autem singulis annis cornua Guil.: amittunt singulis annis cornua Gaza   ἀνὰ] ἕνα C^a A^a F^a X^c 10 ἀποβάλωσι E^a Guil. Gaza: ἀποβάλλωσι cett. Ald.   κρύπτωσιν A^a G^a Q   12 μύας A^a G^a Q post τοῦτον add. ἐν τοῖς δασέσι L^c m n Ald.   14 αὐξηνθῶσιν F^a X^c 15 ἐκπέμψωσι C^{a}rc. A^{a}pr. F^a X^c, D^a O^{c}pr. T^c R^c, Ppr. K^c M^c: incert. S^c: ἐκπέψωσι cett. Ald.   16 πονοῦσι α   17 τούτους om. C^a ἀμύνονται codd. Ald.: ἀμυνοῦνται Sylb. edd.   18 ἀχαΐνης A^{a}rc. γ (exc. L^{c}rc.) Bk.: ἀχαννὴς C^a: ἀχανὴς A^{a}pr. G^a Q F^a X^c: ἀχαίτης β L^{c}rc. Ald.: om. Scot. Gaza: ak(h)ainas Guil.   κεράτων] ἐλάφων A^{a}pr. G^{a}pr.   20 δειχθῶσιν P   21 ἀπὸ C^a γ (exc. L^{c}rc.): ἀπὸ τοῦ A^a G^a Q: ὑπὸ τοῦ F^a X^c 22 τοῦτο] post 23 πίνειν transp. α (exc. C^a): post εἶναι transp. γ Guil.   23 πίνειν] ποιεῖν G^{a}rc. Qrc. Ott. Cs.: facere Scot.: bibere Guil.: quod prodesse putatur Gaza   24 χωρίον S^c: locellum Guil. (+ secundinam Tz i.m.)   25 βάλλειν α: λαβεῖν T^c, L^c m n   αὗται α β L^c Ald.: αὐταὶ γ (exc. L^c) edd.: ipse Guil.

401

εἶναι φάρμακον. ἁλίσκονται δὲ θηρευόμεναι αἱ ἔλαφοι συριττόντων καὶ ᾀδόντων, ὥστε καὶ κατακλίνονται ὑπὸ τῆς ἡδονῆς. δύο δ' ὄντων ὁ μὲν φανερῶς ᾄδει ἢ συρίττει, ὁ δ' ἐκ τοῦ ὄπισθεν βάλλει, ὅταν οὗτος σημήνῃ τὸν καιρόν. ἐὰν μὲν οὖν
30 τύχῃ ὀρθὰ τὰ ὦτα ἔχουσα, ὀξὺ ἀκούει καὶ οὐκ ἔστι λαθεῖν· ἐὰν δὲ καταβεβληκυῖα τύχῃ, λανθάνει.

[6] αἱ δ' ἄρκτοι ὅταν φεύγωσι τὰ σκυμνία προωθοῦσι καὶ ἀναλαβοῦσαι φέρουσιν· ὅταν δ' ἐπικαταλαμβάνωνται, ἐπὶ τὰ δένδρα ἀναπηδῶσιν. καὶ ὅταν ἐκ τοῦ φωλεοῦ ἐξέλ-
35 θωσι, πρῶτον τὸ ἄρον ἐσθίουσιν, ὥσπερ εἴρηται πρότερον,
35, 612a1 καὶ /1/ τὰ ξύλα διαμασῶνται ὥσπερ ὀδοντοφυοῦσαι.

1 πολλὰ δὲ καὶ τῶν ἄλλων ζῴων τῶν τετραπόδων ποιεῖ πρὸς βοήθειαν αὑτοῖς φρονίμως, ἐπεὶ καὶ ἐν Κρήτῃ φασὶ τὰς αἶγας τὰς ἀγρίας ὅταν τοξευθῶσι ζητεῖν τὸ δίκταμνον· δοκεῖ δὲ τοῦτο
5 ἐκβλητικὸν εἶναι τῶν τοξευμάτων ἐν τῷ σώματι. καὶ αἱ κύνες δ' ὅταν τι πονῶσιν ἔμετον ποιοῦσι φαγοῦσαί τινα πόαν. ἡ δὲ πάρδαλις, ὅταν φάγῃ τὸ φάρμακον ὃ καλεῖται παρδαλιαγχές, ζητεῖ τὴν τοῦ ἀνθρώπου κόπρον· βοηθεῖ γὰρ αὐτῇ. διαφθείρει δὲ τοῦτο τὸ φάρμακον καὶ λέοντας. διὸ καὶ οἱ /10/ κυ-
10 νηγοὶ κρεμαννύουσιν ἐν ἀγγείῳ ἔκ τινος δένδρου τὴν κόπρον, ὅπως μὴ ἀποχωρῇ μακρὰν τὸ θηρίον· αὐτοῦ γὰρ προσαλλο-

---

26 θηρευόμενοι Aᵃ Gᵃ Q   **27** ὥστε om. α γ (exc. Lᶜrc.) Guil.   κατακλίνονται] κηλοῦνται Aᵃrc. Fᵃ Xᶜ Ott.: κατακηλοῦνται Lᶜrcsm. Camot. edd.: *inclinantur* Guil.: *illiciuntur* Gaza   **29** σημαίνῃ α (exc. Cᵃ) Eᵃ Lᶜ Ald.: σημαίνει n **30** ὦτα] ὦὰ Aᵃpr. Gᵃpr., n   οὐκ ἔστι] οὐκέτι Aᵃ Gᵃ Q   **32** φεύγωσι] τύχωσι Cᵃ Aᵃpr. Gᵃpr., Eᵃ P Kᶜ Mᶜ n: τέκωσι Aᵃrc. Fᵃ Xᶜ, m: *fugiant* Guil. Gaza   **33** ἐπικαταλαμβάνονται Aᵃrc., P Kᶜ npr.: ἢ καταλαμβάνονται Cᵃ: ἢ καταλαμβάνονται Aᵃpr. Gᵃ Q   **34** ἐξέλθωσι] ἐξαχθῶσιν Aᵃpr. Gᵃpr. **35** ἄρον α, Oᶜ in lac., Lᶜpr. m n, Guil.: ἄρρεν β (exc. Oᶜ), Eᵃ Kᶜ Lᶜrc., Ald.: ἄρρον P Mᶜ: *draganteam* Scot.: *aron* Guil.: *herbam* Trap. Gaza   **612a1** διαμασσῶνται α   **3** ἐν τῇ κρ. α   **4** δίκταμον Aᵃrc. Fᵃ Xᶜ, Oᶜrc. Rᶜ, Kᶜ Lᶜ m n, Ald.   δὲ] γὰρ Lᶜ Ald.: om. n   **6** πίνωσιν Λᵃpr. Gᵃpr.: incert. Gᵃcorr.: π lac. νωσιν Q   ποιοῦσι β Ald.: ποιοῦνται α γ Bk.   **7** ποίαν Cᵃ Aᵃ   ὃ καλεῖται παρδ. β (exc. Sᶜ): τὸ παρδ. α γ Ald. edd.: τὸ καλούμενον παρδ. Sᶜ: *quod dicitur ferdalidez* Scot.: *quod vocatur pardalianches* Guil.: *pard. dictum* Gaza   **10** κρεμανύουσιν Cᵃ Aᵃ Gᵃ Q: κρεμανίοσιν Fᵃ X: κρεμαννύουσιν Sᶜ, n   **11** προσαλομένου α (exc. Cᵃ): προσαλομένη P

402

HISTORIA ANIMALIUM VIII(IX)

μένη ἡ πάρδαλις καὶ ἐλπίζουσα λήψεσθαι τελευτᾷ. λέγουσι δὲ καὶ κατανενοηκυῖαν τὴν πάρδαλιν ὅτι τῇ ὀσμῇ αὐτῆς χαίρουσι τὰ θηρία, ἀποκρύπτουσαν ἑαυτὴν θηρεύειν· προσιέναι γὰρ ἐγγύς, καὶ λαμβάνειν οὕτω καὶ τὰς ἐλάφους. ὁ δ᾽ ἰχνεύμων ὁ ἐν Αἰγύπτῳ ὅταν ἴδῃ τὸν ὄφιν τὴν ἀσπίδα καλουμένην, οὐ πρότερον ἐπιτίθεται πρὶν συγκαλέσῃ βοηθοὺς ἄλλους· πρὸς δὲ τὰς πληγὰς καὶ τὰ δήγματα πηλῷ καταπλάττουσιν ἑαυτούς· βρέξαντες γὰρ ἐν τῷ ὕδατι πρῶτον, οὕτω καλινδοῦνται ἐν τῇ γῇ. τῶν δὲ κροκοδείλων χασκόντων οἱ τροχίλοι καθαίρουσιν εἰσπετόμενοι τοὺς ὀδόντας, καὶ αὐτοὶ μὲν τροφὴν λαμβάνουσιν, ὁ δ᾽ ὠφελούμενος αἰσθάνεται καὶ οὐ βλάπτει, ἀλλ᾽ ὅταν ἐξελθεῖν βούληται κινεῖ τὸν αὐχένα ἵνα μὴ συνδάκῃ. ἡ δὲ χελώνη, ὅταν ἔχεως φάγῃ, ἐπεσθίει τὴν ὀρίγανον· καὶ τοῦτο ὦπται. καὶ ἤδη κατιδών τις τοῦτο πολλάκις ποιοῦσαν αὐτήν, καὶ ὅταν ἐγκάψῃ τῆς ὀριγάνου πάλιν ἐπὶ τὸν ἔχιν πορευομένην, ἐξέτιλε τὴν ὀρίγανον· τούτου δὲ συμβάντος ἀπέθανεν ἡ χελώνη. ἡ δὲ γαλῆ ὅταν ὄφει μάχηται ἐπεσθίει τὸ πήγανον· πολεμία γὰρ ἡ ὀσμὴ τοῖς ὄφεσιν. ὁ δὲ δράκων ὅταν ὀπωρίζῃ τὸν ὀπὸν τῆς πικρίδος ἐκροφεῖ, καὶ τοῦθ᾽ ἑώραται ποιῶν. αἱ δὲ κύνες ὅταν ἑλμινθιῶσιν ἐσθίουσι τοῦ σίτου τὸ λήϊον. οἱ δὲ πελαργοὶ καὶ οἱ ἄλλοι τῶν ὀρνίθων, ὅταν ἑλκωθῇ τι μαχομένοις, ἐπιτιθέασι τὴν ὀρίγανον. πολλοὶ δὲ καὶ τὴν ἀκρίδα ἑωράκασιν ὅτι ὅταν μάχηται τοῖς ὄφεσι λαμβάνεται τοῦ τραχήλου τῶν ὄφεων.

12 καὶ om. α (exc. Cᵃ) 13 καὶ om. Cᵃ: ὅτι καὶ Lᶜ m n Ald. 15 καὶ (2) om. α (exc. Cᵃ) 16 ὅταν] ὅτε m ἴδῃ om. P 17 συγκαλέσει α (exc. Cᵃ) 19 βρέξαντας α (exc. Cᵃ) γὰρ om. Fᵃ Xᶜ post γὰρ add. τὸ σῶμα m*rc*. Dt.: *humecati* Guil.: *madefaciat corpus* Gaza 24 ἵνα om. Q, Oᶜ Tᶜ μὴ om. Cᵃ Aᵃ*pr*. Gᵃ Q Guil. ἔχιος α (exc. Cᵃ) 25 τὸ ὀριγ. α γ (exc. Lᶜ) 26 ὅταν] ἐπειδὴ Lᶜ Ald. ἐγκάψῃ β: ἔκαψεν Eᵃ P*pr*. Kᶜ Mᶜ: ἔγκαψεν P*rc*.: ἔκαμψε n: ἔφαγε m*corr*. (incert. m*pr*.): γευσαμένη Lᶜ Ald.: ἔσπασε α: *cum accepisset* Guil.: *gustata* Gaza 27 τὴν ἔχιν β: τὸν ὄφιν Lᶜ πορευομένην] ἐπορεύετο Lᶜ ἐξέτιλε α (exc. Gᵃ*pr*. Q*pr*.) Bk.: ἐξέτεινε Gᵃ*pr* Q*pr*. τὸ ὀριγ. Lᶜ Ald. 28 γαλῆ edd. 31 τοῦτο τις ἑώρηται P*rc*. ἑλμινθιῶσιν Eᵃ: ἑλμινθινῶσιν n 32 καὶ οἱ π. δὲ καὶ transp. β 33 τις α (exc. Cᵃ) 34 ἀκρίδα α Rᶜ*corr*. γ (exc. Lᶜ*rc*.) Guil. Gaza Bk.: ἀσπίδα β Lᶜ*rc*. Ald.: ἰκτίδα cj. A.-W. ὅταν om. Aᵃ*pr*. Gᵃ*pr*. 35 ἐπιλαμβάνεται Aᵃ*rc*. Fᵃ Xᶜ, m: *accipit de* Guil.: *prehendere* Gaza

612b1 φρονίμως δὲ δοκεῖ καὶ ἡ γαλῆ χειροῦσθαι τοὺς ὄρνιθας· σφάζει γὰρ ὥσπερ οἱ λύκοι τὰ πρόβατα. μάχεται δὲ καὶ τοῖς ὄφεσι μάλιστα τοῖς μυοθήραις διὰ τὸ καὶ αὐτὴν τοῦτο τὸ ζῷον θηρεύειν. περὶ δὲ τῆς τῶν ἐχίνων αἰσθήσεως συμ-
5 βέβηκε πολλαχοῦ τεθεωρῆσθαι ὅτι μεταβαλλόντων βορέων καὶ νότων οἱ μὲν ἐν τῇ γῇ τὰς ὀπὰς αὐτῶν μετακινοῦσιν, οἱ δ᾽ ἐν ταῖς οἰκίαις τρεφόμενοι μεταβάλλουσι πρὸς τοὺς τοίχους, ὥστ᾽ ἐν Βυζαντίῳ γέ τινά φασι προλέγοντα λαβεῖν δόξαν ἐκ τοῦ κατανενοηκέναι ποιοῦντα ταῦτα τὸν ἐχῖ-
10 νον.
10 ἡ δ᾽ ἶκτις ἔστι μὲν τὸ μέγεθος ἡλίκον Μελιτταῖον κυνίδιον τῶν μικρῶν, τὴν δὲ δασύτητα καὶ τὴν ὄψιν καὶ τὸ λευκὸν τὸ ὑποκάτω καὶ τοῦ ἤθους τὴν κακουργίαν ὅμοιον γαλῇ· καὶ τιθασσὸν δὲ γίνεται σφόδρα, τὰ δὲ σμήνη κακουργεῖ· τῷ γὰρ μέλιτι χαίρει. ἔστι δὲ καὶ ὀρνιθοφάγον
15 ὥσπερ αἱ αἴλουροι. τὸ δ᾽ αἰδοῖον αὐτῆς ἔστι μέν, ὥσπερ εἴρηται, ὀστοῦν, δοκεῖ δ᾽ εἶναι φάρμακον στραγγουρίας τὸ τοῦ ἄρρενος· διδόασι δ᾽ ἐπιξύοντες.

[7] ὅλως δὲ περὶ τοὺς βίους πολλὰ ἂν θεωρηθείη μιμήματα τῶν ἄλλων ζῴων τῆς ἀνθρωπίνης ζωῆς, καὶ μᾶλλον
20 ἐπὶ τῶν ἐλαττόνων ἢ ἐπὶ τῶν μειζόνων ἴδοι τις ἂν τὴν τῆς διανοίας ἀκρίβειαν, οἷον πρῶτον ἐπὶ τῶν ὀρνίθων ἡ τῆς χελιδόνος σκηνοπηγία· τῇ γὰρ περὶ τὸν πηλὸν ἀχυρώσει τὴν αὐτὴν ἔχει τάξιν. συγκαταπλέκει γὰρ τοῖς κάρφεσι τὸν πηλόν· κἂν ἀπορῆται πηλοῦ, βρέχουσα αὐτὴν καλινδεῖται τοῖς πτεροῖς

612b1 θηροῦσθαι C^a: *venari* Guil.: *capere* Gaza 4 τῆς om. E^a K^c 5 τεθεωρεῖσθαι L^c n Ald. μεταβαλόντων F^a X^c 6 αὐτῶν codd.: αὑτῶν edd. μετακινοῦσιν β γ Ald.: μεταμείβουσων α Sn. 8 φασί τινά transp. S^c προλέγοντος A^{a}rc. G^a Q 9 ταῦτα ποι. transp. L^c Ald. 10 ἐκτίς P μελιτταῖον C^a β E^a Ppr.: μελιτύδιον cett. edd. 13 τιθασὸν β P K^c: τιθασσὸς L^{c}pr. n δὲ$^{(1)}$ om. L^c n Ald. 14 ὀρνιθοφόρον A^{a}pr. G^{a}pr.: ὀρνιθοφθόρον A^{a}rc. G^{a}rc. F^a X^c Trap. Ott. 15 αὐτοῖς F^a X^c 16 στραγκουρίας G^a Q 17 περιξύοντες β L^{c}rc. 18 post πολλὰ add. δὲ F^a X^c 19 τῶν ἄλλων ζῴων om. m 20 ἢ ἐπὶ τῶν μειζ. β: ἢ μειζόνων α γ Ald. Bk. 23 τὸν πηλόν β: πηλόν α γ Ald.

HISTORIA ANIMALIUM VIII(IX)

πρὸς τὴν κόνιν. ἔτι δὲ στιβαδοποιεῖται καθάπερ οἱ ἄνθρωποι, τὰ σκληρὰ πρῶτα ὑποτιθεῖσα καὶ τῷ μεγέθει σύμμετρον ποιοῦσα πρὸς αὐτήν. περί τε τὴν τροφὴν τῶν τέκνων ἐκπονεῖται ἀμφότερα· δίδωσι δ' ἑκατέρῳ διατηροῦσά τινι συνηθείᾳ τὸ προειληφός, ὅπως μὴ δὶς λάβῃ. καὶ τὴν κόπρον τὸ μὲν πρῶτον αὐταὶ ἐκβάλλουσιν, ὅταν δ' αὐξηθῶσι μεταστρέφοντας ἔξω διδάσκουσι τοὺς νεοττοὺς προΐεσθαι.

περί τε τὰς περιστερὰς ἔστιν ἕτερα τοιαύτην ἔχοντα τὴν θεωρίαν· οὔτε γὰρ συνδυάζεσθαι θέλουσι πλείοσιν, οὔτε προαπολείπουσι τὴν κοινωνίαν, πλὴν ἐὰν χῆρος ἢ χήρα γένηται. ἔστι δὲ περὶ τὴν ὠδῖνα δεινὴ ἡ τοῦ ἄρρενος θεραπεία καὶ συναγανάκτησις· ἐάν τε ἀπομαλακίζηται πρὸς τὴν εἴσοδον τῆς νεοττείας διὰ τὴν ὀχείαν, τύπτει καὶ ἀναγκάζει εἰσιέναι. γενομένων δὲ /3/ τῶν νεοττῶν φροντίζει τῆς ἁρμοττούσης τροφῆς ἧς διαμασησάμενος εἰσπτύει τοῖς νεοττοῖς διοιγνὺς τὸ στόμα, προπαρασκευάζων εἰς τὴν τροφήν. ὅταν δ' ἐκ τῆς νεοττείας ἐξάγειν μέλλῃ, πάντας ὁ ἄρρην ὀχεύει. ὡς μὲν οὖν ἐπὶ τὸ πολὺ τοῦτον τὸν τρόπον στέργουσιν ἀλλήλας, παροχεύονται δέ ποτε καὶ τῶν

25 στιβάδη ποιεῖται P: στιβάδα ποιεῖται L*pr.* n Ald. 27 πρὸς] περί γ (exc. L*c*) ἐκποιεῖται C*a* A*apr.* G*a*: ἐμποιεῖται Q 28 ἑκάστῳ m 29 μὴ δὶς] μηδεὶς A*apr.* G*apr.* F*a* X*c*, E*a* P K*c* M*c* m*pr.* n*pr.*, Guil. μὲν om. α γ Guil. Ald. 30 αὗται α μεταστρέφοντες α L*cpr.* n 31 ἔξω post 30 αὐξ. transp. S*c* προϊέναι α 32 τοιαύτην] τὴν αὐτὴν L*cpr.* τὴν om. L*cpr.* 33 συνδυάζεσθαι β L*ccorr.* Guil. Ald. edd.: συναυξάνεσθαι α n: συναύξεσθαι E*a* P K*c* L*c* m: *adolescere aut coire* Gaza πλείοσιν β γ G*arc.* Q Guil. Gaza Bk.: πλειάσιν C*a* A*apr.* G*apr.*: πελείασιν A*arc.* F*a* X*c* Ott. ἀπολείπουσι β 34 ἔστι β L*c* Ald.: ἔτι α γ (exc. L*c*) Guil. Bk. 35 δεινὴ β L*crc.* Guil. Ald. Bk.: om. α γ (exc. L*crc.*) ἡ] ἢ A*apr.* G*apr.* 613a1 τε ἀπομαλακίζηται β L*ccorr.* Ald. Bk.: τόπῳ μαλακίζηται α: τὸ πόμα λακτίζηται γ 2 ὄχειαν β: λοχείαν α γ Ald. Bk.: *dolorem partus* Scot: *coitum* Guil: *partus laborem* Gaza 3 νεοττῶν φροντίζει τῆς ἁρμοττούσης τροφῆς ἧς διαμασ. β L*crc.* Guil. Ald.: νεοττῶν τῆς ἁλμυριζούσης μάλιστα γῆς διαμασ. α γ (exc. L*crc.*) Scot. Gaza Plin. Antig. Athen. Aelian Bk. διαμασσησάμενος α (exc. C*a*) 4 εἰσπέμπει α γ διοιγεὶς α προσπαρασκευάζων C*a* A*apr.* G*a* Q 5 εἰς β: πρὸς α γ Ald. Bk. νεοττίας K*c* m Ald.: νεοττιᾶς M*c* edd. 6 μὲν οὖν post πολὺ transp. m οὖν om. G*a* Q post οὖν add. ὡς E*a* P K*c* M*c*

405

ARISTOTELIS

τούς άρρενας εχουσών τινες. έστι δε μάχιμον το ζώον, και ενοχλούσιν αλλήλας, και εις τας νεοττείας παραδύονται τας αλλήλων, ολιγάκις μέντοι· και γαρ αν ήττον άποθεν ή, αλλά παρά γε την νεοττείαν διαμάχονται εσχάτως. ίδιον δε δοκεί ταις περιστεραίς συμβεβηκέναι και ταις ψαψί και τρυγόσι το μη ανακύπτειν πίνοντα εάν μη ικανόν πίωσιν. έχει δε τον άρρενα η τρυγών τον αυτόν και φάττα, και άλλον ου προσίεται· και επωάζουσιν αμφότεροι και ο άρρην και η θήλεια. διαγνώναι δ' ου ράδιον τον άρρενα και την θήλειαν αλλ' ή τοις εντός. ζώσι δ' αι φάτται πολύν χρόνον· και γαρ είκοσι και πέντε έτη και τριάκοντα έτη ωμμέναι εισίν, ένιαι δε και τετταράκοντα. πρεσβυτέρων δε γενομένων αυτών οι όνυχες αυξάνονται· αλλ' αποτέμνουσιν οι τρέφοντες. άλλο δ' ουδέν βλάπτονται επιδήλως γηράσκουσαι. και αι τρυγόνες δε και αι περιστεραί ζώσι και οκτώ έτη αι τετυφλωμέναι υπό των παλευτρίας τρεφόντων αυτάς. ζώσι δε και οι πέρδικες περί πεντεκαίδεκ' έτη. νεοττεύουσι δε και αι φάβες και αι τρυγόνες εν τοις αυτοίς τόποις αεί. πολυχρονιώτερα δ' όλως μεν έστι τα άρρενα των θηλέων, επί δε τούτων τελευτάν φασί τινες πρότερον τα άρρενα των θηλέων, τεκμαιρόμενοι εκ των κατ' οικίαν τρεφομένων παλευτριών.

9 αλλήλας β γ Ald.: αλλήλαις α Bk.   νεοττιάς Cᵃ edd.: νεοττίας Eᵃ m Ald. παραλύονται Cᵃ Aᵃpr. Gᵃpr.: παραδύονται Q: resolvuntur Guil.: subit Gaza   10 άποθεν ήττον transp. α γ: άποθεν ή ήττον m   11 εσχάτως ... 613b1 σκληρά om. m   12 δοκεί post περιστ. transp. α γ Ald. Bk.   ταίς⁽¹⁾ om. Fᵃ Xᶜ   post ψαψί add. τε α γ (exc. Lᶜ)   13 τρυσί α Eᵃ P Kᶜ Mᶜpr.: τρυγώσι Mᶜrc. n   πίνοντα β Guil.: πίνοντας α (exc. Fᵃ Xᶜ), Eᵃ P Kᶜ Mᶜ: πινούσαις Fᵃ Xᶜ: πινούσας Lᶜ n Ald. edd.   πίωσιν β Lᶜrc. Ald. Bk.: πίνωσιν α γ   15 προσίενται α γ Ald. Bk.   16 την θηλ. κ. τ. άρρ. transp. α γ Guil. (Tz) Ald.   17 αι om. Cᵃ Aᵃ Gᵃ Q   18 έτη⁽¹⁾ post είκοσιν transp. α γ (exc. Kᶜ) Ald. Bk.   έτη⁽²⁾ om. P Lᶜ Ald. Bk.   τριάκοντα ... 19 και om. Gᵃ Q   19 και om. Cᵃ   post τεττ. add. έτη α γ Ald. Bk.   γενομένων β γ Ald.: γινομένων α   20 αποτείνουσιν Cᵃ Aᵃpr. Gᵃpr., Eᵃ P Mᶜ n: αποκείρουσιν Gᵃcorr.: αποκτείνουσιν Q Ott.: abscidunt Guil.: recidere solent Gaza   22 αι⁽¹⁾ et αι⁽²⁾ om. β   23 τρεφομένων α (exc. Cᵃ)   24 και⁽¹⁾ om. α γ   25 φάβες Aᵃcorr. Gᵃcorr. Q β γ Ald.: φλάβες Cᵃ Aᵃpr. Gᵃpr. Guil.: φλγ lac. ες Fᵃ (scil. ex Aᵃcorr.): φλου lac. ες Xᶜ: φλουάβες Ott.: φάτται Sylb.   27 τον άρρενα πρότερον Aᵃ Gᵃ Q: τον άρρενα των θηλειών πρότερον Fᵃ Xᶜ

HISTORIA ANIMALIUM VIII(IX)

λέγουσι δέ τινες καὶ τῶν στρουθίων ἐνιαυτὸν μόνον ζῆν τοὺς
ἄρρενας, /30/ ποιούμενοι σημεῖον ὅτι τοῦ ἔαρος οὐ φαίνονται ἔχοντες /31/ εὐθὺς τὰ περὶ τὸν πώγωνα μέλανα, ὕστερον δ' ἴσχουσιν, ὡς /32/ οὐδενὸς σωζομένου τῶν προτέρων. τὰς δὲ θηλείας μακροβιωτέρας /33/ εἶναι τῶν
στρουθίων· ταύτας γὰρ ἁλίσκεσθαι ἐν τοῖς /1/ νέοις καὶ
διαδήλας εἶναι τῷ ἔχειν τὰ περὶ τὰ χείλη σκληρά. /2/ διάγουσι δ' αἱ μὲν τρυγόνες τοῦ θέρους ἐν τοῖς χειμερίοις, [τοῦ δὲ χειμῶνος ἐν τοῖς ἀλεεινοῖς,] αἱ δὲ σπίζαι τοῦ
μὲν θέρους ἐν τοῖς ἀλεεινοῖς τοῦ δὲ χειμῶνος ἐν τοῖς ψυχροῖς.

[8] οἱ δὲ βαρεῖς τῶν ὀρνίθων οὐ ποιοῦνται νεοττείας (οὐ συμφέρει γὰρ μὴ πτητικοῖς οὖσιν), οἷον ὄρτυγες καὶ πέρδικες
καὶ τἆλλα τὰ τοιαῦτα τῶν ὀρνέων· ἀλλ' ὅταν ποιήσωνται
ἐν τῷ λείῳ κονίστραν (ἐν ἄλλῳ γὰρ τόπῳ οὐθενὶ τίκτει), ἐπηλυγασάμενοι ἄκανθάν τινα καὶ ὕλην τῆς πρὸς τοὺς ἱέρακας
ἕνεκα καὶ τοὺς ἀετοὺς ἀλεώρας, ἐνταῦθα τίκτουσι καὶ ἐπωάζουσιν. ἔπειτα ἐκλέψαντες εὐθὺς ἐξάγουσι τοὺς νεοττοὺς διὰ
τὸ μὴ δύνασθαι τῇ πτήσει πορίζειν αὐτοῖς τροφήν. ἀναπαύονται δ' ὑφ' ἑαυτοὺς ἀγόμενοι τοὺς νεοττοὺς καὶ οἱ ὄρτυγες
καὶ οἱ πέρδικες ὥσπερ αἱ ἀλεκτορίδες. καὶ οὐκ ἐν τῷ αὐτῷ
τίκτουσι καὶ ἐπῳάζουσιν, ἵνα μή τις κατανοήσῃ τὸν τόπον
πλείω χρόνον προσεδρευόντων. ὅταν δέ τις θηρεύῃ περιπεσὼν
τῇ νεοττείᾳ, προκυλινδεῖται ἡ πέρδιξ τοῦ θηρεύοντος ὡς ἐπίληπτος οὖσα, καὶ ἐπισπᾶται ὡς ληψόμενον ἐφ' ἑαυτήν, ἕως
ἂν διαδράσῃ τῶν νεοττῶν ἕκαστος· μετὰ δὲ ταῦτα ἀναπτᾶ-

29 τὸν στρουθίον A^a F^a X^c   31 ἴσχασιν A^apr. G^apr.   613b1 περὶ]
παρὰ L^c Ald.   2 μὲν post τοῦ transp. m   ἐν om. α   3 τοῦ δὲ χειμῶνος ἐν τοῖς ἀλεεινοῖς om. codd. cett. Scot. Guil. Ott.: hab. L^c n Gaza Ald. edd.
πίζαι C^a   6 οἱ ... 11 ἐπωάζουσιν om. m   τὰς νεοττ. α (exc. C^a)   8
ὀρνίθων α   9 λείῳ β γ Ald. edd.: ἡλίῳ α Guil. Gaza   ἐπιλυγισάμενοι γ
(exc. L^crc. n): ἐπιλιγησάμενοι n   10 ἄκανθα P L^cpr. n   ὕλην] ἰλὺν A^a
G^apr. F^a X^c: materiam Guil.   πρὸς β Guil.: περὶ α γ Ald. edd.   11 ἀλεωρῆς α γ (exc. P^pr. L^c)   13 ἀναπαύονται ... 17 προσεδρευόντων om. m
18 νεοττίᾳ m Ald.: νεοττιᾷ edd.   προκαλινδεῖται L^cpr. n   ὁ περδ. F^a
X^c   19 περισπᾶται L^cpr.   ἐφ' ἑαυτήν om. α γ (exc. L^crc.)

σα αὐτὴ ἀνακαλεῖται πάλιν. τίκτει μὲν οὖν ᾠὰ ὁ πέρδιξ οὐκ
ἐλάττω ἢ δέκα, πολλάκις δ' ἑκκαίδεκα· ὥσπερ δ' εἴρηται,
κακόηθες τὸ ὄρνεόν ἐστι καὶ πανοῦργον. τοῦ δ' ἔαρος ἐκ τῆς
ἀγέλης ἐκκρίνονται δι' ᾠδῆς καὶ μάχης κατὰ ζεύγη μετὰ
θηλείας ἣν ἂν λάβῃ ἕκαστος. διὰ δὲ τὸ εἶναι ἀφροδισιαστι-
κοί, ὅπως μὴ ἐπῳάζῃ ἡ θήλεια, οἱ ἄρρενες τὰ ᾠὰ διακυ-
λινδοῦσι καὶ συντρίβουσιν ἐὰν εὕρωσιν· ἡ δὲ θήλεια ἀντιμη-
χανωμένη ἀποδιδράσκουσα τίκτει, καὶ πολλάκις διὰ τὸ ὀρ-
γᾶν τεκεῖν ὅπου ἂν τύχῃ ἐκβάλλει, ἂν παρῇ ὁ ἄρρην,
καὶ ὅπως σώζηται ἀθρόα οὐκ ἔρχεται πρὸς αὐτά. καὶ ἐὰν
ὑπ' ἀνθρώπου ὀφθῇ, ὥσπερ περὶ τοὺς νεοττοὺς οὕτω καὶ ἀπὸ
τῶν ᾠῶν ὑπάγει, πρὸ ποδῶν φαινομένη τοῦ ἀνθρώπου, ἕως
ἂν ἀπαγάγῃ. ὅταν δ' ἀποδρᾶσα ἐπῳάζῃ, οἱ ἄρρενες κε-
κράγασι καὶ μάχονται συνιόντες· καλοῦσι δὲ τούτους χήρους.
ὁ δ' ἡττηθεὶς μαχόμενος ἀκολουθεῖ τῷ νικήσαντι, ὑπὸ τούτου
ὀχευόμενος μόνου. ἐὰν δὲ κρατηθῇ τις ὑπὸ τοῦ δευτέρου ἢ
ὁποιουοῦν, οὗτος λάθρᾳ ὀχεύεται ὑπὸ τοῦ κρατιστεύοντος. γί-
νεται δὲ τοῦτο οὐκ ἀεὶ ἀλλὰ καθ' ὥραν τινὰ τοῦ ἔτους· καὶ ἐπὶ
τῶν ὀρτύγων ὡσαύτως. ἐνίοτε δὲ συμβαίνει τοῦτο καὶ ἐπὶ τῶν
ἀλεκτρυόνων· ἐν μὲν γὰρ τοῖς ἱεροῖς, ὅπου ἄνευ θηλειῶν ἀνά-
κεινται, τὸν ἀνατιθέμενον πάντες εὐλόγως ὀχεύουσιν. καὶ τῶν
περδίκων δ' οἱ τιθασσοὶ τοὺς ἀγρίους πέρδικας ὀχεύουσι καὶ
ἐπικορίζουσι καὶ ὑβρίζουσιν. ἐπὶ δὲ τὸν θηρευτὴν πέρδικα

21 αὐτὴ A[a]rc. F[a] X[c] edd.: αὐτῇ codd. cett. Ald.: *ipsa* Guil. Gaza: *illa* Trap.
τίκτει ... 614a35 γῆς om. m   ἡ πέρδ. L[c] n Ald. edd.   22 post δ'[(1)] add.
καὶ β   24 ἐκκρίνεται L[c]pr. Guil. (exc. Tz)   δι' ᾠδῆς] *propter partum* Guil.
25 ἂν om. F[a] X[c]   post ἀφρ. add. οἱ πέρδικες β L[c]rc. Guil. Ald.   26
ὥσπερ μὴ ἐπῳάζει C[a]   27 ἀντιμαχομένη F[a] X[c]   29 ante παρῇ add. μὴ
C[a]rc. Sn. Bk.   30 ἐὰν] ἂν α (exc. C[a])   31 ἀνθρώπων L[c]pr. n   32 ἀπ-
άγει β Ald.   τὸν ἄνθρωπον β γ (exc. L[c]) Ald.   ἕως] ὡς Ald.   33 ὑπ-
αγάγῃ α (exc. C[a]): ἀπάγῃ T[c], L[c]   ἀποδράσῃ α E[a] P K[c] M[c]   ἐπῳάζειν
α: ἐπῳάζει E[a] P K[c] M[c]   614a2 post ἀκολ. add. ὀχευόμενος α Ott.   τῷ
... τούτου om. γ (exc. L[c]rc.)   3 ὀχευομένου Q Ott.   μόνου om. Q Ott.:
μόνον E[a] n   4 ὁποιονοῦν α n: ὁποιοῦν T[c] Ald.   οὗτος om. α Dt.
ὑπὸ secl. Sn. A.-W. Dt.   κρατίσταντος n: *qui obtinuit* Guil.: κρατιστεύ-
σαντος Athen. ΙΧ.389c   7 τοῖς om. C[a]   9 δ' om. α   10 ἐπικονίζουσι
E[a]: *molestant* Guil.: *spernunt* Gaza: ἐπικορρίζουσι cj. Bochart Sn. Buss. Louis

408

HISTORIA ANIMALIUM VIII(IX)

ὠθεῖται τῶν ἀγρίων ὁ ἡγεμὼν ἀντιάσας ὡς μαχόμενος. τούτου δ' ἁλόντος ἐν ταῖς πηκταῖς πάλιν προσέρχεται ἄλλος ἀντιάσας τὸν αὐτὸν τρόπον. ἐὰν μὲν οὖν ἄρρην ᾖ ὁ θηρεύων, τοῦτο ποιοῦσιν· ἐὰν δὲ θήλεια ᾖ ἡ θηρεύουσα καὶ ᾄδουσα, ἀντιάσῃ δ' ὁ ἡγεμὼν αὐτῇ, οἱ ἄλλοι ἀθροισθέντες τύπτουσι καὶ /16/ ἀποδιώκουσιν τοῦτον ἀπὸ τῆς θηλείας, ὅτι ἐκείνῃ ἀλλ' οὐκ αὐτοῖς προσέρχεται. ὁ δὲ πολλάκις διὰ ταῦτα σιωπῇ προσέρχεται, ὅπως μὴ ἄλλος ἀκούσας τῆς φωνῆς ἔλθῃ μαχόμενος αὐτῷ. ἐνίοτε δέ φασιν οἱ ἔμπειροι τὸν ἄρρενα προσιόντα τὴν θήλειαν κατασιγάζειν, ὅπως μὴ ἀκουσάντων τῶν ἀρρένων ἀναγκασθῇ διαμάχεσθαι πρὸς αὐτούς. οὐ μόνον δ' ᾄδει ὁ πέρδιξ ἀλλὰ καὶ τριγμὸν ἀφίησι καὶ ἄλλας φωνάς. πολλάκις δὲ καὶ ἡ θήλεια ἐπῳάζουσα ἀνίσταται ὅταν τῇ θηρευούσῃ θηλείᾳ αἴσθηται προσέχοντα τὸν ἄρρενα, καὶ ἀντιάσασα ὑπομένει, ἵν' ὀχευθῇ καὶ ἀποσπάσῃ ἀπὸ τῆς θηρευούσης. οὕτω δὲ σφόδρα καὶ οἱ πέρδικες καὶ οἱ ὄρτυγες ἐπτόηνται περὶ τὴν ὀχείαν ὥστ' εἰς τοὺς θηρεύοντας ἐμπίπτουσι καὶ πολλάκις καθιζάνουσιν ἐπὶ τὰς κεφαλάς. /29/ περὶ μὲν οὖν τὴν ὀχείαν καὶ θήραν τῶν περδίκων τοιαῦτα /30/ συμβαίνει καὶ περὶ τὴν ἄλλην τοῦ ἤθους πανουργίαν. /31/ νεοττεύουσι δ' ἐπὶ τῆς γῆς, ὥσπερ εἴρηται, οἵ τε ὄρτυγες καὶ οἱ πέρδικες καὶ τῶν ἄλλων ἔνιοι τῶν πτητικῶν. ἔτι δὲ

---

11 ἀντιάσας codd. Guil. Gaza Ald.: ἀντάσας cj. Sn. edd. (cf. Ael. iv.16) μαχούμενος L^c Ald. Bk. τούτου] τοῦ β 12 ἁλόντος] cantante (viz. ἄδοντος) Guil. πυκταῖς F^a X προσέρχονται F^a X^c ἀντιάσας cett.: om. L^cpr.: ἀντάσας cj. edd. (cf. 11, 14) 13 ὁ ἀρρ. α (exc. C^a) 14 ἐὰν] εἰ β ᾖ ἡ θηρεύουσα β: ἡ θηρ. ᾖ α γ Bk. καὶ] ἡ n ἀντιάσῃ codd.: econtra cantabit Guil.: ἀντάσῃ cj. edd. (cf. 11, 12) 16 τοῦτον] post 15 τύπτουσι transp. α γ Guil. Ald. 17 προσέρχεται^(1) codd. Bk.: προσέχει cj. Schweighaeuser Sn. Dt. (cf. Athen. ix.389D) 18 τῆς φωνῆς ἀκούσας transp. α γ edd. μαχόμενος β γ Ald.: μαχούμενος α Guil. edd. 21 ὁ περδ. ᾄδει transp. E^a L^c n Ald. 23 τῇ om. L^c 24 ἀντιάσασα codd. Ald. Sn.: ἀντάσασα cj. Bk. Dt. (cf. Plin. x.51.102) 25 ἀποσπασθῇ α γ (exc. L^crc.) 26 αἱ περδ. G^a Q οἱ ὀρτ. κ. οἱ περδ. transp. F^a X^c 29 ὀχείαν] θηλείαν E^a P K^c M^c ὀχείαν καὶ om. L^cpr. n καὶ θήραν om. α Guil. 32 post τῶν^(1) add. μὴ G^arc. Q, O^crc., Guil. Gaza Dt. 33 κόρυδνος C^a Guil. (Tz): κορίανος α (exc. C^a) Ott.

τῶν τοιούτων ὁ μὲν κόρυδος καὶ ὁ σκολόπαξ καὶ ὄρτυξ ἐπὶ δένδρου οὐ καθίζουσιν ἀλλ' ἐπὶ τῆς γῆς. [9] ὁ δὲ δρυοκολάπτης οὐ καθίζει ἐπὶ τῆς γῆς. κόπτει δὲ τὰς δρῦς τῶν σκωλήκων καὶ σκνιπῶν ἕνεκεν, ἵν' ἐξίωσιν. ἀναλέγεται γὰρ ἐξελθόντας αὐτοὺς τῇ γλώττῃ· πλατεῖαν δ' ἔχει καὶ μεγάλην. καὶ πορεύεται ἐπὶ τοῖς δένδρεσι πάντα τρόπον ταχέως, καὶ ὕπτιος, καθάπερ οἱ ἀσκαλαβῶται. ἔχει δὲ καὶ τοὺς ὄνυχας βελτίους τῶν κολοιῶν πεφυκότας πρὸς τὴν ἀσφάλειαν τῆς ἐπὶ τοῖς δένδρεσιν ἐφεδρείας· τούτους γὰρ ἐμπηγνὺς πορεύεται. ἔστι δὲ τῶν δρυοκολαπτῶν ἓν μὲν γένος ἔλαττον τοῦ κοττύφου, ἔχει δ' ὑπέρυθρα μικρά, ἕτερον δὲ γένος μεῖζον ἢ κόττυφος. τὸ δὲ τρίτον γένος αὐτῶν οὐ πολλῷ ἔλαττόν ἐστιν ἀλεκτορίδος θηλείας. νεοττεύει δ' ἐπὶ τῶν δένδρων, ὥσπερ εἴρηται, ἐν ἄλλοις τε τῶν δένδρων καὶ ἐν ἐλαίαις. βόσκεται δὲ τούς τε μύρμηκας καὶ τοὺς σκώληκας τοὺς ἐκ τῶν δένδρων. θηρεύοντα δὲ τοὺς σκώληκας οὕτω σφόδρα φασὶ κοιλαίνειν ὥστε καταβάλλειν τὰ δένδρα. καὶ τιθασσευόμενος δὲ ἤδη τις ἀμύγδαλον εἰς ῥωγμὴν ξύλου ἐνθείς, ὅπως ἐναρμοσθὲν ὑπομείνειεν αὐτοῦ τὴν πληγήν, ἐν τῇ τρίτῃ πληγῇ διέκοψε καὶ κατήσθιε τὸ μαλακόν.

[10] φρόνιμα δὲ πολλὰ καὶ περὶ τὰς γεράνους δοκεῖ συμβαίνειν. ἐκτοπίζουσί τε γὰρ μακράν, καὶ εἰς ὕψος αἴρονται πρὸς τὸ καθορᾶν τὰ πόρρω, καὶ ἐὰν ἴδωσι νέφη καὶ χειμέρια καταπτᾶσαι ἡσυχάζουσιν. ἔτι δὲ τὸ ἔχειν ἡγε-

34 τῇ γῇ α   ὁ ... **35** γῆς om. γ (exc. L^crc.)   **35** τῇ γῇ α   post δρῦς add. ὁ δρυοκολάπτης γ (exc. L^c)   **614b1** κνιπῶν G^a Q, E^a P K^c n   **2** πλατεῖαν ... **13** σκώληκας om. m   **3** ταχέως post δένδρεσι transp. α γ   **5** βελτίους codd.: adhuc (viz. ἔτι) meliores Guil.   κολειῶν G^a Q   **6** ἐπὶ ... ἐφεδρείας] περὶ τῆς δένδροις ἐφεδρείοις A^a: περὶ τοῖς δένδροις ἐφεδρίοις G^a Q: περὶ τοῖς δένδροις ἐφεδρείας F^a X^c   **8** ὑπέρθυρα E^a P K^c M^c n   **9** γένος om. α γ   **13** θηρεύονται C^a A^apr., P K^c M^c: θηρεύοντας A^acorr. G^a Q F^a X^c   οὕτω δὲ σφόδρα resum. m usque ad 614b30   **15** τις ἤδη transp. α γ   Bk.   ῥωγμὸν A^arc. F^a X^c, m   **16** τῇ om. L^c Ald.   **17** τὸ μαλακόν] αὐτοῦ τὸ ἁπαλόν A^arc. F^a X^c, m, Ott. Camot.: quod molle Guil.: nucleum Gaza   **19** εἰς om. C^a A^apr. G^a Q γ (exc. L^crc. m)   ὕψους Prc.   αἴρονται β Ott.: πέτονται α γ Guil. Ald. Bk.   **20** τὰ om. L^cpr.   ἴδωσιν ἔφη T^c   καὶ^(2) om. E^a L^c n   **21** τό] τῷ m

μόνα τε καὶ τοὺς ἐπισυρίττοντας ἐν τοῖς ἐσχάτοις ὥστε ἀκούεσθαι τὴν φωνήν. ὅταν δὲ καθίζωνται, αἱ μὲν ἄλλαι ὑπὸ τῇ πτέρυγι τὴν κεφαλὴν ἔχουσαι καθεύδουσιν ἐπὶ ἑνὸς ποδὸς ἐναλλάξ, ὁ δ' ἡγεμὼν γυμνὴν ἔχων τὴν κεφαλὴν προορᾷ, καὶ ὅταν αἴσθηταί τι σημαίνει βοῶν.

οἱ δὲ πελεκᾶνες οἱ ἐν τοῖς ποταμοῖς γινόμενοι καταπίνουσι τὰς μεγάλας κόγχας καὶ λείας· ὅταν δ' ἐν τῷ πρὸ τῆς κοιλίας τόπῳ πέψωσιν ἐξεμοῦσιν, ἵνα χασκουσῶν τὰ κρέα ἐξαιροῦντες ἐσθίωσιν.

[11] τῶν δ' ἀγρίων ὀρνέων αἵ τ' οἰκήσεις μεμηχάνηνται πρὸς τοὺς βίους καὶ τὰς σωτηρίας τῶν τέκνων. εἰσὶ δ' οἱ μὲν εὔτεκνοι αὐτῶν καὶ ἐπιμελεῖς τῶν τέκνων οἱ δὲ τοὐναντίον, καὶ οἱ μὲν εὐμήχανοι πρὸς τὸν βίον οἱ δ' ἀμηχανώτεροι. τὰς δ' οἰκήσεις οἱ μὲν περὶ τὰς χαράδρας οἱ δὲ χηραμοὺς ποιοῦνται καὶ πέτρας, οἷον ὁ καλούμενος χαραδριός· ἔστι δ' ὁ χαραδριὸς καὶ τὴν χρόαν καὶ τὴν φωνὴν φαῦλος, φαίνεται δὲ νύκτωρ, ἡμέρας δ' ἀποδιδράσκει. ἐν ἀποτόμοις δὲ καὶ ὁ ἱέραξ νεοττεύει· ὠμοφάγος δ' ὤν, ὧν ἂν κρατήσῃ ὀρνέων τὴν καρδίαν οὐ κατεσθίει· καὶ τοῦτό τινες ἑωράκασι καὶ ἐπ' ὄρτυγος καὶ ἐπὶ κίχλης καὶ ἕτεροι ἐφ' ἑτέρων. ἔτι δὲ καὶ περὶ τὸ θηρεύειν μεταβάλλουσιν· οὐ γὰρ ἁρπάζουσιν ὁμοίως τοῦ θέρους. γυπὸς δὲ λέγεται ὑπό τινων ὡς οὐδεὶς

22 τε om. Cᵃ, Lᶜpr. n   23 ἀκούεσθαι β Ald.: κατακουέσθαι α γ   δὲ om. α (exc. Cᵃ)   24 ἔχουσαι ... 25 κεφαλὴν om. Aᵃpr. Gᵃpr.: κοιμῶνται· καὶ ἐν ἑνὶ ποδὶ ἀμοιβηδόν· ὁ δὲ ἡγεμὼν γυμνὴν ἔχων τὴν κεφαλὴν Gᵃrc. Q Ott.: erit rector elevans suum caput aspiciens a remotis et si viderit hominem vociferabit Scot.: dormiunt, et in uno pede vicissim, dux autem nudum habens caput Guil.: et in uno pede stantes vicissim dormiunt, dux vero nudo capite Trap.: dormiunt alternis pedibus insistentes Gaza   26 προορῶν Cᵃ Aᵃpr. Gᵃ Q: providens Guil.: prospiciens Trap.: prospicit Gaza   καὶ ὅταν] ὅπερ Gᵃcorr.: om. Q Guil: si Trap.: quod Gaza   τι om. α γ (exc. Lᶜrc.): quid Guil. (Tz): quod Guil. (cett.) Gaza   29 πέμψωσιν Lᶜ n Ald.   30 ἐσθίουσι Aᵃ Gᵃ Q: ut ... comedant Guil.: et sic ... devorant Trap. 31 τῶν ... 615a16 ὠδικός om. m   ἀγρίων] ἀγελαίων n   35 οἱ δὲ β Lᶜcorr. Ald.: καὶ α γ (exc. Lᶜcorr.) Cs. Bk.: aut Guil.: hee autem Guil.: οἱ δὲ περὶ cj. Sylb. Dt.   615a1 πέτραις α   ἔστι ... 2 χαραδριὸς om. P n   2 χροιὰν Cᵃ   3 δ'⁽²⁾ om. Eᵃ   7 ἁρπάζουσιν ὁμοίως] ὁμοίως παίζουσι Kᶜ 8 post θέρους add. καὶ τοῦ χειμῶνος cj. Camot. Cs. Sn.: quod venantur in estate est diversum ab eo quod venantur in hyeme Scot.: et aliam (sc. praedam) in hyeme Alb.

ἑώρακεν νεοττὸν ἢ νεοττείαν· ἀλλὰ διὰ τοῦτο ἔφη Ἡρόδωρος ὁ Βρύσωνος τοῦ σοφιστοῦ πατὴρ ἀπό τινος αὐτὸν ἑτέρας εἶναι μετεώρου γῆς, τεκμήριον τοῦτο λέγων καὶ τὸ φαίνεσθαι ταχὺ πολλούς, ὅθεν δὲ μηδενὶ εἶναι δῆλον. τούτου δ' αἴτιον ὅτι τίκτει ἐν πέτραις ἀπροσβάτοις· ἔστι δ' οὐδὲ πολλαχοῦ ἐπιχώριος ὁ ὄρνις. τίκτει δ' ἓν ᾠὸν ἢ δύο τὰ πλεῖστα. ἔνιοι δὲ τῶν ὀρνίθων ἐν τοῖς ὄρεσι καὶ τῇ ὕλῃ κατοικοῦσιν, οἷον ἔποψ καὶ βρίνθος· οὗτος δ' ὁ ὄρνις εὐβίοτος καὶ ᾠδικός. ὁ δὲ τροχίλος λόχμας καὶ τρώγλας οἰκεῖ· δυσάλωτος δὲ καὶ δραπέτης καὶ τὸ ἦθος ἀσθενής, εὐβίοτος δὲ καὶ τεχνικός. καλεῖται δὲ πρέσβυς καὶ βασιλεύς· διὸ καὶ τὸν ἀετὸν αὐτῷ φασι πολεμεῖν.

[12] εἰσὶ δέ τινες οἳ περὶ τὴν θάλατταν βιοῦσιν, οἷον κίγκλος. ἔστι δὲ τὸ ἦθος ὁ κίγκλος πανοῦργος καὶ δυσθήρατος, ὅταν δὲ ληφθῇ τιθασσότατος. τυγχάνει δ' ὢν καὶ ἀνάπηρος· ἀκρατὴς γὰρ τῶν ὄπισθέν ἐστιν.

ζῶσι δὲ περὶ θάλατταν καὶ ποταμοὺς καὶ λίμνας οἱ μὲν στεγανόποδες ἅπαντες· ἡ γὰρ φύσις αὕτη ζητεῖ τὸ πρόσφορον· πολλοὶ δὲ καὶ τῶν σχιζοπόδων περὶ τὰ ὕδατα καὶ τὰ ἕλη βιοτεύουσιν, οἷον ἄνθος παρὰ τοὺς ποταμούς· ἔχει

9 ἑώρακεν νεοττὸν ἢ νεοττείαν β: ἑώρακεν οὔτε νε. οὔτε νε. α γ Guil. Ald. ἔφη om. L[c] n Gaza Ald.: inquit Guil. ἡρώδωρος γ Ald.: daiosonioz sophista Scot.: sophistam Chaysomes vocatum Alb. 10 post ὁ add. τοῦ L[c] Ald. βρύσσωνος α: brissonis Guil. αὐτοὺς G[a] Q F[a] X[c]: ipsum Guil.: ipsos Trap. 11 post γῆς add. ἔλεγεν L[c] Ald.: dixit Gaza 12 δὲ[(1)]] δὴ P: om. α T[c]: autem Guil. 13 αἴτιος P ἀπροσβάτως A[a] G[a]pr.: inaccessibilibus Guil. Trap. 14 ὁ om. α (exc. G[a]rc. Q) P 16 ἔποψος A[a] F[a]pr. βρίνθος G[a] β P K[c] M[c] L[c]rc. Ald.: βρένθος α (exc. G[a]), E[a] L[c] m n Guil. εὐβίωτος α P n 17 καὶ post τροχίλος add. α γ Ald. δυσάλωτος G[a]rc. Q, E[a] L[c]pr. n, Trap. Gaza Ald.: δύσαλος cett. Guil. 18 ἀσθενές P εὐβίωτος α E[a]rc. P 20 εἰσὶ ... 28 εὐβίοτον om. m οἵ τινες οἳ n 21 θάλατταν om. A[a]pr.: θάλασσαν G[a] Q β P post οἷον add. ὁ L[c]rc. κίγχλος[(1)] C[a]: κίχλος α (exc. C[a]) P K[c] M[c]: κόχλος E[a] L[c] n ἔστι ... κίγκλος[(2)] om. α γ (exc. L[c]rc.) Guil. (Tz ante corr.) 22 τιθασσώτατος α: τιθασσότατος β: τιθασσώτατος P K[c] 23 ἀνάπειρος A[a]pr. G[a]pr. Q F[a] X[c] 24 τὴν θαλ. α (exc. C[a]) 25 post ἡ add. μὲν K[c] Guil. γὰρ] δὲ E[a] L[c] n αὕτη β γ (exc. L[c]) Ald.: αὐτῇ C[a]: om. Guil. 26 καὶ om. α (exc. C[a]) 27 ἄνθους γ (exc. L[c]) παρὰ] περὶ α (exc. C[a]) L[c]pr. Ald. Bk.

HISTORIA ANIMALIUM VIII(IX)

δὲ τὴν χρόαν καλὴν καὶ ἔστιν εὐβίοτον. ὁ δὲ καταρράκτης ζῇ μὲν περὶ θάλατταν, ὅταν δὲ καθῇ αὑτὸν εἰς τὸ βαθὺ μένει χρόνον οὐκ ἐλάττονα ἢ ὅσον πλέθρον διέλθοι τις· ἔστι δ' ἔλαττον ἱέρακος τὸ ὄρνεον. καὶ οἱ κύκνοι δ' εἰσὶ μὲν τῶν στεγανοπόδων, καὶ βιοτεύουσι δὲ περὶ λίμνας καὶ ἕλη, εὐβίοτοι δὲ καὶ εὐήθεις καὶ εὔτεκνοι καὶ εὔγηροι· καὶ τὸν ἀετὸν ἐὰν ἄρξηται ἀμυνόμενοι νικῶσιν, αὐτοὶ δ' οὐκ ἄρχουσι μάχης. ᾠδικοὶ δέ, καὶ περὶ τὰς τελευτὰς μάλιστα ᾄδουσιν· ἀναπέτονται γὰρ καὶ εἰς τὸ πέλαγος, καί τινες ἤδη πλέοντες παρὰ τὴν Λιβύην περιέτυχον ἐν τῇ θαλάττῃ πολλοῖς ᾄδουσι φωνῇ γοώδει, καὶ τούτων ἑώρων ἀποθνήσκοντας ἐνίους.

ἡ δὲ κύμινδις ὀλιγάκις μὲν φαίνεται (οἰκεῖ γὰρ ὄρη), ἔστι δὲ μέλας καὶ μέγεθος ὅσον ἱέραξ ὁ φασσοφώνος καλούμενος, καὶ τὴν ἰδέαν μακρὸς καὶ λεπτός. κύμινδιν δὲ καλοῦσιν Ἴωνες αὐτόν· ἧς καὶ Ὅμηρος μέμνηται ἐν τῇ Ἰλιάδι εἰπὼν "χαλκίδα κικλήσκουσι θεοί ἄνδρες δὲ κύμινδιν". ἡ δ' ὕβρις, φασὶ δέ τινες εἶναι τὸν αὐτὸν τοῦτον ὄρνιθα τῷ πτυγγί, οὗτος ἡμέρας μὲν οὐ φαίνεται διὰ τὸ μὴ βλέπειν ὀξύ, τὰς δὲ

28 εὐβίωτον Cᵃ Fᵃ Xᶜ, Eᵃrc. P: εὐβοίωτον Aᵃ Gᵃ Q ὁ κατ. (om. δὲ) resum. m καταράκτης α P Mᶜ mpr. n Guil.: καταράκτος Eᵃ Kᶜ 29 περὶ β γ: πρὸς α δὲ om. Eᵃ P Kᶜ 30 ἢ ὅσον] εἰς ὂν Cᵃ Aᵃpr. Gᵃpr.: ἢ εἰς ὂν Gᵃrc. Q Ott.: quam in quanto Guil. 31 τὸ ὄρνεον ... 33 εὔγηροι om. m δ' om. Fᵃ Xᶜ 32 δὲ β: om. α γ Ald. 33 ὁ κύκνος τὸν ἀετὸν ἐὰν resum. m 615b1 ἄρξωνται Ppr. Guil. ἀμύνειν νικᾷ m δ' om. Eᵃ n 2 ἀναπέτονται ... 5 ἐνίους om. m 3 γὰρ om. Oᶜ Tᶜ 4 παρὰ] περὶ α (exc. Cᵃ) πολλοῖς om. n 5 ἡ δὲ κύμινδις Cᵃ Aᵃrc. Fᵃ Xᶜ, Lᶜpr. m, Guil. Trap. Bk.: ἢ κύβινδες Aᵃpr.: ἡ δὲ κυβινδὶς Gᵃ Q, β (exc. Oᶜ Tᶜ), γ (exc. Lᶜpr. m), Ott.: ἡ δὲ χαλκὶς Oᶜ Tᶜ Gaza Ald. 6 μέλαν α γ (exc. Lᶜ) Bk. 7 ὁ post φασ. transp. α γ (exc. Lᶜ) φασσοφώνος β (exc. Oᶜ Tᶜ) γ: φασσοφόνος α Oᶜ Tᶜ: φασσήφονος Ald. 8 λεπτός Gᵃ Q, Oᶜcorr. Tᶜ, Guil. Gaza edd.: λευκός cett. Ald.: om. Trap. κύμινδιν Cᵃ, Oᶜ Tᶜ, Lᶜpr. m, Guil. Gaza Ald.: κύβιν Aᵃ Gᵃ Q: κύμιν Fᵃ Xᶜ: κύβινδιν β (exc. Oᶜ Tᶜ), Eᵃ P Mᶜ Lᶜrc. n: κυβινδὴν Kᶜ: cymin Trap. post. καλ. add. οἱ Fᵃ Xᶜ, m ἰόντες Ppr. 9 αὐτήν Lᶜ m Ald. Bk. 10 post χαλ. add. μὲν β post δε⁽¹⁾ add. τε m κύβινδιν Aᵃpr. Gᵃ Q, β (exc. Oᶜ Tᶜ), Eᵃ P Mᶜ Lᶜrc.: κυβινδήν Kᶜ: κίβινδιν n ἡ δ' ὕβρις om. Oᶜrc. Lᶜpr. mrc. Gaza (cf. Plin. x.10.24) 11 τὸν αὐτὸν εἶναι transp. α (exc. Cᵃ) τῷ] τῇ Kᶜ πτυγγί β Lᶜrc. Gaza Ald.: πωγί Cᵃ Aᵃpr. Gᵃ Q Guil. Trap.: πτογγί Aᵃrc. γ (exc. Lᶜrc.): πτόγγιγι Fᵃ Xᶜ 12 μὲν om. m

νύκτας θηρεύει ὥσπερ οἱ ἀετοί· καὶ μάχονται δὲ πρὸς τὸν
ἀετὸν οὕτω σφόδρα ὥστ' ἄμφω λαμβάνεσθαι πολλάκις ζῶντας ὑπὸ τῶν νομέων. τίκτει μὲν οὖν δύο ᾠά, νεοττεύει δὲ
καὶ οὗτος ἐν πέτραις καὶ σπηλαίοις. μάχιμοι δὲ καὶ αἱ γέρανοί εἰσι πρὸς ἀλλήλας οὕτω σφόδρα ὥστε καὶ λαμβάνεσθαι μαχομένας· ὑπομένουσι γάρ. τίκτει δὲ καὶ γέρανος δύο
ᾠά.

[13] ἡ δὲ κίττα φωνὰς μὲν μεταβάλλει πλείστας (καθ'
ἑκάστην γὰρ ὡς εἰπεῖν ἡμέραν ἄλλην ἀφίησι), τίκτει δὲ
περὶ ἐννέα ᾠά, ποιεῖται δὲ τὴν νεοττείαν ἐπὶ τῶν δένδρων ἐκ
τριχῶν καὶ ἐρίων· ὅταν δ' ὑπολείπωσιν αἱ βάλανοι ἀποκρύπτουσα ταμιεύεται. περὶ μὲν οὖν τῶν πελαργῶν, ὅτι ἀντεκτρέφονται θρυλεῖται παρὰ πολλοῖς· φασὶ δέ τινες καὶ
τοὺς μέροπας ταὐτὸ τοῦτο ποιεῖν, καὶ ἀντεκτρέφεσθαι ὑπὸ
τῶν ἐκγόνων οὐ μόνον γηράσκοντας ἀλλὰ καὶ εὐθὺς ὅταν
οἷοί τ' ὦσιν· τὸν δὲ πατέρα καὶ τὴν μητέρα μένειν ἔνδον. ἡ
δ' ἰδέα τοῦ ὄρνιθος τῶν πτερῶν ἐστι τὰ μὲν ὑποκάτω ὠχρόν,
τὰ δὲ ἐπάνω ὥσπερ τῆς ἀλκυόνος κυάνεον, τὰ δ' ἐπ' ἄκρων
τῶν πτερυγίων ἐρυθρά. τίκτει δὲ περὶ ἓξ ἢ ἑπτὰ ὑπὸ τὴν
ὀπώραν, ἐν τοῖς κρημνοῖς τοῖς μαλακοῖς· εἰσδύεται δ' εἴσω
καὶ τέτταρας πήχεις. ἡ δὲ καλουμένη χλωρὶς διὰ τὸ τὰ
κάτω ἔχειν ὠχρά, ἔστι μὲν ἡλίκον κόρυδος, τίκτει δ' ᾠὰ τέτταρα ἢ πέντε, τὴν δὲ νεοττείαν ποιεῖται μὲν ἐκ τοῦ συμφύτου

14 οὗτος A[a]pr. G[a]pr.   πολλ. λαμβ. transp. γ Ald.   16 καὶ[(1)] om. m
μάχιμον α: μαχόμεναι L[c]pr. n   οἱ γερ. C[a] β P   17 ἀλλήλους C[a], T[c], n
οὕτω... 19 ᾠά om. m   18 καὶ om. α γ Bk.   19 μὲν om. C[a], m   20
γὰρ] δὲ F[a] X[c]   τὴν ἡμέραν m   δὲ om. E[a] n   21 ποιεῖ G[a] Q   ποιεῖται... 23 ταμιεύεται om. m   22 ὑπολείπωσιν β n: ὑπολίπωσιν cett.
edd.: diminuuntur Scot.: cedunt Alb.: defecerint Guil.: deficiant Trap. Gaza
βέλανοι G[a] Q   23 οὖν om. α (exc. C[a])   ἐκτρέφονται C[a] A[a]pr. G[a] Q:
add. παρὰ τῶν τέκνων ἅπερ ἐξέθρεψαν πρότερον G[a]rc. Q Ott.: enutriuntur
Guil.: a filiolis quos educaverunt nutriuntur Trap.: invicem educare Gaza   24 θρυλεῖται C[a] A[a], E[a]corr. K[c], edd.: θρυλλεῖται cett. Ald.   26 ἐγγόνων α γ (exc.
E[a]corr. L[c])   28 πετρῶν G[a]pr. Q[c]pr.: πτερυγίων G[a]rc. Q[rc].: πτερυγίον τῶν
πετρῶν Ott.: alarum Guil.   29 post ὥσπερ add. τὸ β Guil.   30 τίκτει
... 616a12 κινάμωμον om. m   ὑπὸ] ὑπὲρ L[c] Ald.   31 ἔσω β   32 τὰ
om. α P   33 ἔστι μὲν] μὲν ἔστι δ' α   κόρυνδος α Guil.

ἕλκουσα πρόρριζον, στρώματα δ' ὑποβάλλει τρίχας καὶ ἔρια. ταὐτὰ δὲ τούτῳ ποιεῖ καὶ ὁ κόττυφος καὶ ἡ κίττα, καὶ τὰ ἐντὸς τῆς νεοττείας ἐκ τούτων ποιοῦνται. τεχνικῶς δὲ καὶ ἡ τῆς ἀκανθυλίδος ἔχει νεοττεία· πέπλεκται γὰρ ὥσπερ σφαῖρα λινῆ, ἔχουσα τὴν εἴσδυσιν μικράν. φασὶ δὲ καὶ τὸ κινάμωμον ὄρνεον εἶναι οἱ ἐκ τῶν τόπων ἐκείνων, καὶ τὸ καλούμενον κινάμωμον φέρειν ποθὲν τοῦτο τὸ ὄρνεον, καὶ τὴν νεοττείαν ἐξ αὐτοῦ ποιεῖσθαι. νεοττεύει δ' ἐφ' ὑψηλῶν δένδρων καὶ ἐν τοῖς θαλλοῖς τῶν δένδρων· ἀλλὰ τοὺς ἐγχωρίους μόλιβδον πρὸς τοῖς ὀϊστοῖς προσαρτῶντας τοξεύοντας καταβάλλειν, καὶ οὕτω συνάγειν ἐκ τοῦ φορυτοῦ τὸ κινάμωμον.

[14] ἡ δ' ἀλκυὼν ἔστι μὲν οὐ πολλῷ μείζων στρουθοῦ, τὸ δὲ χρῶμα καὶ κυανοῦν ἔχει καὶ χλωρὸν καὶ ὑποπόρφυρον· μεμιγμένως δὲ τοιοῦτον τὸ σῶμα πᾶν καὶ αἱ πτέρυγες καὶ τὰ περὶ τὸν τράχηλον, οὐ χωρὶς ἕκαστον τῶν χρωμάτων· τὸ δὲ ῥύγχος ὑπόχλωρον μέν, μακρὸν δὲ καὶ λεπτόν. τὸ μὲν οὖν εἶδος ἔχει τοιοῦτον, ἡ δὲ νεοττεία παρομοία ταῖς σφαίραις ταῖς θαλαττίαις ἐστὶ καὶ ταῖς καλουμέναις ἁλοσάχναις πλὴν τοῦ χρώματος· τὴν δὲ χρόαν ὑπόπυρον ἔχουσιν, τὸ δὲ σχῆμα παραπλήσιον ταῖς σικύαις ταῖς ἐχούσαις τοὺς τραχήλους μακρούς. τὸ δὲ μέγεθος αὐτῶν ἐστι τῆς μεγίστης σπογγιᾶς μεῖζον· εἰσὶ γὰρ καὶ μείζους καὶ ἐλάττους·

616a2 ἕλους γ (exc. L°rc.)   πρόριζον Cᵃ: ἀπρόσριζον γ (exc. L°rc.) Ald.: πρόσριζον Bk.   3 ταὐτὰ δ' τούτῳ β: ταὐτὸ δὲ τοῦτο α γ Ald.   ἡ κίττα β γ Ald. edd.: ἥκιστα Cᵃ Aᵃ Fᵃ Xᶜ: ἡ κίσσα Gᵃ Q: kissa, scilicet pica Guil.: pica Gaza   4 ἐκτὸς Cᵃ   5 ἀκανθυλίδος β Eᵃ Lᶜ n Ald.: ἀκανθιλλίδνος Cᵃ: ἀκανθιλίδος α (exc. Cᵃ): ἀκανθυλλίδος P Kᶜ Mᶜ edd.: acanthillidni Guil. πλέκεται P   6 καὶ om. Gᵃ Q   τὸ] τῶ n   κινάμωμον] κιννάμωμον Cᵃ, R°rc., Gaza edd.   7 ὄρνεον ... 8 κινάμωμον om. α γ (exc. L°rc.) Guil. Trap. Ott.   8 κινάμωμον β L°rc. Ald.: κιννάμωμον Gaza Ald. edd.   9 ὑψήλου δένδρου Lᶜ Ald.   10 ἐν] ἐπὶ α (exc. Cᵃ)   θαλοῖς α Tᶜ Vᶜ   11 μόλυβδον Lᶜ n Ald. edd.   ἐξαρτῶντας α (exc. Cᵃ)   12 τὸ] τὸν Kᶜ Mᶜ κινάμωμον α (exc. Cᵃ Aᵃ) β γ Guil. Ald.: κιννάμωμον Cᵃ Aᵃ edd.   14 ἀλκυών] ἀλκυὼν nonn.   18 ὑπόχλορον Aᵃ Gᵃ Q   μικρὸν L°pr.   τὸ ... 19 τοιοῦτον om. m   19 post νεοτ. add. αὐτῆς m   20 ἐστὶ om. m Guil.   ἁλὸς ἄχναις α   21 ὑπόπυρον Kᶜ Lᶜ n Ald.   23 αὐτῆς m   24 σπογγείας Cᵃ Gᵃpr.: σπογγίας Aᵃ Gᵃcorr. Q Fᵃ Xᶜ, L°pr.   μεῖζον] μείζων m καὶ⁽¹⁾ om. Lᶜ n Ald.

κατάστεγοι δέ, καὶ τὸ στερεὸν ἔχουσι συχνὸν καὶ τὸ κοῖλον. καὶ κόπτοντι μὲν σιδηρίῳ ὀξεῖ οὐ ταχὺ διακόπτεται, ἅμα δὲ κόπτοντι καὶ ταῖς χερσὶ θραύοντι ταχὺ διαθραύεται, ὥσπερ ἡ ἁλοσάχνη. τὸ δὲ στόμα στενὸν ὅσον εἴσδυσιν μικράν, ὥστ᾽ οὐδ᾽ ἂν ἀνατραπῇ ἡ θάλαττα οὐκ εἰσέρχεται. τὰ δὲ κοῖλα παραπλήσια ἔχει τοῖς τῶν σπόγγων. ἀπορεῖται δ᾽ ἐκ τίνος συντίθησι τὴν νεοττείαν, δοκεῖ δὲ μάλιστα ἐκ τῶν ἀκανθῶν τῆς βελόνης· ζῇ γὰρ ἰχθυοφαγοῦσα. ἀναβαίνει δὲ καὶ ἐπὶ τοὺς ποταμούς. τίκτει δὲ περὶ πέντε μάλιστα ᾠά. λοχεύεται δὲ διὰ βίου, ἄρχεται δὲ τετράμηνος.

[15] ὁ δ᾽ ἔποψ τὴν νεοττείαν μάλιστα ποιεῖται ἐκ τῆς ἀνθρωπίνης κόπρου. τὴν δ᾽ ἰδέαν μεταβάλλει τοῦ θέρους καὶ τοῦ χειμῶνος, ὥσπερ καὶ τῶν ἄλλων ἀγρίων τὰ πλεῖστα. ὁ δ᾽ αἰγίθαλος τίκτει μὲν ᾠὰ πλεῖστα, ὥς φασιν. ἔνιοι δὲ καὶ τὸν μελαγκόρυφον καλούμενόν φασι πλεῖστα τίκτειν μετά γε τὸν ἐν Λιβύῃ στρουθόν· ἑώραται μὲν γὰρ καὶ ἑπτακαίδεκα, τίκτει μέντοι καὶ πλείω ἢ εἴκοσιν. τίκτει δ᾽ ἀεὶ περιττά, ὥς φασιν. νεοττεύει δὲ καὶ οὗτος ἐν τοῖς δένδρεσι, καὶ βόσκεται τοὺς σκώληκας. ἴδιον δὲ τοῦτο καὶ ἀηδόνι παρὰ τοὺς ἄλλους ὄρνιθας τὸ μὴ ἔχειν τῆς γλώττης τὸ ὀξύ. ὁ δ᾽ αἰγίοθος εὐβίοτος καὶ πολύτεκνος, τὸν δὲ πόδα χωλός ἐστιν. χλωρίων δὲ μαθεῖν μὲν ἀγαθὸς καὶ βιομήχανος, κακοπέτης δὲ καὶ χρόαν ἔχει μοχθηράν.

[16] ἡ δ᾽ ἐλέα ὥσπερ ἄλ-

26 τῷ κόπτοντι Aᵃ Gᵃ Q: κόπτουσι n σιδηρείῳ α ταχεῖ Aᵃ **27** διαθραύεται β Bk.: θραύονται α γ (exc. διαθραύονται Lᶜʳᶜ.): διαθραύενται Ald. **28** ἁλὸς ἄχνη α **29** ἂν om. Cᵃ Aᵃpr. Gᵃpr. ἀναπῆ Fᵃ Xᶜ τὰ ... 30 σπόγγων om. m **32** ἀναβαίνει ... 34 τετράμηνος om. m **33** ἐπὶ β Lᶜʳᶜ. Ald.: ἀνὰ α γ Bk. **35** ἔποψ P Kᶜ μάλιστα om. m **616b1** τὴν ... 617b23 ἐσθίεται δέ om. m **3** αἰγίθαλος P **4** μελανκόρυφον α (exc. Cᵃ) **5** τὴν α (exc. Cᵃ) μὲν γὰρ] δὲ α (exc. Cᵃ) **6** καὶ om. α γ (exc. Lᶜʳᶜ.) ἢ om. α δ᾽ ἀεὶ] δὲ καὶ α περιστερὰ Aᵃ Gᵃpr. Fᵃ Xᶜ: imparia Guil. **8** τοῦτο α (exc. Gᵃʳᶜ. Q) β Lᶜ Ald: τούτῳ Gᵃʳᶜ. Q, Eᵃ P Kᶜ Mᶜ n, Guil. Trap. Bk. παρὰ] περὶ Cᵃ Aᵃpr. Gᵃ Q **9** τὰς ἄλλας Cᵃ, Eᵃ Lᶜpr. n τὸ⁽¹⁾] τῷ Cᵃ Aᵃ Gᵃ Q **10** αἰγίοθος β Eᵃ P Kᶜ Mᶜ Lᶜʳᶜ. Ald.: αἴγιθος α: αἰγίθαλος Lᶜpr. n: egithus Guil. οὐ βιοτὸς Cᵃ Aᵃpr.: εὐβίωτος Fᵃ Xᶜ: non vitalis Guil. χωλός] χλωρός Fᵃ Xᶜ, P: pedes citrinos Scot. Alb.: viridis Guil.: claudus Trap. Gaza **12** ἐλαία α Lᶜ n ἄλλη Lᶜ n Ald.

HISTORIA ANIMALIUM VIII(IX)   616b

λος τις τῶν ὀρνίθων εὐβίοτος, καὶ καθίζει θέρους μὲν ἐν προσηνέμῳ καὶ σκιᾷ, χειμῶνος δ' ἐν εὐηλίῳ καὶ ἐπισκεπεῖ ἐπὶ τῶν δονάκων περὶ τὰ ἕλη. ἔστι δὲ τὸ μὲν μέγεθος βραχύς, φωνὴν δ' ἔχει ἀγαθήν. καὶ ὁ γνάφαλος καλούμενος τήν τε φωνὴν ἔχει ἀγαθὴν καὶ τὸ χρῶμα καλὸς καὶ βιομήχανος, καὶ τὸ εἶδος εὐπρεπής. δοκεῖ δ' εἶναι ξενικὸς ὄρνις· ὀλιγάκις γὰρ φαίνεται ἐν τοῖς μὴ οἰκείοις τόποις.

[17] ἡ δὲ κρὲξ τὸ μὲν ἦθος μάχιμος, τὴν δὲ διάνοιαν εὐμήχανος πρὸς τὸν βίον, ἄλλως δὲ κακόποτμος ὄρνις. ἡ δὲ καλουμένη σίππη τὸ μὲν ἦθος μάχιμος, τὴν δὲ διάνοιαν εὔθικτος καὶ εὐθήμων καὶ εὐβίοτος, καὶ λέγεται φαρμάκεια εἶναι διὰ τὸ πολύιδρις εἶναι· πολύγονος δὲ καὶ εὔτεκνος, καὶ ζῇ ὑλοκοποῦσα. αἰγωλιὸς δ' ἐστὶ νυκτινόμος καὶ ἡμέρας ὀλιγάκις φαίνεται, καὶ οἰκεῖ καὶ οὗτος πέτρας καὶ σπήλυγγας· ἔστι γὰρ δίθαλλος, τὴν δὲ διάνοιαν βιωτικὸς καὶ εὐμήχανος. ἔστι δέ τι ὀρνίθιον μικρὸν ὃ καλεῖται κέρθιος· οὗτος τὸ μὲν ἦθος θρασύς, καὶ οἰκεῖ περὶ δένδρα, καὶ ἔστι θριποφάγος, τὴν δὲ διάνοιαν εὐβίοτος, καὶ τὴν φωνὴν ἔχει λαμπράν. αἱ δ' ἀκανθίδες κακόβιοι καὶ κακόχροοι, φωνὴν μέντοι λιγυρὰν ἔχουσιν.

13 εὐβίωτος α E^a rc.: εὐίωτος K^c   14 εὐηλίῳ] ἡλίῳ E^a K^c L^c pr. n: locis in quibus habundat sol Scot.: in sole Alb. Guil. Gaza: in apricis Trap.   ἐπισκεπεῖ α (exc. C^a) Bas. Sn.: ἐπὶ σκέπει P: ἐπισκέπτει K^c: om. Scot. Trap.: loco protecto Guil.: inspectat Gaza   15 περὶ] παρὰ γ (exc. L^c)   16 δ' om. T^c   ἀγαθήν] debilis (viz. ἀσθενῆ) Scot.   καὶ ... 17 ἀγαθὴν om. α O^c T^c γ (exc. L^c rc.) Guil. Trap. Gaza   γνάφαλος] odeperelez Scot: edepelus Alb.   17 καὶ^(2) om. G^a Q   18 δοκεῖναι β (exc. S^c O^c rc.)   19 γὰρ om. K^c   20 μάχιμον α P K^c M^c   22 σίππη β L^c rc. Ald.: σίττη α γ (exc. L^c rc.) Guil. (Tz.): speghta Guil. (cett.)   ἦθος] εἶδος L^c   μάχιμον α P K^c M^c   εὔθικτος β Ald. Bk.: εὔοικτος C^a γ: ἀνεύοιτος A^a pr. G^a Q: ἀνόητος A^a rc. F^a X^c Canis.: planctiva Guil.: hilaris Gaza   23 εὐβίωτος α E^a rc.: εὐίοτος K^c   25 ὑλοτομοῦσα S^c, L^c rc., Ald.   26 καὶ^(1) om. P   καὶ οὗτος om. K^c   27 δίθαλλος K^c Ald.: om. Scot.: divaricata Guil.: criste bifurcate Trap.: victus gemini Gaza: δειλός cj. A.-W.: δύσθυμος cj. Pk.: δυσόφθαλμος cj. Dt.: ἀθάρσης cj. Louis   28 δέ τι] δὲ τὸ C^a A^a pr. G^a pr.: δ' ἔτι F^a X^c: autem quedam Guil.   29 θριποφάγος L^c pr. Ald.   30 εὐβίωτος α E^a rc.: εὐίοτος K^c   31 κακόβιοι καὶ G^a corr. Q β L^c Ald.: καὶ κωβιοὶ καὶ C^a A^a pr. G^a pr., E^a K^c n: καὶ κωβιοὶ A^a rc. F^a X^c, P M^c: male vite et Guil.

417

[18] τῶν δ' ἐρωδιῶν ὁ μὲν πέλλος, ὥσπερ εἴρηται, ὀχεύει μὲν χαλεπῶς, εὐμήχανος δὲ καὶ δειπνοφόρος καὶ ἔπαγρος, ἐργάζεται δὲ τὴν ἡμέραν· τὴν μέντοι χροίαν ἔχει φαύλην καὶ τὴν κοιλίαν ἀεὶ ὑγράν. τῶν δὲ λοιπῶν δύο (τρία γὰρ γένη ἐστὶν αὐτῶν) ὁ μὲν λευκὸς τήν τε χρόαν ἔχει καλήν, καὶ ὀχεύει ἀσινῶς, καὶ νεοττεύει καὶ τίκτει καλῶς ἐπὶ τῶν δένδρων, νέμεται δ' ἕλη καὶ λίμνας καὶ πεδία καὶ λειμῶνας. ὁ δ' ἀστερίας ὁ ἐπικαλούμενος ὄκνος μυθολογεῖται μὲν γενέσθαι ἐκ δούλων τὸ ἀρχαῖον, ἔστι δὲ κατὰ τὴν ἐπωνυμίαν τούτων ἀργότατος. /8/ οἱ μὲν οὖν ἐρωδιοὶ τοῦτον τὸν τρόπον βιοῦσιν. ἡ δὲ καλουμένη /9/ φῶυξ ἴδιον ἔχει πρὸς τἆλλα· μάλιστα γάρ ἐστι ὀφθαλμοβόρος /10/ τῶν ὀρνίθων. πολέμιος δὲ τῇ ἅρπῃ· καὶ γὰρ ἐκείνη /11/ ὁμοιοβίοτος.

[19] τῶν δὲ κοττύφων δύο γένη ἐστίν, ὁ μὲν ἕτερος μέλας τε καὶ πανταχοῦ ὤν, ὁ δ' ἕτερος ἔκλευκος, τὸ δὲ μέγεθος ἴσος ἐκείνῳ καὶ ἡ φωνὴ παραπλησία ἐκείνῳ· ἔστι δ' οὗτος ἐν Κυλλήνῃ τῆς Ἀρκαδίας, ἄλλοθι δ' οὐδαμοῦ. τούτων ὅμοιος τῷ μέλανι κοττύφῳ ἐστὶ βαιός, τὸ δὲ μέγεθος μικρῷ ἐλάττων· οὗτος ἐπὶ τῶν πετρῶν καὶ ἐπὶ τῶν κεράμων τὰς διατριβὰς ποιεῖται, τὸ δὲ ῥύγχος οὐ φοινικοῦν ἔχει καθάπερ ὁ κόττυφος.

[20] κιχλῶν δ' εἴδη τρία, ἡ μὲν ἰξοβόρος· αὕτη δ' οὐκ ἐσθίει ἀλλ' ἢ ἰξὸν καὶ ῥητίνην, τὸ δὲ μέγεθος ὅσον

617a1 ἀεὶ] ἔχει α (exc. Cᵃ) Ott.   γὰρ om. n   2 δι' αὐτῶν γ (exc. Lᶜ) τε om. α   3 ὀχεύει ἀσινῶς β Lᶜcorr. Ald. Bk.: ὀχεύουσιν ὡς α γ (exc. Lᶜcorr.) νεοττεύειν Lᶜ Ald.   ἐπὶ τῶ τῶν Cᵃ Aᵃ Gᵃpr.   4 δ'] δ' ἐν α P   ἔλει καὶ λίμναις α   πεδίω α (exc. Cᵃ)   8 ἐρρωδιοὶ Fᵃ Xᶜ   βιοῦσι τὸν τρόπον transp. α (exc. Cᵃ) Bk.   9 φώιξ Lᶜ n Ald.: θῶυξ β: πῶυξ vel πῶυγξ cj. edd.   10 ἐκείνη Cᵃ: cum illa Guil.   11 ὁμοιοβίωτος Cᵃ Fᵃ Xᶜ, P Kᶜ: βοίωτος Aᵃ Gᵃ Q: -βίωτον Eᵃ n: -βιοτον Lᶜpr.   12 τε om. α γ Ald.   λευκός α   13 φώκη α (exc. Gᵃcorr. Q): vox Guil. Gaza   καὶ παραπλησίαν ἔχει τὴν φωνὴν Kᶜrc. in lac.   ἐκείνω⁽²⁾ om. Mᶜ   14 κυλήνη α Eᵃ: κυλίνη n   post τούτων add. δ' α (exc. Cᵃ) Dt.   15 post ἐστὶ add. δὲ β Lᶜrc. Ald.   βαιός β (exc. Oᶜrc.) γ Ald.: λαιός α edd.: φαιός Oᶜrc.: avis quae dicitur leneoz Scot: laios fuscus Guil.: celeus Trap.: fusca Gaza   δὲ om. α γ (exc. Lᶜrc.) Bk.   16 τὰς διατριβὰς] δίαιτας Mᶜpr.   17 δὲ om. Fᵃ Xᶜ   οὐ om. α (exc. Cᵃ)   18 εἴδη] ἤδη Fᵃ Xᶜ   ἰξόβολος α (exc. Cᵃ): ἰξορόβος Ott.   19 ἢ om. Cᵃ Aᵃpr. Gᵃ Q   ῥυτίνην β Eᵃ: ῥυτίνη n

HISTORIA ANIMALIUM VIII(IX)   617a

κίττα ἐστίν. ἑτέρα τριχάς· αὕτη δ' ὀξὺ φθέγγεται, τὸ δὲ 20
μέγεθος ὅσον κόττυφος. ἄλλη δ' ἦν καλοῦσί τινες ἰλιάδα,
ἐλαχίστη τε τούτων καὶ ἧττον ποικίλη.
[21] ἔστι δέ τις πετραῖος ᾧ ὄνομα κύανος· οὗτος ὁ ὄρνις ἐν
Σκύρῳ μάλιστά ἐστι, ποιεῖται δ' ἐπὶ τῶν πετρῶν τὰς διατριβάς. τὸ δὲ μέγεθος κοττύφου μὲν ἔλαττον, σπίζης δὲ 25
μεῖζον μικρῷ. μεγαλόπους δὲ καὶ πρὸς τὰς πέτρας προσαναβαίνει. κυανοῦς ὅλος· τὸ δὲ ῥύγχος ἔχει λεπτὸν καὶ
μακρόν, σκέλη δὲ βραχέα τῇ †ἵππῳ† παρόμοια. 28
[22] ὁ δὲ χλω- 28
ρίων χλωρὸς ὅλος· οὗτος τὸν χειμῶνα οὐχ ὁρᾶται, περὶ δὲ
τὰς τροπὰς τὰς θερινὰς φανερὸς μάλιστα γίνεται, ἀπαλ- 30
λάττεται δ' ὅταν Ἀρκτοῦρος ἐπιτέλλῃ. τὸ δὲ μέγεθός ἐστιν
ὅσον τρυγών. ὁ δὲ μαλακοκρανεὺς ἀεὶ ἐπὶ τὸ αὐτὸ καθίζάνει, καὶ ἁλίσκεται ἐνταῦθα. τὸ δὲ εἶδος, κεφαλὴ μὲν 617b1
μεγάλη χονδρότυπος, τὸ δὲ μέγεθος ἔλαττον κίχλης μικρῷ· στόμα δ' εὔρωστον μικρὸν στρογγύλον· τὸ δὲ χρῶμα
σποδοειδὴς ὅλος· εὔπους δὲ καὶ κακόπτερος. ἁλίσκεται δὲ
μάλιστα γλαυκί. 5
[23] ἔστι δὲ καὶ ὁ πάρδαλος. τοῦτο δὲ τὸ ὄρνεόν ἐστιν ἀγε-

20 ἑτέρα τριχάς] ἄνευ τριχός α Ott.: *et alia species habet multam plumam* Scot.: *altera plumaria* post ras. Trap.   21 ἄλλην Eᵃ n   post ἦν add. ἂν α (exc. Fᵃ Xᶜ)   ἰδιάδα codd. Ald. Bk.: *iliadem* Guil. Trap.: *iliacum* Gaza: ἰλλάδα cj. Sn. Dt. (cf. Athen. II.65A)   22 τε τούτων om. α (exc. Cᵃ)   23 ἐν σκύρῳ β Lᶜrc. Ald.: ἐν νισύρῳ Cᵃ Fᵃ Xᶜ γ (exc. Lᶜrc.) Guil. Bk.: ἐννὶ σύρῳ Aᵃ Gᵃ Q   25 ἐλάττων Lᶜ Ald. Bk.   26 μείζων Eᵃ Lᶜ Ald. Bk.: μείζω n   μικρῷ μειζ. transp. α   post μικρῷ add. μὲν α (exc. Cᵃ)   μεγαλόπους codd. Guil. Trap. Gaza: *nigrorum pedum* Scot.: μελανόπους cj. Sn. Pk.   27 κυανὸς α λεπτὸν] χαλεπὸν Lᶜpr. Ald.: *subtile* Guil.: *tenui* Gaza   καὶ μακρόν om. α (exc. Cᵃ)   28 τῇ β γ Ald.: τοῖς α Ott.   †ἵππῳ† β γ Ald.: †ἵπποις† α (exc. Gᵃrc. Q): πίπω Gᵃrc. Guil. Trap. Gaza edd.: ἵππω Q Ott.: *kiko* Scot. Alb.   29 ὅλος om. β: post οὗτος transp. α (exc. Cᵃ): ὅλως Gᵃ Q, n   30 τὰς⁽¹⁾ om. α   31 ἐπιτέλη Fᵃ Xᶜ, Eᵃ P Kᶜ Mᶜ: ἐπιτείλη Lᶜ n   32 μεγαλοκρανεὺς Gᵃrc. Q Guil. Trap. Ott.: *malakofriehuz* Scot.: *molliceps* Gaza   617b1 κεφαλὴν μὲν μεγάλην γ (exc. Lᶜ)   2 ἐλάττων Lᶜ n Guil. Gaza Ald. edd.   4 ὅλως P   εὔπους ... 8 ὅλος om. Cᵃ   ἄπους α (exc. om. Cᵃ): *pedes magnos* Scot. Alb.: *bene pedatus* Guil.: *malis pedibus* Trap.: *depes* Gaza   κακόπετρος Kᶜ: *alas magnas* Scot. Alb.: *non male alatus* Guil.: *alis non bonis* Trap.: *pennis invalens* Gaza   6 ὁ om. α γ (exc. Lᶜrc.) Bk.

λαῖον ὡς ἐπὶ τὸ πολὺ καὶ οὐκ ἔστι κατὰ ἕνα ἰδεῖν· τὸ δὲ χρῶμα σποδοειδὴς ὅλος, μέγεθος δὲ παραπλήσιον ἐκείνοις, εὔπους δὲ καὶ οὐ κακόπτερος, φωνὴ δὲ πολλὴ καὶ οὐ βαρεῖα. κολλυρίων δὲ τὰ αὐτὰ ἐσθίει τῷ κοττύφῳ· τὸ δὲ μέγεθος καὶ τούτου ταὐτὸν τοῖς προτέροις· ἁλίσκεται δὲ κατὰ χειμῶνα μάλιστα. ταῦτα δὲ πάντα οὐ διὰ παντὸς φανερά ἐστιν. ἔτι δὲ τὰ /13/ κατὰ πόλεις εἰωθότα μάλιστα ζῆν, κόραξ καὶ κορώνη· καὶ /14/ γὰρ ταῦτ᾽ ἀεὶ φανερά, καὶ οὐ μεταβάλλει τοὺς τόπους οὐδὲ /15/ φωλεύει.

[24] κολοιῶν δ᾽ ἐστὶν εἴδη τρία. ἓν μὲν ὁ κορακίας· οὗτος ὅσον κορώνη, φοινικόρυγχος· ἄλλος ὁ λύκος καλούμενος· ἔτι δ᾽ ὁ μικρός, ὁ βωμολόχος. ἔτι δὲ καὶ ἄλλο τι γένος κολοιῶν περὶ τὴν Λυδίαν καὶ Φρυγίαν ὃ στεγανόπουν ἐστίν.

[25] κορυδάλων δ᾽ ἐστὶ δύο γένη, ἡ μὲν ἑτέρα ἐπίγειος καὶ λόφον ἔχουσα, ἡ δ᾽ ἑτέρα ἀγελαία καὶ οὐ σποράς ὥσπερ ἐκείνη, τὸ μέντοι χρῶμα ὅμοιον τῇ ἑτέρᾳ ἔχουσα, τὸ δὲ μέγεθος ἔλαττον καὶ λόφον οὐκ ἔχει· ἐσθίεται δέ.

[26] ἀσκαλώπας δ᾽ ἐν τοῖς κήποις ἁλίσκεται ἕρκεσιν· τὸ μέγεθος ὅσον ἀλεκτορίς, τὸ ῥύγχος μακρόν, τὸ χρῶμα ὅμοιον ἀτταγῆνι· τρέχει δὲ τα-

---

7 τὸ χρ. δὲ transp. P   8 παραπλήσιος Eª Lᶜ n Ald. edd.: similis Guil.   9 δὲ⁽¹⁾ om. α γ Guil.   ὁ δὲ κολλ. Lᶜ Ald.   κορυλλίων α (exc. Cª)   10 δὲ⁽¹⁾ om. Eª n   τὸ δὲ] καὶ τὸ n   11 προτέροις β Guil.: πρότερον α γ Ald.   12 ταῦτα δὲ πάντα οὐ διὰ παντὸς β Lᶜrc. Ald. Dt.: ταῦτα δὲ πάντα διὰ παντὸς α (exc. Gªrc. Q) γ (exc. Lᶜrc.) Cs.: ταῦτα πάντα· οὐ γὰρ διὰ παντὸς Gªrc. Q; hec omnia; non enim semper manifesta sunt Guil: nonenim semper apparent Trap: haec omnia semper apparent Gaza   13 μάλιστα om. Lᶜpr.   14 ἀεὶ] εἰσὶ α   17 post ἄλλος add. δὲ α Dt.   λύκος Q cett.: λύκιος Gªrc. Sn.: likios Guil.: lupinus Trap.: lupus Gaza: cf. Hesych. λύκιος, κολοιοῦ εἶδος   18 ἔτι⁽¹⁾ β Lᶜ Ald.: ἔστι α γ (exc. Lᶜ): adhuc Guil.   δ᾽ ὁ om. α γ (exc. Lᶜrc.)   ἔτι⁽²⁾ β Lᶜ Ald.: ἔστι α γ (exc. Lᶜ) Guil.   post δὲ add. τι γ   ἄλλο τι β: ἄλλο α γ: ἀλλότι δὲ Ald.   19 τὴν om. Eª Lᶜ n   20 γένη δύο transp. Fª Xᶜ   21 ante ἔχουσα add. οὐκ α Trap.   σποραδήν α   22 ἐλάττων Cª Guil. Dt.   23 ἀσκολόπας α Guil. Ott.   23 ... 26 brev. excerps. m   24 κήπων Aªrc. Fª Xᶜ Ott.: κόλποις P: περὶ τοὺς κήπους m: in ortis Guil.: hortorum Gaza   post τὸ⁽²⁾ add. δὲ α (exc. Cª) Guil.   25 ἀτταλῆνι Aªpr. Gª Q   ante ταχὺ add. καὶ Eª Lᶜ n Ald.

χύ, καὶ φιλάνθρωπόν ἐστιν ἐπιεικῶς. ὁ δὲ ψάρος ἐστὶ ποικίλος· μέγεθος δ' ἐστὶν ἡλίκον κόττυφος.

[27] αἱ δ' ἴβιες αἱ ἐν Αἰγύπτῳ εἰσὶ μὲν διτταί, αἱ μὲν λευκαὶ αὐτῶν αἱ δὲ μέλαιναι. ἐν μὲν οὖν τῇ ἄλλῃ Αἰγύπτῳ αἱ λευκαί εἰσι, πλὴν ἐν Πηλουσίῳ οὐ γίνονται· αἱ δὲ μέλαιναι ἐν τῇ ἄλλῃ Αἰγύπτῳ οὔκ εἰσιν, ἐν Πηλουσίῳ δ' εἰσίν.

[28] σκῶπες δ' οἱ μὲν ἀεὶ πᾶσαν ὥραν εἰσί, καὶ καλοῦνται ἀεὶ σκῶπες, καὶ οὐκ ἐσθίονται διὰ τὸ ἄβρωτοι εἶναι· ἕτεροι δὲ γίνονται ἐνίοτε τοῦ φθινοπώρου, φαίνονται δ' ἐφ' ἡμέραν μίαν ἢ δύο τὸ πλεῖστον, καί εἰσιν ἐδώδιμοι καὶ σφόδρα εὐδοκιμοῦσιν. καὶ διαφέρουσι τῶν ἀεὶ σκωπῶν καλουμένων οὗτοι ἄλλῳ μὲν ὡς εἰπεῖν οὐδενὶ τῷ δὲ πάχει· καὶ οὗτοι μέν εἰσιν ἄφωνοι ἐκεῖνοι δὲ φθέγγονται. περὶ δὲ γενέσεως αὐτῶν ἥτις ἐστὶν οὐθὲν ὦπται πλὴν ὅτι τοῖς ζεφυρίοις φαίνονται· τοῦτο δὲ φανερόν.

[29] ὁ δὲ κόκκυξ, ὥσπερ εἴρηται ἐν ἑτέροις, οὐ ποιεῖ νεοττείαν, ἀλλ' ἐν ἀλλοτρίαις τίκτει νεοττείαις, μάλιστα μὲν ἐν ταῖς τῶν φαβῶν καὶ ἐν ὑπολαΐδος καὶ κορύδου χαμαί, ἐπὶ δένδρου δ' ἐπὶ τῇ τῆς χλωρίδος καλουμένης νεοττείᾳ. τίκτει μὲν οὖν ἓν ᾠόν, ἐπῳάζει δ' οὐκ αὐτός, ἀλλ' ἐν οὗ ἂν τέκῃ νεοττείᾳ οὗτος ὁ ὄρνις ἐκκολάπτει καὶ τρέφει, καί (ὥς φασιν) ὅταν αὐξάνηται ὁ τοῦ κόκκυγος νεοττὸς ἐκβάλλει τὰ

26 ὁ... 27 κόττυφος om. m ψὰρ β 27 ἐστὶν om. β Guil. ἴβιες αἱ] ἰβίεσσαι Cᵃ Aᵃpr. Gᵃ Q: ἴβυες αἱ Fᵃ Xᶜ, Mᶜ m Camot. 28 μὲν⁽¹⁾ om. m μέλανες P: μέλαναι Kᶜ 29 αἱ μὲν οὖν λευκαί εἰσιν ἐν τῇ ἄλ. αἰγ. m 30 αἱ δὲ μέλαιναι μόνον ἐν πηλ. m 31 σκῶπες... 618a28 om. m 32 πᾶσαν τὴν ὥ. α edd. ἐστί Aᵃpr. Gᵃ Q ἀεισκῶπες edd. καὶ οὐκ ἐσθίονται om. Fᵃpr., add. incert. Fᵃrc.: καὶ οὐ καθέρηται Xᶜ 618a1 post εἶναι add. τῇ μοχθηρίᾳ τοῦ κρέως Gᵃrc. Q: pravitate carnium inesibiles sunt Trap.: esui non sunt propter vitium carnis Gaza 2 post δὲ add. καὶ Lᶜ n 4 ἀεισκωπῶν Cᵃ edd. ἄλλῳ] ἀλλ' ὁ Cᵃ Aᵃ Gᵃpr. Fᵃ Xᶜ: ἄλλο Gᵃrc. Q: alio Guil. οὐδενί] οὐδέν α 5 πάχει] velocitate motus Scot. Alb.: τάχει ap. Athen. ιx.391c 7 ὅτι Gᵃcorr. Q β Lᶜ n Ald. Bk.: ἔτι Cᵃ Aᵃ Gᵃpr. Fᵃ Xᶜ, Eᵃ P Kᶜ Mᶜ τοῖς ζεφύριον Cᵃ τοῦτο δὲ φανερόν] φαίνεται δὲ τοῦτο α 10 τῶν om. Cᵃ, Lᶜ βαφῶν Aᵃ Gᵃpr. ὑπολλίδος Eᵃ P Kᶜ Mᶜ n: ὑπολίδος Lᶜpr. 11 ἐπὶ] ἐν α γ (exc. Lᶜrc.) Ald. 13 ἐγκολάπτει Eᵃ Lᶜ n: ἐκλέπει Aᵃrc. Fᵃ Xᶜ ὥς om. α γ (exc. Lrc.) 14 αὐξανοῦται n post ἐκβάλλει add. δὲ Aᵃpr. Gᵃpr.

αὐτῆς καὶ ἀπόλλυνται οὕτως. οἱ δὲ λέγουσιν ὡς καὶ ἀποκτείνασα ἡ τρέφουσα δίδωσι καταφαγεῖν· διὰ γὰρ τὸ καλὸν εἶναι τὸν τοῦ κόκκυγος νεοττὸν ἀποδοκιμάζει τὰ αὑτῆς. τὰ μὲν οὖν πλεῖστα τούτων ὁμολογοῦσιν αὐτόπται γεγενημένοι τινές· περὶ δὲ τῆς φθορᾶς τῆς τῶν νεοττῶν τῆς ὄρνιθος οὐχ ὡσαύτως πάντες λέγουσιν, ἀλλ' οἱ μέν φασιν αὐτὸν ἐπιφοιτῶντα τὸν κόκκυγα κατεσθίειν τὰ τῆς ὑποδεξαμένης ὄρνιθος νεόττια, οἱ δὲ διὰ τὸ τῷ μεγέθει ὑπερέχειν τὸν νεοττὸν τοῦ κόκκυγος ὑποκάμπτοντα τὰ προσφερόμενα φθάνειν, ὥστε λιμῷ τοὺς ἑτέρους ἀπόλλυσθαι νεοττούς, οἱ δὲ κρείττω ὄντα ἀποκτιννύναι συντρεφόμενον αὐτοῖς. δοκεῖ δ' ὁ κόκκυξ φρόνιμον ποιεῖσθαι τὴν τέκνωσιν· διὰ γὰρ τὸ συνειδέναι αὑτῷ τὴν δειλίαν καὶ ὅτι οὐκ ἂν δύναιτο βοηθῆσαι, διὰ τοῦτο ὥσπερ ὑποβολιμαίους ποιεῖ τοὺς ἑαυτοῦ νεοττοὺς ἵνα σωθῶσιν. τὴν /29/ γὰρ δειλίαν ὑπερβάλλει τοῦτο τὸ ὄρνεον· τίλλεται γὰρ ὑπὸ /30/ τῶν μικρῶν ὀρνέων καὶ φεύγει αὐτά.

[30] οἱ δ' ἄποδες, οὓς καλοῦσί τινες κυψέλους, ὅτι μὲν ὅμοιοι ταῖς χελιδόσιν εἰσὶν εἴρηται πρότερον· οὐ γὰρ ῥᾴδιον γνῶναι πρὸς τὴν χελιδόνα πλὴν τῷ τὴν κνήμην ἔχειν δασεῖαν. οὗτοι νεοττεύουσιν ἐν κυψελίσιν ἐκ πηλοῦ πεπλασμέναις μακραῖς, ὅσον εἴσδυσιν ἐχούσαις. ἐν στεγνῷ δὲ ποιεῖται τὰς νεοττείας ὑπὸ πέτραις καὶ σπηλαίοις, ὥστε καὶ τὰ θηρία καὶ τοὺς ἀνθρώπους διαφεύγειν. ὁ δὲ καλούμενος αἰγοθήλας ἔστι μὲν ὀρεινός, τὸ δὲ μέγεθος κοττύφου μὲν μικρῷ μείζων, κόκκυγος δ' ἐλάττων. τίκτει μὲν οὖν ᾠὰ δύο ἢ τρία τὸ πλεῖστον, τὸ δὲ ἦθός ἐστι βλακικός. θηλάζει δὲ τὰς αἶγας προσπετόμενος, ὅθεν καὶ τοὔνομ' εἴληφεν· φασὶ δ' ὅταν

15 αὑτῆς L^c edd.   ἀπόλλυται α   καὶ$^{(2)}$ om. α γ Guil. (exc. Tz)   **16** ἡ τρέφουσα om. α γ Guil.   φαγεῖν β   τὸ γὰρ transp. P K^c **17** τοῦ om. C^a αὑτῆς C^a A^a, O^c T^c, E^a P n   **23** ὑποκάμποντα] ὑποκάπτοντα α (exc. G^{a}rc. Q)   **24** κρείττον' C^a: κρεῖττον A^a: κρείττονα G^a Q F^a X^c **28** ποιεῖν A^a G^a Q   ἑαυτοῦ om. n   **29** ... **b9** excerps. m   **34** πηλοῦ] πολλοῦ P   πεπλεγμέναις m   **35** εἰσδύσεις α   στενῷ G^{a}corr. Q, L^c n, Ald.: stricto Guil.: angusto Trap. Gaza   ποιεῖται δὲ transp. L^{c}pr. n   **618b3** δὲ om. P   μὲν$^{(2)}$ om. α γ (exc. L^{c}rc.)   μικροῦ C^a μεῖζον α (exc. C^a)   **4** ἔλαττον α (exc. C^a)   **5** τὸ ... βλακικός] non legit Ott.   μαλακκικός Ppr.: mollior Gaza Scal.

θηλάση τὸν μαστόν, ἀποσβέννυσθαί τε καὶ τὴν αἶγα ἀποτυφλοῦσθαι. ἔστι δ' οὐκ ὀξυωπὸς τῆς ἡμέρας, ἀλλὰ τῆς νυκτὸς βλέπει.

[31] οἱ δὲ κόρακες ἐν τοῖς μικροῖς χωρίοις, καὶ ὅπου μὴ ἱκανὴ τροφὴ πλείοσι, δύο μόνοι γίνονται· καὶ τοὺς ἑαυτῶν νεοττούς, ὅταν οἷοί τ' ὦσιν ἤδη πέτεσθαι, τὸ μὲν πρῶτον ἐκβάλλουσιν, ὕστερον δὲ καὶ ἐκ τοῦ τόπου ἐκδιώκουσιν. τίκτει δ' ὁ κόραξ καὶ τέτταρα καὶ πέντε. περὶ δὲ τοὺς χρόνους ἐν ᾧ ἀπώλοντο οἱ Μηδίου ξένοι ἐν Φαρσάλῳ, ἐρημία ἐν τοῖς τόποις τοῖς περὶ Ἀθήνας καὶ Πελοπόννησον ἐγένετο κοράκων, ὡς ἐχόντων αἴσθησίν τινα τῆς παρ' ἀλλήλων δηλώσεως.

[32] τῶν δ' ἀετῶν ἐστὶ πλείονα γένη, ἓν μὲν ὁ καλούμενος πύγαργος· οὗτος κατὰ τὰ πεδία καὶ τὰ ἄλση καὶ περὶ τὰς πόλεις γίνεται· ἔνιοι δὲ καλοῦσιν νεβροφόνον αὐτόν. πέτεται δὲ καὶ εἰς τὰ ὄρη καὶ εἰς τὴν ὕλην διὰ τὸ θάρσος· τὰ δὲ λοιπὰ γένη ὀλιγάκις εἰς πεδία καὶ εἰς ἄλση φοιτᾷ. ἕτερον δὲ γένος ἀετοῦ ἐστιν ὃ πλάγγος καλεῖται, δεύτερος μεγέθει καὶ ῥώμῃ· οἰκεῖ δὲ βήσσας καὶ ἄγγη καὶ λίμνας, ἐπικαλεῖται δὲ νηττοφόνος καὶ μορφνός· οὗ καὶ Ὅμηρος μέμνηται ἐν τῇ τοῦ Πριάμου ἐξόδῳ. ἕτερος δὲ μέλας τὴν χρόαν καὶ μέγεθος ἐλάχιστος καὶ κράτιστος τούτων· οὗτος οἰκεῖ ὄρη καὶ ὕλας, καλεῖται δὲ μελανάετος καὶ λαγωφόνος. ἐκτρέφει δὲ μόνος τὰ τέκνα οὗτος καὶ ἐξάγει. ἔστι δ' ὠκυβόλος καὶ εὐθήμων καὶ ἄφθονος καὶ ἄφοβος καὶ μάχιμος καὶ εὔφημος· οὐ γὰρ μινυρίζει οὐδὲ λέληκεν. ἔτι δ'

---

9 οἱ ... 619a16 πληθυούσης om. m   10 μόνοι] μέν οἷον α   12 διώκουσι β   13 τὸν χρόνον Eᵃ Lᶜ n Ald.   14 ἐν ᾧ β γ Ald.: ἐν οἷς α   ἀπώλοντο P Kᶜ n   μηδείου γ   ἐρημία ... ἐγένετο κοράκων] solitudine ... facta est multitudo corvorum Guil.   15 τόποις τοῖς om. Ald.   16 τινα om. Eᵃ Lᶜpr. n   τῆς] τοῖς Oᶜ Tᶜ   δηδώσεως Eᵃ n: ἐδηδώσεως Lᶜ Ald.   18 post μὲν add γὰρ n   20 πετᾶται α Kᶜ: πέταται P   23 ἀετοῦ] αὐτοῦ P   πλάνος α (exc. Cᵃ)   24 βόσσας P   καὶ⁽²⁾ om. Lᶜpr.   ἄγγη β Ald.: ἄγκη α γ   λιμένας Lᶜpr.   25 μορφνός β Lrc. Ald. Bk.: μορφός α γ (exc. Lᶜrc.)   26 τοῦ om. Lᶜ n   27 τὸ μεγ. Fᵃ Xᶜ   καὶ⁽²⁾ om. α γ Bk.   28 μελαιναετὸς Lᶜ n Ald.   γαλωφόνος Q Ott.: λαγοφόνος γ (exc. Lᶜrc.)   29 μόνον α (exc. Cᵃ)   οὗτος τὰ τέκνα transp. β Ald.   30 εὐθύμων Gᵃ Q   31 λέλυκεν α (exc. Cᵃ)   ἔτι Cᵃ β Bk.: ἔστι α (exc. Cᵃ) γ Ald.

ἕτερον γένος, περκόπτερος, λευκὴ κεφαλή, μεγέθει δὲ μέγιστος, πτερὰ δὲ βραχύτατα καὶ ὀρροπύγιον πρόμηκες, γυπὶ ὅμοιος· ὀρειπέλαργος καλεῖται καὶ γυπαιετός. οἰκεῖ δ' ἄλση, τὰ μὲν κακὰ ταὐτὰ ἔχων τοῖς ἄλλοις, τῶν δ' ἀγαθῶν οὐδέν· ἁλίσκεται γὰρ καὶ διώκεται ὑπὸ κοράκων καὶ τῶν ἄλλων· βαρὺς γὰρ καὶ κακόβιος καὶ τὰ τεθνεῶτα φέρων, πονεῖ δ' ἀεὶ καὶ βοᾷ καὶ μινυρίζει. ἕτερον δὲ γένος ἐστὶν ἀετῶν οἱ καλούμενοι ἁλιαετοί. οὗτοι δ' ἔχουσιν αὐχένα τε μέγαν καὶ παχὺν καὶ πτερὰ καμπύλα ὀρροπύγιον δὲ πλατύ· οἰκοῦσι δὲ περὶ θάλατταν καὶ ἀκτάς, ἁρπάζοντες δὲ καὶ οὐ δυνάμενοι φέρειν πολλάκις καταφέρονται εἰς βυθόν. ἔτι δ' ἄλλο γένος ἐστὶν ἀετῶν οἱ καλούμενοι γνήσιοι. φασὶ δὲ τούτους μόνους καὶ τῶν ἄλλων ὀρνίθων γνησίους εἶναι· τὰ γὰρ ἄλλα γένη μέμικται καὶ μεμοίχευται ὑπ' ἀλλήλων, καὶ τῶν ἀετῶν καὶ τῶν ἱεράκων καὶ τῶν ἐλαχίστων. ἔστι δ' οὗτος μέγιστος τῶν ἀετῶν ἁπάντων, μείζων τε τῆς φήνης, τῶν δ' ἀετῶν καὶ ἡμιόλιος, χρῶμα ξανθός. φαίνεται δ' ὀλιγάκις, ὥσπερ καὶ ἡ καλουμένη κύβινδις.

ὥρα δὲ τοῦ ἐργάζεσθαι ἀετῷ καὶ πέτεσθαι ἀπ' ἀρίστου μέχρι δείλης· τὸ γὰρ ἕωθεν κάθηται μέχρι ἀγορᾶς πληθυούσης. γηρά-

---

32 περκνόπτερος O^c rc., L^c rc., Ald. edd.: incert. S^c: percnopterus Gaza (cf. Plin. x.3.8)   λευκῇ κεφαλῇ α (-ῇ -ῇ C^a)   33 ὀρροπύγιον β E^a M^c L^c rc. Ald.: ὀροπύγιον K^c L^c pr. n: οὐροπύγιον α (οὐρρο- C^a)   34 γυπαιετός β Ald.: ὑπάετος α: ὑπαιετός γ: ypaetos Guil. (+ id est subaquila cett.)   35 κακὰ G^a rc. Q β L^c rc. Guil. Gaza Ald. Bk.: κατὰ codd. cett.   ταῦτα F^a X^c, T^c 619a2 καὶ κόβιος T^c   3 πονεῖ β (exc. O^c rc.) γ Ald.: πείνῃ C^a, O^c rc: πίνει A^a G^a pr. F^a X^c: πινεῖ G^a rc Q Ott.: famellicatur Scot: esurit Guil. Trap.: famelica Gaza: πείνει Canis.: πεινῇ Bk. edd.   ἀεὶ] ἂν E^a n: om. L^c pr.   βοᾷ] βία α (exc. G^a corr. Q) Ott.: clamat Guil. Gaza   μηνυρίζει C^a, T^c, Ald.: μυνιρίζει P τὸ γένος E^a   ἐστὶ γένος transp. L^c n Ald.   ἐστὶν om. E^a   4 ἁλιαετοί β γ Ald.: ἁλιαίετοι α   5 ὀρροπύγιον β E^a P K^c M^c: οὐροπύριον α (οὐρρο- C^a)   δὲ] καὶ n   9 δέ om. E^a L^c pr. n   τούτους] τοὺς A^a pr. G^a pr.   10 μέμικται] μικτὰ α   11 τῶν^(2) om. α   12 τε] δὲ F^a X^c: om. β   13 φήνης] om. Scot. Alb.: fena Guil.: ossifraga Trap. Gaza   14 καὶ ἡ β: ἡ α γ κύβινδις C^a β (exc. O^c rc.) γ (exc. L^c): κύμινδις O^c rc., L^c, Guil. Trap. Gaza Ald. edd.: κύβινδος α (exc. C^a)   16 πληθυούσης E^a L^c pr. n Ald.   ὅτι τοῖς ἀετοῖς γηράσκουσι resum. m

HISTORIA ANIMALIUM VIII(IX)

σκουσι δὲ τοῖς ἀετοῖς τὸ ῥύγχος αὐξάνεται τὸ ἄνω γαμψούμενον ἀεὶ μᾶλλον, καὶ τέλος λιμῷ ἀποθνήσκουσιν. ἐπιλέγεται δέ τις καὶ μῦθος ὡς τοῦτο πάσχει διότι ἄνθρωπός ποτ' ὢν ἠδίκησε ξένον. ἀποτίθεται δὲ τὴν περιττεύουσαν τροφὴν τοῖς νεοττοῖς· διὰ γὰρ τὸ μὴ εὔπορον εἶναι καθ' ἑκάστην ἡμέραν αὐτὴν πορίζεσθαι, ἐνίοτε οὐκ ἔχουσιν ἔξωθεν κομίζειν. τύπτουσι δὲ ταῖς πτέρυξι καὶ τοῖς ὄνυξιν ἀμύττουσιν ἄν τινα λάβωσι σκευωρούμενον περὶ τὰς νεοττείας. ποιοῦνται δ' αὑτὰς οὐκ ἐν πεδινοῖς τόποις ἀλλ' ἐν ὑψηλοῖς, μάλιστα μὲν ἐν πέτραις ἀποκρήμνοις, οὐ μὴν ἀλλὰ καὶ ἐπὶ δένδρων. τρέφουσι δὲ τοὺς νεοττοὺς ἕως ἂν δυνατοὶ γένωνται πέτεσθαι· τότε δ' ἐκ τῆς νεοττείας αὐτοὺς ἐκβάλλουσι καὶ ἐκ τοῦ τόπου τοῦ περὶ αὑτὸν παντὸς ἀπελαύνουσιν. ἐπέχει γὰρ ἓν ζεῦγος ἀετῶν πολὺν τόπον· διόπερ οὐκ ἐᾷ πλησίον αὑτῶν ἄλλους αὐλισθῆναι. τὴν δὲ θήραν ποιοῦνται οὐκ ἐκ τῶν σύνεγγυς τόπων τῆς νεοττείας ἀλλὰ συχνὸν ἀποπτάς. ὅταν δὲ κυνηγήσῃ καὶ ἄρῃ, τίθησι καὶ οὐκ εὐθὺς φέρει, ἀλλ' ἀποπειραθεὶς τοῦ βάρους ἀφίησιν. καὶ τοὺς δασύποδας δ' οὐκ εὐθὺς λαμβάνει ἀλλ' εἰς τὸ πεδίον ἐάσας προελθεῖν· καὶ καταβαίνει οὐκ εὐθὺς εἰς τὸ ἔδαφος ἀλλ' ἀεὶ ἀπὸ τοῦ μείζονος ἐπὶ τὸ ἔλαττον κατὰ μικρόν. ἄμφω δὲ ταῦτα ποιεῖ πρὸς ἀσφάλειαν τοῦ μὴ ἐνεδρεύεσθαι. καὶ ἐφ' ὑψηλῶν καθίζει διὰ τὸ βραδέως αἴρεσθαι ἀπὸ τῆς γῆς. ὑψοῦ δὲ πέτεται ὅπως ἐπὶ πλεῖστον τόπον καθορᾷ· διόπερ θεῖον οἱ ἄνθρωποί φασιν εἶναι μόνον τῶν ὀρνέων. πάντες δ' οἱ

18 λέγεται β   ἐπιλέγεται ... 622a31 om. m   21 post νεοττ. add. ἐν ταῖς νεοττείαις α Guil.   γὰρ om. β Ald.   μὴ τὸ transp. P   post εἶναι add. καὶ C^a A^a G^apr.: om. G^arc. Q cett. Guil. Gaza   29 αὐτὸν C^a β E^a P K^c Ald.: αὐτῶν α (exc. C^a): αὐτὴν L^c n edd.: αὐτοὺς M^c   30 διὸ α (exc. C^a) 31 αὐτῶν edd.: αὐτοῦ α (exc. C^a): αὐτῶν cett. Ald.   ἀλισθῆναι A^a G^apr. ποιοῦνται cett. Ald.: ποιεῖται E^arc. n edd.: ποιεῖ L^c   32 ἀποπτάς] αὐτόπταις C^apr.: αὐτόπτας α (exc. C^apr.)   33 κυνηγήσῃ β L^crc. Ald. edd.: κινήση α γ (exc. L^crc.): om. Scot.: moverit Guil.: cepit Trap.: corripuerint Gaza 34 προπειραθεὶς E^a L^c n Cs. A.-W.   619b2 post καταβ. add. δ' α (exc. C^a) Bk.   3 ἐπὶ] εἰς α   4 ποιεῖ om. β   ὑψηλοῦ L^c n Ald.   5 καθίζει C^a G^acorr. β γ edd.: βαδίζει A^a G^apr. F^a X^c: κορίζει Q Ott.: καθίζῃ Ald.: resident Guil. Trap.: consident Gaza   6 πετᾶται C^a: πέττεται A^a G^a Q   καθορᾶται C^a   7 φασιν οἱ ἄν. transp. α (exc. C^a)

ARISTOTELIS

γαμψώνυχοι ἥκιστα καθιζάνουσιν ἐπὶ πέτρᾳ διὰ τὸ τῇ γαμψότητι ἐμπόδιον εἶναι τὴν σκληρότητα. θηρεύει δὲ λαγῶς καὶ νεβροὺς καὶ ἀλώπεκας καὶ τὰ λοιπὰ ὅσων κρατεῖν οἷός τ᾽ ἐστίν. μακρόβιος δ᾽ ἐστίν· δῆλον δὲ τοῦτο ἐκ τοῦ /12/ πολὺν χρόνον τὴν νεοττείαν τὴν αὐτὴν διαμένειν.

[33] ἐν δὲ Σκύθαις γένος ἐστὶν ὀρνίθων οὐκ ἔλαττον ὠτίδος· τοῦτο τίκτει δύο νεοττούς, οὐκ ἐπικάθηται δὲ ἀλλ᾽ ἐν δέρματι λαγωοῦ ἢ ἀλώπεκος ἐγκρύψαν ἐᾷ· ἐπ᾽ ἄκρῳ δὲ τῷ δένδρῳ φυλάττει ὅταν μὴ τύχῃ θηρεύων· κἄν τις ἀναβαίνῃ, μάχεται καὶ τύπτει ταῖς πτέρυξιν ὥσπερ οἱ ἀετοί.

[34] γλαῦκες δὲ καὶ νυκτικόρακες, καὶ τὰ λοιπὰ ὅσα τῆς ἡμέρας ἀδυνατεῖ βλέπειν, τῆς νυκτὸς μὲν θηρεύοντα τὴν τροφὴν αὑτοῖς πορίζεται, οὐ κατὰ πᾶσαν δὲ τὴν νύκτα τοῦτο ποιεῖ ἀλλ᾽ ἄχρι ἑσπερίου καὶ περὶ ὄρθρον· θηρεύει δὲ μῦς καὶ σαύρας καὶ σφονδύλας καὶ τοιαῦτ᾽ ἄλλα ζῳδάρια.

ἡ δὲ καλουμένη φήνη ἐστὶν εὔτεκνος καὶ εὐβίοτος καὶ δειπνοφόρος καὶ ἤπιος, καὶ τὰ τέκνα ἐκτρέφει καὶ τὰ αὑτῆς καὶ τὰ τοῦ ἀετοῦ. καὶ γὰρ ταῦθ᾽ ὅταν ἐκβάλλῃ ἐκεῖνος ἀναλαβοῦσα τρέφει· ἐκβάλλει γὰρ ὁ ἀετὸς πρὸ ὥρας, ἔτι βίου δεόμενα καὶ οὔπω δυνάμενα πέτεσθαι. ἐκβάλλειν δὲ δοκεῖ ὁ ἀετὸς τοὺς νεοττοὺς διὰ φθόνον· φύσει γάρ ἐστι

8 οὐχ ἥκιστα L^c n Ald.   καθίζουσιν E^a L^{c}pr. n   ἐπὶ] ἐν G^a Q: in Guil.   πέτραις α Guil. Bk.   **9** λαγοὺς P   **10** νεφροὺς A^a G^{a}pr.: νευροὺς β P K^c L^c n Ald.   νε. κ. λαγὼς transp. L^c Ald.   **11** ἐστίν$^{(1)}$] ἦν C^a: ἦ A^a G^a Q: ὤν P   post δὲ$^{(2)}$ add. ἐστὶ A^a G^a Q   **12** πολὺν χρόνον om. α γ Ald. Bk. Dt.   αὐτῶν α Bk.   ante διαμ. add. ἐπὶ πολὺ α Bk. Dt.: δὴ E^a P K^c: ἀεὶ L^c n Ald.   **13** σκυθίαις α E^a P K^c: σκυθία L^{c}pr. n Ald.   γένος om. K^c ὀρνίθων post σκύθαις transp. α γ   αἱ ὠτίδες γ (ὀτίδες P K^c) Ald.   **15** ἐγκρύψασα L^c Ald.   **16** post θηρ. add. καὶ C^a A^{a}pr.   ἀναβαίνει A^a G^{a}pr.   **20** πορίζονται β   **21** ἄχρι ἑσπερίου β γ (exc. L^c) Bk.: ἄχρις ἑσπέρου L^c Ald.: μέχρι ἑσπερίου C^a A^{a}pr. G^a Q: μέχρι ἑσπέρας A^{a}rc. F^a X^c Ott. Canis.   **22** σφοδύλας E^a L^c n Ald.   **23** φήνη] dicitur kini id est cifred Scot. (ossifragus in marg. Scot. Caius et Chis.): quam cim (cini?) Graeci quidem vocant, in veritate est ... cyfred ... ossifragus Alb.: fena Guil.: ossifraga Trap. Gaza   εὐβίωτος α   **24** ἐκτρέφει] εὖ τρέφει α Guil.   **25** τὰ om. α (exc. C^a) ἐκβάλλῃ ... **26** τρέφει om. V^c ἐκβάλλει cett. Ald. Bk.: ἐκβάλῃ C^a, L^c, Dt.: ἐκβάλλει n: eiecerit Guil. Trap. Gaza   ἐκείνη α γ (exc. L^c) Guil. Gaza Dt.   **26** ἐκτρέφει G^a Q   **27** ἐκβάλλει Q   **28** τοὺς ν. ὁ ἀετ. transp. L^c Ald.

426

HISTORIA ANIMALIUM VIII(IX)

φθονερὸς καὶ ὀξύπεινος, ἔτι δὲ ὀξυλαβής. λαμβάνει δὲ μέγα ὅταν λάβῃ, φθονεῖ οὖν τοῖς νεοττοῖς ἀδρυνομένοις ὅτι φαγεῖν ἀγαθοὶ γίνονται, καὶ σπᾷ τοῖς ὄνυξιν. μάχονται δὲ καὶ οἱ νεοττοὶ καὶ ἑαυτοῖς περὶ τῆς ἕδρας καὶ τῆς τροφῆς· ὁ δ' ἐκβάλλει καὶ κόπτει αὐτούς· οἱ δ' ἐκβαλλόμενοι βοῶσι, καὶ οὕτως ὑπολαμβάνει αὐτοὺς ἡ φήνη. ἡ δὲ φήνη ἐπάργεμός τ' ἐστὶ καὶ πεπήρωται τοὺς ὀφθαλμούς· ὁ δ' ἀετὸς ὀξυωπέστατος μέν ἐστι, καὶ τὰ τέκνα ἀναγκάζει ἔτι ψιλὰ ὄντα πρὸς τὸν ἥλιον βλέπειν, καὶ τὸν μὴ βουλόμενον κόπτει καὶ στρέφει, καὶ ὁποτέρου ἂν ἔμπροσθεν οἱ ὀφθαλμοὶ δακρύσωσιν τοῦτον ἀποκτείνει, τὸν δ' ἕτερον ἐκτρέφει. διατρίβει δὲ περὶ θάλατταν καὶ ζῇ θηρεύων τοὺς περὶ τὴν θάλατταν ὄρνιθας, ὥσπερ εἴρηται. θηρεύει δ' ἀπολαμβάνων καθ' ἕνα, παρατηρῶν ἀναδυόμενον ἐκ τῆς θαλάττης. ὅταν δ' ἴδῃ ὁ ὄρνις ἀνακύπτων τὸν ἁλιάετον, πάλιν φοβηθεὶς καταδύεται ὡς ἑτέρᾳ ἀνακύψων· ὁ δὲ διὰ τὸ ὀξὺ ὁρᾶν ἀεὶ πέτεται ἕως ἂν ἀποπνίξῃ ἢ λάβῃ μετέωρον. ἀθρόαις δὲ οὐκ ἐπιχειρεῖ· ῥαίνουσαι γὰρ ἀπερύκουσι ταῖς πτέρυξιν.

[35] οἱ δὲ κέμφοι ἁλίσκονται τῷ ἀφρῷ· κόπτουσι γὰρ αὐτόν, διὸ προσραίνοντες θηρεύουσιν. ἔχει δὲ τὴν μὲν ἄλλην σάρκα εὐώδη, τὸ δὲ πυγαῖον μόνον θινὸς ὄζει. γίνονται δὲ πίονες.

[36] τῶν δ' ἱεράκων κράτιστος μὲν ὁ τριόρχης, δεύτερος δ'

29 post δὲ⁽¹⁾ add. οὐκ Gᵃrc. Q: invidet et Scot.: tarde captiva Guil.: nec cito capit Trap.: nec copiosa venationis Gaza   δε⁽²⁾] γὰρ Kᶜ   30 post νεοτ. add. καὶ α (exc. Gᵃrc. Q) γ (exc. Lᶜrc.) Dt.   32 καὶ⁽¹⁾ om. β   καὶ⁽²⁾ om. Gᵃrc. Q Fᵃ Xᶜ Ald. Bk.   ἑαυτοῖς] αὐτοῖς Cᵃ Aᵃpr.: αὐτοὶ Lᶜpr. Cs. Dt.   34 οὕτως om. α γ (exc. Lᶜrc.): sic Guil.   ἡ δὲ φήνη om. Cᵃ Aᵃ Gᵃpr. Fᵃ Xᶜ: αὕτη δὲ Gᵃrc. Q Ott.: fena autem Guil.   620a1 ἐπάργεμός β γ edd.: πεπηρωμένος α: in oculis est albedo Scot.: cecutiens Guil. Trap.   ἀετὸς β γ Ald.: ἁλιάετος α Trap. Gaza edd.: aquila Guil. (+ alieetos Tz i.m.)   2 ὀξυπετέστατος (exc. Cᵃ)   μὲν] τε Kᶜ   4 καὶ ὁποτ. ... 5 ἐκτρέφει om. Cᵃ   6 post θαλ. add. ὁ ἁλιάετος Lᶜrcsm.   9 ἀνακύπτων] ἀναδυόμενος Sᶜ   10 ἑτέρᾳ s. ἕτερα cett.: αὖθις Lᶜpr. Ald.: ἑτέρωσε Sᶜ, Lᶜrc.: alibi Guil.: in diuersa prolapsa Gaza   11 δὲ β Guil. Sn. Dt.: γὰρ α γ Ald. Bk.   12 ῥαίνουσαι] νέουσαι α Guil.   13 κέμφοι cett.: κέπφοι Oᶜcorr., Eᵃcorr. Lᶜpr. nrc., Ald. edd.: kepfi Guil: fulicae Gaza   κόπτουσι β γ Ald.: κάπτουσι α   15 μόνον om. Fᵃ Xᶜ   θινὸς Cᵃ: θύνης Lᶜpr.: θίνης n: θήνης Ald.

ὁ αἰσάλων, τρίτος ὁ κίρκος. ὁ δ' ἀστερίας καὶ ὁ φασσοφόνος καὶ ὁ πτέρνις ἀλλοῖοι. οἱ δὲ πλατύτεροι ἱέρακες ὑπο-
20 τριόρχαι καλοῦνται, ἄλλοι δὲ πέρκοι καὶ σπίζαι, οἱ δὲ λεῖοι καὶ οἱ φρυνολόγοι· οὗτοι εὐβιώτατοι καὶ χθαμαλοπτῆται. γένη δὲ τῶν ἱεράκων φασί τινες εἶναι οὐκ ἐλάττω τῶν δέκα, διαφέρουσι δ' ἀλλήλων· οἱ μὲν γὰρ αὐτῶν ἐπὶ τῆς γῆς καθημένην τύπτουσι τὴν περιστερὰν καὶ συναρπά-
25 ζουσι, πετομένης δ' οὐ θιγγάνουσιν· οἱ δ' ἐπὶ δένδρου μὲν ἢ τινος ἄλλου καθημένην θηρεύουσιν, ἐπὶ τῆς γῆς δ' οὔσης ἢ μετεώρου οὐχ ἅπτονται· οἱ δ' οὔτ' ἐπὶ τῆς γῆς οὔτ' ἐπ' ἄλλου καθημένης θιγγάνουσιν ἀλλὰ πετομένην πειρῶνται λαμβάνειν. φασὶ δὲ καὶ τὰς περιστερὰς γινώσκειν ἕκαστον τούτων
30 τῶν γενῶν, ὥστε προσπετομένων, ἐὰν μὲν ᾖ τῶν μετεωροθήρων, μένειν ὅπου ἂν καθήμεναι τύχωσιν, ἐὰν δ' ᾖ τῶν χαμαιτύπων ὁ προσπετόμενος, οὐχ ὑπομένειν ἀλλ' ἀναπέτε-
33 σθαι.

33 ἐν δὲ Θράκῃ τῇ καλουμένῃ ποτὲ Κεδρειπολιὸς ἐν τῷ ἕλει θηρεύουσιν οἱ ἄνθρωποι τὰ ὀρνίθια κοινῇ μετὰ τῶν ἱερά-
35 κων· οἱ μὲν γὰρ ἔχοντες ξύλα σοβοῦσι τὸν κάλαμον καὶ
620b1 τὴν ὕλην ἵνα πέτωνται τὰ ὀρνίθια, οἱ δ' ἱέρακες ἄνωθεν ὑπερφαινόμενοι καταδιώκουσιν· ταῦτα δὲ φοβούμενα κάτω πέτονται πάλιν πρὸς τὴν γῆν· οἱ δ' ἄνθρωποι τύπτοντες τοῖς ξύλοις λαμβάνουσι, καὶ τῆς θήρας μεταδιδόασιν αὐτοῖς· ῥί-

18 ὁ⁽¹⁾ om. α γ (exc. L^c rc.)   αἰσάλων] σάλων α γ (exc. L^c rc.)   κίρχος P   **19** πτερνὶς α: πτέρνης E^a K^c M^c n: πέρνης Ald.   πλατύτεροι ἱέρακες β γ Bk. Dt.: πλατυτεροπτέρακες α: lati corporis Scot.: lati corporis in dorso Alb.: latiorum alarum Guil.: latiorum pennarum Trap.: latiores Gaza: πλατύπτεροι cj. Sn.   **20** πέρκαι α (exc. C^a), S^c, L^c rc.: πέρμοι T^c   σπίζαι codd. Gaza Ald.: σπιζίαι Guil. edd.   **21** λεῖοι codd. Guil. Gaza Ald. Bk.: ἔλειοι cj. Sn. ex Hesych.: ἔλειοι cj. Külb Sundevall A.-W. Dt.   **23** post δὲ add. καὶ α (exc. C^a)   **24** τῆς om. E^a L^c pr. n   **30** προπετομένων α γ   μὲν] μὴ C^a   **31** μένει α (exc. G^a rc. Q)   **32** προπετόμενος α   **33** κεδρειπολιὸς β L^c rc.: κέδρει πόλιος E^a n: κεδρειπόλιος P K^c M^c: κεδροπόλει L^c pr. Ald.: κέδρει πόλει α: κεδρειπόλει Bk.: κεδριπόλιος Dittenberger Dt.   **35** καὶ] κατὰ α γ Guil.   **620b1** πέτωνται codd. Bk.: evolent Guil. Trap. Gaza: ἐκπέτωνται cj. Sn.: ἀναπέτωνται cj. A.-W. Dt.   **3** πέταται C^a, E^a P K^c: πέτεται M^c L^c n Ald.   **4** καὶ ... **5** ὑπολαμβάνουσιν om. α γ (exc. L^c rc.): add. διδόασι δὲ καὶ τοῖς ἱέρακσιν ἐκ τῶν ὀρνίθων G^a rc. Q (exc. δεδύασον Q): non legit Ott.: et dant etiam ex eis accipitribus Scot.: dant autem de praeda columbarum acci-

HISTORIA ANIMALIUM VIII(IX) 620b

πτουσι γὰρ τῶν ὀρνίθων, οἱ δὲ ὑπολαμβάνουσιν. καὶ περὶ τὴν
Μαιῶτιν δὲ λίμνην τοὺς λύκους φασὶ συνήθεις εἶναι τοῖς ποιουμένοις τὴν θήραν τῶν ἰχθύων· ὅταν δὲ μὴ μεταδιδῶσι, διαφθείρειν αὐτῶν τὰ δίκτυα ξηραινόμενα ἐν τῇ γῇ.
τὰ μὲν οὖν περὶ τοὺς ὄρνιθας τοῦτον ἔχει τὸν τρόπον.
[37] ἔστι δὲ καὶ ἐν τοῖς θαλαττίοις ζῴοις πολλὰ τεχνικὰ θεωρῆσαι πρὸς τοὺς ἑκάστων βίους. τά τε γὰρ θρυλλούμενα περὶ τὸν /12/ βάτραχον τὸν ἁλιέα καλούμενόν ἐστιν ἀληθῆ καὶ τὰ περὶ /13/ τὴν νάρκην. ὁ μὲν γὰρ βάτραχος τοῖς πρὸ τῶν ὀφθαλμῶν ἀποκρεμαμένοις, ὧν τὸ μὲν μῆκός ἐστι τριχοειδές, ἐπ᾽ ἄκρου δὲ στρογγύλον, ὥσπερ προσκείμενον ἑκατέρῳ δελέατος χάριν, ὅταν ἐν τοῖς ἀμμώδεσιν ἢ θολώδεσιν ἀναταράξας κρύψῃ ἑαυτόν, ἐπαίρει τὰ τριχώδη, κοπτόντων δὲ τῶν ἰχθυδίων συγκατάγει μέχριπερ ἂν πρὸς τὸ στόμα προσαγάγῃ. ἥ τε νάρκη ναρκᾶν ποιοῦσα ὧν ἂν κρατήσειν μέλλῃ ἰχθυδίων, τῷ τρόπῳ ὃν ἔχει ἐν τῷ στόματι λαμβάνουσα, τρέφεται τούτοις· κατακρύπτεται δ᾽ εἰς τὴν ἄμμον καὶ πηλόν, λαμβάνει δὲ τὰ ἐπινέοντα ὅσα ἂν ναρκήσῃ ἐπιφερόμενα τῶν ἰχθύων· καὶ τούτου αὐτόπται γεγένηνταί τινες. κατακρύπτει δὲ καὶ ἡ τρυγὼν αὐτήν, πλὴν οὐχ ὁμοίως. σημεῖον δ᾽ ὅτι τοῦτον τὸν τρόπον ζῶσιν· ἁλίσκονται γὰρ ἔχοντες κεστρέας πολλάκις αὐτοὶ ὄντες βραδύτατοι, τὸν τάχιστον τῶν ἰχθύων. ἔπειτα ὁ μὲν βάτραχος, ὅταν μηκέτ᾽ ἔχῃ τὰ ἐπὶ

pitribus Alb.: et de preda dant ipsis; proiciunt enim de avibus, hii autem accipiunt Guil.: partem earum accipitribus offerunt Trap.: tum partem earum quas ceperint avium accipitribus impartiuntur Gaza 7 διδῶσι α γ (exc. L[c]rc.) 8 ἐν om. γ Ald. 9 τοὺς] τὰς C[a] 10 ἐν om. C[a] 11 θρυλλούμενα α β P M[c] L[c] Ald.: θρυλούμενα E[a] K[c] n 12 ἁλία C[a]: ἁλία Ppr. K[c]: ἁλίαν E[a] Prc. M[c] L[c]pr. n Ald. τὰ om. α γ (exc. L[c]rc.) 14 ἀποκρεμαμμένοις α (exc. F[a] X[c]) τριχῶδες L[c]pr. Ald. 15 προκείμενον F[a] X[c] 16 post ὅταν add. οὖν α γ Ald. Bk. ἀταράξας G[a] Q: turbans Guil. 18 post ἂν add. οὗ α γ (exc. L[c]) 19 κρατήσειεν Ald. μέλλει β (exc. S[c]) 20 ἰχθυδίων β: ἰχθύων α γ Ald. Bk.: pisciculorum Guil.: pisces Gaza τρόπῳ codd. Guil. Bk.: τρόμῳ cj. Pk. Th.: μορίῳ vel ὀργάνῳ cj. Dt. (cf. Athen. VII.314D): ῥόπτρῳ cj. Louis στόματι β L[c] Guil. Ald. Bk.: σώματι α γ (exc. L[c]) Gaza Cs. Sn. Dt. 23 γεγένηνται om. G[a] Q Ott. 25 post ἔχοντες add. ἐν γαστρὶ τοὺς C[a]rc. 26 ὄντες αὐτοὶ transp. α γ Ald. 27 ἔπειτα ... 28 λεπτότερος om. F[a] X[c] μὲν om. β μηκέτ᾽ ἔχῃ τὰ] μὴ κατέχηται α Ott.

429

ταῖς θριξίν, ἁλίσκεται λεπτότερος· ἡ δὲ νάρκη φανερά ἐστι καὶ τοὺς ἀνθρώπους ποιοῦσα ναρκᾶν. καθαμμίζουσι δ' ἑαυτὰ καὶ ὄνος καὶ βάτραχος καὶ ψῆττα καὶ ῥίνη, καὶ ὅταν ποιήσῃ ἑαυτὰ ἄδηλα, εἶτα ῥαβδεύεται τοῖς ἐν τῷ στόματι ἃ καλοῦσιν οἱ ἁλιεῖς ῥαβδία· τὰ δὲ μικρὰ ἰχθύδια προσέρχονται ὡς πρὸς φυκία /33/ ἀφ' ὧν τρέφονται.

ὅπου δ' ἂν ἀνθίας ᾖ οὐκ ἔστι θηρίον· ᾧ καὶ σημείῳ χρώμενοι κατακολυμβῶσιν οἱ σπογγεῖς, καὶ καλοῦσιν ἱεροὺς ἰχθῦς τούτους. ἔοικε δὲ συμπτώματι, καθάπερ ὅπου ἂν ᾖ κοχλίας σῦς οὐκ ἔστιν οὐδὲ πέρδιξ· κατεσθίουσι γὰρ /2/ ἄμφω τοὺς κοχλίας.

ὁ δ' ὄφις ὁ θαλάττιος τὸ μὲν χρῶμα παραπλήσιον ἔχει τῷ γόγγρῳ καὶ τὸ σῶμα, πλήν ἐστι μυουρότερος καὶ σφοδρότερος. ἐὰν δὲ φοβηθῇ καὶ ἀφεθῇ, εἰς τὴν ἄμμον καταδύεται ταχὺ τῷ ῥύγχει διατρυπήσας· ἔχει δ' ὀξύτερον τὸ στόμα τῶν ὄφεων. ἣν δὲ καλοῦσι σκολόπενδραν, ὅταν καταπίῃ τὸ ἄγκιστρον, ἐκτρέπεται τὰ ἐντὸς ἐκτὸς ἕως ἂν ἐκβάλλῃ τὸ ἄγκιστρον· εἶθ' οὕτως εἰστρέπεται πάλιν ἐντός. βαδίζουσι δ' αἱ σκολόπενδραι πρὸς τὰ κνισώδη, ὥσπερ καὶ αἱ χερσαῖαι. τῷ μὲν οὖν στόματι οὐ δάκνουσι, τῇ δὲ ὄψει καθ' ὅλον τὸ σῶμα, ὥσπερ αἱ καλούμεναι κνῖδαι.

---

29 ἑαυτοὺς L^c Ald.   **30** βάτραχος codd. Scot. Guil. Ald.: raiae Gaza: βάτος cj. Scal. Sn. Bk. Dt.   **31** δῆλα γ (exc. L^crc.)   ῥάβδεται C^a   τοῖς] τῶν α C^a   **32** τὰ δέ μ. ἰ. πρ. β L^crc. Scot. Guil. Gaza Ald. Dt: προσέρχονται δ' α (exc. G^arc. Q) γ (exc. L^crc.) Bk.: τὰ δὲ ἰχθύδια πρ. G^arc. Q Ott. ὡς πρὸς φύκια β L^crc. Scot. Guil. Gaza Ald. edd.: ὥσπερ πεφυκυῖαι α Ott.: ὡς προσπεφυκυῖαι E^a K^c M^c n: ὡς προσπεφυκέναι P: ὡς προσπεφυκία L^cpr.   **33** ᾗ β Gaza Dt. (cf. Athen. vii.282c): ὁραθῇ α γ Guil. Ald. Bk.   **34** σημεῖον E^a   **621a2** ἄμφω β Guil. Bk. Dt.: πάντες C^a A^apr. G^a Q γ Ald.: πάντας A^arc. F^a X^c Gaza Scal. Sn.   **4** μυουρότερος β (exc. O^crc.) A.-W. Dt. Th.: ἀμαυρότερος α O^crc. γ Guil. Gaza Ald. Bk.   φοβηθῇ cett. Guil. Ald. Dt: ληφθῇ A^arc. (ut vid.) Gaza Sn. Bk. (cf. Plin. ix.43.82)   ἀφεθῇ codd. Gaza edd.: ληφθη Bas. Sylb. Ott.: fugerit Scot.: tangatur (viz. ἀφθῇ) Guil.   **5** post τῷ add. δὲ n   **6** τὸ om. L^c Ald.   **7** καταπίει P   ἐντρέπεται α (exc. G^arc. Q): evertit Guil.: evomit Gaza   **8** ἐκβάλλῃ G^a Q, β, P M^c n, Guil. Ald.: ἐκβάλλῃ α (exc. G^a Q), E^a K^c L^c, Bk. Dt.   ἐκτρέπεται γ (exc. L^c)   **9** βαδίζουσαι P   κνισώδη α   **10** δάκνουσαι α (exc. C^a)   **11** ὄψει codd. Guil. Ald.: tactu Gaza: ἄψει cj. Sylb. edd.   κνείγαι C^a: κνίγαι α (exc. C^a), E^a P K^c M^c

HISTORIA ANIMALIUM VIII(IX)   621a

τῶν δ' ἰχθύων αἱ ὀνομαζόμεναι ἀλώπεκες, ὅταν αἴσθωνται
ὅτι τὸ ἄγκιστρον καταπεπώκασι, βοηθοῦσι πρὸς τοῦτο ὥσ-
περ καὶ ἡ σκολόπενδρα· ἀναδραμοῦσαι γὰρ ἐπὶ πολὺ πρὸς τὴν
ὁρμιὰν ἀποτρώγουσιν αὐτῆς· ἁλίσκονται δὲ περὶ ἐνίους τό-   15
πους πολυαγκίστροις ἐν ῥοώδεσι καὶ βαθέσι τόποις. συστρέ-
φονται δὲ καὶ αἱ ἄμιαι, ὅταν τι θηρίον ἴδωσι, καὶ κύκλῳ
αὐτὸ περινέουσιν αἱ μέγισται, κἂν ἅπτηταί τινος ἀμύνουσιν·
ἔχουσι δ' ὀδόντας ἰσχυρούς, καὶ ἤδη ὦπται καὶ ἄλλα καὶ
ἅμα ἐμπεσοῦσα καὶ καθελκωθεῖσα.   20
    τῶν δὲ ποταμίων ὁ   20
γλάνις ὁ ἄρρην περὶ τὰ τέκνα ποιεῖται ἐπιμέλειαν πολλήν·
ἡ μὲν γὰρ θήλεια τεκοῦσα ἀπαλλάττεται, ὁ δ' ἄρρην οὗ
ἂν πλεῖστον συστῇ τοῦ κυήματος ᾠοφυλακεῖ παραμένων,
οὐδεμίαν ὠφέλειαν ἄλλην παρεχόμενος πλὴν ἐρύκων τἆλλα
ἰχθύδια μὴ διαρπάσωσι τὸν γόνον· καὶ τοῦτο ποιεῖ ἡμέρας   25
καὶ τετταράκοντα καὶ πεντήκοντα ἕως ἂν αὐξηθεὶς ὁ γόνος
δύνηται διαφεύγειν ἀπὸ τῶν ἄλλων ἰχθύων. γινώσκεται δ'
ὑπὸ τῶν ἁλιέων οὗ ἂν τύχῃ ᾠοφυλακῶν· ἐρύκων γὰρ τὰ
ἰχθύδια ἄττει καὶ ἦχον ποιεῖ καὶ μυγμόν. οὕτω δὲ φιλο-
στόργως μένει πρὸς τοῖς ᾠοῖς ὥστε οἱ ἁλιεῖς ἑκάστοτε, ἂν   30
ἐν βαθείαις ῥίζαις τὰ ᾠὰ προσῇ, ἀνάγουσιν ὡς ἂν δύνωνται
εἰς βραχύτατον· ὁ δ' ὁμοίως οὐκ ἀπολείπει τὸν γόνον, ἀλλ'
ἐὰν μὲν τύχῃ ταχέως ὑπὸ τοῦ ἀγκίστρου ἑάλω διὰ τὸ ἀρ-

---

13 ὅτι β L^{c}pr. Ald. Bk.: διατί C^a A^{a}pr. G^a Q γ (exc. L^{c}pr.): ὡς εἰς A^{a}rc. F^a
X^c καταπεπώκασι C^a F^a X^c, E^{a}pr.   14 πρὸς om. E^a L^{c}pr.   15
αὐτὸ C^a ἀλώσκονται A^a G^a Q   δὲ β L^{c}rc. Guil. Ald. Sn. Dt.: γὰρ α γ
Bk.   16 πολλοῖς ἀγκίστροις L^{c}pr. Ald.   ῥώδεσι Ald.   17 τι om. L^{c}pr.
18 αὐτὸ β: αὐτῶν α γ Ald.   ἀμμύουσιν A^a G^{a}pr.: ἀμμύνουσιν G^{a}rc. Q:
ἀμμίουσιν F^a X^c 19 ἔχει P   post ἤδη add. καὶ F^a X^c καὶ post
ὦπται om. K^c 20 ἄμια β (exc. O^{c}rc.) L^{c}rc. Ald.: λάμια α O^{c}rc γ (exc. L^{c}rc.)
Bk.: lamia Guil. Gaza   καθελκυσθεῖσα L^{c}pr. Ald.   21 γλανὶς C^a G^a Q:
γλανῆς A^a F^a X^c τὰ om. α P K^c post τὰ add. τε n   22 μὲν om. α γ
(exc. L^{c}rc.)   23 περιμένων L^{c}pr. Ald.   25 μὴ ... γόνον om. F^a X^c 26
αὐξηθῇ F^a X^c 29 ἄττα S^c T^c, L^{c}rc., Ald.: fugat Guil.: quatit prosilit Gaza
νυγμόν α (νηγμόν A^{a}pr.) γ (exc. L^{c}rc.)   31 ἐν om. α (exc. C^a)   ῥίζαις cett.
Guil. edd.: δίναις O^{c}rc. Gaza   32 ὁ om. α   33 post τύχῃ add. νέος ὢν
καὶ ἄπειρος O^{c}rc.: si minor sit natu minusque usu exercitatus Gaza: ⟨νέος⟩ τύχῃ cj.
Camot. Cs. Dt.

ARISTOTELIS

πάζειν τὰ προσιόντα τῶν ἰχθυδίων, ἐὰν δ' ᾖ συνήθης καὶ ἀγκιστροφάγος, λείπει μὲν οὐδ' ὡς τὸν γόνον τῷ δ' ὀδόντι τῷ σκληροτάτῳ συνδάκνων διαφθείρει τὰ ἄγκιστρα.

ἅπαντα δὲ καὶ τὰ πλωτὰ καὶ τὰ μόνιμα τούτους νέμεται τοὺς τόπους ἐν οἷς ἂν φυῶσι καὶ τοὺς ὁμοίους τούτοις· ἡ γὰρ οἰκεία τροφὴ ἑκάστων ἐν τούτοις ἐστίν. πλανᾶται δὲ μάλιστα τὰ σαρκοφάγα· πάντα δὲ σχεδόν ἐστι σαρκοφάγα πλὴν ὀλίγων, οἷον κεστρέως καὶ σάλπης καὶ τρίγλης καὶ χαλκίδος. τὴν δὲ καλουμένην φωλίδα ἡ μύξα ἣν ἀφίησι περιπλάττεται περὶ αὐτὴν καὶ γίνεται καθάπερ θαλάμη.

τῶν δ' ὀστρακοδέρμων καὶ ἀπόδων ὁ κτεὶς μάλιστα καὶ πλεῖστον κινεῖται δι' αὐτοῦ πετόμενος· ἡ γὰρ πορφύρα ἐπὶ μικρὸν προέρχεται /12/ καὶ τὰ ὅμοια ταύτῃ.

ἐκ δὲ τοῦ εὐρίπου τοῦ ἐν Πύρρᾳ οἱ ἰχθύες χειμῶνος μὲν ἐκπλέουσιν ἔξω, πλὴν κωβιοῦ, διὰ τὸ ψῦχος (ψυχρότερος γάρ ἐστιν ὁ εὔριπος), ἅμα δὲ τῷ ἔαρι πάλιν εἰσπλέουσιν. οὐ γίνεται δ' ἐν τῷ εὐρίπῳ οὔτε σκάρος οὔτε θρίττα οὔτε ἄλλο τῶν ἀνθηροτέρων οὐθέν, οὐδὲ γαλεοὶ οὐδὲ ἀκανθίαι οὐδὲ κάραβοι οὐδὲ πολύποδες οὐδὲ βολίταιναι οὐδ' ἄλλ' ἄττα· τῶν δ' ἐν τῷ εὐρίπῳ φυομένων οὐκ ἔστι πελάγιος ὁ λευκὸς κωβιός. ἀκμάζουσι δὲ τῶν ἰχθύων οἱ μὲν ᾠοφόροι τοῦ ἔαρος μέχρι οὗ ἂν ἐκτέκωσιν, οἱ δὲ ζωοτό-

621b1 τῷ δὲ σκλ. ὀδόντι β   **2** διαφέρει C[a] A[a]pr. G[a]pr.   πάντα α   **3**
καὶ[(2)] om. E[a] L[c]pr. n   πλοτὰ Ppr.: ποτὰ E[a] L[c]pr. n   νόμιμα E[a] n: νόμια
L[c]pr.   **5** εἰσί A[a] G[a] Q   **6** πάντα ... σαρκοφάγα om. α Gaza Ott.   **7**
σάλπης β L[c]rc. Guil. Gaza edd.: σάρπης α γ (exc. L[c]rc.) Ald.   τὴν δὲ
καλουμένην φωλίδα β γ Ald.: τῇ δὲ καλουμένῃ φολίδι α (φωλίδι C[a])   **11**
μικρὸν β Guil.: μικρότατον α γ   **12** εὐρίππου C[a], E[a] n, Trap.   τοῦ ἐν
πύρρα β L[c]rc. Ott. edd.: τοῦ ἐκπυρία C[a]: τὰ ἐκπυρία α (exc. C[a]) Ott. v.l.:
τοῦ ἐκπυρὶ E[a] P K[c] M[c]: τοῦ ἐκπυρίου L[c]pr. n Ald.: qui in Pyria Guil.: pyrrhaeo
Gaza   οἱ] οἷον α (exc. C[a]) Ott.   **13** χειμῶνα α (exc. C[a])   **14** ἐστιν
om. C[a]   εὔριππος C[a] A[a] G[a] Q, E[a]pr. n, Trap.   **15** εὐρίππω C[a] A[a] G[a]
Q, E[a]pr. n, Trap.   σκάρος] σαργός α Ott.   **16** ἀνθηροτέρων cett. Guil.
Trap. Ald.: ἀκανθηροτέρων L[c]rcsm. Gaza Bk. Dt.: om. Scot.: ἀνθηρῶν Bas.:
ἀκανθήρων cj. Cs. Sn.   **18** ἀλλάτα A[a] G[a] Q   εὐρίππω C[a] Q, E[a]pr. n,
Trap.   πελάγιον α γ (exc. L[c]rc.)   **20** τέκωσιν α

κοι τοῦ μετοπώρου καὶ πρὸς τούτοις κεστρεῖς καὶ τρίγλαι καὶ /22/ τἆλλα τὰ τοιαῦτα. πάντα δὲ καὶ τὰ πελάγια καὶ τὰ εὐριπώδη τίκτει ἐν τῷ εὐρίπῳ· ὀχεύονται μὲν γὰρ τοῦ μετοπώρου, τίκτουσι δὲ τοῦ ἔαρος. ἔστι δὲ καὶ τὰ σελάχη κατὰ μὲν τὸ μετόπωρον ἀναμὶξ τὰ ἄρρενα τοῖς θήλεσι κατὰ τὴν ὀχείαν, τοῦ δ' ἔαρος εἰσπλέουσι διακεκριμένα μέχρι οὗ ἂν ἐκτέκωσιν· κατὰ δὲ τὴν ὀχείαν ἁλίσκεται πολλὰ συνεζευγμένα.

τῶν δὲ μαλακίων πανουργότατον μὲν ἡ σηπία καὶ μόνῳ χρῆται τῷ θολῷ κρύψεως χάριν καὶ οὐ μόνον φοβουμένη· ὁ δὲ πολύπους καὶ ἡ τευθὶς διὰ φόβον ἀφίησι τὸν θολόν. ἀφίησι δὲ ταῦτα πάντα οὐδέποτε ἀθρόον τὸν θολόν· καὶ ὅταν ἀφῇ αὐξάνεται πάλιν. ἡ δὲ σηπία, ὥσπερ εἴρηται, τῷ τε θολῷ χρῆται πολλάκις κρύψεως χάριν, καὶ προδείξασα εἰς τὸ πρόσθεν ἀναστρέφεται εἰς τὸν θολόν. ἔτι δὲ θηρεύει τοῖς μακροῖς τοῖς ἀποτείνουσιν οὐ μόνον τὰ μικρὰ τῶν ἰχθυδίων ἀλλὰ καὶ κεστρέας πολλάκις. ὁ δὲ πολύπους ἀνόητον μέν ἐστι (καὶ γὰρ πρὸς τὴν χεῖρα βαδίζει τοῦ ἀνθρώπου καθιεμένην), οἰκονομικὸς δ' ἐστίν· πάντα μὲν γὰρ συλλέγει εἰς τὴν θαλάμην οὗ τυγχάνει κατοικῶν, ὅταν δὲ καταναλώσῃ τὰ χρησιμώτατα ἐκβάλλει τὰ ὄστρακα καὶ τὰ κελύφια τῶν καρκίνων καὶ κογχυλίων καὶ τὰς ἀκάνθας τῶν ἰχθυδίων· καὶ θηρεύει τοὺς ἰχθῦς τὸ χρῶμα μεταβάλλων καὶ ποιῶν ὅμοιον οἷς ἂν

22 τά[1] om. α (exc. Fᵃ Xᶜ)   τοιαῦτα. πάντα δὲ καὶ τὰ πελάγια καὶ τὰ εὐριπώδη β Lᶜrc. Guil. Dt: τοιαῦτα πάντα. περὶ δὲ τὴν λέσβον καὶ τὰ πελάγια πάντα καὶ τὰ εὐ. α γ Gaza Ald. Bk.   23 εὐριππώδη et εὐρίππω Cᵃ Eᵃpr.   24 μὲν γὰρ β Bk. Dt.: δὲ α Eᵃ P Kᶜ Mᶜ Guil.: μὲν οὖν Lᶜ Ald.: μὲν n 25 καὶ om. α (exc. Cᵃ)   27 οὗ om. β   τέκωσι α (exc. Cᵃ)   δὲ om. Tᶜ 28 συζευγνύμενα α (exc. ζευγνύμενα Fᵃ Xᶜ)   πανουργότερον P   29 μόνῳ Aᵃ Gᵃ Q β Lᶜrc.: μόνη Fᵃ Xᶜ Guil. Trap. Gaza Sylb. A.-W. Dt: μόνον Cᵃ γ (exc. Lᶜrc.) Ald. Bk.   θορῷ α: tholo id est nitro turbido Guil. (thoro nonn.) 31 θορόν α Guil.   ἀφίησι[2]] ἀφεῖ Eᵃpr. P Kᶜ   ἀφίησι[2] ... 32 θολόν om. α Trap. Gaza Ott.   32 θολόν] thorum Guil.   33 ὥσπερ] ὡς α (exc. Cᵃ) τε om. α   θορῷ α (exc. Aᵃpr. Gᵃpr.): tholum Guil.   πολλάκις χρῆται transp. α γ Ald.   622a1 θορόν α: tholum Guil.   ἔτι] ὅτι P   2 καὶ om. Cᵃ   4 οἰκονομικῶς Eᵃ Ppr. Kᶜ   5 γὰρ συλλέγει μὲν transp. α γ post τυγχ. add. δὴ α   6 κατ' οἴκων Aᵃ

10 πλησιάζῃ λίθοις. τὸ δ' αὐτὸ τοῦτο ποιεῖ καὶ φοβηθείς. λέγεται δ' ὑπό τινων καὶ ὡς ἡ σηπία τοῦτο ποιεῖ· παρόμοιον γάρ φασι τὸ χρῶμα τὸ αὐτῆς ποιεῖν τῷ τόπῳ περὶ ὃν διατρίβει. τῶν δ' ἰχθύων τοῦτο ποιεῖ μόνον ἡ ῥίνη· μεταβάλλει
14 γὰρ τὴν χρόαν ὥσπερ ὁ πολύπους.
14   τὸ μὲν οὖν πλεῖστον γένος
15 τῶν πολυπόδων οὐ διετίζει· καὶ γὰρ φύσει συντηκτικόν ἐστιν· σημεῖον δ' ἐστίν, πηλούμενος γὰρ ἀφίησιν ἀεί τι καὶ τέλος ἀφανίζεται. αἱ δὲ θήλειαι μετὰ τὸν τόκον τοῦτο πάσχουσι μᾶλλον, καὶ γίνονται μωραί, καὶ οὔτε κυματιζόμεναι αἰσθάνονται λαβεῖν τε τῇ χειρὶ κατακολυμβήσαντα ῥᾴδιον·
20 βλεννώδεις τε γίνονται καὶ οὐδὲ θηρεύουσιν ἔτι προσκαθήμεναι. οἱ δ' ἄρρενες σκυτώδεις τε γίνονται καὶ γλίσχροι. σημεῖον δὲ δοκεῖ εἶναι τοῦ μὴ διετίζειν ὅτι μετὰ τὴν γένεσιν τῶν πολυποδίων ἕν γε τῷ θέρει καὶ πρὸς τὸ φθινόπωρον μέγαν πολύπουν οὐκέτι ῥᾴδιόν ἐστιν ἰδεῖν, μικρὸν
24, 25 δὲ πρὸ τούτου /25/ τοῦ καιροῦ μέγιστοί εἰσιν οἱ πολύποδες. ὅταν δὲ τὰ ᾠὰ ἐκτέκωσιν, /26/ οὕτω καταγηράσκειν καὶ ἀσθενεῖς γίνεσθαι ἀμφοτέρους /27/ φασὶν ὥστε ὑπὸ τῶν ἰχθυδίων κατεσθίεσθαι καὶ ῥᾳδίως /28/ ἀπο-
28 σπᾶσθαι ἀπὸ τῶν πετρῶν· πρότερον δὲ τοιοῦτον οὐδὲν πάσχειν· ἔτι δὲ τοὺς μικροὺς καὶ νέους τῶν πολυπόδων μετὰ

10 πλησιάσῃ α (exc. C^a): *appropinquaverit* Guil. Trap. Gaza   11 ὡς καὶ transp. F^a X^c, L^c, Guil. Ald. edd.   καὶ om. A^a G^a Q   12 τὸ αὐτῆς ποιεῖν β (τὸ αὐτὸ αὐτῆς ποίειν T^c) Ald.: ποιεῖν τὸ αὐτῆς α γ (exc. ποιεῖ α) 13 ἡ om. α γ (exc. L^crc.) Bk.   16 πηλούμενος C^a G^a*pr.* F^a*pr.* β γ Ald.: πιλούμενος A^a G^a*rc.* Q F^a*rc.* X^c   ἀεί ... 17 ἀφανίζεται om. F^a X^c   ἀεί τι om. K^c in lac.   καὶ τ. ἀφ. om. n   17 ἀφανίζεται] ἀφίησιν α (exc. F^a X^c), E^a P M^c: om. K^c: *exterminatur* Guil.   δὲ] γὰρ α (exc. C^a): *autem* Guil. 20 βλεννῶδες τὲ γίνεται α (exc. F^a X^c), E^a P K^c M^c: βλενώδεις τε γίγνονται F^a X^c, O^c T^c, Ald.: *βελενώδεις τε γίνονται* L^c   οὐδὲ] οὐ G^a Q   προκαθήμεναι E^a K^c L^c*pr.* n   21 κυτώδεις α (exc. F^a X^c), K^c M^c: κητώδεις E^a P n: *coriales* Guil.: *corpulenti* Trap.: *alveo tument* Gaza   τε om. α   σημεῖον ... resum. m   23 πολυπόδων L^c*pr.* m   γε] τε E^a L^c n Ald.   καὶ om. α γ (exc. L^crc.) Dt.   24 πολύπουν om. α (exc. C^a)   οὐκ ἔστι ῥᾴδιον ἰδεῖν C^a, P   25 ὅταν] ὅτε m   27 φασὶν om. m   post ὥστε add. καὶ β Guil.   28 πετρῶν β L^c*rc.* Guil. Ott.: φωλεῶν α γ (exc. L^c*rc.*) Gaza Ald. edd.   πρότερον οὐδὲν τοιοῦτον πάσχοντας m   29 πάσχει C^a   ἔτι μικροὺς δὲ τοὺς πολυπόδας m   καὶ om. n

HISTORIA ANIMALIUM VIII(IX)

τὴν γένεσιν οὐδένα φασὶ τοιοῦτον πάσχειν, ἀλλ' ἰσχυροτέρους εἶναι τῶν μειζόνων. οὐ διετίζουσι δ' οὐδ' αἱ σηπίαι. εἰς δὲ τὸ ξηρὸν ἐξέρχεται μὲν μόνον τῶν μαλακίων ὁ πολύπους· πορεύεται δ' ἐπὶ τοῦ τραχέος, τὸ δὲ λεῖον φεύγει. ἔστι δὲ τὰ μὲν ἄλλα ἰσχυρὸν τὸ ζῷον, τὸν δὲ τράχηλον ἀσθενὲς ὅταν πιεσθῇ. περὶ μὲν οὖν τὰ μαλάκια τοῦτον ἔχει τὸν τρόπον.

τὰς δὲ κόγχας φασὶ τὰς λεπτὰς καὶ τραχείας ποιεῖσθαι περὶ /3/ αὐτὰς οἷον θώρακα σκληρόν, καὶ τοῦτον μείζονα ὅταν γίνωνται μείζους, καὶ ἐκ τούτου ἐξιέναι ὥσπερ ἐκ φωλεοῦ τινος καὶ οἰκίας. ἔστι δὲ καὶ ὁ ναυτίλος πολύπους τῇ τε φύσει καὶ οἷς ποιεῖ περιττῶς· ἐπιπλεῖ γὰρ ἐπὶ τῆς θαλάττης, τὴν ἀναφορὰν ποιησάμενος κάτωθεν ἐκ τοῦ βυθοῦ, καὶ ἀναφέρεται μὲν κατεστραμμένῳ τῷ ὀστράκῳ, ἵνα ῥᾷόν γε ἀνέλθῃ καὶ κενῷ ναυτίλληται, ἐπιπολάσας δὲ μεταστρέφει. ἔχει δὲ μεταξὺ τῶν πλεκτανῶν ἐπί τι συνυφές, ὅμοιον τοῖς στεγανόποσι τὸ μεταξὺ τῶν δακτύλων· πλὴν ἐκείνοις μὲν παχύ, τούτοις δὲ λεπτὸν τοῦτο καὶ ἀραχνῶδές ἐστιν. χρῆται δ' αὐτῷ, ὅταν πνευμάτιον ᾖ, ἱστίῳ· ἀντὶ πηδαλίων δὲ τῶν πλεκτανῶν παρακαθίησιν· ἂν δὲ φοβηθῇ, καταδύνει τῆς θαλάττης μεστώσας τὸ ὄστρακον. περὶ δὲ γενέσεως καὶ αὐξήσεως τοῦ ὀστράκου ἀκριβῶς μὲν οὔπω ὦπται, δοκεῖ δ' οὐκ ἐξ ὀχείας γίνεσθαι ἀλλὰ φύεσθαι ὥσπερ τἆλλα κογχύλια. οὐ δῆλον δέ πω οὐδ' εἰ ἀποδυόμενος δύναται ζῆν.

30 οὐδένα β: οὐθὲν α γ (exc. P*pr*.) Ald.: ὅθεν P*pr*.   φασι om. m Guil. ἀλλ' ἰσχ.] καὶ ἰσχ. m: om. in lac. K^c   ἰσχυροτέραι G^a*pr*.   31 οὐ ... 33 φεύγει om. m   οὐδ' om. n   32 ξηρὸν C^a β γ Guil. edd.: σηπίον A^a G^a*pr*. F^a X^c: ξηρὸν σηπίον Q Ott.   ἐξέρχονται α (exc. F^a X^c), P*pr*. K^c M^c μὲν β γ (exc. L^c) Guil. (Tz): om. α L^c Guil. (cett.)   34 τῶν ζώων G^a Q ὅταν ... 623b16 om. m   πιασθῇ C^a   622b1 τὰ μαλάκια β γ: τῶν μαλακίων α   3 αὐταῖς α: αὐτὰς O^c T^c γ Ald. Sn.   σκηρόν A^a*pr*. G^a*pr*. 5 καὶ^(1) β: ἢ α γ Guil. Ald.   6 περιττῶς β (exc. O^c*corr*.): περιττός α γ Ald. ἐπιπλεῖ] ἐπὶ πλεῖον α (exc. C^a)   9 κενῷ] κυνῶν A^a G^a Q: κινῶν F^a X^c: om. Trap.   ναυτίλλεται F^a X^c: ναυτίληται L^c n Ald.   10 ἐπί codd. Bk.: om. Guil. Trap. Gaza Cs. Sn. Dt.   συνηφές α (exc. F^a X^c): συναφές F^a X^c Canis.   12 ἀραχνῶδές β γ Ald.: ἀραχνιῶδές α   13 πνευμάτιον α β L^c*rc*. Dt: πνεῦμά τι γ (exc. L^c*rc*.) Ald. Bk.   15 αὐξήσεως β: συναυξήσεως α γ 18 ἀπολυόμενος α Dt.: *absolutus* Guil.

435

[38] τῶν δ' ἐντόμων ζῴων ἐργατικώτατα σχεδόν ἐστι καὶ πρὸς τἆλλα πάντα συγκρίνεσθαι, τό τε τῶν μυρμήκων γένος καὶ τὸ τῶν μελιττῶν, ἔτι δ' ἀνθρῆναι καὶ σφῆκες καὶ πάνθ' ὡς εἰπεῖν τὰ συγγενῆ τούτοις. εἰσὶ δὲ καὶ τῶν ἀραχνίων οἱ γλαφυρώτεροι καὶ λαγαρώτατοι καὶ τεχνικώτατοι περὶ τὸν βίον. ἡ μὲν οὖν τῶν μυρμήκων ἐργασία πᾶσίν ἐστιν ἐπιπολῆς ἰδεῖν, καὶ ὡς ἀεὶ μίαν ἀτραπὸν πάντες βαδίζουσι, καὶ τὴν ἀπόθεσιν τῆς τροφῆς καὶ ταμιείαν· ἐργάζονται γὰρ καὶ ταῖς νυξὶ ταῖς πανσελήνοις.

[39] τῶν δ' ἀραχνίων καὶ τῶν φαλαγγίων ἔστι πολλὰ γένη, τῶν μὲν δηκτικῶν φαλαγγίων δύο, τὸ μὲν ἕτερον ὅμοιον τοῖς καλουμένοις λύκοις, μικρὸν καὶ ποικίλον καὶ ὀξὺ καὶ πηδητικόν· καλεῖται δὲ ψύλλα· τὸ δ' ἕτερον μεῖζον, τὸ μὲν χρῶμα μέλαν, τὰ δὲ σκέλη τὰ πρόσθια μακρὰ ἔχον, καὶ τῇ κινήσει νωθρὸν καὶ βαδίζον ἠρέμα καὶ οὐ κρατερὸν καὶ οὐ πηδῶν. τὰ δ' ἄλλα πάντα, ὅσα παρατίθενται οἱ φαρμακοπῶλαι, τὰ μὲν οὐδεμίαν τὰ δ' ἀσθενῆ ποιεῖ τὴν δῆξιν. ἄλλο δ' ἐστὶ τῶν καλουμένων λύκων γένος. τοῦτο μὲν οὖν τὸ μικρὸν οὐχ ὑφαίνει ἀράχνιον, τὸ δὲ μεῖζον παχὺ καὶ φαῦλον πρὸς τῇ γῇ καὶ ταῖς αἱμασιαῖς· ἐπὶ τοῖς στομίοις δ' ἀεὶ ποιεῖ τὸ ἀράχνιον, καὶ ἔνδον ἔχον τὰς ἀρχὰς τηρεῖ ἕως ἂν ἐμπεσόν τι κινηθῇ·

19—20 τῶν δὲ ἐντόμων ζῴων ἐργατικώτατα σχεδόν ἐστι καὶ πρὸς τἆλλα πάντα συγκρίνεσθαι, τό β Ald. Dt.: τῶν δὲ ἐντόμων ἐργατικώτατον ζῷον (ζώων γ) ἐστί, σχεδὸν δὲ καὶ πρὸς τἆλλα συγκρίνεσθαι πάντα, τό α γ Guil.   21 τὸ om. α (exc. C[a])   ἀνθρῆναι α γ Ald.: ἀνθρῖναι β [vide Praef. p. xii]   23 γλαφυρώτεροι β Gaza: γλαφυρώτατοι α γ Ald. λαγαρώτεροι α (exc. C[a]) Gaza: καὶ λαγ. secl. A.-W. Dt.   τεχνικώτεροι α γ Gaza   25 ἐπὶ πολλῆς α (exc. C[a]) E[a] n   ὡς om. Ald.   ἀεὶ] ἂν β ἄτραπον πάντες] ἀνατρέποντες α   26 τῶν τροφῶν K[c]   τὰ ταμιεῖα α (exc. C[a])   27 ταῖς νυξὶ β L[c]rc.: τὰς νύκτας α γ (exc. L[c]rc.) edd.: ταῖς νύκταις Ald.: noctibus Guil.   τὰς πανσελήνους α (exc. C[a]) edd.   28 post ἔστι add. μὲν α γ Ald. Bk.   τῶν μὲν] τῷ δὲ C[a]   31 μὲν β Ald. Bk.: δὲ α γ: et Guil.   32 τὰ om. α (exc. C[a])   πρόσθια σκέλη transp. F[a] X[c]   33 βαδίζων S[c]   καὶ οὐ] οὐδὲ L[c] Ald.   34 φαρμακοπωλῖται C[a] A[a] G[a]: φαρμακοπωλεῖται Q; φαρμακοπῶλοι F[a] X[c]   οὐδὲ μίαν α (exc. C[a]) n 623a1 τὴν δῆ lac.   ἄλλο K[c]   3 παχὺ β L[c]rc. Ald.: τραχὺ α γ (exc. L[c]rc.) edd.   4 τοῖς om. F[a] X[c]   δ'] οὐδ' n   5 καὶ ... 7 ἀράχνιον om. K[c] ἔνδιον F[a] X[c]   ἔχει α   post ἀρχὰς add. καὶ F[a] X[c] ἔπειτα προσέρχεται. τὸ δὲ ποικίλον ὑπὸ τοῖς δένδρεσι ποιεῖται μικρὸν καὶ φαῦλον ἀράχνιον. ἄλλο δ' ἐστὶ τρίτον τούτων σοφώτατον καὶ γλαφυρώτατον· ὑφαίνει γὰρ πρῶτον μὲν διατεῖναν πρὸς τὰ πέρατα πανταχόθεν, εἶτα στημονίζεται ἀπὸ τοῦ μέσου (λαμβάνει δὲ τὸ μέσον ἱκανῶς), ἐπὶ δὲ τούτοις ὥσπερ κρόκας ἐμβάλλει, εἶτα συνυφαίνει. τὴν μὲν οὖν κοίτην καὶ τὴν ἀπόθεσιν τῆς θήρας ἄλλοθι ποιεῖται, τὴν δὲ θήραν ἐπὶ τοῦ μέσου τηροῦσα· κἄπειθ' ὅταν ἐμπέσῃ τι, κινηθέντος τοῦ μέσου πρῶτον μὲν περιδεῖ καὶ περιελίττει τοῖς ἀραχνίοις ἕως ἂν ἀχρεῖον ποιήσῃ, μετὰ δὲ ταῦτ' ἐξήνεγκεν ἀραμένη, καὶ ἐὰν μὲν τύχῃ πεινῶσα, ἐξεχύλισεν (αὕτη γὰρ ἡ ἀπόλαυσις), εἰ δὲ μή, πάλιν ὁρμᾷ πρὸς τὴν θήραν, ἀκεσαμένη πρῶτον τὸ διερρωγός· ἐὰν δέ τι μεταξὺ ἐμπέσῃ, πρῶτον ἐπὶ τὸ μέσον βαδίζει, κἀκεῖθεν ἐπανέρχεται πρὸς τὸ ἐμπεσὸν ὥσπερ ἀπ' ἀρχῆς. ἐὰν δέ τις λυμήνηται τοῦ ἀραχνίου, πάλιν ἄρχεται τῆς ὑφῆς καταφερομένου τοῦ ἡλίου ἢ ἀνατέλλοντος διὰ τὸ μάλιστα ἐν ταύταις ταῖς ὥραις ἐμπίπτειν τὰ θηρία. ἐργάζεται δὲ καὶ θηρεύει ἡ θήλεια· ὁ δ' ἄρρην συναπολαύει.

τῶν δ' ἀραχνίων τῶν γλαφυρῶν καὶ ὑφαινόντων ἀράχνιον πυκνὸν δύο γένη ἐστί, τὸ μὲν μεῖζον τὸ δ' ἔλαττον. τὸ μὲν οὖν μακροσκελέστερον κάτωθεν κρεμάμενον τηρεῖ, ὅπως ἂν μὴ φοβούμενα τὰ θηρία εὐλα-

---

7 τούτων om. Eᵃ Lᶜ n Ald.   9 κέρατα α Guil. Trap.   εἶτα στημονί om. Kᶜ in lac.: εἶτα lac. μονίζεται P Mᶜ   10 τούτοις om. P in lac.: om. Kᶜ: τούτου Mᶜ Lᶜpr.   11 ἐμβάλλει P Kᶜ   12 ἀλλαχόθι Aᵃ Gᵃ Q Ott.: ἀλλαχόθεν Fᵃ Xᶜ   13 θύραν P   τηροῦσα ... 14 μέσου om. Oᶜpr. Tᶜ: add. ἔπειθ' ὅταν ἐμπέσῃ κιν. τ. μ. Oᶜrc.   τηροῦσα om. Eᵃ Lᶜpr. n: τῇ lac. P: τηροῦσα κἄπει om. Kᶜ in lac.: μέσου lac. ἔπειθ' γ Ald.   τι om. Cᵃ, Oᶜrc., Eᵃ Lᶜpr. n   14 περιδεῖ καὶ] περιδ lac. P Kᶜ: δεῖ καὶ Lᶜpr.   15 ἐξήνεγκεν β Lᶜrc. Ald.: ἀπήνεγκεν α Bk.: ἤνεγκεν post lac. P: ἤνεγκεν Eᵃ Kᶜ Mᶜ Lᶜpr. n: effert Guil.   16 πινῶσα Aᵃ Gᵃ Q   17 ἀπόλυσις α (exc. Gᵃrc. Q) γ (exc. Lᶜrc.): fruitio Guil. Gaza   18 ἀκεσάμενον α γ (exc. Lᶜrc.)   τι om. Lᶜ Ald.   20 τις] aliquid Guil.: quid Trap.: quis Gaza   λυμαίνηται α (exc. Cᵃ)   21 post ὑφῆς add. θηρεύει δὲ Gᵃrc. Q Ott.: venatur Gaza   24 ἀραχνῶν Lᶜ A.-W Q: desubtus Guil.: subtus Gaza   25 ἐστὶ γένη transp. α γ   26 κάτωθεν om. Aᵃ Gᵃpr. Fᵃ Xᶜ Ott.: κάτω Gᵃrc. Q: desubtus Guil.: subtus Gaza   27 κρεμάμενον α (exc. Fᵃ Xᶜ) Eᵃ Kᶜ

βῆται ἀλλ' ἐμπίπτῃ ἄνω (διὰ γὰρ τὸ μέγεθος οὐκ εὐκρυφές ἐστι), τὸ δὲ συμμετρότερον ἄνωθεν ἐπηλυγισάμενον τοῦ ἀρα-
30 χνίου ὀπὴν μικράν. οὐ δύνανται δ' ἀφιέναι οἱ ἀράχναι τὸ ἀράχνιον εὐθὺς γενόμενοι, οὐδ' ἔσωθεν ὅσον περίττωμα, καθάπερ φησὶ ὁ Δημόκριτος, ἀλλ' ἀπὸ τοῦ σώματος οἷον φλοιὸν μεταβάλλονται ταῖς θριξίν, οἷον αἱ ὕστριχες. περιτίθεται δὲ καὶ περιελίττεται καὶ τοῖς μείζοσι ζῴοις, ἐπεὶ καὶ ταῖς σαύ-
623b1 ραις ταῖς μικραῖς ἐπιβάλλον περὶ τὸ στόμα περιθέον ἀφίησιν ἕως ἂν συλλάβῃ τὸ στόμα· τότε δ' ἤδη δάκνει προσελθόν.
καὶ περὶ μὲν τούτων τῶν ζῴων τοῦτον ἔχει τὸν τρόπον.

5 [40] ἔστι δέ τι γένος τῶν ἐντόμων ὃ ἑνὶ μὲν ὀνόματι ὁμώνυμόν ἐστιν, ἔχει δὲ πάντα τὴν μορφὴν συγγενικήν· ἔστι δὲ ταῦτα ὅσα κηριοποιά, οἷον μέλιτται καὶ τὰ παραπλήσια τὴν μορφήν. τούτων δ' ἐστὶ γένη ἐννέα, ὧν τὰ μὲν ἓξ ἀγελαῖα, μέλιττα, [βασιλεῖς τῶν μελιττῶν], κηφὴν ὁ ἐν ταῖς μελίτταις,

28 ἐμπίπτει α (exc. C^a) γ (exc. L^c)   εὐκρυφές] εὐφυές α (exc. C^a): εὔκρυφα β (exc. O^c corr.)   29 δὲ om. Ald.   30 οὐ δύνανται β (exc. O^c rc.) L^c rc. Ald.: δύνανται α, O^c rc., γ (exc. L^c rc.), Guil.   31 γεννώμενοι L^c Ald.: γεννόμενοι n   οὐδ' β Ald.: οὐκ G^a rc. Q, O^c rc., γ Bk.: ὢ οὐκ α (exc. G^a rc. Q)   ὅσον β Ott: ὡς ὂν α P K^c Bk.: ὡς ἂν E^a L^c n Ald.   32 ὁ β: om. α γ Ald.   μεταβάλλονται β (exc. O^c rc.) L^c rc.: ἢ τὰ βάλλοντα O^c rc. γ (exc. L^c rc.) Gaza Ald. Bk.: εἶτα βάλλονται α Ott.: sicut eicit Scot.: vel sicut emittuntur Guil. (vel Tz: om. cett.)   33 ὗς τρίχες α: ystriches scilicet porci spinosi Guil. (Tz: ystriches cett.): sues pilos Trap.: hystricis Gaza   post ὕστ. lac. cj. Dt.   περιτίθενται F^a X^c   34 περιελίττει α γ: circumvolvitur Guil.: circumvolvunt Trap.: irretit Gaza   αὔραις C^a A^a G^a pr.: lacertis Guil. Trap. Gaza   623b2 τῷ στόματι α   τότε δ' ἤδη β L^c rc. Ald. Bk.: ὃ δὴ C^a: ὃ δὴ καὶ α (exc. C^a): τὸ δ' ἤδη γ (exc. L^c rc.)   4 post μὲν add. οὖν α (exc. C^a) γ Ald.   τούτων om. α (exc. C^a)   τῶν om. E^a P   5 δέ τι γένος] δ' ἔτι γένος τι F^a X^c   ὁμώνυμον codd. cett. Scot. Ald.: ἀνώνυμον G^a rc. Q Guil. Trap. Gaza Scal. edd. [vide Praef. p. x n. 3]   6 πάντα] πᾶσαν C^a   7 μέλιττα γ Guil. καὶ ... 8 μέλιττα om. α (exc. C^a): add. καὶ τὰ ὅμοια κατὰ τὴν μορφήν. τούτων δὲ γένη εἰσὶ θ' ὧν τὰ στ' (ἓξ Q) ἀγελαῖα. μέλιτται G^a rc. Q: facit ceram ut apes. et sunt novem modi. sex ex eis congregantur sicut greges. et sunt apes Scot.: et similia secundum formam. horum autem sunt genera viiii quorum vi quidem gregalia, apis Guil.: et apibus secundum formam similia. horum novem sunt genera ex quibus sex gregalia sunt, apes Trap.: et reliqua similis formae insecta. quorum genera novem numero sunt. sex illa ex his gregalia, apes Gaza.   9 βασιλεῖς τῶν μελιττῶν om. codd. cett. Scot. Alb. Guil. Trap: habet L^c Gaza Ald. edd.: post 8 ἐννέα transp. n: βασιλεῖς (om. τῶν μελ.) O^c rc   ταῖς om. L^c Ald.   μελίταις G^a Q

HISTORIA ANIMALIUM VIII(IX)

σφήξ, ὁ ἐπέτειος, ἔτι δ' ἀνθρήνη καὶ τενθρηδών· μοναδικὰ δὲ /11/ τρία, σειρὴν ὁ μικρὸς φαλός, ἄλλος σειρὴν ὁ μείζων ὁ /12/ μέλας καὶ ποικίλος, τρίτος δ' ὁ καλούμενος βομβύλιος μέγιστος τούτων. οἱ μὲν οὖν μύρμηκες θηρεύουσι μὲν οὐδέν, τὰ δὲ πεποιημένα συλλέγουσιν· οἱ δ' ἀράχναι ποιοῦσι μὲν οὐδὲν οὐδ' ἀποτίθενται, θηρεύουσι δὲ μόνον τὴν τροφήν· τῶν δ' ἐννέα γενῶν τῶν εἰρημένων περὶ μὲν τῶν λοιπῶν ὕστερον λεχθήσεται, αἱ δὲ μέλιτται θηρεύουσι μὲν οὐδέν, αὐταὶ δὲ ποιοῦνται καὶ ἀποτίθενται· ἔστι γὰρ αὐταῖς τὸ μέλι τροφή. δῆλον δὲ ποιοῦσιν ὅταν τὰ κηρία ἐπιχειρῶσιν οἱ μελιτουργοὶ ἐξαίρειν· θυμιώμεναι γὰρ καὶ σφόδρα πονοῦσαι ὑπὸ τοῦ καπνοῦ τότε μάλιστα τὸ μέλι ἐσθίουσιν, ἐν δὲ τῷ ἄλλῳ χρόνῳ οὐ σφόδρα ὁρῶνται, ὡς φειδόμεναι καὶ ἀποτιθέμεναι τροφῆς χάριν. ἔστι δ' αὐταῖς καὶ ἄλλη τροφή, ἣν καλοῦσί τινες κήρινθον· ἔστι δὲ τοῦτο ὑποδεέστερον καὶ γλυκύτητα συκώδη ἔχον, κομίζουσι δὲ τοῦτο τοῖς σκέλεσι καθάπερ καὶ τὸν κηρόν.

ἔστι δὲ περὶ τὴν ἐργασίαν αὐτῶν καὶ τὸν βίον πολλὴ ποικιλία. ἐπει-

---

10 σφήξ, ὁ ἐπ.] vespe et hakihiheuz Scot.: vespa ... apis citrina parua quae hakyhyheuz vocatur et ... a quibusdam vespa citrina vocatur Alb.: vespa, epetius Guil.: vespe citrine, vespe annue Trap. vespae annuae Gaza ἀνθρήνη α: ἀνθρίνη β γ Ald. τενθρηδών C^a G^{a}rc. Q, β (exc. S^c), γ (exc. L^c n), Ald. edd.: τῶν θρηδῶν A^a G^{a}pr. F^a X^c: τερθρηνδών S^c L^{c}rc.: τερθρηδών L^{c}pr. n: katanendoz (= καὶ τενθρηδών) Scot.: karameridos Alb.: tenthredon Guil.: crabro duplicis generis Trap.: teredines Gaza νομαδικὰ α Canis.: solitaria Scot. Gaza: solivaga Guil. Trap. δὲ om. L^c 11 τρία] δύο S^{c}corr.: tria Guil. Trap. Gaza εἴρην utroque loco α Guil.: attacus Trap.: sirenis Gaza φαλὸς, ἄλλος β (exc. S^c) P: φαιὸς, ἄλλος α (exc. G^a Q) γ (exc. P L^{c}rc.): φαιοσόλλος G^{a}pr.: φαιοσούλλος G^{a}rc. Q: φαλὸς καὶ ἕτερος τρίτος (punct. supp.) S^c: φαλὸς καὶ ἕτερος L^{c}rc.: sperei(?), et ciria Scot.: om. Alb: pallidus, alius Guil: fuscusque totus Trap: fuscus totus Gaza ὁ$^{(2)}$ om. S^c, L^{c}rc. n, Ald. ὁ$^{(3)}$ del. G^{a}rc.: om. Q 12 τρίτος δ'] καὶ S^c, L^{c}rc. 14 οὐδὲν om. F^a X^c 17 αὐταὶ γ Ald. Bk.: αὖται α β 17–18 excerps. m 18 δῆλον δὲ resum. m 19 ἐπιχειροῦσιν P μελιτουργοὶ β E^a: μελιττουργοὶ α γ (exc. E^a) ἐξαίρειν codd. Ald.: tollere Guil. Trap: eximere Gaza: ἐξαιρεῖν edd. 20 γὰρ om. C^a 21 τοῖς ἄλλοις χρόνοις m 23 ταύταις α κύρινθον C^a: κόριθον P: κόρινθον K^c: kokison Scot.: cerynthum Guil. (Tz): cirinthum Guil. (cett.) Trap.: quidam ceraginem alii cereum vocant Gaza 25 post δὲ$^{(1)}$ add. καὶ T^c τοῦτο om. E^a L^{c}pr. n ἔστι ... 624a26 εὐωχοῦνται om. m post δὲ$^{(2)}$ add. καὶ P 26 ἐξεργασίαν O^c T^c post βίον add. αὐτῶν α (exc. C^a) πολυποικιλία A^{a}pr. G^{a}pr. Qpr. ἐπειδὴ Q (abbrev. G^a)

439

ΑΡΙΣΤΟΤΕΛΙΣ

δὰν γὰρ παραδοθῇ αὐταῖς καθαρὸν τὸ σμῆνος, οἰκοδομοῦσι τὰ κηρία, φέρουσαι τῶν τ' ἄλλων ἀνθέων καὶ ἀπὸ τῶν δένδρων τὰ δάκρυα, ἰτέας τε καὶ πτελέας καὶ ἄλλων τῶν κολλωδεστάτων. τούτῳ δὲ καὶ τὸ ἔδαφος διαχρίουσι τῶν ἄλλων θηρίων ἕνεκεν· καλοῦσι δ' οἱ μελιττουργοὶ τοῦτο κόνισιν. καὶ τὰς εἰσόδους δὲ παροικοδομοῦσιν ἐὰν εὐρεῖαι ὦσιν. πλάττουσι δὲ κηρία πρῶτον ἐν οἷς αὗται γίνονται, εἶτ' ἐν οἷς οἱ καλούμενοι βασιλεῖς καὶ τὰ κηφήνια. τὰ μὲν οὖν αὐτῶν ἀεὶ πλάττουσι, τὰ δὲ τῶν βασιλέων ὅταν ᾖ πολυγονία, τὰ δὲ κηφήνια ἐὰν μέλιτος ἀφθονίαν ἐπισημαίνῃ. πλάττουσι δὲ τὰ μὲν τῶν βασιλέων πρὸς τοῖς αὐτῶν, μικρὰ δ' ἐστὶ ταῦτα, τὰ δὲ κηφήνια πρὸς αὐτά· ἐλάττω δ' ἐστὶ ταῦτα τῷ μεγέθει τῶν μελιττίων. ἄρχονται δὲ τῶν ἱστῶν ἄνωθεν ἀπὸ τῆς ὀροφῆς τοῦ σμήνους καὶ κάτω συνυφές, ποιοῦσί τε ἕως τοῦ ἐδάφους ἱστοὺς πολλούς. αἱ δὲ θυρίδες καὶ αἱ τοῦ μέλιτος καὶ τῶν σχαδόνων ἀμφίστομοι· περὶ γὰρ μίαν βάσιν δύο θυρίδες εἰσὶν ὥσπερ ἡ τῶν ἀμφικυπέλλων, ἡ μὲν ἐντὸς ἡ δ' ἐκτός. αἱ δὲ περὶ τὰς ἀρχὰς τῶν κηρίων πρὸς τὰ σμήνη συνυφυῖαι, ὅσον ἐπὶ δύο ἢ τρεῖς στίχους κύκλῳ, βραχεῖαι καὶ κεναὶ μέλιτος· πληρέστερα δὲ τῶν κηρίων τὰ μάλιστα τῷ κηρῷ καταπεπλασμένα. περὶ δὲ τὸ στόμα τοῦ σμήνους τὸ μὲν πρῶτον τῆς εἰσδύσεως περιαλήλιπται μίτυϊ· τοῦτο δ' ἐστὶ μέ-

28 τ'] δ' Aᵃ Fᵃ Xᶜ: om. Gᵃcorr. Q Guil. Gaza   29 τὸ δάκρυον P   πτελαίας Fᵃ Xᶜ   30 κολλοιδεστάτων P   διαχρείουσι Fᵃ Xᶜ, Kᶜ: διαχρίουσαι P   31 μελιτουργοὶ Aᵃ Eᵃ: om. Kᶜ in lac.   κύνινσιν Cᵃ: κώνυσιν Eᵃ Lᶜpr. n Ald.: κώνησιν P Kᶜ Mᶜ: om. Scot.: gommosen Guil.: comosin Trap.: tectorium Gaza   32 καὶ om. α (exc. Cᵃ)   33 post δὲ add. καὶ α αὗται codd. Ald.: ipse Guil: αὐταὶ edd.   624a2 ἐὰν] ὅταν Aᵃpr.: ἐπὰν Aᵃcorr.: ἐτᾶν Gᵃ Q: ἐπὰν Fᵃ Xᶜ: ipsi Guil.: cum Gaza   ἀφθονίαν codd. Ald.: copia significetur Guil. Trap: copia speratur Gaza   5 τὸν ἱστὸν Sᶜ (ut vid.), Lᶜrc.   6 συνυφές (σύνυφες, συνηφές) codd. Guil. Gaza Ald.: συνυφεῖς cj. Turnebus edd.τε] δὲ Eᵃpr. Lᶜ n Ald.: om. Guil. edd.   ἕως] ὡς α (exc. Gᵃcorr. Q): quasi Guil.: usque ad Trap.: ad Gaza   8 μίαν γὰρ transp. Lᶜ Ald.   10 πρὸς] περὶ Lᶜpr. n   11 συνυφυῖαι β Ald.: συνυφεῖαι Cᵃ γ: συνηφεῖαι α (exc. Cᵃ)   12 δὲ] γὰρ Gᵃ Q Trap. Gaza: autem Guil.   14 ἰδύσεως Aᵃpr. Gᵃ Q   μήτυι α Guil.: comosi Trap.: commose Gaza   μίτυϊ ... 17 ἐμπυημάτων excerps. et post 27 ἄλλως transp. m

λαν ἱκανῶς, ὥσπερ ἀποκάθαρμ' αὐταῖς τοῦ κηροῦ, καὶ τὴν
ὀσμὴν δριμύ, φάρμακον δ' ἐστὶ τυμμάτων καὶ τῶν τοιούτων
ἐμπυημάτων· ἡ δὲ συνεχὴς ἀλοιφὴ τούτῳ πισσόκηρος,
ἀμβλύτερον καὶ ἧττον φαρμακῶδες τῆς μίτυος.
λέγουσι δέ
τινες τοὺς κηφῆνας κηρία μὲν πλάττειν καθ' αὑτοὺς καὶ ἐν τῷ
αὐτῷ σμήνει καὶ ἐν τῷ ἑνὶ κηρίῳ μεριζομένους πρὸς τὰς μελίττας, μελιτουργεῖν μέντοι οὐθὲν ἀλλὰ τρέφεσθαι τὸ τῶν
μελιττῶν καὶ αὐτοὺς καὶ τοὺς νεοττούς. διατρίβουσι δ' οἱ κηφῆνες τὰ μὲν πολλὰ ἔνδον, ἐὰν δ' ἐκπετασθῶσι προσφέρονται ῥύβδην ἄνω πρὸς τὸν οὐρανόν, ἐπιδινοῦντες αὑτοὺς καὶ
ὥσπερ ἀπογυμνάζοντες· ὅταν δὲ τοῦτο δράσωσι, πάλιν εἰσελθόντες εὐωχοῦνται. οἱ δὲ βασιλεῖς οὐ πέτονται ἔξω, ἐὰν μὴ
μετὰ ὅλου τοῦ ἐσμοῦ, οὔτ' ἐπὶ βοσκὴν οὔτ' ἄλλως. φασὶ δὲ
καὶ ἐὰν ἀποπλανηθῇ ὁ ἀφεσμός, ἀνιχνευούσας μεταθεῖν ἕως
ἂν εὕρωσι τὸν ἡγεμόνα τῇ ὀσμῇ. λέγεται δὲ καὶ φέρεσθαι
αὐτὴν ὑπὸ τοῦ ἐσμοῦ ὅταν πέτεσθαι μὴ δύνηται· καὶ ἐὰν
ἀπόλληται, ἀπόλλυσθαι τὸν ἀφεσμόν· ἐὰν δ' ἄρα χρόνον
τινὰ διαμείνωσι καὶ κηρία οὐ ποιήσωσι, μέλι οὐκ ἐγγίνεσθαι
καὶ αὐτὰς ταχὺ ἀπόλλυσθαι.
τὸν δὲ κηρὸν ἀναλαμβάνουσιν

16 τριμμάτων P   17 ἐμποιημάτων α (exc. G^acorr. Q) n: lac. πυημάτων K^c
τούτου L^cpr. n   18 μήτυος α Guil.: comosis Trap.: commosis Gaza   20
ἑνὶ om. α Guil.: αὐτῷ L^cpr. Ald.   μεριζομένους post μελίττας transp. S^c
μυριζομένους P   21 τὸ β γ Ald.: τῷ α   23 δὲ πετασθῶσι F^a X^c   24
ῥύδην α: lac. δην K^c   δινοῦντες K^c   26 ὅτι οἱ βασ. resum. m   ἔξω
om. P   27 βόσκων T^c: βοσκεῖν L^c n   post ἄλλως add. ex 14-17 excerpta
m   φασὶ ... 626a18 om. m   28 ὁ ἀφεσμός β γ Ald. Bk.: ὁ αὐτῶν ἐσμός
α Guil. Trap. Sn.: rex ipse Gaza   μεταθεῖναι ὡς C^a A^a G^apr. F^a X^c: μεταθεῖν
ὡς G^acorr. Q: transcurrere donec Guil. Trap.: persequi Gaza   30 αὐτὴν β (exc.
O^crc.) E^a K^c: αὐτὸν α, O^crc., P M^c   31 ἀπόλληται A^a β: ἀπόληται C^a, γ
(exc. n): ἀπόλλυται G^a Q F^a X^c, n, Ald.   ἀπολύεσθαι α O^crc.: perire Guil.
Trap.: discedere Gaza   τὸν ἀφεσμόν] τὸν αὐτῶν ἐσμόν α: αὐτῶν τὸν ἐσμόν α (exc. C^a): examen ipsorum Guil. Trap.: omnes Gaza   32 διαμένωσι E^a
L^cpr. n   οὐ ποιήσωσι β (exc. O^crc.) L^crc. Ald: ποιήσωσι α O^crc. γ (exc.
L^crc.)   33 ἀπολύεσθαι C^a: ἀπολύεσθαι α (exc. C^a)   ἀναλαμβάνουσαι
α (exc. C^a)

ARISTOTELIS

αἱ μέλισσαι ἀριχώμεναι πρὸς τὰ βρύα ὀξέως τοῖς ἔμπροσ-
θεν ποσί· τούτους δ' ἐκμάττουσιν εἰς τοὺς μέσους, τοὺς δὲ μέ-
σους εἰς τὰ βλαισὰ τῶν ὀπισθίων· καὶ οὕτω χωσθεῖσαι ἀποπέ-
τονται, καὶ δῆλαι δέ εἰσι βαρυνόμεναι. καθ' ἑκάστην δὲ πτῆσιν
οὐ βαδίζει ἡ μέλιττα ἐφ' ἕτερα τῷ εἴδει ἄνθη, οἷον ἀπὸ ἴου
5 ἐπὶ ἴον, καὶ οὐ θιγγάνει ἄλλου γε, ἕως ἂν εἰς τὸ σμῆνος
εἰσπετασθῇ. ὅταν δ' εἰς τὸ σμῆνος ἀφίκωνται ἀποσείονται,
καὶ παρακολουθοῦσιν ἑκάστῃ τρεῖς ἢ τέτταρες. τὸ δὲ λαμβα-
νόμενον οὐ ῥᾴδιόν ἐστιν ἰδεῖν· ἢ τὴν ἐργασίαν τίνα τρόπον
9 ποιοῦνται, οὐκ ὦπται· τοῦ δὲ κηροῦ ἡ ἀνάληψις τεθεώρηται
9, 10 ἐπὶ /10/ τῶν ἐλαιῶν, διὰ πυκνότητα τῶν φύλλων ἐν ταὐτῷ
10, 11 διαμενουσῶν /11/ πλείω χρόνον.
11 μετὰ δὲ τοῦτο νεοττεύουσιν. οὐθὲν δὲ κω-
λύει ἐν τῷ αὐτῷ κηρῷ εἶναι νεοττοὺς καὶ μέλι καὶ κηφῆνας.
ἐὰν μὲν οὖν ὁ ἡγεμὼν ζῇ, χωρίς φασι τοὺς κηφῆνας γίγνε-
σθαι, εἰ δὲ μή, ἐν τοῖς τῶν μελιττῶν κυττάροις γεννᾶσθαι
15 ὑπὸ τῶν μελιττῶν, καὶ γίγνεσθαι τούτους θυμικωτέρους· διὸ
καὶ καλεῖσθαι κεντρωτούς, οὐκ ἔχοντας ἀλλ' ὅτι βού-

34 ἀριχώμεναι E[a] P n Bk. A.-W. Dt.: ἀριχόμεναι K[c]: ἀναριχώμεναι M[c] L[c]pr.: ἀναριχόμεναι Ald.: ἀρχόμεναι α (ἐρχ- Q): ἀρυόμεναι β L[c]rc.: incipientes Guil. Trap.: perreptando Gaza: ἀναρριχώμεναι cj. Cs. Sn.   post ὀξέως add. πρὸς β L[c]rc. Ald.   ἔμπροσθε C[a]   **624b1** αἱμάττουσιν β (exc. O[c]rc.): ἐκμάττουσιν α γ   **2** βλαισσαὶ E[a]: βλαίσια L[c] Ald.   χωσθεῖσαι β (exc. O[c]rc.) L[c]rc.: γεμισθεῖσαι α edd.: ἀχθεσθεῖσαι O[c]rc.: lac. σθεῖσαι E[a] P K[c]: σκευασθεῖσαι (ut vid.) M[c]: βιασθεῖσαι L[c]pr. n Ald.: coxas Scot.: sarcinate Guil.: graves Trap.: onustae Gaza   **3** δέ[(1)] β L[c]rc. Ald.: om. α γ   δὲ post ἑκάστην om. E[a] L[c]pr. n   **4** post βαδίζει add δ' L[c] n   ἐφ' ἑτ. ἡ μελ. transp. F[a] X[c] ἀλλ' οἷον G[a]rc. Q; puta Guil.: sed sicut Trap.   **6** εἰσπετασθῇ ... σμῆνος om. α γ (exc. L[c]rc.) Gaza: add. ἀφίκηται (-ηγνται Q) ἐλθοῦσα δὲ G[a]rc. Q   post ἀφίκωνται add. καὶ τότε L[c]pr.: hic Gaza   ἀποσείοτα α (exc. G[a] Q): ἀποσείεται G[a]rc. Q Ott.: om. Scot.: deonerantur Guil.: onus deosuerit Trap.: se quantiunt Gaza   **7** ἀκολουθοῦσιν L[c] Ald.: om. Scot. Alb.: assequuntur Guil.: sequuntur Trap. Gaza   ἑκάστοτε P Sn.   ἢ τέτταρας F[a]: εἰς τέτταρας X[c]   **8** ἢ β: οὐδὲ G[a] Q γ Ald. edd.: οὖ δὲ α (exc. G[a] Q): neque Guil.   τίνα β: ἢ τίνα α γ (exc. L[c]): ὄντινα L[c] Ald. edd.   **11** τοῦτο δὲ transp. α (exc. C[a])   **12** αὐτῷ om. γ Ald.   κηρῶ C[a] β γ Ald.: καιρῶ α (exc. C[a]): cera Scot.: domo Alb.: favo Guil.: tempore Trap.: cella Gaza: κηρίῳ cj. Cas. edd.   **13** μὲν οὖν om. T[c]   **14** γενέσθαι α   **16** post καλ. add. καὶ T[c] post ἔχοντας add. κέντρον cj. Bas. Bk.: quamvis aculeo careant Gaza   ἀλλ'] ἄλλο C[a] A[a] G[a]pr.: aliud Guil.: sed Trap.

442

λονται μὲν οὐ δύνανται δὲ βάλλειν. εἰσὶ δὲ μείζους οἱ τῶν κηφήνων κύτταροι. ἀναπλάττουσι δὲ ὁτὲ μὲν καὶ αὐτὰ καθ' αὑτὰ τὰ κηρία τὰ τῶν κηφήνων, ὡς ἐπὶ τὸ πολὺ δ' ἐν τοῖς τῶν μελιττῶν· διὸ καὶ ἀποτέμνουσιν. εἰσὶ δὲ γένη τῶν μελιττῶν πλείω, καθάπερ εἴρηται πρότερον, δύο μὲν ἡγεμόνων, ὁ μὲν βελτίων πυρρός, ὁ δ' ἕτερος μέλας καὶ ποικιλώτερος, τὸ δὲ μέγεθος διπλάσιος τῆς χρηστῆς μελίττης· ἡ δ' ἀρίστη μικρά, στρογγύλη καὶ ποικίλη, ἄλλη μακρά, ὁμοία τῇ ἀνθρήνῃ. ἕτερος ὁ φώρ καλούμενος, μέλας πλατυγάστωρ. ἔτι δ' ὁ κηφήν· οὗτος μέγιστος πάντων, ἄκεντρος δὲ καὶ νωθρός. διαφέρουσι δ' αἱ γινόμεναι τῶν μελιττῶν αἵ τ' ἀπὸ τῶν τὰ ἥμερα νεμομένων καὶ ἀπὸ τῶν τὰ ὀρεινά· εἰσὶ γὰρ αἱ ἀπὸ τῶν ὑλονόμων δασύτεραι καὶ ἐλάττους καὶ ἐργατικώτεραι καὶ χαλεπώτεραι. αἱ μὲν οὖν χρησταὶ μέλιτται ἐργάζονται τά τε κηρία ὁμαλὰ καὶ τὸ ἐπιπολῆς κάλυμμα πᾶν λεῖον, ἔστι δ' ἓν εἶδος τοῦ κηρίου, οἷον ἅπαν μέλι ἢ νεοττοὺς ἢ κηφῆνας· ἂν δὲ συμβῇ ὥστ' ἐν τῷ αὐτῷ κηρίῳ ἅπαντα ποιεῖν αὐτά, ἔσται ἐφεξῆς ἓν εἶδος εἰργασμένον δι' ἀντλίας. αἱ δὲ μακραὶ τά τε κηρία ποιοῦσιν ἀνώμαλα καὶ τὸ κάλυμμα ἀνωδηκός, ὅμοιον τῷ τῆς ἀνθρήνης, ἔτι δὲ τὸν

---

19 τὰ[(2)] om. α (exc. C[a]) ἐπὶ om. α γ **20** διὸ ... μελιττῶν om. X[c] **21** δύο. ὁ μὲν ἡγεμὼν ὢν α (exc. G[a]rc. Q): δύο μὲν τῶν ἡγεμώνων (-μόνων Q) G[a]rc. Q: duo quidem ducum Guil.: duo regum Trap. **22** μὲν] δὲ α (exc. C[a]) **24** ἀρρίστη G[a] Q μακρά] μικρά F[a] X[c] **25** ἀρθρήνη α (exc. F[a] X[c]): ἀνθρίνη β γ Ald. ὁ ἕτερος ὁ α (exc. C[a]) post μέλας add. καὶ S[c], L[c]rc., Ald. **26** ἔτι om. α: ἔστι E[a] L[c] n Ald. **28** καὶ om. T[c] Ott. **29** γὰρ] δὲ α **30** αἱ om. C[a] A[a]pr. G[a]pr. **31** ἐπὶ πολῆς A[a]: ἐπὶ πολλῆς G[a] Q **32** post λεῖον add. καὶ πρὸς ἑκάστην χρείαν κηρίον πλάττει διῃρημένος οἷον ἓν μὲν πρὸς μέλι, ἓν δὲ πρὸς νεοττοὺς ἄλλο δὲ πρὸς κηφῆνας in marg. O[c]rc.: et ad singulos usus favum singulatim effingit, videlicet partem aliam ad mella, aliam ad prolem, aliam ad fucos accommodatam Gaza ἔστι codd. Guil. Ald.: ἔτι Bas. edd. **34** ποιεῖν] εἶναι L[c] Ald. αὐτά] ipsas Guil. ἓν] ἑνὶ A[a] G[a]pr. F[a] X[c] post εἶδος iterum ex 32 ponit τοῦ κηρίου ... νεοττούς, postea εἶδος εἴργ. O[c] T[c] δι' ἀντλίας codd. Ald. Bk.: om. Guil.: ordine Trap.: inanis Gaza: secl. Sn. **625a1** [vide Praef. pp. vii–viii] μακραὶ α O[c]rc. γ (exc. L[c]): μικραὶ β (exc. O[c]rc.) L[c] Ald. **2** ἀνωδικὸς C[a] τῷ] το P n ἀνθρήνης α γ (exc. L[c] n): ἀνθρίνης β L[c] Ald.: ἀρθρίνης n

443

γόνον καὶ τἆλλα τεταγμένα ὡς ἂν τύχῃ· γίνονται
δ' ἐξ αὐτῶν οἵ τε πονηροὶ ἡγεμόνες καὶ κηφῆνες πολλοὶ καὶ
οἱ φῶρες καλούμενοι, μέλι δὲ πάνυ βραχὺ ἢ οὐδέν.
ἐπι-
κάθηνται δ' ἐν τοῖς κηρίοις αἱ μέλιτται καὶ συμπέττουσιν·
ἐὰν δὲ τοῦτο μὴ ποιῶσι, φθείρεσθαί φασι τὰ κηρία καὶ
ἀραχνιοῦσθαι. καὶ ἐὰν μὲν τὸ λοιπὸν δύνωνται κατέχειν ἐπι-
καθήμεναι, τοῦθ' ὥσπερ ἔκβρωμα γίνεται, εἰ δὲ μή, ἀπόλ-
λυται ὅλα. γίνεται δὲ σκωλήκια ἐν τοῖς φθειρομένοις, ἃ
πτερούμενα ἐκπέταται. καὶ τὰ πίπτοντα δὲ τῶν κηρίων ὀρθοῦ-
σιν αἱ μέλιτται, καὶ ὑφιστᾶσιν ἐρείσματα ὅπως δύνων-
ται ὑπιέναι· ὅταν γὰρ μὴ ἔχωσιν ὁδὸν ᾗ προσπορεύσονται,
οὐ προσκαθίζουσιν, εἶτ' ἀραχνιοῦται.

τοῦ δὲ φωρὸς καὶ κηφῆνος
γενομένων οὐδέν ἐστιν ἔργον, τὰ δὲ τῶν ἄλλων βλάπτουσιν.
ἁλισκόμενοι δὲ θνήσκουσιν ὑπὸ τῶν χρηστῶν μελιττῶν. κτεί-
νουσι δ' αὗται σφόδρα καὶ τῶν ἡγεμόνων τοὺς πολλούς, καὶ
μᾶλλον τοὺς πονηρούς, ἵνα μὴ πολλοὶ ὄντες διασπῶσι τὸν
ἐσμόν. κτείνουσι δὲ μάλιστα ὅταν μὴ πολύγονον ᾖ τὸ σμῆ-
νος μηδὲ ἀφέσεις μέλλωσι γίγνεσθαι· ἐν γὰρ τούτοις τοῖς
καιροῖς καὶ τὰ κηρία διαφθείρουσι τὰ τῶν βασιλέων, ἐὰν ᾖ
παρεσκευασμένα, ὡς ἐξαγωγέων ὄντων. διαφθείρουσι δὲ καὶ
τὰ τῶν κηφήνων ἐὰν ὑποφαίνῃ ἀπορία μέλιτος καὶ μὴ

3 τἆλλα οὐ τεταγμένα ἀλλ' ὡς L^c pr. Gaza Ald. Bk.   4 αὐτῶν] αὐτῆς A^a
G^a pr. F^a X^c   πολλοὶ κηφ. transp. α γ Ald.   5 δὲ] δὴ C^a A^a G^a Q, E^a K^c
M^c: δ' ἢ Bk. Dt.   6 ἐν β L^c rc.: ἐπὶ α γ (exc. L^c rc.)   συμπίπτουσιν L^c n
Ald.   8 ἀραχνοῦσθαι L^c pr. n   9 ἔκτρομα α (exc. C^a): ἔκτρωμα O^c rc.
Canis. Sn.: putredo Guil.: abortus Trap. Gaza   δὲ om. C^a   ἀπόλλυνται β
L^c n Ald.   11 πτεραιούμενα A^a pr.   ἐκπέτεται E^a corr. Prc.   post τῶν
add. δὲ C^a A^a pr. G^a Q   12 ἐρύματα α γ: ἐρύσματα Ald.   post ὅπως add
ἂν α Bk.   13 ὑπιαίναι O^c T^c   προσπορεύονται β L^c Ald.   14 ἀρα-
χνιοῦνται E^a L^c n Ald.: ἀραχνιῶται K^c   post καὶ add. τοῦ L^c Ald.
κηφήνου α (exc. C^a)   15 γενομένου α   ἐστιν] δὴ C^a: δεῖ α (exc. C^a)
16 κτείνουσαι E^a   18 μὴ om. C^a   πολλοὶ] πονηροὶ α (exc. C^a)   ὄντες]
ὦσι καὶ α (exc. C^a)   21 διαφθείρωσι L^c Ald.   23 ὑποφαίνῃ] ἢ β L^c rc.:
ὑποφαίνηται L^c pr. Ald.   ἀπομοιρία α (exc. G^a rc. Q)

HISTORIA ANIMALIUM VIII(IX) 625a

εὐμελιτῇ τὰ σμήνη· καὶ τοῖς ἐξαίρουσι περὶ τοῦ μέλιτος τότε μάχονται μάλιστα, καὶ τοὺς ὑπάρχοντας τῶν κηφήνων ἐκβάλλουσι, καὶ πολλάκις ὁρῶνται ἐν τῷ τεύχει ἀποκαθήμεναι. πολεμοῦσι δὲ σφόδρα αἱ μικραὶ τῷ γένει τῷ μακρῷ καὶ πειρῶνται ἐκβάλλειν ἐκ τῶν σμηνῶν· κἂν ἐπικρατήσωσι, τοῦτο δοκεῖ ὑπερβολῇ γίγνεσθαι ἀγαθὸν σμῆνος. αἱ δ' ἕτεραι ἂν γένωνται αὐταὶ ἐφ' ἑαυτῶν, ἀργοῦσί τε καὶ τελέως οὐθὲν ποιοῦσιν ἀγαθόν, ἀπόλλυνται δὲ καὶ αὐταὶ πρὸ τοῦ φθινοπώρου. ὅσας δὲ κτείνουσιν αἱ χρησταὶ μέλιτται, πειρῶνται μὲν ἔξω τοῦ σμήνους τοῦτο πράττειν· ἐὰν δ' ἔσω τις ἀποθάνῃ, ἐξάγουσιν ὁμοίως. οἱ δὲ φῶρες καλούμενοι κακουργοῦσι μὲν καὶ /1/ τὰ παρ' αὐτοῖς κηρία, εἰσέρχονται δὲ ἐὰν λάθωσι καὶ εἰς τὰ ἀλλότρια· ἐὰν δὲ ληφθῶσι, θνήσκουσιν. ἔργον δ' ἐστὶ λαθεῖν· ἐπί τε γὰρ εἰσόδῳ ἑκάστῃ φύλακές εἰσιν, αὐτός τε ἐὰν εἰσελθὼν λάθῃ, διὰ τὸ ὑπερπεπλῆσθαι οὐ δύναται πέτεσθαι ἀλλὰ πρὸ τοῦ σμήνους κυλίεται, ὥστ' ἔργον ἐστὶν αὐτῷ ἐκφυγεῖν.

οἱ δὲ βασιλεῖς αὐτοὶ μὲν οὐχ ὁρῶνται ἔξω ἄλλως ἢ μετ' ἀφέσεως· ἐν δὲ ταῖς ἀφέσεσιν αἱ λοιπαὶ περὶ τοῦτον συνεσπειραμέναι φαίνονται. ὅταν δ' ἄφεσις μέλλῃ γίγνεσθαι, φωνή μονῶτις καὶ ἴδιος γίνεται ἐπί τινας ἡμέρας, καὶ

---

24 εὐμελιτῇ τὰ σμήνη γ Ald. edd.: εὐμέλιττα σμήνη C^a: οὐ μέλιτας σμῆνα A^a: οὐ μέλιττας σμῆνα G^a Q: οὐ μέλιτος σμῆνα F^a X^c: εὐμελιττῇ τὰ σμήνη β: bene mellita alvearia Guil.: alvei melle (careant) Trap.: melle Gaza   ἐξαιροῦσι C^a Bk. Dt.   25 ἐνυπάρχοντας L^c Ald.   26 ἀποκαθήμενοι cj. A.-W. Dt.: residentes exules Gaza   27 αἱ om. α (exc. C^a)   28 ἐκ om. F^a X^c   29 ὑπερβολῇ γίγνεσθαι C^a, S^c, E^a L^c n, Ald. edd.: ὑπερβολῇ γίγ. β (exc. S^c) P K^c M^c: ὑπερβαλέσθαι α (exc. C^a): ὑπερβάλλεσθαι Ott.   30 γένωνται] γενῶν E^a P*pr*. K^c   αὗται α (exc. A^a*rc*. F^a X^c) γ (exc. M^c) Ald.   ἐφ'] ἀφ' F^a X^c   31 αὐταὶ add.: αὗται codd. Ald.: *ipse* Guil. Gaza: om. Trap.   34 post καλούμενοι add καὶ α   625b1 αὐτοῖς] αὐτῶν α (exc. C^a)   καὶ om. α γ (exc. L^c*rc*.)   2 post ληφθῶσι add. εἰς τὰ ἀλλότρια β γ Ald.   οὐκ ἔργον L^c*pr*. Ald.   λαβεῖν L^c Ald.   3 εἰσόδῳ γὰρ transp. E^a L^c P n   4 ὑπερπλησθῆναι β L^c*rc*.: ὑπερπλῆσθαι n: ὑπερπεπλεῖσθαι Ald.   πετέσθαι C^a   5 κωλύεται n   7 μετὰ φύσεως F^a X^c   τούτων C^a, n   8 συνεσπαρμέναι Ald.: *consperse* Guil.: *turmatim congregate* Trap.: *glomerentur* Gaza   9 μονῶτις om. K^c in lac.   καὶ⁽¹⁾ om. L^c

445

πρὸ δύο ἢ τριῶν ἡμερῶν ὀλίγαι πέτονται περὶ τὸ σμῆνος· εἰ δὲ γίνεται καὶ ὁ βασιλεὺς ἐν ταύταις οὐκ ὦπται οὔπω διὰ τὸ μὴ ῥᾴδιον εἶναι. ὅταν δ' ἀθροισθῶσιν, ἀποπέτονται καὶ χωρίζονται καθ' ἕκαστον τῶν βασιλέων αἱ ἄλλαι· ἐὰν δὲ τύχωσιν ὀλίγαι πολλαῖς ἐγγὺς καθεζόμεναι, μετανίστανται αἱ ὀλίγαι πρὸς τὰς πολλάς, καὶ τὸν βασιλέα ὃν ἀπέλιπον, ἐὰν συνακολουθήσῃ, διαφθείρουσιν. τὰ μὲν οὖν περὶ τὴν ἀπόλειψιν καὶ ἄφεσιν τοῦτον συμβαίνει γίνεσθαι τὸν τρόπον.

εἰσὶ δ' αὐταῖς τεταγμέναι ἐφ' ἕκαστον τῶν ἔργων, οἷον αἱ μὲν ἀνθοφοροῦσιν, αἱ δ' ὑδροφοροῦσιν, αἱ δὲ λεαίνουσι καὶ κατορθοῦσι τὰ κηρία. φέρει δ' ὕδωρ, ὅταν τεκνοτροφῇ. πρὸς σάρκα δ' οὐθενὸς καθίζει οὐδ' ὀψοφαγεῖ. χρόνος δ' αὐταῖς οὐκ ἔστιν εἰθισμένος ἀφ' ὅτου ἄρχονται ἐργάζεσθαι· ἀλλ' ἐὰν τἀπιτήδεια ἔχωσι καὶ εὖ διάγωσι, μᾶλλον ἐν ὥρᾳ τοῦ ἔτους ἐγχειροῦσι τῇ ἐργασίᾳ, καὶ ὅταν εὐδία ᾖ συνεχῶς ἐργάζονται. καὶ εὐθὺς δὲ νέα οὖσα ὅταν ἐκδύῃ ἐργάζεται τριταία, ἐὰν ἔχῃ τροφήν. καὶ ὅταν ἐσμὸς προκάθηται, ἀποτρέπονται ἔνιαι ἐπὶ τροφήν, εἶτ' ἐπανέρχονται πάλιν.

ἐν δὲ τοῖς εὐθηνοῦσι τῶν σμηνῶν ἐκλείπει ὁ γόνος τῶν μελιττῶν περὶ τετταράκονθ' ἡμέρας μόνον τὰς μετὰ χειμερινὰς τροπάς. ἐπειδὰν δ' ηὐξημένοι ὦσιν οἱ νεοττοί, τροφὴν αὐτοῖς παραθεῖσαι καταχρίουσιν· ὅταν δ' ᾖ δυνατός, αὐτὸς διελὼν

11 ὁ om. L^c n Ald.   οὔπω] πω L^c n Ald. edd.   12 ἀποπέτανται α E^a P*pr.* K^c   13 αἱ δ' ἄλλαι κἂν (ἐὰν C^a) τύχωσιν α Guil.: αἱ ἄλλαι om. Trap. Gaza   16 ἀπόληψιν L^c Ald.   19 αἱ δ' ὑδροφοροῦσιν C^a A^a, N^c Z^c, Guil. Ott. Bk.: om. cett. Scot. Trap. Gaza Ald.   21 ὀψοφαγῇ A^a G^a Q   22 ἐργάζεσθαι] ἐνστάζεσθαι α Ott.   23 ἔχωσι β Guil. Bk.: ἔχη α γ Ald. εὖ διάγωσι α γ (exc. L^c*rc.*): διάγουσι P K^c) Guil. Gaza Ald. Bk.: εὐδίαι ὦσι β L^c*rc.*   ἔτους] θέρους G^a*rc.* Q Ott.: *subito* Scot.: *statim* Alb.: *in tempore Guil.*: *estatis tempore* Trap.: *aestivo tempore* Gaza   25 ἐκδοίη A^a F^a X^c   τρία O^c*pr.* T^c   26 ἀποπέτονται β: ἀποπέπτονται Ott.   27 ἐπὶ] πρὸς L^c Ald.   28 εὐσθενοῦσι α: εὐθενοῦσι L^c*pr.* Dt.   γόνος] πόνος cj. Sn. Pk.   30 ἐπειδὰν] ἐὰν α γ (exc. L^c*rc.*)   αὐξημένοι α (exc. C^a)   31 παραθῆσαι A^a κατακλείουσιν β L^c*rc.*: καταχρείουσιν E^a*pr.* P*pr.* K^c   ἀδύνατος α (exc. G^a*rc.* Q) γ (exc. L^c): δυνᾷ G^a*rc.*: δύναται Q: *impotens* Guil.: *cum vires susceperint* Trap.: *cum datur facultas* Gaza

τὸ κάλυμμα ἐξέρχεται. τὰ δὲ γινόμενα θηρία ἐν τοῖς σμήνεσι καὶ λυμαινόμενα τὰ κηρία αἱ μὲν χρησταὶ μέλιτται ἐκκαθαίρουσιν, αἱ δ' ἕτεραι διὰ κακίαν περιορῶσιν ἀπολλύμενα τὰ ἔργα. ὅταν δὲ τὰ κηρία ἐξαίρωσιν οἱ μελιττουργοί, ἀπολείπουσιν αὐταῖς τροφὴν διὰ χειμῶνος, ἢ ἐὰν μὲν διαρκὴς ᾖ, σώζεται τὸ σμῆνος, εἰ δὲ μή, ἐὰν μὲν χειμὼν ᾖ, αὐτοῦ θνήσκουσιν, εὐδιῶν δ' οὐσῶν ἐκλείπουσι τὸ σμῆνος. τροφῇ δὲ χρῶνται μέλιτι καὶ θέρους καὶ χειμῶνος· τίθενται δὲ καὶ ἄλλην τροφὴν ἐμφερῆ τῷ κηρῷ τὴν σκληρότητα, ἣν ὀνομάζουσί τινες σανδαράκην.

ἀδικοῦσι δ' αὐτὰς μάλιστα οἵ τε σφῆκες καὶ οἱ αἰγίθαλοι καλούμενοι τὰ ὄρνεα, ἔτι δὲ χελιδὼν καὶ μέροψ. θηρεύουσι δὲ καὶ οἱ τελματιαῖοι βάτραχοι πρὸς τὸ ὕδωρ αὐτὰς ἀπαντώσας· διόπερ καὶ τούτους οἱ μελισσεῖς ἐκ τῶν τελμάτων ἀφ' ὧν ὑδρεύονται αἱ μέλιτται θηρεύουσι, καὶ τὰς σφηκίας καὶ τὰς χελιδόνας τὰς πλησίον τῶν σμηνῶν ἐξαίρουσι καὶ τὰς τῶν μερόπων νεοττείας. οὐδὲν δὲ φεύγουσι τῶν ζῴων ἀλλ' ἢ ἑαυτάς. ἡ δὲ μάχη αὐτῶν ἐστι καὶ πρὸς ἑαυτὰς καὶ πρὸς τοὺς σφῆκας. καὶ ἔξω μὲν οὔτε ἀλλήλας ἀδικοῦσιν οὔτε τῶν ἄλλων οὐθέν, τὰ δὲ πρὸς τῷ σμήνει ἀποκτείνουσιν ὧν ἂν κρατήσωσιν. αἱ δὲ τύπτουσαι ἀπόλλυνται διὰ τὸ μὴ δύνασθαι τὸ κέντρον ἄνευ τοῦ ἐντέρου ἐξαιρεῖσθαι· πολλάκις γὰρ σώζεται ἐὰν ὁ πληγεὶς ἐπιμελῆται καὶ τὸ κέντρον ἐκθλίψῃ· τὸ δὲ κέντρον ἀποβάλλουσα ἡ μέλιττα ἀποθνήσκει. κτείνουσι δὲ βάλλουσαι τὰ μεγάλα

33 post καὶ add. τὰ **α γ** **34** ἀπολλύμενα] ἀπολελυμμένα Aᵃ Gᵃ Q: ἀπολελυμένα Fᵃ Xᶜ **626a1** post ἔργα add. αὐτῶν **α** ἐξαίρωσιν codd.: ἐξαιρῶσιν edd.: *auferantur* Guil. μελιτουργοί Dᵃ Rᶜ Vᶜ Oᶜ*rc*., Eᵃ **2** χειμῶνα **β** Lᶜ Ald. ἦ] καὶ **β** μὲν om. Eᵃ Lᶜ n Ald. διαρκὲς ἦ Eᵃ P*pr.* Kᶜ Mᶜ: διαρκέση **α** **3** εἰ ... 4 σμῆνος om. Eᵃ L*pr.* n μή om. Tᶜ **7** σανδαράμην Lᶜ οἵ] αἵ **α γ** Ald. **8** αἰγίθαλοι **α**: αἰγίθαλλοι **γ** (exc. Lᶜ) post καλ. add. καὶ Lᶜ **9** οἱ om. Fᵃ Xᶜ **12** θηρεύονται **α** (exc. Cᵃ) **13** ἐξαίρουσι codd.: ἐξαιροῦσι edd.: *auferunt* Guil. **15** καὶ⁽¹⁾ om. **α γ** (exc. Lᶜ*rc*.) πρός⁽²⁾ om. **α γ** τὰς σφ. P **16** τὰ] τὰς **β** Lᶜ*rc*. **18–21** excerps. m **19** ἐπιμελεῖται Kᶜ n Ald. **20** post ἐκθλίψῃ add. εἰ δὲ μὴ ἐκθλίψει ἀπόλλυται ἡ μέλιττα Gᵃ*rc*. Q ἀποβαλοῦσα Cᵃ: ἀποβαλοῦσι Aᵃ Gᵃ*pr.* Fᵃ: ἀποβαλοῦσαι Gᵃ*rc*. Q: ἀποβαλοῦσι Xᶜ **21** ἡ ... βάλλουσαι om. **α**: add. κτείνουσι Gᵃ*rc*. Q **20–21** *et multotiens nocetur illi qui pungitur ab*

τῶν ζῴων, οἷον ἵππος ἤδη ἀπέθανεν ὑπὸ μελιττῶν. ἥκιστα δὲ χαλεπαίνουσιν οἱ ἡγεμόνες καὶ τύπτουσιν. τὰς δ' ἀποθνησκούσας τῶν μελιττῶν ἐκκομίζουσιν ἔξω. καὶ τἆλλα δὲ καθαριώτατόν ἐστι τὸ ζῷον· διὸ καὶ τὸ περίττωμα πολλάκις ἀφιᾶσιν ἀποπετόμεναι διὰ τὸ δυσῶδες εἶναι. δυσχεραίνουσι δ' ὥσπερ εἴρηται ταῖς δυσώδεσιν ὀσμαῖς καὶ ταῖς τῶν μύρων· διὸ καὶ τοὺς χρωμένους αὐτοῖς τύπτουσιν. ἀπόλλυνται δὲ διά τε ἄλλα συμπτώματα καὶ ὅταν οἱ ἡγεμόνες πολλοὶ γενόμενοι ἕκαστος αὐτῶν μέρος ἀπαγάγῃ. ἀπόλλυσι δὲ καὶ ὁ φρῦνος τὰς μελίττας· ἐπὶ τὰς εἰσόδους γὰρ ἐλθὼν φυσᾷ τε καὶ ἐπιτηρῶν ἐκπετομένας κατεσθίει· ὑπὸ μὲν οὖν τῶν μελιττῶν οὐθὲν δύναται κακὸν πάσχειν, ὁ δ' ἐπιμελόμενος τῶν σμηνῶν κτείνει αὐτόν.

τὸ δὲ γένος τὸ τῶν μελιττῶν ὃ εἴρηται ὅτι πονηρόν τε καὶ τραχέα τὰ κηρία ἐργάζεται, εἰσί τινες τῶν μελιττουργῶν οἵ φασι μάλιστα τὰς νέας τοῦτο ποιεῖν δι' ἀνεπιστημοσύνην· νέαι δ' εἰσὶν αἱ ἐπέτειοι. οὐχ ὁμοίως δ' οὐδὲ κεντοῦσιν αἱ νέαι· διὸ οἱ ἑσμοὶ φέρονται· εἰσὶ γὰρ

apibus nisi exprimat locum et extrahat aculeum ab eo. et forte punget apis magna animalia et interficiet ipsa Scot. (sim. Alb.): multotiens [multis codd. + vel sepe codd. nonn.] *enim salvatur, si percussus curet et aculeum eiciat; aculeum autem eiciens apis moritur. perimunt autem eicientes magna animalium* Guil.: *quare servantur sepe si qui punctus est presto ad eiciendum aculeum fuerit. quod si non fecerit apis ut plurimum perit. sed magna quoque animalia relictis spiculis interficiunt* Trap.: *... alioqui apis interit. necant vel maxima animalia ictu sui aculei* Gaza   **21** κτείνουσι ... 636b34 ὕλην om. m post βάλλουσαι add. καὶ L^c n Ald. Gaza Dt.   **22** οἷον α β Guil.: καὶ E^a M^c L^c n Ald. Bk.: om. P K^c Gaza   **23** χαλεπαίνουσιν] λ lac. παίνουσιν P καὶ] ἢ F^a X^c **24** καθαρώτατον α γ (exc. καθαρειότατον E^{a}pr., καθαριώτατον L^{c}rc.)   **25** τῶν ζῴων α γ   διὸ καὶ] δι' οὓς A^{a}pr. G^{a}pr.: διὸ G^{a}rc. Q F^a X^c **26** ἀφίησιν C^a A^{a}pr. G^a Q, Ppr. K^c M^c **29** post τε add. τὰ S^c **30** γινόμενοι F^a X^c ἀπάγῃ L^c post ἀπαγ. add. πῃ α γ   **31** φύσαι A^a F^a X^c **33** δύναται κακὸν cett.: δεινὸν δύναται E^a L^c n: δύναται Ald.   ἐπιμελώμενος α (exc. C^a): ἐπιμελούμενος S^c, L^c n, Ald.   **626b1** κτήνει A^a: ἐκτείνει Ald.   τὸ δὲ] διὰ τὸ α Guil.   **2** ὅτι om. F^a X^c τε om. E^a L^{c}pr. n   τραχεῖα α   ἀπεργάζεται α (exc. C^a)   post εἰσί add. δὲ α Guil.   **3** μάλιστα post νέας transp. α (exc. C^a)   **4** αἱ] οἱ P   **5** οὐδὲ om. β   οἱ om. α (exc. C^a)

νέων μελιττῶν. ὅταν δ' ὑπολίπη τὸ μέλι τοὺς κηφῆνας ἐκβάλλουσι, καὶ παραβάλλουσι σῦκα καὶ τὰ γλυκέα αὐταῖς. τῶν δὲ μελιττῶν αἱ μὲν πρεσβύτεραι εἴσω ἐργάζονται, καὶ δασεῖαί εἰσι διὰ τὸ εἴσω μένειν, αἱ δὲ νέαι ἔξωθεν φέρουσι καί εἰσι λειότεραι. καὶ τοὺς κηφῆνας δὲ ἀποκτείνουσιν 10 ὅταν μηκέτι χωρῇ αὐταῖς ἐργαζομέναις· εἰσὶ γὰρ ἐν μυχῷ τοῦ σμήνους. ἤδη δὲ νοσήσαντός τινος σμήνους ἦλθόν τινες ἐπ' ἀλλότριον, καὶ μαχόμεναι νικῶσαι ἐξέφερον τὸ μέλι· ἐπεὶ δ' ἀπέκτεινεν ὁ μελιττουργός, οὕτως ἐπεξήεσαν αἱ ἕτεραι καὶ ἠμύνοντο, καὶ τὸν ἄνθρωπον οὐκ ἔτυπτον. 15

τὰ δὲ νοσήματα 15
ἐμπίπτει μάλιστα εἰς τὰ εὐθηνοῦντα τῶν σμηνῶν, ὅ τε καλούμενος κληρός· τοῦτο δὲ γίνεται ἐν τῷ ἐδάφει σκωλήκια μικρά, ἀφ' ὧν αὐξανομένων ὥσπερ ἀράχνια κατίσχει ὅλον τὸ σμῆνος, καὶ σήπεται τὰ κηρία· ἄλλο δὲ νόσημα οἷον ἀργία τις γίνεται τῶν μελιττῶν καὶ δυσωδία τῶν σμηνῶν. νο- 20
μὴ δὲ τῶν μελιττῶν τὸ θύμον· ἄμεινον δὲ τὸ λευκὸν τοῦ ἐρυθροῦ. τόπος δ' ἐν τῷ πνίγει μὴ ἀλεεινός, ἐν δὲ τῷ χειμῶνι ἀλεεινός. νοσοῦσι δὲ μάλιστα, ὅταν ἐρυσιβώδη ἐργάζωνται ὕλην. ὅταν δ' ἄνεμος ᾖ μέγας, φέρουσι λίθον ἐφ' ἑαυτοῖς ἕρμα πρὸς τὸ πνεῦμα. πίνουσι δ', ἂν μὲν ᾖ πο- 25
ταμὸς πλησίον, οὐδαμόθεν ἄλλοθεν ἢ ἐντεῦθεν, θέμεναι τὸ

6 ὑπολείπη F[a] X[c], S[c]: ὑπολύπη Q   κουφῆνας A[a]pr. G[a]   7 post ἐκβάλλουσι add. οἱ μελιτουργοί G[a]rc. Q: qui hec curant Trap.: apiarii Gaza   8 post πρεσ. add. τὰ α γ Ald. Bk.   9 μένειν] μὲν εἶναι α   post ἔξωθεν add. μὲν α (exc. C[a])   ἔσωθεν Ald.   10 δὲ om. L[c] Ald.   11 γὰρ] δὲ α (exc. C[a])   12 ἀπ' ἀλλοτρίου F[a] X[c]   14 μελιττουργός Q, E[a]   16 ἐκπίπτει C[a] μᾶλλον α (exc. C[a])   εὐσθενοῦντα A[a] Q F[a] X[c] Ott.: εὐθενοῦντα G[a]   17 κληρός G[a] Q Guil. Gaza: σκληρός α (exc. G[a] Q) γ: σκληρος β Ald.   τοῦτο] τότε A[a]rc. F[a] X[c]   δὲ om. α γ Ald. Bk.   18 αὐξανόμενον A[a] G[a]pr. F[a] X[c]: αὐξαμένων E[a] L[c] n Ald.: αὐξαμένων P K[c]: crescentibus Guil. Gaza   τὸ σμ. ὅλον transp. L[c] Ald.   20 γένηται n   νομὴ ... 22 ἐρυθροῦ post 25 πνεῦμα transponendum indicat G[a]: om. Q: transp. Trap.   21 ταῖς μελίτταις α Dt.   22 post ἐν[(1)] add. τε β   καὶ ἐν τῷ χ. α E[a] K[c] M[c] n ἐν[(2)] ... 23 ἀλεεινός om. P   24 ὅταν ... 25 πνεῦμα habet m   ὅταν] ὅτε m   μέγαν α (exc. C[a])   ἐφ'] ὑφ' F[a] X[c]   25 ἑαυταῖς L[c] n Ald. edd.   πίνουσι ... 627b10 μελίττας om. m   26 ουδαμόσε A[a]pr. F[a] X[c]

ἄχθος πρῶτον· ἐὰν δὲ μὴ ᾖ, ἑτέρωθεν πίνουσαι ἀνεμοῦσι τὸ μέλι, καὶ εὐθὺς ἐπ' ἔργον πορεύονται.

τῇ δὲ τοῦ μέλιτος ἐργασίᾳ διττοὶ καιροί εἰσίν, ἔαρ καὶ μετόπωρον· ἥδιον δὲ καὶ λευκότερον καὶ τὸ σύνολον κάλλιόν ἐστι τὸ ἐαρινὸν τοῦ μετοπωρινοῦ. μέλι δὲ κάλλιστον γίνεται ἐκ νέου κηροῦ καὶ ἐκ μόσχου· τὸ δὲ πυρρὸν αἴσχιον διὰ τὸ κηρίον· διαφθείρεται γὰρ ὥσπερ οἶνος ὑπ' ἀγγείου· διὸ δεῖ ξηραίνειν αὐτό. ὅταν δὲ τὸ θύμον ἀνθῇ καὶ πλῆρες γίνηται τὸ κηρίον, οὐ πήγνυται τοῦτο. ἔστι δὲ καλὸν τὸ χρυσοειδές· τὸ δὲ λευκὸν οὐκ ἐκ θύμου εἰλικρινοῦς, ἀγαθὸν δὲ πρὸς ὀφθαλμοὺς καὶ ἕλκη. τοῦ δὲ μέλιτος τὸ μὲν ἀσθενὲς ἀεὶ ἄνω ἐπιπολάζει, ὃ δεῖ ἀφαιρεῖν, τὸ δὲ καθαρὸν κάτω. ὅταν δ' ἡ ὕλη ἀνθῇ κηρὸν ἐργάζονται· διὸ ἐκ τοῦ σίμβλου τότ' ἐξαιρετέον τὸν κηρόν· ἐργάζονται γὰρ εὐθύς. ἀφ' ὧν δὲ φέρουσιν, ἔστι τάδε, ἀτρακτυλλὶς μελίλωτον ἀσφόδελος μυρρίνη φλεὼς ἄγνος σπάρτον. ὅταν δὲ τὸ θύμον ἐργάζωνται, ὕδωρ μιγνύουσι πρὶν τὸ κηρίον καταλείπειν.

ἀφοδεύουσι δ' αἱ μέλιτται πᾶσαι ἢ ἀποπετόμεναι, ὥσπερ εἴρηται, ἢ εἰς ἓν κηρίον. εἰσὶ δ' αἱ μικραὶ ἐργάτιδες μᾶλλον τῶν μεγάλων, ὥσπερ εἴρηται, ἔχουσι δὲ τὰ πτερὰ περιτετριμμένα καὶ χροίαν μέλαιναν καὶ ἐπικεκαυμέναι· αἱ δὲ φαναὶ καὶ λαμπραὶ ὥσπερ γυναῖκες ἀργαί. δοκοῦσι δὲ χαίρειν αἱ μέλιτται καὶ

27 ᾖ om. Gᵃ Q   πίνουσαι] bibentes Guil. Trap.: humore hausto Gaza: πιοῦσαι cj. Sn. Pk.   28 ἐπ' ἔργον εὐθὺς transp. P   εὐθύς] iterum Guil. Trap.: αὖθις cj. Sn. Dt.   30 δὲ om. α (exc. Aᵃrc.)   κάλλιόν] καὶ λεῖον Cᵃ: λεῖον Aᵃ Fᵃ Xᶜ: om. Gᵃpr.: κρεῖττον Gᵃrc. Q: melius Guil. Trap.: praestantius Gaza   31 κάλλιστον β Guil. Sn. Dt.: κάλλιον α γ Trap. Gaza Ald. Bk.   post γίν. add. τὸ α (exc. Cᵃ)   καιροῦ P Kᶜ: cera Scot. Gaza: favo Guil. Trap.: κηρίου cj. A.-W.   33 δεῖ] δὴ P Kᶜ n   627a1 γίνεται Cᵃ β P Kᶜ: fuerit Guil.   2 πήγνυται Eᵃ P Kᶜ Mᶜ   3 ὀφθαλμοῦ α (exc. Cᵃ)   4 μέλιττος Sᶜ, n   ἀεὶ om. Eᵃ Lᶜpr.   ἄνῳ (sic) Cᵃ   5 κάτῳ (sic) Cᵃ   7 ἀφ'] ἐφ' Ald.   8 ἀτρακοτυλίς α (-λλίς Cᵃ)   μυρίνη α   φλεὸς α (exc. Cᵃ)   9 σπάργον P Ald.   10 καταλειφθείη Cᵃ: καταληφθῇ α (exc. Cᵃ): καταλείφθειν Oᶜpr. Tᶜ Ald.: καταληφθῆναι Oᶜrc.: ungant Guil.: inungant Trap.: occupetur Gaza: καταληφθείη Bas.   αἱ om. β (exc. Sᶜ) γ Ald.   14 ἐπικεκαμμέναι α (exc. Cᵃ) Oᶜ Bas.

τῷ κρότῳ, διὸ καὶ κροτοῦντές φασιν ἀθροίζειν αὐτὰς εἰς τὸ σμῆνος ὀστράκοις τε καὶ ψήφοις· ἔστι μέντοι ἄδηλον ὅλως εἰ ἀκούουσιν, καὶ πότερον δι' ἡδονὴν τοῦτο ποιοῦσιν ἢ διὰ φόβον. ἐξελαύνουσι δὲ καὶ τὰς ἀργὰς αἱ μέλιτται καὶ τὰς μὴ φειδομένας. διήρηνται δὲ τὰ ἔργα, ὥσπερ εἴρηται πρό- 20
τερον, καὶ αἱ μὲν κηρία ἐργάζονται, αἱ δὲ τὸ μέλι, αἱ δ' ἐριθάκην· καὶ αἱ μὲν πλάττουσι κηρία, αἱ δὲ ὕδωρ φέρουσιν εἰς τοὺς κυττάρους καὶ μιγνύουσι τῷ μέλιτι, αἱ δ' ἐπ' ἔργον ἔρχονται. ὄρθριαι δὲ σιωπῶσιν ἕως ἂν μία ἐγείρῃ βομβήσασα δὶς ἢ τρίς· τότε δ' ἐπ' ἔργον ἀθρόαι πέτονται, καὶ 25
ἐλθοῦσαι πάλιν θορυβοῦσι τὸ πρῶτον, κατὰ μικρὸν δ' ἧττον ἕως ἂν μία περιπετομένη βομβήσῃ, ὥσπερ σημαίνουσα καθεύδειν· εἶτ' ἐξαπίνης σιωπῶσιν. διαγινώσκεται δ' ἰσχύειν τὸ σμῆνος τῷ ψόφον εἶναι πολὺν καὶ κινεῖσθαι ἐξιούσας καὶ εἰσιούσας· τότε γὰρ σχαδόνας ἐργάζονται. πεινῶσι δὲ 30
μάλισθ' ἡνίκ' ἂν ἄρχωνται ἐκ τοῦ χειμῶνος. ἀργότεραι δὲ γίνονται ἐὰν πλεῖόν τις καταλίπῃ μέλι βλήττων· ἀλλὰ δεῖ πρὸς τὸ πλῆθος καταλείπειν τὰ κηρία· ἀθυμότερον δ'

16 κροτοῦντα α (exc. C^a) φησὶν A^a G^a Q F^apr. **17** ψήφοις C^a A^apr. G^apr., E^a K^c M^c L^cpr. n, Bk. Dt.: ψόφοις A^arc. G^acorr. F^a X^c, β, P L^ccorr., Ald. Sn.: ψ' lac. φοις Q: om. Scot.: *conpercussione aeramentorum* Alb.: *ensibus* Guil.: *sono* Trap.: *tinnitu aeris* Gaza: cf. Plin. XI.22.68 *gaudent plausu atque tinnitu aeris* **18** εἰ G^arc. β Guil. Trap. Gaza Bk.: ἔτι C^a A^apr. G^apr.: om. Q: εἴ τι A^arc. F^a X^c, P, Dt.: εἴτε E^a L^c n Ald.   post ἀκούουσιν add. εἴτε μὴ L^c Ald.: *aut non* Scot. Alb.   post πότερον add. ἢ S^c, L^crc., Ald.   **19** δὲ] γὰρ α (exc. C^a) **20** μὴ om. E^a L^cpr. n   ὥσπερ εἴρ. πρότ. om. Guil.   **21** κηρία codd. Ald. Bk.: *ceram* Scot. Alb.: *hee quidem mel, hee autem rithakem, hee autem gonum* Guil. (Tz): *hee quidem mel, hee autem gonum, hee autem ritharem* Guil. (cett.): *ceras* Trap.: *favos* Gaza: γόνον cj. Sn. Dt.   **22** ἐριθάκην R^c Canis. edd.: ῥιθάκην codd. cett. Ald.: *arciaki* Scot. Alb.: *rithakem* Guil. (cf. supra a21): *sandaracham* Trap.: *erythacam* Gaza: cf. 554a17   **24** ἂν om. C^a γ   **25** τρεῖς A^a G^arcsm. τοτε δ'] τό δ' A^apr. G^apr.: τότε P   **26** δ' ἧττον] διττόν α: *dupliciter* Guil.: om. Trap.: *minus* Gaza   **27** παραπετομένη P   **29** post τῷ add. τὸν α Bk. Dt.   **30** σχαδόνας β E^a L^c n Ald.: σχάλωνες C^a A^a F^a X^c: σχάλονας G^a: σχάδωνας Q: σχαδόνες P K^c M^c: om. Scot.: *scadones* Guil.: *fetui* Trap.: *novellae* Gaza   πεινῶσι α Scot. Alb. Guil. Trap. Gaza Bk.: πίνουσι β E^a M^c L^c n Ald.: πίνωσι P K^c: πονοῦσι cj. Scal. Cs.   δὲ post 31 μάλιστα transp. E^a L^c n Ald.   **31** ἂν om. α (exc. C^a)   **32** βλήττουσι β P K^c M^c L^crc. Ald.: βλῆττον α: βλάπτων E^a: βλάπτον L^cpr. n: βλίττων Cs. edd.   **33** δεῖ] δὴ P: *oportet* Guil.: *non oportet* Trap.   καταλιπεῖν β P K^c

ἐργάζονται κἂν ἐλάττω καταλειφθῇ. ἀργότεραι δὲ γίνονται κἂν μέγα τὸ κυψέλιον ᾖ· ἀθυμότερον γὰρ πονοῦσιν. βλήττεται δὲ σμῆνος χοᾶ ἢ τρία ἡμίχοα, τὰ δ' εὐθηνοῦντα δύο χοᾶς ἢ πέντε ἡμίχοα· τρεῖς δὲ χοᾶς ὀλίγα.

πολέμιον δὲ πρόβατον ταῖς μελίτταις καὶ οἱ σφῆκες, ὥσπερ εἴρηται καὶ πρότερον· θηρεύουσι δὲ τούτους οἱ μελιττουργοί, λοπάδα τιθέντες καὶ κρέας εἰς αὐτὴν ἐμβάλλοντες· ὅταν δὲ πολλοὶ ἐμπίπτωσιν, ἐπὶ τὸ πῦρ πωμάσαντες ἐπιτιθέασιν. κηφῆνες δ' ὀλίγοι ἐνόντες ὠφελοῦσι τὸ σμῆνος· ἐργατικωτέρας γὰρ ποιοῦσι τὰς μελίττας. προγινώσκουσι δὲ καὶ χειμῶνα καὶ ὕδωρ αἱ μέλιτται· σημεῖον δέ, οὐκ ἀποπέτονται γὰρ ἀλλ' ἐν τῇ εὐδίᾳ αὐτοῦ ἀνειλοῦνται, ᾧ γινώσκουσιν οἱ μελιττουργοὶ ὅτι χειμῶνα προσδέχονται. ὅταν δὲ κρεμάσωνται ἐξ ἀλλήλων ἐν τῷ σμήνει, σημεῖον γίνεται τοῦτο ὅτι ἀπολείψει τὸ σμῆνος. ἀλλὰ καταφυσῶσι τὸ σμῆνος οἴνῳ γλυκεῖ οἱ μελιττουργοὶ ὅταν τοῦτ' αἴσθωνται. φυτεύειν δὲ συμφέρει περὶ τὰ σμήνη ἀχράδας, κυάμους, πόαν Μηδικήν, Συρίαν, ὤχρους, μυρρίνην, μήκωνα, ἕρπυλλον, ἀμυγδαλῆν. γινώσκουσι δέ τινες τῶν μελιττουργῶν τὰς ἑαυτῶν ἐν τῷ νομῷ ἄλευρα

627b1 ἐργάζονται ... 2 γὰρ om. α (exc. C^a) Ott.: caret signif. G^a: *minus autem animose operantur et si minus derelictum sit. otiosiores autem fiunt* Guil.: *diligentiores enim redduntur cum minus relinquitur* Trap.   κἂν] ἐὰν L^c n Ald.   **2** κυψέλλιον C^a β L^crc. Ald.   βλίττεται L^cpr. edd.: add. in marg. ἀφαιρεῖται μέλι M^c   **3** χοᾶ β L^crc. Guil. Ald.: χοαῖς α: χοᾶς E^a M^c n: χοαὶ P K^c: χόην L^cpr. ἢ om. α   τὰ ... 4 ἡμίχοα om. n   **4** χοᾶς s. χόας codd.   **5** πρόβατα β P K^c M^c L^crc.: πρόβατι A^apr.: προβατιταῖς μελ. G^a Q   **7** κρέα α (exc. C^a): *carnem* Guil. (Tz): *carnes* Guil. (cett.) Trap.   ἐμβαλόντες C^a   **8** ἐπὶ] εἰς β L^crc. Ald.   **9** ὀλίγον F^a X^c   **10** γὰρ] δὲ α (exc. C^a)   προγινώσκουσι ... resum. m   **11** ἀποπέττονται A^a G^a Q   γὰρ om. m   **12** αὐδία A^apr. G^a Q   ὦ α Bk.: ὃ β γ (exc. m) Ald.: καὶ m   **13** ὅταν ... 629b5 τρόπον om. m   κρέμμανται C^a   **15** ἀλλὰ ... σμῆνος om. n   γλυκύ G^a Q, L^cpr. n: γλυκὶ L^crc.   **16** φυτεύει A^a G^apr.   περὶ] παρὰ β γ (exc. L^c) Guil.   **17** τὰ om. α (exc. C^a)   συρίαν ... 18 μυρρίνην] πόαν συρίαν ὤ. μ. β: συρίαν ὤχρας μυρ. E^a K^c M^c L^cpr. n: συριανόχρους μ. P: συρ. ὤχρου σμυρίνην A^a G^apr. F^apr.: σ. ὤχρου μυρίνην G^arc. Q F^arc. X^c   **18** ἐρπύλλῳ C^a: ἐρπύλλωνα A^a G^a Q: ἐρπύλωνα F^a: ἐλπύλωνα X^c   ἀμυγδάλην β P K^c: μυγάλην α   **19** νόμῳ γ

HISTORIA ANIMALIUM VIII(IX)

καταπάσαντες. ἐὰν δ' ἔαρ ὄψιον γένηται ἢ αὐχμός, καὶ ὅταν
ἐρυσίβη, ἐλάττονα ἐργάζονται αἱ μέλιτται τὸν γόνον.
τὰ μὲν οὖν περὶ τὰς μελίττας τοῦτον ἔχει τὸν τρόπον.
τῶν δὲ σφηκῶν ἐστι δύο γένη.

[41] τούτων δ' οἱ μὲν ἄγριοι σπάνιοι, γίνονται δ' ἐν τοῖς ὄρεσι, καὶ τίκτουσιν οὐ κατὰ γῆς
ἀλλ' ἐν ταῖς δρυσί, τὴν μὲν μορφὴν μείζους καὶ προμηκέστεροι καὶ μελαγχρῶτες τῶν ἑτέρων μᾶλλον, ποικίλοι δὲ
καὶ ἔγκεντροι πάντες καὶ ἀλκιμώτεροι, καὶ τὸ πλῆγμα
ὀδυνηρότερον αὐτῶν ἢ ἐκείνων· καὶ γὰρ τὸ κέντρον ἀνάλογον μεῖζον τὸ τούτων. οὗτοι μὲν οὖν διετίζουσι καὶ
ὁρῶνται καὶ τοῦ /30/ χειμῶνος ἐκ δρυῶν κοπτομένων ἐκπετόμενοι, ζῶσι δὲ φωλοῦντες /31/ τὸν χειμῶνα· ἡ δὲ διατριβὴ ἐν τοῖς ξύλοις. εἰσὶ δ' /32/ αὐτῶν οἱ μὲν μῆτραι οἱ δ'
ἐργάται, ὥσπερ καὶ τῶν ἡμερωτέρων. /33/ τίς δ' ἡ φύσις τοῦ ἐργάτου καὶ τῆς μήτρας ἐπὶ τῶν /1/ ἡμερωτέρων
ἔσται δῆλον. ἔστι γὰρ καὶ τῶν ἡμέρων σφηκῶν γένη
δύο, οἱ μὲν ἡγεμόνες οὓς καλοῦσι μήτρας, οἱ δ' ἐργάται.
εἰσὶ δὲ μείζους οἱ ἡγεμόνες πολὺ καὶ πραότεροι. καὶ οἱ μὲν
ἐργάται οὐ διετίζουσιν, ἀλλὰ πάντες ἀποθνήσκουσιν ὅταν
χειμὼν ἐπιπέσῃ (φανερὸν δ' ἐστὶ τοῦτο· τοῦ γὰρ χειμῶνος
ἀρχομένου μὲν μωροὶ γίνονται οἱ ἐργάται αὐτῶν, περὶ τροπὰς δ' οὐ φαίνονται ὅλως), οἱ δ' ἡγεμόνες οἱ καλούμενοι μῆτραι ὁρῶνται δι' ὅλου τοῦ χειμῶνος καὶ κατὰ γῆς φωλεύου-

---

20 κατασπάσαντες C^a γ: καταπάσσαντες α (exc. C^a)   δ' om. α (exc. C^a)
ὄψιμον P   21 ἔλαττον C^a A^a corr. Q F^a X^c γ Ald. Bk.: ἐλάττων A^a pr. G^a:
minorem Guil.: minus Gaza: ἐλάττων' cj. Usener   ἐργάζωνται A^a G^a rc. Q
23 δ'^(2) om. β   24 ὄρεσι] ἄρρεσι A^a G^a pr.   26 μελαγχρῶντες C^a, E^a n:
μελανοχρῶτες A^a G^a Q: μελανοχρῶται F^a X^c   ἐντέρων α (exc. C^a)   28
γὰρ om. β Guil.   τὸ] οὐ n   29 ὁρῶνται] ὁρῶν E^a P K^c M^c: ὡρῶν
L^c pr. n   καὶ^(2) om. β Guil. Ald.   τοῦ om. L^c   30 φωλεοῦντα A^a G^a
Q: φωλεοῦντες F^a X^c   31 δὲ^(1) om. E^a L^c n   32 ἡμετέρων Q   33 τίς
... 628a1 ἡμερωτέρων om. α Guil. Ott.   628a1 δύο γένη transp. C^a γ Ald.
edd.   2 ἡγεμόνες] οἱ γεμόνες K^c n   3 πολὺ om. L^c pr.: ut frequenter (viz. ὡς
ἐπὶ τὸ πολὺ) Guil.   4 πάντα Q (πᾶν A^a G^a)   6 δὲ τροπὰς transp. α
7 οἱ γεμόνες n

σιν· ἀροῦντες γὰρ καὶ σκάπτοντες ἐν τῷ χειμῶνι μήτρας μὲν πολλοὶ ἑωράκασιν, ἐργάτας δ' οὐθείς.

ἡ δὲ γένεσις τῶν σφηκῶν ἐστι τοιάδε· οἱ ἡγεμόνες, ὅταν λάβωσι τόπον εὔσκοπον ἐπιόντος τοῦ θέρους, πλάττονται τὰ κηρία καὶ συνίστανται /13/ οὓς καλοῦσι σφηκωνεῖς τοὺς μικρούς, οἷον τετραθύρους ἢ ἐγγὺς /14/ τούτων, ἐν οἷς σφῆκες γίνονται καὶ οὐ μῆτραι. τούτων δ' αὐξηθέντων /15/ πάλιν μετὰ τούτους ἄλλους μείζους συνίστανται, καὶ /16/ πάλιν τούτων αὐξηθέντων ἑτέρους, ὥστε τοῦ μετοπώρου τελευτῶντος πλεῖστα καὶ μέγιστα γίνεσθαι σφηκία, ἐν οἷς ὁ ἡγεμὼν ἡ καλουμένη μήτρα οὐκέτι σφῆκας γεννᾷ ἀλλὰ μήτρας. γίνονται δ' οὗτοι ἄνω ἐπὶ τοῦ σφηκίου ἐπιπολῆς μείζους σκώληκες ἐν θυρίσι συνεχέσι τέτταρσιν ἢ μικρῷ πλείοσιν, παραπλησίως δ' ὥσπερ ἐν τοῖς κηρίοις τὰ τῶν ἡγεμόνων. ἐπειδὰν δὲ γένωνται οἱ ἐργάται σφῆκες ἐν τοῖς κηρίοις, οὐκέτι οἱ ἡγεμόνες ἐργάζονται, ἀλλ' οἱ ἐργάται αὐτοῖς τὴν τροφὴν εἰσφέρουσιν· φανερὸν δ' ἐστὶ τοῦτο τῷ μηκέτι τοὺς ἡγεμόνας ἐκπέτεσθαι τῶν ἐργατῶν, ἀλλ' ἔνδον μένοντας ἡσυχάζειν. πότερον δ' οἱ περυσινοὶ ἡγεμόνες, ὅταν νέους ποιήσωσιν ἡγεμόνας, ἀποθνήσκουσιν μετὰ τῶν νέων σφηκῶν καὶ τοῦθ' ὁμοίως συμβαίνει, ἢ καὶ πλείω χρόνον δύνανται ζῆν, οὐδὲν ὦπταί πω· οὐδὲ γῆρας οὔτε μήτρας οὔτε τῶν ἀγρίων σφηκῶν οὐδείς πω ὦπται ἑωρακώς, οὐδ' ἄλλο τοιοῦτον οὐδὲν πάθος. ἔστι δ' ἡ μήτρα

9 σκάπτονται Q (σκάπτο͞ν Aᵃ Gᵃ)   **11** ἐστι om. α γ   ἄσκοπον α (exc. Cᵃ): *convenientem* Scot. Alb.: *bene protectum* Guil.: *occultiorem* Trap.: *opportunum* Gaza: εὐσκεπῆ cj. Dt. Th.: cf. 616b14   **12** ἐπιόντος β Mᶜ*rc*. Lᶜ*rc*. Ald. Bk.: πονοῦντες α (πονοῦ͞ν Aᵃ Gᵃ Q): εἰπόντες Eᵃ P Kᶜ Mᶜ*pr*.: ἐπόντος Lᶜ*pr*. n: πονοῦντος Ott.: *in estate* Scot.: *adveniente estate* Guil.: *opere aestivo* Gaza   **13** σφηκῶνας Bas. (v.l.) Cas.   τοὺς] δίσκους cj. Pk.: ἱστοὺς cj. Dt.   **14** μῆτρες Cᵃ   **15** post μείζ. add. ἱστοὺς β Lᶜ*rc*. Ald.   συνίσταται Cᵃ   **19** ἐπὶ πολῆς α (exc. Cᵃ) n: ἐπὶ πολὺ Lᶜ*pr*.   **23** αὐτῶν α (exc. Cᵃ)   **24** τούτω Aᵃ Gᵃ   τῶ om. Q: τῶν Kᶜ   ἐκπέτασθαι α Eᵃ*pr*. Kᶜ Mᶜ n   **25** μὲν ὄντας Eᵃ P Kᶜ   **26** περισυνοὶ Aᵃ Gᵃ Q, Sᶜ, P Kᶜ Mᶜ: περισινοὶ n   **27** μετὰ β Lᶜ*rc*. Ald.: ἀπὸ α γ (exc. Lᶜ*rc*.): *a novis* Guil. Trap. Gaza: ὑπὸ cj. edd.   post συμβαίνει add. *semper* Guil.: ⟨ἀεὶ⟩ cj. Dt.   **28** δύναται α (exc. Fᵃ Xᶜ)   οὐδὲ] οὔτε β Ald.   **29** οὔτε⁽¹⁾] οὐδὲ α (exc. Cᵃ), Lᶜ n   μήτρας Aᵃ Gᵃ Q   **30** τοιοῦτ' Eᵃ P Kᶜ   πάθος οὐδέν transp. Lᶜ n Ald.

πλατὺ καὶ /31/ βαρύ, καὶ παχύτερον καὶ μεῖζον τοῦ σφη- 30, 31
κός, καὶ πρὸς τὴν /32/ πτῆσιν διὰ τὸ βάρος οὐκ ἄγαν ἰσχυ-
ρόν· οὐδὲ δύνανται ἐπὶ /33/ τὸ πολὺ πέτεσθαι· διὸ καὶ κά-
θηνται ἐν τοῖς σφηκίοις ἀεί, /34/ συμπλάττουσαι καὶ διοι-
κοῦσαι τὰ ἔνδον. 34
ἐν δὲ τοῖς πλείστοις 34
σφηκίοις ἔνεισιν αἱ μῆτραι καλούμεναι. ἀμφισβητεῖται δὲ 35
πότερον ἔγκεντροί εἰσιν ἢ ἄκεντροι· ἐοίκασι δ', ὥσπερ οἱ 628b1
τῶν μελιττῶν ἡγεμόνες ἔχειν μέν, οὐκ ἐξιέναι δὲ οὐδὲ βάλ-
λειν. τῶν δὲ σφηκῶν οἱ μὲν ἄκεντροί εἰσιν ὥσπερ κηφῆνες,
οἱ δ' ἔχουσι κέντρον. εἰσὶ δ' οἱ ἄκεντροι ἐλάττους καὶ ἀμενη-
νότεροι καὶ οὐκ ἀμύνονται, οἱ δ' ἔχοντες τὰ κέντρα μείζους 5
καὶ ἄλκιμοι· καὶ καλοῦσι τούτους ἔνιοι μὲν ἄρρενας, τοὺς δ'
ἀκέντρους θηλείας. πρὸς δὲ τὸν χειμῶνα ἀποβάλλειν δοκοῦσι
πολλοὶ τῶν ἐχόντων τὰ κέντρα· αὐτόπτη δ' οὔπω ἐντετυχή-
καμεν. 9
γίνονται δ' οἱ σφῆκες μᾶλλον ἐν τοῖς αὐχμοῖς καὶ 9
ἐν ταῖς χώραις ταῖς τραχείαις, γίνονται δ' ὑπὸ γῆν, καὶ 10
τὰ κηρία πλάττουσιν ἐκ φορυτοῦ καὶ γῆς, ἀπὸ μιᾶς ἀρχῆς
ἕκαστον ὥσπερ ἀπὸ ῥίζης. τροφῇ δὲ χρῶνται μὲν καὶ ἀπ'
ἀνθῶν τινων καὶ καρπῶν, τὴν δὲ πλείστην ἀπὸ ζῳοφαγίας.
ὠμμένοι δ' εἰσὶν ὀχευόμενοι ἤδη καὶ τῶν ἄλλων τινές· εἰ δ'

30 πλατὸς α (exc. Cª)   31 βαρύς Gª Q Fª Xᶜ   παχυτέρα α (exc. Cª) μείζων Fª Xᶜ   33 τὸ codd. Bk: om. Ald.: *ad multum* Guil.: *multum* Trap.: *longius* Gaza: secl. edd.   καὶ om. α γ   σφηκείοις Cª   ἀεὶ post διὸ transp. α γ   34 τὰ] κατὰ Aª Gªpr. Fª Xᶜ   35 σφηκείοις Cª (ut saepe) ἔνεισιν] εἰσὶν α (exc. Cª)   628b1 οἱ ... 3 ὥσπερ om. α: add. τῶν μελιττῶν οἱ ἡγεμόνες ἔχειν μὲν ἀλλ' οὐκ ἐκβάλλειν οὐδὲ κεντεῖν. τῶν δὲ σφηκῶν οἱ μὲν ἄκεντροι εἰσὶν Gªrc. Q Ott.: *aculeus quem habent assimilatur illi qui invenitur in rectoribus apum, sed non extrahunt ipsum neque pungunt aliquid per ipsum. et quedam vespe non habent aculeum* Scot. (sim. Alb.): *apum duces habere quidem non educere autem* (om. autem Trap.) *neque pungere. vesparum autem que* (quedem Trap.) *quidem sine aculeo sunt sicut* Guil. Trap.: *apum duces gerere quidem aculeum sed non extringere aut ferire, vesparum autem aliae carent aculeo* Gaza   3 κηφῆνες cett. Scot. Alb. Guil.: del. Gªrc.: om. Q Trap. Ott.   4 οἱ⁽¹⁾] ὃ Q   οἱ⁽²⁾ om. Cª   6 ἀλκιμώτεροι α (exc. Cª)   8 αὐτόπται β Lᶜrc. Ald.: αὐτόπη P Kᶜ   9 ἐν τοῖς om. Q 11 φορυτοῦ β P Kᶜ   13 ἀνθῶν] ἀγαθῶν Cª: ἀνθέων Fª Xᶜ: ἀκανθῶν Lᶜpr. n   post ζωοφ. add. ὦν γ   14 ὠμμένοι om. Kᶜ in lac.   δ'⁽¹⁾ om. Lᶜ n   ἤδη om. α γ   εἰ Gª Q, Prc., edd.: οἱ cett. Ald.: *si* Guil.: *an* Gaza

ἄκεντροι ἄμφω ἢ κέντρα ἔχοντες, ἢ ὁ μὲν ὁ δ᾽ οὔ, οὔπω ὦπται. καὶ τῶν ἀγρίων ὀχευόμενοι ὠμμένοι, καὶ ὁ ἕτερος ἔχων κέντρον· περὶ θατέρου δ᾽ οὐκ ὤφθη. ὁ δὲ γόνος οὐ δοκεῖ ἐκ τοῦ τόκου γίνεσθαι, ἀλλ᾽ εὐθὺς μείζων εἶναι ἢ ὡς σφηκὸς τόκος. ἐὰν δὲ λάβῃ τις τῶν ποδῶν σφῆκα καὶ τοῖς πτεροῖς ἐᾷ βομβεῖν, προσπέτονται οἱ ἄκεντροι, οἱ δὲ τὰ κέντρα ἔχοντες οὐ προσπέτονται· ᾧ τινες τεκμηρίῳ χρῶνται ὡς τῶν μὲν ἀρρένων ὄντων τῶν δὲ θηλειῶν. ἁλίσκονται δ᾽ ἐν τοῖς σπηλαίοις τοῦ χειμῶνος καὶ ἔχοντες ἔνιοι κέντρα καὶ οὐκ ἔχοντες. ἐργάζονται δ᾽ οἱ μὲν μικρὰ καὶ ὀλίγα σφηκία ⟨οἱ δὲ πολλὰ καὶ μεγάλα⟩. αἱ δὲ μῆτραι καλούμεναι ἁλίσκονται τραπείσης τῆς ὥρας, αἱ πολλαὶ περὶ τὰς πτελέας· συλλέγουσι γὰρ τὰ γλίσχρα καὶ κομμιώδη. γεγένηται δέ που μητρῶν πλῆθος γενομένων τῷ ἔμπροσθεν ἔτει πολλῶν σφηκῶν καὶ ἐπομβρίας. θηρεύονται δὲ περὶ τοὺς κρημνοὺς καὶ τὰ ῥήγματα τῆς γῆς τὰ εἰς ὀρθόν, καὶ πάντες φαίνονται ἔχοντες κέντρα.

τὰ μὲν οὖν περὶ τοὺς σφῆκας τοῦτον ἔχει τὸν τρόπον.

[42] αἱ δ᾽ ἀνθρῆναι ζῶσι μὲν οὐκ ἀνθολογούμεναι ὥσπερ αἱ μέλιτται /33/ ἀλλὰ τὰ πολλὰ σαρκοφαγοῦσαι (διὸ καὶ περὶ τὴν κόπρον διατρίβουσιν· θηρεύουσι γὰρ τὰς μεγάλας μυίας, καὶ /35/ ὅταν καταλάβωσιν ἀφελοῦσαι τὴν κεφαλὴν ἀποπέτονται φέρουσαι τὸ σῶμα τὸ λοιπόν), ἅπτονται δὲ καὶ τῆς γλυκείας ὀπώρας. τροφῇ μὲν οὖν χρῶνται τῇ εἰρημένῃ, ἔχουσι δ᾽ ἡγεμόνας ὥσπερ αἱ μέλιτται καὶ οἱ σφῆκες· καὶ οἱ ἡ-

15 ἔχον Aᵃ Gᵃ: ἔχοντα Q   οὔπω] πω Eᵃ: οὔ που P: om. β Ald.: del. Lᶜrc.
16 καὶ⁽²⁾ om. β   18 τόκου] γόνου β Lᶜrc.: gono Guil.   20 οἱ ἄκ. ... 21 προσπέτονται om. P   23 ἔχοντος utroque loco Aᵃ   κέντρον α (exc. Cᵃ)   24 ⟨οἱ δὲ .. μεγάλα⟩ om. codd. Guil. Trap. Ald.: add. cj. Bas. edd.: et quedam faciunt nidos magnos multum Scot.: quedam autem faciunt multos nidos et magnos Alb.: aliae plura et ampliora Gaza   26 τραπείσης α Bk. Dt.: προιούσης β Ald.: περιιούσης Eᵃ P Mᶜ Lᶜ: περιούσης Kᶜ n: in fine hiemis Scot. Alb.: procedente tempore Guil.: a solstitio Gaza   27 post καὶ add. τὰ β Lᶜrc.   κομμιώδη α Lᶜpr. Ald. edd.: κομώδη β (exc. Sᶜ): κολλώδη Sᶜ, Lᶜrc.: μομμιώδη Eᵃ: μομβιώδη P Mᶜ: βομβιώδη Kᶜ: μομιώδη n: gummodea Guil. (Tz): gommosa Guil. (cett.)   28 ἔτει] ἐπὶ Fᵃ Xᶜ   29 τὰ om. Eᵃ Lᶜ n   30 τὰ] τὰς α (exc. Fᵃ Xᶜ)   εἰς om. Gᵃ Q   32 ἀνθρῖναι Eᵃ P Kᶜ Mᶜ n ut saepius   33 σαρκοφαγοῦσι Gᵃ Q Fᵃ Xᶜ (abbrev. Aᵃ)   34 μυῖας α (exc. Cᵃ) n   629a3 ἡγεμόνα γ (exc. οἱγεμόνα n) Ald.   αἱ σφ. P

HISTORIA ANIMALIUM VIII(IX)

γεμόνες οὗτοι μείζονές εἰσι τῷ μεγέθει κατὰ λόγον πρὸς τὰς ἀνθρήνας ἢ ὁ τῶν σφηκῶν πρὸς τοὺς σφῆκας καὶ ὁ τῶν μελιττῶν πρὸς τὰς μελίττας. διατρίβει δ' ἔσω καὶ οὗτος ὥσπερ ὁ τῶν σφηκῶν ἡγεμών. ποιοῦσι δὲ τὸ σμῆνος ὑπὸ γῆν αἱ ἀνθρῆναι, ἐκφέρουσαι τὴν γῆν ὥσπερ οἱ μύρμηκες· ἀφεσμὸς γάρ, ὥσπερ τῶν μελιττῶν οὐ γίνεται οὔτε τούτων οὔτε τῶν σφηκῶν, ἀλλ' ἀεὶ ἐπιγινόμεναι νεώτεραι αὐτοῦ μένουσι καὶ τὸ σμῆνος μεῖζον ποιοῦσιν ἐκφέρουσαι τὸν χοῦν. γίνεται δὲ μεγάλα τὰ σμήνη· ἤδη γὰρ εὐθηνοῦντος σμήνους κόφινοι τρεῖς καὶ τέτταρες ἐξῄρηνται κηρίων. οὐδὲ τροφὴν ὥσπερ αἱ μέλιτται ἀποτίθενται, ἀλλὰ φωλεύουσι τὸν χειμῶνα, αἱ δὲ πλεῖσται ἀποθνήσκουσιν· εἰ δὲ καὶ πᾶσαι, οὔπω δῆλον. οἱ δ' ἡγεμόνες πλείους ἑνὸς οὐ γίνονται ἐν τοῖς σμήνεσιν ὥσπερ ἐν τοῖς τῶν μελιττῶν οἳ διασπῶσι τὰ σμήνη τῶν μελιττῶν. ὅταν δὲ πλανηθῶσί τινες τῶν ἀνθρηνῶν ἀπὸ τοῦ σμήνους, συστραφεῖσαι πρός τινα ὕλην ποιοῦσι κηρία, οἷάπερ καὶ ὁρᾶται ἐπιπολῆς ὄντα πολλάκις, καὶ ἐν τούτῳ ἐργάζονται ἡγεμόνα ἕνα· οὗτος δ' ἐπὰν ἐξέλθῃ καὶ αὐξήσῃ ἀπάγει λαβὼν καὶ κατοικίζει μεθ' αὑτοῦ εἰς σμῆνος.

περὶ δ' ὀχείας τῶν ἀνθρηνῶν οὐδὲν ὦπταί πω, οὐδὲ πόθεν γίνεται ὁ γόνος. ἐν μὲν οὖν ταῖς μελίτταις ἄκεντροί εἰσι καὶ οἱ κηφῆνες καὶ οἱ βασιλεῖς, καὶ τῶν σφηκῶν ἔνιοι ἄκεντροί εἰσι, καθάπερ εἴρηται πρότερον· αἱ δ' ἀνθρῆναι πᾶσαι φαίνονται κέντρον ἔχουσαι. ἐπισκεπτέον δὲ μᾶλλον καὶ περὶ τοῦ ἡγεμόνος, εἰ κέντρον ἔχει ἢ μή.

4 μείζους L^c Ald. 5 ἀρθρήνας, ἀνθρίνας, ἀρθρίνας, ἀθρίνας codd. var. hic et infra τοὺς] τὰς β E^a n Ald. 7 post ὥσπερ add. καὶ β (exc. T^c) Guil. (Tz) 10 post ἀεὶ add. αἱ G^arc. Q: ⟨αἱ⟩ ἀεὶ cj. Dt. 11 γίνονται P 12 δὲ] γὰρ α post γὰρ add. ἐξ β εὐσθενοῦντος α 13 κώφηνοι C^a: κόφυνοι G^a Q: κόφηνοι K^c n post τροφὴν add. δ' C^a, E^a P M^c L^c, Ald. Bk. 15 αἱ δ' αἱ P 20 ἅπερ β L^crc. Guil. καί^(1) om. P ὀργᾶται C^a A^apr. G^apr.: videntur Guil. Trap. ἐπιπολῆς ὄντα β L^crc. Ald. Bk.: ἐπιπολήσαντα C^a γ (exc. L^crc.) Sn.: ἐπιπολάσαντα α (exc. C^a) 21 ἐνεργάζονται P ἕνα om. Ald. ἐξελθῇ καὶ αὐξήσῃ codd. Ald. edd.: cum creverit egrediens Guil.: egressus auctusque Trap.: αὐξηθῇ ἐξελθὼν cj. Sn. 22 μεθ' αὑτοῦ edd.: μετ' αὐτοῦ codd. Ald.: secum Guil. Trap. Gaza μῆνος O^c T^c 25 καί^(2) om. α (exc. G^arc. Q): et Guil.: -que Trap.: atque etiam Gaza

ARISTOTELIS

[43] οἱ δὲ βομβύλιοι τίκτουσιν ὑπὸ πέτρας ἐπ' αὐτῆς τῆς γῆς, θυρίσι δυσὶν ἢ μικρῷ πλείοσιν· εὑρίσκεται δὲ καὶ μέλιτος ἀρχὴ φαύλου τινὸς ἐν τούτοις. ἡ δὲ τενθρηδὼν προσεμφερὴς μέν ἐστι τῇ ἀνθρήνῃ, ποικίλον δέ, καὶ τὸ πλάτος ὅμοιον τῇ μελίττῃ. λίχνον δ' ὂν καὶ πρὸς τὰ μαγειρεῖα καὶ τοὺς ἰχθύας καὶ τὴν τοιαύτην ἀπόλαυσιν κατὰ μόνας προσπέταται. ἐκτίκτει δὲ κατὰ γῆς ὥσπερ οἱ σφῆκες, πολύχουν δ' ἐστί, καὶ τὸ τενθρήνιον αὐτῶν πολὺ μεῖζον ἢ τῶν σφηκῶν καὶ προμηκέστερον.

τὰ μὲν οὖν περὶ τὴν τῶν μελιττῶν καὶ τῶν σφηκῶν καὶ τῶν ἄλλων τῶν τοιούτων ἐργασίαν καὶ τὸν βίον τοῦτον ἔχει τὸν τρόπον.

[44] περὶ δὲ τὰ ἤθη τῶν ζώων, ὥσπερ εἴρηται καὶ πρότερον, ἔστι θεωρῆσαι διαφορὰς πρὸς ἀνδρείαν μὲν μάλιστα καὶ δειλίαν, ἔπειτα καὶ πρὸς πραότητα καὶ ἀγριότητα καὶ αὐτῶν τῶν ἀγρίων.

καὶ γὰρ ὁ λέων ἐν τῇ βρώσει μὲν χαλεπώτατός ἐστι, μὴ πεινῶν δὲ καὶ βεβρωκὼς πραότατος. /10/ ἔστι δὲ τὸ ἦθος οὐχ ὑπόπτης οὐδενὸς οὐδ' ὑφορώμενος οὐδέν, πρός τε τὰ σύντροφα καὶ συνήθη σφόδρα φιλοπαίγμων καὶ στερκτικός. ἐν δὲ ταῖς θήραις ὁρώμενος μὲν οὐδέποτε φεύγει οὐδὲ πτήσσει, ἀλλ' ἐὰν καὶ διὰ πλῆθος ἀναγκασθῇ τῶν θηρευόντων ὑπαγαγεῖν βάδην ὑποχωρεῖ καὶ κατὰ σκέλος καὶ κα-

29 βομβήλιοι α   30 δ' εὐσὶν G^a Q: quatuor Guil.   31 φαύλη α (exc. C^a) Guil.   τερθρηδὼν L^c n: tabiridon Scot. Alb.: tenthridarum Guil.: tenthridonem Trap.: teredo Gaza   προσεμφερὲς C^a   32 ἀνθρωπίνη C^a A^apr. G^arc. Q: ἀνθρίνη G^arcsm.: anthrene Guil.: crabroni Trap.   33 λύχνον E^a   ὂν om. α E^a P K^c M^c   35 προσπέτεται L^c n   σφῆκες] δρῆκες P   629b1 τερθρίνιον β E^a P K^c M^c: τερθρήνιον L^c Ald.: τερθρινὸν n   3 τὴν⁽¹⁾ om. F^a X^c, P n: τὸ K^c   post καὶ⁽¹⁾ add. τὴν A^a G^a Q, E^a P K^c M^c   τῶν⁽²⁾ om. F^a X^c   4 τῶν ἄλλων S^c, L^c n, Ald. Guil. Trap. Gaza edd.: τὴν ἄλλην codd. cett.   τῶν τοιούτων] τούτων F^a X^c   5 περί resum. m   ἔθη C^a καὶ om. β Guil.   6 ἀνδρίαν S^c, E^a L^c m, Ald.   μάλιστα μὲν transp. P   7 πρὸς om. α P   καὶ ἀγριότητα om. K^c   8 αὐτῶν om. T^c   λέων] lupus Scot. passim: leo Alb. cett.   μὲν post λέων transp. F^a X^c: om. m   9 πίνων C^a   10 ἔστι] ἔχει F^a X^c   ἦθος] εἶδος C^a   οὐδ' om. α   13 πτήσει α P<i>pr</i>.   14 ὑπάγειν β   καὶ⁽²⁾ om. α γ Bk.   κατὰ⁽²⁾ om. m

τὰ βραχὺ ἐπιστρεφόμενος· ἐὰν μέντοι ἐπιλάβηται δασέος, φεύγει ταχέως, ἕως ἂν καταστῇ εἰς φανερόν· τότε δὲ πάλιν ὑπάγει βάδην. ἐν δὲ τοῖς ψιλοῖς ἐάν ποτ' ἀναγκασθῇ εἰς φανερὸν διὰ τὸ πλῆθος φεύγειν, τρέχει κατατείνας καὶ οὐ πηδᾷ. τὸ δὲ δρόμημα συνεχῶς ὥσπερ κυνός ἐστι κατατεταμένον· διώκων μέντοι ἐπιρρίπτει ἑαυτὸν ὅταν ᾖ πλησίον. ἀληθῆ δὲ καὶ τὰ λεγόμενα, τό τε φοβεῖσθαι μάλιστα τὸ πῦρ, ὥσπερ καὶ Ὅμηρος ἐποίησεν "καιόμεναί τε δεταί, τάς τε τρεῖ ἐσσύμενός περ", καὶ τὸ τὸν βάλλοντα τηρήσαντα ἵεσθαι ἐπὶ τοῦτον. ἐὰν δέ τις βάλλῃ μέν, μὴ ἐνοχλῇ δὲ αὐτόν, ἐὰν ἐπαΐξας συλλάβῃ, ἀδικεῖ μὲν οὐδὲν οὐδὲ βλάπτει τοῖς ὄνυξι, σείσας δὲ καὶ φοβήσας ἀφίησι πάλιν. πρὸς δὲ τὰς πόλεις ἔρχονται μάλιστα καὶ τοὺς ἀνθρώπους ἀδικοῦσιν ὅταν γένωνται πρεσβῦται, διά τε τὸ γῆρας ἀδύνατοι θηρεύειν ὄντες καὶ διὰ τὸ πεπονηκέναι τοὺς ὀδόντας. ἔτη δὲ ζῶσι πολλά, καὶ ὁ ληφθεὶς λέων χωλὸς πολλοὺς τῶν ὀδόντων εἶχε κατεαγότας, ᾧ τεκμηρίῳ ἐχρῶντό τινες ὅτι πολλὰ ἔτη ζῶσιν· τοῦτο γὰρ οὐκ ἂν συμπεσεῖν μὴ πολυχρονίῳ ὄντι. γένη δ' ἐστὶ λεόντων δύο· τούτων δ' ἐστὶ τὸ μὲν

15 ὑποστρεφόμενος α (exc. C[a]) **16** δὲ] δὴ α (exc. C[a]) E[a] P K[c] M[c] **17** ἐν] οὐ T[c]   ψιλοῖς O[c]*corr*. Bas. edd.: φύλλοις C[a], E[a] L[c] n, Ald.: φύλοις A[a]*pr*.: φίλοις A[a]*rc*. G[a] Q F[a] X[c], D[a]*pr*. S[c] O[c]*pr*. T[c] V[c], P K[c] M[c] m: ψίλοις (sic) D[a]*corr*. R[c]: om. Scot. Alb.: *in planis* Guil. Trap.: *locis nudis atque patentibus* Gaza **18** κατακτείνας E[a]   **19** δράμημα C[a] A[a]*pr*. G[a] Q   κατατεταμμένον A[a]*pr*.: κατατεταγμένον G[a] Q, E[a] L[c]: κατατεμένον K[c]: κατατεγμένον n   **20** ἐπιρρήτει C[a] A[a]*pr*.: ἐπιρίπτει P K[c]   αὐτόν α K[c]   **22** καιομένας β M[c]*corr*. τε .. 23 περ om. in lac. β   τε δεταί E[a] P K[c] n: δᾶσες τε L[c] Ald.: τε δαιταί m: τε δαίτας M[c]*corr*.: τε δᾶδαι C[a]: τε δαῖτες α (exc. C[a]): om. Scot. Alb.: *lampades* Guil.: om. Trap.: *faces* Gaza   **23** τάς τε τρεῖ C[a] m Ald.: τάς τε δαῖτας τρεῖς A[a] G[a] Q: τάς τε τρεῖς F[a] X[c] γ (exc. m): om. Scot. Alb. *tres* Guil. Trap.: *horret* Gaza   βάλοντα codd. (incl. E[a]) Ald. Bas.: βαλόντα Bk.   τηρήσοντ' αἰσθέσθαι C[a]: τηρήσαντ' αἰσθέσθαι A[a]*pr*. G[a] Q   **24** post τις add. μὴ O[c]*rc*.: *si quis non percusserit* Gaza   βάλῃ E[a] interpunx. post μὴ Gaza Sylb. Sn. Bk.   ὀχλῇ α (exc. C[a])   **25** οὐδὲν om. X[c]   οὐδὲ om. m   **26** ταῖς O[c] T[c]   ἐκφοβήσας α (exc. C[a])   **27** δὲ om. E[a]   πόλεις] ἐπαύλεις cj. Sn. Th.   εἰσέρχονται α (exc. C[a])   **28** ἀδικοῦσιν cett. Ald. edd.: διώκουσιν β L[c]*rc*. Guil. Ott.   πρεσβύτεροι C[a]   **29** θηρεύειν ὄντες] θηρεύοντες A[a]*pr*. G[a] Q   **30** ἔτι A[a]*pr*. G[a] Q   δὲ om. G[a] Q   **31** ᾧ] ἢ Q   **32** ὅτι] ἔτι Q   συμθέση β (abbrev. incert. D[a]) L[c] Ald.   μὴ] μὴ οὐ γ Ald.   **33** ἐστὶ τῶν λ. β

ARISTOTELIS

στρογγυλώτερον καὶ οὐλοτριχώτερον δειλότερον, τὸ δὲ μακρότερον καὶ εὔτριχον ἀνδρειότερον. φεύγουσι δ' ἐνίοτε κατατείναντες τὴν κέρκον ὥσπερ κύνες. ἤδη δ' ὦπται λέων καὶ ὓῒ ἐπιτίθεσθαι μέλλων, καὶ ὡς εἶδεν ἀντιφρίξαντα φεύγων. ἔστι δὲ πρὸς τὰς πληγὰς εἰς μὲν τὰ κοῖλα ἀσθενής, κατὰ δὲ τὸ ἄλλο σῶμα δέχεται πολλὰς καὶ κεφαλὴν ἔχει ἰσχυράν. ὅσα δ' ἂν δάκῃ ἢ τοῖς ὄνυξιν ἑλκώσῃ, ἐκ τῶν ἑλκῶν ἰχῶρες ῥέουσιν ὠχροὶ σφόδρα καὶ ἐκ τῶν ἐπιδέσμων καὶ σπόγγων ὑπ' οὐδενὸς δυνάμενοι ἐκκλύζεσθαι· ἡ δὲ θεραπεία ἡ αὐτὴ καὶ τῶν κυνοδήκτων ἑλκῶν.

φιλάνθρωποι δ' εἰσὶ καὶ οἱ θῶες καὶ οὔτ' ἀδικοῦσι τοὺς ἀνθρώπους οὔτε φοβοῦνται σφόδρα, πολεμοῦσι δὲ τοῖς κυσὶ καὶ τοῖς λέουσιν· διὸ ἐν τῷ αὐτῷ τόπῳ οὐ γίνονται. ἄριστοι δ' οἱ μικροὶ τῶν θώων. γένη δ' αὐτῶν οἱ μέν φασιν εἶναι δύο, οἱ δὲ τρία· οὐ δοκεῖ δὲ πλείω εἶναι, ἀλλ' ὥσπερ τῶν ἰχθύων καὶ τῶν ὀρνέων καὶ τῶν τετραπόδων ἔνια, καὶ οἱ θῶες μεταβάλλουσι κατὰ τὰς ὥρας, καὶ τό τε χρῶμα ἕτερον τοῦ χειμῶνος καὶ τοῦ θέρους ἴσχουσι, καὶ τοῦ μὲν θέρους λεῖοι γίνονται τοῦ δὲ χειμῶνος δασεῖς.

[45] ὁ δὲ βόνασος γίνεται μὲν ἐν Παιονίᾳ ἐν τῷ ὄρει τῷ Μεσσαπίῳ, ὃ ὁρίζει τὴν Παιονικὴν καὶ τὴν Μαιδικὴν χώραν· καλοῦσι δ' αὐτὸν οἱ Παίονες μόναπον. τὸ δὲ μέγεθός ἐστιν ἡλίκον ταῦρος, καὶ ἔστιν ὀγκωδέστερον ἢ βοῦς· οὐ γὰρ πρόμηκές ἐστιν. τὸ δὲ δέρμα αὐτοῦ κατέχει εἰς ἑπτά-

34 στρογγυλότερον β γ Ald.   οὐλοτριχότερον E[a] P K[c] n: οὐλότριχον m post οὐλ. add. καὶ E[a] L[c]pr. n Ald.   **35** εὔτριχον codd. Ald.: εὐθύτριχον Bas. edd.: asperi pili Scot. Alb.: recti pili Guil. Trap.: pilo probiore Gaza: cf. Plin. VIII.18.46 simplici villo: Ael. IV.34 εὐθυτενὴς τὴν τρίχα   post εὐτρ. add. καὶ E[a] L[c]pr. n   post ἀνδρ. add. καὶ β L[c]rc. Ald.   κατατείναντα Q (κατατείναν A[a] G[a])   **630a1** καὶ om. L[c]pr.   **2** καὶ om. L[c]pr. m n   ἀντιφρίξαντα α (exc. C[a]) Trap. Gaza Ott. Bk.: ἀντιφράξαντα C[a] β γ (exc. L[c]) Guil.: ἀναφράξαντα L[c] Ald.   **3** δὲ] μὲν m   post πρὸς add. μὲν E[a] L[c] n   **7** ἐκλύζεσθαι C[a]pr., T[c], E[a] P pr. K[c] n   **10** σφόδρα φοβ. transp. β   **11** καὶ om. Ald.   **18** βόνασσος C[a] β L[c]rc. m Guil. Ald.: βώνασος A[a] G[a]rc. Q παιωνία α (exc. C[a]) E[a]pr. Ppr. K[c] M[c]   **19** μεσαπίω α (exc. C[a]), E[a] m n post ὁριζ. add. πρὸς α   παιωνικὴν (exc. C[a]), E[a]pr. P K[c] M[c]   μαιδικὴν P K[c] M[c] L[c] m: μηδικὴν cett. Ald.   **20** χώραν om. S[c]   παίωνες α (exc. C[a])   **21** post καὶ add. οὐκ Q   **22** εἰς om. Q

κλινον ἀποταθέν. καὶ τὸ ἄλλο δὲ εἶδος ὅμοιον βοΐ, πλὴν χαίτην ἔχει μέχρι τῆς ἀκρωμίας ὥσπερ ἵππος· μαλακωτέρα δ' ἡ θρὶξ τῆς τοῦ ἵππου καὶ προσεσταλμένη μᾶλλον. χρῶμα δ' ἔχει τοῦ τριχώματος ξανθόν· βαθεῖα δὲ καὶ μέχρι τῶν ὀφθαλμῶν καθήκουσα ἡ χαίτη ἐστὶ καὶ πυκνή· τὸ δὲ χρῶμα ἔχει μέσον τι τεφροῦ καὶ πυρροῦ, οὐχ οἷον αἱ παρῶαι ἵπποι καλούμεναι· ἀλλ' αὐχμηροτέραν τὴν τρίχα, κάτωθεν ἐριώδη· μέλανες δ' ἢ πυρροὶ σφόδρα οὐ γίνονται. φωνὴν δ' ὁμοίαν ἔχουσι βοΐ, κέρατα δὲ γαμψά, κεκαμμένα πρὸς ἄλληλα καὶ ἄχρηστα πρὸς τὸ ἀμύνεσθαι, τῷ μεγέθει σπιθαμιαῖα ἢ μικρῷ μείζω, πάχος δ' ὥσπερ χωρῆσαι μὴ πολλῷ ἔλαττον ἡμίχου ἑκάτερον· ἡ δὲ μελανία καλὴ καὶ λιπαρὰ τοῦ κέρατος. τὸ δὲ προκόμιον καθήκει ἐπὶ τοὺς ὀφθαλμούς, ὥστ' εἰς τὸ πλάγιον παρορμᾶν μᾶλλον ἢ εἰς τὸ πρόσθεν. ὀδόντας δὲ τοὺς ἄνωθεν οὐκ ἔχει, ὥσπερ οὐδὲ βοῦς οὐδ' ἄλλο τῶν κερατοφόρων οὐδέν, σκέλη δὲ δασέα· καὶ ἔστι διχαλόν· κέρκον δ' ἐλάττω ἢ κατὰ τὸ μέγεθος, ὁμοίαν τῇ τοῦ βοός. καὶ ἀναρρίπτει τὴν κόνιν καὶ ὀρύττει ὥσπερ ταῦρος. δέρμα δ' ἔχει πρὸς τὰς πληγὰς ἰσχυρόν. ἔστι δ' ἡδύκρεων, διὸ καὶ θηρεύουσιν αὐτό. ὅταν δὲ πληγῇ, φεύ-

---

23 διαταθέν β L^c rc.: distensa Guil.: distentum Gaza   τὸ δὲ ἄλλο transp. L^c pr. m n Ald.   25 προεσταλμένη P   26 χρῶμα om. E^a   ξανθήν E^a   27 καὶ] δὲ E^a   28 τι post ἔχει transp. α (exc. om. Q)   στιφρου Prc. in marg.   οὐχ om. Guil. (cett.) (hab. Tz): secl. Gesner A.-W. Dt. Th.   29 παρῶαι] πάριαι α (παρίαι C^a): παρθῶαι O^c rc.: faro Scot.: parie Guil. Trap.: partos s. parios Gaza   αὐχμηρότεραι α (exc. C^a)   30 ἐριώδη om. F^a X^c ἢ] οἱ E^a P K^c M^c L^c pr.   31 post γαμ. add. καὶ E^a   32 τὸ] τῷ E^a ἀμύνασθαι β   33 ὥσπερ] ὥστε L^c pr. Ald. edd.   34 ἡμίχου β L^c rc. Dt. (cf. Mirab. 830a14): ἡμιχοῦν α γ (exc. L^c rc.) Ald. Bk.   35 λιπαρὰ β L^c rc. Ald.: αἱ παρὰ C^a A^a rc. F^a pr. γ (exc. L^c rc.: αἱπερα K^c): ἡ παρὰ F^a rc. X^c Canis.: αἱ περὶ A^a pr. G^a Q Ott.: que a comu Guil.: om. Gaza   630b1 παρορμᾶν codd. Ald. Scal. A.-W.: παροραν Bas. Bk. Dt.: respiciat Guil.: descendit Trap.: pendeant Gaza   3 ἄλλοι G^a Q   κερατοφόρων codd. Ald.: om. Scot.: bicornutorum Guil.: cf. Antig. 58 δικεράτων   δασέα] neque crura multorum pilorum Scot. Alb.: brevia Guil.   4 διχηλόν β E^a rc. Prc.   ἐλάττονα C^a post ἐλατ. add. quidem (viz. μὲν) Guil.   ἢ om. C^a   τὸ om. α (exc. C^a) post ὁμοίαν add. autem (viz. δὲ) Guil.   5 ἀνάρπτει A^a pr. G^a Q: ἀναρίπτει P K^c ὥσπερ ταῦρος om. L^c m n   6 ταῦρος] τ' αὐτός E^a P K^c M^c   7 καὶ] ἢ K^c   ὅταν δὲ] καὶ ὅταν P

γει, καὶ ὑπομένει ὅταν ἐξαδυνατῇ. ἀμύνεται δὲ λακτίζων καὶ προσαφοδεύων καὶ εἰς τέτταρας ὀργυιὰς ἀφ' ἑαυτοῦ ῥίπτων· ῥᾳδίως δὲ χρῆται τούτῳ καὶ πολλάκις, καὶ ἐπικαίει ὥστε ἀποψήχεσθαι τὰς τρίχας τῶν κυνῶν. τεταραγμένου μὲν οὖν καὶ φοβουμένου τοῦτο ποιεῖ ἡ κόπρος, ἀταράκτου δ' ὄντος οὐκ ἐπικαίει. ἡ μὲν οὖν ἰδέα τοῦ θηρίου καὶ ἡ φύσις τοιαύτη τίς ἐστιν. ὅταν δ' ὥρα ᾖ τοῦ τίκτειν, ἀθρόοι τίκτουσιν ἐν τοῖς ὄρεσιν. περὶ δὲ τὸν τόπον ἀφοδεύουσι πρότερον πρὶν τεκεῖν, καὶ ποιοῦσιν οἷον περίβολον· προΐεται γὰρ τὸ θηρίον πολύ τι πλῆθος τούτου τοῦ περιττώματος.

[46] πάντων δὲ τιθασσότατον καὶ ἡμερώτατον τῶν ἀγρίων ἐστὶν ὁ ἐλέφας· πολλὰ γὰρ καὶ παιδεύεται καὶ ξυνίησιν, ἐπεὶ καὶ προσκυνεῖν διδάσκονται τὸν βασιλέα. ἔστι δὲ καὶ εὐαίσθητον καὶ τῇ συνέσει τῇ ἄλλῃ ὑπερβάλλον. ὃ δ' ἂν ὀχεύσῃ καὶ ἔγκυον ποιήσῃ, τούτου πάλιν οὐχ ἅπτεται. ζῆν δέ φασι τὸν ἐλέφαντα οἱ μὲν ἔτη διακόσια, οἱ δ' ἑκατὸν εἴκοσι, καὶ τὴν θήλειαν ἴσα σχεδὸν τῷ ἄρρενι, ἀκμάζειν δὲ περὶ ἔτη ἑξήκοντα, πρὸς δὲ τοὺς χειμῶνας καὶ τὰ ψύχη δύσριγον εἶναι. ἔστι δὲ τὸ ζῷον παραποτάμιον, οὐ ποτάμιον· ποιεῖται δὲ καὶ διὰ τοῦ ὕδατος τὴν πορείαν, ἕως τούτου δὲ προέρχεται ἕως ἂν ὁ μυκτὴρ ὑπερέχῃ αὐτοῦ· ἀναφυσᾷ γὰρ διὰ τούτου καὶ τὴν ἀναπνοὴν ποιεῖται. νεῖν δ' οὐ πάνυ δύναται διὰ τὸ τοῦ σώματος βάρος.

[47] οἱ δὲ κάμηλοι οὐκ ἀναβαίνουσιν ἐπὶ τὰς μητέρας, ἀλλὰ κἂν βιάζηταί τις οὐ θέλουσιν. ἤδη γάρ ποτε ἐπεὶ οὐκ

8 ἐξαδυνατῇ C[a] β γ Ald. Dt. (cf. *Mirab.* 830a17): ἐξατονῇ α (exc. C[a]) Ott. Bk. λακτίζον α 9 προσαφοδεῦον α 10 ῥίπτον α καὶ[(2)] om. α γ (exc. L[c]rc.) Guil. Gaza post ἐπικαίει add. τοῦτο G[a]rc. Q 11 ἀποψύχεσθαι α β L[c] Ald. 14 τίς om. α (exc. C[a]) 16 οἷον om. α (exc. C[a]) 17 τι] τὸ γ τούτου om. C[a] 19 ἐπαιδεύεται Ppr.: ἐκπαιδεύεται Prc. ξύνεσιν E[a] Ppr. K[c] 20 διδάσκεται F[a] X[c] add. in marg. περὶ τὸ προσκυνεῖν πρὸς ἀριστοτέλη m (manu pr.) 21 εὐσυναίσθητον α γ (exc. L[c]rc.) ὑπερβάλλων A[a] G[a] Q 22 ἔγγυον Ppr. K[c] M[c] ζῇ G[a] Q 23 ἔτη om. α (exc. C[a]) 24 ἴσον F[a] X[c] 26 περιποτάμιον K[c] 27 δὲ τούτου transp. C[a] 28 ὑπερέχει Ald. ἀναφύσαι A[a]pr. G[a]pr.: ἀναφυσσᾶ F[a] X[c] 29 νεῖν] νῦν A[a]pr.: om. K[c] in lac. 30 δύνανται γ 32 ἐπειδὴ L[c] m n Ald.

HISTORIA ANIMALIUM VIII(IX)   630b

ἦν ὀχεῖον, ὁ ἐπιμελητὴς περικαλύψας τὴν μητέρα ἐφῆκε τὸν πῶλον· ὡς δ' ὀχεύσαντος ἀπέπεσε, τότε μὲν ἀπετέλεσε τὴν συνουσίαν, μικρὸν δ' ὕστερον δακὼν τὸν καμηλίτην 35 ἀπέκτεινεν. λέγεται δὲ καὶ τῷ Σκυθῶν βασιλεῖ γενέσθαι 631a1 ἵππον γενναίαν, ἐξ ἧς ἅπαντας ἀγαθοὺς γίνεσθαι τοὺς ἵππους· τοῦτον ἐκ τοῦ ἀρίστου βουλόμενον γεννῆσαι ἐκ τῆς μητρὸς 3 προσάγειν /4/ ἵν' ὀχεύσῃ· τὸν δ' οὐ θέλειν· περικαλυφθείσης δὲ λαθόντα ἀναβῆναι· ὡς δ' ὀχεύσαντος ἀπεκαλύφθη τὸ πρόσ- 5 ωπον τῆς ἵππου, ἰδόντα τὸν ἵππον φεύγειν καὶ ῥῖψαι ἑαυτὸν κατὰ τῶν κρημνῶν.

[48] τῶν δὲ θαλασσίων πλεῖστα λέγεται σημεῖα περὶ τοὺς δελφῖνας πραότητος καὶ ἡμερότητος, καὶ δὴ καὶ πρὸς παῖδας ἔρωτες καὶ ἐπιθυμίαι καὶ περὶ Τάραντα καὶ Καρίαν 10 καὶ ἄλλους τόπους. καὶ περὶ Καρίαν δὲ ληφθέντος δελφῖνος καὶ τραύματα λαβόντος ἀθρόον ἐλθεῖν λέγεται πλῆθος δελφίνων εἰς τὸν λιμένα μέχριπερ ὁ ἁλιεὺς ἀφῆκεν· τότε δὲ πάλιν ἅμα πάντες ἀπῆλθον. καὶ τοῖς μικροῖς δελφῖσιν ἀκολουθεῖ τις ἀεὶ τῶν μεγάλων φυλακῆς χάριν. ἤδη δ' 15 ὦπται δελφίνων μεγάλων ἀγέλη ἅμα καὶ μικρῶν· τούτων

33 ἐπὶ μελέτης Eᵃ: ἐπιμελέτης P*pr*. Kᶜ Mᶜ: ἐπιμελιτὴς Ald.   περικύψας Aᵃ*pr*. Gᵃ*pr*.: περικρύψας Gᵃ*rc*. Q: παρακαλύψας Eᵃ: *operiens* Guil.   ἀφῆκε α (exc. Cᵃ), Eᵃ Lᶜ n, Ald.: ἔφη καὶ P*pr*.: lac. καὶ m   34 ὀχεύσᾶν Aᵃ Gᵃ Q: ὀχεύσαντα Fᵃ Xᶜ: *post coitum* Guil.: *dum coiret* Gaza: ὀχεύοντος cj. Scal. Dt. 35 καμηλήτην Cᵃ: καμῆ Aᵃ*pr*.: καμή lac. Gᵃ Q: τὴν κάμηλον Fᵃ Xᶜ Canis.: *custodem* Guil.   631a1 τῷ om. Gᵃ Q γ Ald.   ante σκ. add. τῶν Gᵃ Q β γ Ald.   2 ἵππον γενεάν Aᵃ*pr*. Gᵃ*pr*. Fᵃ Xᶜ, Kᶜ: ἵππων γενεάν Aᵃ*rc*. Gᵃ*rc*. Q: *equam pulchram* Scot.: *equam generosam* Guil.   γενέσθαι α γ   3 τούτων Lᶜ Guil. Gaza Ald. edd.   προσάγειν β Eᵃ P Kᶜ Mᶜ Guil. Dt. (cf. Antig. 59): προσαγαγεῖν Lᶜ m n Ald. edd.: ἄγειν α   4 οὐκ ἐθέλειν Lᶜ Ald.   5 λαθόντος Cᵃ Fᵃ*corr*. Xᶜ, Eᵃ P Kᶜ Mᶜ: λαθόντως Aᵃ Gᵃ Q Fᵃ*pr*.: *ignoranter* Guil.   δ' om. Cᵃ   ὀχεύσᾶν Aᵃ Gᵃ Q: ὀχεύσαντα Fᵃ Xᶜ: ὀχεύσαντι Eᵃ   6 τῆς] τοῦ Aᵃ Gᵃ Q Fᵃ*pr*.: τῆς τοῦ Eᵃ P Kᶜ   7 τῶν om. α (exc. Cᵃ)   τὸν κρημνόν P Kᶜ*pr*.   9 καὶ⁽³⁾ om. α γ (exc. Lᶜ*rc*. m)   10 ἔρωτι καὶ ἐπιθυμίᾳ Cᵃ Aᵃ*pr*. Gᵃ*pr*.: ἐρωτικαὶ ἐπιθυμίαι Aᵃ*rc*. Gᵃ*rc*. Q Fᵃ Xᶜ: om. Scot.: *amative et concupiscentie* Guil.   τάραντάν Cᵃ   καρίαν τὴν καὶ καρίαν Cᵃ: καρίαντα καὶ καρίαν Aᵃ Gᵃ Q Ott.   11 καὶ⁽²⁾ ... 631b18 om. m   καὶ⁽²⁾ om. Lᶜ Ald. edd.   δὲ] γὰρ Lᶜ Ald. edd.   12 τραύματος Aᵃ*pr*. Gᵃ*pr*. Fᵃ Xᶜ: *delfino et vulnerato* Guil.   13 ἁλιεὺς] cf. Plin. ix.10.33 *rex*   15 ἀεὶ post μεγ. transp. Fᵃ Xᶜ   16 ἄγ. μεγ. transp. Fᵃ Xᶜ

463

δ' ἀπολειπόμενοί τινες δύο οὐ πολὺ ἐφάνησαν δελφινίσκον μικρὸν τεθνηκότα, ὅτ' εἰς βυθὸν φέροιτο, ὑπονέοντες καὶ μετεωρίζοντες τῷ νώτῳ οἷον κατελεοῦντες, ὥστε μὴ καταβρωθῆναι ὑπό τινος τῶν ἄλλων θηρίων. λέγεται δὲ καὶ περὶ ταχυτῆτος ἄπιστα τοῦ ζῴου· ἁπάντων γὰρ δοκεῖ εἶναι ζῴων τάχιστον καὶ τῶν ἐνύδρων καὶ τῶν χερσαίων, καὶ ὑπεράλλονται δὲ πλοίων μεγάλων ἱστούς. μάλιστα δὲ τοῦτ' αὐτοῖς συμβαίνει ὅταν διώκωσί τινα ἰχθὺν τροφῆς χάριν· τότε γὰρ ἐὰν ἀποφεύγῃ συνακολουθοῦσιν εἰς βυθὸν διὰ τὸ πεινῆν, ὅταν δ' αὐτοῖς μακρὰ γίνηται ἡ ἀναστροφή, κατέχουσι τὸ πνεῦμα ὥσπερ ἀναλογισάμενοι, καὶ συστρέψαντες ἑαυτοὺς φέρονται ὥσπερ τόξευμα, τῇ ταχυτῆτι τὸ μῆκος διελθεῖν βουλόμενοι πρὸς τὴν ἀναπνοήν, καὶ ὑπεράλλονται τοὺς ἱστοὺς ἐὰν παρατυγχάνῃ που πλοῖον. ταὐτὸ δὲ ποιοῦσι καὶ οἱ κατακολυμβηταὶ ὅταν εἰς βυθὸν ἑαυτοὺς ἀφῶσιν· κατὰ τὴν ἑαυτῶν γὰρ δύναμιν καὶ οὗτοι ἀναφέρονται συστρέψαντες. διατρίβουσι δὲ μετ' ἀλλήλων κατὰ συζυγίας οἱ ἄρρενες ταῖς θηλείαις. διαπορεῖται δὲ περὶ αὐτῶν διὰ τί ἐξοκέλλουσιν εἰς τὴν γῆν· ποιεῖν γάρ φασι τοῦτ' αὐτοὺς ἐνίοτε ὅταν τύχωσι δι' οὐδεμίαν αἰτίαν.

[49] ὥσπερ δὲ καὶ τὰς πράξεις κατὰ τὰ πάθη συμβαίνει ποιεῖσθαι πᾶσι τοῖς ζῴοις, οὕτω πάλιν καὶ τὰ ἤθη μεταβάλλουσι κατὰ τὰς πράξεις, πολλάκις δὲ καὶ τῶν μορίων ἔνια, οἷον ἐπὶ τῶν ὀρνίθων συμβαίνει. αἵ τε γὰρ ἀλεκτορίδες

17 post δύο add. μετ' L^{c}pr. n Ald.: non multum Guil.: paulo post Gaza: δι' οὐ πολλοῦ cj. Dt.   πολὺ] πολλοὶ E^a P K^c M^c ἐφάνη α (exc. C^a)   18 τεθ. μικ. transp. α   πονέοντες α   μετεωρίζον A^a G^a: μετεωρίζοντε Q: μετεωρίζοντο F^a X^c 19 κατελεοῦντα A^a G^{a}pr. F^a X^c: miserentes Guil. 20 δὲ om. m   21 post εἶναι add. τῶν β   22 ὑπερβάλλονται P K^{c}pr. 23 αὐτοὺς A^{a}pr. G^{a}pr. Qpr.   25 πίνειν Ppr.: πεινεῖν K^c 26 μικρὰ C^a ἀνατροφή C^a 29 ὑπερβάλλονται O^c T^c Ald.   30 παρατύχωσι τῶν πλοίων L^{c}pr. n Ald.   ταὐτὸ codd. cett.: ταῦτα L^c Ald.: ταὐτὸν Bk. Dt. 31 αὐτοὺς F^a X^c 32 γὰρ ante τὴν transp. L^c Ald.   631b3 αὑτοῖς C^a, E^a Ppr. K^c 5 δὲ G^{a}corr. Q, L^{c}pr., Guil. Gaza edd.: γὰρ cett. Ald.   καὶ om. C^a, O^{c}corr., L^{c}pr., Guil. (cett.) Gaza edd.   τὰ πάθη κατὰ τὰς πράξεις β (exc. O^{c}rc.) L^{c}rc. Ald.: κατὰ τὰ πάθη καὶ τὰς πράξεις O^{c}corr. Ott.: operationes et mores accidit Guil. (Tz: m. et op. ac. cett.): quaeque animalia pro suis affectibus agere Gaza   8 τῶν om. Ald.

ὅταν νικήσωσι τοὺς ἄρρενας, κοκκύζουσί τε μιμούμεναι τοὺς ἄρρενας καὶ ὀχεύειν ἐπιχειροῦσι, καὶ τό τε κάλλαιον ἐξαίρεται αὐταῖς καὶ τὸ ὀρροπύγιον, ὥστε μὴ ῥᾳδίως ἂν ἐπιγνῶναι ὅτι θήλειαί εἰσιν· ἐνίαις δὲ καὶ πλῆκτρά τινα μικρὰ ἐπανέστη. ἤδη δὲ καὶ τῶν ἀρρένων τινὲς ὤφθησαν ἀπολομένης τῆς θηλείας αὐτοὶ περὶ τοὺς νεοττοὺς [τὴν τῆς θηλείας] ποιούμενοι σκευωρίαν, περιάγοντές τε καὶ ἐκτρέφοντες, οὕτως ὥστε μήτε κοκκύζειν ἔτι μήτ' ὀχεύειν ἐπιχειρεῖν. γίνονται δὲ καὶ θηλυδρίαι ἐκ γενετῆς τῶν ὀρνίθων τινὲς οὕτως ὥστε καὶ ὑπομένειν τοὺς ἐπιχειροῦντας ὀχεύειν.

[50] μεταβάλλει δὲ τὰ ζῷα οὐ μόνον τὰς μορφὰς ἔνια καὶ τὸ ἦθος κατὰ τὰς ἡλικίας καὶ τὰς ὥρας ἀλλὰ καὶ ἐκτεμνόμενα. ἐκτέμνεται δὲ τῶν ζῴων ὅσα ἔχει ὄρχεις. ἔχουσι δ' οἱ μὲν ὄρνιθες τοὺς ὄρχεις ἐντὸς καὶ τὰ ᾠοτόκα τῶν τετραπόδων πρὸς τῇ ὀσφύϊ, τὰ δὲ ζῳοτόκα καὶ πεζὰ τὰ μὲν πλεῖστα ἐκτός, τὰ δ' ἐντός, πάντα δὲ πρὸς τῷ τέλει τῆς γαστρός. ἐκτέμνονται δ' οἱ μὲν ὄρνιθες κατὰ τὸ ὀρροπύγιον, καθ' ὃ συμπίπτουσιν ὀχεύοντες· ἐνταῦθα γὰρ ἐὰν ἐπικαύσῃ τις δυσὶν ἢ τρισὶ σιδηρίοις, ἐὰν μὲν ἤδη τέλειον ὄν-

---

9 τε om. α (exc. Cᵃ)   ante μιμ. add. καὶ α γ Ald.   μιμουμένους Aᵃpr. Gᵃpr.   10 καὶ⁽¹⁾ om. α γ Ald.   κάλλιον α Eᵃ Ppr. Kᶜ Mᶜ Lᶜpr.: κάλλοιον Prc. n   ἐξαιρετον Kᶜ: ἐπαίρεται Lᶜpr.: lac. αἴρεται n   11 οὐροπύγιον α (exc. Cᵃ) Eᵃ Lᶜpr. Ald. Bk.: ὀροπύγιον n   12 θήλαιαι ἔνιαι εἰσίν· ἐνίοτε δὲ α γ (exc. ἐνίαις pro ἐνίοτε Lᶜrc.: ἔνιαι om. n)   τινα om. α Guil.   μικ. τινα transp. Lᶜ Ald.   13 δὲ om. LᶜAld.   ἀπολομένης Aᵃ Gᵃ Q Fᵃpr.: ἀπολλωμένης Fᵃrc. Xᶜ: ἀπολόμενοι Kᶜ   14 post αὐτοὶ add. αὑτοῖς s. αὐτοῖς α γ (exc. Lᶜrc.)   post νεοτ. add. τὴν τῆς θηλείας α Guil. Gaza edd.   15 πονούμεναι Aᵃ Gᵃ Q: πονούμενοι Fᵃ Xᶜ γ (exc. Lᶜrc.): facientes Guil.   περιάγοῦν Aᵃ: περιάγοντα Gᵃ Q   τε om. Eᵃ Lᶜ n   ἐκτρέφοῦν Aᵃ Gᵃ: ἐκτρέφονται Q   16 ὥστε] ὡς Lᶜ   μήτε⁽¹⁾] μηκέτι α   17 ὀρνέων β   οὕτως om. β   post ὥστε iterum ex 16 ponit μὴ (μήτε Lᶜ Ald.) κοκκύζειν ἔτι μήτ' ὀχεύειν ἐπιχειρεῖν α γ Guil. Gaza Ald.   18 ὀχ. ἐπιχ. transp. α (exc. Cᵃ)   19 μεταβάλλει ... resum. m   transp. 633a11–28, 632b14–633a11, 633a29–b8, 631b19–632b13 Lᶜ Ald. Bas. Gaza: transp. 632b14–633b8, 631b19–632b13 Cs. Sn.   20 post καὶ⁽²⁾ add. κατὰ Cᵃ   23 post ζῳ. add. τῶν τετραπόδων n   24 μὲν] δὲ Cᵃ   δὲ⁽²⁾ om. P   25 ὄρνιθες] ἄρρενες α (exc. Fᵃ Xᶜ) Ott.   κατὰ] παρὰ β   οὐροπύγιον α Bk.   26 συμπίπτοντες ὀχεύουσιν· ἐντεῦθεν P   ἐπικλύσῃ (exc. Lᶜrc.)   27 σιδήροις α n   ἤδη Cᵃ Aᵃpr. Gᵃ Q   ὄντα τό] ὄν· ταὐτό Aᵃpr. Gᵃ Q

ARISTOTELIS

τα, τό τε κάλλαιον ἔξωχρον γίνεται καὶ οὐκέτι κοκκύζει οὐδ' ἐπιχειρεῖ ὀχεύειν, ἐὰν δ' ἔτι νεοττὸν ὄντα, οὐδὲ γίνεται τούτων οὐδὲν αὐξανομένου. τὸν αὐτὸν δὲ τρόπον καὶ ἐπὶ ἀνθρώπων· ἐὰν μὲν γὰρ παῖδας ὄντας πηρώσῃ τις, οὔτε αἱ ὑστερογενεῖς ἐπιγίνονται τρίχες οὔτε ἡ φωνὴ μεταβάλλει ἀλλ' ὀξεῖα διατελεῖ· ἂν δ' ἤδη ἡβῶντας, αἱ μὲν ὑστερογενεῖς τρίχες ἀπολείπουσι πλὴν τῶν ἐπὶ τῆς ἥβης (αὗται δ' ἐλάττους /3/ μέν, μένουσι δέ), αἱ δ' ἐκ γενετῆς τρίχες οὐκ ἀπολείπουσιν· /4/ οὐδεὶς γὰρ γίνεται εὐνοῦχος φαλακρός. μεταβάλλει /5/ δὲ καὶ ἡ φωνὴ καὶ ἐπὶ τῶν τετραπόδων τῶν ἐκτεμνομένων ἁπάντων /6/ ἢ πηρουμένων εἰς τὸ θῆλυ. τὰ μὲν οὖν ἄλλα τετράποδα ἐὰν μὴ /7/ νέα ἐκτέμνηται, διαφθείρεται· ἐπὶ δὲ τῶν κάπρων μόνων οὐδὲν /8/ διαφέρει. πάντα δὲ ἐὰν μὲν νέα ἐκτμηθῇ, μείζω γίνεται /9/ τῶν ἀτμήτων καὶ γλαφυρώτερα, ἐὰν δὲ καθεστηκότα ἤδη, οὐκέτι αὐξάνεται ἐπὶ πλεῖον. οἱ δ' ἔλαφοι ἐὰν μὲν μή πω τὰ κέρατα ἔχοντες διὰ τὴν ἡλικίαν ἐκτμηθῶσιν, οὐκέτι φύουσι κέρατα· ἐὰν δ' ἔχοντας ἐκτέμῃ τις, τό τε μέγεθος ταὐτὸν μένει τῶν κεράτων καὶ οὐκ ἀποβάλλουσιν. οἱ μὲν οὖν μόσχοι ἐκτέμνονται ἐνιαύσιοι, εἰ δὲ μή, αἰσχίους καὶ ἐλάττους γίνονται. οἱ δὲ δαμάλαι ἐκτέμνονται τὸν τρόπον τοῦτον· κατα-

28 κάλλιον α γ   ἔξω χρὴ γίγνεσθαι Eᵃ   29 γίνεσθαι Lᶜpr.: om. n
30 ἐπὶ] περὶ Fᵃ Xᶜ   ἀνθρώπου α γ   32 ἀπογίνονται Oᶜrc.: adveniunt
Guil.: innascuntur Gaza   632a3 μὲν om. n   αἱ ... ἀπολείπουσιν om.
Gᵃpr.: add. αἱ συγγενεῖς δὲ τρίχες οὐκ ἀπολείπουσιν Gᵃrc. Q: qui autem a nativitate pili non deficiunt Guil.: congeniti autem pili non defluunt Trap.: sed congeniti non
defluunt Gaza   post ἀπολείπουσιν iterum ponit 2 πλὴν ... 3 μένουσι δέ Aᵃ
Fᵃ Xᶜ   5 καὶ⁽²⁾ om. Fᵃ Xᶜ, Eᵃ Lᶜ m n, Ald. Bk.   post τῶν⁽²⁾ add. δὲ γ
(exc. Lᶜ)   6 ἢ πηρουμένων β Lᶜrc. Guil. Ald. Dt.: om. α γ (exc. Lᶜrc.) Trap.
Gaza Ott. Bk.   οὖν om. γ (exc. Lᶜ)   ἐὰν ... 8 πάντα δὲ om. Lᶜpr.
μὴ] μὲν α (exc. Gᵃrc. Q) γ (exc. Lᶜrc.): si quidem Guil.: si non Trap.: nisi Gaza
7 μόνον β γ Ald.   8 διαφθείρει β γ Ald.   μὲν] μὴ Cᵃ   νέα om. Cᵃ
Aᵃpr. Gᵃ Q Ott. ἐκτμηθῇ] ἐκτέμνηται Lᶜpr. Ald.   10 μὲν om. Cᵃ, P   μή
πω τὰ] μὴ πτηνωτὰ Cᵃ: πτηνωτὰ Aᵃpr. Gᵃpr.: μή πω Aᵃrc. Gᵃrc. Q Fᵃ Xᶜ
12 ἐκτέμῃ P   τε] om. α: tunc Guil.   14 ἐνιαύσια Eᵃ   γίγνονται καὶ
ἐλάττους transp. α (exc. Cᵃ) Bk.   15 αἱ δὲ δαμάλεις Aᵃrc. Gᵃrcsm. Fᵃ Xᶜ, Prc.
Lᶜpr. m n, Ald.: οἱ δὲ μόσχοι Gᵃ Q Ott.: vituli (viz. μόσχοι) Guil. Trap.: om.
Gaza   ἐκτέμνοντες Xᶜ   τὸν ... 16 ἀποτέμνοντες om. Xᶜ

κλίνοντες καὶ ἀποτέμνοντες τῆς ὀσχέας κάτωθεν τοὺς ὄρχεις ἀποθλίβουσιν, εἶτα ἀναστέλλουσι τὰς ῥίζας ἄνω ὡς μάλιστα, καὶ τὴν τομὴν θριξὶ βύουσιν, ὅπως ὁ ἰχὼρ ῥέῃ ἔξω· καὶ ἐὰν φλεγμαίνῃ, κατακαύσαντες τὴν ὀσχέαν ἐπιπλάττουσιν. οἱ δ' ἐνόρχαι τῶν βοῶν ἐὰν ἐκτμηθῶσι, τὸ φανερὸν συγγεννῶσιν. ἐκτέμνεται δὲ καὶ ἡ καπρία τῶν θηλειῶν ὑῶν, ὥστε μηκέτι δεῖσθαι ὀχείας ἀλλὰ πιαίνεσθαι ταχέως. ἐκτέμνεται δὲ νηστεύσασα δύο ἡμέρας, ὅταν κρεμάσωσι τῶν ὀπισθίων σκελῶν. τέμνουσι δὲ τὸ ἦτρον ᾗ τοῖς ἄρρεσιν οἱ ὄρχεις μάλιστα φύονται· ἐνταῦθα γὰρ ἐπὶ ταῖς μήτραις ἐπιπέφυκεν ἡ καπρία, ἧς μικρὸν ἀποτέμνοντες συρράπτουσιν. ἐκτέμνονται δὲ καὶ αἱ κάμηλοι αἱ θήλειαι, ὅταν εἰς πόλεμον χρῆσθαι αὐταῖς βούλωνται, ἵνα μὴ ἐν γαστρὶ λάβωσιν. κέκτηνται δ' ἔνιοι τῶν ἄνω καμήλους καὶ τρισχιλίας· θέουσι δὲ θᾶσσον τῶν Νισαίων ἵππων, ἐὰν εἰς πολὺ θέωσι, διὰ τὸ μέγεθος τοῦ ὀρέγματος. ὅλως δὲ μακρότερα γίνεται τὰ ἐκτεμνόμενα ζῷα τῶν ἀτμήτων.

ὠφελοῦνται δὲ τὰ ζῷα καὶ χαίρουσι, καὶ μηρυκάζου-

16 τῆς] τὰς A[a]*pr*. G[a] Q F[a] X[c]   ὀσχέας] ὀχέας C[a]: ὀχείας A[a]*pr*. G[a] Q   **18** βίννουσιν α γ (exc. P*pr*. L[c])   **19** φλεγμένη G[a]*pr*. Q*pr*.   κατακαύσαντα α (exc. C[a])   ὀχέαν C[a]   ἐπιπλάττουσιν C[a] β: ἐπιπάττουσιν α (exc. C[a]) γ Ald. edd.: *superemplastrant* Guil.: *in pulvere redacto inspergunt* Trap.: *respergunt* Gaza   **20** τὸ] τὸν γ Ald.   συγγενῶσιν α (exc. C[a]*rc*.): οὐ γεννῶσιν β: *cohabitant* Guil.: *coeunt* Trap.: συγγίνονται cj. Sn. Pk. Th.   **21** υἱῶν A[a] G[a] Q, P K[c]   **23** νηστευσάσης β L[c]*rc*.: νηστεύουσα E[a] P   ὅταν κρεμάσωσι] εἶτα κρεμάσαντες L[c]*pr*. Ald.   **24** δὲ om. F[a] X[c] β γ Ald.   τὸ ἦτρον] τὸν τρόπον C[a] A[a]*pr*. G[a] Q Ott.: τὸ ἴτρον E[a] P K[c] M[c] n   ᾗ om. C[a] A[a]*pr*. G[a] Q: *qua* Guil.   οἱ] incert. in ras. A[a]*pr*.: ᾗ G[a] Q   **25** ἐπιπέφυκεν] οὐ πέφυκεν F[a] X[c]   **26** ᾗ σμικρὸν β γ (exc. m): ᾗ σμ. Ald.   **27** δὲ om. E[a]   αἱ θήλειαι κάμ. F[a] X[c]   **29** ἀνῶν (viz. ἀνθρώπων) β γ Ald.: *superiorum* Guil.   **30** νησαίων C[a] β E[a] K[c]: νησσαίων A[a]*pr*. G[a] Q F[a] X[c]: νισσαίων A[a]*corr*., M[c]: νησιβαίων P*pr*.: *equus qui dicitur nicha* Scot.: om. Alb.: *equis insularum* Guil.   ἐὰν εἰς πολὺ β L[c]*rc*.: πολὺ ἐὰν α γ (exc. L[c]*rc*. m) Ald. edd.: πολλοὶ ἐὰν m: *citius ... si currunt* Guil.   **31** ὀρύγματος α β L[c]*rc*.: ante ὅλως add. καὶ L[c]m n Ald.   post μακρ. add. γὰρ A[a] G[a]*pr*. F[a] X[c]   τὰ om. m   **32** τῶν ἀτμήτων om. L[c]*pr*. m n   **33** ὠφελοῦνται δὲ τὰ ζῷα om. m n: τὰ δὲ μηρυκάζοντα τῶν ζώων χαίρει μηρυκάζοντα καὶ μηρυκάζουσιν L[c]*pr*. Ald.: *et animalia ruminantia iuvant se ex eo quod ruminant. et sentiunt ex eo dulcedinem quasi*

ARISTOTELIS

σι ὥσπερ ἐσθίοντα, ὅσα μηρυκάζει. μηρυκάζει δὲ τὰ μὴ ἀμφώδοντα, οἷον βόες καὶ πρόβατα καὶ αἶγες. ἐπὶ δὲ τῶν ἀγρίων οὐδέν πω συνῶπται ὅσα μὴ συντρέφεται ἐνίοτε οἷον ἔλαφος· αὕτη δὲ μηρυκάζει. πάντα δὲ κατακείμενα μηρυκάζουσι μᾶλλον. μάλιστα δὲ τοῦ χειμῶνος μηρυκάζουσιν, τά τε κατ' οἰκίαν τρεφόμενα σχεδὸν ἑπτὰ μῆνας τοῦτο ποιεῖ· τὰ δ' ἀγελαῖα καὶ ἧττον καὶ ἐλάττονα χρόνον μηρυκάζει διὰ τὸ νέμεσθαι ἔξω. μηρυκάζει δὲ καὶ τῶν ἀμφωδόντων ἔνια, οἷον οἵ τε μύες οἱ Ποντικοὶ καὶ οἱ ἰχθύες καὶ ὂν καλοῦσιν ἔνιοι ἀπὸ τοῦ ἔργου μήρυκα.

ἔστι δὲ τὰ μὲν μακροσκελῆ τῶν ζῴων ὑγροκοίλια, τὰ δ' εὐρυστήθη ἐμετικὰ μᾶλλον, καὶ ἐπὶ τῶν τετραπόδων καὶ ἐπ' ὀρνίθων καὶ ἐπ' ἀνθρώπων ὡς ἐπὶ τὸ πολύ.

[49B] τῶν δ' ὀρνέων πολλὰ μεταβάλλουσι κατὰ τὰς ὥρας καὶ τὸ χρῶμα καὶ τὴν φωνήν, οἷον ὁ κόττυφος ἀντὶ μέλανος ξανθός, καὶ τὴν φωνὴν ἴσχει ἀλλοίαν· ἐν μὲν γὰρ

comederent Scot. (sim. Alb.): *proficiunt (perficiunt* Tz.) *autem animalia et gaudent rumanantia sicut comedentia quecumque ruminant* Guil.: *que vero animalium ruminantia ea et iuvantur et gaudent ita ruminando quemadmodum comedendo. ruminant autem non utroque denticulata ordine* ... Trap.: *animalia quibus ruminare in more est proficiunt delectanturque non minus in ruminando quam edendo. Ruminant quae* ... Gaza **632b1** ὅσα μηρυκάζει om. L^c*pr*. Ald.: μηρυκάζονται (om. ὅσα) β L^c*rc*. **2** ἀμφόδοντα β **3** συστρέφεται C^a A^a*pr*. G^a Q **5** μηρυκάζουσι] μηρυκάζει β μᾶλλον ... μηρυκάζουσιν om. α γ (exc. L^c*rc*.): add. μᾶλλον· μάλιστα δ' ἐν χειμῶνι μηρυκάζουσι G^a*rc*. Q Ott.: om. Scot. Alb.: *magis, maxime autem yeme ruminant* Guil.: *et hybernis praecipue mensibus solent ruminare* Gaza **6** ἑπτὰ μῆνας] *et hoc faciunt in maiori parte per septem menses* Scot.: *et hoc incipiunt facere post septem menses aetatis suae* Alb.: *septem mensibus hoc faciunt* Guil. Gaza (cf. Plin. x.93.200) **8** μηρικάζουσι Ald. ἀμφοδόντων β **9** οἱ$^{(1)}$] αἱ F^a X^c οἱ$^{(3)}$] *piscis quem* ... Gaza: ἄλλοι cj. Dt.: τῶν ἰχθύων cj. Sylb. **10** μηρυκᾶν C^a A^a*pr*. G^a Q: μήρυκαν P K^c M^c: *myricam* Guil. **11** εὐρυστηθῆ α (exc. C^a) **13** finis libri L^c Gaza Ald. (cf. 631b19) **14** τῶν δ' ὀρνέων πολλὰ] καὶ ἄλλα δὲ πολλὰ τῶν ὀρνίθων L^c Ald.: *quedam aves* Scot. Alb.: *avium autem multa* Guil.: *multe avium* Trap.: *complures etiam aliae aves* Gaza **15** οἷον ... 16 φωνήν om. X^c **16** ἔξανθος α: *citrinum* Scot. Alb.: *xanthos* Guil.: *flava* Trap.: *rufa* Gaza: ἔκξανθος cj. Dt. (cf. Ael. xii.28 ὑπόξανθος, Plin. x.42.80 *rufescit*) ἴσχει δ' C^a: δ' ἴσχει α (exc. C^a) ἀλλοίαν om. γ Ald.

468

HISTORIA ANIMALIUM VIII(IX) 632b

τῷ θέρει ᾄδει, τοῦ δὲ χειμῶνος παταγεῖ καὶ φθέγγεται θορυβῶδες. μεταβάλλει δὲ καὶ ἡ κίχλη τὸ χρῶμα· τοῦ μὲν γὰρ χειμῶνος ψαρὰ τοῦ δὲ θέρους ποικίλα τὰ περὶ τὸν αὐχένα ἴσχει· τὴν μέντοι φωνὴν οὐδὲν μεταβάλλει. ἡ δ' 20 ἀηδὼν ᾄδει μὲν συνεχῶς ἡμέρας καὶ νύκτας δεκαπέντε ὅταν τὸ ὄρος ἤδη δασύνηται· μετὰ δὲ ταῦτα ᾄδει μέν, συνεχῶς δ' οὐκέτι. τοῦ δὲ θέρους προϊόντος ἄλλην ἀφίησι φωνὴν καὶ οὐκέτι παντοδαπὴν οὐδὲ τραχεῖαν καὶ ἐπιστρεφῆ ἀλλ' ἁπλῆν, καὶ τὸ χρῶμα μεταβάλλει, καὶ ἔν γε Ἰταλίᾳ /26/ τὸ 25 ὄνομα ἕτερον καλεῖται περὶ τὴν ὥραν ταύτην. φαίνεται δ' οὐ πολὺν χρόνον· φωλεῖ γάρ. μεταβάλλουσι δὲ καὶ οἱ ἐρίθακοι καὶ οἱ καλούμενοι φοινίκουροι ἐξ ἀλλήλων· ἔστι δ' ὁ μὲν ἐρίθακος χειμερινόν, οἱ δὲ φοινίκουροι θερινοί, διαφέρουσι δ' ἀλλήλων οὐθὲν ὡς εἰπεῖν ἀλλ' ἢ τῇ χρόᾳ μόνον. 30 ὡσαύτως δὲ καὶ αἱ συκαλλίδες καὶ οἱ μελαγκόρυφοι· καὶ γὰρ οὗτοι μεταβάλλουσιν εἰς ἀλλήλους. γίνεται δ' ἡ μὲν συκαλλὶς περὶ τὴν ὀπώραν, ὁ δὲ μελαγκόρυφος εὐθέως μετὰ τὸ φθινόπωρον. διαφέρουσι δὲ καὶ οὗτοι οὐθὲν ἀλλήλων πλὴν 633a1 τῇ χρόᾳ καὶ τῇ φωνῇ. ὅτι δ' ὁ αὐτός ἐστιν ὄρνις, ἤδη ὦπται περὶ τὴν μεταβολὴν ἑκάτερον τὸ γένος τοῦτο, οὔπω δὲ τε-

---

17 τῷ θέρει ... φθ.] τῷ χειμῶνι πατάγει ἐν δὲ τῷ θέρει ᾄδει καὶ φθ. α (exc. Cᵃ): in estate ... sibilo dulci, et vox eius in hyeme est mala Scot. Alb.: in estate quidem enim cantat, yeme autem patagizat et garrit tumultuose Guil.: in hyeme quidem strepit, in estate vero cantat Trap.: strepitat enim per hyemem, cum per aestatem tumultuans cantet Gaza   τοῦ θέρους P   ᾄδει ... παταγεῖ om. γ (exc. Lᶜrc.)   καὶ om. Eᵃ Lᶜpr.   **19** ψάρα α (exc. Fᵃ Xᶜ)   ποικιλία Aᵃpr. Gᵃpr.: ποικίλη Aᵃrc. Gᵃrc. Q Fᵃ Xᶜ, m   τὰ περὶ ... 20 μεταβάλλει om. m   τὰ] τὸν Aᵃpr. post τὰ add. τε α Eᵃ P Kᶜ Mᶜ   **20** ἰσχία α: varia que circa collum et vertebra (+ habet cett.) Guil.: varius circa collum et coxas Trap.: collo varius Gaza   **23** περιόντος α   **24** παντοδαπῆ P Kᶜ m n   τραχεῖαν codd. Guil. Trap.: om. Scot. Alb.: celerem Gaza: ταχεῖαν cj. Scal. Louis   **25** γε om. α   post ἰταλίᾳ add. δὲ α (exc. Cᵃ)   **27** δὲ⁽²⁾] γὰρ Aᵃpr. Gᵃ Q   καὶ om. Ald.   **28, 29** φοινικούργοι Lᶜ m n Ald.   **30** τῇ χρείᾳ Aᵃpr. Gᵃ Q: τὸ χρῶμα P   **31** δὲ om. Fᵃ Xᶜ   **31, 32** συκαλίδες, συκαλὶς α (exc. Cᵃ) Bk.   **32** μὲν om. Lᶜ m Ald. **33** ὁ] ἡ P   **633a1** καὶ om. Eᵃ   ἀλλήλων οὐδὲν transp. Lᶜ Ald.   **2** ὅτι ... 4 ὄντα om. m   ὁ om. α   **3** τὸ om. α   τούτων α

ARISTOTELIS

λέως μεταβεβληκότα οὐδ' ἐν θατέρῳ εἴδει ὄντα. οὐδὲν δ' ἄτοπον εἰ ἐπὶ τούτων αἱ φωναὶ μεταβάλλουσιν ἢ τὰ χρώματα, ἐπεὶ καὶ ἡ φάττα τοῦ μὲν χειμῶνος οὐ φθέγγεται πλὴν ἤδη ποτὲ εὐδίας ἐκ χειμῶνος σφοδροῦ γενομένης ἐφθέγξατο καὶ ἐθαυμάσθη ὑπὸ τῶν ἐμπείρων, ἀλλ' ὅταν ἔαρ γένηται τότε ἄρχεται φωνεῖν. τὸ δ' ὅλον τὰ ὄρνεα καὶ μάλιστα καὶ πλείστας ἀφίησι φωνὰς ὅταν ὦσι περὶ τὴν ὀχείαν. μεταβάλλει δὲ καὶ ὁ κόκκυξ καὶ τὸ χρῶμα, καὶ τῇ φωνῇ οὐ σαφηνίζει, ὅταν μέλλῃ ἀφανίζεσθαι· ἀφανίζεται δ' ὑπὸ κύνα, φανερὸς δὲ γίνεται ἀπὸ τοῦ ἔαρος ἀρξάμενος μέχρι κυνὸς ἐπιτολῆς. ἀφανίζεται δὲ καὶ ἣν καλοῦσί τινες οἰνάνθην ἀνίσχοντος τοῦ σειρίου, δυομένου δὲ φαίνεται· /16/ φεύγει γὰρ ὁτὲ μὲν τὰ ψύχη ὁτὲ δὲ τὴν ἀλέαν. μεταβάλλει δὲ καὶ ὁ ἔποψ τὸ χρῶμα καὶ τὴν ἰδέαν, /18/ ὥσπερ πεποίηκεν Αἰσχύλος ἐν τοῖσδε·

τοῦτον δ' ἐπόπτην ἔποπα τῶν αὑτοῦ κακῶν
πεποικίλωκε, καὶ ἀποδηλώσας ἔχει
θρασὺν πετραῖον ὄρνιν ἐν παντευχίᾳ,
ὃς ἦρι μὲν φαίνοντι διαπάλλει πτερὸν

4 μεταβεβληκότος Eᵃ Lᶜ n Ald.: μεταβεβληκότων cj. Dt.   οὐδ'... ὄντα] οὐδενὸς, ἑκατέρῳ ἴδιόν τι ὑπῆρχεν Lᶜpr. Ald.: οὐδὲν θατέρῳ ἴδιον ὄντα n: et non manifestatur utrum iste aves sunt eaedem aut duplicis generis Scot. (sim. Alb.): neque in alterius propria existentia Guil.: quando in neutra specie avis erat Trap.: nec alterutrum adhuc proprium ullum habens appellationis Gaza   ὄντα] ὄντων cj. Dt.   6 μὲν om. Eᵃ   7 ἐκ om. m   γενομένου α γ (exc. Lᶜ)   8 ἐθαυμαστώθη Cᵃ Bk. Dt.   10 καὶ μάλιστα om. Gᵃ Q   καὶ⁽²⁾ om. Aᵃ Fᵃ Xᶜ   post πλείστας add. καὶ μεγίστας Gᵃrc. Q Ott.: et maxime (maximas cett.) et plurimas Guil.: tunc maxime et plurimas Gaza   ὅταν... 11 ὀχειαν om. Eᵃ   11 μεταβάλλει... 28 ἀποικίσει om. m   καὶ⁽²⁾ om. Lᶜ Ald. Bk.   12 τὴν φωνὴν Prc. οὐ secl. Scal. A.-W. Dt.: οὖσα φηνίζει Xᶜ   15 συρίου P Kᶜ φαίνεται Gᵃrc. Q, β, Mᶜ Lᶜrc., Guil. Gaza Ald. edd.: φεύγει α (exc. Gᵃrc. Q), Prc.: φεύγεται Ppr. Kᶜ: φθέγγεται Eᵃ Lᶜpr. n   16 γὰρ β Lᶜrc. Guil. Gaza Dt.: δὲ α γ (exc. Lᶜrc.) Ald. Bk.   post μὲν add. γὰρ Q   17 ὁ om. Eᵃ n 18 ἐν τοῖσδε om. γ (exc. Lᶜrc.): ἐν δὲ τοῖς α (exc. Cᵃ)   19 τοῦτον δ' om. α (exc. Cᵃ):   ἔπονα Cᵃ Aᵃpr. Gᵃ Q; ἔπο lac. α P Kᶜ   20 πεποικίλωται α (exc. Cᵃ): πεποικίλλωκε Eᵃ Lᶜ n Ald.: πεποικίλωκεν P Kᶜ   καὶ ἀποδ. codd. Ald.: κἀποδ. edd.   21 παντευχίᾳ ὃς] παντὶ εὐχίαιος Cᵃ: παντὶ εὐχιαῖος Aᵃpr. Gᵃ Q: πατρὶ εὐχιαῖος Aᵃrc. Fᵃ Xᶜ Ott.   22 ὃς... 23 λεπάργου om. γ (exc. Lᶜrc.) Gaza   ἦρι Aᵃ Gᵃ Q   φαίνονται α διαπάλλει Ald. edd.: διαβάλλει codd.: traicit Guil.

HISTORIA ANIMALIUM VIII(IX)

κίρκου λεπάργου. δύο γὰρ οὖν μορφὰς φανεῖ,
παιδός τε καὐτοῦ νηδύος μιᾶς ἄπο.
νέας δ' ὀπώρας ἡνίκ' ἂν ξανθῇ στάχυς,
στικτή νιν αὖθις ἀμφινωμήσει πτέρυξ.
ἀεὶ δὲ μίσει τῶνδ' ἄπ' ἄλλον εἰς τόπον
δρυμοὺς ἐρήμους καὶ πάγους ἀποικίσει.

εἰσὶ δὲ τῶν ὀρνίθων οἱ μὲν κονιστικοί, οἱ δὲ λοῦνται, οἱ δ' οὔτε κονιστικοὶ οὔτε λοῦνται. ὅσοι μὲν μὴ πτητικοὶ ἀλλ' ἐπίγειοι, κονιστικοί, οἷον ἀλεκτορὶς πέρδιξ ἀτταγὴν κορύδαλος φασιανός· τῶν δ' εὐθυωνύχων ἔνιοι, καὶ ὅσοι περὶ ποταμὸν ἢ ἕλη ἢ θάλασσαν διατρίβουσι, λοῦνται· οἱ δ' ἄμφω, καὶ κονίονται καὶ λοῦνται, οἷον περιστερὰ καὶ στρουθός· τῶν δὲ γαμψωνύχων οἱ πολλοὶ οὐδέτερον. ταῦτα μὲν οὖν τοῦτον ἔχει τὸν τρόπον. ἴδιον δ' ἐνίοις συμβαίνει τῶν ὀρνιθίων τὸ ἀποψοφεῖν, οἷον καὶ ταῖς τρυγόσιν· ποιοῦνται δὲ καὶ περὶ τὴν ἕδραν κίνησιν οἱ τοιοῦτοι ἰσχυρὰν ἅμα τῇ φωνῇ.

23 κέρβου Aª Gª Q Ott.: κέρκου Fª Xᶜ   λεπαργοῦ α: δ' ἐπάργου β Lᶜrc. Ald.   γὰρ om. Eª Lᶜpr. n   φαίνει α β Lᶜ Ald.   24 καὐτοῦ codd.: αὐτοῦ Ald.: χαὐτοῦ edd.   ἄπο β Lᶜrc.: δ' ἀπὸ Cª: ἀπὸ α (exc. Cª) γ (exc. Lᶜrc.) Ald.   25 δ' om. Cª: ἐστὶν Eª Lᶜpr. n   ἡνίκ' ἂν ξανθῇ β Lᶜcorr. Ald. Bk.: ἵνα καταξανθῇ α γ (exc. Lᶜcorr.): ἡνίκ' αὐξανθῇ cj. Scal. Sn.: ἡνίκ' ἂν ξανθὸς cj. Sylb.: ἡνίκ' αὐανθῇ cj. Cs.: *ut rubicunda fiat* Guil.: *recanduit* Gaza   26 στικτῇ νιμ αὖθις Cª: στικτῇνι μανθεὶς α (exc. Cª): τίκτει νιν αὖθις β Lᶜcorr. Ald.: τίκτει νῦν αὖθις Eª Lpr. n: τίκτει νῖν αὖθις Kᶜ Mᶜ: τίκτειν ἵν' αὖθις P ἀμφινομήση α: ἀμφινομήσει β: ἀμφινωμήση Eª P: ἀμφινῶνμισιν Kᶜ: ἀμφὶ νῶν μήση Mᶜ: κἀμφινομίση Lᶜ Ald.: ἀμφινομίση n   πτερύζαι α   27 ἀεὶ δὲ] εἶδε Cª: εἰ δὲ α (exc. Cª): *si autem* Guil.   μισεῖ (sic) Cª: μισεῖ α γ Ald.   τῶνδε α (τῶν δὲ Q Ott.): τὸν δὲ Eª P Kᶜ Mᶜ: τόνδε Lᶜ n Ald.   ἀπ' ἄλλον Cª β Lᶜ n Ald.: ἀπάλλον Eª Kᶜ Mᶜ: ἀσπάλλον P: ἀπαλῶν α (exc. Cª)   28 δρυμὸς Eª   καὶ πάγους] ὑπάγουσ' Lᶜpr. Ald.: καὶ ὑπάγους' n   ἀποικίσοι Kᶜ: ἀποικίση Mᶜ: ἀποικιεῖ cj. Salmasius Dt.   29 εἰσὶ ... resum. m   οἱ δὲ ... 30 πτητικοὶ om. n   λοῦνται β γ (cf. Athen. ıx.387β): λοῦσται α Sn. edd.: *balneantes* Guil.   30 λοῦνται β Kᶜ Mᶜ Lᶜ m Ald. Athen.: λοῦσται α Sn. edd.: λούονται Eª P: *balneantes* Guil.   633b1 ἀλέκτορες β   ἀτταγὴν Lᶜ m n Ald. edd.: ἀτταγὶς α β P Mᶜ: ἀτταγῆς Eª: ἄττα lac. Kᶜ   κορυδαλός α (exc. Cª) LᶜAld.: κορυδαλλός Cª β Eª Mᶜ Athen.: κορύδαλλος P Kᶜ m n   2 φασσιανός α   εὐθυονύχων α Eª m n   4 κονιῶνται α   περιστεραὶ Cª   5 οὐδ' ἕτερον α (exc. Cª)   6 ὀρνίθων α (exc. Cª), Rᶜ, Ppr. n

I(H)

περὶ δ' ἀνθρώπου γενέσεως τῆς τε πρώτης τῆς ἐν τῷ θήλει καὶ τῆς ὕστερον μέχρι γήρως, ὅσα συμβαίνει διὰ τὴν φύσιν τὴν οἰκείαν, τόνδ' ἔχει τὸν τρόπον. ἡ μὲν διαφορὰ τοῦ ἄρρενος πρὸς τὸ θῆλυ καὶ τὰ μόρια πρότερον εἴρηται, φέρειν δὲ σπέρμα πρῶτον ἄρχεται τὸ ἄρρεν ὡς ἐπὶ τὸ πολὺ ἐν τοῖς ἔτεσι τοῖς δὶς ἑπτὰ τετελεσμένοις· ἅμα δὲ καὶ ἡ τρίχωσις τῆς ἥβης ἄρχεται, καθάπερ καὶ τὰ φυτὰ τὰ μέλλοντα φέρειν τὸ σπέρμα ἀνθεῖ φησι πρῶτον Ἀλκμαίων ὁ Κροτωνιάτης. περὶ δὲ τὸν αὐτὸν χρόνον τοῦτον ἥ τε φωνὴ μεταβάλλειν ἄρχεται ἐπὶ τὸ τραχύτερον καὶ ἀνωμαλέστερον, οὔτ' ἔτι ὀξεῖα οὖσα οὔτε πω βαρεῖα οὔτε πᾶσα ὁμαλὴ ἀλλ' ὁμοία φαινομένη ταῖς παρανενευρισμέναις καὶ τραχείαις χορδαῖς· ὃ καλοῦσι τραγίζειν. γίνεται δὲ τοῦτο μᾶλλον τοῖς πειρωμένοις ἀφροδισιάζειν· τοῖς γὰρ περὶ ταῦτα προθυμουμένοις καὶ μεταβάλλουσιν αἱ φωναὶ εἰς τὴν τῶν ἀνδρῶν φωνήν, τοῖς δὲ ἀπεχομένοις τοὐναντίον· ἐὰν δὲ καὶ συναποβιάζωνται ταῖς ἐπιμελείαις, ὅπερ ποιοῦσιν ἔνιοι τῶν περὶ τὰς χορείας σπουδαζόντων, καὶ μέχρι πόρρω διαμένει καὶ τὸ πάμπαν μικρὰν λαμβάνει μεταβολήν. καὶ μαστῶν ἔπαρσις γίνεται καὶ αἰδοίων οὐ μεγέθει μόνον ἀλλὰ καὶ εἴδει. συμβαίνει δὲ περὶ τοῦτον τὸν χρόνον τοῖς τε πειρωμένοις τρίβεσθαι περὶ τὴν τοῦ

581a9 ἀνθρώπων β τῆς⁽²⁾ om. β γ **10** καὶ om. T^c τὴν φύσιν om. Ald. Bas. **11** οἰκίαν α (exc. C^a) ἡ μὲν] ἡμῖν C^a A^apr. διάφορα C^a A^apr. **12** τῶ θήλει α (exc. C^a) φέρειν] φανερόν P **13** σπέρμα post ἄρχεται transp. L^c m n πρῶτον] πρότερον β Ald. τὸ⁽²⁾ om. β γ (exc. L^c m n) **14** καὶ om. E^a ἡ om. α γ Ald. Bk. **15** τὰ⁽²⁾ om. α γ Bk. **16** φέρειν τὸ σπέρμα C^a β γ Ald. Dt.: σπ. φ. α (exc. C^a) Bk. ἀνθεῖν α γ edd. φησι om. C^a γ πρῶτον om. S^c post Ἀλκ. add. φησὶν C^a A^a G^apr. γ Bk. Dt. **17** τούτων α γ **18** τραχύτερον] βαρύτερον β (exc. V^ccorr.): grauius Guil.: asperiorem Gaza οὔτ' ἔτι γ (exc. L^c n): οὔ τέ τι α β L^c Ald.: οὔτε τῇ n **19** ὁμαλὴς γ (exc. ὁμαλός E^a): ὁμαλὶς A^a G^a Q **20** φαινομένη om. β ταχείαις Ald. **22** ἀφρ.... προθ. om. X^c **23** τοῖς δ' ἀπεχ. β Ald. edd.: ἀπεχ. δὲ α γ Bk. **24** ἐὰν β Bk.: ἂν α γ Dt. καὶ om. β: et Guil. **26** διαμένειν A^a F^a X^c **27** τῶν μαστῶν F^a X^c **28** post αἰδοίων add. ⟨μεταβολὴ⟩ cj. Sn.: add. ⟨ἀλλοιουμένων⟩ cj. Pk. Th. **29** τε] γε m Pk. Dt.

472

σπέρματος πρόεσιν ού μόνον ήδονήν γίνεσθαι τοῦ σπέρματος ἐξιόντος ἀλλὰ καὶ λύπην. περὶ τὸν αὐτὸν δὲ χρόνον καὶ τοῖς θήλεσιν ἥ τ' ἔπαρσις γίνεται τῶν μαστῶν καὶ τὰ καταμήνια καλούμενα καταρρήγνυται· τοῦτο δ' ἐστὶν αἷμα οἷον νεόσφακτον. τὰ δὲ λευκὰ καὶ παιδίοις γίνεται νέοις οὖσι πάμπαν, μᾶλλον δ' ἂν ὑγρᾷ χρῶνται τροφῇ· καὶ κωλύει τὴν αὔξησιν καὶ τὰ σώματα ἰσχναίνει τῶν παιδίων. τὰ δὲ καταμήνια γίνεται ταῖς πλείσταις ἤδη τῶν μαστῶν ἐπὶ δύο δακτύλους ἠρμένων. καὶ ἡ φωνὴ δὲ καὶ ταῖς παισὶ μεταβάλλει περὶ τὸν χρόνον τοῦτον ἐπὶ τὸ βαρύτερον. ὅλως μὲν γὰρ γυνὴ ἀνδρὸς ὀξυφωνότερον, αἱ δὲ νέαι τῶν πρεσβυτέρων, ὥσπερ καὶ οἱ παῖδες τῶν ἀνδρῶν· ἀλλ' ἔστιν ὀξυτέρα ἡ /10/ φωνὴ τῶν θηλειῶν παίδων ἢ τῶν ἀρρένων, καὶ ὁ παρθένιος αὐλὸς τοῦ παιδικοῦ ὀξύτερος. μάλιστα δὲ καὶ φυλακῆς δέονται περὶ τὸν χρόνον τοῦτον· μάλιστα γὰρ ὁρμῶσι πρὸς τὴν τῶν ἀφροδισίων χρῆσιν ἀρχομένων αὐτῶν, ὥστ' ἂν μὴ διευλαβηθῶσι μηθὲν ἐπὶ πλεῖον κινεῖν ἢ ὅσον αὐτὰ τὰ σώματα μεταβάλλει μηθὲν χρωμένων ἀφροδισίοις, ἀκολουθεῖν εἴωθεν εἰς τὰς ὕστερον ἡλικίας. αἵ τε γὰρ νέαι πάμπαν ἀφροδισιαζόμεναι ἀκολαστότεραι γίνονται, καὶ οἱ ἄρρενες ἐάν τ' ἐπὶ θάτερα ἐάν τ' ἐπ' ἀμφότερα ἀφυλακτήσωσιν·

31 λύπει ᾧ· λῦ(sic) Aᵃ Gᵃ   δὲ post περὶ transp. Eᵃ Lᶜ m n Ald.   32 γίνεσθαι α (exc. Cᵃ)   τὰ om. Lᶜ m*pr*. n   581b1 καλούμενα om. Fᵃ Xᶜ 2 οὖσι post παιδίοις transp. α γ Ald. Dt.   3 πάμπαν post 2 γίνεται transp. Lᶜ Ald.   μᾶλλον] πάνυ P   4 αὔξην γ (exc. n) Ald. Bk.   ἰσχαίνει Aᵃ*pr*. Gᵃ Q   6 ἠρμένων Cᵃ Bk.   καὶ⁽²⁾ del. Gᵃ*rc*., om. Q Guil.   ταῖς Cᵃ γ Ald.: τοῖς α (exc. Cᵃ) β   παισὶ codd.: *omnibus* (viz. πᾶσι) Guil.   7 περὶ om. α   8 ὀξυφωνέστερον Cᵃ*pr*.   9 οἱ om. α γ (exc. Lᶜ*rc*.)   ὀξυτέρα post 10 φωνῇ transp. α γ Ald. Bk.   10 ante τῶν θηλ. add. ἡ α Bk. Dt.   11 φυλακῆς] *humiditate* Scot. Alb.   12 ὁρμῶσι] ὀργῶσι Fᵃ*rc*. Xᶜ Canis. Sn. 13 τὴν τῶν ἀφρ. χρ.] τὸν ἀφροδισιασμὸν P   14 μὴ διευλαβηθῶσι Cᵃ*rc*., β (exc. Vᶜ*rc*.), Lᶜ*rc*., Ald. Bk.: ἤδη εὐλαβηθῶσι α (exc. Cᵃ*rc*.), Vᶜ*rc*., γ (exc. Lᶜ*rc*.), Guil. Gaza Cs. Sn.   πλέον α (exc. Cᵃ)   κινεῖν β γ Ald. Cs. Sn.: κινῆσαι Cᵃ Bk. Dt.: κινεῖσθει α (exc. Cᵃ)   ἢ ὅσον β γ Ald. Cs. Sn.: οὖ Cᵃ Bk. Dt.: ἕως οὗ α (exc. Cᵃ) Canis.   15 μεταβάλῃ Aᵃ Gᵃ Q: μεταβάλλῃ Fᵃ Xᶜ χρωμάτων Q (χρωμ' Gᵃ)   post ἀκολουθεῖν add. τὸ σωφρονεῖν Vᶜ*rc*., m*rc*.: *temperantia* Gaza   18 θάτερον Q (abbrev. Aᵃ Gᵃ)

ARISTOTELIS

οἵ τε γὰρ πόροι ἀναστομοῦνται καὶ ποιοῦσιν εὔρουν τὸ σῶμα ταύτῃ· καὶ ἅμα ἡ τότε μνήμη τῆς συμβαινούσης ἡδονῆς ἐπιθυμίαν ποιεῖ τῆς τότε γινομένης ὁμιλίας.
   γίνονται δέ τινες ἄνηβοι ἐκ γενετῆς καὶ ἄγονοι διὰ τὸ πηρωθῆναι περὶ τὸν τόπον τὸν γόνιμον· ὁμοίως δὲ καὶ γυναῖκες γίνονται ἄνηβοι ἐκ γενετῆς.
   μεταβάλλουσι δὲ καὶ τὰς ἕξεις καὶ τὰ ἄρρενα καὶ τὰ θήλεα περί τε τὸ ὑγιεινότερα εἶναι καὶ νοσερώτερα καὶ περὶ τὴν τοῦ σώματος ἰσχνότητα καὶ παχύτητα καὶ εὐτροφίαν· μετὰ γὰρ τὴν ἥβην οἱ μὲν ἐξ ἰσχνῶν παχύνονται καὶ ὑγιεινότεροι γίνονται, οἱ δὲ τοὐναντίον· ὁμοίως δὲ τοῦτο συμβαίνει καὶ ἐπὶ τῶν παρθένων. ὅσοι μὲν γὰρ παῖδες ἢ ὅσαι παρθένοι περιττώματα κατὰ τὰ σώματα εἶχον, συναποκρινομένων τῶν τοιούτων τοῖς μὲν ἐν τῷ σπέρματι ταῖς δ' ἐν τοῖς καταμηνίοις ὑγιεινότερα τὰ σώματα γίνεται καὶ εὐτραφέστερα, ἐξιόντων τῶν ἐμποδιζόντων τὴν ὑγίειαν καὶ τὴν τροφήν· ὅσοις δὲ τοὐναντίον, ἰσχνότερα καὶ νοσερώτερα τὰ σώματα γίνεται· ἀπὸ γὰρ τῆς φύσεως καὶ τῶν καλῶς ἐχόντων ἡ ἀπόκρισις γίνεται τοῖς μὲν ἐν τῷ σπέρματι ταῖς δ' ἐν τοῖς καταμηνίοις.
   ἔτι δὲ ταῖς γε παρθένοις καὶ τὰ περὶ τοὺς μαστοὺς γίνεται διαφερόντως ἑτέραις πρὸς ἑτέρας· αἱ μὲν γὰρ πάμπαν μεγάλους ἴσχουσιν, αἱ δὲ μικρούς. ὡς

19 σπόροι A^apr.: πόνοι Q   σῶμα codd.: os (viz. στόμα) Guil.: corpus Gaza   21 γενομένης F^a X^c   22 περὶ om. L^c Ald.   τὸν τὸν L^c: τὸ K^cpr.   23 τρόπον A^apr. G^apr.   τόπον τ. γ.] γόνιμον τόπον P   24 καὶ⁽¹⁾ om. F^apr. X^c   καὶ⁽²⁾ om. L^c m n Ald.   25 θήλεια α (exc. C^a)   τε om. β K^c   τὸ om. K^c   ὑγιεινότερον α (exc. C^a)   post καὶ⁽²⁾ add. περὶ τὸ α γ νοσώτερον (sic) α (exc. C^a) Ott.   27 εὐτραφίαν A^a G^a Q   30 ὅσοι A^a G^a Q   περιττώματα κατὰ codd. Ald.: superfluitatibus plena Guil.: περιττωματικὰ cj. Sn. Bk. Dt.   τὰ om. L^c mpr.   31 ταῖς] τοῖς C^a, P n   582a1 καὶ] et simul Guil.   2 ὅσοι γ Ald. Bk.   νοσακερώτερα α Dt.: νοσακερότερα K^c   3 ἀπο ... 4 γίνεται om. T^c   4 ταῖς] τοῖς C^a   5 γε γ Ald. Bk: τε α: om. β   6 τοῦ μαστοῦ C^a A^apr. G^apr.   ἑτέραις] ἕτερα E^a P: ἕτεραι K^c M^c   7 γὰρ om. T^c   μεγάλως A^a G^apr.   ἔχουσιν α E^a Dt.

474

HISTORIA ANIMALIUM IX(VII) 582a

ἐπὶ τὸ πολὺ δὲ συμβαίνει τοῦτο, ὅσαι ἂν παῖδες οὖσαι περιττωματικαὶ ὦσιν· μελλόντων γὰρ καὶ οὔπω γινομένων τῶν γυναικείων, ὅσῳ ἂν πλείων ὑγρότης ᾖ, τοσούτῳ μᾶλλον ἀναγκάζει αἴρεσθαι ἄνω, ἕως ἂν καταρραγῇ· ὥστε τότε λαβόντες ὄγκον οἱ μαστοὶ διαμένουσι καὶ εἰς τὸ ὕστερον. καὶ τῶν ἀρρένων δὲ ἐπιδηλότεροι γίνονται καὶ γυναικικώτεροι οἱ μαστοί, καὶ νεωτέροις καὶ πρεσβυτέροις οὖσι, τοῖς ὑγροῖς καὶ λείοις καὶ μὴ φλεβώδεσι, καὶ τούτων μᾶλλον τοῖς μέλασιν ἢ λευκοῖς.

μέχρι μὲν οὖν τῶν τρὶς ἑπτὰ ἐτῶν τὸ μὲν πρῶτον ἄγονα τὰ σπέρματά ἐστιν· ἔπειτα γόνιμα μὲν μικρὰ δὲ καὶ ἀτελῆ γεννῶσι καὶ οἱ νέοι καὶ αἱ νέαι, ὥσπερ καὶ ἐπὶ τῶν ἄλλων ζῴων τῶν πλείστων. συλλαμβάνουσι μὲν οὖν αἱ νέαι θᾶττον· ἐὰν δὲ συλλάβωσιν, ἐν τοῖς τόκοις πονοῦσι μᾶλλον. καὶ τὰ σώματα δ' αὐτῶν ἀτελέστερα γίνεται ὡς ἐπὶ τὸ πολὺ καὶ γηράσκει θᾶττον τῶν τ' ἀφροδισιαστικῶν ἀρρένων καὶ τῶν γυναικῶν τῶν τοῖς τόκοις χρωμένων πλείοσιν· δοκεῖ γὰρ οὐδ' ἡ αὔξησις ἔτι γίνεσθαι μετὰ τοὺς τρεῖς τόκους. καθίστανται δὲ καὶ σωφρονίζονται μᾶλλον ὅσαι τῶν γυναικῶν ἀκόλαστοι πρὸς τὴν ὁμιλίαν εἰσὶ τὴν τῶν ἀφροδισίων, ὅταν τόκοις χρήσωνται πολλοῖς. μετὰ δὲ τὰ τρὶς

8 οὖσαι] ὦσι Cᵃ, P*pr*. Kᶜ Lᶜ*pr*. m*pr*. n: om. Eᵃ: οὖσαι περιττωματικαὶ om. Aᵃ*pr*. Gᵃ Q: *quecumque utique pueri existentes superfluitatibus plene fuerint* Guil. (Tz: *utique* om. cett.)   9 post ὦσιν add. περιττωμάτων γέμουσι Gᵃ*rc*. Q Ott.
10 ὅσα ἂν πλεῖον Kᶜ   ὑγρότης ᾖ β: ἡ ὑγρότης α (exc. Fᵃ Xᶜ) γ (exc. Eᵃ n): ἢ ὑγρότης Fᵃ Xᶜ: ὑγρότης Eᵃ: ὑγρότητα n: ἡ ὑγρότης ᾖ Ald. edd.   11 τότε post 12 ὄγκον transp. β   12 τὸ om. Tᶜ   13 οἱ μαστοὶ om. β   16 ἢ om. Cᵃ Aᵃ*pr*.   τρὶς] δὶς β (exc. Vᶜ*rc*.) Lᶜ*rc*. Guil. Ald. Ar.Byz. 1.71: *ter* v.l. *bis* Gaza   τὰ μὲν πρῶτα γ   μὲν om. Gᵃ Q Ott.   17 γόνιμα] ἔγγονα γ (exc. Lᶜ*rc*.)   18 ἀτελεῖς n   19 οὖν om. Aᵃ*pr*. Gᵃ Q   20 πονοῦσι ...
23 τόκοις om. Aᵃ*pr*. Gᵃ Q: add. μᾶλλον πονοῦσι καὶ τὰ σώματα δὲ αὐτῶν ἀτελέστερα γίνεται ταῖς πλείοσι καὶ γηράσκουσι μᾶλλον οἱ ἀφροδισιάζοντες τῶν ἀρρένων καὶ τῶν γυναικῶν τοῖς τόκοις Gᵃ*rc*. Q Ott.: *dolent magis et corpora autem ipsarum imperfectiora fiunt ut in pluribus et senescunt magis venerea exercentium masculorum et mulierum frequentius parientium* Guil.: *magis in partubus laborant et corpora ipsarum ut plurimum maiora non fiunt senescuntque magis que frequentiori use sunt partu et mares qui crebrius coeunt* Trap.   25 δὲ om. Eᵃ   καὶ om. Tᶜ
26 εἰσὶ post ἀφρ. transp. Lᶜ n Ald.   τὴν om. Lᶜ*pr*. m n   27 post ὅταν add τοῖς α γ Ald. edd.

475

ἑπτὰ ἔτη αἱ μὲν γυναῖκες πρὸς τὰς τεκνογονίας ἤδη εὐκαί-
ρως ἔχουσιν, οἱ δ' ἄνδρες ἔτι ἔχουσιν ἐπίδοσιν.
                                    ἔστι δὲ τὰ μὲν
λεπτὰ τῶν σπερμάτων ἄγονα, τὰ δὲ χαλαζώδη γόνιμα
καὶ ἀρρενογόνα μᾶλλον· τὰ δὲ λεπτὰ καὶ μὴ θρομβώδη
θηλυγόνα.
          καὶ τοῦ γενείου δὲ τρίχωσις συμβαίνει τοῖς ἄρρεσι
περὶ τὴν ἡλικίαν ταύτην.

[2] ἡ δὲ τῶν γυναικείων ὁρμὴ γίνεται περὶ φθίνοντας τοὺς
μῆνας· διό φασί τινες τῶν σοφιζομένων καὶ τὴν σελήνην εἶ-
ναι θῆλυ, ὅτι ἅμα συμβαίνει ταῖς μὲν ἡ κάθαρσις τῇ δ' ἡ
φθίσις, καὶ μετὰ τὴν κάθαρσιν καὶ τὴν φθίσιν ἡ πλήρωσις
ἀμφοῖν. καὶ ταῖς μὲν συνεχῶς καθ' ἕκαστον ὀλιγάκις τὰ
καταμήνια φοιτᾷ, παρὰ μῆνα δὲ τρίτον ταῖς πλείσταις.
ὅσαις μὲν οὖν ὀλίγον χρόνον γίνεται, δύο ἢ τρεῖς ἡμέρας,
ἀπαλλάττουσι ῥᾷον, ὅσαις δὲ πολλάς, χαλεπώτερον. πο-
νοῦσι γὰρ τὰς ἡμέρας ταύτας· ταῖς μὲν γὰρ ἀθρόα ἡ κά-
θαρσις γίνεται ταῖς δὲ κατ' ὀλίγον, τὸ δὲ σῶμα βαρύνεται
πάσαις ἕως ἂν ἐξέλθῃ. πολλαῖς δὲ καὶ ὅταν ὁρμᾷ τὰ
καταμήνια καὶ μέλλῃ ῥήγνυσθαι, πνιγμοὶ γίνονται καὶ ψό-
φος ἐν ταῖς ὑστέραις ἕως ἂν ῥαγῇ.
                                  φύσει μὲν οὖν ἡ σύλλη-
ψις γίνεται μετὰ τὴν τούτων ἀπαλλαγὴν ταῖς γυναιξίν· καὶ
ὅσαις μὴ γίνεται ταῦτα, ὡς ἐπὶ τὸ πολὺ ἄτεκνοι διατελοῦ-
σιν. οὐ μὴν ἀλλὰ καὶ μὴ γινομένων τούτων ἔνιαι συλλαμ-
βάνουσιν, ὅσαις συναθροίζεται ἰκμὰς τοσαύτη ὅση ταῖς γει-

28 τεκνοποιίας α Sn. edd.   32 τοῦ om. α γ (exc. L^c rc.) Dt.   582b3 ὀλι-
γάκις codd. Ald. edd.: *paucis* Guil. Trap. Gaza: ὀλίγαις cj. Mercurialis Sn.
4 φοιτᾷ παρὰ om. T^c   δὲ post παρὰ transp. α (exc. C^a) edd.   5 post
χρόνον add. in lac. εἴρηται K^c   6 ἀπαλλάττουσι ... 7 ἡμέρας om. P
ἀπαλάττουσι A^a G^a Q   ῥάδιον α (exc. C^a) Guil.   πολλαῖς C^a A^a pr. G^a
Q, E^a K^c M^c L^c rcsm.   7 ταῖς μὲν γὰρ κατ' ὀλίγον ἀθρόα ἡ καθ. γίνεται,
ταῖς δὲ τὸ σῶμα βαρ. Ald.   γὰρ^(2)] *igitur* Guil.: om. Trap.   ἀθρόως α
8 γίνεται ante 7 ἡ καθ. transp. β   10 ῥήγνυσθαι] γίγνεσθαι β   ψόφοι
L^c n Ald.   15 ὅσαις ... 17 συλλαμβάνουσιν] om. α (exc. C^a) m*pr*.: caret
signif. G^a rc. Q; habet Guil. Trap.   γιγνομέναις C^a: *facientibus* Guil.: om.
Trap. Gaza: γονίμοις cj. A.-W. Dt.

ναμέναις ὑπολείπεται μετὰ τὴν κάθαρσιν, ἀλλὰ μὴ ὥστε καὶ θύραζε ἐξιέναι. καὶ γιγνομένων ἔτι ἔνιαι συλλαμβάνουσιν· ὕστερον δ' οὐ συλλαμβάνουσιν, ὅσαις εὐθὺς μετὰ τὴν κάθαρσιν αἱ ὑστέραι συμμύουσιν. γίνεται δ' ἐνίαις καὶ κυούσαις διὰ τέλους τὰ γυναικεῖα· συμβαίνει μέντοι ταύταις φαῦλα τίκτειν, καὶ ἢ μὴ σώζεσθαι εἰς αὔξην ἢ ἀσθενῆ τὰ ἔκγονα γίγνεσθαι. πολλαῖς δὲ καὶ διὰ τὸ δεῖσθαι τῆς συνουσίας ἢ διὰ τὴν νεότητα καὶ τὴν ἡλικίαν, ἢ διὰ τὸ χρόνον ἀπέχεσθαι πολύν, καταβαίνουσιν αἱ ὑστέραι κάτω καὶ τὰ γυναικεῖα γίνεται πολλάκις τρὶς τοῦ μηνὸς ἕως ἂν συλλάβωσιν· τότε δ' ἀπέρχονται πάλιν εἰς τὸν ἄνω τόπον τὸν οἰκεῖον. ἐνίοτε δὲ καὶ ἐὰν μὴ συμβῇ ἔχουσα, τύχῃ δ' ὑγρὰ οὖσα, ἀποφυσᾷ τοῦ σπέρματος τὸ ὑγρότερον.

πάντων δὲ τῶν ζῴων, ὥσπερ εἴρηται καὶ πρότερον, ταῖς γυναιξὶ μᾶλλον τῶν ἄλλων θηλειῶν ἡ κάθαρσις γίνεται πλείστη. τοῖς μὲν γὰρ μὴ ζωοτοκοῦσιν οὐθὲν τοιοῦτον ἐπισημαίνει διὰ τὸ τὴν περίττωσιν ταύτην τρέπεσθαι εἰς τὸ σῶμα (μείζω τε γὰρ ἔνια τῶν ἀρρένων ἐστί, καὶ ἔτι τοῖς μὲν εἰς φολίδας τοῖς δ' εἰς λεπίδας τοῖς δ' εἰς τὸ τῶν πτερῶν ἀναλίσκεται πλῆθος), τοῖς δὲ πεζοῖς καὶ ζῳοτόκοις εἴς τε τὰς τρίχας καὶ τὸ σῶμα (λεῖον γὰρ ἄνθρωπός ἐστι μόνον) καὶ εἰς τὰ οὖρα (παχεῖαν γὰρ τὰ πλεῖστα καὶ πολλὴν τὰ τοιαῦτα ποιεῖται τὴν ἔκκρισιν)· ταῖς δὲ γυναιξὶν ἀντὶ τούτων τρέπεται τὸ περίττωμα εἰς τὴν κάθαρσιν. ὁμοίως δὲ ἔχει τοῦτο καὶ ἐπὶ τῶν ἀρρένων· πλεῖστον

17 ἐξιέναι] ἐξιόντων β L^c rc.   γεινομένων D^a R^c V^c   18 εὐθὺ α γ (exc. L^c m)   20 μέντοι] μὲν τὸ K^c   αὐταῖς β γ Ald.   21 αὔξησιν P n ἔγγονα F^a X^c, P   23 τὸ] τὸν K^c   χρόνον om. V^c   25 τρεῖς α (exc. C^a): om. Guil.: del. Sn. Pk.   26 τότε] ὅταν C^a A^a G^a Q   ἀπέρχωνται A^a G^a rc. Q   27 καὶ ἐὰν μὴ συμβῇ β L^c rc. Ald.: κἂν συμ. α L^c pr. Guil. Bk.: καὶ συμ. E^a P K^c M^c n: καὶ ἂν τἆλλα μὲν εὖ ἔχουσα ὑστέρα τυγχάνῃ mrc. in lac.: etsi accidat Guil.: etsi cetera bene se habet uterus Gaza: κἂν ποτε εὖ συμ. cj. Sn.: κἂν συμμύῃ cj. Pk.: κἂν μὴ συμμύῃ cj. A.-W.: κἂν συμμύσῃ cj. Dt. 30 γὰρ om. C^a A^a pr. G^a pr.   μὴ om. C^a A^a pr. G^a pr., P   31 ἐπισυμβαίνει β L^c Ald.   32 τε om. F^a X^c   33 εἰσί L^c Ald.   λοπίδας P pr. K^c   34 ἁλίσκεται α   583a1 μόνον] μᾶλλον A^a pr. G^a Q F^a X^c Ott.: μόνος E^a τὰ^(2) om. V^c   2 ἔκρυσιν F^a rc. X^c Ald.   3 post τρέπ. add. ὅλον cj. Sn.: totum superfluum Guil.   4 τούτοις β L^c rc. Guil.   τῶν om. L^c Ald.

477

γὰρ ὡς κατὰ τὸ μέγεθος ἀφίησι σπέρμα τῶν ἄλλων ζῴων ἄνθρωπος (διὸ καὶ λειότατον τῶν ζῴων ἐστὶν ἄνθρωπος), καὶ αὐτῶν δ' οἱ ὑγρότεροι τὰς φύσεις καὶ μὴ πολύσαρκοι λίαν, καὶ οἱ λευκότεροι δὲ τῶν μελάνων. καὶ ἐπὶ γυναικῶν δὲ τὸν αὐτὸν τρόπον· ταῖς γὰρ εὐσάρκοις πορεύεται εἰς τὴν τροφὴν τοῦ σώματος τὸ πολὺ τῆς ἐκκρίσεως. καὶ ἐν ταῖς ὁμιλίαις δὲ τῶν ἀφροδισίων αἱ λευκότεραι τὴν φύσιν ἐξικμάζουσι μᾶλλον τῶν μελαινῶν. ποιεῖ δὲ τῆς τροφῆς τὰ ὑγρὰ καὶ δριμέα τοιαύτην τὴν ὁμιλίαν μᾶλλον.

[3] γίνεται δὲ σημεῖον τοῦ συνειληφέναι ταῖς γυναιξὶν ὅταν εὐθὺς γένηται μετὰ τὴν ὁμιλίαν ὁ τόπος ξηρός. ἂν μὲν οὖν λεῖα τὰ χείλη ᾖ τοῦ στόματος, οὐ θέλει συλλαμβάνειν (ἀπολισθαίνει γάρ), οὐδ' ἂν παχέα· ἂν δ' ἁπτομένῳ τῷ δακτύλῳ τραχύτερα ᾖ καὶ ἀντέχηται, καὶ ἂν λεπτὰ τὰ χείλη, τότε εὐκαίρως ἔχει πρὸς τὴν σύλληψιν. πρὸς μὲν οὖν τὸ συλλαμβάνειν τοιαύτας δεῖ κατασκευάζειν τὰς ὑστέρας, πρὸς δὲ τὸ μὴ συλλαμβάνειν τοὐναντίον· ἂν γὰρ ᾖ λεῖα τὰ χείλη, οὐ συλλαμβάνει· διὸ ἔνιοι τῆς μήτρας πρὸς ὃ πίπτει τὸ σπέρμα ἀλείφουσιν ἐλαίῳ κεδρίνῳ ἢ ψιμυθίῳ ἢ λιβανωτῷ, διέντες ἐλαίῳ. ἐὰν δὲ ἑπτὰ ἐμμείνῃ ἡμέρας, φανερὸν ὅτι εἴληπται· αἱ γὰρ καλούμεναι ἐκρύσεις ἐν ταύταις γίνονται ταῖς ἡμέραις.

αἱ δὲ καθάρσεις φοιτῶσι ταῖς

5 post γὰρ add. καὶ E[a] 6 ante ἄνθ.[(1)] add. ὁ F[a] X[c], E[a] διὸ ... ἄνθρωπος om. L[c]*pr.* m Gaza λειότατον β L[c]*rc.* Ald. edd.: τελειότατον α (-ος F[a] X[c]) γ ante ἄνθ. add. ὁ F[a] X[c], E[a] P n 7 λίαν ... 8 τῶν] λεῖοι καὶ λευκότεροι τῶν β L[c]*rc.* 10 τὸ om. L[c] Ald. ἐκρύσεως F[a]*rc.* X[c] Ald. 11 λευκώτεραι A[a]*pr.* G[a]*pr.* 12 μελάνων α: μελαρίνων n ποιεῖται α (exc. C[a]) τῆς om. L[c] m*pr.* n 16 λεῖα om. C[a] A[a]*pr.* G[a] Q Trap.: *lenia* Guil. σώματος C[a]*pr.* Guil. οὐ] οὖ A[a]*pr.* G[a] Q: *quod* Guil.: *oris concipere volentis* Trap. post συλλαμβ. add. λεπτὰ οὐκ εὔχρηστα C[a]: λευκὰ οὐκ εὔχρηστα A[a]*pr.* (del. A[a]*rc.*) G[a] Q Ott.: *non bene utilia* Guil.: *alba ... non conferunt* Trap. 18 τραχύτερον Q (τραχὺ͞τε A[a] G[a]): παχύτερα L[c]*rc.*: incert. S[c] ἐντέχηται G[a] Q 21 τὸ τοῦ K[c] 22 ἔνιαι A[a]*rc.* F[a] X[c], V[c]*rc.*, γ (exc. L[c]*rc.*), Gaza Ald. Bk. ante τῆς μήτρας add. διὰ τὸ α: ἵνα V[c]*rc.*, L[c]*pr.* m n, Gaza Ald. πρὸς ὃ β L[c]*rc.* Ald.: πρόσω α γ Guil. Trap. Gaza πίπτει β L[c]*rc.* Ald.: προσπίπτειν α E[a] P K[c] M[c]: προσπίπτη V[c]*rc.*, L[c]*pr.* m n, Gaza 23 κεδρίνῳ L[c] Ald. ψιμμιθίῳ E[a] L[c] m n: ψιμιθίῳ M[c]*pr.*: ψιμμυθίῳ P 24 λιβωτῷ α P K[c] 25 ἐκκρίσεις P m

πλείσταις ἐπί τινα χρόνον συνειληφυίαις, ἐπὶ μὲν τῶν θηλειῶν τριάκονθ' ἡμέρας μάλιστα, περὶ τετταράκοντα δὲ ἐπὶ τῶν ἀρρένων. καὶ μετὰ τοὺς τόκους δ' αἱ καθάρσεις βούλονται τὸν αὐτὸν ἀριθμὸν ἀποδιδόναι τούτων, οὐ μὴν ἐξακριβοῦσί γε πάσαις ὁμοίως. μετὰ δὲ τὴν σύλληψιν καὶ τὰς ἡμέρας τὰς εἰρημένας οὐκέτι κατὰ φύσιν, ἀλλ' εἰς τοὺς μαστοὺς τρέπεται καὶ γίνεται γάλα. ἐπισημαίνει δὲ τὸ πρῶτον μικρόν τε καὶ ἀραχνιῶδες τὸ γάλα ἐν τοῖς μαστοῖς.

ὅταν δὲ συλλάβωσιν, αἴσθησις μάλιστα ἐγγίνεται ἔν τε ταῖς λαγόσιν (ἐνίαις γὰρ γίνονται πληρέστεραι εὐθύς· μᾶλλον δ' ἐπιδήλως τοῦτο συμβαίνει ταῖς ἰσχναῖς) καὶ ἐν τοῖς βουβῶσιν.

ἐπὶ μὲν οὖν τῶν ἀρρένων ὡς ἐπὶ τὸ πολὺ ἐν τῷ δεξιῷ μᾶλλον περὶ τὰς τετταράκοντα γίνεται ἡ κίνησις, τῶν δὲ θηλειῶν ἐν τῷ ἀριστερῷ περὶ ἐνενήκονθ' ἡμέρας. οὐ μὴν ἀλλ' ἀκρίβειάν γε τούτων οὐδεμίαν ὑποληπτέον· πολλαῖς γὰρ θηλυτοκούσαις ἡ κίνησις ἐν τῷ δεξιῷ γίνεται, καὶ ταῖς ἐν τῷ ἀριστερῷ ἄρρεν· ἀλλὰ καὶ ταῦτα καὶ τὰ τοιαῦτα πάντα διαφέρει ὡς ἐπὶ τὸ πολὺ καὶ τῷ μᾶλλον καὶ ἧττον.

περὶ δὲ τοῦτον τὸν χρόνον καὶ σχίζεται τὸ κύημα· τὸν δ' ἔμπροσθεν ἄναρθρον συνέστηκε κρεῶδες. καλοῦνται δ' ἐκρύσεις μὲν αἱ μέχρι τῶν ἑπτὰ ἡμερῶν διαφθοραί, ἐκτρωσμοὶ δ' αἱ μέχρι τῶν τετταράκοντα· καὶ πλεῖστα διαφθείρεται τῶν κυημάτων ἐν ταύταις ταῖς ἡμέ-

27 gloss. incert. Cᵃ   28 ἡμέραις α (exc. Cᵃ)   δὲ ante τετρ. transp. α (exc. Cᵃ)   29 αἱ om. α γ (exc. Lᶜrc.)   post καθ. add. φοιτῶσι ταῖς πλείσταις Kᶜpr. n   30 τούτων codd. (exc. τούτω Tᶜ) Ald.: hoc eodem numero Guil.: om. Gaza: τοῦτον cj. Sn. Bk. Dt.   γε om. Eᵃ   31 πᾶσιν Fᵃ Xᶜ: πάσας Tᶜ τὰς εἰρημ. ἡμ. P   32 post φύσιν add κάτω mrc.: inferius Gaza   34 τε] τι α (exc. Cᵃ) Lᶜpr. m n Gaza   35 γίνεται β   ἔν om. Ald.   τε om. β Lᶜ Ald.   583b1 ἐνίοις Q   γὰρ] δὲ Eᵃ   2 ἐν] ἐπὶ β γ Ald.   οὖν om. α γ Ald.   5 ἐνενήκονθ' Cᵃ Fᵃ Xᶜ, Lᶜ, Ald.   γε] τε Eᵃ   6 γὰρ om. Eᵃ   7 ταῖς del. mrc.   ἄρρεν] ἀρρενοτοκουσων mrc.: gerentibus marem Gaza   8 καὶ⁽¹⁾ om. β Lᶜ Ald.   τὰ om. Eᵃ   9 καὶ⁽¹⁾ codd.: om. Bk. Louis   τὸ μ. καὶ ἢ. β Lᶜ m n Ald.: τὸ μ. καὶ ἢ. Eᵃ P Mᶜ: τὸ μ. ἢ. Kᶜ   τοῦτον post χρόνον transp. Lᶜ Ald.   καὶ⁽³⁾] οὐ α (exc. Cᵃ)   10 τὸν] τὸ α, Vᶜcorr., γ (exc. Lᶜrc.), Guil.   11 ἐκκρίσεις Eᵃpr. P m: ἐκρίσεις Kᶜ: αἱ κνήσεις n

ραις. τὸ μὲν οὖν ἄρρεν ὅταν ἐξέλθῃ τετταρακοσταῖον, ἐὰν μὲν εἰς ἄλλο τι ἀφῇ τις, διαχεῖταί τε καὶ ἀφανίζεται, ἐὰν δ' εἰς ψυχρὸν ὕδωρ, συνίσταται οἷον ἐν ὑμένι· τούτου δὲ διακνισθέντος φαίνεται τὸ ἔμβρυον τὸ μέγεθος ἡλίκον μύρμηξ τῶν μεγάλων, τά τε μέρη δῆλα τά τε ἄλλα πάντα καὶ τὸ αἰδοῖον καὶ οἱ ὀφθαλμοὶ καθάπερ ἐπὶ τῶν ἄλλων ζῴων μέγιστοι. τὸ δὲ θῆλυ, ὅ τι μὲν ἂν διαφθαρῇ ἐντὸς τῶν τριῶν μηνῶν, ἀδιάρθρωτον ὡς ἐπὶ τὸ πολὺ φαίνεται· ὅ τι δ' ἂν ἐπιλάβῃ τοῦ τετάρτου μηνός, γίνεται ἐσχισμένον καὶ διὰ ταχέων λαμβάνει τὴν ἄλλην διάρθρωσιν. ἕως μὲν οὖν πᾶσαν τὴν τελείωσιν τῶν μορίων βραδύτερον ἀπολαμβάνει τὸ θῆλυ τοῦ ἄρρενος, καὶ δεκάμηνα γίνεται μᾶλλον τῶν ἀρρένων· ὅταν δὲ γένηται, θᾶττον τὰ θήλεα τῶν ἀρρένων καὶ νεότητα καὶ ἀκμὴν λαμβάνει καὶ γῆρας, καὶ μᾶλλον αἱ πλείοσι χρώμεναι τόκοις, ὥσπερ εἴρηται πρότερον.

[4] ὅταν δὲ συλλάβῃ ἡ ὑστέρα τὸ σπέρμα, εὐθὺς συμμύει ταῖς πολλαῖς, μέχρι γένωνται ἑπτὰ μῆνες· τῷ δ' ὀγδόῳ χάσκουσιν· καὶ τὸ ἔμβρυον, ἐὰν ᾖ γόνιμον, προκαταβαίνει τῷ ὀγδόῳ μηνί. τὰ δὲ μὴ γόνιμα ἀλλ' ἀποπεπνιγμένα ὀκτάμηνα ἐν τοῖς τόκοις οὐκ ἐκφέρουσιν ὀκτάμηναι αἱ γυναῖκες, οὔτε προκαταβαίνει κάτω τὰ ἔμβρυα τῷ ὀγδόῳ

14 τετταρακοστιαῖον α (exc. C^a): τεσσαρακοσταῖον C^a μὲν[(2)]] δ' Ald. 16 δὲ[(2)] om. F^a X^c διακνισθέντος β L^c Ald. Bk. Dt.: διακνηθέντος an διακνηθέντος incert. C^a: διασχισθέντος α (exc. C^a) m*corr*.: διαχυθέντος γ: *si findatur* Scot.: *disgregato* Guil.: *si quis dividat* Trap.: *rupta* Gaza: διακινηθέντος (διακνηθέντος cj. Lambros) Ar.Byz. 1.79 17 τὸ μεγ. τὸ ἐμβ. transp. L^c 18 μέρη β L^c*rc*. Ald.: μέλη α γ Guil. Gaza edd. 19 ζῴων om. T^c 20 τριῶν om. β (add. O^c*rc*. V^c*rc*.) 21 ὅ τι] ὅτε β E^a n 23 ἕως α (exc. F^a X^c) γ (exc. L^c*pr*. m): τέως F^a X^c, m, Camot. Sylb. Sn. Bk.: ἐνῷ β (ἐν ᾧ V^c*rc*.): πᾶσαν μ. ο. (om. ἕως) L^c*pr*. Ald. Cs.: *tandem* Guil.: *nam usque ad* Trap.: *cum* Gaza: ἔσω cj. A.-W. Dt. 24 ἀπολαμβάνῃ C^a 26 ὅταν ... ἀρρένων om. C^a Guil. 28 χρ. πλ. transp. β γ Ald. 30 πολλαῖς] πύλαις L^c*pr*.: *constringitur orificium eius* Scot. post μέχρι add. ἂν cj. Sn. ἑπτάμηνες α (exc. C^a) 32 ἀποπνιγόμενα β L^c*rc*.: ἀποπνιγμένα F^a X^c, P K^c: ἀπεπνιγμένα Ald. 33 ὀκτάμηνα[(1)] ... 34 γυναῖκες om. L^c, del. m*rc*.: om. Trap. Gaza οὐκ β Ald. Bk: ἃ μὴ C^a: μὴ α (exc. C^a) γ: *que non* Guil. ὀκτάμηναι[(2)] β γ Ald. Bk.: ὀκτάμηνα α: secl. Dt.

HISTORIA ANIMALIUM IX(VII)

μηνί, οὔτε αἱ ὑστέραι ἐν τῷ χρόνῳ τούτῳ χάσκουσιν· ἀλλὰ σημεῖον ὅτι οὐ γόνιμον ἐὰν γένηται μὴ συμπεσόντων τῶν εἰρημένων.

μετὰ δὲ τὰς συλλήψεις αἱ γυναῖκες βαρύνονται τὸ σῶμα πᾶν, καὶ σκότοι πρὸ τῶν ὀμμάτων καὶ ἐν τῇ κεφαλῇ γίνονται πόνοι. ταῦτα δὲ ταῖς μὲν θᾶττον καὶ σχεδὸν δεκαταίαις γίνεται, ταῖς δὲ βραδύτερον, ὅπως ἂν τύχωσιν οὖσαι τῷ περιττωματικαὶ εἶναι μᾶλλον καὶ ἧττον. ἔτι δὲ ναυτίαι καὶ ἔμετοι λαμβάνουσι τὰς πλείστας, καὶ μάλιστα τὰς τοιαύτας, ὅταν αἵ τε καθάρσεις στῶσι καὶ μήπω εἰς τοὺς μαστοὺς τετραμμέναι ὦσιν. ἔνιαι μὲν οὖν ἀρχόμεναι μᾶλλον πονοῦσι τῶν γυναικῶν ἔνιαι δ' ὕστερον ἤδη τοῦ κυήματος ἔχοντος αὔξησιν μᾶλλον· πολλαῖς δὲ καὶ πολλάκις καὶ στραγγουρίαι γίνονται τὸ τελευταῖον. ὡς μὲν οὖν ἐπὶ τὸ πολὺ ῥᾷον ἀπαλλάττουσιν αἱ τὰ ἄρρενα κύουσαι καὶ μᾶλλον μετ' εὐχροίας διατελοῦσιν, ἐπὶ δὲ τῶν θηλειῶν τοὐναντίον· ἀχρούστεραι γὰρ ὡς ἐπὶ τὸ πολὺ καὶ βαρύτερον διάγουσι, καὶ πολλαῖς περὶ τὰ σκέλη οἰδήματα καὶ ἐπάρσεις γίνονται τῆς σαρκός· οὐ μὴν ἀλλ' ἐνίαις γίνεται καὶ τἀναντία τούτων.

εἰώθασι δὲ ταῖς κυούσαις ἐπιθυμίαι γίνεσθαι παντοδαπαὶ καὶ μεταβάλλειν ὀξέως, ὃ καλοῦσί τινες κισσᾶν· καὶ ἐπὶ τῶν θηλειῶν ὀξύτεραι μὲν αἱ ἐπιθυμίαι, παραγινομένων δὲ ἧττον δύνανται ἀπολαύειν. ὀλίγαις δέ τισι συμβαίνει βέλτιον ἔχειν τὸ σῶμα κυούσαις. μάλιστα δὲ ἀσῶνται ὅταν ἄρχωνται τὰ παιδία τρίχας ποιεῖν. αἱ δὲ τρίχες ταῖς μὲν

---

35 ὑστέραι codd. Ald.: ὕστεραι Bk.   **584a1** πεσόντων A^{a}pr. G^a Q   **3** σκότος C^a **5** δακετίαις A^{a}pr. G^a Q   βαρύτερον C^a A^{a}pr. G^{a}pr., E^a Ppr. K^c L^c mpr. n: tardius Guil. Trap.: serius Gaza   **6** περιττωματικαὶ Cs. edd.: περιττώματι καὶ codd. Guil. Ald.   **11** καὶ$^{(2)}$ om. β   **14** διατελ. post 13 μᾶλλον transp. C^a ἀχ lac. στεραι K^c **15** ante γὰρ add. τὸ α γ (del. L^{c}rc.): add. τε Bk. Dt. Louis   **17** ἀλλὰ καὶ ἐνίαις τε γίν. α γ   γίγνονται L^c m n Ald.   εἰώθασι δὲ om. K^c in lac., om. M^{c}pr. in lac.   **18** ante ἐπιθ. add. αἱ α γ Ald. Bk.   **19** ὀξέως om. K^c in lac., om. M^{c}pr. in lac.   **20** αἱ om. Q, O^c T^c περιγινομένων α (exc. C^a)   **21** βελτίω α P   **22** ἀσῶνται] κορέννυνται χορτάζονται gloss. in marg. M^{c}rc.   **23** ποιεῖν] φύειν β Dt.   τρίχαις Ppr. n

κυούσαις αἱ μὲν συγγενεῖς γίνονται ἐλάττους καὶ ἐκρέουσιν, ἐν οἷς δὲ μὴ εἰώθασιν ἔχειν τρίχας, ταῦτα δασύνεται μᾶλλον. καὶ κίνησιν δὲ παρέχεται ἐν τῷ σώματι μᾶλλον ὡς ἐπὶ τὸ πολὺ τὸ ἄρρεν τοῦ θήλεος, καὶ τίκτεται θᾶττον, τὰ δὲ θήλεα βραδύτερον. καὶ ὁ πόνος ἐπὶ μὲν τοῖς θήλεσι συνεχὴς καὶ νωθρότερος, ἐπὶ δὲ τοῖς ἄρρεσιν ὀξὺς μέν, πολλῷ δὲ χαλεπώτερος. αἱ δὲ πλησιάζουσαι πρὸ τῶν τόκων τοῖς ἀνδράσι θᾶττον τίκτουσιν. δοκοῦσι δ' ὠδίνειν αἱ γυναῖκες ἐνίοτε οὐ γινομένης ὠδῖνος, ἀλλὰ διὰ τὸ τὴν κεφαλὴν στρέφειν τὸ /33/ ἔμβρυον φαίνεται ὠδῖνος ἀρχὴ τοῦτο γίνεσθαι.

τὰ μὲν οὖν ἄλλα ζῷα μοναχῶς ποιεῖται τὴν τοῦ τόκου τελείωσιν· εἷς γὰρ ὥρισται τοῦ τόκου χρόνος πᾶσιν· ἀνθρώπῳ δὲ πολλοὶ μόνῳ τῶν ζῴων· καὶ γὰρ ἑπτάμηνα καὶ ὀκτάμηνα καὶ ἐννεάμηνα γίνεται, καὶ δεκάμηνα τὸ πλεῖστον· ἔνιαι δ' ἐπιλαμβάνουσι καὶ τοῦ ἑνδεκάτου μηνός. ὅσα μὲν οὖν γίνεται πρότερον τῶν ἑπτὰ μηνῶν, οὐδὲν οὐδαμῇ δύναται ζῆν· τὰ δ' ἑπτάμηνα γόνιμα γίνεται πρῶτον, ἀσθενῆ δὲ τὰ πολλά (διὸ καὶ σπαργανοῦσιν ἐρίοις αὐτά), πολλὰ δὲ καὶ τῶν πόρων ἐνίους ἔχοντα ἀσχίστους, οἷον ὤτων καὶ μυκτήρων· ἀλλ' ἐπαυξανομένοις διαρθροῦται, καὶ βιοῦσι πολλὰ καὶ τῶν τοιούτων. τὰ δ' ὀκτάμηνα περὶ μὲν Αἴγυπτον καὶ ἐν ἐνίοις τόποις, ὅπου εὐέκφοροι αἱ γυναῖκες καὶ φέρουσί τε πολλὰ ῥᾳδίως καὶ τίκτουσι, καὶ γενόμενα δύναται ζῆν κἂν τερατώδη γένηται, ἐνταῦθα μὲν ζῇ τὰ ὀκτάμηνα καὶ ἐκτρέφεται, ἐν δὲ τοῖς περὶ τὴν Ἑλλάδα τόποις ὀλίγα πάμπαν σώζεται, τὰ δὲ πολλὰ ἀπόλλυται· καὶ διὰ τὴν ὑπόληψιν κἂν σωθῇ τι νομίζου-

---

24 ῥέουσιν α γ Bk. Dt.   25 μὴ om. Cᵃ Guil.   31 ἀνδράσι] ἄρρεσι Cᵃ   32 τρέφειν Kᶜ   35 ἀνθρώπῳ om. Kᶜ in lac.   37 γίν. κ. δ. om. n   γίνονται Lᶜ m Ald.   πλεῖον γ   584b1 μὲν οὖν] δὲ Fᵃ Xᶜ   πρότ. γίν. transp. β   πρότερα Kᶜrc. Lᶜ m n Ald. Bk.   2 οὐδὲν] οὐδὲ Aᵃ Gᵃpr. Fᵃ Xᶜ: nichil Guil.   δύνανται Fᵃ Xᶜ   4 ἐρίοις] ἐνίοις α (exc. Cᵃrc.)   πόρων Gᵃ Q   5 ἀλλ' om. m   post ἐπαυξ. add. δὲ mrc.   7 ἐν om. Eᵃ   lac. ἔκφοροι Kᶜ   9 γενάμενα Cᵃ: γεννώμενα β γ Ald.   δύνανται Eᵃ   10 post μὲν add. οὖν Lᶜ Ald. Dt.   12 διὰ τὴν ὑπόληψιν] propter malitiam regiminis (v.l. regum) Scot. Alb.

HISTORIA ANIMALIUM IX(VII)

σιν οὐκ ὀκτάμηνον εἶναι τὸ γεγενημένον, ἀλλὰ λαθεῖν ἑαυτὰς αἱ γυναῖκες ξυμβάλλουσαι πρότερον. πονοῦσι δ' αἱ γυναῖκες μάλιστα τὸν μῆνα τὸν τέταρτον καὶ τὸν ὄγδοον, καὶ ἐὰν διαφθείρωσι τετάρτῳ ἢ ὀγδόῳ μηνί διαφθείρονται καὶ αὗται ὡς ἐπὶ τὸ πολύ, ὥστ' οὐ μόνον τὰ ὀκτάμηνα οὐ ζῇ ἀλλὰ καὶ διαφθειρομένων αἱ τίκτουσαι κινδυνεύουσιν. τὸν αὐτὸν δὲ τρόπον δοκεῖ λανθάνειν καὶ ὅσα φαίνεται τίκτεσθαι πολυχρονιώτερα τῶν ἕνδεκα μηνῶν· καὶ γὰρ τούτων ἡ τῆς συλλήψεως ἀρχὴ λανθάνει τὰς γυναῖκας· πολλάκις γὰρ πνευματικῶν γενομένων ἔμπροσθεν τῶν ὑστερῶν, μετὰ ταῦτα πλησιάσασαι καὶ συλλαβοῦσαι ἐκείνην οἴονται τὴν ἀρχὴν εἶναι τῆς συλλήψεως, δι' ἣν ἐχρήσαντο τοῖς σημείοις ὁμοίοις.

τὸ δὲ δὴ πλῆθος τῶν τόκων τῆς τελειώσεως παρὰ τἆλλα ζῷα τοῖς ἀνθρώποις ταύτην ἔχει τὴν διαφοράν· καὶ τῶν μὲν μονοτόκων ὄντων τῶν δὲ πολυτόκων, ἐπαμφοτερίζει τὸ γένος τὸ τῶν ἀνθρώπων. τὸ μὲν γὰρ πλεῖστον καὶ παρὰ τοῖς πλείστοις ἓν τίκτουσιν αἱ γυναῖκες, πολλάκις δὲ καὶ πολλαχοῦ δίδυμα, οἷον καὶ περὶ Αἴγυπτον. τίκτουσι δὲ καὶ τρία καὶ τέτταρα, περὶ ἐνίους μὲν καὶ σφόδρα τόπους, ὥσπερ εἴρηται πρότερον. πλεῖστα δὲ τίκτεται πέντε τὸν ἀριθμόν·

13 γεγεννημένον F[a] X[c], D[a]*corr.* S[c], E[a] L[c] m n **14** ξυμβάλλουσαι ... γυναῖκες β L[c]*rc.* Ald.: om. α γ (exc. L[c]*rc.*): post αἱ[(1)] add. δὲ, post γυναῖκες[(1)] add. πονοῦσι G[a]*rc.* Q: post γυναῖκες[(1)] add. πονοῦσιν αἱ γυναῖκες m*rc.*: *non custodiebant ipsum tempus impregnationis. et mulieres plures dolebunt* Scot. (sim. Alb.): *latere ipsas mulieres concipientes prius. dolent autem mulieres maxime* Guil.: *errasse in conceptione matres arbitrantur. mulieres autem maxime laborant* Trap.: *mulierem sui conceptus initium latuisse. infestantur maxime mulieres* Gaza: συλλαβοῦσαι cj. Bas. edd. **15** μάλιστα om. γ (exc. L[c]*rc.*)   καὶ[(1)]] ἢ L[c] m   καὶ[(2)] om. n   **16** αὗται codd. Ald.: *ipse* Guil. Gaza: αὐταὶ edd.   **17** οὐ[(2)] om. C[a]   **18** φθειρομένων m   **19** δὲ om. β (exc. V[c]*rc.*) Ald.   **20** δεκαμήνων β (exc. V[c]*rc.*): *decimum* Scot. Alb.: *undecim mensium* Guil.: *xi* Trap.: *undecimo mense* Gaza   **22** γινομένων β E[a] P K[c] M[c]   **24** εἶναι om. L[c] n   ἐχρήσατο V[c], K[c]   **25** ὁμοίοις om. β (exc. V[c]*rc.*) E[a] Ald.   **26** δὴ om. T[c]   παρὰ] περὶ A[a] G[a]*pr.* F[a] X[c]: *preter* Guil.   **29** τὸ[(2)] om. α (exc. C[a])   πλεῖστον] πλῆθος G[a] Q Ott.   **30** καὶ om. F[a] X[c]   **31** καὶ[(1)] om. L[c] n Ald.   **32** ante τρία add. περὶ L[c] m   **33** post εἴρ. add. καὶ β

ἤδη γὰρ ὦπται τοῦτο καὶ ἐπὶ πλειόνων συμβεβηκός. μία δέ
τις ἐν τέτταρσι τόκοις ἔτεκεν εἴκοσιν· ἀνὰ πέντε γὰρ ἔτεκε,
καὶ τὰ πολλὰ αὐτῶν ἐξετράφη. ἐν μὲν οὖν τοῖς ἄλλοις
ζῴοις, κἂν ᾖ τὰ δίδυμα ἄρρεν καὶ θῆλυ, οὐθὲν ἧττον ἐκτρέ-
φεται γενόμενα καὶ σώζεται τῶν ἀρρένων ἢ θηλειῶν· ἐν δὲ
τοῖς ἀνθρώποις ὀλίγα σώζεται τῶν διδύμων ἐὰν ᾖ τὸ μὲν
θῆλυ τὸ δ' ἄρρεν.

δέχεται δ' ὀχείαν κύοντα μάλιστα τῶν
ζῴων γυνὴ καὶ ἵππος· τὰ δ' ἄλλα ὅταν πληρωθῇ φεύγει
τοὺς ἄρρενας, ὅσα μὴ πέφυκεν ἐπικυΐσκεσθαι καθάπερ δα-
σύπους. ἀλλ' ἵππος μὲν ἂν συλλάβῃ τὸ πρῶτον, οὐκ ἐπικυΐ-
σκεται πάλιν, ἀλλ' ἓν τίκτει μόνον ὡς ἐπὶ τὸ πολύ· ἐπ'
ἀνθρώπῳ δ' ὀλίγα μέν, γέγονε δέ ποτε. τὰ μὲν οὖν ὕστερον
πολλῷ χρόνῳ συλληφθέντα οὐδὲν λαμβάνει τέλος, ἀλλὰ
πόνον παρασχόντα συνδιαφθείρει τὸ προϋπάρχον (ἤδη γὰρ
συνέβη γενομένης διαφθορᾶς καὶ δώδεκα ἐκπεσεῖν τὰ ἐπι-
κυηθέντα)· ἐὰν δ' ἐγγὺς ἡ σύλληψις ἐγένετο, ἐπικυη-
θὲν ἐξήνεγκαν καὶ τίκτουσιν ὥσπερ δίδυμα γόνῳ, καθάπερ
καὶ τὸν Ἰφικλέα καὶ τὸν Ἡρακλέα μυθολογοῦσιν. γέγονε
γὰρ καὶ τοῦτο φανερόν· μοιχευομένη γάρ τις τὸ μὲν τῶν
τέκνων τῷ ἀνδρὶ ἐοικὸς ἔτεκε, τὸ δὲ τῷ μοιχῷ. ἤδη δὲ καὶ
δίδυμα κύουσά τις ἐπεκύησε τρίτον, γενομένου δὲ τοῦ χρόνου

34 τοῦτο post πλειόνων transp. β   **35** ἔτεκεν] τέτοκεν α (exc. C[a]): τετο-
κυῖαν Antig. 119   **36** οὖν om. F[a] X[c]   **585a1** γινόμενα β P L[c] m n: γεν-
νώμενα E[a]   σώζεται ⟨ἢ ἀμφοτέρων ὄν⟩των cj. Sn. Dt.: *quam si masculis
ambobus* Guil.: *ambo* Trap. Gaza   **2** τοῖς ἀνθρώποις om. in lac. K[c]: ἀνθρώ-
ποις om. in lac. M[c]*pr.*, add. M[c]*rc.*   post σωζ. add. τὰ E[a]   **3** ἄρρεν τὸ δὲ
θῆλυ transp. L[c] m n Ald.   κυοῦντα L[c]: κιοῦντα F[a] X[c]   τῶν ζῴων] μὲν
L[c]: om. m n   **4** ἡ γυνὴ α γ   **5** πέφυκεν] πε lac. K[c]   **6** τὸ om. L[c]*pr.* om.
9 post λαμβ. add. τὸ α (exc. C[a])   **11** γενομένης διαφ. καὶ δέκα συνέβη καὶ
δώδεκα L[c] Ald.: γεν. δ. καὶ δώδεκα συν. καὶ δώδεκα m*pr.* (καὶ δώδεκα[(2)] del.
mrc.) n: *duodecim* Scot. Guil. Gaza   ἐμπεσεῖν α (exc. C[a]), E[a] P*pr.* K[c] m*pr.* n
12 ἐὰν codd. Ald. Bk.: εἰ A.-W. Dt.   γένηται m*corr.* Sn.: *facta fuit* Guil.
ante ἐπικ. add τὸ A[a]*rc.*, Src., L[c] m, Ald. edd.: *superconceptum* Guil. Trap.: *quod
superfoetarit* Gaza   **13** δίδυμοι A[a]*pr.* G[a] Q   **14** καθομολογοῦσι A[a]*pr.* G[a]
Q   **15** γὰρ[(1)]] δὲ C[a]   post μὲν add. ἓν β Ald.   **16** ἐοικὸς ante τῷ
transp. L[c] m n Ald.: om. A[a]*pr.* in lac.   **17** κύουσά] κύει K[c]

HISTORIA ANIMALIUM IX(VII) 585a

τοῦ καθήκοντος τὰ μὲν τελέογονα τῷ χρόνῳ ἔτεκε, τὸ δὲ πεντάμηνον· καὶ τοῦτ' ἀπέθανεν εὐθύς. καὶ ἑτέρᾳ δέ τινι συνέβη τεκούσῃ πρῶτον μὲν ἑπτάμηνον, ὕστερον δὲ δύο τελεό- 20 μηνα τεκεῖν· καὶ τούτων τὸ μὲν ἐτελεύτησε τὰ δ' ἐβίωσεν. καὶ ἐκτιτρώσκουσαι δέ τινες συνέλαβον ἅμα, καὶ τὸ μὲν ἐξέβαλον τὸ δ' ἔτεκον. 23
ταῖς δὲ πλείσταις, ἐὰν συγγένωνται 23 κυούσαις μετὰ τὸν ὄγδοον μῆνα, περίπλεων μυξώδους τὸ παιδίον ἐξέρχεται γλισχρότητος. καὶ τῶν ἐδεσμάτων δὲ 25 τῶν προσφερομένων περίπλεων φαίνεται πολλάκις. καὶ τῷ ἁλὶ δαψιλεστέρῳ χρησαμένων οὐκ ἔχοντα γίνεται τὰ παιδία ὄνυχας.

[5] τὸ δὲ γάλα τὸ γινόμενον πρότερον τῶν ἑπτὰ μηνῶν ἄχρηστόν ἐστιν· ἀλλ' ἅμα τά τε παιδία γόνιμα καὶ τὸ γά- 30 λα χρήσιμον. τὸ δὲ πρῶτον καὶ ἁλμυρόν, ὥσπερ τοῖς προβάτοις. μάλιστα δ' ἐν ταῖς κυήσεσι τοῦ οἴνου αἰσθάνονται αἱ πλεῖσται· διαλύονταί τε γὰρ ἐὰν πίωσι καὶ ἀδυνατοῦσιν.

ἀρχὴ δὲ ταῖς γυναιξὶ τοῦ τεκνοῦσθαι καὶ τοῖς ἄρρεσι τοῦ τεκνοῦν, καὶ παῦλα ἀμφοτέροις, τοῖς μὲν ἡ τοῦ σπέρματος πρόε- 35 σις ταῖς δ' ἡ τῶν καταμηνίων, πλὴν οὔτ' ἀρχομένων γόνιμα εὐθὺς οὔτ' ἔτι ὀλίγων γιγνομένων καὶ ἀσθενῶν. ἡλικία δὲ τῆς 585b1 μὲν ἀρχῆς εἴρηται· παύεται δὲ ταῖς γυναιξὶ ταῖς μὲν πλείσταις τὰ καταμήνια περὶ τετταράκοντα ἔτη, αἷς δ' ἂν ὑπερ-

18 τὰ... ἔτεκε β Ald. Bk.: τὰ μὲν γέ γον ᾧ ἔτεκε Cᵃ: τὰ μὲν γόνῳ ἔτεκε Aᵃpr. Gᵃ Q: τὰ μὲν τελέογονα ἔτεκε Aᵃrc. Fᵃ Xᶜ, Lᶜ m n: τὰ μὲν τελέογονα γόνῳ ἔτεκε Eᵃ P Kᶜ Mᶜ: hos quidem tempore peperit Guil. τὸ] τὰ Cᵃ Aᵃpr. Gᵃ Q 19 συνέβη (sic) Cᵃ 20 τεκούσῃ] gestanti Guil.: τεκνούσῃ cj. Sn. Pk. μὲν om. Fᵃ Xᶜ, Lᶜ m Dt. δὲ om. Fᵃ Xᶜ Dt. τελειόμηνα Cᵃ: τελεόμενα Aᵃpr. Gᵃ Q 21 τὰ] τὸ α Eᵃ 22 συνέλαβον β (exc. Sᶜ) 23 ἐξέβαλον P Kᶜ συγγίγνωνται α γ (exc. Eᵃ Lᶜrc.) 24 κυούσαις codd.: κύουσαι cj. Sn. Pk. Dt. περίπλεον P Kᶜ 25 ἐξέρχεσθαι β (exc. Sᶜ Rᶜ): egreditur Guil.: exit Gaza γλισχρότητος om. Lᶜpr. m 26 περίπλεον Kᶜ Ald. φαίνεται om. Aᵃpr. Gᵃ Q καὶ τῷ ἁλὶ] τῷ ἁλὶ δὲ Lᶜ Ald.: τῷ δ' ἁλὶ m: καὶ τῶν ἁλὶ cj. Pk. Dt. 27 χρησάμενον Kᶜ 30 τε τὰ Lᶜ 32 τοῖς κύνδεσι Aᵃpr. Gᵃ Q Ott. 33 τε om. Lᶜpr. m n πίνωσι β 34 τοῦ⁽¹⁾] τὸ Aᵃ Gᵃpr. Fᵃ Xᶜ τοῦ⁽²⁾] τὸ Cᵃ Aᵃ Gᵃpr. Fᵃ Xᶜ, Eᵃ Ppr. Kᶜ 36 γόνιμοι Fᵃ Xᶜ: cj. Dt. 585b3 ὑπερβάλλῃ β P Kᶜ Mᶜ

485

ARISTOTELIS

βάλῃ τὸν χρόνον τοῦτον διαμένει μέχρι τῶν πεντήκοντα ἐτῶν, καὶ ἤδη τινὲς ἔτεκον· πλείω δὲ χρόνον οὐδεμία.

[6] οἱ δ' ἄνδρες οἱ μὲν πλεῖστοι γεννῶσι μέχρι ἑξήκοντα ἐτῶν, ὅταν δ' ὑπερβάλῃ ταῦτα μέχρι ἑβδομήκοντα· καὶ ἤδη τινὲς γεγεννήκασιν ἑβδομήκοντα ἐτῶν ὄντες. συμβαίνει δὲ πολλοῖς καὶ πολλαῖς γυναιξὶ καὶ ἀνδράσι μετ' ἀλλήλων μὲν συνεζευγμένοις μὴ δύνασθαι τεκνοποιεῖσθαι, διαζευχθεῖσι δέ. τὸ δ' αὐτὸ συμβαίνει καὶ περὶ ἀρρενογονίας καὶ θηλυγονίας· ἐνίοτε γὰρ καὶ γυναῖκες καὶ ἄνδρες μετ' ἀλλήλων μὲν ὄντες θηλυγόνοι εἰσὶν ἢ ἀρρενογόνοι, διεζευγμένοι δὲ γίνονται τοὐναντίον. καὶ κατὰ τὴν ἡλικίαν δὲ μεταβάλλουσιν· νέοι μὲν ὄντες μετ' ἀλλήλων θήλεα γεννῶσι, πρεσβύτεροι δ' ἄρρενα· τοῖς δὲ καὶ ἐπὶ τούτων συμβαίνει τοὐναντίον. καὶ ἐπὶ τοῦ γεννᾶν δ' ὅλως τὸ αὐτό· νέοις μὲν οὖσιν οὐθὲν γίνεται, πρεσβυτέροις δέ· οἱ δὲ τὸ πρῶτον, ὕστερον δὲ γεννῶσιν οὐδέν. εἰσὶ δὲ καὶ τῶν γυναικῶν τινες αἳ μόλις μὲν συλλαμβάνουσιν, ἐὰν δὲ συλλάβωσιν ἐκφέρουσιν· αἱ δὲ τοὐναντίον συλλαμβάνουσι μὲν ῥᾳδίως, οὐ δύνανται δ' ἐκφέρειν. εἰσὶ δὲ καὶ ἄνδρες θηλυγόνοι καὶ γυναῖκες ἀρρενογόνοι, οἷον καὶ κατὰ τοῦ Ἡρακλέους μυθολογεῖται ὃς ἐν δύο καὶ ἑβδομήκοντα τέκνοις θυγατέρα μίαν ἐγέννησεν. αἱ δὲ μὴ δυνάμεναι συλλαμβάνειν,

4 τῶν om. β   5 post ἤδη add. δὲ Cᵃ γ Ald.   οὐδεμία s. οὐδὲ μία codd.: οὐδεμιᾷ cj. Dt.   δ'⁽²⁾ om. Cᵃ Aᵃ Gᵃ Q, P Kᶜ   6 μὲν om. β   ὑπερβάλλῃ Fᵃ Xᶜ β γ (exc. Lᶜ)   7 post ἤδη add. δὲ β γ (exc. Lᶜ)   8 πολλοῖς καὶ] πολλαῖς εἶναι Kᶜ   9 μὲν] δὲ Kᶜ   10 δ'⁽²⁾ om. n   11 ἀρρενογονίας ... 13 εἰσὶν ἢ om. Q   12 γὰρ] δὲ Cᵃ   post γυναῖκες add. εἰσὶ Lᶜ m n Ald.   post ἄνδρες add. οἱ Lᶜ m n Ald.   μένοντες α γ Guil. Ald.   13 διαζευγμένοι Gᵃ Q   14 post μὲν add. γὰρ Lᶜ Ald. Pk.   15 δ' om. Tᶜ   16 δὲ om. Tᶜ   18 δὲ⁽³⁾ om. Eᵃ P Kᶜ Mᶜ   οὐδὲν γεννῶσιν Cᵃ: οὐδὲ γεννῶσιν α (exc. Cᵃ)   19 τινες ante καὶ transp. Eᵃ   συλλαμβάνουσαι α (exc. Cᵃ)   21 εἰσὶ ... 22 ἀρρενογόνοι codd.: sunt autem et viri et mulieres femenigoni hee autem masculogoni Guil.: sunt autem tam virorum quam mulierum alii ad mares alii ad feminas procreandas nati Trap.: εἰσὶ δὲ καὶ ἄνδρες καὶ γυναῖκες θηλυγόνοι καὶ ἀρρενογόνοι cj. Sn. Dt. (exc. θηλ. ⟨μόνον ἢ⟩ ἀρρ. Dt.)   22 ἡρακλέος Aᵃ Gᵃ Q, n   23 θυγατέραν Kᶜ   24 μίαν] μὲν Aᵃpr. Gᵃpr. Qpr.   μίαν ante 23 θυγατέρα transp. P

HISTORIA ANIMALIUM IX(VII)

ἐὰν ἢ διὰ θεραπείαν συλλάβωσιν ἢ δι' ἄλλην τινὰ σύμπτωσιν, ὡς ἐπὶ τὸ πολὺ θηλυτοκοῦσι μᾶλλον ἢ ἀρρενοτοκοῦσιν. πολλοῖς δὲ συμβαίνει καὶ τῶν ἀνδρῶν δυναμένοις γεννᾶν ὕστερον μὴ δύνασθαι, καὶ πάλιν καθίστασθαι εἰς αὐτό. γίνονται δὲ καὶ ἐξ ἀναπήρων ἀνάπηροι, οἷον ἐκ χωλῶν χωλοὶ καὶ τυφλῶν τυφλοί, καὶ ὅλως τὰ παρὰ φύσιν ἐοικότες πολλάκις καὶ σημεῖα ἔχοντες συγγενῆ οἷον φύματα καὶ οὐλάς. ἤδη δ' ἀπέδωκε τῶν τοιούτων τι καὶ διὰ τριῶν, οἷον ἔχοντός τινος στίγμα ἐν τῷ βραχίονι ὁ μὲν υἱὸς οὐκ ἐγένετο ὁ δ' υἱιδοῦς ἔχων ἐν τῷ αὐτῷ τόπῳ συγκεχυμένον μέλαν. ὀλίγα μὲν οὖν γίνεται τὰ τοιαῦτα, τὰ δὲ πλεῖστα οὐ γίνεται ἀλλ' ὁλόκληρα ἐκ κολοβῶν καὶ οὐθὲν ἀποτέτακται τούτων. καὶ /1/ ἐοικότες δὲ τοῖς γεννήσασιν ἢ τοῖς ἄνωθεν γονεῦσιν, ὁτὲ δ' /2/ οὐδὲν οὐδενί. ἀποδίδωσι δὲ καὶ διὰ πλειόνων γενῶν, οἷον ἐν /3/ Σικελίᾳ ἡ τῷ Αἰθίοπι μοιχευθεῖσα· ἡ μὲν γὰρ θυγάτηρ ἐγένετο οὐκ Αἰθίοψ, τὸ δ' ἐκ ταύτης. καὶ ὡς μὲν ἐπὶ τὸ πολὺ τὰ θήλεα ἔοικε τῇ μητρὶ μᾶλλον, τὰ δ' ἄρρενα τῷ πατρί· γίνεται δὲ καὶ τοὐναντίον, τὰ μὲν θήλεα τῷ πατρὶ τὰ δ' ἄρρενα τῇ μητρί. καὶ κατὰ μέρη δὲ γίνονται ἐοικότα ἄλλα μέρη ἑκατέρων. τὰ δὲ δίδυμα ἤδη μὲν ἐγένετο καὶ οὐκ ἐοικότα ἀλλήλοις, τὰ μέντοι πλεῖστα καὶ ὡς ἐπὶ τὸ πολὺ ἐοικότα, ἐπεὶ καὶ μετὰ τὸν τόκον τις ἑβδομαία συγγενομέ-

---

25 ἢ[(1)]] ἢ G[a]pr., K[c] **26** τὸ om. K[c] πολὺ G[a] Q **27** post ἀνδρῶν add. μὴ C[a] **28** μὴ] μὲν C[a] τὸ αὐτό L[c] m n Ald.: ταὐτό S[c] **30** ἐοικότα K[c] **31** φῦμα α (exc. G[a] Q) γ **34** υἱιδοῦς C[a] A[a] G[a]pr.: ὑγιδοὺς Ppr.: ῥυγιδοὺς K[c] ἔχων] ἔσχεν K[c] τόπῳ om. E[a] συγκεχυμένων, om. μέλαν V[c] μέλαν] μέντοι cj. A.-W. Dt. (cf. GA 721b34) **35** πλεῖστα οὐ γίνεται ἀλλ' β L[c]rc. Ald. Dt.: πλ. γίν. ἀλλ' C[a] A[a]pr. G[a] Q, E[a] P K[c] M[c], Guil.: πλ. γίν. (om. οὐ et ἀλλ') A[a]rc. F[a] X[c], L[c]pr. m n, Bk. **36** τοῦτο α γ **586a2** ἐν σικελίᾳ ἡ β γ Gaza Ald. Bk.: ἔνια δι C[a]: ἐν lac. (rasura) A[a]pr.: ἐν σικελίᾳ A[a]rc. G[a] Q F[a] X[c]: in elide Guil.: om. Scot. Alb.: ἐν ἤλιδι cj. A.-W. Dt. **5** ἔοικε ante τὰ θή. transp. α (exc. C[a]) **6** καὶ om. C[a] μὲν] δὲ C[a] A[a]pr. G[a]pr. **7** κατὰ μέρος δὲ γίν. τὰ ἐοικ. A[a]pr. G[a] Q **8** ἀλλὰ C[a] A[a]pr. G[a] Q, T[c], E[a]: ἄττα cj. Louis μέρη secl. Sn. Louis ἑκατέρου m Guil. Sn. Pk. Louis **9** post οὐκ add. ἐστιν L[c] m n μέντοι β Prc. Dt.: μὲν C[a] A[a]pr. G[a] Q, E[a] Ppr. K[c] M[c]: δὲ A[a]rc. F[a] X[c], L[c] m n, Ald. Bk. καὶ om. Guil. Gaza **10** καὶ om. Ald.

νη καὶ συλλαβοῦσα ἔτεκε τὸ ὕστερον τῷ προτέρῳ ἐοικὸς ὥσπερ δίδυμον. εἰσὶ δὲ καὶ γυναῖκες ἐοικότα ἑαυταῖς γεννῶσαι, αἱ δὲ τῷ ἀνδρί, ὥσπερ ἡ ἐν Φαρσάλῳ ἵππος ἡ Δικαία καλουμένη.

[7] ἐν δὲ τῇ τοῦ σπέρματος ἐξόδῳ πρῶτον μὲν ἡγεῖται πνεῦμα· δηλοῖ δὲ καὶ ἡ ἔξοδος ὅτι γίνεται ὑπὸ πνεύματος, οὐθὲν γὰρ ῥιπτεῖται πόρρω ἄνευ βίας πνευματικῆς· ὅταν δὲ λάβηται τὸ σπέρμα τῆς ὑστέρας καὶ ἐγχρονισθῇ, ὑμὴν περιίσταται. φαίνεται γάρ, ὅταν πρὶν διαρθρωθῆναι ἐξέλθῃ, οἷον ᾠὸν ἐν ὑμένι περιεχόμενον ἀφαιρεθέντος τοῦ ὀστράκου· ὁ δ' ὑμὴν φλεβῶν μεστός. πάντα δὲ τὰ πλωτὰ καὶ πτηνὰ καὶ πεζά, εἴτε ζῳοτοκεῖται ἢ ᾠοτοκεῖται, ὁμοίως γίνεται, πλὴν τὸν ὀμφαλὸν τὰ μὲν πρὸς τὴν ὑστέραν ἔχει τὰ ζῳοτοκούμενα, τὰ δὲ πρὸς τῷ ᾠῷ, τὰ δ' ἀμφοτέρως οἷον ἐπὶ γένους τινὸς ἰχθύων. καὶ τὰ μὲν περιέχουσιν ὑμένες, τὰ δὲ χορίῳ περιέχονται· καὶ πρῶτον μὲν τοῦ ἐσχάτου χορίου ἐντὸς γίνεται τὸ /27/ ζῷον, εἶθ' ὑμὴν περὶ τοῦτον ἄλλος, τὸ μὲν πλεῖστον προσπεφυκὼς /28/ τῇ μήτρᾳ, τῇ δ' ἀφεστὼς καὶ ὕδωρ ἔχων. μεταξὺ /29/ δ' ὑγρότης ὑδατώδης καὶ ἰχωρώ-

---

11 συλλαμβάνουσα β Eᵃ P Kᶜ Mᶜ   πρώτω α (exc. Cᵃ)   12 γυναῖκες] φοράδες Lᶜpr.   post γυν. add. αἱ α: que ... generant semper Guil.: αἶ ... γεννῶσιν ἀεί cj. Dt.   ἐοικότες Aᵃpr. Gᵃpr.   13 ἀνδρί] ἵππω Lᶜrc.   post ὥσπερ add. εἴρηται Cᵃ   15 ἡγοῦνται Aᵃpr. Gᵃpr.   16 καὶ om. γ Ald.   17 γὰρ om. Ald.   πόρρω ... 18 λάβηται om. Xᶜ   18 λάβῃ Cᵃ Aᵃpr. Gᵃ Q   σπέρμα] πνεῦμα Lᶜ Ald.: om. Gaza (ita ut spiritus intelligatur)   21 τὰ] καὶ α γ Ald.   22 πεζὰ καὶ πτηνά transp. Gᵃ Q, Lᶜ m n, Gaza Ald. ζῳοτοκεῖ Cᵃ: ζῳοποιεῖται Kᶜ   ἢ ᾠοτοκεῖται om. Ppr. (add. in marg. rc.)   23 τῶν ὀφθαλμῶν Aᵃpr. Gᵃ Q   τὰ⁽²⁾ om. Cᵃ   25 post περιέχ. add. οἶον α γ Gaza Ald. edd.   26 χορίω Aᵃrc. Fᵃ Xᶜ β γ (exc. Ppr. n) Ald.: χόρια Cᵃ edd.: χωρίω Aᵃpr. Gᵃ Q, Ppr. n: locelli Guil.: loculi atque secundinae Trap.: secundis Gaza   περιέχονται om. Cᵃ Aᵃpr. Gᵃ Q Guil. Trap. edd.   ἐσχάτου om. Eᵃ: τοῦ ἐσχάτου lac. τοῦ χορίου Kᶜ   χορίου Aᵃrc. Fᵃ Xᶜ, Pcorr. Lᶜ mcorr. n, Ald.: χωρίου cett. (exc. Cᵃ): om. Cᵃ Guil. edd.: loculo Trap.: involucrum Gaza   27 τοῦτον codd. edd.: hoc Guil.: τοῦτο cj. Sylb.   προσπεφυκὸς Aᵃ Gᵃ Q, P: προσπέφυκε β Lᶜrc. nrc. Guil.   28 ἀφεστὸς Gᵃ Q   29 δ'] δὲ ἡ P Kᶜ Mᶜ Lᶜ Ald.: om. Eᵃ n   ὑγρότης om. n   ὑδατώδης καὶ ἰχ. ἢ αἱμ. β Lᶜrc. Ald.: ὑδατ. καὶ αἰμ. α Eᵃ Guil. Trap.: ὕδατ. καὶ ἰχ. ἢ αἱμ. καὶ ὠμματώδης P Kᶜ Mᶜ: ὕδατ. καὶ ἰχ. Lᶜpr.: αἱμ. καὶ ὕδατ. m Gaza: ἰχ. καὶ αἱμ. καὶ ὕδατ. n: aquosa Scot. Alb.

δης ἢ αἱματώδης, ὁ καλούμενος ὑπὸ τῶν /30/ γυναικῶν πρόφορος.

[8] αὐξάνεται δὲ τὰ ζῷα πάντα ὅσα ἔχει ὀμφαλὸν διὰ τοῦ ὀμφαλοῦ. ὁ δ' ὀμφαλός, ὅσα μὲν κοτυληδόνας ἔχει, πρὸς τῇ κοτυληδόνι προσπέφυκεν, ὅσα δὲ λείαν ἔχει τὴν ὑστέραν, πρὸς τῇ ὑστέρᾳ ἐπὶ φλεβός. σχῆμα δ' ἔχει ἐν τῇ ὑστέρᾳ τὰ μὲν τετράποδα πάντα ἐκτεταμένα, καὶ τὰ ἄποδα πλάγια οἷον ἰχθύς, τὰ δὲ δίποδα συγκεκαμμένα οἷον ὄρνις· καὶ ἄνθρωπος συγκεκαμμένος, καὶ ῥῖνα μὲν μεταξὺ τῶν γονάτων ἔχουσιν, ὀφθαλμοὺς δ' ἐπὶ τοῖς γόνασιν, ὦτα δ' ἐκτός. ἔχει /4/ δ' ὁμοίως πάντα τὰ ζῷα τὴν κεφαλὴν ἄνω τὸ πρῶτον· αὐξανόμενα /5/ δὲ καὶ πρὸς τὴν ἔξοδον ὁρμῶντα κάτω περιάγεται,/6/ καὶ ἡ γένεσίς ἐστιν ἡ κατὰ φύσιν πᾶσιν ἐπὶ κεφαλήν· συγκεκαμμένα /7/ δὲ καὶ ἐπὶ πόδας γίνεται παρὰ φύσιν. τὰ δὲ τῶν τετραπόδων ἔχει καὶ περιττώματα, ὅταν ἤδη τέλεια ᾖ, καὶ ὑγρὸν καὶ σφυράδας, τὰς μὲν ἐν τῷ ἐσχάτῳ τοῦ ἐντέρου, ἐν δὲ τῇ κύστει οὖρον. τοῖς δ' ἔχουσι κοτυληδόνας ἐν τῇ μήτρᾳ τῶν ζῴων ἀεὶ ἐλάττους γίνονται αἱ κοτυληδόνες αὐξανομένου τοῦ ἐμβρύου, καὶ τέλος ἀφανίζονται. ὁ δ' ὀμφαλός ἐστι κέλυφος περὶ φλέβας, ὧν ἡ ἀρχὴ ἐκ τῆς ὑστέρας ἐστί, τοῖς μὲν ἔχουσι τὰς κοτυληδόνας ἐκ τῶν κοτυληδόνων, τοῖς δὲ μὴ ἔχουσιν ἀπὸ φλεβός. εἰσὶ δὲ τοῖς μὲν μείζοσιν, οἷον τοῖς τῶν βοῶν ἐμβρύοις, τέτταρες αἱ φλέβες, τοῖς δ' ἐλάττοσι δύο, τοῖς δὲ πάμπαν μικροῖς οἷον ὄρνισι μία φλέψ. τείνουσι δ' εἰς τὰ ἔμβρυα αἱ μὲν δύο διὰ τοῦ ἥπα-

---

30 πρόσφορος n: *stakaroz* Scot.: *stalsaron* Alb.: *profforus* Guil.   **31** αὔξεται α γ Dt.   **33** τῇ om. γ Dt.   λίαν β (exc. S[c] O[c]*corr.*): *planam* Guil.: *laeuis* Gaza   **35** πάντα om. Q   **586b1** πλάγιον A[a]*pr.* G[a] Q   **2** συγκεκραμμένος C[a]: συγκεκαμμένως P K[c]   καὶ[(2)] om. α γ (exc. L[c]*rc.*) Guil. edd.   **3** ἔχουσιν β L[c]*rc.* Guil. Ald.: om. α γ Cs. Bk.: ἔχει cj. Sn. Dt.   **6** γέννησις A[a] G[a] Q   πᾶσα A[a] G[a]*pr.* F[a] X[c]   συγκεκαμμένη α (exc. C[a]): συγκεκραμμένα P   **7** δὲ[(2)] τῶν om. T[c]   **8** τέλειον α γ (exc. L[c])   **9** σφυράδας om. β   τὰ α β L[c]*rc.*   τῶν ἐσχάτων (om. ἐν) α γ (exc. L[c]*rc.*)   **14** post μὲν add. οὖν C[a] β γ Ald.   τὰς om. F[a] X[c] β E[a]

τος, ἧ αἱ καλούμεναι πύλαι εἰσί, πρὸς τὴν φλέβα τὴν μεγάλην, αἱ δὲ δύο πρὸς τὴν ἀορτήν, ᾗ σχίζεται καὶ γίνεται ἡ ἀορτὴ δύο ἐκ μιᾶς. εἰσὶ δὲ περὶ τὴν συζυγίαν ἑκατέραν τῶν φλεβῶν ὑμένες, περὶ δὲ τοὺς ὑμένας ὁ ὀμφαλὸς οἷον ἔλυτρον. αὐξανομένων δ' ἀεὶ μᾶλλον συμπίπτουσιν αὗται αἱ φλέβες. τὸ δ' ἔμβρυον ἁδρυνόμενον εἴς τε τὰ κοῖλα ἔρχεται, καὶ ἐνταῦθα δῆλόν ἐστι κινούμενον, καὶ ἐνίοτε κυλινδεῖται περὶ τὸ αἰδοῖον.

[9] ὅταν δ' ὠδίνωσιν αἱ γυναῖκες, εἰς πολλὰ μὲν καὶ ἄλλα ἀποστηρίζονται αὐταῖς οἱ πόνοι, ταῖς δὲ πλείσταις εἰς ὁπότερον ἂν τύχῃ τῶν μηρῶν. ὅσαις δ' ἂν περὶ τὴν κοιλίαν σφοδρότατοι γένωνται πόνοι, αὗται τάχιστα τίκτουσιν· καὶ ὅσαι μὲν τὴν ὀσφὺν προαλγοῦσι μόλις τίκτουσιν, ὅσαι δὲ τὸ ἦτρον ταχύ. ἂν μὲν οὖν ἀρρενοτοκῇ προέρχονται οἱ ἰχῶρες ὑδαρεῖς ὕπωχροι, ἐὰν δὲ θηλυτοκῇ αἱματώδεις, ὑγροὶ δὲ καὶ οὗτοι· ἐνίαις μέντοι συμβαίνει περὶ τὰς ὠδῖνας καὶ οὐδέτερα τούτων. τοῖς μὲν οὖν ἄλλοις ζῴοις οὐκ ἐπίπονοι γίνονται οἱ τόκοι, ἀλλὰ μετριωτέρως ἐπίδηλά ἐστιν ἐνοχλούμενα ὑπὸ τῆς ὠδῖνος· ταῖς δὲ γυναιξὶ συμβαίνουσιν οἱ πόνοι ἰσχυρότεροι, καὶ μάλιστα ταῖς ἑδραίαις καὶ ὅσαι μὴ εὔπλευροι μηδὲ δύνανται τὸ πνεῦμα κατέχειν. δυστοκοῦσι δὲ μᾶλλον καὶ ἐὰν μεταξὺ ἀποπνεύσωσιν ἀποβιαζόμεναι τῷ πνεύματι. πρῶτον μὲν οὖν ὕδρωψ ἐξέρχεται γινομένου τοῦ ἐμβρύου καὶ

19 ἧ A^a   post πύλαι add. αἷ α γ   **20** ᾗ] ἢ A^a G^a*pr.* Q: om. β L^c*rc.* σχίζονται β L^c*rc.* Guil.   **21** post ἀορτὴ add. καὶ T^c   post δὲ add. καὶ A^a*rc.* F^a X^c   ἑκατέρων C^a F^a X^c: ἑκά̇τε A^a G^a Q: *utrarumque* Guil. Trap. **22** δὲ om. C^a   ὁ om. L^c m n Ald.   **23** αὗται] αὐτῶν α (om. C^a) γ (exc. L^c*rc.*) Ald.   **27** καὶ om. T^c   **28** αὐτοῖς A^a G^a Q F^a*pr.*, S^c, Bk.   **29** μερῶν A^a*pr.* G^a Q F^a*pr.*: ἡμερῶν X^c: μικρῶν n   **30** γίνονται β (exc. S^c) Ald.: γίνωνται S^c, L^c, Pk.   πόνοι om. L^c*pr.* m n   καὶ om. L^c*pr.* n   **31** ὅσαι^(1) ... τίκτουσιν om. m   ὅσαι^(1)] ὅσαις C^a, P K^c M^c   post μὲν add. οὖν L^c   περιαλγοῦσι C^a Guil.   ὅσαι^(2)] ὅσαις α γ (exc. L^c*rc.*)   **32** ἦτρον P K^c m n   οὖν om. L^c m*pr.* n   προσέρχονται α: προέρχονται P K^c   οἱ] οἷον L^c n Ald.   ἀρρενοτοκῇ ἄνω προέρχονται ἄνω πρόφορον εἶπε καλεῖν τὰς γυναῖκας οἱ ἰχ. K^c: ad ἰχῶρες+ adnot. in marg. +ὃν ἄνω πρόφορον εἶπε πρὸς τῶν γυναικῶν καλεῖσθαι m (manu pr.)   **33** ὑδαροὶ S^c ὑγροὶ] ὑδροῖ m   **587a1** ἐνοχ. ἐσ. ἐπ. transp. F^a X^c   **2** πόροι A^a*pr.* G^a Q   **6** ὁ ὑδρ. α (exc. C^a) γ   γινομένου codd.: *facto* Guil.: *perfecto* Trap.: *per foetus motionem* Gaza: κινουμένου cj. Scal. Pk. Dt. Th.   καὶ om. n

HISTORIA ANIMALIUM IX(VII)

ῥηγνυμένων τῶν ὑμένων, ἔπειτα τὸ ἔμβρυον, στρεφομένων μὲν τῶν ὑστερῶν καὶ τοῦ ὑστέρου τὰ ἔσω ἐκτὸς ἴσχοντος. [10] καὶ τῆς μαίας ἡ ὀμφαλοτομία μέρος ἐστὶν οὐκ ἀστόχου διανοίας· /10/ οὐ γὰρ μόνον περὶ τὰς δυστοκίας τῶν γυναικῶν τῇ /11/ εὐχερείᾳ δύνασθαι δεῖ βοηθεῖν, ἀλλὰ καὶ πρὸς τὰ συμβαίνοντα ἀγχίνουν εἶναι καὶ περὶ τὴν τοῦ ὀμφαλοῦ ἀπόδεσιν τοῖς παιδίοις. ἐὰν μὲν γὰρ καὶ τὸ ὕστερον συνεκπέσῃ, ἐρίῳ ἀποδεῖται ἀπὸ τοῦ ὑστέρου ὁ ὀμφαλὸς καὶ ἀποτέμνεται ἄνωθεν· εἰ δ' ἀποδεθῇ συμφύεται, τὸ δὲ συνεχὲς ἀποπίπτει. ἐὰν δὲ λυθῇ τὸ ἅμμα, ἀποθνήσκει τοῦ αἵματος ἐκρυέντος τὸ ἔμβρυον. ἐὰν δὲ μὴ συνεξέλθῃ εὐθὺς τὸ ὕστερον, ἔσω ὄντος αὐτοῦ, τοῦ παιδίου δ' ἔξω, ἀποτέμνεται ἀποδεθέντος τοῦ /19/ ὀμφαλοῦ. πολλάκις δ' ἔδοξε τεθνεὼς τίκτεσθαι τὸ παιδίον ὅταν ἀσθενικοῦ ὄντος, πρὶν ἀποδεθῆναι τὸν ὀμφαλόν, τὸ αἷμα /21/ ἔξω εἰς τὸν ὀμφαλὸν καὶ τὸ πέριξ τύχῃ ἐξερρυηκός· ἀλλὰ /22/ τεχνικαί τινες ἤδη τῶν μαιῶν γενόμεναι ἀπέθλιψαν εἴσω ἐκ /23/ τοῦ ὀμφαλοῦ, καὶ εὐθὺς τὸ παιδίον, ὥσπερ ἔξαιμον γενόμενον /24/ πρότερον, πάλιν ἀνεβίωσεν.

γίνεται δέ, καθάπερ ἐλέχθη πρότερον, κατὰ φύσιν ἐπὶ κεφαλὴν καὶ τἆλλα ζῷα, τὰ δὲ παιδία καὶ τὰς χεῖρας παρατεταμένας παρὰ τὰς πλευράς. ἐξελθόντα δ' εὐθὺς φθέγγεται καὶ προσάγει πρὸς τὸ

---

8 μὲν om. n: "aut delendum aut in τε mutandum" Dt.   10 τὰ περὶ α (exc. F[a] X[c]) γ: τὰς περὶ F[a] X[c]   11 δεῖ om. E[a]   13 ἐὰν μὲν γὰρ E[a]corr. m corr. Gaza Scal. edd.: ἐὰν μὴ γὰρ α P K[c] L[c]pr. m pr. n Guil.: ἵνα γὰρ μὴ β (exc. O[c]rc.) Ald.: ἵνα μὴ γὰρ L[c]rc.: ἐὰν γὰρ μὴ O[c]rc., M[c]   ἐρίῳ] ἐρεῖον C[a] A[a]pr. G[a]pr.: ἔργω Q   14 ἀποδεῖσθαι Q   15 εἰ cett.: ἢ O[c]corr., m corr.: si Guil.: qua Gaza: ᾗ Sylb. edd.   post δ' add. ἂν cj. Sn. Bk. Dt.   ἀποδοθῇ A[a]pr. G[a]pr.   δὲ[(2)] om. V[c]   16 λυθῇ ... 17 συνεξέλθῃ om. C[a]: si vero filum dissolvatur antequam consolidetur Scot.: si vero filum dissolvatur ante consolidationem umbilici Alb.: si autem solvatur antequam coaguletur sanguis Guil.   ἅμμα] ἅμα K[c]pr.: filum Scot.: om. Guil.   17 ἔσω] ἕως E[a]: intus Guil. Trap. Gaza: ἔξω cj. A.-W. Dt.   18 δ'] om. G[a] Q Guil.: incert. C[a]: habet A[a]pr.: del. A.-W. Dt. ἔξω] extra Guil.: foris Trap. Gaza: οὐκ εὐθὺς cj. A.-W.: ἔσω cj. Dt.   19 τεθνεὼς cett. Sylb.: τεθνεὸς C[a] (ut vid.) F[a] X[c], m, Ald. edd.   τικτ. τεθ. transp. β   20 τὸν] τὸ β   τὸ αἷμα ... 21 ὀμφαλόν om. n   21 ἐρρυηκός F[a] X[c], L[c] m n   23 ὥσπερ om. P: ὅπερ F[a] X[c]   24 δὲ om. T[c]

491

στόμα τὰς χεῖρας. ἀφίησι δὲ καὶ περιττώματα τὰ μὲν εὐθὺς τὰ δὲ διὰ ταχέων, πάντα δ' ἐν ἡμέρᾳ· καὶ τοῦτο τὸ περίττωμα πλέον ἢ τοῦ παιδὸς κατὰ μέγεθος· ὃ καλοῦσιν αἱ γυναῖκες μηκώνιον. χρῶμα δὲ τούτου αἱματῶδες καὶ σφόδρα μέλαν καὶ πιττῶδες, μετὰ δὲ τοῦτο ἤδη γαλακτῶδες· σπᾷ γὰρ εὐθὺς καὶ τὸν μαστόν. πρὶν δ' ἐξελθεῖν οὐ φθέγγεται τὸ παιδίον, κἂν δυστοκούσης τὴν κεφαλὴν μὲν ὑπερέχῃ τὸ δ' ὅλον σῶμα ἔχῃ ἐντός.

ὅσαις δ' ἂν ἐν ταῖς ἀποκαθάρσεσι προεξορμήσωσιν οἱ καθαρμοί, δυσαπαλλακτότεραι γίνονται τῶν ἐμβρύων. ἐὰν δὲ αἱ καθάρσεις μετὰ τὸν τόκον ἐλάττους γένωνται, καὶ ὅσων μόνον αἱ πρῶται, καὶ μὴ διατελέσωσιν εἰς τὰς τετταράκοντα, ἰσχύουσί τε μᾶλλον αἱ γυναῖκες καὶ συλλαμβάνουσι θᾶττον.

τὰ δὲ παιδία ὅταν /6/ γένωνται μέχρι τῶν τετταράκοντα ἡμερῶν ἐγρηγορότα μὲν οὔτε γελᾷ οὔτε δακρύει, νύκτωρ δ' ἐνίοτε ἄμφω· οὐδὲ κνιζόμενα τὰ πολλὰ αἰσθάνεται, τὸ δὲ πλεῖστον καθεύδει τοῦ χρόνου. αὐξανόμενον δ' αἰεὶ εἰς τὸ ἐγρηγορέναι μεταβάλλει μᾶλλον· καὶ ἐνυπνιαζόμενον δῆλον μὲν γίνεται, μνημονεύει δ' ὀψὲ τὰς φαντασίας.

τοῖς μὲν οὖν ἄλλοις ζῴοις οὐδεμία διαφορὰ τῶν ὀστῶν, ἀλλὰ πάντα τετελεσμένα γίνεται· τοῖς δὲ

28 καὶ om. Ald. περίττωμα L^c Guil. Dt. 29 τὸ περίττωμα om. α Guil. Dt. 30 τοῦ παιδὸς om. α Guil. Dt. 31 post χρῶμα add. ἐκ β δὲ om. E^a τοῦτο A^apr. G^a Q καὶ σφόδρα ... 32 πιττῶδες om. G^apr.: add. καὶ λίαν μέλαν καὶ οἷον πίσσης G^arc.: καὶ λίαν μέλαν lac. in ras. Qpr. (add. καὶ πιττῶδες Qrcsm.): et valde nigrum et quasi piceum Guil.: atque admodum nigrum et piceum est Gaza καὶ om. K^c 32 πιττῶδες] ἠττῶδες C^a A^apr.: ἐπιττῶδες V^c 34 κἂν A^arc. Qrc. F^a X^c β γ Ald. Bk.: οὐκ ἂν C^a A^apr. G^a Qpr.: neque si Guil. Trap.: etiam si Gaza: οὐδ' ἂν cj. Sn. Dt. δυστοκοῦσι A^apr. G^a Qpr. ὑπερέχει A^a G^a Qpr., E^a npr. 35 ἔχει α (exc. Qrc.) E^a K^c 587b1 προσεξ. α (exc. C^a) 2 αἱ om. α γ Bk. 3 γίνονται α (exc. A^arc.): γένωνται O^c T^c ὅσον E^a n Sn.: quantum Guil. μόνων G^a Q β Ppr. (incert. L^c): om. T^c 4 τὰ α (exc. C^a) n 5 ὅταν] ἔστ' ἂν cj. Pk. Dt. 6 μέχρι τῶν. τετ. β L^crc.: τῶν τετ. C^a A^apr. G^a Qpr. Bk.: πρὸ τετ. A^arc. Qrc. F^a X^c γ (exc. L^crc.) Ald. 9 αὐξανόμενα F^a X^c 10 μὲν om. α γ 11 διαφθορὰ β L^crc. Ald.

παιδίοις τὸ βρέγμα λεπτὸν καὶ ὀψὲ πήγνυται. καὶ τὰ μὲν ἔχοντα γίνεται ὀδόντας, τὰ δὲ παιδία ἑβδόμῳ μηνὶ ἄρχονται ὀδοντοφυεῖν· φύει δὲ πρῶτον τοὺς προσθίους, καὶ τὰ μὲν τοὺς ἄνωθεν πρότερον, τὰ δὲ τοὺς κάτωθεν. πάντα δὲ θᾶττον φύουσιν ὅσων αἱ τίτθαι θερμότερον ἔχουσι τὸ γάλα.

[11] μετὰ δὲ τοὺς τόκους καὶ τὰς καθάρσεις ταῖς γυναιξὶ τὸ γάλα πληθύνεται, καὶ ἐνίαις ῥεῖ οὐ μόνον κατὰ τὰς θηλὰς ἀλλὰ πολλαχῇ τοῦ μαστοῦ, ἐνίαις δὲ καὶ κατὰ τὰς μασχάλας· καὶ διαμένουσιν εἰς τὸν ὕστερον χρόνον στραγγαλίδες ὅταν μὴ ἐκπεφθῇ μηδὲ ἐξέλθῃ ὑγρότης ἀλλὰ πληρωθῇ· ἅπας γὰρ ὁ μαστὸς σομφός ἐστιν οὕτως ὥστε κἂν ἐν τῷ πόματι λάβωσι τρίχα πόνος ἐγγίνεται ἐν τοῖς μαστοῖς (ὃ καλοῦσι τριχίαν), ἕως ἂν ἢ αὐτομάτῃ ἐξέλθῃ θλιβομένη ἢ μετὰ τοῦ γάλακτος ἐκθηλασθῇ. τὸ δὲ γάλα ἔχουσιν ἕως ἂν πάλιν συλλάβωσιν· τότε δὲ παύεται καὶ σβέννυται ὁμοίως ἐπ' ἀνθρώπων καὶ τῶν ἄλλων ζῳοτόκων καὶ τετραπόδων.

τοῦ γάλακτος δ' ἐξιόντος οὐ γίνονται αἱ καθάρσεις ὡς ἐπὶ τὸ πολύ, ἐπεὶ ἤδη τισὶ θηλαζομέναις ἐγένετο κάθαρσις. ὅλως δ' ἅμα πολλαχῇ οὐ συμβαίνει ἡ ὁρμὴ τῆς ὑγρότητος, οἷον ταῖς ἐχούσαις αἱμορροΐδας χείρους αἱ καθάρσεις ἐπιγίνονται. ἐνίαις δὲ καὶ διὰ τῶν ἰσχίων, ὅταν ἀπὸ τῆς ὀσφύος ἐκκριθῇ, πρὶν ἐλθεῖν εἰς τὰς ὑστέρας. καὶ ὅσαις δ᾽ ἂν μὴ γινομένων τῶν καθαρσίων ἅμα συμπέσῃ ἐμέσαι, οὐθὲν βλάπτονται.

[12] εἴωθε δὲ τὰ παιδία τὰ πλεῖστα σπασμὸς ἐπιλαμβάνειν, καὶ μᾶλλον τὰ εὐτραφέστερα καὶ γάλακτι χρώμενα καὶ πλείονι καὶ παχυτέρῳ καὶ τίτθαις εὐσάρκοις. βλαβερὸν δὲ πρὸς τὸ πάθος καὶ ὁ οἶνος ὁ μέλας μᾶλλον τοῦ λευκοῦ καὶ ὁ μὴ ὑδαρής, καὶ τὰ πλεῖστα τῶν φυσωδῶν, καὶ ἐὰν ἡ κοιλία στῇ. τὰ πλεῖστα δ᾽ ἀναιρεῖται πρὸ τῆς ἑβδόμης· διὸ καὶ τὰ ὀνόματα τότε τίθενται, ὡς πιστεύοντες ἤδη μᾶλλον τῇ σωτηρίᾳ. καὶ ἐν ταῖς πανσελήνοις δὲ μᾶλλον πονοῦσιν. ἐπικίνδυνον δὲ καὶ ὅσοις τῶν παιδίων οἱ σπασμοὶ ἐκ τοῦ νώτου ἄρχονται προϊούσης δὴ τῆς ἡλικίας.

588a1 καθαρσίων codd. Ald.: καθάρσεων edd.   ἅμα codd. Ald.: *sanguis* Guil.: om. Scot. Trap. Gaza: αἷμα cj. Coraes Sn. Bk. Dt.   συμπέσῃ] συμβαίνει G^a Q Ott.   **4** τά] καὶ n   **5** καὶ$^{(1)}$ om. E^a L^c*pr.* Ald. Bk. Dt.   καὶ$^{(2)}$] ἢ K^c L^c*pr.* m n Ald. Bk. Dt.   τίτθοις α γ (exc. E^a)   **6** μᾶλλον om. α (exc. G^a*rc.* Q) E^a P K^c M^c **8** δ᾽ om. C^a Guil.   πρὸς C^a **9** post τότε add. μετὰ τὴν ἑβδόμην ἡμέραν C$^a_{δ/}$ supra   ἤδη om. L^c*pr.*   **11** δὲ om. α (exc. C^a)   παίδων F^a X^c, K^c: παῖ A^a G^a Q   οἱ σπασμοὶ post νώτου transp. M^c **12** προιούσης δὴ τῆς ἡλικίας α (exc. δὴ om. G^a Q) γ Ald.: om. β: *et quando prolongatur* Scot. Alb.: om. Guil. Trap. Gaza Cs. edd.: *non legit* Ott.

K

[προϊούσης δὲ τῆς ἡλικίας] ἀνδρὶ καὶ γυναικὶ τοῦ μὴ γεννᾶν ἀλλήλοις συνόντας τὸ αἴτιον ὁτὲ μὲν ἐν ἀμφοῖν ἐστιν ὁτὲ δ' ἐν θατέρῳ μόνον. πρῶτον μὲν οὖν ἐπὶ τοῦ θήλεος δεῖ θεωρεῖν τὰ περὶ τὰς ὑστέρας ὅπως ἔχει, ἵν' εἰ μὲν ἐν ταύταις τὸ αἴτιον αὗται τυγχάνωσι θεραπείας, εἰ δὲ μὴ ἐν ταύταις περὶ ἕτερόν τι τῶν αἰτίων ποιῶνται τὴν ἐπιμέλειαν. ἔστι δ' ὥσπερ καὶ περὶ ἄλλο μέρος φανερὸν εἰ ὑγιαίνει ὅταν τὸ ἔργον τὸ αὑτοῦ ἱκανῶς ἀποτελῇ καὶ ἄλυπόν τε ᾖ καὶ μετὰ τὰς ἐργασίας ἄκοπον, οἷον ὀφθαλμὸς ὅταν λήμην τε μηδεμίαν ποιῇ καὶ ὁρᾷ καὶ μετὰ τὴν ὅρασιν μὴ ταράττηται μηδ' ἀδυνατῇ ὁρᾶν πάλιν. οὕτω καὶ ἡ ὑστέρα ἡ πόνον τε μὴ παρέχουσα, καὶ ὃ ἐκείνης ἐστὶ τοῦθ' ἱκανῶς ἀπεργαζομένη, καὶ μετὰ τὰ ἔργα μὴ ἀδύνατος ἀλλ' ἄκοπος. λέγεται δὲ καὶ μὴ καλῶς ἔχουσαν τὴν ὑστέραν ὅμως πρὸς τὸ ἔργον τὸ ἑαυτῆς ἔχειν καλῶς καὶ ἀλύπως, ἂν μὴ ταύτης χεῖρον τὸ ἔργον ἐστὶν αὐτῆς ἔχειν ὥσπερ ὄμμα κωλύει αὐτὸ ὁρᾶν ἀκριβῶς μὴ ἔχοντος τοῦ ὀφθαλμοῦ καλῶς πάντα τὰ μόρια ἢ εἰ φῦμά τι ὄν.

ὁμοίως δὲ καὶ

X librum habent codd. G^a Q F^a X^c, D^a S^c R^c V^c, L^c; et trs. Scot. Alb. Guil. Trap. Fel.; et edd. Ald. Junt. Bas. Camot. Scal. Sylb. Sn. Bk. Buss. Pk. Dt. Louis alii **633b12** γυναικὶ τοῦ μὴ om. Ald. Bas.   μὴ om. G^apr., D^a S^c R^c V^c, L^c: *non* Scot. Guil.   **13** συνιόντας G^arc. Q F^a X^c: *coitu* Scot. Alb.: *convenientes* Guil. Trap.: *congressi* Fel.   **16** τυγχάνουσι L^c   **17** ποιῶνται codd. Ald. Bk.: *faciant* Guil. (Tz: *faciunt* cett.): ποιοῦνται cj. Scal. edd.   **18** εἰ] ὅτι cj. Dt. Barnes   **20** λήμην] *lesio* Scot. Alb.: *tristitiam* Guil.: λύπην cj. Sn.   **22** ταράττεται F^a X^c   ἀδυνατεῖ Q F^a X^c, L^c, Ald.: incert. S^c ἡ^(1) om. R^c Bk. Dt.   **26** τὸ^(2) om. F^a X^c   αὐτῆς G^a Q F^a X^c   ἔχει F^a X^c   **27** ταύτης] ταύτῃ cj. Pk. Dt. Rud.   τὸ] ὃ cj. Dt. Louis   ἐστὶν om. X^c: *est* Guil.: secl. Rud.   ἔχειν] ἔχῃ cj. Pk. Dt. Rud.   **28** ante κωλύει add. οὐδὲν Scot. Alb. Guil. (Tz) Trap. Fel. Bas. Scal. Sn. Bk. Rud. Louis Barnes: om. codd. (incl. Q) Guil. (cett.) Ald. Dt.   κωλύει] ἰσχύει cj. Dt.   **29** καλῶς om. F^a X^c   εἰ ... ὄν om. Guil. (cett.): *si pustula* (viz. εἰ πυμάτιον) Guil. (Tz)   εἰ φυ lac. ὁμοίως F^a X^c   τι supra versum G^a: om. Q in lac.   post τι add. τυγχάνει cj. Dt.

ὑστέρα, εἰ εὖ ἔχοι τοῦ ἐπικαίρου τόπου, οὐθὲν ἂν πρὸς τοῦτο βλάπτοι. δεῖ δὴ τὴν ἔχουσαν καλῶς ὑστέραν πρῶτον μὲν τῷ τόπῳ μὴ ἐν ἄλλῳ καὶ ἄλλῳ εἶναι ἀλλ' ὁμοίως τῇ θέσει· πλὴν γίγνεσθαι τὸ πορρώτερον ἄνευ πάθους καὶ λύπης, καὶ μηδὲν ἀναισθητοτέρας εἶναι θιγγανομένας. τοῦτο δὲ κρίνειν οὐ χαλεπόν. ὅτι δὲ δεῖ τοιαύτας εἶναι ἐκ τῶνδε φανερόν. εἴτε γὰρ μὴ πλησίον προσίασιν, οὐκ ἔσονται ἅμα σπαστικαί· πόρρω γὰρ αὐταῖς ἔσται ὁ τόπος ὅθεν δεῖ ἀναλαβεῖν. εἰ δὲ μὴ πλησίον μένουσι καὶ μὴ οἷαι ἐπανιέναι πορρωτέρω, κωφότεραι ἔσονται· διαθιγγάνεσθαι δὲ ἀεί, ὥστε μὴ ταχὺ ἀνοίγεσθαι· δεῖ τοῦτο σφόδρα ποιεῖν καὶ εὐηκόους εἶναι. ταῦτά τε οὖν χρὴ ὑπάρχειν, ὅσαις τε μὴ ὑπάρχει αὗται θεραπείας δέονταί τινος.

καὶ τὰ καταμήνια γίνεσθαι καλῶς, τοῦτο δ' ἐστὶ δι' ἴσων χρόνων καὶ μὴ πεπλανημένως, ὑγιαίνοντος τοῦ σώματος. σημαίνει γὰρ οὕτω γινόμενα καλῶς ἔχειν ἀνοίγεσθαι καὶ δέχεσθαι τὴν ἐκ τοῦ σώματος ὑγρότητα ὅταν τὸ σῶμα διδῷ. ὅταν δὲ πλεονάκις ἢ ἐλαττονάκις ἢ πεπλανημένως ἀφιῶσι, τοῦ ἄλλου σώματος μὴ συναιτίου ὄντος ἀλλ' ὑγιαίνοντος, ἀνάγκη τοῦτο συμβαίνειν δι' αὐτάς. καὶ διὰ κωφότητα οὐκ ἀνοίγονται δ' ἐν τοῖς καιροῖς, ὥστ' ὀλίγα δέχονται· ἢ μᾶλλον ἐπισπῶνται τὸ ὑγρὸν διά τινα φλεγμασίαν αὐτῶν, ὥστε θεραπείας σημαίνουσι δεόμενα

30 ἡ ὑστ. F^a X^c   ἔχοι D^a R^c V^c: incert. S^c: ἔχει G^a Q F^a X^c, L^c, Ald. edd.: *habeat* Guil.   **634a1** βλάπτοι codd.: *nocebit* Guil.: βλάπτοιτο cj. Pk. Dt.   δὴ] δὲ F^a X^c   **2** ἐν ἄλλῳ om. Guil. (cett.) (hab. Tz)   **6** εἴτε γὰρ codd.: γὰρ om. Scot. Guil. (cett.) (hab. Tz): εἰ μὲν cj. Dt.   προσίασιν codd. (προσιάσιν F^a X^c) Ald.: *emiserint* (viz. προϊᾶσιν) Guil.: *propius accedat* Trap.: *prope accesserint* Fel.   ἅμα σπαστικαί codd. Ald. Bk.: *simul tractive* Guil.: ἀνασπαστικαί cj. Sn. Dt. Rud.   **8** μή^(1) codd. Trap. Ald. Bk.: om. Scot. Fel.: *autem* Guil. (Tz): *non* Guil. (cett.): secl. Sn. Dt. Rud.: εἰ δὲ μή, εἰ cj. Louis   **9** δὲ secl. Dt. Rud.: τῷ διαθ. ἀεὶ cj. Pk. Dt.   **10** post δεῖ add. δὲ cj. Sn. Dt.: add. *autem* Guil.   ποιεῖν] πονεῖν Ald. Fel.   **11** τε^(1)] μὲν cj. Dt.   τε ^(2)] *autem* Guil.: δὲ cj. Dt.   **12** γίνεται G^a corr. Q F^a X^c   **15** ἀνοίγεσθαι] *ad aperiri* Guil.: πρὸς τὸ ἀν. cj. Sn. Dt.   **16** post δὲ add οὐ Ald. Bas.: ἢ Scal. Sylb. Fel. Sn.   ἐλαττονάκις ἢ om. V^c   **17** ἀφίωσι codd. Ald.   **19** καὶ codd.: καὶ γὰρ ἢ cj. Pk. Dt.: ἢ cj. Louis   δ' codd. Guil. Ald. Bk.: secl. Sn. Dt.   **19–635a14** om. Scot. Alb.

ὥσπερ καὶ ὀφθαλμοὶ καὶ κύστις καὶ κοιλία καὶ τἄλλα· πάντες γὰρ οἱ τόποι φλεγμαίνοντες ἕλκουσιν ὑγρότητα τοιαύτην ἢ πέφυκεν ἐκκρίνεσθαι εἰς ἕκαστον τόπον, ἀλλ' οὐ τοιαύτη ἢ τοσαύτη. ὁμοίως δὲ καὶ ἡ ὑστέρα πλείω ἀποδιδοῦσα σημαίνει φλεγματικόν τι πάθος, ἐὰν ὅμοια μὲν πλείω δ' ἀποδιδῷ. ἐὰν δὲ ὅμοια καὶ σεσημμένα μᾶλλον, οἷα ταῖς ὑγιαινούσαις προέρχεται, τοῦτο μὲν ἤδη πάθος καὶ ἐπίδηλον γίνεται· ἀνάγκη γὰρ καὶ πόνους τινὰς ἐπισημαίνειν ἐχούσης ὡς οὐ δεῖ. ταῖς δ' ὑγιαινούσαις τὰ λευκὰ καὶ σεσημμένα προέρχεται, ταῖς μὲν καὶ ἀρχομένων ταῖς δὲ πλείσταις ληγόντων τῶν καταμηνίων. ὅσαις μὲν οὖν σεσημμένα μᾶλλον γίνεται ἢ ταῖς ὑγιαινούσαις ἢ ἄτακτα, πλείω ἢ ἐλάττω, μᾶλλον δέονται θεραπείας ὡς ἐμποδιζόντων πρὸς τὴν νέωσιν. ὅσαις δὲ τοῖς χρόνοις μόνον ἀνωμάλοις καὶ μὴ δι' ἴσου, ἧττον μὲν διακωλυτικὸν τὸ πάθος, διασημαίνει μέντοι τῆς ὑστέρας τὴν ἕξιν κινουμένην καὶ οὐκ ἀεὶ ὁμοίως μένουσαν. ἔστι δὲ τοῦτο τὸ πάθος οἷον μὲν βλάψαι τὰς εὐφυεῖς πρὸς τὴν σύλληψιν, οὐ μέντοι νόσος ἀλλὰ τοιοῦτόν τι πάθος οἷον καθίστασθαι καὶ ἄνευ θεραπείας, ἂν μή τι προσεξαμαρτάνῃ αὐτή.

ἐὰν δὲ μεταβάλλωσι τῇ τάξει ἢ τῷ πλήθει, τοῦ ἄλλου σώματος μὴ ὁμοίως ἔχοντος ἀλλ' ὁτὲ μὲν ὑγροτέρου ὁτὲ δὲ ξηροτέρου, οὐθὲν αἴτιαι αἱ ὑστέραι, ἀλλὰ δεῖ καὶ ἀκολουθεῖν αὐτὰς τῇ τοῦ σώματος ἕξει, δεχομένας καὶ ἀφιείσας κατὰ λόγον. ἐὰν μὲν οὖν ὑγιαίνοντος τοῦ σώματος μεταβάλλοντος δὲ τοῦτο ποιῶσιν, οὐθὲν αὐταὶ δέονται θεραπείας· ἐὰν δὲ νοσοῦντος, ἢ ἐλάττω

---

23 τοιαύτην] ποιάν τιν' cj. Pk. Dt.   **27** ὅμοια codd. Guil. Trap. Ald. Scal.: ἀνόμοια Junt. Bas. Fel. Camot. Sn. Bk. Dt.   σεσημένα α L^c*pr.* μᾶλλον] *magis quam* Guil. Trap. Fel.: μᾶλλον ἢ cj. Sn. Dt.   **28** τοῦτο] *tunc* Guil.: τότε cj. Sn.   **30** ἐχούσας G^a Q F^a X^c, S^c, L^c **31 et 33** σεσημένα G^a Q F^a X^c **34** *ante* πλείω *add.* ἢ cj. Sn.   **35** νέωσιν codd. Ald.: *pfuth* Guil. (cett.: *lac.* Tz): *procreationem* Trap.: *foetificationem* Fel.: τέκνωσιν cj. Junt. Bas. Camot. edd.: τελέωσιν cj. Rud.   **37** κοινουμένην G^a Q*pr.*   **38** μένουσαν] μὲν ὅσαν F^a*pr.* X^c **634b1** τι] τε F^a X^c αὕτη codd. Ald.: *om.* Fel.: *ipsi* Guil. (Tz) (*om.* cett.) Fel.: αὐτή edd.   **2** ὁμοίου F^a X^c **4** ὕστεραι G^a Q*pr.*: *uteri* Trap.   **7** ἢ *secl.* Scal. Sn. Pk.

ἀποδίδωσι διὰ τὸ ἄλλοθί που ἀναλίσκεσθαι τὸ περίττωμα, ἢ κάμνει τὸ σῶμα. ἐὰν δὲ πλείω ἀφιῶσι διὰ τὸ δεῦρο ἐξερεύγεσθαι τὸ σῶμα, οὐδὲ τοῦτο σημαίνει αὐτάς γε τὰς ὑστέρας δεῖσθαι θεραπείας ἀλλὰ τὸ σῶμα. ὡς ὅσαις συμμεταβάλλει ταῖς ἕξεσι τοῦ σώματος τὰ γυναικεῖα, δηλοῖ ὅτι οὐθὲν αἴτιον ἐν ταῖς ὑστέραις ἐστὶν ὅτι ὑγιαίνουσαι διατελοῦσιν. αὗται δ᾽ αὐτῶν ὁτὲ μὲν ἀρρωστότεραι ὁτὲ δὲ ἰσχύουσι μᾶλλον, καὶ ὁτὲ μὲν ὑγρότεραι ὁτὲ δὲ ξηρότεραι. καὶ φοιτᾷ αὐταῖς ὅταν μὲν πλεῖον τὸ σῶμα αὐτοῦ πλείω, ὅταν δ᾽ ἔλαττον ἐλάττω, καὶ ἐὰν μὲν ὑγρὸν ὑδαρέστερα, ἐὰν δὲ ξηρὸν ἐναιμότερα. καὶ ἄρχονται μὲν ἐκ λευκῶν γαλακτοειδῶν, ἀνόσμων μενουσῶν· τὰ δὲ φοινικᾶ μέν, ἀπολήγονται δὲ λευκότερα ἐσχάτης καταλήξεως. ὀσμὴν δ᾽ ἔχει τὰ λευκὰ ταῦτα οὐ σηπεδόνος ἀλλὰ δριμυτέραν καὶ βαρυτέραν, οὔτε πύου. καὶ ἄνευ μὲν τήξεως, μετὰ μέντοι θερμασίας, ὅταν οὗτος ᾖ ὁ τρόπος τῶν σημείων. ὅσαις μὲν οὖν οὕτω συμβαίνει, ταύταις ἔχουσιν ὡς δεῖ τὰ περὶ τὰς ὑστέρας πρὸς τὴν τέκνωσιν.

[2] καὶ πρῶτον ταῦτα σκεπτέον εἰ καλῶς ἔχει, μετὰ δὲ ταῦτα πως ἔχει τὸ στόμα τῶν ὑστερῶν. δεῖ γὰρ εἰς ὀρθὸν ἔχειν· εἰ δὲ μή, οὐχ ἕλξουσιν εἰς αὐτὰς τὸ σπέρμα. εἰς τὸ πρόσθεν γὰρ αὐτῶν καὶ ἡ γυνὴ προΐεται, ὡς δῆλον ὅταν ἐξονειρώττωσιν αὗται τελέως· τότε γὰρ οὗτος ὁ τόπος θεραπείας δεῖται αὐταῖς ὑγρανθεὶς ὥσπερ εἰ ἀνδρὶ συνεγί-

8 ἀποδιδῶσι Scal. Sn. Pk. Dt.   9 ἢ secl. Sn.: ᾖ cj. Pk. Dt.   ἐὰν δὲ] ἢ cj. Dt.   ἐὰν ... 10 σῶμα om. R^cpr. X^c   13 post ἐστὶν add. ἀλλ᾽ cj. Sn. Dt. 14 αὗται δ᾽ αὐτῶν codd. Ald.: ipse autem se ipsis Guil.   15 ὅτε μὲν ὑγρ. om. X^c   16 αὐτοῦ edd.: αὐτοῦ codd. Ald.: αὐτῶν cj. Sylb. Dt.: αὐτὸ cj. Sn. 18 καὶ ... 19 μενουσῶν om. G^a Q F^a X^c Ott.: et incipiunt quidem ex albis quasi lacteis sine odore quidem existentibus Guil.: incipiunt autem ex albis atque lacteis que absque odore sunt Trap.   19 μενόντων cj. Sylb. Dt.   20 καταλήξεως codd.: καταμήξεως Ald. Camot.: καταμίξεως Bas. edd.: desinentie Guil.: termini Trap.: colliquationis Fel.: mistione Scal.   ὀσμὴν G^a, D^a S^c R^c V^c, L^c, Ald. edd.: οὐ μὴν Q F^a X^c: odorem Guil.   21 σηπαιδόνος G^a Q   23 οὕτως G^apr.   τρόπως G^a Qpr.   οὖν om. Qpr. Guil.   27 στόμα F^a X^c Fel. Bk. Dt. (cf. 635a6): σῶμα G^a Q, D^a S^c R^c V^c, L^c, Guil. Trap. Ald. Bas. Scal. Sn.   30 αὗται codd. Ald. edd.: ipse Guil.: αὐτοτελῶς cj. Dt.   31 συνεγίνοντο Sylb. Sn.: συνεγένοντο Sn. (adnot.) Dt.

HISTORIA ANIMALIUM X 634b

νετο, ὡς προϊεμένων ἐνταῦθα καὶ τὸ παρὰ τοῦ ἀνδρός, εἰς τὸν αὐτὸν τόπον καὶ οὐχὶ εἰς τὰς ὑστέρας εἴσω. ἀλλ' ὅταν ἐνταῦθα προϊῶνται, ἐντεῦθεν σπῶσι τῷ πνεύματι, οἷον αἱ ῥῖνες, καὶ αἱ ὑστέραι τὸ σπέρμα. διὸ καὶ παντὶ σχήματι 35 συνοῦσαι κυΐσκονται, ὅτι εἰς τὸ πρόσθεν παντελῶς ἐχούσης γίγνεται καὶ αὐταῖς καὶ τοῖς ἀνδράσιν ἡ πρόεσις τοῦ σπέρματος· εἰ δ' εἰς αὐτήν, οὐκ ἂν πάντως συγγενόμεναι συνελάμβανον. ἐὰν δὲ μὴ εἰς ὀρθὸν βλέπωσιν αἱ ὑστέραι ἀλλ' ἢ πρὸς τὰ ἰσχία ἢ πρὸς τὴν ὀσφὺν ἢ πρὸς τὸ ὑπογάστριον, 40 ἀδύνατον συλλαβεῖν διὰ τὴν προειρημένην αἰτίαν, ὅτι ἀνε- 635a1 λέσθαι οὐκ ἂν δύναιντο τὸ σπέρμα. ἐὰν μὲν οὖν ἰσχυρῶς τῇ φύσει οὕτως ἔχωσιν ἢ ὑπὸ νόσου, ἀνίατον τὸ πάθος· ἐὰν δ' ᾖ ῥῆγμα ἢ φύσει ἢ ὑπὸ τῆς νόσου διὰ φλεγμασίαν συσπασάσης, ἐπὶ θάτερα αὐτῇ τὸ πάθος.   5
ταῖς δὲ μελλούσαις 5 ἐγκύοις ἔσεσθαι δεῖ, καθάπερ εἴρηται, τὸ στόμα εἰς ὀρθὸν εἶναι, καὶ πρὸς τούτοις ἀνοίγεσθαι καλῶς. λέγω δὲ τὸ καλῶς τοιοῦτον ὅπως ὅταν ἄρχηται τὰ γυναικεῖα, θιγγανόμενον ἔσται τὸ στόμα μαλακώτερον ἢ πρότερον, καὶ μὴ διεστομωμένον φανερῶς. ἀλλ' εἰ οὕτως ἔχοντος, τὰ πρῶτα ση- 10 μεῖα τὰ λευκὰ φοιτάτω. ὅταν δὲ σαρκινώτερα ᾖ τὴν χρόαν τὰ σημεῖα, φανερῶς ἔσται ἀνεστομωμένη ἄνευ ἀλγήματος, κἂν θιγγάνῃ κἂν μὴ θιγγάνῃ, καὶ μήτε κωφότητα μήτε στόμα ἀλλοιότερον αὐτὸ αὑτοῦ. ληξάντων δὲ τῶν γυναικείων διεστομωμένον ἔστω σφόδρα καὶ ξηρόν, ἀλλὰ μὴ σκληρόν, 15 ἡμέραν ὅλην καὶ ἡμίσειαν ἢ καὶ δύο ἡμέρας. ταῦτα γὰρ

32 προϊεμέναις Ald.: προϊεμένου cj. Dt.: προϊέμενον cj. Louis   τὸ παρὰ secl. Dt.   33 εἰς om. Ald. Bas. Scal.   τῆς ὑστέρας cj. Scal.   34 προίωνται codd. (exc. προίονται G[a] Q)   36 παντελῶς] πάντως cj. Barnes   post παντ. add. ⟨ὑπωσοῦν⟩ cj. Dt.   ἐχούσης om. Trap. Fel. Scal. Sn. Barnes   38 συγγενόμεναι D[a] R[c] V[c] Dt.: incert. S[c]: συγγινόμεναι G[a] Q F[a] X[c], L[c], Ald. Bk.   635a3 ἢ om. G[a] Q F[a] X[c]   4 τῆς] τινος cj. Dt.   7 εἶναι] semper habere Guil. (om. habere Tz.): ἀεὶ ἔχειν cj. Sn.   10 εἰ codd. Guil. (Tz): om. Guil. (cett.): ἧττον cj. Dt.   post εἰ lac. cj. Louis Barnes   ἴσχοντος F[a] X[c]   11 σαρκινώτερα D[a] V[c] Dt.: σαρκικώτερα G[a] Q F[a] X[c], S[c] R[c], L[c], Ald. Bk.   13 θιγγάνηται utroque loco cj. Sn. Dt.: et si tangatur et si non tangatur Guil.   κἂν μὴ θιγγάνῃ om. L[c] Ald. Bas.

499

ARISTOTELIS

σημαίνει οὕτω γιγνόμενα ὅτι καλῶς ἔχουσιν αἱ ὑστέραι καὶ ποιοῦσι τὸ αὑτῶν ἔργον, τῷ μὲν μὴ εὐθὺς ἀνεστομῶσθαι ἀλλὰ μαλακὸν τὸ στόμα γίγνεσθαι, ὅτι ἅμα τῷ ἄλλῳ σώματι λυομένῳ λύονται, καὶ οὐκ ἐμποδίζουσι, καὶ ἀφιᾶσι πρῶτον τὰ ἀπ' αὐτοῦ τοῦ στόματος, ὅταν δὲ πλείω τὸ σῶμα, προΐενται ἀναστομοῦντα· ὅπερ ἐστὶ στόματος ὑγιεινῶς ἔχοντος. παυσαμένων δὲ τῶν σημείων, τοῦ μὴ εὐθὺς συμπίπτειν σημαίνουσιν ὅτι, ἂν ἀπορήσῃ, κεναὶ καὶ ξηραὶ γίνονται καὶ διψηραὶ καὶ οὐκ ἔχουσι λείψανα περὶ τὴν δίοδον. προσπαστικαὶ οὖν οὖσαι σημαίνουσι καλῶς ἔχειν πρὸς τὸ συλλαβεῖν πλησιάσαντος ὅταν οὕτως ἔχωσιν ἄνευ ἄλγους καὶ μετὰ ἀναισθησίας. τό τε μὴ ἀλλοιότερον ἔχειν τὸ στόμα ἀγαθόν· καὶ γὰρ τοῦτο σημαίνει ὅτι οὐδέν ἐστιν ὃ κωλύει μὴ συμμύειν αὐτὰς ὅταν δέῃ.

[3] περὶ μὲν οὖν τὸ στόμα τῶν ὑστερῶν ἐκ τούτων ἡ σκέψις ἐστὶν εἰ ἔχει ὡς δεῖ ἢ μή. περὶ αὐτὴν δὲ τὴν ὑστέραν δεῖ συμβαίνειν τοιαῦτα μετὰ τὴν κάθαρσιν, πρῶτον μὲν ἐν τοῖς ὕπνοις ὡς συγγινομένην τῷ ἀνδρὶ καὶ προϊεμένην, ὡς ἂν εἰ παρεπλησίαζε, ῥᾳδίως· ἂν τοῦτο φαίνηται πλεονάκις πάσχουσα, ἄμεινον. καὶ ἀνισταμένην ὁτὲ μὲν δεῖσθαι θεραπείας οἵας ὅταν πλησιάσῃ ἀνδρί, ὁτὲ δὲ ξηρασίας. τὴν δὲ ξηρότητα ταύτην μὴ συνεχῆ, ἀλλ' ὕστερον μετὰ τὴν ἔγερσιν ἐξυγραίνεσθαι ὁτὲ μὲν θᾶττον ὁτὲ δ' ὀψιαίτερον καὶ ὅσον εἰς ἥμισυ τῆς ἡμέρας βραχείας προελθούσης. ἡ δ' ὑγρότης ἔστω τοιαύτη οἵα ὅταν πλησιάσῃ τῷ ἀνδρί. πάντα γὰρ ταῦτα σημαίνει δεκτικὴν τὴν ὑστέραν εἶναι τοῦ διδομένου, καὶ

18 τῷ] τὸ F^a X^c ante τῷ add. ⟨καὶ⟩ cj. Dt. **21** ἀφ' αὐτοῦ D^a R^c: ἀφ' αὐτοῦ (sic) V^c στόματος codd. Trap.: *corpore* Guil. Fel. **22** προΐενται codd. Ald.: *emittunt* Guil. (Tz): *amittat* Guil. (cett.) *demiserit* Trap.: *mittit* Fel.: προίεται cj. Sylb.: προίηται cj. Sn. Bk. Dt. ἀναστομοῦντα codd. Ald.: *aperientia* Guil. Trap.: ἀναστομοῦνται cj. Sylb. edd.: *expanduntur* Fel. στόματος codd. Trap. Fel. edd.: *corporis* Scot. Alb. Guil. **23** τοῦ] τῷ cj. Sn. Dt. **25** προσπαστικαὶ F^a X^c, L^c, Ald.: *attractive* Guil.: cf. 635b3 **28** μετὰ om. Trap. Fel. Sn. Dt. Tricot Barnes στόμα F^a*pr*. Guil. Trap. Fel. Sn. Dt.: σῶμα cett. Ald. Bas. Scal. Bk.: om. Scot. Alb. **31** τὸ om. L^c Ald. **35** ῥᾳδίως codd. (incl. G^a) **37** ξηρασίας codd.: *debet esse sicca* Scot. (sim. Alb.): *indigere . . . siccam* Guil.: *siccitate* Trap.: *exsiccatione* Fel.: ξηρὰν εἶναι cj. Dt. **40** προσελθούσης L^c Ald. **635b1** πλησιάζῃ F^a X^c

500

προσπαστικὰς τὰς κοτυληδόνας καὶ καθεκτικὰς ὧν λαμβάνουσι καὶ ἀκούσας ἀφιείσας. ἔτι φύσας ἐγγίνεσθαι ἄνευ πάθους, ὥσπερ ἡ κοιλία, καὶ ἀφιέναι, καὶ μεγάλας γινομένας καὶ ἐλάττους αὐτῶν, ἄνευ νόσου· καὶ γὰρ ταῦτ' ἀποδηλοῖ αὐτάς ὅτι οὐδὲν στερεώτεραι τοῦ δέοντός εἰσιν, οὔτε κωφαὶ οὔτε φύσει οὔτε νόσῳ, ἀλλὰ δύνανται, ὡς ἂν δέξωνται, αὐξανομένῳ παρέχειν χώραν. ἔχουσι δὲ καὶ διάτασιν. ὅταν δὲ τοῦτο μὴ γίγνηται, ἢ πυκνότεραί εἰσιν ἢ ἀναισθητότεραι ἢ φύσει ἢ νόσῳ. διὸ καὶ οὐ δύνανται τρέφειν ἀλλὰ καὶ διαφθείρουσι τὰ ἔμβρυα, ἐὰν μὲν σφόδρα τοιαῦται ὦσιν ἔτι μικρὰ ὄντα, ἐὰν δ' ἧττον μείζω· ἐὰν δὲ πάνυ ἠρέμα, φαυλότερα, ἐκτρέφουσι δὲ τὰ ἔκγονα καὶ οἷον ἐν ἀγγείῳ φαύλῳ τραφέντα. ἔτι δὲ θιγγανομένης τὰ ἐπὶ δεξιὰ καὶ τὰ ἐπ' ἀριστερὰ ὁμαλὰ αὐτῆς εἶναι, καὶ τἆλλα τούτοις ὁμοίως. καὶ ἐν τῇ πρὸς τὸν ἄνδρα συνουσίᾳ μεταξὺ ὑγραίνεσθαι, μὴ πολλάκις δὲ μηδὲ σφόδρα. ἔστι δὲ τοῦτο τὸ πάθος οἷον ἵδρωμα τοῦ τόπου, ὥσπερ καὶ τῷ στόματι σιάλου πολλαχοῦ μὲν καὶ πρὸς τὴν φορὰν τῶν σιτίων, καὶ ὅταν λαλῶμεν καὶ ἐργαζώμεθα αὐτοὶ πλέον· καὶ τοῖς ὄμμασι δακρύομεν πρὸς τὰ λαμπρότερα ὁρῶντες, καὶ ὑπὸ ψύχους καὶ θερμότητος ἰσχυροτέρας, ἧς κρατεῖ τὰ μόρια ταῦτα ὅταν τύχῃ ὑγροτέρως ἔχοντα. οὕτω καὶ αἱ ὑστέραι ὑγραίνονται ἐργαζόμεναι, ὅταν τύχωσιν ὑγροτέρας διαθέσεως. πάσχουσι δὲ τοῦτο τὸ πάθος καὶ αἱ μάλιστα καλῶς πεφυκυῖαι. διὸ θε-

3 προσπαστικὰς codd. Ald.: προσσπαστικὰς edd.: *attractivos* Guil.: cf. 635a25   4 φύσας] *tumor* Scot.: *tumor ... ex ventositate* Alb.   5 τῇ κοιλίᾳ cj. Sn. Dt.   8 ἀλλὰ ... 11 νόσῳ om. Guil.   ὡς] ᾧ cj. Sn.: ὃ cj. Dt.: *secundum quantitatem spermatis* Scot. Alb.: *ei quod admiserint* Fel.   9 δὲ] γὰρ cj. Dt.   14 ἐκτρέφουσι ... 15 τραφέντα om. L^c Ald. Bas. Fel. Scal.   δὲ secl. Sn. Bk. Dt.   18 μηδὲ] μὴ Q F^a X^c   19 σιάλου πολλαχοῦ μὲν καὶ codd. Ald. Bk.: *multotiens accidit hoc etiam corporibus praecipue apud cibum* Scot. (sim. Alb.): *et ore salivamus et* (viz. σιαλοχοῦμεν καὶ?) Guil.: σίαλον πολλαχοῦ ἀφίεμεν κατὰ cj. Pk. Dt.   20 πρὸς om. Pk. Dt.   23 ἧς κρατεῖ] *quod cui dominantur* Guil. (cett.): ᾗ κρατεῖται cj. Pk.: ἧς κρατεῖται cj. Dt.   τύχῃ] ψύχῃ L^c Ald.   24 ὑγροτέρας Ald. Bas.

ραπείας ἀεὶ δέονται αἱ γυναῖκες ἢ πλείονος ἢ ἐλάττονος, ὥσπερ καὶ τὸ στόμα πτύσεως. ἀλλ' ἐνίαις τοσαύτη ὑγρασία γίνεται ὥστε μὴ δύνασθαι καθαρὸν τὸ τοῦ ἀνδρὸς ἀνασπάσαι διὰ τὴν σύμμιξιν τῆς γιγνομένης ἀπὸ τῆς γυναικὸς ὑγρότητος. πρὸς δὲ τούτοις τοῖς πάθεσι καὶ τοσόνδε δεῖ κατανοεῖν εἰ συμβαίνει, ὅταν δόξῃ ἐν τῷ ὕπνῳ πλησιάσαι τῷ ἀνδρί· πῶς ἔχουσα ἐξανίσταται, οἷον εἰ ἀσθενεστέρα, καὶ εἰ ἀεί, μὴ ὁτὲ μὲν ὁτὲ δ' οὔ, ἢ ἐνίοτε καὶ ἰσχυροτέρα· εἰ δὲ μὴ ξηροτέρα τὸ πρῶτον, εἶτα ἐφυγραίνεται. δεῖ γὰρ ταῦτα συμβαίνειν τῇ γονίμῳ γυναικί. τὸ μὲν γὰρ ἐκλύεσθαι σημαίνει προετικὸν εἶναι τὸ σῶμα σπέρματος ἀεί, τήν τε ποιοῦσαν ποιεῖ· καὶ σωματωδῶν δ' οὐσῶν ἀσθενέστερα. τὸ δ' ἀνόσως τοῦτο πάσχειν σημεῖον ὅτι κατὰ φύσιν καὶ ὃν δεῖ τρόπον ἡ ἄφοδος τούτου γίνεται· εἰ γὰρ μή, νοσώδης ἦν ἀρρωστία. τὸ δέ ποτε καὶ ἰσχύειν μᾶλλον, καὶ ξηρὰν εἶναι τὴν ὑστέραν, εἶτ' ἐφυγραίνεσθαι, σημεῖον ὅτι πᾶν τὸ σῶμα λαμβάνει καὶ ἀφανίζει, καὶ οὐ μόνον ἡ ὑστέρα, καὶ τὸ σῶμα ἰσχύει. πνεύματί τε γὰρ ἕλκει ἡ ὑστέρα τὸ προσελθὸν ἔξωθεν αὐτῇ, ὥσπερ πρότερον εἴρηται. οὐ γὰρ εἰς αὐτὴν προΐεται, ἀλλ' οὗ καὶ ὁ ἀνήρ. ὅσα δὲ πνεύματι, πάντα ἰσχύϊ ἐργάζεται. ὥστε δῆλον ὅτι καὶ τὸ σῶμα προσπαστικὸν τὸ τῆς τοιαύτης.

32 εἰ] τί cj. Dt. Louis   συμβαίνειν Q   **33** καὶ ... 35 τὸ om. G^a*pr.*: habet Trap.   **34** εἰ$^{(1)}$ om. G^a Q F^a X^c Fel.: habet Trap.   μὴ codd. Guil. Trap. Ald.: *aut* Scot.: *sed* Alb.: *an* Fel.: ἢ cj. Louis Barnes   ὅτε μὲν om. Ald. Fel.: habet Bas.   **36** συμβαίνει D^a R^c V^c: *accidere* Guil.   **37** σημαίνει] συμβαίνει F^a X^c προεκτικὸν F^a X^c **38** τε ποιοῦσαν codd. Ald. Bk.: om. Guil. (vac. 6 Tz): δ' ἐκποιοῦσαν cj. Sn.: τ' ἐκποιοῦσαν cj. Dt.   σωματώδη οὖσαν ἀσθενεστέραν cj. Sn. Dt.: om. Scot. Fel.   ἀσθενέστερα codd. Ald. Bas.: ἀσθενεστέρα Bk.   **40** ἔφοδος F^a X^c post ἦν add. ἡ G^a Q F^a X^c, L^c, Ald. edd.: incert. S^c: ἡ om. Scot.: *languorosa erat infirmitas* Guil.   **636a1** τὸ ... μᾶλλον] *numquam et valet magis* Guil.   **5** αὐτὴ F^a X^c: *ipsi* Guil.   **6** ὁ om. L^c Ald. Bas. Scal.: incert. S^c ante ἀνήρ transp. 636b33 ἂν ἄλλως ... 637b15 ἄρρενι Ald. Bas.: eadem post ἀνήρ transp. Fel.: omisso ἀνήρ huc transp. 636b33 ἂν ἄλλως ... 637b6 μηδέν Scal.: alia edd. alii   ὅσαι D^a R^c V^c: incert. S^c **7** προσπαστικὸν edd.   τὸ$^{(2)}$ codd. Ald. Bas.: *quod talis* Guil.: om. Bk. Dt.

502

HISTORIA ANIMALIUM X

εἰσὶ δέ τινες αἳ πάσχουσί τι τοιοῦτον ὃ καλοῦσιν ἐξανεμοῦσθαι· δεῖ δὴ καὶ τοῦτο μὴ πάσχειν. ἔστι δὲ τὸ τοιοῦτον πάθος. ὅταν συγγένωνται τῷ ἀνδρί, οὔτε προΐεμεναι δῆλαι τὸ σπέρμα οὔτε κυΐσκονται, διὸ καὶ καλεῖται ἐξανεμοῦσθαι. αἴτιον δὲ τοῦ πάθους ἡ ὑστέρα, ὅταν ᾖ λίαν ξηρά. ἑλκύσασα γὰρ πρὸς αὑτὴν τὸ ὑγρὸν ἀφίησιν ἔξω· τὸ δὲ κατασκελετεύεται, καὶ μικρόν τι γινόμενον ἐξ αὐτοῦ ἀπέπεσέ τε καὶ ἔλαθε διὰ μικρότητα ἐξιόν. καὶ ὅταν μὲν τοῦτο σφόδρα πάθῃ ἡ ὑστέρα καὶ γένηται ὑπέρξηρος, ταχύ τε ἀπέβαλε καὶ ταχὺ δῆλον γίνεται ὅτι οὐ κύει· ἐὰν δὲ μὴ σφόδρα ταχέως ταῦτα ποιῇ, ἐν τῷ μεταξὺ χρόνῳ δοκεῖ κύειν ὃ ἂν ἔχῃ αὐτὴ πρὸς αὑτήν, ἕως ἂν ἀποβάλῃ. καὶ ὅμοια συμβαίνει ταχὺ ταύταις πάθη οἷα ταῖς ὀρθῶς κυούσαις, καὶ ἐὰν γίγνηται πολὺς χρόνος, αἴρεται ἡ ὑστέρα ὥστε φανερῶς δοκεῖ κύειν, ἕως ἂν ἀποπέσῃ· τότε δὲ ὁμοία ἐγένετο οἷα πρὸ τοῦ ἦν. ἀναφέρουσι δὲ τοῦτο τὸ πάθος εἰς τὸ δαιμόνιον. ὅ ἐστι θεραπευτόν ἐὰν μὴ φύσει τοιαύτη ᾖ σφόδρα πάσχουσα τὸ πάσχον. σημεῖον δὲ τοῦ μὴ τοιαύτας εἶναι ἐὰν φαίνωνται μὴ προΐεμεναι, ὅταν λάβωσι παρὰ τοῦ ἀνδρός, καὶ μὴ συλλάβωσιν.

[4] κωλύονται δὲ καὶ ἐὰν σπάσμα ἔχωσιν αἱ ὑστέραι. γίνονται δὲ σπάσματα ἐν ταῖς ὑστέραις ἢ φλεγμασίᾳ διατεινομένης τῆς ὑστέρας, ἢ ἐν τῷ τόκῳ πληρώματος πολλοῦ ἐξαπίνης ἐπιπεσόντος καὶ μὴ ἀνοιγομένου τοῦ στόματος· τότε ὑπὸ τῆς διατάσεως γίνεται σπάσμα. σημεῖον δὲ τοῦ μὴ ἔχειν σπάσμα ἐὰν μὴ φαίνηται εἰς φλεγμασίαν ἀφικνουμένη ἐν τοῖς αὐτοῖς ἔργοις ἡ ὑστέρα· ἔχουσα γὰρ σπάσμα φλεγμαίνοι ἄν ποτε. ἔτι δὲ ἐὰν φῦμα ἐπὶ τοῦ στόματος ᾖ πολλὰ ἑλκωθέντος, ἐμποδίζει πρὸς τὰς

10 δή] δὲ Ald.   11 πάθος om. G^a Q F^a X^c Ott. Fel.   δῆλαι om. G^a Q F^a X^c Guil. (vac. 4 Tz) Ott. Fel.   14 αὑτὴν D^a R^c V^c Ald.: αὐτὴν α S^c L^c: *ipsam* Guil.   post ὑγρὸν add. οὐκ cj. Dt.   15 αὐτοῦ] αὐτῆς cj. Dt.   16 σμικρότητα F^a X^c   19 ποιεῖ Q F^a*pr.*   ἔχῃ ... 20 ἂν om. G^a Q F^a X^c Ott. Fel.   20 ἀποβάλλῃ F^a X^c   26 τὸ πάσχον] *quod patitur* Guil.: τὸ πάθος cj. Scal. Sn.: δ᾽ ἐπὶ ποσόν cj. Pk.: ὃ πάσχει cj. Dt.   μὴ secl. Barnes   29 ἐν ταῖς ὑστέραις secl. Pk. Dt.   34 αὐτοῖς codd. Ald.: *opus suum* Scot. Alb.: *in propriis operibus* Guil.: *suis* Trap. Fel.: αὑτῆς cj. Sylb. edd.

37 συλλήψεις. σημεῖον δὲ καὶ τοῦ ταῦτα μὴ ἔχειν ἐὰν φαίνηται ἀνοιγομένη καλῶς ἡ ὑστέρα καὶ συμμύουσα ὅταν γένηται αὐταῖς τὰ γυναικεῖα καὶ αἱ πρὸς τὸν ἄνδρα χρή-
636b1 σεις. ἔτι ἔστιν αἷς πως τὸ στόμα συμφύεται, ταῖς μὲν ἐκ γενετῆς ταῖς δὲ διὰ νόσον. γίνεται δὲ τοῦτο καὶ ἰατὸν καὶ ἀνίατον. οὐ χαλεπὸν δὲ τοῦτο γνῶναι ἐὰν ᾖ· οὐ γὰρ οἷόν τε οὔτε λαμβάνειν οὐδὲν ὧν δεῖ οὔτε προΐεσθαι. ἐὰν οὖν φαίνηται
5 καὶ δεχομένη παρὰ τοῦ ἀνδρὸς καὶ ἀφιεῖσα, δῆλον ὅτι κἂν
6 ἔλεγχος εἴη τῷ πάθει.
6 ὅσαις δὲ τούτων μηδὲν ἐμπόδιον ᾖ ἀλλ᾽ ἔχουσιν ὃν τρόπον δὴ εἴρηται ἔχειν, ἂν μὴ ὁ ἀνὴρ αἴτιος ᾖ τῆς ἀτεκνίας ἢ ἀμφότεροι μὲν δύνωνται τεκνοῦσθαι πρὸς ἀλλήλους δὲ μὴ ὦσι σύμμετροι τῷ ἅμα προΐεσθαι
10 ἀλλὰ πολὺ διαφωνῶσιν, ἔσονται τέκνα τούτοις.
10 [5] τῷ μὲν εἰδέναι τὰ τοῦ ἀνδρὸς αἴτια ἔστι μὲν καὶ ἄλλα σημεῖα λαβεῖν· ἃ δὲ ῥᾷω μάλιστα, φαίνοιτο πρὸς ἄλλας πλησιάζων καὶ γεννῶν. τοῦ δὲ πρὸς ἄλλους μὴ συνδρόμως ἔχειν, πάντων τῶν εἰρημένων ὑπαρξάντων, οὐ γεννῶσιν. δη-
15 λοῖ γὰρ ὅτι τοῦτο αἴτιον μόνον. εἴπερ γὰρ καὶ ἡ γυνὴ συμβάλλεται εἰς τὸ σπέρμα καὶ τὴν γένεσιν, δῆλον ὅτι δεῖ ἰσοδρομῆσαι παρ᾽ ἀμφοῖν. ἐὰν οὖν ὁ μὲν ταχὺ ἐκποιήσῃ

636b1 πω F^a X^c 5 κἂν ἔλεγχος εἴη codd. Ald. Bk.: *et utique elenchus sit* Guil.: ἀνέλεγκτος εἴη cj. Scal.: οὐκ ἂν ἐλεγχθείη cj. Pk.: οὐκ ἂν ἐνσχεθείη cj. Dt. 7 δὴ codd. Ald. Bk.: *oportet* Guil.: δεῖν cj. Sn. Dt. 8 μὲν om. L^c Ald. 10 πολλοὶ F^a X^c post διαφων. add. οὐκ codd. Guil. Trap. Ald. Fel.: om. Scot. Alb.: secl. Bk. Dt. τῷ D^a R^c V^c: τοῦ G^a Q F^a X^c, S^c, L^c, Ald. edd.: *ad sciendum* Guil. Trap. post μὲν add. οὖν G^a Q F^a X^c, S^c, L^c, Ald. edd.: *et* Scot.: *autem* Alb. Guil.: *vero* Trap. 11 εἰδέναι] εἶναι cj. Bk. post εἰδέναι add. εἰ cj. Pk. Dt.: *utrum* Scot. Trap.: *si* Guil. ἀναίτια cj. Pk. Dt. 12 post μάλιστα add. ἂν cj. Sn. Bk.: add. εἰ cj. Pk. Rud.: *magis videbuntur* Guil. (cett.) 13 τοῦ D^a R^c V^c Dt.: τὸ G^a Q F^a X^c, S^c, L^c, Ald. Bk.: τῷ conj. Louis ἄλλους D^a R^c V^c: ἄλλας G^a Q F^a X^c, L^c, Ald.: *incert.* S^c: *ad invicem* Guil.: ἀλλήλους cj. Sn. Bk. Dt. Louis 14 οὐ] μὴ D^a R^c V^c: *non generant* Guil. γεννῶσιν] γεννῶν cj. Barnes 17 ἐὰν οὖν ὁ Q*rc.* F^a X^c, D^a R^c V^c: ἐὰν οἱ G^a Q*pr.*: ἐὰν ὁ S^c, L^c, Ald.: *si quidem igitur hic* Guil.: *sin autem hic* Trap.

HISTORIA ANIMALIUM X   636b

ἡ δὲ μόλις (τὰ γὰρ πολλὰ αἱ γυναῖκες βραδύτεραι),
τοῦτο κωλύει· διὸ καὶ συζευγνύμενοι γεννῶσι μετ' ἀλλήλων οὐ γεννῶντες δὲ ὅταν ἐντύχωσιν ἰσοδρομοῦσι πρὸς τὴν 20
συνουσίαν. εἰ γὰρ ἡ μὲν ὀργῶσα καὶ παρεσκευασμένη εἴη
καὶ ἐννοίας ἔχουσα ἐπιτηδείας, ὁ δὲ προλελυπημένος καὶ κατεψυγμένος, ἀνάγκη τότε ἰσοδρομῆσαι αὐτοὺς ἀλλήλοις.
ὅτι
δ' ἐνίοτε γυναιξὶ καὶ ἐξονειρωξάσαις καὶ ἀνδράσιν ἀφροδισιάσασι συμβαίνει εὐρωστοτέροις εἶναι, μὴ ἰσχύϊ ἀλλ'
ὑγιείᾳ· γίνεται δὲ τοῦτο ὅταν πολὺ τὸ σπέρμα ᾖ ἠθροισμένον ἐπὶ τὸν τόπον ὅθεν προΐενται. ἐὰν οὖν τότε ἀπέλθῃ, οὐδὲν
ἀσθενέστεραι γίνονται· οὐ γὰρ ἀεὶ ἐκλύονται ἀπελθόντων,
ὅταν ἱκανὰ ᾖ τὰ λειπόμενα, οὐδ' ἂν εἰ ἐκεῖνα ἄχρηστα ᾖ·
ἅμα καὶ ῥᾷον, οἷον πλησμονῆς ἀπαλλαγέντα· διὸ οὐκ 30
ἰσχύϊ εὐρωστότεραι ἀλλὰ κουφότητι γίνονται. ἀλλ' ὅταν ἀπὸ
τοσούτων ἐπίῃ ὧν τὸ σῶμα δεῖται, τότε ἀσθενεστέρας ποιεῖ.
παύεται δὲ ταχὺ ἂν ἄλλως τις ὑγιάνῃ τὸ σῶμα καὶ ἐν
ἡλικίᾳ ᾖ ταχὺ σπερμοποιεῖ· τῶν γὰρ αὐξανομένων τοῦτ'
ἐστὶ ταχὺ καὶ τῶν αὐξητῶν. καὶ λανθάνουσι τότε μάλιστα 35
κυϊσκόμεναι. οὐ γὰρ οἴονται συνειληφέναι ἐὰν μὴ αἴσθωνται
(προϊέμεναι δὲ τυγχάνουσιν), ὑπολαμβάνουσαι ὡς δεῖ ἐπ' ἀμ-

19 οὐ γεννῶσι μ. ἀ. γεννῶντες δὲ cj. Scal. Fel. Sn.: οὐ γεννῶντες μ. ἀ. γεννῶσιν cj. Dt.   20 δὲ om. G^a Q F^a X^c Guil. Dt.   21 πεπρασμένη Q F^a
X^c Ott.: *preparata* Scot. Trap. Fel.: *parata* Guil.   23 ἰσοδραμῆσαι F^a X^c
ἀλλήλοις αὐτούς transp. D^a R^c V^c: *ipsos ad invicem* Guil.   24 ὅτι codd. Ald:
quod Guil. Trap.: *iam vero* Fel.: ἔτι cj. Sylb. edd.   post ἐνίοτε add. καὶ F^a
X^c   26 ὑγεία codd. hic et saepius   29 εἰ secl. Sylb. Sn. Dt.   30 ἅμα]
ἀλλὰ cj. Barnes   ῥᾶον D^a R^c V^c Dt.: ῥᾴω G^a Q F^a X^c, S^c, L^c, Ald. Bk.:
facile Guil.   31 ἀλλ' ὅταν ... 32 ποιεῖ om. Guil. (cett.) (hab. Tz)   32
τούτων R^c   ἐπίῃ] om. Guil.: *abierit* Fel.: ἀπίῃ cj. Scal. Sn. Dt.   ἐποίει
D^a R^c V^c: *debilitabitur* s. *debilitatur* Scot. Alb.: *fiunt* Guil. (Tz)   33 ἂν ...
637b15 ἄρρενι post 636a6 καὶ transp. Ald. Bas. Fel.   34 ᾖ codd.: ᾖ Ald.
Fel.: *fuerit que* Guil.: ᾖ ᾖ Bk. Dt.   ταχὺ σπερμονποιεῖ Ald.: ταχύσπερμον
ποιεῖ Bas.   αὐξομένων D^a R^c V^c: *crescentibus* Guil.   36 οἴονται] οἷόν τε
L^c Ald.   37 post προΐ. add. ἔτι cj. Dt.   δὲ τυγχάνουσιν codd. Ald. Scal.
Fel. Bk.: vac. 7 Guil. (Tz) (om. cett.): om. Scot. Trap. Sn.   ἐπ' codd. Ald.:
in Guil.: ἀπ' cj. Sylb. edd

505

φοῖν συμπεσεῖν ἅμα, καὶ ἀπὸ τῆς γυναικὸς καὶ ἀπὸ τοῦ ἀνδρός.
    μάλιστα δὲ λανθάνει ὅσαι οἴονται ἀδύνατον εἶναι συλλαβεῖν ἐὰν μὴ ξηρανθῶσι καὶ ἐπιδήλως ἀφανισθῇ τὸ δοθέν. συμβαίνει δ' ἐνίοτε πλέον προΐεσθαι καὶ αὐτὴν καὶ τὸν ἄνδρα οὗ ἂν δύναιντο ἀφανίσαι καὶ τοῦ ἱκανοῦ. ὅταν οὖν σπάσῃ μὲν ἱκανόν, ληφθῇ δὲ πολύ, τότε λανθάνουσι κυϊσκόμεναι. ὅτι δὲ τοιοῦτον ἐνδέχεται γίνεσθαι καὶ οὐκ ἐξ ἅπαντος γίνεται τὸ πάθος, δηλοῖ ὅσα τῶν ζῴων ἀπὸ μιᾶς ὀχείας πολλὰ τίκτει, καὶ ἡ τῶν διδύμων γένεσις, ὅταν ἀπὸ μιᾶς γένηται. δῆλον γὰρ ὅτι ἐξ οὐχ ἅπαντος ἐγένετο, ἀλλὰ μέρος τι αὐτοῦ ἔλαβέ τις τόπος, τὸ δὲ περιέλιπε πολλαπλάσιον. ἔτι εἰ πολλὰ ἀπὸ μιᾶς ὀχείας γίνεται, ὅπερ φαίνεται ἐπὶ τῶν ὑῶν καὶ τῶν διδύμων ἐνίοτε γιγνόμενον, δῆλον ὅτι οὐκ ἀπὸ παντὸς ἔρχεται τὸ σπέρμα τοῦ σώματος, ἀλλ' ἐφ' ἑκάστου εἴδους ἐμερίζετο. ἀπὸ παντὸς μὲν γὰρ ἐνδέχεται ἀποχωρισθῆναι καὶ τὸ πᾶν εἰς πολλά. ὥστε ἅμα καὶ κατὰ μέρος ἀδύνατον.
    ἔτι ἡ γυνὴ προΐεται εἰς τὸ πρόσθεν τοῦ στόματος τῶν ὑστερῶν, οὗ καὶ ὁ ἀνήρ, ὅταν πλησιάσῃ. ἐντεῦθεν γὰρ σπᾷ τῷ πνεύματι, ὥσπερ τοῖς στόμασιν ἢ τοῖς μυκτῆρ-

---

39 μάλιστα... 637a9 πολλαπλάσιον iterum infra post 638b37 ὅμοιον ponunt codd. Scot. Guil. Ald.   ἀδύνατον] δυνατὸν infra codd. Ald.: *impossibile* utroque loco Guil.   **637a1** ξηρανθῶσι] ἀναξηρανθῇ infra codd. Ald.   **2** προέσθαι infra codd. Ald.   **3** δύνηται infra codd. Ald., hic etiam cj. edd.   **4** ληφθῇ hic et infra codd. Ald.: *remanebit* hic, *remanet* infra Scot: *relinquatur* utrobique Guil.: *relictum sit* Trap.: *relicta fuerit* Fel.: λειφθῇ cj. Scal. edd. post λανθ. add. καὶ infra codd. Ald.   **5** ἐνδέχεσθαι infra Q   **7** ὅταν] κἂν infra codd. Ald.: *cum* hic, *si* infra Guil.   **8** ἐξ οὐχ G^a Q F^a X^c, L^c, Ald. edd.: ἐξ D^a R^c V^c: incert. S^c: οὐκ ἐξ infra codd.: *non ex toto* hic, *ex omni* infra Guil.: *ex toto facta non est* Trap.: *ex non universo* Fel.   **9** τι] τοῦ infra codd. Ald.: *partem aliquam ipsius* hic, *partem ipsius* v.l. *eius* infra Guil.   τις hic et infra cett. Guil. Sn.: incert. hic, habet infra S^c: om. hic, habet infra L^c Ald.: om. Bk.: ὁ cj. Dt. περιέλιπε hic codd. Ald.: περιέλιπε τὸ infra codd. (exc. περιέλειπε τὸ V^c) Ald.: *reliquit que* hic, *dereliquit que* infra Guil.: περιελίπετο cj. Scal. Sn.: περιελείπετο cj. Bk. Dt.   **11** γιγνόμενον Qrc. F^a X^c edd.: γιγνόμενα cett. Ald.: *factum* Guil.   **14** ὥστε] ὡς δὲ πᾶν cj. Barnes   κατὰ] μετὰ Q F^a X^c

HISTORIA ANIMALIUM X 637a

σιν. πάντα γὰρ ὅσα μὴ ὀργάνοις προσάγεται, ἢ εἴσφυσιν ἔχει ἄνωθεν κοῖλα ὄντα ἢ πνεύματι †ἕλκων† ἢ ἐκ τούτου τοῦ τόπου. διὸ ἐπιμελοῦνται ὅπως γένηται ξηρὸς οὗτος ὥσπερ πρὶν τοῦτο συμβαίνειν. πέφυκε δ' οὕτως ἡ ὁδὸς δι' ἧς ἔρχεται ταῖς γυναιξίν. ἔχουσι καυλόν, ὥσπερ καὶ οἱ ἄνδρες τὸ αἰδοῖον, ἀλλ' ἐν τῷ σώματι. ἀποπνέουσι διὰ τοῦτο μικρῷ τε πόρῳ ἀνωτέρω, ᾗ οὐροῦσιν αἱ γυναῖκες. διὸ καὶ ὅταν ὀργῶσιν ἀφροδισιασθῆναι, οὗτος ὁ τόπος οὐκ ἔχει ὁμοίως καὶ πρὶν ὀργᾶν. ἀπὸ δὴ τούτου τοῦ καυλοῦ γίνεται ἔκπτωσις, καὶ τὸ ἔμπροσθεν τῆς ὑστέρας πολλῷ μεῖζον ἢ καθ' ἢν εἰς ἐκεῖνον τὸν τόπον ἐκπίπτει. ὅμοιον δ' ἐστὶ τοῦτο κατὰ τοῦτο ταῖς ῥισίν· καὶ γὰρ αἱ ῥῖνες ἔχουσιν εἴσω εἰς τὸν φάρυγγα πόρον τινὰ καὶ εἰς τὸν ἔξω ἀέρα· οὕτω κἀκεῖνος καὶ ἔξω ἔχει πόρον μικρόν τε πάνυ καὶ στενόν, ὅσον πνεύματι ἔξοδον, τὸν δ' εἰς τὸ πρόσθεν τῆς ὑστέρας εὐρύχωρον εὔρουν, ὥσπερ αἱ ῥῖνες τὸν εἰς τὸν ἀέρα μείζω τοῦ εἰς τὸ στόμα καὶ φάρυγγα. ὁμοίως δὲ καὶ αἱ γυναῖκες μείζω τὸν εἰς τὸ ἔμπροσθεν τῶν ὑστερῶν πόρον ἔχουσι καὶ εὐρυχωρότερον τοῦ ἔξω.
ὅ τι συμβάλλεται εἰς τοῦτο ποιεῖ τῶν αὐτῶν παθημάτων ὅτι καὶ ἡ γυνὴ γόνιμον προΐεται. τὰ δ' αὐτὰ αἴτια ταῦτα συμβαίνει. καὶ γὰρ οἷς ἢ νόσου ἢ θανάτου δοκεῖ ἑτέρου τὸ αἴτιον εἶναι, θεωροῦσι τὸ /1/ τελευταῖον ἐπὶ τὰς ἀρχάς, ὃ δεῖ ὁρᾶν. τοῖς μὲν γὰρ

18 εἴσφυσιν Dᵃ Sᶜ Rᶜ Vᶜ Bk.: εἰς φύσιν Lᶜ Ald.: εἴφυσιν Gᵃ Q: εἰ φύσιν Fᵃ Xᶜ: om. Scot.: insufflationem Guil. (post ἢ desinit Tz): collum Trap.: insertionem Fel.: σύμφυσιν sive εἰσφύσησιν cj. Sn.: φύσιν cj. Pk. Dt. Louis   19 ἕλκων ἢ codd. Ald.: trahunt Guil. Trap.: attrahuntur Fel.: ἕλκονται cj. Scal. edd.   20 οὕτως Gᵃ Q Fᵃ Xᶜ, Ott. Bk. Dt.: om. Ald.: iste Guil.   21 συμβαίνει Dᵃ Rᶜ Vᶜ   23 σώματι] στώματι (sic) Sᶜ corr.: στόματι Lᶜ Ald. Bk.: om. Scot. Trap.: corpore Guil.: ore Scal. Fel.   post ἀποπ. add. οὖν cj. Sn. Pk.: igitur Guil.: om. Trap.: δὲ cj. Dt. Louis   24 πόρρω Rᶜ   ᾗ cett.: ἢ Vᶜ: ἢ ᾗ cj. Scal. Fel. Sn. Dt.   25 ὀργᾶ Dᵃ Rᶜ Vᶜ   26 ἔκπτωσις] exitus spermatis Scot. Alb.: excidentia Guil.   30 ἔξω⁽²⁾] ἔσω cj. Buss. Dt.   32 εὔρουν om. Guil. Louis   35 τοῦ] τὸ codd. Ald. Bk.: maius quam extrinsecum Scot.: ampliorem eo qui extra Guil.: latiorem foris Trap.: exterior amplior Fel.: τοῦ cj. Scal. Sn. Pk. Dt. Louis   ἔξω] ἔσω cj. Dt.   37 ταῦτα] ταὐτὰ cj. Dt. Louis: eadem Scot.: eedem cause hee accidunt Guil.   38 εἶναι Dᵃ Rᶜ Vᶜ Guil. Dt.: om. cett. Bk.   ante θεωρ. add. οὐ cj. Barnes   637b1 τοῖς codd. Ott. Dt.: ταῖς Ald. Bk.

ταὐτὰ /2/ αἴτια τὰ πρῶτα, τοῖς δὲ οὐδέν, τῶν δὲ τὰ μὲν τὰ δ' οὔ. /3/ ἀποδίδωσιν οὖν κατὰ λόγον καὶ τὰ ἀποβαίνοντα· καὶ τοῖς /4/ μὲν διὰ πάντων συμβαίνει διελθεῖν τῶν αὐτῶν παθημάτων, /5/ τοῖς δὲ διὰ πολλῶν οἷς πολλά· τοῖς δὲ δι' ὀλίγων· τοῖς δὲ /6/ δι' οὐθενὸς ὅσοις μηδέν.
[6] φανερὰ δὲ τὰ ζῷά ἐστιν ὅταν ὀχευθῆναι δέηται. διώκει γὰρ τὰ ἄρρενα, οἷον αἱ ἀλεκτορίδες διώκουσι καὶ ὑφιζάνουσιν αὐταὶ ἐὰν μὴ ὀργᾷ ὁ ἄρρην. τοῦτο δὲ ποιεῖ καὶ ἄλλα ζῷα. εἰ δὴ ταὐτὰ πάθη πᾶσι τοῖς ζῴοις φαίνεται ὄντα περὶ τὴν συνουσίαν, δῆλον ὅτι καὶ τὰ αἴτια συμβαίνοντα. ἀλλὰ μὴν ἥ γε ὄρνις οὐ μόνον τοῦ λαβεῖν ἐπιθυμίαν ἔχει, ἀλλὰ καὶ τοῦ προέσθαι. σημεῖον δὲ τούτου· ἐὰν γὰρ μὴ παρῇ ἄρρην, πίπτει ὑπ' αὐτὴν καὶ ἔγκυος γίγνεται καὶ τίκτει ὑπηνέμια, ὡς ἐπιθυμοῦσα καὶ τοῦ ἀφεῖναι τότε, καὶ ἀφεῖσα ὅταν καὶ τῷ ἄρρενι συνῇ. ποιεῖ δὲ τοῦτο καὶ τἆλλα, ἐπειδὴ καὶ τῶν ᾀδουσῶν ἀκρίδων ἤδη τις ἐπειράθη τρέφουσα, ἔτι ἀπαλὰς λαβοῦσα· /18/ καὶ ἐγένοντο αὐξηθεῖσαι αὐτόματοι ἔγκυοι. ἐκ δὴ τούτων δῆλον ὅτι /19/ συμβάλλεται εἰς τὸ σπέρμα πᾶν τὸ θῆλυ, εἴ γε καὶ ἐφ' ἑνὸς γένους φαίνεται τοῦτο γιγνόμενον. οὐδὲν γὰρ διαφέρει τὸ ζῷον τὸ ὑπηνέμιον τούτου, ἀλλὰ τῷ μὴ γεννᾶν ζῷον. τοῦτο δ' ὅτι καὶ παρ' ἀμφοῖν ἦλθεν. διὸ οὐδὲ τὰ ἀπὸ τοῦ ἄρρενος ἅπαντα γόνιμα φαίνεται, ἀλλ' ἔνια ἄγονα ὅταν μὴ ἐξ ἀμφοῖν ὡς δεῖ συναρμοσθῇ. ἐπεὶ γυναῖκες ἐξονειρώττουσι, καὶ

1 ταὐτὰ codd. Ald.: *easdem* Scot.: *hee* Guil.: ταῦτα cj. edd.   **2** τῶν] τοῖς cj. Barnes   **3** καὶ[1] om. Q Fª Xᶜ   **8** αὐταὶ] αὐτὰς Rᶜ: αὐτὰ Vᶜ   **9** ταὐτὰ cett.: incert. Sᶜ: ταῦτα Lᶜ Ald.: *eedem* Guil.   **11** μὴν] μὲν Rᶜ   **12** ἔχει Q*rc*. Fª Xᶜ Ott. Guil. (post 11 μόνον ponit) Bk.: om. cett. Ald.   **13** post παρῇ add. ὁ Gª Q Fª Xᶜ, Lᶜ, Ald. edd.: incert. Sᶜ   πίπτει ὑπ' αὐτὴν codd. Ald. edd.: *eicit semen* Scot.: *in se ipsam spermatizat* Alb.: *cadit sub ipsam* Guil.: *in ipsas recidit* Fel.: *intra sese proiciunt* Scal.: προίεται εἰς αὐτήν cj. Sn.: φρίττει καθ' αὐτήν cj. Pk.: πτήσσει ὑπ' ἄλλην cj. Dt.: *πίπτει ὑπ' ἄλλην* cj. Louis   **15** post ἄρρενι add. ἀνὴρ ex 636a6 per errorem Ald. Bas. Bk. Buss. A.-W. Dt. Louis: ὕπαρ καὶ μὴ ὄναρ cj. Pk.   συνῇ om. Ald. Bas.   **17** τρέφουσαν Gª Q Fª Xᶜ, Sᶜ (ut vid.), Lᶜ, Trap. Ald.   **18** αὐξηθεῖσαι Dª Rᶜ Vᶜ Scot. Guil. Dt.: om. Gª Q Fª Xᶜ, Sᶜ, Lᶜ, Trap. Ald. Fel. Bk.   αὐτόματοι om. Guil.   **19** ἐφ'] ἀφ' Fª Xᶜ   **21** ζῶον codd. Ald. Bk.: *ovum venti* Scot. Alb. Trap.: om. Guil.: ᾠὸν cj. Dt.   **24** ἐπεὶ codd. Guil. Ald.: ἔτι cj. Scal. edd.

ταύταις γίνεται, ὡς ὅταν συγγένωνται ἀνδρί, ταὐτὰ παθήματα μετὰ τὸν ὀνειρωγμόν, διάλυσις καὶ ἀδυναμία. δῆλον τοίνυν, εἰ ἐν τῷ ἐξονειρωγμῷ φαίνονται προϊέμεναι καὶ τότε συμβάλλονται, ὅτι μετὰ τοὺς ἐξονειρωγμοὺς ὁ αὐτὸς τόπος ἀφυγραίνεται καὶ θεραπείας δέονται τῆς αὐτῆς αὐταὶ ὑφ' αὑτῶν ὥσπερ ὅταν συγγένωνται ἀνδρί. ὥστε φανερὸν ὅτι παρ' ἀμφοῖν γίνεται πρόεσις σπέρματος εἰ μέλλει γόνιμον ἔσεσθαι.
προΐενται δ' οὐκ εἰς αὑτὰς αἱ ὑστέραι ἀλλ' ἔξω, οὗ καὶ ὁ ἀνήρ· εἶτ' ἐκεῖθεν ἕλκει εἰς αὐτάς. ὧν τὰ μὲν γεννᾷ ἀφ' αὑτῶν τὰ θήλεα οἷον ὄρνις (τὰ δ' ὑπηνέμια), τὰ δ' οὐθὲν οἷον ἵπποι καὶ πρόβατα. ἢ ὅτι ἡ μὲν ὄρνις εἰς τὴν ὑστέραν προΐεται, καὶ οὐκ ἔστιν ἔξω τόπος εἰς ὃν ἀφίησιν οὐδὲ ὁ ἄρρην· διὸ ἐὰν μὴ τύχῃ ὀχεύων, εἰς τὴν γῆν ἐκχεῖ· τοῖς δὲ τετράποσιν ἔστιν ἔξω τόπος ἄλλος εἰς ὃν καὶ τὸ θῆλυ προΐεται καὶ τὸ ἄρρεν· ὅπερ τοῖς μὲν ἄλλοις μετὰ τῶν ἄλλων ὑγρῶν συγχεῖται καὶ οὐ συνίσταται ἐν τῇ ὑστέρᾳ διὰ τὸ μὴ εἰσιέναι, ταῖς δ' ὄρνισι λαβοῦσα ἡ ὑστέρα συμπέττει καὶ σῶμά τι ὅμοιον τὰ ἄλλα πλὴν οὐ ζῷον· διὸ δεῖ ἐξ ἀμφοῖν τὸ ζῷον εἶναι.

[7] ἔστι δ' ἐνστῆναι, εἰ ἀληθῆ λέγουσι φάσκουσαι, ὅ τι ἂν ἐξονειρώττωσι, ξηραὶ ἀνίστασθαι. δῆλον γὰρ ὅτι ἕλκει ἡ ὑστέρα ἄνωθεν· ὥστε διὰ τί οὐ γεννᾷ αὐτὰ καθ' αὑτὰ τὰ θήλεα, ἐπείπερ καὶ μιχθὲν ἕλκει τὸ τοῦ ἄρρενος; διὰ τί

---

25 γίνεται om. F^a X^c ταὐτὰ codd. edd.: ταῦτα Ald.   27 post προΐ. add. ὡς cj. Scal. Sn. Pk. Dt.   29 αὐταὶ] αὗται D^a R^c V^c: *ipse a se ipsis* Guil.   31 post προ. add. τοῦ G^a Q F^a X^c, S^c, L^c, Ald. edd.   μέλλοι F^a X^c: *debeat* Guil.   32 αὑτὰς edd.: αὐτὰς codd. Ald.: *se* Scot.: *se ipsas* Guil.   ἀλλ' Qrc. F^a X^c edd.: om. cett. Ald.: *sed* Scot. Guil. Trap.   33 ἕλκει codd. Ald. Bk.: *attrahit* (sc. *femina*) Scot.: *trahunt* (sc. *matrices*) Guil. Trap.: ἕλκουσιν cj. Bas. Sylb. edd.   αὐτάς codd. Ald. Bas. Bk. Dt.: *se* Scot.: *se ipsas* Guil. Trap.: αὑτάς Sn. Pk. Louis   ὧν] ὡς cj. Scal. Sn.: πῶς οὖν cj. Pk. Dt.   34 θήλεια codd. Ald.   δ'$^{(1)}$ codd. Guil. Ald.: om. Scot. Fel. edd.   38 θῦλη G^a Q   638a3 συμπέττει G^a Q: συμπίπτει F^a X^c: *condigerit* Guil.   4 σώματι F^a X: *corpori simile* Guil.   6 ὅ τι ἂν codd. Ald.: *quod si* Guil.: ὅταν cj. Sn. Bk. Dt.   7 ὥστε cett.: incert. D^a (mutil.): om. in lac. V^{c}pr.: αὕτη V^{c}rc.: om. Guil. Fel.

ARISTOTELIS

οὐχὶ καὶ αἱ αἶγες τὸ αὐτῆς ἕλκει, ὅπερ εἰς τὸ ἔξω διατείνει; αἷς γίνεται τοῦτο τὸ πάθος κυούσαις ἔτη πολλά. τίκτουσι γὰρ ὃ καλοῦσι μύλην, οἷον συνέβη τινὶ γυναικί. συγγενομένης τῷ ἀνδρὶ καὶ δοξάσης συλλαβεῖν ὅ τ' ὄγκος ηὐξάνετο τῆς ὑστέρας καὶ τἆλλα ἐγίγνετο τὸ πρῶτον κατὰ λόγον. ἐπεὶ δ' ὁ χρόνος ἦν τοῦ τόκου, οὔτε ἔτικτεν οὔτε ὁ ὄγκος ἐλάττων ἐγίγνετο, ἀλλ' ἔτη τρία ἢ τέτταρα οὕτω διετέλεσεν, ὡς δυσεντερίας γενομένης καὶ κινδυνευσάσης αὐτῆς ἔτεκε σάρκα εὐμεγέθη, ἣν καλοῦσι μύλην. ἐνίαις δὲ καὶ συγκαταγηράσκει τὸ πάθος καὶ συναποθνήσκει.

πότερον δὴ διὰ θερμότητα γίνεται τὸ πάθος τοῦτο, ὅταν τύχῃ ἡ ὑστέρα θερμὴ καὶ ξηρὰ οὖσα καὶ διὰ ταῦτα σπαστικὴ πρὸς αὑτήν, καὶ οὕτως ὥστ' ἔστιν ἀνελέσθαι καὶ φυλάξαι πρὸς αὑτήν; οὕτω γὰρ ἐχούσαις, ἐὰν μὴ μεμιγμένον ἐστὶ τὸ ἀπ' ἀμφοῖν, ἀλλ' ὥσπερ τὸ ὑπηνέμιον ἐνδέξαιτο ἀπὸ θατέρου, τότε γίνεται ἡ καλουμένη μύλη, οὔτε ζῷον, διὰ τὸ μὴ παρ' ἀμφοῖν, οὔτ' ἄψυχον, διὰ τὸ ἔμψυχον ληφθὲν εἶναι, ὥσπερ τὰ ὑπηνέμια. πολὺν δὲ χρόνον ἐμμένει διά τε τὴν τῆς ὑστέρας διάθεσιν, καὶ διότι ἡ μὲν ὄρνις πολλὰ εἰς αὐτὴν τίκτουσα, ὑπὸ τούτων

---

9 αἱ αἶγες codd. Guil. Ald. edd.: om. Scot. Alb.: *mulieres* Trap. Fel.: ἀμιγὲς cj. Pk. Dt. Gohlke Louis   αὐτῆς Ald. edd.: incert. S[c]: αὐτῶν V[c]*pr*.: αὑτῆς cett.: *proprium* Guil.   ἕλκει codd. Ald. edd.: *trahunt* Guil. Trap. Fel.: ἕλκουσιν cj. Sn.   post διατείνει lac. cj. Dt. Louis   10 αἷς] *quibusdam* Scot.: *propter quod quibusdam* Guil.: ἐνίαις cj. Sn.   ἔτη πολλά secl. Barnes   11 συγγενομένης... δοξάσης codd. Ald. Bk.: *commixte... credenti* Guil.: συγγενομένῃ... 12 δοξάσῃ cj. Sn. Dt.: cf. *GA* 775b28   13 τὸ πρῶτον cett.: πρῶτα Q F[a] X[c]: *primo* Guil.   15 ὡς codd. Ald. Bk.: *tandem* Guil. Trap.: *donec* Fel.: ἕως cj. Sylb. edd.: cf. *GA* 775b32   17 συγκαταγηράσκῃ G[a] Q   18 δὴ D[a] R[c] V[c]: incert. S[c]: δὲ cett. Bk. Dt.: *igitur* Guil.   20 οὖσα post 19 θερμὴ transp. F[a] X[c]   post σπασ. add. οὖσα F[a] X[c]   αὑτήν edd.: αὐτήν codd. Ald.: *ad se ipsam* Guil.   21 ἔστιν] ὁτιοῦν cj. Pk.: ἕκαστον cj. Dt.   αὑτήν codd. Ald.: *in se ipsa* Guil.: αὐτήν edd.   22 ἐστὶ codd. Ald. Bk.: *ponatur* Guil.: ᾖ cj. Sylb. Dt.   23 ἐνδέξετο L[c] Ald.: *contingit* Guil.: εἰδέχηται cj. Sylb.: ἐνδέξηται cj. Sn. Dt.   25 post ἔμψ. add. τὸ cj. Pk. Dt. Louis   27 αὑτὴν L[c] Ald. edd.: αὐτήν cett.: *in se ipsam* Guil.

HISTORIA ANIMALIUM X

γινομένης τῆς ὑστέρας, προσάγει καὶ τίκτει· καὶ ὅταν ἅπαξ οἰχθῇ, καὶ τὸ τελευταῖον ἐξέρχεται. οὐ γάρ ἐστι τὸ εἶργον, ἀλλὰ κατὰ σῶμα προετικὸν γενόμενον ὅτε ἐπληροῦτο, οὐκέτι τὴν ὑστέραν ποιεῖ ἀντισπαστικήν. ὅσα δὲ ζωοφορεῖ, διὰ τὸ μεταβάλλειν τὴν δύναμιν αὐξανομένου καὶ ἄλλοτε ἀλλοίας δεῖσθαι τροφῆς, ἐπιφλεγμαίνουσά τι ἡ ὑστέρα ποιεῖ ταὐτὸν τόκον. ἡ δὲ σάρξ, διὰ τὸ μὴ ζῷον εἶναι, ἀεὶ τῶν ὁμαλῶν. δεῖ γὰρ ὃ βαρύνει τὴν ὑστέραν οὐδέν, οἴει, φλεγμαίνειν. ὡς ἐνίαις γε καὶ συναποθνήσκει τὸ πάθος, ἐὰν μὴ δι' εὐτύχημα ἀσθενήματος συμβῇ, οἷον τῇ ληφθείσῃ ὑπὸ τῆς δυσεντερίας.

πότερον δ', ὥσπερ εἴρηται, διὰ θερμότητα γίνεται τὸ πάθος ἢ μᾶλλον δι' ὑγρότητα (ὅτι καὶ ἔστι τὸ πλήρωμα) οἷον μύει; ἢ ὅταν μὴ οὕτως ᾖ ψυχρὰ ἡ ὑστέρα ὥστε ἀφεῖναι, μηδ' οὕτω θερμὴ ὥστε πέψαι; διὸ καὶ χρόνιον τὸ πάθος, ὥσπερ τὰ ἐν ἑψήσει πολὺν χρόνον διαμένει. τὰ δ' ἑψόμενα πέρας ἔχει καὶ ταχυτῆτα. αἱ δὲ τοιαῦται ὑστέραι ἀκρόταται οὖσαι τὸν χρόνον ποιοῦσι πολύν. ἔτι δὲ τὸ μὴ ζῷον εἶναι, οὐ κινούμενον οὐ ποιεῖ τὴν ὠδῖνα· ἡ γὰρ κίνησις τῶν συνδέσμων ὠδίς ἐστιν ἥν, διὰ τὸ ζῆν, προΐεσθαι τὸ ἔμβρυον. καὶ ἡ σκληρότης δ' ἡ γιγνομένη τοῦ πράγματος μωλύνσεως

28 γινομένης codd. Ald. Bk.: *facta* Guil.: κινουμένης cj. Scal. Sn. Pk.: τεινομένης cj. Buss. Dt. Louis: οἰγνομένης cj. Gohlke   προάγει cj. Scal. Sn. Pk. Dt. Louis   **29** τὸ[1]] τότε F[a] X[c]   εἶγον Ald.: οἶγον Bas.   **30** κατὰ codd. Guil. Ald. Bk.: καὶ τὸ cj. Scal. Sn. Dt.   προεκτικὸν F[a] X[c] γινόμενον F[a] X[c]   **31** ἀντισπατικήν G[a] Q   **33** ταὐτὸν om. Guil.: τὸν cj. Sn.: τακτὸν τὸν cj. Pk. Dt. Louis   **35** δεῖ γὰρ ὃ] διόπερ οὐ cj. Pk. Dt. οἴει codd. Ald. Bk.: om. Scot. Guil. Fel.: *nec ei fervorem affert* Trap.: οἷόν τε cj. Scal.: ποιεῖ cj. Sn. Dt.: ποιεῖν cj. Louis   **36** ἐντύχημα L[c] Ald.   **638b3** μύει codd. Ald. Bk.: om. Scot. Guil.: *claudit* Trap.: μῦδος cj. Buss.: κυμαίνει cj. Pk. Dt.: μύξα cj. Barnes   μὴ] μὲν X[c]   **4** πέμψαι R[c] V[c]: incert. D[a]   **5** ante τὰ[(1)] add. καὶ G[a] Q F[a] X[c], S[c], L[c], Ald. edd.   ὑψόμενα V[c]: incert. D[a] (mutil.)   **6** ἀκρόταται om. Guil.: ἀωρόταται cj. Pk. Dt.: ἀγρόταται cj. Barnes   **7** τὸ] *propter non animal esse* Guil.: διὰ τὸ cj. Sn.: τῷ cj. Buss. Dt. **8** οὐ[(1)] D[a] R[c] V[c] Dt.: μὴ G[a] Q F[a] X[c], S[c], L[c], Ald. Bk.   **9** προΐεσθαι] *emittit* Guil.: add. ποιεῖ cj. Scal. Sylb. Louis: προΐεται cj. Sn. Dt.   **10** μωλύνσεως] κωλύσεως codd. Ald. Fel. Bk.: *ex corruptione* Scot.: *molliens eos* Guil.: μολύνσεως cj Sn.: cf. *GA* 776a8

ARISTOTELIS

ἔργον ἐστίν. οὕτω γὰρ γίνεται σκληρὸν ὥστε πελέκει οὐ δύνανται διακόπτειν. τὰ μὲν οὖν ἑφθὰ καὶ πάντα τὰ πεπεμμένα μαλακὰ γίνεται, τὰ δ' ἀπολελυμένα ἄπεπτα καὶ σκληρά. ὅ τι πολλοὶ ἰατροὶ ἀγνοοῦντες δι' ὁμοιότητα μύλας εἶναι τὸ πάθος πάσχουσιν, ἂν μόνον ἴδωσι τάς τε κοιλίας ἐπαιρομένας ἄνευ ὕδρωπος καὶ τῶν ἐπιμηνίων σχέσιν, ὅταν χρονίζῃ τοῦτο τὸ πάθος. τὸ δ' οὐκ ἔστιν, ἀλλ' ὀλιγάκις γίνονται αἱ γιγνόμεναι μύλαι.

ἄλλοτε μὲν σύρρους γίνεται ψυχρῶν καὶ ὑγρῶν περιττωμάτων καὶ ὑδαρῶν, ἄλλοτε δὲ παχυτέρων, εἰς τὸν περὶ τὴν κοιλίαν τόπον, ἐὰν τὴν φύσιν τοιαῦτα ἢ τὴν ἕξιν ὦσιν. ταῦτα γὰρ οὔτε ὀδυνηρὰν παρέχει οὔτε θερμότητα διὰ ψυχρότητα. αὔξησιν δὲ λαβόντα τὰ μὲν μείζω τὰ δ' ἐλάττω, οὐδεμίαν ἄλλην ἐπισπῶνται νόσον παρ' ἑαυτά, ἀλλ' ὥσπερ πήρωμά τι ἡσυχάζει. ἡ δ' ἀπόλειψις τῶν καταμηνίων γίνεται διὰ τὸ δεῦρο καταναλίσκεσθαι τὰ περιττώματα, ὥσπερ καὶ ὅταν θηλάζωνται· καὶ γὰρ ταύταις ἢ οὐ γίνεται ἢ ὀλίγα. ἔστι δ' ὅτε καὶ εἰς τὸν μεταξὺ τόπον τῆς ὑστέρας καὶ τῆς κοιλίας συρρέον ἐκ τῆς σαρκὸς δοκεῖ μύλη εἶναι, οὐκ οὖσα. ἔστι δ' οὐ χαλεπὸν γνῶναι, ἂν μύλη θιγγάνουσα ᾖ τῆς ὑστέρας. ἐὰν γὰρ ᾖ εὐσταλὴς καὶ μὴ ἔχουσα αὔξησιν, δῆλον ὅτι οὐκ ἐν ἐκείνῃ τὸ πάθος. ἐὰν δὲ τοιαύτη ᾖ οἷον ὅτε παιδίον, ἔχει μύλην· θερμή τε καὶ ψυχρὰ καὶ ξηρὰ ἔσται διὰ τὸ εἴσω τετράφθαι τὰ ὑγρά, καὶ

11 πέλεκι D^a R^c V^c: incert. S^c 12 οὖν om. L^c Ald.   πεπεγμένα F^a X^c 13 ἀπολελυμένα codd. Ald. Bk.: om. Scot. Guil.: μεμολυμμένα cj. Sylb. Sn. Louis: μεμωλυσμένα cj. Dt.   16 πάσχουσιν codd. Guil. Ald.: dicunt ... putant Scot.: λέγουσιν cj. Bas. edd.   21 τὴν φ. τοι. ἢ (sic) τὴν ἕξιν ὦσιν D^a R^c V^c: incert. S^c: τὴν φ. τ. ἢ ἢ τὴν ἕξιν G^a Q, L^c, Ald. Bk.: τοιαῦτα ἢ τὴν φ. ἢ τὴν ἕξιν F^a X^c: *si secundum naturam talia aut secundum habitum fuerint* Guil.   31 θιγγάνουσα ᾖ τῆς ὑσ. codd. Ald. Bk.: *apud tactum matricis* Scot.: *tacta matrice* Guil.: *tacto utero* Trap.: *si uterus tangatur* Fel.: ᾖ θιγγάνουσαν τῆς ὑσ. cj. Scal.: ᾖ θιγγανούσῃ τῆς ὑσ. cj. Buss. Dt.   33 μύλην om. Guil. Sn. Louis Barnes   θερμή τε καὶ ψυχρὰ καὶ ξηρά codd. Ald. Bk.: *durus apostematus et frigidi tactus* Scot.: *calida frigida sicca* Guil.: om. Fel. Buss. Louis Barnes: θερμή τε καὶ στιφρὰ καὶ ξηρά cj. Pk. Dt.

τὸ στόμα τοιαύτη οἷον ὅταν κύωσιν. ἐὰν δέ τι ἄλλο ᾖ ὁ ὄγ- 35
κος, ἔσται ψυχρὰ θιγγανομένη καὶ οὐ ξηρά, καὶ ἀεὶ τὸ στό-
μα ὅμοιον.

35 οἷον L^c*corr.* Ald. edd.: οἱ δ' cett.: *qualis* Guil. Fel. **37** post ὅμοιον add.
iterum 636b39 μάλιστα ... 637a9 πολλαπλάσιον nonnullis mutatis (q.v. ad
636b39 sq.) codd. Scot. Alb. Guil. Ald.: om. Trap. Fel. Bas. edd.

INDEX

LILIANE BODSON AND ALLAN GOTTHELF

This index is based on the full index to the present text of *HA* forthcoming in Liliane Bodson, *Index verborum in Aristotelis Historiam animalium. Listes de fréquence. Relevé inverse des lemmes. Relevés des zoonymes, phytonymes, toponymes, théonymes, anthroponymes* (Hildesheim: Georg Olms, 2003). (See Preface above, pp. xix–xx.) In the present index, all words are included except articles, conjunctions, particles, prepositions, and the verbs εἶναι and γί(γ)νεσθαι. (The prepositions ἕνεκα and χάριν are retained for their philosophical interest.)

The index is verbal rather than conceptual. Information on the general principles of the full index and their application to the present index may be found in Bodson's introduction to the full index. A conceptual index, in English, to the whole of *HA*, prepared by A. Gotthelf, may be found in vol. III of the Loeb edition: Aristotle, *History of Animals Books VII–X*, ed. D. M. Balme (Cambridge MA and London: Harvard University Press, 1991).

Where the same word clearly names animals of more than one broader kind (e.g., βάτραχος, the frog and a type of fish), the different usages are grouped within the entry, and the less common usage(s) are identified, in Latin. These Latin terms serve to distinguish the references of the Greek word, and are not meant to designate taxonomic categories. (*quadrupes* is used for live-bearing four-footed animals, *amphibium* once for what seems to be a frog-like egg-laying animal.) Many of the animal names with multiple references are discussed by Balme in the commentary volume.

Bekker page and line numbers are given below in the order they appear in the text and not in simple numerical order (see Introduction above, p. 1), so that references to 581a9–588a12 come after 633b8 and before 633b12.

ἀβέβαιος 492a12
ἄβολος 576b15
ἄβρωτος 505b20, 531a2, 618a1
ἀγαθός 488b19, 492a4, 8, 10, 11, 33, b1, 31, 520b22, 522b9, 11, 523a9, 538a17, 544a22, b10, 545a27, b3, 14, 546a7, 18, 549b24, 553a26, b8, 26, 554a16, 569b8, 575b25, 576b30, 595a30, b27, 596a29, 598a2, 3, 4, 17, 31, b28, 30, 601b23, 603b27, 607b3, 7, 8, 10, 25, 34, 608a2, 4, 5, 6, 611b22, 614b5, 616b11, 16, 17, 618b35, 619b31, 624b22, 24, 625a29, 31, 626b21, 627a3, 630a11, 631a2, 3, 584a21, 635a29, 36
ἄγαν 521a12, 628a32
ἀγγεῖον 492a18, 507b37, 511b17, 520b13, 521b6, 525a5, 550a2, 559b5, 580b12, 13, 590a25, 600a16, 612a10, 626b33, 635b14
ἄγγος 618b24
ἄγειν, -εσθαι 514a22, 567a5, 578b20, 580b19, 595b13, 607a6, 611a20, 613b14

ἀγελάζεσθαι 597b7, 610b2
ἀγελαῖος 487b34, 488a2, 3, 5, 9, 13, 538a29, 568b25, 26, 570b21, 571b29, 593b22, 597b29, 598a28, 29 (*bis*), 604a13, 610b4, 7, 617b6, 21, 623b8, 632b7
ἀγέλη 570a27, 590b31, 595b15, 610b9, 613b24, 631a16
ἀγεννής 558b16
ἄγκιστρον 621a7, 8, 13, 33, b2
ἀγκιστροφάγος 621b1
ἄγκυρα 523b3
ἀγκών 493b24, 27, 498a24, 502b12
ἀγνευτικός 488b5
ἀγνοεῖν 601b1, 638b15
ἄγνοια 511b13, 610b22
ἄγνος 627a9
ἄγνωστος 494b22
ἄγονος 518b3, 520b6, 523a26, 539a32, 544b15, 562a22, 568b8, 569a30, b28, 576a5, 577b13, 579b10, 581b22, 582a17, 30, 637b23

514

INDEX

ἀγορά 619a16
ἄγρα 534a18
ἀγράμματος 488a33
ἀγριαίνειν, -εσθαι 546a14, 608b31
ἄγριος 488a27, 28, 30, b14, 18, 498b31, 499a5 (bis), 6, 501b1, 10, 502a21, 529b15, 542b31, 544a25, 557a5, 564b5, 571b13, 26, 572b20, 578a25, 32, b1, 580b3, 4, 26, 594a25, b10, 18, 28, 595a13, 598a6, 600a29, 602b15, 606a7 (bis), 9, b17 (bis), 607a11, 608b3, 35, 611a15, 612a3, 614a9, 11, b31, 616b2, 627b23, 628a29, b16, 629b8, 630b18, 632b3
ἀγριότης 588a21, 629b7
ἄγροικος 488b2
ἄγρυπνος 608b13
ἄγρωστις 552a15
ἀγχιβαθής 548b28
ἀγχίνους 587a12
ᾄδειν 488b1, 535b6, 536a28, 29, 32, b15, 16, 556a16, 18, 19, 20 (bis), b11, 12, 601a10, 611b27, 28, 614a14, 21, 615b2, 4, 632b17, 21, 22, 637b16
ἀδελφός 510b14
ἄδηλος 491a23, 502a3, 509b30, 510a2, 4, b33, 511b14, 513a36, b22, 515b25, 519b1, 529a28, 536b31, 563a8, 566a9, 567a24, 597a13, 599a15, 620b31, 627a17
ἀδιαίρετος 556a19
ἀδιάρθρωτος 497b23, 503a4, 550a9, 579a24, 580a7, 583b21
ἀδιάσχιστος 532b13
ἀδιάφορος 497b11
ἀδικεῖν, -εῖσθαι 488b9, 619a20, 626a7, 16, 629b25, 28, 630a9
ἀδιόριστος 527b9
ἀδολεσχία 492b2
Ἀδριανικός 558b16
Ἀδρίας 598b16, 18
ἁδρός 559b11
ἁδρύνεσθαι 565b13, 619b30, 586b24
ἀδυναμία 637b26
ἀδυνατεῖν 619b19, 585a33, 633b22
ἀδύνατος 492b9, 511b19, 516a27, 546a23, 629b28, 633b24, 635a1, 636b39, 637a15
ἀεί 488a27 (bis), 493a27, 495b11, 498a18, 520a29, 30, b23, 521a8, b17, 526a27, 530b17, 536a11, 542b14, 16, 544a19, 33, 545b14, 546a23, 549a11, 550a22, 554b13, 560b29, 562a13, b11, 565a1,

568a15, 571b26, 572b4, 575b25, 578a10, 579b9, 588b21, 591a25, 592a3, 22, 593a17, 597a21, 598b31, 599b5, 600a13, 604b12, 606b19, 610a3, 611a35, b1, 613a25, 614a5, 616b6, 617a1, 32, b14, 31, 32, 618a4, 619a3, 18, b2, 620a10, 622a16, b25, 623a4, b34, 627a4, 628a33, 629a10, 631a15, 633a27, 586b11, 23, 587b9, 634a9, 38, 635b27, 34, 37, 636b28, 638a34, b36
ἀετός, αἰετός 490a6, 517b2, 563a17, b5, 592b1, 6, 10, 601b2, 609a4, 5, b7, 8, 12, 13 (bis), 26, 610a1 (bis), 613b11, 615a20, 33, b13, 14, 618b18, 23, 619a4, 8, 11, 12, 13, 15, 17, 30, b17, 25, 26, 28, 620a1; (piscis) 540b18
ἀηδής 611b23
ἀηδών 536a29, b17, 542b26, 616b8, 632b21
ἀήρ 487a21, 25, 29, 31, 506a2, 536a1, 553b29, 566b14, 589a12, 18, 24, b3, 6, 15, 23, 590a14, 18, 592a23, 637a30, 33
ἀθερίνη 570b15, 571a6
ἀθερῖνος 610b6
Ἀθῆναι 569b11, 618b15
Ἀθηναῖος 559a12, 569b26
Ἀθήνησιν 577b30
ἀθήρ 595b27
ἀθροίζειν, -εσθαι 547a28, 614a15, 625b12, 627a16, 636b26
ἀθρόος 492b7, 496b6, 506a30, 511b16, 533b10, 12, 18, 30, 549b8, 568b24, 569a4, 570b31, 575b7, 579b33, 590b30, 592a19, 597a11, 611a4, 613b30, 620a11, 621b32, 627a25, 630b14, 631a12, 582b7
ἀθρόως 555b22
ἄθυμος 608a33, 627a33, b2
Ἄθως 549b17, 607a12
αἰάζειν 536b22
Αἰγαῖος 598a26, b30
αἴγειος 522a23, 27, 29, 30
αἰγιαλός 525b7, 547a10, 548a1, 566b29, 568b25
αἰγιαλώδης 488b7
αἰγίθαλος, αἰγιθαλός 592b17 (bis), 616b3, 626a8
αἴγιθος, αἰγίοθος 609a31, 610a7 (bis), 616b10
αἰγοθήλας 618b2
αἰγοκέφαλος 506a17, b23, 509a2
αἰγυπιός 609b9, 34, 610a1

515

INDEX

Αἰγύπτιος 500a4
Αἴγυπτος 502a9, 503a1, 557a30, 559b1,
  562b25, 581a1, 597a6, 606a21, 608b33,
  612a16, 617b27, 29, 30, 584b7, 31
αἰγωλιός, αἰγώλιος, αἰτώλιος 563a31,
  592b11, 12, 609a27, 616b25
αἰγωπός 492a3
αἰδοῖον 491a29, 493a25, 31, b2, 494b3,
  497a25, 499a19, 500a33, b3, 4, 7, 10,
  14 (bis), 18, 19, 21, 25, 502b23, 503a6,
  504b27, 509a35, b29, 510a21, 26, 29, 34,
  511b30, 513a7, 515a3, 522a14, 532b23,
  540a6, 18, 25, 544a12, b24, 556a28,
  567a13, 572a26, b2, 27, 574a32, 577b28,
  579b16, 23, 26, 612b15, 581a28, 583b19,
  586b26, 637a23
αἰδοιώδης 541b8
Αἰθιοπία 490a11, 573b28
Αἰθίοψ 517a18, 523a18, 586a3, 4
αἰθρία 503a14
αἴθυια, αἴθυα 487a23, 542b17, 19, 593b15
αἴλουρος 540a10, 580a23, 612b15
αἷμα 487a3, 489a22, 25, 494b27, 496a35,
  b6, 7, 9, 497a10, 503b14, 506a6, 12,
  13, 511b2, 11, 16, 17, 512b8, 513b4, 23,
  515b23, 30, 31 (bis), 32, 33, 35, 520a1, 3,
  b10, 12, 15, 18, 19, 25, 27, 32, 521a1, 3,
  5, 6, 9 (bis), 16, 18 (bis), 19, 20, 27, 32,
  b2, 7, 523a13, 534a29, b2, 573a10,
  595b3, 604b3, 609b24, 610a7, 581b1,
  587a16, 20
αἱμασιά 594a11, 623a4
αἱματίζειν 532a13
αἱματικός 489a25, 561a15
αἱμάτινος 561a11
αἱματώδης 510a16, 24, 521a14, b8, 522a9,
  527a26, 552a1, 559b9, 565b17, 573a3,
  586a29, b33, 587a31
αἱμοβόρος 596b13
αἱμορροΐς 521a19, 29, 587b33
αἴξ 488a31, 492a14, 499b10, 17, 501b21,
  520a10, 522a8, 14, b33, 536b29, 545a24,
  25, 557a16, 567a5, 572b31, 573a19, 25,
  b19, 21, 23, 29, 30, 31, 574a10, 596a13,
  15, b6 (bis), 7, 606a7, 14, 17, 25, 610b29,
  31, 32, 33, 611a4, 6, 612a3, 618b5, 7,
  632b2, 638a9; (auis) 593b23
αἴρειν, -εσθαι 510b32, 535b10, 574a18,
  b19, 24, 594b25, 595a12, 614b19,
  619a33, b5, 623a16, 581b6, 582a11,
  636a22

αἰσάλων 609b8, 30, 33, 34, 620a18
αἰσθάνεσθαι 492b28, 531b1, 533a31,
  534b20, 535a4, 15, 548b11, 590b15,
  603b5, 607a18, 608a20, 612a22, 614a24,
  b26, 621a12, 622a18, 627b16, 585a32,
  587b8, 636b36
αἴσθησις 487b10, 489a17, 491a23, 25,
  492b14, 27, 494a22, b11, 17, 504a22,
  506a15, 520b14, 17, 532b29, 533a16, 17,
  534b11, 17, 535a9, 10, 536b26, 537b21,
  538b29, 548b10, 549a8, 588b17, 28,
  596b24, 608a12, 612b4, 618b16, 583a35
αἰσθητήριον 494b11, 13, 502b35, 505a33,
  514a22, 531a28, 532a5, 533a19, 25, 26,
  b1, 14, 534b7, 9, 535a26
αἰσθητικός 492b27
αἰσχρός 626b32, 632a14
Αἰσχύλος 633a18
αἰσχυντηλός 488b23
αἰτία 491a11, 494a23, 564b5, 579b4,
  580a16, 589b14, 600a30, b18, 606b3,
  609b3, 631b4, 635a1
αἰτιᾶσθαι 606a25
αἴτιος 511b13, 578a20, 598b15, 615a13,
  633b13, 16, 17, 634b3, 13, 636a13, b7,
  11, 15, 637a37, 38, b2, 10
ἀκαλήφη 487a25, b12, 531a31, b10,
  588b20, 590a27, 31
ἀκάλυπτος 489b5, 505a2
ἄκαμπτος 493b29
ἄκανθα 486b19, 509b19, 511a20, b7, 33,
  512a3, 516b12, 16, 517b24, 519b28, 30,
  524b25, 526b11, 14, 530b8, 11, 12, 17,
  531a6, 532a33, 565b27, 30, 593a1,
  609a32, 610a5, 6, 613b10, 616a32, 622a8
ἀκανθίας 565a29, b27, 621b17
ἀκάνθιον 516b19
ἀκανθίς 592b30, 610a4, 6, 616b31
ἀκανθοφάγος 592b30
ἀκανθυλλίς, ἀκανθυλίς 593a13, 616a5
ἀκανθώδης 490b28, 503a2, 505a6, 30,
  516b20, 22, 23, 525b30, 535b22
ἀκαρί 557b8
ἀκαριαῖος 590a3
ἀκεῖσθαι 623a18
ἄκεντρος 553b11, 624b26, 628b1, 3, 4, 7,
  15, 20, 629a24, 25
ἀκέραιος 575b3, 605a15
ἀκέρατος 501a14, 606a21
ἄκερος 499b16
ἀκινησία 552a26

516

INDEX

ἀκινητίζειν 537b7, 551a18, b4, 18, 552a6, 555a5, 557b23, 590a19
ἀκίνητος 487b14, 489b17, 492a22, b15, 528a32, b16, 535a24, 552a27 (bis), 608b14
ἀκμάζειν 521a34, 546a12, 575b4, 576b12, 579a12, 621b19, 630b24
ἀκμή 518b13, 546a18, 29, 575a19, 583b27
ἀκοή 492a24, 27, 33, 494b13, 503a5, 504a23, 505a34, 532b32, 533a21, 34, b8, 14, 534b7, 535a13, 608a19
ἄκοιλος 515a31
ἀκόλαστος 572a12, 597b28, 581b17, 582a26
ἀκολουθεῖν 499a10, 517a13, 563a10, 568b28, 590a15, 17, 610b28, 611a8, 614a2, 631a15, 581b15, 634b4
ἀκόλουθος 608a30
ἄκοπος 633b20, 24
ἄκος 607a24
ἀκούειν, -εσθαι 492a13, 29 (bis), 493b16, 533b4, 28, 534a4, 5, 535a21, 536b16, 595a4, 597b18, 605a8, 611b30, 614a18, 20, b23, 627a18
ἄκρα 512a7, 518a9
ἀκρατής 594a10, 615a23
ἀκράτισμα 564a20
ἀκρίβεια 488b28, 489b18, 491a9, 493b1, 612b21, 583b5
ἀκριβής 494b16
ἀκριβολογία 513a10
ἀκριβῶς 509b24, 511a13, 533a30, 539b2, 622b16, 633b28
ἀκρίς 532b10, 535b12, 550b32, 555b18, 28, 556a4, 7, 592b23, 601a6, 612a34, 637b16
ἀκροᾶσθαι 537b3
ἀκρόδρυα 606b2
ἄκρον 492b28, 493a26, 494a15, 496a19, 497b30, 499a27, 502b9, 507a5, 508a26, 517a22, 523b30, 524a6, 525b19, 526a14, 17, 20, b7, 532b26, 549a33, 556b17, 557b15, 564b31, 567b28, 594a18, 596a15, 610b29, 620b15
ἀκροποσθία 493a29, 518a2
ἄκρος 503b13, 507a9, 508a25, 510b18, 615b29, 619b15, 638b6
ἀκρωμία 498b30, 32, 34, 594b14, 630a24
ἀκρώμιον 606a16
ἀκρωτήριον 517a4, 519a21
ἀκτή 547a10, 548b28, 549b18, 619a6

ἀκύλη 595a29
ἄκων 635b4
ἀλγεῖν 499a30, 578a22, 595b14, 604b15, 16, 23, 605b1
ἀλγεινός 522a9
ἄλγημα 512b18, 25, 635a12
ἄλγος 635a27
ἀλέα 531b16, 542a28, 548b26, 549b22, 566a25, 569b7, 570a23, 596b22, 597a16, 17, 19, 598a1, 599a20, 602a14, 32, b1, 4, 633a16
ἀλεγίζειν 563a19
ἀλεεινός 490a24, 503a13, 544a20, b9, 559b5, 567b13, 17, 569b10, 573b21, 596b27, 599a29, b14, 600a11, 605b8, 613b3, 4, 626b22, 23
ἀλείφειν, -εσθαι 595b14, 604a16, 605b21, 583a23
ἀλεκτορίς 544a31, 32, 558b12, 13, 17, 21, 27, 559a17, b23, 28, 560a1, b3, 19, 561a6, 562a28, 564b2, 613b15, 614b10, 617b24, 631b8, 633b1, 637b7
ἀλεκτρυών 488b4, 504b11, 508b27, 509a20, 536a28, 31, 539b30, 559b18, 564b12, 592b12, 614a7
ἄλευρον 627b19
ἀλεωρή, ἀλεώρη 488b10, 613b11
ἀλήθεια 597a7
ἀληθής 492a14, 559b22, 570a15, 580a21, 620b12, 629b21, 638a5
ἀληθινός 533a7, 541a31, 579b26
ἁλιάετος, ἁλιαετός, ἁλιαιετός 593b23, 619a4, 620a9
ἁλιάς 533b20
ἁλιεύεσθαι 569b5
ἁλιεύς 532b20, 533b29, 534a18, 537a11, 544a12, 547b30, 549b17, 550b8, 566b26, 568a25, 570a1, 571a9, 598b14, 602b9, 16, 620b12, 32, 621a28, 30, 631a13
ἁλίζειν, -εσθαι 570a1, 574a9, 596a19, 24
ἅλις 547a2
ἁλίσκεσθαι 487b30, 525a24, 534a14, 20, b8, 26, 537a5, 18, 21, 538b1, 546b32, 547a1, 13, 14, 567a27, 569b5, 6, 21, 570b29, 579a7, 591b16, 592a8, 593a19, 597b24, 598b9, 12, 18 (bis), 27, 29, 31, 599a2, b4, 12, 18, 21, 25, 30, 600a2, 7, 602a5, 19, 24, b5, 16, 18, 603b8, 605a27 (bis), 611b26, 613a33, 614a12, 617b1, 4, 11, 24, 619a1, 620a13, b25, 28, 621a15, 33, b27, 625a16, 628b22, 25

517

INDEX

ἀλκή 538b15
Ἀλκιβιάδης 578b28
ἄλκιμος 607a11, 627b27, 628b6
Ἀλκμαίων 492a14, 581a16
Ἀλκμάν 557a2
ἀλκυόνειος 542b6
ἀλκυονίς 542b15
ἀλκυών, ἀλκυών 542b4 (bis), 10, 16, 22, 593b8, 12, 615b29, 616a14
ἀλλαχόθι 572b11
ἄλλεσθαι 604a27
ἀλληλοφαγεῖν 591a17
ἀλληλοφάγοι 593b27, 610a3
ἀλλήλων 486a15, 487b20, 28, 491a4, 494b10, 495a14, 18, b4, 497b8, 498a8, 499b29, 500b17, 502b2, 505b24, 507a6, b13, 508b25, 509a28, 510b7, 511a12, 15, 28, 515b11, 516a9, 517b22, 520a6, 524b27, 527a6, b12, 528a21, b13, 15, 531a13, b22, 539a4, 540a4, b2, 541a8, 20, 26, b2, 7, 14, 26, 27, 542a7, 550a11, 12, 556a26, 27, 558b1, 559a7, 560a27, b26, 30, 561a1, 562a25, 566a1, 11, 568a30, 31, 571b15, 19, 23, 28, 572a23, b18, 577b6, 578b10, 580b6, 590b28, 30, 591b15, 592a24, b3, 593a6, 603a16, 604b2, 605b26, 606b23 (bis), 607a28, 608a18, b19, 21, 29, 32, 34, 609a8, 23, b33, 610a3, 8, 14, 15, 18, b1, 12, 611a6, 11, 613a7, 9, 10, 615b17, 618b16, 619a10, 620a23, 626a16, 627b14, 630a32, 631b1, 632b28, 30, 32, 633a1, 585b9, 12, 15, 586a9, 633b13, 636b9, 19, 23
ἄλλοθεν 553b25, 626b26
ἄλλοθι 499b13, 507a16, 517a29, 543b3, 554b18, 602a8, 617a14, 623a12, 634b8
ἀλλοῖος 572a25, 620a19, 632b16, 635a14, 28, 638a32
ἄλλος 486a19, 487a5, 32, b4, 19, 488a12, 17, 29, b26, 33, 489a21, b1, 8, 28, 490b5, 7, 8, 9, 10, 12, 24, 34, 491a22, b10, 26, 27, 492a6, 26, 30, b29, 493a2, b30, 494a4, 26, 28, 31, b18, 23, 26, 495b18, 31, 496a14, b7, 497a3, 13, b6, 31, 34, 498a14, 17, b19, 23, 499a13, 16, 17, 32, 500a7, 12, 13, 27, 34, b19, 27, 501a9, b2, 9, 14, 15, 21, 32, 502a31, 33, b19, 503b35, 504a5, 24, 28, b14, 19, 35, 505a20, 33, b9, 27, 30, 506a11, b15, 26, 28, 507a6, b22, 508a1, 14, 22, 24, b1, 23, 26, 509a5, 12, 13, 27, b4, 11, 510a10, 15,

b35, 511a4, 12, 15, 31, 512a8, 513a8, 22, 514b9, 33, 35, 515a8, 17, b30, 34, 516a1, 3, 23, 30, b12, 23, 517a6, 24, 518a8, b1, 4, 519a20, 28, b13, 520b13, 25 (bis), 521a28, 522a11, b19, 523a8, 14, 16, 525a15, 16, 18, 20, 26, 33, 34, b6, 19, 23, 526a7, 25, 32, 527a28, b10, 30, 528a11 (bis), b2, 21, 529a24, b9, 14, 32, 530a8, 12, b4, 7, 12, 29, 531a15, 18, 27, 29, b28, 532a5, 10, 19, 31, b8, 11, 23, 533a15, 18, 534a9, 10, 26, 535a17, 29, b3, 10, 536a9, 32, b1, 6, 12, 16, 537b29, 538b6, 17, 539a10, b1, 13, 15, 24, 540a1, 15, b16, 29, 541a1, b29, 542a3, 11, b20, 543a28, b5, 8, 23, 26, 544b27, 545a27, 546a10, b1, 23, 27, 547a20, b4, 548a17, 18, 21, b8, 23, 549a1, 4, 5, b18, 32, 550a24, 28, b2, 551a22, 27, b10, 552a8, 23, 553a9, 21, b2, 8, 554a12, 555b18, 556a28, 557a10, 13, b1, 9, 15, 16, 558b1, 30, 559b7, 560a10, b24, 561a28, b22, 562a31, b23, 30, 563a12, 28, b3, 9, 16, 564b16, 29, 565a8, 18, 20, b24, 566a10, 19, 26, b2, 20, 567a1, b7, 10, 13, 18, 21, 568a19, 28, b5, 27, 569a3, 13, b1, 2, 8, 22, 27, 570b12, 27, 571a20, b3, 5, 572a2, 15, 25, b11, 18, 31, 573a26, 574b13, 31, 575a3, 10, b3, 576a10, 13, 23, b5, 10, 22, 577a6, 578b12, 18, 579a29, b27, 580b10, 28, 581a5, 588a16, 19, 28, b3, 9, 24, 27, 589a32, 33, b1, 10, 590b6, 591a8, 30, b13, 23, 592a20, 593a3, 12, 14, 22, b26, 594a5, 7, 14, b17, 595a11, 23, 30, b4, 21, 596a9, b9, 598b1, 21, b11, 29, 599a33, b11, 13, 600a30, 601a27, b3, 4, 602a13, b14, 30, 22, 603a2, 8, 12, 19, 23, b6, 7, 29, 604a11, 22, b7, 20, 605b13, 606a18, 20, 22, b25, 607a1, 15 (bis), 18, b19, 30, 608a3, 16, 30, 35, b26, 609a3, 14, 27, 610b30, 611a8, 612a2, 18, 33, b19, 613a15, 21, b8, 9, 614a12, 15, 18, 22, 30, 32, b11, 23, 615b20, 616b2, 9, 12, 617a9, 21, b17, 18, 29, 30, 618a4, b35, 619a2, 8, 9, 10, 31, b22, 620a14, 20, 26, 27, 621a19, 24 (bis), 27, b16, 18, 22, 622a33, b17, 20, 33, 623a1, 7, b11, 21, 23, 28, 29, 30, 624b5, 24, 625a3, 15, b13, 626a6, 16, 24, 29, b19, 628a15, 30, b14, 629b4, 630a4, 23, b3, 21, 631a11, 20, 632a6, b23, 633a27, 582a19, b29, 583a5, b15, 18, 19, 23, 584a34, b27, 36, 585a4, b25,

518

INDEX

586a8, 27, b28, 35, 587a25, b11, 29, 633b18, 634a2 (*bis*), 17, 22, b2, 635a19, b16, 636b11, 12, 13, 637b9, 16, 38, 638a1 (*bis*), 4, 13, b24, 35
ἄλλοτε 594a28, 638a32, b19, 20
ἀλλότριος 618a9, 625b2, 626b13
ἄλλως 509b2, 511b12, 592b24, 603a4, 607a23, 616b21, 624a27, 625b6, 636b33
ἄλμη 596a26
ἁλμυρός 585a31
ἄλογος 588b2
ἀλοιφή 624a17
ἀλοσάχνη 616a20, 28
ἅλς 555a14, 596a17, 20, 21, 605a30, 585a27
ἅλσις 515b7
ἄλσος 556a25, 618b19, 22, 34
ἁλυκός 574a8
ἄλυπος 633b19
ἀλύπως 633b26
ἄλφιτον 596a5
Ἀλωπεκόννησος 598a22
ἀλώπηξ 488b20, 500b23, 580a6, b25, 606a24, 607a3, 609b1, 3 (*bis*), 26, 30, 32, 610a12, 619b10, 15; (*uespertilio*) 490a7; (*piscis*) 565b1, 566a31, 621a12
ἅλωσις 593a20, 600a3
ἅμα 492b8, 498a10, 499b31, 501a19, 32, 504b7, 506b22, 23, 518b3, 521a7, 541b12, 544b13, 547b31, 552b22, 553b22, 555a1, b4, 556a1, 6, 562a20, 563a22, 564b1, 2, 565b15, 18, 21, 23, 567a4, 568a14, 569a15, 570b31, 571a18, 572b11, 573b3, 574a32, b4, 576a13 (*bis*), 589b17, 597a27, 599b23, 600a25, 603b30, 604a25, 608a17, 616a26, 621b14, 631a14, 16, 633b8, 581a14, b20, 582b1, 585a22, 30, 587b32, 588a1, 634a6, 635a19, 636b9, 30, 38, 637a14
ἀμαθής 488b14
ἁμαρτάνειν 575a14
ἀμαυρός 608a11
ἀμβλύς 501b13, 575a12, 624a18
ἀμέλγεσθαι 522a10, 15, 523a5, 7
ἀμενηνός 628b4
ἀμήχανος 614b34
ἀμία, ἄμια 488a7, 506b13, 533a32, 571a22, 591a11, b17, 598a22, 27, 601b21, 621a17, 20
Ἀμισός 554b15
ἄμμα 587a16

ἄμμος 524a19, 537a23, 25, 26, 547b32, 569a12, 25, 28, 571a7, 591a22, 599b26, 602a32, 620b21, 621a5
ἀμμώδης 547b14, 15, 20, 548a3, 569a29, 620b16
ἄμπελος 546a2, 556b3
ἀμυγδαλῆ 627b18
ἀμύγδαλον 614b15
ἀμυδρῶς 502b9, 533a27, 537b11, 556b19, 588b18
ἀμύθητος 580b16
ἀμύνειν, -εσθαι 488b9, 578b22, 605b17, 609b8, 611a22, b6, 17, 615b1, 621a18, 626b15, 628b5, 630a32, b8
ἀμυντήρ 611b4, 5
ἀμυντικός 488b8, 9
ἀμύττειν 619a23
ἀμφιδέξιος 497b31
ἀμφικέφαλος 494a5
ἀμφικύπελλος 624a9
ἀμφινωμᾶν 633a26
ἀμφισβητεῖν 501b5, 548b14, 575a7, 600a30, b18, 628a35
ἀμφίστομος 624a8
ἀμφορεύς 522a30, b16
ἀμφότερος 496a35, 498a10, 14, b8, 499a1, 501a27, b18, 502a27, b2, 506b17, 513a34, 514b30, 516a2, 525a1, b30, 526a6, 22, 23, b17, 527a17, 19, b21, 528a18, 532a3, 546a1, 547b3, 8, 556b12, 562b21, 566a30, 571b20, 574a7, 8, 589b4, 12, 590a5, 592b12, 593a5, 7, b11, 602a17, 26, 609b29, 35, 612b28, 613a15, 622a26, 581b18, 585a35, 636b8
ἀμφοτέρως 586a24
ἄμφω 493b6, 498a19, b22, 502b10, 505b6, 508a6, 512b31, 513a7, 34, 523b15, 16, 530a22, 538b22, 548b29, 557a15, 562a4, 563b21, 27, 592b2, 603b7, 608a31, 610a12, 615b14, 619b3, 621a2, 628b15, 633b3, 582b3, 587b7, 633b13, 636b17, 37, 637b22, 24, 31, 638a4, 22, 24
ἀμφώδων, ἀμφώδους 495b31, 499a23, 501a11, 12, 14, 507a35, b12, 15, 29 (*bis*), 31, 34, 511a29, 30, 31, 519b10, 11, 520a15 (*bis*), 521b29, 30, 522b9, 632b2, ἀναβαδόν 579a19
ἀναβαίνειν 514b7, 539b24, 541b28, 29, 556b19, 20, 560b27, 28, 30, 569a7,

519

INDEX

ἀναβαίνειν (cont.)
 572b4, 575a16, 19, 576a18, 577b19, 21
 (bis), 580a6, 594b6, 604b11, 610a25,
 616a32, 619b16, 630b31, 631a5
ἀναβιοῦν 587a24
ἀναβλέπειν 562a19
ἀνάγειν, -εσθαι 494b23, 606b12, 621a31
ἀναγκάζειν, -εσθαι 613a2, 614a21, 620a2,
 629b13, 17, 582a11
ἀναγκαῖος 489a15, 520b10
ἀνάγκη 491a5, 23, 547a26, 576b23, 577a1,
 589b16, 634a18, 29, 636b23
ἀναγωγή 550b11
ἀναδίπλωσις 508b13
ἀναδύεσθαι 620a8
ἀναθερμαίνεσθαι 569b11
ἀναθολοῦσθαι 592a8
ἀναθυᾶν 546a28, 573b8
ἀναθυμιᾶν 580b23
ἀναιδής 492a12, 608b12
ἄναιμος 489a32, 490a9, 13, 21, 23, 32, b14,
 495a4, 505b27, 510a16, 514a18, 520b33
 (bis), 523b1, 3, 527b3, 532b8, 557a27
ἀναιρεῖν, -εῖσθαι 522a18, 580b26, 590a4,
 602b9, 30, 603b12, 604a7 (bis), 8,
 588a8, 635a1, 638a21
ἀναισθησία 514a7, 635a28
ἀναίσθητος 517b31, 634a4, 635b10
ἀνακαλεῖσθαι 536a13, 597b17, 613b21
ἀνακάμπτειν 510a18, 33
ἀνακάπτειν 541a13, 18, 567a33
ἀνακεῖσθαι 614a7
ἀνακλίνεσθαι 498a11
ἀνακομιδή 597b9
ἀνακυΐσκειν 573b18
ἀνακύπτειν 613a13, 620a9, 10
ἀναλαμβάνειν 554a14, 611b33, 619b26,
 624a33, 634a7
ἀναλέγεσθαι 614b1
ἀναλείχειν 580b31
ἀνάληψις 624b9
ἀναλίσκεσθαι 562a13, 17, 565b5, 567b33,
 582b34, 634b8
ἀναλογία 486b19, 488b32, 491a18,
 497b11, 516b4
ἀναλογίζεσθαι 631a27
ἀνάλογος 487a5, 9, 489a14, 19, 22, 26,
 29, 497b20, 33, 501a3, 502b32, 503b31,
 511b4, 5, 6, 516b14, 29, 517a2, b3,
 519b25, 28, 530b33, 538b9, 588a28, b3,
 589b18, 627b28

ἀναλύειν, -εσθαι 508b13, 509a17,
 551b14
ἀναμένειν 597a11
ἀναμίγνυσθαι 572b11
ἀναμιμνήσκεσθαι 488b26
ἀναμίξ 621b25
ἀναξύειν, -εσθαι 569b7, 603a23
ἀνάπαλιν 525b22, 590b27
ἀναπαύεσθαι 613b13
ἀνάπαυσις 579a13
ἀναπέτεσθαι 556b14, 601a9, 613b20,
 615b2, 620a32
ἀναπηδᾶν 596b18, 611b34
ἀναπηνίζεσθαι 551b14, 568a24
ἀνάπηρος 615a23, 585b29 (bis)
ἀναπίπτειν 591b26
ἀναπλάττειν 624b18
ἀναπλεῖν 598b15, 601b20
ἀνάπλεως 605b15
ἀναπληροῦσθαι 548b18
ἀναπνεῖν 487a29, 492a14, b6, 10, 506a2,
 535b5, 537b2, 562a20, 566b13, 28,
 589a16, 29, b7, 9, 10, 11, 15, 592a22
ἀνάπνευσις 492b8
ἀναπνοή 492b11, 493a8, 589b18, 630b29,
 631a29
ἀνάπολυτος 599a15
ἀνάπτυχος 528a14
ἄναρθρος 538b7, 583b10
ἀναρρηγνύναι 500b13, 502a6, 505a32
ἀναρρίπτειν 630b5
ἀναρτᾶσθαι 507a5
ἄναρχος 488a11, 13, 553b17
ἀνασπᾶν, -ᾶσθαι 494a8, 495a26, 497b29,
 500b11, 510b1, 532a8, 547a30, 548a6,
 588b15, 635b29
ἀναστέλλειν 632a17
ἀναστομοῦν, -οῦσθαι 581b19, 635a12, 18,
 22
ἀναστρέφειν, -εσθαι 606b14, 621b34
ἀναστροφή 631a26
ἀνασχίζειν 562a15, 570a5, 577a5,
 580b30
ἀναταράττειν 620b16
ἀνατείνειν 524b19
ἀνατέλλειν 501b29, 623a22
ἀνατέμνεσθαι 503b23, 565b9
ἀνατίθεσθαι 614a8
ἀνατολή 501b28, 599b11, 602b6, 7
ἀνατομή 497a32, 509b22, 511a13, 525a9,
 529b19, 530a31, 565a12, 566a15

520

INDEX

ἀνατρέπειν, -εσθαι 571b34, 600a4, 605a11, 616a29
ἀνατρέφεσθαι 608a2
ἀνατρέχειν 621a14
ἀναυξής 569a30
ἀναφαλαντίασις 518a28
ἀναφέρειν, -εσθαι 622b7, 631a32, 636a24
ἀναφορά 622b7
ἀναφύειν, -εσθαι 518a15, b13, 28, 519a27, 611b1
ἀναφυσᾶν 497b29, 562a20, 630b28
ἀνδρεία 588a22, 608a15, 31 (bis), 610a18, b21, 629b6
ἀνδρεῖος 488b17, 606b18, 608a35, b15, 610a26, 629b35
ἀνειλεῖσθαι 627b12
ἀνελεύθερος 488b16
ἀνέλκειν 537a11
ἀνέλυτρος 490a15, 532a24
ἀνεμεῖν 594a29, 626b27
ἄνεμος 541a26, 597b12, 626b24
ἀνεπάλλακτος 501a17
ἀνεπιστημοσύνη 626b4
ἀνέρχεσθαι 569b5, 622b8
ἄνευρος 538b7
ἀνέχειν, -εσθαι 596a2, 608b31
ἄνηβος 581b22, 23
ἀνήρ 491b3, 4, 501b25, 28, 512b4, 516a20, 518b2, 522a19, 532b23, 537b16, 557a8 (bis), 608b8, 615b10, 581a23, b8, 9, 582a29, 584a31, 585a16, b5, 9, 12, 21, 27, 586a13, 633b12, 634b31, 32, 37, 635a34, 37, b1, 17, 29, 33, 636a6, 11, 27, 39, b5, 7, 11, 24, 39, 637a3, 16, 22, b25, 30, 33, 638a12
ἀνθεῖν 522b28, 554b14, 627a1, 5, 581a16
ἀνθηρός 621b16
ἀνθίας 570b19, 610b5, 620b33
ἀνθίζειν 547a18
ἀνθολογεῖσθαι 628b32
ἄνθος 547a7, 11, 15, 19, 21, 23, 25, 27, 548a13, 553a20, 21 (bis), b28, 32, 554a3, 6, 12, 568a6, 10, 605b18, 623b28, 624b4, 628b13; (auis) 592b25, 609b14, 16, 18, 610a6, 7, 615a27
ἀνθοφορεῖν 625b19
ἀνθρήνη 531b23, 551a30, 553b9, 554b22, 24, 29, 555a8, 622b21, 623b10, 624b25, 625a2, 628b32, 629a5, 8, 18, 23, 26, 32
ἀνθρώπινος 612b19, 616a35
ἀνθρωπόγλωττος 597b27

ἀνθρωποειδής 501a29, 502a24
ἄνθρωπος 486a17 (bis), 487a30, 488a7, 9, 27, 31, b24, 26, 489a30, 35, b12, 20, 490a27, b18, 33, 491a20, 22, b10, 492a5, 22, 28, 493b17, 494a26, 28, 33, b11, 16 (bis), 22, 28, 495b1 (bis), 24, 496a15, b14, 21, 23, 497a23, b1, 22, 32 (bis), 35, 498a4, 13, 19, 26, b11, 17, 21 (bis), 499b1, 2, 7, 24, 500a14, 17, 34, b3, 21, 26, 33, 501a9, b1, 3, 7, 20, 24, 502a8, 17, 25, 28, 30, 35, b1, 4, 24, 26, 503b32, 504b2, 505b28, 34, 506b33, 507b16, 22, 509b15, 510b17, 511b22, 31, 513b36, 514a7, 516a17, 517a18, b1, 18, 27, 518a8, 17, 19, 521a3, b23, 522a12, 523a15, 532b33, 536b2, 19, 22, 28, 537b14, 538b5, 539a7, 15, 542a26, 32, 544b17, 22, 545b26, 556b30, 566b5, 567a4, 571b6, 24, 572b25, 573a18, 574b15, 575b31, 576b9, 577b1, 26, 580b23, 588a20, 26 (bis), 27, 29, 594b2, 3, 5, 595a3, 596b25, 601b27, 602b13, 604a7, 18, b26, 607a17, 30, 608a19, 23, b6, 30, 610a4, b32, 611a17, b22, 612a8, b25, 613b31, 32, 618b2, 619a19, b7, 620a34, b3, 29, 622a4, 626b15, 629b27, 630a10, 631b30, 632b13, 581a9, 583a1, 6 (bis), 584a35, b27, 29, 585a2, 8, 586b2, 587b29
ἀνθρωποφαγεῖν 594a29
ἀνθρωποφάγος 501b1
ἀνίατος 603b10, 604b9, 15, 607a23, 635a3, 636b3
ἀνιέναι (-ειμι) 569b6
ἀνίστασθαι 554a20, 614a23, 635a36, 638a6
ἀνίσχειν 633a15
ἀνίσχιος 499b1
ἀνιχνεύειν 624a28
ἀνόητος 610b23, 622a3
ἀνοίγεσθαι 497b17, 525b9, 528a16, 531a16, 546b22, 580b13, 594b27, 604a21, 634a10, 15, 19, 635a7, 636a31, 38
ἀνοιδεῖν 625a2
ἀνοίδησις 574b16
ἀνομβρία 606b20
ἀνομοιομερής 486a7, 13, 489a27, 511a35, 523a32
ἀνόμοιος 493b21, 504a35, 507a33, 523b12, 539a3

521

INDEX

ἀνορέγειν 497b28
ἀνορροπύγιος 525b31, 532a24
ἀνορύττειν 558a10, 580b23, 25
ἄνοσμος 634b19
ἄνοσος 604a12, 22
ἀνόσως 635b39
ἀνόχευτος 523a4, 546b16, 17, 559b23, 595b17, 18
Ἀντανδρία 519a16
ἀντεκτρέφεσθαι 615b23, 25
ἀντέχεσθαι 531b5, 583a18
ἀντιάζειν 614a11, 12, 14, 24
ἀντιβλέπειν 611a5
ἀντίθεσις 503a25
ἀντικεῖσθαι 493b23
ἀντικνήμιον 494a6, 9
ἀντικόπτειν 599a1
ἀντιλαμβάνεσθαι 554a21
ἀντιμηχανᾶσθαι 613b27
ἀντίπυγος 540a14, 542a16
ἀντισπᾶν 542a15
ἀντισπαστικός 638a31
ἀντιστρέφεσθαι 498a8
ἀντιφρίττειν 630a2
ἀντλία 534a28, 624b34
ἀντορχεῖσθαι 597b24
ἄνω 489b25, 491b19, 23, 492b24, 493b14, 17, 21, 494a8, 20, 27, 28, 29, 33, 495a25, 496a4, 12, 17, 497b28, 499a16, b30, 500b12, 26, 28, 34, 501a4, 5, 13, 502b14, 503b15, 504a26, b22, 510a25, b1, 511a2, 10, b34, 512a4, 513a26, 33, b2, 12, 516a13, 521a5, 524b12, 525a1, 526a22, 527b11, 18, 529a12, 18, 530b20, 23, 31, 533a15, 536a17, 538b2, 552a7, 558a6, 559b7, 561a9, 22, b11, 564b19, 565a1, b13, 18, 590a30, 592a11, 597a5, 20, 598b31, 602b1, 619a17, 623a28, 624a24, 627a4, 628a19, 632a17, 29, 582a11, b26, 586b4, 637a24
ἄνωδος 488a34
ἄνωθεν 492a32, 494a13, 495b20, 496a1, 501b19, 508b16, 509a18, b18, 19, 510a28, 511a23, 513a2, 5, 514a28, 516a19, 25, 519a25, 26, 526a18, 21, 549a1, 550b23, 554b16, 558a7, 27, 560a30, 565a30, 576a7, 9, 579b13, 620b1, 623a29, 624a5, 630b2, 586a1, 587a15, b16, 637a19, 638a7
ἀνωμαλία 495b2
ἀνώμαλος 525a3, 526a15, 625a1, 581a18, 634a35

ἀνώνυμος 489a18, 490a13, b11, 19, 32, 492a15, 493a28, 494a3, 14, 505b30, 515b10, 525b6, 552b31
ἀνώσιμος 501b33
ἀνώτερος 496b35, 503b18
ἀξιόπιστος 493b15, 606a8
ἀξίως 576a4
ἄοικος 488a21, 22
ἀορτή 495b7, 34, 496a7 (bis), 27, 34, 497a5, 13, 510a14, 16, 25, 513a20, b4, 7, 8, 13, 514a24, 31, b16, 19, 20, 22, 24, 28, 32, 33, 515a6, 7, 30, 586b20, 21
ἀπάγειν 558a10, 577b2, 613b33, 626a30, 629a22
ἀπαγορεύειν 572a18
ἀπαίρειν 597b3, 16
ἀπακοντίζειν 501a32
ἀπαλείφεσθαι 555a6
ἀπαλλαγή 582b12
ἀπαλλάττειν, -εσθαι 500b9, 599a7, 617a30, 621a22, 582b6, 584a13, 636b30
ἁπαλός 598a4, 610a6, 611b19, 637b17
ἀπαντᾶν 606b21, 626a10
ἀπαντικρύ 554a29
ἅπαξ 542b30, 32, 543a8, 9, 544a25, 562b13, 563a13, 564a28, 566a19, 567b18, 568a19, 574a20, 580a22, 601a21, 638a28
ἀπαρτᾶσθαι 495a18, 506b19, 507a14, 508a33, 509b13, 14, 576b19
ἀπαρτίζειν 542a31
ἅπας 491b1, 494b27, 495a5, 33, 496a8, 24, b3, 17, 497b15, 498a14, b26, 499a32, 503b6, 21, 504a31, 35, 505b1, 506a5, 12, b31, 508a15, 509b5, 510b21, 512a1, 515a15, b31, 516a24, 517a30, 518a3, 519a30, 520b10, 521a7, 8, b19, 523b28, 524a2, 31, 33, b16, 525a4, 526a8, 19, 528a15, b18, 529a9, 530a1, b17, 532a5, 11, 537b11, 30, 539b20, 27, 540b3, 541b11, 543a18, b21, 546b30, 547b23, 557b19, 558b10, 559a15, b10, 17, 562b12, 567a13, 568a13, 569a15, 27, 573a9, 21, 576a14, 579b6, 580a15, b20, 589a29, 596b20, 599a20, 601a24, 604a6, 607b3, 608b26, 610a30, b9, 615a25, 619a12, 621b2, 624b32, 33, 631a2, 21, 632a5, 587b24, 637a5, 8, b23
ἄπαστος 563a23
ἀπατᾶσθαι 602b9
ἄπειρος 544a10
ἀπελαύνειν 577b32, 619a29

522

INDEX

ἄπεπτος 508b29, 521b2, 638b13
ἀπεργάζεσθαι 633b24
ἀπερείδεσθαι 531a6, 535b26, 567a8
ἀπερύκειν 620a12
ἀπέρχεσθαι 568b14, 591b20, 597a11, 600a12, 25, 631a14, 582b26, 636b27, 28
ἀπεσθίειν, -εσθαι 554b6, 577a8, 590b6, 610b16
ἀπέχειν, -εσθαι 512a30, 531a12, 549a31, 581a24, 582b23
ἄπηκτος 520a8
ἀπιέναι 610b27
ἀπίμελος 519b8, 520a19, 30
ἄπιος 552b2
ἄπιστος 631a21
ἀπισχναίνεσθαι 574b6
ἄπλατος 606b9
ἄπληστος 591b2
ἁπλοῦς 490b17, 495b26, 505a8, 10, 13, 15, b31, 508a6, 32, 34, b10, 13, 509a17, 517a23, 527a7, b25, 529a5, 9, 532b6, 9, 537b29, 595b9, 603b28, 608b1, 4, 632b25
ἁπλυσία 549a4
ἄπλυτος 548b29
ἁπλῶς 491a3, 529b25, 543b21, 574b22, 588b31, 601a32, 602a18
ἄπνους 492a13
ἀποβαίνειν 552a27, 577b7, 580b21, 610a30, 637b3
ἀποβάλλειν 500a10, 517a25, 519a29, 549b8, 12, 575b8, 596b2, 604a15, 24 (bis), 611a25, 27, 28, b8, 9, 10, 626a20, 628b7, 632a13, 636a17, 20
ἀποβάπτειν 607a25
ἀποβιάζεσθαι 587a5
ἀποβολή 604a26
ἀπογίνεσθαι 595b1
ἀπόγονος 589a2
ἀπογυμνάζειν 624a25
ἀποδεῖν, -εῖσθαι 587a14, 15, 18, 20
ἀπόδειξις 491a13
ἀπόδεσις 587a12
ἀποδηλοῦν 633a20, 635b6
ἀποδιδόναι 501a3, 508a10, 583a30, 585b32, 586a2, 634a25, 27, b8, 637b3
ἀποδιδράσκειν 564b6, 613b28, 33, 615a3
ἀποδιώκειν 614a16
ἀποδοκιμάζειν 618a17
ἀποδύεσθαι 600b31, 622b18
ἄποθεν 613a10
ἀπόθεσις 522a26, 622b26, 623a12

ἀποθλίβειν 632a17, 587a22
ἀποθνήσκειν 503b9, 520a32, 521a12, 525a25, 547a27, 552b13, 22, 556a1, 2, 9, 557b21, 558b21, 571b20, 573b14, 575a1, 590b16, 592a10, 16, 602b31, 603a14, b3, 604a15, 20, 605b20, 606b27, 609b8, 612a28, 615b5, 619a18, 625a33, 626a21, 22, 23, 628a4, 26, 629a15, 585a19, 587a16
ἀποικίζειν 633a28
ἀποκαθαίρεσθαι 568b9
ἀποκάθαρμα 546b25, 624a15
ἀποκάθαρσις 587a35
ἀποκαθῆσθαι 625a26
ἀποκαλύπτεσθαι 631a5
ἀποκείρεσθαι 518b7, 572b8
ἀποκλίνειν 530a20
ἀποκνίζειν 554b5
ἀποκόπτειν 516b33, 566b25
ἀποκρέμασθαι 553b3, 620b14
ἀποκρεμᾶσθαι 540b26
ἀπόκρημνος 578a27, 619a26
ἀποκρίνεσθαι 521b19, 561a17
ἀπόκρισις 582a4
ἀποκρύπτειν, -εσθαι 537a24, 599a29, 611a29, 612a14, 615b22
ἀποκτείνειν 552b27, 555b13, 567a10, 604b22, 605a19, 607a17, 19, 608b24, 609a26, b32, 618a15, 620a5, 626a17, b10, 14, 631a1
ἀποκτιννύναι 618a25
ἀπολαμβάνειν 564a27, b1, 620a7, 583b24
ἀπολαύειν 557a31, 584a21
ἀπόλαυσις 595b24, 623a17, 629a34
ἀπολείπειν, -εσθαι 564a9, 573b16, 621a32, 625b15, 626a2, 627b14, 631a17, 632a2, 3
ἀπόλειψις 625b16, 638b25
ἀπολεπτύνεσθαι 489b33
ἀπολήγεσθαι 634b19
ἀπολισθαίνειν 583a16
ἀπολλύναι, -σθαι 531b14, 534b21, 544a28, 553b16, 555a25, 556a15, 17, 567a33, 568b31, 569b1, 570b31, 590b7, 592a18, 602a6, b25, 28, 607a20, 610b27, 611a2, 10, 618a15, 24, b14, 624a31 (bis), 33, 625a9, 31, b34, 626a18, 28, 30, 631b13, 584b12
Ἀπολλωνιάτης 511b30
ἀπολύεσθαι 487b12, 13, 14, 497b22, 500b2, 5, 6, 10 (bis), 503a3, 514b2, 528b1, 5, 530a16, 531a33, b7, 533a27,

INDEX

ἀπολύεσθαι (cont.)
535b2, 536a3, 10 (bis), b7, 541a32, 542a7, 547a32, 548a25, 26, 27, 559b12, 562a6, 16, 565a30, 590a32, 599a12, 638b13
ἀπομαλακίζεσθαι 613a1
ἀπομαραίνεσθαι 552b22
ἀπονεοττεύειν 563a3
ἀποπαύεσθαι 572b8
ἀποπειρᾶσθαι 619a34
ἀποπέτεσθαι 619a32, 624b2, 625b12, 626a26, 627a11, b11, 628b35
ἀποπίπτειν 547a31 (bis), 32, 548b14, 557b19, 29, 630b34, 587a15, 636a15, 23
ἀποπλανᾶσθαι 554b23, 611a3, 8, 624a28
ἀποπνεῖν 587a5, 637a23
ἀποπνίγεσθαι 513a13, 589a30, b8, 592a5, 19, 21, 620a11, 583b32
ἀποπυτίζειν 527b22
ἀπορεῖν 567a27, 579b4, 580b14, 608b34, 612b24, 616a30, 635a24
ἀπορία 625a23
ἀπορραίνειν 541a24, 550a18, b11, 567a31, 572b28
ἀπορραΐς 530a19, 24
ἀπορρεῖν 518a14, 592a3
ἀπορρήγνυσθαι 548b18, 550a4, 552a4
ἀπορρώξ 611a21
ἀποσαλεύειν 523b33
ἀποσβέννυσθαι 604b30, 618b7
ἀποσείεσθαι 560b8, 624b6
ἀποσπᾶν, -ᾶσθαι 487b10, 528b5, 534b27, 547a33, 548b11, 16, 557b19, 614a25, 622a28
ἀπόστασις 503a21, 545a17
ἀποστηρίζεσθαι 586b28
ἀποστρέφεσθαι 611a6
ἀποσχάζειν 514b2
ἀποσχίζεσθαι 514b6, 10
ἀπόσχισις 514a13, 35
ἀποτάττεσθαι 585b36
ἀπόταυρος 595b19
ἀποτείνειν, -εσθαι 503b16, 506b12, 513b9, 514a34, 542a14, 622a1, 630a23
ἀποτελεῖν, -εῖσθαι 552a28, 576b7, 588b31, 33, 608b7, 630b34, 633b19
ἀποτελευτᾶν 514a22
ἀποτέμνειν, -εσθαι 508b7, 510a35, 518b27, 519a25, 532a3, 534b28, 603b6, 613a20, 624b20, 632a16, 26, 587a14, 18
ἀποτίθεσθαι 619a20, 623b15, 18, 22, 629a14

ἀποτίκτειν, -εσθαι 541a18, 544a3, 10, 549b3, 5, 6, 31, 550a10, 26, 27, b11, 12, 13, 551a12, 566a16, 17, 567b12, 607b6
ἀποτομή 497a17
ἀπότομος 564a6, 615a3
ἄποτος 594a1, 596a1, 601b1
ἀποτρέπεσθαι 625b26
ἀπότροφος 536b16
ἀποτρώγειν 605a4, 621a15
ἀποτυφλοῦσθαι 602a3, 618b7
ἄπους 487a23, 489a31, b19, 23, 490a11, b23, 502b30, 505b12, 509b5, 10, 511a3, 5, 515b24, 525b24, 540a33, b29, 621b10, 586a35; (auis) 487b25, 29, 618a31
ἀποφεύγειν 631a25
ἀποφυάς 501a31, 507b33, 508b14, 25, 509a17
ἀποφυγή 611a21
ἀποφυσᾶν 582b27
ἀποχωρεῖν 540a16, 578a26, 597a20, 600a13, 612a11
ἀποχωρίζεσθαι 637a13
ἀποψήχεσθαι 630b11
ἀποψοφεῖν 633b7
ἀπρόσβατος 563a5, 615a13
ἄπτερος 523b17, 20 (bis), 534b19
ἅπτεσθαι 515b11, 520b15, 17, 524a17, 534a13, 535b29, 546b11, 550a9, 551a20, 555b26, 591b14, 15, 18, 593b13, 26, 28, 594a28, 596a16, 611b25, 620a27, 621a18, 629a1, 630b22, 583a17
ἀπωθεῖν 527b17
Ἀραβία 546b3, 606b5
Ἀράβιος 498b9, 499a15
ἀραιόδους 501b23
ἀραιός 491b1
ἀράχνη 555b7
ἀράχνης 488a16, 18, 529b25, 553a9, 555a24, b16, 557a29, b4, 594a14, 15, 602a28, 609a29, 30, 623a30, b14
ἀράχνιον 542a13, 14, 548a29, 552b25, 555b1, 4, 5, 8, 623a2, 4, 7, 15, 21, 25, 29, 30, 626b18; (araneus) 550b31, 32, 555a27, 29, b4, 605b13, 622b22, 27, 623a24
ἀραχνιοῦν, -οῦσθαι 605b10, 625a8, 14
ἀραχνιώδης 551a21, 557b16, 583a34
ἀραχνώδης 554b28, 622b12
Ἀραχώτης 499a4
ἀργεῖν 574b29, 625a30
Ἀργεῖος 602a8
ἀργία 626b19

524

INDEX

Ἀργινοῦσα 578b27
ἀργός 556a30, b1, 617a7, 627a15, 19, 31, b1
ἀρδεύεσθαι 601b13
ἀρήν 519a14
ἄρθρον 493b33, 494a1, 504b23, 510b9, 515b4, 536a3, b11, 541a25
ἀρίδακρυς 608b9
ἀριθμός 506a31, 530b30, 532b32, 555a26, 570a31, 580b14, 583a30, 584b33
ἀριστερός 493b18, 19, 20, 494a21, 30, b8, 496a15, 17, 21, 34, b17, 497a2, b21, 498b10, 507a1, 6, 20, 23, 510b10, 511b27 (bis), 28, 33, 512a2 (bis), 11, 23 (bis), b7, 28, 29, 513a19, 33, 514b3, 6, 7, 515a11, 12, 526a16, 19, 529b14, 530a9, 26, 565b14, 598b20, 611a29, 583b4, 7, 635b16
ἄριστον 619a15
ἀριχᾶσθαι 624a34
Ἀρκαδία 617a14
ἀρκεῖν 573b9
ἀρκτέον 539a8
ἄρκτος 498a34, b27, 499a29, 500a23, 507b16, 20, 539b33, 571b27, 30, 579a18, 20, 30 (bis), 580a7, 594b5, 595a9, 600a28, 29, b6, 17, 608a34, 611b32; (crustatum) 549b24; (sidus) 572a17
Ἀρκτοῦρος, ἀρκτοῦρος 549b11 (bis), 569b3, 578b12, 598a18, 599b11, 617a31
ἁρμόττειν 542a17, 613a3
ἄρον 600b11, 611b35
ἀροῦν 628a9
ἀρουραῖος 580b16, 606b7
ἁρπάζειν 563a23, 609b26, 615a7, 619a6, 621a33
ἁρπεδόνη 527a29
ἅρπη 609a24, 610a11, 617a10
ἀρράβδωτος 528a26
ἀρρενογονία 585b11
ἀρρενογόνος 573b32, 34, 582a31, 585b13, 22
ἀρρενοτοκεῖν 574a1, 2, 585b26, 586b32
ἀρρενωπός 589b31
ἄρρηκτος 503a10
ἄρρην, ἄρσην 489a12 (bis), 493a14, 15, 25, b3, 4, 5, 494a19, 497a28, 500a22, 31, 33, b13, 16, 501a15, b19, 32, 502a1, b24, 509a31, 515a4, 516a18, 520b7, 521a22, 522a11, 14, 524b31 (bis), 525a9, 12, b34, 526a1, 3, 4, b15, 16, 527a13, 17, 21, 31, b30, 536a12, 23, 28, 29, 31, 537b22, 24, 26, 30, 538a3, 11, 13, 23, 27, b1, 2, 3, 10, 15, 18, 23, 30, 539a27, 28, 30, b1, 5, 8, 18, 20, 24, 27, 30, 32, 540a3, 5, 12, 14, 22, 26, b16, 17, 23, 25, 30, 541a9, 13, 15, 17, 20, 22, 25, 27, 29, 30, b8, 30, 542a1, 2, 3, 14, b1, 543a12, 28, 544a4, 5, 11, 32, 545a1, 2, 4, 8, 11, 14, 15, 16, 19, 25, 26, 27, 30, b6, 15, 18, 27, 546a20, 32, b5, 8, 550a13, b17, 19, 20, 22, 553a32, 555b14, 20, 21, 556a2, 27, 29, b11, 13, 559a30, 560b14, 27, 30, 31, 562b15, 16, 17, 23, 564a8, 17, 20, 22, b4, 6, 565b14, 15, 566a2, 7, 14, 567a26, 33, b4, 5, 8, 20, 568a15, b13, 15, 29, 569a5, 23, 570a27, 571b11, 24, 572a26, b9, 14, 23, 573a19, b26, 574b19 (bis), 27, 30, 575a2, 3, 4, 7, 13, 20, 22, 32, b5, 21, 31, 576a17 (bis), b2, 5, 7, 8, 20, 577b4, 8, 578a2, 3, 28, 32 (bis), b8, 11, 32, 579a27, b11, 17, 18, 23, 589b30, 590a4, 599b7, 23, 600a31, 606a19, 607a13, b11, 12, 608a4 (bis), 21, 23, 28, 34, b3, 11, 14, 16, 17, 18, 23 (bis), 610a19, b28, 611a23, 612b17, 35, 613a6, 8, 14, 15, 16, 26, 27, 29, b26, 29, 33, 614a13, 19, 20, 24, 621a21, 22, b25, 622a21, 623a24, 628b6, 22, 630b24, 631b1, 9, 10, 13, 632a24, 581a12, 13, b10, 17, 24, 582a13, 23, 32, b32, 583a4, 29, b3, 7, 14, 25 (bis), 26, 584a13, 27, 29, b37, 585a1, 3, 5, 34, b15, 586a5, 7, 637b7, 8, 13, 15, 22, 37, 638a1, 8
ἀρρίζωτος 548a5
ἀρρωστεῖν 604b26, 27
ἀρρώστημα 604a11, 23, 29, b8, 26
ἀρρωστία 537b20, 601b6, 604a19, 27, 30, 636a1
ἄρρωστος 634b14
ἀρτᾶσθαι 495b19, 29, 509b17, 513b2, 515a14, 527a11, 19, 530b32, 565b8
ἀρτηρία 493a8, 495a20, 21, 23, 29, b6, 8, 12, 14, 16, 20, 21, 496a2, 5, 29, 30, b30, 503b11, 504b4, 505b33, 506a3, 4, 507a24, 508a17, 19, 21, 510a30, 513b24, 514a5, 9, 535b15, 536a2
ἄρτιος 489b22
ἀρχαῖος 547a29, 607a25, 617a6
ἄρχειν, -εσθαι 496a1, 500a11, 507a37, 511a8, 19, 518a30, b10, 537b15, 541b22, 24, 542b3, 19, 26, 543a14, b14, 544b13, 25, 545a10, b3, 10, 546a19, b4, 7, 29,

525

INDEX

ἄρχειν, -εσθαι (cont.)
560b4, 562b13, 564a11, 19, b1, 566a18, 568a7, 569a15, 16, b3, 570b18, 571a13, 573a24, 574b22, 575b15, 21, 24, 576b27, 578a25, 580a14, 599b10, 600a22, b27, 31, 603b4, 607b8, 11, 615b1 (bis), 616a34, 623a21, 624a5, 625b22, 627a31, 628a6, 633a9, 14, 581a13, 15, 18, b13, 584a9, 23, 585a36, 587b15, 588a12, 634a31, b18, 635a8
ἀρχή 489b8, 498b6, 507a13, 15, 508a18, 510a30, b11, 511a10, b10, 21, 23, 513a11, 22, 514a2, 515a15, 16, 28, 33, 516a10, 519b9, 16, 527a24, 529a9, 530b31, 531a3, 539a6, 18, 544b31, 545b25, 547b13, 548a15, 552a10, 24, 553a2, 554a7, 555a30, 560a28, 561a10, 24, 566a6, 590a2, 611a31, 623a5, 20, 624a10, 628b11, 629a31, 584a33, b21, 23, 585a34, b2, 586b13, 637b1
ἀρχοειδής 590a3
ἀρχός 507a33, 512b31
ἀσαρκία 493b23
ἄσαρκος 491b2, 499a32, 517b33
ἀσᾶσθαι 584a22
ἄσηπτος 521a1, 552b6
ἀσθένεια 546a24, 550a7, 596b1
ἀσθενεῖν 602b17
ἀσθένημα 638a37
ἀσθενής 493b20, 495a10, 536a6, 7, 543a4, 25, 544b16, 545a13, 548b9, 571b14, 579a11, 16, 591b21, 597a18, 21, 602b27, 615a18, 622a26, 34, 623a1, 627a4, 630a3, 582b21, 584b3, 585b1, 635b33, 38, 636b28, 32
ἀσθενικός 545b12, 575b23, 587a20
ἄσθμα 579a9
Ἀσία 569a19, 578b27, 606b16, 18
ἀσινῶς 617a3
ἀσιτεῖν 594b20, 604b2
ἄσιτος 564a15, 594a22
ἀσκαλαβώτης 538a27, 599a31, 600b22, 607a27, 609a29, 30, 614b4
ἀσκάλαφος 509a21
ἀσκαλώπας 617b23
ἀσκαρίς 551a10, b27 (bis), 552a5, 11
ἀσκέπτως 538a7
ἀσπάλαξ 488a21, 491b28, 533a3, 605b31
ἀσπίς 532b22; (serpens) 487b5, 607a22, 612a16; (insectum) 601a3
Ἀσσηρῖτις 519a15

ἀστακός 490b12, 525a32, b11, 526a11, 530a28, 541b20, 25, 549b14, 16, 601a10
ἀσταφίς 595b10
ἀστερίας (auis) 609b22, 617a5, 620a18; (piscis) 543a17, 566a17
ἀστήρ 548a7
ἄστοχος 587a9
ἀστράγαλος 499a22, b20, 23, 24, 26, 27, 30, 502a11
ἀστροβλής 602b22
ἄστρον 553b30, 568a18, 600a3
ἀσύμφορος 601a29, 603a20
ἀσύναπτος 516a30, 530b15
ἀσυνήθης 606b26
ἀσύνθετος 486a5
ἀσφάλεια 614b5, 619b4
ἀσφόδελος 627a8
ἀσχιδής 499b11, 507a12
ἄσχιστος 504b17, 513b13, 515b15, 517a32, 519a28, 584b5
ἄτακτος 556a12, 634a33
ἀτάρακτος 630b12
ἀτεκνία 636b8
ἄτεκνος 577a3, 582b13
ἀτελής 489a23, 491b27, 536b7, 539b10, 575a29, 582a18, 21
ἀτενής 492a11
ἀτιμαγελεῖν 572b19, 611a2
ἄτμητος 632a9, 32
ἀτμίς 594b27
ἄτοπος 557b13, 589b12, 633a5
ἀτρακτυλλίς 627a8
ἀτραπός 622b25
ἀτρεμία 537a4, 595a30
ἄτρητος 488a25, 516a26, b35
ἀτταγήν 617b25, 633b1
ἄττειν 621a29
ἀττέλαβος 550b32, 556a8, 11, b1 (bis)
αὖ 517b20
αὐγή 561a32
αὐθημερόν 568b21, 603a15
αὖθις 564b1, 574a10, 633a26
αὐλή 604b11
αὐλίζεσθαι 619a31
αὐλός 489b3, 4, 507a10, 524a10, 537b1 (bis), 565a24, 589b2, 6, 19, 581b11
αὐλωπίας 570b19
αὐξάνειν, αὔξειν 489b10, 500b34, 501a5, 516b33, 518b4, 10, 20, 27, 34, 519a25, 520b9, 545b24, 548a16, 20, 549a17, 20, b4, 550a14, 21, b29, 551a17, 18, b4,

526

INDEX

554a23, 555a20, b12, 556b6, 558a23, 24, 559b9, 561a14, b10, 563a21, 564b23, 565a1, 5, 16, 568a2, 3, b9, 571a17, 22, 591a29, 595b16, 19, 598b6, 601b15, 603b4, 611b14, 612b30, 613a20, 618a14, 619a17, 621a26, b32, 625b30, 626b18, 628a14, 16, 629a21, 631b30, 632a10, 586a31, b4, 11, 23, 587b9, 635b9, 636b34, 637b18, 638a12, 32
αὔξη 582b21
αὔξησις 500b22, 33, 501a3, 543a21, 30, 547b10, 23, 29, 548b24, 555a9, 566b18, 568b15, 20, 569b9, 571a14, 20, 578b17, 25, 589a7, 611b7, 622b15, 581b4, 582a24, 584a11, 638b23, 32
αὐξητός 636b35
αὔξίς 571a17
αὖος, αὗος 518a12, 551b17
αὑότης, αὐότης 518a11
αὐτοετής 545a24, 562b12
αὐτόθι 508b30
αὐτόματος 539a18, 22, b3, 7, 547b19, 548a11, 551a1, 558a16, 559b1, 569a25, 570a16, 604b9, 587b26, 637b18
αὐτομάτως 559b6
αὐτόπτης 618a18, 620b23, 628b8
αὐτός 486a12 (*bis*), 15, 16, 18, 19, 21, 23, b5, 6, 9, 15, 18, 23, 24, 487a15, b5, 26, 34, 488b30, 489a19, b32, 490a24, b17, 21, 491a3, 6, 492a21, 30, b15, 18, 493a27, 33, b19, 494a23, 25, 29, b12, 13, 14, 29, 30, 495a7, 13, 22, 33, b16, 34, 496a12, 13, 18, 28, b28, 29, 33, 34, 497a4, 8, 10, 15, 26, 30, b7, 12, 20, 27, 498a20, b25, 500b14, 501a1, 16, b6, 502a14, 19, 503a23, 27, 28, 34, b3, 6, 8, 10, 21, 25, 504a8, 27, b3, 10, 35, 505a24, 26, 34, b2, 6, 17, 19, 34, 506a18, 32, b17, 507a5, 7, 9, 21, b3, 31, 508a2, 10, 14, 19, 25, 26, b5, 21 (*bis*), 24, 509a6, b7, 21, 510a7, 10, 11, 12, 17, 20, 22, b1, 6, 9, 33, 511a11, 26, 33, b13, 20, 512a3, 6, 13, 19, 21, 27, 28, 513a11, 21, 23, 25, 27, 33, b17, 514a18, 19, 23, 32, b4, 5, 7, 15, 37, 515a4, 18, 19, 31, b2, 5, 14 (*bis*), 27, 35, 516a2, 4, 9, 34, b6, 14, 20, 27, 31, 35, 517a1, 6, 17, 518b23, 519a12, 20, b11, 16, 520a18 (*bis*), 521a11, b16, 522a16, 523b7, 17, 19, 24, 524a6, 24 (*bis*), b5, 7, 15, 18, 19, 20, 30, 525a14, 22, b29, 526a15, b30, 527b13, 528a4, 6, 20, 30, b12, 20, 26,

529a12, 28, 30, b12 (*bis*), 21, 22, 30, 530a24, 29, 33, b16, 20, 27, 531a9, 18, 24, b1, 6, 7, 20, 532a19, 20, 25, 27, b1, 4, 14, 533a7, 14, b11, 23, 25, 31, 534a14, 29 (*bis*), b1, 535a1, 10, 16, 20, 22, b5, 6, 536a22, 23, b11, 13, 15, 19, 20, 21, 537a12, b4, 539a1, 5, 12, 25, 26, 29, 33, b1, 9, 16, 25, 540a1, 9, 27, b3, 22, 541a3, 7, 8, b2, 18, 24, 542a17, 21, b25, 29, 543a4, 20, b28, 31, 544a24, b19, 21, 546a9, 30, b19, 23, 27, 33, 547a2, 8, 19, b1, 2, 3, 7, 13, 16, 30, 33, 548a22, 31, b12, 549a18 (*bis*), 32, 34, 550a8, 26, 32, b3, 4, 15, 30, 551a5, 8, 13, 23, 27, b17, 21, 26, 30, 552a2, b29, 553a17, 24, b7, 13, 554a8, 20, 26, b4, 5, 555b6, 8, 18, 22, 29, 556a3, 9, 11, 12, b24, 557a19, 22, b12, 17, 24, 558a1, 30, b25, 559a10, 560b9, 561a5, 8, 13, b18, 22, 562b8, 22, 29, 563a24, b3, 564a6, 16, 17, 18, 24, b3, 30, 565a13, 31, b15, 566a1, 8, 20, 22, b21, 26, 31, 567a12, 24, b7, 568a27, b12, 31, 569a21, 23, 24, 570a25, b2, 13, 571a3, 23 (*bis*), 24, b7, 26, 33, 572a1, 3, 4, 11, 25, 33, b15, 573a15, 29, 574a11, 23, b22, 575a17 (*bis*), 18, b6, 576a9, 11, 22, b9, 577a16, 578a1, 7, 30, b20, 21, 579a2, 6, 22, b21, 24, 580a24, b26, 588a24, b2, 5, 11, 18, 23, 25, 29, 589a4, 8, b1, 11, 14, 590a30, b9, 15, 18, 19, 591a3, 4, 8, 9, 21, 28, 592a20, 21, 593a2, 21, 27, 28, b9, 594a30, b27, 596b8, 20, 29, 597a8, 14, b17, 23, 599a5, 16, 18, 19, 22, 26, b5, 600a7, b10, 12, 601a1, 24, 26, b7, 14, 23, 602a3, 4, 5, 24, b19, 21, 603a18, 604b7, 605a4, 11, b2, 606b11, 13 (*bis*), 22, 26, 607a30, b30, 31, 608b8, 20 (*bis*), 23, 27, 31, 32, 35, 609a2, 10, 16, 18, 19, 25, 28, b1, 3, 6 (*bis*), 11 (*bis*), 15, 18, 20, 26, 27, 28, 30, 31, 34, 35, 610a14, 16, b13, 611a30, 34, b8, 16, 612a8, 11, 13, 21, 26, b3, 6, 15, 22, 30, 613a14, 20, 23, 25, b13, 15, 21, 30, 614a13, 15, 16, 19, 21, b2, 9, 16, 33, 615a10, 20, b1, 9, 11, 25, 616a9, 23, 617a2, 32, b10, 11, 28, 618a6, 12, 15, 20, 25, 30, b20, 35, 619a22, 25, 28, 29, b12, 33, 34, 620a14, 23, b4, 8, 26, 621a15, 18, b9, 622a10, b13, 623b17, 18, 23, 26, 27, 624a4, 15, 20, 22, 30, 33, b10, 12, 18, 33, 34, 625a4, 30, 31, b3, 5, 6, 18, 21, 30, 31, 626a2, 7, 10, 14, 28, 30,

INDEX

αὐτός (cont.)
  b1, 7, 11, 627a1, 16, b7, 28, 32, 628a6, 23, 629a29, b1, 8, 25, 630a8, 11, 12, 20, 22, b7, 28, 631a23, 26, 30, b2, 3, 11, 14, 30, 632a12, 28, 633a2, 24, 581a17, 31, b13, 14, 582a21, 583a7, 9, 30, 584b4, 18, 36, 585b11, 17, 28, 34, 586b28, 587a18, 633b27, 28, 634a7, 18, 21, b4, 7, 10, 14, 16, 29, 31, 33, 37, 38, 635a5, 14, 21, 30, 32, b6, 7, 16, 21, 636a5 (*bis*), 15, 20, 34, 39, b23, 637a2, 9, 36, 37, b1, 4, 8, 9, 13, 25, 28, 29 (*bis*), 638a7, 16, 33
αὐτοῦ 626a4, 627b12, 629a10
αὐχήν 491a28, 29, 493a5, 9, 12, b7, 494b1, 495a18, 497b14, 16, 498b27, 29, 502b30, 503b30, 504b17, 509a10, 512a21, b14, 20, 26, 513a1, b28, 514a4, 515b22, 592b27, 604b5, 612a23, 619a4, 632b20
αὐχμηρός 497a2, 520a28, 522a24, 605b19, 630a29
αὐχμός 553b20, 21, 556a10, 570a10, 601a27, 31, 602a15, 603a19, 23, 627b20, 628b9
αὐχμώδης 602a13
ἀφαιρεῖν, -εῖσθαι 491b30, 508a10, b33, 510a35, 531b15, 533a4, 546a32, 547a18, 22, 23, 25, 548b12, 23, 554a4 (*bis*), b3, 561a30, 576b23, 592a13, 604b3, 610b14, 611a13, 627a5, 628b35, 586a20
ἀφάκη 596a25
ἀφανής 528a8, 563b26, 580b22
ἀφανίζειν, -εσθαι 497a16, 514a34, b5, 515a1, 519b32, 542b24, 547b31, 550a23, 563b15, 19, 565a2, 566b21, 580b29, 593a18, 622a17, 633a12 (*bis*), 14, 583b15, 586b12, 636a3, 637a1, 3
ἀφανισμός 580b21
ἀφαρεύς 543a13
ἀφέλκεσθαι 578a8
ἄφεσις 576a25, 608a1, 625a20, b7 (*bis*), 8, 17
ἀφεσμός 624a28, 31, 629a9
ἀφή 489a18, 24, 494b17, 33, 527a27, 532b33, 533a17, 535a4
ἀφθονία 572a8, 575b33, 608b30, 624a2
ἄφθονος 557a32, 573b22, 610b14, 618b30
ἀφθόνως 606a26
ἀφιέναι, -εσθαι 487a18, 29, 488b34, 489a9, 11 (*bis*), 495b18, 504b29, 509b1, 521a11, 524a10, 12, b16, 20, 526b19, 28,

527b18, 529a14, 530b20, 531a14, 22, 534b29, 535a32, b16, 17, 21, 32, 536a5, 11, 20, 22, b1, 5, 15, 20, 542a1, 545a7, 11, 13, 546b29, 31, 550a13, 15, 551a25, 553a23, 554a18, b5, 555b5, 556b15, 562a10, 566b26, 567a12, b22, 568a22, b1, 30, 572a24, 577b30, 589b5, 14, 594b27, 595a3, 606a3, 609b24, 614a22, 615b20, 619a34, 621a4, b8, 31 (*bis*), 32, 622a16, 623a30, b1, 626a26, 629b26, 631a13, 31, 632b23, 633a10, 583a5, b15, 587a28, 634a17, b5, 9, 635a20, b4, 5, 636a14, b5, 637b14, 15, 36, 638b3
ἀφικνεῖσθαι 492a18, 512b27, 513a6, 533b20, 593a21, 23, 624b6, 636a34
ἀφιστάναι, -ασθαι 527b32, 541b31, 600b11, 28, 586a28
ἄφοβος 590b26, 618b30
ἀφοδεύειν 627a10, 630b15
ἄφοδος 635b40
ἀφομοιοῦσθαι 577b11
ἀφορίζεσθαι 504b14
ἄφορος 538a1
ἀφροδισιάζειν, -εσθαι 518a29, b10, 572a12, 581a22, b17, 636b24, 637a25
ἀφροδισιαστικός 488b4, 518b11, 24, 540a12, 613b25, 582a22
ἀφροδίσιος 578b33, 581b13, 15, 582a26, 583a11
ἀφρός 569b15, 620a13; (*piscis*) 569a29, b13, 16, 19, 28
ἀφρώδης 512b10
ἀφυγραίνεσθαι 637b29
ἀφύη 569a29, 30, b8, 20, 22, 26, 27
ἀφυλακτεῖν 581b18
ἄφωνος 488a32, 535a32, b14, 593b10, 618a5
ἀφωρισμένως 520a22
ἀχαΐνης 506a24, 611b18
ἀχάρνας 591b1, 602a12
ἄχειρ 515b24
Ἀχελῷος 535b18, 579b7, 606b15
ἀχέτας 532b16, 556a20
ἄχθεσθαι 563a22
ἄχθος 626b27
Ἀχίλλειος 548b1, 20
ἄχολος 506b2
ἀχράς 595a29, 627b17
ἀχρεῖος 557b21, 568b8, 623a15
ἄχρηστος 522a3, 560b14, 630a32, 585a30, 636b29

INDEX

ἄχρους 584a14
ἄχυλος 603b20
ἄχυρον 596a20, 25
ἀχύρωσις 612b22
ἄψις 535a13
ἀψοφητί 533b32
ἄψυχος 588b4, 6, 10, 610a21, 638a24

βάδην 629b14, 17
βαδίζειν 490a1, 497b29, 498b7, 544a5, 552b13, 17, 557b17, 567a7, 578a23, 579b8, 581a3, 590b25, 594b15, 601a20, 621a9, 622a4, b25, 33, 623a19, 624b4
βάδισις 530a10
βάθος 520b9, 529a31, 548b29, 568a27, 599b9
βαθύς 505b11, 18, 518b32, 548b21, 566a25, 568a26, b24, 592a27, 594b1, 603a3, 615a29, 621a16, 31, 630a26
βαίνειν, -εσθαι 494a17, 546b7, 8, 9, 575a13
βαιός 617a15
Βακτριανός 498b8
Βάκτριος 499a14
βάλανος 493a27, 29, 603b31, 604a2, 615b22; (*testaceum*) 535a24, 547b22
βάλερος, βάλλιρος 568b27, 602b26
βάλλειν, -εσθαι 501b2 (*bis*), 3, 4, 5, 6, 7, 8, 11, 523b32, 537a22, 575a5, 7, 8, 10, b7, 576a4 (*bis*), 6, 8, 12, b13, 15, 577a19, 579b12, 14, 611b25, 29, 624b17, 626a21, 628b2, 629b23, 24
βάλλιρος *uide* βάλερος
βάπτειν 547a18, 592a18, 605a29
βαρέως 538b14, 545a2, 16, 19, 584a15
βαρῆνος 538a15
βάρος 498a10, 504b6, 597b13, 603b8, 619a34, 628a32, 630b30
βαρύνειν, -εσθαι 624b3, 582b8, 584a2, 638a35
βαρύς 504a24, b9, 533b9, 545a5, 8, 11, 591a26, 593b15, 594b26, 28, 597b12, 613b6, 617b9, 619a2, 628a31, 581a19, b7, 634b21
βαρύτης 536b10
βάσανος 597b2
βασιλεύς 522b25, 595b20, 607a25, 630b20, 631a1; (*auis*) 592b27, 615a19; (*rex apium*) 553b5, 554a24, 623b9, 34, 624a1, 3, 26, 625a21, b6, 11, 13, 15, 629a25
βάσις 624a8

βατίς 565a22, 27, 567a13; (*auis*) 592b17
βάτος 489b6, 31, 505a4, 540b8, 565b28, 566a28, 29, 32, 599b29
βάτραχος 487a27, 506a20, 510b35, 530b34, 536a8, 12, 538a28, 540a31, 568a23, 589a28, 606a6, 626a9; (*piscis*) 489b32, 505a6, b4, 506b16, 540b18, 564b18, 565b29, 570b30, 620b12, 13, 27, 30
βδάλλειν, -εσθαι 522a5, 20, b12, 15, 16, 17, 31
βέβαιος 535a13
βελόνη 506b9, 543b11, 567b23, 571a2, 5, 610b6, 616a32
βεμβράς 569b25
βῆσσα 618b24
βία 489a21, 500a12, 522a9, 528b4, 577b18, 586a17
βιάζεσθαι 575a18, 630b32
βιαίως 567a10
βιβάζειν, -εσθαι 573b7, 9, 577a29, 30
βιβλίον 532a18, 557b9
βιβρώσκειν 629b9
βιομήχανος 616b11, 17
βίος 487a11, 14, 16, b33, 488b27, 490b1, 545b17, 32, 546a28, 554b6, 576a29, 577b1, 3, 580a22, 588a17, b23, 29, 589a5, b23, 590a15, 18, 597a9, 609a19, 610a34, 612b18, 614b32, 34, 616a34, b21, 619b27, 620b11, 622b24, 623b26, 629b4
βιοτεύειν 570b25, 593a26, 610a5, 615a27, 32
βιοῦν 545b20, 552b23, 558a20, 563a1, 566b24, 576b1, 2, 577b4, 29, 615a21, 617a8, 584b6, 585a21
Βιστωνίς 598a23
βιωτικός 616b27
βλαβερός 588a5
βλάβη 544b22, 609a35
βλαισός 526a23, 624b2
βλαισοῦσθαι 498a21
βλακικός 618b5
βλάπτειν, -εσθαι 554a13, 573b4, 605a26, 609b11, 26, 612a23, 613a21, 625a15, 629b25, 588a1, 634a1, 38
βλάστησις 564b2
βλασφημία 572a11
βλέννος 591a28
βλεννώδης 591a26, 622a20
βλέπειν, -εσθαι 491b21, 502a1, 503a11, 523a2, 527b8, 537b11 (*bis*), 563a15,

529

βλέπειν, -εσθαι (cont.)
578a23, 588a32, 598b21, 607b4, 609a9, 610b30, 615b12, 618b9, 619b19, 620a3, 634b39
βλεφαρίς 491b20, 22, 493a29, 498b21, 24, 502a31, 504a24, 29, 518a2, 20, b10, 536b26
βλέφαρον 491b19, 498b24, 504a25, 27, 505a35, 514a7, 537a4
βλήττειν, -εσθαι, βλίττεσθαι 554a15, 627a32, b2
βοᾶν 533b27, 597b14, 614b26, 619a3, b33
βόειος 496b24, 35, 497a7, 506b29, 508a1, 521b33, 522a28, 29, 31
Βοηδρομιών 578b13, 597a23
βοήθεια 596b30, 599a8, 612a2
βοηθεῖν 603b10, 14, 604b3, 605b2, 608b17, 609b34, 612a8, 618a27, 621a13, 587a11
βοηθητικός 515b9, 608b15
βοηθός 612a17
βόθρος 579a1
βόθυνος 558a8
βοΐδιον 522b14
Βοιωτία 605b31
Βοιώτιος 559a3
Βόλβη 507a17
βολίταινα 525a19, 26, 621b17
βόλιτον 552a16
βόλος 576b13, 16, 577b20, 600a8, 602b8
βομβεῖν 535b6, 537b9, 627a24, 27, 628b20
βομβύκιον 551b14, 555a13
βομβύλιος 551b12; (insectum) 623b12, 629a29
βόνασος 498b31, 500a1, 506b30, 630a18
βόρβορος 547b12, 551a4, 591a13, 14, 592a25, 599b18
βορβορώδης 547b16, 20
βορέας 574a3, 612b5
βόρειος 542b11, 574a1, 592a14, 596a28, 597b10, 598b8, 602a22, 23, 25
βόσκας 593b17
βόσκειν, -εσθαι 540a18, 572b23, 591a16, 24, 614b11, 616b8
βοσκή 624a27
Βόσπορος 552b18, 600a5
βοστρύχιον 544a8, 549b33
βόστρυχος 550b10; (insectum) 551b26
βοτάνη 592a25
βότρυς 547a4, 549a24, 550a11, 28
βουβαλίς 515b34, 516a5

βουβών 493b9, 515a8, 10, 583b2
βουκόλος 572a33, 611a8
βούλεσθαι 503b2, 533b22, 31, 534a17, 542a20, 549b19, 595a31, 612a23, 620a3, 624b16, 631a3, 29, 632a28, 583a29
βουλευτικός 488b24
βοῦς 488a31, b14, 491b10, 499a4, 18, 22, b17, 500a10, 25, 30, 501a18, 502a11, 506a8, 9, b29, 31, 510b17, 517a29, b30, 522b16, 20, 23, 33, 523a7, 536b28, 538b13, 14, 24, 540a6, 545a18, b23, 557a15, 567a12, 572a10, 31, b1, 3 (bis), 6, 573a4, 6, 11, 20, 26, 575a12, 14, 20, b1 (bis), 6, 7, 20, 30, 577a16, 578b31, 595a9, b5, 18, 30, 602b14, 604a13, 19, 605a14, 606a15, 22, b11, 609b2, 611a7, 630a21, 23, 31, b3, 5, 632a20, b2, 586b16; (piscis) 540b17, 566b4
βραγχᾶν 603b13
βραγχιοειδής 526b20, 21
βράγχιον 489b3, 5, 504b28, 31, 34, 35, 505a1, 3, 8, 9, 10, 11, 12, 19, 21, 506a12, 507a5, 7, 509b4, 511a5, 533b4, 535b21, 566b3, 589b19, 25, 28, 592a6, 602b29, 603a32, 607b24
βραγχιώδης 526a26
βράγχος 603a31
βραδέως 518b12, 546a13, 573a34, 578a2, 598b8, 619b5, 583b24, 584a5, 28
βραδύς 491b12, 568b14, 620b26, 636b18
βραδυτής 568b17
βραχίων 486a11, 491a28, 493b8, 23, 26 (bis), 30, 31, 494a2, b9, 10, 497b19, 498a20, 30, 502a35, b12, 513a2, 4, b36, 514a13, 37, b7, 515b23, 516a32, b9, 26, 594b13, 585b33
βραχύβιος 494a1, 501b23, 550b14, 608a12
βραχύς 486b10, 493b24, 495b29, 497b26, 502b12, 503a25, b17, 24, 504a33, 514a33, 524a23, 526a31, b1, 12, 527a4, b23, 545a4, 568a27, b28, 573a7, 578b11, 580a29, 30, 602b25, 611a32, 616b15, 617a28, 618b33, 621a32, 624a11, 625a5, 629b15, 635a40
βραχυτράχηλος 597b26
βραχύϋπνος 537a2
βρέγμα 491a31, 33, 34, b11, 495a10, 587b13
βρένθος 609a23
βρέχειν 612a19, b24
βρίνθος 615a16

INDEX

βρομεῖν 579a1
βροντᾶν 560a4, 610b35
βροντή 602b23
βρύον 568a29, 591b12, 603a17, 624a34
βρύσσος 530b5
Βρύσων 563a7, 615a10
βρυώδης 543b1
βρῶσις 594b18, 629b8
βύας 592b9 (bis)
βύειν 632a18
Βυζάντιον 598b10, 14, 599a3, 612b8
Βυζάντιος 571a17
βυθός 537a8, 24, 600a7, 619a7, 622b7, 631a18, 25, 31
βύρσα 531a11
βύσσος 547b15
βωμολόχος 617b18
βῶξ 610b4

γάλα 487a4, 493a13, 15, 504b25, 516a3, 521b18, 19, 21, 25, 26 (bis), 29 (bis), 32, 34, 522a2, 10, 13, 15, 21, 25, 30, b1, 2 (bis), 4, 5, 6, 7, 12, 13, 15, 26, 32, 523a2, 3, 6, 9 (bis), 546a17, 566b16, 573a23, 574b7, 9, 575b9, 10, 11, 577a28, 578a13, 14, 15, 580a1, 3, 596a22, 611a14, 583a33, 34, 585a29, 30, 587b18, 20, 27 (bis), 30, 588a4
γαλαθηνός 603b25
γαλακτοειδής 634b19
γαλακτώδης 540b32, 587a32
γαλάς 528a23
γαλεοειδής 565a20, 566a31
γαλεός 489b6, 508b17, 511a4, 543a17, 565a26, 29, b2, 24, 27, 566a17, 19, 31, 621b16
γαλεώδης 505a5, 18, 506b8, 507a15, 540b19, 27, 565a14
γαλῆ, γαλή 500b24 (bis), 579a23, 580b26, 605b30, 609a17, b28, 29, 612a28, b1, 12
γαλήνη 533b30
γαμψός 630a31
γαμψότης 619b9
γαμψοῦσθαι 619a17
γαμψῶνυξ, γαμψώνυχος 488a5, 503a30, 504a4, b7, 8, 517b1, 558b27, 29, 563b7, 19, 20, 592a29, b8, 15, 593b25, 29, 597b25, 600a18, 26, 601a32, 609a28, b4, 7, 32, 35, 619b8, 633b5
γαργαρεών 492b11

γαστήρ 493a17, b13, 494b3, 500a26, 28, 29, b4, 504a1, 34, b15, 509a14, 15, 34, b1, 2, 9, 510a8, 9, 513a6, 520a26, 523b27, 525b19, 538a10, 541a16, 543a13, 565a5, 567b25, 570b9, 576b8, 578a14 (bis), 18, b30, 631b25, 632a28
γαστροκνημία 494a7, 499b5
γείνεσθαι 582b15
γειτνιᾶν 605b26, 606a1
γελᾶν 587b7
γένειον 492b22, 518a23, 33, b17, 18, 582a32
γένεσις 489a10, b17, 491b34, 509a29, 523a14, 533a11, 538b17, 539a1, 25, 546b15, 549a12, 552a10, 553a2, 12, 17, b2, 18, 555a22, 558a1, 3, b8, 560a29, b16, 17, 561a4, 562a20, 564b13, 26, 29, 565b1, 566a2, 567a16, b26, 568b18, 570a23, 571b5, 576a16, 578a5, 580b10, 14, 588a17, b26, 32, 590a10, 22, 600b16, 601a4, 618a6, 622a22, 30, b15, 628a10, 581a9, 586b6, 636b16, 637a7
γενετή 518b2, 528b8, 536b4, 547b4, 631b17, 632a3, 581b22, 24, 636b2
γενναῖος 488b17, 19, 558b15, 16, 631a2
γεννᾶν, -ᾶσθαι 487a21, 491a4, 510b4, 519a14, 536b15, 538a4, 19, 539b3, 12, 543a21, b27, 31, 544b14, 545a7, 30, b2, 11, 14, 21, 26, 546a4, 14, 32, 33, 553a29, 555a28, 556b23, 560b19, 562b7, 12, 19, 28, 564a25, 567a30, 568b24, 570a13, 573b6, 13, 575a23, 576a3, b25, 578a24, 580b5, 598b6, 607a3, 5, 624b14, 628a18, 631a3, 582a18, 585b6, 7, 15, 16, 18, 24, 27, 586a1, 12, 633b13, 636b13, 14, 19, 20, 637b21, 34, 638a7
γέννησις 539a33, 545b26
γεννητικός 539b21, 544b26
γένος 486a22, 23, 24, 487a8, 13, b9, 12, 17, 488a4, 6, 12, 16, 30, b4, 5, 19, 27, 490a12, 24, b7, 9, 12, 16, 24, 31, 34, 491b26, 495a4, 497b7, 9, 11, 12, 499b12, 501a23, 25, 502a9, 504b3, 6, 13, 505a24, b2, 5, 10, 12, 26, 31, 506a9, b17, 507a16, 508a8, 509b4, 14, 511a14, 15, 515b30, 516a26, 517a6, b25, 519a7, 32, b13, 523a32, b2, 5, 8, 12, 19, 28, 524a29, 525a13, 30, 34, b2, 3, 10, 528a2, 24, 25, 26, 530a7, 20, b1, 4, 7, 531a31, b7, 10, 21, 532b19, 28, 533a2, 24, b31, 534b12, 13, 535b9, 536a20, b11, 13, 30, 538a13,

531

INDEX

γένος (cont.)
20, 539a4, 12, 28 (*bis*), b27, 540a32, b4, 542a26, b2, 543b5, 22, 544a31, b1, 20, 546b18, 547a4, 548a24, 32, 549a4, 8, 550b26, 551a9, b8, 553a26, b7, 14, 556a14, b12, 557a4, 559a22, 560a10, 11, 17, 563b5, 564a5, b16, 566b12, 567b2, 569a12, 17, 24, 570a6, 574a16, 577b24, 579b5, 580b1, 581a5, 588b7, 9, 16, 20, 589a28, 592b1, 593b8, 27, 29, 594a1, 596b19, 597a8, 598a23, 599a10, 12, 600b26, 601b9, 602b18, 606b9, 608a21, 28, 35, 609a1, b22, 611a11, 614b7, 8, 9, 617a2, 11, b18, 20, 618b18, 22, 23, 32, 619a3, 8, 10, b13, 620a22, 30, 622a14, b21, 28, 623a2, 25, b5, 8, 16, 624b20, 625a27, 626b1, 627b23, 628a1, 629b33, 630a12, 633a3, 584b29, 586a2, 25, 637b20
γένυς 492b23, 514a10
γεοειδής 555b28
γέρανος 488a4, 10, 11, 519a2, 539b31, 597a4, 23, 30, b29, 614b18, 615b16, 18
γέρων 521a33, b1, 607b28, 29, 31, 32, 611b3, 7
γεύεσθαι 532a7, 533a31, 551a26, 596b13, 599a25, 600b11, 603a14
γεῦμα 491a8
γεῦσις 494b17, 532b32, 533a33, 534b17, 29, 535a6
γεώδης 551b29
γεωργία 580b18
γεωργός 556b15, 557b30
γῆ 487a32, b3, 489b29, 490a25, 503a12, 21, 525a23, 25, 533b13, 537a10, 23, 539a19, 23, b8, 29, 541b5, 23, 543b1, 546b31, 32, 548a15, 549b21, 550b4, 6, 554b10, 19, 25, 555b20, 24, 27, 556a3, 6, b5, 6, 558a12, 15, 16, b3, 559a1, 4, 12, b1, 3, 563a8, 566a24, b29, 567b11, 14, 569a30, b4, 6, 7, 11, 24, 570a16, 17, b5, 15, 32, 579a19, 589a19, 23, 594a27, 597a16, b32, 598a1, 5, b19, 599b1, 21, 601b12, 602a32, 605a25, 606a15, 610a24, 612a20, b6, 614a31, 34, 35, 615a11, 619b5, 620a24, 26, 27, b3, 8, 623a3, 627b24, 628a8, b10, 11, 30, 629a8 (*bis*), 30, 35, 631b3, 637b37
γῆρας 518b22, 546a33, 549b26, 553a13, 577b31, 600b15, 20, 25, 31, 601a2, 17, 23, 628a28, 629b28, 581a10, 583b27

γηράσκειν 518a7, b8, 30, 33, 519a2, 545a5, 28, 546a13, 16, 22, 573a33, 578a1, 4, 613a21, 615b26, 619a16, 582a22
γιγγλυμώδης 529a32
γίννος, γίννος, ἵννος 491a2 (*bis*), 577b21, 25, 28
γινώσκειν, -εσθαι 534b20, 537a25, 551a12, 573a1, 13, 576b14, 578b29, 596a31, 605a7, 611b2, 618a33, 620a29, 621a27, 627b12, 18, 636b3, 638b30
γλάνις, γλανίς 490a4, 505a17, 506b8, 568a22, 26, b15, 22, 569a3, 602b22, 24, 608a3, 4, 621a21
γλάνος 594a31
γλαῦκος 508b20, 598a13, 599b32, 607b27
γλαυκός 492a3, 6, 501a30
γλαυκώδης 504a26
γλαύξ 488a26, 506a17, 509a3, 22, 592b9, 10, 13, 597b22, 25, 600a27, 609a8, 9, 10, 12, 13, 14, 617b5, 619b18
γλαφυρός 538b11, 546b20, 554b28, 555b11, 622b23, 623a8, 24, 632a9
γλίσχρος 518b14, 523a16, 527a27, 549a6, 561b14, 622a21, 628b27
γλισχρότης 517b28, 523a17, 546b29, 550a14, 585a25
γλουτός 493a23, b9, 10
γλυκερός 603a24, b19
γλυκύς 488a17, 490a25, 520b19, 521b32, 535a3, 4, 567b18, 595b10, 596b16, 598b5, 601b18, 626b7, 627b15, 629a1
γλυκύτης 554a11, 13, 623b24
γλύφεσθαι 516a27
γλῶττα 492b27, 33, 494b12, 495a30, 502a3, b35, 503a3, 504a14, 35, 505a30 (*bis*), 508a20 (*bis*), 21, 22, 24, 25, 27, 518b17, 524b5, 6, 526b24, 530b25, 532a6, 533a25, 26, 30, 535a31, b1, 2, 536a3, 4, 8, 21, 22, b6, 541a30, 547b5, 6, 554a14, 565a24, 574a6, 580a9, 596b11, 597b21, 603b16, 21, 614b2, 616b9
γλωττίς 597b16, 20
γλωττοειδής 527a3, 528b30, 529a27, 532b12
γνάθος 493a29, 518a2, 519a22, 578a8
γνάφαλος 616b16
γνήσιος 619a9; (*auis*) 619a8
γνῶμα 577a20, 31, b3
γνώμη 576b15

532

INDEX

γνωρίζειν, -εσθαι 566b26, 576b16, 591a3, 611b3
γνώριμος 491a21, 22, 494b21, 600a5
γογγροειδής 505b9
γόγγρος 489b27, 505a14, 27, 506b18, 507a11, 517b7, 571a28, 34, 590b17, 18, 591a6, 10, 18, 598a13, 14, 599b6, 610b15, 17, 621a3
γόμφιος 501b4, 24, 27, 502a30, 526a20
γονεύς 586a1
γονή 487a4, 521b18, 20, 523a18, 27, 540a7, 559b6, 572a26, 577a22
γόνιμος 523a25, 544b16, 32, 546a2, 559b25, 560a9, 13, 16, 562a31, 567b3, 568b8, 576a17, 581b23, 582a17, 30, 583b31, 32, 584a1, b3, 585a30, 36, 635b36, 637a37, b23, 32
γόνος 543a6 (*bis*), 553a8, 19, 24, 31, b4, 21, 22, 24, 554a18, 22, 24, b22, 30, 555a2, 7, 10, 559a16, 560a12, 16, 561a1, 566a23, 567b22, 568b1, 17, 19, 569a4, b22, 28, 570b16, 591a28, 598b9, 621a25, 26, 32, b1, 625a3, b28, 627b21, 628b17, 629a24, 585a13
γόνυ 494a18, 498a25, 499a17, 19, 512a15, 586b2, 3
γονύκροτος 538b10
γοώδης 615b5
γράμμα 504b2
γραμμή 563b23
γράφειν, -εσθαι 515a35, 523a18, 26, 548a10
γραφεύς 548a11
γρυλλισμός 535b17
γυμνός 528a19, 614b25
γυναικεῖος 582a10, 34, b20, 24, 634b12, 635a8, 14, 636a39
γυναικικός 582a13
γυνή 491b3, 493a15, b2, 501b26 (*bis*), 502b23, 512b4, 518a30, 33, b2, 521a25, 27, 29, 523a9, 537b17, 545b27, 551b14, 557a8, 558b2, 567a14, 572b30, 605a1, 5, 608b8, 627a15, 581b8, 23, 582a23, 26, 28, b12, 29, 583a3, 8, 14, b34, 584a2, 10, 31, b8, 14 (*bis*), 21, 30, 585a4, 34, b2, 9, 12, 19, 22, 586a12, 30, b27, 587a2, 10, 31, b5, 19, 633b12, 634b29, 635b27, 30, 36, 636b15, 18, 24, 38, 637a15, 22, 24, 34, 36, b24, 638a11
γυπαιετός 618b34
γύργαθος 555b10

γύψ 563a5, 6, 8, 9, 12, 592b5, 6, 615a8, 618b33
δαιμόνιος 636a24
δάκνειν, -εσθαι 571b12, 572b12, 16, 594b14, 595a2, 604a6, b21, 23, 607a33, 611b20, 621a10, 623b2, 630a5, b35
δακρύειν 620a5, 587b7, 635b21
δάκρυον 553b28, 623b29
δακτυλιαῖος 549b10
δάκτυλος 493b27, 28, 29, 31, 494a12, 14, 16, 497b23, 498a34, 499a25, 26, 502b3, 6, 19, 503a24, 26, 504a7, 8, 14, 15, 512a7, 9, 18, 514a15, 515a10, 517a31 (*bis*), 32, 535a18, 547b6, 556b17, 19, 571a33, 606b8, 622b11, 581b6, 583a17
δαμάλης 632a15
δάσκιλλος 591a14
δασύνεσθαι 518b6, 27, 632b22, 584a25
δασυπόδειος 574b13
δασύπους 488b15, 500b16, 507a16, 511a31, 516a2, 519a22, 522b9, 11, 539b22, 23, 542b31, 579b30, 606a2, b1, 619a34, 585a5
δασύς 492a32, 498b16, 18, 20, 21, 26, 27, 499a9, 501a28, 502a23, 27, 35, 518b18, 19, 526a25, 27, 29, b10, 543b1, 551b24, 552b8, 561b28, 579b15, 607a32, 611a32, b11, 14, 618a33, 624b29, 626b9, 629b15, 630a17, b3
δασύτης 499a11, 612b11
δαψίλεια 572a3
δαψιλής 585a27
δείλη 552b21, 564a19, 596a8, 23, 619a15
δειλία 588a22, 608a15, 610b21, 618a27, 29, 629b7
δειλός 488b15, 629b34
δεῖν, δεῖσθαι 491a13, 494b23, 501a25, 509b22, 522a31, b21, 526b33, 543b24, 548b26, 571a22, 573b7, 574a3, 9, 576b27, 606b24, 611a20, 619b27, 626b33, 627a5, 33, 632a22, 581b12, 582b22, 583a20, 587a11, 633b14, 634a1, 5, 7, 10, 12, 21, 30, 34, b4, 7, 11, 24, 27, 31, 635a6, 30, 32 (*bis*), 36, b27, 31, 35, 39, 636a10, b4, 16, 32, 37, 637b1, 7, 24, 29, 638a4, 33, 35
δεινός 612b35
δειπνοφόρος 616b34, 619b24
δέκα 525b16, 544a3, 546b7, 554b7, 560b20, 562b30, 31, 566b19 (*bis*),

533

INDEX

δέκα (cont.)
573b23, 29, 574b2, 30, 575a26, 578a10, 596a8, 613b22, 620a23
δεκάκις 558b24, 562b24
δεκάμηνος 545b2, 577a28, 583b25, 584a37
δεκαπέντε 632b21
δεκαταῖος 561a26, b13, 562a15, 584a5
δεκατέσσαρες 574a28
δέκατος 575a26
δεκτικός 489a3, 7, 549b4, 635b2
δελεάζειν, -εσθαι 534a15, 24, b3, 535a8, 590b2
δέλεαρ 528b33, 533a33, 34, 534a12, 14, b3, 5, 26, 535a9, 20, 537a9, 11, 547a29, 591a21, b17, 620b15
δελέασμα 535a7
δέλφαξ 573b13
δελφινίσκος 631a17
δελφίς 489b2, 3, 4, 492a26, 29, 500b1, 504b21, 506b5, 509b10, 510a9, 516b12, 521b23, 533b10, 14, 23, 534b7, 535b32, 537a31, b3, 540b22, 557a30, 32, 566b2, 6, 8, 9, 10, 12, 14, 16, 18, 20, 589a32, b8, 591b9, 25, 29, 598b1, 2, 602a30, 631a9, 11, 12, 14, 16
δελφύς 510b13
δένδρον, δένδρος 497b29, 553b28, 554b17, 556a22, 559a6, 13, 564b1, 568a28, 571b17, 578b4, 593b21, 594b6, 25, 600b13, 611b16, 34, 612a10, 614a34, b3, 6, 10, 11, 13, 14, 615b21, 616a9, 10, b7, 29, 617a4, 618a11, 619a27, b16, 620a25, 623a6, b28
δεξιός 493b18, 19, 494a21, 30, b8, 496a20, 33, b16, 497a1, 3, 498a11, b7, 10, 507a6, 12, 14, 22, 510b10, 511b26, 27, 29, 33, 512a1, 2, 10, 23, 24, b7, 8, 28, 30, 513a19, 32, b2, 514b1, 515a12 (bis), 520a29, 524a12, 526a15, 19, 527b6, 528b9, 529b13, 530a9, 561b30, 565b14, 598b19, 21, 604a27, 583b3, 7, 635b15
δέον 635b7
δέρμα 487a7, 491b2, 31, 34, 493a28, 32, 500a8, 502a14, 503a10, 32, 35, b19, 504a25, 508b28, 33, 511b7, 512a31, b3, 517a13, 20, 28, b3, 10, 11, 27, 28, 31, 518a1, 3, 5, b16, 17, 519a31, b22, 27, 520a12, 521b8, 524b8, 525b13, 528b31, 531a5, 10, 20, 532b3, 533a5, 11, 555b29, 557b27, 561a31, 571b16, 578a8, 579a17, 595b8, 600b16, 20, 611b13, 619b14, 630a22, b6

δερματικός 495a8
δερματώδης 505a7, 513b8
δερμόπτερος 487b22, 490a7, 8, 10
δεσμεύειν 607a6, 610a31
δεσμός 495b13, 21, 576b22
δετή 629b22
δεῦρο 634b9, 638b26
δεύτερος 494b17, 499a25, 521b32, 523b23, 525b5, 544b6, 562b7, 568b17, 577a19, 579a8, 600a8, 614a3, 618b23, 620a17
δευτεροτόκος 546a12
δέχεσθαι 487a17, 20, 25, 28, 31, b2, 488b29, 30, 489a2, 495b17, 496a32, 504b29, 506a2, b4, 524a10, 526b18, 527b16, 20, 531a14, 23, 540a7, 549a3, 560a7, 563a27, 565b24, 28, 566b13, 27, 577a30, 589a12, 13, 16, 18, 22, 24, b3, 5, 14, 17 (bis), 21, 23, 24, 590a14, 17, 630a4, 585a3, 634a15, 20, b5, 635b8, 636b5
δῆγμα 604b19, 21, 607a13, 18, 21, 27, 28, 612a18
δηκτικός 622b28
Δῆλος 580a18
δῆλος 491b30, 495a15, b15, 497a16, 510a1, b31, 515a2, b25, 518a11, 529a6, 29, b5, 530a3, 534b1, 537a16, 20, b8, 9, 538b1, 539b2, 542a8, 544b17, 554a10, 566b23, 567b30, 568b4, 570b16, 572a33, 574a19, 578a22, 590a2, 28, 598b12, 599a27, 603b20, 606b11, 607b30, 608b32, 615a12, 619b11, 622b18, 623b18, 624b3, 628a1, 629a16, 583b18, 586b25, 587b10, 634b29, 636a7, 11, 18, b5, 16, 637a8, 11, b10, 18, 26, 638a6, b32
δηλοῦν 536b30, 561a18, 567a30, 589b33, 599b30, 586a16, 634b12, 636b14, 637a6
δήλωσις 618b16
δημιουργία 489a13
Δημόκριτος 623a32
δημός 592a12
δῆξις 623a1
διαβαίνειν 540a22
διάγειν 579a3, 589a31, 613b2, 625b23, 584a15
διαγίγνεσθαι, -γίνεσθαι 554b8
διαγινώσκειν, -εσθαι 501b11, 534a15, 572b9, 578a6, 613a16, 627a28
διαγράφεσθαι 566a15
διαγραφή 497a32, 525a9
διαγωγή 534a11, 589a17
διαδέχεσθαι 564a8

534

INDEX

διάδηλος 515a26, 549a9, 550a6, 551a22, 561a26, 566a6, 8, 567b29, 571a31, 613b1
διαδιδόναι, -οσθαι 495b8, 12
διαδιδράσκειν 613b20
διαζεύγνυσθαι 585b10, 13
διάζωμα 493a22, 495b22, 496b11, 16, 497a23, 506a6, 507a26, 31, b1, 509b25, 553a28
διάθεσις 635b25, 638a26
διαθιγγάνεσθαι 634a9
διαθραύεσθαι 616a27
διαιρεῖν, -εῖσθαι 486a5, 7, 490b7, 491a27, 493b33, 496a11, b6, 502b25, 503a23, 26, 504a2, 6, 510a23, 511b20, 518a6, 520b17, 526b8, 530b26, 531b30, 32, 532a2, b16, 534b13, 535b8, 539a4, 542a6, 547a26, 549a21, 555a15, 556a18, 21, 559b18, 561b28, 565b15, 570a18, 30, 589a10, 590a13, 594b19, 625b31, 627a20
διαίρεσις 496a16, 589b12, 590a16
διαιρετός 519b30
διακεῖσθαι 561b1
διακεκριμένως 600a18
διακνίζεσθαι 570a18, 583b16
διακομίζειν 570a1
διακόπτειν, -εσθαι 493a28, 515b19, 518a1, 519b4, 15, 551b5, 579a17, 614b17, 616a26, 638b12
διακόσιοι 596a12, 630b23
διακριβοῦσθαι 546b33
διακρίνεσθαι 559b11, 621b26
διακυλινδεῖν 613b26
διακωλυτικός 634a36
διαλαμβάνεσθαι 507b2, 530b15, 560a27
διαλάμπειν 503b20, 536a17
διαλέγεσθαι 535b2, 4
διαλείπειν, -εσθαι 503a34, 518a3, 523a8, 546b6, 560a18, 562b16, 564a29, b9, 572b33, 573a12, 575a15, 18, 576b29, 577a1, 2, b12, 14, 578b11, 579b33, 595a11, 26
διάλεκτος 488a33, 535a28, 30, b1, 536a21, b1, 2, 3, 5, 9, 12, 18, 20
διαλύεσθαι 528a16, 550b24, 585a33
διάλυσις 637b26
διαμασᾶσθαι 612a1, 613a3
διαμάχεσθαι 613a11, 614a21
διαμένειν 548a6, 554b7, 556a6, 559b27, 564a11, 569b3, 29, 570a2, 10, 580b7, 600a13, 619b12, 624a32, b10, 581a26, 582a12, 585b4, 587b22, 638b5

διάμετρος 490b4, 498b6
διαμπερές 513b28
διάνοια 588a23, 612b20, 616b20, 22, 27, 30, 587a9
διανοίγεσθαι 507a21
διαπάλλειν 633a22
διαπατᾶσθαι 496b5
διαπάττεσθαι 526a12, 527b30
διαπέμπειν 496a32
διαπεταννύναι 541b5
διαπνεῖσθαι 518a16
διαποικίλλεσθαι 503b5
διαποίκιλος 525a12
διαπορεῖν, -εῖσθαι 588b12, 631b2
διαρθροῦσθαι 489b9, 504a7, b34, 508a32, 517a32, 521a10, 550b29, 555a21, b1, 566b5, 584b6, 586a19
διάρθρωσις 535a31, 583b23
διαρκής 626a2
διαρπάζειν 621a25
διαρρεῖν 569a20
διαρρήγνυσθαι 567b23, 571a3, 7, 623a18
διάρροια 522b10, 605a27
διασημαίνειν, -εσθαι 549b17, 634a37
διασπᾶν, -ᾶσθαι 515b4, 531b15, 553b19, 625a18, 629a17
διάστασις 495a34
διαστέλλειν 549a25, 550b18
διάστημα 547b10, 549a31, 607b33
διαστομοῦσθαι 635a9, 15
διαστρέφεσθαι 563a24, 589b29
διάτασις 635b9, 636a32
διατείνειν, -εσθαι 503b21, 512a1, 18, 515a2, 524a19, 547a19, 623a9, 636a30, 638a9
διατελεῖν 502b20, 505b7, 523a4, 526a27, 560a25, 561a20, 564a16, 570b6, 579b11, 600a24, 632a1, 582b13, 584a14, 587b4, 634b13, 638a15
διατέμνεσθαι 549a6
διατηρεῖν 595b18, 612b28
διατιθέναι 594a11
διατρίβειν 503a12, 534a7, 17, 540a21, 566b30, 578a28, b11, 589a20, 591a27, 592b19, 27, 593b24, 620a5, 622a12, 624a22, 628b34, 629a6, 631b1, 633b3
διατριβή 487a20, 593a27, 598b10, 617a17, 24, 627b31
διατρυπᾶν 528b32, 33, 547b7, 556b3, 621a5
διατύπωσις 551b2
διαφανής 599a26

535

INDEX

διαφέρειν 486a22, 25, b15, 488b12, 32, 489a14, 491a16, 492a2, 497a31, b15, 499a5, 14, 500b33, 502a5, 505a21, b26, 506a1, 507b13, 27, 508b10, 20, 510a10, b7, 516b4, 28, 32, 517b9, 17, 22, 26, 519b21, 520a6, 10, 521a22, 31, 522b12, 524a29, b24, 27, 31, 525a10, 17, 32, b33, 527a17, b30, 528a27, b13, 14, 18, 530a29, 531a2, 532b15, 536b8, 10, 12, 540b24, 541b30, 543a12, 24, 544a11, b12, 545a6, 15, 26, 548b26, 550b17, 551b10, 554a10, 559a18, 22, 560a2, b18, 561a5, 564b20, 25, 566b10, 567b20, 574b12, 580a30, b5, 588a18, 25, 28, 33, b8, 29, 589a6, b32, 592b2, 20, 602a22, 605b22, 607a9, 21, b1, 608a29, 31, 610a17, b20, 618a3, 620a23, 624b27, 632a8, b29, 633a1, 583b8, 637b20
διαφερόντως 503b25, 582a6
διαφεύγειν 568b19, 603b11, 618b2, 621a27
διαφθείρειν, -εσθαι 510b1, 520b18, 533a7, 547b17, 557a1, 12, 559a16, 560a4, b7, 562b8 (*bis*), 577a14, 26, 27, 588b14, 602b4, 604b28, 611a14, 612a9, 620b7, 621b2, 625a21, 22, b16, 626b32, 632a7, 583b13, 20, 584b16 (*bis*), 18, 635b11
διαφθορά 583b11, 585a11
διαφορά 486a24, 487a11, 14, b33, 488b12, 490b18, 491a10, 18, 500b20, 501a8, 505a21, b24, 507b25, 508b26, 509a28, 31, b12, 22, 511a12, 15, 28, 522b14, 524a20, 525a33, 526b15, 33, 528a5, 20, b11, 15, 532a30, 538a3, 11, 539b28, 541a6, 543b25, 28, 547b19, 559a27, 565a13, 566a1, 10, 588a20, b21, 589a12, b32, 598a15, 605b25, 607a14, 608a20, 629b6, 581a11, 584b27, 587b11
διάφορος 550b20, 564b19, 608a7
διάφραγμα 492b16
διάφυσις 495b9, 10, 562a26, 27, 567b24
διαφωνεῖν 636b10
διαχεῖσθαι 510b27, 523a26, 546b30, 583b15
διαχρίειν 623b30
διαψεύδεσθαι 523a17
διδασκαλία 608a18
διδάσκειν, -εσθαι 610b33, 612b31, 630b20
διδαχή 488b25
διδόναι, -οσθαι 572b13, 594a16, 595a26, 596a17, 603b14, 604b29, 605a28, 29,

b5, 612b17, 28, 618a16, 634a16, 635b2, 637a2
δίδυμος 562a24, 28, 30, b1, 584b31, 37, 585a2, 13, 17, 586a8, 12, 637a7, 11
διδυμοτοκεῖν 573b30
διδυμοτόκος 573b32
διεδρεία 608b27
δίεδρος 608b28
διείργειν 531a26, 562a25, 605b28, 29
διεξοδικός 493a23
διέρχεσθαι 513a23, 539a2, 551a22, 615a30, 631a28, 637b4
διεσθίειν 558a30
διετής, διέτης 500a11, 545a9, b11, 22, 575a25, b7, 21, 22, 611a32
διετίζειν 550b14, 558a16, 599a22, 622a15, 22, 31, 627b29, 628a4
διευλαβεῖσθαι 581b14
διευρύνειν 600b12
δίεφθος 548a8
διέχειν 496b31, 509a15, 515b28
διήγησις 601b2
διηθεῖσθαι 493a14, 590a20, 23, 604b29
διήκειν 507a36
διημερεύειν 540a16
δίθαλλος 616b27
δίθυρος 528a11, 12, 14, 17, b4, 15, 529a25, 31, 530a22, 603a27
διϊέναι (-ίημι) 518b9, 519b18, 583a24
διϊστάναι, -ασθαι 494b16, 507b23, 518b9, 527b11, 571b23, 608a22
διϊσχυρίζεσθαι 575a26, 580b31
Δίκαιος 586a13
δίκερως 499b18
δικέφαλος 540b3
δίκη 505b19
δικόνδυλος 493b30
δικόρυφος 491b7
δικότυλος 523b28, 31, 525a19
δίκροος, δίκρους 508a14, 25, 510b8, 511a6, 8, 524a6, 526a1, b7, 527b24, 529b31, 530a8, 564b20, 565a17, b4, 566a4, 567a17, 590b25, 611a34
δίκταμνον 612a4
δίκτυον 533b16, 19, 25, 543a1, 589b8, 590b15, 598b14, 602b8, 620b8
διμερής 493a26, 494a4, 495a33, 513b17
δίμηνος 546b12, 573a12, 579b8
Διογένης 511b30, 512b12
δίοδος 493b5, 635a25
διοίγειν, -εσθαι 504b5, 530a1, 548a29, 31

536

INDEX

διοιγνύναι 613a4
διοικεῖν 628a34
διόλου 508b35
διονομάζεσθαι 494b20
διορίζειν, -εσθαι 494a27, 497a29, 498b15, 511b23, 533a20
διοροῦσθαι 521a13, b3, 34
διόστεος 494a5
δίπηχυς 524a27
διπλάσιος 553a27, 624b23
διπλοῦς 491b6, 505a9, 12, 14, 18, 19
δίπους 489a32, 490a10, 498a29, 502b22, 509b24, 510b15, 23, 537b27, 539a15, 586b1
δίπτερος 490a16, 17, 19, 532a20, 22
διπτυχής 515b8
δίς 543a3, 7, 8, 10, 14, 17, 544a26, b26, 554b9, 558b20, 562b7, 563a13, 566a17, 19, 567b20, 573b22, 600b4, 612b29, 627a25, 581a14
δίστοιχος 501a24, 505a16
δισχιδής 499b9
διτοκεῖν 558b23
διττός 489a3, 617b28, 626b29
διφυής 491b14, 492b34, 493a12, 13, 18, b26, 494a10, b31
δίχα 503a28 (bis)
διχαλός 499a2, 23 (bis), b14, 16, 19, 22, 31, 502a10, 12, 630b4
διχῇ 503a23, 513b17, 31
διχότομος 492b17
δίχροος 489b14, 558a5, 559a17
δίχρως 564b24
διχῶς 487a16, 558b26, 589a11
διψῆν 596a20
διψηρός 635a25
διώκειν 507a29, 535a1, 546a5, 549b21, 571b13, 577a24, 579a7, 14, 589a8, 591b6, 597a16, 602b3, 606b13, 610a26, 619a1, 629b20, 631a24, 637b7, 8
διωρισμένως 521a15
δοκεῖν 487b9, 489b33, 493a22, 494a22, 495b4, 504a2, 505a31, 506a24, 507a3, 18, 508a19, 20, 31, b12, 510a23, b24, 30, 516b7, 518a35, 519a18, b21, 527b23, 533a30, b2, 535a14, b21, 25, 536a17, 537a29, 540b2, 543a10, 17, 547a19, 552b6, 554b7, 556a12, 557b7, 17, 560b15, 566a27, 567a23, 570a13, 571a11, 574a30, b1, 575b18, 576a19, 577a6, 579a15, b19, 588b8, 591b22, 28, 29, 599b22, 33, 600a2, b28, 602b15, 603b9, 606b21, 608a35, 611a11, 16, b22, 25, 612a4, b1, 16, 613a12, 614b18, 616a31, b18, 618a25, 619b28, 622a22, b16, 625a29, 627a15, 628b7, 17, 630a13, 631a21, 582a24, 584a31, b19, 587a19, 635b32, 636a19, 22, 637a38, 638b30
δοκιμάζειν 491a21
δοκός 532b21
δόναξ 593b10, 616b15
δόξα 541a22, 612b9
δοξάζειν 638a12
δορκάς 499a9
δόρυ 502a14
δοῦλος 617a6
δουλοῦσθαι 572a4, 610a16
δράκων 602b25, 609a4, 612a30; (piscis) 598a11
δρᾶν 541a15, 563b10, 564b4, 573b27, 624a25
δραπέτης 615a18
δρεπανίς 487b27, 29
δρέπανον 610a28
δριμύς 573a20, 594b24, 624a16, 583a13, 634b21
δρομάς 488a6, 570b21
δρόμημα 629b19
δρόμος 579a8, 13
δρόσος 532b13, 551a1, 556b16
δρυμός 633a28
δρυοκολάπτης 593a5, 614a34, b7
δρῦς 614a35, 627b25, 30
δύεσθαι 552b22, 593a29, 633a15
δύναμις 489a27, 560a22, 588a30, 591b29, 608a14, 631a32, 638a32
δύνασθαι 487a18, 24, 488a29, b26, 495a29, 498a10, 515b18, 522b18, 30, 524a19, 531b15, 539a33, 544a30, b14, 546a4, 21, 24, 548a6, 549a4, 33, 560b21, 563b8, 564a14, b8, 567a8, 572a32, 573a32, 574b29, 575b6, 576b25, 577a4, 579a6, 588b15, 589a25, 590a23, b9, 19, 591b20, 592a30, 594a21, b10, 20, 595b21, 596a1, b28, 601a20, 603b24, 604a20, b17, 605a24, 606a3, 613b13, 618a27, 619a7, b27, 621a27, 31, 622b18, 623a30, 624a30, b17, 625a8, 12, b4, 626a18, 33, 628a28, 32, 630a7, b30, 584a21, b2, 9, 585b10, 21, 24, 27, 28, 587a4, 11, 635a2, b8, 11, 29, 636b8, 637a3, 638b11

INDEX

δυνατός 573a13, 619a27, 625b31
δύο 489b20, 25 (*bis*), 26, 490a13, 28 (*quater*), 30, 32, b5, 491a29 (*bis*), b18, 23, 492b22, 25, 493a32, b12, 494a1 (*bis*), b29, 495b5 (*bis*), 496a23, 497a12, 498a1, 499a15, b14, 32, 500a17 (*bis*), 19, 23, 24, 29, 30, 501b32, 502a34, 503b32, 504a11 (*bis*), 24, b22, 24, 30, 32, 505a13, 507a18, 508a13, 509b17, 510a16, b25, 511b32, 512a3, 513a16, 34, b15, 34, 514a34, b18, 34, 516a21, 519a16, b3, 522a14, b1, 17, 523b30, 524a4, b2, 3, 525a1, 6, 20, 526a6, 25, 28, 30, b22, 23, 527a1, 6, 10, 22, 29, b14, 15, 528a12, b24, 529a2, b27, 28, 31, 32, 530b4, 531a12, 20, b10, 532b25, 533a13, 540b26, 29, 541b9, 542b18, 544a8, 545b7, 546b11, 548a24, 549a31, 550b19, 553a26, b14, 554a1, 556a14, 558b14, 560a30, 561a13, 562a24, b3, 10, 563a11, 18, 19, 31, b1, 564a1, 21, 29, b7, 29, 566b7, 8, 567a1, 2, 23, 571a8, 573b20, 574a22, 27, 575a8, 30, b28, 576a1, 2, 7, 8, 9 (*bis*), 577a26, 578a15, b16, 579a20, b1, 13 (*bis*), 580a27, 581a3, 589a4, 592b6, 593b9, 594b16, 20, 595a27, 603a2, b7, 604a13, 611b3, 28, 615a14, b15, 18, 617a1, 11, b20, 618a2, b4, 10, 619b14, 622b29, 623a25, 624a8, 11, b21, 625b10, 627b3, 23, 628a2, 629a30, b33, 630a13, 631a17, b27, 632a23, 633a23, 581b6, 582b5, 585a20, b23, 586b17, 18, 20, 21, 635a16
δυσάλωτος 599b25, 615a17
δυσαπάλλακτος 587b1
δυσαρεστεῖν 560b24
δυσαφαίρετος 557a6
δύσβατος 578a26
δύσελπις 608b12
δυσεντερία 638a16, 37
δυσεξεύρετος 611a26
δυσθεώρητος 511b13
δυσθήρατος 615a22
δύσθυμος 488b13, 608b11
δύσις 542b22, 543a15, 566a21, 599a28, b11, 602b6
δυσκίνητος 552b9
δυσμή 572a17, 602b7
δύσριγος 605a20, 610b33, 630b26
δυστοκεῖν 587a4, 34
δυστοκία 587a10
δυσχείμερος 596b5, 606b5
δυσχεραίνειν 595b25, 626a26

δυσώδης 534a16, 552b4, 579a10, 595b29, 626a26, 27
δυσωδία 626b20
δώδεκα 546a29, b3, 564a28, 573b28, 574a24, b25, 31, 580a16, 585a11
δωδεκάκις 562b25
δωδεκαταῖος 567a5
δωδέκατος 575b26, 577a24

ἐᾶν 558a9, 571b33, 572a18, 619a30, b1, 15, 628b20
ἔαρ 541b22, 542a23, b3, 19, 27, 543a8, 11, 24, b19, 22, 544a1, 7, 15, 17, b10, 546b9, 18, 547a13, 549b20, 24, 26, 550a26, 551a2, 553b20, 555a8, 22, 556a3, 558a1, 2, 560b4, 562b6, 564a31, 566a20, 22, 569b4, 570b11, 571a19, 574a10, 576b28, 578a13, 26, 579a12, 28, 33, 597a27, 598a27, 599a28, 600b2, 23, 25, 601a11, b25, 605b8, 607b17 (*bis*), 19, 613a30, b23, 621b14, 20, 24, 26, 626b29, 627b20, 633a9, 13, 22
ἐαρινός 558b25, 560a7, 570b12, 573a28, 597a1, 29, 626b30
ἑαυτοῦ 486a10, 20, 488b10, 19, 489a10, 11, b10, 11, 491a21, 494a33, 495a5, 496a35, b2, 8, 9, 14, 498a4, 499b32, 500a14, 501a9, 503a24, 504a16, b21, 509b5, 22, 510a11, 511a3, 16, 23, 25, b17, 34, 512a5, 513a28, 515a28, 516a10, 517b32, 518a1, 520b28, 521b22, 522b6, 524a24, b26, 527a18, 22, 528a4, 529a21, b22, 530a28, b14, 531b21, 532a7, 15, b1, 537a25, 538a4, 539b4, 540a11, 544b20, 547a15, 548b15, 550b1, 554a20, 558a25, 559a9, 564a9, 14, b17 (*bis*), 565a13, 14, b24, 26, 566b32, 567a9, 15, 569a4, 571a6, b16, 18, 572a30, b13, 576a20, 578b32, 591a4, 24, b21, 593b28, 594a19, 596b17, 599a13, b2, 17, 600a15, 605b12, 611a24, b10, 612a2, 14, 19, b24, 27, 613b14, 19, 615a29, 618a17, 26, 28, b11, 619a31, b20, 24, 32, 620b17, 24, 29, 31, 621b10, 622a12, b3, 623b34, 624a3, 19, 24, b19, 625a30, b1, 626a14, 15, b25, 627b19, 629a22, b20, 630b9, 631a6, 27, 31, 32, 633a19, 584b13, 586a12, 633b19, 26, 634b14, 16, 28, 635a14, 18, 636a14, 20, 637b30, 32, 33, 34, 638a7, 9, 20, 21, 27, b24
ἑβδομαῖος 586a10
ἑβδομάς 570a31

INDEX

ἑβδομήκοντα 545b20, 27, 574a26, 585b7, 8, 23
ἕβδομος 577a29, 587b14, 588a8
ἐγγίγνεσθαι, -γίνεσθαι 489a24, 493a14, 506a27, 30, 507b36, 511a21, b3, 518a23, 529a3, 530a26, 27, 531a27, 539a20, 547b2, 552b6, 553a30, 32, 555a7, 556a2, 557a9, 10, 562a12, 565a22, 23, 25, b13, 568a2, 569a15, 16, 570a14 (bis), b9 (bis), 572b27, 602b26, 605b9, 16, 624a32, 583a35, 587b25, 635b4
ἐγγύς 487b28, 495a16, 506b15, 527b12, 597a3, 598b30, 612a15, 625b14, 628a13, 585a12
ἐγείρειν, -εσθαι 536b25, 562a18, 600b5, 627a24, 587b6, 9
ἔγερσις 635a38
ἐγκαθεύδειν 610b31
ἐγκάπτειν 612a26
ἐγκαταλείπειν 557b27, 601a8
ἔγκεντρος 627b27, 628b1
ἐγκέφαλος 491a34, 492a19, 20, 21, 494b25, 28, 30, 31, 495a5, 9 (bis), 11, 13, 17, 503b17, 513a11, 514a16, 18 (bis), 519b2, 4, 520a27, b16, 524b4, 32, 533a12, b3
ἐγκλίνειν 496a16, 497b30, 503a4
ἔγκοιλος 604a28
ἐγκρατής 536b6
ἐγκρύπτειν 619b15
ἐγκύμων 546b10
ἔγκυος 522a2, 3, 4, 541a27, 546a16, 562b29, 581a1, 595b27, 630b22, 635a6, 637b13, 18
ἐγρήγορσις 536b24, 537b21
ἐγχειρεῖν 625b24
ἐγχελεοτρόφος 592a2
ἐγχελεών 592a4, 16
ἔγχελυς, ἐγχέλυς 489b27, 504b31, 505a15, 27, 506b9, 507a11, 517b7, 520a24, 534a20, 538a3, 11, 567a21, 569a6, 8, 570a3, 13, 15, 23, 591b30, 592a10, 23, 608a5
ἐγχρονίζεσθαι 586a18
ἐγχώριος 616a10
ἔδαφος 534a11, 619b2, 623b30, 624a7, 626b17
ἔδεσμα 522a4, b14, 585a25
ἕδρα 495b28, 521a20, 533a14, 619b32, 633b8
ἑδραῖος 587a3
ἐδωδή 533a34, 563a22, 596a4

ἐδώδιμος 530b2, 16, 18, 32, 531b6, 11, 13, 544a18, 618a3
ἐθέλειν 506a33, 534a13, b4, 595b13, 605a15, 606a2, 610b27
ἐθίζειν, -εσθαι 575b1, 578b20, 611a20, 625b22
ἔθος 611a2
εἰδέναι 597b19, 604a3, 636b11
εἶδος 486a16, 19, 24, b18, 488b31, 489a14, 490b17 (bis), 18, 19, 28, 31, 491a4, 18, 492a6, 496a18, 497b10, 12, 499a7, 504a13, 505b13, 31, 35, 507b23, 521a32, 523b13, 525a25, b10, 531b21, 532b14, 24, 536b10, 539a29, 544b24, 557a24, 559b19, 577b10, 592b7, 18, 593b9, 595a5, 616a19, b18, 617a18, b1, 16, 624b4, 32, 34, 630a23, 633a4, 581a28, 637a13
εἰκάζειν 490a5
εἰκός 501b10
εἴκοσι 501b25, 506a31, 522a31, 545a12, b15, 546a31, 549b7, 554a9, 558a31, 560a2, 561b29, 562b19, 563a30, b2, 564a25, 566b24, 573a32, b16, 574b32, 575a15, 32, b26, 576a27, b1, 7, 578a17, 580b13, 613a18, 616b6, 630b24, 584b35
εἰκοστός 561b27, 574b33
εἰλεός 604a30
εἱλιγμός uide ἑλιγμός
εἰλικρινής 627a3
εἴργειν 638a29
εἰρεσία 533b6
εἰρηνεύειν 608b29
εἴρων 491b17
εἷς 488a8, 489a17, 490a13, b8 (bis), 11, 17, 34, 491b3 (bis), 492a6, 493b33, 495b5, 496a24, 497b16, 499a15, 20, 504a10, b13, 25, 505a12, 506b30, 507b16, 18, 508a7, 13, 30, b9, 13, 19, 33, 509b18, 28, 510a23, b11 (bis), 25, 26, 511a1, 19, 22, 512b13, 513b1, 514a11, 15, 28, b12, 16, 515a33, 516a8, 521b4, 522a31, 523b2, 5, 8, 22, 28, 525a3, 13, 30, 33, 527a6, 528a13, 530a2, b1, 28, 531b29, 540b3, 32, 541a10, b9, 543a16, 545b7, 546b4, 6, 11, 548b31, 550a12, b16 (bis), 552b23, 553b16, 554a1, 555b16, 557a24, 558a31 (bis), 561a2, 562b10, 16, 563a19, b4, 564a2, 566b7, 8, 567a1, 568b28, 569b26, 572a6, 573a34, b9, 574a19, 22, 23, b26, 575a13, 29, b28, 576b30, 577a25, 578a10, 15 (bis), b11, 14, 15, 22, 579a20, b2, 10, 29, 580a13, 589a2, 4,

539

INDEX

εἷς (cont.)
b26, 595a26, 596a4, 603a31, 605a16, 610b29, 611a8, 9, 21, 614b7, 25, 615a14, 617b7, 16, 618a2, 12, b18, 619a30, 620a8, 622b25, 623b5, 624a8, 20, b32, 34, 627a11, 24, 27, 628b11, 629a16, 21, 633a24, 584a34, b30, 34, 585a7, b24, 586b17, 21, 637a6, 8, 10, b20
εἰσάγεσθαι 606a4
εἰσάπαξ 596a8
εἰσδέχεσθαι 565b27, 29, 566b17
εἰσδύεσθαι 529b23, 28, 531b16, 548a16, 553b13, 557b28, 559a9, 565a2, 615b31
εἰσδύνειν 534b4, 5, 548a19
εἴσδυσις 616a6, 28, 618a35, 624a14
εἰσέρχεσθαι 493a31, 495b16, 527b19, 548a31 (bis), 565a6, 616a29, 624a25, 625b1, 4
εἰσιέναι (-ειμι) 508b29, 613a2, 627a30, 638a3
εἴσοδος 578b22, 611a22, 613a1, 623b32, 625b3, 626a31
εἰσπέτασθαι 624b6
εἰσπέτεσθαι 612a21
εἰσπίπτειν 534a3
εἰσπιφράναι 541b11
εἰσπλεῖν 571a19, 598a30, b3, 11, 12, 17, 19, 27, 30, 621b15, 26
εἰσπτύειν 613a4
εἰστρέπεσθαι 621a8
εἰσφέρειν 628a23
εἴσφυσις 637a18
εἴσω 492a16, 493b31, 499b28, 512a14, 27, b23, 550b18, 615b31, 626b8, 9, 587a22, 634b33, 637a29, 638b34
εἶτα 491a26, 494b2, 4, 495a31, b26, 497a15, 508a29, 32, 511a10, 513a2, 6, b2, 18, 515a1, 518b6, 13, 522a10, 525a23, b22, 526b24, 26, 529a12, 530b26, 539a13, b15, 541b34, 548a15, 549b9, 551a16, b18, 30, 552a26, 27, 553b24, 25, 555b23, 29, 557b26, 561b18, 22, 562b17, 572b33, 576b11, 578b4, 579b9, 594b19, 595a26, 27, 596a2, 598b16, 603a5, 604b3, 605a11, 607b17, 620b31, 621a8, 623a9, 11, b33, 625a14, b27, 627a28, 632a17, 586a27, 635b35, 636a2, 637b33
εἰωθέναι 540a21, 546a9, 574a3, 578b22, 580b15, 598b15, 599a29, 602a3, 606b26, 617b13, 581b16, 584a17, 25, 588a3

ἕκαστος 486a21 (bis), b22, 487a13, 488b27, 490b32, 491a5, 13, 21, 494b34, 496b3, 9, 497b16, 498a34, 499a20, 503a23, 26, 505b31, 507a7, 509b23, 511b6, 513b18 (bis), 29, 30, 517a26, 519a32, 33, 522b15, 16, 22, 523a32, 525a7, 526b11, 33, 532a12, b28, 535a12, b23, 536a14, 25, 539b15, 542a19, 543b22, 547b9, 549a21, 24, 550a6, 551b8, 553b15, 558a3, b18, 561b15, 565b8, 11, 567b3, 571b22, 572b12, 13, 573b25, 578b33, 579a33, 589a7, b3, 590a11, 602a15, 18, 608a14, 611b8, 613b20, 25, 615b20, 616a17, 619a22, 620a29, b11, 621b5, 624b3, 7, 625b3, 13, 18, 626a30, 628b12, 582b3, 634a24, 637a13
ἑκάστοτε 621a30
ἑκάτερος 486a24, 491b19, 492a22, 494a10, b7, 495a32, b4, 6, 497a14, 15, 498b34, 501b30, 505a11, 12, 13, 15, 18, 507a14, b28, 509b17, 27, 34, 510a15, 19, 20, b25, 511a20, b34, 512a5, 6, 21, 24, 28, b1, 21, 514a15, b16, 18, 29 (bis), 36, 515a1 (bis), 525b15, 18, 19, 22, 23, 29, 526a17, 529b32, 531a21, 25, 560a27, 561a14, 564a23 (bis), 565a19, b3, 589a15, 17, 597a21, 599a9, 601a30, 602a16, 605a29, 612b28, 620b15, 630a34, 633a3, 586a8, b21
ἑκατέρωθεν 493b14, 504b24, 512a25, 549a30
ἑκατέρωθι 527a33
Ἑκατομβαιών 543b12, 549a16, 571a13
ἑκατόν 558a14, 580b13, 596a10, 18, 630b23
ἐκβάλλειν, -εσθαι 550b8, 555a24, b13, 563a21, 26, b2, 4, 8, 572a19, 573b1, 576a13, 579b2, 591b6, 603b25, 604a1, b29, 605b4, 608b24, 609a33, 612b30, 613b29, 618a14, b12, 619a28, b25, 26, 27, 33 (bis), 621a8, 622a6, 625a25, 28, 626b6, 585a23
ἐκβήσσειν 495b19
ἐκβλητικός 612a5
ἐκβόλιμος 575a28
ἔκβρωμα 625a9
ἔκγονος 544b10, 16, 18, 545a26, b11, 14, 546a6, 8, 11, 17, 558a3, 562a23, 574a5, 575b23, 25, 576a20, 25, 578a12, 615b26, 582b21, 635b14

540

INDEX

ἐκδιώκειν 618b12
ἐκδύεσθαι, ἐκδύνειν 549b25, 550a29,
  555b28, 556a3, 570a18, 600b15, 20, 23,
  24, 26, 27, 32 (bis), 601a2 (bis), 4, 11, 16,
  18, 20, 23, 625b25
ἔκδυσις 601a15, 603a6
ἐκεῖ 597a11
ἐκεῖθεν 564b23, 597b15, 623a19, 637b33
ἐκεῖνος 489a5, 490a3, 492a12, 494b31,
  501a25, 510a18, 512a15, 26, 514b8,
  515b29, 527b3, 529a20, b4, 26, 530a14,
  533b20, 544a21, 561b17, 563b32, 567b32,
  593b2, 605b29, 30, 607b6, 610b31,
  614a16, 616a7, 617a10, 13 (bis), b8, 21,
  618a5, 619b25, 622b11, 627b28, 584b23,
  633b23, 636b29, 637a27, 30, 638b32
ἐκθερμαίνειν 580a9
ἐκθηλάζεσθαι 587b27
ἐκθλίβειν, -εσθαι 522a19, 571a32, 578b4,
  626a20
ἐκθνῄσκειν 521a12
ἐκκαθαίρειν 625b34
ἐκκαίδεκα 563a2, 574b3, 613b22
ἐκκεντεῖν 508b6, 563a15
ἐκκλύζεσθαι 525a23, 630a7
ἐκκολάπτειν, -εσθαι 562a14, 618a13
ἐκκόλαψις 561b29
ἐκκομίζειν 626a24
ἐκκόπτεσθαι 573b14
ἐκκρεμάννυσθαι 549b34
ἐκκρίνειν, -εσθαι 544b14, 572b22, 578a11,
  b32, 613b24, 587b35, 634a24
ἔκκρισις 583a2, 10
ἐκλάμπειν 516b11
ἐκλείπειν 534b23, 571a9, 10, 603a22,
  604b14, 611b16, 625b28, 626a4
ἐκλέπειν, -εσθαι 553a8, 558a7, 10, 15, b3,
  559b4, 29, 560a1, 561a11, 562a30, b19,
  21, 563a17, 19, 564a3, 22, 27, 613b12
ἔκλευκος 592b7, 617a12
ἐκλύειν, -εσθαι 610a27, 635b36, 636b28
ἐκμάττειν 624b1
ἐκπέμπειν 564a22, 589b18, 611b15
ἐκπέτασθαι 554b1, 624a23, 625a11
ἐκπέτεσθαι 551a23, 557b27, 600a17,
  626a32, 627b30, 628a24
ἐκπέττεσθαι 555b25, 28, 559a30, b5,
  562b18, 587b23
ἐκπίνειν, -εσθαι 512b9, 557b4
ἐκπίπτειν 519a26, 563a27, 570b4, 593b13,
  597b2, 601b32, 585a11, 637a28

ἐκπλεῖν 598b6, 8, 11, 13, 15, 18, 20,
  599a1, 621b13
ἐκπλήττεσθαι 496b27
ἐκπλύνεσθαι 522b3
ἐκπνεῖν 487a29, 492b6, 10, 506a2, 536b22
ἔκπνευσις 492b9
ἐκπνοή 492b11
ἐκποιεῖν 636b17
ἐκπονεῖσθαι 588b32, 612b27
ἐκπορεύεσθαι 570b25
ἔκπτωσις 637a26
ἐκρεῖν 518a32, 572a25, 584a24, 587a16, 21
ἐκρήγνυσθαι 604b21
ἐκροφεῖν 612a31
ἔκρυσις 583a25, b11
ἐκστατικός 491b13
ἔκτασις 504a15
ἐκτείνειν, -εσθαι 504a35, 524a14, 556b18
  (bis), 576a28, 594a20, 586a35
ἐκτέμνειν, -εσθαι 510b2, 3, 517a26 (bis),
  518a31 (bis), 545a20, 21, 575a32, 589b33,
  595a2, 604b4, 631b21 (bis), 25, 632a5, 7,
  8, 11, 12, 14, 15, 20, 21, 22, 27, 32
ἐκτίκτειν 511a21, 525b14, 526b28, 30,
  541b17, 32, 547a1, 2, 549b24, 25, 550a1,
  b2, 7, 9, 552b29, 553a2, 556a6, 565a28,
  566a23, 567b1 (bis), 4, 8, 11, 26, 568a26,
  b12, 13, 570b6, 7, 571a5, b11, 580a9,
  609a34, 610b3, 621b20, 27, 622a25,
  629a35
ἐκτίλλειν, -εσθαι 518b12, 14, 519a27,
  560b23, 603b22, 612a27
ἐκτιτθεύειν 522a6
ἐκτιτρώσκειν 610b35, 585a22
ἐκτοπίζειν 534b2, 578b29, 580a8,
  596b30, 597a10, 31, 600a14, 601b17,
  611a24, 614b19
ἐκτοπισμός 599a4
ἐκτοπιστικός 488a14
ἐκτός 526b9, 545b10, 574a21, 25, 577a19,
  595b2
ἐκτρέπειν, -εσθαι 500b12, 621a7
ἐκτρέφειν, -εσθαι 542b13, 544a29, b8,
  545b2, 9, 23, 24, 563b10, 564a3, b17,
  573a32, 576b25, 577a22, 579a28,
  589a30, 593a23, 598b5, 611a10, 618b29,
  619b24, 620a5, 631b15, 584b10, 36, 37,
  635b14
ἐκτροφή 522a26, 542a30, 573a30, 588b30
ἐκτρωσμός 583b12
ἐκφαίνειν, -εσθαι 512a14, 579a28

541

INDEX

ἐκφέρειν, -εσθαι 570a9, 575a27, 577a4, b23, 606b22, 623a15, 626b13, 629a8, 11, 583b33, 585a13, b20, 21
ἐκφεύγειν 625b6
ἐκφύειν, -εσθαι 517a22, 611b13
ἐκχεῖν, -εῖσθαι 511b16, 534a27, 28, 637b37
ἐκχυλίζειν 596b12, 623a16
ἐκχυμίζειν 594a15
ἐλαία 553a21, 22, b23, 556a23, 601a7, 614b11, 624b10
ἔλαιον 520a18, 595b15, 605a31, b2, 3, 5, 583a23, 24
ἐλαιοῦσθαι 605b20
ἐλαιώδης 522a22
Ἐλατάεις 578b27
ἐλαττονάκις 543b30, 634a16
ἐλάφειος 534b23
Ἐλαφηβολιών 571a12, 579a25
ἔλαφος 488b15, 490b33, 498b14, 499a3, b10, 17, 500a6, 10, b23, 501a33, 506a22, 23, 32, b1, 515b34, 516a1, 517a23, 25, 520b24, 538b19, 540a5, 8, 545a1, 578b6, 19, 28, 594b10, 595a6, 606a7, 611a15, 27, b18, 21, 23, 26, 612a15, 632a10, b4
ἐλαχύς 490a21, 494b15, 495a2, 13 (bis), 17, b11, 496a21, 497a2, 6, 500b27, 501a4, b23, 502b34, 505a12, 25, b14, 506a29, b3, 7, 507a8 (bis), 29, b6, 21, 24, 508a2, b22, 512a26, 30, 513a18, 19, 33, 35, b19, 20, 514a23, 25, 516b22, 517b17, 29, 518b1, 5, 32, 519a34, b1, 520a1, 5, b2, 521a16, 24, b15, 522a11, b12, 523a12, 525b6, 526a3, b32, 528b20, 25, 529a25 (bis), 28, 530b3, 531b10, 532b31, 533a9, 536a24, 541b28, 542a1, 543a22, 544b2, 7, 16, 19, 29, 545b8, 12, 546a6, 11, 17, 548b10, 549a27, b10, 550a22, 28, b22, 551a16, 552a15, b27, 553b21, 555b11, 19, 20, 556b25, 557b7, 558a20, 559b24, 560b5, 21, 561a8, 9, 562a13, b1, 563b25, 31, 564a29, 565a1, 6, b19, 566b11, 568a16, 27, b19, 570a30, 573a5, 10, 22, b24, 574a23, b6, 575b23, 576b2, 577a10, 579a21, 22, b10, 589a27, 591b6, 15, 27, 592a15, b10, 13, 21, 593a4, 20, b2, 5, 18, 19, 594a32, 598b1, 600b3, 602a30, 603a20, 605b24, 606a23, 608b15, 610a20, 612b20, 613b22, 614b7, 9, 615a30, 31, 616a24, 617a16, 22, 25, b2, 22, 618b4, 27, 619a11, b3, 13, 620a22,
623a26, 624a4, b29, 627b1, 21, 628b4, 630a34, b4, 632a2, 14, b7, 584a24, 586b11, 17, 587b3, 634a34, b7, 17 (bis), 635b6, 27, 638a14, b24
ἐλέα 616b12
ἐλεγῖνος 610b6
ἔλεγχος 636b6
ἐλεδώνη 525a17
ἐλεήμων 608b8
ἐλειός 600b12
ἐλεός 592b11 (bis), 609b9
ἐλεύθερος 488b16
ἐλεφαντιστής 497b28, 610a27, 30
ἐλέφας 488a29, b22, 492b17, 497b22, 35, 498a5, 8, 499a9, 500a17, 18, b7, 18, 501b30, 502a2, 506b1, 507b34, 509b10, 517a31, 523a27, 536b20, 540a20, 546b7, 571b32, 578a17, 596a3, 7, 11, 604a11, 605a23, b2, 610a15, 18, 22, 25, 630b19, 23
ἑλιγμός, εἰλιγμός 510b19, 527a29, 532b7
ἑλίκη 524b12, 528b6, 9, 529a7, 10
ἕλιξ 527a20, 547b11
ἑλίσσεσθαι 495b26, 527a23, 532b10, 561a13
ἕλκειν 518b14, 569b7, 595b2, 603a19, 616a2, 634a23, b28, 636a4, 13, 637a19, b33, 638a7, 8, 9
ἕλκος 609a33, 35, b4, 627a4, 630a6, 8
ἑλκοῦν, -οῦσθαι 612a33, 630a5, 636a36
Ἑλλάς 606a22, 584b11
ἐλλείπειν 520a30, 524a32
ἔλλειψις 486a22, b8, 16, 17, 18
Ἑλλήσποντος 548b24, 549b15, 568a5
ἔλλοψ, ἔλοψ 505a15, 506b16
ἑλμινθιᾶν 612a31
ἑλμίνθιον 570a14
ἑλμινθώδης 538a5
ἕλμινς, ἑλμίς 548b15, 551a8, 602b26
ἕλος 597a5, 605a10, 609b19, 615a27, 32, 616b15, 617a4, 620a34, 633b3
ἐλπίζειν 612a12
ἔλυτρον 490a14, 532a23, 586b23
ἐλώδης 564a12, 596b3
ἐμβάλλειν 516a4, 552b11, 576b18, 580b24, 598a24, 27, 603a18, 606b13, 623a11, 627b7
ἔμβρυον 511a30, 33, 546b12, 561b23, 26, 565a7, 9, b6, 9, 11, 12, 15, 20, 26, 576a22, 24, 577a5, 14, 578b30, 579a21, 580b30, 601a1, 583b17, 31, 34, 584a33,

542

INDEX

586b12, 16, 18, 24, 587a6, 7, 17, b2, 635b12, 638b9
ἐμεῖν 554a17, 594b3, 588a1
ἐμετικός 632b11
ἔμετος 612a6, 584a7
ἐμμανής 571b34
ἐμμένειν 583a24, 638a26
ἔμπειρος 604b26, 614a19, 633a8
ἐμπεριλαμβάνεσθαι 562a14
ἐμπεριρρήγνυσθαι 557b26
ἐμπηγνύναι, -υσθαι 603a27, 614b6
ἐμπίπλασθαι 550a2, 578b32
ἐμπίπτειν 533b28, 572a18, 578b3, 602a31, b12, 21, 29, 614a27, 621a20, 623a5, 13, 19, 20, 23, 28, 626b16, 627b8
ἐμπίς 490a21, 551b27, 552a7
ἐμποδίζειν 540b10, 582a1, 634a34, 635a20, 636a36
ἐμπόδιος 619b9, 636b6
ἐμποιεῖν 594b26, 604a5
ἐμπορικός 532b20
ἔμπροσθεν 490a20, 493b11, 498a3, 22, 30, 499a25, 500a16, b1, 503a27, 504a10, 11, 512b32, 518a26, 536a9, 559b21, 566a29, 575a27, b10, 576b8, 580b22, 604b2, 620a4, 624a34, 628b28, 583b10, 584b22, 637a26, 34
ἐμπρόσθιος 494a12, 513a25, 604b1, 610a31
ἐμπροσθόκεντρος 490a18, 532b12
ἐμπροσθουρητικός 509b2
ἐμπύημα 624a17
ἔμπυος 604b6
ἐμύς 506a19, 558a8, 589a28, 600b22
ἐμφανής 510b20, 511a23, 599b2
ἐμφερής 626a6
ἐμφύειν, -εσθαι 547b25, 557b3, 611b20
ἐμφυσᾶν, -ᾶσθαι 500b22, 503b3, 524a17, 561a19, 603b30
ἔμψυχος 561a12, 570b10, 588b10, 593a2, 638a25
ἔναιμος 489a30, 490a8, 22, 27, b9, 20, 23, 499b6, 500b27, 501a10, 502b28, 29, 505b1, 5, 23, 25, 27, 509a32, 511b2, 515a16, 516b3, 13, 22, 34, 518a5, 519a30, b8, 27, 520b11, 27, 29, 521a1, b5, 523a31, b4, 527b1, 533a1, 536b25, 538a22, 539b19, 557b32, 561a13, 570a6, 589b20, 599a30, 606a9, 634b18
ἐναλλάξ 515a11, 614b25

ἐναντίος 486b15, 493b3, 494b21, 498a20, b21, 499b3, 500b27, 501a1, 502a1, 504a33, 528b20, 545a18, 560a21, 567b32, 569a8, 571b1, 592a9, 598b17, 601a29, 602a2, 605a14, 606a21, b25, 607b1, 614b33, 581a24, b28, 582a2, 583a21, 584a14, 17, 585b13, 16, 20, 586a6
ἐναντιότης 491a19
ἐναντίως 493a31, 494a9, 498a24, 27 (bis), 501b14, 502a25, 541b14, 545a21, 553b4, 608b3
ἐναντίωσις 486b5
ἐναπολαμβάνεσθαι 580b11
ἐναρμόττειν, -εσθαι 541b14, 614b16
ἐναφιέναι 553b24, 554b29, 556a27, 29
ἐνδεής 518b2
ἕνδεκα 545b32, 555a26, 573b29, 575b26, 579b28, 584b20
ἐνδεκάκις 562b25
ἐνδέκατος 584b1
ἐνδέχεσθαι 492b12, 536b18, 539b25, 552b15, 637a5, 13, 638a23
ἔνδηλος 528b19, 544b30, 608a12, 13
ἔνδοθεν 512b20, 22, 530a1, b24, 610b25
ἔνδον 615b27, 623a5, 624a23, 628a25, 34
ἐνδύεσθαι 609b21
ἐνεδρεύεσθαι 619b4
ἐνεῖναι 496a13, 510a1, 513b21, 515b33, 35, 516a26, 517a1, b28, 521b12, 16, 19 (bis), 522a29, 525a27, 527a2, b9, 553a31, b17, 554a5, 555a2, 3, 557b5, 561a31, b18, 564b25, 565a9, 22, 588a18, 24, 598a23, 599a27, 605b3, 627b9, 628a35
ἕνεκα, -εν 491a24, 534a24, 602b1, 614b1, 613b11, 623b31
ἐνενήκοντα 583b5
ἐνεργεῖν 503b23
ἔνθα 519a11 (bis), 543b30 (bis), 605b27 (bis)
ἔνθεν 511a19, 20, 512b15 (bis)
ἐνθλίβεσθαι
ἐνιαύσιος 545a29, 31, b4 (bis), 23 (bis), 575a23, 24, b13, 577a21, 578a12, 611a31, 632a14
ἐνιαυτός 542b30, 547b9, 25, 558b13, 24, 562b24, 26, 566a20, 567b19, 568a13, 19, 571a10, 11, 574a21, 26, 29, 576a8, 10, b30, 578a19, 579a33, 580a16, 611b8, 613a29
ἐνιαχοῦ 517b30, 541b23, 545a32, b2, 569b14, 570b18, 571a26, 592a1, 609a1

INDEX

ἔνικμος 570a17
ἔνιοι 486a8, 15, 16, b12, 17, 487a23, b3, 489a12, b30, 490a23, b15, 491b6, 492a3, 7, 31, 495a1, b2, 14, 496b23, 498b25, 499a12, b8, 500a1, b15, 501a4, 14, 502a16, 503a3, b29, 504b2, 6, 9, 33, 505a23, 30, 32, b20, 506a23, b13, 20, 22, 507a14, 28, b33, 508b10, 16, 19, 509a5, 510a6, 515b27, 516b7, 18, 24 (bis), 517a4, b22, 25, 518a34, b27, 519a9, b20, 520a16, 521a14, b4, 12, 14, 16, 20, 522a19, b32, 524a27, 525a21, 527b11, 528a22, 24, 31, b28, 530b18, 531a32, b22, 532a6, 14, 26, b8, 18, 533a18, 21 (bis), 28, 534a15, 535b25, 536a22, 23, 28, 30, b15, 538a18, b17, 20, 21, 539a15, 28, 30, b3, 540b14, 24, 541b17, 542a4, 5, 24, 543a17, 19, b10, 17, 20, 544b30, 545a18, 546b33, 547a4, 8, 9, b25, 548a2, 549a3, 552b30, 553b7, 24, 554b6, 555a2, 3, 13, 556b30, 558b15, 20, 559a16, 562a22, 27, b14, 28, 564b5, 22, 565a14, 566a9, b24, 25, 567a30, 568a26, b19, 569a11, 21, 25, 570a7, 13, 29, 571a34, 573a14, b3, 16, 21, 574a18, 25, 28, b8, 32, 575a26, 32, b16, 576a27, 578a2, 580b18, 588a27 (bis), 30, b12, 19, 26, 589b30, 590b14, 591a5, 592a23, b8, 15, 593a29, 594b28, 595a8, 596a10, 597b22, 599a10, b12, 31, 600a24, 25, b15, 601a12, 602b15, 16, 21, 604b24, 605a1, b23 (bis), 606a15, b13, 607b14, 16, 608a2, 3, 17, 609b10, 610b3, 7, 9, 10, 11, 613a19, 614a32, 615a15, b5, 616b3, 618b20, 621a15, 625b27, 628b6, 23, 629a25, 630a14, 631b8, 12, 19, 632a29, b9, 10, 633b2, 6, 581a25, 582b14, 17, 19, 32, 583a22, b1, 584a9, 10, 17, 37, b4, 7, 32, 586b34, 587b20, 21, 34, 635b28, 637b23, 638a17, 36
ἐνίοτε 505a31, 508a31, 510a2, 514a6, 519a4, 523a24, 525a28, 531a33, 533b22, 535a1, 537a31, 545b5, 547a1, 555b15, 558a30, 560a2, b9, 562b10, 563a31, b30, 566a9, b7, 568a30, 569b4, 17, 573b20, 575b28 (bis), 577a25, 578b9, 579b1, 602a30, 604a24, 605a27, b25, 614a6, 19, 618a1, 619a22, 629b35, 631b3, 632b3, 582b27, 584a31, 585b11, 586b25, 587b7, 635b34, 636b24, 637a2, 11
ἐνιστάναι 638a5

ἐνκρασίχολος 569b27
ἐννέα 554b7, 575a25, 576a30, 580b8, 595b18, 596a4, 615b21, 623b8, 15
ἐννεάμηνος 584a36
ἐννεός 536b4
ἐννέωρος 575b6
ἔννοια 636b22
ἐνόρχης 632a20
ἐνοχλεῖν, -εῖσθαι 560b22, 604a12, 613a9, 629b24, 587a1
ἐνστατικός 488b13, 14
ἐνταῦθα 511a9, 514b17, 542b14, 547b12, 549b7, 552a25, b11, 29, 553a1, 555a16, b23, 556b26, 570a22, 593a23, b21, 600a14, 613b11, 617b1, 631b26, 632a25, 584b9, 586b25, 634b32, 34
ἐντέμνειν 595b8
ἐντεροειδής 508b11
ἔντερον 495b25 (bis), 26, 31, 496a1, 497a33, 506a32, b12, 13, 15, 20, 24, 507a31, b12, 18, 21, 28, 33, 35, 508a3, 28, 29, b2, 9, 12, 509a16, 19, b33, 511a27, 514b13, 524b13, 14, 18, 20, 526b26, 31, 527a7, 15, 30, 32, b4, 25, 26, 529a8, 9, 10, 13, 22, b13, 532b5, 9, 538a17, 551a11, 561b3, 562a8, 15, 579a15, 600b9, 10, 12, 626a18, 586b9; (uermis?) 570a16
ἐντεῦθεν 511b30, 512a17, 513a1, 514a10, 597b16, 626b26, 634b34, 637a16
ἐντιθέναι 534a21, 26, 603a10, 614b15
ἐντίκτειν 552a18, 555a16, 556b2, 558a9, 563b31, 598a25, 605b12, 14
ἐντομή 487a33, 523b14, 529a18, 531b30
ἔντομος 487a32, 33, 488a22, 490a9, b13, 15, 523b12, 13, 17, 525b25, 531b20, 31, 532a15, 17, 534b15, 16, 18, 535b4, 537b6, 538a2, 26, 539a11, 24, 541b34, 542b28, 550b22, 553a12, 555b19, 556a28, b21, 557a27, 558b8, 596b10, 599a20, 601a2, 605b7, 20, 622b19, 623b5
ἐντυγχάνειν 534a7, 602a21, 628b8, 636b20
ἔνυγρος 569b21
ἐνυδρίς 487a22, 594b31, 32, 595a3
ἔνυδρος 487a15, 16, 26, b2, 17, 489b1, 504b13, 505b7, 533a25, 536b32, 542a25, 559a21, 566b31, 567a15, 589a11, 13, 15, 19, 22, 33, b2, 4, 13, 22, 590a5, 7, 13, 603a29, 631a22

544

INDEX

ἐνυπάρχειν 560a10, 577a14
ἐνυπνιάζειν, -εσθαι 536b27, 537b13, 587b10
ἐνύπνιον 537b15, 17, 18
ἕξ 516a21, 542b26, 546b9, 547b9, 551b12, 553b3, 554b6, 562b27, 566a16, 574b26, 576a12, 15, b5, 6, 578a19, 579b1, 580a24, 592a14, 596a5, 6, 611b1, 615b30, 623b8
ἐξάγειν, -εσθαι 562b10, 563a31, 564a23, b8, 597b21, 600b1, 613a5, b12, 618b29, 625a34
ἐξαγριαίνεσθαι 571b31
ἐξαγριοῦσθαι 610a31
ἐξαγωγεύς 625a22
ἐξάγωνος 554b25
ἐξαδυνατεῖν 575a21, 630b8
ἔξαιμος 587a23
ἐξαίρειν, -εσθαι 547b5, 561a30, 590b29, 591a2, 623b19, 625a24, 626a1, 13, 631b10
ἐξαιρεῖν, -εῖσθαι 496b5, 515b31, 32, 520b26, 548a8, 550a1, 560a31, 569a15, 572a14, 614b30, 626a19, 629a13
ἐξαιρετέον 627a6
ἐξαίφνης 563a10
ἐξάκις 568a17
ἐξακοντίζειν 590b28
ἐξακριβοῦν 583a30
ἐξάλλεσθαι 528a32, 602a29
ἐξαμβλοῦν 577b6
ἐξαμηνόβιος 558a17
ἐξάμηνος 545b2, 22, 573a13, 574b20, 21, 576b11, 579b14
ἐξανακολυμβᾶν 591a27
ἐξανεμοῦσθαι 572a13, 636a9, 12
ἐξάνθημα 518a12
ἐξανίστασθαι 635b33
ἐξαντλεῖσθαι 570a8
ἐξαπίνης 627a28, 636a31
ἐξαρτᾶσθαι 495b33, 496a26, 497a14, 28, 514b37
ἐξάρτησις 497a19, 509b11, 511a33, 519b9
ἐξαφιέναι 565b24, 568a14
ἐξελαύνειν 520b1, 570b10, 571b19, 572b12, 609b15, 17, 627a19
ἐξέλκεσθαι 508a23
ἐξεμεῖν 614b29
ἐξερεύγεσθαι 603a14, 634b10
ἐξέρπειν 550a5, 599a26
ἐξέρχεσθαι 489b13, 493a30, 496b6, 509b21, 523a19, 24, 525a27, 528b26, 529b16, 534a19, 536a1, 541b32, 543a28, 550a17, 551b5, 19, 552b20, 554b2, 556b8, 30, 558a30, 559b5, 13, 14 (*bis*), 565a28, 567b24, 571a18, 600b8, 601a7, 8, 610b25, 611b34, 612a23, 614b1, 622a32, 625b32, 629a21, 582b9, 583b14, 585a25, 586a19, 587a6, 27, 33, b23, 26, 638a29
ἐξεσθίειν 554b4
ἐξέχειν 502b13
ἐξήκοντα 545b6, 8, 30, 558a19, 20, b15, 574a22, 595a20, 599b32, 630b25, 585b6
ἐξιέναι (-ειμι) 511b15, 520b23, 521a14, 523a23, 558a8, 559a27, 590b6, 595a1, 598b27, 29, 600b11, 24, 614b1, 622b4, 627a29, 628b2, 581a31, 582a1, b17, 587b30, 636a16
ἐξιέναι (-ίημι) 568b2
ἐξικμάζειν, -εσθαι 518a4, 594a13, b23, 583a11
ἕξις 588a32, 608a17, b8, 581b24, 634a37, b5, 12, 638b22
ἐξιστάναι, -ασθαι 488b19, 493b4, 577a12
ἔξοδος 492b7, 493b6, 500b29, 507a32, 509b19, 29, 511a27, 527a8, 12, 529a9, 20, b9, 14, 530b28, 531a24, 532b6, 540b26, 610b15, 618b26, 586a15, 16, b5, 637a31
ἐξοκέλλειν 533b12, 631b2
ἐξολισθαίνειν 590b17
ἐξονειροῦν 636b24
ἐξονειρωγμός 637b27, 28
ἐξονειρώττειν 634b30, 637b24, 638a6
ἐξοπίζεσθαι 522b3
ἐξόπισθεν 512b14
ἐξουρεῖν 577a22
ἐξυγραίνεσθαι 493a3, 521a12, 635a39
ἐξυδρωπιᾶν 553a16
ἐξυπτιάζειν 499a7
ἔξω 487a21, b4, 492a26, 493b4, 10, 494a2, b19, 495a27, 497a25, 499b28, 29, 500a33, b1, 8, 12, 503a6, 11, 505a28, b23, 510b30, 512b16, 520b24, 28, 521a11, b22, 25, 522b19, 523b17, 22, 525a28, 526b11, 527b26, 528a19, b22, 529b10, 530b14, 531a22, 532a13, 533a10, b8, 540b6, 541a30, 555b9, 557b14, 558a25, b1, 28, 559b11, 562a6, 10, 11, 566a4, 567a16, b28, 569a3, b2, 589b9, 590a30, 594a15, b30, 595a15, 598b1, 2, 601a29, 612b31, 621b13, 624a26,

545

INDEX

ἔξω (cont.)
625a33, b6, 626a15, 24, 632a18, b8, 587a18, 21, 636a14, 637a30 (*bis*), 35, b33, 36, 38, 638a9
ἔξωθεν 493a25, 494a22, 503b19, 507b4, 510a12, 511b22, 512b14, 19, 514a6, 524b6, 525a3, 526b8, 14, 528b10, 532b4, 533a6, 541a5, 7, 543a27, 548a13, 619a22, 626b9, 636a5
ἔξωχρος 631b28
ἐοικέναι 495b25, 500a31, 511b10, 517b23, 529b24, 530a21, 549a34, 563b21, 578b1, 588b17, 21, 589a20, b13, 29, 590a30, 602a6, 620b35, 628b1, 585a16, b30, 586a1, 5, 7, 9, 10, 11, 12
ἐπάγεσθαι 595b29
ἔπαγρος 616b34
ἐπαίρειν, -εσθαι 620b17, 638b16
ἐπαΐσσειν 629b25
ἐπακολουθεῖν 498b10, 568b30
ἐπαλλάττειν 501a18, 22, 526a2, 3
ἐπαμφοτερίζειν 488a1, 7, 498a18, 499b12, 21, 502a16, 511a25, 529b24, 566b27, 589a21, 590a8 (*bis*), 598a15, 602a17, 584b28
ἐπαναβαίνειν 540a22, 577a26
ἐπανάγειν 594a18
ἐπαναδίπλωμα 506b14
ἐπαναδίπλωσις 507b30
ἐπανακάμπτειν 510a21, 25, 514a11
ἐπανάστασις 500a5
ἐπανέρχεσθαι 514a37, 623a19, 625b27
ἐπανιέναι (-ειμι) 566a25, 634a8
ἐπανιστάναι 492a34, b2, 503a18, 504b10, 631b13
ἐπανοιδεῖν 529b12, 531b3
ἐπάνω 496a30, 511a27, 513b23, 524a15, 526a25, 31, b1, 2, 542a2, 547a25, 600a6, 615b29
ἐπάργεμος 609b16, 620a1
ἔπαρσις 572b2, 26, 574a32, 581a27, 32, 584a16
ἐπαυξάνεσθαι 560a18, 573b12, 584b5
ἐπαφιέναι 550a11
ἐπεῖναι 496b23
ἔπειτα 487b4, 508b30, 511b4, 512a15, b6, 16, 513b35, 515a2, 9, 518a22, 519b4, 522a27, 527b22, 547b27, 551a17, b11, 15, 552a4, 6, 559b9, 572a9, 594a19, 610a23, 613b12, 620b27, 623a6, 13, 629b7, 582a17, 587a7

ἐπεκτείνεσθαι 541a2
ἐπεξιέναι (-ειμι) 626b14
ἔπεσθαι 497a34, 541a15
ἐπεσθίειν 612a24, 29
ἐπέτειος 623b10, 626b4
ἐπέχειν 619a29
ἐπηλυγάζεσθαι, ἐπηλυγίζεσθαι 559a1, 613b9, 623a29
ἐπιβαίνειν 510b3, 539b26, 29, 540a28, b9, 541b34, 550b23, 551b8, 555b19, 574a20, 575b29, 610a24, 29
ἐπιβάλλειν 598a3, 623b1
ἐπιβιβάσκειν 573b1
ἐπιβουλεύειν 594b2
ἐπίβουλος 488b16, 18, 608b4
ἐπίγειος 617b20, 633b1
ἐπιγίνεσθαι 548a13, 569b1, 573b18, 574b15, 580b27, 28, 599b14, 603a16, 629a10, 631b32, 587b33
ἐπιγινώσκειν 595a21, 631b11
ἐπιγλωττίς 492b34, 495a28, 504b4
ἐπίγρυπος 499a7
ἐπίδεσμος 630a6
ἐπίδηλος 510a5, 536b10, 547b30, 555a9, 560b15, 568b5, 571a29, 575a4, 599a13, 601b6, 607b23, 582a13, 587a1, 634a29
ἐπιδηλοτέρως 604a2
ἐπιδήλως 518a8, 537b7, 564b10, 11, 571a22, 613a21, 583b1, 637a1
ἐπιδημητικός 488a13
ἐπιδιδόναι 545b14, 575b25, 576b6, 595a19, 21, 601b13, 611b1
ἐπιδινεῖν 624a24
ἐπίδοσις 546a9, 560a20, 582a29
ἐπιεικῶς 495b27, 497a23, 500b13, 617b26
ἐπιέναι 504a26, 558a3, 578a8, 597a1, 628a12, 636b32
ἐπιζεύγνυσθαι 531b22
ἐπιζητεῖν 611a9
ἐπιθεῖν 551b22
ἐπίθεμα 529b8
ἐπιθυμεῖν 637b14
ἐπιθυμία 571b9, 631a10, 581b21, 584a18, 20, 637b11
ἐπικαθεύδειν 542b20
ἐπικαθῆσθαι 552a7, 558a19, 619b14, 625a5, 8
ἐπικαίειν, -εσθαι 627a14, 630b10, 13, 631b26
ἐπίκαιρος 633b30
ἐπικαλεῖσθαι 617a5, 618b25

546

INDEX

ἐπικάλυμμα 505a1, 527b15, 17, 19, 21, 26, 27, 31, 530a21, 541b26, 30, 547b3, 549a22, 32, 599a14
ἐπικαλύπτειν 503a35
ἐπικάμπτειν 529a12
ἐπικαταβαίνειν 591b20
ἐπικαταλαμβάνεσθαι 611b33
ἐπικίνδυνος 596a4, 588a10
ἐπικοιτάζεσθαι 599a30
ἐπικορίζειν 614a10
ἐπικρατεῖν 625a28
ἐπίκροτος 558a6
ἐπίκτησις 522a18
ἐπίκτητος 520b11
ἐπικυεῖν 585a11, 12, 17
ἐπικυΐσκεσθαι 542b31, 566a15, 579b32, 585a5, 6
ἐπικύπτειν 522b18
ἐπιλαῖς 592b22
ἐπιλαμβάνειν, -εσθαι 514a6, 526b19, 527b19, 21, 590b5, 629b15, 583b22, 584a37, 588a3
ἐπιλέγεσθαι 619a18
ἐπίληπτος 613b18
ἐπιμέλεια 563b10, 608b33, 609a2, 621a21, 581a25, 633b17
ἐπιμελεῖσθαι, -έλεσθαι 563b12, 564b8, 626a19, 33, 637a20
ἐπιμελής 513a15, 614b33
ἐπιμελητής 630b33
ἐπιμήνιος 638b17
ἐπιμυθεύεσθαι 605a5
ἐπινεῖν 620b22
ἐπινέμεσθαι 591b19
ἐπιξύειν 612b17
ἐπίπαν 506b6, 596a5
ἐπιπέτεσθαι 564b4, 609a35, b6, 17
ἐπιπηδᾶν 539b32, 610a28
ἐπιπίπτειν 537a13, 551a2, 594b11, 628a5, 636a31
ἐπιπλάττειν 632a19
ἐπιπλεῖν 622b6
ἐπίπλοον 495b29, 496b20, 514b10, 519b7 (bis), 520a13, 24, 25
ἐπιπολάζειν 525a14, 533b30, 33, 547b22, 569a28, 580b14, 590b8, 592a10, 602b2, 622b9, 627a4
ἐπιπολῆς 521a24, b1, 528a13, 555b27, 569b17, 19, 599a14, 622b25, 624b31, 628a19, 629a20
ἐπίπονος 575b30, 586b35

ἐπίπτυγμα 526b29 (bis), 528b7
ἐπιπτύσσεσθαι 495a28, 536a11
ἐπιρραίνειν, -εσθαι 567b5, 6, 9, 568b31
ἐπιρρεῖν 592a4
ἐπιρρίπτειν 629b20
ἐπισημαίνειν 544b23, 31, 561a7, 572b32, 573a1, 624a2, 582b31, 583a33, 634a30
ἐπίσιον 493a20
ἐπισκεπής 616b14
ἐπισκεπτέον 629a27
ἐπίσκιος 569b10
ἐπισπᾶσθαι 613b19, 634a20, 638b24
ἐπίστενος 514b23
ἐπιστρέφειν, -εσθαι 541b29, 629b15
ἐπιστρεφής 632b24
ἐπιστρόγγυλος 555a29
ἐπισυρίττειν 614b22
ἐπίτασις 536a18
ἐπιτελεῖν 539a33
ἐπιτέλλειν 617a31
ἐπιτήδειος 522b23, 523a4, 544b9, 598b4, 625b23, 636b22
ἐπίτηδες 550b9, 577b17
ἐπιτηρεῖν 626a32
ἐπιτιθέναι, -εσθαι 488b9, 492b28, 575a21, 578b23, 594b9, 609b2, 4, 8, 612a17, 33, 627b8, 630a2
ἐπίτοκος 573a2
ἐπιτολή 553b30, 31, 602a26, 633a14
ἐπίτονος 515b9
ἐπιτραγέας 538a14
ἐπιτυγχάνειν 575a9
ἐπιφάνεια 494b19, 531a4
ἐπιφανής 504b23
ἐπιφέρειν, -εσθαι 568a4, 569b16, 572a11, 600a6, 620b22
ἐπίφλεβος 493a3
ἐπιφλεγμαίνειν 638a33
ἐπιφοιτᾶν 618a20
ἐπιφύεσθαι 491b34, 506b3, 572a28, 577a8, 605a3, 632a25
ἐπιχειρεῖν 594b13, 597b12, 620a12, 623b19, 631b10, 16, 18, 29
ἐπιχθόνιος 542b9
ἐπιχώριος 615a14
ἐπιψαύειν 568b21
ἐπομβρία 553b22, 556b6, 575b19, 601a29, 628b29
ἐπόμβριος 601b10, 603a12
ἔπομβρος 601a30, b26, 603a24
ἐπόπτης 633a19

INDEX

ἔπος 513b27, 563a18
ἔποψ 488b3, 559a8, 615a16, 616a35, 633a17, 19
ἑπτά 542b6 (bis), 12, 13, 543a16, 544b26, 27, 553a7, b4, 554b6, 574a31, b1, 8, 592a23, 595a28, 596a5, 600b4, 615b30, 632b6, 581a14, 582a16, 28, 583a24, b11, 30, 584b2, 585a29
ἑπταετής 576b17
ἑπτακαίδεκα 558a23, 574a30, 616b5
ἑπτάκλινος 630a22
ἑπτάμηνος 584a36, b2, 585a20
ἑπτάπλευρος 493b15
ἑπτάς 553a3, 5, 555b17
ἑπτέτης 577b20
ἐπῳάζειν 536a30, 544a13, 550b1, 553a8, 554a18, 555a23, 30, b9, 11, 558a7, 13, b3, 559a30, b30, 560a4, b6, 562a23, b17, 30, 563a27, b2, 564a7, 10, 15, 19, 22, b3, 6, 8, 613a15, b11, 16, 26, 33, 614a23, 618a12
ἐπῴασις 563a29
ἐπῳασμός 558b15, 564b9
ἐπῳαστικός 560a3
ἐπῳδή 605a6
ἐπωμίς 493a9
ἐπωνυμία 490b2, 495a19, 522b24, 617a6
ἐργάζεσθαι 553b21, 23, 554a16, 572a2, 580b18, 616b35, 619a15, 622b26, 623a23, 624b31, 34, 625b22, 24, 25, 626b2, 8, 11, 23, 627a6, 7, 9, 21, 30, b1, 21, 628a23, b24, 629a21, 635b21, 24, 636a7
ἐργασία 489a27, 552a22, 595a18, 622b24, 623b26, 624b8, 625b24, 626b29, 629b4, 633b20
ἐργάτης 627b32, 33, 628a2, 4, 6, 10, 22, 23, 25
ἐργατικός 622b19, 624b29, 627b9
ἐργάτις 627a12
ἔργον 488a8, 502a4, 552a13, 574b16, 577b32, 579a30, 588b24, 27, 625a15, b2, 5, 18, 626a1, b28, 627a20, 23, 25, 632b10, 633b19, 24, 26, 27, 635a18, 636a34, 638b11
ἐργώδης 572a28
ἐρέβινθος 546b21, 603b27
ἐρείδειν 541b5
ἐρείκεσθαι 595b7
ἔρεισμα 532b3, 625a12
ἐρημία 540a17, 20, 607a7, 610b24, 618b14
ἐρῆμος 633a28

ἐριθάκη 554a17, 627a22
ἐρίθακος 592b22, 632b28, 29
ἐρινεός 554a15, 557b25, 31
ἐρινόν 557b28, 29 (bis)
ἐρινός 557b25
ἔριον 518b32, 522b3, 4, 557b2 (bis), 3, 596b8, 615b22, 616a2, 584b4, 587a13
ἐριώδης 630a30
ἕρκος 617b24
ἕρμα 597b1, 626b25
ἕρπειν 501a3, 528b1, 610b24
ἕρπυλλος 627b18
ἑρπυστικός 487b21
ἐρυθραίνεσθαι 552a25
ἐρυθρῖνος 538a20, 567a27, 598a13
ἐρυθρόπους 544b4
ἐρυθρός 505b15, 520a1, b20, 525a2, 527a26, 32, 529a20, 530a15, 531a30, 532b22, 547a8, 11, 12, 550a31, b18, 552a2, b7, 559a26, b9, 606a12, 615b30, 626b22
ἐρύκειν 621a24, 28
ἐρυσίβη 553b20, 627b21
ἐρυσιβώδης 605b18, 626b23
ἔρχεσθαι 523a20, 551b2, 556b8, 572a19, b22, 579a14, 580b6, 594a18, 603b3, 607a20, 611a19, 613b30, 614a18, 626a31, b12, 627a24, 26, 629b27, 631a12, 586b25, 587b35, 637a12, 21, b22
ἐρωδιός 593b1, 609a30, 31, b7, 21, 610a8, 616b33, 617a8
ἔρως 631a10
ἐσθίειν, -εσθαι 497b27, 506a33, 522b30, 525a16, 530b1, 573a26, 591a4, 26, 28, b29, 592a24, 594a6, 17, 27, 29, b6, 7, 26, 596a3, 599a33, 600b7, 603b4, 32, 604a1, 20, 605a25, 29, 607a29, b13, 609b21, 30, 611a18, 19, b22, 35, 612a6, 7, 24, 32, 614b30, 617a19, b10, 23, 32, 619b21, 623b21, 632b1
ἐσμός, ἑσμός 553a23, b23, 624a27, 30, 625a19, b26, 626b5
ἑσπέρα 596a29
ἑσπέριος 619b21
ἔσχατος 491b20, 492a17, 18, 493a20, 494a9, b32, 498a18, 500a7, 501b27, 502b8, 19, 505a9, 16, 516a14, 524a5, 525b16, 526a16, b9, 527a25, 528b7, 532a3, 545b27, 549a28, 561b14, 16, 562a1, 597a4, 31, 32, 599b11, 600b16, 614b22, 586a26, b9, 634b20

548

INDEX

ἐσχάτως 613a11
ἔσω 493a2, 497a31, 507b2, 523b17, 524b29, 525a3, 527b29, 530a30, 531a25, 535b4, 11, 550a17, 18, b27, 559b11, 562a8, 12, 565a3, 567b24, 27, 590a31, 594b27, 625a33, 629a6, 587a8, 17
ἔσωθεν 508b33, 527b2, 531a16, 533a6, 541a5, 7, 543a27, 550a29, 558a30, 561b28, 623a31
ἑταιρεία 611a7
ἐτελίς 567a20
ἑτερογενής 601a25
ἕτερος 486a10, 13, 16, b12 (bis), 23, 488b30, 489a11, 490b13, 494b32, 495a31, 497b8, 9, 10, 11, 12, 501a20, 502a31, 504a3, 508b18, 19, 510b10, 512a4, 9, 14, 24, 30, b1 (bis), 2, 19, 513a30, 514a14, 15, b1, 5, 9, 515a10, 13, b8, 519a32, 522b27, 525a31, b10, 529b7, 530a7, 23, 531a26, 532b2, 22, 32, 535a1, 28, 536a24, 539a17, 20, 29 (bis), 541a5, b6, 33 (bis), 544b1, 30, 547b19, 548b16, 551a10, b7, 552b27, 553a26, 556b12, 24, 560a3, 4, 13, 561b8, 20, 21, 24, 562a1, 2, 3, b17, 31, 563a8, 21, 564a22, b27, 569a21, 572a4, 573b14, 576a10, 577b25, 578a19, 580b1, 581a3, 588a30, b7, 8, 22 (bis), 25, 589a4, b22, 592b19, 597b24, 601a26, 603b8, 9, 10, 604a25, 26, 605b30, 608b24 (bis), 611a10, 612b32, 614b8, 615a6 (bis), 10, 617a11, 12, 20, b20, 21, 22, 618a1, 8, 24, b23, 26, 32, 619a3, 620a5, 10, 622b29, 31, 624b4, 22, 25, 625a29, b34, 626b14, 627b26, 628a16, b16, 17, 630a16, 632b26, 633a4, 581b18, 582a6 (bis), 585a19, 633b14, 17, 635a5, 637a38, 638a23
ἑτέρωθεν 626b27
ἑτέρως 529a26
ἔτι 486b7, 23, 487a5, 9, b6, 488a23, 26, 29, b8, 489a9, 21, b19, 492b5, 22, 494b27, 498b13, 19, 499b2, 500a13, 501a16, 502a21, 31, b31, 503b24, 35, 504a5, 16, 30, b9, 505a8, 20, b29, 506a5, 22, 508a18, 510a24, b2, 511a8, 27, b6, 7, 514b9, 516a31, b5, 517a6, 8, 519a23, b23, 522b5, 524a28, 31, 525a15, 20, b6, 526a4, 11, b30, 527a10, 19, 528a1, 20, 30, b7, 8, 20, 32, 530b3, 6, 532a18, 22, 26, 533a1, 16, b15, 29, 33, 34, 534a16, 27, b15, 22, 25, 535a12, b18, 536a1, b27, 28, 537a18, b14, 538a18, b29, 546a8, 547a11, 554a3, 5, 555a4, 558b8, 560b30, 562a15, 563a14, b20, 566b3, 568b21, 571a33, 572b3, 575a28, 33, 580a3, 7, b8, 24, 589a1, b10, 13, 592b5, 8, 10, 21, 27, 30, 593a8, b3, 6, 14, 17, 22, 594b1, 595b9, 598a6, 601a22, 25, b19, 603b23, 605a12, 606b14, 608b9, 13, 25, 609a23, 611a19, 22, 612b25, 614a32, b21, 615a6, 617b12, 18 (bis), 618b31, 619a8, b27, 29, 620a2, 622a1, 20, 29, b21, 623b10, 624b26, 625a2, 626a8, 631b16, 29, 581a18, 582a5, 24, 29, b17, 33, 584a6, 585b1, 635b4, 12, 15, 636a35, b1, 637a10, 15, b17, 638b7
ἔτος 500a11, 501b25, 26, 517a26, 537b16, 544b26, 545a12, 27, b15 (bis), 16, 19, 20, 27, 31, 546a29, 31, b6, 7, 9, 10, 11, 547b9, 554b6 (bis), 7, 558a7, b4, 563a2 (bis), 564a25, 28, 566b19, 23, 25, 567a4, 569b22, 570b13, 571a8, 10, 573b15, 23, 28, 574b30, 31, 32, 575a1, 31, 33, b26, 576a11, 15, 27, 30, b1 (bis), 4, 5, 6, 7, 26, 30, 577b4, 5, 29 (bis), 578a13, 17, 19, 580a24, 592a24, 595b17, 18, 596a10 (bis), 11, 601a30, b10, 602a14, 603a13, 24, 605b8, 19, 611a34, b1, 613a18 (bis), 22, 24, 614a5, 625b23, 628b28, 629b30, 32, 630b23, 25, 581a14, 582a16, 28, 585b3, 4, 6, 8, 638a10, 15
εὖ 514b22, 520b29, 548b28, 554b7, 572b7, 595a17, 603b13, 604a16, 625b23, 633b30
εὐαίσθητος 630b21
εὐάλωτος 611a25
εὐαπάτητος 608b12
εὐαπόλυτος 530a6
εὐαπόσπαστος 550a12
εὐαρίθμητος 525b4
εὐαυξής 493a30
εὔβιος 620a21
εὐβίοτος 609b19, 615a16, 18, 28, 32, 616b10, 13, 23, 30, 619b23
Εὔβοια 496b25
εὐβοσία 517b15, 519b33, 520a33, 522b22, 573b31, 575b32
εὐγενής 488b17, 18
εὐγήρως 615a33
εὐδία 530a16, 533b30, 551a3, 569b6, 597b9, 13, 599b15, 625b24, 626a4, 627b12, 633a7

549

INDEX

εὐδιεινός 542b5, 10, 548b21, 569b21, 601b26
εὐδοκιμεῖν 618a3
εὐέκφορος 584b7
εὐετηρία 574a14, 601b27
εὐήθεια 608a15
εὐήθης 610b23, 615a33
εὐήκοος 634a10
εὐήλιος 597b7, 616b14
εὐημερεῖν 543a15, 573b22, 601a23, b28, 605b24, 607b1
εὐημερία 542b28, 543b26, 569b10, 14, 17, 571a25, 572b6
εὐθενεῖν 601b9, 20, 29, 602a18, 23, 605b7
εὐθεώρητος 578a20
εὐθέως 496b6, 554a10, 26, 27, 559b15, 564a32, 566b4, 632b33
εὐθήμων 616b23, 618b30
εὐθηνεῖν 566a22, 569b20, 625b28, 626b16, 627b3, 629a12
εὔθικτος 616b22
εὐθυέντερος 507b34
εὐθύς 489b16, 491b15, 498a32, 502a2, 504b20, 507a28, 31, 510b3, 511b15, 517b20, 518a10, 12, b14, 524b7, 526b24, 26, 527b11, 20, 23, 529a1, 530b3, 532b5, 6, 534b5, 29, 542b19, 24, 545a6, 549a29, b2, 27, 550a15, 555b5, 30, 556b9, 11, 18, 558a10, 560b4, 14, 566b32, 567a30, 568b2, 6, 573b7, 11, 574b9, 576a12, b28, 577a7, 23, 578a24, b30, 580a2, 594a18, 598b3, 7, 603b2, 604a25, b6, 606a18, 607a4, 33, 611a9, 33, b24, 613a31, b12, 615b26, 619a33, b1, 2, 623a31, 625b25, 626b28, 627a7, 628b18, 582b18, 583a15, b1, 29, 585a19, b1, 587a17, 23, 27, 28, 33, 635a18, 23
εὐθύωνυξ, εὐθυώνυχος 517a33, 600a19, 633b2
εὐθυωρία 526b27
εὐκαίρως 582a28, 583a19
εὐκίνητος 491b13, 492b14, 25, 566a12, 574a12, 577a17, 600a32
εὐκρυφής 623a28
εὐλαβεῖσθαι 533b16, 611b11, 623a17
εὐλή 506a30
εὔλιμνος 601b22
εὔλογος 567b9
εὐλόγως 614a8
εὐμεγέθης 638a17
εὐμελιτεῖν 625a24

εὐμήχανος 614b34, 616b20, 27, 34
εὐνάζειν 609b23
εὐνοῦχος 632a4
εὔπλευρος 538b4, 587a3
εὐπορεῖν 602a21
εὐπορία 596b21
εὔπορος 619a21
εὔπους 617b4, 8
εὐπρεπής 616b18
εὔπτερος 487b25, 26
εὔριπος 544a21, 548a9, 603a21, 621b12, 14, 15, 18, 23
Εὔριπος 547a6
εὐριπώδης 621b23
εὑρίσκειν, -εσθαι 491a11, 554a2, b24, 570a1, 596b29, 611a9, 613b27, 624a29, 629a30
εὖρος 495b26
εὔρους 581b19, 637a32
εὔρυθμος 592b24
εὐρύς 508b30, 34, 509a2, 4, 7, 10, 14, 512b6, 526b5, 529a10, 566b11, 623b32
εὐρυστήθης 632b11
εὐρυχωρής 508a28
εὐρυχωρία 511a10
εὐρύχωρος 637a32, 35
Εὐρώπη 579b6, 606b14, 15, 16, 18
εὔρωστος 617b3, 636b25, 31
εὐσαρκία 493b22
εὔσαρκος 583a9, 588a5
εὐσθένεια 602a15
εὔσκιος 556a25
εὔσκοπος 628a11
εὐσταλής 638b31
εὔτεκνος 563b6, 614b33, 615a33, 616b24, 619b23
εὔτοκος 573a9, 576a22
εὐτραφής 546a15, 20, 581b32, 588a4
εὔτριχος 629b35
εὐτροφία 542a28, 543b29, 581b27
εὐτύχημα 638a36
εὔφημος 618b31
εὔφορος 538a1, 575a33
εὐφυής 608a27, 634a39
εὔχαρις 592b24
εὐχείμερος 596b4
εὐχέρεια 587a11
εὐχερής 595a18
εὔχορτος 595b26
εὔχροια 584a14
εὐώδης 620a15

550

INDEX

εὐώνυμος 498a11, 524a12
εὐωχεῖν, -εῖσθαι 595a24, 624a26
ἐφάπτεσθαι 602b5
ἐφαρμόττειν 541b6, 13
ἐφέδρανον 493a23
ἐφεδρεία 614b6
ἐφεδρεύειν 564a11
ἐφέλκειν 560b10, 604b1, 18
ἐφεξῆς 491a24, 494a24, 539a10, b15, 559a6, 564a30, 624b34
ἐφήμερον 490a34, 552b23
ἐφθός 573b11, 638b12
ἐφιέναι, -εσθαι 594b4, 630b33
ἐφίζειν 549a10
ἐφικνεῖσθαι 522b19
ἐφιστάναι 487a13
ἐφυγραίνεσθαι 635b35, 636a2
ἔχειν, -εσθαι 486a10, 14, 20, 21, 24, b10, 13 (*bis*), 14, 18, 22, 24, 487a4, 30, 31, 33, b9, 488a33, b10, 33, 489a3, 4, 5, 6 (*ter*), 14, 16, 20, 25, 34, b1, 3 (*bis*), 4, 19, 20 (*bis*), 23, 24, 28, 30, 32, 33, 34, 490a4, 14, 17, 18, 19, 20, 30, 33, b2, 5, 15, 18 (*bis*), 21, 22, 26, 27, 29, 491a16, 17, 25, b2, 5, 16, 25, 27, 29 (*bis*), 30, 31, 492a17, 19, 23 (*bis*), 24 (*ter*), 27 (*bis*), 28, 29, 493a22, b1, 17, 494a9, 21, 25, 26, 31, 32 (*ter*), b1, 3, 5, 9, 13, 16, 24, 25, 26 (*bis*), 27, 28, 32, 495a1, 5, 6, 19, 21, 22 (*bis*), 28, 33, b2, 5, 9, 17, 20, 23, 26, 496a3, 4, 5, 9 (*bis*), 10 (*bis*), 12, 15, 19, 23, b1, 2, 7, 9, 13 (*bis*), 17, 22, 26, 497a1, 2, 3, 5, 10, 11, 19, 24, 29, 35, b2, 10, 14, 16, 17 (*bis*), 18, 22, 23, 25, 26, 27, 31, 33, 34, 35, 498a4, 7, 18, 20, 25, 27, 28, 31, 32, b1, 3, 11, 12, 13, 14, 19, 22 (*bis*), 26, 28, 30, 31, 499a1, 2, 8, 11, 12, 13, 15, 16, 18, 19, 31, b1, 3, 9, 14, 16, 20, 23 (*bis*), 26 (*bis*), 27, 31 (*bis*), 32, 500a3, 5, 6 (*bis*), 12, 16, 18, 19, 21, 23, 24, 25, 28, 29, 31, 33, b1, 6, 10 (*bis*), 15, 17, 18, 20, 22, 25, 26, 30, 31, 34, 501a5, 9, 13, 15, 16, 20, 21, 24, 26, 28, 31, b12, 16, 19, 22, 30, 32, 502a1, 3, 5, 10, 11, 15, 18, 19, 21, 22, 25, 28, 29, 32 (*bis*), 34 (*bis*), 35, b11, 13, 15, 17, 20, 21, 23, 25, 26, 28, 30, 503a3, 5, 9, 15, 19, 23, 24, 25, 29, 30, 31, b11, 12, 14, 27, 30 (*bis*), 34, 504a4, 8, 10, 13, 14, 18, 20 (*bis*), 30, 31, 32, 34, b4, 6, 7, 8, 10, 15, 16, 17, 22, 23, 27, 28, 33, 35, 505a1, 2, 3, 6, 8, 10, 11, 12, 17, 20, 22, 29, 31 (*bis*),

34, 35, b9, 11, 20, 21, 22, 24, 25, 33, 506a2, 5, 6 (*bis*), 9, 10, 11, 12 (*bis*), 13, 14, 17, 18, 19, 21 (*bis*), 22, 24, 27, 32, b1, 2, 4, 5, 6, 10, 11, 12, 14, 18, 19, 20, 22, 25, 26, 28, 30, 32, 33, 507a2, 4, 10, 12 (*bis*), 18, 21, 22, 26, 27, 30, 32, 33, 35, b7, 10, 13, 16, 17, 18, 19, 20, 24, 33, 35 (*bis*), 36, 37 (*bis*), 508a3, 7, 9, 12 (*bis*), 17, 24, 27, 28, 31, 35, b1, 3, 4, 9, 10, 11, 13, 14, 19, 20, 21, 22, 24, 25, 27, 32, 34, 509a1, 6, 7, 9, 11, 13 (*bis*), 14, 16, 18, 20, 22, 28, 31, 32 (*bis*), 33 (*ter*), b3, 4, 6 (*bis*), 7, 9 (*bis*), 11, 12, 16, 17, 22, 25, 510a4, 6, 7, 8, 10, 11, 13, 24, b5 (*bis*), 6, 9, 18, 19, 21, 25, 28, 34, 511a6, 14, 17, 22, 29, 30, 32, 35, b17, 19, 31, 513a15, 21, 27, 29, 31, 514a28, 515a14, 15, 18 (*bis*), 19, 25, 27, 28, 31, 35, b16, 23 (*bis*), 28, 516a7, 11, 16 (*bis*), 18, 20, 31, 33 (*bis*), 34, b2, 6 (*bis*), 7, 8, 9, 10, 11, 16, 19, 23, 25 (*bis*), 26, 27 (*bis*), 30, 517a6, 9, 15, 16, 23, 25, 30 (*bis*), 33 (*bis*), b4 (*bis*), 7, 8, 13, 14, 15, 27, 518a5, b13, 19, 26, 519a20, 22, 24, 28, b7, 9, 14 (*bis*), 25, 26, 29, 30 (*bis*), 34, 520a3, 6, 10, 14, 23, 24, b4, 5, 9, 10, 14, 17, 19, 25, 29, 30, 32, 521a2, 23, b11, 13, 14, 21 (*ter*), 22, 24, 25, 27, 28, 522a14, 24, 25 (*bis*), 33, b6, 8, 13, 21, 24, 32, 523a3, 4, 8, 11 (*bis*), 13, 16 (*bis*), 31, b3, 4, 6, 14, 15, 16, 23, 28, 29, 31, 524a1, 9, 16, 17, 20, b3, 5, 8, 9 (*bis*), 11, 14, 16, 20, 21, 26, 28, 31, 525a11, 32, b9, 12, 15, 18, 20 (*bis*), 22, 23, 26 (*bis*), 28, 526a2, 6, 11, 12, 16, 18, 29, 30, b5, 9, 11, 13, 14, 17, 21, 22, 23, 24, 29, 31, 32, 527a1, 4, 5, 9, 10, 16, 18, 20, 21, 26, 31, 34, b2 (*bis*), 5 (*bis*), 6, 10, 16, 22, 24, 27, 32, 34, 528a2, 3 (*bis*), 5, 6, 7 (*bis*), 19, b7, 8, 11, 15, 18, 19, 21, 27, 28, 30, 529a1, 2, 8, 18, 20, 21, 24, 26, 27, 30, b1, 2, 8, 11, 19, 26, 27, 31, 530a4, 9, 13, 24, 25, 27, 30, 32, 33, b3, 8, 17 (*bis*), 20, 24, 25, 531a5, 8, 12, 14, 17, 27, 33, b4, 9, 13, 19, 21, 24, 30 (*bis*), 532a5, 7, 8, 10, 12 (*ter*), 14, 15, 18, 20, 22, 25, 26, 28, 30, 33, b3, 4, 7 (*bis*), 8, 11, 16, 17, 23, 25, 28, 533a2, 3, 4, 7, 8, 16, 18, 20, 21, 23, 25, 27 (*bis*), 28, b1, 9, 14, 534a12, b7, 10, 11, 16, 17, 535a6, 9, 10, 12, 23, 26, 27, 30, b2, 15, 20, 23, 25, 30, 536a2, 4, 8, 21, 22, 30, b1, 2, 3, 26, 537a4, 24, b1, 21, 538a2, 5, 6, 8, 9, 12,

551

INDEX

ἔχειν, -εσθαι (cont.)
15, 17, 21, b6, 8, 9, 11, 14, 18 (*bis*), 19, 20 (*bis*), 21, 28, 539a3, 8, 26, b5, 8, 19, 20, 540a4 (*bis*), 18, 25, 30, b11, 25, 27, 29, 30, 33, 541a1, 6, 8, 9, 10 (*bis*), 30, b8, 543a12, 13, 26, 27, 544a12, 17, 20, b8, 28 (*bis*), 31, 32, 545a4, 23, b26, 546a17, b15, 21, 31, 32, 547a8, 11, 15, 21, b3, 6, 16, 24, 548a23, b10, 549a5, 8, 12, 29, 550a1, 2, 11, b17 (*bis*), 19, 20, 551a13, 20, 21, b1, 3, 10, 20, 29, 552a12, b28, 553a28, b5 (*bis*), 6, 7, 554a12, 13, 21, 26, b4, 11, 23, 25, 555a10, b21, 556a19, 28, 30, b14, 16, 29, 557a11, 13 (*bis*), 14 (*bis*), 15, 16, 19, 21, 24, b12, 25, 558b9, 11, 19, 559a7, 20, 26, 29, b19, 560a12, 20, b15, 561a15, 27, 28, b1, 29, 562a11, 21, 25, 27, b13, 564a12, 14, b10, 14, 18, 20, 27, 29, 565a12, 19, 23, b5, 6, 10, 12, 16, 17, 18, 26, 566a1, 3, 5, 10, 14, 29, b3, 4, 13, 14, 16, 567a2, 10, 12, 16, 18, 28, 31, b14, 17, 21, 24, 568a12, 15, 569a5, 18, 22, 570a4, 5, 7, 24, 571a10, b1, 572a9, 31, b7, 13, 24, 573b22, 574b14, 575a12, 33, b10, 576a6, b15 (*bis*), 577a6, 578a5, 13, 14, 31, b22, 30, 31, 579a16, b11, 16, 17, 18, 19, 21, 22, 23, 24, 26, 581a2, 4, 588a17, 20, b22, 24, 589a32, b1, 2, 7, 17, 19, 25, 27, 590a28, 29, b4, 591a5, 20, b8, 27, 592a6, 10, 11, 12, 13, 28, b20, 24, 26, 593a6, 11, 22, b3, 7, 11, 19, 594a8 (*bis*), 32, b24, 595a1, 4, 30, b5, 24, 27, 596b1 (*bis*), 10, 16, 24, 597a28, b1, 11, 15, 21, 22, 598a3, 29, b19, 599b12, 19, 25, 601a13, b5, 7, 11, 23, 29, 602a10, 26, b19, 603a6, 29, b3, 19, 21, 24, 605a2, b6, 606a13, 16, 18, b7, 607a14, 34, 608a13, 24, b6, 7, 609a21, b19, 611a14, 21, 30, b4, 7, 17, 18, 30, 612b23, 32, 613a8, 14, 30, b1, 614b2, 4, 8, 21, 24, 25, 615a27, b33, 616a5, 6, 15, 19, 21, 22, 25, 30, b9, 12, 16, 17, 30, 32, 35, 617a2, 9, 17, 27, b21, 22, 23, 618a33, 35, b16, 35, 619a4, 22, 620a14, 35, b9, 20, 25, 27, 621a3, 6, 19, 622b1, 9, 32, 623a5, b4, 6, 24, 624b16, 625a13, b23, 26, 627a13, b22, 628b2, 4, 5, 8, 15, 17, 21, 23 (*bis*), 30, 31, 629a2, 27, 28, b4, 31, 630a5, 24, 26, 28, 31, b2, 6, 631b21, 22, 632a11, 12, 633a20, b6, 581a11, b30, 582a4, 29 (*bis*), b27, 583a4, 19, 584a11, 22, 25, b5, 21, 27,

585a27, b31, 33, 34, 586a23, 28, 31, 32, 33, 34, b3 (*bis*), 8, 10, 14, 15, 587a35, b14, 17, 27, 33, 633b15, 25, 26, 27, 28, 30, 634a1, 14, 30, b2, 20, 24, 26, 27, 28, 36, 635a3, 10, 17, 22, 25, 26, 27, 28, 32, b9, 24, 33, 636a19, 28, 33, 34, 37, b7 (*bis*), 14, 22, 637a19, 22, 25, 29, 30, 35, b12, 638a21, b6, 32, 33

ἐχενηΐς 505b19
ἐχίδιον 558a29
ἔχιδνα 490b25, 599b1
ἐχινομήτρα 530b6
ἐχῖνος 507b7, 10; (*quadrupes*) 490b29, 509b9, 517b24, 540a3, 581a2, 612b4, 9; (*testaceum*) 528a2, 7, 530a32, b1, 10, 19, 24, 531a4, 6, 15, b8, 535a24, 544a18
ἔχις 511a16, 558a25, 594a10, 600b25, 607a29, 612a24, 27
ἕψειν, -εσθαι 560a26, b1, 605b5, 638b5
ἕψησις 638b5
ἑψητός 569a20
ἔωθεν 546a22, 580b19, 619a16
ἕως 572a17

ζεῦγος 512b13, 26, 577b32, 613b24, 619a30
Ζεύς 542b8
ζεφύριος 560a6, 618a7
ζῆν 487a18, 24, 31, b3, 4, 8, 488a19, 26, 492b13, 506a27, 511b19, 519b18, 520b18, 521a9, 524a16, 529b23, 531b4, 33, 532a1 (*bis*), 2, 545b18, 547a26, b9, 548a6, b30, 552b21, 554b7, 556b21, 22, 557b23, 558a24, 564a25, 566b23, 567b26, 570a11, 571a8, 573b15, 23, 28, 30, 574b28, 29, 575a28 (*bis*), 30, 31, 32, b2, 576a26, b21 (*bis*), 577b28, 578a12, 580a24, 588b16, 589a25, b9, 24, 590b32, 592a13, 23, 593a4, 15, 594a23, 595b2, 21, 596a9, 11 (*bis*), b15, 603a15, 606a3, 608b34, 609a23, b30, 610a14, b14, 613a17, 22, 23, 29, 615a24, 29, b14, 616a32, b24, 617b13, 620a6, b25, 622b18, 624b13, 627b30, 628a28, b32, 629b30, 32, 630b22, 584b2, 9, 10, 17, 638b9
ζητεῖν 572a21, 577a13, 595b30, 612a4, 8, 615a25
ζιγνίς 604b24
ζύγαινα 506b10
ζυγόν 544a5

INDEX

ζῳδάριον, ζῳδάριον 551b21, 557b1, 619b22
ζωή 531b31, 557b12, 578b23, 588b8, 22, 589a3, 608b21, 612b19
ζωμός 520a8
ζῷον, ζῶον 486a5, 15, 19, b17, 22, 24, 487a11, b3, 6, 32, 488b25, 29, 33, 489a10, 15, 17, 20, b7, 9, 13, 19, 490a12, 22, 34, b5, 6, 7, 8, 16, 31, 491a15, 22, b10, 26, 492a5, 10, b21, 23, 494a26, 28, 31, b16, 23, 26, 495b15, 496a8, b1, 6, 497a1, b6, 9, 18, 32, 33, 498a24, 29, b5, 11, 15, 19 (bis), 499a3, 32, b16, 500a1, 14, b27, 501a9, 20, b2, 4, 14, 15, 502a5, 16, 503b30, 32, 35, 504a24, 28, b1, 13, 505a20, b5, 24, 25, 27, 506a11, 20, 507b24, 29, 508a4, b26, 509a32, 510b5, 6, 34, 511a11, 35, b2, 5, 14, 21, 513a14, 28, 30, 515a16, 27, b31, 33, 516a8, 16, 23, 25, 31, b6, 7, 13, 22, 31, 517a10, b4, 26, 518a3, 6, 20, b15, 519a1, 10, 20, 30, 34, b32, 520a16, 21, 26, 29, 32, b3, 15, 23, 521a7, 8, 10, 25, 27, b5, 18, 522a2, 12, b7, 13, 523a16, 31, b1, 13, 527b35, 528b11, 530a28, b33, 532a31, b11, 18, 27, 533a18, 534a6, b12 (bis), 14, 535a5, 27 (bis), 536a14, 32, b12, 13, 24, 537b6, 14, 22, 28, 29, 538a22, b3, 6, 12, 28, 539a16, 21 (bis), 24, 26, b4, 7, 13, 17, 540a24, 33, 541a24, 542a18, 20, 27, 543b25, 544a10, b12, 15, 27, 545a17, 24, b25, 546b14, 548b15, 550b22, 28, 30 (bis), 551a1, 6 (bis), 8, 24, 28, b13, 23, 26, 552a9, 20, b7, 16, 20, 31, 553a14, 555b9, 556b27, 557a11, 19, b7 (bis), 14, 24, 558a21, b9, 559b7, 562a6, b24, 565b4, 566b5, 23, 27, 32, 568b5, 569a26, 570a12, 571b3, 9, 30, 572a12, b31, 574b13, 576b10, 578a5, b26, 579a5, b27, 580b11, 588a16, 19, 26, 28, 30, b3, 4, 10, 11, 13, 17, 26, 589a11, 21, 28, 32, b10, 20, 32, 590a2, 8, 11, 13, 19, 591a21, 593a24, b13, 26, 594a4, 7, 13, 27, b28, 595a7, 13, 17, 19, 28, 596b19, 28, 599a8, 28, 600a9, 601a23, 603a29, b30, 604a3, 605a12, 21, b6, 22, 607b1, 608a11, b19, 27, 33, 610b20, 612a2, b4, 19, 613a8, 620b10, 622a34, b19, 623a34, b4, 626a14, 22, 25, 629b5, 630b26, 631a21 (bis), b6, 19, 21, 632a32, 33, b11, 582a19, b28, 583a5, 6, b19, 584a34, 36, b27, 37,
585a4, 586a27, 31, b4, 11, 35, 587a25, b11, 637a6, b6, 9 (bis), 21 (bis), 638a4, 5, 24, 34, b7
ζῳοτοκεῖν, -εῖσθαι 489b11, 490b25, 26, 27 (bis), 492a25, 27, 496b2, 502b27, 504b19, 20, 21, 22, 509b5, 510b7, 22, 511a3, 16, 22, 25, 516b15, 517a3, 521b25, 538a7, 9, 553a5, 558a25, 564b15, 16, 565b31, 566b1, 3, 31, 567a15, 569a27, 571a1, b6, 594a25, 601a4, 582b30, 586a22, 24
ζῳοτόκος 489a34, 35, b11, 490b20, 21, 31, 491b28, 495a34, b2, 497b14, 18, 498a5, b16, 499b6, 501a11, 502b32, 505a22, 32, b2, 4, 28, 32, 506a14, 21, b25, 507a34, 509b8, 10, 510a13, b15, 511a6, 32, 516b3, 34, 517b5, 519b9, 14, 520b28, 521a4, b22, 532b33, 533a1, 536a32, b29, 538b6, 539a12, 14 (bis), b19, 540a4, 29, b21, 541a3, 544b17, 566b6, 600a27, b17, 602b14, 608a24, 621b20, 631b23, 582b35, 587b29
ζῳοφαγεῖν 590b1
ζῳοφαγία 628b13
ζῳοφορεῖν 638a31

ἤ 487a15, 488b34 (bis), 489a1, 9, 492a29, 495b13, 496a6, 500b29, 504b29, 506a29, 508b31, 512a21, 513a23, 514a3, 4, 9, 515a32, 516a35, 518a4, 10, 519b10, 524b18, 526b27, 29, 30, 527b19, 529a14, b9, 530b20, 28, 531a14, 21, 22, 533a13, 541b32, 565b9, 568b1, 590a29, 598b16, 632a24, 586b19, 20, 637a24
ἡβᾶν 632a1
ἥβη 493b3, 498b23, 518a18, 21, 31, 33, b4, 522a19, 544b25, 27, 632a2, 581a15, b27
ἡγεῖσθαι 559a28, 586a15
ἡγεμών 488a11, 12, 490b5, 553a25 (bis), 31, b2, 6, 14, 15, 16, 19, 554b23, 25, 573b24, 25, 574a10, 575b1, 577a15, 597b15, 598a29, 614a11, 15, b21, 25, 624a29, b13, 21, 625a4, 17, 626a23, 29, 628a2, 3, 7, 11, 17, 21, 22, 24, 26 (bis), b2, 629a3 (bis), 7, 16, 21, 27
ἡδέως 595b31, 603b31
ἤδη 491b4, 496b18, 497b8, 501b26, 504b26, 507a21, b12, 510b3, 516a19, 36, 518a13, 519b17, 20, 521a14, 522a5, 6, 10, 20, 526b33, 532b19, 533b27, 536b17,

553

INDEX

ἤδη (cont.)
537b3, 16, 541b23, 545b20, 22, 546a31, 547a30, 550a8, 30, 551a5, 554a4, 555a2, 557a2, 558b20, 30, 559b4, 10, 16, 23, 560a10, 15, b22, 561a9, 15, 17, 26, b2, 5, 7, 14, 22, 27, 28, 562a8, 14, b25, 563a20, b12, 27, 564b29, 565b20, 25, 566a6, 567b23, 568b20, 570a17, 571a19, 573b20, 574a18, b21, 23, 26, 575b14, 576a2, 4, 12, 25, b1, 577a21, b20, 22, 29, 31, 578b15, 23, 579a28, 580b11, 588b22, 28, 590a23, 595a25, 596a7, 598a18, 600a15, 601a12, 602a8, 606b10, 607b32, 610a33, 611a22, b17, 612a25, 614b15, 615b3, 618b11, 621a19, 623b2, 626a22, b12, 628b14, 629a12, 630a1, b32, 631a15, b13, 27, 632a1, 9, b22, 633a2, 7, 581b5, 582a28, 584a10, b34, 585a10, 16, b5, 7, 32, 586a8, b8, 587a22, 32, b31, 588a9, 634a28, 637b17

ἡδονή 571b9, 588b29, 589a9, 611b27, 627a18, 581a30, b20

ἡδύκρεως 564a3, 5, 630b7

ἡδύς 556b7, 13, 559b25, 578a14, 589a8, 596b17, 599b17, 626b29

ἠθμός 534a22

ἦθος 487a12, 14, 488b12, 27, 491b15, 492a4, 10, 11, 33, b1, 502a21, 588a18, 607a9, 608a11, 22, 25, b4, 6, 610b20, 22, 612b12, 614a30, 615a18, 21, 616b20, 22, 29, 618b5, 629b5, 10, 631b6, 20

ἡλιάζεσθαι 611b14

ἡλικία 501b29, 518a19, 25, 519a1, 521a23, 31, 537b18, 542a19, 544b12, 19, 545a23, 32, b29, 546a18, 24, 568a12, 572b22, 574b14, 575a10, b32, 576b14, 16, 579b14, 588a32, 595b1, 611b2, 631b20, 632a11, 581b16, 582a33, b23, 585b1, 14, 588a12, 633b12, 636b34

ἡλίκος 501a28, 502a13, 549a28, 557a29, 559b20, 569a18, 20, 602a28, 604b19, 612b10, 615b33, 617b27, 630a21, 583b17

ἥλιος 552a7, 10, 29, b22, 590b8, 595b11, 598a3, 602b6, 7, 605b21, 611a4, 620a3, 623a22

ἦμαρ 542b8

ἡμεῖς 491a22, 499b18, 503a24, 563a8, 608a12

ἡμέρα 503a12, 508b3, 520b2, 523a7, 537a22, 28, 542b6, 12, 13, 15, 543b16, 544a3, 21, 33, 545b7, 8, 546a21, 549b7,

9, 550a3, 27, 28, 551a17, 552a5, b11, 23, 554a2, 7, 8, 555b1, 558a9, 19, 31, b18, 20, 560a1, b20, 561a6, 562b16, 18, 19, 30, 563a4, 25, 28, b2, 18, 564a27, 29, 566b22, 567a6, 568b3, 16, 570a29, b1, 571a17, 21, 572b10, 574a22, 23, 24, 26, 28, 30, 32, b1 (bis), 3, 8, 11, 575a15, 17, b27, 577a29, 30, 578a28, b14, 579a20, 29, 580a1, 16, 17, b21, 590a26, 592a14, 26, 594b19, 595a21, 23, 24, 26, 596a2, 17, 27, 598b22, 599a18, 23, b30, 32, 600a27, b3, 30, 603a16, b12, 604b3, 609a10, 11, 13, 611b10, 615a3, b12, 20, 616b25, 35, 618a2, b8, 619a22, b19, 621a25, 625b9, 10, 29, 632a23, b21, 582b5, 7, 583a24, 26, 28, 31, b5, 11, 13, 587a29, b6, 635a16 (bis), 40

ἡμερολεγδόν 575a27

ἥμερος 488a26, 27, 30, 499a5, 6, 521b30, 544a29, 558a12, 573a31, 578a30, 31, 580b3, 595a13, 602b15, 606a9, 624b28, 627b32, 628a1 (bis), 630b18

ἡμερότης 588a21, 610b21, 631a9

ἡμεροῦσθαι 488a29, 544a29, 608b35

ἡμιαστραγάλιον 499b25

ἡμικοτύλιον 573a7

ἡμιόλιος 553a28, 619a13

ἡμίονος 491a2, 3, 538a24, 576a2, b11, 13, 577a2, b24, 28, 580b1, 5 (bis)

ἥμισυς 522b17, 555b8, 9, 635a16, 40

ἡμίχοον 627b3, 4, 630a34

ἤνυστρον 507b9, 524b11

ἧπαρ 496b16, 22, 24, 30, 31, 32, 506a12, 21, b1, 7, 10, 12, 18, 22, 23, 507a12, 18, 23, 508a1, 34, b1, 511b28, 512a10, b31, 513a6, 514a33, 34, 35, b3, 8, 27, 520a16, 565b9, 17, 586b18

ἡπατῖτις 512a6, 30, 31

ἥπατος 508b19

Ἤπειρος 522b20, 572b19, 595b17, 606b4

Ἠπειρωτικός 522b16

ἠπίολος 605b14

ἤπιος 619b24

Ἥρα 580a19

Ἡρακλεωτικός 525b5, 527b12

Ἡρακλῆς 585a14, b22

ἠρέμα 517a32, 537a16, b2, 579a16, 622b33, 635b13

ἠρεμεῖν 504a17, 537a15, b8, 597b10

Ἡρόδοτος 523a17

Ἡρόδωρος 563a7, 615a9

554

INDEX

ἤρυγγος 610b29
Ἡσίοδος 601b1
ἡσυχάζειν 530a17, 537a17, 20, b7, 11, 13,
　570b8, 598b22, 24, 26, 599a27, 602b11,
　603b24, 610a32, 614b21, 628a25,
　638b25
ἡσυχία 564a13, 592a10, 599b12
ἦτρον 493a19, b8, 22, 567b25, 632a24,
　586b32
ἡττᾶσθαι 575a22, 610a16, 614a2
ἦχος 621a29

θαλάμη 533b7, 535a17, 548a28, 29,
　549b32, 34, 550b5, 590b21, 24, 591a3,
　599b15, 621b9, 622a5
θάλασσα, -ττα 487b2, 489b29, 490a22,
　25, 506b4, 524a10, 526b18, 527b22,
　528a10, 530b9, 532b18, 20, 533b12,
　534a7, 11, 535b29, 537a9, b2, 542b18,
　547a3, 549a9, 557a21, 29, 566b30,
　567a6, 569a7, 9, 20, b17, 570a19, 21,
　572a19, 588b12, 589b5, 590a21, 22, 25,
　b3, 593a26, b12, 23, 594b30, 598a7,
　b24, 599a11, 600a4, 603a1, 25, 606a4,
　12, 609a23, 615a21, 24, 29, b4, 616a29,
　619a6, 620a6 (bis), 8, 622b6, 15, 633b3
θαλάσσιος, -ττιος 487a26, 488b6,
　489a33, 490b30, 505b8, 10, 13, 506b27,
　29, 508a5, 529a15, b16, 530b10, 535b28,
　540a29, 544a2, 557a25, 558a11, 568a9,
　14, b7, 589a26, 590b4, 601a10, 602b19,
　607b20, 610b19, 616a20, 620b10, 621a2,
　631a8
θαλλός 596a25, 616a10
θανάσιμος 605a20, 607a27
θάνατος 537b19, 637a38
Θαργηλιών 543b7, 575b15, 611b9
θαρρεῖν 611b17
θάρρος, θάρσος 588a22, 618b21
Θάσος 549b16
θαυμάζειν, -εσθαι 609a15, 633a8
θαυμάσιος 580b10
θαυμαστός 571b16, 591b30, 610a18
θεᾶσθαι 511b19, 513a20
θεῖν 501a33, 513b28, 525b8, 572a15, 16,
　579a7, 604b12, 632a30 (bis)
θεῖον 534b21, 22
θεῖος 619b6
θέλειν 495a32, 575a28, 577b1, 612b33,
　630b32, 631a4, 583a16
Θεμίσκυρα 554b9

Θεμιστόκλειον 569b12
θέναρ 493b27, 32, 502b8, 20
θεός 522a18, 615b10
θεραπεία 578a7, 612b35, 630a8, 585b25,
　633b16, 634a11, 21, 34, 40, b7, 11, 31,
　635a36, b26, 637b29
θεραπεύειν, -εσθαι 545b32, 576a28
θεραπευτός 636a25
θερίζειν 580b19, 596b26, 598a25, 27,
　601b17
θερινός 543b12, 546a19, 552b19, 601b24,
　617a30, 632b29
θεριστής 580b20
θερμαίνεσθαι 602b1
θερμασία 634b22
θερμημερίαι 544b11
θερμός 492b29, 512b10, 517b18, 19,
　520b23, 523a22, 548a7, 595b12, 596b24,
　597a1, 26, 28, 30, 598a7, 599a7, 603b15,
　604a17 (bis), b9, 605a28, 31, 587b17,
　638a19, b4, 33
θερμότης 522b7, 635b22, 638a18, b1, 22
Θερμώδων 554b10, 567b16
θέρος 487b30, 531b14, 542a22, b1, 3, 19,
　26, 543b10, 11, 14, 20, 544a31, b9, 11,
　549b21, 553b26, 555b30, 556a7, 558a2,
　559b30, 560a1, 6, 563b18, 566b20,
　568a7, 570b13, 18, 19, 28, 579a6,
　580a14, 592a15, 593a17, 22, 596a17,
　597a16, 20, 598a19, 599b31, 32, 600a2,
　601b25, 602a11, 24, 603a8, b13, 606b25,
　26, 607b22, 613b2, 4, 615a8, 616b1, 13,
　622a23, 626a5, 628a12, 630a16 (bis),
　632b17, 19, 23
θέσις 486b23, 488b32, 491a17, 494a20,
　b25, 495a21, 496a1, 14, 497a33, 499b30,
　503a24, 506a3, 5, b32, 507b27, 526a24,
　529b19, 561b15, 634a2
θετέον 490b28, 589b3
θεωρεῖν, -εῖσθαι 491a5, 496b5, 497a32,
　501b21, 509b23, 510a29, 511a13, b21
　(bis), 525a8, 526b33, 529b19, 530a31,
　540b19, 550b18, 562a23, 565a13,
　566a13, 594a23, 612b5, 18, 620b10,
　624b9, 629b6, 633b15, 637a38
θεωρητέον 491a8
θεωρία 513a13, 539a6, 20, 612b32
Θῆβαι 500a4
θηλάζειν, -εσθαι 504b25, 522b5, 566b17,
　567a2, 576b10, 577b16, 578a22, 580a3,
　595b3, 618b5, 7, 587b31, 638b27

555

INDEX

θηλή 493a13, 499a18, 500a17, 24, 25, 30, 502a34, 504b23, 574b15, 578b31, 587b20
θηλυγονία 585b11
θηλυγόνος 573b32, 33, 582a32, 585b13, 21
θηλυδρίας 631b17
θηλυκός 589b30
θῆλυς 489a12, 13, 493a13, 24, 494a19, 497a30, 499a2, 500a19, 22, b10, 17, 18, 501b20, 33, 502b23, 509a30, 515a4, 516a18, 520b7, 521a21, 24 (bis), 25, 524b31, 525a1, 9, 12, b14, 34 (bis), 526a2, 5, b10, 15, 16, 30, 527a13, 17, 21, 31, b31, 32, 33, 536a13, 23, 28, 29, 30, 32, 537b22, 24, 26, 30, 538a4, 11, 12, 13, 24 (bis), 27, b1, 2, 5, 7, 10, 13, 14, 18, 19, 20, 21, 23, 30, 539a27, 28, 30, b9, 18, 24, 27, 29, 31, 32, 540a2, 5, 7, 11 (bis), 14, 22, b10, 15, 16, 23, 25, 27, 541a2, 8, 10, 13, 15, 18, 21 (bis), 25, 27, 29, b12, 30, 31, 542a2, 3, 13, b1, 543a12, 28, 544a6, 11, 32, b32, 545a1, 3, 4, 7, 9, 11, 14, 15, 16, 19, 21, 29, b6, 16, 19, 546a25, 32, b5, 6, 550a18, b4, 17, 18, 21, 23, 553b1, 555b15, 556a27, 28, 29, b12, 13, 559a29, b8, 19, 560b30, 562b15, 18, 22, 564a8, 9, 10, 16, 18, 21, b4, 565b14, 15, 566a7, 12, 567a13, 26, b9, 20, 568a15, b13, 28, 30, 569a1, 23, 570a27, 571b10, 30, 33, 572a8, 10, 14, b10, 21, 23, 26, 573a6, 15, 16, 19, 20, 21, 574b18, 23, 27, 30, 575a3, 4, 6, 15, 23, 31, b22, 31, 576a17, 18, 24, 30, b2, 4, 7, 8, 21, 577b4, 11, 13, 21, 22, 578a2, 18, 21, 31, b8, 31, 32, 579a27, b17, 19, 20, 22, 23, 26, 27, 28, 580a1, b12, 30, 589b31, 590a1, 4, 599b7, 600a31, 32, 607a12, b10, 12, 608a4 (bis), 5, 6, 21, 22, 25, 27, 33, 34, 35, b11, 14, 16, 18 (bis), 23, 24, 610a20 (bis), 611b23, 613a16, 17, 26, 27, 32, b25, 26, 27, 614a7, 14, 16, 20, 23, 24, b10, 621a22, b26, 622a17, 623a23, 628b7, 22, 630b24, 631b2, 12, 14 (bis), 632a6, 21, 27, 581a10, 12, 32, b10, 25, 582b1, 29, 583a27, b4, 20, 25, 26, 584a14, 20, 27, 28 (bis), b37, 585a1, 3, b15, 586a5, 6, 633b14, 637b19, 34, 38, 638a8
θηλυτοκεῖν 574a1, 2, 583b6, 585b26, 586b33
θήρ 578b2
θήρα 488a18, 533b10, 15, 17, 23, 541a20, 549b20, 560b15, 591b24, 603a2, 8, 610a24, 32, 614a29, 619a31, 620b4, 7, 623a12, 13, 18, 629b12
θηρεύειν, -εσθαι 528a32, 531b13, 534a2, 535a19, 20 (bis), 548a30, 557a32, 580b24, 25, 590b21, 591a3, 16, 592a6, b13, 593a3, 594a10, b2, 3, 597b12, 19, 599b10, 602b32, 603a7, 11, 15, 22, 609a5, 16, 611b26, 612a14, b4, 613b17, 18, 614a13, 14, 23, 25, 27, b13, 615a7, b13, 619b9, 16, 19, 21, 620a6, 7, 14, 26, 34, 622a1, 8, 20, 623a23, b13, 15, 17, 626a9, 12, 627b6, 628b29, 34, 629b13, 29, 630b7
θηρευτής 597b25, 614a10
θηρευτικός 488a19, 608a29
θηρίον 498b32, 501a26, 552b11, 563a24, 578b17, 588b1, 591a29, 594a17, 598b1, 605b9, 13, 607a8, 13, 17, 608a31, 610a3, 34, 611a3, 17, 612a11, 14, 618b1, 620b33, 621a17, 623a23, 27, b31, 625b32, 630b13, 17, 631a20
θηριώδης 502b4, 607a6
θησαυριστικός 488a20
θιγγάνειν, -εσθαι 495a6, 518b15, 531b15, 532a13, 568b7, 571a6, 620a25, 28, 624b5, 634a4, 635a8, 13 (bis), b15, 638b31, 36
θίς 537a25, 548b6, 598a5, 620a15
θλαστός 523b7, 11
θλίβεσθαι 509b21, 547a18, 555b6, 566a3, 587b26
θνήσκειν 511b14, 20, 513a21, 518b22, 519a29, b18, 529a29, 606a4, 619a2, 625a16, b2, 626a4, 631a18, 587a19
θολερός 595b31, 605a10
θολός 524a13, b15, 19, 21, 621b29, 31, 32, 33, 622a1
θολώδης 620b16
θορικός 527a13, 30, 566a11, 570a5
θορός 509b20, 510a1, 521b20, 538a16, 540b31, 541a13, 544a4, 550a11, 15, 566a3, 567b4, 5, 568a15, 16, b1, 2, 7, 11, 21, 31, 569a5, 6, 19, 23, 570a4, 599b24, 608a1
θορυβεῖν 627a26
θόρυβος 533b28
θορυβώδης 632b18
Θράκη 519a15, 606b3, 620a33
Θρᾷξ 595a25
θρασύς 616b29, 633a21
θραύειν 616a27

556

INDEX

θραυπίς 592b30
θραυστός 517a11, 520a7, 523b7, 10
θρίξ 487a7, 489b1, 490b21, 26, 27, 28 (bis), 29, 491b6, 7, 19, 498b19, 22, 25, 26, 502a26, 503a7, 27, 29, 504a30, 505a22, 508a26, 511b8, 517a13, b3, 4, 8, 12, 14, 15, 18, 21, 23, 518a6, 10, 16, 18, 23, 34, b3, 4, 12, 13, 16, 21, 24, 27, 31, 519a10, 21, 23, 24, 25, b23, 521b23, 523a16, 538b8, 9, 544b28, 551a6, 557a14, 581a2, 594b1, 595b2, 603b22, 610b30, 615b22, 616a2, 620b28, 623a33, 630a25, 29, b11, 631b32, 632a2, 3, 18, 582b35, 584a23 (bis), 25, 587b25
θριποφάγος 616b29
θρίττα 621b16
θρομβώδης 582a31
θρυλεῖσθαι, -λλεῖσθαι 615b24, 620b11
θυᾶν 546a27, 573b7
θυγάτηρ 551b16, 576a19, 585b23, 586a3
θύειν 496b27
θυλακοειδής 543b13
θύλακος 552b19, 571a14
θυμιᾶσθαι 534b23, 25, 571a31, 623b20
θυμικός 488b21, 491b14, 624b15
θύμον 626b21, 627a1, 3, 9
θυμός 588a23
θυμώδης 488b14, 608b3
θυννίς 543a9, b12, 571a10, 15, 18, 591b17, 598a26, 610b4
θύννος 488a6, 505a27, 543a1, 12, b2, 557a27, 571a8, 10, 12, 591a11, 597a22, 598a17, b19, 599b9, 602a25, 31, 607b28, 32
θυννοσκόπος 537a19
θύραζε 523a20, 535b5, 582b17
θυρίς 529b7, 624a7, 8, 628a20, 629a30
θωπευτικός 488b21
θωρακίζειν 571b16
θώραξ 486a11, 491a28, 30, 493a5, 10, 11, 17, 26, b11, 13, 496b11, 497a23, 513a16, 526b5, 12, 529b26, 530a1, 3, 549a31, 601a13, 622b3
θώς 507b17, 580a26, 610a14, 630a9, 12, 15

ἰᾶσθαι 603b5
ἰατός 636b2
ἰατρεύειν 605a27
ἰατρός 511b24, 514b2, 551a13, 638b15
ἶβις 617b27

ἰγνύα, ἰγνύς 494a8, 512b18, 22, 25, 515a13, b8
ἰδέα 504b14, 530a30, 577a10, 580a28, 592b10, 615b8, 28, 616b1, 630b13, 633a17
ἰδίειν 521a14
ἴδιος 490b2, 492b15, 493a25, 496b28, 498b34, 499a13, 502b5, 503b35, 504a13, 20, b11, 28, 506a8, 508a23, b13, 509b24, 516b17, 523a32, b29, 526b33, 527a20, 528b6, 530a32, 531a31, 532b28, 32, 533a31, 534a14, 536a8, 11, 14, b1, 539a30, 547b1, 560b25, 29, 565a9, b11, 571b8, 574b28, 576b3, 595b20, 602a18, b21, 613a11, 616b8, 617a9, 625b9, 633b6
ἰδιότροφος 488a15
ἰδίως 509a13
ἴδρωμα 635b19
ἱδρώς 521a14
ἱέναι 499a29
ἱέραξ 490a6, 506a16, b24, 563a30, b15 (bis), 16, 19, 21, 22, 23, 25, 28, 564a4, 592b1, 606a24, 27, 613b10, 615a4, 31, b7, 619a11, 620a17, 19, 22, 34, b1
ἱέρεια 518a35
ἱερεῖον 496b25
ἱερεύς 609a1
ἱερόν 614a7; (serpens) 607a31
ἱερός 492b8, 542b9, 620b35 (de anthia)
ἵεσθαι 629b24
Ἰθάκη 606a2
ἰκάνειν 513b28
ἱκανός 522a32, 553b17, 613a13, 618b10, 636b29, 637a3, 4
ἱκανῶς 513a14, 559b22, 589a15, 623a10, 624a15, 633b19, 23
ἰκμάς 556b27, 582b15
ἰκτῖνος 506a16, b24, 563a30 (bis), 592b1, 4, 594a2, 600a13, 17, 27, 609a20, 21, 610a11
ἴκτις, ἰκτίς 500b24, 612b10
Ἰλιάς 615b9
ἰλιάς 617a21
Ἰλλυριοί 499b12
Ἰλλυρίς 606b3
ἰλύς 515a24, 543b18, 546b24, 547b19 (bis), 548a15, b6, 7, 549a11, 551b28, 30, 552b5, 557a23, 569a11, 15, 24, 27, 591a25, 27, 592a1, 599b18, 600a5
ἰλυσπαστικός 487b21
ἱμάς 503a21

557

INDEX

ἱμάτιον 557b9, 596b8
Ἰνδικός 499b19, 20, 597b27, 606a8, 607a4, 34
Ἰνδός 501a26, 571b33, 610a19
ἰνίον 491a33 (bis), b1
ἴννος uide γίννος
ἰνώδης 495b13, 497a21, 508a32, 514b26, 27
ἰξία 518b25, 521a20, 29
ἰξοβόρος 617a18
ἰξός 617a19
ἰοβόλος 607a28
ἴον 624b4, 5
ἴονθος 556b29
ἰός 489a23
ἰουλίς 610b6
ἴουλος 523b18
ἱππαστός 576b19
ἵππειος 522a28
ἱππέλαφος 498b32, 34, 499a2, 4, 8
ἱππεύειν 576a21
ἱππεύς 571b13; (crustatum) 525b8; (insectum) 606a5
ἱπποθήλης 577b17
ἱππομανεῖν 572a10
ἱππομανής 572a21, 27, 577a9, 605a2
ἵππος 486a19, 488a24, 30, 489a31, 35, b12, 490b33, 491a1, 492a6, 498b30, 499b11, 500a32, 34, b6, 7, 10, 501a17, b3, 14, 16, 502a10, 13, 15, 506a10, 22, 510b17, 518a9, 520a9, 521b23, 33, 536b28, 545a6, b10, 15, 20, 571b12 (bis), 25, 572a9, 10, 15, 30, b1, 3, 6, 7, 9, 28, 573a4, 8, 12, 575b8, 20, 21, 24, 27, 29, 30, 31, 576a3, 17, 19, 21, 24, 26, 29, b12 (bis), 26, 28 (bis), 577a2, 3, 7, 11, 13, 14, 15, 26, 27, 28, b5 (bis), 7 (bis), 8, 15, 16 (bis), 18, 21, 26, 580b2, 594b1, 595a9, b22, 30, 597a9, 602b14, 604a22, 29, b6, 27, 28, 30, 605a2, 4, 7, 8 (bis), 9, 11, 14, 609a30, b14, 15, 17, 611a10, 11, 626a22, 630a24, 25, 29, 631a2 (bis), 6 (bis), 632a30, 585a4, 6, 586a13, 637b35; (hippopotamus) 499b10, 502a9, 589a27, 605a13; (incert.) 617a28
ἵππουρος 543a22, 23, 599b3
ἱπποφόρβιον 576a20, b3, 25
ἱπποφορβός 577a15
ἴς 511b4, 515a25, b27, 30, 35, 516a7, 519b23, 33, 520b26, 561a15

ἰσημερία 543b9, 570b12, 14, 596b30, 598b26
ἰσοδρομεῖν 636b17, 20, 23
ἰσομήκης 506b14
ἰσοπαχής 527a7, 532b21
ἴσος 493a27, 500a27, 501b9, 505a11, 508b3, 518a23, 526b17, 529a30, 530b30, 531b29, 560b17, 570a26, b3, 574a31, 579a29, 617a13, 630b24, 634a13, 36
ἰσοφυής 493a23
ἰσοχειλής 536a16
ἱστάναι, ἵστασθαι 498b6, 518a35, 522b18, 541a26, 552a5, 556b3, 560b14, 576a25, 595a22, 605a29, 610b30, 584a8, 588a8
ἱστίον 622b13
ἱστορία 491a12
ἱστός 624a5, 7, 631a23, 30
Ἴστρος 597a11, 598b16
ἰσχάς 577a10
ἰσχειν 503b3, 510a5, 517b16, 519a3, 525a3, 527a31, 532b14, 549a15, b30, 554a9, b19, 20, 565a29, b2, 567a21, 29, 568a9, 12, 570a23, 571a4, 27, 30, 574b7, 16, 17, 577a28, b27, 580a1, 599a14, 604a16, 607b13, 613a31, 630a16, 632b16, 20, 582a7, 587a8
ἰσχίον 494a8, b4, 497a16, 17, 498a26, 499b4, 29, 501a7, 502b21, 503b35, 512b15, 18, 514b29, 515a1, 3, 516a12, 35, 604b18, 587b34, 634b40
ἰσχναίνειν 581b4
ἰσχνός 499a22, 581b27, 582a2, 583b2
ἰσχνότης 581b26
ἰσχύειν 574b22, 596b2, 7, 627a28, 587b4, 634b14, 636a1, 4
ἰσχυρός 492b18, 494b30, 497a13, 499a6, 502a20, 22, 503a10, b22, 504a4, 508b33, 514b34, 519b3, 524b25, 527b7, 530b12, 532a10, 533a13, 538b3, 23, 543a26, 548b2, 590b5, 592a17, 595a1, 596a31, 602a9, 621a19, 622a30, 34, 628a32, 630a5, b6, 633b8, 587a2, 635b23, 34
ἰσχυρῶς 503b9, 24, 610a17, 635a2
ἰσχύς 515b9, 528b32, 532a9, 577b10, 594b9, 636a6, b25, 31
Ἰταλία 607a26, 632b25
ἰτέα 568a28, 623b29
ἴυγξ 504a12
Ἰφικλέης 585a14

558

INDEX

ἰχθύδιον 505b18, 531b5, 534a1, 548a30, b16, 565a10, 567b6, 568a8, b9, 10, 20, 569a16, 20, 590a28, b1, 21, 602b2, 620b18, 20, 32, 621a25, 29, 34, 622a2, 8, 27
ἰχθυοφαγεῖν 616a32
ἰχθύς 486a23, 25, b21, 487a19, b15, 22, 488a6, 19, 489b24, 490a29, b8, 26, 491b10, 495a16, 498b4, 501a23 (bis), 503a2 (bis), 17, 18, 504b13, 18, 27, 35, 505a20, 21, 28, b2, 12, 29, 506a11, b5, 8, 11, 26, 507a3, 11, 15, 27, 508a13, b1, 8, 12, 14, 16, 25, 509a19, b3, 15, 28, 32, 35, 510b22, 24, 25, 511a12, 514a2, 515b25, 516b15, 18, 19, 517b6, 31, 518b29, 520a17, 20, 521b20, 26, 533a26, 28, 33, b15, 534a6, 8, 10, 13, 17, 27, 28, b2, 535b14, 536b32, 537a5, 10, 14, b5, 538a2, 14, 20, 26, 28, b1, 539a12, 28, 29, b3, 540b6, 16, 25, 29, 30, 541a11, 19, 31, 542b32, 543a31, b6, 28, 549a19, 557a22 (bis), 30, 558a26, 29, 564b14, 16, 19, 24, 26, 30, 565b21, 566a26, 28, 30, 32, 567a17, 23, 25, 26, 29, b18, 21, 24, 568a11, b4, 5, 17, 569a10, b22, 570a25, b7, 8, 30, 571a15, 20, 23, 590b13, 591a1, 7, 17, 26, 30, b1, 7 (bis), 10, 22, 23, 592a11, 21, 28, 593b28, 597a14, b31, 598a8, 20, 23, 28, b12, 599b2, 29, 31, 600a2, 6, 601a28, 31, b9, 17, 20, 23, 25, 28, 32, 602a13, 22, 32, b6, 10, 12, 30, 31, 603a2, 8, 607b8, 20, 28, 30, 610b1, 620b7, 23, 27, 35, 621a12, 27, b13, 19, 622a9, 13, 629a34, 630a14, 631a24, 632b9, 586a25, b1
ἰχθυωδῶς 536a9
ἰχνεύμων 580a23, 612a16; (insectum) 552b26, 30, 609a5, 6
ἴχνος 588a19, 33, 608b4
ἰχώρ 487a3, 489a23, 511b4, 515b28, 521a18, b2, 27, 630a6, 632a18, 586b32
ἰχωροειδής 521a13, 33, 561b22
ἰχωρώδης 586a29
Ἴωνες 615b8

κάεσθαι, καίεσθαι 552b10, 15, 629b22
καθαίρειν, -εσθαι 568a4, 573a6, 578a3, 594a29, 605a4, 612a21
καθαμμίζειν 620b29

καθάπερ 489b34, 494b20, 498b26, 500a18, b17, 19, 501b7, 502a26, b8, 25, 503a17, 20, 22, 31, b4, 9, 28, 32, 504a17, 23, 507a1, b21, 509a18, b1, 15, 28, 510a8, b22, 511a7, 18, 512a16, 513a31, 515a23, 516a3 (bis), 523b4, 524a17, 525b11, 526a24, 30, 527b33, 530a18, 531b2, 533b26, 534b9, 538a18, 540a15, 23, 28, 542b7, 543b19, 544a8, 545a14, 546a33, 547b33, 548b23, 549b5, 33, 550b21, 556a30, 561a6, 565a3, 6, b11, 566b5, 567a3, 18, 32, 568b7, 569b29, 576b8, 578b6, 9, 579a10, 580a11, 588a24, 589b30, 590b25, 591b15, 594a28, 596b14, 25, 597a31, b25, 600b18, 601a32, b12, 603b29, 606a22, 607a11, 610a19, 611a33, 612b25, 614b4, 617a17, 620b35, 621b9, 623a31, b25, 624b21, 629a26, 581a15, 583b19, 585a5, 13, 587a24, 635a6
καθαπερανεί 526b3
καθαπερεί 529b30, 555b22
καθάπτειν 514b30, 515a3
καθάριος 626a24
καθαρμός 587b1
καθαρός 520b32, 521a3, 573a10, 592a3, 5, 595b30, 605a10, 14, 623b27, 627a5, 635b29
καθάρσιος 588a1
κάθαρσις 572b29, 573a2, 7, 8, 23, 574b4, 578b18, 20, 582b1, 2, 7, 16, 18, 30, 583a3, 26, 29, 584a8, 587b2, 19, 30, 31, 33, 635a33
καθέζεσθαι 574b23, 625b14
καθεκτικός 635b3
καθελκοῦσθαι 621a20
καθεύδειν 498a11, 521a15, 536b25, 31, 537a2, 13, 17, 19, 20, 21, 23, 29, 30, b1, 4, 562a18, 566b15, 16, 28, 589b10, 593a2, 614b24, 627a27, 587b8
καθήκειν 495a31, 497a18, 503a16, 20, 508b31, 510a31, 512a17, 568a17, 573a30, 591a8, 630a27, 35, 585a18
καθῆσθαι 522b19, 540a14, 619a16, 620a24, 26, 28, 31, 628a33
καθιέναι 504b5, 523a1, 533b18, 547a29, 590a25, 596a24, 615a29, 622a4
καθιζάνειν 593b10, 601a7, 614a28, 617a32, 619b8

559

INDEX

καθίζειν, -εσθαι 593b20, 614a34, 35, b23, 616b13, 619b5, 625b21
καθιστάναι, -ασθαι 574a10, 575b1, 577a15, 594a18, 604b10, 607b23, 629b16, 632a9, 582a25, 585b28, 634a40
καθόλου 493b1
καθορᾶν 612a25, 614b20, 619b6
καινός 606b20
καιρός 537a15, 549b3, 559b13, 16, 564a4, 571b14, 22, 28, 572a13, b29, 573a8, 29, 30, 600b1, 602b10, 610b9, 11, 611b29, 622a25, 625a21, 626b29, 634a19
κακία 625b34
κακκαβίζειν 536b14
κακόβιος 616b31, 619a2
κακοήθεια 491b24
κακοήθης 613b23
κακοθηνεῖν 574a15
κακοπέτης 616b11
κακόποτμος 616b21
κακόπους 487b24, 26
κακόπτερος 617b4, 9
κακός 494b30, 520b20, 22, 521a31, 544a14, b11, 546a8, 19, 547a21, 549b25, 569b9, 591b24, 596b3, 598a19, 599b23, 603a20, 607b13, 610b18, 24, 618b35, 626a33, 633a19, 587b33, 633b27
κακουργεῖν 612b13, 625a34
κακουργία 612b12
κακοῦργος 488b20, 608b1
κακόχροος 616b31
κακῶς 486b7, 17, 490a31, 492b28, 494a25, 495a34, 497b21, 498b20, 499a9, 500b5, 501a33, 502b9, 510a25, 512a15, 516a6, b28, 32, 517b22, 518b20, 26, 520a23, 521a28, 528b23, 529a23, 530a4, 534a10, 535a22, 537b13, 541a12, 542a6, 543a31, 546a2, 23, 548b3, 557a8, 10, b13, 558b16, 559b25, 564b12, 566a8, 571b28, 572a7, 575a19, b20, 588a25, 595a16, b14, 25, 598b28, 601a28, 602b24, 607a18, 608a12, b1, 4, 611a15, 613a10, 617a22, 619b8, 624a18, 626a22, 627a26, 632b7, 583b9, 584a6, 21, b37, 634a36, 635b13
κάλαμος 553a21, 556b3, 4, 568a25, 29, 601a7, b14, 620a35
καλαμώδης 550b7, 568a21
κάλαρις 609a27
καλεῖν, -εῖσθαι 486a9, 487a29, 32, b12, 15, 25, 488a6, 489a1, 11, b2, 6, 490a12, 34, b10, 491a1, 2, 3, 30, 31, b5, 492a1, b3, 493a4, 27, 32, b15, 494b32, 495a10, 19, 28, b7, 496b11, 32, 498b32, 499a14, b4, 29, 501b17, 25, 502b20, 504a12, b32, 505b19, 506a6, 24, 507a17, 33, b3, 9, 508b11, 510a12, 29, b13, 19, 511a4, 5, b3, 512a5, b8, 20, 513a20, 514a3, 17, 24, 36, b11, 515a29, b8, 516a14, 32, 36, b1, 16, 518a13, 28, 519a15, 520b13, 521a26, 27, b20, 27, 28, 522b24, 523b2, 21 (bis), 24, 25, 524a7, 13, 26, b1, 14, 23, 525a16, 19, 20, 31, b4, 7, 526b8, 32, 528a1, 9, 20, 22, 529b11, 15, 20, 530a12, b1, 5, 6, 29, 531a8, 16, 532a4, b15, 533a9, 17, 25, 534a1, 22, 535b27, 538a14, 539b11, 541b15, 17, 542b5, 9, 543a1, 13, b16, 544a12, 17, 546a3, b19, 547a25, b5, 12, 28, 548a7, 11, b1, 5, 549a4, b23, 26, 551a8, 10, 13, 15, 19, 24, b2, 26, 552a4, b23, 26, 553a29, b9, 556a19, b23, 557a5, 12, 18, 30, b8, 13, 25, 559a3, 12, 560a5, 6, 563a32, 565a3, 26, b1, 566a17, 28, 567a20, b22, 568a5, 31, b25, 569a29, b16, 23, 27, 570a16, 31, b1, 19, 21, 571a2, 16, 25, 572a20, 27, b18, 24, 26, 573b2, 5, 26, 575a5, 577a9, 21, b17, 25, 578b27, 579b12, 580b1, 588b20, 589a16, 26, b26, 591a23, b12, 22, 592b30, 593a5, 12, b18, 594a31, b30, 32, 595b17, 19, 597b23, 600b15, 602a1, 27, 603a31, 604a14, b7, 10, 23, 605a2, 6, 16, b11, 12, 17, 607a31, b13, 15, 608a5, 6, 609a14, 615a1, 19, b7, 8, 32, 616a7, 20, b4, 16, 21, 28, 617a8, 21, b17, 32, 618a4, 11, 31, b2, 18, 20, 23, 28, 34, 619a4, 8, 14, b23, 620a20, 33, b12, 31, 35, 621a6, 11, b7, 622b29, 30, 623a1, b12, 23, 31, 34, 624b16, 25, 625a5, 34, 626a8, b16, 628a2, 7, 13, 18, 35, b6, 25, 630a20, 29, 632b10, 26, 28, 633a15, 581a21, b1, 583a25, b11, 584a19, 586a4, 29, b19, 587a30, b26, 636a9, 12, 638a11, 17, 23
κάλη 606a16
καλινδεῖσθαι 612a20, b24
κάλλαιον 631b10, 28
καλλιαστράγαλος 499b22
καλλίχοιρος 573b12
καλλιώνυμος 506b10, 598a11
κάλλυντρον 553a20
καλός 548b28, 609b19, 615a28, 616b17,

INDEX

617a2, 618a16, 626b30, 31, 627a2, 630a35
κάλυμμα 505a2, 7, 547b5, 624b31, 625a2, b32
κάλυξ 554a12
καλύπτειν, -εσθαι 505a6, 520a33, 549a34
καλῶς 511b13, 513a12, 545b32, 598a6, 617a3, 582a3, 633b25, 26, 29, 634a1, 12, 14, b26, 635a7 (bis), 17, 26, b26, 636a38
καμηλίτης 630b35
κάμηλος 498b8, 499a13, 18, 500a29, b16, 23, 501a14, 521b32, 540a13, 18, 546b1, 571b24, 25, 578a10, 11, 595b30, 31, 596a9, 604a11, 606a16, 630b31, 632a27, 29
κάμνειν 518a13, 519b19, 546a25, 560b7, 594a28, 29, 603a30, 604a4, 23, 29, 605a23, 634b9
κάμπη 551a14, 17, 25, b6, 9, 11, 24, 552b1, 24, 557b23, 605b16
καμπή 490a31, 494a15, 18, 498a5, 19, 25, 28, b1, 2, 499a20, 25, 26, b27, 503a22, 513a2, 514a14, b2, 515a32, b24, 606b8
κάμπτειν, -εσθαι 493b31, 497b30, 498a6, 9, 12, 16, 21, 23, 27, 29, 499b32, 502b1, 503b33, 517b20, 525b24, 526a28, 532a29, 549b3, 551b7, 556b17, 630a31
καμπτικός 493b28
καμπτός 517a10, 11
καμπύλος 619a5
καμπυλότης 491b16
κάμψις 493b30, 494b5, 6, 9, 498a3, 18, 31, 515b5, 11
κάναβος 515a35
κανθαρίς 531b25, 542a9, 10, 552b1
κάνθαρος 598a10; (insectum) 490a15, 552a17, 19, 601a3
κανθός 491b23, 504a25
καπνίζεσθαι 605b16
καπνός 623b20
καπρᾶν 572b24
καπρία 572a21, 573b2, 632a21, 26
καπρίζειν 572a16
κάπρος 500b6, 10, 545b2, 546a7, 573b10, 632a7; (piscis) 505a13, 535b18
κάπτειν 593a21
καραβοειδής 526b26, 529b22
κάραβος 487b16, 489a33, 490a2, b11, 523b8, 525a30, 32, b15, 21, 27, 32, 33, 526a15, 31, 32, b2, 4, 5, 13, 20, 21, 23, 25, 527a1, 9, 11, b14, 16, 28, 33, 529a19,

534b26, 537a1, 541b19, 549a14, 21, b9, 13, 17, 23, 27, 28, 551b20, 590b12, 14, 16 (bis), 20, 601a10, 12, 16, 621b17; (insectum) 531b25, 532a27, 551b17, 19
καραβώδης 607b4
καρβάτινος 499a30
καρδία 495b12, 496a4, 10, 28, 31, 32, b7, 9, 503b15 (bis), 25, 506a5, 8, 9, 10, b33, 507a2, 9, 508a30, 33, 511b18, 512a3, 513a22, 24, 27 (bis), 31, b6, 7, 12, 33, 514a28, 29, b21, 22, 515a28, 29, 519b4, 520b14, 521a9, 561a12, 23, b4, 25, 562a4, 19, 564b32, 604b15, 615a5
καρηβαρεῖν 533b13, 534a4, b8
Καρία 518a35, 547a6, 548a14, 631a10, 11
καρίδιον 547b17
καρίς 525a33, 34, b1, 17, 27, 32, 526b27, 527a9, 20, 541b20, 25, 549b12, 591b14, 607b15
καρκίνιον 529b20, 530a17, 547b17, 548a14
καρκίνος 487b17, 490b6, 12, 523b8, 525a34, b1, 3, 5, 10, 16, 31, 33, 526a10, b20, 28, 527a10 (bis), b4, 529b29, 530a4, 541b25, 28, 547b26, 549b27, 590b12, 25, 594b8, 601a16, 20, 611b21, 622a7
καροῦσθαι 602b23
καρπός 494a2, 513a3, 544a9, 549b33, 554a13, 594b5, 7, 596b14, 628b13
καρποφαγεῖν 593a15
καρποφάγος 488a15, 595a14, 16, b5, 22
κάρφος 557b17, 560b8, 612b23
καρχαρόδους 501a16, 18, 20, 22, 23, 502a7, 503a8, 505a28, 508b2, 526a19, 20, 594a26, b18, 595a7, 8, 14
κάστωρ 594b31
καταβαίνειν 514a11, 564b9, 565a30, b4, 597a19, 605a19, 619b2, 582b24
καταβάλλειν 546a27, 571b12, 573b8, 590b26, 594b14, 604a20, b13, 610a21, 611b31, 614b14, 616a12
καταβιβρώσκεσθαι 580b20, 631a19
κατάγεσθαι 554b15
καταγηράσκειν 622a26
καταγνύειν 594b8, 609b12
καταγνύναι 590b6, 629b31
καταδεῖσθαι 492b32
κατάδηλος 495b15, 496a24, 541a12
καταδιώκειν 620b2
καταδύεσθαι 535a15, 559a4, 620a9, 621a5

INDEX

καταδύνειν 569b24, 622b14
κατακάειν, -κάεσθαι 560a25, 632a19
κατακεῖσθαι 576a23, 611a3, 5, 632b4
κατακλείεσθαι 529b28
κατακλίνειν, -εσθαι 499a17, 546a25, 579a19, 610a23, 611b27, 632a15
κατακολυμβᾶν 560b10, 620b34, 622a19
κατακολυμβητής 631a31
κατακρύπτειν, -εσθαι 599b1, 620b21, 23
κατακτός 523b10
κατακώχιμος 572a32
καταλαμβάνειν, -εσθαι 525b8, 533b32, 563a1, 580b20, 610a26, 628b35
καταλείπειν, -εσθαι 558a9, 598b26, 603a10, 610b27, 627a32, 33, b1
καταλείφειν, -εσθαι 551b5, 554a30, 555a14, 627a10
κατάληξις 634b20
κατάλοιπος 548b18
καταμανθάνειν 513a14, 515a22, 574b17
καταμένειν 597b5, 19
καταμήνιος 518a34, 521a26, 30, 572b30, 573a12, 16, 574a31, 581a32, b5, 32, 582a5, b4, 10, 585a36, b3, 634a12, 32, 638b26
καταναλίσκειν, -εσθαι 497a9, 514b33, 622a6, 638b26
κατανοεῖν 533b17, 612a13, b9, 613b16, 635b31
κατάντης 567a7
καταντικρύ 528b10, 541b14, 555a6, 591b24
καταπάττειν 627b20
καταπέτεσθαι 614b21
καταπηγνύναι, -υσθαι 555b20, 601b31
καταπίνειν, -εσθαι 592a30, 594a17, 20, b19, 605a26, 614b27, 621a7, 13
καταπίπτειν 514a7, 594b12
καταπλάττειν, -εσθαι 612a18, 624a13
καταπλεῖν 598b16
καταπνεῖν 541a29, 594b27
καταριθμεῖσθαι 494a24
καταρράκτης 509a4, 615a28
καταρρεῖν 556b5
καταρρήγνυσθαι 556a5, 581b1, 582a11
κατασβεννύναι 552b17
κατασιγάζειν 614a20
κατασκελετεύεσθαι 636a14
κατασκευάζειν 573b25, 583a20
κατασκήπτειν 553b30
κατασπᾶσθαι 491b17, 34, 494a9

κατάστασις 601b7
καταστεγάζειν 603a5
κατάστεγος 616a25
καταστίζεσθαι 559a24
κατάστικτος 593a13
καταστρέφεσθαι 622b8
κατατείνειν, -εσθαι 496a1, 610a24, 629b18, 19, 35
καταφανής 515b6
καταφέρειν, -εσθαι 552b19, 21, 590b8, 601b19, 619a7, 623a21
καταφυγή 578b21
καταφυσᾶν 544a4, 627b15
καταχρίειν 552b28, 625b31
κατάψυξις 589b15
καταψύχεσθαι 531b31, 32, 636b22
κατελεεῖν 631a19
κατεργάζεσθαι 501b30, 552a24
κατέρχεσθαι 495b19
κατεσθίειν, -εσθαι 531b7, 8, 537a7, 10, 548b17, 563b27, 31, 32, 567b15, 568b16, 577a8, 590b18, 591a30, b5, 594b16, 606b12, 607a7, 609a8, 10, 13, 18, 25, 28, 29, 31, 610a6, b18, 611b24, 614b17, 615a5, 618a16, 21, 621a1, 622a27, 626a32
κατευθύνειν 610a28
κατέχειν, -εσθαι 524a17, 20, 560b22, 24, 595a15, 604b10, 608b20, 625a8, 630a22, 631a26, 587a4
κατηφεῖν 604b12
κατηφής 572b9
κατίσχειν 626b18
κατοικεῖν 597a7, 615a15, 622a6
κατοικίζειν 629a22
κατορθοῦν 625b19
κατορύττειν 558a5, 12, 559b2
κατουρεῖν 556b15
κάτω 489b25, 491b19, 23, 492b23, 493b14, 17, 21, 22, 494a16, 20, 27, 28, 29, 495b27, 496a2, 498b12, 24, 499a16, 500b29, 34, 501a5, 502a1, 33, b7, 14, 503a16, 504a25, 29, 505a4, 506b19, 507a37, 509a2, 3, 510b16, 22, 513a26, b10, 514a29, 516a34, 521a5, 523a3, 25, 524b33, 526a23, 24, 529a2, 22, 31, b26, 32, 530b20, 535a15, 536a16, 538b4, 548b32, 553a28, b3, 561a21, b11, 12, 564b20, 565a4, b8, 13, 19, 567a18, b32, 591b27, 594a20, 599a2, 601a14, 603b21, 606a15, 607a13, 615b33, 620b2, 624a6, 627a5, 582b24, 583b34, 586b5

INDEX

κάτωθεν 494a13, 496a25, 498b24, 499a28, 500b27, 31, 501b18, 508b15, 509a19, b25, 510b28, 511a1, 8, 19, 24, 26, 513a4, 516a24, 518b28, 519a25, 26, 524b19, 526a18, 21, 530b22, 542a2, 555a11, 560a30, 561b13, 565b22, 576a8, 9, 579b13, 604a28, 622b7, 623a26, 630a30, 632a16, 587b16
κατωπιᾶν 604b11
καυλίον 591b12
καυλός 497a20, 24, 504a31, 510a26, 28, b11, 14, 28, 32, 511a1, 532a25, 552a31, 555b21, 556b4, 557a14, 637a22, 26
καῦμα 579a8, 597a2, 20, 602b28
κάψις 595a10, 12
κεγχραμίς 549a29
κεγχρηΐς, κεγχρίς 509a6, 558b28, 559a26, 594a2
κέγχρος 551a16, 568b23, 580b12, 595a28
Κεδρείπολις 620a33
κέδρινος 583a23
κείρειν, -εσθαι 513b27, 606a17
κεῖσθαι 486b25, 492a22, 30, 494b25, 495a21, 24, 496a4, 7, 8, 14, b16, 35, 497a18, 503a32, b12, 17, 504a10, 505b33, 506b32, 507a21, 30, 31, 513a17, 516a29, 518b8, 524b17, 525a8, 554a19, 559b5
κεκρύφαλος 507b4, 5, 6, 8
κελεός, κολιός 504a19, 593a8 (bis), 609a19, 610a9 (bis)
κελεύειν 533b27
Κελτικός 606b4
κελύφιον 622a7
κέλυφος 510a28, 549b25, 551a20, 23, b19, 552a7, 556b8, 9, 557b14, 568b9, 600b17, 601a6, 8, 586b13
κέμφος uide κέπφος
κενός 491b1, 492b16, 494b34, 496b5, 525b9, 547a32, 548a16, b32, 590a25, 600b8, 622b9, 624a12, 635a24
κεντεῖν, -εῖσθαι 521a17, 532a14, 556b29, 605b15, 626b5
κέντρον 490a19, 20, 501a31, 519a28, 532a15 (bis), 553b4, 6, 626a18, 20 (bis), 627b28, 628b4, 5, 8, 15, 17, 20, 23, 30, 629a27, 28
κεντρωτός 624b16
κέπφος, κέμφος 593b14, 620a13
κεραία 499b30, 526a6, 532a26
κεράμιον 534a21, 22, 549b32

κέραμος 617a16
κεραννύναι, -υσθαι 522b4, 548b29, 578a16, 598a6
κέρας 487a8, 9, 499a2, 7, 8, b16, 32, 500a3, 6, 10 (bis), 501a19, 510b19, 517a8, 12, 14, 21, 25 (bis), 27, 29, 519b24, 526a31, 534b23, 538b16, 18, 23, 551b10, 590b27, 29, 594b13, 595b12, 14, 604a16, 606a18, 611a26, 27, 29, 31, 33, b2, 6, 8, 9, 13, 15, 18, 19, 630a31, 35, 632a11, 12, 13
κεράτιον 526a7, 528b24, 529a27, b27
κερατοφόρος 498b31, 499a1, b15, 500a2, 501a12, 507a35, b12, 33, 510b18, 511a29, 630b3
κερατώδης 595a13, 606a19
κέρθιος 616b28
κερκίς 595a2
κέρκος 490a3, 498b13, 499a10, 11, 19, 500b32, 501a30, 502a12, b22, 25, 33, 503a19, b8, 14, 506a24, 508b7, 525b27, 541b22, 549a30, b2, 555b21, 565b29, 572a24, 579b20, 24, 600b32, 610b15, 630a1, b4
κερκοφόρος 489b31, 540b8
κεστρεύς 504b31, 508b18, 534a8, 537a28, 541a21, 543a2, b3, 11, 14, 17, 567a19, 569a7, 17, 22, b28, 570b2, 7, 17, 591a18, 19, 22, b1, 598a10, 601b21, 602a1, 607b25, 610b11, 15, 16, 620b25, 621b7, 21, 622a2
κεφαλή 486a10, 491a28, 30, b4, 492a13, b12, 494a33, b1, 24, 34, 495a1, 3, 10, 497b14 (bis), 498b18 (bis), 29, 33, 500b28, 502b30, 503b13, 30, 504a23, b14, 505b9, 506a27, 29, 507a4, 510a14, 17, 19, 20, 31, 511b34, 512a20, 22, 26, b14, 19, 32, 513a11, b10, 514a10, 21, 515b13, 516a12, 13, 20 (bis), 22, 517a22, b32, 518a20, 25, b5, 523b23, 24, 27, 524a13, 16, 33, b29, 525a6, b18, 527b9, 528a8, b7, 24, 26, 529a13, 26, b26, 530b19, 531b26, 33, 532a1, 533a5, 538a12, 541b5, 544a11, 550a2, 19, 554b3, 557a7, 9, 10, b14, 561a18, 27, 28, b1, 30, 31, 563b21, 564b32, 565b12, 30, 566a29, 567b33, 569b30, 591b4, 595a12, 600b29, 31, 601b20, 603b8, 604b5, 605a17, 19, b20, 614a28, b24, 25, 617b1, 618b32, 628b35, 630a4, 584a3, 32, 586b4, 6, 587a25, 34

563

INDEX

Κεφαληνία 605b27
κέφαλος 543b16, 567a19, 570b15, 591a18, 23, 25, 602a1, 4
κῆβος 502a17, 18, b24
κῆπος 598a4, 617b24
κηριάζειν 546b25, 26, 29, 547a13, 20, b11
κήρινθος 623b23
κήρινος 590a24
κηρίον 546b20, 553b2, 3, 24, 27, 554a19, 21, 28, b11, 12, 17, 19, 20, 22, 26, 28, 29, 555a8, b23, 605b10, 11, 12, 623b19, 28, 33, 624a10, 12, 19, 20, 32, b19, 31, 32, 33, 625a1, 6, 7, 11, 21, b1, 20, 33, 626a1, b2, 19, 32, 627a1, 10, 11, 21, 22, 33, 628a12, 21, 22, b11, 629a13, 19
κηριοποιός 623b7
κηρός 553b31, 554a17, b11, 27, 555a17, 18, 557b6, 595b13, 14, 623b25, 624a13, 15, 33, b9, 12, 626a6, b31, 627a6 (bis)
κηρυκώδης 527a28
κήρυλος 593b12
κῆρυξ 524b12, 527a24, 528a10, 24, b30, 529a7, 530a5, 14, 544a15, 546b25, 26, 547b2, 8, 548a19, 599a12, 17
κήρωσις 553b28
κῆτος 490b9, 505b30, 521b23, 566b2
κητώδης 489b2, 492a27, 540b22, 589a33, 591b26
κηφήν 553a23, 30, b1, 5, 11, 13, 554a22, 24, b4, 623b9, 624a19, 22, b12, 13, 18, 19, 26, 33, 625a4, 14, 23, 25, 626b6, 10, 627b8, 628b3, 629a24
κηφήνιον 623b34, 624a2, 4
κίγκλος 593b5, 615a21 (bis)
κίθαρος 508b17
κικλήσκειν 615b10
Κιλικία 606a17
Κιμμερικός 552b18
κινάμωμον 616a8, 12; (auis) 616a6
κινδυνεύειν 608b29, 584b18, 638a16
κινεῖν, -εῖσθαι 490a26 (bis), 33, b3, 4, 492a28, 30, b23, 516a23, 25, 517a29, 526a9, 22, 28, 528b9, 529a29, 530b15, 531a7, 532a2, 535b24, 537a16, 17, 22, b2, 550a9, 551a20, 552a3, 8, 27, 28, 556b17, 20, 561a12, b27, 28, 562a19, 572a24, b16, 591b19, 593b6, 596a22, b2, 598b25, 599b14, 20, 600b4, 5, 610b26, 612a23, 621b10, 623a5, 13, 627a29, 581b14, 586b25, 634a37, 638b8
κίνησις 487b11, 489a28, 498b5, 501a1, 503b8, 24, 520a26, 552a26, 570b5, 588b23, 622b32, 633b8, 583b4, 6, 584a26, 638b8
κινητικός 489b16, 494b6, 528a30, 590a33
κιννᾰβάρινος 501a30
κίρκος 559a11, 609b3, 620a18, 633a23
κισσᾶν 584a19
κίττα 592b13, 615b19, 616a3, 617a20
κίττος 554b14, 611b18
κίχλη (auis) 559a5, 593b6, 600a26, 615a6, 617a18, b2, 632b18; (piscis) 505a17, 598a11, 599b8, 607b15
κίων 493a3
κλείς 511b35, 513a1, b35, 516a28
κλέπτειν 574a20, 609b28
κλῆμα 549b6, 550b8
κληματίς 550b9
κλῆρος 605b11, 626b17
κλύδων 548b13
κλύζειν 603b11
κνᾶσθαι 611b16
κνήμη 494a6, 18, b4, 499b4, 5, 502b13, 504a3, 512a16, b16, 23, 516a36, 538b10, 618a33
κνημίς 548b2
κνησμός 578b3
κνίδη 522a8; (urtica marina) 548a23, 24, 621a11
Κνίδος 569a14
κνίζεσθαι 587b7
κνῖκος 550b27
κνιπολόγος 593a12
κνίσσα 534a27
κνισσοῦσθαι 534b5
κνισώδης 534a23, 621a9
κνίψ 534b19
κοβάλος 597b23
κόγχη 528a22, 530a11, 547b13, 20, 548a5, 614b28, 622b2
κόγχος 528a24, 25, 26
κογχύλιον 519b21, 547b7, 590b4, 591a1, 622a7, b17
κοιλαίνειν 614b14
κοιλία 487a6, 489a2, 6 (bis), 8, 495b22, 24, 27, 29, 496a3, 4, 19, 24, 25, b9, 20, 497a11, 499a21, 506b20, 23, 507a26, 28, 29, 30, 33, b1, 5, 7, 13, 15, 16, 18, 19, 23, 27, 35, 508a3, 7, 27, b9, 16, 18, 24, 27, 31, 32, 35, 509a6, 8, b11, 33, 511a23, b32, 512a18, 31, b5, 513a27, 32, b2, 3, 514b14, 515a29, 516a31, 519b10, 12,

INDEX

520a2, 4, 5, 20, 24, b16, 521b8, 522b6, 524b11, 526b24, 25, 527a4, 6, 32, b3, 24 (*bis*), 529a1 (*bis*), 4, 16, b17, 530a2, b26, 29, 531b27, 532a1, b9, 14, 535b23, 542a16, 547a25, 549a17, 550a20, 561b3, 562a9, 11, 565a11, 571a7, 591a20, b2, 6, 7, 592a12, 594a15, 595a30, 599a27, 600b9, 603b9, 605a25, 614b28, 617a1, 586b29, 588a7, 634a22, 635b5, 638b16, 21, 29
κοῖλος 493b3, 494a17, b34, 495a7, b8, 14, 496a13, 33, 497a5, 6, 11, 14, 498a7, 500a7, 8, 503a31, 506a28, 508b28, 513b3, 514b23, 27, 32, 35, 36, 515a9, 517a21, b13, 521b12, 524a9, 525a22, 527a2, 14, 16, 530b24, 531a25, 27, 548a25, 549b32, 553b2, 559a10, 616a25, 30, 630a3, 586b24, 637a19
κοιλότης 529a21
κοιμᾶσθαι 605a30, 609b20
κοινός 488a8, b1, 29, 33, 489a17, 491b22, 493a21, 29, b7, 14, 494a18, 19, 496a31, 35, 497a29, 34, b6, 505b6, 511b2, 520b3, 11, 523a31, 526b21, 527b3, 528b2, 529b20, 531b22, 26, 532b28, 539a15, b16, 565a8, 571b8, 9, 588b28, 620a34
κοινωνεῖν 488b25, 496b30, 513b6, 514b35, 589a1, 608a17
κοινωνία 539b1, 588b33, 612b33
κοίτη 623a12
κοκάλια 528a9
κοκκύζειν 631b9, 16, 28
κόκκυξ 535b18, 563b14, 17, 18, 20, 23, 26, 28, 29, 618a8, 14, 17, 21, 23, 25, b4, 633a11; (*piscis*) 535b20, 598a15
κολάζεσθαι 572a4
κολάπτειν 609a35, b6
κολεόν 531b24
κολεόπτερος 490a14, 19, 552b30, 601a3
κόλερος 596b5
κολίας, κόλιος 543a2, 598a24, b27, 599a2, 610b7
κολιός *uide* κελεός
κόλλα 517b30, 31
κολλυρίων 617b9
κολλώδης 515b17, 568b11, 623b30
κολοβός 585b36
κολοβοῦσθαι 487b23
κολοιός 509a1, 614b5, 617b16, 18
κολοκύντη 591a16, 596a21
κόλπος 530b27, 547a7

κολποῦσθαι 510b32
κολυμβίς 487a23, 593b17
κόμη 550b18
κομίζειν, -εσθαι 554a14, 564a17, 598b22, 23, 606a2, 3, 610b28, 619a23, 623b24
κομμιώδης 628b27
κόνδυλος 493b28
κονιᾶν 592a4
κονίεσθαι 557a12, 633b4
κονιορτώδης 557b3
κόνις 612b25, 630b5
κονίς 539b11, 556b24
κόνισις 623b31
κονιστικός 633a29, 30, b1
κονίστρα 613b9
κόνυζα 534b28
κοπιᾶν 605a30
κόπρος 511b9, 534a16, 550a30, 551a4, b1, 3, 552a17, 21, 24, 554b1, 555a4, 556b26, 559b2, 569b18, 590b11, 591a14, 15, 612a8, 10, b29, 616b1, 628b34, 630b12
κόπτειν, -εσθαι 534a2, 541a16, 547a22, 26 (*bis*), 593b24, 609b5, 614a35, 616a26, 27, 619b33, 620a4, 13, b17, 627b30
κορακίας 617b16
κορακῖνος 543a31, 570b22, 24, 571a25, 599b3, 602a12, 607b24, 610b5
κορακοειδής 488b5
κόραξ 506b21, 509a1, 519a6, 563a32, b3, 593b18, 606a24, 609a20, 21, b5, 32, 33, 617b13, 618b9, 13, 16, 619a1
κορδύλος 487a28, 490a3, 589b27
κόρη 491b21, 520b3, 533a9
κόρις 556b23, 27
κόρυδος, κορύδαλος, κορυδών 559a2, 600a20, 609a7, b27, 610a9, 614a33, 615b33, 617b19, 618a10, 633b1
κορυφή 491a34, b5, 492b3, 518a27
κορώνη 509a1, 563b11, 564a16, 593b13, 606a25, 609a8, 11, 17, 26, 610a8, 617b13, 17
κότινος 596a25
κόττος 534a1
κόττυφος 544a27 (*bis*), 600a20, 609b9, 610a13, 614b8, 9, 616a3, 617a11, 15, 18, 21, 25, b10, 27, 618b3, 632b15; (*piscis*) 599b8, 607b15
κοτύλη 596a7
κοτυληδών 493a24, 511a29, 34, 516a35, 524a2, 7, 527a25, 541b7, 9, 565b8, 586a32, 33, b10, 11, 14 (*bis*), 635b3

565

INDEX

κοῦφος 518b15
κουφότης 636b31
κόφινος 629a13
κοχλίας 525a26, 28, 528a1, 8, b28, 544a23, 557b18, 21, 599a15, 16, 621a1, 2
κόχλος 523b11, 527b35, 528a10, 529a2, 17, 24, b3, 530a27
κραγγών, κράγγων 525b2, 21, 29
κράζειν 540a13, 609b24, 613b33
κράμβη 551a16, 552a31
κρανίον 491a31, b1, 5, 9, 516a14, 16
κράνος 548b2
κραντήρ 501b25, 29
κρᾶσις 589a14, b23, 590a14, 16, 18, 606b3
κράστις 595b26
κρατεῖν 572a33, 575a22, 577b18, 580b23, 27, 590b12, 15, 33, 593b26, 596b26, 610a1, 614a3, 615a4, 619b10, 620b19, 626a17, 635b23
κρατερός 622b33
κρατιστεύειν 614a4
κρατύς 492a4, 538b3, 22, 609a11, 21, 610b18 (bis), 618a24, b27, 620a17
κραυρᾶν 603b7, 604a17, 19
κραῦρος 604a14
κρέας 578a14, 579a9, 594b16, 596b3, 605b1, 614b29, 627b7
κρεμαννύειν 612a10
κρεμαννύναι, κρέμασθαι 623a27, 627b13, 632a23
κρέξ 609b9, 616b20
κρεώδης 491b25, 583b10
κρημνός 615b31, 628b29, 631a7
Κρήτη 572a14, 598a16, 612a3
κριθή 573b10, 11, 595a28, b9
κριθιᾶν 604b8
κρίκος 503b20
κριμνόν 501b31
κρίνειν, -εσθαι 507a24, 535a11, 576a2, 634a4
κριός 546a4, 571b21, 573b31, 574a4, 6, 590b29, 606a19
κρίσις 553a11
κρόκη 623a11
κροκόδειλος 487a22, 492b24, 498a13, 503a1, 8, 31, b4, 505b32, 506a20, 508a5, 509b8, 516a24, 558a14, 18, 589a27, 599a32, 609a1, 612a20
κρόταφος 491b17, 24, 492b4, 512b26, 518a16, 567a11

κροτεῖν 627a16
κρότος 627a16
κρότων 552a15, 557a15, 16
Κροτωνιάτης 581a16
κρύπτειν, -εσθαι 531a9, 547a14, 591b3, 4, 599a13, b17, 600a15, 611b10, 11, 620b17
κρύψις 621b29, 34
κτᾶσθαι 632a29
κτείνειν 558b18, 609b18, 625a16, 19, 32, 626a21, b1
κτείς 491b25, 525a22, 528a15, 25, 30, 31, 529b1, 7, 531b8, 535a17, b26, 547b14, 24, 29, 32, 599a14, 18, 603a21, 22, 607b2, 621b10
Κτησίας 501a25, 523a26, 606a8
κύαμος 522b33, 561a30, 595b7 (bis), 627b17
κυάνεος, κυανοῦς 566b12, 592b27, 593b11, 615b29, 616a15, 617a27
κύανος 617a23
κύβιδνις uide κύμινδις
κύειν 522b29, 537b24, 543b14, 16, 22, 545a25, b6, 546b3, 11, 549a15, 550a26, 566a16, b19, 570a26, 28, 31, b1, 3, 26, 573a25, 31, b20, 574a20, 25, 28, 575a25, 27, b17, 26, 576a21, 577a28, 578a10, b13, 579a20, 29, 30, b32, 580a8, 11, b12, 30, 599b22, 600b6, 603b32, 604b21, 30, 605a1, 607b4, 7, 9, 25, 26, 27, 610b10, 611a1, 582b19, 584a13, 18, 22, 24, 585a3, 17, 24, 636a18, 19, 21, 23, 638a10, b35
κυεῖν, -εῖσθαι 545b23, 560a17, 577a21, 608a2, 610b3
κύημα 489b7, 10, 13, 543b23, 550b2, 555b26, 556a7, b5, 565a21, 566b5, 567a28, 31, b15, 568a11, 22, 23, 570b10, 571a28, 29, 591a7, 598b6, 599b24, 608a1, 621a23, 583b10, 13, 584a10
κύησις 522b31, 542a28, 545a30, 546a30, 549b12, 560b11, 564b13, 570b3, 571a24, b5, 573b4, 577b7, 26, 578a30, b25, 580a19, 606b22, 607b2, 4, 9, 585a32
κυΐσκειν, -εσθαι 543b19, 546a26, 560b14, 570a32, 573a34, b17, 574a18, 575b17, 577a32, 578b14, 580a26, 607b8, 12, 634b36, 636a12, b36, 637a4
κύκλος 491b3, 497a21, 503b1, 514a21, 516a18, 523b25, 524a31, b8, 529a32, b2, 531a5, 532b1, 533a9, 560b3, 561a23, 572b15, 607a33, 621a17, 624a11
κυκλοῦν 533b27

INDEX

κύκνος 488a4, 509a22, 593b16, 597b29, 610a1 (bis), 2, 615a31
κυλίειν, -εσθαι 552a17, 625b5
κυλινδεῖσθαι 586b25
κύλλαρος 530a12
Κυλλήνη 617a14
κῦμα 525a23
κυμαίνειν 551b7
κυματίζεσθαι 622a18
κύμινδις, κύβινδις 615b6, 8, 10, 619a14
κυνάγχη 604a5, 9
κυνάκανθα 552b3
κυνεῖν 560b26, 28, 31
κύνειος 495b24, 574b13
κυνηγεῖν 619a33
κυνηγέσιον 594a31
κυνηγός 579b28, 612a10
κυνίδιον 612b10
κυνόδηκτος 630a8
κυνόδους 501b7, 10, 17, 575a6, 576b17, 579b12
κυνοειδής 502a21, 22
κυνοκέφαλος 502a18, 19
κυνοραιστής 557a18
κυνόσουρος 560a5
κυνώδης 502b24
κυπρῖνος 505a17, 533a29, 538a15, 568a17, b18, 22, 26, 569a4, 602b24
Κύπριος 511b24
Κύπρος 552b10
Κυρηναῖος 556b2
Κυρήνη 556a22, 557a29, 606a6, 607a2
κύριος 511b15, 515b8
κύρτος 534a26, b3, 547a28, 30, 603a7, 10
κυρτός 494b10, 496a12, 527a15
κύστις 487a6, 489a5, 6, 8, 497a12, 18 (bis), 23, 24, 27, 33, 506b24, 510a27, 34, 514b34, 515a3, 519b13, 14, 16, 20, 541a6, 9, 10, 560b1, 573a17, 604b16, 586b10, 634a22
κύτισος 522b27, 28
κύτος 489b35, 491a29, 523b23, 25, 524a1, 9, 10, 22, 23, 32, b7, 28, 33, 525a6, 11, 527b9, 28, 531b27, 550b4, 555b3
κύτταρος 551b5, 554a18, 555a1, 2, 6 (bis), 11, 624b14, 18, 627a23
κυφή, κύφη 525b1, 17, 28, 31, 549b12
κύχραμος 597b17
κυψέλιον 627b2
κυψελίς 618a34
κύψελος 618a31

κύων 488a24, 31, b22, 489b21, 490b34, 497b18, 498b27, 499b8, 500a26, 501a4, 17, b5, 11, 502a7, 506a33, 507b16, 22, 24, 508a8, 29, 510b17, 516a17, 522b21, 536b28, 30, 540a10, 25, b14, 542a29, 545a5, b3, 546a28, 557a17, 566b21, 569a14, 571b31, 572a7, b25, 574a16 (bis), 19, 25, 27, 31 (bis), b7, 24, 30, 31, 575a1, 5, 579b19, 580a11, 13, 24, 27, 594a29, b3, 23, 24, 26, 599a17, 604a4, 7, 9, 607a2, 3, 4, 7, 608a27, 29, 32, 612a6, 31, 629b19, 630a1, 10, b11, 633a13, 14; (piscis) 566a31; (stella) 547a14, 600a4, 602a26, b22, 27
κωβιός 508b16, 567b11, 569b23, 591b13, 598a11, 16, 601b22, 610b4, 621b13, 19
κωβίτης 569b23
κώδιον 596b8
κωλήν 516b1, 27
κῶλον 493b26, 494a4, 498a3, 20, 499b28, 502b3, 504b18
κωλύειν, -εσθαι 533b26, 572b16, 577a23, 591b21, 609b21, 624b11, 581b3, 633b28, 635a29, 636a28, b19
κωλωτής 609b19
κώνωψ 532a14, 535a3, 552b5, 553a4
κώπη 533b16, 19
Κῶς 551b16
κωτίλος 488a33
κωφός 536b3, 634a9, 635b7
κωφότης 634a19, 635a13

λάβδα 514b18
λάβραξ 489b26, 534a9, 537a27, 543a3, b4, 11, 567a19, 570b20, 591a11, b17, 601b30, 607b25, 610b10, 16
λάβρως 594b18
λαβυρινθώδης 499b25
λαγαρός 622b23
λαγνεία 575a21
λάγνος 575a20, b30, 579a5
λαγών 493a18, 21, 561b30, 583a35
λαγώς, λαγός, λαγωός 606a24, 619b9, 15
λαγωφόνος 618b28
λαεδός 610a9, 10
λαθάνεμος 542b9
λάθρα 614a4
λαθραίως 487b11
λαίμαργος 591b1
Λάκαινα 608a27

567

INDEX

λακτίζειν 630b8
Λακωνικός 574a17, 21, b10, 26, 28, 30, 575a2, 607a3, 608a33
λαλεῖν 488b1, 635b20
λάλος 536a24
λαμβάνειν, -εσθαι 488b34, 489a1, 491a5, 10, 492b19, 513b20, 514a8, 515b20, 518b26, 520b2, 522a8, 523b31, 524a11, 530a10, 532b25, 533a32, b7, 13, 537a3, 6, 14, 26, 27, 30, 31, 539a19, 543a18, 21, 29, 547b14, 30, 548a8, b7, 549b10, 551b3, 9, 30, 552a26, 554a30, 555a9, b14, 559b8, 560a12, 566b19, 568a2, b20, 569a2, b9, 570a4, 571a20, 572a28, 33, 576b4, 6, 577a11, 31, 32, 578a14 (bis), 579a30, b28, 29, 580a8, 588b27, 589b7, 16, 25, 31, 590a22, 23, 26, b24, 591a20, b26, 592a25, 594a11, 12, 16, 17, 596b17, 598b13, 600b6, 8, 601a12, 602a9, 10, 603b1, 604a10, 30, b4, 7, 607a24, b32, 608b28, 609b18, 610b26, 29, 611b18, 24, 612a12, 15, 22, 35, b8, 29, 613b19, 25, 615a22, b14, 17, 618b6, 619a24, b1, 29, 30, 620a11, 28, b4, 20, 22, 622a19, 623a10, 624b7, 625b2, 628a11, b19, 629a22, b30, 631a11, 12, 632a28, 581a27, 582a11, 583a25, b23, 27, 584a7, 585a9, 586a18, 587b25, 635b3, 636a3, 27, b4, 12, 637a4, 9, b11, 17, 638a3, 25, 37, b23
λάμια 540b18
λαμπρός 545a12, 616b30, 627a14, 635b22
λαμπτήρ 531a5
λανθάνειν 494a25, 496a11, 501b8, 506a15, 508a16, 519a9, 533b32, 537a14, 15, 543b24, 588b5, 594b10, 611b30, 31, 625b1, 2, 4, 631a5, 584b13, 19, 21, 636a16, b35, 39, 637a4
λαπάρα 604b16
λάπτειν 595a7
λάρος 509a3, 542b17, 19, 593b3, 4, 14, 609a24
λάρυγξ 493a6, 499a1, 535a32
λάσιος 596b5
λάσκειν 618b31
λάταξ 487a22, 594b32, 595a4
λάχανον 601b13
λάψις 595a10
λέαινα 500a29, 579b11
λεαίνειν 501b31, 625b19
Λεβαδικός 606a1

λέγειν, -εσθαι 486a19, 23, b14, 487a9, 13, 14, b1, 488b28, 31, 489b18, 490a11, b33 (bis), 491a7, 9, 18, b10, 492a14, 493a27, b1, 11, 494a23, 34, b20, 496a20, 35, 497a11, 29, b7, 8, 498a9, b16, 499a21, b21, 500a3, 18, b2, 17, 28, 501b10, 502a26, b25, 503b29, 34, 504b27, 505b24, 506a25, 32, b7, 507a1, 25, 27, 30, 36, b28, 508b4, 509a18, 27, 30, b13, 16, 19, 23, 510a29, b26, 511b12, 13, 31, 512b12, 513a8, 12, 13, 32, b27, 517a27, 521b14, 523a14, 33, 524a21, 525a29, b11, 526b11, 527a1, b5, 7, 27, 528a12, 31, b18, 529b1, 5, 10, 25, 530b19, 531a28, b20, 533b26, 534a6, b6, 9, 535a5, b7, 16, 536a1, b12, 537a6, b24, 538a4, 7, 10, 13, b4, 539a1, 20, 540b17, 28, 541a5, b4, 542b2, 12, 543b10, 20, 544a25, 545a15, 32, 546a6, 23, b2, 17, 547a13, b21, 33, 549b33, 550b21, 24, 551b15, 552a20, 23, 553a22, 24, 30, b14, 24, 32, 554b2, 555a27, 556b15, 557b1, 11, 558a17, 23, b12, 22, 559b21, 22, 561a6, b23, 562a18, b5, 9, 13, 563a8, 18, 22, b7, 9, 14, 29, 564a7, b15, 19, 565a7, 16, b31, 566a9, b1, 567a18, 25, 30, 32, 568a12, b3, 27, 569a10, 22, b2, 29, 571a27, b2, 4, 8, 572a13, 16, 573a28, b9, 574b22, 575a28, 576b14, 577a2, 5, 27, b9, 578a2, b6, 579a18, 32, b2, 17, 23, 31, 580a14, 17, 21 (bis), b4, 588a25, b1, 11, 589a11, 13, 590a11, 591a4, b8, 15, 592b25, 593a24, 595a3, 596b19, 597a4, 8, 31, b1, 27, 31, 598b24, 599b20, 600a21 (bis), b4, 9, 18, 601a23, 32, b1, 10, 15, 26, 602a13, 18, b7, 603b7, 605a3, 606b10, 19, 607a24, b22, 608b5, 15, 610a7, b10, 20, 23, 611a29, b11, 35, 612a12, b15, 613a29, b22, 614a31, b11, 615a8, 11, b9, 20, 616b23, 33, 618a4, 8, 15, 20, 32, 620a7, 621b33, 622a10, b22, 623b16 (bis), 624a18, 29, b21, 626a27, b2, 627a11, 13, 20, b5, 629a2, 26, b5, 21, 631a1, 8, 12, 20, 632b30, 581a12, 582b29, 583a32, b28, 584a1, b33, 585b2, 587a24, 633b25, 635a6, 7, 636a5, b7, 14, 638a5, b1
λειμών 605a9, 617a4
λειμώνιος 555b7
λειόβατος 506b9, 566a32
λεῖος 489b27, 493a27, 495b2, 498b20, 503a4, 505a26, 27, 28, 507b11, 20,

568

INDEX

511a32, 518b19, 524a7, 525a4, 526a6, 8, b13, 528b3, 530a13, 534b23, 548a26, 549b14, 554b12, 567a20, 571a34, 613b9, 614b28, 620a21, 622a33, 624b32, 626b10, 630a17, 582a15, b35, 583a6, 16, 21, 586a33; (*piscis*) 565b2
λειόστρακος 528a21
λειότης 518a27, 590b19
λειοτριχεῖν 595b26
λείπειν, -εσθαι 494b18, 514b25, 518a24, 562a16, 569b30, 577a32, b3, 580b16, 621b1, 636b29
λείχειν 580a9
λείψανον 635a25
λέκιθος 562a25, 29
λεκτέον 491a25, 494a23, 497a34, 505b25, 511b12, 523b1, 531b20, 532b29, 539a8, 13, b14, 546b16, 566b31, 571b7
Λεκτόν 547a5
Λεοντῖνοι 520b1
λέπαργος 633a23
λεπάς 528a14, b1, 529a31, b15, 530a19, b22, 547b22, 548a27, 590a32
λεπιδωτός 505a24, b3, 517b14, 567a19, 607b26
λεπίς 486b21 (*bis*), 490b23, 517b5, 518b28, 567b21, 607b31, 582b33
λεπτός 495a9, 24, 496b10, 13, 497a21, 498b34, 502a32, 503a20, b20, 506b13, 508a22, 26, 29, b31, 509a16, b26, 510b23, 29, 512a8, 9, 19, b2, 6, 10, 514a17, 22, 34, b26, 515b2, 24, 516b8, 19, 517b27, 518a2, 519a31, b1, 520b21, 521a2, b31, 32, 523a20, 21, 524b13, 27, 525b23, 526a16, 29, 32, 33, 527a18, 33, b25, 528b28, 529a21, b27, 531a25, 532b4, 536a7, 22, 538b11, 545a7, 546a20, 548b1, 555b2, 24, 562a8, 26, 566a13, 572a26, 573a20, 574b12, 579a11, 16, 590a20, 25, 594a21, 595b4, 598b31, 602a6, 12, b16, 615b8, 616a18, 617a27, 620b28, 622b2, 12, 582a30, 31, 583a18, 587b13
λεπτοσκελής 505b16
λεπτότης 506a7, 507b26, 517b9, 528a27, 554a25, 567a24
λεπτότριχος 518b6, 538b8
λεπτόφωνος 538b13
λεπτόχειλος 528a29
λεπτύνειν, -εσθαι 511b22, 515b1, 5, 518b29, 519b32, 596a29

λεπύριον 546b20
λεπυριώδης 546b30
λευκαίνεσθαι 518a9, 563a25
λευκερωδιός 593b2
λεύκη 518a13, 544a9, 549b33
λευκόν 491b22, 492a1, 529a3, 24, b3, 537a21, 550a16, 22, 23, 559a18, 21, b12, 27, 560a11, 15, 21, 23, 24, 31, b3, 561a11, 16, 25, b12 (*bis*), 14, 18, 21, 562a26, 612b12, 581b2, 634a30, b18, 21, 635a11
λευκός 501b12, 16, 507a10, 509b21, 26, 510a26, 34, 515b17, 517a15, 16, 19, 518a7, 10, 519a5, 7, 11, 17, 523a10 (*bis*), 17, 19, 525a4, 7, 527a18, 22, b29, 529a17, 19, 530b10, 544a13, 546b21, 547a17, b26, 549a10, b30, 550a15, 32, 551b30, 552b9, 554a22, b8, 16, 555a16, b7, 556b14, 557b8, 558a19, 559a23, b6, 9, 561a18, 31, 562a11, 12, 564b24, 565a11, 21, 566a4, 567a20, 568b2, 572b28, 574a5, 6 (*bis*), 7, 575a11, 593b14, 598a13, 600b14, 30, 602a5, 10, 607b17, 19, 22, 609b22, 617a2, b28, 29, 618b32, 621b19, 626b21, 30, 627a2, 582a16, 583a8, 11, 588a6, 634b20
λέων 488b17, 490b33, 497b16, 498b8, 28, 499b8, 25, 500b16, 501a16, 28, 502a7, 507b16, 22, 516b8, 10, 517b2, 521b12, 14, 539b22, 571b27, 579a31, b4, 5, 7, 9, 12 (*bis*), 594b17, 606b14, 610a13, 612a9, 629b8, 30, 33, 630a1, 11
λήγειν 544a16, 555b30, 634a32, 635a14
λήϊον 612a32
λήμη 633b20
Λῆμνος 522a13, 18
ληπτέον 491a14, 20
ληρώδης 579b3
Λητώ 580a17
λίαν 520b21 (*bis*), 30, 31, 521a13, 531b31, 535a14, 540b24, 558b20, 575a3, 595a15, 603b20, 583a7, 636a13
λιβανωτός 583a24
Λιβύη 606a6, 18, b9, 19, 20, 607a22, 615b4, 616b5
λιβυός 609a20
Λίγνυς 493b15
λιγυρός 616b31
λίθος 516b11, 519b19, 530a18, 533b24, 534a3, 537a24, 550b8, 552b10, 555a13, 567b12, 575b12, 590b6, 10, 597b1 (*bis*),

INDEX

λίθος (cont.)
    601b30, 31, 603a6, 9, 11, 605a27,
    607a24, 622a10, 626b24
λιθώδης 590b23
λιμήν 569b26, 631a13
λιμνάζειν 513b4
λιμναῖος 487a27, 564a13, 568a11, 593b24,
    597b20, 602b20, 607b34
λίμνη 504b32, 507a17, 559a19, 24,
    568a20, 25, 569a8, 570a8, 11, 22,
    592a16, 593a26, b1, 16, 594b29, 598a23,
    601b15, 21, 603a1, 615a24, 32, 617a4,
    618b24, 620b6
λιμνοθάλαττα 598a20
λιμός 618a23, 619a18
λιμόστρεον 528a23, 30, 547b11, 29
λινοῦς 616a6
λιπαρός 520a27, 630a35
λιπαρότης 522a21
λίσσωμα 491b6
λίσσωσις 491b8
λίχνος 594a6, 629a33
λοβός 492a16
λόγος 491a25, 496b15, 500a4, 20, b8,
    506b28, 508a2, 517b27, 518b5, 542a5,
    558a22, 559a21, b20, 573a5, 580a14,
    b21, 629a4, 634b5, 637b3, 638a13
λόγχη 555a15
λοιμώδης 602b12, 20
λοιπός 489a2, 8, 490a13, b16, 493a30,
    500b30, 503a25, 33, b8, 23, 26, 504a17,
    505b5, 26, 509a29, 514a20, 516a22,
    525b23, 532b9, 534b12, 13, 539a1,
    542b13, 553a7, 554b5, 563b11, 564a20,
    577a32, 599b5, 610b8, 617a1, 618b22,
    619b10, 18, 623b16, 625a8, b7, 629a1
λόκαλος 509a21
λοπάς 627b6
λούεσθαι, λοῦσθαι 557a20, 21, 595a31,
    605a12, 633a29, 30, b3, 4
λουτρόν 595b12, 603b15
λοφιά 498b30, 579b16, 603b23
λόφος 486b13, 504b9, 592b24, 617b20, 23
λόφουρος, λοφοῦρος 491a1, 493a31,
    495a4, 501a6
λοχεύεσθαι 616a34
λόχιος 573a9
λόχμη 610a10, 615a17
λύγξ 499b24, 500b15, 539b23
Λυδία 617b19
λύεσθαι 492b32, 587a16, 635a20 (bis)

λύκαινα 580a18
Λυκία 548b20
λυκόβρωτος 596b7
λύκος 488a28, b18, 500b24, 507b17 (bis),
    540a8, 571b27, 579b18, 580a11, 15, 22,
    25, 594a26, 30, 32, 595b1, 606a23, 26,
    607a2, 609b1, 612b2, 620b6; (auis)
    617b17; (araneus) 622b29, 623a2
λυκώδης 579b15
λυμαίνεσθαι 602b5, 605b10, 11, 623a20,
    625b33
λυπεῖν, -εῖσθαι 512a31, 535a12
λύπη 581a31, 634a3
λυπρός 556a4
λύρα 535b17
λύττα 604a5 (bis), 10
λυττᾶν 604a6, b13
λύχνος 536a18, 537b13, 604b30, 605b14

μαγειρεῖον 629a33
μαδαρός 531b14
μαδηγένειος 518b20
μᾶζα 591a21
μαθηματικός 608a27
μάθησις 608a17
μαῖα 587a9, 22; (crustatum) 525b4, 527b13,
    601a18
Μαιδικός 630a19
Μαιμακτηριών 546b3, 566a18, 578b13,
    597a24
μαίνεσθαι 577a12, 604b3
μαινίδιον 569a18
μαινίς 569b28, 570b27, 30, 607b10, 21, 25,
    610b4
Μαιῶτις 620b6
Μακεδονικός 596a4, 7
μακράν 534b2, 590b28, 612a11, 614b19
μακραύχην 595a11
μακρόβιος 493b33, 501b22, 538a23, 24,
    30, 547b8, 549b28, 575a2, 4, 578b24,
    26, 608a13, 613a32, 619b11
μακρόκεντρος 532a17
μακρόκερκος 596b5
μακρός 486b10, 491b24, 492b17, 495a4,
    496b21, 502b6, 503a19, 504a1, b1,
    506b9, 508a14, 16, 18 (bis), 22, 29, 30,
    33, 34, 509a8, 10, 11, 510b24, 511a18,
    517b6, 12, 523b30, 524a22, 24, b9,
    527b15, 529a5, 17, b28, 531b29, 532a1,
    b12, 535b30, 538a12, 540a33, 545b7,
    550b10, 553b9, 555a21, 559a28, 565a5,

INDEX

b7, 571a30, 576a29, 580a29, 592b20, 593b3, 594a21, 602a23, 25, 607b11, 615b8, 616a18, 23, 617a28, b25, 618a35, 622a1, b32, 624b24, 625a1, 27, 629b34, 631a26, 632a31
μακροσκελής 504a32, 623a26, 632b11
μάλα 486b6, 16, 488b1, 28, 490a25, 491a15, 492a5, 9, 494a26, 32, b11, 21, 22, 495a14, 16, 496a16, 497b19, 498a19, 499a8, b2, 3, 500a8, b5, 502a32, b21, 503b32, 504b1, 3, 505b16, 506a31, 507a1, 508a25, 510b31, 511b4, 16, 513a19, 25, 514b17, 19, 20, 22, 515a20 (bis), 25, b25, 516a5, b10, 28, 32, 517a28, b21, 32, 518a15, 25, b5, 6, 11 (bis), 21, 24, 519a4, 520a26, 29, 31, 32, b8 (bis), 521a25, b34, 522a23, 27, b11, 26, 523a4, 524b17, 525a10, 14, 526a11, 528b5, 12, 17, 23, 529a4, b6, 530a10, b16, 531a3, b11, 17, 533a20, 32, b15, 21, 534a6, 8, 10, 23, 25, b6, 24, 536a20, 25, 31, b10, 537a13, 22, b8, 10, 14, 538b8, 22, 540a20, b19, 541a17, b31, 542a26, b1, 543a16, b4, 544a18, 20, b3, 17, 25, 545a25, b5, 546a22, 26, b28, 547a32, b24, 548a14, 549a8, 31, b7, 9, 21, 550a3, b3, 551a15, 552a11, 14, 553a28, b22, 29, 554a9, 10, 555a10, 556a11, 23, b18, 557a9, 20, 25, b3, 4, 560a6, 23, 26, 561a19, 562a24, 563b21, 32, 564a4, 26, 30, b7, 11 (bis), 566a22, 567a4, b14, 568a18, 28, 570a20, b4, 7, 571a1, b10, 572a9, 22, 23, b7, 8, 573a8, 11, 22, 26, 574a1, 19, b29, 575a2, 25, 28, b4, 576a16, b16, 577a30, b6, 10, 578a4, 27, 31, 579a12, 580a7, b26, 588a25, 27, 28, b8, 22, 589a6, 590a29, 591a1, 18, 30, b1, 27, 592a3, 26, 593a4, 11, 19, 21, 594a1, 30, 595a17, 29, b11, 15, 23, 26, 596a16, 21, 23, 26, 27, b7, 9, 597a26, 598a8, b29, 599a2, 600a4, 21, b23, 601b9, 24, 29, 602a1, 4, 7, 8, 13, 14, 23, 31, b6, 9, 11, 22, 603a21, 27, 31, b13, 605a5, 16, b18, 606b15, 25, 607a19 (bis), b23, 608a23, 26, b5, 6 (bis), 9, 10, 11, 610a3, b32, 611b3, 612b3, 19, 615b2, 616a31, 33, 35, 617a9, 24, 30, b5, 12, 13, 618a9, 619a18, 26, 621b5, 10, 622a18, 623a22, b21, 624a12, 625a18, 19, 25, b23, 626a7, b3, 16, 23, 627a12, 31, b26, 628b9, 629a27, b6, 21, 27, 630a25, b1, 631a23, 632a17, 25, b5 (bis), 12, 633a10, 581a21, b3, 11, 12, 582a10, 15, 21, 25, 31, b29, 583a12, 13, 28, 35, b1, 3, 9, 25, 27, 584a6, 7, 9, 11, 13, 22, 25, 26, b15, 585a3, 32, b26, 586a5, b23, 587a3, 4, b4, 9, 588a4, 6, 9, 10, 634a20, 27, 33, 34, b15, 635b26, 636a1, b12, 35, 39, 638b2
μαλάκια 487b16, 489b34, 490a23, b12, 494b27, 523b2, 21, 26, 524a21, b8, 14, 525a18, 29, 531a1, b18, 534b14, 15, 535b13, 537a1, b4, 25, 539a11, 541b1, 544a1, 549a19, b29, 567b8, 10, 589b20, 590b20, 33, 591b5, 10, 606a10, 607b6, 608b16, 621b28, 622a32, b1
μαλακίζεσθαι 605a25
μαλακόδερμος 489b15, 558a27
μαλακοκρανεύς 617a32
μαλακός 487a1, 491b15, 517b15, 16, 19, 20, 518b23, 523b6, 526b6, 530a1, 29, b13, 532a8, 548b20, 22, 555b25, 559a16, b13, 560a25, b1, 567a9, 600b20, 601a13, 19, 604b8, 607a10, 608a25, b1, 614b17, 615b31, 630a24, 635a9, 19, 638b13
μαλακόσαρκος 486b9
μαλακόστρακος 487b16, 490b11, 523b5, 525a30, 527b34, 528a3, 529b20, 531b18, 534b14, 16, 535b14, 537a1, b5, 26, 539a10, 541b19, 549a14, 550a32, 589b20, 590b10, 32, 599b28, 601a17, 607b3, 5
μαλακότης 516b5, 528b20, 548b26
Μαλέα 548b25
μανθάνειν 616b11
μανία 604a6
μανός 492b33, 493a14, 498b25, 548a32, b9, 19
μαντεία 601b2
μαντεύεσθαι 522a18
μάντις 608b28
Μαραθών 569b12
μαρῖνος 570a32
μάρις 596a6 (bis)
μαρτιχόρας 501a26
μαστοειδής 529a18
μαστός, μασθός 486b25, 493a13, 14, 496a16, 17, 497b34, 498a1, 500a13, 16, 17, 19, 20, 22, 23, 26, 29, 31, 502a34, 503a26, 504b19, 22, 27, 511b26, 512a32, b28, 30, 521b21 (bis), 24, 26, 522a14, b1, 17, 524b33, 529a3, 544b24, 550b19,

INDEX

μαστός, μασθός (cont.)
565a21, 30, 567a2, 573b7, 574b15,
618b7, 581a27, 32, b5, 582a6, 12, 14,
583a32, 34, 584a9, 587a33, b21, 24, 25
μασχάλη 493b8, 498b22, 500a19, 512a4,
513a4, b35, 514a37, 518a22, 587b22
μάχεσθαι 536a26, 27, 552a23, 571b19, 23,
29, 572b15, 17, 590b28, 595b1, 605a8,
608b22, 609b35, 610a15, 612a28, 33, 35,
b2, 614a1, 2, 11, 18, 615b13, 18, 619b17,
31, 625a25, 626b13
μάχη 571b15, 613b24, 615b1, 626a14
μάχιμος 613a8, 615b16, 616b20, 22,
618b30
μεγαλόπους 617a26
Μεγαροῖ 552a12
μέγας 490a5, 22, 23, b7, 16, 491a27, b12,
492a7, 34, b2, 493b29, 494a8, 495a1, 12,
14, 17, b7, 11, 15, 25, 33, 496a6, 17, 20,
25, 26, 34, b4, 29, 31, 33, 497a4, 6, b24,
498b1, 500b33, 501a5 (bis), 6, b32, 33,
502a2, 20, b5, 15, 33, 503a9, 24, 32,
504a3, 13, 18, 33, 505b26, 506a30, b11,
507a8 (bis), 9, 13, 29, b1, 10, 11, 19, 21,
24, 30, 32, 508b29, 509b30, 34, 510a5,
b12, 31, 511b21, 32, 512a2, 7, 13, 21, 25,
513a17, 18, 25, 29, 30, 32, 35, b1 (bis), 8,
12, 14, 19 (bis), 32, 514a5, 19, 25, 26, 29,
b6, 10, 13, 16, 19, 25, 31, 35, 515a5, 7, 8,
16, 21, 25, 29, b6, 516b21, 518b28, 34,
519a34, b2, 11, 520a3, 4 (bis), 522b16, 20
(bis), 21, 23, 524a23, 26, 28, b3, 10, 16,
525a3, 5, 14, 15, b3, 4, 526a2, 4, 7, 13,
14 (bis), 25, b2, 3, 14 (bis), 17, 527a2, b6,
32, 528b19, 24, 25, 529a16, b5, 6, 26,
530a9, 13, 25, b2 (bis), 7, 8, 11, 12,
531b11, 532a28, 533b6, 9, 536a24,
538a11, 23, 25, 26, 540a25, b15, 17,
541b9, 29, 30, 542a1, 4, 543a22, b2,
544b5, 6, 545a8, 9, 11, 12, 547a5, 7, 9,
23, b6, 548a9, 17, 21, b19, 549a5, 26,
550a2, 10, 15, 23, 551b10, 24, 552b9, 12
(bis), 20, 553a13, b11, 14, 555a2, b19, 30,
556a15, 17, 19, 25, b11, 557a17, 558a21,
22, 561a8, 27, 30, b25, 562a5, 31,
563a28, 564b10, 565a1, b17, 19, 26,
566a5, 567b15, 21, 29, 32, 568a25, 30,
b3, 6, 571a4, 576b19, 577b28, 578a33,
579a23, 580b18, 581a4, 589b32, 590a29,
b13, 33, 591b16, 592b6, 7, 12, 18, 23,
593a4, 6, 7, 11, 20, b5, 11, 596a24,
598b1, 3, 599b25, 600a8, 602b3 (bis),
606a10, 22, b6 (bis), 607a14, 16, 31, 32,
610a22, 32, 612b20, 614b2, 8, 28,
616a14, 23, 24 (bis), 617a26, b2, 618b3,
32, 619a5, 12 (bis), b3, 30, 621a18,
622a24, 25, 31, b3, 4, 31, 623a3, 26, 34,
b11, 13, 624b17, 26, 626a21, b24,
627a12, b2, 25, 29, 628a3, 15, 17, 19, 31,
b5, 18, 25, 34, 629a4, 11, 12, b1, 630a33,
631a15, 16, 23, 632a8, 582a7, b32,
583b18, 20, 586b15, 19, 635b5, 13,
637a27, 33, 34, 638b23
μέγεθος 486b7, 490a17, 18, 21, 494b15,
28, 495a1, 496a21, 497a24, 499a3, 11,
23, 500b31, 501a27, 502a5, 13, 505b14,
506a29, b11, 27, 507b6, 8, 9, 14, 25, 29,
508b12, 509a16, 513a29, 34, b21,
514b26, 516b5, 517b9, 28, 520b9,
522b13, 524a27, 29, 527b31, 528b13,
530b6, 532b15, 24, 533b31, 540a4,
543b29, 544b24, 545b24, 547a10, b6,
26, 549a28, 553a27, b11, 557a29,
558b17, 559b20, 24, 560a20, b5, 18,
563b24, 565b30, 566b11, 19, 569a18,
571a1, 573a5, 11, b4, 574b17, 577a9, b10,
579a22, 590a3, 592b3, 4, 5, 10, 21, 23,
25, 26, 593a8, 12, 19, b2, 17, 19, 594a32,
595a20, 602a28, 606b23, 607b31,
608a24, 30, 612b10, 26, 615b7, 616a23,
b15, 617a12, 15, 19, 21, 25, 31, b2, 8, 10,
22, 24, 27, 618a22, b3, 24, 27, 32,
623a28, 624a5, b23, 629a4, 630a20, 33,
b4, 632a12, 31, 581a28, 583a5, b17,
587a30
μέδιμνος 596a3, 5, 17
μεθιστάναι 604b16
μέθοδος 491a12
μεθόριος 588b5
μεθύειν 594a12
μεῖς 508b3, 523a5, 542b8, 543a18, b6,
544a8, 545b10, 546b3, 4, 549a15, b13,
551b12, 554b9, 558b14, 562b27, 565b20,
566a16, 17, 18, b20, 568a12, 570b1,
572b20, 573a31, b20, 574a25, 29, 575a26
(bis), b15, 26, 576a12, 15, 577a19, 24,
578a10, 19, b14, 579a25, 28, b33,
599a32, 600b2, 601a16, 611b9, 632b6,
582a35, b4, 25, 583b21, 22, 30, 32, 35,
584b1, 2, 15, 16, 20, 585a24, 29, 587b14
μελαγκόρυφος 592b22, 616b4, 632b31, 33
μελάγχρως 627b26

572

INDEX

μέλαν 491b21, 32, 492a2, 503b5, 526a12, 529a22, 530a34, b13, 31, 533a8 (bis), 613a31
μελανάετος 618b28
μελανία 630a34
μελανοδέρματος 517a14
μελάνουρος 591a15
μέλας 492a2, 499a6, 501b13, 16, 503b3, 508a23, 511b10, 517a14, 18, 20, 518a14, 519a2, 5 (bis), 7, 11, 14, 17, 520a3, b21, 521a4, 6, 22, 34, 523a10, 18, 20, 525a11, 529a23, 530a15, 532b21, 544a6, b3, 547a8, 12, 548b30, 549a11, 550a11, 16, 551b23, 30, 553a26, b10, 555a17, b29, 556b10, 561a30, 563b6, 567b20, 574a5, 6, 7 (bis), 575a12, 577a11, 579a2, 593b20, 598a5, 14, 607a19, b12, 17, 23, 615b6, 617a12, 15, b28, 30, 618b26, 622b31, 623b12, 624a14, b22, 25, 627a13, 630a30, 632b15, 582a15, 583a8, 12, 585b34, 587a32, 588a6
μελεαγρίς 559a25
μέλι 488a17, 534b20, 553b21, 26, 27, 29, 31, 32, 554a2, 3, 4, 6, 16, 17, 25, 28, b9, 12, 15, 16, 19, 555a7, 594b8, 605a29, 612b14, 623b18, 21, 624a2, 7, 12, 32, b12, 32, 625a5, 23, 24, 626a5, b6, 13, 28 (bis), 31, 627a4, 21, 23, 32, 629a30
μελίκηρα 546b19
μελίλωτον 627a8
μέλισσα, μέλιττα 487a32, b19, 488a9, 12, 16, 22, 489a32, b22, 490a7, 519a27, 29, 523b18, 531b23, 532a16, 21, 24, 534b19, 535a2, b6, 10, 537b8, 551a29, 553a17, 19, 25, 27, 31, b1, 5, 7, 13, 18, 554a11, 22, 23, 27, b4, 6 (bis), 8, 16, 18, 21, 27, 30, 555a5, 18, 596b15, 599a24, 601a6, 605b9, 15, 18, 622b21, 623b7, 8, 9 (bis), 17, 624a20, 22, 34, b4, 14, 15, 20 (bis), 23, 27, 30, 625a6, 12, 16, 32, b28, 33, 626a11, 21, 22, 24, 31, 33, b1, 6, 8, 20, 21, 627a10, 15, 19, b5, 10, 11, 21, 22, 628b2, 32, 629a3, 6 (bis), 9, 14, 17, 18, 24, 33, b3
μελισσεύς 626a10
μελιτουργεῖν 624a21
μελιτουργός 623b19
Μελιτταῖος 612b10
μελίττιον 624a5
μελιττουργός 554a2, 623b31, 626a1, b3, 14, 627b6, 12, 16, 19

μέλλειν 518b1, 545b25, 548b11, 556b28, 560b25, 26, 573a1, 577b2, 580a7, 604b12, 613a5, 620b19, 625a20, b8, 630a2, 633a12, 581a15, 582a9, b10, 635a5, 637b31
μέλος 486a9, 550a6
μεμιγμένως 616a16
μεμψίμοιρος 608b10
μένειν 508a21, 578a9, 579a13, 603b6, 615a30, b27, 620a31, 621a30, 626b9, 628a25, 629a10, 632a3, 13, 634a8, 38, b19
μερίζεσθαι 624a20, 637a13
μέρος 486a9, 10 (bis), 12, b14, 24 (bis), 489a24, 491a15, 20, 25, 27, 30, 31, b19, 22, 492a15, b5, 12, 13, 15, 26, 30, 34, 493a6, 11, 25, 30, b7, 12, 19, 494a11, 19, 20, b6, 495a32, b4, 6, 8, 496a17, 497b10, 500b31, 502b19, 503a23, 26, b27, 504a3, 507a1, 508b26, 510b10, 511a26, 35, 514a24, 29, b6, 515a18, b7, 516a15, b1, 517b10, 521a16, 523a32, 526a21, 22, 528a28, b19, 530a23, b26, 531b19, 26, 532b27, 533a7, 539a7, 550b28, 552a22, 555a29, 561a21, 27, 562b18, 565a19, b8, 574a21, 26, 28, 588a24, 589a3, 595b2, 603b18, 626a30, 583b18, 586a7, 8, 587a9, 633b18, 637a9, 15
μέροψ 559a4, 615b25, 626a9, 13
μεσεντέριον 495b32, 496a26, 514b12, 24
μεσημβρία 596a23, 609a9
μέσος 491a33, b6, 492a8 (bis), 10, 11 (bis), 33 (bis), 34, b1 (bis), 31 (bis), 495a6, 12, 15, b29, 496a14, 21, 22, 27, b10, 13, 497a6, 13, 499a27, 502b6, 503a33, 504a1, 506b33, 507b15, 511a8, 513a26, 29, 33, 34, b3, 5, 514b36, 517a16, 519b10, 520a31, 523b16, 524b1, 525b29, 526b29, 527b12, 25, 528b23, 530a16, b25, 531b4, 33, 541b10, 547a15, 549a27, 30, 560b2, 561b12, 563a29, 565a15, b9, 588b6, 590a28, 603a9, 604a27, 623a10 (bis), 13, 14, 19, 624b1 (bis), 630a28
Μεσσάπιον 630a19
μεστός 493a16, 513b23, 548b7, 586a21
μεστοῦν 622b15
μέσως 492a9, 521a34
μεταβαίνειν 517b23, 564b23, 588b4
μεταβάλλειν, -εσθαι 487b4, 500b34, 503b1, 512b6, 518a7, 519a1, 7, 8, 9,

573

INDEX

μεταβάλλειν, -εσθαι (cont.)
524a11, 531a7, 542a22, 544b30, 545a20, 21, 548a3, 4, 550a31, 551a18, b11, 12, 25, 552a30, 555a28, 557a20, 559b13, 560a10, 11, 15 (*bis*), 17, 563b14, 574a2, 590a1, 3, 592a15, 596a15, b26, 28, 597a4, 15, 23, 25, 27, 30, b31, 602b17, 603b29, 607b14, 18, 21, 612b5, 7, 615a7, b19, 616b1, 617b14, 622a9, 13, 623a32, 630a15, 631b6, 19, 32, 632a4, b14, 18, 20, 25, 27, 32, 633a4, 5, 11, 17, 581a17, 23, b7, 15, 24, 584a19, 585b14, 587b9, 634b1, 6, 638a32
μετάβασις 588b11
μεταβλητικός 487b6
μεταβολή 503b2, 7, 519a10, 537b19, 544b23, 553a9, 590a6, 592a17, 596b23, 24, 597a3, 599a15, 633a3, 581a27
Μεταγειτνιών 549a16
μεταδιδόναι 620b4, 7
μεταθεῖν 624a28
μετακινεῖν 612b6
μεταλαμβάνειν 589b5
μεταλλάττειν 496b19, 578b10
μετανίστασθαι 595b16, 625b14
μεταξύ 491b11, 492b3, 493a5, 495a27, 31, 498a17, 502a8, 504a3, 509b33, 514a8, 515b27, 517a16, b33, 519b27, 520a11, 523b26, 524a18, b3, 25, 527a3, 14, b16, 27, 531a10, b27, 30, 532a33, 547a24, 548b31, 561b10, 562a17, 564b22, 565a9, b2, 579b6, 595a5, 606b15, 622b10, 11, 623a18, 586a28, b2, 587a5, 635b17, 636a19, 638b28
μεταπίπτειν 496a11
μετάστασις 597a21
μεταστρέφειν 612b30, 622b9
μεταφορά 500a3
μετάχοιρον 573b5, 577b27
μεταχωρεῖν 548a26, 27, 590a33
μετεισδύνειν 548a16, 21
μετέχειν 501b18, 521a28, 588b8, 590a9, 608a19
μετεωρίζειν, -εσθαι 504a9, 602b27, 631a18
μετεωροθήρας 620a30
μετέωρος 503a21, 514a30, 535b28, 554b24, 596b4, 602b22, 27, 615a11, 620a11, 26
μετοπωρινός 553b27, 556a9, 569b3, 599b22, 626b31

μετόπωρον 542a25, b27, 543a8 (*bis*), b7, 544a18, 552a13, 553a15, b26, 554a3, 555a9, 558a2, 566a21, 570b18, 22, 575b17, 596a21, 28, 600b24, 25, 601a11, 621b21, 24, 25, 626b29, 628a16
μετρεῖσθαι 553a3
μετρητής 596a7
μετρίως 536a21, 587a1
μέτωπον 489b5, 491b12, 14, 526b3, 577a8, 610a23
μέχρι 491a29, 493a10, 496a2, 498b29, 499a24, 500a7, b28, 501a7, 504a1, 508a23, 29, 510a14, 511a8, 20, 512b15, 514a9, b14, 15, 516a12, 518b12, 527a8, 11, 33, 529a5, 9, 532b6, 533b4, 22, 539a32, 541b10, 542b27, 545b3, 14, 27, 28, 31, 32, 546a7, 28, 29, 551b4, 552b21, 553a3, 555b3, 561a20, 569b4, 572b33, 575b16, 26, 576b7, 578a13, 14, 580a20, 595a4, 27, 597b21, 598b26, 599a28, b11, 600b32, 610b15, 611b1, 619a15, 16, 621b20, 27, 630a24, 26, 633a14, 581a10, 26, 582a16, 583b11, 12, 30, 585b4, 6, 7, 587b6
μή 487b10, 488b10, 19, 489b33, 490a18, 30, b19, 491a17, 24, 492b12 (*bis*), 494a17, 25, 496a9, b18, 497a10, 500a3, 12, 21, b31, 501b8, 29, 502b29, 503a4, 504b19, 21, 505a7, 31, b30, 506a14, 33, 507a34, b12, 29, 31, 34, 508a21, 509b5, 510a23, 511a29, 515a21, b20, 24, 32, 516a4, b26, 27, 517a26, 519a9, b11, 17, 520a15, 23, 26, b6, 12, 18, 22, 26, 521a17, b29, 522a4, 7, b18, 524a23, 525b8, 9, 529a29, 531a5, 532a11, b17, 534a12, b27, 535a30, b2 (*bis*), 537a5, 22, 29, b10, 538a22, b9, 539a33, 540a5, b10, 27, 541a6, 542b29, 31, 543b24, 544b9, 21, 546a3, 10, 22, 27, 33, 547a31, 548a4, 23, b13, 549a4, 550b15, 552b15, 553a31, b13, 17, 554b2, 23 (*bis*), 556a11, 22, b21, 557a12, b29, 558b31, 559a16, b15, 560a25, b1, 28 (*bis*), 31, 561b19, 26, 562a25, 563a1, 23, 564a15, b8, 12, 565a22, b10, 566a7, 8, b2, 567a7, 11, b14, 568b7, 16, 569a2, 571a23, b29, 572a6, 32, 573a14, b8 (*bis*), 574a11, b17, 575a17, b12, 576a5, b19, 22, 577a16, 23, 31, b12, 16, 32, 578a20 (*bis*), 580a20, b18, 589a29, b8, 591b8, 28, 592a5, 9, b15, 593a29, 594a1, 595a8, 14, 15, 596b1, 2, 597b6, 11, 598b15, 23,

INDEX

599a22, b18, 30, 600a32, b20, 26, 29, 601b16, 603b28, 604b9, 17, 22, 605a14, 25, 30, b4, 606a11, b21, 23, 26, 607a1, 7, b27, 608a19, b34, 609a9, 610b2, 26, 27, 35, 611a9, 14, 612a11, 24, b29, 613a13 (*bis*), b7, 13, 16, 26, 614a18, 20, 615b12, 616b9, 19, 618b10, 619a21, b4, 16, 620a3, b7, 621a25, 622a22, 623a17, 27, 624a26, 30, b14, 625a7, 9, 13, 18, 19, 23, b12, 626a3, 18, b22, 27, 627a20, 629a28, b9, 24, 32, 630a34, 631a19, b11, 632a6, 10, 14, 28, b1, 3, 633a30, 581b14, 582a15, 31, b13, 14, 16, 21, 27, 30, 583a7, 21, b32, 584a1, 25, 585a5, b10, 24, 28, 586b15, 587a3, 17, b3, 23, 35, 588a7, 633b12, 16, 21, 23, 24, 25, 26, 28, 634a2, 6, 8 (*bis*), 9, 11, 13, 17, 36, b1, 2, 28, 39, 635a9, 13, 15, 18, 23, 28, 29, 32, 38, b10, 17, 29, 34, 35, 40, 636a10, 18, 25, 26, 27, 28, 31, 33 (*bis*), 37, b7, 9, 13, 25, 36, 637a1, 18, b8, 13, 21, 23, 37, 638a3, 22, 24, 34, 36, b3, 7, 31
μηδείς 513b20, 519b20, 600b9, 615a12, 633b21, 634a4, 636b6, 637b6
Μηδία 552b9
Μηδικός 500a2, 522b26, 595b28, 627b17
Μήδιος 618b14
μηθείς 504b5, 571b29, 581b14, 15
μηκέτι 611b2, 15, 620b27, 626b11, 628a24, 632a22
μῆκος 495a20, b23, 502b7, 504a15, 508a10, 15, 515b15, 519b32, 520b9, 525a17, 530b12, 545a4, 553a29, 576b4, 620b14, 631a28
μήκων 526b32, 527a24, 529a5, 10, 11, 29, b10, 530a15, 531a16, 547a16, 24, 627b18
μηκώνιον 587a31
μηλίς 605a16
μηλολόνθη 490a7, 15, 523b19, 531b25, 532a23, 552a16
μῆνιγξ 495a7, 8, 514a17
μήπω 521b3, 560b6, 601a14, 584a8
μηρός 486b26, 493a24, b8, 9 (*bis*), 24, 494a5, 18, b4, 499b4, 500a24, 26, b19, 502b12, 504a1, 2 (*bis*), 3, 512a13, 14 (*bis*), b22, 515a11, 516a36, b9, 586b29
μηρυκάζειν 507a36, 508b12, 522b8, 26, 523a6, 591b22, 610b32, 632a33, b1 (*bis*), 4, 5 (*bis*), 7, 8
μῆρυξ 632b10
μήτηρ 500a31, 553a29, 573b32, 576a18, 611a13, 615b27, 630b31, 33, 631a3, 586a5, 7
μήτρα 510b14, 632a25, 583a22, 586b11; (*insectum*) 627b32, 33, 628a2, 7, 9, 14, 18 (*bis*), 29, 30, 35, b25, 27, 586a28
μηχανᾶσθαι 614b31
μιγνύειν 522a23, 627a9, 23
μιγνύναι, -υσθαι 522a28, 552a23, 568b2, 11, 575b12, 577b6, 8, 619a10, 638a8, 22
μικρορροπύγιος 504a34
μικρός, σμικρός 490a5, 491b13, 492a7, 34, 493b25, 495a3, 7, 496a16, 23, 497a11, 26, 498a16, 21, b14, 499a12, 22, 24, 26, 500a20, 22, b7, 501b33, 502a3, 33, 35, b22, 503a34, 504a12, 505b14, 506a7, 14, 18, b30, 507a11, b32 (*bis*), 508a30, 34, 509a2, 8, 22, 23, b30, 510a3, b24, 33, 512a15, 513a28, 514a19, b4, 21, 515a21, 26, 516a6, 22, b8, 13, 517b23, 519b2, 520a2, 6, 521b13, 522b15, 18, 524a22, b3, 4 (*bis*), 525a15, 25, b2, 10, 526a5, 8, 19, 25, 26, b1, 19, 25, 527b29, 528b16, 25, 28, 529b6, 32, 530a9, 28, b3, 7, 18, 531a13, 26, b5, 533b7, 535a16, 536a7, b14, 538a17, 29, 542a5, 543a20, 31, b2, 8, 13, 544a22, b4, 6, 545a7, 8, 546a11, 20, b32, 547a6, 9, 11, 21, b26, 548a19, 30, 549a28, 550a9, 551a16, 17, 552a2, 25, b12, 30, 31, 553b8, 554a19, b12, 555a20, 28, b2, 16, 27, 29, 556a14, 17, 20, 21, 26, b29, 557b8, 10, 558a29, b17, 559b8, 560a18, b21, 561a18, 20, b11, 562a15, 564a27, 29, 565a4, 6, 20, 566b9, 17, 567a6, 22, 31, b19, 568a30, 569a18, 20, b18, 23, 570b10, 572a29, b14, 573a7, 575a28, 576b17, 20, 577a10, 579b8, 581a4, 588b4, 21, 589b31, 590a1, 6, b1, 592a6, 12, b7, 23, 593a12, 14, b22, 594a19, 597a8, b30, 598b2, 9, 599b16, 24, 601a9, 602a2, 603b6, 604b24, 606b1, 4, 607a31, 612b11, 614b8, 616a6, 28, b28, 617a15, 26, b2, 3, 18, 618a30, b3, 9, 619b3, 620b32, 621b11, 622a2, 24, 29, b30, 623a2, 7, 30, b1, 11, 624a3, b24, 625a27, 626b17, 627a12, 26, 628a13, 20, b24, 629a30, 630a12, 33, b35, 631a14, 16, 18, b12, 632a26, 581a28, 582a7, 17, 583a33, 586b17, 635b13, 636a15, 637a23, 30
μικρόστομος 502a8

575

INDEX

μικρότης 486b8, 506a7, 513a36, b22, 529a28, 531b31, 532b15, 550a7, 562b14, 567a23, 636a16
μικρότριχος 498b17
Μιλήσιος 605b26
μίλτος 559a26
μιμεῖσθαι 502b9, 609b16, 631b9
μίμημα 612b18
μιμητής 597b23
μιμητικός 597b26
μιμνήσκεσθαι 542b25, 615b9, 618b26
μιν 542b9
μινυρίζειν 618b31, 619a3
μίξις 607a1, 5
μίσγειν, -εσθαι 577b11, 13, 606b20, 607a2
μῖσος 633a27
μίτυς 624a14, 18
μναῖος 547a9
μνήμη 488b25, 589a1, 581b20
μνημονεύειν 587b10
μνημονικός 608b13
μοῖρα 549a21
μοιχεύεσθαι 619a10, 585a15, 586a3
μοιχός 585a16
μόλιβδος 616a11
μόλις 513a29, 529b6, 542a7, 550b24, 555a15, 579b8, 585b19, 586b31, 636b18
Μολοττία 608a28, 32
μολύνειν 571b18
μοναδικός 488a1, 2, 14, 623b10
μόναπος 630a20
μοναχῶς 539b28, 584a34
μόνιμος 487b6, 7, 8, 537b24, 574a11, 577a16, 621b3
μονίμως 596a14
μονόθυρος 528a12, 13, b3, 14, 529a25, 603a27
μονόκαμπτος 494a15
μονόκερως 499b18, 19
μονοκοίλιος 495b31
μονοκόνδυλος 493b29
μονοκότυλος 525a17
μονόξυλος 533b11
μονοπείρας 594a30
μόνος 486a9, 487b21, 22, 488b24, 489a17, b21, 26, 490a27, b1, 6, 25, 491b9, 492a5, 23, 28, b8, 20, 24, 494a34, 495b17, 496b7, 33, 497b11, 31, 499a15, b21, 500a6, 10, 501a1, b7, 11, 503a5, b15, 504b11, 506b27, 508b12, 511a16, 513a13, 516a25, 27, b4, 517a23, 26, b6, 518a19, 26, 32, 519a22, b15, 32, 520b14, 521a7, 9, b25, 522a24, 524a5, 525a18, b31, 531a9, 532a17, b10, 13, 536b28, 537b10, 539a15, b13, 540b9, 12, 542b23, 543a4, 5, 14, b26, 28, 544b9, 24, 546b17, 551a11, 553b16, 554a1, 555a4, 559a4, 8, 560a21, 562b10, 563a13, b1, 22, 564a10, 16, 28, b8, 29, 565b27, 31, 566a27, 567a23, b11, 571b1, 572a11, 573b12, 575a7, 8, b9, 578a11, 579b13, 580a21, 589a21, b2, 26, 590a18, 591a9, 17, 19, b9, 23, 593b21, 594a27, b9, 595a12, 596a16, b11, 15, 598b12, 15, 599b4, 27, 600b26, 601b10, 603a22, b25, 31, 604a3, 605b16, 606a19, b16, 607a34, b19, 608a19, 610b7, 13, 613a29, 614a3, 21, 615b26, 618b10, 29, 619a9, b7, 620a15, 621b29, 30, 622a2, 13, 32, 623b15, 625b29, 629a34, 631b19, 632a7, b30, 581a28, 30, 583a1, 584a36, b17, 585a7, 587a10, b3, 20, 633b14, 634a35, 636a3, b15, 637b11, 638b16
μονόστεος 516a16
μονοτόκος 546b4, 12, 576a1, 577a25, 578a11, 584b28
μονοῦσθαι 578b33
μονοφυής 493a19
μονόχροος, -χρους 489b15, 519a5, 558a26
μονῶτις 625b9
μόριον 486a5, 13, 15, 16, 21, 25, b12, 18, 22, 487a12, 488b29, 33, 489a4, 7, 9, 13, 15, 18, b8, 491a23, 492a13, 23, 493a2, 9, 10, b2, 494b1, 19, 23, 26, 495a2, b5, 496a10, b1, 18, 497b1, 6, 15 (*bis*), 498b12, 500b6, 28, 502b27, 503b29, 505b23, 506a1, b28, 32, 507a14, 509a27, 29, 511b3, 6, 512b22, 513a4, 21, 24, b4, 10, 12, 14, 20, 31, 514a14, b15, 515b7, 516b24, 25, 27, 517a6, 9, 520b4, 5, 521a5, 523b22, 525a8, b24, 526b19, 527a34, b1, 10, 34, 528b10, 529b5, 531a27, 532a20, b4, 535a29, b3, 536b6, 538b12, 16, 17, 28, 539a25, b8, 541a6, b32, 542a4, 544b31, 551a22, 553a13, 561a22, 579a24, 589b7, 31, 590a1, 6, 609a3, 631b7, 581a12, 583b24, 633b29, 635b23
μόρμυρος 570b20
μορφή 487b4, 494b33, 497b15, 501b18, 502a19, 505b8, 526a33, 529b24, 530a14, 539a22, 547a1, 548a10, 550a7, 551a19,

576

INDEX

b13, 597b20, 607b10, 623b6, 7, 627b25, 631b19, 633a23
μορφνός 618b25
μόσχος 545a19, 546b12, 626b32, 632a13
Μουνυχιών 543b7
Μουσαῖος 563a18
μοχθηρός 616b12
μυγαλῆ 604b19
μυγμός 621a29
μύειν 504a24, 28, 536b27, 638b3
μυελός 487a4, 512b2, 516b6, 7, 36, 520b16, 521b4, 7, 9, 11, 14
μυελώδης 517a3
μύζειν 535b32, 589b9
μυθολογεῖν, -εῖσθαι 578b23, 24, 609b10, 617a5, 585a14, b23
μῦθος 579b2, 4, 580a15, 17, 597a7, 619a19
μυῖα 488a18, 490a20, 528b29, 532a13, 21, 535b9, 539b11, 542a7, 9, 10, b29, 552a21, 28, b12, 596b13, 611b12, 628b34
μυκτήρ 491b25, 492b10, 14, 16, 17, 494b12, 495a14, 25, 27, 497b26, 502a29, 504a21, 22, 517a4, 533a23, b2, 536b21, 22, 541b11, 15 (bis), 578a23, 603b11 (bis), 604a28, 605a18, 609b21, 630b28, 584b5, 637a17
μύλη 494a5, 638a11, 17, 24, b15, 19, 30, 31, 33
μύξα 591a24, 621b8
μυξώδης 515b16, 517b28, 546b29, 550a13, 585a24
μύξων 543b15, 570b2
μυοθήρας 612b3
μύουρος 621a4
μύραινα, σμύραινα 489b28, 504b34, 505a15, 506b16, 517b7, 540b1, 543a20, 23, 24, 25, 591a12, 598a14, 599b6, 610b17
μύρινος 602a1
μυρίος 488a12
μυρμηκία 534b23
μύρμηξ 488a10, 12, 22, 523b20, 534b22, 542b30, 555a19, 594b8, 606a5, 614b12, 622b20, 24, 623b13, 629a8, 583b17
μύρον 626a27
μυρρίνη 627a8, b18
μύρτον 550a10
μῦς 488a21, 506a23, 511a31, 579a23, 580b10, 13, 14, 581a2, 5, 595a8, 600b13, 606b6, 27, 619b22, 632b9; (testaceum) 528a15, 22, 29, 547b11, 27
μυστόκητος 519a23
μύτις 524b15, 17, 526b32, 527a3
μυχός 626b11
μυωπία 580b25
μύωψ 490a20, 528b31, 532a9, 552a29, 553a15, 596b14
μωκός 491b17
μώλυνσις 638b10
μῶνυξ, μώνυχος 499b11, 13, 14, 17, 18, 20, 500a30, 526a1
μωρολογία 492b2
μωρός 622a18, 628a6
μωροῦσθαι 610b30

νάννος 577b27, 28
Νάξος 496b26
ναρκᾶν 620b19, 22, 29
νάρκη 505a4, 506b9, 515b20, 540b18, 543b9, 565b25 (bis), 566a23, 32, 620b13, 19, 28
Ναυπλία 602a8
ναύτης 533b21
ναυτία 584a7
ναυτικός 525a21
ναυτίλεσθαι 622b9
ναυτίλος 525a21, 622b5
νεανικός 497a12, 602b23, 29
νεανικῶς 530a15
νεαρός 534b4
νέβριος 565a26
νεβρός 522b12, 578b18, 20, 25, 619b10
νεβροφόνος 618b20
Νεῖλος 597a6
νεῖν 489b30, 32, 34, 490a2, 524a1, 13, 14, 541b12, 14, 591b25, 602b22, 630b29
νειός 577a2
νεκύδαλος 551b12
νέμεσθαι 487b13, 525a23, 528b1, 530a17, 533b29, 544a14, 547a14, b4, 7, 572b12, 575b3, 590b4, 7, 11, 20, 591a25, b11, 21, 592a26, 593a1, 2, 7, 10, b13, 595a31, 596b3, 598b23, 602a20, 609b15, 611a7, b12, 617a4, 621b3, 624b28, 632b8
νέος 500b34, 501a2, b11, 12, 510b2, 520b8, 521a32, b2, 8, 537b14, 544b15, 33, 546a5, 6, 16, b7, 551a30, 555b6, 560b6, 29, 563a14, 565a5, b12, 572b5, 573b27, 574a15, 575a11, 18, b13, 32, 576b19, 578a6, 8, b3, 595b12, 613b1, 622a29, 625b25, 626b3, 4, 5, 6, 9, 31, 628a26,

577

INDEX

νέος (cont.)
27, 629a10, 632a7, 8, 633a25, 581b2, 8, 16, 582a14, 18 (*bis*), 20, 585b14, 17
νεόσφακτος 581b2
νεότης 582b23, 583b27
νεοττεία 560b23, 563a6, 9, b9, 30, 32, 564a2, 13, 613a1, 5, 9, 11, b6, 18, 615a9, b21, 616a1, 4, 5, 9, 19, 31, 35, 618a8, 9, 11, 13, b1, 619a24, 28, 32, b12, 626a13
νεοττεύειν 559a4, 9, 11, 13, 563a5, 13, 564a5, 593a23, b21, 599b7, 613a24, 614a31, b10, 615a4, b15, 616a9, b7, 617a3, 618a34, 624b11
νεόττευσις 559a3
νεοττιά, νεοσσία 542b12, 558b31 (*bis*), 559a5, 8 (*bis*)
νεόττιον 536a30, 542b14, 618a22
νεοττίς 559b23, 560b4
νεοττός 508b5, 536b17, 558a10, 22, 27, b18, 559b17, 560b17, 561a2, 25, 26, b9, 10, 18, 19, 20, 562a2, 7, 9, 14, 18, b10, 21, 563a6, 14, 21, 22, 31, b2, 8, 29, 564a5, 23, b25, 565a3, 11, 27, 29, 31, b25, 30, 593a22, 609a18, 31, 34, 612b31, 613a3, 4, b12, 14, 20, 31, 615a9, 618a14, 17, 19, 22, 24, 28, b11, 619a21, 27, b14, 28, 30, 32, 624a22, b12, 32, 625b30, 631b14, 29
Νέσσος 579b7, 606b16
νευρά 540a19
νεῦρον 486a14, 487a7, 496a13, 511b7, 515a27, 29, 32, 33, b4, 7, 8, 12, 13, 14, 18, 20, 21, 23, 27, 29 (*bis*), 516a7, 519b22, 31, 533a13, 540a18
νευρώδης 494a2, 7, 14, 497a14, 27, 499a32, 500b22, 510a18, 513a21, b9, 11, 514b21, 23, 37, 515a30, 531a17, 533a13, 541b10
νεῦσις 541b16
νευστικός 487b15, 22, 31, 489b23, 593b20
νέφος 614b20
νεφροειδής 508a30, 577a6
νεφρός 496b34, 497a1, 6, 9, 12, 14, 19, 500b9, 506b24, 28, 507a20, 509a34, 510a15, 511b28, 29, 512a11, b3, 29, 31, 513b30, 514b16, 31, 33, 35, 36, 520a28, 33, 577a6, 7
νεώς 577b30
νέωσις 634a35
νηδύς 633a24
νήνεμος 567b17

νηρίτης 530a7 (*bis*), 12, 18, 27, 535a19, 547b23, 548a17
νηστεύειν 632a23
νῆστις 591a25, b3, 595a22
νῆττα 509a3, 21, 593b16, 17
νηττοφόνος 618b25
νικᾶν 536a27, 575a20, 610a17, 614a2, 615b1, 626b13, 631b9
νιν 633a26
Νίνος 601b3
Νισαῖος 632a30
νιφετός 610b26
νομεύς 522a30, 574a11, 615b15
νομή 522b21, 525b9, 530b22, 23, 575b4, 577b18, 579a4, 596a14, 29, 598a3, 31, 599b16, 609a19, b15, 610b14, 626b20
νομίζειν 496b4, 541a12, 571a22, 584b12
νόμισμα 491a20
νομός 627b19
νοσεῖν 521a13, 18, 27, 559b15, 577b26, 602b15, 604a13, 605a16, b13, 18, 626b12, 23, 634b7
νοσερός 581b25, 582a2
νόσημα 557a1, 578b3, 602b12, 21, 29, 31, 603a30, 604a4, 7, 605a23, 626b15, 19
νοσηματικός 521a28
νόσος 518b21, 520b21, 22, 553a11, 557a3, 601a25, 604a13, 605a2, 16, 634a39, 635a3, 4, b6, 8, 11, 636b2, 637a38, 638b24
νοσώδης 635b40
νοτία 551a3
νότιος 542b11, 29, 547a12, 574a1, 592a15, 596a28, 597b13, 598b7, 599a1, 602a23
νότος 572a17, 597b11, 612b6
νοῦς 610b22
νυκτερινός 592b8
νυκτερίς 487b23, 488a26, 490a8, 511a31
νυκτερόβιος 488a25
νυκτικόραξ 509a21, 592b9, 597b23, 619b18
νυκτινόμος 616b25
νύκτωρ 487b13, 536a19, 546a22, 556b8, 595a1, 597b18, 611b12, 615a3, 587b7
νύμφη 551b2, 555a3, 5
νυμφιᾶν 604b10
νῦν 491a7, 532b29, 537a7, 539a5, 7, 547a31, 570a1, 571b2, 580a20, b8, 589b26, 608b31
νυνί 523b1

INDEX

νύξ 503a13, 537a7, 22, b9, 11, 558a13, 561a7, 562b18, 564a19, 590a26, 592a26, 598b22, 600b30, 602b10, 609a11, 12, b27, 615b13, 618b8, 619b19, 20, 622b27, 632b21
νωθής 503b8
νωθρός 553b11, 622b32, 624b27, 584a29
νωτιαῖος 511b32, 512a3, b2
νῶτον, νῶτος 489b4, 493b12 (bis), 494b2, 499a14, 502b30, 503b31, 511b26, 512b17, 513b28, 531b28, 544a6, 566b11, 593b11, 599b19, 631a19, 588a11

ξαίνεσθαι 633a25
Ξάνθος 519a19
ξανθός 511b10, 519a18, 559b10, 619a13, 630a26, 632b16
ξενικός 616b18
ξένος 496b28, 618b14, 619a20
ξηραίνειν, -εσθαι 557b5, 12, 560a27, 569a14, 571b18, 611b15, 620b8, 626b33, 637a1
ξηρασία 635a37
ξηροβατικός 559a20
ξηρός 487a2, 7, 489a4, 8, 492b20, 495b18, 519b19, 523a24, 525a24, 541a7, 543a29, 556b26, 557b11, 589a30, 31, b25, 594b22, 603a5, 622a32, 583a15, 634b3, 15, 18, 635a15, 24, b35, 636a1, 13, 637a20, 638a6, 20, b34, 36
ξηρότης 635a37
ξιφίας 505a18, 506b16, 602a26, 30
ξίφος 524b24
ξύεσθαι 578b4, 609a32
ξυλοκόπος 593a9, 14
ξύλον 551a5, b17, 552a29, 557b7, 593a7, 10, 611b20, 612a1, 614b15, 620a35, b4, 627b31
ξυλοφθόρον 557b13

ὁβολιαῖος 522a31
ὀγδοήκοντα 501b26, 565b26, 577b29
ὄγδοος 583b30, 32, 34, 584b15, 16, 585a24
ὀγκᾶσθαι 609a33
ὄγκος 486b15, 515b1, 554a26, 582a12, 638a12, 14, b35
ὀγκώδης 630a21
ὅδε 490b8, 491a27, 510a13, 30, 511a28, b24, 30, 515a27, 517b3, 523b22, 560b25, 561b15, 604b15, 605b28, 627a7, 633a18, 27, 581a11, 634a5
ὀδοντοφυεῖν 612a1, 587b15
ὀδός 578b17, 596a30, 605b29, 611a16, 625a13, 637a21
ὀδούς 493a2, 501a8, 10, 13, 19, 22, 24, 27, b2, 5, 12, 13, 16, 20, 30, 502a1, 2, 22, 29, 503a9, 504a20, 505a29, 514a22, 516a26, 517a17, 19, 519a23, b24, 524b2, 526a18, 30, b22, 527a1, 3, 5, 10, b14, 16, 22, 28, 528b27, 530b24, 32, 532a12, 538b16, 543a27, 575a5, 11, b7, 576a6, 577a19, 595a1, 2, 596b10, 610a16, 22, 611b3, 612a21, 621a19, b1, 629b29, 31, 630b2, 587b14
ὀδυνηρός 627b28, 638b22
ὀδυνηρῶς 609b25
Ὀδυσσεύς 575a1
ὄζειν 595b29, 620a15
ὄζολις 525a19
ὅθεν 490b2, 493a22, 510b13, 535b20, 572a10, 594a16, 597a6, 608b27, 609a28, 611a26, 615a12, 618b6, 634a7, 636b27
οἴγεσθαι 638a29
οἰδεῖν 575b9, 604a15
οἴδημα 584a16
οἴεσθαι 496b28, 501b6, 510a6, 553b7, 570a14, 573a14, 574b33, 575a10, 600a11, 584b23, 636b36, 39, 638a35
οἰκεῖν 609b18, 610a10, 11, 615a17, b6, 616b26, 29, 618b24, 27, 34, 619a6
οἰκεῖος 551b8, 588b31, 593b27, 616b19, 621b4, 581a11, 582b26
οἴκησις 572a1, 599a21, 614b31, 35
οἰκητικός 488a21 (bis)
οἰκία 559a11, 596b25, 609b29, 611a1, 612b7, 613a28, 622b5, 632b6
οἰκογενής 558b20
οἰκοδομεῖν, -εῖσθαι 572a1, 577b30, 623b27
οἰκονομικός 622a4
οἰνάνθη 549b33; (auis) 633a15
οἰνάς 544b6, 558b23, 593a16, 18, 19
οἶνος 594a10, 11, 595b11, 596a6, 597b29, 603b10, 11, 605b4, 607a25, 626b33, 627b15, 585a32, 588a6
οἷος 486a6, 7, 10, 14, 16, 23, b5, 12, 19, 25, 487a3, 6, 7, 18, 22, 23, 25, 27, 29, 32, b4, 8, 12, 14, 15, 16, 17, 27, 488a3, 6, 11, 16, 21, 23, 24, 25, 27, 29, 30, b3, 4, 5, 13, 14, 15, 16, 17, 18, 20, 21, 22, 23, 24, 489a23, 24, 27, 30, 32, 35, b2, 3, 5, 11

579

INDEX

οἷος (cont.)
(bis), 14, 15, 20, 21, 22, 26, 27, 28, 30, 35, 490a2, 6 (bis), 7, 9, 15, 20, 23, 27, 31, 34, b11, 13, 18, 29, 491a1, b25, 492a17, 25, b29, 493a23, b22, 495a4, b3, 496b25, 498a13, b28, 30, 499a16, b8, 11, 17, 19, 25, 500a1, 9, 26, 33, b15, 23, 501a4, 14, 16, 17, b2, 502a17, b5, 503a24, b20, 504a12, 27, b24, 31, 32, 34, 505a4, 5, 13, 14, 15, 16, b31, 506a11, 16, 19, b8, 16, 18, 21, 23, 24, 26, 29, 507a11, 15, b16, 508a4, 28, b11, 16, 19, 21, 22, 27, 35, 509a6, 8, 11, 20, 23, b8, 9, 14, 30, 510a28, b11, 17, 35, 511a4, 20, 31, b7, 515a31, 516b8, 13, 14, 16, 517a7, 8, b13, 18, 24, 29, 518a1, 35, b21, 519a1, 4, 6, 14, b10, 520a9, 10, 17, 24, 27, b1, 521b20, 22, 23, 26, 522a33, b14, 26, 27, 33, 523b4, 7, 18 (bis), 20, 524b11, 525a22, 26, 527b12, 16, 28, 35, 528a7, 8, 14 (bis), 18, 20, 23, 25, 26, 28, 29 (bis), 30, 33, b28, 529a3, 23, b1, 8, 530a30, 531b12, 23, 24, 27, 532a4, 16 (bis), 26, 32, b1, 11, 533a3, 24, 29, b6, 534b19, 535a2, 7, 24, b6, 7, 8, 17, 19, 536a15, 26, 27, 29, 31, b13, 32, 537b29, 538a3, 26, 27, 29, b16, 18, 23, 539b10, 22, 31, 540a29, 31, 33, b8, 27, 541b1, 19, 542a9, 25, 29, b29, 32, 543a1, 17, 19, b8, 544a30, 545a18, 546b19, 547a5, 6, 20, b22, 548a17, 23, 29, 549a34, 550a11, 18, 28, b8, 10, 19, 31, 551a8, 12, b10, 552a12, 26, b7, 19, 553a9, 554a7, 25, 556b15, 22, 29, 557b2, 558b12, 31, 559a23, 24, 25, b16, 28, 560b12, 562b3, 563a29, 30, b23, 24, 564b12, 565a13, 16, 21, b17, 21, 566a31, 567a19, 568a21, b9, 569a13, 28, b11, 18, 26, 571a14, b2, 572a6, 21, 577b7, 30, 580a21, 588a33, b19, 25, 589a6, 26, 28, b1, 590a10, b1, 11, 22, 591a10, b9, 13, 592a17, b1, 9, 16 (bis), 593a4, 15, b1, 6, 16, 19, 594a4, 14, 595a8, 9, b6, 10, 596a20, b13, 597a4, 22, 26, 598a4, 16, 20, 22, 599a11, 14 (bis), 24, 31, b8, 31, 600b22, 601a2, 3, 18, b21, 30, 602a27, b13, 21, 603a6, 605b8, 12, 14, 26, 606a23, 25, 26, b3, 607a9, 14, 29, b2, 4, 7, 27, 608a2, 3, 27, 609a1, 23, 610b29, 612b21, 613b7, 615a1, 16, 21, 27, b27, 618b11, 619b11, 621b6, 622b3, 623a32, 33, b7, 624b4,
32, 625b18, 626a22, b19, 628a13, 629a20, 630a28, b16, 631a19, b8, 632b2, 4, 9, 15, 633b1, 4, 7, 581b1, 583b16, 584b5, 31, 585b22, 29, 31, 32, 586a2, 20, 24, b1 (bis), 16, 17, 23, 587b33, 633b20, 634a8, 28, 38, 40, b34, 635a37, b1, 14, 18, 33, 636a21, 23, b3, 30, 637b7, 34, 35, 638a11, 37, b3, 33, 35
ὄϊς 522b33, 596a31, b4, 6, 7, 610b31, 33, 611a3
οἰσοφάγος 495a19, 21, 524b9, 527a4
ὀϊστός 616a11
οἰστρᾶν 570b5, 598a18, 599b26, 602a26
οἶστρος 487b6, 490a20, 528b31, 532a10, 551b22, 557a27, 596b14, 602a28; (auis) 592b22
Οἴτη 522a7
οἰωνιστικός 492b7
ὀκνηρός 608b13
ὄκνος 617a5
ὀκτάμηνος 545a29, 30, b5, 574a17, b21, 575a24, 583b33 (bis), 584a36, b7, 10, 13, 17
ὀκτώ 493b14, 505a19, 523a5, b27, 526a13, b6, 543a17, 545b31, 549a21, 564a30, 573b23, 574b27, 578b14, 592a23, 596a9, 613a22
ὀκτωκαίδεκα 546a31, 559b30, 562a29, 576a26
ὀλίγαιμος 495a23
ὀλιγάκις 540a6, 541a31, 564a1, 575a30, 576a14, 594a1, 2, 613a10, 615b6, 616b19, 25, 618b22, 619a14, 582b3, 638b18
ὀλιγόαιμος 594a9
ὀλιγόβιος 605b24
ὀλιγόγονος 558b28, 570b32
ὀλιγόποτος 593b29, 594a7, b21
ὀλιγόπτερος 486b11
ὀλίγος 488a17, 490a22, 499b19, 502b33, 503b13, 18, 504a11, 505a10, 25, b7, 506a15, 507a10, b20, 32, 508b15, 19, 20, 23, 509a9, 18, 511b18, 512a4, 26, 30, 515a24, 516b9, 518a34, 520a24, b31, 32, 521a29, 34, 522a4, 20, b4, 33, 523a7, 524a29, 532a13, b6, 540b24, 543b7, 545b28, 550b15, 552a5, 561a17, b14, 563a25, b17, 18, 568b4, 569b2, 29, 571a17, 572b10, 573b16, 575b22, 578b14, 16, 580b12, 16, 21, 591b28, 30, 592a12, 19, 22, 23, 594a1, b15, 600a11, 27, b6,

INDEX

10, 601a29, 603a26, b19, 604a9, 28, 606a11, 607b27, 611b4, 621b6, 625b10, 14, 15, 627b4, 9, 628b24, 582b5, 8, 584a21, b11, 585a2, 8, b1, 35, 634a20, 637b5, 638b28
ὀλιγότης 486b7
ὀλιγότριχος 498b17
ὀλιγοχρόνιος 542a28, 546a10
ὀλοθούριον 487b15
ὁλόκληρος 585b36
ὀλολυγών 536a11, 16
ὅλος 486a10, 11, 12, 20 (bis), 487a9, 489b9 (bis), 491a16, 492a16, 494a1 (bis), 17, 34, 496a18, 500a6, 502b22, 503a15, 30, b24, 506a25, 507a13, 509a5, 513a23, b33, 517a24, 521a10, 526a11, b5, 12, 527a8, 528a18, 27, 542a5, 546b18, 549a23, 550a6, 16, b29, 555a28, 558b13, 559b19, 561a26, b9, 562a2, 564a19, 570a6, 574a29, 579b16, 588b9, 589b33, 591b4, 593a9, b7, 594a13, b2, 599a9, 603b6, 28, 617a27, 29, b4, 8, 621a11, 624a27, 625a10, 626b18, 628a8, 633a9, 587a35, 635a16
ὅλως 486b8, 487a2, b30, 489a25, b28, 490a30, 491b29 (bis), 499a32, 501b4, 6, 503a2, 504b18, 19, 506a1, 17, 508b22, 509a31, b5, 516b7, 517a33, b8, 521b14, 522b30, 523a6, 526b4, 531b15, 534a22, b3, 537b25, 538a2, b18, 20, 543b23, 544a16, b28, 547b18, 548b21, 25, 553b30, 555b3, 557b11, 560b6, 569a21, 570b5, 21, 32, 571a22, b25, 572b20, 573a17, 575a8, 10, 577a3, 588b16, 590a4, 591a19, 26, 592b29, 597b25, 600a9, 601a30, b11, 22, 602b7, 604b25, 605a12, b22, 606b5, 17, 608b14, 610b3, 611a11, b4, 612b18, 613a26, 627a17, 628a7, 632a31, 581b7, 585b17, 30, 587b32
ὁμαλός 554b12, 624b31, 581a19, 635b16, 638a34
ὄμβριος 569b16, 570a10, 11, 601b11, 602a2
ὄμβρος 580b28, 600a8, 601b24
Ὅμηρος 513b26, 519a19, 574b33, 575b4, 578b1, 606a19, 615b9, 618b25, 629b22
ὁμιλία 536a14, 542a21, 32, 572a8, 581b21, 582a26, 583a10, 13, 15
ὄμμα 491b12, 31, 492a5, 494b15 (bis), 501a29, 503b15, 508b6, 526a8, 532a26, 533a6, 19, 537a3, 553a15, 561b1, 563a15, 564b32, 568b4, 602a5, 609b6, 584a3, 633b27, 635b21
ὁμογενής 577b6, 9
ὁμόγονος 610b13
ὁμοιοβίοτος 617a11
ὁμοιογενής 504a28, 546b28, 563b28
ὁμοιομερής 486a6, 14, 487a1, 489a24, 26, 491a26, 511b1, 523a33
ὁμοιόπτερος 487b28
ὅμοιος 487b26, 490a4, b22, 492a1, 18, 493b19, 21, 495b24, 27, 496b21, 24, 35, 497a7, 35, b17, 33, 498a33, b3, 14, 499a19, 22, b24, 500b7, 501a28, 30, 32, 502a15, b4, 7, 17, 23, 26, 503a18, 24, 30, 33, b35, 504b17, 505b21, 506a4, 5, 25, 26, b28, 31, 507b5 (bis), 17, 23, 508a7, 8, 28, 509a6, 510b6, 516b27, 519a24, 31, 524b11, 33, 525a7, 26, b11, 21, 526a33, 527a2, 22, 27, 529a1, 3, 18, b4, 22, 23, 25, 530a28, 531a5, 18, 19, b9, 532b21, 22, 23, 536b23, 539b18, 540b4, 543a26, 544a9, 548a10, 549b32, 550a10, b27, 553b9, 554a14, 555b6, 557a23, 28, b9, 558a12, 559b27, 563b5, 16, 565a10, 24, 566b9, 567a12, 13, 14, 572a26, 577b25, 579b18, 22, 580a3, b2, 592b10, 14, 20, 26, 593a6 (bis), b17, 594b23, 597b22, 598a5, 601a15, 602a28, b17, 604b24, 605b12, 607b27, 611b1, 612b12, 617a15, b22, 25, 618a32, b34, 621b4, 12, 622a9, b10, 29, 624b25, 625a2, 629a33, 630a23, 31, b4, 581a19, 584b25, 634a26, 27, 636a20, 23, 637a28, 638a4, b37
ὁμοιότης 491a3, 502a28, 508a17, 537b23, 580b4, 588a24, 638b15
ὁμοιότροπος 487b27, 571b5
ὁμοίως 486a20, 489b29, 490b3, 494b25, 495a34, 496a8, 9, b17, 497a3, 35, 498a16, b28, 501a28, b9, 503a18, b7, 11, 29, 33, 504a14, 18, b31, 34, 505b34, 506a4, 5, 8, b19, 32, 507a31, 508a6, 35, 509a5, 510b18, 20, 511a6, 513a11, 515a19, 22, b35, 516a15, b19, 517b14, 521a17, 23, 523b16, 525b16, 526a6, 10, 527a16, 528a3, 17, b18, 529a14, 26, 30, 530b2, 532b29, 533a22, 24, b8, 534a11, b29, 536a1, 28, b18, 32, 537b5, 538b20, 539b19, 21, 541a8, 542b32, 543b21, 23, 544a23, 545a32, 546a13, 550b15, 16, 552a20, 556a8, 12, 17, 25, 557b21,

581

INDEX

ὁμοίως (cont.)
558b11, 559a15, b17, 564b31, 565a1, b3, 6, 16, 566b8, 567b13, 31, 570a26, 571a28, 573a33, b19, 575a6, 580a26, 29, 588b26, 589b20, 597b5, 601a6, 24, b4, 603a8, 608a22, 615a8, 620b24, 621a32, 625a34, 626b4, 628a27, 581b23, 28, 583a4, 31, 586a22, b4, 587b29, 633b29, 634a2, 25, 38, b2, 635b16, 637a25, 33
ὁμολογεῖν, -εῖσθαι 511b8, 549a7, 575a25, 578a20, 618a18
ὁμολογουμένως 600a20, 601a17, 605a6
ὁμόσε 594b11
ὁμόφυλος 606b21, 607a1, 608b22
ὁμόχρους 525a4, 543a25
ὁμόχρως 564b24
ὀμφαλός 493a18, 19, 20, 502b13, 14, 561a24, 25, b5 (bis), 25, 562a1, 3, 6, 16, 20, 564b27, 565a4, 5, b5, 7, 568a31, 586a23, 31, 32 (bis), b12, 22, 587a12, 14, 19, 20, 21, 23
ὀμφαλοτομία 587a9
ὀμφαλώδης 550a21
ὁμώνυμος 487a8, 623b5
ὄνειος 522a28
ὀνειρωγμός 637b26
ὄνις 552a17
ὄνομα 490a13, b11, 493a22, 501a26, 523b13, 527b1, 531b23, 535b20, 572a11, 573b26, 617a23, 618b6, 623b5, 632b26, 588a9
ὀνομάζειν, -εσθαι 489a7, 491b9, 498b33, 523b22, 551a9, 604a4, 621a12, 626a6
ὄνος 491a1, 499a19, b19, 20, 501b3, 502a13, 15, 506a23, 521a4, b33, 522b19, 545b20, 557a14, 573a4, 20, 575b29, 577a14, 18, 21, 26, 27, 28, b4, 5 (bis), 7 (bis), 8, 15, 16 (bis), 580b2, 3, 4, 595b22, 605a16, 22, 606a23, b4, 609a31, 32, b1, 2, 5, 20, 610a4; (piscis) 599b33, 600a1, 620b30; (insectum) 557a23
ὄνυξ 486b20, 487a8, 494a15 (bis), 498b1, 3, 499b9, 502b3, 503a10, 504a18, 511b7, 517a7, 12, 17, 20, 30 (bis), 32, b25 (bis), 518a5, b23, 35, 519b23, 563a24, 609a22, 613a20, 614b4, 619a23, b31, 629b26, 630a5, 585a28
ὀνύχιον 503a29
ὀξέως 534b10, 539b33, 624a34, 584a19
ὄξος 552b5
ὀξυήκοος 534a6, 8

ὀξυλαβής 619b29
ὀξύπεινος 619b29
ὀξύς 495b10, 496a7, 8, 10, 12, 19, 501a19, 21, b13, 17, 19, 503a12, 505a29, 507a2, 4, 508a32, 513a31, 524a5, 31, 525a13, b18, 31, 526a5, b3, 4, 528b28, 535a4, 537b10, 544b33, 555a14, 556a30, 559a27, 28, 30, 561a10, 574a12, 575a11, 576b20, 577a17, 598b21 (bis), 609a9, 611b30, 615b12, 616a26, b9, 617a20, 620a10, 621a6, 622b30, 632a1, 581a19, b9, 11, 584a20, 29
ὀξύτης 492a4, 536b9, 591b29
ὀξύφωνος 538b13, 581b8
ὀξυωπής 492a9, 620a2
ὀξυωπός 609b16, 618b8
ὀπή 559a4, 612b6, 623a30
ὄπισθεν 493a21, b12, 494b3, 7, 33, 498a4, 7, 21, 23, 25, 29, 499a19, 24, b14, 26, 503b33, 504a10, 12, 509b13, 512a13, 513a18, 514b19, 518a26, 524a16, 532a28, 29, 540a10, b14, 541b16, 28, 34, 556a30, 566a30, 578a21, 579a31, b30, 611b29, 615a23
ὀπίσθιος 491a33, 492b23, 493a6, 9, 11, b18, 20, 494a7, 11, 21, 30, 497b25, 498a7, 12, 15, 23, b1, 13, 500b30, 502b32, 503a28, 504b16, 518a17, 538b4, 581a4, 603b24, 604b1, 606b8, 624b2, 632a24
ὀπισθόκεντρος 490a17, 532a11, 22
ὀπισθουρητικός 500b15, 18, 509b3, 539b22, 540a23, 541b20, 546b1, 579a31, b31
ὀπίσω 504a17
ὁπλή 486b20, 501a7, 517a7, 12, 15, 518b33, 519b24, 575a29, b8, 604a15, 24, 26, b17, 605a11
ὅπλον 532a12, 611a28
ὁποῖος 517b10, 595b25, 596a25, 614a4
ὁπός 522b2, 3, 612a30
ὁπόσος 580a1
ὁπότερος 526b16, 620a4, 586b29
ὅπου 515b20, 517b33, 520b17, 522a23, 547a2, b12, 551b28, 556a21, b25, 568b12, 569a19, b19, 573b5, 595b13, 28, 596b3 (bis), 17, 598a3, b26, 603b1, 613b29, 614a7, 618b10, 620a31, b33, 621a1, 584b7
Ὁποῦς 576b25
ὀπτᾶν 534a25, 605b1

INDEX

ὀπώρα 606b2, 611a23, 615b31, 629a2, 632b33, 633a25
ὀπωρίζειν 612a30
ὅπως 494a25, 520b2, 533b19, 547a31, 556a13, 561b19, 563a23, 564b8, 567b7, 568b16, 589b11, 592a3, 594b22, 612a11, b29, 613b26, 30, 614a18, 20, b15, 619b6, 623a27, 625a12, 632a18, 584a5, 633b15, 635a8, 637a20
ὁρᾶν, -ᾶσθαι 487b30, 491b4, 30, 496b18, 499b18, 23, 500a21, 501b7, 502a4, 503a34, b2, 504b26, 507a22, 516a19, 519a7, 524b6, 531a13, 532b20, 533b29, 31, 535a18, 536b17, 537b17, 18, 538a8, 540a8, b13, 541a14, 22, 32, 33, b23, 542b22, 23, 547a17, 550a8, 21, 556b20, 558b29, 559b22, 562a29, b14, 563a6, 9, 11 (bis), 12, 21, b17, 27 (bis), 29, 565b25, 566a27, b15, 567b10, 570a17, 574a3, 575a9, 577b1, 578b15, 580b19, 588a33, 589b26, 590b30, 594a3, 598b13, 21, 600a10, 15, 22, 602b11, 606b11, 607a32, b6, 609a2, 611a28, 29, 612a16, 25, 31, 34, b20, 613a18, b31, 614b20, 615a5, 9, b5, 616b5, 617a29, b7, 618a6, 620a9, 10, 621a17, 19, 622a24, b16, 25, 623b22, 624b8, 9, 625a26, b6, 11, 627b29, 628a8, 10, 28, 29 (bis), b14, 16 (bis), 17, 629a20, 23, b12, 630a1, 2, 631a6, 16, b13, 633a2, 584b34, 633b21, 22, 28, 635b22, 637b1, 638b16
ὅρασις 633b21
ὀργᾶν 500b11, 541a28, 542a32, 560b13, 572b1, 5, 7, 573a6, b9, 578b10, 607a8, 613b28, 636b21, 637a24, 25, b8
ὀργανικός 491a26, 531a28
ὄργανον 500a15, 528a32, 539b20, 589b17, 603a22, 637a18
ὀργυιά 530b9, 568a26, 630b9
ὀρέγειν 497b27
ὄρεγμα 632a31
ὀρεινός 556a4, 592b19, 607a10, 618b3, 624b28
ὄρειος 488b2
ὀρειπέλαργος 618b34
ὀρεύς 488a27, 491a1, 498b30, 499b11, 501b3, 506a23, 573a15, 577b19, 22, 578a2, 595b22
ὀρθός 499b27, 502b21, 522b18, 526b12, 529b29, 540a3, 10, 547b15, 552a5, 576a25, 594b16, 611b7, 30, 628b30, 634b27, 39, 635a6
ὀρθοῦν 625a11
ὄρθριος 627a24
ὄρθρος 619b21
ὀρθῶς 523b25, 535b25, 569a22, 574b33, 575b5, 636a21
ὀρίγανος 534b22, 612a25, 26, 27, 34
ὁρίζειν, -εσθαι 501b16, 542a19, 630a19, 584a35
ὄρκυς 543b5
ὁρμαθός 559a8
ὁρμᾶν 542a24, 546a15, 552b3, 572b27, 574a13, 599a6, 623a17, 581b12, 582b9, 586b5
ὁρμή 572b8, 575a15, 578b33, 582a34, 587b32
ὁρμητικός 573a27
ὁρμητικῶς 572a8, b24, 597a29
ὁρμιά 621a15
ὄρνεον 487b31, 504b9, 505a24, 536a26, 542b21, 544a28, 559a19, 562b12, 563b3, 29, 592b24, 593a11, b7, 26, 28, 595a10, 597a18, 30, b27, 606b1, 607b16, 610a3, 613b8, 23, 614b31, 615a5, 31, 616a7, 8, 617b6, 618a29, 30, 619b7, 626a8, 630a14, 632b14, 633a9
ὀρνίθιον 487b25, 594a17, 609a14, 16, 616b28, 620a34, b1, 633b6
ὀρνιθοθήρας 609a15
ὀρνιθοφάγος 612b14
ὀρνιθώδης 564b20
ὄρνις 486a23, 25, b21, 487b19, 24, 488b5, 489b15, 21, 490a12, 28, b8, 495b3, 498a28, 499b2, 503b29, 504a4, 5, 19, 26, 30, b2, 6, 505b29, 35, 506a15, b5, 19, 26, 507a19, 508b14, 15, 25, 509a5, 8, 18, b6, 510a3, b21, 27, 31, 511a7, 514a1, 516b14, 517a9, 518b34, 519a1, 8, 521b26, 524b10, 529a2, 533a24, 535b30, 536a20, b14, 16, 538b19, 539a13, 31, 32, b7, 27, 28, 540b33 (bis), 542b2, 20, 544a25, b18, 550a19, 23, 554a19, 557a11, 558a5, 12, b10, 24, 559a15, 18, 22, 30, b6, 26, 560a3 (bis), 8, 13, 14, b6, 7, 12, 561a4, 8, 562a21, 22, b8, 12, 563b31, 564a7, 13, b5, 7, 10, 13, 21, 26, 28, 30, 565a3, 7, 11, 566a10, 592a29, 593a24, b25, 597b29, 600a11, 601a26, 30, b5, 609a6, 612a33, b1, 21, 613b6, 615a14, 15, 16, b11, 28, 616b9, 13, 18, 21, 617a10, 23, 618a13, 19,

INDEX

ὄρνις (cont.)
21, 619a9, b13, 620a7, 9, b5, 9, 631b8,
17, 22, 25, 632b12, 633a2, 21, 29, 586b1,
17, 637b11, 34, 35, 638a3, 27
ὄροβος 522b27, 29, 568b22, 595b6
ὄρος 545b30
ὄρος 578b26, 592b19, 27, 597a13, 20,
610a10, 615a15, b6, 618b21, 28, 627b24,
630a18, b15, 632b22
ὁρόσπιζος 592b25
ὀροφή 624a6
ὀρροπύγιον 504a32, 525a12, 560b10,
618b33, 619a5, 631b11, 25
ὀρρός 521b27
ὀρσοδάκνη 552a30
ὀρτυγομήτρα 597b16, 19
ὄρτυξ 506b21, 509a1, 12, 536a26, 31,
559a1, 597a23, 26, b5, 6, 9, 613b7, 14,
614a6, 26, 31, 33, 615a6
ὄρυξ 499b20
ὀρύττειν 558a8, 579a1, 591b20, 603a4,
606a2, 630b5
ὀρφός 543b1, 591a11, 598a10, 599b6
ὀρχίλος 609a12
ὄρχις 493a32, 33, 497a26, 28, 500b3, 4, 8,
10, 503a6, 504b18, 508a12, 509a32, b1,
3, 6, 15, 25, 35, 510a3, 7, 8, 11, 12, 15,
17, 19 (bis), 22, 31, 32, 35, b1, 4, 511b28,
29, 512b2, 4, 21, 25, 532b24, 540b28, 33,
564b10, 566a10, 578b4, 5, 604a27,
631b21, 22, 632a16, 24
Ὀρχομενός 605b31
ὅς 486b14, 21, 487a12, 29, b25, 488a6, 8,
b29, 30, 489a2, 10, 18, 20, 21, b7, 9,
490b7, 10, 491a3, 13 (bis), 15, 27, 30,
b12, 13 (bis), 14, 15, 18, 21, 24, 492a3, 13,
18, b29, 493a3, 7, 13, 24, 27, 28, 32, 33,
b24, 25, 494b5, 23, 495a10, 26, 496a26,
b6, 31, 497a29, 31, 498a31, 499a17,
500a1, 9, b10, 501a26, 31, b25, 30,
503a34, b2, 504b15, 25, 505b18, 506a6,
9, 25, b2, 507a5, 17, 25, 36, 508b11 (bis),
13, 22, 29, 509a7, b22, 29, 34, 510a18,
31, 32, 33 (bis), 34, 35, 511a5, 21, 27, b3,
4, 512a26, 30, b20, 513a9, 20, b4, 20,
26, 27, 514a6, 11, 33, 35, 515a14, b17
(bis), 24, 30, 31, 516a14, 36, b1, 17,
517a2, 9, b10, 30, 518a12, 23, 35, b8,
519a13, 17, b3, 19, 520a18, 521b27, 28,
522a14, 21, b7, 15, 523b9, 12, 24, 31,
524a1, 5, 7, 10, b2, 3, 14, 23, 30, 33,
525a16, 19, 27, b4, 7, 14, 526b10, 527a2,
5, 25, 29, 32, b15, 25, 528a18, 32, 529a5,
b15, 31, 530a11, 22, 27, 28, b1, 9, 32,
531a21, b7, 31, 532a6, 7, b13, 18, 31,
533b1, 9, 534a1, 5, 17, 19, b13, 535a10,
b1, 16, 23, 27, 536a9, 11, b11, 537b2, 17,
538a10, 14, 539a31, b2, 5, 12, 17, 540a21,
30 (bis), b13, 30, 541b9, 11, 17, 32,
542a23, 543a13, b4, 13, 546a2, b10, 30,
31, 32, 547a17, b6, 17, 548a1, 7, 11, b1,
2, 14, 16, 549a3, 4, 23, 550a2, 5, 13, 25
(bis), 26, 29, b2, 551a12, 15, 21, 24, b5,
7, 10, 23, 552a17, 18, b5, 10, 13, 20,
554a22, b9, 15, 16, 18, 555b8, 10, 21, 24,
556a14, 16, 23, 29, 30, b3, 15, 557a4, 20,
30, 31, b3, 7, 13, 24, 558a29, 559a3, 12,
b20, 561a2, 14, b9, 20, 25, 562a1, 3, 25,
28, 563a19, b16, 25, 26, 564a21, 26,
b26, 565a8, 21, 23, 26, 566a28, b5,
567b1, 22, 30, 568a5, 6, 31, b13, 21, 25,
569a12, 14, 17, 24, b18, 23, 28, 570a16,
21, 31, b1, 10, 19, 571a16, 572b18, 24, 33,
573b4, 22, 26, 575a27, 576a2, b25,
577a8, 9, b17, 30, 578a13, 14, b22, 27,
28, 579a9, b17, 589b18, 590a27, b24,
591a4, 23, 593a3, 12, 15, 594a12, 31,
597a6, b1, 599a29, 600a13, b4, 602a1,
18, b4, 603a14, 18, 22, 31 (bis), b7, 8, 18,
26, 604a3, 13, 18, b10, 605a8, 16, b9,
12, 17 (bis), 28, 30, 606b22, 607a18, 22,
24 (bis), 31 (bis), 33, 34, b15, 32, 608a5,
609a14, 21, b10, 610a11, b13, 611a20, 22,
27, b6, 17, 612a7, 613a3, b25, 615a4, 20,
b9, 616b28, 617a21, 23, b19, 618a12, 31,
b14, 23, 25, 620b14, 19, 20, 31, 33, 34,
621a6, 22, 28, b4, 8, 20, 27, 622a5, 9,
12, b6, 623b5, 8, 23, 33 (bis), 625a10, 13,
b15, 626a2, 6, 11, 17, b1, 3, 18, 627a5, 7,
b12, 628a2, 13, 14, 17, b21, 629a17, b31,
630a19, b21, 631a2, b26, 632a26, b10,
633a14, 22, 581a21, 583a22, b20, 21,
584a19, 25, b24, 585b3, 19, 23, 586b13,
587a30, b26, 633b23, 634a24, 635a29,
b3, 23, 39, 636a6, 9 (bis), 19, 24, b1, 4,
7, 12, 32, 34, 637a3, 16, 21, 27, 35, 38,
b1, 5, 33 (bis), 36, 38, 638a6, 10, 11, 17,
35, b9, 15
ὀσμᾶσθαι 541a25
ὀσμή 492b14, 533a16, 534a19, 24, 29,

584

INDEX

b20, 21, 535a11, 572b10, 577a12, 594b24, 26, 604b30, 612a13, 29, 624a16, 29, 626a27, 634b20
ὅσος 486a5, 7, 9, 19, 22, b22, 487a9, 30, 33, 488a30, b9, 10, 489a3, 5 (bis), 6, 15, 25, 31, 33, b1, 23, 27, 28, 32, 33, 490a8, 9, 17 (bis), 18, 30, 32, b14, 21, 22, 27, 491a8 (bis), 492a25 (bis), 26, 494a8, 16, b26, 27, 495a2, b3, 496a9, 15, 497b9, 498b11, 16, 28, 30, 499a5, 11, 26, b1, 500a2, 5, 31, b27, 501a10, 12, 18, b22, 29, 502b22, 503b16, 504a8, b20, 505a22, b32, 34, 506a1, 6, b25, 32, 507a26, 34, 509a8, 10, b5, 7, 24, 510a12, b15, 26, 511a3, 22, 24 (bis), 515b11, 23, 516a33, b3, 22, 26, 27, 517a15, 31, b4, 5, 6, 15, 16, 518b15, 519a28, 520a22, b5, 521b5, 21, 22 (bis), 25, 522a7, 25, 32, b9, 523a31, 32, 33 (bis), b3, 6, 13, 525b26, 527a34, 528a2, 530a25, 531b19 (bis), 24, 25, 29, 532a1, 12, 27, 533a1, 534a9, 535a12, 30, 32, b1, 8, 536a5, 21, 22, b2, 3 (bis), 24, 26, 537a28, b1, 28, 538a8, 16, 22, b8, 11, 13, 17, 28, 539a14 (bis), 26, b7, 14, 540b10, 11, 541a1, 542a13, 28, 29, b23, 29, 31, 544a29, 545a17, b25, 546a18, b12, 549a19, 550b25, 551a27, 28, 29, 553a8, 14, b25, 554a12 (bis), b30, 555a7, 556b21, 557a9, 13, 20, b2, 12, 561a11, 562a30, 31, 563a12, b4, 564a9, 565b17, 566b2, 13, 567a33, b4, 5, 568b2, 6, 22, 23, 569a26, 570b28, 571b4, 6, 572b30, 573a7, b21, 576b10, 577b9, 579b27, 588b25, 589a33, b1, 23, 24, 590a33, 592a29, b4, 18, 25, 593a8, 13, 26, 28, 29, b26, 594a8, b18, 595a14, 21, b2, 598b31, 599a22, 600b20, 601a2, 22, 602a16, 17, 20, 603a10, b5, 606b1, 8, 608a19, 20, 21, b19, 610a19, 615a30, b7, 616a28, 617a19, 21, 32, b17, 24, 618a35, 619b10, 18, 620b22, 622b34, 623a31, b7, 624a11, 625a32, 630a5, 631b21, 632b1, 3, 633a30, b2, 581a10, b14, 29, 30, 582a2, 8, 10, 25, b5, 6, 13, 15 (bis), 18, 584b1, 19, 585a5, 586a31, 32, 33, b29, 31 (bis), 587a3, 35, b3, 17, 35, 588a11, 634a11, 32, 35, b11, 23, 635a39, 636a6, b6, 39, 637a6, 18, 31, b6, 638a31
ὅσοσπερ 495a22, 506a12, 13, 517a30, 518b3, 580a23, 604b26, 608a19
ὅσπερ 488a8, 494a23, 496a29, 499a4, 500a32, 506b11, 508b5, 523a26, 533b23, 535a5, 537b4, 540a1, 548b7, 559b18, 561a10, 562b22, 567b9, 572a16, 588a20, 589a20, b14, 591b24, 597b17, 600a5, 601b7, 605b7, 606a4, 581a25, 635a22, 637a10, 638a1, 9
ὅσπριον 552a20
ὀστέϊνος 493a2
ὅστις 492b30, 590b5, 6, 618a6, 625b22
ὀστοῦν 486a14, 18 (bis), b19, 487a7, 491a33, b1, 7, 492a17, 494b30, 495a10, 497b16, 500a9, b25, 506a10 (bis), 511b6, 514b30, 515a32, b4, 10, 11, 12, 14, 516a8, 10, 11, 13, 21, 23, 26, 27, 31, 32, 36, b4, 6, 7, 10, 12, 24, 26, 30, 32, 33, 36, 517a2, 5, 10, 18, 19, 22, 28, b26, 33, 518b8, 519a33, b3, 5, 25, 28 (bis), 29, 30, 521a2, b7, 11, 13, 15, 524b25, 532b1, 567a9, 595a4, 606b11, 612b16, 587b12
ὀστρακηρός 529a11
ὀστράκιον 594a11
ὀστρακόδερμος 489b14, 490b10, 491b27, 523b9, 527b35, 528b9, 529b21, 23, 531a32, b19, 532a7, 534b15, 535a6, 23, 537b25, 31, 538a18, 539a9, 544a16, 546b17, 23, 27 (bis), 547b26, 548a22, 549a12, 588b16, 590a19, 599a10, 601a18, 603a12, 24, 606a11, 12, 607b2, 5, 621b9
ὄστρακον 525a22, 26, 27, 528a4, 5, 12, 19, 20, 27, 28, b3, 4, 6, 7, 22, 33, 529a7, b16, 17, 23, 530a5, 13, 30, b11, 24, 29, 531a10 (bis) (bis), 12, 22, 33, 532b1, 547a22, 23, b7, 10, 548a13, 16, 17, 23, 557b18, 22, 561b16, 17, 32, 564b28, 565a24, 25, 27, 28, 591a3, 601a14, 19, 603a17, 622a7, b8, 15, 16, 627a17, 586a20
ὀστρακώδης 525b12, 531a17, 532a32 (bis), 547b18, 558a28, 565a23, 606b20
ὄστρεον, ὄστρειον 525a20, 24, 531b5, 590a32; (testaceum) 487a26, b9, 14, 490b10, 523b12, 528a1, 531a15, 547b20, 33, 548a12, 568a8, 590a29, 31, 591a13
ὀστρεώδης 607b3
ὀστώδης 499a31, 500b23, 516b21, 23, 523b15, 533a27
ὀσφραίνεσθαι 533b4, 534a15, 28, b1, 10, 29, 535a21, 577a11, 578a3, 594b24

585

INDEX

ὄσφρησις 492b13, 505a34, 532b32, 533a22, 23, b1, 534a12, b9, 17, 535a6, 23, 560b15
ὀσφύς, ὀσφύς 493a22, b13, 494b3, 509a33, b6, 25, 33, 511a24, 26, 566a12, 631b23, 586b31, 587b34, 634b40
ὀσχέα 493a33, 510a12, 632a16, 19
ὅτέ 524a11, 12, 549b22 (*bis*), 550b4, 5, 601a11 (*bis*), 603b2, 624b18, 633a16 (*bis*), 586a1, 633b13, 14, 634b3 (*bis*), 14 (*bis*), 15 (*bis*), 635a36, 37, 39 (*bis*), b34 (*bis*)
οὐ 486a7, 8, b11, 13, 14, 25, 487a18, 20, 24, 25, 31, 488a8, 20, b13, 34, 489a5, 6, 12, b3, 28, 30, 490b1, 16 (*bis*), 17, 26, 30, 491a3, 23, b7, 10, 29, 492a14, 19, 24, 28, 29, 31, b15, 493a28, b4, 494a1, 22, 31, 495a15, 18, 34, b1, 15, 24, 496a18, b8, 22, 26, 29, 30, 497a5, 10, b13, 17, 30, 33, 34, 498a1, 8, 10, b1, 9, 17, 499a2, 20, 23, b22, 500a20, 27, 31, b5, 7, 8, 10, 22, 501a1, 11, 12 (*bis*), 14, 15, 33, b6, 21, 502a31, 34, b13, 503a3, 5, b4, 26, 504a29, 32, b17, 22, 23, 505a6, 35, b11, 17, 21, 506a4, 7, 9, 11 (*bis*), 17, 21, 22, 25, 29, 31, b5, 507a3 (*bis*), 15, 27, b21, 36, 508a12, 31, b22, 34, 509a7, 18, 20, 32, b13, 16, 510b20, 26, 511a22, 34, b13, 21, 513a9, 12, b5, 20, 514b32, 515a17, 22, 32, 33, b13, 19, 20, 31, 32, 34, 35, 516a2, 15, 20, 21, b4, 6, 12, 24, 35, 517a33, b7, 8, 518a1, 6, 8, 11, 30, 31, 33, b10, 27, 519a7, 21, 24, 26, 27, b5, 14, 31, 520a9, 12, 21, b11, 14, 521a14, b2, 11, 12, 13, 14, 16, 20, 25, 31, 34, 522a1, 5, 12, 24, b28, 29, 523a16, 21, b7, 11, 24, 524b5, 7, 28, 525a16, 22, 27, 33, b2, 4, 20, 526a3, 22, b2, 7, 13, 527a27, b14, 528a6, b9, 14, 529a29, 30, b11, 12, 28, 530a3, 4, 14, 26, 32, 33, b12, 18, 32, 531a4, 13, 33, b15, 22, 532a1, 12, 25, b2, 11, 14, 19, 29, 533a3, 4, 27, 534a13, 14, b4, 535a1, 19, b5, 25, 29, 31, 536a1, 3, 32, b3, 6, 15, 17, 20, 28, 537a3, b10, 15, 23, 29, 31, 538a2, 6, 9, 13, 15, 19, b18, 19, 20, 21, 539a22, b5, 9, 21, 31, 540a10, 14, 17, b9, 541a9, 542a3, b14, 543a13, 18, 31, b3, 17, 19, 26, 28, 544a14, 19, b13, 24, 27, 28 (*bis*), 545a17, 31, b8, 9, 10, 21, 546a5, 8, 24, 27, 28, 30, b11, 20, 21, 28, 547a14 (*bis*), 22, 29, 548a4, 25, 549a27, 29, 33, 550a12, b14, 19, 28, 551a1, b3, 24, 25, 553a17, 18, 31, b5, 6, 7, 16, 17, 30, 32, 554a3, 5, 9, 27, b11, 13, 20, 27, 555a1, 8, 11, 20, 29, b4, 21, 27, 556a4, 19, 21, 22, 23, 24, b29, 557a14, 16, 22, b19, 558a1, 16, 22, 28, b11, 31, 559a8, b1, 22, 560a21, 23, 25, b17, 24, 27, 561a2, 28, b17, 562a26, b6, 14, 563a12, b1, 4, 16, 20, 30, 564a30, b14, 21, 24, 27, 565a22, b21, 27, 28, 29, 566b27, 567a7, b3, 30, 568a14, 569a11, 22, b5, 570a6, 10, 15, 29, b12, 28, 571a4, 28, b32, 572a14, 27, b19, 21, 30, 573a3, 13, 14, 28, 32, 34, b7, 574a4, 10, 25, 33, b2, 8, 16, 17, 575a4, 5, 9, 24, 28, b7, 8, 10, 13, 16, 27, 29, 576b14, 15, 23, 24, 28, 577a4, 15, 27, b1, 13, 15, 22, 578a23, b7, 8, 11, 18, 24, 26, 579a6, 19, 32, b5, 11, 20, 33, 580a21, b21, 23, 27, 588b15, 589a13, b2, 27, 590a8, b9, 17, 591a8, 19, 24, 26, b14, 592a10, 13, 16, 17, 593b27, 594a28, 32, b9, 19, 595a3, b21, 27, 597a7, b4, 13, 15, 19, 598a24, b10, 13, 18, 21, 24, 599a10, 16, 33, b4, 600a10 (*bis*), 11, 14, 25, b25, 601a9, 15, 20, 21, 24, 26, 28, b4, 7, 10, 28, 602a6, 29, 603a22, 26, b24 (*bis*), 604a15, 20, b22, 605a15, 20, 21, b2, 15, 17, 23, 24, 27, 29, 30, 606a1, 3, 5, 6, 8, 19, b1, 5, 17, 607a4, 15, 34, b9, 608a6, 609b16, 610a7, 17, 31, b7, 12, 26, 611a15, 17, 31, b4, 7, 24, 30, 612a17, 22, 613a15, 16, 30, b6 (*bis*), 15, 21, 30, 614a5, 16, 21, 34, 35, b9, 615a5, 7, 30, b1, 12, 26, 616a14, 17, 26, 29, 617a17, 19, 29, b7, 9 (*bis*), 12, 14, 21, 23, 30, 31, 32, 618a8, 12, 19, 27, 32, b8, 31, 619a7, 22, 25, 26, 30, 31, 33, 34, b2, 13, 14, 20, 620a12, 22, 25, 27, 32, b24, 33, 621a1, 10, 32, b15, 18, 30, 622a2, 15, 31, b16, 18, 33 (*bis*), 623a2, 28, 30, b21, 624a26, 32 (*bis*), b4, 5, 8, 9, 16, 17, 625a14, b4, 6, 11, 21, 626b4, 15, 627a2, 3, b11, 24, 628a4, 7, 14, 32, b2, 5, 15, 17 (*bis*), 21, 23, 32, 629a9, 16, b10, 19, 32, 630a11, 13, 21, 28, 30, b2, 13, 22, 26, 29, 31, 32 (*bis*), 631a4, 17, b19, 632a3, 13, b27, 633a6, 12, 581a28, 30, 582b14, 18, 583a16, 22, 30, b5, 33, 584a1, 17, 32, b13, 17 (*bis*), 585a6, 27, b21, 33, 35, 586a4, 9, b35, 587a9, 10, 33, b20, 30, 32, 634a5, 6, 19, 24, 30, 37, 39, b21, 28, 33, 38, 635a2, 20, 25, b11, 34, 636a3, 5,

586

INDEX

18, b3 (bis), 14, 20, 28, 30, 36, 637a5, 8, 12, 25, b2, 11, 32, 36, 638a2, 4, 7, 9, 29, b8 (bis), 11, 18, 28, 30 (bis), 32, 36
οὐδαμῇ 584b2
οὐδαμόθεν 626b26
οὐδαμοῦ, οὐθαμοῦ 503b12, 27, 599b4, 600a22, 611a24, 617a14
οὐδείς 487b2, 7, 22, 488a5, b26, 490a19, 491b5, 492a33, 495a5, 496a31, 501a6, 19, 24, 502b29, 504b17, 509b5, 511b17, 514b28, 35, 515a5, b13, 516a10, 30, 517a11, 25, b26, 518a12, 26, 29, 519a1, b18, 520b14, 15, 522a2, 11, 32, b1, 524b5, 14, 29, 526b15, 527b3, 528a6, 19, 529a20, b6, 530a34, 531a14, 18, 27, b9, 23, 532a6, b7, 8, 31, 533a10, b1, 2, 14, 534a26, b7, 10, 535a2, 4, 29 (bis), 30, b13 (bis), 32, 536b1, 5, 10, 537a4, b13, 538a4, 7, 8, 544b5, 547b29, 559a10, 562b12, 563a9, b10, 29, 566b4, 21, 568a1, 569a3, 19, 570a4, 571b1, 572a18, 576a12, b23, 579b10, 21, 24, 580a20, 588b1, 2, 18, 24, 27, 33, 590b18, 591a20, 28, 592b10, 593a2 (bis), 594b30, 596b15, 16, 598b2, 599a25, 33, 600b4, 602b12, 605a26, 608a29, 610b24, 611a29, 613a21, 32, 615a8, 618a4, 619a1, 621a24, 622a28, 30, b34, 623b13, 14, 17, 625a5, 15, 626a13, 628a28, 29, 30, 629a23, b10 (bis), 25, 630a7, b3, 631b4, 30, 632a4, 7, b3, 20, 633a4, 583b6, 584b2, 585a9, b5, 18, 586a2 (bis), 587b11, 635a29, b7, 636b4, 27, 637b2, 20, 638a35, b24
οὐδέποτε 503a35, 526b17, 538a16, 562b10, 568a14, 621b31, 629b12
οὐδέτερος 490a1, 498b23, 518a29, 526b17, 538a3, 542b21, 549b15, 561b26, 590a5, 633b5, 586b35
οὖθαρ 500b11, 522a8, 523a1, 2, 596a24
οὐθείς 490a31, 492b1, 493b15, 495b18, 497a31, b35, 498a23, b23, 499b18, 23, 501b4 (bis), 6, 504b4, 8, 18, 19, 28, 505a33, 506b26, 507b32, 34, 509b3, 527a17, 528a4, 529b12, 532a22, 535a13, b5, 537a16, 29, b17, 24, 539b10, 13, 540b11, 29, 541b30, 33, 546b22, 551a11, 22, 26, 554a13, 555a20, 556b24, 557b13, 559b26, 560a15, 18, 28, b31, 561a21, 32, 562a17, 23, 563b28, 566a27, 569a3, 571b2, 572b30, 573a15, 574b18, 19, 578b25, 580b28, 589a22, 599a27,

600a18, 21, b6, 7, 601b4, 15, 602b21, 30 (bis), 603b4, 6, 607b6, 613b9, 618a6, 621b16, 624a21, b11, 625a31, b21, 626a16, 33, 628a10, 632b30, 633a1, 582b31, 584b37, 585b17, 36, 586a17, 588a1, 633b30, 634b3, 7, 13, 637b6, 35
οὐκέτι 517b23, 518b13, 524a19, 539a31, 545b25, 546a14, 548a6, 554b2, 576a12, b11, 577a32, b21, 579b10, 598b25, 611a5, b4, 622a24, 628a18, 22, 631b28, 632a10, 11, b23, 24, 583a32, 638a30
οὐλή 585b31
οὖλον 493a1
οὐλότριχος 629b34
οὖν 486b22, 488a3, 489a15, 23, b10, 490a8, 12, b5, 9, 21, 491a7, 23, 27, 30, 34, b26, 492a28, 493a10, b18, 494a19, 33, b19, 24, 495a14, b16, 496a2, 497b1, 13, 499b13, 16, 30, 500a8, 27, b14, 16, 21, 30, 32, 501b1, 32, 502b27, 503a12, 504b19, 505a19, 26, b1, 23, 32, 506a31, b13, 507b12, 18, 509a27, b3, 15, 510a24, b4, 8, 15, 31, 511a35, 512b12, 513a8, b1, 16, 31, 514a28, b15, 33, 515a14, b18, 33, 516a7, 12, b3, 30, 517b15, 518a5, 27, b4, 519a20, 25, b18, 22, 32, 521b17, 29, 34, 522a9, 25, b3, 6, 523a11, 31, b21, 27, 524a2, 4, b16, 17, 22, 525a29, b4, 11, 527a1, 9, 31, 34, b17, 34, 528b10, 529a6, b14, 530a16, b17, 531a3, 12, b12, 18, 26, 33, 532b4, 27, 33, 533a18, 534a4, b11, 535a26, 29, 31, b3, 30, 536a22, b5, 9, 537a2, b21, 29, 538a22, b28, 539a16, 32, b14, 17, 540b19, 28, 541a22, b4, 29, 542a18, 20, b14, 543a30, b18, 544a27, b2, 5, 13, 22, 545a14, b25, 546b14, 18, 26, 30, 547a21, 25, 29, 33, b23, 33, 548a25, b19, 549a11, 20, 32, b6, 11, 550a3, 32, 551a10, 24, b29, 552b25, 553a4, 12, b20, 31, 554a4, b26, 557a7, 558b8, 21, 29, 559a2, 30, b6, 561a6, 24, 32, 562a20, 31, b9, 563a12, 20, 24, 564b13, 565a12, 25, b23, 566a1, 6, 26, 31, b32, 567a15, 25, 28, b21, 568a25, b22, 23, 569a7, 10, 25, 570a12, 23, 27, 571a34, b3, 8, 10, 572a10, 30, b7, 26, 31, 573a6, 17, 27, 31, b2, 574b11, 18, 575a1, 16, b33, 576a3, 6, 23, b4, 577a2, 26, 578a5, 579a11, 26, 33, 588a16, b31, 589a3, b18, 590a19, b32, 591b8, 23, 592a28, b28, 593a16, 594a7, 16, 595b4,

INDEX

οὖν (cont.)
596b6, 19, 597a30, b15, 598b7, 11, 22, 27, 599a4, 33, b24, 27, 600a29, b17, 601a22, 26, 32, b32, 602b19, 603a29, 604a14, 605a1, b6, 607b10, 608a3, b19, 609a33, 610a29, 33, 611a30, b29, 613a6, b21, 614a13, 29, 615b15, 23, 616a19, 617a8, b29, 618a12, 18, b4, 619b30, 620b9, 621a10, 622a14, b1, 24, 623a2, 11, 26, b13, 34, 624b13, 30, 625b16, 626a32, 627b22, 29, 628b31, 629a2, 24, b3, 630b12, 13, 632a6, 13, 633a23, b5, 582a16, 19, b5, 11, 583a15, 19, b2, 14, 23, 584a9, 12, 33, b1, 36, 585a8, b35, 586b32, 35, 587a6, b11, 633b14, 634a11, 32, b5, 23, 635a2, 26, 31, 636b4, 17, 27, 637a3, b3, 638b12

οὔπω 546b33, 550a6, 21, 557b24, 559b14, 576b21, 619b27, 622b16, 625b11, 628b8, 15, 629a15, 633a3, 582a9

οὐρά 498b4, 500b31, 502a18, 504a31, 525b28, 29, 526b27, 532a4, 557a24, b10, 580a28, 606a13

οὐραῖος 490a2, 4, 5, 504b16, 537a16, 540b11, 12, 566b25, 592b20, 593b6, 607b33

οὐρανός 492a20, 533a28, 569b15, 604b9, 624a24

οὖραξ 559a12

οὐρεῖν 572a29, b3, 574a18, b19, 23, 24, 578a3, 594b25, 604b17, 637a24

οὐρήθρα 493b4, 497a20

οὐρητήρ 519b17

οὔριος 560a5, 562a30, b11

οὖρον 573a16, 22, 578a4, 594b24, 583a1, 586b10

οὖς 492a13, 15 (*bis*), 18, 22, 24, 27, 29, 30, 32, b3, 15, 494b8, 14, 501a29, 502a29, 503a5, 504a21, 512a24, b19, 514a9, 16, 516a22, 517a3, 30, 533a21, 546a27, 573b8, 578b28, 597b22, 603b2, 604a20, b13, 606a14, 15, 611b30, 584b5, 586b3; (*testaceum*) 529b16

οὗτος 486a12, 23, b12, 21, 22, 487a5, 10, 18, 34, b13, 17, 19, 25 (*bis*), 28, 31, 488a10, 32, b6, 30, 32, 33, 489a1, 5, 9, 10, 12, 13, 16, 18, 21, 22 (*bis*), 23, 30, b2, 17, 24, 34, 490a1, 16, 24, b1, 9, 14, 24, 34, 491a7 (*bis*), 11 (*bis*), 14, 15, 31, b6, 12, 18 (*bis*), 19, 21, 22, 28, 492a9, 19, 23, b6, 7, 13 (*bis*), 14, 19, 22, 24, 26, 30, 34,

493a1, 5, 7, 9, 13, 18, 19, 29, 494a6, 11, 19, b1, 3, 19, 26, 31, 495a16, 17, 22, 30, 31, b9, 17, 28, 32, 496a10, b17, 24, 29, 34, 497a4, 7, 17, 28, b2 (*bis*), 22, 27, 28, 29, 33, 498a12, b23, 499a3, b2, 14, 31, 500a9, b2, 6, 14, 26, 29, 501a6, 20, 24, 26, b28, 32 (*bis*), 502a24, 32, 34, b1, 3, 4, 8, 16, 27, 35, 503a1, 26, 29, 35, b4, 16, 17, 18, 20, 504a12, 21, 27, 28, 33, 35, b17, 19, 26, 505a13, 20, b11, 20, 26, 28, 506a1, 19, b19, 32, 507a1, 11, b2, 7, 9, 11, 14, 18, 23, 25, 36, 508a12, 19, b34, 509a11, 13, 30, 35, b20, 29, 32, 510a5, 10, 16, 28, 29, 32, b5, 13, 16, 18, 25, 33, 511a6, 11, 14, 35, b3, 4, 5, 6, 8 (*bis*), 9, 11, 16 (*bis*), 32, 35, 512a8, 27, b1, 7, 8, 10, 513a8, 15, 17, 18, 21, 26, 34, 35, b9, 14, 28, 31, 32, 33, 514a3, 20, 26, 28, b2, 5, 8, 11, 12, 14, 515a15, 24, 28, b8, 16, 516a7, 15, 16, 18, 21, 30, 33, 34, b1, 2, 15, 25, 28, 30, 36, 517a7 (*bis*), 8, 9, 10, 31, 518a3, 26, 29, 32, b12, 16, 19, 23, 519a2, b25 (*bis*), 520a32, b4, 10, 27, 521a2, 27, 30, b2, 4, 12, 17, 18, 24, 522a16, b1, 4, 17, 24, 523b2, 5, 23, 28, 524a6, 8, 11, 13, b1, 2, 5, 6, 8, 10 (*bis*), 12, 15 (*bis*), 525a1, 2, 7, 8, 9, 22, 25, 31, 32, b2, 11, 30, 526a5, 8, 14, 26, 27, 31, 33, b1, 19, 22, 26 (*bis*), 30, 33, 527a4, 8, 12, 13, 16, 24 (*bis*), 26, 30, 35, b3, 14, 15, 19, 24, 32, 34, 528a24, b2, 6, 10, 16, 23, 24, 29, 30, 32, 529a4, 6, 10, 20, 24, 26, b1, 4, 7, 18 (*bis*), 24, 28, 29, 31, 530a10, 12, 17, 21, 22, 23, 26, 33, b1, 4, 5, 7, 15, 21, 25 (*bis*), 531a6, 8, 17, 19 (*bis*), 21, b9, 21, 27, 28, 532a1, 8, 10, 11, 12, 13, 14, 17, 18, 28, b3, 4 (*bis*), 9, 12, 28, 533a1, 2, 3, 10 (*bis*), 30, b17, 534a1, 6, 10, 20, 24, b7, 11, 15, 535a7, 11, 26, 28, b7, 17, 20, 23, 25, 28, 536a2, b2, 31, 537a4, 7, 15, b5, 8, 19, 21, 538a1, 3, 17, 24, b5, 6, 12, 539a7, 9, 10, 11, 13, 19, 23, 32, b4, 5, 8, 9, 15, 17, 31, 540a8, 19, b20, 27, 28, 32, 541a1, 8, 10, 14, 15, 22, 23 (*bis*), 33 (*bis*), b21, 29, 542a1, 3, 6, 10, 12, 15, 17, 18, 21, 22, b21, 25, 543a3 (*bis*), 18, 22, 29, b21, 544a14, 18, 19, 30, b6, 16, 545a13, 18, 26, b5, 6, 12, 25, 26, 28, 29, 546b11, 14, 17, 19, 22 (*bis*), 24, 25, 30, 31, 547a16, 19, 24, 33, b25, 30, 548a9, 20 (*bis*), b4, 12, 14, 21, 549a3, 5, 8, 11, 12, 16, 18, 25,

INDEX

b4, 6, 9, 30, 550a14, 19, 23, 25, b9, 19,
27, 551a7, 10, 18, b12, 13 (bis), 25, 552a3,
17, 22, 28, 31, b2, 14, 16, 25 (bis), 553a6,
12, b10, 554a14, 27, b14, 19, 26, 555a8,
14, 18, 20, 22, b9, 25, 26, 556a21, b4,
24, 25, 29, 557a2, 6, 22, 26, b6, 17, 23,
26, 27, 558a6, 21, b3, 9, 28, 559a2,
560b9, 29 (bis), 561a9, 12, 16, 19 (bis),
29, b1, 2, 7, 10, 18, 24, 31, 562a2, 5, 10,
21, 23, 27, 28, b15, 563a6, 8, 17, 23, b3,
10, 11, 15, 21, 25, 28, 564a1, 4, 11, b2, 4,
5, 13, 29, 31, 565a8, 20, 31, b3, 31,
566a1, 2, 6, 19, 27, 30, b4, 26, 567a16,
21, b1, 3, 7, 19, 24, 26, 568a6 (bis), 7, 8,
9, 14, b4, 8, 10, 18, 23 (bis), 26, 569a4,
6, 8, 16, 17, 18, 21, 26, 30, b12, 19, 20,
25, 570a6, 14, 15, 18, 24, 29, b4, 6, 7,
16, 20, 22, 29, 571a1, 9, 29, b6, 14, 28,
34, 572a13, 14, 20, 21, 27, 31, b29,
573a4, b2, 3, 5, 24, 27, 574a18, 19, 21,
26, 27, 29, 30, 33, b1, 3, 5, 17, 18, 19, 21,
24, 575a6, 7, 9, 10, b2, 12, 22, 23, 576b5,
9, 18, 577a9, 11, 20, 30, b9, 14, 17, 578a5
(bis), b21, 29, 30, 579a4 (bis), 15, 27, b10,
25 (bis), 580a16, 19, b5, 24, 588a17, 32,
b2, 7, 589a4, 11, 15, 17, 29, 33, b2, 6, 16,
21, 27, 29, 590a16, 23, 24, 26, 28, b10,
14, 32, 591a2, 8, b5, 592a2, 20, 28, b3,
4, 11, 14, 20, 23, 25, 26, 28, 593a1, 3, 5,
7, 11, 14, 22, 28, b2, 5 (bis), 6, 7, 10, 18,
21, 594a7, 20, 23, 27, b22, 32, 595a16,
18, 21, 27, 28, 29, b4 (bis), 8, 19, 25,
596a2, 19, 22, 27, b12 (bis), 597a6, 7,
b18, 598a15, 18, 19, b15, 20, 599a4, 5,
22, 24, b3, 13, 32, 600a31, b1, 2, 3, 5, 7,
11, 16, 26, 29, 601b1, 602a7, 14, 17, 29,
b4, 5, 7, 8, 10, 19, 20, 24, 603a5, 7, 10,
29, b9, 12, 604a1, 2, 5 (bis), 7, 18, 23,
b8, 13, 17, 18, 605a1, 2, 29, b6, 14,
606b5, 607a12, 19, b14, 19, 608a34, b4,
6, 7, 26, 33, 609a2, 3, 13, 22, 33, 35,
b13, 23, 610a27, 29, 34, b7, 19, 611a13,
21, 32, 35, b1, 6, 12, 17, 22, 25 (bis), 29,
612a4, 9, 25 (bis), 27, 31, b3, 9, 613a6,
27, 33, b20, 614a1, 2, 4, 5, 6, 11, 13, 16,
17, b6, 615a5, 9, 11, 12, 16, 25, b5, 11
(bis), 16, 25, 616a3 (bis), 4, 8, b7, 8, 26,
28, 617a7, 8, 13, 14, 16, 18, 20, 22, 23,
29, b6, 11, 12, 14, 16, 618a4, 5, 7, 13, 18,
27, 29, 34, b19, 27 (bis), 29, 619a4, 9, 12,
19, b3, 11, 14, 21, 25, 620a5, 21, 29, b2,

9, 21, 23, 25, 35, 621a13, 25, b3, 4, 5, 12,
21, 31, 622a10, 11, 13, 17, 24, b1, 3, 4, 12
(bis), 22, 623a2, 7, 10, 15, 17, 22, b4 (bis),
6, 8, 13, 24, 25, 30, 31, 33, 624a3, 4, 14,
17, 25, b1, 11, 15, 26, 625a7, 9, 17, 20,
29, 33, b7, 11, 17, 626a10, b3, 17, 627a2,
18, b6, 14, 16, 22, 23, 29 (bis), 628a5, 14
(bis), 15, 16, 19, 24, 27, b6, 31, 629a4, 6,
9, 20, 21, 31, b4, 24, 32, 33, 630b10, 12,
17, 22, 27, 29, 631a3, 16, 23, 32, b3, 30,
632a2, 15, b4, 6, 22, 26, 32, 633a1, 3, 5,
19, b5, 6, 581a17, 21, 22, 29, b1, 7, 12,
20, 29, 582a8, 15, 33, b7, 12, 13, 14, 20,
31, 583a3, 4, 25, 30, b2, 5, 8, 9, 13, 16,
35, 584a4, 17, 25, 33, b16, 20, 22, 27, 34,
585a15, 19, 21, b4, 7, 16, 36, 586a4, 27,
b23, 30, 34, 35, 587a29, 31, 32, 633b15,
16, 17, 23, 27, 30, 634a4, 10 (bis), 11, 13,
18, 28, 38, b1, 6, 10, 21, 23, 24, 26, 27,
30 (bis), 635a7, 16, 29, 31, 35, 38, b2, 6,
10, 16, 18, 23, 26, 31, 36, 39, 40, 636a10,
16, 19, 21, 24, 37, b2, 3, 6, 10, 15, 19, 26,
34, 637a19, 20, 21, 23, 25, 26, 28 (bis),
36, 37, b8, 12, 16, 18, 20, 21 (bis), 25,
638a10, 19, 20, 27, b18, 22, 27
οὕτως, οὕτω 491a11, 21, 492a26, 496a3,
498a8, b6, 503b2, 505a31, 506a15, 26,
33, 510a3, 512b12, 513b5, 20, 514a8,
515a16, b1, 516b10, 25, 518b7, 519b29,
521a13, 524a14, 525b8, 527a20, b22,
531b3, 6, 532a32, 533b25, 534b27,
535b31, 536b6, 537a14, 22, 30, 538a1,
19, 539a21, b27, 540a19, b1, 542a15,
543b27, 545a29, 546b20, 548a7, 549a31,
550a8, 553b17, 25, 555b26, 557b18,
559b13, 562b9, 31, 563a20, 566a3,
567b24, 568a23, 569b18, 570a7, 571a4,
b20, 572a31, 573a1, 575b11, 577b12, 14,
579a3, 16, b8, 580a8, b17, 588a30, b4,
589a25, 594a19, 595b24, 596a18, b28,
605a13, b23, 611a19, 612a15, 19, 613b31,
614a26, b13, 615b14, 17, 616a12, 618a15,
619b34, 621a8, 29, 622a26, 624b2,
626b14, 631b6, 15, 17, 587b24, 633b22,
634a14, b24, 635a3, 10, 17, 27, b24,
637a21, 30, 638a15, 20, 21, b3, 4, 11
ὀφθαλμοβόρος 617a9
ὀφθαλμός 486a17 (bis), 491b18, 20, 27, 30,
32, 33, 34, 492a7, 21, 31, b3, 494b12,
495a11, 503a9, 31, b1, 7, 18, 19, 504a23,
505a35, 511b25, 513a1, 520b4, 5, 524a15,

INDEX

ὀφθαλμός (cont.)
b3, 526a7, b1, 3, 527b8, 10, 13, 20,
529b27, 532a5, 533a3, 6, 10, 14, 20,
536a19, 550a25 (bis), 561a19, 28, 29,
567b29, 33, 569b30, 573b14, 600b27,
609b24, 620a1, 4, b13, 627a3, 630a27,
b1, 583b19, 586b3, 633b20, 28, 634a22
ὀφίδιον 607a24, 30, 34
ὄφις 488a24, b16, 489b29, 490a11, 31,
b24, 25, 500a4, 504a14, 18, 505b5, 8,
10, 12, 17, 31, 508a8, 24, 26, 28, b5, 6,
8, 509b4, 16, 511a14, 15, 18, 516b19,
536a6, 538a27, 540a33, b2, 3, 30,
549b26, 558a25, b1, 8, 567b26, 571a30,
594a5, 6, 9, 12, 15, 16, 22, 599a31, 33,
600b23, 26, 27, 601a15, 602b25,
604b25, 606b9, 12, 607a21, 22, 31,
609a5, 24, b28, 30, 610a12, 612a16, 28,
30, 35 (bis), b3, 621a2, 6
ὀφρύς 491b14, 34, 511b25, 518a21, 28, b7
ὀχεία 488b1, 6, 500a15, b9, 13, 509b20,
31, 510a1, 519a12, 522a8, 524a8, 536a13,
19, 25, 539b14, 18, 540a2, 12, 17, 24, 28,
31, b5, 20, 31, 541a12, 15, 23, 24, 30, 33,
b23, 542a13, 18, 19, 24, b3, 543b30,
544b13, 545a3, 10, 23, b18, 546a11, 15,
30, b2, 5, 9, 10, 14, 549a14, b29,
550b24, 551a29, 553a7, 556b13, 23,
558b10, 559b22, 560a10, 18, b13, 16, 20,
26, 562a22, 564a32, b10, 566a3, 567a25,
29, 569a18, 26, 570a3, 6, 12, 27, 28,
571a24, b5, 8, 10, 12, 15, 23, 24, 32,
572a6, 23, b2, 5, 11, 17, 24, 27, 573a6, 8,
28, 29, 34, b1, 9, 18 (bis), 34, 574a13, 19,
20, 33, b10, 575a13, 16, b15, 18, 29, 32,
576b3, 24, 577a23, 578a21, b6, 12,
579a18, 25, 581a1, 588b29, 596b20,
597a29, 607a8, 613a2, 614a27, 29,
621b26, 27, 622b17, 629a23, 632a22,
633a11, 585a3, 637a7, 10
ὀχεῖον 572a14, 630b33
ὀχέτευμα 492b16
ὀχετός 515a23
ὀχεύειν, -εσθαι 491a4, 500b11, 510a3, 4,
b4, 519a13, 522a11, 16, 538a19, 539b10,
14, 17, 32, 540a9, 13, 14, 16 (bis), 20, 21,
23 (bis), b12, 23, 541b18, 19, 22, 25,
542a6, 10, 12, b28, 543b27, 544a7, 26,
31, b19, 545a24, 25, 28 (bis), b1 (bis), 3, 4
(bis), 9, 10, 11, 13 (bis), 15, 16, 21 (bis),
546a1 (bis), 4 (bis), 7, 9, 13, 21, 25, 28,

32, b2, 6, 14, 15, 550b25 (bis), 553a19,
32, 555a19, 27, b18, 556a25, 558a1, b11,
559b7, 560a12, 14, 17, 19, b7, 27, 29,
562b26 (bis), 27 (bis), 28, 564a24, 31,
565b20, 566a18, 567a28, 571a11, b33,
572b21, 32 (bis), 33, 573a23, 33, b10, 29
(bis), 574a1, 3, 4 (bis), 9, 16, 17, 24, b14,
27 (bis), 29, 575a20, 22, 23, 30, b13, 14,
21, 22, 24 (bis), 576a3, 20, b20, 21, 23,
24, 26, 27, 577a13, 14, 18 (bis), 22, 28,
b5, 12, 17, 19, 24, 578a17 (bis), 18, 25,
b9, 579a9, 31, 32, b30, 31, 580a2, 6, 13
(bis), 599b21, 607b5, 609b23, 25, 613a6,
614a3, 4, 8, 9, 25, 616b33, 617a3,
621b23, 628b14, 16, 630b22, 34, 631a4,
5, b10, 16, 18, 26, 29, 637b6, 37
ὄχευμα 577a26
ὀχευτικός 564b11
ὀψέ 520b2, 536b7, 561a20, 570b23, 574a4,
587b11, 13, 635a39
ὀψίγονος 571a2
ὄψιμος 543a10, 553b20
ὄψιος 627b20
ὄψις 487b28, 492a4, 494b33, 496b20,
497a32, 502a11, 503a34, b1, 507b4,
532b32, 533a3, 534b17, 535a13, 557a23,
b27, 561a29, 580b3, 592b14, 602a11,
b10, 607a11, 608a6, 612b11, 621a11
ὀψοφαγεῖν 625b21

πάγκρεας 514b11
πάγος 523a20, 597a19, 603a7, 27, 633a28
πάγουρος 525b5
πάθημα 486b5, 491a19, 608a14, 637a36,
b4, 25
πάθος 519a3, 528b14, 21, 540b11, 572a15,
18, 32, b26, 574b3, 28, 599a5, 600b29,
603b5, 628a30, 631b5, 588a6, 634a3,
26, 28, 36, 38, 40, 635a3, 5, b5, 18, 26,
31, 636a11, 13, 21, 24, b6, 637a6, b9,
638a10, 18, 19, 36, b2, 4, 16, 18, 32
παιδεύεσθαι 630b19
παιδικός 581b11
παιδίον 501a2, 522a7, 523a12, 536b5,
537b14, 581b2, 4, 584a23, 585a25, 27,
30, 587a13, 18, 19, 23, 26, 34, b5, 13, 14,
588a3, 11, 638b33
παιδοτρόφος 542b9
παίζειν 572a30
Παίονες 630a20
Παιονία 499b13, 500a1, 630a18

590

INDEX

Παιονικός 630a19
παῖς 518a30, 557a7, 588a31, 631a9, b31, 633a24, 581b6, 9, 10, 29, 582a8, 587a30
παλαιός 522b10, 538b1, 552b7 (bis), 578a6, 9, 580b8
παλαιοῦσθαι 524b30, 557b6
παλαιστή 606a14
παλεύτρια 613a23, 28
πάλιν 497a16, 500a11, 504a16, 505a10, 508b7, 31, 510a18, 20, 513b3, 26, 33, 514a10, 37, 515a2, 10, b19, 522a16, b4, 524b12, 528b27, 529a12, 531b24, 542a14, 545b9, 546a28, b9, 11, 548a17, 20, 21, b18, 551b25, 552a27, 556b18, 24, 560a19, b17, 562b17, 563a3, 567b26, 569b1, 570a9, 573b8, 574a24, 575a15, 576a10, 579a14, 588b25, 590b9, 596a8, 597b8, 598a18, 600b24, 604a25, b14, 607b17, 22, 611a19, 612a26, 613b21, 614a12, 620a9, b3, 621a9, b15, 32, 623a17, 21, 624a25, 625b27, 627a26, 628a15, 16, 629b16, 26, 630b22, 631a14, b6, 582b26, 585a7, b28, 587a24, b28, 633b22
πάμπαν 498b20, 499a12, 502a33, 503a3, 506a19, 507b32, 508b10, 509a23, b27, 510a4, b30, 513b11, 514a23, 516b8, 519b1, 17, 521a32, b9, 13, 16, 523a21, 527b23, 528b25, 530b18, 531a2, 13, 532b3, 537b15, 539a30, 547b26, 550a8, 557b10, 561a18, 562a13, 566a8, 577a1, 580b22, 591b28, 594a1, 600a16, 601a19, b1, 602a6, 581a26, b3, 16, 582a7, 584b11, 586b17
παμπληθής 567b2
παμφάγος 488a15, 590b10, 593b14, 25, 594a5, b5, 596b10, 12
Παμφίλη 551b16
πανθήρ 580a25
πανουργία 588a23, 614a30
πανοῦργος 488b20, 494a17, 613b23, 615a22, 621b28
πανσέληνος 544a20, 555a10, 599b16, 622b27, 588a10
παντάπασι 564a15, 605b23
πανταχόθεν 623a9
πανταχοῦ 545a31, 557a25, 617a12
παντελῶς 500a20, 22, 503b17, 515a30, 521a15, 531b9, 588b21, 634b36
παντευχία 633a21
πάντῃ 497a21, 498b28, 519b31, 520a7, 33, 521a7

παντοδαπός 505b11, 525b3, 552a12, 558b19, 602a20, 609a16, 632b24, 584a18
πάντοθεν 596b11
πάντως 634b38
πάνυ 500a21, 506b13, 508b24, 533b29, 542a5, 554b11, 568a30, 579b8, 600b6, 607a31, 625a5, 630b29, 635b13, 637a31
παραβάλλειν 592a1, 597b15, 626b7
παραγγέλλειν 533b20
παράγειος 602a16
παραγίνεσθαι 597b8, 584a20
παραδίδοσθαι 623b27
παραδύεσθαι 613a9
παρακαθιέναι 622b14
παρακεῖσθαι 599a25
παρακλίνεσθαι 540a1
παρακολουθεῖν 496a29, 504b26, 544a4, 566b22, 572b4, 624b7
παρακομίζειν 580a17
παραλείπειν, -εσθαι 491a24, 541a19
παράλευκος 524a6
παραλλάττειν 516b13
παράλογος 599b15
παραμένειν 621a23
παρανευρίζεσθαι 581a20
παραπέτεσθαι 563b12
παραπίπτειν 525a24, 540b6, 9, 22, 541a32
παραπλησιάζειν 635a35
παραπλήσιος 494b24, 497a22, 498a27, b3, 499a8, 502a29, 505b8, 13, 507b8, 37, 508a9, 12, 519b26, 525a31, 528b12, 530a8, 11, 14, 535b19, 539b6, 554a26, 563b24, 578a31, 579b20, 588b3, 592b12, 26, 597b20, 606a24, 610b13, 616a22, 30, 617a13, b8, 621a3, 623b7
παραπλησίως 503a1, 511a17, 516a1, 5, 517b24, 549b23, 628a20
παραπορεύεσθαι 577b31
παραποτάμιος 630b26
παρασκευάζεσθαι 625a22, 636b21
παρασκευή 571b17
παρατείνειν, -εσθαι 506b13, 529a22, 587a26
παρατηρεῖν 620a8
παρατίθεσθαι 564b9, 622b34, 625b31
παρατρίβεσθαι 540b12
παρατυγχάνειν 568b17, 631a30
παραφέρεσθαι 534a3
παραφυάς 526a29

591

INDEX

παραχρῆμα 548a8
παρδάλια 503b5
παρδαλιαγχές 612a7
πάρδαλις 488a28, 499b8, 500a28, 501a17, 606b16, 608a34, 612a7, 12, 13
πάρδαλος 617b6
πάρδιον 498b33
πάρεγγυς 605b25
παρεγκεφαλίς 494b32, 495a12
παρεγκλίνειν 498a16
παρεῖναι 560b31, 567b11, 613b29, 637b13
παρεκκλίνειν 578b10
παρεμφερής 524b10
παρέπεσθαι 567b4, 573a14
παρέρχεσθαι 510a2, 561a7, 576a11
παρέχειν, -εσθαι 490b30, 495b18, 501b27, 550a14, 572a3, 573b7, 10, 595b8, 621a24, 584a26, 585a10, 633b23, 635b9, 638b22
παρθένιος 581b11
παρθένος 581b29, 30, 582a5
παριέναι (-ειμι) 609a32
παρίσθμιον 493a1
παριστάναι 572b4
παρισχναίνειν 546a3
παροικοδομεῖν 623b32
παροιμία 606b19, 611a27
παρόμοιος 616a19, 617a28, 622a11
παροξύνειν 577b31
παρορᾶσθαι 602b3
παρορμᾶν 630b1
παροχεύεσθαι 613a7
πάρυδρος 593b8
παρυφαίνειν 529a15
παρώας 630a29
πᾶς 486a13, 15, b15, 487a30, b28, 29, 488a8, 9, 30, 34, b29, 489a1, 5, 6, 16, 17, 20, 26, 31, 33, b22, 490a10, 21, 26, b3, 9, 14, 20, 21, 26, 27, 491a10, b26, 28, 492a1, 9, 27, 30, b23, 29, 493b2, 20, 31, 494a15, 16, 29, 33, b31, 34, 495a4, 7, 21, 22, b11, 496a9, 29, b26, 497a1, 3, 8, 30, 34, 35, b6, 17, 19, 32, 498a25, b7, 16, 499a31, b26, 31, 500a2, 27, b17, 501a10, 22, 23, 502a7, b4, 26, 34, 35, 503a6, 7, 8, b1, 30, 504a5, 6, 9, 23, 26, 29, b17, 20, 505a1, 2, 5, 10, 11, 18, 28, 29, 35, b3 (bis), 33, 506a1, 2, 9, 11, 27, b6, 25, 507a2, 20, 24, 30, b17, 18, 30, 31, 508a6, 9, b3, 24, 509a12, 20, 30, b25, 510a13, b6, 8, 16, 18, 511a24, 32,
b2, 18, 512a13, 513a10, 27, 30, 35, b22, 27, 514a18, b12, 13, 515a18, 19 (bis), 25, 35, b1, 6, 11, 12, 19, 23, 516a8, 10, 13, 15, b10, 22, 517a20, b27, 28, 518a5, 6, 13, b13, 519b7, 14, 15, 27, 520a21, b3, 5, 7, 12 (bis), 24, 27, 521b5, 11, 20, 26, 522a33, b8, 523a3, 8, 13, 17, b24, 26, 28, 524a19, b8, 525a9, 11, 18, b11, 17, 25, 526b18, 21, 22, 32, 527a9, b2, 3, 6, 528a1, 8, 33, b6, 8 (bis), 22, 26, 529a11, 14, 29, 32, b4, 11, 18, 530a19, 25, 33, 34, b6, 21, 27, 30, 531a2, 8, 10, 19, b1, 26, 30, 532a7, 25, 30, b27, 30 (bis), 533a1, 2, 7, 18, b9, 21, 534a14, 23, b11, 16, 535a2, 5, 27, b7, 10, 20, 536b3, 4, 25, 26, 29, 537a2, b27, 538a21, 30, b3, 6, 12, 28, 539a1, 32, b18, 21, 540a31, b6, 15, 18, 19, 21, 22, 28, 32, 541a1, b2, 23, 542a9, 18, 26, b21, 543a19, 23, 30, 544a2, 23, 28, 31, b8, 15, 545a17, 546a21, 547b4, 18, 548b5, 31, 549a6, 8, 20, 34, b28, 550a12, b26, 551b13, 552a8, b2, 10, 553a18, b11, 554a11, b20, 21, 26, 555a1, 27, b1, 4, 556b23, 557a18, 26, 31, b8, 11, 558a1, b11, 12, 28, 559b6, 560b2, 18, 561a2, 5, 27, b21, 562a17, 28, b3, 6, 563b4, 7, 564a11, 12, 17, b14, 23, 29, 565b17, 21, 566a20, b13, 567a4, 19, 20, 22, 25, 27, b2, 6, 568a14, 19, b5, 27, 569a5, 22, b2, 570a8, 25, 30, b4, 571a20, 21, 28, b4, 8 (bis), 572a22, b20, 573a27, 29, 33, b3, 574b1, 23, 576a13, 24, b13, 20, 21, 577b1, 578a15, b28, 579a32, b32, 580b17, 588b16, 28, 589a5 (bis), 8, 32, b29, 590b5, 20, 591a7, 9, 17, 22, b26, 592a30, b1, 5, 14, 15, 593a1, 22, 24, b6, 29, 594a9, 26, b16, 595a14, 19, 23, b4, 596a25, b2, 12, 23, 597a24, b26, 598a12, 17, 30, 599a11, 12, b5, 600a12, 21, b23, 30, 31, 601a3, 26, 602b5, 604b5, 28, 605b19, 606a7, 10, 12, b18, 607a27, b9, 26, 608a3, 21, 33, b5, 25, 609b14, 610b23, 611a9, 613a6, 614a8, b3, 616a16, 617b12 (bis), 32, 618a20, 619a29, b7, 20, 621b6, 22, 31, 622a5, b20, 22, 24, 25, 34, 623b6, 624b26, 32, 627a11, b27, 628a4, b30, 629a15, 26, 630b18, 631a14, b6, 24, 632a8, b4, 581a19, 582b9, 28, 583a31, b8, 18, 23, 584a3, 35, 586a21, 31, 35, b4, 6, 587a29, b12, 16, 633b29, 634a23, b35, 635b1,

INDEX

636a2, 6, b14, 637a12, 13, 14, 18, b4, 9, 19, 638b12
πάσχειν 486b6, 19, 488b10, 499b2, 572a15, 601b14, 602a4, 7, b23, 604a2, 619a19, 622a17, 29, 30, 626a33, 635a35, b25, 39, 636a9, 10, 16, 25, 26, 638b16
παταγεῖν 632b17
πατάσσειν 537a14, 567a11, 579a16, 607a17
πατήρ 563a7, 580b7, 615a10, b27, 586a6 (bis)
πατταλίας 611a34
πάτταλος 611a33
πάττειν 596a21
παύεσθαι 536a30, 537b9, 576a4, 598a18, 585b2, 587b28, 635a23, 636b33
παῦλα 585a35
πάχνη 595b16, 596b1
πάχος 502a14, 507b26, 30, 517b8, 523a22, 527a29, b31, 528a27, 533a11, 548a12, 554a9, 11, 618a5, 630a33
παχύνεσθαι 515b3, 522a1, 523a23, 559b26, 596a26, 581b27
παχύς 494a17, 495b28, 496a6, b15, 502a26, 507a9, 511b24, 512a14, 15, b9, 514b4, 517b11, 12, 518b29, 519b3, 520b21, 521a3, 5, 22, 33, b28, 33, 523a19, 24, 524b13, 526a17, b1, 531a25, 533a5, 554a25, b12, 16, 555a15, b2, 7, 10, 561b15, 571b17, 573a16, 18, 19, 22, 574b5, 11, 595b31, 600a23, b13, 605a18, 607b11, 611a23, 619a5, 622b11, 623a3, 628a31, 583a1, 17, 588a5, 638b20
παχύτης 574b12, 579a5, 580a3, 595a20, 611a25, 581b26
παχύχειλος 528a29
πεδιάς 556a5
πεδινός 619a25
πεδίον 556a22, 597a5, 19, 607a10, 617a4, 618b19, 22, 619b1
πεζεύειν 487b23, 589b28, 593a25
πεζός 487a21, b20 (bis), 488a1, 490a33, b23, 505a22, 508a9, 510a13, 516b3, 517a3, b1, 4, 5, 532b33, 536b25, 537b27, 538a22, b6, 539a13, b19, 540a27, 541a3, 542a23, 27, 566b29, 571b4, 6, 579a7, 589a10, 13, 15, 21, 23, 24, b3 (bis), 590a5, 7, 13, 600b17, 631b23, 582b34, 586a22
πειθαρχεῖν 610a29
πεινῆν 594a27, 595a15, 623a16, 627a30, 629b9, 631a25

πεῖρα 590a24
πειρᾶσθαι 595b21, 620a28, 625a28, 32, 581a21, 29, 637b17
πειρατέον 491a11, 539a5
πελάγιος 488b7, 524a32, 525a15, 530b5, 550b12, 570b28, 598a2, 9, 12, 602a16, 621b18, 22
πέλαγος 542b16, 543b5, 549b19, 21, 566a24, 569b20, 590b22, 597a15, 17, b32 (bis), 615b3
πελαργός 593b3, 19, 600a19, 612a32, 615b23
πελειάς 544b2 (bis), 3, 597b3
πελεκάν 597a9, b29, 614b27
πέλεκυς 638b11
πελιδνός 523a9
πέλλος 609b22, 23, 616b33
Πελοπόννησος 593a11, 618b15
πέμπτος 533a17, 574a26, 576b30
πενταδάκτυλος 497b24, 498a34, b2
πενταέτηρος 575b6
πενταετής 575b4
πεντάκις 568a17, 579b9
πεντάμηνος 585a19
πενταχῇ 526b8
πέντε 493b28, 494a13, 502b16, 505a18, 524a26, 525b15, 18, 19, 27, 526b9, 530b24, 26, 30, 532b32, 537b16, 542b17, 26, 544a3, 545b19, 20, 30 (bis), 546b8, 549a2, 560a2, 564a25, 566b24, 568a12, 573b20, 574b8, 25, 576a30, b4, 579a21, b9, 592a14, 596a6 (bis), 17, 601a16, 607b33, 613a18, 616a1, 33, 618b13, 627b4, 584b33, 35
πεντεκαίδεκα 546b8, 549b10, 550a27, 28, 573b15, 25, 574b32, 575a31, 607b33, 613a24
πεντεκαιδεκαετής 546a14
πεντεκαιείκοσι 576a27
πεντήκοντα 545b28, 550a4, 568b16, 576a28, 578a12, 603a16, 621a26, 585b4
πεπαίνεσθαι 541b24
πεπλανημένως 634a13, 17
περαίας 591a23, 24
περαίνειν, -εσθαι 492a21, 494a24, 497a10, 516a35, 533b2
πέρας 495a30, 515a4, 570b8, 623a9, 638b6
πέρδιξ 488b4, 508b28, 509a21, 510a6, 536b13, 541a26, 559a1, 23, b28, 560b13, 16, 563a2, 564a21, b12, 613a24, b7, 15,

INDEX

πέρδιξ (cont.)
  18, 21, 614a9 (*bis*), 10, 22, 26, 29, 32, 621a1, 633b1
περιάγειν, -εσθαι 631b15, 586b5
περιαιρεῖν, -εῖσθαι 503b19, 547a23, 557b20, 22, 603a11
περιαλείφειν, -εσθαι 534a19, 624a14
περιάπτειν 557b29
περιαρμόττεσθαι 500a9
περιβαίνειν 540a14
περιβάλλεσθαι 533b25, 537a20, 541a21, 560b9
περίβολος 630b16
περιγίνεσθαι 558a27
περιδεῖν 590a25, 623a14
περιελίττειν, -εσθαι 540b2, 568a23, 623a14, 34
περιείργεσθαι 551b4
περιέρχεσθαι 565a17, 19, 597b24
περιεσθίεσθαι 591a5
περιέχειν, -εσθαι 490b16, 491b2, 494b29, 495a8, 24, 503a33, b19, 504b14, 509b27, 523b24, 524b19, 527a33, 528a12, 18, 534b13, 543a1, 551a20, 552b25, 555b4, 12, 28, 558a28, 561a15 (*bis*), 23, b6, 8, 21 (*bis*), 565a7, 9, 567b29, 568b10, 586a20, 25, 26
περιθεῖν 623b1
περιιέναι (-ειμι) 568a13
περιίπτασθαι 542b24
περιιστάναι, -ασθαι 559b12, 560b3, 565b3, 586a19
περικαθαίρειν 598b14
περικαλύπτειν, -εσθαι 630b33, 631a4
περικυκλοῦν 533b11
περιλαμβάνειν, -εσθαι 510a22, 514a21, 523b13, 555b24, 561b24, 594b13
περιλείπειν 637a9
περιλείχειν 605a4
περινεῖν 621a18
περίνεος 493b9
περίνεφρος 520a31, 33
πέριξ 493a32, 587a21
περιορᾶν 625b34
περιπάττεσθαι 534b22
περιπέτασθαι 609a14
περιπέτεια 590b13
περιπέτεσθαι 627a27
περιπίπτειν 613b17
περιπλάττεσθαι 621b8
περιπλέκεσθαι 540b1, 550a12

περίπλεως 585a24, 26
περιπλοκή 540b4
περιπλύνεσθαι 591a28
περιρραίνειν 567b4
περιρρηγνύναι, -υσθαι 550a17, 29, 551a23, b18, 552a6, 9, 554a30, 555b29, 556b7, 558a29, 565a26, 28, 578b22, 601a5, 8, 13, 14
περιστερά 488a4, b3, 506a16, b21, 508b28, 544a30, b2, 3, 6, 8, 558b13, 22, 23, 26, 559a23, b29, 560b10, 21 (*bis*), 25, 562a24, b5, 14, 26, 563a3, b21, 564a8, 593a16 (*bis*), 20, 597b5, 612b31, 613a12, 22, 620a24, 29, 633b4
περιστεροειδής 544b1, 562b3, 593a24
περιστρέφειν 504a16
περισχίζειν 550a30
περισώζεσθαι 604a10
περιτείνειν, -εσθαι 536a17, 548b32, 591b2
περιτίθεσθαι 623a33
περιτρέχειν 572b15
περιτρίβεσθαι 627a13
περιττεύειν 619a20
περιττός 511a27, 530b31, 531a9, 532b18, 589a31, 616b6
περίττωμα 487a5, 488b34, 489a3, 4, 493b5, 500b29, 509a11, b18, 29, 511b9, 524b21, 526b28, 527a8, 12, 529a11, 14, b8, 10, 530b20, 23, 27, 531a14, b8, 532b14, 539a25, 541b32, 551a6, 25, 27, 556b16, 562a9, 11, 573a17, 594b21, 605a24, 623a31, 626a25, 630b17, 581b30, 583a3, 586b8, 587a28, 30, 634b8, 638b20, 26
περιττωματικός 531a29, 582a8, 584a6
περιττῶς 622b6
περίττωσις 489a7, 520b15, 529b15, 16, 530a3, b28, 531a24, 540b26, 541a4, 7, 579b21, 25, 610b16, 582b31
περιτυγχάνειν 569a4, 615b4
περιφέρεια 492a31, 494b14, 498a7, 502b2, 529b2, 542a16, 559a29
περιφερής 491b14, 577a10
περιφράττειν 603a9
περιφύεσθαι 549a23
περιχάσκειν 604b18
περιχεῖσθαι 571a5
πέρκη 505a17, 508b17, 568a21, 22, 24, 599b8
περκόπτερος 618b32
πέρκος 620a20

594

INDEX

περονίς 516a28
Περσικός 580b29
περυσινός 556a7, 628a26
πέτασμα 541b6
πέτεσθαι 504a34, 528a31, 535b27, 28, 30, 551b25, 552a8, b21, 555a3, 563b8, 12, 597a10, 32, b13, 14, 605b14, 618b11, 20, 619a15, 28, b6, 27, 620a11, 25, 28, b1, 3, 621b11, 624a26, 30, 625b4, 10, 627a25, 628a33
πέτρα 523b33, 530a20, 531a12, 32, b4, 16, 534a1, 2, 3, 537a18, 24, 542b18, 548a24, 25, b5, 559a11, 563a5, 564a6, 578b21, 590a32, 599b1, 610a10, 611a21, 615a1, 13, b16, 616b26, 617a16, 24, 26, 618b1, 619a26, b8, 622a28, 629a29
πετραῖος 488b7, 505b18, 538a30, 543a5, 548b16, 570b26, 590b11, 591b13, 598a11, 16, 599b7, 29, 617a23, 633a21
πετρίδιον 547b21
πετρώδης 505b15, 549b14
πέττειν, -εσθαι 521a17, b3, 522b7, 538a10, 554a6, 565b23, 614b29, 638b4, 12
πεύκη 552b2
πῇ 529a25, 26, 539a3 (bis)
πήγανον 612a29
πῆγμα 516a4
πηγνύναι, -υσθαι 491a32, 497a10, 515b32 (bis), 35, 516a5, 520a7, 9, 10, 21, b24, 25, 26, 521a15, 34, b29, 31, 34, 522a1, 22, 23, b2, 4, 523a21, 22, 559b14, 15, 560a23 (bis), 24, 25, 575b11, 627a2, 587b13
πηδάλιον 532a29, 535b12, 622b13
πηδᾶν 552b13, 555b5, 561a12, 571a32, 580a31, 622b33, 629b19
πηδητικός 532a27, 622b30
πηκτός 614a12
πηλαμύς 488a6, 543a2, b2, 571a11, 19, 598a26, 610b6
πηλεῖσθαι 622a16
πήλινος 555a14
πηλός 552b28, 31, 555a17, 559a6, 570a9, 16, b23, 24, 571b18, 591b11, 20, 592a8, 595a31, 599b27, 612a18, b22, 23, 24, 618a34, 620b21
Πηλούσιον 617b30, 31
πηλώδης 549b15, 18
πηνέλοψ 593b23
πηνίον 551b6
πῆξις 516a2

πηροῦν, -οῦσθαι 491b34, 498a32, 500a12, 533a2, 12, 573b5, 590a1, 620a1, 631b31, 632a6, 581b22
πήρωμα 638b25
πηχυαῖος 606b6, 607a32
πῆχυς 493b27, 513a3, 524a26, 558a23, 606a14, 607b33, 615b32
πιαίνειν, -εσθαι 520b7, 546a16, 595a20, 22, 24, 25 (bis), 28, 30, b6, 23, 596a16, 24, 26, 603b27, 31, 632a22
πιέζειν, -εσθαι 526a24, 622a34
πίειρα 600a23
πιθηκοειδής 498b15
πίθηκος 502a17, 18, 19, 22, 27
πιθώδης 558a8
πικρίς 612a30
πικρός 506a33, 530b32
πιμελή 487a3, 497a2, 511b9, 519b34, 520a6, 8, 11, 15, 20, 521a18, b31, 532b8, 571a8, 29, 31
πιμελώδης 495b12, 30, 496a6, 520a14 (bis), 17, 21, 27, b6, 521b10 (bis)
πίμπλασθαι 576b29
πιμπράναι 522b28
πίνα, πίννα 528a24, 26, 33, 547b15, 28, 548a5, 588b15
πίνειν 495a26, 497b27, 519a13, 520b30, 559b4, 574a9, 578a15, 594a3, 595a7, 26, b23, 29, 31, 596a1, 2, 7, 21, 23, 597b29, 601a31, b3, 4, 605a10, 11, 15, 28, b2, 4 (bis), 606b24, 27 (bis), 607a26, 611b23, 613a13 (bis), 626b25, 27, 585a33
πινοθήρης 547b28
πινοφύλαξ 547b16, 548a28
πινύσκειν 542b8
πιότης 515a22, 520a23
πίπρα 609a7
πίπτειν 524a19, 553b29, 597b9, 625a11, 583a22, 637b13
πιπώ 593a4
πίσσα 595b15, 604a17
πισσόκηρος 624a17
πιστεύειν 501a25, 588a9
πιττώδης 587a32
πίτυς 543a26
πίφηξ 610a11
πίων 495b33, 506b1, 519b8, 520a5, 9, 22, 23, 25, 29, 30, b31, 32, 33 (bis), 521a1, 533a9, 33, 538a17, 546a2, 557a31, 564a3, 5, 573a25, 579a27, 596a18, 597a24, 598a17, b31, 599b9, 600a31,

595

INDEX

πίων (cont.)
601b22, 602a19, b18, 603b14, 611a23, 620a16
πλάγγος 618b23
πλάγιος 494b8, 14, 498a16, 19, 22, 500a21, 504b24, 505a3, 5, 6, 507b15, 513b34, 524a13, 525b25, 526a10, 527a7, b8, 10, 529b9, 531a20, 549a22, 32, 554a20, b30, 555a12, 576a23, 590b27, 630b1, 586b1
πλαγίως 541b29
πλαδᾶν 516a3
πλακώδης 507b8, 525b14
πλανᾶσθαι 621b5, 629a18
πλανησίεδρος 494a5
πλάξ 507b11, 20, 525b20, 526b9
πλαταμώδης 548a26
πλαταμών 592a4
Πλάτης 551b16
πλάτος 489b32, 33, 495b23, 509a14, 515b15, 520b8, 549b1, 606a13, 629a32
πλάττειν, -εσθαι 499b25, 536b19, 590a24, 605a5, 618a34, 623b32, 624a1, 2, 19, 627a22, 628a12, b11
πλατυγάστωρ 553b10, 624b25
πλατύγλωττος 504b3, 597b26
πλατύκερκος 596b4
πλατύς 489b31, 491b13, 492b28, 30, 495b27 (bis), 32, 497b34, 501a21, b17, 19, 504b1, 505a3, 508b35, 509a2, 4, 514a33, 517a1, 524a25, 30, b25, 525b20, 30, 526a14, 16, b9, 529b8, 535b30, 536a21, 537a25, 540b6, 8, 551a11, b21, 557a24, 559a27, 28, 565a14, b28, 566a32, 567b12, 577a10, 593b3, 594b32, 602a25, 614b2, 619a6, 620a19, 628a30; (uermis) 551a9
πλατύτης 568a24
πλέθρον 615a30
Πλειάς 542b11, 22, 543a15, 553b31, 566a21, 592a7, 598b7, 599a28, b10
πλεῖν 533b21, 615b3
πλειστάκις 530b16, 566a16
πλέκειν, -εσθαι 553b12, 555b10, 616a5
πλεκτάνη 524a3, 5, 8, 9, 18, 28, b1, 525a28, 531b3, 541b3 (bis), 6 (bis), 9, 11, 13, 544a13, 550b6, 591a5, 622b10, 14
πλεκτός 507b5
πλεονάκις 542a29, 543b27, 30, 544a30, 562b6, 563a12, 566b8, 569b8, 575a17, 19, 634a16, 635a35

πλευμονώδης 549a7
πλεύμων, πνεύμων 487a30, 495a22, 31, 32, 33, b5, 6, 9, 11, 496a5, 23, 28, 29, b1, 2, 8, 10, 504b6, 506a2, 4, 10, b4, 507a19, 24, b1, 508a32, 511b26, 512b27, 30, 513a36, b13, 15, 17, 22, 514a5, 535a30, b15, 536a2, 4, 566b14, 589b6, 27, 594a8, 601b5, 603b3, 604a21, 605a19; (pulmo marinus) 548a11
πλευρά 493b7, 14, 508b3, 513a5, b29, 515b22, 516a29 (bis), 587a26
πλευρόν 496b12, 503a16, b26, 512a19
πληγή 548b3, 608b17, 612a18, 614b16 (bis), 630a3, b6, 7
πλῆγμα 627b27
πλῆθος 486b7, 505a11, 19, 25, 515a17, b13, 518b32, 521a32, 522a32, b1, 33, 525a5, 534b13, 537a8, 9, 542b18, 544a10, 550a1, 5, 8, 555b11, 12, 15, 557a4, 558a13, b14, 559b26, 574b6, 576b6, 578a29, 580a12, b11, 16, 581a5, 590a26, 595b20, 596a3, 5, 601b18, 627a33, 628b28, 629b13, 18, 630b17, 631a12, 582b34, 584b26, 634b2
πληθύειν 619a16
πληθύνεσθαι 587b20
πληκτικός 608b10
πλῆκτρον 486b13, 504b7 (bis), 516b2, 526a5, 538b16, 19, 20, 631b12
πληκτροφόρος 504b9
πλήρης 509b20, 515b2, 530b27, 540b31, 544a22, 547a32, 554a2, 566a3, 567a22, 599b24, 624a12, 627a1, 583b1
πληροῦν, -οῦσθαι 525a5, 541a13, 574a20, 575a13, b27, 29, 576a5, 577b20, 22, 585a4, 587b23, 638a30
πλήρωμα 636a30, 638b2
πλήρωσις 582b2
πλησιάζειν 534b4, 539b21, 540a17, 31, 541b2, 546a26, 571b25, 27, 572a18, 578b12, 622a10, 584a30, b23, 635a27, 37, b1, 32, 636b12, 637a16
πλησιασμός 536a15
πλησίος 504b22, 507b3, 557b30, 576a25, 579a14, 590b15, 600a12, 619a30, 626a12, b26, 629b20, 634a6, 8
πλῆσμα 577a30, 32
πλησμονή 636b30
πλήττεσθαι 607a20, 608b18, 626a19
πλοῖον 542b24, 602a30, 631a23, 30
πλομίζειν 603a1

596

INDEX

πλόμος 602b31
πλύμα 534a27
πλύνεσθαι 549a4
πλωτός 488a1, 5, 504a7, 542a24, 571b3, 621b3, 586a21
πνεῖν 604b9, 15
πνεῦμα 492b5, 7, 8, 495b9, 16, 17, 496a32, 503b23, 530a17, 535a19, b4, 9, 11, 23, 548b13, 22, 552a7, 10, 28, 560a8, b14, 592a9, 597a32, 598b9, 599a1, 604a17, 626b25, 631a27, 586a16 (bis), 587a4, 5, 634b34, 636a4, 6, 637a17, 19, 31
πνευματικός 584b22, 586a17
πνευμάτιον 622b13
πνευματώδης 536b21
πνεύμων uide πλεύμων
πνίγειν 493a4, 626b22
πνιγμός 514a6, 582b10
πόα 522b26, 564a12, 590b7, 594a6, 28, 595b28, 29, 609b15, 612a7, 627b17
ποδάγρα 604a5, 10, 14 (bis), 23
ποδαγρᾶν 575b8
ποηφάγος 595a14, 16, b6, 23, 596a13
πόθεν 515a14, 629a23
ποθέν 616a8
ποιεῖν, -εῖσθαι 487a17, 19, 24, 488a9, b6, 491a12, 495b15, 501a1, 502a14, 504a27, 512b17, 24, 513a12, b27, 517b30, 31, 519a15, 17, 19, 520a17, 522b27, 32, 523a1, 530a9, 533b12, 16, 23, 534a11, b1, 535b12, 24, 536a4, 12, 16, 17, b26, 27, 539a5, 6, b25, 540a2, 17, 19, 28, b5, 7, 20, 541a20, 23 (bis), b7, 16, 22, 542a12, 15, 21, 24, 29, 31, b3, 7, 12, 543a10, b25, 28, 544a23, 546b10, 19, 548b3, 13, 549b20, 550b23, 552b16, 31, 553b32, 554a1, 6, 16, b9, 11, 13, 16, 18, 21, 22, 555a13, b9, 557b29, 558a6 (bis), 559a3, 5, 6, 8, 560a8, b9, 29 (bis), 562b29, 563b3, 11, 28, 30, 564a12, 21, 566a28, b18, 568a17, 570a25, b7, 571a9, 31, b15, 16, 572a5, 7, 573a29, 574b20, 23, 33, 575b5 (bis), 577a1, 578b1, 6, 16, 579a4, 13, 15, 18, 25, 588b25, 589a1, 17, 19 (bis), 23, 590a10, b23, 591a9, 593a27, 594a21, b29, 595b26, 596a14, 22, 597a3, 4, 20, 598b20, 599a4, 7, 28, 600b2, 601a15, b2, 602a29, b27, 603a2, 6, 8, b28, 32, 604b23, 605b13, 607a9, 22, b20, 608b20, 32, 609a4, 22, b5, 610b9, 611a20, 24, 612a2, 6, 26, 31, b9, 27, 613a30, b6, 8, 614a14, 615a1, b21, 25, 616a1, 3, 4, 9, 35, 617a17, 24, 618a8, 26, 28, 35, 619a25, 31, b4, 21, 620b6, 19, 29, 30, 621a21, 25, 29, 622a9, 10, 11, 12, 13, b2, 6, 7, 623a1, 4, 6, 12, 15, b14 (bis), 17, 19, 624a6, 32, b9, 34, 625a1, 7, 31, 626b3, 627a18, b10, 628a26, 629a7, 11, 19, b22, 630b12, 16, 22, 27, 29, 631a30, b3, 6, 15, 632b7, 633a18, b7, 581a25, b19, 21, 583a2, 12, 584a23, 34, 633b17, 21, 634a10, b6, 635a18, b38 (bis), 636a19, b32, 637a36, b9, 16, 638a31, 33, b7, 8
ποίησις 541a31
ποιητής 557a3
ποιητικός 489a26
ποικιλία 518b16, 539a3, 564a26, 593b7, 623b26
ποικιλίς 609a6
ποίκιλος 504a13, 518b15, 525a16, 542b10, 543a25, 544a6, 550b20, 553a27, b8, 557b15, 563b23, 603b29, 607b13, 19, 617a22, b26, 622b30, 623a6, b12, 624b22, 24, 627b26, 629a32, 632b19
ποικιλοῦν 633a20
ποιμήν 573a2, b26, 574a14, 596a30, 610b26, 28, 34, 611a5
ποίμνη 573b25
ποιμνίον 596a19
ποῖος 505b23, 509a28, 538b30 (bis), 550a20, 601a22
ποιοφαγεῖν 593a15
πολεμεῖν 571b26, 608b22, 26, 609b7, 25, 33, 615a20, 625a27, 630a10
πολέμιος 607a30, 608b28, 609a4, 12, 16, 22, b1, 5, 9, 12, 14 (bis), 20, 28, 31, 34, 610a3, 5, 13, b2, 11, 612a29, 617a10, 627b4
πολεμιστήριος 610a19
πόλεμος 499a29, 608b19, 609a28 (bis), 32, 610a33, b17, 632a27
πολιορκία 601b3
πολιός 518a10, 13, 14, 15
πολιότης 518a11
πολιοῦσθαι 518a16, b11
πόλις 556a23, 617b13, 618b20, 629b27
πολιτικός 488a3, 7, 589a2
πολλάκις 496a11, 497b8, 506b14, 17, 507a28, 525a23, 528a32, 537a11, 13, 19, 29, 539b23, 541a14, 22, 27, 542a15, 543a29, 546a23, 547a30, 548a18,

597

INDEX

πολλάκις (cont.)
549b10, 550b3, 551a2, 555a25, b14, 558b19, 26, 560b8, 563b4, 565b22, 567a6, 568b28, 571b18, 20, 572a5, 29, b19, 573b1, 575a22, 578b8, 590b7, 30, 591a27, b5, 14, 592a19, 593b28, 595a1, 599a1, 600a7, 10, 601a21, 602a31, b13, 603b1, 610a2, b12, 14, 25, 611a12, 612a26, 613b22, 28, 614a17, 22, 28, 615b14, 619a7, 620b26, 621b33, 622a3, 625a26, 626a19, 25, 629a20, 630b10, 631b7, 582b25, 584a11, b21, 30, 585a26, b30, 587a19, 635b18
πολλαπλάσιος 559a20, 637a9
πολλαχῇ 587b21, 32
πολλαχοῦ 519a12, 569b19, 580b15, 606b2, 612b5, 615a13, 584b31, 635b19
πολυάγκιστρον 532b25, 621a16
πολύαιμος 515a20, 21, 520b27, 521a25, 26
Πόλυβος 512b12
πολυγονία 580b27, 624a1
πολύγονος 544a9, 558b25, 26, 570b29, 616b24, 625a19
πολυδάκτυλος 499b8, 502b34
πολυΐδρις 616b24
πολύμορφος 606b18
πολύοζος 512a8
πολυόστεος 494a10
πολυπλήθεια 562b29
πολυπόδιον 550a4, 622a23
πολύποτος 601b4
πολύπους 490b4, 15, 498a17, b5, 505b16, 531b29, 532a2, 557a23, 26; (*molle*) 490a1 (*bis*), 523b29, 524a3, 20, 21, 28, b28, 525a3, 6, 13, 21, 531b2, 534a25, b25, 27, 541b1, 4, 544a6, 549b31, 550a3, b1, 4, 15, 590b14, 18, 591a1, 607b7, 621b17, 30, 622a3, 14, 15, 24, 25, 29, 32, b5
πολύπτερος 486b11
πολύς 486a24, 25, b14, 24, 487a18, 21, b1, 8, 9, 14, 32, 488a5, 22, b25, 33, 489a8, 16, 33, b22, 490a26, 33, 34, b17, 32, 491b4, 492a1, 493b24, 494b18, 28, 495a7, 17, 24, b4, 25, 34, 496a13, b1, 22 (*bis*), 497b10, 12, 21, 24, 498a26, b13, 499a20, b16, 22, 500a27, 28, 34, b13, 14, 20, 501a8, 20, b19, 22 (*bis*), 23, 502a28, b15, 20, 33, 503a12, 20, b22 (*bis*), 24, 504a6, 10, b14, 30, 505a24, b6, 10, 506a13 (*bis*), 16, b3, 7, 30, 507a27, b6, 11, 21 (*bis*), 508a25, 33, b2, 14, 16, 18,

21, 22, 24, 32, 509a5, 17, 20, 31, 510b12, 20, 27 (*bis*), 512a19, 22, 26, 513a34, b6, 514a16, 26, 33, b11, 15, 25, 515a6, 24, b16, 21, 33, 516b4, 517a21, b11, 12, 29, 518a10, b5, 9, 519a8, b33, 520a1, 25, b30, 521a11, 12, 26, 33, b28, 522a3, 12, 20, 23, 24, 25 (*bis*), 29, 33, b12, 15, 21, 22, 27, 31, 32, 523a2, 3, 6, 11, 15, b2, 12, 524a26, b15, 525a7, 13, 14, 33, 34, b24, 526a10, 14, 27, 32, b5, 21, 32, 527b6, 8, 11, 32, 528a5, b14, 16, 529a12, b30, 530a34, b9, 14, 32, 531b21, 28, 532a2, 9, 11, b5, 14, 31, 533a31, b18, 29, 30, 534a7, 13, 16, b20, 21, 24, 536a19, b8, 537a8, 23, b15, 538a23, 30, 539a2, 3, 8, 24, b25, 26, 540a24, b12, 20, 24, 541a12, 542a7, 20, 23, 27, 30, b2, 30, 32, 543a20, b5, 6, 13, 18, 19, 22, 23, 25, 28, 544a26, b1, 13, 20, 33, 545a13, 14, b4, 13, 18, 19, 22, 29, 546a29, b21, 547a4, 8, 13, b27, 548a12, b13, 19, 549a1, 24, 550a2, 5, b25, 551a4, 22, b22, 552b11, 23, 553a3, 5, 6, 10, 23, b15, 19, 554a1, b11, 14, 28, 555a18, 23, b12, 556a10, 11, 23, b2, 5, 557a1, 5, 11, 558a13, 20, 31, b24, 27, 29, 30, 559b26, 28, 560b1, 5, 12, 20, 561a1, 8, b7, 562a8, b4 (*bis*), 8, 10, 11, 15 (*bis*), 17, 563a2, 9, 20, 31, b1, 4, 10, 26, 564a2, 7, 28, 565b19, 20, 22, 566a16, b7, 8, 12, 22, 23, 30, 567a2, 26, 32, b3, 16, 568a12, 16, b13, 31, 569a10, b1, 8, 15, 21, 570a2, 29, 31, b8, 12, 18, 23, 26, 28, 571a3, 4, 22, 27, 572a2, 26, b14, 21, 573a3, 4, 5, 7, 28, 32 (*bis*), b15 (*bis*), 19, 24, 574a16, 22, b2, 8, 20, 25 (*bis*), 27, 31, 575a19, 24, 30, 31, 33, b2, 16, 17, 23, 28, 576a1 (*bis*), 26, 30 (*bis*), b10, 12, 577a25, b4, 5 (*bis*), 29, 578a9, 12 (*bis*), 28, b7, 15 (*bis*), 579a21, 24, b1 (*bis*), 5, 580a4, 10, 26, 581a5 (*bis*), 588a19, 24, 26, b14, 589a2, 18, 20, 24, b9, 591a29, b11, 18, 592a2, 11, 13, 14, b3, 29, 593a10, 23, 27, b24, 594a22, b19, 595b17, 596a3 (*bis*), 9, 10 (*bis*), 19, 20, 22, b9, 26, 597b13, 598a2, 4, 20, 21, 24, 28, 29, 31, b10, 599a19, 23, 30, b2, 17, 19, 25, 27, 600a1 (*bis*), 7, 9, 10, 15, b5, 19, 601a9, 31, b9, 11, 14, 16, 19, 20, 24, 27, 32, 602a2, 9, 10, 21, 24, b4, 11, 18, 30, 603a19, b8, 15, 18, 19, 32, 604a29, 605b7, 606a1, b6, 11, 23, 607a7, 16, 21,

598

INDEX

29, b29, 610a21, 611b19, 612a1, 34, b18, 33, 613a6, 17, b17, 614b9, 18, 615a12, 14, 26, b4, 19, 24, 616a14, b2, 3, 4, 6, 617b7, 9, 618a2, 18, b5, 10, 18, 619a30, b6, 12, 620b10, 621a14, 21, 23, b10, 28, 622a14, b28, 623b26, 624a7, 23, b11, 19, 21, 625a4, 17, 18, b14, 15, 626a29, 627a29, 32, b7, 628a3, 10, 17, 20, 28, 33, 34, b8, 13, 25, 26, 28, 33, 629a15, 16, 30, b1, 30 (*bis*), 32, 630a4, 13, 34, b17, 19, 631a8, 17, b24, 632a10, 30, b13, 14, 27, 633a10, b5, 581a13, b5, 14, 582a8, 10, 19, 22, 23, 27, b4, 6, 9, 13, 22, 24, 30, 583a2 (*bis*), 4, 10, 27, b3, 6, 8, 13, 21, 28, 30, 584a7, 11, 12, 15, 16, 27, 29, 35, 37, b3, 4, 6, 8, 11, 17, 29, 30, 33, 34, 36, 585a7, 9, 23, 33, b2, 5, 6, 8, 9, 26, 27, 35, 586a2, 5, 9 (*bis*), 27, b27, 28, 587a30, b8 (*bis*), 31, 588a3, 5, 7, 8, 634a25, 27, 32, 34, b9, 16 (*bis*), 635a21, b21, 27, 636a22, 31, 36, b10, 18, 26, 637a2, 4, 7, 10, 14, 27, b5 (*bis*), 638a10, 26, 27, b5, 7, 15
πολύσαρκος 583a7
πολύσκιος 556a24
πολύστοιχος 505a29
πολυσχιδής 495b1, 497b20, 499b7, 23, 502b34, 504a6, 517a24, 580a5
πολύτεκνος 616b10
πολυτοκεῖν 558b20
πολυτόκος 558b16, 584b28
πολυφυής 493a1
πολύφωνος 536a24
πολύχους 629a35
πολυχρόνιος 549a9, 613a25, 629b32, 584b20
πολύχρους 492a5
πολυώνυμος 489a2
πολυώνυχος 504a5
πόμα 520b30, 587b25
πονεῖν 531b16, 557a10, 560b24, 570b3, 574b29, 575a2, b3, 576b12, 579a15, 590b7, 595b15, 597b14, 601b29, 602a11, 611b16, 612a6, 619a3, 623b20, 627b2, 629b29, 582a20, b6, 584a10, b14, 588a10
πονηρία 491b26
πονηρός 625a4, 18, 626b2
πόνος 495b18, 501b27, 514b3, 550b11, 572a19, 602a29, 603b8, 604b7, 584a4, 28, 585a10, 586b28, 30, 587a2, b25, 633b23, 634a29

Ποντικός 600b13, 632b9
Πόντος 543b3, 554b8, 18, 566b10, 567b16, 568a4, 571a15, 21, 596b31, 597a14, 15, 598a24, 27, 30, b2, 10, 29, 601b17, 603a25, 605a21, 606a10, 20
Πορδοσελήνη 605b29
πορεία 494b6, 501a2, 551b7, 630b27
πορεύεσθαι 524a23, 529b10, 532a4, 589b25, 612a27, 614b3, 6, 622a32, 626b28, 583a9
πορευτικός 487b16, 18, 20, 31, 535a24, 588b17
πορίζειν, -εσθαι 487b1, 564a10, 14, 596b22, 613b13, 619a22, b20
πόρος 492a19, 25, 27, 28, b5, 493a16, 495a11, 496a28, 31, 33, b4, 497a4, 8, 12, 20, 503a5, 504a21, b5, 28, 505a34, 506b12, 507a7, 18, 36, 508a13, 32, 509b16, 18, 27, 32, 34, 510a1, 2, 14, 17, 21, 23, 24, 27, 30, 32, b1, 511a19, 20, 513b1, 24, 514a25, 31, b34, 515a23, 518a4, 524b20, 32, 527a11, 13, 15, b18, 529a17, 20, b9, 11, 530a2, 3, b14, 531a12, 22, 533a13, 22, 23, 540a30, b29, 32, 541a4, 5, 7, 10, 542a2, 546b22, 548b31, 549a1, 5, 27, 29, 551a21, 561a13, 16, 22, 564b28, 565a25, 566a3, 4, 7, 11, 12, 14, 568a31, 570a5, 579b21, 22, 24, 25, 590a30, 581b19, 584b4, 637a24, 29, 30, 35
πόρρω 493a33, 503b4, 504b11, 506b15, 507a18, 508a23, 513b10, 517a7, 524a7, 534b18, 561a20, 564a6, 580a31, 597b21, 600a14, 614b20, 581a26, 586a17, 634a3, 7, 8
πόρρωθεν 534b5, 535a9
πορφύρα 528a10, b30, 529a6, 530a5, 25, 532a9, 535a7, 544a15, 546b18, 22, 33, 547a4, 21, b1, 2, 6, 8, 9, 24, 32, 568a9, 590b2, 599a11, 17, 603a13, 15, 621b11
πορφύριον 546b32
πορφυρίων 509a11, 595a12
Ποσειδεών 543a11, b15, 570a32
πόσις 519a13
πόσος 505b23, 509a28
ποτάμιος 487a27, 492b22, 499b10, 502a9, 503a8, 516a24, 525b6, 533a29, 538a15, 558a15, 18, 567a30, 568a4, 11, 589a27, 592a24, 599a32, 602b20, 605a13, 607b34, 621a20, 630b26

599

INDEX

ποταμός 487b5, 519a16 (*bis*), 18, 530a29, 533b34, 540a21, 543b4, 551b21, 552b18, 19, 554b10, 559a19, 567b16, 568a20, 569a8, 19, 570a20, 22, 579b7, 593a25, b1, 16, 594b29, 595a2, 596a1, 597a10, 601b18, 19 (*bis*), 20, 22, 602b32, 603a3, 5, 6, 9, 14, 26, 605b28, 609b18, 610a10, 614b27, 615a24, 27, 616a33, 626b25, 633b3
πότε 601a22, 23
ποτε 532b25, 538a6, 561a20, 562b9, 569a14, 571a9, 576a1, 580b11, 591a20, 602b24, 603a21, 613a7, 619a20, 620a33, 629b17, 630b32, 633a7, 585a8, 636a1, 35
πότερος 588b6, 13, 600a29, 627a18, 628a25, b1, 638a18, b1
πότιμος 505b7, 590a20, 22, 27, 592a2, 598a31, b5, 603a4
ποτόν 495a26, 595b23, 25, 596a16, 606b24
ποῦ 538a6
που 628b27, 631a30, 634b8
πούς 487b23, 24, 489a28, 34, b19, 20, 23, 33, 490a4, 28 (*bis*), 29, 33, b1, 5, 14, 30, 493b25, 494a11, 12, 16, b4, 6, 497b23, 498a33, b2, 499a28, b1, 7, 500b30, 501a28, 502b5, 7, 10 (*bis*), 17, 18 (*bis*), 503a23, 27, b34, 504a34, 505b20, 22, 508a11, 512a16, 17, b17, 24, 515a10, b21, 516b3, 517a31, 519a23, 523b22, 26, 27, 524a2, 3, 14, 18, 22, 23, 33, b1, 525a17, b15, 25, 526a1, 4, 13, 28, 30, b6, 14, 527a26, b5, 529b31, 530a3, 8, 26, 531a6, 537b10, 538b11, 540a1, 541a1, 542a9, 554a29, 557b15, 567a8, 575b9, 581a3, 594b16, 595b14, 603b1, 24, 604a15, 610a23, 613b32, 614b25, 616b10, 624b1, 628b19, 586b7
πρᾶγμα 544b22, 638b10
πραγματεία 539a8
πραγματεύεσθαι 513a9, 577b14, 595a22
πρανής 487a34, 489b25, 494a14, 498b13, 20, 29, 499b28, 502a23, b31, 504b15, 508a11, 514a2, 519a21, 523b14, 524b23, 525a10, b21, 527b11, 530b23, 532a30, 540a2, b10, 544b29
πρᾶξις 487a12, 15, b34, 539b20, 588a17, b23, 27, 589a3, 596b20, 631b5, 7
πρᾶος, πραΰς 488b13, 22, 572a3, 610a30, 628a3, 629b9

πραότης 588a21, 608a16, 610b21, 629b7, 631a9
πράσιον 591a16
πρασοκουρίς 551b20
πράττειν 625a33
πραΰνεσθαι 606b23
πραΰς *uide* πρᾶος
πρέσβυς 501b12, 13, 15, 518b7, 31, 520b7, 521b9, 522a5, 544b33, 546a4, 7, 8, b8, 560b5, 27, 571a11, 574a13, 575a12, 16, 576a16, 595b9, 613a19, 626b8, 581b8, 582a14, 585b15, 17; (*auis*) 609a17, 615a19
πρεσβύτης 629b28
Πρίαμος 618b26
πριμαδίαι 599b17
πριονωτός 516a15
πρίστις 566b3
προαλγεῖν 586b31
προαπολείπειν 612b33
προαποτίκτειν 555b7
προβαίνειν 498b9, 604b5
προβάτειος 522a22, 27
πρόβατον 488a31, 496b26, 499b10, 500a24, b11, 501b20, 516a6, 519a17, 18, 520a10, 32, b2, 522b23, 523a5, 536a15, b29, 545a24, b31, 557a16, 567a1, 572b31, 573a18, 25, b17, 21, 23, 24, 28, 30, 31, 574a12, 14, 15, 575b2, 578b9, 596a13, 14, 16, 25, 28, b8, 604a1, b27, 606a13, 17, 23, 608a30, 610b22, 34, 612b2, 627b5, 632b2, 585a31, 637b35
προβιβάζειν 546a10
προβοσκίς 523b30, 527a23, 528b29
προγινώσκειν 627b10
προδεικνύναι 621b34
προδιδάσκειν 536b17
πρόεδρος 601b2
προεκβάλλειν 605a7
προεκτίκτειν 526b10, 549b11
προεξορμᾶν 587b1
προέρχεσθαι 511a10, 522a6, 20, 557b14, 561a10, 565a20, 576a24, 598b3, 599b15, 20, 619b1, 621b11, 630b28, 586b32, 634a28, 31, 635a40
πρόεσις 550b12, 581a30, 585a35, 634b37, 637b31
προετικός 635b37, 638a30
προέχειν 508a20
προηγεῖσθαι 573b27
προθεωρεῖν 538a6
προθυμεῖσθαι 581a22

600

INDEX

προϊέναι (-ειμι) 514b23, 537b18, 545a9, 557b22, 562a13, 607b9, 632b23, 588a12, 633b12
προϊέναι (-ίημι) 509a12, 523a13, 15, 18, 540b31, 541a17, b33, 550a30, b25, 551a26, 554b1, 560b31, 565b22, 567a1, 573a10, 22, b3, 576a25, 594a13, b21, 23, 605a24, 612b31, 630b16, 634b29, 32, 34, 635a22, 34, 636a5, 11, 27, b4, 9, 27, 37, 637a2, 15, 37, b12, 27, 32, 36, 638a1, b9
προκαθήσθαι 625b26
προκαλεῖσθαι 536a27
προκαταβαίνειν 583b31, 34
προκόμιον 630a35
προκυλινδεῖσθαι 613b18
προλαμβάνειν 612b29
προλέγειν, -εσθαι 612b8, 635a1
προλεπτύνεσθαι 513a14
προλιμνάς 568a20
προλιμοκτονεῖσθαι 595a22, 23, 596a27
πρόλοβος 508b27, 28, 34, 509a6, 7, 9, 13, 15, 524b10, 529a2
προλυπεῖσθαι 636b22
προμήκης 489b27, 496a18, 504b30, 33, 505a5, 507b10, 525b32, 526a16, 527b29, 530a6, 544a12, 618b33, 627b25, 629b2, 630a22
προνεύειν 611b5
πρόξ 506a22, 515b34, 520b24
προοράν 524a14, 614b26
προπαρασκευάζειν 613a4
προπετής 608b1
προπίπτειν 507a29
Προποντίς 598a25, b28
προρραίνεσθαι 596a26
πρόρριζος 616a2
προσάγειν, -εσθαι 492b18, 523b31, 524a4, 526a28, 529b31, 540a12, 549b1, 568a30, 572a3, 5, 590b24, 620b18, 631a3, 587a27, 637a18, 638a28
προσαγορεύειν 510b14, 519a20
προσάλλεσθαι 612a11
προσαναβαίνειν 617a26
προσαναπτύσσεσθαι 549b2
προσάπτειν 547a29, 31
προσαρτάν, -άσθαι 527a30, 550a20, 616a11
προσαφοδεύειν 630b9
προσβαίνειν 551b7
προσβάλλειν 610a22
προσβλέπειν 549a25

προσβολή 507b3
προσβόρειος 547a12
πρόσγειος 525a15, 591a23, 597a17, 598a2, 7, 9
προσδεῖσθαι 532b2
προσδέχεσθαι 575b17, 577b15, 627b13
προσδιοριστέον 589b13
προσεδρεύειν 568b15, 596a14, 613b17
προσεῖναι 525a2, 588b28, 621a31
προσεμφερής 499a3, 629a31
προσεξαμαρτάνειν 634b1
προσεοικέναι 539a4, 563b22
προσεπιτίθεσθαι 549a33
προσέρχεσθαι 534a25, b27, 535a8, 11, 572b15, 610b32, 611a17, 614a12, 17 (bis), 620b32, 623a6, b2, 636a4
προσέχειν, -εσθαι 530a18, 531b2, 555a1, 557b17, 614a24
προσήνεμος 616b14
προσήπειν 594b16
πρόσθεν 494b2, 5, 25, 496a10, 497b35, 498a6, 15, 31, b12, 507a3, 510a7, 21, 513a18, 31, 524a15, 590b26, 611b6, 621b34, 630b2, 634b29, 36, 637a15, 32
πρόσθιος 491a31, 492b22, 493a6, 7, 11, 12, 17, b18, 21, 494a6, 20, 30, b13, 497b19, 24, 498a6, 15, 23, 24, b3, 501a13, 21, b3, 502a30, b31, 503b34, 514a1, 516a34, 518a17, 538b3, 541b26, 576b27, 581a4, 606b7, 622b32, 587b15
προσιέναι (-ειμι) 535a19, 556b17, 572b14, 612a14, 614a19, 621a34
προσιέναι, -εσθαι 574a33, 575a15, 576b11, 608a26, 613a15, 634a6
προσίζειν 596b15
προσκαθῆσθαι 510a21, 24, 32, 550b5, 622a20
προσκαθίζειν 625a14
προσκαλεῖσθαι 534a17
προσκεῖσθαι 620b15
προσκυνεῖν 630b20
προσλαμβάνεσθαι 497a22, 566a13
προσπέτασθαι 629a35
προσπέτεσθαι 593a8, 609a15, 618b6, 620a30, 32, 628b20, 21
προσπιέζειν 526a23
προσπίπτειν 531b5, 6, 8, 537a7, 569a2, 590a27
προσπλεῖν 533b32, 606b10
προσπορεύεσθαι 625a13
προσραίνειν 620a14

601

INDEX

προσσπαστικός, προσπαστικός 635a25, b3, 636a7
προσστέλλεσθαι 630a25
προστάττειν 572a4, 610a27
προστιθέναι 605b1
προστίκτειν 549a17
προστρέχειν 535a2
προστρίβειν 535b23
πρόσφατος 509b31, 520b31, 534a12
προσφέρειν, -εσθαι 492b19, 522b33, 531b2, 534b28, 535a16, 18, 569b20, 576b22, 596a19, 600b10, 603b10, 31, 618a23, 624a23, 585a26
προσφιλής 590a10
πρόσφορος 615a26
προσφύεσθαι 487b8, 11, 496a6, b29, 504a1, 505a31, 506a29, 509b32, 514b17, 20, 517a27, 528b4, 530a15, 20, 531a11, 19, 21, 31, 536a9, 538a5, 9, 541b11, 551a11, 555a20, 557b20, 565a3, 15, 17, b6, 566a12, 588b13, 586a27, 33
προσφυή 528a33
πρόσφυσις 496a25, 503b14, 512a12, 514b21, 517a21, 527a32, 530a4, 11, 548b8, 9, 30, 549a1, 550a20
προσχωρεῖν 602b1
πρόσωπον 486a8 (*bis*), 491b9, 11 (*bis*), 492b5, 493a5, b22, 495a2, 501a29, 502a20, 27, 503a18, 526b4, 579a2, 594b12, 631a5
προτείνειν 525a28, 526a24, 604b14
προτερεῖν 544b21, 575a28
πρότερος 491a18, 494a23, 495a20, 497b7, 499b21, 500a18, 501b8, 502a26, b25, 503b34, 507a2, 27, 509b12, 16, 511b12, 513a32, 514a13, 518a6, 17, 521b15, 523b1, 525b12, 527b6, 7, 27, 531a28, 533b34, 534b9, 535a5, 538b30, 539b24, 541a5, 543b10, 545b10, 546a6, 23, b2, 547a27, 549b34, 550a30, b21, 24, 553b15, 554a27, b2, 556a16, 562a18, b7, 15, 20 (*bis*), 564b15, 17, 25, 565b31, 567a18, 25, 569b30, 571b22, 572a23, b5, 18, 574a9, 25, b9, 21, 578b7, 579a19, 32, b31, 580a2, b18, 588b12, 590a12, 596a1, 597a12, 13, 31, 600a9, b19, 601a32, b10, 606a6, 610b20, 611b35, 612a17, 613a27, 32, 617b11, 618a32, 622a28, 624b21, 627a20, b6, 629a26, b6, 630b15, 581a12, 582b29, 583b28, 584b1, 14, 33, 585a29, 586a11, 587a24, 25, b16, 635a9, 636a5

προϋπάρχειν 518b16, 546b28, 560a14, 19, 585a10
πρόφασις 500a5
πρόφορος 586a30
προχωρεῖν 594b22
προωθεῖν 611b32
πρωΐ 574a3
πρώϊμος 543a9
πρωτόκουρος 595b28
πρῶτος 487a13, b3, 491a9, 14, 16, 19, 25, 493a12, 494b24, 499a26, 501a2, 4, 11, 502a3, 504b21, 505b25, 507a34, 508b29, 511a16, b11, 512a9, b5, 513b11, 18, 514a3, 515a2, 8, 518a16, 22, 26, 521a9, 522a3, 9, 525b22, 34, 526b23, 531a16, 536b7, 539a2 (*bis*), 5, 8, b14, 541b27, 542b23, 543a10, 544a1, 27, 28, b13, 15, 545a28, 546a5, b16, 547b12, 550a18, 24, 551a16, 24, b11, 15, 18, 24, 29, 552a25, b25, 553b23, 555a21, 28, 556a15, b13, 557b26, 558a26, 559b8, 560b4, 28, 561a7, 18, 22, b13, 16, 564a23, b1, 32, 565a1, 566a22, 567a5, b29, 32, 568a1, 569a16, 570b14, 16, 17, 571b11, 573a3, b6 (*bis*), 574b11, 575a23, b11, 576a7, 12, 577a19, b19, 579b9, 588b7, 594b17, 595a26 (*bis*), 597a21, 600a8, 18, b11, 28, 605a17, 20, 606b8, 607a5, 611a18, 33, b14, 35, 612a19, b21, 26, 30, 618b12, 623a8, 14, 18, 19, b33, 624a14, 626b27, 627a26, 581a9, 13, 16, 582a16, 583a33, 584b3, 585a6, 20, 31, b18, 586a15, 26, b4, 587a6, b3, 15, 633b14, 634a1, b26, 635a10, 21, 33, b35, 637b2, 638a13
πρωτοτόκος 546a12, 564a30
πταρμός 492b6
πτελέα 595b11, 623b29, 628b26
πτέρνα, πτέρνη 494a11, b7, 502b10, 18, 504a11
πτέρνις 620a19
πτερόν 486b21 (*bis*), 490a15, b1, 504a31 (*bis*), b10, 519a3, 26, 27, 28, 531b24, 532a20, 23, 25, 551b20, 553a14, 554a29, b4, 5 (*bis*), 557a13, 560b23, 563a25, 564a26, 612b24, 615b28, 618b33, 619a5, 627a13, 628b19, 633a22, 582b34
πτερορρυεῖν 564a32, 600a23
πτεροῦσθαι 562b31, 625a11
πτερύγιον 489b24, 25, 30, 35, 490a3, 30 (*bis*), 32, 504b30, 33, 514a2, 515b26, 523b25, 524a1, 31, 525b27, 28, 29,

602

INDEX

526a1, 532b22, 535b29, 543a13, 557a28, 597b22, 599b19, 602a27, 607b24, 615b30
πτέρυξ 489a28, 490a28, 498a30, 503b35, 505b21, 514a1, 532b24, 535b31, 537b3, 561b31, 614b24, 616a16, 619a23, b17, 620a12, 633a26
πτέρωσις 564b2, 601b6
πτερωτός 490a6, 8, 10, 12, b20, 492a25, 505a24, 518b35, 523b18, 19, 20, 534b18, 551a24, b26, 552a20, b20, 553a14, 557b24
πτηνός 487a22, b19, 21, 488a1, 4, 490a5, 13, 33, b3, 15, 517b2, 532a19, 23, 535b6, 542a23, 26, 29, 571b3, 589a23, 586a22
πτῆσις 532a25, 563b24, 609a22, 613b13, 624b3, 628a32
πτήσσειν 629b13
πτητικός 504b8, 558b31, 597b11, 613b7, 614a32, 633a30
πτιλωτός 490a6, 9
πτίσσειν 595b10
πτοεῖσθαι 571b10, 614a26
πτύγξ 615b11
πτύελον 607a30
πτύξ 549a17
πτύσις 635b28
πτυχώδης 541b27
πυγαῖος 620a15
πύγαργος 563b6, 618b19
πυγηδόν 539b22
πυγμαῖος 597a6
πυγολαμπίς 523b21, 551b24
πυελώδης 547b27
πυετία 522b3, 5, 6, 8, 9, 11
πυθμήν 529a6
πυκνός 493a15, 495b34, 496a13, 510a18, 515a6, 519a31, 532b23, 547a17, 548a32, b1, 4, 9, 20, 25, 549a6 (bis), 572a24, b2, 590a20, 604a18, 623a25, 630a27, 635b10
πυκνότης 624b10
πύλη 496b32, 586b19
πυοειδής 573a24
πύον 521a21 (bis), 556b29, 634b22
πῦρ 516b11, 522a1, b7, 552b12, 13, 14, 17 (bis), 560a24, b2, 571a31, 627b8, 629b22
πυραλίς 609a18
πυραμητός 571a26
πυραύστης 605b11
πυρετός 604a18

πυρινώδης 568a1
πυρκαϊά 609b10
πυροῦσθαι 515b18, 19, 560a26
Πύρρα 621b12
Πυρραῖοι 544a21, 548a9, 603a21
Πυρρικός 522b24
πύρριχος 595b18
Πύρρος 522b25
πυρρός 527b30, 529b27, 553a26, 574a8 (bis), 603a20, 605a18, 624b22, 626b32, 630a28, 30
πυρρούλας 592b22
πώγων 498b34, 518b6, 613a31
πωλίον 605a6; (quadrupes) 611a11, 13
πῶλος 572a28, 577a8, 9, 605a3, 7, 610a33, 630b34
πῶμα 530a21, 549a34
πωμάζειν, -εσθαι 592a22, 627b8
πώποτε 537b17, 538a8, 570a4
πῶρος 521a21
πῶς 497a29, 505b25, 511b19, 523a14, 527b5, 550b23, 601a22, 635b33
πως 560a8, 634b27, 636b1

ῥαβδεύεσθαι 620b31
ῥαβδίον 620b32
ῥάβδος 525a12
ῥαβδωτός 528a25
ῥᾴδιος 500b12, 525b8, 531a13, 547a22, 562b14, 576b14, 589b2, 613a16, 618a32, 622a19, 24, 624b8, 625b12, 636b12, 30
ῥᾳδίως 533b7, 537a6, 563a1, 570b31, 590b9, 595b13, 622a27, b8, 630b10, 631b11, 582b6, 584a13, b8, 585b21, 635a35
ῥαίνειν, -εσθαι 579a2, 620a12
ῥάφανος 551a15
ῥαφή 491b2, 5, 515b14, 516a15, 18, 19, 20, 519b10
ῥάχις 493a9, b13, 495b21, 496b12, 35, 497a15, 503a17, 509b18, 512b15, 21, 513a17, b15, 25, 26, 514a31, b17, 20, 37, 516a10, 11, 28, b17, 20, 23, 517a1, 524a7 (bis), 564b22, 565a15, 579b16, 594b2
ῥέγκειν, ῥέγχειν 537b3, 566b15
ῥεῖν 504b25, 506b3, 518a24, b10, 24, 521a17, 543b4, 566a4, 572a29, 597a6, 603b9, 605a17, 630a6, 632a18, 587b20
ῥεῦμα 569a2
ῥῆγμα 628b29, 635a4

INDEX

ῥήγνυσθαι 552b20, 556b9, 582b10, 11, 587a7
ῥητίνη 617a19
ῥίζα 493a18, 518b14, 548b17, 568a28, b12, 592a25, 605b4, 621a31, 628b12, 632a17
ῥιζοῦσθαι 548a5
ῥιζοφάγος 595a16
ῥικνοῦσθαι 553a13
ῥίνη 506b8, 540b11, 543a14, b9, 565b25, 566a20, 27, 30, 620b30, 622a13
ῥινόβατος 566a28
ῥίον 578b2
ῥίπτειν 620b4, 630b10, 631a6
ῥιπτεῖν 586a17
ῥίς 486a17 (bis), 491b16, 23, 492b5, 25, 521a19, 30, 586b2, 634b35, 637a28, 29, 32
ῥοιζεῖν 535b27
ῥοῦς 521a28
ῥοώδης 621a16
ῥύαξ 504b24
ῥυάς 534a27, 543b14, 570b11, 598a28, b22, 29
ῥύβδην 624a24
ῥύγχος 486b10, 504a21, 22, 517a8, 518b34, 519b24, 566b15, 589b11, 593b3, 595a18, 616a18, 617a17, 27, b25, 619a17, 621a5
ῥύμη 533b19
ῥύσις 521a30, 573a10
ῥυτιδοῦσθαι 578a9
ῥυτιδώδης 604a28
ῥωγμή 556a5, 614b15
ῥώμη 546a9, 618b24
ῥώξ 550a28, 552b20

σαθέριον 594b31
σαλαμάνδρα 552b16
Σαλαμίς 569b11
σάλπη 534a9, 16, 543a8, b8, 570b17, 591a15, 598a20, 621b7
σάλπιγξ 501a33, 536b23
σανδαράκη 604b28, 626a7
σαπερδίς 608a2
σαπρός 534b3, 535a3, 8, 596b16, 603b2, 604a21
σαργῖνος 610b6
σαργός, σάργος 543a7, b8, 15, 570a32, b3, 591b19
σάρκινος 493a1, 635a11

σαρκίον 503b13, 527a3, 534a24, 591a2
σαρκοειδής 495b22
σαρκοῦν 603b30
σαρκοφαγεῖν 590b12, 591a13, 19, b4, 16, 18, 594b9, 628b33
σαρκοφαγία 594b4
σαρκοφάγος 488a14, 556b21, 563a12, 14, 590b2, 20, 591a9, b8, 592a29, b14, 16, 593a29, 594a6, 12, 26, b17, 602a21, 606a27, b1, 621b5, 6
σαρκώδης 493a8, 26, b33, 494a13, 496a12, 499a28, b3, 5, 500b20, 21, 508b32, 33, 510b11, 28, 511a1, 512b9, 519b29, 523b3, 6, 9, 15, 524b4, 525b13, 526b6, 23, 527a33, 528a2, 13, b3, 529a13, 530a23, 32, b25, 531a18, 33, 532a33, 533a29, 567a9, 11, 588b19, 590a31
σάρξ 486a6 (bis), 14, 18 (bis), 487a4, 489a24, 492a16, b25, 29, 33, 493a15, 33 (bis), 494a7, 503b12, 504b11 (bis), 511b5, 512b3, 515b3, 516b18, 519b26, 27, 30, 31, 34, 520a1, 4, 5, 12, 13, 19, 22, b17, 18, 524b7, 527a14 (bis), 21, 26, 28, 528a2, 6 (bis), 7, 19, b22, 529b12, 530a33, 531a19, b3, 13, 532a31, 551a6, 556b22, 28, 591a21, b14, 598a8, 603b19, 32, 607b29, 620a15, 625b20, 584a17, 638a16, 34, b29
σατύριον 594b31
σαύρα 488a24, 489b21, 498a14, 508a5, 509b8, 510b35, 599a31, 604b25, 606b6, 619b22, 623a34
σαυροειδής 503a16
σαῦρος 503a22 (bis), b5, 12, 28, 504a28, 506a20, 508a10, 15, 24, 35, b8, 540b4, 558a14, 16, 17 (bis), 594a4, 600b22; (piscis) 610b5
σαφηνίζειν 633a12
σαφής 492b31, 578b25
σβεννύναι, -υσθαι 522b25, 587b28
σείειν 629b26
σειρά 610a32
σειρήν 623b11 (bis)
σείριος, σίριος 553b30, 633a15
σέλαχος 489b2, 6, 11, 16, 30, 492a27, 505a1, 3, 26, b3, 511a4, 5, 17, 516b16, 36, 520a17, 19, 535b24, 537a30, 538a29, 540b6, 14, 17, 19, 543a14, 564b15, 16, 20, 566a15, 24, 570b30, 32, 591a10, 598a12, 621b25

604

INDEX

σελαχώδης 505a7, 508b23, 540b15, 24, 565b18, 591b10, 25, 599b29
σελήνη 598b23, 582a35
σέσελις 611a18
σεύεσθαι 629b23
σηκός 564a21
σημαίνειν, -εσθαι 492a34, 533a11, 573a12, 588b18, 611b29, 614b26, 627a27, 634a14, 21, 26, b10, 635a17, 23, 26, 29, b2, 37
σημεῖον 487b10, 490a26, 31, 33, 491b15, 24, 492a4, 10, b1, 7, 496b28, 497a9, 502b23, 518a35, 522a17, 523a1, 530b16, 537a3, b6, 548b6, 11, 549b19, 551a12, 553a22, 30, 554a1, 561a12, 562b29, 563a9, 569b4, 570b28, 571a8, 572b33, 574a14, b14, 18, 575b18, 577a4, 578b30, 580b6, 591a19, b16, 598b17, 599a25, b18, 33, 600a3, 601b16, 603a13, 604a19, 26, 30, b4, 8, 13, 15, 16, 608a20, 611a12, 31, b3, 613a30, 620b24, 34, 622a16, 21, 627b11, 14, 631a8, 583a14, 584a1, b24, 585b31, 634b23, 635a10, 12, 23, b39, 636a2, 26, 32, 37, b11, 637b12
σηπεδών 556b25, 634b21
σήπειν, -εσθαι 521a2, 20, 539a23, 548b27, 551a4, b30, 552a13, 570a23, 607a33, 626b19, 634a27, 31, 33
σηπία 489a33, b35, 490b13, 523b4, 29, 524a25, 27, b16, 17, 22, 525a6, 10, 527a23, 529a4, 534a23, b25, 541b1, 12, 544a2, 549b5, 550a10, b1, 3, 6, 13, 14, 19, 567b8, 10, 590b33, 607b7, 608b17, 621b29, 33, 622a11, 31
σηπίδιον 550a16, 19, 22, 26, 29, 31, b16
σήπιον 524b24 (bis), 532b1
σηπτικός 607a22
σῆραγξ 547b21, 548a24
σής 557b3
σῆψις 546b24, 569a28, 570a20
σιαγών 492b22, 23, 26, 495a4, 501a13, 503b13, 516a23, 24, 25, 26, 518b19, 526a18, 536a16, 18, 603a32
σίαλον 635b19
Σίγειον 547a5, 549b16
σιγή 533b21
σιγηλός 488a34
σιγμός 536a7
σιδήριον 535a16, 605b3, 616a26, 631b27
Σικελία 520b1, 522a22, 606a5, 586a3

Σικελικός 542b16
σικύα 616a22
σίκυος 551a12, 595a29
σίλφη 601a3
σίλφιον 607a23
σίμβλος 627a6
σιμός 502a11, 538a13
Σιμωνίδης 542b7
σινόδων, σινώδων 591a11, b5, 9, 598a10
σίνος 548a9
σίπη uide σίττη
σίριος uide σείριος
σιτίζειν 563b12, 564a18
σιτίον 592a1, 635b20
σιτοπώλης 578a1
σῖτος 580b17, 592a30, 612a32
σιτοφάγος 578b2
σίττη, σίπη 609b11, 12, 616b22
Σιφαί 504b32
σιωπᾶν 535a21, 627a24, 28
σιωπή 614a17
σκαλίδρις 593b7
Σκάμανδρος 519a18, 19
σκάπτειν 628a9
σκαρδαμύττειν 504a25, 29
σκαρδαμυττικός 492a10
σκάρος 505a14, 28, 508b11, 591a14, b22, 621b15
σκεδάννυσθαι 569a1
σκέλος 486a11, 491a29, 493b23, 494a4 (bis), 10, 11, b5, 10, 497b19, 24, 25, 498a9, 12, 15, 22, 24, 29, 30, b7, 9, 499a20, 31, b27, 500b30, 502b1, 31, 503a22, b32, 511b34, 512a12, b15, 514a1, 515a9, 516a34, 36, b26, 532a28, 30, 554a17, 561b30, 574a17, b19, 24, 576b27, 579a24, 580a30, 593b19, 594b25, 603b17, 604b1, 6, 606b7, 610a31, 617a28, 622b32, 623b25, 629b14, 630b3, 632a24, 584a16
σκεπάζεσθαι 518a15
σκεπτέον 634b26
σκευωρεῖσθαι 619a24
σκευωρία 631b15
σκέψις 635a31
σκηνοπηγία 612b22
σκιά 616b14
σκίαινα 601b30
σκίλλα 556b4
Σκιροφοριών, Σκιρροφοριών 543b7, 549a15, 575b16

INDEX

σκληρόδερμος 490a2, 549b31, 558a4, 559a15
σκληρός 492b29, 502b9, 13, 505a30, 516b10, 517b11, 16 (*bis*), 19, 21, 518b22, 29, 30, 523b7, 17, 524a16, b30, 528a4, 530a4, b8, 531a11, b11, 548a2, b4, 550b27, 551a20, 552a6, 555a15, 556b10, 557a5, 17, 559b14, 15, 575b11, 581a2, 594b1, 595a5, b27, 601a14, 612b26, 613b1, 621b2, 622b3, 635a15, 638b11, 14
σκληρόσαρκος 486b9
σκληρόστρακος 528b2
σκληρότης 516b5, 517b23, 26, 528b20, 532b2, 548b26, 607b32, 619b9, 626a6, 638b10
σκληρόφθαλμος 505b1, 520b6, 526a9, 537b12
σκληρύνειν 548b23
σκνιποφάγος 593a3
σκνίψ 593a3, 614b1
σκολόπαξ 614a33
σκολόπενδρα 489b22, 505b13, 523b18, 532a5, 621a6, 9, 14
σκόμβρος 571a12, 597a22, 599a2, 610b7
σκοπεῖν, -εῖσθαι 494b23, 533a30, 539a6, 575a11
σκορδύλη 571a16
σκορπίος (*piscis*) 508b17, 543a7, 598a14; (*insectum*) 501a31, 532a16, 555a23, 557a28, b10, 602a28, 607a15, 29
σκορπίς 543b5
σκορπιώδης 532a19
σκότος 577b2, 584a3
σκυζᾶν 572a29, b26, 574a30, b1
Σκύθης 576a21, 619b13, 631a1
Σκυθία 605a21, 607a16
Σκυθικός 597a5, 606a20, b4
σκυλάκιον 571b31, 574a23, 27, 30, b4, 25
σκύλιον 565a16, 22, 26, b3, 566a19
σκυμνίον 608b25, 611b32
σκύμνος 563a24, 571b30, 578a22, 600b2
Σκῦρος 617a24
σκυτώδης 622a21
σκωλήκιον 552a24, 26, 31, 553a1, 554a19, 23, b1, 555a16, 19, 23, 28, 557b13, 26, 569b18, 570b9, 602a27, 605b10, 625a10, 626b17
σκωληκοειδής 553a4
σκωληκοτοκεῖσθαι 601a5
σκωληκοτόκος 489a35, 538a25
σκωληκοφάγος 592b16, 29

σκώληξ 489b8, 13, 16, 506a26, 537b28, 539b11, 12, 549a18, 550b26, 28, 551a16, 28 (*bis*), 30, b2, 9, 11, 16, 18, 552a9 (*bis*), 16, 18, 19, 21, 30, b3, 5, 7, 8, 14, 24, 554a27, b19, 555a4 (*bis*), 11, b6, 23, 556a1, b6, 557b6, 15, 19, 23, 567b31, 593a1, 614a35, b12, 13, 616b8, 628a19
σκώψ 592b11, 13, 617b31, 32, 618a4
σμαρίς 607b22
σμῆνος 553b12, 15, 16, 554a2, 15, b7, 10, 594b8, 605b9, 13, 17, 612b13, 623b27, 624a6, 10, 13, 20, b5, 6, 625a19, 24, 28, 29, 33, b5, 10, 28, 32, 626a3, 4, 13, 17, b1, 12 (*bis*), 16, 19, 20, 627a17, 29, b3, 9, 14, 15 (*bis*), 17, 629a7, 11, 12 (*bis*), 16, 17, 19, 22
σμίκρος *uide* μίκρος
σμύραινα *uide* μύραινα
σμῦρος 543a24, 25
σοβεῖν 556b14, 620a35
σομφός 492b33, 493a16, 496b3, 524b26, 594a8 (*bis*), 601b5, 587b24
σοφία 588a29
σοφίζεσθαι 582a35
σοφιστής 563a7, 615a10
σοφός 623a8
σπᾶν, -ᾶσθαι 542a13, 576b11, 619b31, 587a33, 634b34, 637a4, 17
σπάνιος 487b31, 519b17, 530b6, 532b19, 542b21, 545b28, 548b3, 554a5, 563a6, 570b30, 579b3, 5, 27, 580a8, 606a27, 608b21, 627b23
σπανίως 488b6, 578a32, 594b21, 606a26
σπαργανοῦν 584b4
σπάρος 508b17
σπάρτον 627a9
σπάσις 595a9, 10, 11
σπάσμα 636a28, 29, 32, 33, 35
σπασμός 588a3, 11
σπαστικός 634a6, 638a20
σπατάγγης 530b4
σπέρμα 489a9, 493b5, 509b21, 523a13, 19, 539a17, 541a4, 544b14, 26, 31, 550b27, 551a12, 566a4, 573b3, 588a33, b25, 581a13, 16, 30 (*bis*), b31, 582a4, 17, 30, b28, 583a5, 23, b29, 585a35, 586a15, 18, 634b28, 35, 37, 635a2, b37, 636a12, b16, 26, 637a12, b19, 31
σπερματῖτις 512b8
σπερμολόγος 592b28
σπερμοποιεῖν 636b34

606

INDEX

σπήλαιον 534a17, 18, 615b16, 618b1, 628b23
σπῆλυγξ 616b26
σπίζα 504a13, 592b17, 19, 25, 26, 613b3, 617a25, 620a20
σπιζίας 592b2
σπιζίτης 592b18
σπιθαμή 606a14, b7, 607b34
σπιθαμιαῖος 630a33
σπιλαδώδης 548a2
σπλάγχνον 496b7, 504b16, 507b37, 508a16, 513a22, 519a33, 520a2, 4, 16, 28, 524b14, 527b2, 532b7, 561b2, 565b16
σπλήν 496b17, 21, 33, 34, 503b27, 506a12, 14, 26, 507a19, 22, 508a2, 34, 511b29, 512a11, b29, 513a6, 514b4, 9, 28
σπληνίτις 512a6, 29, 32
σπογγεύς 620b34
σπογγιά 616a24
σπόγγος 487b9, 548a23, 28, 32, 549a7, 10 (bis), 11, 588b20, 616a30, 630a7
σποδοειδής 592b6, 8, 593a13, b4, 8, 617b4, 8
σπορά 617b21
σποραδικός 488a3
σπουδάζειν 547a26, 581a25
σπουδή 589a5
σταθεύειν 534a24
σταθμός 578b21, 595b2, 603a18, 607b32, 611a20
σταλαγμός 554b30, 555a7
σταφυλή 493a3
σταφύλινος 604b18
σταφυλοφόρος 493a2
στάχυς 633a25
στέαρ 487a3, 511b9, 520a6, 7, 10, 12, 16, 21, 24, 571a34, b1 (bis)
στεατώδης 520a14 (bis), 28, 31, b4, 521b10, 11
στεγανόπους 504a7, 32, 593a27, b15, 19, 615a25, 32, 617b19, 622b10
στεγνός 618a35
στέλεχος 559a10
στένειν 589b9
στενός 492b31, 496b21, 497a15, b34, 508a15, b30, 513b5, 8, 11, 514b26, 524b9, 529a21, 531a21, 616a28, 637a31
στενότης 495a20, 508a15
στενοχωρία 547a3
στέργειν 611a13, 613a7

στερεῖσθαι 518b4, 530a33
στερεός 487a2, 7, 497a8, 500a6, 7, 9, 516b9, 517a23, 24, 523b4, 6, 10, 524b23, 29, 525b12, 538a16, 616a25, 635b7
στερίσκεσθαι 487a18, 489a20, 521a10, 547b17
στέριφος 611a12
στερκτικός 629b11
στῆθος 486b25, 492b9, 10, 493a12, b7, 12, 494a13, b2, 496a8, 9, 14, 15, 17, 497b32, 34, 498a1, 2, 500a16 (bis), 25, 502a34, b32, 503b31, 504a4, 507a4, 508a31, 512a4, 516a29, 527a11, 19, 22, 28, 531b28
στημονίζεσθαι 623a9
στηρίζεσθαι 499a17
Στησίχορος 542b25
στιβαδοποιεῖσθαι 612b25
στιβάς 607b20, 21
στίγμα 585b33
στιγμή 561a11, 563b24
στικτός 633a26
στίλβειν 561a32
στιφρός 508b32, 510b28, 516a2, 528b23, 31, 529a3, 4, 531b13, 544a5
στίχος 624a11
στοῖχος 511a21
στόμα 489a2, 28, 492a20, b19, 25, 34, 495a25, 26, 27, 29, b20, 497b28, 502a6 (bis), 504a19, b29, 505a32, 507a5, 28, 30, 37, 508a19, 510b11, 14, 518a5, 519a24, 523b32, 524a4, 11, 15, b2, 4, 9, 13, 18, 526a26, 27, 29, 30, b18, 23, 527a4, 5, b13, 17, 18, 21, 24, 528b22, 27, 529a1, 27, b18, 30, 530a2, 23, b13, 19, 22, 531a24, b4, 532b5, 11, 534a18, 22, 535a12, 536b21, 541a16, b3, 13, 16, 550b5, 551a21, 553b25, 557b28, 565a4, 578a23, 590a28, b5, 25, 591b7, 24, 27, 594b14, 599b27, 603a10, 613a4, 616a28, 617b3, 620b18, 20, 31, 621a6, 10, 623b1, 2, 624a13, 583a16, 587a28, 634b27, 635a6, 9, 14, 19, 21, 22, 28, 31, b19, 28, 636a32, 36, b1, 637a15, 17, 33, 638b35, 36
στόμαχος 493a6, 8, 495b19, 496a2, 503b11, 505b33, 506a3 (bis), 507a10, 25, 26, 37, b3, 14, 27, 508a18, b30, 34, 509a1, 4, 7, 10, 14, 15, 514b14, 524b13, 18, 32, 526b24, 25, 527b4, 23, 529a5, 7, 8, 16, 530b26, 591b8, 594a21
στόμιον 623a4
στοχάζεσθαι 542a31, 571a27

INDEX

στραγγαλίς 587b22
στραγγουρία 530b9, 612b16, 584a12
στράτευμα 563a10
στρέφειν, -εσθαι 493a24, 499b29, 503a35, 576a21, 606a4, 620a4, 584a32, 587a7
στριφνός 548b21
στρογγυλοπρόσωπος 495a2
στρογγύλος 491b1, 496a18, b23, 503a32, 508a34, 525b33, 526a17, 527b14, 530a13, 532b21, 553b8, 555a21, b3, 559a29, 607b10, 617b3, 620b15, 624b24, 629b34; (uermis) 551a9
στρομβοειδής 528b17
στρόμβος 492a17, 530a6, 26, 548a18
στρομβώδης 528a11, 33, b5, 8, 13, 529a15, 530a22, b21, 531a1, 547b4
στρουθίον 539b33, 613a29, 33
στρουθός 506b22, 509a9, 23, 519a6, 592b17, 616a14, 633b4; (struthiocamelus) 616b5
Στρυμών 592a7, 597a10
στρυφνός 491b16
στρῶμα 616a2
στυπτηρία 547a20
στύραξ 534b25
συγγένεια 539a22, 566a26, 611a4
συγγενής 518a18, 20, 24, b25, 539a23, 26, 550b30, 622b22, 584a24, 585b31
συγγενικός 531b22, 623b6
συγγεννᾶν 632a20
συγγίνεσθαι 539b32, 547b31, 585a23, 586a10, 634b31, 38, 635a34, 636a11, 637b25, 30, 638a11
συγκαθιέναι 539b29, 31, 540a22
συγκαθίζειν 498a9, 578a21
συγκαλεῖν 612a17
συγκαμπή 513a3
συγκάμπτειν, -εσθαι 502b11, 575a14, 586b1, 2, 6
συγκατάγειν 620b18
συγκαταγηράσκειν 638a17
συγκατακλείεσθαι 557b4
συγκατακλίνεσθαι 546a26
συγκαταπλέκειν 612b23
συγκεῖσθαι 486a13, 492a16, 502b17, 506b30, 515b12, 516a11, 17, 20, 554b27
συγκεραννύναι 560a31
συγκλείεσθαι 528a16, 17, 533b26, 549a2
συγκλειστός 528b15
συγκρίνεσθαι 622b20
συγκρούειν 604b2

συγκυκλοῦσθαι 533b22
συγκύπτειν 572a23
συγχεῖσθαι 494a32, 515a23, 562a25, 585b34, 638a2
Συέννεσις 511b23, 512b12
συζευγνύναι 621b28, 585b9, 636b19
συζυγία 599b6, 631b1, 586b21
σύζυγος 610b8
συκαλίς, συκαλλίς 592b21, 632b31, 32
συκάμινον 603b14
συκῆ 522b2, 552b1, 557b28, 30, 31
Συκίνη 507a17
σῦκον 541b24, 554a15, 595a29, b10, 603b28, 626b7
συκώδης 623b24
συλλαμβάνειν, -εσθαι 577a4, 580a3, 623b2, 629b25, 582a19, 20, b14, 17, 18, 25, 583a14, 16, 20, 21, 22, 27, 34, b29, 584b23, 585a6, 9, 22, b19, 20 (bis), 24, 25, 586a11, 587b5, 28, 634b38, 635a1, 26, 636a28, b36, 637a1, 638a12
συλλέγειν 577a13, 591a1, 611b21, 622a5, 623b14, 628b26
σύλληψις 560b11, 582b11, 583a19, 31, 584a2, b21, 24, 585a12, 634a39, 636a37
συμβαίνειν 487a19, 489a16, 490b1, 491a10, 496b24, 500a32, 501b10, 15, 28, 508b4, 510a5, b3, 518a29, 35, b18, 23, 521a30, 522a16, 523b26, 524a14, 527b1, 530b18, 21, 533b10, 537b17, 539a16, 24, b1, 3, 6, 16, 540a8, 542b10, 14, 543a18, 29, b21, 545a29, 32, b5, 17, 546a1, 30, 31, b24, 547a30, 33, 548b7, 552a14, 553a11, b22, 556a10, b30, 560a30, b18, 25, 561a4, 562a29, 563a20, 565b1, 566b21, 567b7, 9, 27, 32, 571b7, 573b2, 574a32, b18, 28, 575b12, 576a15, b9, 578b19, 26, 590a7, 24, b13, 592a20, 597a27, 598b17, 599a5, 601b28, 602a14, b13, 604b10, 30, 607b11, 30, 610a34, 612a28, b4, 613a12, 614a6, 30, b18, 624b33, 625b17, 628a27, 631a24, b5, 8, 633b6, 581a10, 28, b20, 29, 582a8, 32, b1, 20, 27, 583b2, 584a21, b34, 585a11, 19, b8, 11, 16, 27, 586b34, 587a2, 11, b32, 634a18, b24, 635a33, b32, 36, 636a20, b25, 637a2, 21, 37, b4, 11, 638a11, 37
συμβάλλειν, ξυμ-, συμβάλλεσθαι 514a8, 9, 12, b1, 523a14, 541b27, 553b18, 560a28, 606a15, 584b14, 636b15, 637a35, b19, 28

608

INDEX

συμμεταβάλλειν 503b7, 634b11
σύμμετρος 612b26, 623a29, 636b9
συμμίγνυσθαι 610a7
σύμμιξις 635b30
συμμύειν 535a18, 582b19, 583b29, 635a30, 636a38
συμπαρακολουθεῖν 514a24
συμπεραίνειν 541a2
συμπεριλαμβάνειν 549a33
συμπεριφέρειν 548a19
συμπέττειν, -εσθαι 549b7, 560b17, 580a10, 590a21, 625a6, 638a3
συμπιέζειν 549b2
συμπίπτειν 495a15 (bis), 18, 511b15, 561a21, 562a6, 629b32, 631b26, 584a1, 586b23, 588a1, 635a23, 636b38
συμπλάττειν 628a34
συμπλέκειν, -εσθαι 541b3, 13, 542a16, 546b21, 568a29
συμπλοκή 540b21
σύμπτωμα 620b35, 626a29
σύμπτωσις 585b25
συμφέρειν 522b10, 28, 29, 31, 558a4, 573b9, 592a9, 596a29, 601a27, 31, b12, 24, 32, 602a12, 15, 19, 603a12, 24, 613b6, 627b16
συμφορεῖσθαι 559a10
συμφύεσθαι 493a28, 507a15, 515b19, 518a1, 519b5, 16, 528a16, 567b26, 600b10, 587a15, 636b1
συμφυής 525a22, 532b12
σύμφυσις 507b35, 518b8, 547a16, 20
σύμφυτον 616a1
σύμφυτος 521b17, 557b18, 596b24
συμψαύειν 562a27
συναγανάκτησις 612b35
συνάγειν, -εσθαι 496a19, 503b25, 504b5, 541a21, 548a30, 31, b12, 567a8, 594a19, 616a12
συναγελάζεσθαι 610b1, 2, 11, 12
συναγρίς 505a15, 506b16
συναθροίζεσθαι 546b18, 582b15
συναισθάνεσθαι 534b18
συναίτιος 634a17
συνακολουθεῖν 625b16, 631a25
συναμπρεύειν 577b31
συνανθρωπεύεσθαι 542a27, 572a6, 599a21
συνανθρωπίζειν 488b3
συναπαίρειν 597b16
συναποβιάζεσθαι 581a24

συναποθνήσκειν 638a18, 36
συναποκρίνεσθαι 581b30
συναπολαύειν 623a24
συνάπτειν 491b3, 503a16, 507a5, 18, 28, 508a13, 509b18, 28, 510a20, 27, 515a13, 516a19, 30, 530b14, 533a13, 540a30, b32, 580a15
συναρμόττειν, -εσθαι 541b4, 637b24
συναρπάζειν 531b1, 620a24
συναρτᾶσθαι 495a30, b6, 12, 13, 496b12, 19, 32, 497a25, 507b2, 509a35, b2, 516a8, 562a7
σύναψις 496a32, 513b13
συνδάκνειν 612a24, 621b2
συνδεῖσθαι 515b12
σύνδεσμος 638b9
συνδιαφθείρειν 585a10
συνδρόμως 636b13
συνδυάζεσθαι 539b9, 541b26, 556a26, 566a27, 567a29, 570a28, 597b10, 610b8, 612b33
συνδυασμός 537b28, 539a27, b26, 540b7, 542a8, 17, 24, 31, 543b17, 549b29, 551a28, 569a12, 572a9, 580b2
συνεδρεία 608b28
σύνεδρος 608b29
συνεθίζειν 567a6, 573b27
συνειδέναι 618a26
συνεῖναι 633b13, 634b36, 637b15
συνεκπίπτειν 587a13
συνελίττεσθαι 503a20
συνεξεμεῖν 547a27
συνεξέρχεσθαι 587a17
συνεπαίρειν 576b27
συνεπιβαίνειν 591b21
συνεπουρίζειν 598b9
συνεπωάζειν 555b14
συνέρχεσθαι 541b34, 542a15, 560b2
σύνεσις 588a23, 29, 630b21
συνετός 589a1
συνέχεια 515b6, 559a7, 588b5
συνέχειν, -εσθαι 514a30, 515b14, 529a17, 530b27, 537a12, 540a24, b14
συνεχής 495b20, 497a13, 499b15, 503b18, 504b16, 506a30, 509b12, 13, 511a19, 22, 514b34, 515a33, b5, 516a9, 14, b2, 518a2, 526a21, 22, 529a8, 23, 531a3, 4, 26, 541b7, 550b10, 13, 558b1, 568a22, 23, 588b11, 624a17, 628a20, 584a28, 587a15, 635a38
συνεχῶς 500a12, 558b22, 559b4, 564b12,

609

INDEX

συνεχῶς (cont.)
577a3, b11, 13, 605a25, 26, 625b24,
629b19, 632b21, 23, 582b3
συνήθεια 494b21, 575b19, 611a7, 612b28
συνήθης 519a9, 566a8, 573a14, 574b17,
596b29, 620b6, 621a34, 629b11
συνήκειν 495b10
συνηρεφής 527b33, 541b31
συνθεῖν 533b24, 610b34, 611a1
συνθερμαίνειν 562b21
σύνθετος 486a6
συνθλίβεσθαι 555b26
συνιέναι (-ειμι) 539b22, 540a10, 13,
579b30, 600b29, 614a1
συνιέναι, ξυν- (-ίημι) 630b19
συνιστάναι, -ασθαι 486b15, 491a15,
516a5, 519b20, 539a18, 546b30, 32,
547b12, 549a26, b8, 554a6, 9, 556b26,
27, 560a26, b19, 564b22, 567a28,
568b12, 569b19, 570a16, 589a6, 598a8,
605a13, 621a23, 628a12, 15, 583b10, 16,
638a2
συννέμεσθαι 572b21
σύννομος 571b22, 572b10, 17, 611a10
σύνοδος 541a31
συνόδους 595a9; (*piscis*) 610b5
σύνολος 491a28, 549a7, 601a26, b26,
626b30
συνορᾶσθαι 557b25, 580a20, 632b3
συνουσία 630b35, 582b22, 635b17,
636b21, 637b10
συνταράττειν 596a1
συντείνειν 512a27
συντελεῖν 509a29
συντετραίνεσθαι 513a35
συντήκεσθαι 607b29
συντηκτικός 622a15
συντιθέναι, -εσθαι 579b3, 4, 616a31
συντονία 540a6, 578b8
σύντονος 560b2
συντρέφεσθαι 618a25, 632b3
συντρέχειν 533b23, 610b35
σύντρησις 495a25, 507b27
συντρίβειν, -εσθαι 516b11, 564b4,
613b27
σύντροφος 629b11
συνυφαίνειν 623a11
συνυφής 622b10, 624a6
συνυφυῖαι 624a11
συοφόρβιον 571b19
Συράκουσαι 559b2

Συρία 491a2, 577b23, 579b9, 580b1,
606a13
συριγμός 536a6
σῦριγξ 496b3, 501a33, 513b5, 18, 24
Σύριος 557a3, 627b17
συρίττειν 611b26, 28
συρράπτειν 632a26
συρρεῖν 638b29
σύρρευσις 551b28
συρρήγνυσθαι 497a25
σύρρους 638b19
σῦς *uide* ὗς
σύσκιος 578a27
συσπᾶσθαι 508a21, 528b27, 553a14,
635a4
συσπειρᾶσθαι 625b8
σύστασις 519b19, 527a23, 546a26,
547b14, 552b15, 553a7, 590a2, 9
συστέλλειν, -εσθαι 504a16, 535b10,
567a8, 594a19
συστρέφειν, -εσθαι 523a24, 569b18,
572b14, 621a16, 629a19, 631a27, 32
συχνός 509a16, 616a25, 619a32
σφαγή 493b7, 511b35, 512a20, 27
σφαγῖτις 512b20, 514a4
σφάζειν 612b2
σφαῖρα 537a11, 616a5, 20
σφαιροειδής 567b30
σφακελίζειν 519b6
σφεῖς 609b35, 610a16
σφηκία 626a12
σφηκίον 628a17, 19, 33, 35, b24
σφηκωνεύς 628a13
σφήξ 487a32, 488a10, 489a32, 523b19,
531b23, 32, 532a16, 551a30, 552b26, 30,
554b22, 24, 29, 622b21, 623b10, 626a8,
15, 627b5, 23, 628a1, 11, 14, 18, 22, 27,
29, 31, b3, 9, 18, 19, 28, 31, 629a3, 5
(*bis*), 7, 10, 25, 35, b2, 3
σφόδρα 492a3, 8, b1, 502a3, 27, 32,
503a4, 19, 32, 505b11, 18, 506b1, 507a9,
508a17, 33, 509a10, 510a1, 4, b12, 24,
511b22, 513a28, b9, 515b1, 518a9,
520a30, 537a15, 540b2, 546a16, 548b4,
27, 552a2, 554b9, 16, 555a15, 561a31,
564a5, 568b11, 571a29, 572a32, 573a3,
4, 14, 575b9, 18, 593a10, 594b23,
599a19, 20, 600a23, 601a20, 604b23,
611a23, 612b13, 614a26, b13, 615b14,
17, 618a3, 623b20, 21, 625a17, 27,
629b11, 630a6, 10, 30, 584b32, 587a31,

INDEX

634a10, 635a15, b12, 18, 636a16, 18, 25
σφοδρός 528b33, 621a4, 633a7, 586b30
σφοδρῶς 571b20, 575a14, 610a15
σφονδύλη 542a10, 604b19, 619b22
σφόνδυλος 497b16, 506a28, 513b16, 25, 30 (bis), 516a11, 12, 14
σφύζειν 521a6
σφύραινα 610b5
σφυράς 586b9
σφυρόν 494a10, b7, 497b25, 512b16, 18, 23, 26, 516b1, 2
σχαδών, σχάδων 554a15, 29, b3, 555a8, 624a8, 627a30
σχάζειν 603b15
σχεδόν 486a25, 487b26, 493b19, 496b27, 497a21, b9, 499b3, 501a23, 502b15, 503b21, 508a9, 509a11, 513a8, 521b17, 531b29, 532a10, 539b6, 540b16, 542b16, 22, 543a30, 544b20, 545b17, 32, 553a3, 563b9, 16, 571a19, b4, 576a14, 579a24, 588b9, 594a14, 595a23, 598a21, 28, 599a20, b5, 600b19, 30, 604b26, 607b8, 26, 608a22, 621b6, 622b19, 630b24, 632b6, 584a4
σχέσις 638b17
σχῆμα 486b6, 487a9, 498a12, b3, 503a15, 507b10, 14, 26, 508a17, b10, 511a13, 515a35, 524a30, b11, 27, 565a12, 24, 579b20, 616a22, 586a34, 634b35
σχημάτισις 537a26
σχίζεσθαι 494a12, 495a32, b4, 496a28, 499a24, 25, 507a13, 508a27, 512a6, 12, 18, 22, 513b14, 17, 31, 32, 34, 514a3, 4, 11, 16, 20, 24, b15, 18, 515a7, 526a17, 549a24, 556a28, 578b28, 598b16, 583b9, 22, 586b20
σχιζόπους 593a28, 615a26
σχίσις 496a5, 499b14, 511a2, 514b29, 532a26
σχίσμα 499a27
σχιστός 515b15, 517a10, 11, b21, 519a32, 524b7
σχοινίκλος 593b4
σχοινίων 610a8
σχολάζειν 547a28
σώζειν, -εσθαι 513a24, 532b2, 567b1, 2, 568b19, 571a1, 591b27, 602b2, 613a32, b30, 618a28, 626a3, 19, 582b21, 584b11, 12, 585a1, 2

σωλήν 528a18, 22, 535a14, 547b13, 548a5, 588b15
σῶμα 487a33, 491a28, 32, 494a33, 496b15, 497a9, 498b26, 499a10, 18, b3, 500a21, b8, 502b31, 503a15, 30, 33, b6, 8, 21, 27, 31, 504a17, 505a9, 511a18, b5, 512a1, 514b32, 515a22, 35, b20, 521a8, 10, 20, b1, 6, 522b13, 523a15, b16, 24, 524b22, 23, 525b24, 32, 526b5, 12, 527b9, 530b25, 531a4, 9, b1, 532a31, b2, 537b19, 540b3, 542a5, 543b26, 544b30, 557a1, 6, b16, 561a17, 21, 28, 567a11, 572b7, 573a11, 574b7, 575a33, 576b6, 577b10, 579a22, 588b9, 19, 589b22, 33, 590a15, 591b4, 594b7, 597b14, 603b1, 605b3, 612a5, 616a16, 621a3, 11, 623a32, 629a1, 630a4, b30, 581b4, 14, 19, 26, 30, 32, 582a3, 21, b8, 32, 35, 583a10, 584a3, 22, 26, 587a35, 634a14, 15, 16, 17, b2, 4, 6, 9, 10, 11, 12, 16, 635a19, 21, b37, 636a2, 3, 7, b32, 33, 637a12, 23, 638a4, 30
σωμάτιον 525a2
σωματώδης 521b27, 635b38
σωτηρία 614b32, 588a10
σωφρονίζεσθαι 582a25

ταινία 504b33
τακτός 599b4
ταλαιπωρία 596a30
τάλαντον 607b33
ταμιεία 622b26
ταμιεύεσθαι 615b23
τάξις 491a17, 496b19, 612b23, 634b1
Τάρας 631a10
ταράττειν, -εσθαι 592a6, 601b6, 630b11, 633b22
ταριχεία 607b28
ταριχηρός 534a19, 21
ταρσός 512a7, 17
τάσις 495b23, 515a31, b16, 519b14
τατός 519a32
τάττειν, -εσθαι 494a29, b20, 561b15, 574a13, 575b27, 576b23, 589b11, 625a3, b18
ταυρᾶν 572a31
ταῦρος 510b3, 520b27, 521a4, 538b23, 540a6, 571b21, 572b3, 16, 575a16, 21, 594b11, 12 (bis), 13, 15, 609b1, 5, 611a2, 630a21, b6
τάφος 553a1, 607a25

611

INDEX

τάφρος 603a4
ταχέως 489b35, 490a2, 500b10, 518b25, 520b26, 521a1, 525b8, 531b15, 534a20, 541a16, 32, 543a23, 546a15, 24, 547b18, 550b25, 552a11, 13, 559b30, 563b8, 17, 568b18, 571a21, 575b29, 576a21, 577b12, 578a4, 580b29, 589b8, 595a19, 598b8, 602a3, 604a21, 605b20, 608a26, 610a28, 611a5, 614b3, 621a33, 629b16, 632a22, 30, 582a20, 22, 583b26, 584a4, 27, 31, 586b30, 587b5, 17, 635a39, 636a18
τάχος 580b11
ταχύς 488a29, 501a33, 521b1, 531b32, 534b1, 543a20, 30, b1, 547b24, 558a10, b21, 560a19, b12, 566b18, 569b9, 571a15, 20, 573b14, 578a8, b17, 580b17, 592a5, 596a15, 603b4, 606b12, 615a12, 616a26, 27, 617b25, 620b26, 621a5, 624a33, 631a22, 583b23, 586b32, 587a29, 634a9, 636a17, 18, 21, b17, 33, 34, 35
ταχυτής 580a29, b5, 27, 631a21, 28, 638b6
ταώς, ταών 488b24, 559b29, 564a25, 31
τείνειν, -εσθαι 492a20, 495a30, b6, 496b14, 33, 497a8, 15, 17, 19, 20, 502b8, 507a7, 24, b15, 508b35, 509b27, 34, 510a14, 511a7, 9, 19, b32, 512a10, 12, 13 (bis), 15, 20, 27, 28, 32, b1, 3, 513a2, 23, b7, 11, 17, 19, 24, 25, 26, 29, 33, 514a1, 5, 8, 16, 30, 32, b4, 9, 12, 14, 16, 23, 28, 29, 37, 515a5, 6, 516a11, 23, 524b18, 32, 33, 531a21, 533a14, 561a23, b4, 5, 25, 562a1, 3, 6, 564b27, 28, 31, 604b5, 586b18
τειχίον 552b28, 553a1
τεκμαίρεσθαι 533b18, 537a13, 543a6, 602b16, 613a28
τεκμήριον 615a11, 628b21, 629b31
τεκνογονία 582a28
τέκνον 504b25, 522a26, 32, 542a31, 545b29, 555a25, 563a26, b5, 566a26, b17, 18, 22, 567a3, 5, 573a30, b4, 12, 588b30, 33, 608b2, 609b11, 31, 611a19, 20, 612b27, 614b32, 33, 618b29, 619b24, 620a2, 621a21, 585a16, b23, 636b10
τεκνοποιεῖσθαι 597a11, 585b10
τεκνοποιία 589a3
τεκνοτροφεῖν 625b20
τεκνοτροφία 562b23

τεκνοῦν, -οῦσθαι 585a34 (bis), 636b8
τέκνωσις 596b21, 618a26, 634b25
τέλειος, τέλεος 489a31, b7, 545a20, 547b25, 555b16, 565b13, 566b19, 576a19, 631b27, 586b8
τελειοῦσθαι, τελεοῦσθαι 489b12, 494a34, 500b26, 501a2, 550a30, 555a24, 559b12, 560b20, 576b7
τελεῖσθαι 500b32, 581a14, 587b12
τελείωσις 543a19, 561a5, 583b24, 584a34, b26
τελεόγονος 585a18
τελεόμηνος 585a20
τέλεος uide τέλειος
τελεσιουργεῖσθαι 565b23
τελευταῖος 491a32, 494b4, 497a18, 501b24, 513b21, 515a30, 518a18, 522a10, 526a4, 539a7, 556a15, 562b1, 576a13, 584a12, 637b1, 638a29
τελευτᾶν 495b22, 503b10, 507a32, 512a22, 24, b3, 31, 513a7, 514a14, 19, 36, b13, 27, 515a9, 32, 526b26, 527b26, 533a14, 552a1, 578b28, 612a12, 613a27, 628a16, 585a21
τελευτή 509a19, 529a13, 531a3, 615b2
τελέως 625a30, 633a3, 634b30
τέλμα 569a13, 626a11
τελματιαῖος 487a27, 626a9
τελματώδης 570a8
τέλος 493a26, 508a29, 510a9, 520a13, 544a29, 545b9, 550a22, 553a3, 554a30, 562a12, b13, 565a2, 6, 569b30, 576b4, 577b23, 602a6, 619a18, 622a16, 631b24, 582b20, 585a9, 586b12
τέμνειν, -εσθαι 506b2, 517b31, 531a11, 632a24
τέναγος 548a1, 602a9
τενθρηδών 623b10, 629a31
τενθρήνιον 629b1
τένων 515b9
τέρας 507a23, 559b20, 576a2
τερατώδης 544b21, 562b1, 575b13, 584b9
τερατωδῶς 496b18
τερηδών 605b17
τεσσαράκοντα, τετταράκοντα 545b17, 19, 31, 563a2, 568b15, 576a6, b1, 26, 600b3, 613a19, 621a26, 625b29, 583a28, b4, 12, 585b3, 587b4, 6
τέσσαρες, τέτταρες 489a34, b21, 24, 490a26, 27, 29, 30, 31, 32, 34, b6, 499a18, 27, 500a23, 25, 28, 30, 501b30,

612

INDEX

504a15, b30, 505a14, 16, 507a35, b35, 512b13, 514a10, 516a21, 525b22, 28, 526a21, 33, b7 (*bis*), 10, 534b12, 537b16, 549a2, b13, 553a4, 6, 555b17, 558b29, 562b30, 31, 563a32, 573a31, b17, 20, 574b2, 9, 576a7, 9, 10, 11, 15, 577a6, 578b31, 579b13, 580a10, 26, 28, 595a27, 596a2, 8, 599a32, 603b13, 615b32, 33, 618b13, 624b7, 628a20, 629a13, 630b9, 584b32, 35, 586b16, 638a15
τεσσαρεσκαίδεκα, τετταρεσκαίδεκα 542b8, 568b29, 574b32
τέτανος 604b4
τέταρτος 512b32, 523b12, 553b10, 574a28, 576b30, 577a20, 21, 611a35, 583b22, 584b15, 16
τετραδάκτυλος 504a9
τετραήμερος 553a10
τετράθυρος 628a13
τετραίνεσθαι 496a24, 516a13
τετρακόσιοι 595b20
τετράμηνος 545b1, 573a13, 575a6, b14, 616a34
τετραπλάσιος 508a1
τετραποδίζειν 501a3
τετράπους 488a23, 489a32, 490a29, b3 (*bis*), 19, 31, 492a31, 495b3, 496b19, 27, 497b13, 18, 19, 498a6, 28, 32, b5, 11, 16, 25, 499a10, 13, 31, b6, 500a2, 501a10, 502a17, 23, 25, 31, 33, b15, 21 (*bis*), 28, 29, 33, 503b33, 504b23, 505a23, 33, b28, 29, 32, 35, 506a18, 22, b6, 25, 27, 507a22, 34, 508a4, 509b7, 10, 24, 510b15, 23, 34, 513b36, 516b17, 20, 518b30, 522b20, 30, 523a5, 527a16, 528b32, 532a29, 536a5, 32, b29, 537b27, 30, 539a15, b26, 33, 540a15, 27, 541a23, b21, 543b25, 544b18, 552b21, 557b32, 558b9, 565b6, 12, 16, 566b6, 567a3, 573a9, 17, 21, 27, 578a23, 578a6, 8, 589b28, 591b23, 594a5, 25, b28, 596b2, 600a28, 602b14, 603a30, 605b6, 608a24, 610b23, 611a15, 612a2, 630a14, 631b23, 632a5, 6, b12, 586a35, b8, 587b29, 637b38
τετράπτερος 490a16 (*bis*), 532a21
τέτριξ 559a2, 12
τετταράκοντα *uide* τεσσαράκοντα
τετταρακοσταῖος 583b14
τέτταρες *uide* τέσσαρες
τετταρεσκαίδεκα *uide* τεσσαρεσκαίδεκα

τεττιγομήτρα 556b7, 10
τεττιγόνιον 532b17, 556a20
τέττιξ 532b10, 535b7, 8, 550b32, 556a14, 21, 24, b9, 601a6, 605b27, 28
τευθίς 489b35, 490b13, 523b29, 524a25 (*bis*), 30, 32, 33, b22, 26, 541b1, 12, 550b12, 16, 17, 590b33, 607b7, 621b30
τεῦθος, τευθός 490b13, 523b30, 524a25, 29, 30, 31, b22, 550b14, 610b6
τεῦχος 625a26
τεφρός 519a2, 630a28
τέχνη 588a29
τεχνικός 615a19, 620b10, 622b23, 587a22
τεχνικῶς 616a4
τέως 545a12
τήθυον 528a20, 531a8, 18, 29, 535a24, 547b21, 588b20
τήκεσθαι 520a18, 571a32
τηλία 578a1
τηλικοῦτος 497b26, 509b31, 524a28
τηνικαῦτα 600a4, 602a27
τῆξις 634b22
τηρεῖν 592a2, 623a5, 13, 27, 629b23
τίγρις 607a4
τιθασσεύεσθαι 608a25, 610a29, 614b14
τιθασσευτικός 488b22
τιθασσός 540a8, 544b2, 610a25, 612b13, 614a9, 615a22, 630b18
τιθασσῶς 608b31
τιθέναι, -εσθαι 486b17, 491b29, 532b19, 534a21, 550b1, 9, 559b20, 571a31, 589a22, b2, 603a13, 605b21, 608b29, 619a33, 626a5, b26, 627b7, 588a9
τίκτειν 522b29, 537b23, 28, 538a19, 542b4, 13, 16, 17, 25, 26, 30, 543a7 (*bis*), 9, 10, 14 (*bis*), 18, 19, 20, 23, 31, b3, 6, 9, 12, 14, 544a1, 2 (*bis*), 3, 7, 8, 13, 26 (*bis*), 28, 33, b7, 545a29, b9, 24, 31, 546a5, 11, 13, 33, b4, 11, 549b1, 23, 550b26, 553a8, 18, 25, 554a28, 555a19, 22, 30, b1, 10, 11, 13, 20, 22, 23, 30, 556a1 (*bis*), 8 (*bis*), 29, b1, 558a4, 5, 8, 11, 13, 14 (*bis*), 18, 29, 31 (*bis*), b2, 12, 14, 17, 19, 21, 24 (*bis*), 29, 30 (*bis*), 559a10, 17, b23, 560b4, 5, 9, 24, 561a1, 562a21, 28, 30, b3, 5, 7, 9, 13, 16 (*bis*), 17, 24, 563a3, 11, 13, 17, 19, 30, 32, b4, 30, 564a1, 2, 28 (*bis*), 29, 31, b6, 565b20, 566a19, 20, b6, 20, 28, 32, 567a1, 3, b16, 18, 22, 23, 568a13, 16, 18, 19, b14, 24 (*bis*), 569a1, 570b9, 14, 15, 17, 19, 22, 23 (*bis*), 27, 28, 31, 571a3, 6,

INDEX

τίκτειν (cont.)
13, 14, 15, 26, 572a20, 573a1, 2, 24, 31, 32, 33, b10, 19, 22, 574a9, 10, 24 (bis), b4, 6, 7, 10, 24, 26, 575a26, 29, 30, b10, 26, 576a1, 2, 23, b10, 28, 29, 577a2, 7, 24 (bis), 25, 29, 31, b1, 2, 3 (bis), 24, 578a10, 13, 21, 26, 29, b15, 19, 579a20, 21, 23, 26, 32, 33 (bis), b1, 3, 7, 9, 10, 32, 33 (bis), 580a2 (bis), 4, 6, 7, 10, 11, 12, 14, 16, 22, 23, 25 (bis), 27 (bis), 589a30, 598b4, 6, 28, 599b21, 600a32, 607b20, 609b25, 610b10, 611a16, 17, b24, 613b9, 11, 16, 21, 28, 29, 615a13, 14, b15, 18, 20, 30, 33, 616a33, b3, 4, 6 (bis), 617a3, 618a9, 11, 12, b4, 13, 619b14, 621a22, b23, 24, 627b24, 629a29, 630b14 (bis), 16, 582b20, 584a27, 31, b8, 18, 19, 30, 31, 33, 35 (bis), 585a7, 13, 16, 18, 20, 21, 23, b5, 586a11, b30, 31, 587a19, 637a7, b14, 638a10, 14, 16, 27, 28

τίλλειν, -εσθαι 609a15, b31, 618a29

τίλων, τύλων 568b25, 602b26

τίς 505b24, 509a28, b12, 523a13, 529b19, 533b31, 616a31, 624b8, 627b33, 631b2, 638a7, 8

τις 486b17, 487b9, 12, 13, 24, 488a8, 17, b10, 489a25, 490a11, b12, 27, 28, 34, 491b7, 27, 29 (bis), 492b12, 34, 495a7, 26, b25, 496b19, 25, 497a22, b7, 498a9, 499a21, 27, 500a3, 7, 12, 501a25, b26, 503a2, 26, b20, 504a3, 6, 11, b26, 505a25, b18, 19 (bis), 30, 506a9, 11, 507a16, 17, 21, 508a10, b4, 6, 509a6, 22, 28, b4, 510a23, 511a5, b12, 512a31, 513a14, 20, 514b3, 515a24, b34, 516a4, 518a11, 13, b7, 21, 519b11, 17 (bis), 520a30, b17, 24, 521a14, 30, 522a5, 6, 13, 20, 523b4, 24, 33, 524a11, b21, 30, 525a2, 20, 33, 527a22, 30, b10, 29, 528a9, 23, 25, 26, b12, 529b15, 20, 30, 530a27, b10, 17, 531a26, b5, 7 (bis), 14, 532a13, b19, 533a2, b2, 17, 33, 534a1, 2, 5, 21, b3, 28, 535a14, 17, b16, 536a4, b11, 537a17, 24, b4, 17, 23, 538a6, 14, 539a4, 18, 33, b9, 28, 540a30, b13, 26, 541b8 (bis), 542a6, 11, 26, 543a7, 544b21 (bis), 545b8, 20, 546a29, 31, 547b31, 548a7, 9, b14, 549a23, 26, b32, 550a12, 13, 20, 29, b7, 15, 18, 26, 28, 551a12, 15, b6, 9, 14, 23, 552a3, b12, 15, 28, 553a9, 24, 29, b12, 554a7, b3, 5, 8, 24, 555a13,
18, b3, 24, 26, 556a19, b15, 17 (bis), 29, 557a2, 4, 27, b5, 13, 20, 558a24, b20, 559b3, 16, 560a5, 6, 29, b1, 22, 23, 24, 561b28, 562a12, 15 (bis), 30, b25, 563a14, b1, 11, 14, 564a5, 14, 565a26, 566a28, b12, 567a11, b22, 24, 30, 568a4, 9, 28, 31, 569a17, 24, b2, 570a13, 32, b2, 571a6, 33, 572a20, 27, b14, 16, 573b2, 13, 574a4, b2, 16, 20, 24, 26, 33, 575a8, 27, b5, 12, 13, 14, 576a2, 4, 12, 28, b1, 22 (bis), 577a11, b12, 15, 29, 578a18, b15, 579a16, b28, 580a14, b3, 6, 29, 31, 588a30, b13, 589a22, 29, 32, 590a3, 9, 24 (bis), 27, b13, 24, 591a4, 23, b30, 592a1, 25, 30, 593a5, 594a1, 10, 12, 27, b15, 595b7, 13, 14, 21, 596a7, 597b6, 598b13, 20, 24, 599a21, 26, b4, 13, 600a11, b26, 601a29, 602a1, 17, 603a2, 17, b15, 22, 604a28, b11 (bis), 12, 24, 605b3, 15, 20, 23, 606a2, 3, 11, b10, 19, 20, 607a17, 23, 24, 26, 30, 31, 33, 34, 608a13, 17, 609a21, 610a25, b29, 35, 611a30, 32, b21, 612a6 (bis), 10, 25, 33, b8, 20, 28, 613a8, 27, 29, b10, 16, 17, 614a3, 5, b15, 26, 615a5, 8, 10, 20, 30, b3, 11, 24, 616b13, 28, 617a21, 23, b18, 618a19, 31, b16, 619a19, 24, b16, 620a22, 26, b23, 621a17, 18, b18, 622a11, 16, b4, 10, 623a5, 13, 18, 20, b5, 23, 624a19, 32, 625a33, b9, 626a7, b3, 12 (bis), 20, 627a32, b19, 628b13, 14, 19, 21, 629a18, 19, 31, b24, 31, 630a28, b14, 17, 32, 631a15, 17, 20, 24, b21, 12, 13, 17, 27, 31, 632a12, 633a15, 581b21, 582a35, 583a27, b15 (bis), 20, 21, 584a19, 21, b12, 35, 585a15, 17, 19, 22, b5, 7, 19, 25, 32, 33, 586a10, 25, 587a22, b31, 633b17, 29, 634a12, 20, 26, 29, 40, b1, 636a9 (bis), 15, b33, 637a9 (bis), 29, 35, b17, 638a4, 6, 11, 33, b15, 25, 35

τιτθεύεσθαι 523a10

τίτθη 587b17, 588a5

τιτρώσκειν 562b20

τιφή 603b26

τοιόσδε 487a15, b33, 488b12, 592b29, 610a25, b4, 628a11

τοιοῦτος 486a8, 9, 487a21, 488a9, 489a24, 490a11, 493b2, 497b2, 26, 498a14, 27, 499a16, 500b32 (bis), 502b26, 35, 503a6, b6, 10, 504b3, 507a23, 35, b13, 508a6, 511a1, 513a9, 15,

614

INDEX

515a31, 517a19, b7, 13, 32, 519a12, 28, b17, 20, 520b5, 25, 522a17, b10, 22, 523b9, 11, 524b29, 525b31, 526b19, 528a15, b11, 21, 529b4, 14, 530a11, 20, 25, b33, 531a2, b24, 25, 532b7, 10, 25, 533a34, 534a5, 7, 9, b24, 535a8, b32, 536a26, 537a1, 2, 12, 28, 29, b6, 10, 18, 538a8, 14, 16, 21, b17, 539a18, b13, 20, 540a32, b9, 12, 541b10, 20, 23, 542a8, 11, 543a3, b8, 544b5, 7, 547b23, 548a13, 18, b16, 549b19, 550b2, 7, 551b6, 23, 552a1, 13, b4, 8, 28, 553a9, 554b13, 17, 20, 21, 555a13, 559b17, 560a8, b1, 561a2, 565a19, b21, 567a13, 568b23, 569a12, 24, b13, 14, 570a20, 21, b14, 571b2, 29, 572a7, b25, 576a14, 577a5, 579b27, 588a27, 30, 31, b14, 27, 589a32, b26, 590b3, 22, 23, 591a20, b17, 592b28, 593b21, 594a2, 14, b30, 595b3, 597b28, 598a8, 599a12, 600a12, 14, 17, 601a20, 602a19, 29, b31, 605a20, b8, 26, 608a16, 611b21, 612b32, 613b8, 614a29, 33, 616a16, 19, 619b22, 621b22, 622a28, 30, 624a16, 628a30, 629a34, b4, 630b14, 633b8, 581b31, 582b31, 583a2, 13, 20, b8, 584a8, b6, 585b32, 35, 634a5, 23, 25, 40, 635a8, 33, b1, 12, 636a8, 9, 10, 25, 26, 637a5, 638b6, 21, 33, 35

τοῖχος 555a1, 610a21, 612b8

τόκος 523a2, 8, 541a17, 542a25, 30, b3, 543a4, 10, 16, b29, 544a29, 546a17, b6, 550b25, 558b11, 562b24, 564a32, 567a16, 568a18, b28, 570a25, 28, b11, 571a25, 573a21, 574b4, 575a28, 576b30, 578b16, 580a14, 588b30, 589a18, 596a24, 598b4, 601a12, 28, 622a17, 628b18, 19, 582a20, 23, 25, 27, 583a29, b28, 33, 584a30, 34, 35, b26, 35, 586a10, 587a1, b2, 19, 636a30, 638a14, 34

τομή 532a4, 632a18

τομίας 575b1, 578a33, b3

τοξεύειν, -εσθαι 612a4, 616a11

τόξευμα 612a5, 631a28

τόξον 540a19

τόπος 488a23, 489a28, 491b32, 494a27, 496b25, 500b10, 12, 502b14, 503a4, b1, 16, 504b15, 505b15, 506b2, 509a34, b12, 512b10, 513b34, 514a15, 515b2, 517b9, 13, 17, 518a23, 520a11, 522b23, 531a7, 20, 533a20, b2, 17, 18, 20, 535b22, 536b9, 13, 542b14, 543a7, b28, 544b8, 546b31, 548a2, 4, 14, 549b17, 554b14, 555b22, 564a12, 567b1, 17, 568a8, 569b10, 13 (bis), 570a21, 571a23, 28, 572b28, 573b21, 578a26, 579b6, 580b29, 589a10, 19, 590b22, 593a22, 596b28, 29, 31, 597a2, 3, 6, 25, 27, 598a7, 16, b4, 599a29, b14, 600a11, 12, 601b28, 602a15, 18, 20, 605b22, 23, 25, 26, 606a11, b15, 607a9, 15 (bis), 26, 608b20, 23, 609a19, 611a26, b17, 613a25, b9, 16, 614b29, 616a7, b19, 617b14, 618b12, 15, 619a25, 29, 30, 32, b6, 621a15, 16, b3, 622a12, 626b22, 628a11, 630a11, b15, 631a11, 633a27, 581b23, 582b26, 583a15, 584b7, 11, 32, 585b34, 633b30, 634a2, 7, 23, 24, b30, 33, 635b19, 636b27, 637a9, 20, 25, 28, b28, 36, 38, 638b21, 29

Τορώνη 523a7, 530b10, 548b15

τοσόσδε 635b31

τοσοῦτος 496b27, 522a6, 15, 525a5, 533b18, 537a9, 550a1, 559b3, 562b30, 563a28, 564a9, b7, 580a17, 596a4, 582a10, b15, 634a25, 635b28, 636b32

τότε 487b30, 511b22, 539a6, 547a21, 550a17, 551b3, 4, 552a8, 14, 24, 553a22, 556a11, b6, 7, 562a2, 563a26, 572a19, b17, 573a1, 576a19, 579a14, 580b29, 591a30, 592a8, 598b9, 23, 30, 599b22, 600b13, 601b11, 602a5, 603a21, b3, 610a27, b28, 611a34, b16, 619a28, 623b2, 20, 625a24, 627a6, 25, 30, 629b16, 630b34, 631a13, 24, 633a9, 581b20, 21, 582a11, b26, 583a19, 587b28, 588a9, 634b30, 636a23, 32, b23, 27, 32, 35, 637a4, b15, 27, 638a23

τραγᾶν 546a3

τραγίζειν 581a21

τράγος 536a15, 546a1, 571b21, 573b32, 579a1, 3, 10; (piscis) 607b14; (spongia) 548b5

τραυλίζειν 536b8

τραυλός 492b33

τραῦμα 631a12

τράχηλος 504a16, 512a25, 513b16, 25, 514a12, 526a3, b8, 547a16, 24, 556a2, 603b17, 612a35, 616a17, 23, 622a34

τραχύνεσθαι 536b23

τραχυόστρακος 528a23

τραχύπους 544b4

INDEX

τραχύς 503a30, 505a25, 26, 507b2, 7, 525a11, 526a7, b3, 13, 529a22, 547a7, 548a2, b4, 24, 549b14, 18, 571a34, 590b23, 607a10, 611a35, 622a33, b2, 626b2, 628b10, 632b24, 581a18, 20, 583a18
τραχύτης 523b30, 565b28, 590b17
τρεῖν 629b23
τρεῖς 491b3, 495a11, 496a4, 20, 498b1, 502b16, 504a9, 513a30, 516a18, 525b23, 526a22, 527a5, 531b26, 542b18, 543b6, 545b7, 16, 548a32, 549a15, 551a9, 17, 553a4, 5, 8, 555b1, 561a6, 562b4, 9, 563a17, 19, 20, 31, 564a29, 567a2, 572b20, 573b17, 20, 574a22, 29, 575b28, 578a15, 19, 580a28, b8, 592b14, 18, 594b20, 595a23, 24, 27, 596a27, 603a31, b12, 604a4, 609b22, 617a1, 18, b16, 618b4, 623b11, 624a11, b7, 625b10, 627b3, 4, 629a13, 630a13, 631b27, 582a24, b5, 583b20, 584b32, 585b32, 638a15
τρέπεσθαι 579a4, 611a5, 628b26, 582b32, 583a3, 32, 584a9, 638b34
τρέφειν, -εσθαι 515b17, 532b13, 544b5, 548a20, b6, 15, 551a25, 30, 554a20, 556b16, 563a27, 564a17, b3, 566b30, 568a3, 7, 570a11, 571b33, 576b3, 578b1, 580a24, 590a19, 27, 33, b1, 591a2, 7, 12, 22, b30, 592a20, 593a29, 594a24, 596b11, 603a16, b27, 612b7, 613a21, 23, 28, 618a13, 16, 619a27, b26, 620b20, 33, 624a21, 632b6, 635b11, 15, 637b17
τρέχειν 579a12, 611a18, 617b25, 629b18
τρῆμα 495a29, b10, 497a25, 27, 513b18, 21
τρηματώδης 488a25
τρῆσις 495a28
τρητός 516a27
τριάκοντα 508b4, 522a32, 543b16, 545b16, 18, 558a9, 563a4, 27, 564a27, 566b22, 25, 570a29, b1, 572b13, 574b10, 576a27, 30, 577b4, 578a29, 579a20, 596a10, 599a18, 613a18, 583a28
τριακοντάμηνος 545b21, 576a3, 7, 577a18
τριακόσιοι 555b15, 596a11
τρίβειν, -εσθαι 522a8, 535b12, 571a7, 33, b17, 600a7, 605a30, 581a29
τρίγλη, τρίγλα 508b17, 543a5, 557a26, 570b22, 23, 25, 591a12, b19 (bis), 598a10, 21, 610b5, 621b7, 21

τριγμός, τρισμός 535b16, 19, 32, 614a22
τριγωνοειδής 516a19
τριετής, τριέτης 545b13, 22, 546a7, b5 (bis), 564a26, 575b24
τριετία 545b3
τρίζειν 504a19, 535b25, 536b14
τριήμερος 553a10
τριήρης 533b6, 606b13, 14
τρίμηνος 546b13, 562b28
τριόδους 537a27, 28, 30, 608b17
τριόρχης 592b3, 4, 609a24, 25, 620a17
τριπλοῦς 554b19
τρίς 543a5, 6, 544b27, 568a19, 627a25, 582a16, 27, b25
τρισκαίδεκα 568b29, 573b28
τρισμός uide τριγμός
τρίστοιχος 501a27
τρισχίλιοι 632a29
τριταῖος 558a30, 568b19, 625b25
τρίτος 512b26, 518a22, 521b33, 523b23, 529b32, 531b27, 535a28, 546b10, 548b1, 551a10, 553b9, 577a20, 579a8, 28, 590a15, 592b20, 594b22, 600b2, 607a5, 611a34, 614b9, 16, 620a18, 623a7, b12, 582b4, 585a17
τριχάς 617a20
τριχίας 587b26; (piscis) 543a5, 569b26, 598b12
τριχίς 569b25 (bis)
τριχοειδής 620b14
τριχώδης 524b21, 529a32, b30, 538a5, 565a25, 620b17
τρίχωμα 595a4, 5, 630a26
τριχῶς 590a13
τρίχωσις 544b25, 581a14, 582a32
τριχωτός 491a30
τρίψις 510b2, 535b9, 10, 11, 21, 576b18
τροπή 542b4, 6 (bis), 7, 11, 15, 20, 23, 543a11, b12, 552b19, 556b8, 570b27, 598b25, 600b2, 617a30, 625b29, 628a6
τροπικός 544a33, 558b14
τρόπος 486a18, b23, 487a5, b19, 488a29, b31, 490b34, 491a7, b28, 493b1, 494a25, 29, b20, 495b17, 496a29, 497a22, 30, b2, 8, 499b31, 500b15, 502b28, 504a6, 505a20, b34, 506a18, 507a21, 25, 508a2, 509b7, 510a10, 13, b5, 6, 33, 511b1, 24, 513a15, b32, 514a23, 28, b7, 515a14, 18, 27, 516a8, 34, b31, 517a17, b4, 519b26, 527b35, 528b11, 26, 529b19, 20, 530a24, 531b20, 532b5, 29, 534a20, 535a26,

INDEX

537b4, 22, 538b7, 539a3, 5, 10, b1, 5, 25, 540a1, 9, 27, b4, 20, 22, 541a34, b2, 24, 542a9, 12, 18, b25, 545b26, 546b15, 27, 547b1, 548a22, 549a13, b6, 551a27, b17, 552b26, 553a12, 18, 555a27, b18, 557a2, 558b9, 561a5, b1, 16, 562a21, 564b14, 565a31, 566a1, b1, 567a16, 568b23, 569a21, 570a24, 571b7, 26, 572a31, 576a9, 11, 578a6, 588a17, 20, b24, 589b1, 22, 590a6, b9, 32, 591b25, 592a29, 595b5, 597a14, 599a4, 601a2, 602b19, 603a29, b6, 605a2, b6, 608b32, 611a35, 613a7, 614a13, b3, 617a8, 620b9, 20, 25, 622b1, 623b4, 624b8, 625b17, 627b22, 628b31, 629b5, 631b30, 632a15, 633b6, 581a11, 583a9, 584b19, 634b23, 635b40, 636b7
τροφαλίς 522a15, 31
τροφή 487a17, 19, 24, 31, b1, 488a18, 19, 20, b30, 34, 489a4, 27, b8, 492b20, 501b31, 507a32, b36, 508b29, 520b3, 522b25, 32, 523b32, 531a23, 532a8, 535a1, 538a10, 539a19, 548b8, 549a3, 551b3, 553b26, 554a5, 557a32, 561a25, 563b6, 564a9, 14, 18, b9, 565a10, b9, 567b14, 568a2, 572a2, 573b22, 575b33, 588a18, b32, 589a4, 6, 17, 19, 23, b16, 19, 21, 26, 590a10, 15, 17, 30, 591a8, 592a24, 28, 593a25, 594b29, 595a19, b9, 25, 596b16, 19, 21, 598a30, b3, 599a26, 601b11, 18, 602a21, 603a18, b26, 28, 606a25, 608b2, 14, 21, 27, 30, 34, 609a2, 4, 22, 610a34, 612a22, b27, 613a3, 5, b13, 618b10, 619a21, b20, 32, 621b4, 622b26, 623b15, 18, 22, 23, 625b26, 27, 30, 626a2, 4, 6, 628a23, b12, 629a2, 13, 631a24, 581b3, 582a2, 583a9, 12, 638a33
τροφίας 604a29
τρόφιμος 523a11
τροχάζειν 604b12
τροχίλος 593b11, 609b12, 612a21, 615a17
τρύγγας 593b5
τρυγών 544b7, 558b23, 562b4 (*bis*), 6, 28, 593a9, 16, 17, 597b4, 6, 7, 600a20 (*bis*), 22, 609a18, 25, 26, 610a13, 613a13, 14, 22, 25, b2, 617a32, 633b7; (*piscis*) 489b31, 540b8, 565b28, 566b1, 598a12, 620b24; (*amphibium* ?) 540a31
τρυπᾶν, -ᾶσθαι 529b17, 530b28, 556a30
τρώγλη 552b28, 31, 554b25, 615a17
τρωγλοδύτης 597a9, 610a12

τρωγλοδυτικός 488a23
τυγχάνειν 489a30, 513a23, 526b16, 533b33, 537b6, 541a28, 544b1, 547a2, 556a13, 567b7, 573b6, 576a5, b24, 577b16, 580a1, 589a5, 593b9, 594a16, b22, 598a6, b26, 603b1, 605a9, b3, 607a7, 28, 610a4, 611a1, b30, 31, 613b29, 615a23, 619b16, 620a31, 621a28, 33, 622a5, 623a16, 625a3, b14, 631b4, 582b27, 584a5, 586b29, 587a21, 633b16, 635b23, 25, 636b37, 637b37, 638a19
τύλων *uide* τίλων
τυμβωρυχεῖν 594b4
τύμμα 624a16
τύπανος 609a27
τύπος 487a12, 491a8
τύπτειν, -εσθαι 537a26, 553b6, 563b8, 572a5, 577a23, 590b29, 594b13, 602b25, 609b6, 31, 34, 610a16, 26, 613a2, 614a15, 619a23, b17, 620a24, b3, 626a17, 23, 28, b15
τύραννος 592b23
τυρεία 523a6
τυρεύεσθαι 521b30, 522b2
τύρευσις 522a26, 33
τυρός 521b28 (*bis*), 522a24, 29 (*bis*), 523a11
τυφλίνης 567b25
τυφλῖνος 604b25
τυφλός 533b3, 574a23, 27, 29, 579a23, 580a4, 12, 25, 27, 600b28, 602a9, 585b30 (*bis*)
τυφλοῦσθαι 613a23

ὕαινα 579b15, 22, 26, 28, 594a31
ὕβος 499a14, 15, 16
ὑβρίζειν 614a10
ὕβρις 615b10
ὑγιάζεσθαι 518a14, 605a31
ὑγιαίνειν 520b30, 601b7, 633b18, 634a13, 18, 28, 30, 33, b6, 13, 636b33
ὑγίεια 521a23, 601a25, 27, 582a1, 636b26, 581b25, 28, 32
ὑγιεινός 523a10, 12, 19, 596a18, b6, 581b25, 28, 32
ὑγιεινῶς 635a22
ὑγιής 520b20, 563a15, 579a17
ὑγραίνεσθαι 557b11, 560a23, 634b31, 635b17, 24
ὑγρασία 557a1, 572b28, 635b28
ὑγροκοίλιος 632b11
ὑγρός 487a2 (*bis*), 17 (*bis*), 20, 24, 25, b1, 3, 7, 8, 489a4, 7, b29, 491b21, 492b20,

INDEX

ὑγρός (cont.)
493b5, 494b29, 495b18, 506a26, 509a12, 510a24, 517b13, 519b18, 520b23, 521a7, b4, 6, 17, 525a4, 531a14, 23, 533b8, 535b27, 541a4, 546a20, 552a14, 554a8, 556b15, 557b5, 12, 559b25, 27, 561a31, b7, 10, 12, 18, 19, 23, 567a33, 569b29, 580a30, 589a22, 31, b16, 17, 19, 21, 24 (bis), 592a13, 596b11, 597b11, 598a9, 603b20, 32, 605a24, b8, 617a1, 581b3, 582a14, b27, 28, 583a7, 12, 586b9, 33, 634a20, b3, 15, 17, 635b25, 636a14, 638a2, b20, 34
ὑγρόσαρκος 538b9, 603b16
ὑγρότης 489a20, 506b3, 510a27, 34, 515b16, 28, 517a2, 518b9, 14, 527a18, 531a27, 540b31, 550a13, 561b22, 27, 565a10, 23, 568a3, 572b29, 594b6, 601a9, 582a10, 586a29, 587b23, 32, 634a15, 23, 635a40, b31, 638b2
ὑγρῶς 635b24
ὑδαρής 586b33, 588a7, 634b17, 638b20
ὑδάτιον 606b21
ὑδατώδης 521b27, 523a21, 586a29
ὑδρεύεσθαι 626a11
ὕδρος 487a23, 508b1
ὑδροφορεῖν 625b19
ὕδρωψ 587a6, 638b17
ὕδωρ 487a20, 490a25, 497b29, 503a11, 13, 504b29, 505b7, 519a10, 12, 523a25, 527b17, 20, 536a12, 17, 551b22, 29, 552a4, 6, 554a7, 556a10, b15, 557a20, 558a8, 11, 566b28, 567b17, 568a4, 569a15, 17, b15, 16, 570a8, 9, 12, 573b18, 33, 574a8, 575b12, 578a16, 579a3, 9, 589a13, 16, 20, 25, b4, 14, 590a14, 17, 26, 592a2, 5, 7, 8, 19, 21, 593a21, 27, 28, 595b24, 29, 596a7, 27, b17, 598b5, 601b16, 18, 23, 602a2, 603a4, 14, 604b29, 605a10, 15, 28, 31, 606b26, 607a20, 612a19, 615a26, 625b20, 626a10, 627a9, 22, b11, 630b27, 583b16, 586a28
ὕειν, ὕεσθαι 487b30, 601b13
ὕειος 495b27, 496b21, 507b37, 508a8, 519a24, 521b15, 574b13, 580a4, 605b1
υἱιδοῦς 585b34
υἱός 585b33
ὑλαγμός 536b30
ὕλη 550b8, 552b4, 553a24, 554b28, 559a2, 569a3, 589a6, 590a9, b11,

591b12, 605b19, 606a27, 613b10, 615a15, 618b21, 28, 620b1, 626b24, 627a5, 629a19
ὑλήεις 578b2
ὑλοκοπεῖν 616b25
ὑλονόμος 624b29
ὑμένιον 497a21, 529a17
ὑμενοειδής 519b13
ὑμενώδης 495b21, 32, 496b13, 510b23, 29, 513b8, 514a32, 521b7, 527a5
ὑμήν 494b29, 495a8, b30, 496a5, 503b21, 510a22, 23, b31, 32, 511b7, 519a30, 31, 33, b2, 5, 6, 7, 14, 23, 524a18, b19, 527a33, 529a21, b11, 530b29, 531a17, 20, 532b16, 535b7, 547a17, 548b32, 554a30, 555a16, 17, b25, 558a29, 560a27, 561a15, b6, 8, 9 (bis), 17, 19, 21, 22, 24, 32 (bis), 562a2, 564b27, 565a8 (bis), 9, b11, 566a13, 567b29, 568b10, 583b16, 586a19, 20, 21, 25, 27, b22 (bis), 587a7
ὑοβοσκός 603b5
ὑπάγειν 540a7, 541a20, 613b32, 629b14, 17
ὑπαγωγή 578b7
Ὕπανις 552b18
ὑπάρχειν 486b12, 489a1, 9, 10, 17, 491a9, 12, b33, 494b34, 497b13 (bis), 500a14, 503b23, 507b26, 516b25, 517a2, 9, 520b12, 521b5 (bis), 6, 522a21, 528b6, 529a32, b4, 532b30, 535a5, 536a21, 537b22, 23, 538b15, 22, 539b17, 540b28, 560a18, 561b13, 588a27, b3, 608b34, 625a25, 634a11 (bis), 636b14
ὑπαρχή 590a21
ὑπεῖναι 555a4
ὑπεναντίος 498a4, 589b12
ὑπεναντίως 500a13, b16
ὑπεράλλεσθαι 631a22, 29
ὑπερβάλλειν 503b22, 512b9, 548a12, 579a6, 602a3, 618a29, 630b21, 585b3, 6
ὑπερβολή 597a22, 598a1, 599a9, 601a24, 625a29
Ὑπερβόρεοι 580a18
ὑπέργειος 488a24
ὑπερέχειν 535a16, 537b1, 550b6, 566b15, 589b11, 599b27, 618a22, 630b28, 587a34
ὑπερμεγέθης 606a12
ὑπερξηραίνεσθαι 590b8
ὑπέρξηρος 636a17
ὑπερομβρία 602a7
ὕπερον 551b6

618

INDEX

ὑπεροχή 486a22, b8, 16, 17, 18, 488b31, 491a18, 528b14, 19
ὑπερπέτεσθαι 541a28, 597a12
ὑπερπίμπλασθαι 625b4
ὑπερπληροῦσθαι 594b20
ὑπέρυθρος 614b8
ὑπερφαίνεσθαι 550b3, 620b2
ὑπερῷα 492b26
ὑπηνέμιος 539a31, 559b21, 24 (bis), 28, 560a6, 9, 12, 13, 16, b11, 561a2, 564a31, 637b14, 21, 34, 638a23, 25
ὑπήνεμος 559a3, 568b26
ὑπήνη 518b18
ὑπιέναι 625a13
ὕπνος 536b24, 27, 537a18, b6, 21, 538b30, 635a34, b32
ὑποβάλλειν 577b16, 616a2
ὑποβολιμαῖος 618a28
ὑπογάστριον 503a17, 634b40
ὑπογλουτίς 493b10
ὑπογλώττιος 506a28
ὑπογραφή 510a30
ὑποδεής 623b24
ὑποδεῖν 499a29
ὑποδερίς 558b2
ὑποδέχεσθαι 618a21
ὑποδοχή 541a3
ὑποδύεσθαι 534a2
ὑποζύγιον 595b24, 604b20, 28
ὑπόζωμα 509b17, 510b16, 21, 29, 511a2, 7, 9, 10, 21, 514a30, 36, 532b16, 535b8, 556a18, 559b8, 18, 564b21, 565a18, 21, 29, b18, 566a5
ὑποκάμπτειν 618a23
ὑποκάτω 493a32, b13, 497a26, 506a28, 509b33, 526a8, 13, 26 (bis), 527a6, 25, 29, b13, 529b16, 27, 29, 561b23, 579b19, 21, 24, 25, 612b12, 615b28
ὑποκεῖσθαι 495a2
ὑπολαΐς 564a2, 618a10
ὑπολαμβάνειν, -εσθαι 522a17, 553a18, 560a29, 610b35, 619b34, 620b5, 636b37
ὑπόλειμμα 559b21
ὑπολείπειν, -εσθαι 562b11, 597b6, 615b22, 626b6, 582b16
ὑπόλευκος 526a11
ὑποληπτέον 583b6
ὑπόληψις 584b12
ὑπόλοιπος 548b17
ὑπομένειν 522a7, 534b28, 540a5, 556b18, 574a4, 578b7, 9, 592a17, 607a12, 610a17,
611a22, 614a25, b16, 615b18, 620a32, 630b8, 631b18
ὑπονεῖν 631a18
ὑποπόρφυρος 616a15
ὑπόπους 511a32
ὑπόπτερος 552b12
ὑπόπτης 629b10
ὑπόπυος 522a10
ὑπόπυρρος 554a25, 616a21
ὑπόρριζος 493a18
ὑπόστασις 499a21, 551b29, 552a12
ὑπόστημα 487a6, 562a9
ὑποτιθέναι, -εσθαι 540a11, 548b3, 559b3, 26, 564b3, 7, 612b26
ὑποτριόρχης 620a19
ὑποφαίνειν, -εσθαι 502a12, 537a21, 625a23
ὑποφέρειν 604b1
ὑποφεύγειν 535a22
ὑποφύεσθαι 501b9, 604a25
ὑπόχλωρος 616a18
ὑποχόνδριος 493a20, 21, 496b12
ὑποχωρεῖν 568b30, 569a1, 590a30, 592a27, 629b14
ὑποχώρησις 594a13
ὕπτιος 487a33, 489b26, 498b12, 20, 499b28, 502a24, b31, 503b31, 504b15, 505a4, 508a12, 519a22, 523b14, 524a18, 525a11, b14, 20, 526a2, 532a30, 540a3 (bis), b1 (bis), 7 (bis), 10, 13 (bis), 541b21, 544b29, 556a26, 591b26, 594b12, 614b3
ὕπωχρος 561b15, 586b33
ὗς, σῦς 488a31, b14, 498b27, 499a5, b12, 13, 21, 500a27, 501a15, b4, 21, 502a9, 13, 503a9, 507b16, 19, 20, 23, 509b14, 510b17, 520a9, 27, 536a15, 538b21, 542a29, 545a28, b1, 546a12, 27, 557a17, 571b13, 572a7, 16, b23, 573a31, b11 (bis), 14, 577b27, 578a25, 28, 30, b1, 580b24, 594b10, 595a15, 17, 25, 31, b1, 3, 603a30, b16, 604a3, 606a7, 9, 607a12, 18, 20, 609b28, 30, 621a1, 630a2, 632a21, 637a11
ὑστέρα 489a14, 493a25, b5, 497a31, 33, 34, 508a13, 510b5, 6, 9, 13, 15, 16, 19, 28, 30, 34, 511a6, 12, 17, 18, 22, 28, 30, 33, 34, 512b5, 515a5, 6, 523a23, 538a9, 564b18, 21, 565a12, 15, 17, 19, b2, 4, 5, 7, 23, 566a7, 567a17, 22, 24, 573b6, 579b2, 26, 582b11, 19, 24, 583a20, b29, 35, 584b22, 586a18, 23, 34 (bis), 35, b13, 587a8, b35, 633b15, 22, 25, 30, 634a1, 25, 37, b4, 11, 13, 24, 27, 33, 35, 39,

INDEX

ὑστέρα (cont.)
635a17, 31, 32, b2, 24, 636a2, 3, 4, 13, 17, 22, 29 (*bis*), 30, 34, 38, 637a16, 27, 32, 34, b32, 36, 638a2, 3, 7, 13, 19, 26, 28, 31, 33, 35, b3, 6, 29, 31
ὑστεραῖος 580b19
ὑστερικός 527a13, 566a11, 570a5
ὑστερογενής 491a32, 518a21, 24, 32, b3, 25, 521b18, 631b32, 632a1
ὕστερον 587a8, 13, 14, 17
ὕστερος 487a13, 488b28, 489b18, 491a9, 493b1, 496a35, 498b15, 501a6, 507a25, 509b23, 510b2, 513b16, 517a27, 518a19, 32, 522a4, 528b17, 539b2, 543a4, 11, 544a29, b14, 545a27, 549b27, 552a27, 554a20, b2, 556a16, 558a7, b3, 559b17, 560a14, b28, 561a17, 32, 563a16, 566a21, 23, 567b33, 568a3, b3, 21, 570b15, 17, 21, 24, 573a3, 25, 574b11, 21, 577a31, b21, 588a32, 597a12, 13, 613a31, 618b12, 623b16, 630b35, 581a10, b16, 582a12, b18, 584a10, 585a8, 20, b18, 27, 586a11, 587b22, 635a38
ὕστριξ 490b29, 579a29, 600a28, 623a33
ὕφαιμος 603b23
ὑφαίνειν 542a13, 551b15 (*bis*), 623a2, 8, 25
ὑφαιρεῖσθαι 554a8, 609a20
ὑφαρπάζειν 609a10
ὑφή 623a21
ὑφιζάνειν 637b8
ὑφιστάναι, -ασθαι 579a13, 625a12
ὑφορᾶσθαι 629b10
ὕφορμος 542b23
ὑψηλός 559a6, 616a9, 619a25, b4
ὕψος 576b5, 580a29, 614b19
ὑψοῦ 619b5

φαβοτύπος 592b2
φάγρος 598a13, 601b30
φαίνειν, -εσθαι 487b29, 499a21, 505b21, 506a7, b17, 507b35, 510a1, 511b23, 512a20, 29, 513b23, 515b2, 18, 524b6, 526b15, 531b9, 532b31, 533a1, b5, 9, 535a23, b26, 536a18, 19, b27, 537a2, b13, 538a6, 21, 542a4, 543a6, 544a17, 23, 548b7, 549a26, b8, 550a24, 551b1, 552a10, 554a15, 28, 556a15, 559b9, 16, 560a7, 561a21, b4, 563a10, b18, 26, 566b4, 567a21, 568b3, 6, 569a23, b13, 570b16, 571a34, 572a7, b20, 578b24, 580a18, 21, b13, 31, 588b9, 22, 24,
589b32, 590a27, 592b4, 593a17, 18, 599a25, 26, b19, 23, 600a9, 17, b8, 30, 602b12, 603b23, 604a21, 606a3, 608a13, 613a30, b32, 615a2, 11, b6, 12, 616b19, 26, 618a2, 7, 619a13, 625b8, 628a7, b30, 629a26, 631a17, 632b26, 633a15, 22, 23, 581a20, 583b17, 21, 584a33, b19, 585a26, 586a19, 635a35, 636a26, 33, 37, b4, 12, 637a10, b10, 20, 23, 27
φαλάγγιον 538a27, 542a11, 12, 550a5, b31 (*bis*), 552b27, 555b10, 12, 13, 16, 571a4, 594a22, 611b21, 622b28 (*bis*)
φάλαγξ 493b29; (*araneus*) 609a5, 6
φάλαινα 489b4, 5, 521b24, 537a31, 566b2, 7, 589b1
φαλακρός 518a27, 30, b20, 26, 632a4
φαλακρότης 518a28
φαλακροῦσθαι 518b26
φαλαρίς 593b16
φαληρικός 569b24
φαλός 623b11
φάναι 487b11, 492a14, 500a5, 501a27, 505b20, 508b6, 518a11, 519a19, 521b14, 522a30, 532b19, 534a5, 25, b1, 29, 535a22, b26, 540b13, 541b8, 18, 543a27, 547b30, 548a8, b10, 15, 549a3, 552b17, 553a18, 23, 32, b18, 25, 557a3, 559b4, 562b28, 563a1, 7, b1, 566b12, 567b31, 568a6, 8, 569a5, 14, 21, 571b32, 572a2, 28, 573b13, 574a14, 575a9, b5, 576a5, 22, b10, 578a18, 579b29, 580a15, b9, 31, 594a26, 595b20, 596a11, 598b20, 600a6, b26, 28, 601a17, 603a19, b30, 604a12, b26, 605b4, 606a8, 20, b10, 607a3, 6, b20, 608b22, 609b24, 611a5, 22, 612a3, b8, 613a27, 614a19, b13, 615a9, 20, b11, 24, 616a6, b3, 4, 7, 618a13, 20, b6, 619a9, b7, 620a22, 29, b6, 622a12, 27, 30, b2, 623a32, 624a27, b13, 625a7, 626b3, 627a16, 630a12, b23, 631b3, 581a16, 582a35
φανερός 489b12, 491a14, b30, 492a25, 27, 29, 494a21, 495a34, 500b8, 503a7, b27, 504b28, 505a34, 509b11, 31, 510a9, 511a3, 25, 513a29, 515a15, 20, 528b17, 529a30, b7, 17, 531a15, 532a6, b17, 533a4, 10, 19, 22, 31, b1, 5, 14, 34, 534a5, b6, 8, 10, 12, 535a6, 10, 14, 536b25, 31, 537b7, 539b6, 542a6, 547b10, 549a2, 25, 550a7, 552b16, 561b2, 31, 569a26, 570a7, 13, 19,

INDEX

571a29, 588a20, 31, 590a23, 600a29, b7, 608a23, b5, 8, 611a24, 617a30, b12, 14, 618a7, 620b28, 628a5, 24, 629b16, 18, 632a20, 633a13, 583a25, 585a15, 633b18, 634a5, 637b6, 30
φανερῶς 504b26, 611b28, 635a10, 12, 636a22
φανός 627a14
φαντασία 587b11
φαραγγώδης 578a27
φαρμάκεια 616b23
φαρμακεία 572a22, 611a30
φαρμακίς 577a13
φάρμακον 604b27, 607a34, 611b26, 612a7, 9, b16, 624a16
φαρμακοπώλης, φαρμακοπῶλος 594a23, 622b34
φαρμακώδης 624a18
Φαρνάβαζος 580b7
Φαρνάκης 580b7
Φάρος 607a14
Φάρσαλος 618b14, 586a13
φάρυγξ 492b27, 508a30, 535a29, b15, 536a10, 637a29, 33
φασιανός 557a12, 559a25, 633b2
Φᾶσις 522b14
φάσκειν 638a5
φάσσα, φάττα 488b2, 508b28, 510a6, 544b5, 558b22, 562b3, 5, 6, 27, 563a1, 597b3, 7, 600a24, 601a28, 613a14, 17, 633a6
φασσοφόνος 615b7, 620a18
φάτνη 609b20
φαῦλος 545a31, 569b23, 579a10, 591b3, 595b28, 607b26, 27, 29, 608a3, 615a2, 616b35, 623a3, 7, 629a31, 582b20, 635b14 (bis)
φαύλως 503a11, 572a1, 609b25
φάψ 563b32, 564a18, 593a15, 16, 20, 613a12, 25, 618a10
φείδεσθαι 623b22, 627a20
φέρειν, -εσθαι 495a11, 496a27, 33, b4, 497a4, 12, 27, 510a27, 512b21, 513b34, 514a9, b30, 34, 515a11, 524b12, 529a12, 531a22, 533b4, 534a23, b5, 537a17, 544b26, 545b8, 546a3, 552a4, b27, 553a19, 20, 24, b25, 28, 554a1, 11, 16, b15, 561a14, 23, b20, 26, 562a7, 567a7, 570b5, 578a18, 592a11, 18, 603b13, 605b19, 606b20, 611b33, 616a8, 619a2, 7, 33, 623b28, 624a29, 625b20, 626b5, 9, 24, 627a7, 22, 629a1, 631a18, 28, 581a12, 16, 584b8
Φερεκύδης 557a3
φεύγειν 533b5, 12, 34, 534a28, b1, 24 (bis), 535a15, 571a6, 579a8, 12, 14, 590b27, 596b31, 597a17, 598a1, 603a3, 605b16, 607a32, 608b18, 611b32, 618a30, 622a33, 626a14, 629b12, 16, 18, 35, 630a2, b7, 631a6, 633a16, 585a4
φήνη 563a27, 592b5 (bis), 619a13, b23, 34 (bis)
φθάνειν 577a11, 618a23
φθέγγεσθαι 501a32, 504b2, 535a21, 22, 30, b13, 536a26, 538b14, 545a1, 2, 16, 19, 561b27, 562a19, 563b17, 593b9, 617a20, 618a5, 632b17, 633a6, 8, 587a27, 33
φθείρ 537a5, 539b10, 556b22, 28, 30, 557a4 (bis), 11, 13, 15, 16, 17, 18, 19, 21, 22, 25, 602b29; (piscis) 557a31
φθείρειν, -εσθαι 489a21, 515b19, 520b12, 550a8, 553a13, 556a9, 11, 599a22, 609b27, 625a7, 10
φθειρώδης 557a7, 9, 596b9
φθίνειν 571a13, 582a34
φθινοπωρινός 543b9, 570b14, 596b30
φθινόπωρον 543a15, 16, b20, 544b10, 566a23, 571a18, 593a18, 597a26, 601b25, 618a1, 622a23, 625a31, 633a1
φθισικός 518b21
φθίσις 582b2 (bis)
φθονεῖν 619b30
φθονερός 488b23, 608b9, 619b29
φθόνος 491b18, 34, 619b28
φθορά 556a12, 580b15, 618a19
φιλάνθρωπος 617b26, 630a9
φιλητικός 488b21
φιλία 610a33
φιλόκαλος 488b24
φιλολοίδορος 608b10
φιλόλουτρος 605a12
φιλοπαίγμων 629b11
φιλοπονία 608a32
φιλοπότης 559b2
φίλος 609b33, 610a8, 12, b2
φιλόστοργος 611a12
φιλοστόργως 621a29
φιλότεκνος 566b23
φιλοχωρεῖν 610a11
φίλτρον 505b20

INDEX

φίλυδρος 605a13
φλεβικός 510a14, 561a13, 17
φλέβιον, φλεβίον 492a22, 495a24, 497a17, 503b16, 509b27, 513b21, 29, 514a17, 19, 23, 26, b5, 21, 27, 515b2, 3, 519b33
φλεβοτομία 512b17, 24
φλεβώδης 494a7, 495a8, 582a15
φλέγμα 487a6, 511b10, 605a17
φλεγμαίνειν 493a3, 603a32, 632a19, 634a23, 636a35, 638a35
φλεγμασία 634a21, 635a4, 636a29, 33
φλεγματικός 634a26
φλεγματώδης 574b5, 578b19
φλέψ 487a7, 489a22, 492a20, 495a5, b7, 33, 34, 496a6, 26, 34, b4, 8, 14, 30, 31 (bis), 33 (bis), 497a5, 14, 509b34, 511b3, 11, 15, 18, 23, 24, 31, 512a1, 10, 19, 25, b5, 13, 19, 513a10, 16 (bis), 24, 26, b1, 3, 4, 6, 8, 12, 14, 17, 23, 25, 27, 32, 514a3, 5, 11, 13, 20 (bis), 24, 27, 29, 30, 33, 35, b1, 4, 6, 10, 12, 13, 15, 17, 19, 24, 25, 28, 29, 31, 32, 36 (bis), 515a1, 5, 7, 13, 14, 17 (bis), 25 (bis), 30, 34 (bis), b18, 27, 29, 516a7, 9, 519b22, 31, 520a1, 3, b13, 521a6, b7, 547a19, 561b4, 5, 20, 26, 562a4, 564b31, 566a5, 574a6, 604b5, 586a21, 34, b13, 15, 16, 18, 19, 22, 24
φλεώς 627a8
φλοιός 558a28, 623a32
φλοιώδης 554b27
φλύκταινα 604b20, 22
φοβεῖν, -εῖσθαι 524b17, 528b26, 533b24, 545a3, 566a25, 590b27, 591b3, 597a2, 608b31, 609a34, b17, 620a9, b2, 621a4, b30, 622a10, b14, 623a27, 629b21, 26, 630a10, b12
φόβος 533b28, 550a32, 578b17, 580a19, 588a22, 590b16, 621b31, 627a18
Φοινίκη 525b7, 541a19, 577b23
φοινικόρυγχος 617b17
φοινίκουρος 632b28, 29
φοινικοῦς 592b24, 617a17, 634b19
Φοῖνιξ 603a1
φοῖνιξ 610a23
φοιτᾶν 558a6, 618b22, 582b4, 583a26, 634b16, 635a11
φολιδωτός 490b24, 492a25, 503a7, 11, 504a27, 508a11, 517b15, 594a4, 599a31, 600b19, 21
φολίς 490b22 (bis), 504a30, 505a23, 517b5, 582b33

φοξῖνος 567a31, 568a21
φορά 537a17, 553a22, b23, 580b17, 635b20
φορβάς 604a22
φορμίς 547a2
φορυτός 549b6, 616a12, 628b11
φρέαρ 551b28
φρήν 496b11, 15, 506a6, 514a36
φρίττειν 560b8
φρόνησις 608a15
φρόνιμος 488b15, 611a16, 614b18, 618a25
φρονίμως 612a3, b1
φροντίζειν 613a3
φροντιστικός 608b2
φρύγανον 603a9
Φρυγία 517a28, 580b6, 617b19
Φρύγιος 522a28
φρύνη 506a19, 530b34
φρυνολόγος 620a21
φρῦνος 609a24, 626a31
φύειν, -εσθαι 489a18, 497a30, 498b25, 500a8, 11, 501b24, 27, 504a18, 508b7, 8, 511b3, 25, 518a10, 12, 32, 33, 526a24, 543b17, 24, 546b23, 547b15, 32, 33, 548b5, 8, 18, 23, 27, 549a22, 32, 550a19, 552a2, 3, 26, 553b4, 554a29, 569a22, 24, 588b15, 589a14, b28, 590b3, 591b12, 25, 595a17, 598a3, 5, 601b12, 14, 604a25, 611a31, 32, 34, b5, 6, 13, 19, 614b5, 621b4, 18, 622b17, 632a11, 25, 585a5, 587b15, 17, 634a24, 635b26, 637a21
φύκης 567b20
φυκίον, φύκιον 550b7, 552a2, 568a6, 570b25, 590b11, 591a12, 15 (bis), b18, 620b32
φυκιοφάγος 602a20
φυκίς 567b19, 591b13 (bis), 607b18
φῦκος 568a5, 6, 570a21, 591a22, b11, 603a17
φυκώδης 602a19
φυλακή 631a15, 581b11
φυλακτικός 488b8, 9, 23
φύλαξ 625b3
φυλάττειν, -εσθαι 547a27, 611a28, 619b16, 638a21
φύλλον 551a2, 14, 556b20, 595b11, 624b10
φῦμα 585b31, 633b29, 636a35
φῦσα 594b23, 604a12, 635b4
φυσᾶν, -ᾶσθαι 495b8, 14, 510b32, 595b8, 626a31

622

INDEX

φυσητήρ 541b17, 566b3, 13
φυσητικός 595b6
φυσικός 535b13, 588a30, 608a14
φύσις 487a3, b18, 488b20, 489a20, 490b23, 491a5, 11, b18, 33, 492a17, 494a27, 31, b24, 495a6, 23, b23, 30, 496b18, 29, 35, 499b17, 502a16, 504b12, 507a20, b28, 508a3, 511b11, 14, 20, 513a9, 16, 515a22, 33, b5, 15, 516b31, 517a7, 18, b21, 518a4, 519b26, 520b19, 20, 22, 25, 29, 521b5, 528b12, 17, 529b21, 531a8, 533a12, 536b18, 538b15, 539a33, 540a11, 542a20, 544b22, 548a7, 550a6, 551a2, 560a20, 561b3, 8, 574a11, 576a5, 577a16, 25, 579a5, 588a16, b5, 19, 589a7, 8, 9, 26, b4, 29, 33, 590a11, b26, 598b21, 602a16, 605a13, 608a22, b7, 611a12, 615a25, 619b28, 622a15, b5, 627b33, 630b13, 581a11, 582a3, b11, 583a7, 11, 32, 585b30, 586b6, 7, 587a25, 635a3, 4, b8, 11, 39, 636a25, 638b21
φυσώδης 522b32, 605a23, 588a7
φυτεύειν 557b30, 627b16
φυτόν 531b10, 537b31, 538a18, 539a17 (bis), 20, 21, 23, b8, 551a5, 559a14, 588b7, 13, 17, 21, 24, 31, 596b14, 581a15
φώκαινα 566b9, 10, 12, 16, 598b1
φώκη 487b23, 489b1, 492a26, 28, 497a7, 498a31, b14, 501a22, 506a23, 508a27, 521b24, 540a23, 566b27, 567a10, 589a27, 594b30, 595a5, 608b22
φωλεία 599a6, 7, 8, 13, 29, b10, 13, 600a22, 23, b18
φωλεῖν 552a17, 579a26, 599a9, 11, 16, 19, 21, 22, 23, 24, 30, b2, 5 (bis), 8, 12, 14, 17, 26, 27, 31, 32, 33, 600a1, 2, 10, 18, 19, 24, 25, 26, 28, 29, b1, 3, 5, 12, 15, 19, 601a15, 22, 606a9, 627b30, 632b27
φωλεός 603a6, 611b34, 622b4
φωλεύειν 503b27, 542b21, 27, 29, 544a8, 547a15, 579a29, 593a18, 599b1, 7, 617b15, 628a8, 629a14
φωλίς 621b8
φωνεῖν 535a28, b2, 4, 16, 25, 536b20, 578a32, 593a14, 606a6, 633a9
φωνή 493a7, 501a32, 502a13, 504a19, 535a27 (bis), 31, 32, b21, 31, 536a4, 5, 7, 11, 14, 20, 23, b1, 2, 3, 4, 9 (bis), 15, 18, 19, 538b12, 14, 29, 541a28, 544b23, 29, 32, 545a4, 6 (bis), 7, 10, 15, 17, 20, 567a12, 572a24, 578a30, 593a6, 10,

597b18, 605a8, 609b17, 610a17, 614a18, 22, b23, 615a2, b5, 19, 616b16, 17, 30, 31, 617a13, b9, 625b9, 630a31, 631b32, 632a5, b15, 16, 20, 23, 633a2, 5, 10, 12, b8, 581a17, 23 (bis), b6, 10
φωνήεις 488a32, 535a31, 536a2
φώρ 553b9, 624b25, 625a5, 14, 34
φῶς 488a26, 537b12, 577b2, 602b11
φῶυξ 617a9

χαίρειν 533a32, 33, 535a2, 11, 12, 602a31, 603b29, 605a9, 612a14, b14, 627a15, 632a33
χαίτη 498b28, 32, 499b32, 502a10, 579b11, 594a32, 604b14, 630a24, 27
χάλαζα 525a7, 550a18, 560a28, 603b18, 22, 24, 25
χαλαζᾶν 603b21, 23, 604a2
χαλαζώδης 603b16, 582a30
χαλαρός 514a32
χαλεπαίνειν 626a23
χαλεπός 513a12, 533b9, 547a33, 548b12, 558b18, 562b22, 563a11, 26, b6, 567a10, 571b11, 13, 23, 27, 30, 575a9, 578a33, 603b12, 604b20, 21, 607a15, 16, 28, 611a26, 624b30, 629b8, 584a30, 634a5, 636b3, 638b30
χαλεπότης 588a22, 608a16
χαλεπῶς 487b10, 522b29, 597b11, 609b23, 616b34, 582b6
χαλινός 576b18
Χαλκιδικός 496b25, 519a14
Χαλκίς 531b12
χαλκίς (auis) 615b10; (lacerta) 604b23; (piscis) 535b18, 543a2, 568a18, b24, 602b28, 621b7
χαλκῖτις 552b10
χαλκοῦς 503b20
χαμαί 611b25, 618a10
χαμαίζηλος 559a13
χαμαιλέων 503a15
χαμαιτύπος 620a31
χάννη 538a21, 567a27, 591a10, b6, 598a13
χαράδρα 614b35
χαραδριός 593b15, 615a1, 2
χάριν 491a8, 500a4, 5, 502b23, 534a26, 589b15, 603a18, 611a31, 620b16, 621b30, 34, 623b22, 631a15, 24
χαροπός 492a3
χάσκειν 535a18, 541a29, 612a20, 614b29, 583b31, 35

623

INDEX

χαυλιόδους 501a15, 19, 502a12, 503a10, 533a15, 538b16, 21
χέδροψ 594b7
χείλος 492b25, 26, 503a5, 504a20, 528a28, 535b1, 536a3, 570a22, 613b1, 583a16, 18, 22
χειμάζειν 596b27, 597b4, 598a25
χειμερινός 542b5, 566a21, 570b27, 598b25, 599b23, 625b29, 632b29
χειμέριος 542b8, 599a24, 33, b29, 613b2, 614b21
χειμών 510a7, 523b32, 531b12, 542a22, 25, b1, 28, 543b10, 11, 20, 544a7, 16, 22, 27, 33, 546a19, 548b22, 549b21, 24, 551a3, 552a18, 554b13, 556a6, 558b14, 559b30, 560a2, 563b19, 575b18, 578a25, 579a11, 592a16, 593a17, 596a31, b25, 597a1, 15, 18, 598b7, 599a6, 17, 23, b3, 9, 28, 600a22, 601b26, 29, 602a4, 11, 603a3, 8, 606b25, 610b25, 613b3, 4, 616b2, 14, 617a29, b11, 621b13, 626a2, 3, 5, b22, 627a31, b10, 13, 30, 31, 628a5 (bis), 8, 9, b7, 23, 629a14, 630a16, 17, b25, 632b5, 17, 19, 633a6, 7
χείρ 486a7 (bis), 11, 14, b20, 490a27, 492b18, 493b25, 27 (bis), 32, 494a2 (bis), 497b20, 21, 27, 498a33, 499b7, 502b3, 5, 6, 7, 8, 11 (bis), 17, 18, 19, 503a25, b34, 512a5, 9, 16, 29, 514a14, 515b21, 516a33, 524a3, 531b2, 6, 537a6, 14, 31, 547a18, 560a8, 608a26, 616a27, 622a4, 19, 587a26, 28
χειροῦσθαι 612b1
χεῖσθαι 598a9
χελιδών 487b27, 506b21, 508b5, 509a8, 519a6, 544a26, 559a5, 563a13, 15, 592b16, 597b4, 600a13, 16, 25, 612b21, 618a32, 33, 626a8, 12; (piscis) 535b27
χελών 543b15, 570b2, 591a23
χελώνη 503b9, 506a19, b27, 29, 508a4, 5, 509b8, 510b35, 519b15, 529a23, 530b34, 536a8, 540a29, 541a9, 11, 558a4, 11, 589a26, 590b4, 600b21 (bis), 612a24, 28
χερσαῖος 487a16, 28, 30, 34, b7, 18, 490b29, 501a31, 502b29, 505b6, 9, 14, 17, 508a5, 516b34, 517b24, 528a8, 529a15, 540a3, 30, 555a23, 558a15, 581a2, 599a5, 15, 621a10, 631a22
χηλή 486b20, 499b9, 517a8, 12, 15 (bis), 518b33, 35, 519b24, 525a32, b16, 17, 26 (bis), 526b16, 527b5, 7, 532a18, 590b25
χήμη 547b13

χήν 488b23, 499a28, 509a3, 21, b30, 559b23, 29, 560b10, 563a29, 564a10, 593b22 (bis), 597b30
χηναλώπηξ 559b29, 593b22
χήνειος 558a22
χήρα, χῆρος 612b34 (bis), 614a1
χηραμός 614b35
χθαμαλοπτήτης 620a21
χίμαιρα 523a1
χιτών 557b5, 16, 18, 20, 561a14
χιών 552b7, 9, 15, 595b16
χλιαίνεσθαι 595b12
χλόη 595b7
χλούνης 578b1
χλωρεύς 609a7, 25, 26
χλωρίς 592b17, 615b32, 618a11
χλωρίων 609b10, 616b11, 617a28
χλωρός 551a15, 593a9, 611b19, 20, 616a15, 617a29
χνοῦς 605b15
χοεύς 627b3, 4 (bis)
χοιροπίθηκος 503a19
χολάς 493a21
χολή 487a4, 496b23, 26, 506a20, 24, 25, 31, b3, 5, 21, 508a35, 511b10
χολώδης 506b3
χονδράκανθος 516b15, 36
χόνδρος 487a8, 492a16, b16, 511b7, 516b31, 33, 35, 517a4, 519b25, 524b3, 574b16
χονδρότυπος 617b2
χονδρώδης 493a7, 30, 495a23, b9, 13, 497a28, b30, 500b20, 22, 510b12, 517a2, 524b27, 29, 549a23, 25, b1, 3, 5, 567a9
χορδή 581a20
χορεία 581a25
χοριοειδής 561b32, 562a3
χόριον 562a6, 10, 565b10, 566b32, 577a7, 601a1, 5, 611a18, b24, 586a26 (bis)
χορτάζεσθαι 546a9
χόρτος 603a5, 605a28
χοῦς 629a11
χοῦσθαι 624b2
χρεία 490b30, 606b24
χρέμψ 534a8
χρή 634a11
χρῆμα 522a19
χρῆσθαι 488a18, 19, 489b28, 492b12, 18, 497b20, 502b10, 505b19, 517b16, 519b34, 524a3, 8, b5, 530b9, 531a6, 548a12, 589a2, b18, 590a32, b19, 591a21, 592a24, 594b18, 596b16, 19,

INDEX

610a19, 620b34, 621b29, 33, 622b12, 626a5, 28, 628b12, 21, 629a2, b31, 630b10, 632a28, 581b3, 15, 582a23, 27, 583b28, 584b24, 585a27, 588a4
χρήσιμος 500a15, 522a26, 33, 523a6, 573a24, 574b9, 575b10, 576a15, 597b2, 603b26, 622a6, 585a31
χρῆσις 581b13, 636a39
χρηστός 553a27, 573b13, 624b23, 30, 625a16, 32, b33
χροιά, χροία, χρόα 503b2, 10, 505b10, 15, 517a13, 518a7, 519a8, 10, 527a27, 529a18, 19, 554a24, 558a19, 593a13, 607b18, 609b19, 615a2, 28, 616a21, b12, 35, 617a2, 618b27, 622a14, 627a13, 632b30, 633a2, 635a11
χρομίς 534a9, 535b17, 543a2, 601b30
χρονίζειν, -εσθαι 523a23, 537a7, 10, 574b11, 638b17
χρόνιος 540b20, 606b2, 638b4
χρόνος 502b20, 503b24, 523a3, 8, 532a2, 540a25, b23, 542a8, 21, 543b23, 544a14, b21, 545a9, 13, 23, 30, b12, 546b2, 9, 547b31, 549b22, 30, 551a4, 22, 552a3, 553a2, 556a3, 557b22, 558a20, b12, 559b4, 560b17, 561a5, 8, 9, 16, 29, b2, 7, 32, 562a5, 10, 17, b21, 563a23, 28, b11, 16, 18, 25, 564a9, 20, 565b22, 566a2, 6, b23, 26, 30, 568b4, 569b1, 2, 29, 570a2, 26, 30 (bis), 31, b3, 6, 24, 26, 29, 571b34, 572a25, b18, 574a18, 31, 33, 575a28, b2, 576b2, 12, 29, 577b8, 9, 12, 15, 578a9, 12, 20, 29, b12, 18, 579a9, 27, 580a11, 19, b12, 23, 588b2, 589a20, 29, b9, 591a8, 594a22, b15, 599a18, b4, 12, 13, 600a1, 2, 31, b7, 601a9, 606b22, 607b14, 19, 611b12, 613a17, b17, 615a30, 618b13, 619b12, 623b21, 624a31, b11, 625b21, 628a28, 632b7, 27, 581a17, 29, 31, b7, 12, 582b5, 23, 583a27, b9, 35, 584a35, 585a9, 17, 18, b4, 5, 587b8, 22, 634a13, 35, 636a19, 22, 638a14, 26, b5, 7
χρυσαλλίς 551a19, 26, 557b23
χρυσοειδής 627a2
χρυσομῆτρις 592b30
χρυσός 597b2
χρύσοφρυς 489b26, 508b20, 21, 537a28, 543b3, 570b20, 591b9, 598a10, 21, 599b33, 602a11
χρῶμα 486b6, 501a30, 506a25, 517a11, 520b20, 523a22, 525a4, 526a12, 527a22,

31, 531a1, 29, 532b22, 533a16, 543a26, 547a17, 550a31, 551b9, 30, 558b19, 559a22, 560a21, 563b22, 566b11, 579b15, 592b6, 593a9, b4, 20, 602b17, 604b25, 607b12, 16, 616a15, 17, 21, b17, 617b3, 7, 22, 25, 619a13, 621a2, 622a9, 12, b31, 630a15, 26, 28, 632b15, 18, 25, 633a5, 11, 17, 587a31
χυλός 596b15
χύμα 550b27
χυμός 492b27, 30, 520b19, 527a2, b29, 533a17, 24, 26, 32, 535a2, 9, 11, 13, 554a10, 13, 555b5, 556b22, 596b13, 17
χυτός 520a8; (piscis) 543a1 (bis)
χωλός 616b10, 629b30, 585b29 (bis)
χώρα 490b23, 491b31, 32, 503a34, 522b22, 525b13, 526b31, 533a6, 541a2, 543b25, 580b15, 595b21, 596b26, 607a14, 609a3, 628b10, 630a20, 635b9
χωρεῖν 495a27, 523a25, 594b11, 626b11, 630a33
χωρίζειν, -εσθαι 516b18, 520a20, 23, 523b15, 547a24, 551a7, 552a21, 23, b14, 561b19, 23, 588b14, 33, 589a25, 625b13
χωρίον 570b26, 578b21, 596b3, 597b7, 600a17, 601b23, 602a24, 618b9
χωρίς 491a5, 492b9, 501b31, 507b36, 521a15, 553b3, 555a17, 560a27, 572b12, 22, 616a17, 624b13
χωριστός 504a8

ψαδυρός 510b26, 517b6, 527a30, 549a20, b31, 567a21, b12
ψαδυρότης 524b26
ψάμμος 543b18
ψᾶρος 600a26, 617b26
ψαρός 632b19
ψελλίζειν 536b8
ψελλός 492b32
ψευδής 523a26, 608b12
ψεῦδος 579b17, 591a4, 597b1
ψηλαφᾶν, -ᾶσθαι 560a9, 571a33
ψήν 557b26
ψῆττα 538a20, 543a2, 620b30
ψηφίζεσθαι 577b32
ψῆφος 627a17
ψίαθος 559b3
ψιλός 492a32, 519b5, 579a23, 620a3, 629b17
ψιλότης 499a11
ψιλοῦσθαι 519b5, 600a16
ψιμύθιον 583a23

625

INDEX

ψιττάκη 597b27
ψοφεῖν 533b11, 24, 26, 27, 33, 535a15, b3, 4, 7, 13, 19, 26, 571a32, 610b34, 611a1
ψοφητικός 488a31
ψόφος 492a19, 533a16, b5, 8, 13, 16, 20, 27, 534a4, b8, 535a28, b11, 12, 14, 16, 20, 24, 31, 548b3, 595a4, 608a19, 627a29, 582b10
ψύα 512b21, 25
ψύλλα 539b12, 556b25; (araneus) 622b31
ψύλλος 537a6, 556b22
ψῦξις 589a14
ψύχεσθαι 520a7
ψυχή 532a27, 550b26, 551a14, 24, 588a19, b1 (bis), 608a14
ψῦχος 519a4, 549b22, 560a22, 569b5, 596b22, 598a1, 599a19, b31, 600a30, 601b31, 602a7, 10, 603a25, 621b14, 630b25, 633a16, 635b22
Ψυχρός 519a16
ψυχρός 492b30, 495a6, 517b18, 19, 521b34, 556a24, 561a31, 570b24, 592a18, 596b24, 27, 31, 597a2, 25, 27, 598a7, 601b28, 603a4, 605a15, 610b31, 613b4, 621b14, 583b16, 638b3, 19, 33, 36
ψυχρότης 638b23
ψωμίζειν 592a30

ὧδε 493b21, 499a24, 511b25, 31, 512b13, 520b10, 535a27, 545a23
ᾠδή 613b24
ᾠδικός 488a34, 615a16, b2
ὠδίνειν 584a31, 586b27
ὠδίς 560b22, 612b35, 584a32, 33, 586b34, 587a2, 638b8, 9
ὠθεῖσθαι 568b27, 572b25, 614a11
ὠκυβόλος 618b29
ὠλέκρανον 493b27, 32
ὠμιαία 515b10
ὠμοπλάτη 493b12, 498a33, 512a28, b27, 515b22, 516a32
ὦμος 493b8, 26, 498a25, 514a12, 516a31, 603b18, 605a31, b1
ὠμοφάγος 608b25, 609b1, 4, 13, 610a14, 615a4
ᾠοειδής 529b18, 539b12, 555a23, b24, 565a23, b10
ᾠόν 489b6, 13, 14, 510b25 (bis), 26, 30, 511a2, 9, 11, 21, 27, 517b6, 7, 525a2, 5, 7, 21, 526b28, 30, 31, 527a20, 31, 529a19,
b1, 11, 13, 530b2, 11, 18, 30, 537b28, 538a8, 16, 21, 539a33, b3, 541a18, 542b17, 27, 543a19, 20, b13, 544a4, 8, 17, 23, b19, 549a15, 18, 20 (bis), 28, b1, 4, 12, 30, 34, 550a1, 3, 14, 25, 27, b1, 5, 10, 13, 16, 29, 556a6, 9, b14, 558a4, 7, 13, 14, 18, 21, 22, 26, b1, 559a15, 17, 22, 23, 26, 29, b4, 16, 19, 20, 24, 560a4, 21, b11, 16, 17, 19, 22, 561a1, 4, 10, 11, b17, 29, 562a21, 22, 24, b11, 13, 20 (bis), 22, 563a11, 17, b31, 564a1, 14, 21, 28, 31, b3, 7, 22, 23, 26, 30, 565a2, 8, 16, 30 (bis), b2, 6, 10, 19, 566a2, b4, 567a21, 22, 23, 28, 32 (bis), b5, 9, 22, 24, 27, 568a1, 2, 15, 16, b1, 2, 7, 8, 9, 10, 11, 14, 20, 30, 569a2, 6, 11, 13, 18, 23, 570a4, 7, 571a3, 14, 16, 34, b1, 2, 594a17, 602b4, 609a7, 10, 13, 18, 31, 34, b13, 27, 613b21, 26, 32, 615a14, b15, 19, 21, 33, 616a33, b3, 618a12, b4, 621a30, 31, 622a25, 586a20, 24
ᾠοτοκεῖν, -εῖσθαι 489b10, 490b25, 502b29, 504b4, 21, 505a23, b35, 506b25, 509b7, 24, 510b8, 20, 511a4, 16 (bis), 24, 25, 516b16, 21, 517b6, 520b29, 521b25, 536b31, 538a22, 541a1, 11 (bis), 549a19, 558a26, b1, 10, 564b14, 16, 17, 19, 566b1, 567a17, 18, b27, 569a26, 570a3, 571b4, 586a22
ᾠοτοκία 538a7
ᾠοτόκος 489a34, 490b21, 22, 495b3 (bis), 498a13, 502b28, 505b2, 3, 29, 506a14, 17, b6, 508a4, 10, 510b34, 517b5, 519b15, 536a5, 538a25, 539a12, 14, 540a28, b21, 541a31, 557b32, 558b9, 567b18, 594a9, 601b5, 631b22
ᾠοφόρος 621b20
ᾠοφυλακεῖν 568b13, 569a3, 5, 621a23, 28
ὥρα 487b29, 509b20, 35, 510a2, 519a4, 8, 522b22, 540b31, 541a15, 24, 542a19, 23, 27, 32, b9, 543a19, 23, 544a2, 19, 24, b8, 545a2, 546a18, 21, 547b2, 554b14, 556b8, 558a1, 4, b10, 25, 560a7, 562b6, 564a20, 566a8, b20, 567a4, b23, 568a17, 569b3, 570a26, b3, 4, 13, 571a24, 572a6, 22, b16, 21, 31, 573a28, 574a13, 576b20, 22, 23, 579a26, 32, b32, 580a13, b19, 588b31, 596b23, 597a28, 29, b8, 598a19, 599a7, 9, 16, b20, 600b1, 601a24, 25, 602b9, 605b7, 607b16, 614a5, 617b32, 619a14, b26,

INDEX

623a22, 625b23, 628b26, 630a15, b14, 631b20, 632b14, 26
ὡραῖος 599b22, 602b8
ὡς 486b14, 487b11, 23, 490a5, b33, 491a7, b4, 33, 492a1, 493a27, b24, 494a21, b34, 496b15, 22, 497b21, 498b16, 499a23, 501a22, b22, 23, 502a23, 24, b10, 11, 12, 15, 21, 22, 505a23, 506b6, 11, 507a23, 508b2, 509a16, 510b25, 513b3, 516b24, 517a20, b10, 519b28, 522a2, 12, 17, 524a3, 525a8, 527b6, 529b25, 531a6, 23, 533a11, 33, 534a4, 28, b20, 29, 535a9, 18, 21, 536b17, 537a18, 538b4, 542b7, 543b18, 545a12, 14, b4, 13, 18, 22, 29, 546a29, b17, 547a12, 548b10, 550b11, 552b16, 553a6, 29, b17, 24, 556b15, 20, 557b11, 558a3, 24, b12, 559b4, 560b20, 562a20, 28, b4, 13, 14, 15, 563a1, 20, b7, 14, 26, 29, 565a12, 566a14, 30, b29, 567a30, 568a12, b3, 27, 569b2, 6, 571a4, 26, b16, 573a10, 27, b15, 574b2, 7, 20, 22, 25, 26, 575a24, 31, b23, 33, 576a5, 29, 30, 578a18, 19, 28, b15, 24, 26, 579a22, b1, 17, 580a22, b8, 588a29, b1, 589a20, 21, 22, b28, 590a32, 591a4, b4, 10, 592b29, 593a24, 595a3, 20, b23, 597a4, b1, 598b25, 600a11, 21, 601a32, b15, 26, 602a13, 18, 605b4, 606a8, 607b20, 608b5, 609b24, 611a24, 29, 30, b17, 19, 613a6, 31, b18, 19, 614a11, 615a8, b20, 616b3, 7, 617b7, 618a4, 13, 15, b16, 619a19, 620a10, b32, 621a31, b1, 622a11, b22, 25, 623b22, 624b19, 625a3, 22, 628b18, 21, 630a2, b34, 631a5, 632a17, b13, 30, 581a13, 582a7, 21, b13, 583a5, b3, 8, 21, 584a12, 15, 26, b17, 585a7, b26, 586a4, 9, 587b30, 588a9, 634a30, 34, b11, 24, 29, 32, 635a32, 34 (*bis*), b8, 636b37, 637b14, 24, 25, 638a15, 35
ὡσανεί 554b1
ὡσαύτως 486b25, 490a9, 500b5, 501b28, 502a24, 504b33, 507b25, 508b8, 515a17, 519b12, 538a28, 544b25, 545a25, 559a2, 571b21, 573a26, b34, 577a20, 579a29, 608b25, 614a6, 618a20, 632b31
ὥσπερ 486a20, 487a22, b1, 19, 22, 488a28, b2 (*bis*), 489b24, 29, 31, 490a1, b30, 33, 491a20, 492a18, 31, b15, 18, 30, 32, 493b4, 494a34, 495b1, 30, 496a20, 497a11, b7, 498a8, 13, 32, 33, b17, 28, 30, 499a18, 20, 28 (*bis*), b7, 9, 11, 21, 24, 500a4, 17, 22, 24, 25, 30, 34, b2, 3, 10 (*bis*), 21, 23, 501a6, 15, b31, 502a6, 8 (*bis*), 10 (*bis*), 11, 30, 35, b1, 6, 11, 15, 32, 503b5, 33, 504a30, b23, 27, 505a7, 22, 23, 32, b12, 17, 34, 506a32, 507a19, 27, b19, 508a13, 21, 26, 35, 509a19, b16, 35, 511b17, 513a12, 24, 514b24, 515a34 (*bis*), 516a9, 17 (*bis*), b11, 17, 33, 35, 517a18, 29, b1 (*bis*), 518a6, 11, b35, 519b31, 520b15, 30, 31, 521b6, 14, 23, 31, 522b31, 523b33, 524a32, b28, 525a27, b10, 25, 526a5, 18, 20, b2, 13, 527a1, 16, 24, 29, b14, 26, 528a21, b18, 29, 31, 529a19, b3, 5, 10, 29, 530a5, 14, 21, b15, 531a11, 15 (*bis*), 28, 32, b4, 6, 532a9, 11, 21 (*bis*), 23, 24, 29, 31, b8, 10, 534a16, 535a17, b17, 30, 536a6, 7, 18, b5, 11, 21, 537a11, b31, 538a10, 539a16, 20, 24, 31, b30, 32, 540a9, 25, b14, 33, 541a5, b10, 20, 542a3, b2, 20, 31, 543a21, 27, b10, 22, 24, 544a25, 545a32, 546a5, 23, b2, 20, 24, 547a3, 17, 19, b32, 548b14, 27, 32, 549a18, 24, b8, 26, 30, 550a5, 19, 22, 24, b13, 29, 552a2, 553a10, 13, b14, 32, 554a18, b2, 26, 30, 555a4, 14, 24, b24, 556a27, 557a2, b1, 7, 15, 18, 20, 21, 23, 558a5, 26, 28, b2, 22, 26, 27, 559a5, 8, 26, b1, 6, 17, 560a29, b31, 561a12, 24, b13, 23, 562b5, 9, 23, 563a18, b1, 9, 564a7, b18, 565a11, 16, 18, b8, 16, 31, 566a9, 567a1, 3, b25, 30, 568a13, 22, b5, 569a10, 571a4, 30, b31, 572a20, b3, 573b9, 574b15, 575b2, 8, 12, 20, 30, 577a1, 2, 15, 27, b18, 26, 28, 578a33, b31, 579a1, 2, 18, b23, 26, 30, 580a4, 6, 12, 25, b3, 4, 581a2, 588b10, 11, 31, 589b10, 590a11, 21, 29, 31, b29, 30, 591b8, 23, 592a11, 22, 593b27, 594a32, b3, 17, 25, 595b30, 597a8, b31, 599b7, 600b21, 25, 601a1, 4, b9, 603a17, 604a1, 605a3, b22, 606a16, 17, 19, b10, 607a2, b16, 21, 25, 608b15, 610a4, b9, 20, 23, 30, 611a28, 31, b10, 13, 20, 35, 612a1, b2, 15 (*bis*), 613b15, 22, 31, 614a31, b10, 615b13, 29, 616a5, 28, b2, 12, 33, 617b21, 618a8, 27, 619a14, b17, 620a7, b15, 621a10, 11, 13, b33, 622a14, b4, 17, 623a11, 20, 624a9, 15, 25, 625a9, 626a27, b18, 33, 627a11, 12, 15, 20, 27, b5, 32, 628a21, b1, 3, 12, 32, 629a3, 7,

INDEX

ὥσπερ (cont.)
  8, 9, 14, 17, 35, b5, 19, 22, 630a1, 13, 24, 33, b2, 5, 631a27, 28, b5, 632b1, 633a18, 581b9, 582a18, b28, 583b28, 584b32, 585a13, 31, 586a11, 13, 587a23, 633b18, 27, 634a22, b31, 635b5, 19, 28, 636a5, 637a17, 20, 22, 32, b30, 638a22, 25, b1, 4, 25, 27
ὡσπερανεί 502b17
ὡσπερεί 514b18, 589b29
ὡτίς 509a4, 22, 539b30, 563a29, 619b13

ὦτος 597b17, 21
ὠφέλεια 608b35, 621a24
ὠφελεῖν, -εῖσθαι 612a22, 627b9, 632a33
ὠχρός 503b4, 10, 509b26, 527a19, b29, 530a1, 531a30, 550a23, 555a18, 559a18, 21, 24, b10, 11, 17, 19, 27, 560a11, 21, 22, 24, 28, 31, b2, 561a24, 26, b6 (*bis*), 9, 11, 12, 20, 24, 562a3, 7, 8, 9, 12, 16, 26, 564b24, 28, 565a12, 568a5, 615b28, 33, 630a6
ὦχρος 627b17

For EU product safety concerns, contact us at Calle de José Abascal, 56–1°, 28003 Madrid, Spain or eugpsr@cambridge.org.

www.ingramcontent.com/pod-product-compliance
Lightning Source LLC
LaVergne TN
LVHW091526060526
838200LV00036B/501